Blei und Bleilegierungen

Reine und angewandte Metallkunde in Einzeldarstellungen

Herausgegeben von W. Köster

6

Blei

und Bleilegierungen

Metallkunde und Technologie

Von

Dr.-Ing. habil. Wilhelm Hofmann

o. Professor, Direktor des Instituts für Werkstoffkunde,
Herstellungsverfahren und Schweißtechnik und des
Wöhler-Instituts für Festigkeits- und Schwingungsuntersuchungen der
Technischen Hochschule Braunschweig

Zweite verbesserte Auflage

Mit 396 Abbildungen

Springer-Verlag Berlin Heidelberg GmbH 1962

ISBN 978-3-642-49119-1   ISBN 978-3-642-85809-3 (eBook)
DOI 10.1007/978-3-642-85809-3

Ursprünglich erschienen bei Springer-Verlag OHG., Berlin/Göttingen/Heidelberg 1962
Softcover reprint of the hardcover 2nd edition 1962

Library of Congress Catalog Card Number 62 – 14 306

Vorwort zur zweiten Auflage

Die Neubearbeitung des Buches setzte die Wiederaufnahme der Bleiforschung in Deutschland nach dem letzten verlorenen Krieg voraus.
Nach meinem Weggang von der Technischen Hochschule Breslau und
der Auflösung der von Prof. H. HANEMANN (†) begründeten Bleiforschungsstelle in Berlin fand ich Ende 1945 an der Technischen Hochschule Carolo Wilhelmina zu Braunschweig eine neue Wirkungsstätte.
Zunächst waren es die Hüttenwerke, die uns Anregungen und Mittel
gaben, die zerrissenen Fäden der Bleiforschung im Rahmen der allgemeinen Forschungsaufgaben des Instituts für Werkstoffkunde, Herstellungsverfahren und Schweißtechnik neu zu knüpfen. Daher gilt mein
erster Dank dem „Hüttenausschuß Blei" der Gesellschaft Deutscher
Metallhütten- und Bergleute und seinem langjährigen Leiter, Herrn
Hüttendirektor Dr.-Ing. J. FEISER in Oker. Weiter danke ich für die
Förderung unserer Forschungsarbeiten dem Stifterverband Nichteisen-
Metalle, dem Forschungsbeirat der Deutschen Gesellschaft für Metallkunde, der Deutschen Forschungsgemeinschaft, dem Bundesministerium
für Atomkernenergie und Wasserwirtschaft und dem Wirtschafts-
ministerium des Landes Niedersachsen.

Die Schwierigkeit der Abfassung eines gleichzeitig metallkundlich
und technologisch ausgerichteten Buches über Blei besteht darin, daß
die Technologie des Bleies sich aus einer Reihe getrennter Gebiete, wie
z. B. Kabeltechnik, Bleihalbzeugfertigung, Druckereiwesen, Akkumulatorentechnik, zusammensetzt. Die Übertragung jedes dieser Gebiete an
einen besonderen Bearbeiter wäre wohl, wie in dem Vorwort zur ersten Auflage bemerkt, für ein Handbuch angebracht, würde dagegen die Einheit-
lichkeit eines Buches der vorliegenden Schriftenreihe stören. Vor allem
hätte sich die metallkundliche Durchdringung der Technologie, wie sie
hier versucht wurde, schwer erreichen lassen. Daher mußte ich mich,
wie bei der ersten Auflage, auf die kritische Stellungnahme von Fach-
leuten zu den einzelnen technologischen Abschnitten des Manuskriptes
beschränken. Durch die Kritik wie durch die jahrelange Fühlungnahme
mit den Blei verarbeitenden Industrien erhielt ich wertvolle Anregungen.

Aus diesem Kreis seien folgende Persönlichkeiten und Firmen
dankend erwähnt:

Dr. E. HOEHNE, Akkumulatorenwerk Hoppecke, Hoppecke (Westf.)
Bleiwerk Goslar GmbH., Goslar

Felten & Guilleaume Carlswerk AG., Köln-Mülheim

Dr.-Ing. J. Kohlmeyer, Braunschweiger Hüttenwerk GmbH.

Fried. Krupp, Maschinen- u. Stahlbau, Rheinhausen

Maschinenfabrik Augsburg-Nürnberg AG., Werk Augsburg (Blei im graphischen Gewerbe)

Metallgesellschaft AG., Frankfurt/Main

Aug. Schnakenberg & Co. GmbH., Wuppertal-Barmen

Obering. Dipl.-Ing. A. Loeschmann in den Siemens-Schuckert-Werken AG., Kabelwerk Berlin-Siemensstadt

W. Stockmeyer (†), Minden i. W.

Die Neubearbeitung des Abschnittes Korrosion konnte ich in die Hände meines damaligen Assistenten, Herrn Dr.-Ing. J. Maatsch, nunmehr Fried. Krupp, Essen, legen, dem ich auch manche anregende Diskussion verdanke. Das Kapitel Bleilagermetalle wurde völlig neu gefaßt. Dabei stützte ich mich vor allem auf die Erkenntnisse von Herrn Dr. M. Pekrun, die in seiner Braunschweiger Dr.-Ing.-Dissertation (1959) niedergelegt sind. Dr. Pekrun hat die Bedeutung der hydrodynamischen Schmierung bei Festkörperberührung im Lager durch Versuche und Berechnungen besonders herausgearbeitet.

Wesentlich unterstützt haben mich Fachkollegen des In- und Auslandes mit ihrer kritischen Durchsicht von Teilen des Manuskriptes und der Überlassung von sonst schwer zugänglichen Unterlagen. An erster Stelle gilt mein Dank den Herren Dr. J. Feiser, Oker, Prof. Dr. P. Haasen, Göttingen, Dozent Dr. Th. Lehmann, Hannover, Prof. Dr. W. Köster, Stuttgart, dem Herausgeber der Schriftenreihe, Prof. Dr. J. Fränz, Braunschweig, Prof. Dr. G. Vogelpohl, Göttingen. Weiter danke ich den Herren Prof. Dr. H. Borchers, München, Prof. Dr. W. Koch, Mannheim, Prof. Dr. A. Seeger, Stuttgart, R. Davey M. Sc., Avonmouth (England), Prof. Dr. F. V. Lenel, Troy, N. Y., Dr. K. M. Weigert, Philipsburg, Pa., Dr.-Ing. W. W. Krysko, Sydney, Australien, dem Institut der British Non Ferreous Metals Research Association, London, der Lead Industries Association, New York, und dem Hüttenwerk Port Pirie der Broken Hill Ass. Smelters Ply. Ltd., Port Pirie (Südaustralien).

Bei der Auswertung des Schrifttums, der Anfertigung der Zeichnungen, der Zusammenstellung und Korrektur der Abbildungen und des Textes durfte ich mich der tatkräftigen Hilfe mehrerer Assistenten und wissenschaftlicher Mitarbeiter des Instituts erfreuen. In erster Linie danke ich den Herren Dipl-Ing. H. v. Malotki, Dipl.-Ing. G. Hillmann, Dr.-Ing. H. J. Schneider, Frau Dipl.-Chem. Hildegard Oehmke, Fräulein Dr. phil. Margarete Bluth und Frau Irmgard Fuss. Es ist nicht möglich, alle stillen Helfer in Hochschulbibliothek, Laboratorium, Werkstatt und Büro einzeln zu erwähnen. Allen genannten und vielen nicht genannten Persönlichkeiten danke ich für ihre Beiträge zum Zustandekommen des Werkes.

Die Weltliteratur auf dem Gebiet der Metallkunde im allgemeinen und des Bleies im besonderen hat gegenüber der Zeit der ersten Auflage einen starken Zuwachs erfahren, so daß es nicht möglich war, sämtliche bestehenden Veröffentlichungen zu berücksichtigen. Ich habe mich bemüht, neben grundsätzlichen Arbeiten die für die technische Bedeutung des Bleies wichtigsten Mitteilungen auszuwerten. Dabei boten mir die Metallurgical Abstracts des Journal of the Institute of Metals, London, eine wesentliche Hilfe. Wie schon bei der ersten Auflage des Buches bin ich endlich dem Verlag für sein verständnisvolles Eingehen auf meine Wünsche zu Dank verpflichtet. Meiner Frau, Studienassessorin AURELIE HOFMANN, danke ich für die Durchsicht des Textes.

Braunschweig, im November 1961 **Wilhelm Hofmann**

Inhaltsverzeichnis

A. Allgemeines

B. Blei und Bleilegierungen

Seite

C. Die technische Verarbeitung von Blei

A. Allgemeines

I. Geschichte. Geochemie. Produktion

Blei wurde wie Gold, Silber, Kupfer, Eisen, Zinn und Quecksilber schon vor Christi Geburt technisch verwertet. Wahrscheinlich verwendeten die Ägypter Blei zusammen mit Kupfer, Silber und Gold schon 5 Jahrtausende vor Christus; die Phönizier bauten 2300 v. Chr. das Bleivorkommen von Rio Tinto in Spanien aus. Die Chinesen stellten wohl schon 2000 v. Chr. Münzen aus Blei her. Im Altertum betrieb man den Bleibergbau in den Mittelmeerländern und in Großbritannien. Bekannt sind besonders die Wasserleitungsrohre der Römer. Zu ihrer Herstellung rollte man gehämmertes Bleiblech zum Rohr und goß die Naht zum Zweck der Verschweißung mit flüssigem Blei aus (HOFMANN [*552*]). Im frühen Mittelalter begann die Bleigewinnung in Böhmen (Přibram etwa 750) und im Unterharz (Rammelsberg seit 968). Im 12. und 13. Jahrhundert wurden die Bleivorkommen in Sachsen (Freiberg), im Rheinland und im Oberharz entdeckt. Statistisch erfaßt sind Weltproduktion und Weltverbrauch von Blei seit dem Jahre 1801. Zwischen 1826 und 1850 stieg die Welt-Bleiproduktion bereits auf über 100000 t im Jahr, im folgenden Vierteljahrhundert auf 225000 t. Großbritannien, Spanien, Deutschland und die Vereinigten Staaten von Amerika waren die wichtigsten Produzenten. 1862 wurde die Londoner Metallbörse gegründet. Mit dem Beginn unseres Jahrhunderts verschob sich der Schwerpunkt der Bleierzeugung von Europa nach Übersee (USA, Kanada, Mexiko, Australien). Die Weltproduktion stieg nach dem 1. Weltkrieg — wenn man von den Rückschlägen um 1931/1932 und 1945 herum absieht — auf über 1,5 Millionen Jahrestonnen und hat nunmehr die 2 Millionen-Grenze überschritten. Die von Präsident TRUMAN im Jahre 1951 eingesetzte Paley-Kommission hat unter gewissen Annahmen berechnet, daß der Bleibedarf der westlichen Welt ohne Berücksichtigung des Altbleies im Jahr 1975 2700000 Tonnen, gegenüber 1628000 Tonnen im Jahr 1950, betragen werde. Wenn die vorausgesagte Bleiknappheit auch in den letzten Jahren keineswegs eingetroffen ist, so ist doch manches an dem Bericht auch heute noch beachtenswert (KETZER [*658*]). Die Gründe für das augenblickliche Überangebot an Blei werden von FRIEDENSBURG [*342*] erörtert.

Im Verhältnis zu den übrigen Nichteisenmetallen hat sich die Stellung des Bleies verschoben, wie durch das nebenstehende Schema

(Abb. 1) dargestellt ist [*842*]. Von den Nichteisenmetallen ist Aluminium (und Magnesium) stark in den Vordergrund gerückt, dessen Rohstoffquellen die der Schwermetalle weit übertreffen. Manche Anwendungsgebiete des Bleies, wie auch anderer Metalle, sind von den Kunststoffen übernommen worden.

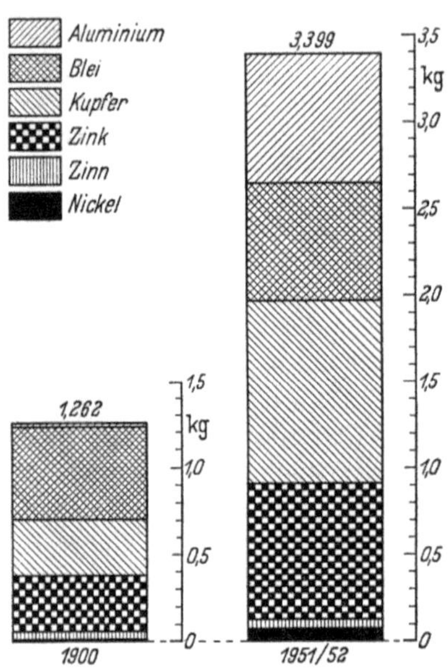

Abb. 1. Jährlicher Verbrauch von Nichteisenmetallen in der Welt in kg je Kopf der Bevölkerung. Nach den statistischen Zusammenstellungen der Metallgesellschaft

Die Bleierze, deren wichtigstes Bleiglanz, PbS, ist, haben sich im Zusammenhang mit der Erstarrung der magmatischen Gesteine gebildet. Als Hauptprodukt der Erstarrung kristallisierten die Silikate. Die seltenen Elemente und flüchtigen Bestandteile reicherten sich in der Restschmelze an, die mit sinkender Temperatur immer mehr wässerigen Charakter annahm (hydrothermales Stadium). Die Restlösung drang in Spalten des Gesteins ein und führte unter anderem zur Abscheidung von Erzen (Erzgänge). Erze bildeten sich in gewissen Vorkommen auch durch eine chemische Umsetzung des Nebengesteins mit der Erzlösung (Metasomatose). Verhältnismäßig selten trat eine solche Anreicherung der Erze ein, daß man von einer Lagerstätte sprechen kann. Bleierze sind häufig vergesellschaftet mit Zinkerzen. Bleiglanz enthält meist einen gewissen Anteil an Silber und Spuren anderer Edelmetalle. Bei einer Schätzung der Weltvorräte an nutzbaren Metallen schnitt das Blei mit einer Menge gleich dem achtfachen Jahresbedarf sehr schlecht ab (NODDACK [*903*]). Eine nach dem Krieg erfolgte Vorschau kommt dagegen zu einem verfügbaren Bleibestand von 28 Millionen Tonnen (DUNHAM [*262*]). KETZER erwähnt neuerdings einen Wert von 35 Millionen Tonnen [*659*]. Die Vorräte wurden für die fünf angenommenen Typen von Blei-Zink-Lagerstätten getrennt ermittelt und die Verteilung dieser Typen auf der Erdkugel kartographisch dargestellt (Abb. 2) [*262*]. Der Verfasser weist darauf hin, daß der Beitrag der Lagerstätten in den präkambrischen Schildern von Kanada, Fernost, Skandinavien, Australien und Afrika (hypothermal) zur Weltproduktion erst in diesem Jahrhundert bedeutend geworden ist und daß dieser Lagerstättentyp vielleicht die besten Aussichten für die Zukunft gewährt. Wenn sich Blei in der Erdrinde nur mit

einem Anteil von 0,0008% findet und damit zu den weniger häufigen
Metallen zählt, so übersteigt doch sein spurenhaftes Vorkommen bis zu
1 km Tiefe, ähnlich wie bei anderen Metallen, dasjenige in Lagerstätten
um mehr als das 10^5fache (NODDACK [903], GOLDSCHMIDT [405]).

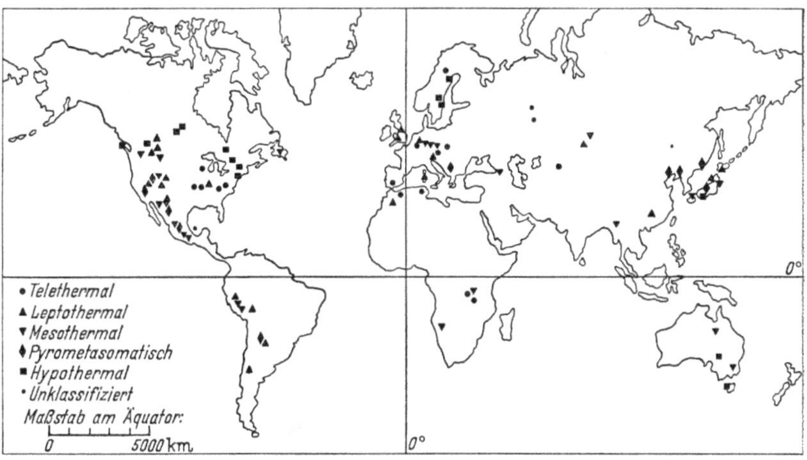

Abb. 2. Verteilung der wichtigsten Blei- und Zinklagerstätten der Welt. Nach DUNHAM [262]

Durch Verbesserung der Aufbereitungsverfahren ist es möglich, auch
Lagerstätten mit geringerer Konzentration auszunutzen. Bei Blei werden
bisher Gehalte bis zu einer unteren Grenze von etwa 2%, in Ausnahme-
fällen auch darunter, als wirtschaftlich abbauwürdig angesehen.

Den Bleivorkommen unter Tage sind auch die Vorräte an wieder
der Verhüttung zuführbarem Altblei zuzurechnen. Der Weltverbrauch
an Blei wird für den Zeitraum 1800 bis 1958 auf 100 Millionen Tonnen
geschätzt. Etwa 50 Millionen Tonnen sollen davon wieder zu gewinnen
sein [842].

Die folgenden Angaben (Tab. 1 u. 2) über die Bergwerks- und Hüttenproduktion von Blei sind den Statistiken der Metallgesellschaft A. G.
[842, 843] entnommen:

Nach der Metallstatistik 1950—1959 waren Bergwerksproduktion
(2297,7 · 1000 t) und Hüttenproduktion (2407,3 · 1000 t) der Welt im
Jahr 1959 fast unverändert gegenüber den Werten von 1958 [844].

Als Beispiel für die verschiedenen Verwendungsarten von Blei sollen
die Angaben des amerikanischen Bureau of Mines nach Tab. 2 dienen.

In Großbritannien verteilte sich der Bleiverbrauch im Jahre 1958
von 341 300 t etwas anders. 29,7% wurden für Kabel, 19,7% für Bleche
und Röhren, 16,3% für Bleiweiß und andere Bleiverbindungen, 16,5%
für Akkumulatoren (Gitter und Bleioxyd), 4,0% für Lötmetall, 5,6% für
weitere Legierungen und 8,2% anderweitig verwendet.

1*

Tabelle 1. *Weltproduktion von Bleierzen und von metallischem Blei*

	Bergwerksproduktion, Bleiinhalt 1000 metr. t		Hüttenproduktion ohne Umschmelzblei 1000 metr. t	
	1938	1958	1938	1958
Belgien	—	—	88,0	95,9[1]
Bulgarien	—	80,0	—	25,0
Deutschland	89,5[2]	68,9	175,9	198,4
Finnland	0,3	2,2	—	—
Frankreich	4,2	12,3	39,0	70,6
Griechenland	4,2	ca. 15,0	4,1	3,6
Großbritannien	30,2	5,0	11,0[3]	81,8[3]
Italien	41,1	58,3	43,3	48,0
Jugoslawien	77,4	89,8	8,6	84,3
Niederlande	—	—	—	9,4
Österreich	—	5,5	9,3	11,5
Polen	5,3	30,0[2]	13,1	35,0[2]
Portugal	—	1,5	—	—
Rumänien	6,4	12,0	6,4	12,0
Schweden	8,6	40,0	—	42,9[1]
Spanien	38,0	62,0	31,8	68,0
Tschechoslowakei	3,0	6,0	4,6	9,0
Übriges Europa[4]	0,2	4,0	0,1	1,0
Europa (ohne europäische Gebiete der UdSSR)	*308,4*	*492,5*	*435,2*	*796,4*
Burma	84,9	25,0	81,4	17,8
China	2,0	30,0	0,9	20,0
Indische Union	—	3,5	—	3,4
Japan	12,2	36,5	10,6	45,0
Korea[5]	5,7	1,0	5,7	—
Sowjetunion (einschl. europ. Rußland)	69,0	235,0	69,0	290,0
Türkei	5,6	1,0	0,9	1,8
Übriges Asien[4]	5,8	33,0	0,1	0,8
Asien (einschl. europ. Rußland)	*185,2*	*365,0*	*168,6*	*378,8*
Algerien	5,4	9,9	—	—
Belgisch-Kongo[6]	4,9	—	—	—
Frz.-Äquatorialafrika[6]	2,8	3,5	—	—
Frz.-Marokko[6]	20,3	92,9	—	33,1
Nigerien	0,3	—	—	—
Nord-Rhodesien	0,3	12,9	0,3	12,9
Südwestafrika	18,0	76,1	—	—
Tunesien	18,1	22,5	23,8	28,6
Südafrikan. Union	0,1	0,1	—	—
Übriges Afrika	0,3	8,0	3,2	—
Afrika	*70,5*	*225,9*	*27,3*	*74,6*

[1] Einschl. Umschmelzblei. — [2] Z. T. Deutsches Reich 1937. — [3] Von 1938 bis 1942 Produktion aus Erzen, ab 1943 einschl. Produktion aus Altmaterial. — [4] Ohne Ostblockstaaten. — [5] Ab 1945 nur Südkorea. — [6] Der neue politische Status wurde hier noch nicht berücksichtigt.

Tabelle 1. *Weltproduktion von Bleierzen und von metallischem Blei* (Fortsetzung)

	Bergwerksproduktion, Bleiinhalt 1000 metr. t		Hüttenproduktion ohne Umschmelzblei 1000 metr. t	
	1938	1958	1938	1958
Argentinien	23,7	30,0	9,9	30,0
Bolivien	13,2	22,4	—	—
Kanada	190,0	167,9	181,7	120,6
Mexiko	282,4	202,4	222,3	198,7
Neufundland[1]	31,8	—	—	—
Peru	58,0	121,4	29,3	64,1
Ver. Staaten	335,4	241,2	340,2	452,9
Übriges Amerika	1,6	30,7	0,1	5,5
Amerika	*936,1*	*816,0*	*783,5*	*871,8*
Australien	*278,8*	*331,7*	*227,3*	*253,2*
Welt insgesamt	**1 779,0**	**2 271,1**	**1 641,9**	**2 394,8**

[1] Ab 1949 bei Kanada inbegriffen.

Tabelle 2. *Verwendung von Hütten- und Umschmelzblei in den USA im Jahre 1958*[1]

	t	%		t	%
Munition	36 471	4,1	Bleioxyd für Akkumulatoren	138 659	15,5
Lagermetalle	16 736	1,9	Schriftmetall	23 871	2,7
Bronze u. Messing	17 823	2,0	Bleiweiß	11 483	1,3
Kabelmäntel	67 617	7,6	Mennige u. Bleiglätte	57 893	6,5
Bleiwolle	60 086	6,7	Sonstige Farben	14 705	1,7
Gießereien	6 987	0,8	Tetraäthylblei (Antiklopfmittel)	143 609	16,1
Tuben	6 994	0,8	Sonst. Chemikalien	2 532	0,3
Folien	4 143	0,5	Sonstige Zwecke	47 078	5,3
Rohre	19 755	2,2	Insgesamt	891 219	100
Bleche	22 391	2,5			
Lötmetall	51 928	5,8			
Akkumulatorenplatten (Hartblei)	140 458	15,7	Davon Weich- und Hartblei	787 900	88,4

[1] Einschließlich des Bleiinhaltes von Erzen, die unmittelbar zu Farben und Salzen verarbeitet wurden.

II. Hüttenmännische Gewinnung

Bleisorten

Dem Zweck des Buches entsprechend soll die Erzeugung von metallischem Blei aus Erz und Schrott nur im Überblick gegeben werden. Für ein eingehendes Studium dieses Gegenstandes sei zum Beispiel auf die

Darstellungen von FEISER [309], TAFEL [1158] und THEWS [1179] hingewiesen.

In den Bleihütten wird durch die Röstreduktionsarbeit zunächst „Werkblei" mit einem Reinheitsgrad von 95 bis 99% erschmolzen. Es enthält neben den Edelmetallen vor allem Beimengungen von Antimon, Arsen, Zinn, Kupfer und Wismut. Die Hauptmenge des Kupfers seigert bei niedrigen Temperaturen im Kessel aus, da die Löslichkeit von Kupfer in Blei dicht oberhalb des Schmelzpunktes nur gering ist. Nach Abheben des stark kupferhaltigen Schlickers wird das restliche Kupfer durch Einrühren von Schwefel in das Bad entfernt. Das bis auf weniger als 0,01% entkupferte Werkblei gelangt nun in die nächste Verarbeitungsstufe. Die Schmelze wird im Flammofen auf die Arbeitstemperatur von 700 bis 750 °C gebracht und Luft oder Wasserdampf auf- oder eingeblasen. Die Elemente Zinn, Arsen und Antimon werden in der angegebenen Reihenfolge vor dem Blei oxydiert und in den Abstrich übergeführt. Man arbeitet chargenweise oder kontinuierlich. In beiden Fällen strebt man im Ofen eine niedrige Konzentration der genannten Begleitelemente an, um eine hohe Oxydationsgeschwindigkeit zu erreichen (S. 316). Im kontinuierlichen Betrieb von Port Pirie wird zum Beispiel im Ofen ständig eine Konzentration von 0,03% Sb und 0,001% As aufrechterhalten. Die Entfernung von Zinn, Arsen und Antimon kann auch mit Hilfe oxydierender Schmelzen (Ätznatron, Kochsalz und Natronsalpeter) nach dem HARRIS-Verfahren vorgenommen werden.

Das durch den Raffinationsprozeß gegangene Blei wird nun entsilbert. Dies geschieht im allgemeinen nach dem Zinkentsilberungsverfahren von PARKES, dessen Grundlagen mit dem Dreistoffsystem Blei-Silber-Zink behandelt werden. Durch das PARKES-Verfahren werden auch gleichzeitig die letzten Reste von Kupfer entfernt. Das entsilberte Blei ist im wesentlichen eine eutektische Schmelze von Blei und Zink. Die Entfernung des Zinks erfolgt heute überwiegend durch Vakuumentzinkung, bei der die Hauptmenge des Zinks verdampft und in metallischer Form wiedergewonnen wird. Wohl nur noch in wenigen Fällen entfernt man das Zink durch oxydierende Behandlung mit Luft oder Wasserdampf (Polen). Ein anderes Verfahren ist die Chlorentzinkung nach BETTERTON.

Bleisorten mit größeren Wismutgehalten sind für manche Zwecke nicht geeignet. Die Entfernung des Wismuts ist wirtschaftlich bei Gehalten über 0,1%. Sie geschieht heute im allgemeinen durch Behandlung der Schmelze mit Kalzium und Magnesium nach KROLL-BETTERTON. Dabei bilden sich Verbindungen des Wismuts mit den genannten Metallen, die an die Oberfläche steigen und als Schaum abgehoben werden. Die erreichbare untere Grenze für den Wismutgehalt liegt bei 0,007 bis 0,009%. Mit Hilfe von Kalium-Magnesium (JOLLIVET-Prozeß) erhält man nach DAVEY [235] Endgehalte von nur 0,004% Bi. Im sogenannten

DITTMER-Prozeß könnte man den Wismutgehalt durch Ausfällen mit Natrium auf den Wert von 0,001% senken. Eine Entfernung des Wismuts ist auch mittels der Bleielektrolyse möglich. Das Verfahren ist aber nur lohnend, wenn entweder die Stromkosten niedrig liegen oder der Wismutgehalt 0,5% überschreitet.

Das nach den angedeuteten oder anderen Verfahren hergestellte Blei besitzt einen Reinheitsgrad von 99,9 bis 99,99%. Innerhalb dieses Bereiches unterscheiden sich die Bleisorten nur nach dem Wismutgehalt.

Bei dem heutigen Stand der Hüttentechnik kann man Handelsblei jedes beliebigen Reinheitsgrades unabhängig von der Art des Ausgangsmaterials erzeugen. Falls vom Verbraucher bestimmte Beimengungen, z. B. kleine Kupfergehalte für Blei-Kabelmäntel, gewünscht werden, legiert man diese nachträglich zu. Die folgende Tab. 3 enthält einmal Zusammensetzungen einiger bekannter in- und ausländischer Bleisorten, dann die Höchstgehalte an Verunreinigungen nach den deutschen und den amerikanischen Normen (DIN 1719 und ASTM Designation: B 29 — 49). Die Analysenmethoden für Blei können im Rahmen dieses Buches nicht behandelt werden. Es sei hierzu auf Spezialwerke zur Analyse der Metalle hingewiesen [193].

Für wissenschaftliche Zwecke sind Bleisorten von besonders hoher Reinheit hergestellt worden. Sie sind für die Untersuchung grundsätzlicher Vorgänge, wie der Korrosion oder der Aushärtung, von großem Wert. Es sind vor allem zu erwähnen Kahlbaumblei mit einem Reinheitsgrad bis zu 99,999% und das von RUSSELL [1038] durch doppelte Elektrolyse hergestellte Blei mit einem Reinheitsgrad bis zu 99,9995%. Seine Methode wurde kürzlich von STAHL [496] reproduziert. Der höchste Reinheitsgrad wurde bisher dem im früheren Kaiser-Wilhelm-Institut für Physikalische Chemie, Berlin-Dahlem, hergestellten Blei zugeschrieben. Es war besonders von den letzten Spuren von Edelmetallen gereinigt. Der Gehalt an Gold betrug noch 10^{-10}, der an Silber $10^{-8}\%$ [1078]. Das Zonenschmelzen nach PFANN [955] bietet eine Möglichkeit, vielleicht noch reineres Blei zu erzeugen; BOLLING und WINEGARD [104] führen einen geschätzten Reinheitsgrad von 99,9999% an (TILLER [1198]).

III. Physikalische Eigenschaften

1. Atomgewicht

Blei steht in der IV. Gruppe des periodischen Systems und hat die Atomnummer 82. Es ist in seinen Verbindungen zwei- und vierwertig. Das Atomgewicht ist in der Internationalen Tabelle von 1953 mit 207,21 angegeben. Gewöhnliches Blei ist eine Mischung der Isotopen mit den Massenzahlen 204, 206, 207, 208. Die Atomgewichte von Blei verschiede-

Tabelle 3. *Zusammensetzung einiger Weichbleisorten*

	Ag	As	Bi	Cd	Cu	Fe
Elektrolytblei Trail (Tadanac)	0,0003	Spur	0,0005		0,0005	Spur
HARRIS-Hüttenweichblei (Norddeutsche Affinerie)	0,0006		0,040		0,0003	0,0001
Feinblei Harz 99,99 (Lautenthal)	0,0007	0,0003	0,003 bis 0,005	0,0001	0,0002	0,0005
Hüttenblei Oker	0,001	0,0003	0,008 bis 0,05		0,0003	0,0005
Broken Hill	0,00023	0,0001	0,0030	0,0001	0,0004	0,0004
Monteponi (Italien)	0,0007	0,0005	0,0060	0,0002	0,0002	0,0009
ASTM Designation: B 29–49 Max. Geh. Corroding Lead[2]	0,0015	0,0015	0,05		0,0015	0,002
Chemical Lead[3]	0,002 min. bis 0,020		0,005		0,040 min. bis 0,080	0,002
Acid Lead[4]	0,002		0,025		0,040 min. bis 0,080	0,002
Copper Lead[5]	0,020		0,10		0,040 min. bis 0,080	0,002
Common Desilverized Lead A[6]	0,002		0,15		0,0025	0,002
Common Desilverized Lead B[6]	0,002		0,25		0,0025	0,002
Soft Undesilverized Lead[7]	0,002		0,005		0,04	0,002
DIN 1719						
Feinblei 99,99	0,001	0,001	0,005		0,001	0,001
Feinblei 99,985	0,001	0,001	0,01		0,001	0,001
Hüttenblei 99,94	0,001	0,001	0,05		0,001	0,001
Hüttenblei 99,90	0,003	0,001	0,09		0,005	0,001
Umschmelzblei 99,75[8]					0,1	
Umschmelzblei 98,5[8]					0,5	

[1] Differenz. — [2] Sehr reines, d. h. für die Bleiweißherstellung verwendbares Blei. — [3] Handelsname für das nichtentsilberte Blei aus Southeastern-Missouri Erzen. — [4] Säurebeständiges Blei, hergestellt durch Kupferzusatz zu vollraffiniertem

(Gew.-Prozente). Angaben zum Teil aus FEISER [309]

S	Sb	Sn	Zn	Pb[1]	
	0,0005	Spur	Spur	99,997	
	0,0003		0,0002	99,95	
	0,0003	0,0003	0,0002	> 99,99	
	0,0003	0,0003	0,0002	99,94 bis 99,985	
0,0004	0,0037		0,0003	99,9915	
	0,0010	0,0005	0,0006	99,985	
	Sb + Sn 0,0095		0,0015	99,94	Ag + Cu max. 0,0025
			0,001	99,90	As + Sb + Sn max. 0,002
			0,001	99,90	As + Sb + Sn max. 0,002
			0,002	99,85	As + Sb + Sn max. 0,015
			0,002	99,85	As + Sb + Sn max. 0,015
			0,002	99,73	As + Sb + Sn max. 0,015
			0,002	99,93	As + Sb + Sn max. 0,015
	0,001	0,001	0,001	99,99	
	0,002	0,001	0,001	99,985	
	Sb + Sn 0,005		0,001	99,94	
	Sb + Sn 0,005		0,001	99,90	
			0,05	99,75	
			0,05	98,5	

Blei. — [5] Kupferhaltiges Blei, hergestellt durch Kupferzusatz zu vollraffiniertem Blei. — [6] Gewöhnliches entsilbertes Blei. — [7] Nicht entsilbertes Weichblei aus Erzen des Joplin, Mo. district. — [8] Ist nicht immer gut schweißbar.

ner Herkunft schwanken auf Grund der verschiedenen Mischungsverhält-
nisse der Isotopen um 0,03 bis 0,04 Einheiten (BAXTER [67]).

2. Kristallstruktur, Dichte, thermische Ausdehnung

Die Zugehörigkeit des Bleies zum kubischen Kristallsystem folgt
schon ohne Röntgenuntersuchung aus der Form von Kristallen, die im
Dampf gewachsen sind, und aus der Ausbildung der Ätzfiguren (HUM-
FREY [601], YAMAMOTO [1294]). Die Kristallstruktur ist kubisch flächen-
zentriert (A 1-Typ), (EWALD [300]). Die Kantenlänge der Elementarzelle
beträgt bei 20 °C $a = 4,9400 \pm 0,0002$ kX-Einheiten (Blei 99,99%) bzw.
nach einer neueren Bestimmung bei 20 °C 4,9401 $\pm$ 0,0001 kX-Einheiten
(Blei 99,999%) (KLUG [678]). 1 kX-Einheit = 1,00202 Å. Aus der Kristallstruktur folgt der Atomradius zu $\dfrac{a\sqrt{2}}{4} = 1,75$ Å, die Koordinationszahl
ist 12 (kubisch dichteste Kugelpackung). Auch in der Schmelze ist,
ähnlich wie bei anderen Metallen, eine ziemlich dichte Packung der
Atome anzunehmen. HENDUS leitete aus den Röntgeninterferenzen an
flüssigem Blei mit Hilfe der Fourieranalyse die Koordinationszahl (8 + 4)
ab [507]. DANILOVA fand dagegen kaum einen Unterschied der Koordinationszahl zwischen festem und flüssigem Blei [229].

Schliffe von rekristallisiertem Blei zeigen Zwillingslamellen wie fast
alle anderen kubisch flächenzentrierten Metalle. Es handelt sich um
kohärente Zwillinge nach dem Spinell-Gesetz mit der Oktaederfläche als
Symmetrie- und Verwachsungsebene. Daß Aluminium hinsichtlich des
Auftretens von Rekristallisationszwillingen eine Ausnahme macht, liegt
nach SEEGER daran, daß bei dem dreiwertigen Aluminium für die
Zwillingsbildung eine besonders hohe Fehlordnungsenergie aufgebracht
werden muß [1098]. Angaben über die Fehlordnungsenergie (stacking
fault energy) für Blei und eine Reihe anderer Metalle finden sich bei
THORNTON und HIRSCH [1194]. Eine Allotropie von Blei besteht nicht.
Frühere, entgegengesetzte Annahmen beruhen auf einem interkristallinen
Zerfall in Bleiazetat-Salpetersäurelösung (HELLER [506], THIEL [1181])
oder dem Kornwachstum bei höheren Temperaturen (EDA [269], HAR-
GREAVES [490]) und sind daher nicht stichhaltig.

Als Mittelwert aus 6 Dichtebestimmungen von gewalztem Kahlbaum-
und Elektrolytblei ergab sich bei 25 °C 11,3307 g/cm³ (TIMMERHOFF
[1199]). Für eine Temperatur von 20 °C berechnet sich hieraus mit Hilfe
des kubischen Ausdehnungskoeffizienten von $87,3 \cdot 10^{-6}$ Grad⁻¹ ein Wert
von 11,336 g/cm³. Der Mittelwert aus 5 Bestimmungen von elektrolytisch
hergestelltem, umgeschmolzenen und gehämmerten Blei bei 19,94 °C betrug nach Reduktion auf das Vakuum 11,337 g/cm³. Radiumblei aus Uran-
erzen (At.-Gew. 206,3) besitzt eine Dichte von 11,288 g/cm³ und damit

das gleiche Atomvolumen wie gewöhnliches Blei (RICHARDS [1008]). Aus der Gitterkonstanten $a = 4,9401$ kX-Einheiten (KLUG [678]), dem Atomgewicht und der Loschmidtschen Zahl $N_L = 6,02308 \cdot 10^{23}$ errechnet man eine Dichte von 11,345 g/cm³ bei 20 °C. Der größere Wert der Röntgendichte kann nach den heutigen Anschauungen auf das Vorhandensein von unbesetzten Gitterplätzen im Realkristall zurückgeführt werden. FEDER und NOWICK schließen aus Messungen der thermischen Ausdehnung bis zum Schmelzpunkt, daß die Leerstellenkonzentration bei dieser Temperatur $\leq 1,5 \cdot 10^{-4}$ ist [307]. Für die Bildung einer Leerstelle wird eine Energie von $\geq 0,53$ eV benötigt.

GERTSRIKEN und SLYUSAR [375] bestimmten die Aktivierungsenergie der Bildung von Löchern aus Messungen des elektrischen Widerstandes und der thermischen Ausdehnung zu $E_d = 10,2$ kcal/mol. Dieser Wert ist etwa $^1/_3$ der Aktivierungsenergie der Selbstdiffusion. Die Anzahl der Löcher, bezogen auf die Anzahl der mit·Atomen besetzten Gitterplätze, wurde dicht unterhalb des Schmelzpunktes zu $10 \cdot 10^{-4}$ geschätzt, ein Wert, der von dem oben angegebenen erheblich abweicht.

Eine geringe Härtesteigerung von abgeschrecktem unlegierten Blei 99,99% beim Lagern wird von HOOKER durch ein Einfrieren überschüssiger Leerstellen beim Abschrecken und eine Ansammlung der Leerstellen erklärt [587].

Die Dichte von flüssigem Blei beträgt bei

327 °C	350 °C	400 °C	450 °C	500 °C	550 °C
10,686	10,658	10,597	10,536	10,477	10,418
600 °C	650 °C	700 °C	750 °C	800 °C	850 °C [237]
10,359	10,302	10,245	10,188	10,132	10,078

Eine spätere Bestimmung (MATSUYAMA [811]) lieferte nicht sehr abweichende Werte. KNAPPWOST und RESTLE geben eine Dichte des flüssigen Bleies am Schmelzpunkt von 10,785 $\pm$ 0,0173 g/cm³ an [680].

Der lineare Ausdehnungskoeffizient von Blei wurde von -253 °C bis nahe zum Schmelzpunkt untersucht. Die Angaben verschiedener Verfasser stimmen befriedigend überein (LANDOLT-BÖRNSTEIN [729]). Aus der Arbeit, die das weiteste Temperaturgebiet umfaßt (HIDNERT und SWEENEY [522]), seien als mittlere lineare Ausdehnungskoeffizienten α angegeben: -250 bis 20 °C 25,1 $\cdot 10^{-6}$, 20 bis 100 °C 29,1 $\cdot 10^{-6}$, 20 bis 300 °C 31,3 $\cdot 10^{-6}$. Der wahre lineare Ausdehnungskoeffizient zwischen 20 und 295 °C berechnet sich aus

$$\alpha = 28,77 \cdot 10^{-6} - 20,95 \cdot 10^{-11} t + 60,30 \cdot 10^{-12} t^2$$

(EUCKEN und DANNÖHL [294]).

Eine röntgenographische Bestimmung (STOKES und WILSON [1150]) lieferte die Funktion $\alpha = 28{,}15 \cdot 10^{-6} + 23{,}6 \cdot 10^{-9}\,t$ mit einem Gesamtfehler für α von $\pm 0{,}3 \cdot 10^{-6}$. Für die Volumenausdehnung beim Schmelzen wurden Werte zwischen 3,44 (ENDO [279]) und 3,61% (SAUERWALD [1050]) angegeben. In der Theorie des flüssigen Zustandes nimmt man an, daß beim Schmelzen des Kristalles kugelförmige Löcher von der Größe der Atome entstehen; ihre Zahl läßt sich daher aus der Volumenzunahme beim Schmelzen ungefähr berechnen (FÜRTH [351], SCHEIL [1056]). Der kubische Ausdehnungskoeffizient von geschmolzenem Blei wenig über dem Schmelzpunkt beträgt $12{,}9 \cdot 10^{-5}\,\text{Grad}^{-1}$ (LANDOLT-BÖRNSTEIN [729]).

3. Elastische Eigenschaften

Im Schrifttum finden sich Werte für den Elastizitätsmodul von Blei bei Raumtemperatur zwischen 1493 (SCHAEFER [1054]) und 2040 (KOCH und DIETERLE [686]) kg/mm². Als wahrscheinlichster Wert für den quasiisotropen Werkstoff kann 1700 kg/mm² angenommen werden (KOHLRAUSCH [695]). GOENS [399] ermittelte durch Frequenzmessungen an schwingenden Einkristallstäben aus Blei folgende Hauptelastizitätskonstanten für 20 und $-273\,°C$:

	S_{11}	S_{12}	S_{44}	$S_{11}-S_{12}-{}^{1}/_{2}\,S_{44}$	C_{11}	C_{12}	C_{44}
°C	S_{ik} in 10^{-13} cm²/dyn				C_{ik} in 10^{11} dyn/cm²		
20	93,0	$-42{,}6$	69,4	101	4,83	4,09	1,44
-273	67,5	$-31{,}0$	52,8	72,2	6,7	5,7	1,89

Die Meßergebnisse von GOENS (adiabatische Bedingungen) sind in guter Übereinstimmung mit den von SWIFT und TYNDALL [1157] nach einer statischen Methode (isotherme Bedingungen) gewonnenen Werten. PRASAD und WOOSTER [976] führten genaue Bestimmungen der elastischen Konstanten mit Hilfe der diffusen Streuung der Röntgenstrahlen durch. Die erhaltene Abweichung in dem mit dieser Methode unmittelbar gewonnenen Wert $C_{11}-C_{12}$ wirkte sich weiter in starken Abweichungen der Größen S_{ik} aus.

Eine Berechnung der elastischen Konstanten des Vielkristalles aus den Werten des Einkristalles liegt nicht vor. Für den Kompressionsmodul bei Atmosphärendruck und 20 °C findet man in einer Zusammenstellung von BIRCH [83] den Wert von 4333 kg/mm². Die Angaben für den Torsions- bzw. Schubmodul schwanken zwischen 550 (SCHAEFER [1054]) und 724 (KIKUTA [665]) bzw. 780 (KOCH und DANNECKER [685]) kg/mm². Die Poissonsche Konstante wird bei KOHLRAUSCH [695] zu 0,44 angegeben. Aus den angeführten Werten des Elastizitätsmoduls und des Kompressionsmoduls berechnet man die Poissonsche Konstante zu 0,434 und den Gleitmodul zu 593 kg/mm². Diese Werte dürften der Wirklichkeit am nächsten kommen. CHALMERS [188] ermittelte in sorgfältigen Messungen an ungereckten Proben eine Elastizitätsgrenze der Größenordnung 0,09 kg/mm², an gereckten Proben von 0,30 kg/mm² und machte Angaben über die elastische Nachwirkung. E- und G-Modul wurden von Raumtemperatur bis in die Nähe des Schmelzpunktes gemessen (KOCH und DIETERLE [686], KIKUTA [665], KOCH und DANNECKER [685]), wobei sich für beide die übliche Abnahme mit steigender Temperatur ergab. Messungen des E-Moduls in Abhängigkeit von der Temperatur mit einer dynamischen Methode sind im Rahmen einer vergleichenden Untersuchung von Metallen dem Periodischen System nach durchgeführt worden (KÖSTER [691]). Der Elastizitätsmodul nimmt je Grad Celsius Temperaturerhöhung in den Temperaturbereichen −180 bis 0 °C, 0 bis 100 °C, 100 bis 200 °C, 200 bis 300 °C um 1,8; 1,9; 2,2; 2,8 kg/mm² ab. Er beträgt am Sprungpunkt für die Supraleitfähigkeit (7,22 °K) 3150 kg/mm² (WELBER und QUIMBY [1255]). Der Gleitmodul sinkt prozentual mit steigender Temperatur etwas stärker als der Elastizitätsmodul (KOHLRAUSCH), so daß sich das Verhältnis E/G und die Poissonsche Konstante μ ihrem oberen Grenzwert 3/1 bzw. 0,5 nähern (SCHAEFER [1054]). An dieser Stelle soll auch auf Messungen von GORDON [408] an flüssigem Blei hingewiesen werden. Er ermittelte die Ausbreitungsgeschwindigkeit longitudinaler Schallwellen in der Nähe des Schmelzpunkts im Hinblick auf die Löchertheorie.

Blei zeichnet sich durch eine hohe Dämpfung gegenüber mechanischen Schwingungen aus. Für das natürliche logarithmische Dämpfungsdekrement von gegossenem Blei geben FÖRSTER und KÖSTER [329] den Wert von $4{,}57 \cdot 10^{-3}$ an. WEERTMAN und SALKOVITZ [1252] bestimmten die Dämpfung (innere Reibung) von reinstem Blei, ausgedrückt als Energieverlust je halbe Schwingungsperiode dividiert durch die potentielle Energie des Systems, zu etwa 10^{-2}. Dies entspricht einem logarithmischen Dekrement von $5 \cdot 10^{-3}$. Hauptziel der Arbeit war der Einfluß von Zusätzen an Bi, Cd oder Sn zwischen 0,01 und 1 At.-% auf die Werte der Dämpfung und des Elastizitätsmoduls. WELBER und QUIMBY [1255] bearbeiteten die Dämpfung von Blei im Temperaturgebiet der Supraleitfähigkeit.

4. Schmelzpunkt, Siedepunkt, Dampfdruck

Nach einer Auswertung des Schrifttums (KOHLRAUSCH [695]) kann der Schmelzpunkt mit 327,3 °C angenommen werden. Der Schmelzpunkt wird im Druckbereich von 150 bis 2000 at durch eine Zunahme des Druckes um 1 at um 0,00803 Grad erhöht (JOHNSTON und ADAMS [627]).

Eine russische Arbeit (BUTUZOV und GONIKBERG [*165*]) findet im Bereich von 8000 bis 12000 at eine Schmelzpunktserhöhung von 6,8 Grad je 1000 at Druckzunahme, im Bereich von 20000 bis 30000 at eine solche von 5,4 Grad je 1000 at Druckerhöhung.

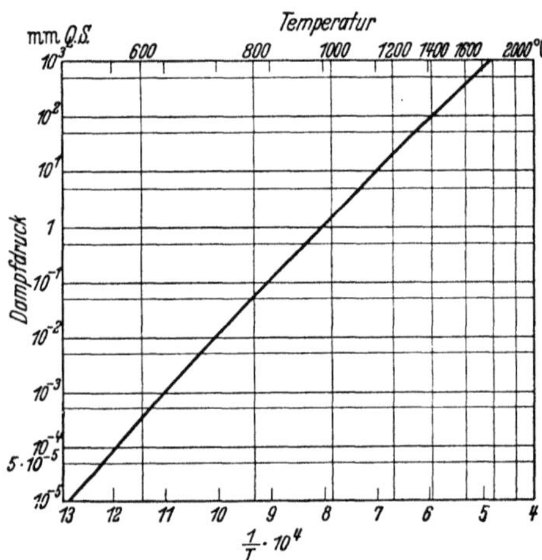

Abb. 3. Dampfdruck von Blei. Nach EUCKEN [*239, 729*]

Als genauester direkt beobachteter Wert des Siedepunkts von Blei ist unter Verwerfung älterer Messungen $(1740 \pm 10)\,°C$ anzusehen (LEITGEBEL [*740*], FISCHER [*323*]). Aus der Dampfdruckkurve (Abb. 3) folgt ein ähnlicher Wert. Kurven des Verlaufs der freien Energie der Verdampfung wurden kürzlich für eine große Anzahl von Metallen zusammengestellt (EVANS [*296*]). Der Wert $\Delta F°$ für Blei beträgt bei Raumtemperatur $+39,4$, am Schmelzpunkt $+30,5$ kcal/Mol und nimmt vom Schmelzpunkt bis zum Siedepunkt proportional der Temperatur bis auf den Wert 0 ab. Bei Verlängerung der Geraden über den Schmelzpunkt hinaus erhält man bekanntermaßen negative Werte. Der Temperaturverlauf des Dampfdrucks ist mit Rücksicht auf die Giftigkeit von Bleidampf von besonderer Wichtigkeit (S. 324).

5. Spezifische Wärme, Schmelz- und Verdampfungswärme, Selbstdiffusion

Angaben über die spezifische Wärme von Blei zwischen $1\,°K$ und Raumtemperatur finden sich bei HOROWITZ und Mitarbeitern [*595*] sowie bei MEADS und Mitarbeitern [*830*]. KUBASCHEWSKI und EVANS [*715*] geben in ihrem Buch für das Gebiet zwischen Raumtemperatur und Schmelzpunkt die Näherungsformel $C_p = a + bT + cT^{-2}$ cal/Grad Mol. Mit ihren Zahlenwerten der Konstanten $a = 5,63$ und $b = 2,33 \cdot 10^{-3}$ erhält man für die spezifische Wärme C_p bei $25\,°C$ 6,32 cal/(Grad Grammatom) bzw. $c_p = 0,0305$ cal/g Grad. Die spezifische Wärme von festem Blei am Schmelzpunkt errechnet sich zu $C_p = 7,03$ cal/(Grad Grammatom) bzw. $c_p = 0,034$ cal/g · Grad. Mit der von DOUGLAS und DEVER [*256*] angegebenen Näherung für den festen Zustand berechnet man ähnliche Werte. Für den Bereich der Schmelze bis $900\,°C$ geben diese Verfasser die Näherung $c_p = 1,5272 \cdot 10^{-1} - 1,493 \cdot 10^{-5}\,T$ Joule/g Grad, wobei

1 Joule = 0,239 cal. Man erhält für die Schmelze bei 327 °C den Wert c_p = 0,0353 cal/g Grad bzw. C_p = 7,31 cal/(Grad Grammatom), bei 600 °C c_p = 0,0343 cal/g Grad bzw. C_p = 7,11 cal/(Grad Grammatom). Das von FÖRSTER und TSCHENTKE [330] beobachtete Minimum der spezifischen Wärme bei etwa 450 °C wird durch die gegebene Formel nicht ausgedrückt.

Für die Schmelzwärme seien als Werte zuverlässiger, neuer Bestimmungen angeführt: 1,15 $\pm$ 0,03 cal/Grammatom bzw. 5,55 cal/g (KUBASCHEWSKI [715]) und 1,158 $\pm$ 0,006 cal/Grammatom bzw. 5,59 cal/g (OELSEN und Mitarbeiter [916]). DOUGLAS und DEVER [256] geben die Schmelzwärme mit 5,50 cal/g an.

Die Verdampfungswärme am Siedepunkt beträgt nach EUCKEN [293] 42,70 cal/Grammatom bzw. 206 cal/g. KUBASCHEWSKI [715] findet praktisch die gleichen Werte.

NACHTRIEB und HANDLER [888] bestimmten die Selbstdiffusion von Blei-Einkristallen des Reinheitsgrades 99,999% nach Aufdampfen von Radium D mit Hilfe von β-Strahlen-Messungen.

Folgende Werte der Diffusionskonstanten wurden ermittelt:

Temp. (°C)	173,8	206,3	225,9	253,6
$D(\mathrm{cm}^2\,\mathrm{sek}^{-1})$	$4,81 \cdot 10^{-13}$	$2,21 \cdot 10^{-12}$	$6,41 \cdot 10^{-12}$	$2,41 \cdot 10^{-11}$
Temp. (°C)	285,1	304,4	322,4	
$D(\mathrm{cm}^2\,\mathrm{sek}^{-1})$	$8,79 \cdot 10^{-11}$	$1,94 \cdot 10^{-10}$	$4,09 \cdot 10^{-10}$	

Die Werte folgen der Beziehung D = 0,281 · exp $(-24210/RT)$ cm² · sek⁻¹. Der Wert der Aktivierungsenergie ist dem von v. HEVESY, SEITH und KEIL [517] mit 27 900 cal/Grammatom bestimmten Wert vorzuziehen. OKKERSE [919] ermittelte aus Diffusionsmessungen an vielkristallinem Blei Werte des Diffusionskoeffizienten für die Gitterselbstdiffusion (D = 1,17 exp $(-25700/RT)$ cm² sek⁻¹) und für die Korngrenzen-Selbstdiffusion (D = 0,81 exp $(-15700/RT)$ cm² sek⁻¹), wobei er die Dicke der Korngrenzen zu 10 Å annahm. Er stellte in einer weiteren Arbeit [920] an Zweikristallen fest, daß die Korngrenzendiffusion von dem Winkel zwischen den Versetzungslinien und der Diffusionsrichtung abhängt. Die Diffusion verläuft im Falle einer Parallelstellung der beiden Richtungen sehr viel schneller als wenn die Diffusionsrichtung senkrecht auf den Versetzungslinien steht.

Der Diffusionskoeffizient für die Selbstdiffusion in geschmolzenem Blei zwischen 606 und 930 °K beträgt nach Messungen von ROTHMAN und HALL [1036] D = (9,15 $\pm$ 0,30) · 10⁻⁴ exp [$(-4450 \pm 330)/RT$] cm² sek⁻¹.

6. Oberflächenspannung, Korngrenzenenergie und innere Reibung

Die verschiedenen Messungen der Oberflächenspannung (bzw. Oberflächenenergie) von geschmolzenem Blei sind in Abb. 4 zusammengestellt. Dem niedrigsten und dem höchsten Wert von 397 bzw. 536 dyn/cm entsprechen bei vollkommener Benetzung Steighöhen in einem 1 mm weiten Rohr von 8,26 bzw. 9,98 mm. Bei Verwendung einer Salzdecke von Blei- und Kaliumchlorid ist die Grenzflächenspannung nur ungefähr halb so hoch. Neuerdings haben Bestimmungen der Oberflächenenergie fester Stoffe an Wert gewonnen. Aus den Werten der Sublimationswärme wurden die freien Oberflächenenergien für die Grenzfläche fest-gasförmig der Würfel- und Oktaederfläche von Blei zu 871 bzw. 745 erg/cm² bei 25 °C berechnet (FRICKE [339]). Die Würfel- und Oktaederflächen wurden nach GERMAN [367] durch Abdampfversuche im Hochvakuum freigelegt. Der Wert für vielkristallines Blei am Schmelzpunkt wird mit 700 erg/cm² angegeben. Wie der Vergleich mit Abb. 4 lehrt, sinkt die Oberflächenenergie beim Schmelzen sprunghaft ab.

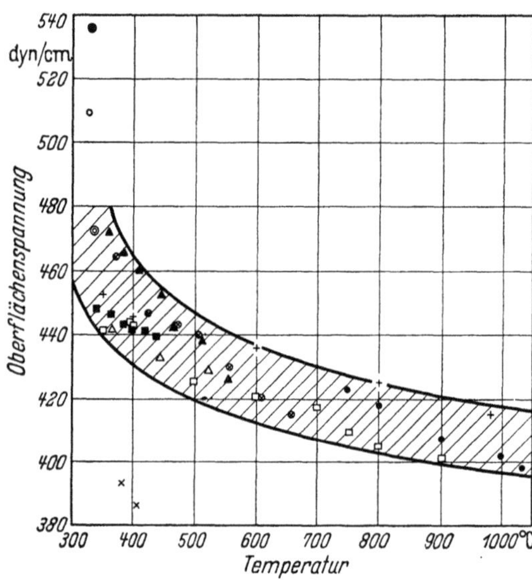

● gegen CO₂ QUINCKE 1958 [729]
⊙ gegen CO₂ GRUNMACH [729]
○ gegen CO₂ SIEDENTOPF 1897 [729]
+ gegen H₂ BIRCUMSHAW 1926 [84]
△ gegen H₂ HOGNESS 1921 [578]
• gegen H₂ DRAHT und SAUERWALD 1927 [258]
▲ gegen H₂ MELFORD und HOAR 1956 [833]
□ gegen N₂ STAHL 1957 [1143, 496]
■ gegen N₂ GREENAWAY 1948 [420]
× im Vakuum HAGEMANN 1914 [729]
⊗ im Vakuum MATSUYAMA 1927 [809]

Abb. 4. Oberflächenspannung von flüssigem Blei nach verschiedenen Bearbeitern

In vielkristallinen Metallen stoßen an den Korngrenzen Kristalle verschiedener Orientierung zusammen. In einer dünnen Schicht ermöglichen Störungen der Atomanordnung einen Übergang von einem zum anderen Kristallgitter. Im Falle der sog. Kleinwinkelkorngrenzen (Orientierungsunterschied < 20°) handelt es sich um eine Folge von Stufenversetzungen. Die Kristallbaufehler bedeuten einen vom Grad des Orientierungsunterschiedes abhängigen Energiezuwachs, den man, bezogen auf die Flächeneinheit, als Korngrenzenenergie bezeichnet. Die Korngrenzenenergie zwischen 2 Bleikristallen, die eine gemeinsame Würfelkante aufweisen, ist als Funktion des Verdrehwinkels Θ in Abb. 5 dargestellt (AUST und CHALMERS [31a] und LÜCKE [776]). Die relative freie Grenzflächenenergie kohärenter Zwillinge, bezogen auf die mittlere Korngrenzenenergie, wurde von BOLLING und WINEGARD [106] an zonengeschmolzenem Blei zu 0,050 bestimmt. Ein Zusatz von 0,1 Atom-% Ag erhöhte die relative freie Grenzflächenenergie auf den Wert von 0,077. Die Anzahl der beobachteten Zwillinge verhielt sich in beiden Metallen umgekehrt wie die relative Grenzflächenenergie der Zwillingsgrenzen.

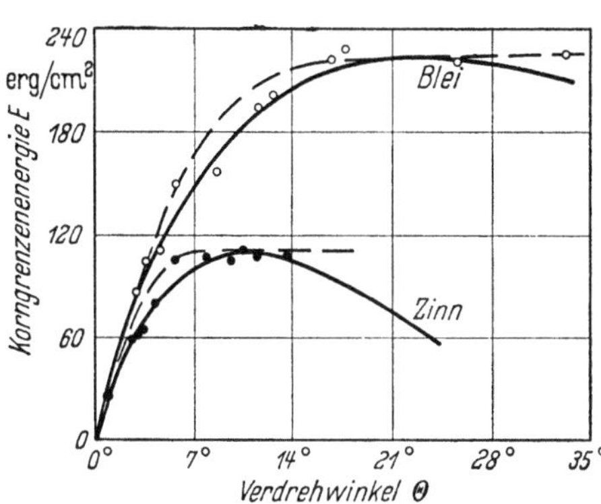

Abb. 5. Korngrenzenenergie zwischen zwei Bleieinkristallen mit einer gemeinsamen Würfelfläche als Funktion des Verdrehwinkels Θ. Zum Vergleich Werte für Zinn. Nach AUST und CHALMERS [31a, 776]

Messungen der inneren Reibung von geschmolzenem Blei wurden mehrmals durchgeführt. Als zuverlässig können folgende Werte aus älteren Messungen von GERING und SAUERWALD [366] angesehen werden:

Temperatur in °C	Viskosität η in Poise	Fluidität $\dfrac{1}{\eta}$
350	0,02648	37,8
400	0,02315	43,1
450	0,02057	48,6
500	0,01850	54,1
550	0,01681	59,5
600	0,01540	64,9

Die Werte stimmen mit den Meßergebnissen anderer Autoren befriedigend überein (ESSER, GREIS und BUNGARDT [290], YAO und KONDIC [1297]). Die Temperaturabhängigkeit der Viskosität (in CGS-Einheiten) kann

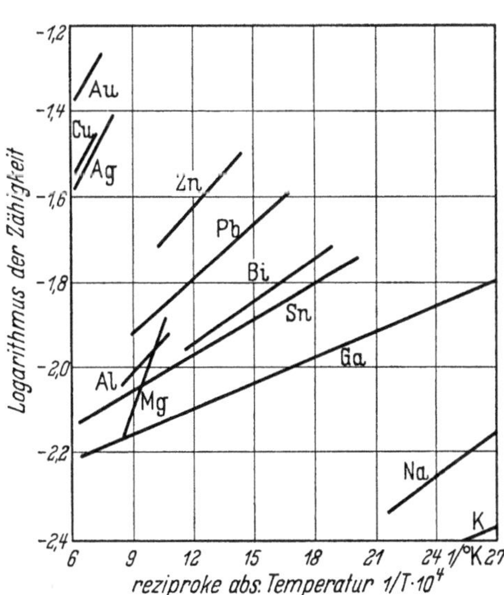

Abb. 6. Viskosität reiner Metalle in Abhängigkeit von der Temperatur. Nach GEBHARDT und KÖSTLIN [363]

durch die Beziehung $\eta = A\,e^{\,B/T}$ ausgedrückt werden, wie eine zusammenfassende Darstellung von GEBHARDT und KÖSTLIN [363] in Abb. 6 zeigt.

7. Wärme- und elektrische Leitfähigkeit, Wärmeübergang

Die Wärmeleitfähigkeit von Blei wurde von der Nähe des absoluten Nullpunktes bis in das Gebiet der Schmelze mehrfach gemessen. Für festes Blei stimmten die Ergebnisse zweier Laboratorien gut überein (BIDWELL [80, 81], KONNO [696]) und ließen sich als glatter Kurvenzug darstellen. Für das Gebiet der Schmelze verdienen die neueren Messungen den Vorzug. Aus den Kurven wurden folgende Werte der Wärmeleitfähigkeit λ in cal/sek · Grad · cm entnommen:

°C	-250	-200	-100	0	100	200
λ	$0{,}122_5$	$0{,}112_2$	$0{,}095_2$	$0{,}084_6$	$0{,}079_4$	$0{,}076_3$
°C	300	327 (fest)	327 (flüssig)	400	500	600
λ	$0{,}073_8$	$0{,}073_3$	$0{,}058_4$	$0{,}058_9$	$0{,}059_3$	$0{,}059_7$

Da Bleischmelzen in der Wärmeübertragung ausgedehnte Anwendung finden (S. 95), sind Wärmeübergangszahlen von Wichtigkeit. Für die Kombination Bleischmelze—Stahl wurde bei der Badtemperatur von etwa 450 bzw. 750 °C die Wärmeübergangszahl zu 1112 bzw. 1075 kcal/ m² · h · Grad gemessen (BÜHLER [140]).

Blei wird wenig über dem absoluten Nullpunkt supraleitend. Die Temperatur des Sprungpunktes beträgt nach neuesten Messungen an zonengeschmolzenem Blei $(7{,}175 \pm 0{,}005)$ °K (PEARSON und TEMPLETON [942]). Oberhalb des Sprungpunktes wird Blei in der Kältephysik als Werkstoff für Widerstandsthermometer verwendet(MEISSNER und FRANZ [831]). Der spezifische elektrische Widerstand von vakuumgeschmolzenem Blei (Kahlbaum, Reinheitsgrad $> 99{,}998\%$) wurde von EUCKEN und SCHÜRENBERG [295] mit $19{,}28 \cdot 10^{-6}\,\Omega$ cm bei 0 °C angegeben, der Temperaturkoeffizient zu $4{,}22 \cdot 10^{-3}$ Grad^{-1} (KOHLRAUSCH [695]). Tab. 4 enthält einige ausgewählte Werte des elektrischen Widerstandes bei Temperaturen zwischen -253 und 856 °C. Die Angaben über die tiefen Temperaturen entstammen dem Handbook of Chemistry and Physics [475]. Bis 460 °C sind die Werte der Arbeit von PIETENPOL und MILEY [962] entnommen; das verwendete Blei enthielt geringe Spuren von Gold, Arsen, Antimon und Kupfer. Die Schmelze in Drahtform wurde durch die auf der Oberfläche gebildete Oxydhaut zusammengehalten. Die Meßgenauigkeit betrug 1%. Oberhalb 460 °C wurden die Werte von MATSU-

YAMA [808] angegeben. Weitere Messungen im Gebiet der Schmelze wurden von FÖRSTER und TSCHENTKE [330] nach einem elektrodenlosen Verfahren durchgeführt (vgl. ferner ROLL und Mitarbeiter [1023]).

Tabelle 4. *Spezifischer elektrischer Widerstand ϱ von Blei*

Temp. (°C)	−252,9	− 203	−103	0	20	200	300	320
ϱ (10^{-6} Ω cm)	0,59	4,42	11,8	19,28	20,648	36,478	47,938	54,761

Temp. (°C)	330	400	460	527	682	731	776	856
ϱ (10^{-6} Ω cm)	96,735	101,418	104,878	105	112	114	117	120

8. Magnetische, akustische und optische Eigenschaften

Blei ist diamagnetisch. Die spezifische Suszeptibilität je g bei 18°C beträgt $\chi = -0,12 \cdot 10^{-6}$ (HONDA [584]).

Die Schallgeschwindigkeit in Blei, d. h. die Fortpflanzungsgeschwindigkeit elastischer Längswellen in einem Stab, wurde zu 1560 m/sek ermittelt (WOOD und SMITH [1284]). Wenn man die Schallgeschwindigkeit nach der Formel $v = \sqrt{\dfrac{E}{\varrho}}$ berechnet, erhält man mit den auf den Seiten 12, 10 aufgeführten Werten für den Elastizitätsmodul und die Dichte $v = 1212,5$ m/sek.

Als optische Konstanten für eine Wellenlänge von 5890 Å wurden angegeben: Brechungsindex 2,01, Absorptionskoeffizient 3,48, Reflexionsvermögen 62% (WARTENBERG [1238]). Das Strahlungsvermögen von Blei wurde bei verschiedenen Temperaturen gemessen (SCHMIDT und FURTHMANN [1073]).

9. Verwendung von Blei als Strahlenschutz

Um die Verwendung von Blei zum Schutz vor Röntgen- und γ-Strahlen verständlich zu machen, sei auf das Schwächungsgesetz für den Durchgang dieser Strahlen durch Materie $J = J_0 e^{-\mu d}$ verwiesen (COMPTON [210]). Dabei bedeuten $\dfrac{J}{J_0}$ den Bruchteil der hindurchtretenden Strahlung, d die Werkstoffdicke und μ den Schwächungskoeffizienten. μ setzt sich additiv aus dem Absorptionskoeffizienten τ und dem Streukoeffizienten σ zusammen, $\mu = \tau + \sigma$. Für den Absorptionskoeffizienten gilt (KOHLRAUSCH [695]):

$$\tau = \text{const} \cdot \varrho \cdot Z^3 \cdot \lambda^3$$

(ϱ = Dichte, Z = Ordnungszahl, λ = Wellenlänge (Å) = 12,34/Betriebs-
spannung der Röntgenröhre in Kilovolt), für den Streukoeffizienten
in gewissen Fällen der klassische Wert $\sigma = 0,2\,\varrho$. Bei der Streuung
erleidet die Strahlung eine Richtungsänderung und Erweichung und wird
durch Wiederholung des Streu- und Absorptionsprozesses weiterhin ge-
schwächt. Aus der Formel für τ ersieht man, daß der Absorptionskoeffizient von Blei durch das Eingehen der dritten Potenz von Z, multi-
pliziert mit der Dichte ϱ, im Vergleich zu den meisten Gebrauchsmetallen
recht hoch liegen wird. Der Vergleich der für τ und σ angegebenen
Formeln zeigt aber, daß bei abnehmender Wellenlänge der Anteil von σ
an der Schwächung der Strahlung gegenüber dem von τ mehr und mehr
überwiegt. Der Einfluß des Werkstoffes im Gebiet der kürzesten Wellenlängen drückt sich praktisch nur noch durch die Proportionalität von σ
mit der Dichte ϱ aus. Die Überlegenheit von Blei ist nun nicht mehr sehr
betont, so daß hier häufig Beton (mit Zumischungen schwerer Stoffe) als
wirtschaftlichster Strahlenschutz eingesetzt wird. Röntgenstrahlen werden im allgemeinen bei Betriebsspannungen bis zu 300 kV erzeugt. Will
man kürzerwellige Strahlung verwenden, so stehen heute als Strahler
künstliche radioaktive Isotope zur Verfügung. Wenn man Strahlen
gleicher Wellenlänge mit Röntgenröhren erzeugen wollte, müßte man diese
mit Spannungen von mindestens 600 kV (Ir 192) bis 1300 kV (Co 60) be-
treiben. Noch kürzere Wellenlängen liefert das neuerdings im Material-
prüfwesen eingesetzte Betatron. Es wird für Spannungen von 15 oder von
31 Megavolt ausgeführt [695]. Für Röntgen- und γ-Strahlen wird Blei als
gebräuchlichster Strahlenschutz verwendet, soweit sein geringer Raum-
bedarf eine Rolle spielt. Blei hat neben der hohen Ordnungszahl und der
großen Dichte den weiteren Vorteil, daß es durch Bestrahlung mit
Neutronen nicht radioaktiv wird, d.h. nicht selbst zum Strahler wird (S. 22).
Vorausgesetzt ist hierbei das Fehlen von Beimengungen, die durch die
Strahlung aktiviert werden, also die Anwendung von Blei definierter
Reinheit [611a].

Wichtig für den Strahlenschutz ist der Begriff der Dosis. Nach DIN 6809
(Vornorm Mai 1958) ,,Röntgen- und Gammastrahlen in Medizin und
Biologie'' ist das Röntgen (r) als die Einheit der Ionendosis, $1\,r =$
$2{,}58 \cdot 10^{-4}\,\dfrac{\text{Coulomb}}{\text{Kilogramm}}\left(\dfrac{\text{C}}{\text{kg}}\right)$ festgelegt. Die Ionendosis J einer ionisieren-
den Strahlung ist der Grenzwert des Quotienten aus der elektrischen
Ladung ΔQ eines Vorzeichens der Ionenpaare, die in einem Luftvolumen-
element von der Masse $\Delta m = \varrho_L \cdot \Delta v$ (Δv Volumen; ϱ_L Dichte der Luft)
durch die Strahlung unmittelbar oder mittelbar erzeugt werden, und der
Masse Δm:

$$J = \frac{dQ}{dm} = \frac{1}{\varrho_L}\frac{dQ}{dv}.$$

Nach dem deutschen Normblatt DIN 54113, „Technische Röntgen-
einrichtungen und -anlagen bis 300 kV", und dem Normblattentwurf
DIN 6804, beträgt die höchstzulässige Dosis für Berufstätige 0,3 Röntgen
(r) in einer Woche, das sind bei 40 Stunden Einschaltdauer 2 μr/sek. Nach
einer Festsetzung der Internationalen Strahlenschutzkommission im No-

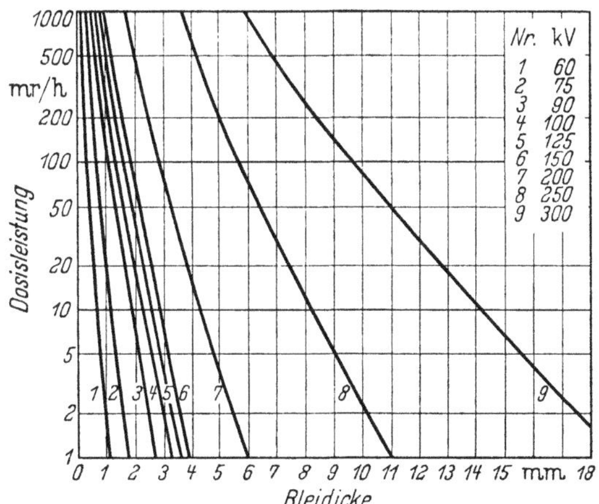

Abb. 7. Schwächung der direkten Röntgenstrahlung (Nutzstrahlung) durch Bleischichten verschiedener Dicke. Angenommener Röhrenstrom 1 mA, Entfernung der Meßstelle vom Brennfleck 1 m. Parameter ist die Betriebsspannung der Röntgenröhre. Die Angaben gelten bei Anwendung konstanter
Gleichspannung

vember 1956 soll darüber hinaus in einem Jahr die Dosis von 5 r nicht überschritten werden. Abb. 7 gibt nach DIN 6811 die Dosisleistungen in Milli-
röntgen pro Stunde im Nutzstrahlenkegel hinter einer Bleischicht, wenn
der Röhrenstrom 1 mA und der Abstand vom Brennfleck 1 m betragen.
Die Umrechnung auf andere Werte des Röhrenstroms und des Abstandes
erfolgt gemäß der Proportionalität zwischen Dosisleistung und Röhrenstrom und gemäß dem bekannten quadratischen Abstandsgesetz. Neben
der Nutzstrahlung kann auch die Streustrahlung nicht vernachlässigt
werden. Das Normblatt bringt auch Angaben über die zur Schwächung
der Streustrahlung notwendigen Bleischutzschichten.

Tab. 5 enthält die für den Schutz vor Radium- und Mesothorium-
Strahlen verschiedener Aktivität benötigten Bleidicken. Während bei
einer Röntgenröhre die Intensität der Primärstrahlung dem Röhrenstrom proportional ist, verläuft sie bei radioaktiven Stoffen proportional
der Aktivität der Substanz, die in Millicurie (mc) ausgedrückt wird.
Im Falle des Radiummetalles entspricht 1 g Radium 1000 mc.

Blei wird im Strahlenschutz insbesondere als Blech, als Bleiziegel oder
in Form der homogenen Verbleiung (S. 435) angewendet. Man kann
ferner den Zwischenraum zwischen zwei Stahlblechen mit Blei ausgießen.

Wenn, wie im Reaktorbau, mit einer starken Wärmeeinwirkung zu rechnen ist, bringt man im Blei ein Röhrensystem zur Kühlung an. Auch

Tabelle 5. *Mindestentfernung des Arbeitsplatzes von der Oberfläche des Schutzbehälters (Blei) für Radium und Mesothorium. Parameter ist die Aktivität in mC. Die Werte der Zusammenstellung wurden aus Tab. 3 des Normblattentwurfs DIN 6804 berechnet, wobei die jährliche Dosis von 5 r zugrunde gelegt wurde.*

Bleidicke in mm	10	30	50	75	100	120	150
Mindestabstand in m bei							
10 mC	1,40	0,90	0,55	0,35	0,20	0,20	0,20
50 mC	3,50	1,75	1,05	0,70	0,35	0,35	0,20
100 mC	—	2,60	1,60	0,90	0,55	0,35	0,20
200 mC	—	3,50	2,60	1,25	0,70	0,55	0,35
500 mC	—	—	3,50	1,75	1,05	0,70	0,35
1 000 mC	—	—	5,20	2,60	1,40	0,90	0,55
2 000 mC	—	—	—	3,50	2,60	1,25	0,70
5 000 mC	—	—	—	6,10	3,50	2,60	1,05
10 000 mC	—	—	—	7,80	4,40	2,60	1,40

die Verwendung von Blei als Bestandteil von Bleigummi, von Bleiglas oder von Kittmassen soll hier erwähnt werden.

Der Absorptionsquerschnitt für thermische Neutronen in Blei (Cap [175]) beträgt 0,2 barn (1 barn = 10^{-24} cm^{-2}).

Bei der Abschirmung von Kernreaktoren muß sowohl die Neutronen- als auch die Gamma-Strahlung absorbiert werden. Die Absorption der Neutronen wird unter anderem durch Wasserstoff, Lithium, Bor, Kadmium bewirkt, die Absorption der Gammastrahlen durch Beton entsprechender Zusammensetzung und Dicke, Stahl oder Blei (S. 20). Vorteilhaft ist, daß Blei dabei nicht selbst zum Strahler wird. Günstig für die Abschirmung sind somit Kombinationen leichter und schwerer Elemente, unter letzteren besonders Blei [611a, 504a].

Das kurz umrissene Gebiet ist in sehr starkem Fluß. Neuere Festsetzung der zulässigen Strahlendosis im Bundesgesetzblatt, Teil I, Nr. 31 vom 30. 6. 1960.

B. Blei und Bleilegierungen

I. Herstellung von Bleischliffen für die Gefügeuntersuchung

Bei der Herrichtung der Proben und Fertigstellung von Schliffen ist grundsätzlich zu beachten, daß Blei sich schon bei geringen Drucken verformt. Hieran schließt sich meist sofort die Rekristallisation an, durch die das Gefüge des zu untersuchenden Stückes verändert wird. Somit ist grundsätzlich jede unnötige Verformung, zu große Reibung und Erwärmung zu vermeiden.

Man entnimmt die Proben meist durch Zerteilen mit der Laubsäge; dabei empfiehlt sich eine Kühlung mit Alkohol. Die Schliffoberfläche wird durch Abfeilen, Abdrehen oder Abhobeln hergerichtet. Die dadurch oberflächlich entstehende verformte Schicht muß durch das anschließende Schleifen und vor allem Ätzpolieren restlos entfernt werden. Auch kräftige Behandlung mit einer Makroätzlösung, z. B. mit einer Lösung von Ammoniummolybdat oder einer Lösung von 100 Teilen Wasser $+$ 40 Teilen Wasserstoffsuperoxyd (30%) $+$ 10 Teilen Eisessig (JONES [631]), tut hierbei gute Dienste. Kleine Proben werden zusammengenietet oder in größere Stücke, am besten aus der gleichen Legierung, eingebettet. Auch das Einbetten in Carnaubawachs hat sich bewährt. Das weitere Verfahren soll vor allem in Anlehnung an die von SCHRADER [1079, 1081] gegebenen Anweisungen beschrieben werden.

Die Schliffprobe wird von Hand auf Schmirgelpapier Nr. 100, 250, 1 F, 00, 0000 unter Verwendung eines flüssigen Wachses, z. B. Bohnofix oder Carnaubawachs, geschliffen. Das Wachs verhindert das Schmieren von Blei und Eindrücken von Schmirgel in die Oberfläche. Noch besser ist das Naßschleifen mit wasserfesten Schleifpapieren der Körnungen 220, 320, 400 und 600, da das fließende Wasser den entstehenden Abrieb wegspült. Das Papier kann vor dem Schleifen mit Carnaubawachs bestrichen werden. An das Schleifen wird man unter Umständen ein Vorpolieren anschließen. Es erfolgt auf einer mit 120 Umdrehungen in der Minute laufenden, nassen Tuchscheibe unter Verwendung von reichlich Seife und feinem, 60 min geschlämmtem Schmirgel. Nun wird an laufender Polierscheibe auf Wolltuch mit destilliertem Wasser, 0,2%iger Salpetersäure (1,40) und Tonerde Nr. 1 als Poliermittel so lange poliert, bis die großen Kratzer verschwunden sind und die Schliffläche blank geworden ist. Die Umdrehungszahl beträgt 600 bis 800 je min.

Da nach dem Polieren noch nicht alle Kratzer verschwunden sind, wird von Hand auf Sämischleder, das mit destilliertem Wasser angefeuchtet ist, in einem dicken Brei der Tonerde Nr. 1 mit einer Spur von weinsaurem Ammonium ohne starken Druck feinpoliert. Im Verlaufe des Feinpolierens wird nach Abspülen unter der Wasserleitung einige Male mit Vilella-Lösung (VILELLA und BEREGEKOFF [1222]) geätzt und die Ätzung immer wieder abpoliert. Man spült unter einem kräftigen Wasserstrahl ab, so daß alle noch anhaftende Tonerde entfernt wird. Das Feinpolieren kann auch auf der laufenden Polierscheibe erfolgen. Als Poliertuch verwendet man Seidensamt oder Kunstseidensamt. Unter das feine Samtgewebe werden weitere ein oder zwei Lagen Samt gelegt. Poliermittel: Destilliertes Wasser mit etwa 25 g Magnesia usta und ca. 1 g weinsaurem Ammonium pro Liter. Die Magnesia usta wird in heißem, möglichst abgekochtem Wasser (karbonatfrei) aufgeschlämmt und durch ein Sieb aus Mako-Batist oder ein Sieb aus Perlon gegossen. Man soll sie nur in kleinen Mengen ansetzen und zur Verwendung für Blei abkühlen lassen. Von Zeit zu Zeit wird man nun an dem geätzten Schliff schon die Entwicklung des Gefügebildes im Mikroskop beobachten. SCHULZ [1086] empfiehlt, die beim Ätzen mit Vilella-Lösung (siehe unten) gebildete Oxydhaut in einer Lösung aus 3 Teilen Eisessig und 1 Teil H_2O_2 (30%) abzubeizen. Der Schliff wird zur Beobachtung abgespült, in absoluten Alkohol getaucht und mit Heißluft getrocknet. Die fertige Schlifffläche darf nicht mehr berührt werden, auch nicht mit Watte, da alles Kratzer hinterläßt. Die Mikroaufnahmen sollen möglichst bald gemacht werden, da die Schliffe an Luft ziemlich schnell anlaufen. Zweckmäßig werden sie in Exsikkatoren aufbewahrt. Gelingt es nicht, ein einwandfreies Gefügebild zu bekommen, so liegt dies meist daran, daß die Oberfläche vom Schleifen und Polieren her noch verschmiert ist. Diese Schicht verschwindet meist durch weiteres Ätzen und Feinpolieren.

Das beschriebene Verfahren ermöglicht die Herstellung von Schliffen für stärkste Vergrößerungen und höchste Anforderungen an die mikroskopische Technik. Für viele Zwecke ist das Verfahren zu zeitraubend und die erreichbare Auflösung auch gar nicht erforderlich. Falls man etwa nur einen Überblick über die Korngröße erstrebt, genügt eine makroskopische Kornflächenätzung, die bei gewalzten und gepreßten Bleifabrikaten kein Schleifen und Polieren erfordert. Wenn die Makroätzung über das Innere der Proben Aufschluß geben soll, wird sie auf sorgfältig abgedrehter Oberfläche erzeugt. Der Drehstahl muß scharf geschliffen sein, so daß er schneidet und nicht quetscht; Vorschub und Schnittgeschwindigkeit sollen niedrig sein (ASTM Standards [28]). Noch besser ist nach SCHULZ das Abdrehen mit dem Diamanten. Besonders saubere Ätzungen erhält man, wenn man die Proben vorher von

Hand auf Filztuch mit folgender Lösung poliert: 100 cm³ H₂O, 40 cm³ H₂O₂ (30%), 10 cm³ Eisessig. Sehr gute Erfolge werden auch durch Abschneiden der Oberfläche in Richtung einer Diagonale der Probe mit einem scharf geschliffenen Mikrotom erzielt (Lucas [770]; Bassett und Snyder [52]; Reinacher [1000]). Beim Schneiden werden zunächst Späne von 30 μ und dann von 5 μ Dicke abgenommen. Die so erhaltene Schnittfläche wird nicht mehr geschliffen, sondern sofort in der oben angegebenen Weise vorpoliert. Diese sehr zeitsparende Methode liefert auch einwandfrei Einzelheiten des Gefügebildes bei mittleren Vergrößerungen.

Bei allen aufgeführten Verfahren wird eine Verformung der Probenoberfläche nicht ganz vermieden. Das entstehende Gefügebild ist aber, wenn die angegebenen Vorsichtsmaßregeln beobachtet werden, auch bei dem leicht rekristallisierenden reinen Blei (99,99%) reell, d. h. es entspricht dem Zustand des Werkstoffes im Innern. Man kann das oben beschriebene mechanische Feinpolieren durch die Anwendung des elektrolytischen Polierens vermeiden (Jacquet [610, 611]). Im Braunschweiger Institut des Verfassers hat sich das folgende Verfahren bewährt. Nach dem Naßschleifen wird besonders lang auf Wolltuch poliert (s. oben), dann im Elektrolyten A 5 nach Knuth-Winterfeldt [683] einige Sekunden bei einer Stromstärke von ca. 5 A ätzpoliert.

Proben für makroskopische Betrachtung werden in gleicher Weise vorbehandelt. Zum Ätzen taucht man den Schliff in ein metallisches

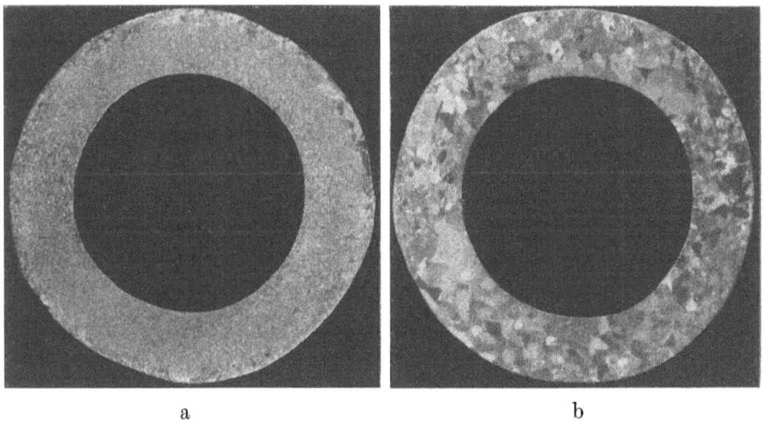

a   b

Abb. 8a u. b. Makroaufnahmen eines Bleirohres nach Ätzung mit Elektrolyt A 5 [683]. 2:1.
a) Kurz poliert; b) 1 Stunde poliert

Schälchen, das die Kathode darstellt. Die Stromzuführung zu der Probe, die die Anode bildet, erfolgt durch die Zange. Abb. 8a, b zeigt die Wirkung des Polierens auf das Gefüge am Beispiel eines Bleirohres. Die

durch das Trennen des Rohres und Schleifen der Oberfläche hervor-
gerufene Verformung führte zu oberflächlicher, feinkörniger Rekristallisation. Diese feinkörnige Zone wurde erst nach einstündigem Polieren
restlos entfernt.

Die wichtigsten erprobten Ätzmittel für Blei und Bleilegierungen
wurden im „Ätzheft" (SCHRADER [*1080*]) zusammengestellt. Im folgenden
sollen diese und einige weitere dem Schrifttum entnommene Lösungen
aufgeführt werden.

Makroskopische Kornflächenätzung	Vilella-Ätzlösung normal: 16 cm³ Salpetersäure (1,40), 16 cm³ Eisessig, 68 cm³ Glyzerin. Ätzzeit einige min
Entwicklung des Kleingefüges und der Korngrenzen	wie oben, Ätzzeit einige sek
Makroätzung von Reinblei, Blei-Wismut, Blei-Tellur, Blei-Nickel	100 cm³ H_2O, 25 cm³ Eisessig, 20 cm³ H_2O_2 (30%), 20 cm³ HNO_3 (1,40). Ätzzeit 2 bis 10 sek
Entwicklung des Kleingefüges bei besonders feinen Gefügeerscheinungen, z. B. Ausscheidungen	Vilella-Ätzlösung verdünnt: 8 cm³ Salpetersäure (1,40), 8 cm³ Eisessig, 84 cm³ Glyzerin. Ätzzeit einige sek
Entwicklung des Kleingefüges bei Blei-Zinn- und Blei-Kadmium-Legierungen	Vilella-Ätzlösung extra: 8 cm³ Salpetersäure (1,40), 16 cm³ Eisessig, 76 cm³ Glyzerin
Makroskopische Ätzung	20 cm³ Salpetersäure (1,40), 80 cm³ dest. Wasser. Ätzzeit etwa 10 min. Erwärmen, falls starke Schichten verformten Gefüges abgetragen werden müssen. In fließendem Wasser, dann in Alkohol abspülen u. schnell trocknen
Makroskopische Ätzung	a) 15 g molybdänsaures Ammonium, 100 cm³ dest. Wasser b) 58 cm³ Salpetersäure (1,40), 42 cm³ dest. Wasser Lösungen a) und b) zu gleichen Teilen mischen. Ätzzeit 10 sek und länger bei stetiger Bewegung. Schnell in Wasser abspülen. Niederschlag vorsichtig mit Watte· unter fließendem Wasser abtupfen, dann in Alkohol abspülen und trocknen
Für Blei-Antimon-Zinn-Legierungen (Unterscheidung von Sb und SbSn)	a) 10 g Ammoniumpersulfat, 100 cm³ dest. Wasser b) 30g Weinsäure, 100cm³ dest. Wasser. 5 cm³ Lösung a) mit 2 cm³ Lösung b) mischen
Für Blei-Antimon-Legierungen bis 2% Sb [*28*]	3 Teile Eisessig, 1 Teil H_2O_2 (9%). Ätzzeit 10 bis 30 min je nach Tiefe der verformten Schicht. Wenn nötig, Nachbehandlung in konz. Salpetersäure

Für Blei-Antimon-Legierungen [*28*]	3 Teile Eisessig, 1 Teil H_2O_2 (30%). Ätzzeit 6 bis 15 sek
Für Weichblei und Blei-Kalzium-Legierungen [*28*]	2 Teile Eisessig, 1 Teil H_2O_2 (30%). Ätzzeit 8 bis 15 sek
Für Blei-Antimon über 2% Sb [*28*], Blei-Zinn bis 3% Sn, Weichblei [*52*]	Elektrolytisches Ätzen in 60 cm³ reiner Überchlorsäure und 40 cm³ Wasser. Die Probe ist Kathode, eine Platinspirale Anode. Ätzzeit ³/₄ bis 1¹/₂ min

Für einfache Arbeiten mit höher legiertem Hartblei, Letternmetall und bleireichem Weißmetall kann das Polieren wie bei Stahl, d. h. nur an laufender Scheibe, durchgeführt werden. Zur Entwicklung des Kleingefüges kann man auch eine Mischung von 1 cm³ Salpetersäure (1,40) und 100 cm³ destilliertem Wasser verwenden. Der Schliff wird nach dem Ätzen kurze Zeit in Leitungswasser gelegt. Das Blei wird dunkel geätzt.

Zusammenfassende Darstellungen der metallographischen Technik finden sich im angelsächsischen Schrifttum bei Vilella [*1221*] und bei Worner [1287]. Diese Arbeit enthält sehr viele Einzelheiten, auf die hier nicht eingegangen werden konnte. Worner betont besonders, daß bei hohen Ansprüchen an die mikroskopische Technik die beste Ätzlösung für jede Legierung ausprobiert werden muß.

II. Zweistofflegierungen

1. Allgemeiner Überblick. Kristallisationserscheinungen

Da die binären Legierungen dieses Abschnitts der Handlichkeit halber in alphabetischer Reihenfolge angeordnet sind, kommen etwaige

Tabelle 6. *Typen von binären Systemen des Bleies. Atomradien für die Koordinationszahl 12 in Å. Wert für Blei 1,75 Å.*

  I. Mischungslücke im flüssigen Zustand, keine intermediären Phasen.
      Pb–Al 1,43; –Co 1,26; –Cr 1,28; –Cu 1,28; –Fe 1,27; –Ga 1,39; –Mn 1,31; –Ni 1,24; –Si 1,34; –Zn 1,37.

 II. Eutektikum ohne intermediäre Phasen:
      Pb–Ag 1,44; –As 1,48; –Cd 1,52; –Sb 1,61; –Sn 1,58 (s. unten).

III. Systeme mit intermediären Phasen:
    a) Auf der Bleiseite Eutektikum:
        Pb–Au 1,44; –Ba 2,25; –K 2,36; –Li 1,57; –Mg 1,60; –Na 1,92 (s. unten); –Pd 1,37; –Pt 1,38.
    b) Auf der Bleiseite Peritektikum:
        Pb–Bi 1,82 (s. u.); –Ca 1,97.
    c) Liquiduslinie von der Bleiseite aus steil ansteigend:
        Pb–Ce 1,82; –Ge 1,39 (keine intermediäre Phase); –La 1,86; –Pr 1,82; –S; –Se 1,6; –Sr 2,16; –Te 1,7; U.

IV. Großes Mischkristallgebiet auf der Bleiseite:
      Pb–Bi 1,82 (s. o.); –Hg 1,55; –In 1,57; –Na 1,92 (s. o.); –Sn 1,58 (s. o.); –Tl 1,71

Analogien zwischen Zustandsschaubildern und Zusammenhänge mit dem periodischen System nicht zum Ausdruck. Es sei daher eine kurze Zusammenstellung, Tab. 6, der genauer untersuchten Legierungen nach Typen von Zustandsschaubildern gebracht (HANSEN [488]).

Die Atomradien sind für die Koordinationszahl 12, also für eine dichteste Kugelpackung, angegeben, entsprechend der Struktur des Legierungspartners Blei. Die Zustandsschaubilder müssen — wenigstens in der Vorstellung — mit Atomprozenten zugrunde gelegt werden.

Die Gruppeneinteilung der Systeme ist so getroffen, daß ihre Reihenfolge ungefähr einer steigenden Legierungsfähigkeit mit Blei entspricht.

Die Zusammenstellung läßt gewisse Beziehungen zu dem periodischen System und den Atomradien erkennen.

I. An den Systemen mit Mischungslücken sind durchschnittlich die Metalle mit den kleinsten Atomradien, also der größten Atomradiendifferenz gegenüber Blei, beteiligt. Sie gehören vornehmlich der Gruppe der Übergangsmetalle an. Von den aufgezählten Elementen hat nur Zink nachgewiesenermaßen eine meßbare Löslichkeit in festem Blei, während das für Nickel noch bezweifelt werden muß.

II. In den Systemen mit Eutektikum ohne intermediäre Phasen haben Kadmium, Antimon, Zinn eine größere Löslichkeit in festem Blei als die Elemente mit größerer Atomradiendifferenz, Silber und Arsen.

III. Die Alkali- und Erdalkalimetalle bilden, soweit dies untersucht wurde, durchweg intermediäre Phasen mit Blei. Es sind dies z. T. die sogenannten Zintlschen Phasen, bei denen der heteropolare Bindungstyp hervortritt (DEHLINGER [240]). Überall findet sich ein temperaturabhängiges Mischkristallgebiet auf der Bleiseite, verbunden mit Aushärtbarkeit dieser Legierungen. Die Atomradien liegen teils in der Nähe des Wertes von Blei, teils darüber. Kalium mit dem größten Atomradius hat nur noch beschränkte Mischbarkeit mit Blei im flüssigen Zustand. Die drei in dieser Gruppe stehenden Edelmetalle Gold, Palladium, Platin bilden mit Blei zwar intermediäre Phasen, aber keine festen Lösungen. Die Homologen Schwefel, Selen und Tellur legieren sich in der angegebenen Reihenfolge mit Blei. Schwefel mit dem kleinsten Atomradius und ausgesprochen nichtmetallischem Charakter bildet vermutlich eine Mischungslücke mit Blei; Tellur geht sogar bis zu einem gewissen Grad in Blei in feste Lösung. Die intermediären Phasen PbS, PbSe, PbTe sind als überwiegend heteropolare Verbindungen anzusprechen.

IV. An den Systemen mit großem Mischkristallgebiet auf der Bleiseite sind durchweg Elemente beteiligt, deren Atomradius dem von Blei naheliegt. Die Erfahrung zeigt, daß weitgehende Mischkristallbildung zwischen Metallen nur vorhanden ist, wenn sich die Atomradien um nicht mehr als 14 bis 15% unterscheiden. Die Elemente, die, bezogen auf Blei, dieser Forderung genügen, lägen im Bereich von 1,5 bis 2,0 Å. Die Bedingung ist von den hier genannten Elementen erfüllt. In diesem Zusammenhang soll eine Arbeit von TYZACK [*1210*] erwähnt werden, worin die Änderung der Gitterkonstanten von reinem Blei durch Zulegieren von Sb, Bi, Sn, In, Tl, Cd und Hg bestimmt wurde. Alle genannten Elemente außer Bi kontrahieren das Bleigitter, wie man es auf Grund der Atomradiendifferenzen erwartet.

TILLER und RUTTER [*1198*] studierten an zonengeschmolzenem Blei mit Zusätzen von Zinn, Silber und Gold den Übergang von dem ebenen zum zellenförmigen und dendritischen Kristallwachstum in Abhängigkeit von Konzentration und Temperaturgefälle. Nach den experimentellen Ergebnissen ist an der Grenzfläche fest-flüssig eine flüssige Schicht mit erhöhter Konzentration an dem gelösten Metall vorhanden. Weitere Beobachtungen über das Schmelzen und die Erstarrung von Bleilegierungen finden sich in einem besonderen Abschnitt (S. 321).

Zur Frage der analytischen Bestimmung der Legierungselemente von Blei soll auf Spezialwerke [*193*] hingewiesen werden. Ferner seien infolge ihrer einfachen Durchführung Tüpfelproben für den Nachweis von Legierungsbestandteilen erwähnt (HIGGS und EVANS [*526*]).

2. Blei-Aluminium

Das Zustandsschaubild Blei-Aluminium ist dadurch von technischem Interesse, daß manche gehärteten Blei-Lagermetalle, namentlich das Bahnmetall, Aluminiumzusätze enthalten (s. unten). Umgekehrt versieht man Aluminiumlegierungen mit Bleizusätzen, um ihre Zerspanbarkeit auf dem Automaten zu verbessern. Das System enthält eine Mischungslücke im flüssigen Zustand, deren wahrscheinlichster Verlauf nach einer Auswertung des Schrifttums (HANSEN [*488*]) nebenstehend wiedergegeben ist (Abb. 9). Sorgfältige Untersuchungen gestatteten es, die genaue Lage der Eutektika auf der Bleiseite (CAMPBELL [*169*], DARDEL [*231*]) und auf der Aluminiumseite festzulegen. Die Liquiduskurve steigt auf der Bleiseite vom eutektischen Punkt (0,021 Gew.% Al) aus steil nach oben. Die Schrifttumsangaben nach HANSEN [*488*] schwanken aber im einzelnen sehr stark.

Auch in der Pulvermetallurgie kann man Ansätze für die Bedeutung des Schaubildes Aluminium-Blei erkennen. Man stellt heute Reibwerkstoffe für Kupplungen und Bremsen auf Kupferbasis mit Hilfe pulvermetallurgischer Verfahren her. Das Kupfer erhält Zusätze von Legierungselementen, außerdem von Stoffen, die besonders die Reibung und den Verschleiß beeinflussen, wie Graphit, Blei, Tonerde (GOETZEL

[*400*], PIEPER [*961*], HOFMANN [*574*]). Vielleicht ist auch Aluminium als Grundlage derartiger Körper an Stelle von Kupfer nicht ohne Interesse.

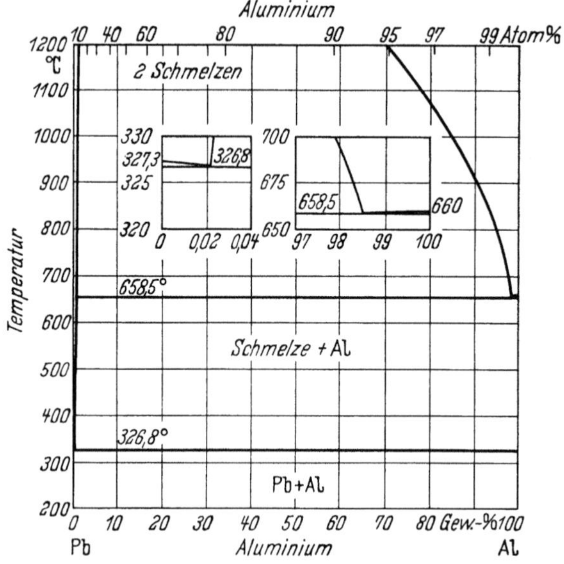

Abb. 9. Blei-Aluminium. Nach HANSEN

Flüssiges Aluminium kann bis zu 10 Gew.-% Pb in Form einer Emulsion oder kolloidalen Suspension aufnehmen (CAMPBELL [*169*], SCHEIL [1057]).

3. Blei-Antimon

Will man die Härte von Blei für praktische Anwendungszwecke erhöhen, so ist das nächstliegende Legierungselement im allgemeinen Antimon. Die Blei-Antimon-Legierungen sind seit alters schlechthin unter dem Namen Hartblei bekannt und werden als wichtigste Legierungsgruppe von Blei in ausgedehntem Maße verwandt, z. B. für Rohre und Bleche, Kabelmäntel, Tuben, Akkumulatorenplatten, Anoden, Schwefelsäurearmaturen. Die Legierungen werden zur Zeit im deutschen Normblatt DIN 17 641 „Blei-Antimon-Legierungen (Hartblei)" zusammengefaßt.

Druckrohre (für 6 und 10 at Nenndruck) und Abflußrohre für Wasserleitungen aus Weichblei und aus Hartblei sind in den deutschen Normblättern DIN 1261, 1262 und 1263 verankert. Antimon ist weiterhin ein wesentlicher Bestandteil der Mehrstofflegierungen des Bleies, die als Schriftmetall und als Lagermetall gebraucht werden. Äußerlich zeichnen sich die Legierungen mit höheren Antimongehalten vor Weichblei dadurch aus, daß sie ihr blankes Aussehen an Luft länger beibehalten.

a) Herstellung und Aufbau der Legierungen. Die Legierungen werden hergestellt, indem man entweder Antimon unterhalb seines Schmelzpunktes in flüssiges Blei einrührt oder umgekehrt Blei geschmolzenem Antimon zugibt. Zum Erschmelzen von Legierungen mit niedrigem Antimongehalt geht man am besten von technischem Hüttenhartblei mit etwa eutektischer Zusammensetzung (z. B. Hartblei 12) oder einer Vorlegierung mit geringerem Antimongehalt aus. Man kann die Vor-

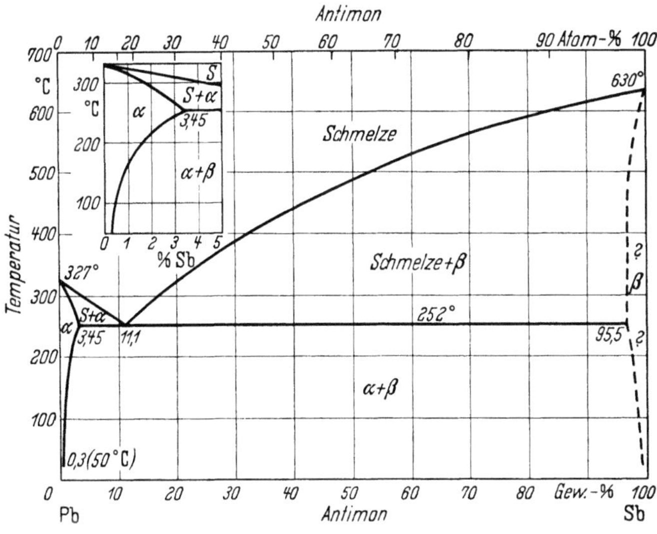

Abb. 10. Blei-Antimon. Nach RAYNOR

legierung dem Blei bei niedrigerer Temperatur zusetzen. Bekannte genormte Vorlegierungen hohen Reinheitsgrades, wie er z. B. zur Akkumulatorenherstellung verlangt wird, sind in Deutschland Hartblei 9 und Hartblei 9 X.

Zusammensetzung von Hartblei 9: 8,7 bis 9,0% Sb. Zulässige Beimengungen in %: Ag 0,002 As 0,01 Bi 0,01 Cu 0,01 Fe 0,01 Sn 0,01 Zn 0,001 Ni Spur, frei von sonstigen Edelmetallen.

Zusammensetzung von Hartblei 9 X: 8,7 bis 9,0% Sb. Zulässige Beimengungen in %: Ag 0,008 As 0,015 Bi 0,02 Cu 0,02 Fe 0,01 Sn 0,02 Zn 0,001 Ni Spur, frei von sonstigen Edelmetallen.

Das Schaubild Blei-Antimon ist kürzlich auf Grund einer kritischen Sichtung des Schrifttums von RAYNOR [996] überarbeitet worden (Abb. 10). Die Temperatur des Eutektikums ist danach mit 252 ± 0,5°C anzunehmen, seine Zusammensetzung mit 11,1% Sb. Abweichungen von diesen Werten beruhen in erster Linie auf der starken Neigung der Schmelzen zu Unterkühlung. Durch einen Zusatz von 0,01 Gew.-% S wird die eutektische Temperatur um 1,9°C erniedrigt, die eutektische

Konzentration nach der Antimonseite hin um 0,3% verschoben (KNOLLE und LÖHBERG [682]). Ein Zusatz von 0,1% Ebonit zu Blei-Antimon-Legierungen der Akkumulatorentechnik verfeinert nach DASSOJAN [232] auf Grund seines Schwefelgehaltes das Gefüge und verbessert die Gießbarkeit. Die unmittelbare chemische Analyse der eutektischen Restschmelze einer langsam erstarrten Legierung lieferte den Wert von 11,6% Sb (HOFMANN u. ENGEL [559]) in guter Übereinstimmung mit dem von RAYNOR angegebenen Wert und mit älteren Bestimmungen ähnlicher Art (BLUMENTHAL [93] sowie QUADRAT und JIŘIŠTĚ [985]). Danach ist der früher angenommene Antimongehalt des Eutektikums von 13% (HANSEN [488]) als zu hoch anzusehen. OELSEN [915] führte eine sehr sorgfältige thermische Analyse der Legierungen mit Hilfe kalorischer und elektrochemischer Messungen (s. a. EREMENKO [287])

Abb. 11. 15% Sb. Guß. Primärkristalle von Antimon in eutektischer Grundmasse. 150:1

Abb. 12. 11,9% Sb. Guß. Rein eutektische Struktur. Bleikristallite an verschiedener Orientierung der Antimonlamellen zu unterscheiden. 500:1

durch und gewann neben dem Erstarrungsdiagramm weitere thermodynamische Größen wie die Bildungsaffinität und die Vermischungsentropien der Schmelzen. Das Gefüge einer übereutektischen, einer eutektischen und einer untereutektischen Legierung zeigen Abb. 11, Abb. 12, Abb. 304. Da Blei maximal 3,45% Sb in feste Lösung aufzunehmen vermag, sollten Legierungen mit niedrigerem Antimongehalt kein Eutektikum enthalten. In Wirklichkeit ist aber infolge von Kristallseigerung noch bei Gehalten von 2% Sb (Abb. 13) und weit darunter Eutektikum vorhanden. Legierungen mit nur 0,1% Sb zeigen diese Kristallseigerung noch sehr ausgeprägt (Abb. 14), wobei in den dunklen Waben der Antimongehalt stark erhöht ist. Kristallseigerung wurde sogar noch bei einem Antimongehalt von 0,01% festgestellt (SIMON und JONES [1122]). Beim Tempern der Legierungen verschwindet die in den beiden letzten Gefügebildern dargestellte Kristallseigerung, und es entstehen homogene Legierungen, entsprechend dem Gleichgewichtsschaubild. Die letztgenannten Verfasser [*1124*] beschrieben außerdem die um-

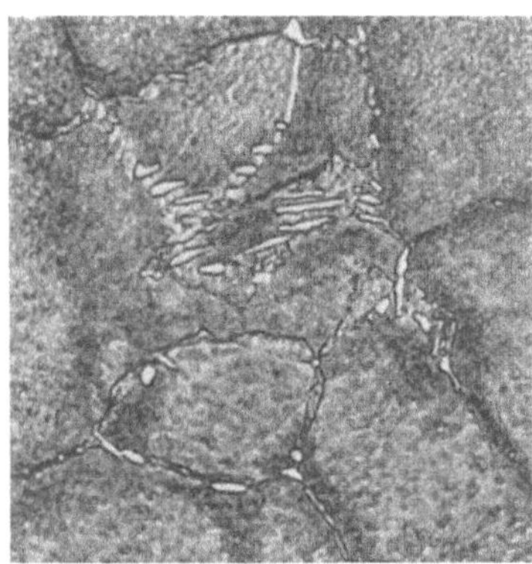

Abb. 13. 2% Sb. Guß. Bleimischkristalle mit Ausscheidungen im festen Zustand. Eutektikum an den Korngrenzen und in den dunkler geätzten Restfeldern. 1500:1

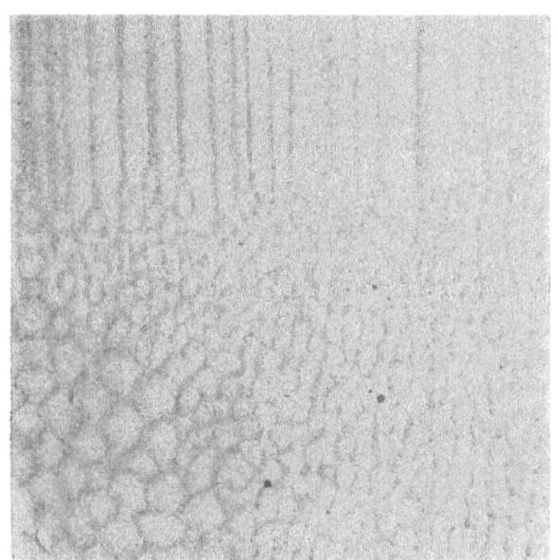

Abb. 14. 0,1% Sb. Guß. Wabenförmige Kristallseigerung. 150:1

gekehrte Blockseigerung in untereutektischen Legierungen. Eutektische Restschmelze wird dabei an die Oberfläche gepreßt. Infolge Unterkühlung kristallisiert Antimon als letzter Bestandteil mit den rhomboedrischen (111)-Ebenen bzw. der hexagonalen Basis parallel der Oberfläche.

Über die Bildung von Ausscheidungen im festen Zustand infolge der mit sinkender Temperatur abnehmenden Löslichkeit wurden in der Bleiforschungsstelle Beobachtungen angestellt [*577*]. Antimonsegregat tritt in homogenisierten Legierungen mit 2% Sb nach einer sich über Tage erstreckenden Abkühlung auf (Abb. 15). Legierungen, die mit 1 °C/min, also immer noch langsam, abgekühlt werden, zeigen nur den Beginn von Ausscheidungen auf den Korngrenzen (Abb. 16). Bei Luftabkühlung sind im Gefüge überhaupt keine Ausscheidungen mehr zu beobachten. Die Röntgenuntersuchung liefert hier reproduzierbare Werte der Gitterkonstanten, die gegenüber reinem Blei beträchtlich erniedrigt sind (Hof-mann, Schrader und Hanemann

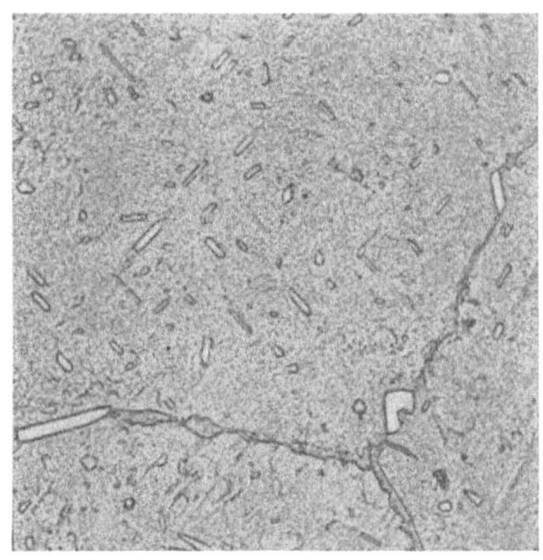

Abb. 15. 2% Sb. Bei 235 °C getempert und in 7 Tagen abgekühlt. Gerichtetes Segregat von Antimon in Plättchenform. 600:1

[*577*] sowie OBINATA und SCHMID [*908*]). Dies ist ebenfalls in dem Sinn zu deuten, daß bei Luftabkühlung homogener Legierungen alles Antimon in fester Lösung bleibt. Elektrische Widerstandsmessungen führen zu dem gleichen Ergebnis. Bei heterogenen Legierungen, also vor allem Legierungen mit hohem Antimongehalt, ist die Unterdrückung der Ausscheidungen schwieriger. Die Ausscheidungsträgheit von Hartblei ist insofern von Wichtigkeit, als sie eine Aushärtung schon an luftgekühlten Teilen ermöglicht (S. 44, ferner S. 253).

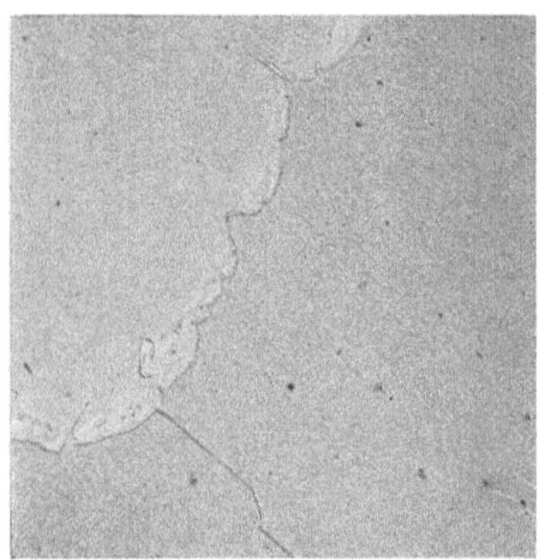

Abb. 16. 2% Sb. Nach Tempern bei 245 °C mit einer Geschwindigkeit von 1°/min abgekühlt. 500:1

b) Gießeigenschaften. Physikalische Eigenschaften. Die Kontraktion beim Erstarren naheutektischer Legierungen ist nach Tab. 7 niedriger als die von Weichblei (DEAN, ZICKRICK und NIX [*239*]).

Tabelle 7. *Erstarrungsschrumpfung einiger Blei-Antimon-Legierungen*

Antimon in Gew.-%	0	10	12	16	100
Erstarrungsschrumpfung in Vol.-%	3,85	2,31	2,47	2,06	1,45

Auch das Längenschwindmaß der Legierungen (S. 318) liegt nach Tab. 8 unterhalb desjenigen von Weichblei (v. GÖLER [*393*], WÜST [*1292*]).

Tabelle 8. *Längenschwindmaß von Blei-Antimon-Legierungen*

Antimon in Gew.-%	0	3	6,9	14,68	14,68	19,2	19,2
Gießtemperatur in °C	—	—	—	450°	500°	650°	750°
Längenschwindmaß in %	0,97[1]	0,65[1]	0,64[1]	0,56	0,56	0,54	0,54

BAUER und SIEGLERSCHMIDT [*62*] bestimmten in grundlegenden Arbeiten die Abhängigkeit der Schwindung von Abmessungen und Temperatur der Form, vom Verhältnis des Gewichts der Schmelze zu dem der Form usw. Die gefundenen Werte lagen unterhalb der nach $\alpha \cdot (t_{\mathrm{sol}} - 20\,°\mathrm{C})$ berechneten Werte. Für eine Legierung mit 16% Sb

---

[1] Berechnet nach $\alpha \cdot (t_{\mathrm{sol}} - 20\,°\mathrm{C})$, was zu hohe Werte ergibt. Dabei bedeuten α = linearer Ausdehnungskoeffizient und t_{sol} = Solidustemperatur in °C (v. GÖLER [*393*]).

und 0,21% Graphit, die vermutlich als Lagermetall gedacht war, ergab
sich als Schwindmaß:

	Sandguß	Kokillenguß
Anfängliche Formtemperatur 20 °C	0,54	0,52
Anfängliche Formtemperatur 125 bis 148 °C	0,56	0,48

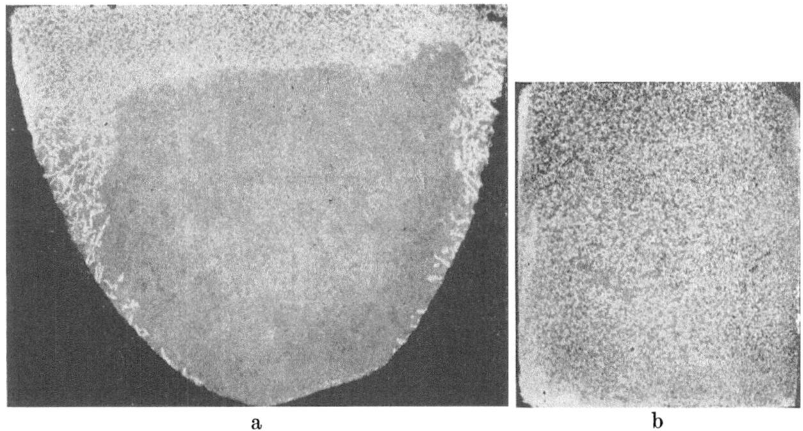

a   b

Abb. 17. a) 15% Sb. Langsam abgekühlt. 1,6:1; b) 15% Sb. In kalte Form gegossen. 2:1

Die übereutektischen Legierungen neigen stark zum Seigern; dabei
reichern sich die oberen Teile der Gußstücke an Antimon an (Abb. 17a).
Die tieferen Schichten besitzen im
Extremfall eutektische Zusammensetzung (S. 32). Die Seigerung ist
durch den Dichteunterschied zwischen Antimon und Schmelze bedingt und wird durch die Abkühlungsgeschwindigkeit und die Zähigkeit der Schmelze beeinflußt. Sie
kann durch schroffe Abkühlung fast
ganz vermieden werden (Abb. 17 b);
eine niedrige Gießtemperatur ist von
Vorteil. Auf die Seigerung muß bei
der Probenahme als Vorbereitung
für die analytische Untersuchung
Rücksicht genommen werden [193].

An Stelle älterer Messungen
(PLÜSS [966], GROSHEIM-KRISKO

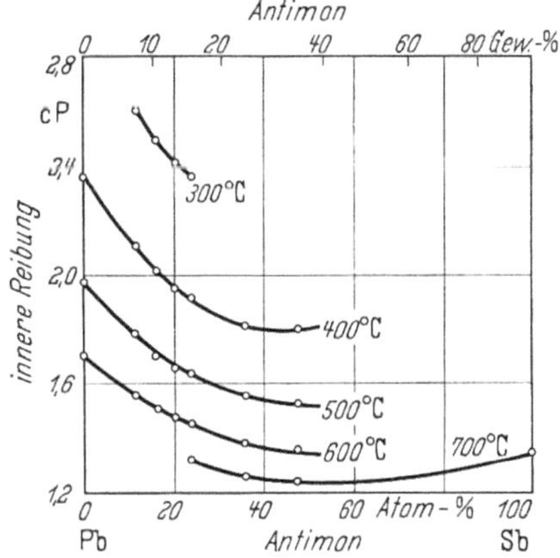

Abb. 18. Innere Reibung von Blei-Antimon-
Legierungen. Nach GEBHARDT und KÖSTLIN

[441]) der inneren Reibung soll hier nur auf eine neue Arbeit von
GEBHARDT und KÖSTLIN [362] Bezug genommen werden (Abb. 18).

3*

Die innere Reibung der Schmelzen nimmt bei einer gegebenen Temperatur von der Bleiseite aus bis zu einem Minimum ab, das zwischen 40 und 60 At.-% Antimon liegt. Der Diffusionskoeffizient von Antimon in geschmolzenem Blei im Temperaturbereich von 450 bis 600 °C beträgt nach NIWA und Mitarbeitern ([901], vergleiche [252a])

$$D = 0{,}0025 \cdot \exp. \frac{-6400}{RT} \left[\frac{cm^2}{sek}\right].$$

Die Dichten der Legierungen im Gußzustand wurden mehrfach bestimmt (DEAN und ZICKRICK [239], GOEBEL [391], HIDNERT [521],

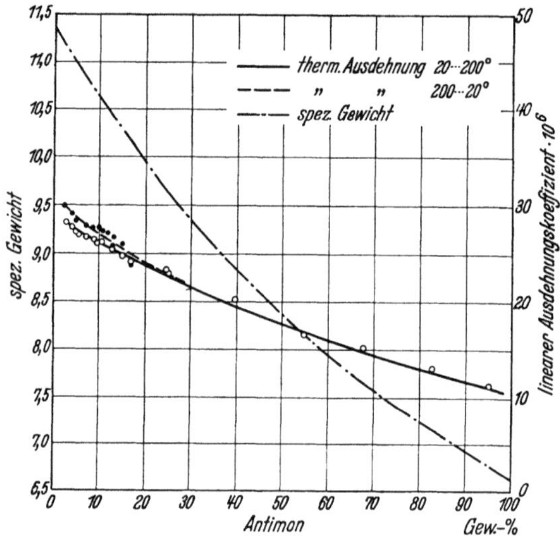

Abb. 19. Blei-Antimon. Dichte und mittlerer linearer Ausdehnungskoeffizient. Nach HIDNERT [521]

YURKOV [1298]) (Abb. 19). Man kann mit ihrer Hilfe eine Schnellbestimmung des Antimons in Hartblei durchführen (RICHTER [1011]). GREENAWAY [420] gibt auf Grund seiner Messungen Werte der Oberflächenspannung und Dichte von Blei, Antimon und von 5 Blei-Antimon-Legierungen im geschmolzenen Zustand. Die Oberflächenspannung, gemessen bei 140 °C oberhalb der Liquiduskurve, fällt von der Bleiseite zur Antimonseite des Systems hin zuerst stärker, dann schwächer ab.

Die elektrische (und Wärme-) Leitfähigkeit der Legierungen sinkt bei einem Antimongehalt von 10% um 23% (DEAN und ZICKRICK [239]) des Wertes für Reinblei. KONOZENKO [697] führte an naheutektischen Legierungen umfangreiche Messungen der elektrischen Leitfähigkeit und der Thermospannung zwischen 0 und 300 °C durch und untersuchte auch den Hall-Effekt bei Raumtemperatur. Die thermische Ausdehnung wurde an gegossenen Legierungen mit Antimongehalten von 2,9 bis

98% zwischen −12 und 200 °C bestimmt (HIDNERT [*521*]). Es ergab sich in diesem Bereich, der als Bereich der heterogenen Legierungen angenommen wurde, eine lineare Beziehung zwischen dem thermischen Ausdehnungskoeffizienten und der Konzentration in At.-% Die Abb. 19 wurde demgegenüber unter Zugrundelegung von Gew.-% aufgestellt. Die Legierungen befanden sich zu Versuchsbeginn im Gußzustand, waren also nicht im Gleichgewicht. Aus den Abkühlungskurven, die sich

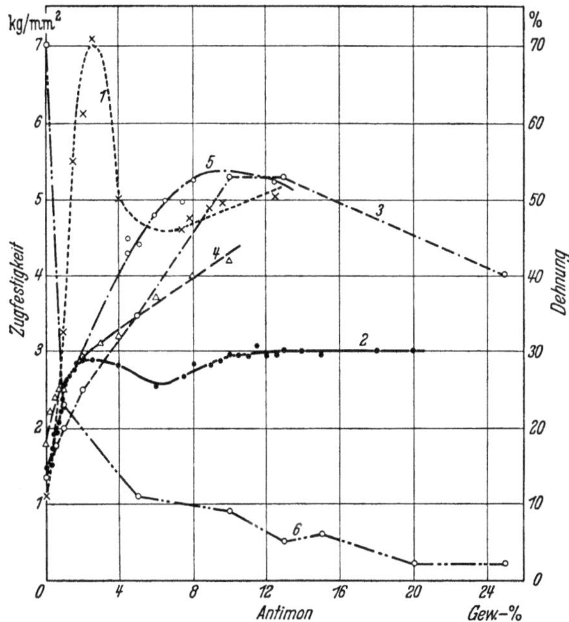

Abb. 20. Zugfestigkeit und Bruchdehnung von Blei-Antimon-Legierungen. *1* Drähte, von 235 °C abgeschreckt, 70 Tage gelagert [*239*]; *2* dasselbe, 7 Wochen bei 110 °C; *3* kurze Normalstäbe, gegossen? [*1261*]; *4* Versuche von WUNDER [*1293*], gegossen?; *5* Guß, U. S. Bureau of Standards [*239*]; *6* wie *3*, Bruchdehnung

jeweils an die erste Erhitzungskurve anschlossen, folgten daher etwas andere Ausdehnungskoeffizienten als aus den Erhitzungskurven.

c) Mechanische Eigenschaften. Die Festigkeitseigenschaften der Blei-Antimon-Legierungen, namentlich im Bereich von 0,5 bis zu 3% Sb, hängen in hohem Maße von der Vorgeschichte des Werkstoffes ab (vgl. den folgenden Abschnitt und S. 252). Die Art der Vorbehandlung kann im angegebenen Konzentrationsbereich Unterschiede in den Festigkeitswerten von über 100% ergeben. Angaben über mechanische Werte der Legierungen müssen also die Vorgeschichte enthalten. Von großem Einfluß auf die Festigkeitseigenschaften sind auch kleine Beimengungen (S. 41). In Abb. 20 sind die Zugfestigkeiten der Legierungen nach verschiedener Vorbehandlung einander gegenübergestellt. Kurve *1* und *2* entsprechen den beiden extremen Fällen der maximalen, Aushärtung und der vollständigen Erweichung. Die Ähnlichkeit des Kurvenverlaufs in den Fällen *3* bis *5* läßt den Schluß zu, daß es sich hier übereinstimmend um Gußlegierungen handelt, wie für Kurve *5* angegeben. Die Kurven

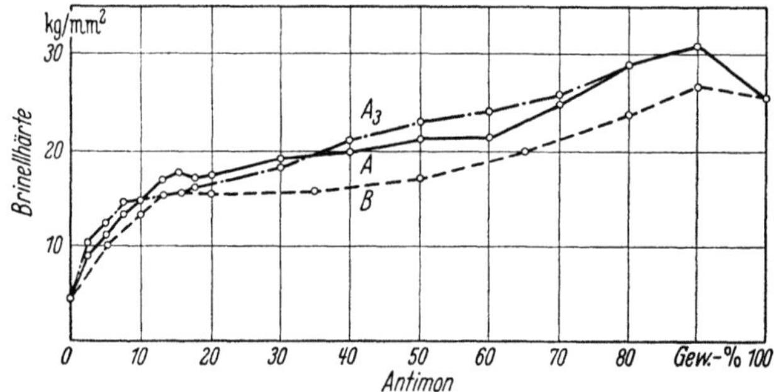

Abb. 21. Härte der Blei-Antimon-Legierungen. Reinheitsgrad des Ausgangsbleies 99,9%. *A* abgeschreckt vergossen; *B* langsam abgekühlt; *A*₃ gegossen, 3 Monate gelagert. Nach Goebel [*391*]

der Gußlegierungen liegen zwischen denen der ausgehärteten und der durch Anlassen bei 110°C erweichten Legierung, ein Zeichen, daß auch bei gegossenen Stücken noch mit einer gewissen Aushärtung zu rechnen

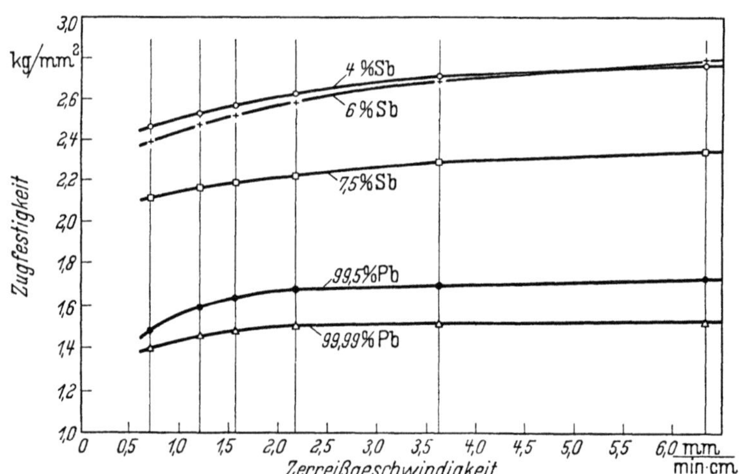

Abb. 22. Zugfestigkeit von Blei-Antimon-Legierungen in Abhängigkeit
von der Zerreißgeschwindigkeit

ist. Bemerkenswert ist in den Kurven *3* und *5* das Maximum der Zugfestigkeit bei ungefähr eutektischer Zusammensetzung. Die feinlamellare Ausbildung des Eutektikums (Abb. 12) macht dieses Maximum verständlich. Mit dem Auftreten primärer Antimonkristalle bei übereutektischen Legierungen sinkt die Zugfestigkeit wieder ab, während die Härte noch langsam weiter ansteigt (Abb. 21). Der Torsionsmodul der Legierungs-

reihe zeigt nach Messungen von AOYAMA [22] eine stetige Zunahme mit wachsendem Bleigehalt und mit sinkender Temperatur.

Die Zugfestigkeit untereutektischer Legierungen verschiedenen Antimongehalts ist in Abb. 22 in Abhängigkeit von der Zerreißgeschwindigkeit dargestellt [814]. Die Legierungen hoher Reinheit (aus Feinblei 99,99%) wurden 24 Stunden bei 100 °C angelassen, damit man etwa das Gleichgewicht bei Raumtemperatur erreichte.

Ähnlich wie die Festigkeit hängt auch die Härte von der Vorbehandlung ab. Die Härte in Abhängigkeit vom Antimongehalt steigt nach Abb. 21 bis zur eutektischen Zusammensetzung gleichmäßig steil an, danach ändert sie sich zunächst nur wenig. Andere Forscher fanden das Ende des Steilanstieges bei niedrigeren Konzentrationen. Die Härte der langsam gekühlten Proben ist infolge Entmischung der festen Lösung am niedrigsten. Die Legierungen zwischen 2,5 und 10% Sb härten gemäß Abb. 21 nach dem Vergießen in kalte Kokille und dreimonatigem Lagern etwas aus. Abb. 23 stellt die Härte für den Bereich niedrigerer Antimongehalte dar. Die Werte für homogenisierte und

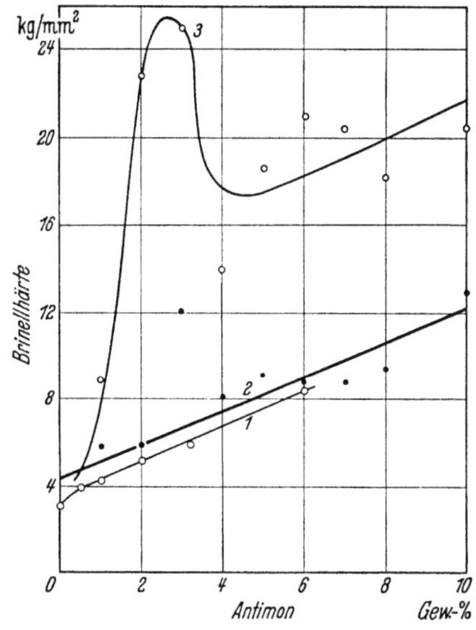

Abb. 23. Härte von Blei-Antimon-Legierungen. *1* homogenisiert und abgeschreckt [577]; *2* von 235 °C abgeschreckt [239]; *3* vorige Proben, gelagert

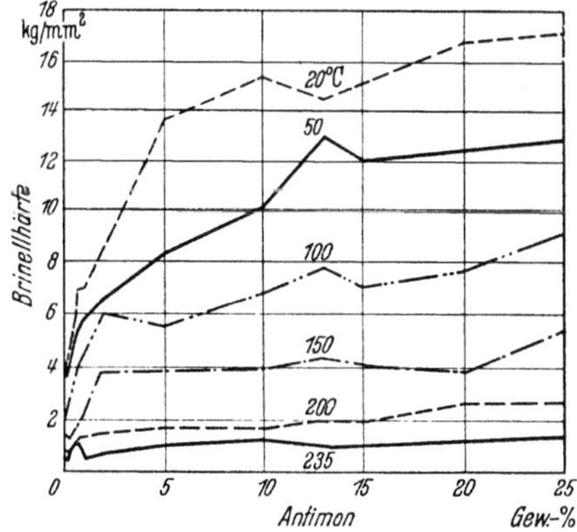

Abb. 24. Warmhärte der Blei-Antimon-Legierungen. Nach WERNER [1261]

abgeschreckte Legierungen liegen sehr tief und zeigen einen gleichmäßigen Anstieg mit dem Antimongehalt. Beim Lagern dieser Legierungen tritt eine erhebliche Härtesteigerung infolge von Aushärtung ein (Kurve *3* der

Abb.). Die Darstellung der Warmhärte der Legierungsreihe in Abb. 24
kann nur einen ersten Überblick vermitteln.

Die Verformbarkeit der Blei-Antimon-Legierungen nimmt mit steigendem Antimongehalt ab. Übereutektische Legierungen können nicht
mehr gewalzt werden. Als roher Anhaltspunkt für die Verformbarkeit
der Legierungen kann die Bruchdehnung angesehen werden. Sie sinkt
mit wachsendem Antimongehalt, wie die Werte an gegossenen Legierungen in Abb. 20 zeigen. Man kann, bei bekannter Zugfestigkeit, sich eine
ungefähre Vorstellung von der Größe der Bruchdehnung machen, indem
man das Nomogramm der Abb. 214 zugrunde legt. Da die Bruchdehnung
von der Vorbehandlung der Legierungen mitbestimmt wird, darf ein
summarisches Diagramm nicht streng auf den Einzelfall angewendet
werden. Zum Beispiel erfaßt das Nomogramm nicht die Tatsache, daß die
Kurve der Bruchdehnung in Abhängigkeit von der Zugfestigkeit bei
ausgehärteten Legierungen höher liegt als bei zuerst ausgehärteten und
dann bei 110 °C erweichten Legierungen (DEAN u. ZICKRICK [*239*]).
PELZEL [*949*] gewann aus den auf S. 197 beschriebenen Stauchversuchen
auch Aussagen über die Verformbarkeit der Blei-Antimon-Legierungen.
Er bestimmte den Eintritt des Bruches in Abhängigkeit vom Antimongehalt und von der Temperatur. Man erkennt aus seiner Darstellung,
daß einerseits die Legierungen in der Nähe der Löslichkeitsgrenze und
andererseits die übereutektischen Legierungen unterhalb etwa 100 °C keine
große Stauchung vertragen.

Während reines Blei im Zugversuch nach Einschnürung um 100 %
bricht, gilt dies nicht mehr für Legierungen höheren Antimongehaltes
(z. B. 4 % Sb). Die Biegezahl der Legierungen im Hin- und Herbiege-
versuch sinkt von einem flachen Maximum bei etwa 2 % Sb an mit dem
Antimongehalt gleichmäßig ab; in einem Versuch waren z. B. die
Biegezahlen bei 0, 1,5, 4 und 6 % Sb 23 bzw. 23 bzw. 16 bzw. 9 (MAYER-
WEGELIN [*814*]).

Auch das Ziehverhältnis $\dfrac{D}{d}$ ($D =$ größter noch ziehbarer Ronden-
durchmesser; $d =$ Stempeldurchmesser) des Näpfchenziehversuches erreicht bei kleinen Antimongehalten einen Maximalwert. Vielleicht kann
man das Maximum auf die kornverfeinernde Wirkung kleiner Antimongehalte zurückführen.

Weitere Angaben mechanischer Eigenschaften, namentlich der im
Druckversuch ermittelten, sind im Abschnitt Blei-Antimon-Zinn enthalten. Über die Kriechfestigkeit der Legierungen wird auf S. 226,
über die Dauerfestigkeit auf S. 249 berichtet.

d) Aushärtung. α) *Abhängigkeit von Antimongehalt und Beimengungen.*
Einen ungefähren Überblick über die Zusammensetzung der aushärten-

den Blei-Antimon-Legierungen gibt die Kurve *1* in Abb. 20. Danach fällt das Maximum der Aushärtung homogenisierter Legierungen ungefähr mit der maximalen Löslichkeit von Antimon in Blei zusammen,

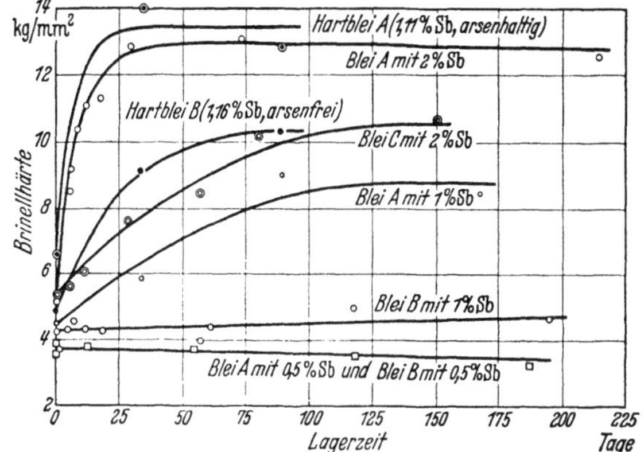

Abb. 25. Aushärtung von Blei-Antimon-Legierungen bei Raumtemperatur. Blei A: Bi 0,022%, Cu 0,014%, Pb 99,961%; Blei B: Pb 99,994%; Blei C: Pb 99,990%

wie es zu erwarten ist. Die Wirkung von geringen Beimengungen auf den Aushärtungsverlauf wurde in der Bleiforschungsstelle an Legierungen untersucht, die aus den Bleisorten A, B, C (Abb. 25) und Antimon Kahlbaum erschmolzen worden waren.

Wie die Abbildung zeigt, werden durch die geringen Beimengungen der Bleisorte A sowohl die Geschwindigkeit als auch der Betrag der Aushärtung erhöht. Die Legierung des sehr reinen Bleies B (99,994%) mit 1% Sb härtet praktisch überhaupt nicht mehr aus. Die Wirkung von Kupfer und die noch stärkere von Arsen wurde in besonderen Versuchsreihen geprüft (BLUTH und HANEMANN [94]). Der Antimongehalt betrug 0,5; 1,0 und 2,0%. Die Legierungen wurden homogenisiert, von 240°C abgeschreckt. Bei einem Antimongehalt von 2% lag der wirksamste Arsengehalt bei nur

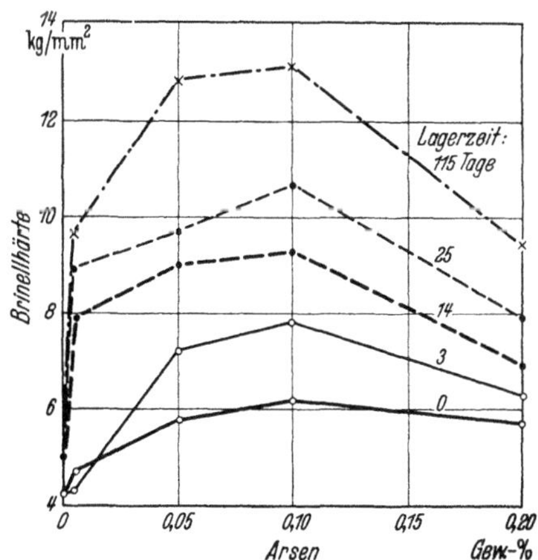

Abb. 26. Einfluß von Arsen auf die Aushärtung einer Legierung mit 1% Sb. Vgl. auch vorige Abbildung. Nach BLUTH und HANEMANN [94]

0,05%. Er beschleunigte die Aushärtung so, daß sie nach 3 Tagen beendet war. Die Härte der ausgehärteten Legierung betrug 22 Brinelleinheiten, anstatt 10,4 der voll ausgehärteten, arsenfreien Legierung. Für einen Antimongehalt von 1% sind die Ergebnisse in Abb. 26 wiedergegeben. Auch bei den Legierungen mit 0,5% Sb erhöhte die geringe Arsenbeimengung von 0,05% deutlich die Härte. Diese betrug nach 100 Tagen ungefähr 7 gegenüber 3,6 Brinelleinheiten der kaum aushärtenden reinsten Legierung. Eine Erhöhung des Arsengehaltes über 0,05% brachte keine weitere Verbesserung.

Die Versuchsergebnisse über die Wirkung von Arsen stimmen im wesentlichen mit denen früherer Arbeiten überein (SELJESATER [1107]). Diese erstreckten sich nicht nur auf die Aushärtung bei Raumtemperatur, sondern auch bei 50 und 100 °C (s. u.). Bei Raumtemperatur wurde eine beträchtliche Wirkung eines Arsengehaltes von wenigen 0,01 % gefunden. Die Wirkung ist auch noch bei einer Anlaßtemperatur von 50 °C vorhanden, verschwindet aber bei 100 °C. PELZEL [948] bestätigte neuerdings die Wirkung von Arsengehalten der Größe 0,1% auf die Aushärtung von Blei-Antimon-Legierungen und prüfte auch die Wirkung anderer Beimengungen.

In den Arbeiten der Bleiforschungsstelle wurde auch ein Einfluß des Kupfers auf die Aushärtung festgestellt. So beschleunigten Kupfergehalte von 0,005 und 0,05% deutlich die Aushärtung von Legierungen mit 1% Sb und 0,02 bis 0,05% As im Vergleich zu den nämlichen, kupferfreien Legierungen. In Abb. 25 sind auch zwei technische Hartbleisorten mit rund 1,1% Sb aufgenommen. Hartblei A härtet auf Grund

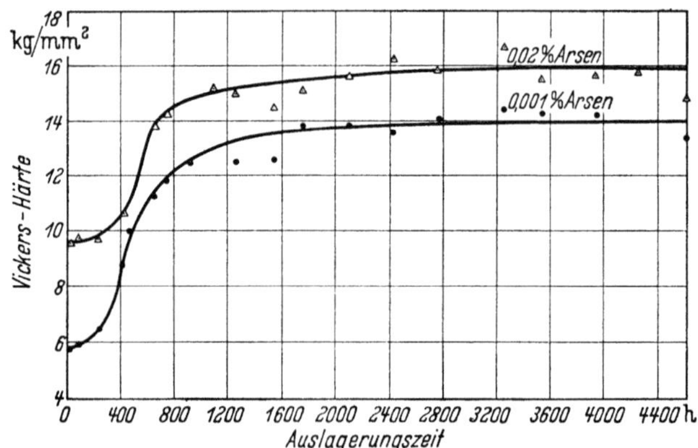

Abb. 27. Einfluß von Arsengehalten auf die Aushärtung einer Legierung mit 0,85% Sb. Nach HOPKIN und THWAITES

seines Arsengehaltes stärker aus als Hartblei B. Neben dem Arsen wurde auch hier eine Wirkung des Kupfers vermutet.

HOPKIN und THWAITES [588] gehen aus von einem noch reineren Tadanac-Blei mit 0,00003% Ag; 0,0001% Cu; 0,0001% Zn; 0,0001% Fe;

0,0001% Bi; 0,0002% Tl; 0,0001% Sb; 0,0001% Cd; Spuren von As, Se + Te, Au und In (Ni, Co, Sn nicht nachweisbar) und von Antimon 99,975% mit 0,006% As. In Übereinstimmung mit den bisherigen Arbeiten unterblieb die Aushärtung an einer Legierung mit 0,85% Sb, die aus den reinen Ausgangsmetallen hergestellt war. Schon ein Arsengehalt von 0,001% genügte, um eine kräftige Aushärtung in Gang zu setzen (Abb. 27). Der Betrag der Härtesteigerung und die Aushärtungsgeschwindigkeit nehmen bei Erhöhung des Arsengehaltes auf 0,02% nicht zu, wohl aber sind die Kurven im ganzen zu größeren Härten hin parallel verschoben (Abb. 27). Außer durch Arsen konnte die Aushärtung auch durch eine Beimengung von 0,01% Ag in Gang gebracht werden, dagegen erwiesen sich gleiche Gehalte von Zinn und Kupfer als wirkungslos. Es besteht nach diesem letzten Ergebnis die Frage, ob der früher festgestellte Einfluß des Kupfers nicht durch eine andere, damals nicht erfaßte Beimengung vorgetäuscht worden ist.

Die genannten Verfasser prüften auch den Einfluß der Abschrecktemperatur auf die Aushärtung. Abschrecken der arsenhaltigen Legierung von 160 °C ergab nur eine geringe Aushärtung im Vergleich zu der Abschrecktemperatur von 300 °C. Als Erklärung hierfür wird angegeben, daß bei 160 °C wohl das Antimon sich in fester Lösung befindet, aber nicht das Arsen (S. 112). HUME-ROTHERY [*600*] gibt eine zwar nicht sehr glaubwürdige, aber als Arbeitshypothese interessante Deutungsmöglichkeit für die Rolle des Arsens. Danach könnte Arsen mit dem Blei einen Einlagerungsmischkristall bilden, also das Bleigitter aufweiten. Da die gelösten Antimonatome die Bleiatome mit Sicherheit substituieren, also das Bleigitter zusammenziehen, würden energetische Gründe die Bildung einer Wolke von Antimonatomen um die Arsenatome als Vorstufe der Ausscheidung begünstigen.

β) Vorbehandlung. Aushärtung bei erhöhter Temperatur (S. 254). Die Aushärtung der Blei-Antimon-Legierungen setzt das Vorhandensein eines bei Raumtemperatur übersättigten Mischkristalles voraus. Diese Voraussetzung ist bei Gußstücken und heiß verpreßten Teilen ohne

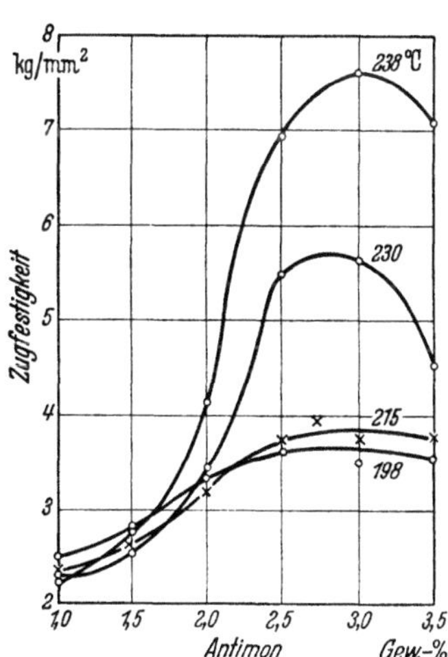

Abb. 28. Aushärtung von Blei-Antimon-Legierungen in Abhängigkeit von der Abschrecktemperatur. Lagerzeit 1 Tag. Nach DEAN, ZICKRICK, NIX [*239*]

weiteres gegeben, falls die Abkühlung nicht etwa zu langsam erfolgt. Es tritt hier also Aushärtung ohne jede Wärmebehandlung ein. Proben, bei denen die erwähnte Voraussetzung nicht vorhanden ist (s. u.), härten erst nach kurzem Anlassen aus. Die Anlaßtemperatur soll bei höheren Antimongehalten wenig unterhalb der Eutektikalen liegen, damit einerseits möglichst viel Antimon gelöst wird, andrerseits noch kein Aufschmelzen von Eutektikum erfolgt (Abb. 28). Als Anlaßzeit genügen schon 10 min (Abb. 29). Eine längere Homogenisierungsglühung bringt

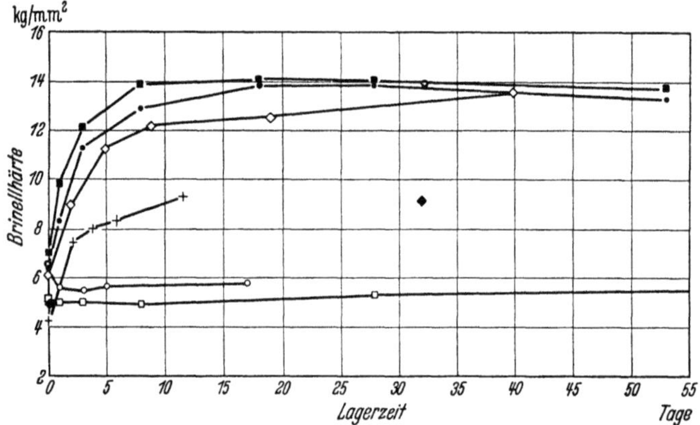

Abb. 29. Aushärtung von Hartblei A (arsenhaltig) und B (arsenfrei). o Hartblei A, bei Raumtemperatur verpreßt; ∎ Hartblei A, dasselbe, 10 min 250 °C, abgeschreckt; ● Hartblei A, von 250 °C an Luft abgekühlt; □ Hartblei A, von 250 °C in 1¹/₂ Std. abgekühlt; ◇ Hartblei A, bei 250 °C verpreßt, an Luft abgekühlt; o Hartblei A, Guß, homogenisiert, abgeschreckt; + Hartblei B, von 250 °C abgeschreckt; ◆ Hartblei B, Guß, homogenisiert, abgeschreckt

keine weitere Steigerung der Härte. Luftabkühlung ergibt geringere Aushärtungsgeschwindigkeiten bei zunächst gleichbleibender Endhärte. Nach Ofenabkühlung unterbleibt die Aushärtung fast ganz, da hierbei eine Entmischung der übersättigten festen Lösung eingetreten ist. Ebenso fehlt die Aushärtung, wenn die Legierungen bei tiefer Temperatur verpreßt oder gewalzt werden. Während oder nach der Verformung tritt hier Rekristallisation ein, die mit einer Ausscheidung des überschüssig gelösten Antimons, entsprechend der geringeren Löslichkeit bei der Verformungstemperatur, verbunden ist (S. 46).

Man kann daran denken, die Aushärtung der Blei-Antimon-Legierungen durch Anwendung erhöhter Anlaßtemperaturen zu beschleunigen, wie man dies z. B. vom Duralumin her kennt. In der Tat benötigte eine Legierung mit 0,85% Sb und 0,02% As nach Abschrecken von 300 °C beim Lagern etwa 40 Tage, um den hauptsächlichen Härteanstieg zu durchlaufen. Bei einer Anlaßtemperatur von 50 °C genügten dazu vielleicht 4 Tage. Während aber die Raumtemperaturaushärtung zu einer Endhärte von fast 16 Vickerseinheiten führte, erreichte man bei 50 °C nur gut 13 Einheiten. Zudem sank hier nach insgesamt 100 Tage dauerndem Anlassen die Härte wieder um eine Vickerseinheit ab (HOPKIN und THWAITES [588]). Noch ausgeprägter ist die Erweichung nach

vollendeter Aushärtung bei 100 °C [577]. Hand in Hand mit dem Härteabfall geht bei dieser Temperatur die Bildung gröberer, gerichteter
Ausscheidungen von Antimon im Gefüge.

Eine Erweichung findet auch statt, wenn bei Raumtemperatur ausgehärtete Proben anschließend auf hohe Temperaturen angelassen

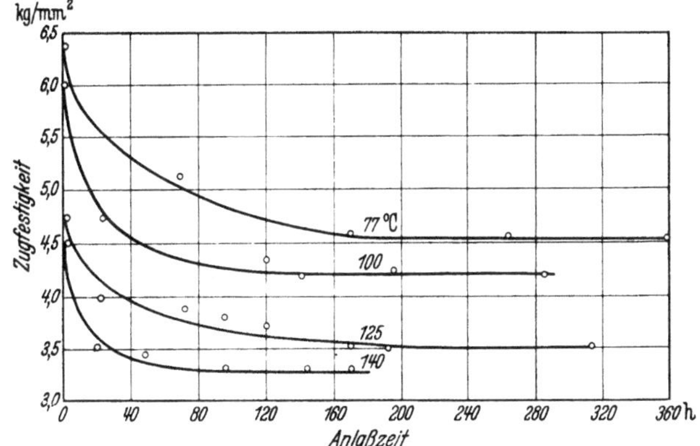

Abb. 30. Erweichung einer ausgehärteten Blei-Antimon-Legierung beim Anlassen. Zugfestigkeit im
ausgehärteten Zustand σ_B = 10,1 kg/mm². Nach DEAN, ZICKRICK, NIX [239]

werden (DEAN und ZICKRICK [239]). Abb. 30 bezieht sich auf eine
Legierung mit 2,5% Sb, die zu Draht verpreßt, dann zum Zweck der
Aushärtung 15 min bei 238 °C homogenisiert, abgeschreckt und 10 Tage
ausgelagert worden war.
Bei der Anlaßtempera-
tur von 77 °C fällt die
Zugfestigkeit innerhalb
von 180 Stunden erheb-
lich ab und bleibt dann
bis zu einer Anlaßdauer
von 360 Stunden gleich.
Bei 140 °C wird die Er-
weichung vollständig.
die Festigkeit sinkt un-
ter den Wert für den
frisch abgeschreckten
Zustand. Das Verhalten
sehr lang gelagerter Le-
gierungen wird auf S. 255
beschrieben.

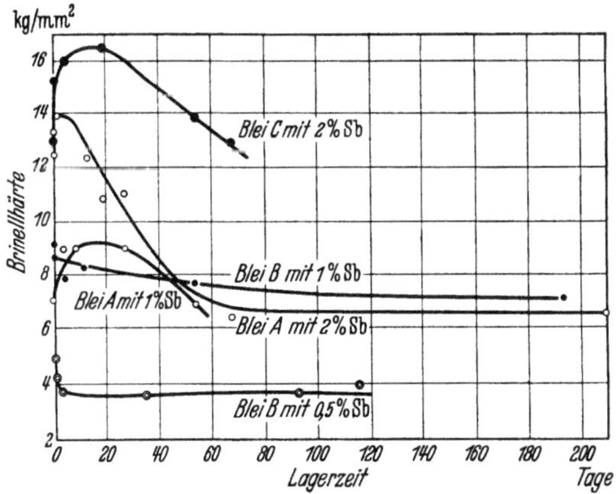

Abb. 31. Blei-Antimon. Härteänderung abgeschreckter und
sogleich verformter Legierungen. Vgl. Abb. 25

γ) *Wirkung einer Verformung auf die Aushärtung.* Es ist zu unterscheiden, ob die Verformung vor der Aushärtung, also z. B. unmittelbar

nach dem Abschrecken der Legierung auf Raumtemperatur, oder nach erreichter, voller Aushärtung erfolgt. Versuche der ersten Art wurden unter anderem in der Bleiforschungsstelle durchgeführt [577]. Die Legierungen wurden homogenisiert, abgeschreckt und sofort mit einer Dickenabnahme von 50% kalt gewalzt. Als charakteristisch sei vor allem das Verhalten der Legierungen mit 2% Sb (Abb. 31) hervorgehoben. Sie zeigen in den ersten Tagen einen starken Anstieg der Härte, also eine Beschleunigung der Aushärtung gegenüber den nicht verformten Legierungen, wie dies allgemein zu erwarten ist. Nach Tagen oder Wochen beginnt die Erweichung, die je nach dem Reinheitsgrad der Legierung und dem Verformungsgrad früher oder später zu Ende läuft. Die mikroskopische Untersuchung der erweichten Proben zeigte vollständiges Verschwinden der gestreckten Körner, also Rekristallisation an (vgl. Abb. 206). In den durch Rekristallisation gebildeten Kristallen ist sichtbare Ausscheidung des überschüssig gelösten Antimons erfolgt.

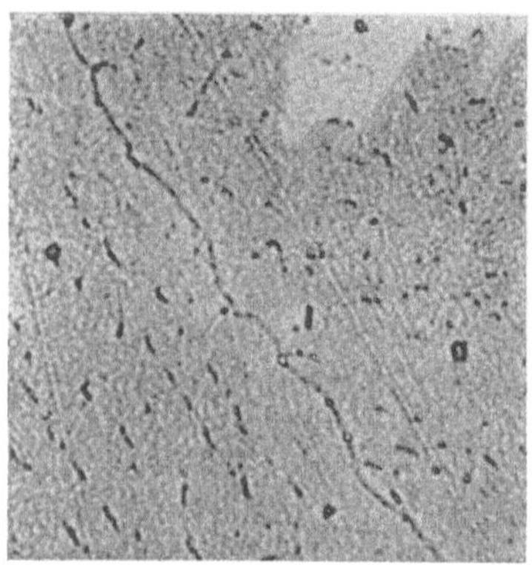

Abb. 32. 0,5% Sb. Abgeschreckt, sofort mit 50% Dickenabnahme gewalzt. Aufnahme nach 3 Tagen. Ausscheidungen. 1500:1

Es war möglich, die Ausscheidungen noch an Legierungen mit 0,5% Sb nachzuweisen und so die niedrige Löslichkeit des Antimons in Blei bei Raumtemperatur mikroskopisch zu bestätigen (Abb. 32).

Eine reinste Legierung mit 0,85% Sb, die nach Abschrecken aus dem Gebiet der festen Lösung nicht aushärtet (HOPKIN und THWAITES [588]), erfuhr nach zusätzlichem Recken um 5 bzw. 10% eine sofortige Härtesteigerung von 5,1 auf 6,6 bzw. 7,2 Vickereinheiten. Im Laufe von 8 Monaten erfolgte eine weitere leichte Härtezunahme auf 7,5 bzw. 8,5 Vickerseinheiten.

HOOKER [586] beschäftigte sich in seiner Dissertation eingehend mit der Aushärtung von Blei-Antimon-Legierungen technischer Reinheit und berücksichtigte dabei die Wirkung von Deformationen (Dehnungen bis zu 10%) unmittelbar nach dem Abschrecken und nach einer längeren Auslagerungszeit. Der Antimongehalt der Legierungen bewegte sich zwischen 0 und 0,88%, die Versuchstemperatur zwischen Raumtemperatur und 150 °C. Abb. 33 gibt als Beispiel aus seiner Arbeit den Verlauf der Härte nichtverformter Proben. Kurve a ist typisch für Antimongehalte innerhalb der Löslichkeitsgrenze bei Raumtemperatur. Die Härtesteigerung nach dem Abschrecken wird auf die durch die Abschreckspannungen erzeugten Verformungen zurückgeführt. Alle weiteren Kurven werden durch eine Überlagerung der Wirkung des Abschreckens

und der Aushärtung erklärt. Bei den verformten Proben kommt noch
die Wirkung der Verformung hinzu, wodurch man den unregelmäßigen
Verlauf der hier nicht wiedergegebenen Kurven verstehen kann. — Die

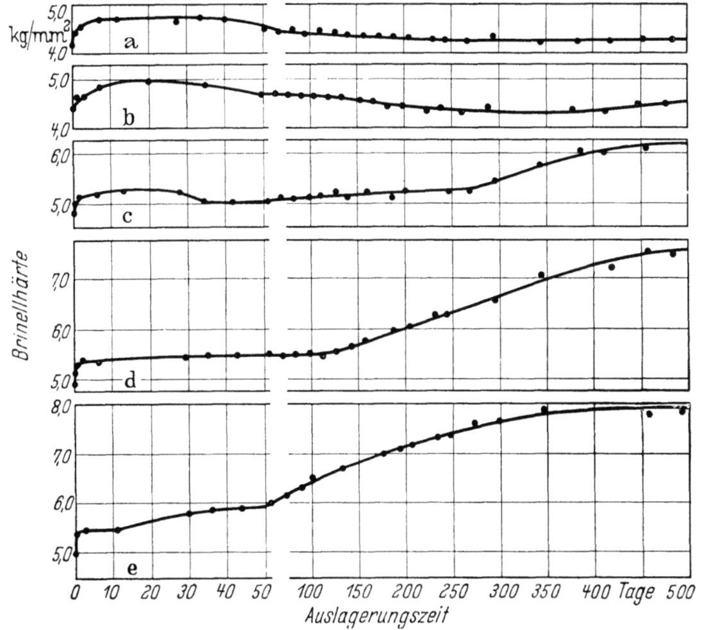

Abb. 33 a—e. Härteänderungen abgeschreckter Blei-Antimon-Legierungen bei Raumtemperaturaus-
lagerung. Nach HOOKER

a) 0,15% Sb; b) 0,40% Sb; c) 0,65% Sb; d) 0,75% Sb; e) 0,88% Sb

Gefügebilder der Proben zeigten teilweise diskontinuierliche Ausscheidung,
d. h. grobe Antimoneinschlüsse in einer hell gefärbten Grundmasse in der
Nachbarschaft der ehemaligen Korngrenzen. Diese Erscheinung wird auf
Rekristallisation zurückgeführt. Der Eintritt der Rekristallisation in Abhängigkeit vom Antimongehalt und von der Temperatur ist in Abb. 34 dargestellt. Bemerkenswert erscheint, daß der Rekristallisationsbeginn durch
den gelösten Anteil an Antimon zu höheren Verformungsgraden verschoben wird. Die Höchstwerte des Verformungsgrades in Abhängigkeit
vom Antimongehalt fallen daher in der Abbildung etwa mit der Löslichkeitsgrenze von Antimon in Blei bei den verschiedenen Temperaturen
zusammen (gestrichelte Linien in Abb. 34).

Die Wirkung einer Verformung auf ausgehärtete Legierungen ist an
anderer Stelle (S. 184) zusammenfassend beschrieben.

δ) *Nachtrag.* Verfasser wurde kürzlich noch mit einer umfassenden
Studie von BORCHERS und Mitarbeitern [*109, 146*] über die Aushärtung

gegossener Hartbleilegierungen bekannt. Der Antimon-Gehalt bewegte sich zwischen 2 und 20%. Darin werden viele der vorstehend beschriebenen Beobachtungen bestätigt, z. B. der Einfluß einer Temperaturerhöhung auf die Geschwindigkeit und auf den Betrag der Aushärtung sowie die Abnahme der Aushärtung bei höheren Antimongehalten. Eine Veränderung der Homogenisierungstemperatur hatte keinen nennenswerten Einfluß auf die Aushärtung, soweit die Legierungen sich dabei im Gebiet der festen Lösung befanden.

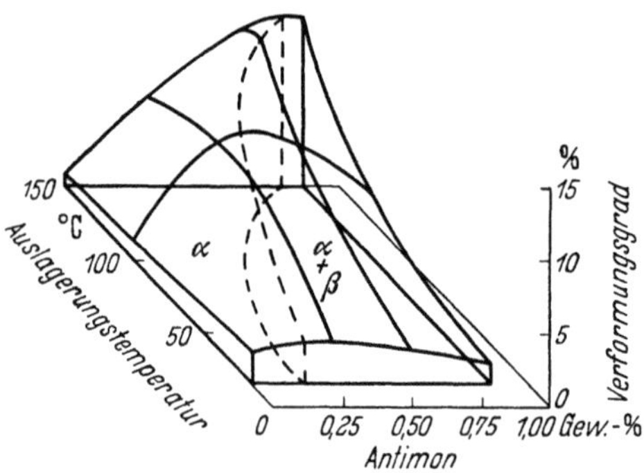

Abb. 34. Blei-Antimon. Für den Eintritt der Rekristallisation benötigter Verformungsgrad in Abhängigkeit von Temperatur und Antimongehalt. Nach HOOKER

Während die Legierung mit 8% Sb nach einer Homogenisierungsdauer von $^1/_2$ Stunde bei 240 °C ihre maximale Härte von 18,6 kg/mm² erreichte (Anfangshärte nach dem Abschrecken 13,4 kg/mm²), benötigte die Gußlegierung mit 2% Sb zur Erreichung des Härtemaximums von 19,8 kg/mm² eine Homogenisierungsdauer von 110 Stunden. Dagegen zeigte die gleiche Legierung nach einer Glühdauer von 30 min ein Härtemaximum von nur 16 kg/mm² nach 500stündiger Auslagerung bei 20 °C. Die völlige Homogenisierung erfordert somit bei den antimonärmeren Legierungen längere Glühdauern. An der Legierung mit 2% Sb wurde der Aushärtungsprozeß nach jeweiligem Homogenisieren fünfmal wiederholt, ohne daß Änderungen im Aushärtungsverlauf eintraten. Die Wirkung von Arsen- und Kupferzusätzen auf die Geschwindigkeit und auf den Betrag der Aushärtung trat an einer technischen Legierung mit 8% Sb, 0,10% As, 0,05% Cu besonders auffällig in Erscheinung (S. 41).

Eine Auslagerung der Legierungen bei 0 °C brachte eine Härtesteigerung gegenüber der Auslagerung bei Raumtemperatur, selbstverständlich nach entsprechend größeren Auslagerungszeiten. Alle Legierungen erreichten nach einer Vorlagerung bei −30 °C, während der schon ein Härteanstieg erfolgte, beim Lagern bei Raumtemperatur ihre höchste Härte. Hieraus wird geschlossen, daß bei −30 °C neben der Ausscheidungshärtung eine „einphasige Entmischung" abläuft, die die anschließende Ausscheidungshärtung bei Raumtemperatur verstärkt. Auch bei der Raumtemperaturaushärtung wird eine anfängliche Mitwirkung einer einphasigen Entmischung vermutet. Damit sind frühere nicht veröffentlichte Beobachtungen von H. BÜCKLE und dem Verfasser (kurzzeitige Zunahme des elektrischen Widerstandes nach dem Abschrecken vor dem folgenden Abfall) in Übereinstimmung.

4. Blei-Arsen

Als Erläuterung zum Zustandsschaubild (Abb. 35a) ist in Abb. 36 eine untereutektische Legierung im Gußzustand dargestellt. Die Angaben über die Konzentration des Eutektikums schwanken etwas und bewegen sich zwischen 2,5 und 4,3 Gew.-% As (HEIKE [504]).

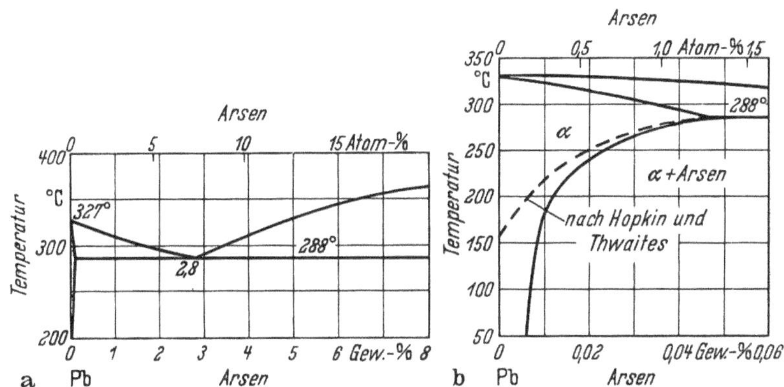

Abb. 35a u. b. Blei-Arsen. a) nach HANSEN; b) nach BAUER und TONN sowie HOPKIN und THWAITES

Im Staatlichen Materialprüfungsamt Berlin-Dahlem wurden die Eigenschaften der Legierungen und die Löslichkeit im festen Zustand (Abb. 35b) sehr genau untersucht (BAUER und TONN [63]). Es soll vor allem auf diese Arbeit Bezug genommen werden. Beim Schmelzen ist mit einem Abbrand von Arsen zu rechnen, den man sich bei der Raffination von Blei praktisch zunutze macht (S. 6). Eine Legierung mit 1,82% As wurde unter dreimaligem Vergießen und Umschmelzen 6 Stunden bei 550 °C gehalten. Der Arsengehalt sank hierbei auf 1,44%. Die untereutektischen Legierungen zeigen auch bei langsamer Erstarrung keine Seigerung. Bei den übereutektischen Legierungen neigt das primär kristallisierende Arsen stark dazu, in der Schmelze nach oben zu steigen.

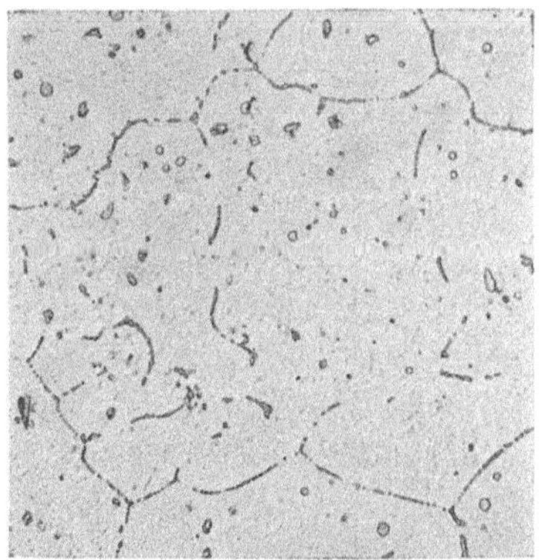

Abb. 36. 0,25% As. Guß. Eutektikum vor allem auf den Korngrenzen. 500:1

Bei einer Zusammensetzung von 8% As kann die Seigerung auch durch Vergießen in eine stark gekühlte Kokille nicht mehr unterdrückt werden. Die Neigung zum Lunkern ist bei den untereutektischen und den eutektischen Legierungen geringer als bei reinem Blei. Ebenso ist die Schwindung der Legierungen gegenüber der von Weichblei erniedrigt, und zwar fällt sie vom Wert 1,02% bei Weichblei auf 0,82% bei Zusammensetzungen von 0,1 bis 8% As. Die Dichte der Legierungen sinkt mit steigendem Arsengehalt nahezu linear vom Wert 11,34 auf den Wert 10,775 g/cm³ bei 5% As.

Die Härte der Werkstoffe, namentlich bei geringem Arsengehalt, ist in hohem Maße von der Vorbehandlung abhängig (Abb. 37). Die Härte der gegossenen Legierungen steigt bis zu einem Gehalt von rund 0,5% As

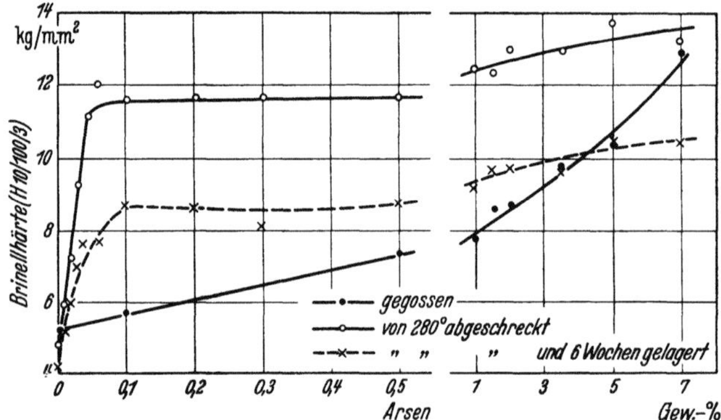

Abb. 37. Brinellhärte der Blei-Arsen-Legierungen. Nach BAUER und TONN. Vgl. Abb. 122

steiler, dann langsamer an. Durch Homogenisieren bei 280 °C und Abschrecken wird eine beträchtliche Härtesteigerung erzielt. Sie beruht auf der vollständigen Sättigung des Bleimischkristalles mit Arsen. Aus dem Verlauf der Kurve ergibt sich eine Löslichkeit von 0,05% As in Blei bei 280 °C. Die Abnahme der Löslichkeit mit sinkender Temperatur (Abb. 35b) konnte durch Härtemessungen festgelegt werden, da Legierungen, die nach Abschrecken aus dem homogenen Gebiet im heterogenen Gebiet (α + Arsen) angelassen werden, infolge von Entmischung erweichen. Diese Erweichung tritt auch beim Lagern bei Raumtemperatur ein (Abb. 37, S. 255).

Aus reinstem Tadanac-Blei wurde neuerdings eine Legierungsreihe mit einem Arsengehalt bis zu 0,02% hergestellt (HOPKIN und THWAITES [588]). Die Härtewerte der von 300 °C abgeschreckten Proben lagen auf einer Geraden der Steigung von 1,5 Vickerseinheiten je 0,01% As. Die Legierungen waren also bei 300 °C, in Übereinstimmung mit den Angaben von BAUER und TONN [63], homogen. Die Härtemessungen der von 160 °C abgeschreckten Legierungen zeigten dagegen eine niedrigere Löslichkeitsgrenze (< 0,001% As) als dort angegeben. Der Sprungpunkt für die Supraleitfähigkeit ist entsprechend der geringen Löslichkeit von Arsen in Blei praktisch der gleiche wie bei reinem Blei [832].

Die Druckfestigkeit der Blei-Arsen-Legierung ist nicht sehr beträchtlich und infolge der Enthärtung bei Raumtemperatur nicht dauerhaft genug, um eine Verwendung der binären Legierungen als Lagermetall, Letternmetall usw. zu rechtfertigen. Eine Reihe von Stauchversuchen

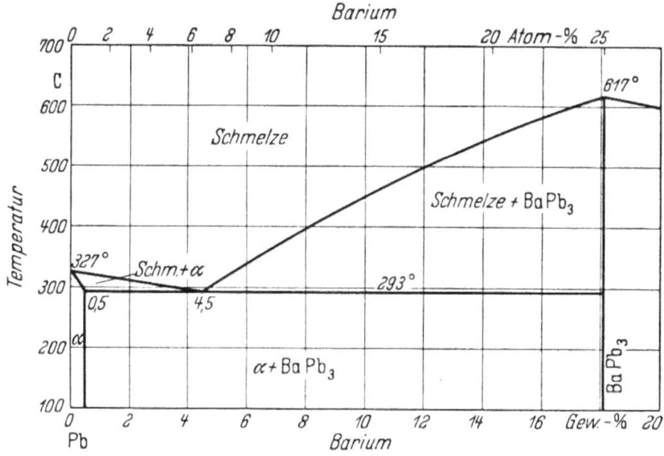

Abb. 38. Blei-Barium. Nach HANSEN

wurde an Legierungen durchgeführt, bei denen die Enthärtung beim Lagern schon eingesetzt hatte. Die Druckkörper aus arsenarmen Legierungen besaßen eine stark knittrige Oberfläche als Zeichen von Grobkörnigkeit. Die Rauhigkeit ließ bei einem Arsengehalt von 1% nach und verschwand bei den übereutektischen Legierungen.

Die binären Legierungen spielen vor allem bei der Herstellung von Weichschrot eine Rolle (S. 323). EMICKE [275] empfiehlt ihre Verwendung in der Schwefelsäurefabrikation nach dem Kontaktverfahren, da die Legierungen sehr korrosionsbeständig sind, ferner ihren Einsatz als Kabelmantelwerkstoff (S. 393). Arsenzusätze spielen ferner in Mehrstofflegierungen eine Rolle, z. B. in Hartblei für Wasserleitungsrohre (S. 422) und für Akkumulatorengitter (S. 340).

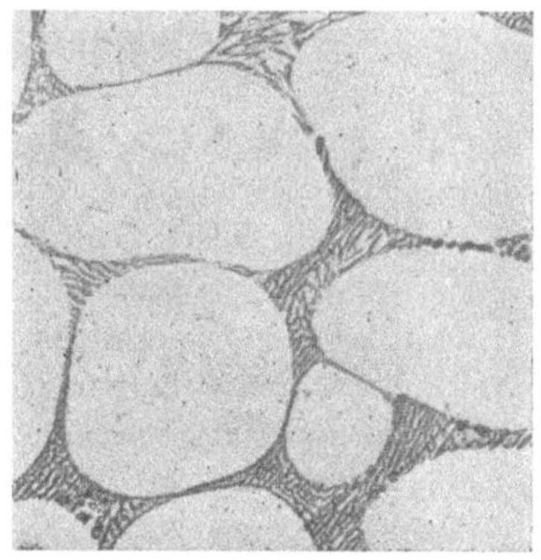

Abb. 39. 0,8% Ba, im Tiegel erstarrt. Bleimischkristall. Netzwerk von Eutektikum. 500:1

5. Blei-Barium

Das Zustandsschaubild Blei-Barium (HANSEN [488], GRUBE und DIETRICH [444]), Abb. 38, ist auf der Bleiseite eutektisch, zeigt aber im

4*

übrigen Ähnlichkeit mit dem Zustandsschaubild Blei-Kalzium. Eine untereutektische Legierung ist in Abb. 39 dargestellt. Aus übereutektischen Legierungen kristallisiert $BaPb_3$ in Form weißer „Nadeln" aus. Es dürfte somit nicht das kubische Kristallsystem vorliegen wie bei der entsprechenden Kalziumverbindung.

Blei nimmt bei der eutektischen Temperatur etwa 0,5 Gew.-% Ba in feste Lösung auf, bei 130 °C 0,42% Ba. Homogenisierte Legierungen

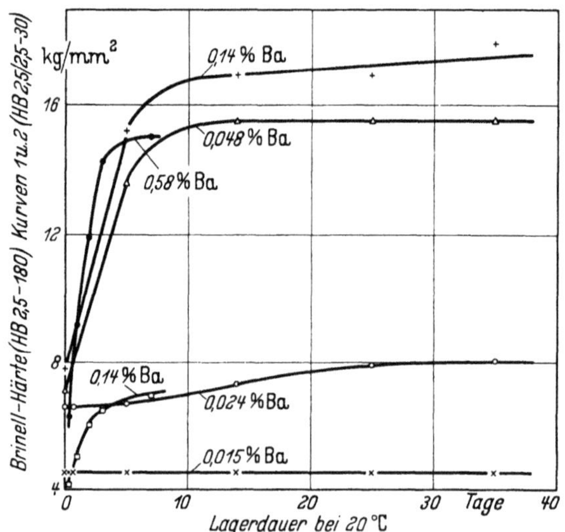

Abb. 40. Aushärtung von Blei-Barium-Legierungen nach dem Abschrecken von 250 °C. Homogenisierungsdauer 7 Tage. Nach SCHMID. Kurven für 0,14 und 0,58% Ba nach GRUBE und DIETRICH

mit Bariumgehalten bis herunter zu 0,024% härteten nach dem Abschrecken beim Lagern aus (Abb. 40). Danach ist die Löslichkeitsgrenze von Barium in Blei bei Raumtemperatur mit etwa 0,02 Gew.-% anzusetzen (SCHMID [1069]). Die prozentuale Zunahme der Härte ist am größten bei den Legierungen mit etwa 0,6% Ba, die der Löslichkeitsgrenze bei der eutektischen Temperatur nahe liegen. In Tab. 9 wird die Gußhärte „normal abgekühlter" Reguli nach GRUBE [444] angegeben.

Tabelle 9. *Brinellhärte gegossener Blei-Barium-Legierungen*

Gew.-% Ba	0	0,29	0,90	1,14	1,89	3,14	3,57
HB 2,5/2,5—30	4,0	8,3	15,1	14,8	15,7	19,8	25,4

Gew.-% Ba	4,15	5,61	6,20	6,86	8,53	10,36	
HB 2,5/2,5—30	28,2	28,5	31,3	35,0	37,3	45,4	

Reine Blei-Barium-Legierungen haben nur geringe Anwendung gefunden. Da Barium sehr reaktionsfähig ist, zerfallen Legierungen mit höheren Gehalten an Luft; ferner sinkt der Bariumgehalt beim Umschmelzen stärker, als dies bei Blei-Kalzium-Legierungen der Fall ist. Legierungen mit niedrigerem Bariumgehalt besitzen wiederum nicht die für ein Lagermetall notwendige Härte. Dagegen kommt Barium zusammen mit anderen Erdalkalimetallen, z. B. Kalzium, als Bestandteil aushärtbarer Bleilegierungen in Betracht und bewirkt hier eine zusätzliche Härtesteigerung (S. 371). Verwendung im Strahlenschutz S. 134.

6. Blei-Chrom

Zu dem bei HANSEN [*488*] dargestellten, sehr lückenreichen Schaubild gaben ALDEN und Mitarbeiter [*14*] ergänzend Werte für die Löslichkeit von Chrom in geschmolzenem Blei:

Gelöste Menge Cr in Gew.-%	0,16	0,06	0,05	0,04	0,03	0,02	0,01
Temperatur in °C	1210	1100	1050	1014	1002	992—964	908

7. Blei-Eisen

Eisen und Blei sind bis 1600 °C nur wenig ineinander löslich und bilden keine intermetallische Verbindung (ISAAC und TAMMANN [*605*]). LORD und PARLEE bestimmten kürzlich die Löslichkeit von Blei in flüssigem Eisen [*766*]. Blei wurde der Eisenschmelze in Dampfform angeboten, so daß eine emulsionsartige Aufnahme in der Eisenschmelze ausgeschlossen werden konnte. Die Analyse der Eisenschicht ergab folgende Werte der Bleilöslichkeit:

1550 °C	0,22—0,26%	1650 °C	0,34—0,40%
1600 °C	0,27—0,33%	1700 °C	0,37—0,43%.

OELSEN und Mitarbeiter [*917*] studierten die Verteilung von Cu, Sn, As, Sb, Ag und Au zwischen Bleischmelzen und kohlenstoffgesättigten Eisenschmelzen. Das zugrunde liegende technische Problem war die Frage, in welchem Maße man die aufgeführten Elemente aus dem Roheisen durch Waschen mit Blei entfernen kann. Da sich bei 1250 °C kleine Kupfergehalte zu etwa gleichen Gehalten auf die Eisen- und Bleischmelze verteilen, müßte man zur Entfernung von Kupfer aus dem Roheisen sehr große Bleimengen verwenden. Dagegen werden Silber und Gold weitgehend von Blei aufgenommen; umgekehrt verbleibt Arsen fast vollständig im Roheisen.

Die gegenseitige Löslichkeit im festen Zustand ist verschwindend gering. Sie beträgt nach magnetischen Messungen auf der Bleiseite $2 \cdot 10^{-4}$ bis $4 \cdot 10^{-4}\%$ (TAMMANN und OELSEN [1170]). Die in Blei vielfach chemisch nachweisbaren Spuren von Eisen müssen demnach als mechanische Einschlüsse vorliegen. Da sich Blei mit Eisen praktisch nicht legiert, kann Blei in Eisenkesseln geschmolzen werden. Bei der Schmelzverbleiung von Eisen werden andrerseits, um gute Bindung zu erzielen, Bleilegierungen oder wie bei der homogenen Verbleiung, Zwischenschichten aus Zinn angewandt (S. 436). Eine einwandfreie metallische Bindung zwischen Eisen und Blei ohne Zwischenschicht erhält man mit Hilfe der Kaltpreßschweißung, wenn man zwischen zwei Stäbe aus weichem Stahl eine Bleischeibe legt und die Berührungszone so kräftig durch Druckanwendung verformt, daß nach dem Herausfließen eines Teils der Bleischeibe auch der Stahl zu einem Wulst verformt wird (BURAT und HOFMANN [148]). Man kann den Vorgang als eine Benetzung der Grenzflächen im festen Zustand auffassen. Eine Benetzung der Eisen-

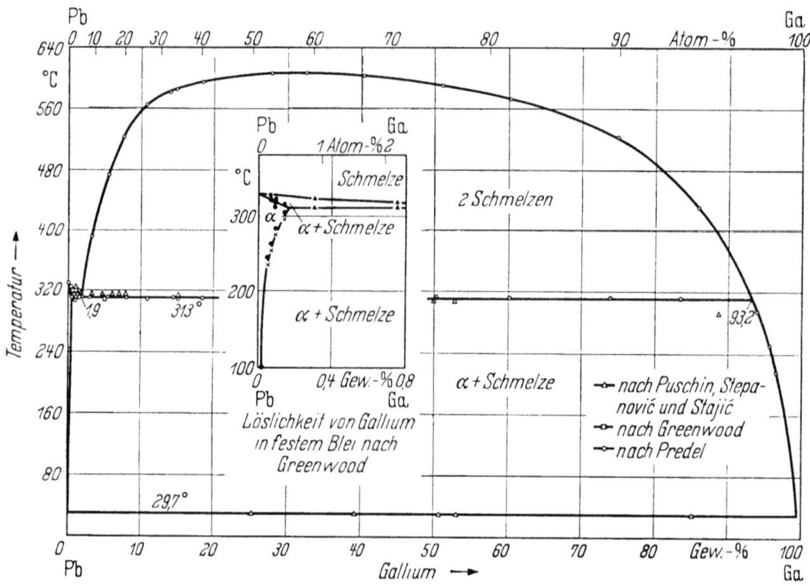

Abb. 41. Blei-Gallium. Nach PREDEL sowie GREENWOOD, $\times$ 2 Phasen, $\bullet$ 1 Phase beobachtet

oberfläche durch flüssiges Blei wurde von PELZEL [950]) überzeugend nachgewiesen.

Bezüglich der bleihaltigen Automatenstähle sei auf HOUDREMONT [598] hingewiesen. Man verwendet dort Bleigehalte zwischen 0,2 und 0,5%, die in Form mechanischer Einschlüsse vorliegen. Auch bleihaltige Schmiedestähle mit 0,15 bis 0,35% Pb finden in der Praxis Anwendung

(ROSE [*1032*]). Angaben über die mechanischen Eigenschaften — einschließlich der Dauerschwingfestigkeit — solcher Stähle bringt BARDGETT [*41*].

8. Blei-Gallium

Die Mischungslücke im flüssigen Zustand reicht nach PREDEL [*978*] bei der monotektischen Temperatur (313 °C) von 2,4 bis 94,5 At.-% Pb (Abb. 41).

Nach GREENWOOD [*426*] erstreckt sich der Bereich der festen Lösung von Gallium in Blei von 0,02 Gew.-% Ga bzw. 0,06 At.-% Ga bei 110 °C zu 0,17 Gew.-% Ga bzw. 0,5 At.-% Ga bei der monotektischen Temperatur. Die Legierungen zeigen in Übereinstimmung mit dem Verlauf der Löslichkeitslinie Aushärtungserscheinungen.

9. Blei-Gold

Das System ist dadurch von Interesse, daß das nicht raffinierte Hüttenblei im allgemeinen geringe Gehalte an Gold bis maximal 10 g/ Tonne Blei aufweist (FEISER [309]). Bemerkenswert ist auch, daß an diesem System die klassischen Diffusionsversuche von ROBERTS-AUSTEN [1014] durchgeführt wurden. Das Schaubild enthält auf der Bleiseite ein Eutektikum Blei-$AuPb_2$ bei 85 Gew.-% Pb und 215 °C (HANSEN [*488*]). Aus Diffusionsversuchen von Gold in Blei ergab sich eine Löslichkeit von 0,03 bzw. 0,08 Atom-% Au in Blei bei 170 und 200 °C (HANSEN [*488*]). Neuere Untersuchungen über die Diffusion von Gold in Blei führten mit einem optischen Verfahren SCHOPPER [*1077*] und mit Hilfe radioaktiver Isotopen ASCOLI und Mitarbeiter [*26*] durch. Die Messungen der letztgenannten Verfasser erfolgten bei Temperaturen zwischen 190 und 300 °C und lieferten eine Aktivierungsenergie von 8,91 $\pm$ 0,18 kcal/ Mol. BOLLING und WINEGARD [*105*] studierten den Einfluß von Gold- und Silberzusätzen auf das Kornwachstum von Blei in Abhängigkeit von Temperatur und Konzentration (s. S. 183), Abb. 203.

ROLL und UHL [*1024*] bestimmten mit einem elektrodenlosen Verfahren den elektrischen Widerstand geschmolzener Blei-Goldlegierungen und stellten im Bereich der intermediären Phase $AuPb_2$ ein ausgeprägtes Maximum auf den Widerstandsisothermen fest. Eine neue thermodynamische Studie an flüssigen Blei-Goldlegierungen sei erwähnt (KLEPPA [*673*]).

10. Blei-Indium

Indium, ein sehr weiches Metall (Brinellhärte 1) mit guter chemischer Beständigkeit, das in manchem an Zinn erinnert, hat im letzten Jahrzehnt ein gewisses technisches Interesse gefunden. Man glaubte früher, daß zwischen Indium und Blei eine lückenlose Mischkristallreihe bestehe. Die Tatsache, daß Indium im Gegensatz zu Blei ein tetragonal flächenzentriertes Kristallgitter besitzt, ließ aber Zweifel an dieser Auffassung aufkommen (HANSEN [487]). Neuere Untersuchungen haben nun in der Tat gezeigt, daß nicht nur keine lückenlose Mischkristallreihe zwischen den beiden Partnern vorliegt, sondern daß darüber hinaus zwischen dem Gebiet des Indium- und dem des Bleimischkristalles noch eine weitere tetragonal flächenzentrierte Phase existiert (VALENTINER [1215], KLEMM [672], KOGAN [692], MOORE [867]). Blei kann bis zu etwa 60 At.-% Indium in feste Lösung aufnehmen und wird dadurch etwas gehärtet (Abb. 42). GRATSIANSKY und Mitarbeiter führten einerseits Messungen

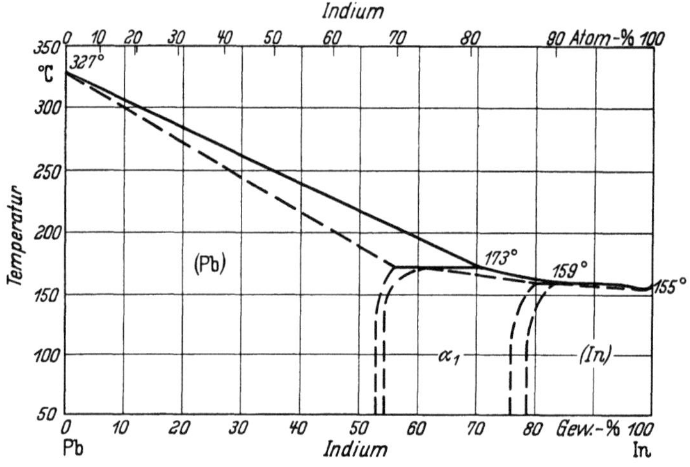

Abb. 42. Blei-Indium. Nach HANSEN

der Oberflächenspannung geschmolzener Legierungen [417], andrerseits Korrosionsversuche in Schwefelsäure und in Zitronensäure durch. Dabei ergaben sich Resistenzgrenzen bei 50 bzw. 75 Atom-% Pb [416].

Blei mit über 0,5% In benetzt Glas. Legierungen von Blei mit einem Indiumgehalt bis zu 5% haben daher als Lot für Glas Anwendung gefunden (DE BRUYNE [136]). Ihre Verarbeitung ist an ein enges Temperaturgebiet gebunden. In dieser Hinsicht sind Zinn-Indium-Legierungen günstiger. Sie erfordern aber einen Indiumgehalt von mindestens 40%. Indiumzusätze von über 25% zu Blei-Zinn-Loten erhöhen ihre Alkalibeständigkeit (GRYMKO [447]). Blei-Silber (3%)-Lote erfahren durch einen Zusatz von 1 bis 2% In eine Erhöhung ihrer Festigkeit (JAFFEE [617]), dagegen nicht Blei-Zinn-Lote. Verschiedene niedrig schmelzende Legierungen enthalten Indiumzusätze zur weiteren Erniedrigung des

Schmelzpunkts (KEIL [650]). Bleibronzelager für den Flug- und Fahr-
zeugmotorenbau können galvanisch mit Schichten von Blei-Indium
versehen werden. Indium diffundiert bei einer geeigneten Wärmebehandlung in die Lageroberfläche ein und erhöht ihre Korrosionsbeständigkeit gegenüber gewissen Ölsorten ([835a] S. 356). Als Lager für
höchste Beanspruchungen hat man Silber-Blei-Indium-Schichten von
20 bis 60 μ Dicke auf Stahl entwickelt. Die galvanische Silberschicht
wird auf Maß bearbeitet und erhält, wiederum auf galvanischem Wege,
eine definierte Schichtdicke von Blei und Indium (oder Zinn) (THEWS
[1180]). Vor dem Einbau des Lagers läßt man das Indium bei 170 bis
175 °C in das Blei diffundieren. Es bildet sich ein Mischkristall mit etwa
16% In. Lager dieses Typs sollen höhere Ermüdungsfestigkeit und
Belastbarkeit aufweisen als irgendwelche anderen Lagerwerkstoffe. Bei
hohen Drucken und hohen Geschwindigkeiten sollen sie gegenüber Weiß-
metallagern dreißigfache, gegenüber Bleibronzelagern zehnfache Lebensdauer besitzen ([835b], SNELLING [1130]).

11. Blei-Kadmium

Das Zustandsschaubild des Systems (Abb. 43) wurde von OELSEN
([913, 918], vgl. NAGASAKI [890]) durch Einbeziehung der Wärmeinhalte
der Legierungen mit Hilfe der quantitativen thermischen Analyse er-

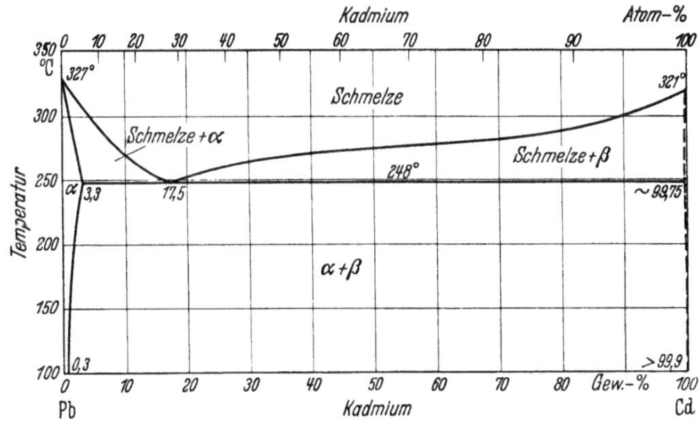

Abb. 43. Blei-Kadmium. Nach HANSEN sowie ROLLASON und HYSEL [1031]

gänzt. Dabei konnte man sogar einen Anhaltspunkt für die Löslichkeit
von Kadmium im festen Blei gewinnen, was bei der gewöhnlichen thermischen Analyse kaum gelingt. Wenn man von den Feinheiten des von
OELSEN aufgestellten Raummodells (z. B. Krümmung der Fläche des
Wärmeinhalts der Schmelzen bei etwa 50% Cd) absieht, erkennt man,
daß die spezifischen Wärmen der Schmelzen sich fast additiv aus denen

der flüssigen Komponenten zusammensetzen und weiter, daß die Blei-Kadmium-Schmelzen sehr nahe „reguläre" Mischungen sind. SCHÜRMANN [1085] wertete die Meßergebnisse von OELSEN weiter aus und leitete daraus die Lage der Mischungslücke im Bereich der unterkühlten Schmelze und die Verdampfungsgleichgewichte ab. Weiter muß auf die Messungen der Mischungswärme im Bereich der flüssigen Legierungen und die thermodynamischen Ableitungen von KLEPPA [676] hingewiesen werden.

Die Löslichkeit von Kadmium in festem Blei wurde bei 232 °C zu 2,5 Gew.-% (PASTERNAK [937]), bei Raumtemperatur zu etwa 0,3 Gew.-%

Abb. 44. 1% Cd. Guß. Bleimischkristall mit wabenförmiger Kristallseigerung. Gerichtete Ausscheidungen in den Waben beim Lagern gebildet. 500:1

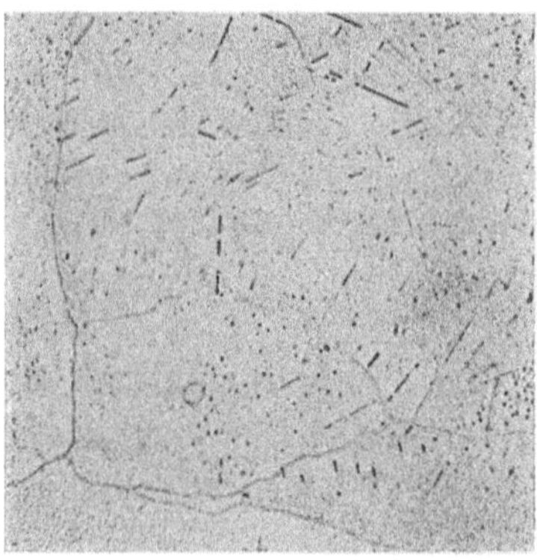

Abb. 45. 1% Cd, von 235 °C (4 Tage) abgeschreckt. Ausscheidungen von Kadmium. 500:1

bestimmt (Abb. 43). In übersättigten Legierungen tritt schon beim Lagern eine Entmischung ein (S. 255). Sie ist sehr deutlich in den Abb. 44 und 45 zu erkennen. In Abb. 44 ist ferner bemerkenswert, daß in den wabenförmigen Seigerungszonen bei der Erstarrung nur die Mischkristallkonzentration erhöht wurde, aber noch kein Eutektikum auftrat. Besonders schöne, gerichtete Ausscheidungen treten in der Legierung mit 1% Cd bei langsamer Abkühlung nach dem Homogenisieren ein.

Dichte- und Widerstandsmessungen wurden im flüssigen Zustand durchgeführt (MATSUYAMA [808, 811]). Die Dichten der Legierungen fallen, von einigen kleinen Unregelmäßigkeiten abgesehen, ungefähr linear von dem Wert für Blei zu dem für Kadmium (8,64 g/cm³) ab (GOEBEL [391]). NIWA [901] gibt Werte für die Diffusion von Kadmium in Blei an.

Da der übersättigte Bleimischkristall, wie erwähnt, bereits bei Raumtemperatur allmählich zerfällt, müssen die mechanischen Eigenschaften der Legierungen in starkem Maße von der Vorbehandlung und von der Lagerdauer abhängen. In der Tat zeigen die Kurven der Abb. 46, daß die Härten der abgeschreckt vergossenen Legierungen nach 3 Monaten Lagerzeit nahezu auf die Werte der langsam gekühlten Proben abfallen. An der Kurve der gegossenen Legierungen ist noch das steile Ansteigen der Härte bis zur eutektischen Zusammensetzung, ähnlich wie bei den Blei-Antimon-Legierungen, bemerkenswert. Der Abfall der Härte übersättigter Legierungen

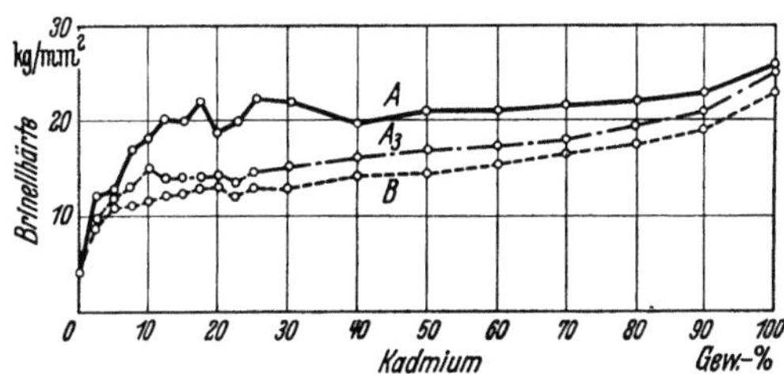

Abb. 46. Härte der Blei-Kadmium-Legierungen. *A* abgeschreckt vergossen; *A₃* dasselbe, nach 3 Monaten; *B* langsam abgekühlt. Nach GOEBEL [*391*]

durch das Lagern wurde in eigenen Versuchen (Abb. 47) bestätigt. Bemerkenswert ist dabei die vorübergehend auftretende Aushärtung. Weitere Festigkeitswerte bringt Tab. 10 (COURNOT [*219*]).

Tabelle 10. *Festigkeitswerte für Blei-Kadmium-Legierungen*

Gew.-% Cd		Zugfestigkeit in kg/mm²	Bruchdehnung in %	Brinellhärte HB		Einfache Biegezahl (Biegewinkel 90°)
Einwaage	Analyse			bei 20°C	bei 175°C	
0	0	1,5	31	4,8	1,1	7
1,5	1,74	3,4	15,5	8,3	2,1	5
3,0	2,89	4,8	13,5	11,4	2,4	3

Die Härtemessungen und Zugversuche wurden an gegossenen Proben durchgeführt, und zwar die Zugversuche an Rundstäben mit einem Querschnitt von 150 mm² und einer Meßlänge von 140 mm. Für die Hin- und Herbiegeversuche wurden gewalzte Proben verwandt. Die Angaben der Versuchsdurchführung sind nicht vollständig, so daß die Werte nur einen ersten Überblick verschaffen. Ein Vergleich der Härtewerte mit denen der Abb. 47 läßt schließen, daß die Versuche an frisch gegossenen Proben vorgenommen wurden.

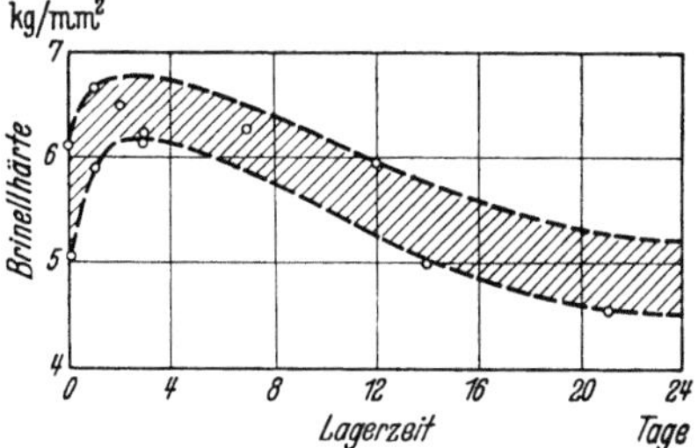

Abb. 47. Härteänderung einer abgeschreckten Legierung mit 2% Cd beim Lagern

Schmelzen von Blei mit höheren Kadmiumgehalten neigen zu starker Verkrätzung [*913*]. Binäre Blei-Kadmium-Legierungen haben geringe

Anwendung gefunden. Sie wurden z. B. für Akkumulatorenplatten mit möglichst geringer Selbstentladung vorgeschlagen (VINAL [1224]). Kleine Kadmiumzusätze bilden neben Antimon und Zinn einen Bestandteil von Kabelmantel- und Rohrlegierungen, größere Gehalte sind vor allem in den leichtflüssigen Loten (S. 372) enthalten.

12. Blei-Kalium

Die Herstellung von Blei-Kalium-Legierungen durch Umsetzung von Blei mit Kohlenstoff und Ätzkali oder anderen Kaliumverbindungen soll noch leichter erfolgen als im analogen Fall der Blei-Natrium-Legierungen angegeben worden ist (PUTNAM [984] S. 77).

Das Zustandsschaubild ist auf der Kaliumseite noch unvollständig. (HANSEN [488]). Die Mischungslücke im flüssigen Zustand bei mittleren Konzentrationen oberhalb 568 °C dürfte technisch kaum von Bedeutung sein. Auf der Bleiseite besteht nach Abb. 48 ein Eutektikum Blei-KPb$_4$.

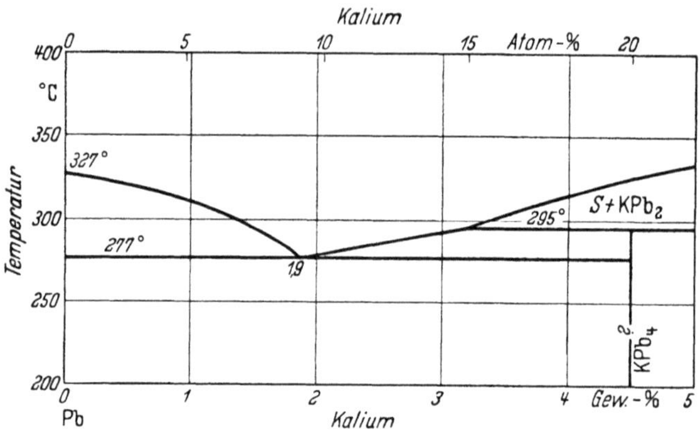

Abb. 48. Blei-Kalium. Nach HANSEN

Während in einer früheren Arbeit eine Aushärtung der bleireichen Legierungen nicht gefunden wurde (TAMMANN und RÜDIGER [1171]), fanden JENCKEL und HAMMES [618] in einer gegossenen Legierung mit 0,1% K einen Härtewert von 15 Brinelleinheiten. Dies deutet auf eine kräftige Aushärtbarkeit der Legierungen hin. Kalium in Mengen bis 0,06% ist ein Bestandteil des Satco-Lagermetalles (v. GÖLER und WEBER [398]), in dem es offenbar als härtender Bestandteil wirksam ist.

13. Blei-Kalzium

a) Aufbau und allgemeine Eigenschaften der Legierungen. Aus Legierungen mit über 0,07% Ca sollte entsprechend dem Zustandsschaubild der Abb. 49 bei der Erstarrung primäres $CaPb_3$ ausgeschieden werden. Bei Kalziumgehalten zwischen 0,07 und 0,10% wurde in Übereinstimmung mit dem Zustandsschaubild beim Tempern dicht unterhalb

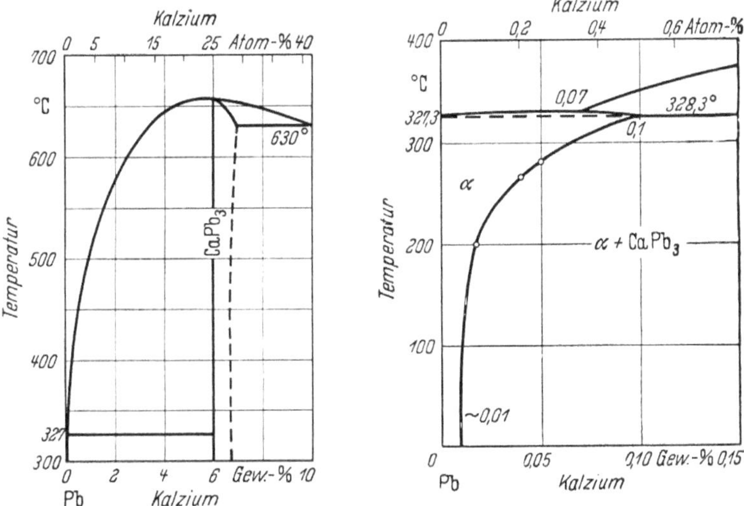

Abb. 49. Blei-Kalzium. Nach HANSEN

der Peritektikalen von 328,3 °C eine Wiederauflösung des auskristallisierten $CaPb_3$ beobachtet (SCHUMACHER und BOUTON [1090]). Daß die in Abb. 50 dargestellte Legierung schon im Gußzustand einphasig ist, hängt mit einer Hemmung der Kristallisation von $CaPb_3$ beim schnellen Durchschreiten des Zweiphasengebiets von Schmelze $+ CaPb_3$ zusammen. Man kann, wie FALKENHAGEN [304] zeigte, bei schlagartiger Erstarrung der Schmelzen mit Hilfe einer evakuierten Saugkokille Legierungen mit Kalziumgehalten bis 0,16% als übersättigte feste Lösungen erhalten. Weitere Beispiele für ein ähnliches Verhalten unter den Bleilegierungen sind Blei-Natrium und Blei-Tellur (S. 76 u. 88). Eigentümlich an der Legierung von Abb. 50 und allgemein an Legierungen mit niedrigem

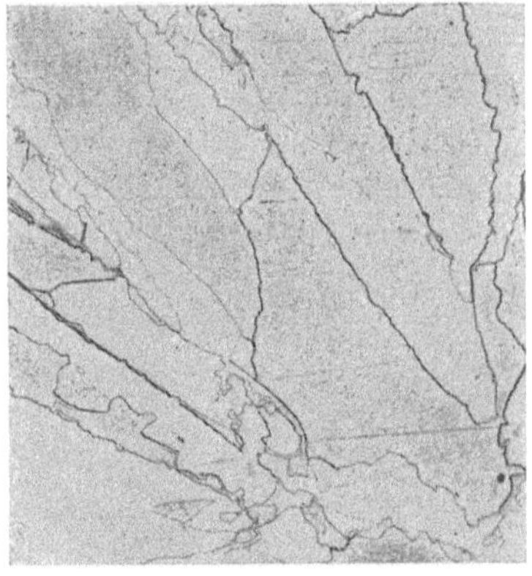

Abb. 50. 0,096% Ca. Guß. Bleimischkristall. 50:1

Kalziumgehalt sind die merkwürdig zackigen Korngrenzen. Sie sind manchmal so stark aus- und eingebuchtet, daß Teile der Kristalle abgeschnürt erscheinen. Eine Erklärung für diese Erscheinung steht noch aus.

In Gußstücken von Blei-Kalzium-Legierungen wird vielfach wabenförmige Kristallseigerung beobachtet (Abb. 51). Sie dürfte mit dem Auf-

treten der oben beschriebenen,
übersättigten Mischkristalle durch
Unterdrückung der Kristallisation
von $CaPb_3$ zusammenhängen. Man
hat nämlich die Wabenstruktur
auch in anderen Fällen übersättigter Mischkristalle aus dem Schmelz-
fluß, z. B. in den Systemen Al–Mn
und Al–Ti beobachtet und beschrieben (FALKENHAGEN [304],
HANEMANN [479], BÜCKLE [138]).
Wenn entgegen dieser Deutung
Versuche an einer Legierung mit
0,15% Ca das Auftreten der Waben und das Fehlen von $CaPb_3$-
Kristallen beim Gießen in eine
200 °C warme Kokille, dagegen

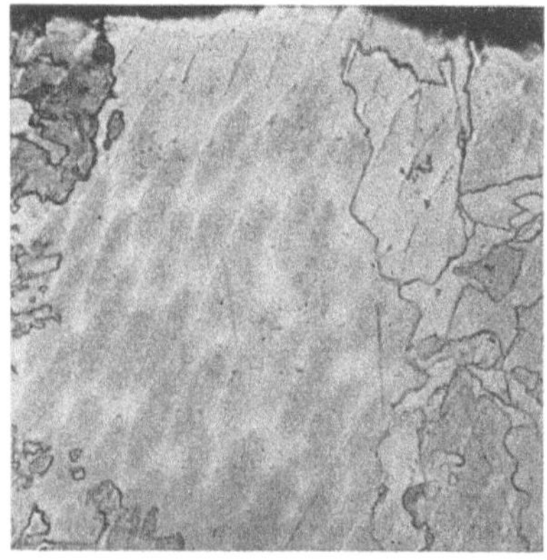

Abb. 51. 0,1% Ca. Akkumulatorenplatte mit
wabenförmiger Kristallseigerung. Wabenstruktur von kleineren Körnern nicht beeinflußt.
100:1

das Auftreten von $CaPb_3$ beim Gießen in eine kalte Form zeigten (v. GÖLER [393]), so bedarf diese Beobachtung und die zu ihrer
Erklärung gegebene Deutung wohl einer Nachprüfung (vgl. [1033]).

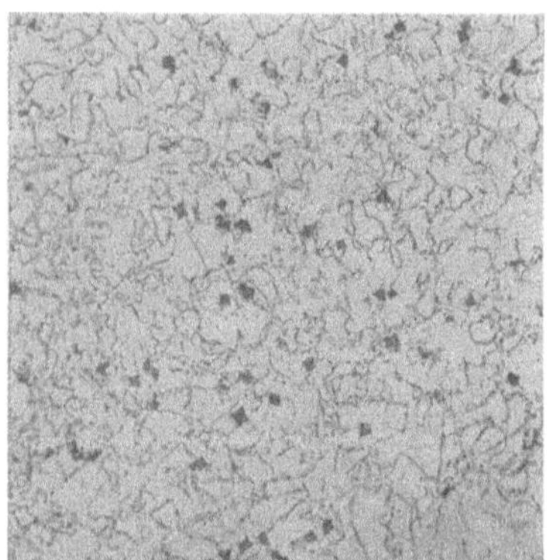

Abb. 52. 0,185% Ca. Guß. Dunkel: Primärkristalle von $CaPb_3$. Grundmasse: Bleimischkristall. 150:1

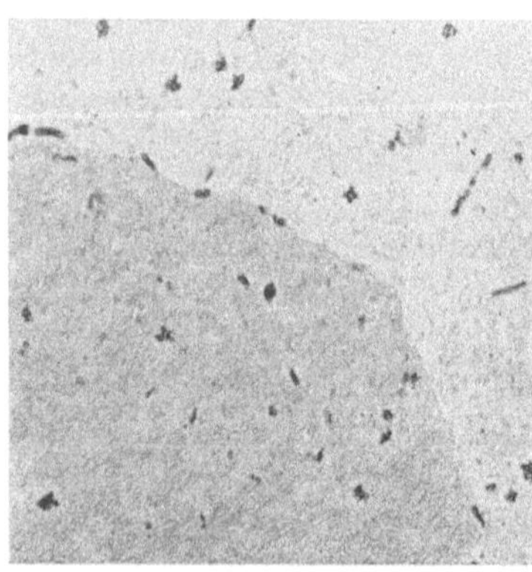

Abb. 53. 0,096% Ca. Bei 290 °C getempert und
in 3 Tagen abgekühlt. Dunkle Stäbchen und
Sterne: Ausscheidungen von $CaPb_3$. 300:1

Primäres $CaPb_3$ tritt in Form von Würfeln oder sternförmigen
Dendriten auf, wie Abb. 52 an einer Gußlegierung zeigt. Die Kristalle
sehen nach dem Polieren weiß aus und laufen nach dem Ätzen dunkel an.
Die Bildung von $CaPb_3$-Einschlüssen durch eine Ausscheidung im festen

Zustand wird durch Abb. 53 veranschaulicht. Das kubisch flächenzentrierte Kristallgitter gehört dem Strukturtyp von $AuCu_3$ an (ZINTL und NEUMAYR [1306]). Die Dichte beträgt 9,40 g/cm³.

Es sei noch auf den Unterschied der Korngröße zwischen einphasig und zweiphasig erstarrten Blei-Kalzium-Legierungen hingewiesen, den man z. B. bei einem Vergleich der Abb. 50 und 52 unter Berücksichtigung der Vergrößerung erkennt. Das feine Korn der Legierungen mit höheren Kalziumgehalten wurde für die geringere Kriechfestigkeit dieser Legierungen im Vergleich mit solchen niedrigeren Kalziumgehaltes verantwortlich gemacht (S. 66, 202, 222).

Blei-Kalzium-Legierungen werden am besten mit Hilfe einer Vorlegierung hergestellt, die man durch Wechselwirkung von geschmolzenem Blei mit einer kalziumhaltigen Schlacke gewinnt. Man erhält Vorlegierungen mit 2,5 bis 4% Ca, die unter Umständen noch einen Gehalt an Alkalimetall (Natrium) aufweisen. Vorlegierungen mit 2 bis 4% Ca können auch durch Wechselwirkung von CaC_2 mit Al und Pb bei 1150 °C gewonnen werden (RODYAKIN [1017]). Auch die Elektrolyse geschmolzener $CaCl_2$-KCl-Mischungen mit Pb als Kathode wurde im Laboratoriumsmaßstab angewendet (MASLANKA-ORMANOWA [803]). Die beim Legieren zu beachtenden Vorsichtsmaßnahmen sind auf S. 309 erwähnt. Die Dichte der Legierungen wird durch je 0,1% Ca um 0,029 g/cm³ erniedrigt (v. GÖLER und WEBER [398]). Ihre Gießeigenschaften werden im Abschnitt Akkumulatoren angedeutet (S. 339).

b) Mechanische Eigenschaften und Aushärtung. Die Aushärtung der Blei-Kalzium-Legierungen ist vor allem bei niedrigen Kalziumgehalten

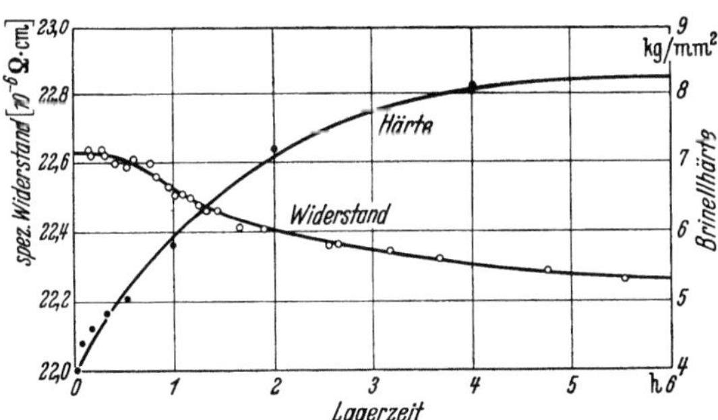

Abb. 54. 0,07% Ca. Änderung der Härte und des elektrischen Widerstandes einer von 315 °C abgeschreckten Legierung [502]

sehr ausgeprägt, so daß eine Angabe von mechanischen Eigenschaften ohne Berücksichtigung des Aushärtungszustandes ungenügend erscheint. Wie Abb. 54 zeigt, erfolgt die Härtezunahme innerhalb weniger Stunden. In einer Versuchsreihe wurden die Legierungen von 500 °C in eine eiserne Kokille von 200 °C vergossen, nach beendigter Erstarrung sofort aus der Form genommen und entweder abgeschreckt oder an Luft ab-

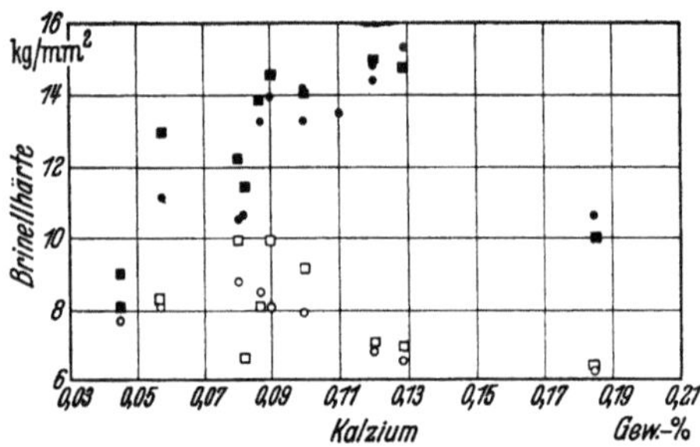

Abb. 55. Aushärtung gegossener Blei-Kalzium-Legierungen [502]. o Luftabkühlung, nach 1 Tag; □ Luftabkühlung, nach 10 Tagen; • abgeschreckt, nach 1 Tag; ■ abgeschreckt, nach 10 Tagen

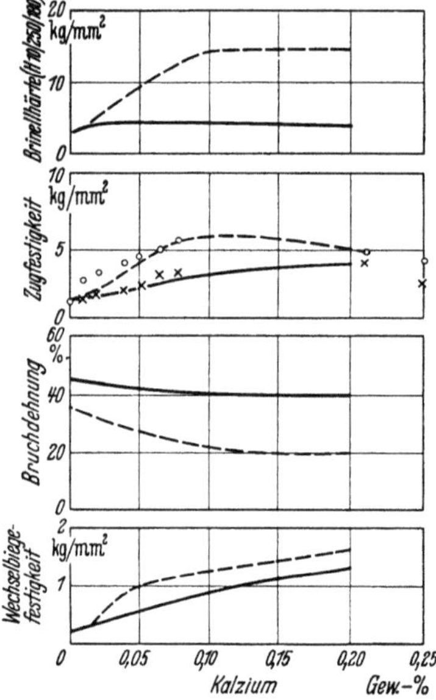

Abb. 56. Mechanische Eigenschaften gepreßter Blei-Kalzium-Legierungen. Wechselbiegefestigkeit für $2 \cdot 10^7$ Lastspiele. Gestrichelt: ausgehärtet; ausgezogen: weich. Kurven nach VON GÖLER [393]. Meßpunkte nach [1090]

gekühlt. Die luftgekühlten Legierungen erreichten hierbei geringere Härte als die abgeschreckten (Abb. 55). Die Brinellhärte der luftgekühlten und der abgeschreckten Legierungen besitzt ein Maximum bei dem Kalziumgehalt von 0,085 bzw. 0,13%. Eine Erhöhung des Kalziumgehaltes von Gußlegierungen über rund 0,10% Ca bringt somit keine wesentliche Steigerung der Härte mit sich (S. 254).

Eine Anzahl von Arbeiten hat die Wirkung einer Wärmebehandlung der Legierungen auf die Aushärtung zum Gegenstand. Durch eine Homogenisierungsglühung und anschließendes Abschrecken ließ sich keine Härtesteigerung gegenüber den in Luft abgekühlten Gußstücken erzielen. Dies ist nach den oben gemachten Ausführungen über die Unterdrückung der Kristallisation von Pb_3Ca beim schnellen Erstarren der Legierungen verständlich. Als einziges Mittel, um die Härte weiter zu steigern, kommen Zusätze, etwa von Lithium, Barium oder Natrium in Betracht. Zusätze von Antimon oder Wismut bewirken dagegen das Gegenteil, da sie Kalzium in Form hochschmelzender Metallide binden, die aus der Schmelze ausseigern (KROLL [712]). Die Härte bzw. die Zugfestigkeit wärmebehandelter Legierungen besitzt, wie die der gegossenen Legierungen, ein Maximum bei etwa 0,1% Ca. Abb. 56 zeigt das Ergebnis einer derartigen Untersuchung. Den weichen Zustand erhält man in üblicher Weise durch langsame Abkühlung der Proben oder Verpressen bei niedrigen Temperaturen. Der ausgehärtete Zustand trat nach Homogenisieren der Proben dicht unterhalb des Schmelzpunkts und Abschrecken ein. Die Darstellung enthält auch Angaben über die Bruchdehnung und Wechselfestigkeit (v. Göler [393]).

Die Festigkeit ausgehärteter Legierungen ist von der Abschrecktemperatur abhängig, wie Abb. 57 für eine beschränkte Zahl von Legierungen mit Kalziumgehalten zwischen 0,02 und 0,06% zeigt. Nach Abschrecken von 300 °C etwa erreicht die Legierung mit dem höchsten Kalziumgehalt die größte Zugfestigkeit, während bei der Abschrecktemperatur von 250 °C die Legierung mit 0,04% Ca am festesten wird. Die Gesetzmäßigkeit ist durch den Verlauf der Löslichkeitslinie (Abb. 49) begründet. Damit eine Legierung nach Wärmebehandlung voll aushärtet, muß sie aus dem α-Feld des Zustandsschaubildes abgeschreckt werden (S. 254). Entsprechendes gilt für nicht wärmebehandelte Preßlegierungen. Sie müssen, um voll auszuhärten, im Zustandsfeld der festen Lösung verpreßt werden. Wenn man als Preßtemperatur z. B. 250 °C annimmt, soll der Kalziumgehalt nicht mehr als 0,035% betragen.

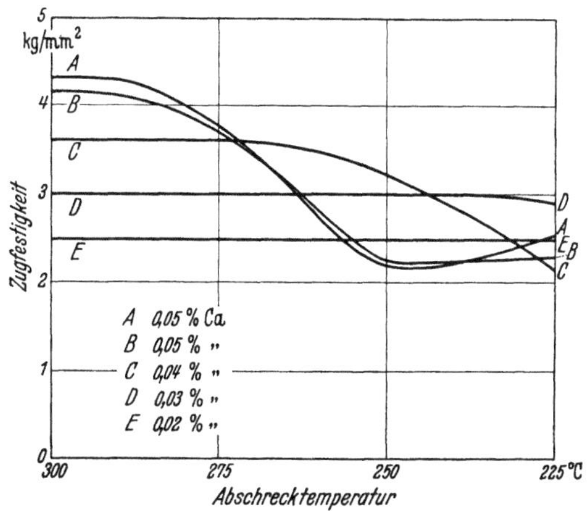

Abb. 57. Blei-Kalzium. Zugfestigkeit der von verschiedenen Temperaturen abgeschreckten Legierungen nach 10tägigem Lagern. Nach Dean und Ryjord [238]

Die Aushärtung der Blei-Kalzium-Legierungen wird durch Anwendung erhöhter Auslagerungstemperaturen beschleunigt. Unter Umständen kann hierbei im Gegensatz zu den Blei-Antimon-Legierungen auch noch eine leichte Steigerung der Festigkeit erzielt werden (Abb. 58).

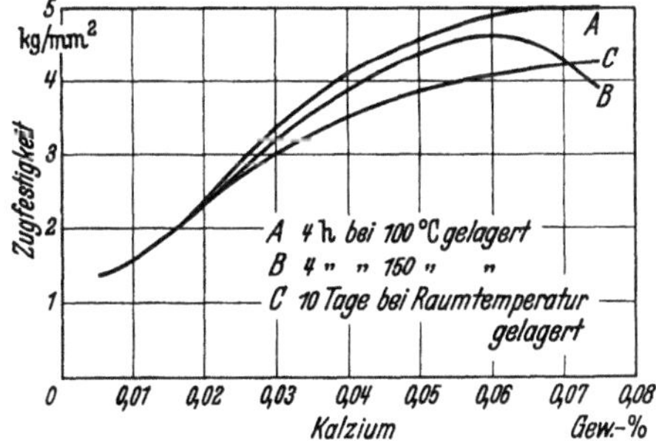

Abb. 58. Blei-Kalzium. Zugfestigkeit der von 300 °C abgeschreckten Legierungen nach Lagern bei verschiedenen Temperaturen. Nach Dean und Ryjord [238]

Die Aushärtung ist mit einer Entmischung der übersättigten festen Lösung verbunden, wie der Verlauf des elektrischen Widerstandes (Abb. 54) zeigt. Einige Beobachtungen weisen auf die Möglichkeit eines mikroskopischen Nachweises der Ausscheidungen hin. In der in Abb. 59 dargestellten Probe mit 0,096% Ca waren nach $1^1/_2$jährigem Lagern, während dessen die Härte sich nicht merkbar änderte, im Schliffbild Gebiete zu beobachten, die sich wesentlich dunkler ätzten als das übrige Korn. Die Gebiete mit dunklem Ätzangriff sind unregelmäßig begrenzt, und es hat den Anschein, als würden sie in die hell gefärbten Gebiete vordringen und diese aufzehren. Stellenweise konnten auch stäbchenförmige Ausscheidungen beobachtet werden.

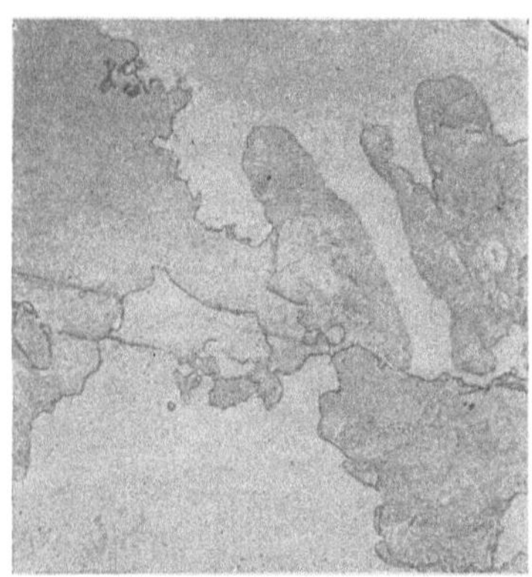

Abb. 59. 0,096% Ca. Guß nach $1^1/_2$jährigem Lagern. Dunkle Stellen zeigen in höherem Abbildungsmaßstab einzelne Ausscheidungen von CaPb$_3$. 150:1

Eine elektronenmikroskopische Untersuchung solcher Proben wäre dringend erwünscht.

Die große Widerstandsfähigkeit ausgehärteter Blei-Kalzium-Legierungen gegen Rekristallisation nach Verformung bei Raumtemperatur ist auf S. 184 dargestellt.

Die Kriechfestigkeit der Legierungen wird an anderer Stelle im Zusammenhang mit dem Verhalten weiterer Bleisorten behandelt (S. 228 und S. 339). Es sollen deshalb hier nur einige besondere Fragen besprochen werden. Die verschiedenen gegossenen Blei-Kalzium-Legierungen der Abb. 308 zeigen erhebliche Unterschiede im Kriechverhalten. Eigenartig erscheint, daß die Legierungen mit höherem Kalziumgehalt zum Teil schneller kriechen als die mit niedrigerem. Der Grund ist im wesentlichen darin zu suchen, daß die Legierungen mit höherem Kalziumgehalt feinkörniger erstarrt sind als die kalziumärmeren Legierungen, daß ferner die kalziumreichen Legierungen zum Teil heterogen aufgebaut und dann schwächer ausgehärtet sind als die homogen erstarrten Mischkristalle geringerer Kalziumkonzentration. Auch die Art der Abkühlung nach dem Gießen wirkt sich auf die Aushärtung und damit auf die Kriechgeschwindigkeit aus.

Die Dauer- (Schwing-) Festigkeit der Legierungen ist an anderer Stelle (S. 248) behandelt.

Blei-Kalzium-Legierungen sind an Stelle von Blei-Antimon-Legierungen für mancherlei Zwecke vorgeschlagen worden, z. B. für Rohre,

Drähte, Kabelmäntel, Akkumulatorenplatten. Daß sie sich nicht voll durchsetzten, liegt vor allem an der Schwierigkeit, beim Schmelzen und Gießen einen genauen Kalziumgehalt aufrechtzuerhalten. Die Legierungen sind aber in einzelnen Fällen auch heute noch im Gebrauch. In den gehärteten Bleilagermetallen bildet Kalzium neben anderen Zusätzen einen wichtigen Legierungsbestandteil.

14. Blei-Kobalt

PELZEL [944] bestimmte die Löslichkeit von Kobalt in flüssigem Blei mit Hilfe des Verfahrens der Schwereseigerung und fand den in Abb. 60 gezeigten Zusammenhang.

15. Blei-Kupfer

Die Angaben über die Mischungslücke des Schaubildes (Abb. 61)

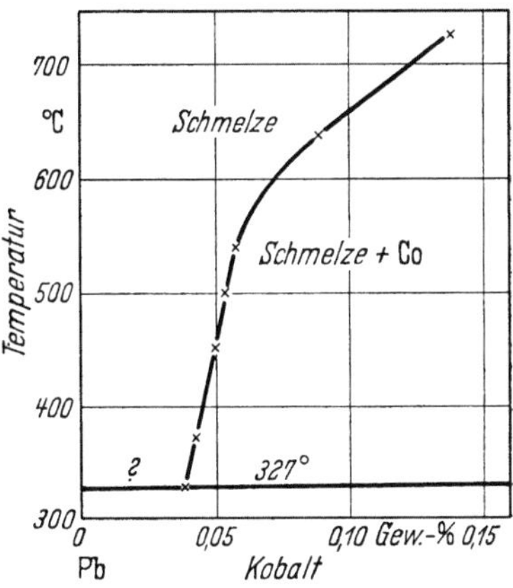

Abb. 60. Blei-Kobalt. Nach PELZEL

waren bis in die jüngste Zeit recht uneinheitlich. Daran ist in hohem Maß die Tatsache schuld, daß es sehr schwierig ist, die Schichtenbildung bei der Abkühlung von Legierungen aus dem Bereich oberhalb der Mischungslücke zu unterdrücken. Neben den Werten des kritischen Punktes von 65% Blei und 1000 °C (FRIEDRICH und WAEHLERT [345], BRIESEMEISTER [133]), die mittels chemischer Analyse der Schichten gefunden wurden, stand eine Angabe der Temperatur mit über 1500 °C (BORNEMANN und WAGENMANN [115]), die auf Leitfähigkeitsmessungen beruhte. Die Widersprüche wurden darauf zurückgeführt, daß oberhalb 1000 °C eine Schichtenbildung der fein verteilten Emulsion nicht eintreten und eine homogene Schmelze vorgetäuscht werden solle (CLAUS [201]). Eine neuere Arbeit brachte weitere Aufklärung zur Ausdehnung der Mischungslücke (BISH [87]). Der elektrische Widerstand einer Schmelze mit 65% Pb, Rest Kupfer, wurde in verschiedener Entfernung von der Badoberfläche mit Hilfe einer eingetauchten Sonde aus nahe bis zum Ende isolierten Wolframdrähten gemessen. Dabei zeigte sich bei einer Temperatur von 1007 °C keine Änderung des Widerstandes in Abhängigkeit von der Tiefe der Meßstrecke, während die Messungen bei 994 °C eine unstetige Widerstandszunahme in einer bestimmten Tiefe ergaben. Nachdem in einer weiteren Untersuchung der kritische Punkt unter Heranziehung thermodynamischer Betrachtungen bei unterhalb 1100 °C gefunden wurde, kann die Auffassung von BORNEMANN [115] endgültig als widerlegt angesehen und das Schaubild nach Abb. 54 aufgestellt

5*

werden. SEITH und Mitarbeiter [*1105*] haben es bestätigt. Die Lage der Liquiduskurven auf der Bleiseite zwischen 954 °C und dem Bleischmelzpunkt entspricht den Ergebnissen einer gründlichen neueren Bestimmung (KLEPPA [*677*]). Die kupferreichen Legierungen, die als Bleibronzen

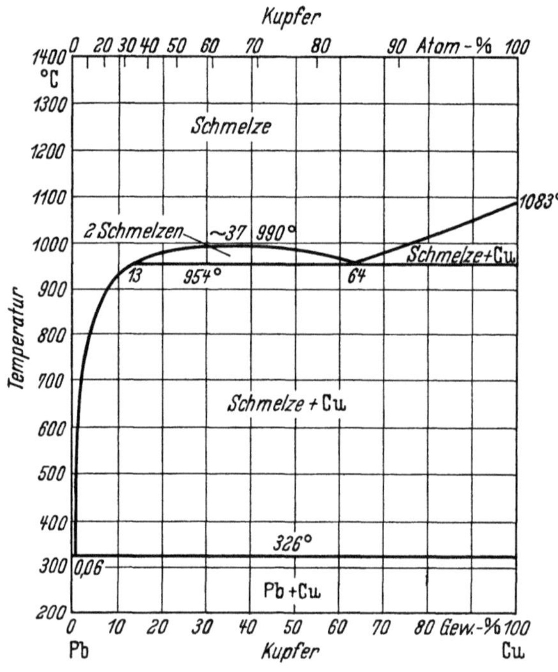

Abb. 61. Blei-Kupfer. Nach HANSEN

von großer Bedeutung sind, erreichen in der Regel Bleigehalte, die noch außerhalb der Mischungslücke liegen. Die Veränderung der Mischungslücke durch weitere Zusätze wurde vor allem im Institut von GUERTLER [*449, 451*] und von OSBORG [*926*] untersucht.

Beispiele für das Gefüge gegossener Legierungen auf der Kupferseite und auf der Bleiseite des Systems bringen die Abb. 62 und 63. Kupfer kann nur bis zum eutektischen Gehalt von 0,06 Gew.-% durch Ausseigern aus dem Blei entfernt werden. Die Löslichkeit von Kupfer in festem Blei ist sicher außerordentlich gering, da z. B. mikroskopisch noch ein Kupfergehalt von 0,007% nachgewiesen werden konnte (GREENWOOD und ORR [*430*]).

Praktische Bedeutung besitzen, wenn man von den Bleibronzen und von pulvermetallurgischen Entwicklungen (S. 432) absieht, nur Beimengungen von Kupfer unter 0,1%. Diese geringen Kupfergehalte von Blei bewirken eine erhebliche Kornverfeinerung und vor allem

Gefügebeständigkeit bei hohen Temperaturen (S. 187). Bezüglich der Kriechfestigkeit und der Dauerschwingfestigkeit der Legierungen sei auf die entsprechenden Abschnitte verwiesen (S. 230ff.). Die chemische Industrie bevorzugt kupferhaltiges Blei vielfach wegen seiner mechani-

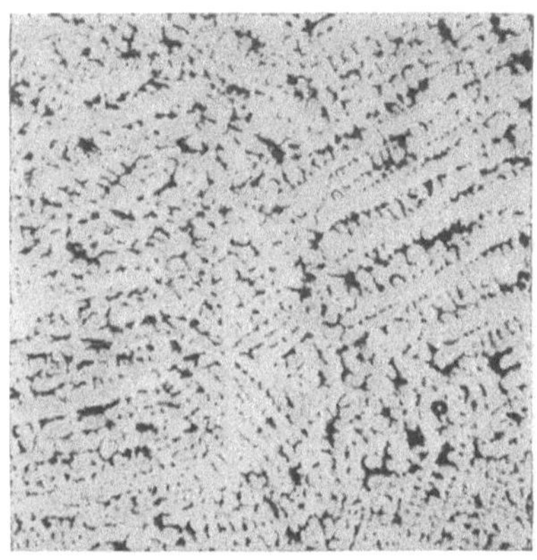

Abb. 62. 77% Cu, Rest Blei, in Kokille gegossen. Primärkristalle von Kupfer (hell) in Tannenbaumform, Restfelder mit Monotektikum Kupfer-Blei (dunkel). 125:1

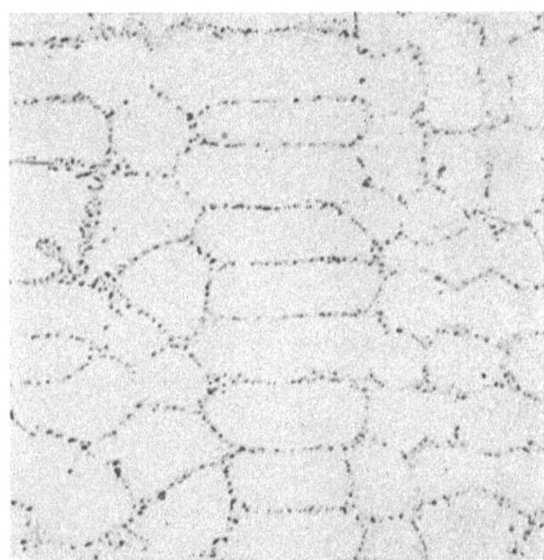

Abb. 63. 0,04% Cu, in Kokille gegossen. Praktisch rein eutektische Struktur. Blei in Form von Dendriten kristallisiert. 150:1

schen Eigenschaften und Gefügebeständigkeit. Es besitzt außerdem eine gute Schwefelsäurebeständigkeit bei hohen Temperaturen (S. 8 und 266). Auch für Kabelmäntel haben Zusätze von Kupfer in der gleichen Höhe große Bedeutung gewonnen. Zum Einlegieren des Kupfers in das Blei kann man von einer Vorlegierung ausgehen. Diese wird man durch Auflösen von Kupfer in Blei bei Rotglut herstellen. Für gleichmäßige Verteilung der Kupfers in Blei ist Sorge zu tragen. Bei untereutektischen Legierungen bereitet die gleichmäßige Verteilung keine Schwierigkeiten. Bei höheren Kupfergehalten dagegen besteht die Gefahr von Seigerungen. Ausführliche Angaben über die Auflösungsgeschwindigkeit von Kupfer in Blei und ihre Abhängigkeit von Temperatur und Konzentration finden sich bei WARD [*1237*]. Die Diffusionskoeffizienten für die Diffusion von Kupfer in flüssigem Blei zwischen 478 und 750 °C wurden von GORMAN [*409*] bestimmt. Kupfer wandert in der Schmelze als zweiwertiges Ion.

16. Blei-Lithium

Beim Legieren von Blei mit Lithium tritt eine starke Wärmetönung auf (CZOCHRALSKI und RASSOW [*228*]), ein Anzeichen heteropolarer Bindungskräfte (S. 28). Das Zustandsschaubild wurde auf Grund von thermischen Analysen und von Widerstandsmessungen aufgestellt

(Abb. 64). Die bleireichste Verbindung LiPb zeigt danach eine Umwandlung im festen Zustand, die an den Übergang zwischen geordneter und ungeordneter Atomverteilung in bekannten Legierungssystemen

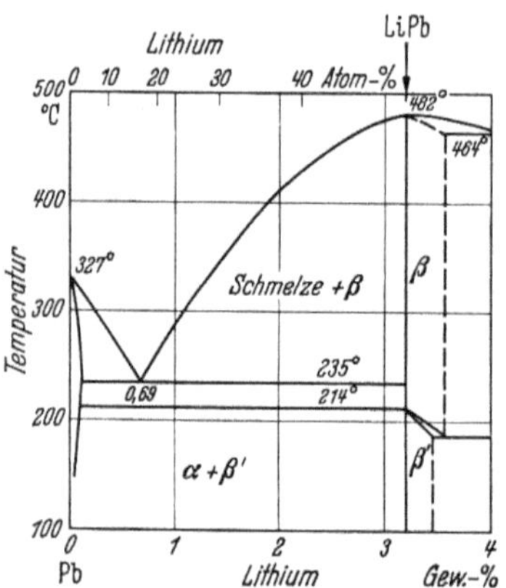

Abb. 64. Blei-Lithium. Nach GRUBE und KLAIBER [445]

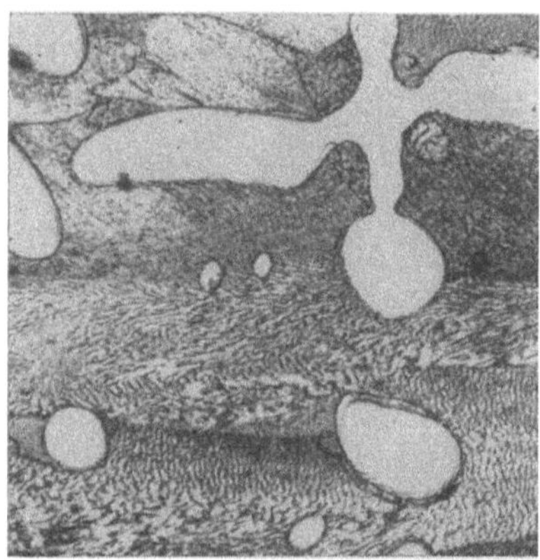

Abb. 65. 0,58% Li. Im Tiegel erstarrt. Hell: Bleimischkristall. Eutektikum Blei-LiPb. 200:1

(z. B. β-Messing) erinnert. Untersuchungen hierüber mit Hilfe von Widerstandsmessungen bei veränderlichen Temperaturen und Drucken ergaben zwar Deutungsmöglichkeiten (WILSON [1278]), die röntgenographischen Bestimmungen verschiedener Verfasser (WILSON [1278], NOWOTNY [906]) brachten aber noch starke Widersprüche in der Indizierung der Diagramme und der Ermittlung der Dichte. Das Zustandsschaubild (Abb. 64) ist durch das Gefüge einer untereutektischen Legierung erläutert (Abb. 65). Die Löslichkeit auf der Bleiseite sinkt nach GRUBE und KLAIBER [445] von 0,11% Li bei 235 °C auf 0,03% bei 120 °C. POGODIN [968] stellte etwas geringere Werte der Löslichkeit fest, nämlich 0,09, 0,07, 0,06, 0,04 und 0,01% Li bei den Temperaturen 235, 200, 170, 120 und 20 °C. Die Aushärtbarkeit der bleireichen Legierungen bis herunter zu 0,02% Li ist somit verständlich.

Aushärtungskurven sind in Abb. 66 dargestellt. Die Aushärtung geht nach abgeschrecktem Vergießen sowie nach Verpressen bei hohen Temperaturen und anschließendem Abschrecken kräftig vonstatten. Die Zugfestigkeit und Bruchdehnung von gepreßten Blei-Lithium-Drähten wurde nach einmonatigem und längerem Lagern bestimmt (BURKHARDT [155]). Der Aushärtungsverlauf wurde dabei nicht verfolgt. Die Zugfestigkeit stieg schon bei Zusätzen von 0,01% Li auf über 2 kg/mm². Nach Verformung ausgehärteter Legierungen (HOFMANN und HANEMANN [561]) wurde keine ähnlich starke Verzögerung der Rekristallisation festgestellt wie etwa bei Blei-Kalzium-Legierungen (S. 184).

Die Legierungen sind bis zu einem Lithiumgehalt von 2,15% auch bei längerem Lagern an Luft beständig. Dagegen zeigten Proben mit

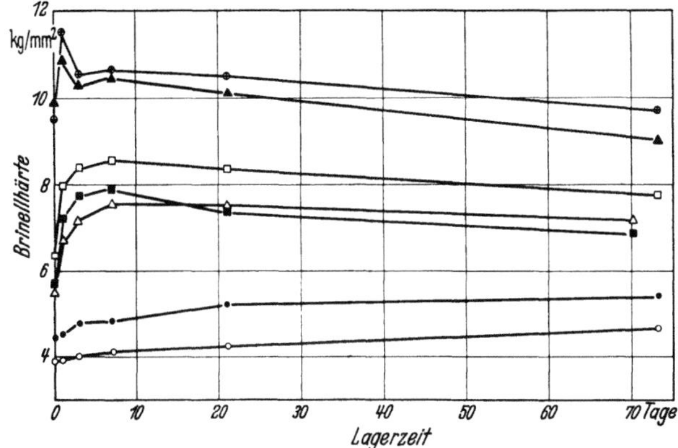

Abb. 66. Aushärtung von Blei-Lithium-Legierungen. Nach V. HANFFSTENGEL und HANEMANN [484]. o 0,01% Li, gegossen; ● 0,02% Li, gegossen; □ 0,04% Li, gegossen; ■ 0,04% Li, gegossen, homogenisiert, abgeschreckt; △ 0,04% Li, verpreßt, von 235 °C abgeschreckt; ▲ 0,07% Li, gegossen; ⊕ 0,10% Li, gegossen

höheren Konzentrationen geringe Haltbarkeit (CZOCHRALSKI und RASSOW [228]).

Binäre Blei-Lithium-Legierungen haben keine Bedeutung erlangt. Die Legierungen bis 0,10% Li, gegebenenfalls mit Zusätzen bis 0,18% Cd oder 0,5% Sb wurden für Kabelmäntel empfohlen; dabei sollte nach dem Pressen eine Wärmebehandlung zwecks Vergütung erfolgen [841]. Ähnliche Vorschläge beziehen sich auf Blei-Lithium-Wismut-Legierungen (OSBORG [927]). Dagegen ist Lithium als Bestandteil des Bahnmetalles von einer gewissen Bedeutung geworden. Es erhöht bei einem Gehalt von 0,04% die Härte, ohne daß der Abbrand und die Korrosion gefördert werden, wie es etwa bei größeren Zusätzen von Natrium der Fall wäre (GRANT [413], v. GÖLER [393]). In einer abgewandelten Legierung dieses Typs hat man den Lithiumgehalt auf 0,02%, das ist etwa die Löslichkeitsgrenze bei Raumtemperatur, herabgesetzt, um der Enthärtung bei der Erwärmung des Lagermetalles entgegenzuwirken.

17. Blei-Magnesium

Das Schaubild der bleireichen Legierungen ist durch ein Eutektikum von Bleimischkristall mit Mg_2Pb gekennzeichnet (Abb. 67). Die Lage des Eutektikums und der Verlauf der Liquiduskurve bis zu Magnesiumgehalten von 3 Gew.-% wurde kürzlich von HORSLEY [596] neu bestimmt. Viskositätsmessungen von GEBHARDT [361] ergaben bei der konstanten

Temperatur von 550 °C im Bereich der Verbindung Mg_2Pb ein sehr ausgeprägtes Maximum. Hieraus wird auf eine Wechselwirkung zwischen den Blei- und Magnesiumatomen in der Schmelze geschlossen. In Über-

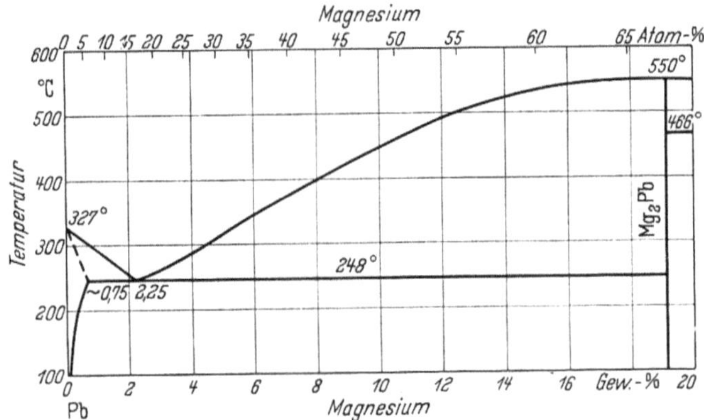

Abb. 67. Blei-Magnesium. Nach HORSLEY und HANSEN

einstimmung hiermit fand SCHEIL [*1058*] aus Dampfdruckmessungen, daß die Aktivitäten des Magnesiums in den Legierungen niedriger liegen, als in einer idealen Lösung zu erwarten ist. Die bisher angenom-

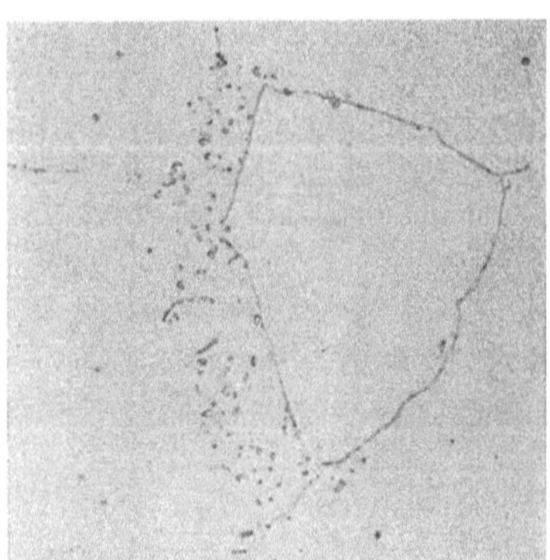

Abb. 68. Einwaage 0,2% Mg. Guß. An den Korngrenzen wenig Eutektikum Blei-Mg₂Pb. 500:1

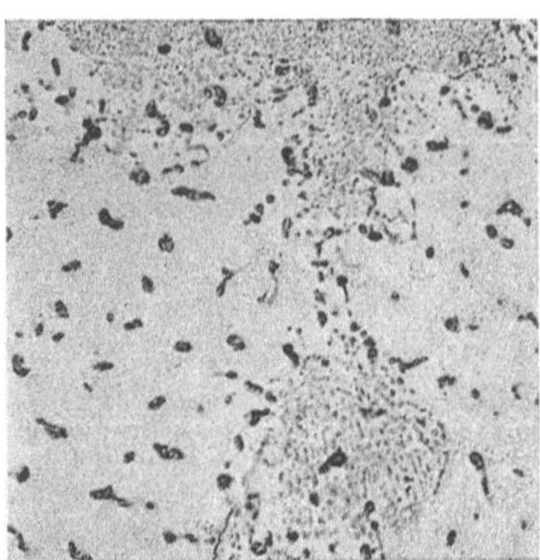

Abb. 69. Einwaage 0,5% Mg. Guß. Bleimisch-kristall von Eutektikum durchsetzt. Gebiete mit punktförmigen Ausscheidungen von Mg₂Pb. 500:1

mene Grenze der festen Lösung bei höheren Temperaturen blieb von einer neueren Bestimmung (KURNAKOV [*722*]) praktisch unberührt. Bei 100 °C ergab sich dagegen durch Extrapolation eine Löslichkeit von nur 0,12% Mg in Blei. Sie paßt gut mit dem aus Widerstandsmessungen abgeleiteten Wert von 0,06% Mg bei Raumtemperatur (EUCKEN [295]) zusammen. Eine Legierung mit 0,2% Mg enthält (Abb. 68) infolge Kristallseigerung schon etwas Eutektikum. Daß auch der eutektische Anteil der Legierung mit 0,5% Mg (Abb. 69) nur auf Kristallseigerung beruht, ergibt sich beim Homogenisieren dieser Legierung, da nunmehr das Eutektikum verschwindet (Abb. 70).

Für die Aushärtung der Legierungen bietet Tab. 11 einige Anhaltspunkte. Die Aushärtung ist mit einer mikroskopischen Ausscheidung von Mg_2Pb verbunden, macht also möglicherweise bei weiterer Vergröberung der Ausscheidung einer Wiedererweichung Platz.

Tabelle 11. *Aushärtung von Blei-Magnesium-Legierungen*

Magnesium nach Einwaage in Gew.-%	Gußzustand				Von 220 °C (6 Tage) abgeschreckt			
	0,2	0,5	2,5	3,5	0,2	0,5	2,5	3,5
Brinellhärte (kg/mm²)								
sofort	5,8	9,75	10,7	14,1	5,0	8,8	12,4	16,6
„ nach 1 Tag	5,9	9,5	15,3	19,5				
„ „ 6 Mon.					5,8	9,8	12,3	16,1

Als günstigste Zusätze wurden 0,5 bis 0,7% Mg angegeben (KURNAKOV und VIDUSOVA [721]). Die Werte liegen unter Berücksichtigung des Korrosionsverhaltens sicher viel zu hoch. Die Beständigkeit ist namentlich bei den übereutektischen Legierungen sehr gering (GOEBEL [391]), was auf den Eigenschaften des Gefügebestandteils Mg_2Pb beruht. Die Verbindung besitzt Flußspatstruktur (SACKLOWSKI [1044]), also kein typisch metallisches Kristallgitter. Dementsprechend ist ihr spezifisches Volumen bei Raumtemperatur um 3,4% größer, als nach der Mischungsregel zu erwarten ist (SAUERWALD [1049]). Beim Schmelzen der Verbindung tritt Kontraktion ein (KUBASCHEWSKI [716]). Ihr elektrochemisches Potential ist kaum edler als das von Magnesium (KREMANN und GMACHL-PAMMER [704], JENGE [620]). Die reine Ver-

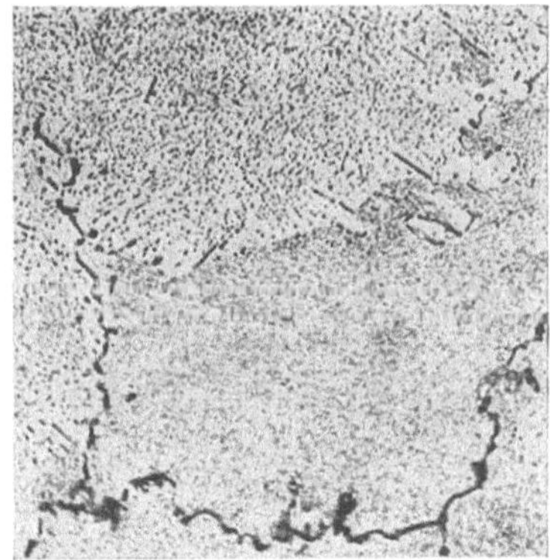

Abb. 70. Vorige Legierung bei 220 °C homogenisiert, in Öl abgeschreckt und 20 Tage gelagert. Gebiete mit gerichteten Ausscheidungen. Zwischenkristalline Korrosion. 500:1

bindung wird in der Kälte von Wasser stürmisch zersetzt. Mg_2Pb bildet auch schon in Legierungen niedrigster Konzentration mit Vorliebe Ausscheidungen an den Korngrenzen und führt dadurch zu interkristalliner

Korrosion (Abb. 68, 70). Interkristalline Korrosion trat bereits in gewalzten Streifen mit nur 0,05% Mg auf (GREENWOOD [431]). Die Legierung versprödete nach einer Lagerzeit von nur 3 Monaten. Danach sollen Magnesiumzusätze in technischen Legierungen unterhalb der angegebenen Konzentration liegen (SCHMID [1069]).

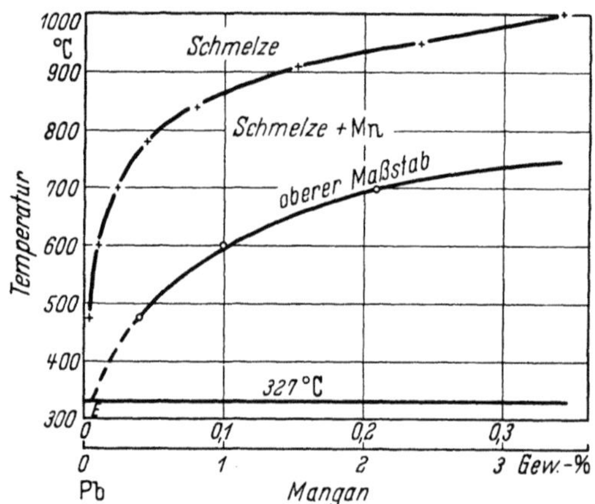

Abb. 71. Löslichkeit von Mangan in flüssigem Blei. Nach PELZEL. Eutektikum E bei < 0,01% Mn

Die Legierungen wurden wegen ihrer guten mechanischen Eigenschaften als Ersatz für Blei-Zinn-Legierungen in Fernsprechkabelmänteln empfohlen (STENQUIST [1145]), haben sich aber wegen ungenügender Korrosionsbeständigkeit nicht bewährt. Ähnliches gilt für die Verwendung als Lagermetall, die durch viele Patente geschützt wurde (SCHMIDT [1074]). Die Lagerwerkstoffe waren zeitweise im Handel, haben aber zum Teil versagt. Die Anwendung setzte sorgfältige Behandlung und Berücksichtigung folgender Gesichtspunkte voraus (KROLL [711]): Es darf nicht mit Altblei legiert werden, da unter Umständen die Beimengungen mit Magnesium Verbindungen bilden, die an die Schmelzoberfläche steigen und sich an feuchter Luft unter Bildung von giftigem Metall- (z. B. Arsen-) Wasserstoff zersetzen. Die Legierungen sind nicht lagerfähig, die Ausgüsse müssen daher sofort verwandt werden. Die Drehspäne zersetzen sich schnell und haben keinen Schrottwert, sondern nur Erzwert. Sie sind außerdem feuergefährlich. Angaben über das Korrosionsverhalten der Legierungen innerhalb des Gesamtgebietes der Konzentrationen finden sich bei KURTEPOV [724].

Auf eine eigenartige Anwendung der Blei-Magnesium-Legierungen sei endlich hingewiesen (JORDAN [637]). Da Wildenten fehlgegangenen und im Schlamm sitzenden Bleischrot aus diesem als Nahrung aufnehmen und sich damit unter Umständen vergiften sollen, wurde Schrot aus

Blei-Magnesium für die Wildentenjagd vorgeschlagen. Die Schrotkörner zerfallen in der Feuchtigkeit nach wenigen Stunden.

18. Blei-Mangan

E. PELZEL [945] untersuchte die Löslichkeit von Mangan in flüssigem Blei im Temperaturbereich von 475 bis 1000 °C. Abb. 71 veranschaulicht die gefundenen Meßergebnisse.

19. Blei-Natrium

Natrium bildet mit Blei einen größeren, stark temperaturabhängigen Mischkristallbereich. Obwohl Natrium einen größeren Atomradius besitzt als Blei, nimmt die Gitterkonstante der festen Lösungen mit dem

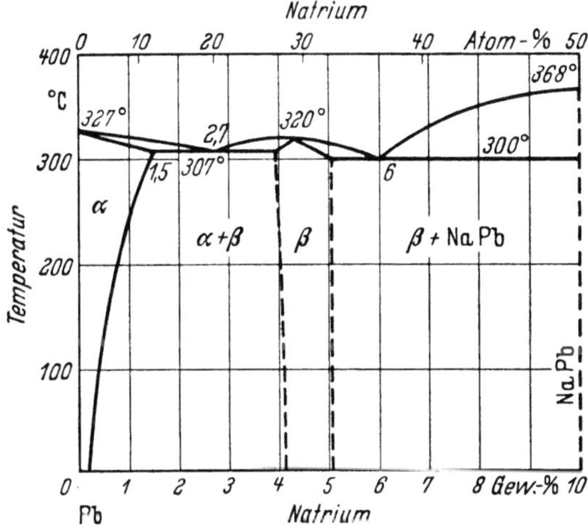

Abb. 72. Blei-Natrium. Nach HANSEN

Natriumgehalt ab (AGEEW [10]). Daher sinkt die Dichte von Blei durch Zulegieren von Natrium weniger als berechnet. Die Dichte verringert sich je Atomprozent Natrium um 0,079 g/cm³ (v. GÖLER und WEBER [398]). Die am Eutektikum (Abb. 72) beteiligte β-Phase ist ein Mischkristall der als solcher nicht existierenden Verbindung Pb_3Na mit Natrium. Sie hat das gleiche Gitter wie Blei, aber teilweise geordnete Atomverteilung. Die starke Aushärtung der Legierungen ermöglicht es, Härtemessungen an homogenisierten und von verschiedenen Temperaturen abgeschreckten Legierungen zur Nachprüfung der Löslichkeitslinie heranzuziehen. Wie die Ergebnisse solcher Versuche (Abb. 73) zeigen, muß man die Messungen über sehr lange Lagerzeiten hindurch fortsetzen, da dann erst die Aushärtung der natriumärmeren Legierungen einsetzt. Die Grenze des Mischkristallbereichs bei Raumtemperatur wurde aus diesen Beobachtungen in Übereinstimmung mit dem mikroskopischen Befund (SCHULZ [1086]) zu etwa 0,2% ermittelt.

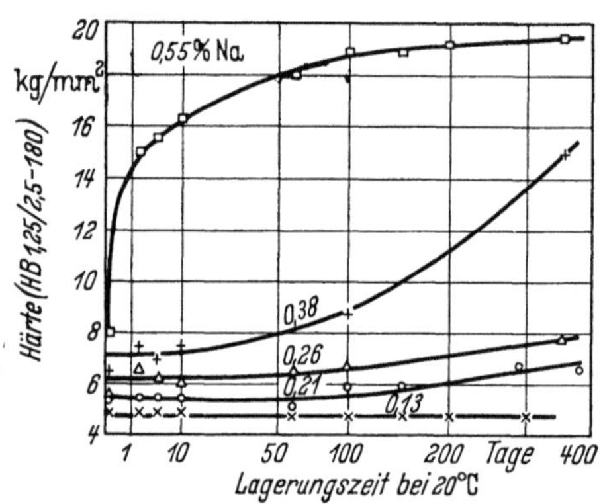

Abb. 73. Aushärtung von Blei-Natrium-Legierungen. Proben durch 6stündiges Glühen bei 290 °C homogenisiert und abgeschreckt. Nach SCHMID [1069]

Die Aushärtung der Blei-Natrium-Legierungen ist mit einer Ausscheidung des überschüssig gelösten Natriums verbunden, die man z. T. mikroskopisch nachweisen kann. Für die praktische Anwendung der Legierungen ist es wichtig, daß die Aushärtung auch an gegossenen und nicht wärmebehandelten Proben erfolgt. Das Härtemaximum hat man hier bei einem Gehalt von 0,8% Na festgestellt. Offenbar läßt sich bei den beim normalen Gießen gegebenen Abkühlungsbedingungen eine stärkere Übersättigung des Mischkristalls nicht erreichen. Unter extremen Bedingungen, wie sie bei der schlagartigen Erstarrung der Schmelze in einer Saugkokille gegeben sind, konnten praktisch homogene Legierungen bis zu Natriumgehalten von 3% erhalten werden (S. 61). Die Aushärtung von gegossenen, langsam gekühlten Legierungen ist etwas geringer als die von abgeschreckt vergossenen (GOEBEL [391]). Die Endhärte ist aber nicht viel niedriger, da der Ausgangswert nach der langsamen Abkühlung höher liegt als nach abgeschrecktem Vergießen, was vielleicht durch eine Aushärtung während der Abkühlung zu erklären ist. Ergebnisse von Zerreißversuchen finden sich für Legierungen bis 0,3% Na bei BURKHARDT [155].

Als Höchstgrenze des Natriumgehaltes für die Anwendbarkeit binärer Legierungen wurden 0,75 bis 0,85% angegeben (GOEBEL [391]). Derartige Legierungen zersetzen sich aber schon an Luft und kommen daher nur für besondere Zwecke in Betracht. Große technische Bedeutung kommt einer Legierung mit 10,0% Na (entsprechend der Formel NaPb) als Zwischenprodukt bei der Herstellung des Antiklopfmittels Bleitetraäthyl zu (MORGENTHALER [870]). Die Legierung wird aus Hüttenweichblei und metallischem Natrium in geschlossenen Kesseln erschmolzen. Sie läßt sich wegen ihrer Sprödigkeit in einer Hammermühle zerkleinern. Durch Umsetzung von NaPb im Rührautoklaven mit Chloräthyl erfolgt die Bildung von Bleitetraäthyl unter Abscheidung von Kochsalz und

Bleipulver. Die Herstellung der hochnatriumhaltigen Legierung soll verbilligt werden, wenn man nicht von Natriummetall ausgeht, sondern nach einem Gedanken von ROSSITER Blei bei hohen Temperaturen mit Petroleumkoks und Ätznatron zusammenbringt und die Reaktion

$$6\,NaOH + 2\,C \rightarrow 2\,Na_2CO_3 + 2\,Na + 3\,H_2$$

ausnützt (PUTNAM [984]). Ein Natriumgehalt von 1,30% war bei dem im Jahr 1905 vorgeschlagenen Lagermetall „Noheet" vorhanden. Die Beständigkeit war so gering, daß das Lagermetall beim Liegen mit Öl abgeschlossen werden mußte (GRANT [413]). Daher wurde später der Natriumgehalt unter Zugabe von Kalzium und Lithium verringert und das Bahnmetall entwickelt. Die starke Aushärtung des Bahnmetalls beruht in der Hauptsache auf der Übersättigung mit Natrium bei Raumtemperatur. Der verhältnismäßig hohe Natriumgehalt bringt einige Nachteile mit sich, besonders die des großen Ausbrandes von Legierungselementen beim Umschmelzen und der Enthärtung bei Erwärmung der Lager. Man hat versucht, die Nachteile durch Abwandlungen des Bahnmetalls aufzuheben (S. 371). Über die anodische Korrosion der Legierungen liegt eine russische Arbeit vor (SCHACHKELDIAN [1053]).

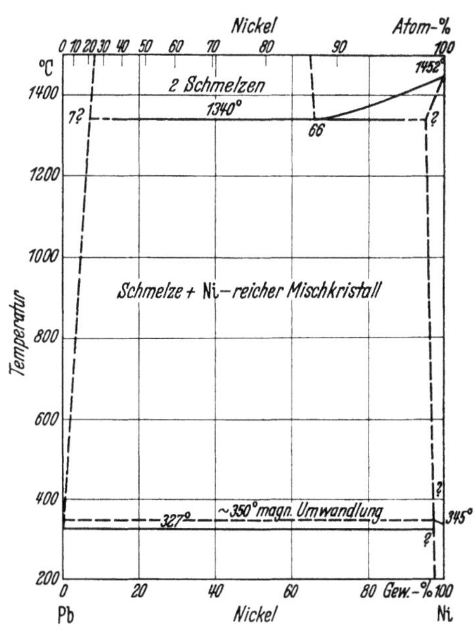

Abb. 74. Blei-Nickel. Nach HANSEN

20. Blei-Nickel

Mit Rücksicht auf die Mischungslücke im flüssigen Zustand und den Verlauf der Liquiduskurven (Abb. 74) erfordert die Herstellung von Legierungen mit höherem Nickelgehalt gewisse Vorsichtsmaßnahmen. Man muß die Schmelzen von hoher Temperatur abgeschreckt vergießen, um eine Entmischung bei der Abkühlung zu vermeiden. Abb. 75 gibt ein Beispiel für eine derartige Legierung. Die Löslichkeit von Nickel in flüssigem Blei unterhalb der monotektischen Temperatur wurde mehrmals bestimmt (PELZEL [944], DAVEY[1], ALDEN [14]). Die Ergebnisse

---

[1] Nach mündlicher Mitteilung.

sind der Abb. 76 zugrunde gelegt. Der Erstarrungsverlauf in der Nähe
der Bleiseite erscheint noch nicht genügend gesichert, so daß man nicht

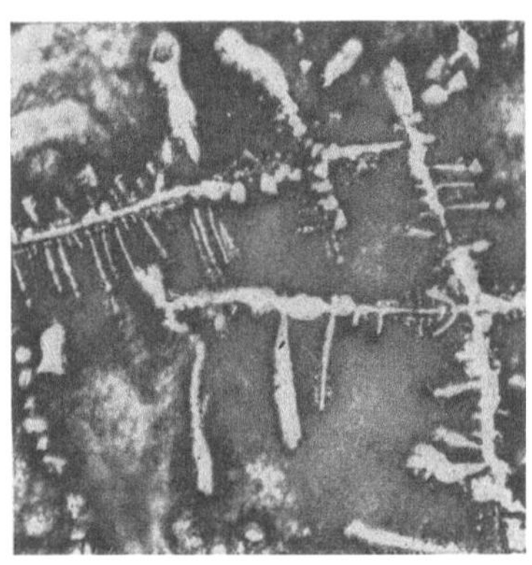

Abb. 75. 5% Ni. Guß. Weiße Primärkristalle
von Nickel aus weicher Grundmasse von
Blei hervorstehend. 300:1

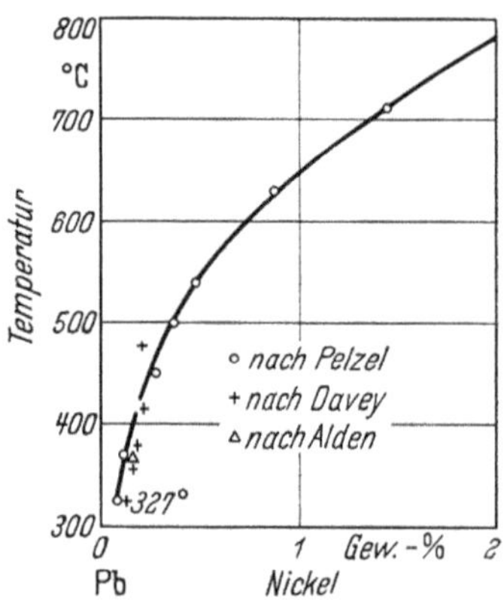

Abb. 76. Blei-Nickel. Liquiduskurve auf
der Bleiseite. Nach DAVEY, PELZEL und
ALDEN [*944, 14*]

entscheiden kann, ob hier ein Eutektikum oder ein Peritektikum vorliegt. Die Löslichkeit von Nickel in Blei im festen Zustand wurde nach
einer magnetischen Methode bestimmt
(TAMMANN und OELSEN [*1170*]).
Es ergaben sich verhältnismäßig hohe
Löslichkeiten, z. B. 0,195% Ni bei
327 °C, 0,023% Ni bei 180 °C. Eine
Nachprüfung mit anderen Methoden
erscheint dringend notwendig, da
z. B. die starke Kornverfeinerung in
technischen Blei-Nickel-Legierungen
mit wenigen 0,01% Ni (S. 188) gegen ein größeres Mischkristallgebiet
spricht. Die Legierungen haben wegen ihrer guten Korrosionsbeständigkeit in Schwefelsäure, verbunden mit
verbesserter Erschütterungsfestigkeit

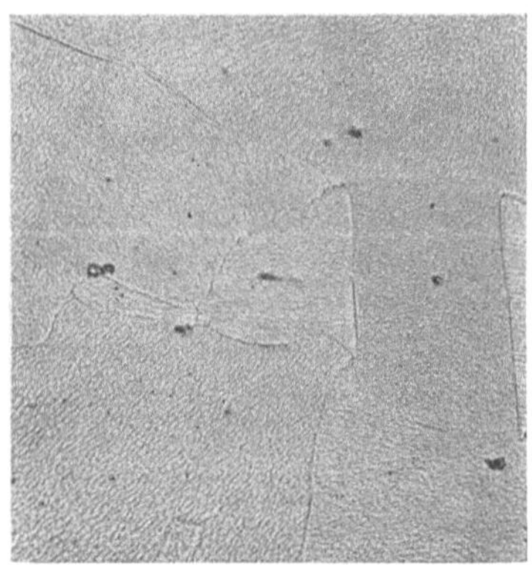

Abb. 77. „Edelblei" mit 0,025% Ni. Einzelne
Nickeleinschlüsse in Blei. 500:1

in der Wärme, praktische Bedeutung erlangt. Bekannt war vor dem letzten
Krieg in Deutschland das von der Firma Kessler in Bernburg hergestellte „Edelblei" (Abb. 77). Auf den Nickelzusatz in manchen Weißmetallen sei hingewiesen (S. 366).

21. Blei-Quecksilber

Charakteristisch für das Zustandsschaubild (Abb. 78) ist der weite
Bereich der festen Lösung von Quecksilber in Blei. Während man aber

früher (HANSEN [*487*]) die Löslichkeitsgrenze bei etwa 35 Gew.-% annahm, besteht in diesem Konzentrationsbereich nach TYZACK [*1210*] eine

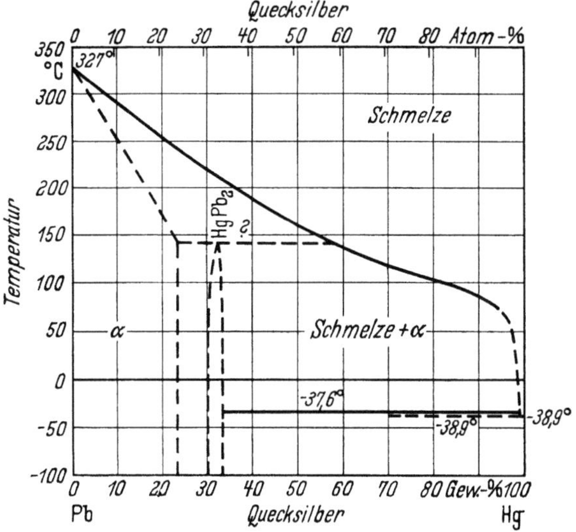

Abb. 78. Blei-Quecksilber. Nach HANSEN

intermediäre Phase der ungefähren Zusammensetzung $HgPb_2$. Ihre tetragonal flächenzentrierte Elementarzelle hat die Kantenlängen a = 4,97 kX,
c = 4,50 kX. Auf die Bestimmungen der Diffusionskonstanten für
Quecksilber in Blei (GERTSRIKEN, BUTZIK und GOLUBENKO [*374*]) sowie
der Aktivitäten von Blei in Amalgamen und der Elektrodenpotentiale
von Bleiamalgamen in Bleichlorat (HARING, HATFIELD und ZAPPONI
[*491*]) soll nicht näher eingegangen werden. Die Härte der Legierungen
im Gußzustand steigt in folgender Weise mit dem Quecksilbergehalt
GOEBEL [*390*]):

Gew.-% Hg	0	1	2	3	4	5	6	7
Brinellhärte in kg/mm²	4,1	4,8	5,6	6,7	7,0	7,5	8,3	9,2

Blockseigerung wurde an Gußstücken nicht beobachtet (BAUER und
ARNDT [*58*]).

Eine Aushärtung oder Erweichung beim Lagern ist bei den Legierungen nicht zu erwarten. Quecksilber wurde des öfteren als härtender
Bestandteil für Blei angewandt, z. B. enthielt das in den USA entwickelte

FRARY-Lagermetall (S. 133) neben höchstens 2% Ba und 1% Ca noch
0,25% Hg (GRANT [*413*]). Leichtflüssige Lote können auf der Grundlage
Blei-Quecksilber aufgebaut werden. Gegen ihre Verwendung bestehen
aber hygienische Bedenken. Angaben über den Dampfdruck der Legierungen und die daraus abgeleiteten Aktivitäten des Quecksilbers und des
Bleies finden sich bei BURGAN [*152*].

22. Blei-Sauerstoff

An diesem System ist nicht nur die Löslichkeit des Sauerstoffs in der
metallischen Phase von Interesse, sondern auch die Art der verschiedenen
Oxyde. Sie wurden von KATZ [*646*] auf Grund sorgfältiger Versuche
chemischer und röntgenographischer Art mit ihren kristallographischen
Daten neu beschrieben und zu einem Schaubild vereinigt. Dabei sind
Widersprüche zwischen den Angaben früherer Verfasser, wie es scheint,
erfolgreich geklärt worden. Bekannt ist seit langem das gelbe Bleioxyd,
β-PbO, das rhombisch kristallisiert. Das bei tieferen Temperaturen
stabile rote Oxyd, α-PbO, ist ebenfalls rhombisch, aber gleichzeitig
pseudotetragonal. Es kann, im Gegensatz zu β-PbO, Sauerstoff über die
stöchiometrische Zusammensetzung hinaus einbauen. Dabei nimmt die
Abweichung von der tetragonalen Kristallsymmetrie zu. Während man
die Temperatur der Umwandlung gelbes Bleioxyd — rotes Bleioxyd im
allgemeinen mit 489 °C angegeben findet, erscheint nach der Schrifttumsauswertung von HANSEN [*488*] eine Umwandlungstemperatur von
etwa 585 °C als wahrscheinlicher. Die Mennige gehört dem tetragonalen
Kristallsystem an. Sie soll durch eine kleine Abweichung von der
Formel Pb_3O_4 rhombisch, pseudotetragonal werden. Das Bleidioxyd
PbO_2 kann in homogener Phase bis zur Formel $PbO_{1,87}$ an Sauerstoff
verarmen. Diese Änderung ist mit einer sehr schwachen Gitterkontraktion in Richtung der tetragonalen a-Achse bei gleichbleibender
c-Achse verbunden. Als weitere Phase besonderer Art wurde ein als
PbO_n bezeichneter Mischkristall festgestellt, der rhombisch, dabei
pseudokubisch, kristallisiert. Er ist innerhalb der Grenzen n = 1,33
bis n = 1,55 homogen und ändert seine Farbe mit dem Sauerstoffgehalt stetig von ziegelrot (n = 1,33) bis schwarz (n = 1,55). In
diesen Grenzen liegt die Zusammensetzung Pb_2O_3; PbO_n wird als
Mischkristall von Pb_2O_3 mit Blei bzw. Sauerstoff aufgefaßt. Die
festen Lösungen mit Gehalten von n = 1,55 bis n = 1,57 zersetzen
sich und verlieren dabei Sauerstoff bis zur Zusammensetzung $PbO_{1,41}$
des beschriebenen homogenen Bereiches. Als weitere Phase wurde
endlich von KATZ [*646*] ein Oxyd der Formel $PbO_{1,87}$ festgestellt.
Einzelheiten der umfangreichen Arbeit können hier nicht wiedergegeben werden.

Die Löslichkeit von Sauerstoff in geschmolzenem und in festem Blei
ist namentlich im Hinblick auf die Frage der Korrosionsbeständigkeit
häufig erörtert worden (S. 276). In einer älteren Arbeit wurde eine
Löslichkeit von 0,002 bis 0,003% Sauerstoff in flüssigem Blei angenommen, entsprechend dem Wert nach zehnmaligem Umschmelzen (LUNGE
und SCHMID [785], BRENTHEL [131]). Die Sauerstoffbestimmung erfolgte
gravimetrisch an kleinen Einwaagen, ergab daher keine hohe Genauigkeit.
Nach den heutigen Kenntnissen werden Werte der angegebenen Löslichkeit nur bei höheren Temperaturen der Schmelze erreicht. Angaben noch
größerer Sauerstoffgehalte (WERNER [1261]) lassen sich nicht mehr aufrechterhalten. Die genauesten Bestimmungen, wie sie in den letzten
20 Jahren in mehreren Ländern durchgeführt wurden, lieferten gut
zusammenpassende Werte. Gravimetrische Bestimmungen mit sehr
hohen Einwaagen ergaben in technischen Bleisorten Sauerstoffanteile
von nur 0,00013 bis 0,00056% (WORNER [1286]). Im Institut der British
Non-Ferrous Metals Research Association in London wurde eine manometrische Analysenmethode entwickelt (BAKER [38]). Dabei wirkt
Wasserstoff unter vermindertem Druck auf das geschmolzene Blei ein.
Der gebildete Wasserdampf gefriert zunächst in einem Kühlgefäß und
wird nach Beendigung der Reduktion durch Erwärmen des Kühlgefäßes
verdampft. Der Druck des ungesättigten Wasserdampfes liefert den
Sauerstoffgehalt mit großer Genauigkeit.

BARTELD [49] übernahm die manometrische Bestimmungsmethode.
Er ließ hochgereinigten Wasserstoff unter Normaldruck über das Schiff-
chen mit der Bleischmelze streichen. Bei einer Temperatur von 700 °C
und einer Einwaage von 200 g Blei genügt eine halbe Stunde, um die
Reduktion abzuschließen. Man verwendet am besten Proben in kom-
pakter Form, um den Gehalt an Oberflächensauerstoff auf ein Minimum
herabzusetzen. Nach dieser Methode wurden Bestimmungen an zahlreichen deutschen Hütten- und Altbleisorten durchgeführt. Die erhaltenen Werte lagen zwischen 0,0001 und 0,0018%, meistens unter 0,001%
(10 g/Tonne = 10 ppm); ein Unterschied zwischen Hüttenblei und Altblei im Sauerstoffgehalt war nicht festzustellen. Abb. 79 zeigt die Veränderung des Sauerstoffgehaltes während der Feuerraffination von Altblei in den *Metallwerken Unterweser*. Bemerkenswert ist, daß das Umschmelzblei vor Beginn der Raffination einen ähnlich geringen Sauerstoffgehalt aufweist wie das Werkblei der *Bleikupferhütte Oker*. Der Wert ist in
der Spalte „nach Entkupferung" angegeben. Bei steigender Temperatur
wird der Schmelze im Raffinierofen Gelegenheit gegeben, Sauerstoff
aufzunehmen. Die Darstellung zeigt, daß der Sauerstoff sich nur langsam
im Blei löst, d. h. er wird zunächst zur Oxydation von Zinn, Arsen und
Antimon verbraucht. Erst nach der Entfernung dieser Beimengungen
aus der Schmelze nimmt das Blei mehr Sauerstoff auf. Nach mehr als

12-stündigem Kühlen hat der Sauerstoffgehalt auf die Hälfte abgenommen. Die im Verlauf der Raffination nach dem Harris-Verfahren bei der *Norddeutschen Affinerie* eintretenden Änderungen des Sauerstoffgehaltes wurden in gleicher Weise verfolgt. Dabei erhielt man einen ähnlichen

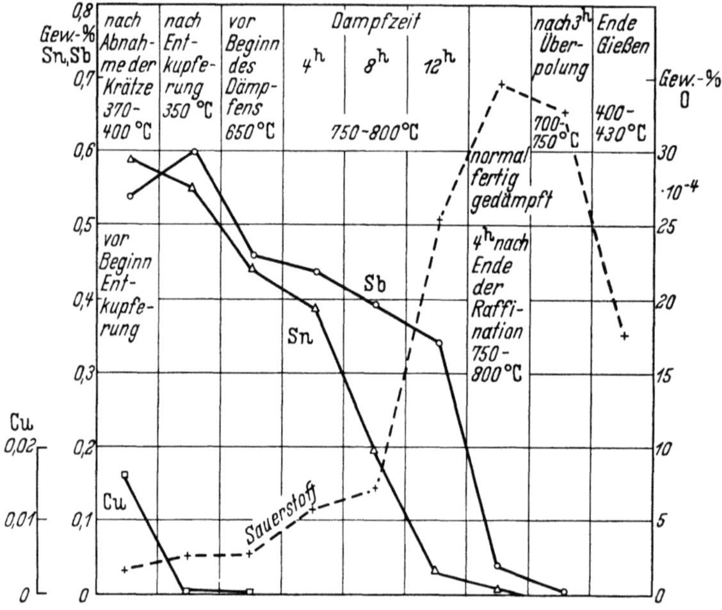

Abb. 79. Sauerstoffgehalte von Bleischmelzen aus verschiedenen Stufen des Feuerraffinationsverfahrens. Nach BARTELD

Kurvenverlauf; die Sauerstoffgehalte nach Entfernung der Beimengungen erreichten aber nur den Wert von 0,0015 Gew.-%.

Zur Bestimmung der Löslichkeit von Sauerstoff in Blei hielt BARTELD [49] Schmelzen in offenen Tiegeln bei konstanter Temperatur zwischen 350 und 800 °C, bis sich der Gleichgewichtswert der Sauerstofflöslichkeit eingestellt hatte. Nach dem Abkrätzen der Schmelze wurde eine Schöpfprobe entnommen und in eine dickwandige Kokille vergossen. Der rasch erstarrte Regulus wurde abgedreht und sein Sauerstoffgehalt ermittelt. Da bei der Probenahme die Gefahr bestand, daß während der Abkühlung und Erstarrung der Schmelze ein Teil des Sauerstoffgehaltes verlorengeht (Mc MASTER [828]), wurden weitere Sauerstoffbestimmungen an extrem rasch abgekühlten Proben durchgeführt (BARTELD [48]). Das mit einer aufgeklebten Bleifolie verschlossene Ansaugrohr einer evakuierten, gekühlten, dickwandigen Kupferkokille wurde in die Schmelze getaucht. Nach Durchstechen der verkrätzten Oberfläche schmolz die Bleifolie auf, die Schmelze schoß in den keilförmigen Raum zwischen den Kupfer-

backen und erstarrte sofort. An solchen Proben wurden in der Tat
höhere Werte des Sauerstoffgehaltes ermittelt, die mit den Ergebnissen
von DANNAT und RICHARDSON [230] in Einklang sind und den Werten
der wahren Löslichkeit näher kommen dürften (Abb. 80). Dagegen er-

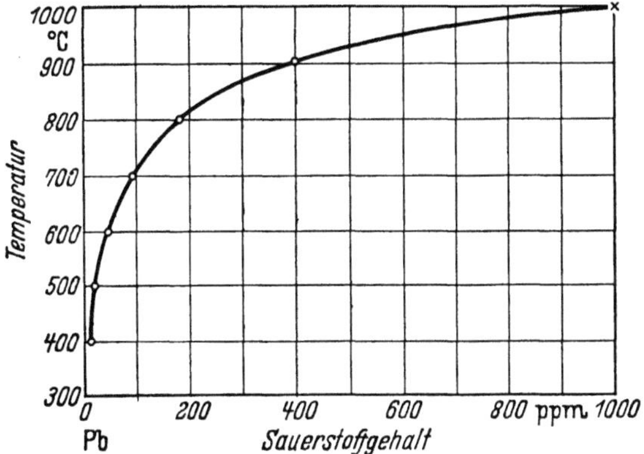

Abb. 80. Löslichkeit von Sauerstoff in geschmolzenem Blei. ——×—— DANAT und RICHARDSON [230]
——○—— BARTELD [48]

scheint die von BRADHURST [121] geschätzte Löslichkeitsgrenze bei
750 °C (0,42 Gew.-% Sauerstoff) als übertrieben hoch.

Zum Studium des Einflusses verschiedener Sauerstoffgehalte auf die
mechanischen Eigenschaften des Bleies wurden Walzversuche und
Härtemessungen durchgeführt. Während ein Einfluß des Sauerstoffgehaltes auf die Härte kaum festzustellen war, wurde beim Walzen von

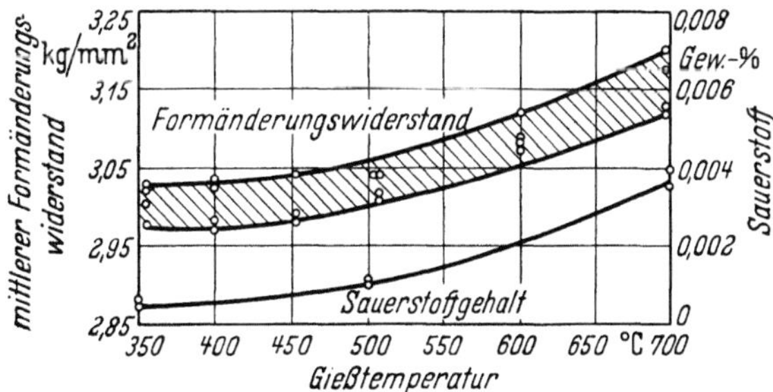

Abb. 81. Mittlerer Formänderungswiderstand und Sauerstoffgehalt von gegossenem Blei

Proben mit über 0,005 Gew.-% Sauerstoff eine oberflächliche Schuppen-
bildung beobachtet. KIENZLE [663] hatte bei der Anwendung der Blei-
schlagprobe zur Bestimmung des Arbeitsvermögens von Schmiede-
hämmern eine Abhängigkeit des Formänderungswiderstandes von Blei

6*

von der Gießtemperatur festgestellt. Sauerstoffbestimmungen an den
Proben von KIENZLE ergaben den in Abb. 81 dargestellten Zusammenhang zwischen dem Sauerstoffgehalt und dem Formänderungswiderstand von Blei. BARTELD [48] fand bei der Korrosion von Blei durch
90 °C heiße konzentrierte Schwefelsäure einen schädlichen Einfluß von
Sauerstoffgehalten im Blei über 0,002%; dagegen wurde der Angriff von
Blei in Nitrose auch durch zehnmal höhere Sauerstoffgehalte kaum
beeinflußt.

23. Blei-Schwefel

Bemerkenswert an dem Zustandsschaubild ist das Auftreten von
Bleisulfid, dessen Schmelzpunkt bei 1135 °C (KOHLMEYER [694]) liegt.
Es besitzt Steinsalzstruktur und ist als Halbleiter Gegenstand ver-
schiedener Untersuchungen gewesen. Eine Mischungslücke im flüssigen
Zustand besteht in diesem Teil des Zustandsschaubildes nicht (LEITGEBEL
und MIKSCH [741]) (Abb. 82). Die Löslichkeit von Schwefel in festem Blei

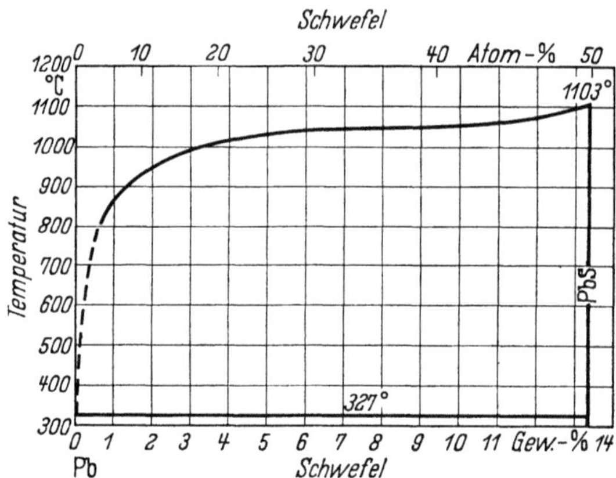

Abb. 82. Blei-Schwefel. Nach HANSEN

ist bei 300 °C nach GREENWOOD [435] kleiner als 0,0001 Gew.-%. Die
Rolle des Schwefels im Blei verdient in verschiedener Hinsicht Interesse.
Ein Zusatz von etwa 1% S verhindert die Schichtenbildung der Blei-
Kupfer-Legierungen (GUERTLER [451]). Spuren von Schwefel haben bei
Schriftmetallen eine überraschende Wirksamkeit hinsichtlich der Art
der Kristallisation des Antimons gezeigt (LÖHBERG [758]).

24. Blei-Selen

Analog dem Schaubild Blei-Schwefel besteht in diesem System die
Verbindung PbSe, die bei 1076 °C schmilzt und ebenfalls Steinsalz-

struktur aufweist. Der untere Teil der Liquiduskurve wurde von Pelzel [945] bestimmt (Abb. 83). Er übernimmt das von Greenwood [435] angegebene Eutektikum bei 0,005 Gew.-% und 327,2 °C. Die Form der Liquiduskurve oberhalb 800 °C steht auf Grund einer Arbeit von Nozato [907] im Widerspruch zu den bisherigen Annahmen (Hansen [488]). Greenwood [435] gibt die Löslichkeit von Selen im festen Blei mit 0,0015 Gew.-% bei 300 °C an.

25. Blei-Silber

Das Zustandsschaubild (Abb. 84) ist durch Gefügebilder untereutektischer Legierungen erläutert (Abb. 85, 86). Das Eutektikum der abgeschreckt vergossenen Probe ist so fein, daß es auch bei stärkster

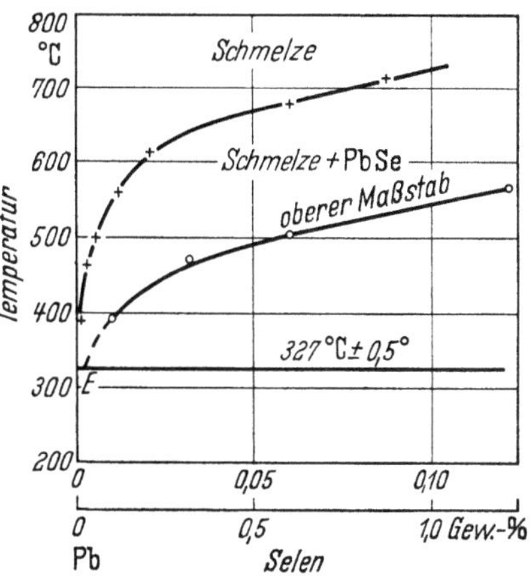

Abb. 83. Löslichkeit von Selen in flüssigem Blei. Nach Pelzel. Eutektikum E bei < 0,005% Se

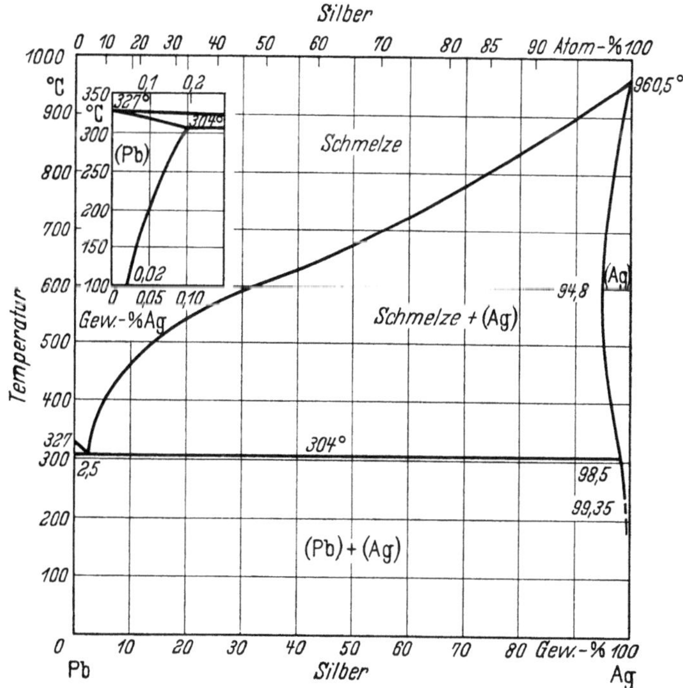

Abb. 84. Blei-Silber. Nach Hansen

lichtmikroskopischer Vergrößerung nicht aufgelöst werden kann. Die Säume der weißen Bleikörner zeigen Kristallseigerung und damit das Bestehen eines Gebietes bleireicher Mischkristalle. Wenn man die eutektische Legierung an der Luft erstarren läßt, erscheinen die Silberkristalle

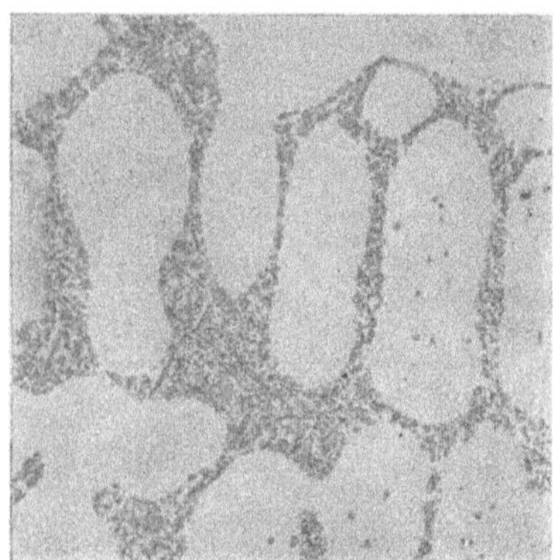

Abb. 85. Ausschnitt aus einer gegossenen Blei-Silber-Anode. Bleimischkristall. Eutektikum Blei-Silber. 500:1

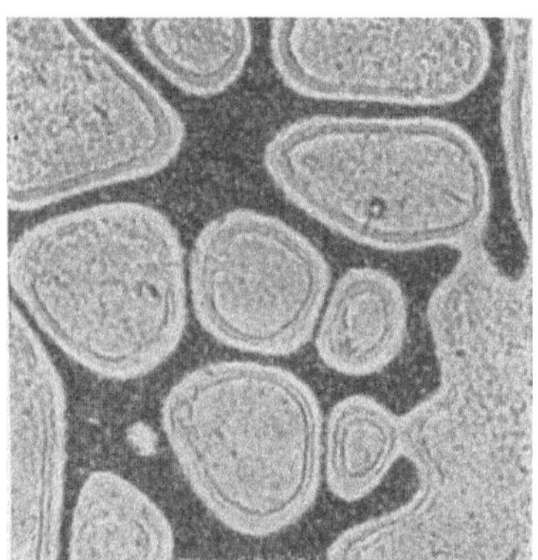

Abb. 86. 1% Ag. Abgeschreckt vergossen. Hell: Bleimischkristall mit Kristallseigerung. Dunkel: Eutektikum Blei-Silber. 1500:1

in Form von Nadeln, die vorzugsweise unter Winkeln von 60 und 120° zusammenstoßen (RHINES und TIMPE [1007]). Die Löslichkeitslinie auf der Bleiseite wurde von FUKE und KONDO [353] neu bestimmt und Abb. 84 zugrunde gelegt. Auf der Silberseite erhält man nach RAUB [993] und ENGEL [994] durch elektrolytische Abscheidung der Legierungen hochübersättigte Mischkristalle mit 10 Gew.-% Pb und darüber. HEIDENREICH [503] beschrieb eigenartige Erscheinungen der Härtesteigerung und Erweichung in Legierungen mit Silbergehalten bis 0,026 Gew.-%. Die Legierungen haben im Vergleich mit unlegiertem Blei wesentlich höhere Werte der Festigkeit. Das Maximum der Härte tritt bei abgeschreckten Proben auf; Lagern führt zu einer Erweichung. Die ausgeprägte Aushärtung wird der Bildung von Wolken gelöster Atome neben und in den Kristallbaufehlern des Grundgitters zugeschrieben. Diese Fehlstellen bilden die Keime für die Bildung einer Zwischenphase bei der Entmischung der festen Lösung. Die Zwischenphase hat die Struktur der hexagonal dichtesten Kugelpackung mit $a = 2,92$ und $c = 4,76$ Å und die Formel Ag_4Pb. Vielleicht können die nachfolgend beschriebenen besonderen Eigenschaften der Legierungen kleiner Silbergehalte mit den erwähnten Vorgängen in Zusammenhang gebracht werden (s. auch S. 232).

Die große Rekristallisationsbeständigkeit der Legierungen ist besonders bemerkenswert. Sie stehen in dieser Hinsicht neben Blei-Kalzium an erster Stelle unter den untersuchten Legierungen (S. 183) (HOFMANN und HANEMANN [561], RUSSELL [1038]). Wenn sehr langsam abgekühlte

Proben zu Folien gewalzt wurden, zeigte die Röntgenuntersuchung dagegen sofortige Rekristallisation an. Daraus folgt, daß der Eintritt und der Verlauf der Rekristallisation praktisch nur von dem gelösten Anteil des Silbers beeinflußt wird. Gewalzte Legierungen ab etwa 0,1% Ag zeichnen sich nach dem Glühen bei 160 bis 180 °C durch ähnliche Feinkörnigkeit aus wie die Blei-Tellur-Legierungen (KRÖNER [709], GREENWOOD und WORNER [433]), S. 89. Zugfestigkeit und Bruchdehnung gepreßter Blei-Silber-Drähte wurden bestimmt und weiterhin verfolgt (BURKHARDT [155]). Beimengungen von Silber in Blei sollen dessen Kriechfestigkeit erhöhen. Schon bei Gehalten unter 0,005% in reinstem Elektrolytblei (99,9995%) wurde eine starke Wirkung beobachtet (RUSSELL [1039]). Die Proben waren nach dem Walzen 15 min bei 100 °C angelassen worden, um einen definierten Ausgangszustand herbeizuführen. Es ergab sich ein Optimum der Wirkung zwischen 0,01 und 0,05% Ag (GREENWOOD und WORNER [433, 422]). PHELPS [958] fand dagegen eine Zunahme der Kriechfestigkeit unter einer Spannung von 35,2 kg/cm² = 500 lb/in² nur bis zu Silbergehalten von 0,01 Gew.-%.

Von den physikalischen Eigenschaften der Legierungsreihe seien erwähnt die Dichte (MATTHIESSEN [812]), die magnetische Suszeptibilität (SPENCER und JOHN [1140]), die Diffusionskonstante (SEITH [1102]) und der elektrische Widerstand von Schmelzen (ROLL und UHL [1024]).

Silberhaltiges Blei zeigt im großen und ganzen gute Schwefelsäurebeständigkeit (S. 263). Praktisch werden untereutektische Legierungen als Anoden der Zinkelektrolyse angewandt (S. 285). Die eutektische Blei-Silber-Legierung hat auch beschränkte Bedeutung als Weichlot hohen Schmelzpunkts (CAMPBELL [173]).

26. Blei-Silizium

Nach HANSEN [488] liegen bisher über das System nur wenige Untersuchungsergebnisse vor. Über die mechanischen und technologischen Eigenschaften der Legierungen bei Raumtemperatur und über ihre Aushärtung berichtet TERASAWA in mehreren Arbeiten [1177].

27. Blei-Strontium

Die Struktur der auf der Bleiseite primär ausgeschiedenen Kristallart Pb₃Sr wurde ähnlich der von Pb₃Na bzw. Pb₃Ca (ZINTL und NEUMAYR [1306]) gefunden. Es ergab sich ferner röntgenographisch das Vorhandensein einer gewissen Löslichkeit von Strontium in festem Blei. Hieraus kann man auf eine Analogie der Bleiseite des Zustandsschaubildes mit der des Systems Blei-Kalzium schließen. In der Tat ließe sich das Gefüge einer Legierung mit rund 0,6% Sr ganz in diesem Sinne deuten (Abb. 87). Der Bleimischkristall enthält feinstes, stäbchenförmiges Segregat von Pb$_3$Sr. Nähere Angaben über die Eigenschaften der Legierungen liegen nicht vor. Vermutlich sind sie aushärtbar. Strontium wurde als Legierungszusatz in manchen aushärtbaren Bleilagermetallen angewandt.

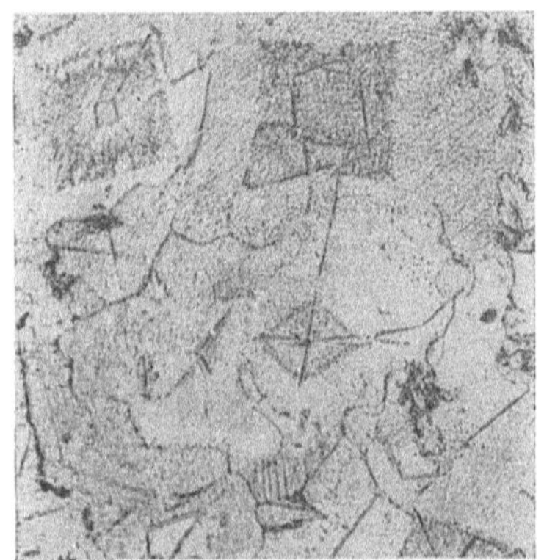

Abb. 87. Einwaage 0,6% Sr. Im Tiegel erstarrt. Vermutlich würfelförmige, peritektisch umgewandelte Primärkristalle von Pb$_3$Sr. Grundmasse Bleimischkristall. 500:1

28. Blei-Tellur

Nach GREENWOOD [435] besteht auf der Bleiseite des Zustandsschaubildes ein Eutektikum bei 0,025 Gew-% Te und einer Temperatur von 326,7 °C. Die Verbindung PbTe hat nach MILLER [855] keinen nachweisbaren Löslichkeitsbereich (Abb. 88). Sie ist als Halbleiter von Wichtigkeit. Angaben über Herstellung und Eigenschaften von Bleitellurid finden sich unter anderen bei BRADY [122]. Die maximale Löslichkeit von Tellur in festem Blei wird von diesem Verfasser mit 0,004 Gew.-% angegeben. Demgegenüber schließt SINGLETON [1126] aus der Abhängigkeit der Eigenschaften der Legierungen vom Tellurgehalt auf eine Löslichkeit von etwa 0,05 Gew.-% Te. Eine Grenze der festen Lösung von nur 0,004 Gew.-% Te läßt sich kaum mit der Tatsache einer kräftigen Aushärtbarkeit der Legierungen vereinen. Der Widerspruch erklärt sich vielleicht dadurch, daß die Legierungen bei der Erstarrung zur Bildung übersättigter Mischkristalle über die Gleichgewichtslöslichkeit hinaus (S. 61) neigen. FALKENHAGEN [304] erzeugte durch schlagartige Erstarrung der Schmelzen in einer Saugkokille extrem übersättigte Mischkristalle mit Tellurgehalten bis zu 0,2 Gew.-%.

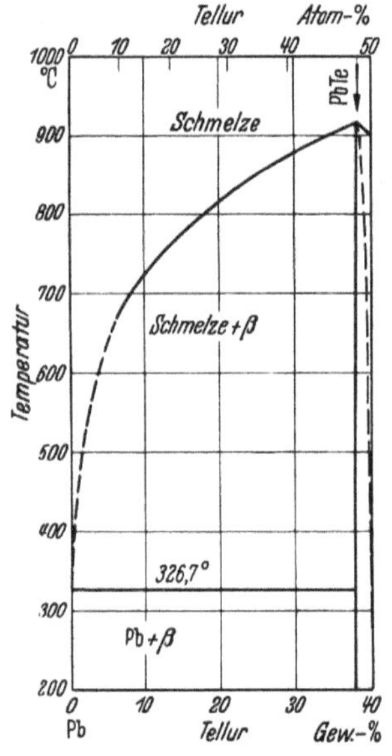

Abb. 88. Blei-Tellur. Nach HANSEN

Die Löslichkeit von Tellur in festem Blei kann schon im Mikroskop an der Kristallseigerung in gegossenen (Abb. 89) und gepreßten Legierungen erkannt werden.

Die Legierungen wurden in England entwickelt. Die Darstellung der Eigenschaften schließt sich daher vor allem an die dort durchgeführten

Untersuchungen an (SINGLETON und JONES [*1126*]). Blei-Tellur-Legierungen (0,06% Te) sind sowohl nach Kaltverformung und anschließender Rekristallisation bei z. B. 250 °C als auch nach dem Strangpressen bei den üblichen Temperaturen wesentlich feinkörniger als Weichblei. Die Zugfestigkeit kaltgewalzter Bleche von Blei-Tellur ist gegenüber derjenigen von Weichblei beträchtlich erhöht. Sie ist aber auch wesentlich höher als die Zugfestigkeit des heiß verpreßten Werkstoffes, woraus auf eine Verfestigungsfähigkeit der Legierungen geschlossen wurde. Zu den Werten der Abb. 90 sei bemerkt, daß die Dickenabnahme beim Walzen 93,75% betrug und daß die Walztemperatur von 100 °C auf Raumtemperatur sank. Die

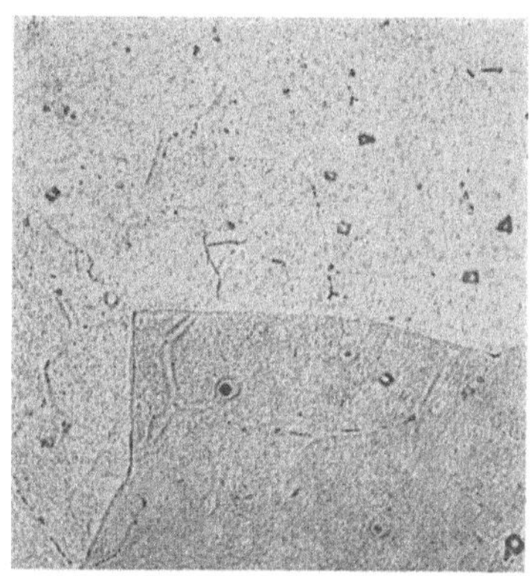

Abb. 89. 0,10% Te. Guß. Würfelförmige Primärkristalle von PbTe. Bleimischkristall mit verästelter Kristallseigerung. 500:1

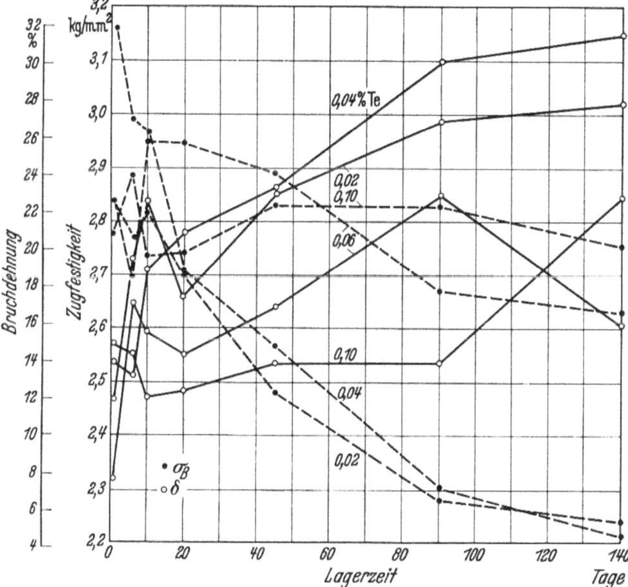

Abb. 90. Änderung von Festigkeit und Dehnung gewalzter Blei-Tellur-Legierungen beim Lagern [*1126*]

hohe Zugfestigkeit der Proben mit niedrigerem Tellurgehalt ist nicht von Dauer. Bei längerem Lagern tritt Entfestigung ein, die mit einer Zunahme der Bruchdehnung und, nach dem Ergebnis der Gefügeuntersuchung, mit Rekristallisation verbunden ist. Nur bei den Legierungen mit 0,10% Te ist im Zeitraum von 140 Tagen nach Abb. 90 noch keine merkliche Entfestigung eingetreten. Daß sie, entgegen der von SINGLETON vertretenen Auffassung, dennoch im Lauf der Zeit einsetzt, ist aus den Angaben einer anderen Versuchsreihe der gleichen Arbeit zu schließen und wurde auch in der Diskussion der erwähnten Arbeit vermutet (vgl. Abb. 91). Die Zugfestigkeit von Blechen mit 0,085% Te, die mit einer Dickenabnahme von 92% kalt gewalzt worden waren, sank nämlich in 12 Tagen von 3,22 kg/mm² auf 2,66 kg/mm² (s. unten). Von den Verfassern [1126] wird weiter die Tatsache

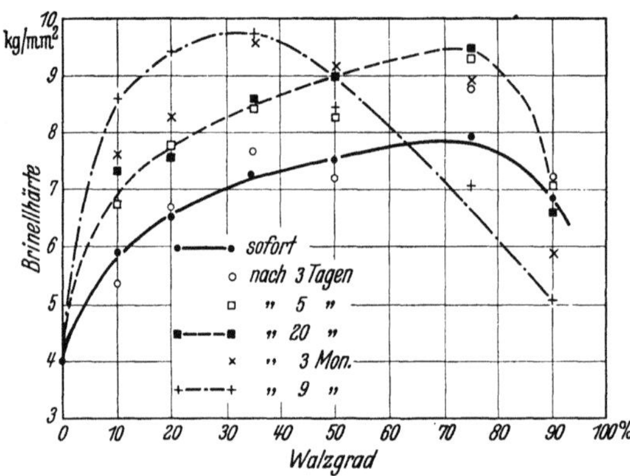

Abb. 91. Aushärtung und Erweichung einer kalt gewalzten Legierung mit 0,10% Te [564]

hervorgehoben, daß im Gegensatz zu anderen Metallen die Erhöhung der Festigkeit von Blei-Tellur durch Kaltverformung nicht mit einer Abnahme der Verformbarkeit verbunden ist. Der gewalzte Werkstoff kann weiter verformt werden, ohne daß Bruch eintritt. Die langsame Entfestigung gewalzter Blei-Tellur-Legierungen beim Lagern wird durch Anlassen beschleunigt. Die Rekristallisation war z. B. nach Herunterwalzen um 87% bei 100 °C in $2^1/_2$ Stunden vollständig (BECK [68]).

Versuche des Verfassers [564] zeigten, daß die Rekristallisationsbeständigkeit und Verfestigungsfähigkeit der Legierungen nicht in dem Ausmaß, wie von SINGLETON erwartet, vorhanden ist. Gegossene, mittels einer Vorlegierung (KRÖNER [640]) hergestellte Legierungen mit 0,10% Te wurden mit verschiedener Dickenabnahme gewalzt. Wie man aus Abb. 91 ersieht, nimmt die Verfestigung bei höheren Reckgraden nur noch langsam zu, bei den höchsten sogar infolge Kristallerholung oder Rekristallisation wieder ab. Die Rekristallisation der am stärksten verformten Proben schreitet im Lauf der Zeit weiter fort und ist, wie man an dem Härteabfall nach 9 Monaten erkennt, nunmehr fast vollständig. Auch die weniger stark gewalzten Proben werden nach langem Lagern zunehmend weicher (vgl. Abb. 92).

Neuartig war die bei niedrigeren Walzgraden, vor allem von 10% und 20%, beobachtete Aushärtung. Sie wird erst durch die Verformung der Proben ausgelöst, wie der Vergleich mit dem nur gegossenen Werkstoff ergibt. Es bleibt die Frage offen, ob die Aushärtung der schwach ver-

formten Blei-Tellur-Legierungen nicht etwa nach sehr langen Zeiträumen durch Rekristallisation abgelöst wird, wie es z. B. bei den vor der
Aushärtung verformten Blei-Antimon-Legierungen der Fall ist (S. 46).
HADDOW[1] beobachtete an einer um 40% kaltverformten Legierung mit
0,065% Te nach einem Jahr noch
keine wesentliche Entfestigung
(S. 381).

In weiteren Versuchen ergab sich.
daß die Aushärtung geringer ist,
wenn die Legierungen vor dem
Walzen homogenisiert werden. Die so
behandelten Proben rekristallisieren auch schneller als die im Gußzustand gewalzten. Man könnte diese Erscheinung auf die oben erwähnte Übersättigung der bleireichen
Mischkristalle nach dem Erstarren
zurückführen. Es zeigt sich somit
der auf S. 184 geschilderte Zusammenhang zwischen Aushärtung und
Rekristallisationsbeständigkeit.

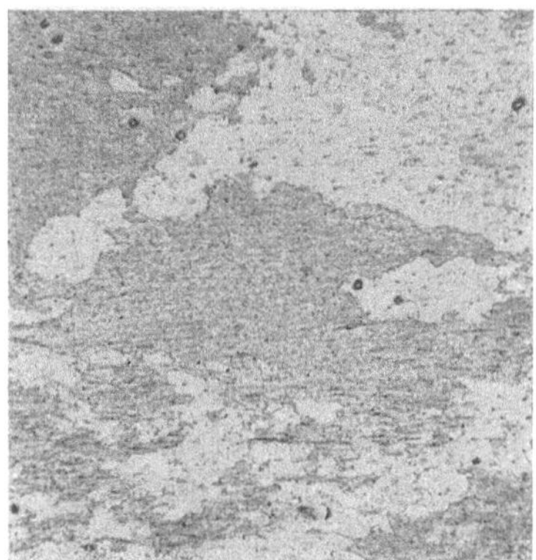

Abb. 92. 0,10% Te. Gußprobe mit 75% Höhen-
abnahme kalt gewalzt und 4 Wochen gelagert.
Dunkel: Reckgefüge. Hell: Rekristallisierte
Gebiete. 150:1

Im Gegensatz zu dem kaltgewalzten Blei-Tellur befindet sich der heiß
verpreßte Werkstoff im Zustand größter Weichheit. Es seien die Festigkeitswerte aus einer großen Zahl von Messungen für zwei verschiedene
Zerreißgeschwindigkeiten angeführt (SINGLETON und JONES [*1126*])
(Tab. 12).

Tabelle 12. *Zugfestigkeit und Bruchdehnung von heiß verpreßten Blei-Tellur-*
Legierungen

Zusammensetzung	Zerreiß-geschwindigkeit mm/min	Zugfestigkeit σ_B kg/mm²	Dehnung für Meßlänge 203 mm in %
0,05% Te	51	1,86—2,04	55—67
Weichblei	51	1,40—1,69	30—65
0,05 bis 0,06% Te	2,38	1,62—1,72	85—100
Weichblei	2,38	1,15—1,37	20—65

Bemerkenswert ist die hohe Bruchdehnung der heiß verpreßten
Legierungen. Sie ist vor allem Gleichmaßdehnung und beruht auf der
Verfestigungsfähigkeit des Werkstoffes (S. 192 und Abb. 215). In vollem
Umfang macht sie sich von einem Tellurgehalt von 0,05 bis 0,06% an
bemerkbar. Der praktischen Ausnutzung der Verfestigungsfähigkeit in

---

[1] Nach kürzlicher schriftlicher Mitteilung.

„frostsicheren" Wasserleitungsrohren steht als Einwand die Unbeständigkeit der Verfestigung und niedere Dauerstandfestigkeit des Werkstoffes (GREENWOOD und WORNER [432]) gegenüber. Diese hängt vielleicht mit der Feinkörnigkeit der Legierungen zusammen, wurde im übrigen anderwärts nicht bestätigt (GÜRTLER und SCHMID [454]). Die Legierungen besitzen hohe Dauerschwingfestigkeit und werden daher als Kabelmantellegierungen angewandt (KRÖNER [709], GREENWOOD [421]). Ihre gute Schwefelsäurebeständigkeit wird auch mancherorts im chemischen Apparatebau ausgenutzt (HIERS und STEERS [525]).

29. Blei-Thallium

Bemerkenswert an dem Zustandsschaubild Blei-Thallium (Abb. 93) ist das große Löslichkeitsgebiet auf der Bleiseite. Eine Legierung mit

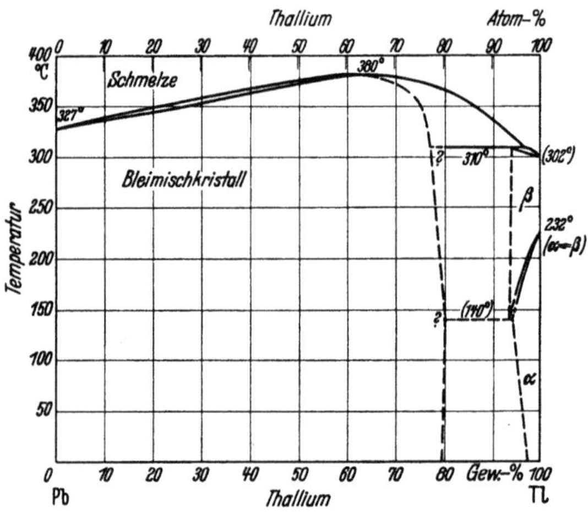

Abb. 93. Blei-Thallium. Nach HANSEN

9% Tl zeigte in Übereinstimmung hiermit nur homogene Mischkristalle mit Kristallseigerung. Die Gitterkonstante der festen Lösungen nimmt bis zu einem Gehalt von 10% Tl nur wenig ab, darüber hinaus findet eine stärkere Gitterkontraktion statt (TANG und PAULING [1172]). Das Bestehen von Überstrukturen innerhalb des Mischkristallbereichs wurde mehrfach vermutet. Die Angaben hierüber sind aber sehr widerspruchsvoll (HANSEN [488]). Legierungen mit Tellurgehalten bis 54% bleiben an Luft mehrere Wochen blank, während die thalliumreicheren in mehreren Stunden schwarz anlaufen (ÖLANDER [912]).

Von den Legierungen liegen zahlreiche Untersuchungen der verschiedenen mechanischen, physikalischen und chemischen Eigenschaften vor, so der Härte, des Fließdrucks, der Dichte, des elektrochemischen

Potentials, der Thermokraft, der Wasserstoffüberspannung, der magnetischen Suszeptibilität, der elektrischen Leitfähigkeit, der Wärmeleitfähigkeit und Supraleitfähigkeit. Bezüglich des Schrifttums sei auf HANSEN [*487, 488*] hingewiesen.

Die Kriechgeschwindigkeit der Legierungen nimmt nach GIFKINS [*380, 381*] bis zu einem Gehalt von 0,5% Tl ab, dann bis zu 8% Tl stark zu. Es folgt eine Abnahme der Kriechgeschwindigkeit bis zu 26% Tl; bei einem Gehalt von 40% Tl traten Risse im Verlauf des Kriechens auf. Bei der Deutung dieser Erscheinungen spielt die mit dem Thalliumgehalt abnehmende Korngröße eine Rolle.

Die Legierungen wurden als Anodenwerkstoff für die Zinkelektrolyse in Erwägung gezogen (vgl. S. 285). Ihr Aufbau ist aber auch in anderer Hinsicht von Interesse, da Thallium sich in Spuren in manchen Bleisorten findet. Eine Erhöhung der Dauerschwingfestigkeit von Blei durch Thallium, wie sie im Patentschrifttum (Deutsche Patentanmeldung PA 44/0571 vom 19. 4. 1944) erwähnt ist, konnte in unveröffentlichten Versuchen des Verfassers nicht bestätigt werden.

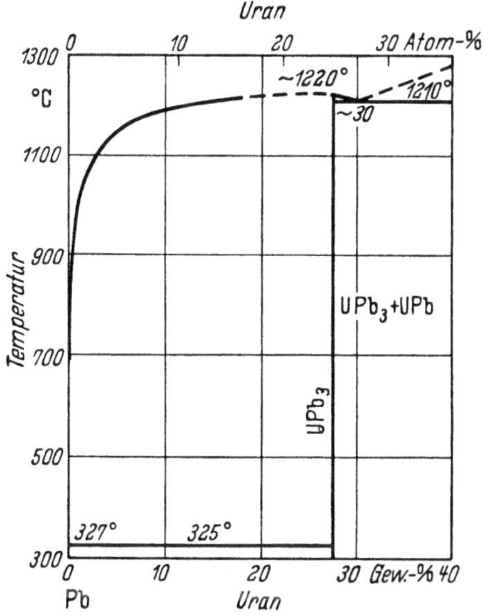

Abb. 94. Blei-Uran. Nach HANSEN

30. Blei-Titan

Nach der Schrifttumsauswertung von HANSEN enthält das Schaubild die intermediären Phasen Ti_2Pb und Ti_4Pb. Die Bleiseite ist noch nicht geklärt, so daß von seiner Wiedergabe abgesehen wird.

31. Blei-Uran

Eine Schrifttumsauswertung des Systems für den gesamten Konzentrationsbereich der Legierungen findet sich bei HANSEN [*488*]; Abb. 94 zeigt die Bleiecke des Schaubildes.

32. Blei-Wasserstoff

SIEVERTS und KRUMBHAAR [*1121*] stellten sowohl im flüssigen als auch im festen Blei keine meßbare Löslichkeit für Wasserstoff fest. Die mit einer ähnlichen Methode von OPIE und GRANT [*922*] wiederholten Messungen an flüssigem Blei bei 500 bis 900 °C ergaben eine starke Temperaturabhängigkeit der Löslichkeit. Bei 600 °C betrug hier die gelöste Menge Wasserstoff 0,25 Nml pro 100 g Blei. Eingehende Untersuchungen von MAATSCH [*567*] konnten diese Ergebnisse nicht bestätigen. Mit Hilfe einer Meßanordnung nach LIESER und WITTE [*750*] wurde bei 600 °C eine Löslichkeit im Bereich der Fehlergrenze von weniger als 0,01 Nml Wasserstoff pro 100 g Blei gefunden. Auch MANNCHEN und BAUMANN [*793*] konnten mit Hilfe des Heißextraktionsverfahrens keine Löslichkeit von Wasserstoff in Blei nachweisen.

33. Blei-Wismut

Während nach früherer Ansicht das System Blei-Wismut ein einfaches, eutektisches System war, haben neuere Arbeiten übereinstimmend eine intermediäre, inkongruent schmelzende Phase (ε) mit der Struktur der hexagonal dichtesten Kugelpackung ergeben. Sie ließ sich neuerdings auch mikroskopisch nachweisen (HO [*535*], MITANI [*859*], SOLOMON und MORRIS-JONES [*1135*]). Die bisherigen Untersuchungen des Zustandsschaubildes (Abb. 95) wurden durch die Anwendung der thermodynami-

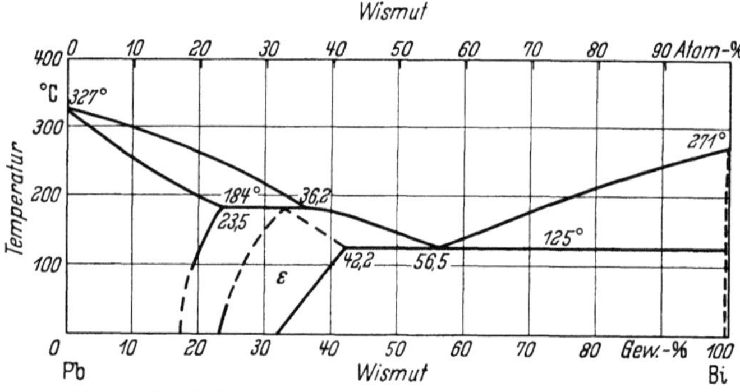

Abb. 95. Blei-Wismut. Nach HANSEN. ε im Text meist als β bezeichnet

schen Analyse von OELSEN [*914*] (siehe auch GERSHMAN [*369*], DOUGLAS und DEVER [*256*]) wirkungsvoll ergänzt. OELSEN gewann aus seinen Messungen auch Aussagen über den festen Zustand. Bemerkenswert erscheint u. a. die Tatsache, daß die Bildungswärmen der flüssigen Legierungen negativ sind, dagegen die der festen Legierungen positives Vorzeichen haben. Die festen Legierungen bilden sich also unter Wärmezufuhr.

Zahlreiche Arbeiten sind den Eigenschaften der Legierungen im flüssigen Zustand gewidmet: Dampfdruck und thermodynamische Aktivität von Blei und Wismut in ihren Legierungen (KLEPPA [*675*], GONSER [*407*]), Dichte (MATSUYAMA [*811*]), Diffusion (GRACE [*412*], NIWA [*901*],

Rothman [*1036*]), elektrischer Widerstand in Abhängigkeit von Temperatur und Konzentration (Matsuyama [*808*]). Eine Unregelmäßigkeit in der Kurve des elektrischen Widerstandes dürfte mit dem Vorhandensein einer intermediären Phase im flüssigen Zustand in Zusammenhang stehen, da vielfach der besondere Bindungstyp im festen Zustand sich auch noch in der Schmelze bemerkbar macht.

Wismut und Blei gehören zu den Elementen mit geringer Neutronenabsorption; ihre Legierungen besitzen niedrige Schmelzpunkte und sind für den Wärmetransport in Atomreaktoren von Interesse (s. Abschnitt Wärmeübergang). Eine große Anzahl von Arbeiten ist daher der Frage des Wärmeübergangs von Stahl auf bewegte Legierungsschmelzen eutektischer Zusammensetzung gewidmet. Erwähnt seien z. B. Johnson [*623, 624*], Seban [*1096*], Lubarsky [*769*]. In diesem Zusammenhang ist weiter der Angriff von Blei-Wismut-Schmelzen auf die Baustoffe von Wichtigkeit. Zusätze von Titan oder Zirkon in der Schmelze sollen den Angriff abschwächen (Kammerer und Mitarbeiter [*643*]). Gangler [*355*] fand, daß bei 1093 °C nur Molybdän, reinkeramische Werkstoffe und Cermets (mit Ausnahme von ZrC) befriedigende Beständigkeit aufweisen. Alle Hochtemperatur-Legierungen wurden dagegen schon bei 815 °C merklich angegriffen. Die Beständigkeit von Molybdän zwischen 760 und 1093 °C wird auch von Grassi [*414*] hervorgehoben (vgl. Cathcart und Manly [*184*], Wilkenson, Hoyt und Rhude [*1273*]).

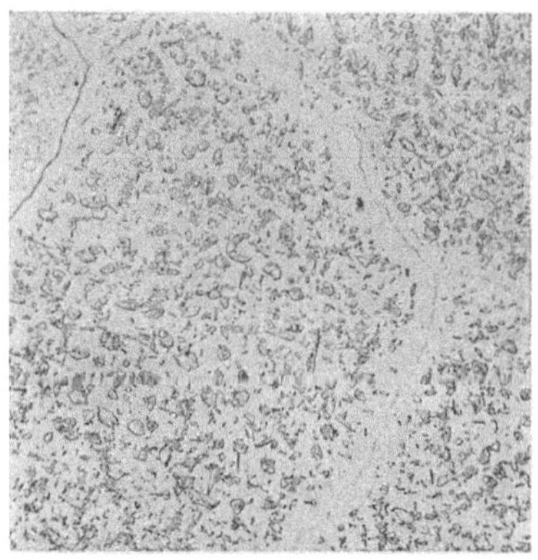

Abb. 96. 1% Bi. Guß. Dunkle Stellen im Korninneren durch Rekristallisation verformter Oberflächenschichten entstanden. 150:1

Da sich Blei bei der Erstarrung zusammenzieht, Wismut sich ausdehnt, muß es eine Legierung geben, deren Erstarrung ohne Volumenänderung verläuft. Sie liegt auf der Wismutseite des Systems (Wiedemann [*1268*], Takase [*1163*]). Beim Erstarren der eutektischen Legierung (55,9% Bi) konnten Preston und Broomfield [*980*] eine Kontraktion um $1,52 \pm 0,1\%$ des Volumens der festen Phasen messen. Verschiedene Arbeiten befassen sich mit den physikalischen Eigenschaften der Blei-Wismut-Legierungen im festen Zustand: mit dem elektrischen Widerstand (v. Hofe und Hanemann [*548*], Schulze [*1088*]), der Dichte (Goebel [*391*]), der Wärmeleitfähigkeit (Schulze [*1088*] und Mikryukov [*852*]).

Obwohl das Bleimischkristallgebiet sich einwandfrei aus röntgenographischen Rückstrahlaufnahmen und elektrischen Widerstandsmessungen ergab, zeigten die Gefügebilder von Legierungen, die weit innerhalb dieses Gebiets lagen, Strukturen, die man zunächst als Ausscheidungen auffassen konnte (Abb. 96). Die richtige Deutung ergab sich dadurch, daß von einem Schliff mit „Ausscheidungen" eine Rückstrahlaufnahme angefertigt wurde. Nun wurde nach elektrolytischer Tiefätzung die Röntgenaufnahme derselben Stelle des Schliffs wiederholt; während die erste Aufnahme Interferenzringe lieferte, die mit vielen Punkten besetzt waren, gab die zweite Aufnahme nur wenige Interferenzflecke. Hieraus folgt Feinkörnigkeit der polierten, Grobkörnigkeit der tiefgeätzten Schliffoberfläche. Somit hat beim Polieren Rekristallisation innerhalb der äußersten Schicht der Schliffoberfläche stattgefunden. Bemerkenswert in Abb. 96 erscheint die Tatsache, daß die Veränderung der Oberfläche nur im Innern des Kornes eintritt. Die ursprünglichen Korngrenzen bleiben erhalten, da die Verformung hier behindert wird. Bei einem Ausscheidungsvorgang wären die Ausscheidungen bevorzugt an den Korngrenzen zu erwarten.

Beim Polieren von Schliffen aus Weichblei wurde die beschriebene Erscheinung niemals beobachtet. Sie tritt vielmehr von ungefähr 0,1 % Bi an auf und wird mit steigendem Wismutgehalt ausgeprägter. Es ergibt sich somit die Eigentümlichkeit von wismuthaltigem Blei, daß die Rekristallisation gegenüber der von Reinblei beschleunigt ist. Messungen der Selbstdiffusion von Blei zeigten in Übereinstimmung mit den obigen Beobachtungen eine Erhöhung des Diffusionskoeffizienten mit steigendem Wismutgehalt.

Die Härte von Blei wird durch Zusätze von Wismut wenig erhöht (z. B. Di Capua und Arnone [179]). Es ist daher verständlich, daß sich auch Legierungen mit höheren Wismutgehalten (z. B. über 12% Bi)

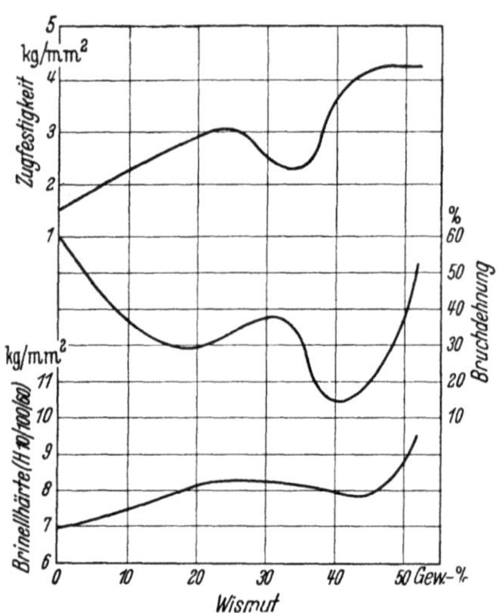

Abb. 97. Mechanische Eigenschaften von gegossenen Blei-Wismut-Legierungen. Nach Thompson [1189]

leicht walzen lassen. Nach dem in Abb. 97 dargestellten Ergebnis (Thompson [1189]) nimmt die Härte bis zu einem Gehalt von 20% Bi etwas zu, bleibt zwischen 20 und 45% Bi ungefähr gleich und steigt dann wieder an. Eine Aushärtung gegossener Proben wurde im Bereich bis zu 35% Bi auch nach 7 Monaten nicht beobachtet. Dagegen stieg die

Härte von Legierungen mit über 35% Bi im Gußzustand und nach Abschrecken von 120°C beim Lagern — im letzten Fall innerhalb eines Tages — etwas an. Die Vermutung, daß es sich hierbei um eine Aushärtungserscheinung auf Grund der Löslichkeitslinie der hexagonalen

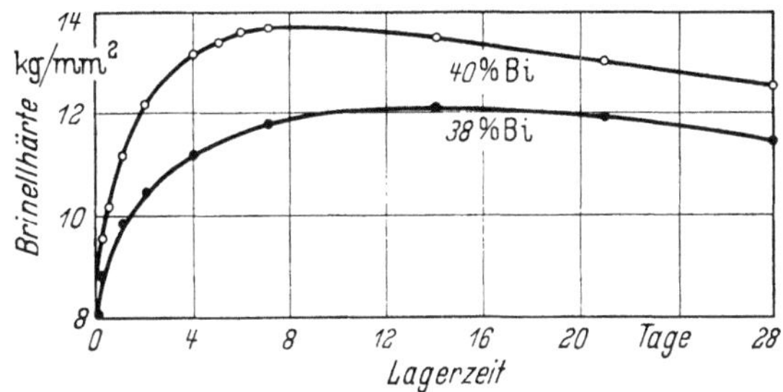

Abb. 98. Aushärtung der hexagonalen Blei-Wismut-Phase (β). Nach Ho [535]

β-Phase gegenüber Wismut handelt, wurde in späteren Versuchen bestätigt (Abb. 98). Zerreißversuche wurden an gegossenen Stäben mit einer Meßlänge von 48 mm bei der einheitlichen Zerreißgeschwindigkeit von 12 mm/min durchgeführt. Die Kurven der Zugfestigkeit und Bruchdehnung zeigen im Bereich von 25 bis 35% Bi Unregelmäßigkeiten, die auf das Auftreten der damals nicht bekannten β-Phase zurückgeführt werden dürfen (Abb. 97).

Die Kriechgeschwindigkeit von wismuthaltigem Blei mit Wismutgehalten bis 0,1% nach dem Walzen sowie nach darauffolgendem Anlassen wurde für Spannungen von 35 und 24 kg/cm² gemessen (GREENWOOD und WORNER [432]). Es ergaben sich, vor allem nach dem Anlassen, nur unwesentliche Unterschiede gegenüber Weichblei (99,9915%). Versuche der Bleiforschungsstelle zeitigten ein ähnliches Ergebnis. Auch für die Dauerschwingfestigkeit von wismuthaltigem Blei wurden keine bemerkenswerten Abweichungen von dem Verhalten von Weichblei gefunden. Dies ersieht man aus Abb. 99, wo die Werte von Weichblei und Blei-

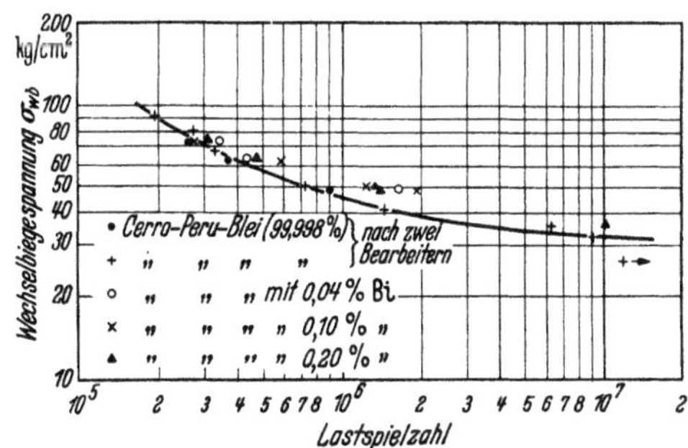

Abb. 99. Wöhlerkurve von Blei und Blei-Wismut-Legierungen

Wismut sich praktisch in eine einzige Wöhler-Kurve einordnen lassen. Diese Ergebnisse wurden später bestätigt; dabei zeigte sich im

Konzentrationsbereich bis zu 0,1% Bi eher eine kleine Erhöhung der Biegewechselfestigkeit im Vergleich mit Reinblei als eine Erniedrigung (EMMERICH [278]). Die Biegezahl gegossener Legierungen wurde etwas niedriger gefunden als die von Weichblei.

Während die Korngröße von Blei im gegossenen und im rekristallisierten Zustand durch viele Legierungszusätze verringert wird, gilt dies nicht für Beimengungen von Wismut, da sie in feste Lösung gehen (S. 187). Eine leichte Verfeinerung des Kornes wurde an gepreßten Kabelmänteln erst bei einem Wismutgehalt von 0,18% festgestellt (EMMERICH [278]).

Wismut wurde vielfach als „Schädling" für Blei bezeichnet. In der Tat besitzen Blei-Wismut-Legierungen manche Besonderheiten. So erscheint ihre starke Neigung zur Rekristallisation bemerkenswert. Da diese aber kaum zu einem stärkeren Kornwachstum als bei Weichblei führt, kann darin kein besonderer Nachteil erblickt werden. Die mechanischen Eigenschaften von wismuthaltigem Blei zeigen kaum eine Verschlechterung gegenüber Weichblei. Auf die Korrosionsbeständigkeit von Blei gegenüber den Einflüssen der Atmosphäre, des Wassers, des Erdbodens, vermutlich auch kalter Schwefelsäure, scheint Wismut ohne nennenswerte Wirkung zu sein (S. 264 und 295).

Auf die Beständigkeit und die Selbstentladung von Hartbleigittern für Akkumulatorenplatten sind nach den Ergebnissen von Laboratoriumsversuchen Wismutgehalte bis zu 0,05% ohne Einfluß. Dagegen verursachte schon ein Gehalt von 0,05% Bi in Großoberflächenplatten aus Weichblei eine Verschlechterung in der Maßbeständigkeit und Haltbarkeit (GROSHEIM-KRISKO [443]). Nachteilig ist ein Wismutgehalt auch für die Schwefelsäurebeständigkeit von Blei bei höheren Temperaturen. Doch dürfte die kompensierende Wirkung anderer Beimengungen, vor allem von Kupfer, hier außer Zweifel stehen. Unangenehm ist wismuthaltiges Blei bei der Herstellung von Blei-Erdalkali-Legierungen, da z. B. Kalzium durch Wismut aus dem Blei entfernt wird (S. 6). Wismuthaltiges Blei ist endlich zur Herstellung von Bleiweiß und optischen Gläsern wenig geeignet (GEORGE und ENSSLIN [365], BUTCHER [161]).

Blei-Wismut-Legierungen wurden verwendet oder vorgeschlagen als Lot für Verbindungen von Glas und Metall, ferner für Zwecke der Druck- oder Vervielfältigungstechnik [147], da Feinheiten der Oberfläche sehr scharf wiedergegeben werden sollen (COURNOT [220]). Die geschmolzenen Legierungen werden als Flüssigkeitsbad für Wärmebehandlungen empfohlen (SMITH [1129]). Vor allem ist Wismut ein wichtiger Bestandteil von Mehrstofflegierungen des Bleies, in erster Linie der leichtflüssigen Lote. Geringe Zusätze von Wismut werden aber auch für Letternmetall und Lagermetalle auf Blei-Antimon-Zinn-Basis angewandt, da die Gießeigenschaften dadurch verbessert werden sollen (THOMPSON [1189]).

34. Blei-Zink

Das Zustandsschaubild wurde kürzlich auf Grund einer thermischen
Analyse mit Hilfe einer Differenzschaltung neu aufgestellt (Abb. 100)
(SEITH und Mitarbeiter [1104, 1105], HANSEN [488]). Danach schließt sich

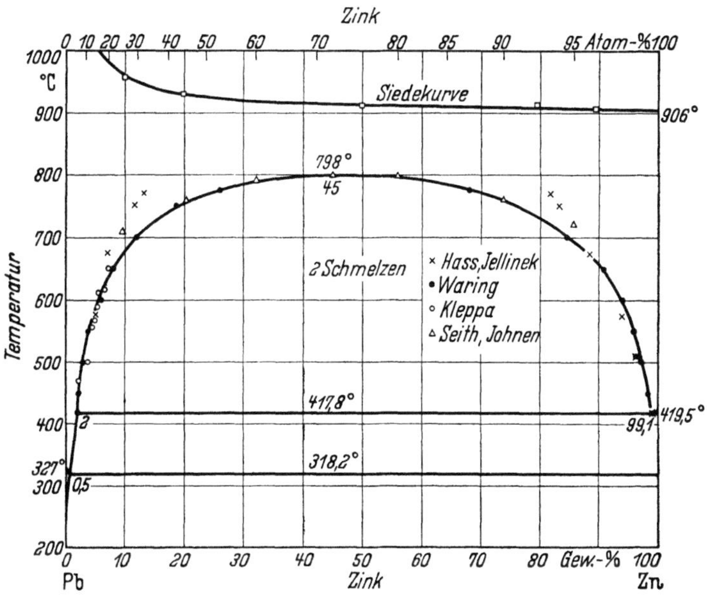

Abb. 100. Blei-Zink. Nach HANSEN

die Mischungslücke bereits bei 800 °C. Mit der Bestimmung der thermodynamischen Konstanten der flüssigen Legierungen befaßte sich ROSEN-
THAL [1034]. Die Messungen des Zinkdampfdruckes von BUDA [137] verdienen Interesse mit Rücksicht auf die Vakuumentzinkung von Blei.

Auf Grund der thermischen Analyse wurde auf eine Löslichkeit von
0,05 bis 0,06% Zn in festem Blei bei 318 °C geschlossen (HODGE und
HEYER [537]). Spätere Gefügeuntersuchungen bestätigten im großen und
ganzen dieses Ergebnis (BRAY [127]). Nach LUMSDEN [783] beträgt die
Löslichkeit bei der eutektischen Temperatur sogar 0,10 Gew.-% Zn.

Das Zustandsdiagramm bildet eine der Grundlagen der Zinkentsilberung von Blei (S. 161). Abb. 101 und 102 stellen das Gefüge einer untereutektischen und einer eutektischen Legierung dar. Das Eutektikum ist
als orientierte Verwachsung sehr dünner Platten von Zink mit Blei aufzufassen. Vermutlich sind die Verwachsungsebenen die Basis des hexagonalen Zinks und eine Oktaederebene von Blei. Eine Legierung aus dem
Gebiet der Mischungslücke zeigt Abb. 103. Der Regulus ist trotz schneller
Abkühlung oben an Zinktröpfchen angereichert. Abb. 104 entspricht dem

7*

oberen Teil des Regulus in stärkerer Vergrößerung. Die beim Durchlaufen des übereutektischen Teiles der Liquiduskurve ausgeschiedenen Primärkristalle von Zink erscheinen hier selten nadelig, da sie an die bei 418 °C

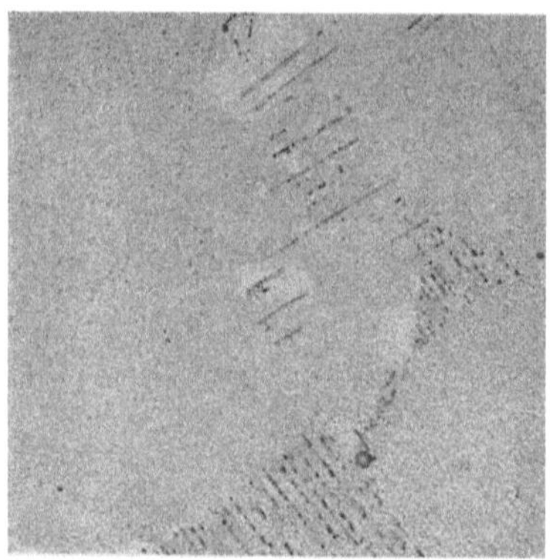

Abb. 101. Einwaage 0,2% Zn. Im Tiegel erstarrt. Bleimischkristall. Eutektikum Blei-Zink. 500:1

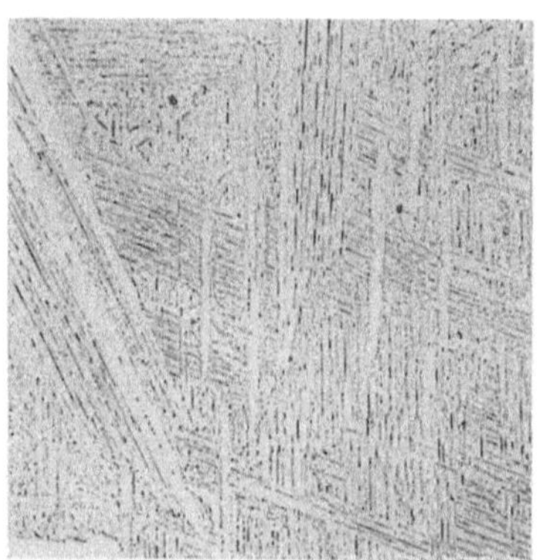

Abb. 102. Einwaage 0,6% Zn. Im Tiegel erstarrt. Rein eutektische Struktur. 150:1

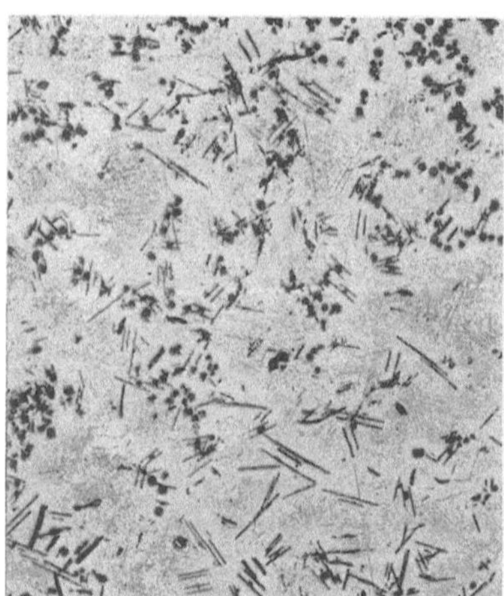

Abb. 103. Einwaage 3% Zn. Regulus oben an Zinktröpfchen angereichert. Unten wenige Tröpfchen neben stäbchenförmigen Primärkristallen von Zink und Eutektikum Blei-Zink. 50:1

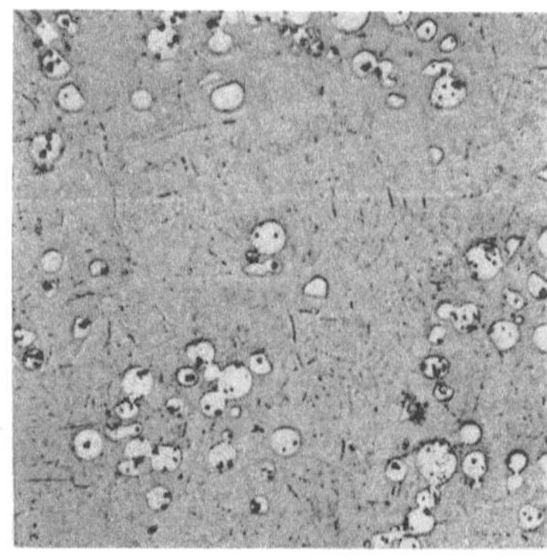

Abb. 104. Vorige Legierung. Obere Schicht. Zinktröpfchen z. T. mit geraden Begrenzungslinien. Eutektische Grundmasse. 150:1

erstarrten Zinktröpfchen ankristallisierten. Hierdurch haben letztere stellenweise gerade Begrenzungslinien bekommen.

Gegen Ende des letzten Krieges waren in Deutschland Legierungen von Blei mit 0,5 bis 1% Zn als Austauschlegierungen für Kabelmäntel statt der Legierung mit 0,6% Sb vorgesehen. Nach einer unter diesem

Gesichtspunkt durchgeführten Untersuchung von PFENDER und SCHULZE [957] steigen durch Zusatz von 0,8% Zn die Werte der Brinellhärte von Blei von 4,4 auf 5,5 kg/mm², der Zugfestigkeit gepreßter Rohre von 1,5 auf 1,8 kg/mm². Die Dauerschwingfestigkeit der Blei-Zink-Legierung liegt ähnlich wie die von Blei mit 0,5% Sb; dabei ist der zum Herstellen der Kabelmäntel aus Blei-Zink notwendige Preßdruck niedriger als wenn man Antimon als härtenden Zusatz verwendet. Auch die Kriechfestigkeit von zinkhaltigem Blei scheint im Vergleich mit Reinblei erhöht zu sein (GREENWOOD und WORNER [434]). Die Kriechgeschwindigkeit zwischen 200 und 300 Tagen betrug bei einer Spannung von 24,6 kg/cm² für Zinkgehalte von 0,01%, 0,05%, 0,1%, 1,38 bzw. 0,955 bzw. 0,76 · 10⁻⁴%/h. Kriechversuche unter einer Spannung von 35 kg/cm² liefen ohne zwischenzeitige Rekristallisation der Proben ab, sofern der Zinkgehalt 0,01% überschritt. Die Schwefelsäurebeständigkeit von Blei mit Beimengungen von Zink wird unten behandelt werden. Bezüglich einer möglichen Anwendung von Zink in Bleilegierungen sei auf S. 373 verwiesen.

35. Blei-Zinn

Das Zustandsschaubild (Abb. 105) ist einer kritischen Wertung der bisherigen Arbeiten entnommen worden (RAYNOR [995]). Die Löslichkeit von Zinn in Blei bei Raumtemperatur beträgt danach 1,3 ± 0,5%. Eine Neubestimmung der Löslichkeitslinie von CAHN und TREAFTIS [166] brachte nur geringe Änderungen gegenüber den Werten von RAYNOR [995]. Die Arbeiten über das Zustandsschaubild brauchen im einzelnen nicht besprochen zu werden. An den flüssigen Legierungen wurden zahlreiche Bestimmungen physikalischer Eigenschaften durchgeführt. Erwähnenswert erscheinen die Messungen der Mischungswärme (WEIBKE und KUBASCHEWSKI [1253]), der thermodynamischen Aktivität des Bleies (PREDEL [979]), der Oberflächenspannung (BIRCUMSHAW [85], CLAUS und

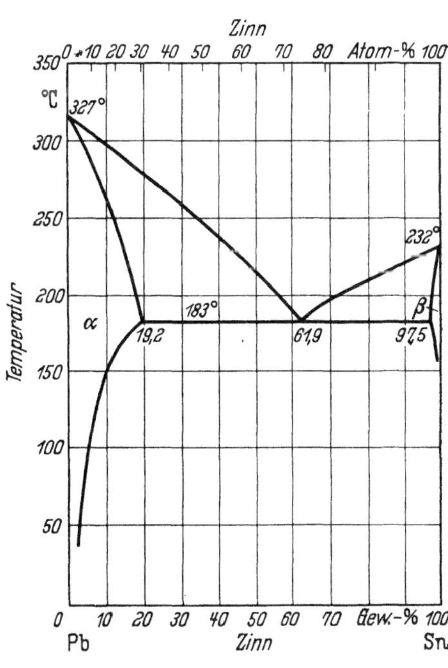

Abb. 105. Blei-Zinn. Nach RAYNOR [995]

BLANK [202], HOAR [536]), der Dichte und der Viskosität (SATO [1048], FISHER und PHILLIPS [325, 326], GEBHARDT [362], JONES [636], BASTIEN und DARMONY [55]), des elektrischen Widerstandes (MATSUYAMA [808]) und der Diffusionskonstanten des Zinns (NIWA [901]). Das spezifische Volumen ändert sich bei 400 °C etwa linear mit dem Zinngehalt der Legierung, die Dichte nimmt bei einer Temperaturerhöhung von 50 °C um etwa 0,6% ab (FISHER und PHILLIPS [325]). Das von FISHER [325, 326] gefundene Minimum der Viskosität bei der eutektischen Zusammensetzung der Legierung wurde von GEBHARDT [362] nicht bestätigt (Abb. 106). HOLLOMON und TURNBULL [582] führten an den Legierungen grundsätzliche Untersuchungen der Keimbildung bei der Erstarrung durch. Sie eliminierten durch Unterteilung der Schmelze in Tropfen von 30 bis 15 μ Durchmesser die Wirkung von Verunreinigungen und erzielten Unterkühlungen bis 100 °C. Die dendritische Kristallisation der Legierungen (MORRIS, TILLER, RUTTER und WINEGARD [872]) und die Kristallisation des

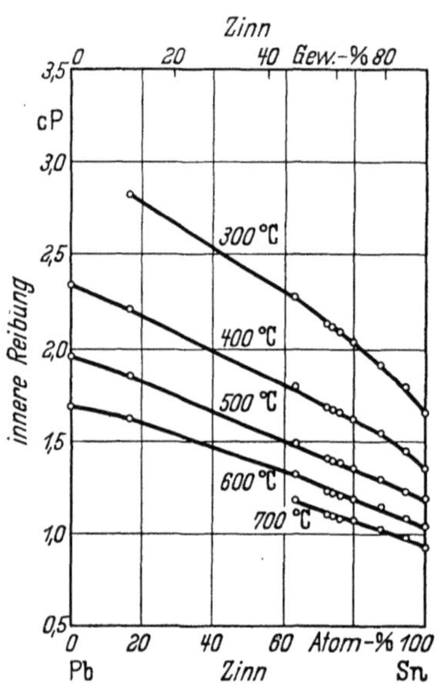

Abb. 106. Blei-Zinn. Innere Reibung der geschmolzenen Legierungen. Nach GEBHARDT und KÖSTLIN

Eutektikums sind Gegenstand weiterer Arbeiten. Bei dem Wachstum der Lamellen des Eutektikums ist das Zinn die führende Kristallart (WINEGARD, MAJKA, THALL und CHALMERS [1279], TOBER [1202]); zwischen der blei- und der zinnreichen Phase besteht kein Orientierungszusammenhang (TOBER [1202]). Bei der Erstarrung gegossener Legierungsbleche reichert sich eine Oberflächenschicht von 5 bis 10 μ Dicke mit Eutektikum an (DETERT [248]). Die Erscheinungen der Unterkühlung und Keimbildung in übersättigten festen Legierungen, namentlich im Temperaturgebiet von 150 °C, wurden mehrmals kalorimetrisch und resistometrisch verfolgt (STOCKDALE [1146], BORELIUS [111], BORELIUS, LARRIS und OHLSSON [112], TURNBULL und TREAFTIS [1208], BORELIUS und LARSSON [113], DE SORBO und TURNBULL [1136], MURPHY und ORIANI [884]). Die gemessene Wärmetönung der Ausscheidung war um einen Betrag der Größenordnung 100 cal/mol kleiner als die berechnete. Die Differenz wurde auf die durch die Ausscheidung erzeugten Eigenspannungen zurückgeführt (BORELIUS und SÄFSTEN [114]). Die Ausscheidung ist mit einer Rekristallisation der Matrix verbunden (TIEDEMA und BURGERS [1197]).

a) Aufbau der Legierungen. Das Gefüge einer Legierung mit 16% Sn ist in Abb. 107 dargestellt. Die Legierung liegt noch innerhalb des Mischkristallgebiets für höhere Temperaturen, so daß das Auftreten von Eutektikum, wie in solchen Fällen üblich, durch Kristallseigerung zu er-

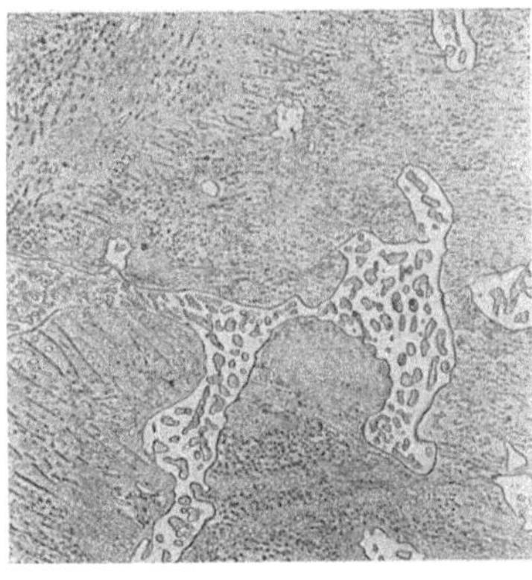

Abb. 107. 16% Sn. Guß. Bleimischkristall mit streifigem Zinnsegregat. Eutektikum Blei (dunkel)-Zinn (weiß). 500:1

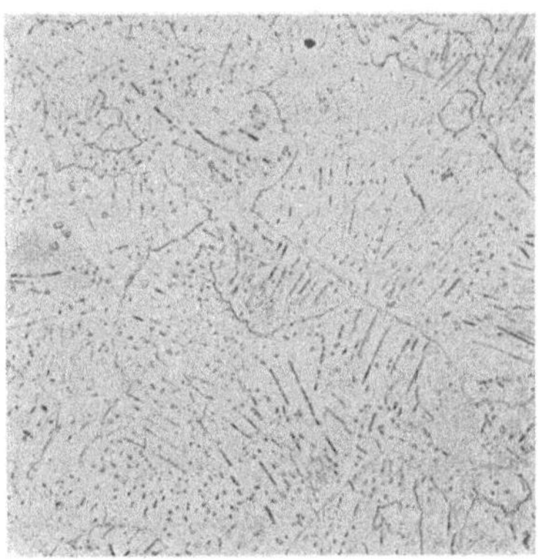

Abb. 108. 3% Sn. Verpreßte Legierung. Bleimischkristall mit streifigen und körnigen Ausscheidungen von Zinn. 150:1

klären ist. Bemerkenswert mit Rücksicht auf die unten behandelte Erweichung der Legierungen ist der grobe Charakter der bei der Abkühlung

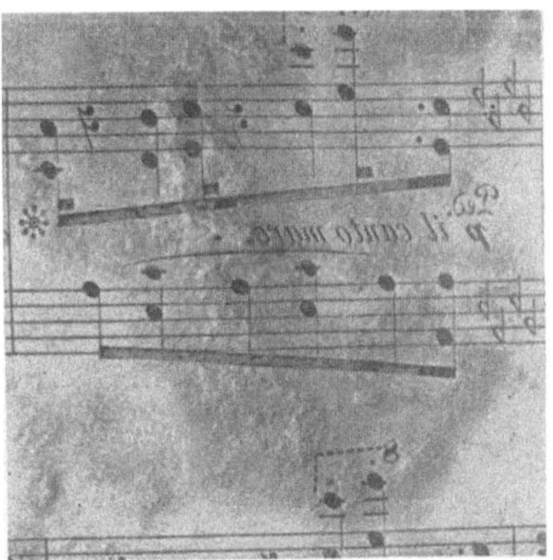

Abb. 109. Notendruckplatte mit Zinnpest. Zinngehalt nach planimetrischer Auswertung 75%

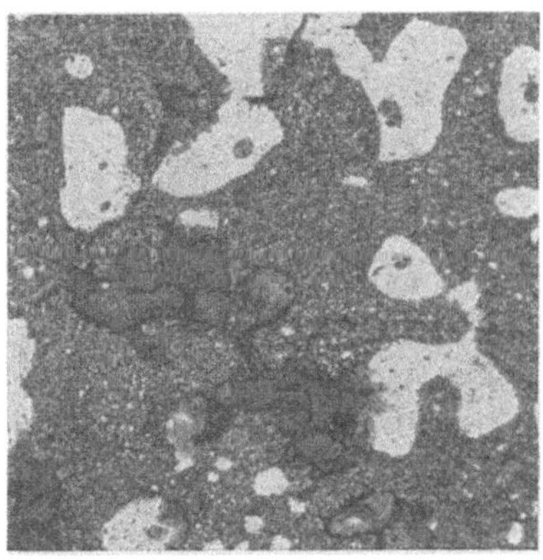

Abb. 110. Schliff der vorigen Probe. Primärkristalle von Zinn teilweise in graues Zinn (schwarze Stellen) umgewandelt. Eutektikum Blei-Zinn. 500:1

oder beim Lagern eingetretenen Entmischung (S. 256). Besonders gut ist dies an dem Gefügebild des technischen Blei-Zinn-Rohres der Abb. 108 zu erkennen, das 3 Monate nach dem Pressen aufgenommen wurde. Der

Zerfall stark übersättigter Mischkristalle kann auch durch Abschrecken der Legierungen nicht unterdrückt werden.

Die Umwandlung des weißen Zinns in graues Zinn unterhalb 18 °C wurde auch an Legierungen mit 50% Pb, also an untereutektischen Legierungen, in Orgelpfeifen festgestellt (COHEN [205]). Abb. 109 stellt eine Platte zum Notendrucken dar, die von der Zinnpest befallen ist. Wie man im Gefüge (Abb. 110) erkennt, handelt es sich um eine übereutektische Legierung, in der die primären Zinnkristalle zum Teil von der Umwandlung ergriffen wurden. Es ist nicht festgestellt, bis zu welchem Mindestgehalt von Zinn die Zinnpest eintreten kann.

b) Technologische Eigenschaften. YANAGIHARA [1295] untersuchte den Zusammenhang zwischen der Gießbarkeit der Legierungen, ausgedrückt durch die Länge des Fließweges bis zum Festwerden, und der Gießtemperatur. Die Schwindung einiger Legierungen wurde, wie folgt, angegeben (WÜST [1292]; vgl. BOCHVAR und DOBATKIN [96]):

Gießtemperatur	Zinngehalt	Schwindmaß
650°	18,27%	0,56%
550°	70,01%	0,44%
550°	80,90%	0,55%

Bei der eutektischen Legierung ergab sich die geringste Schwindung. Die Dichten der Legierungen im festen Zustand wurden mehrmals gemessen (REINGLASS [1002]). Die Werte bis zu 30% Sn sind stark von der Vorbehandlung abhängig. Diese kann Änderungen bis zu 2% hervorrufen (GOEBEL [391]), was wohl mit der Entmischung der Legierungen beim Lagern zusammenhängt (s. u.). Abb. 111 enthält nur die Werte für abgeschreckt vergossene Legierungen.

Die Härte der Legierungen im abgeschreckt vergossenen Zustand steigt bis zu rund 15% Sn, also etwa der Löslichkeitsgrenze im festen Zustand, steil und dann nur langsam an. Die gelagerten und langsam abgekühlten Legierungen haben niedrigere Härte, da der oben erwähnte Zerfall der Mischkristalle eingetreten ist (Abb. 112). Bei Angaben der Festigkeitseigenschaften von Blei-Zinn-Legierungen ist also nicht nur die Vor-

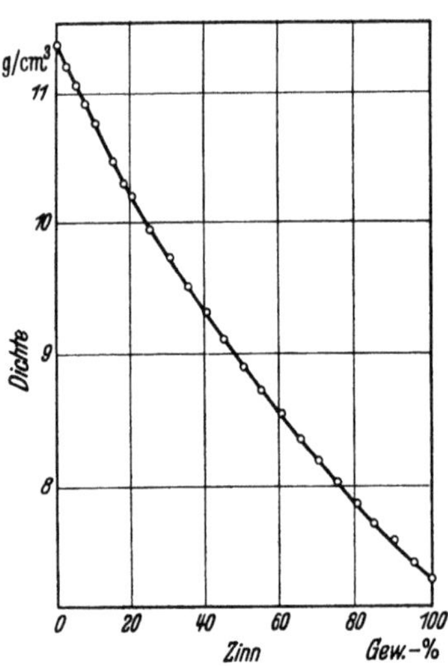

Abb. 111. Dichte der Blei-Zinn-Legierungen. Nach GOEBEL [391]

behandlung, sondern auch die Lagerzeit des Werkstoffes zu berücksichtigen. Die Wirkung dieser Einflüsse und die Unterschiede der Prüfmethode erklären die starke Streuung der Kurven in Abb. 112. Nur bei Zinngehalten, die innerhalb der Löslichkeitsgrenze bei Raum-

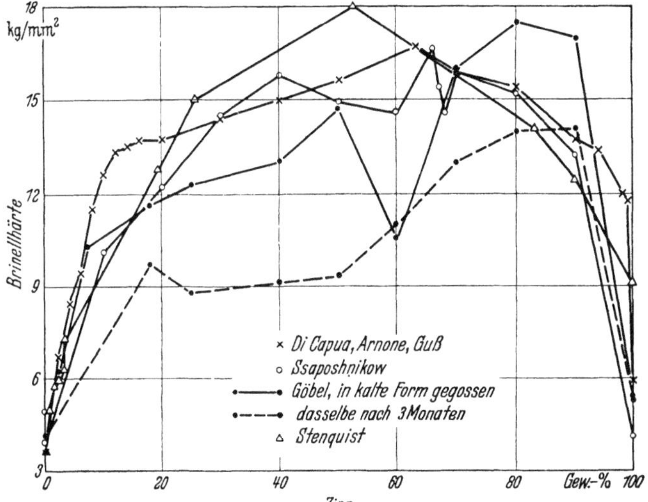

Abb. 112. Brinellhärte von Blei-Zinn-Legierungen. Zitate bei [487]

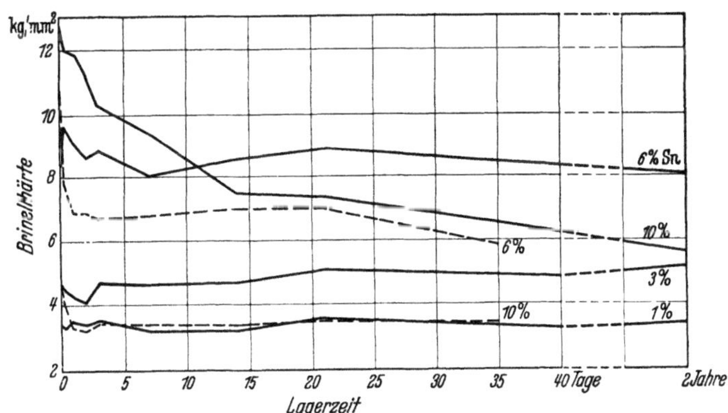

Abb. 113. Härteänderung von Blei-Zinn-Legierungen beim Lagern. Ausgezogen: homogenisiert und abgeschreckt. Gestrichelt: nach dem Abschrecken mit 75% Dickenabnahme gewalzt

temperatur liegen, sollte der Einfluß der Vorbehandlung praktisch verschwinden. Die Erweichung übersättigter Blei-Zinn-Legierungen beim Lagern wurde an homogenisierten und abgeschreckten, reinsten Legierungen während einer Dauer von 2 Jahren untersucht (Abb. 113) (PETRI [954]). Hierbei zeigte die Legierung mit 6% Sn vorübergehende Aushärtung. Die Erweichung erfolgt um so schneller, je höher der Zinngehalt ist. Sie war bei 10% Sn nach 5 Wochen größtenteils beendet, dagegen bei 6% Sn auch nach 2 Jahren nur angedeutet und bei 3% Sn nicht nachzuweisen. Durch Verformung und anschließende Rekristallisation wird der Vorgang beschleunigt. Die Erweichung durch Kaltverformung ist besonders ausgeprägt bei der eutektischen Legierung (UNCKEL [1213]). Wenn die Härte bei diesen Versuchen von 25 Brinelleinheiten bei der gegossenen Legierung auf 2 Brinelleinheiten und weniger bei der gewalzten Legierung abfiel, so ist dieser überraschend große Unterschied auch dadurch zu erklären, daß die Belastungsdauer der Härteprüfung 10 min betrug, also ein Härtekriechversuch vorlag. Dabei spielt sicher das feine Korn der nach der Kaltverformung rekristallisierten Proben eine wesentliche Rolle (UNCKEL [1213]). Wie zu erwarten, trat die Rekristallisation nicht ein, wenn bei $-69\,°C$ verformt wurde, auch nicht bei folgendem, eintägigem Lagern bei $20\,°C$, wohl aber, wenn man die anschließende Härteprüfung bei Raumtemperatur vornahm. Die mit der Erweichung verbundene Verarmung des Mischkristalles an Zinn ließ sich an einer Legierung mit 19% Sn röntgenographisch sowie durch Leitfähigkeitsmessungen verfolgen (RICHARDSON, VANCE WHITE und WEAVER [1009], LARIKOV [732]).

Die Zugfestigkeit der Legierungen hat wie die Härte ein Maximum bei der ungefähren Zusammensetzung des Eutektikums (AOYAMA und FUKUROI [22]). Weitere Angaben über die Festigkeitseigenschaften gegossener Blei-Zinn-Legierungen finden sich im Abschnitt Weichlote. Festigkeitsversuche an zinnreichen Legierungen mit 0 bis 50% Pb bei tiefen Temperaturen wurden von KALISH [642] vorgenommen.

Schlagstauchversuche bei -20, 20 und $100\,°C$ an zylindrischen Proben von Blei-Zinn-Legierungen sowie Druckversuche zeigten auch bei Dickenabnahmen bis 50% oder mehr in keinem Fall Mantelrisse oder Bruchbildung (HEYN und BAUER [520]). Dies macht verständlich, daß sämtliche Legierungen sich walzen lassen (SPERRY [1142]). Aus den Druckversuchen ließen sich die Formänderungsarbeiten und die Druckspannungen ermitteln, die zur Erzielung einer bestimmten Höhenverminderung notwendig sind. Die erhaltenen Werte folgten einem ähnlichen Gang mit dem Zinngehalt wie die Härte.

Messungen des Torsionsmoduls der Legierungsreihe bei -195 und bei $18\,°C$ zeigten eine stetige Abnahme seines Wertes (S. 12) mit dem Zinngehalt und eine Zunahme mit sinkender Temperatur (AOYAMA und FUKUROI [22]). Die Dämpfung der Legierungen liegt über derjenigen von reinem Blei bzw. von reinem Zinn (BARDUCCI [42]).

Die Blei-Zinn-Legierungen nehmen beim Lagern nicht das graue Aussehen von Weichblei an. Der Unterschied ist schon bei einem Zinngehalt von wenigen Prozenten deutlich zu erkennen. Blei-Zinn ist neben

Blei-Antimon die wichtigste Legierungsgattung von Blei. Zinngehalte bis 3% kommen für Kabelmäntel in Betracht, höhere Zinngehalte für Druckguß und vor allem für Weichlote. Orgelpfeifen werden mit Zinngehalten von 45 bzw. 75% hergestellt, je nachdem ob eine flöten- oder streicherartige Klangfarbe gewünscht wird. Neben anderen Legierungselementen, in erster Linie Antimon, ist Zinn endlich ein wesentlicher Bestandteil der Lager- und Schriftmetalle, die Mehrstofflegierungen darstellen.

III. Dreistofflegierungen

1. Blei-Aluminium-Magnesium

Die Anwendung von Aluminium-Magnesium-Legierungen mit Blei-Zusatz als Automatenlegierungen gab Veranlassung zu einer ersten Bearbeitung des Dreistoffsystems (BAUER [56]). Eine Anzahl von Legierun-

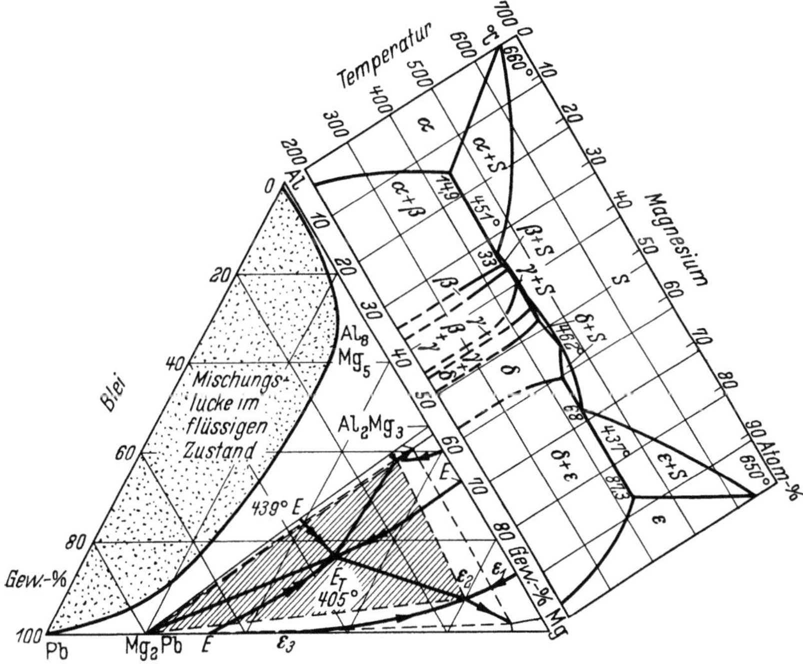

Abb. 114. Blei-Aluminium-Magnesium. Nach BAUER [56]

gen wurde thermoanalytisch und mikroskopisch, zum Teil auch röntgenographisch untersucht. Als Kristallarten traten nur die binären Phasen der Randsysteme auf. Nach dem Ergebnis von Abb. 114 schließt sich die im Randsystem Aluminium-Blei auftretende Mischungslücke (S. 29) im Dreistoffsystem bei etwa 28% Mg. Jenseits der Mischungslücke erstreckt sich bis zu etwa 50% Mg ein Gebiet von Legierungen, die infolge ihres Anteils an Mg_2Pb bereits an Luft zerrieseln. Der quasibinäre Schnitt $Al_2Mg_3(\delta)$–Mg_2Pb enthält ein Eutektikum bei etwa 45% Al_2Mg_3 und 439 °C. Im Teilgebiet Mg–Al_2Mg_3–Mg_2Pb gehen von den drei binären Eutektiken Rinnen zum ternär eutektischen Punkt bei 50% Mg, 16% Al, 34% Pb und 405 °C. Wie die in das Schaubild eingezeichnete ternär eutektische Vierphasenebene erkennen läßt, besteht bei der eutektischen Temperatur eine beträchtliche Löslichkeit von Magnesium für Blei und Aluminium und von Al_2Mg_3 für Blei. Die Abnahme des Löslichkeitsgebiets in der Aluminium- und in der Al_2Mg_3-Ecke mit sinkender Temperatur ist durch die Einpfeilkurven in Abb. 114 dargestellt. Das Gebiet der technisch verwendbaren Legierungen in der Aluminiumecke ist durch das Auftreten von Bleiseigerungen begrenzt. Es erstreckt sich bis 2,5, höchstens 3% Pb. Eine Aluminium-Magnesium-Legierung mit 7% Mg und 2,5% Pb zeigte gute technologische Eigenschaften und die für den Automatenbetrieb gewünschte kurze Spanform. HANEMANN und SCHRADER [480] geben über die Arbeit von BAUER [56] hinaus noch einige ergänzende Beobachtungen zu dem von den Eckpunkten Al–$Al_8Mg_5(\beta)$–Mg_2Pb–Pb begrenzten Gebiet. Durch thermische Analyse konnten darin zwei Vierphasenebenen nachgewiesen werden. Eine Legierung mit 34,4% Mg und 1,57% Pb gab einen Haltepunkt bei 448,7 °C. Vermutlich sind an diesem Gleichgewicht eine Schmelze nahe dem Aluminium-Magnesium-System, α (Al-Mischkristall), β (Al_8Mg_5) und eine bleimagnesiumreiche Schmelze beteiligt, aus der bei weiterer Abkühlung Mg_2Pb kristallisiert. In der Bleiecke liegt bei 0,5% Al, 2,5% Mg und 252,3 °C ein ternäres Eutektikum $E_T \leftrightharpoons \alpha + Pb + Mg_2Pb$. Das binäre Eutektikum Blei-Mg_2Pb wurde bei 252,4 °C gefunden. Unterhalb dieser beiden Vierphasengleichgewichte wird die Aluminiumecke in die Zwei- und Dreiphasenräume $\alpha + Pb$, $\alpha + Mg_2Pb + Pb$, $\alpha + Mg_2Pb$ und $\alpha + \beta(Al_8Mg_5) + Mg_2Pb$ geteilt. Dem Dreistoffsystem nach Abb. 114 liegt ein vereinfachtes Randsystem Aluminium-Magnesium zugrunde, das nur die intermediären Phasen $Al_8Mg_5(\beta)$ und $Al_2Mg_3(\delta)$ enthält. In Wirklichkeit ist das Zweistoffsystem Al–Mg komplizierter aufgebaut (vgl. Abb. 114). Es bestehen daher in der Kenntnis des Dreistoffsystems noch erhebliche Lücken.

2. Blei-Aluminium-Kupfer

CLAUS und HERRMANN [203] bestimmten die Ausdehnung der Mischungslücke im Dreistoffsystem mit Hilfe von Schöpfproben, die bei 1020 bzw. 1070 °C entnommen wurden. Auf Grund der Analyse der Schöpfproben aus dem oberen Teil der Schmelze ergab sich unter Berücksichtigung der Zweistoffschaubilder Al–Pb und Cu–Pb die in Abb. 115 dargestellte ungefähre Ausdehnung der Mischungslücke im flüssigen Zustand. Die Begrenzung der Mischungslücke in der Aluminiumecke ist in

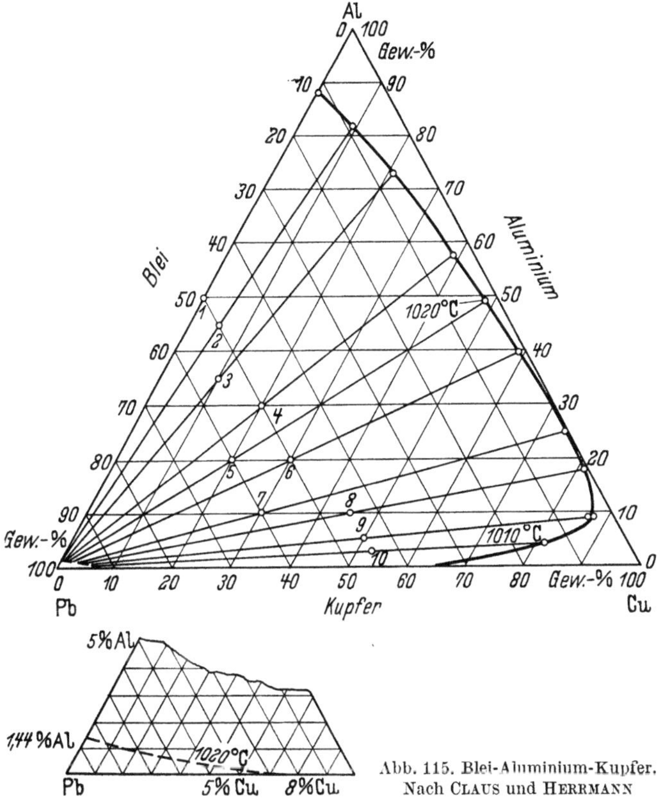

Abb. 115. Blei-Aluminium-Kupfer. Nach CLAUS und HERRMANN

Übereinstimmung mit der Feststellung von KEMPF und VAN HORN [654], daß die Löslichkeit von Blei in flüssigem Aluminium durch einen Kupfergehalt von 5% leicht herabgesetzt wird.

3. Blei-Aluminium-Silber

Zur Bestimmung der Mischungslücke im flüssigen Zustand dienten thermische Analysen von Legierungen, die mitten in der Mischungslücke lagen, so daß sich bei der langsamen Abkühlung etwa gleich dicke Schichten der beiden Schmelzen bildeten. Der erstarrte Regulus wurde aufgeschnitten und die Zusammensetzung der beiden Schichten durch die chemische Analyse ermittelt. Die von CAMPBELL und Mitarbeitern [172] als Erstarrungstemperaturen der spezifisch leichteren Schmelze angege-

benen Werte dürften wohl die Temperaturen des Erstarrungsbeginns be-
deuten. Danach ist die in Abb. 116 eingezeichnete Begrenzung der
Mischungslücke ungefähr die Raumkurve, die sie von den Flächen der
Primärkristallisation trennt. Diese Schichtungskurve verläuft von der

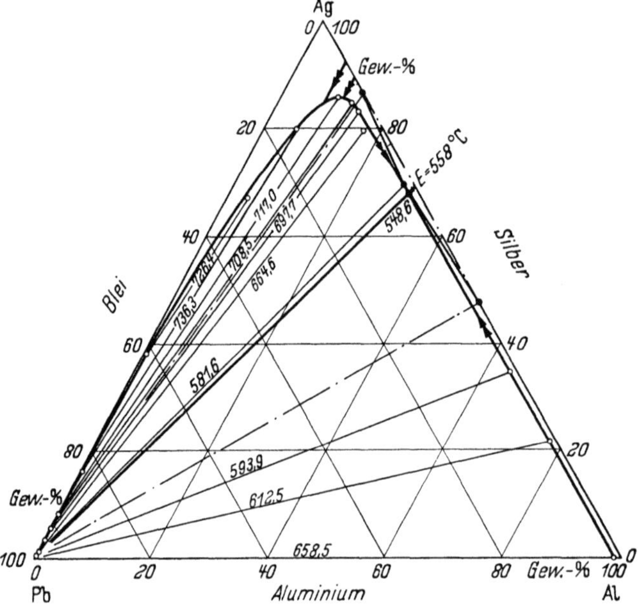

Abb. 116. Blei-Aluminium-Silber. Nach CAMPBELL

Aluminiumecke aus zu sinkenden Temperaturen bis zu einem Tiefpunkt
von 548,6 °C; hier mündet die vom binären Eutektikum, Aluminium-
mischkristall (α)-ξ-Phase, ausgehende eutektische Rinne ein. Vermutlich
liegt bei der Temperatur von 548,6 °C eine Vierphasenebene vor, wobei
aus der Schmelze mit 67,5% Ag, 30,71% Al und 1,73% Pb eine Schmelze
nahe der Bleiecke und zwei Kristallarten, nämlich ein aluminiumreicher
Mischkristall Aluminium-Silber und ξ gebildet werden. Das Dreieck der
angenommenen Vierphasenebene ist in Abb. 116 strichpunktiert eingezeichnet. Der kritische Punkt der Schichtungskurve dürfte wohl nach
dem Verlauf der Konoden in Abb. 116 nahe der Blei-Silber-Seite bei
etwa 40% Blei liegen. Das Temperaturmaximum der Schichtungskurve
von 736,3 °C befindet sich auf Grund der Temperaturmessungen bei 5% Al
und 15% Pb. Die Zusammensetzungen der spezifisch schweren Schmelzen
lagen größtenteils sehr nahe der Blei-Silber-Seite. Die Primärkristallisationsfelder konnten daher in der Bleiecke nicht bestimmt werden. Das
Temperaturgefälle muß hier außerordentlich groß sein. Es ist möglich,
daß die bei der Kristallisation der bleireichen Schmelzschicht zunächst

gebildeten Aluminium-Silber-Phasen zur oberen Legierungsschicht hochsteigen und bei der Analyse der unteren Schicht nicht erfaßt werden. Das würde kleine Änderungen in der Begrenzung der Mischungslücke von Abb. 116 zur Folge haben.

Eine Erniedrigung der Temperatur des Eutektikums Blei-Silber konnte durch Aluminiumzusätze nicht erreicht werden. Ebensowenig ließ sich chemisch-analytisch ein Anhaltspunkt für das Vorhandensein eines ternären Eutektikums in der Bleiecke gewinnen. Eine Löslichkeit von Blei in den kristallisierten Phasen Aluminium-Silber war durch die thermische Analyse nicht nachzuweisen.

4. Blei-Aluminium-Zinn

Da Aluminium-Zinn-Legierungen ein gewisses Interesse als Lagermetalle beanspruchen, trat die Frage auf, inwieweit man diesen Legierungen Blei zusetzen könne, ohne in das Gebiet der vom Randsystem Aluminium-Blei ausgehenden Mischungslücke zu gelangen. Im Fulmer-Research-Institute beschäftigte sich DAVIES [236] mit dieser Aufgabe. Er saugte Schmelzproben der sauber entmischten und im Gleichgewicht befindlichen Legierungen in Quarzröhrchen ein und gewann durch chemische Analyse der Reguli die Be-

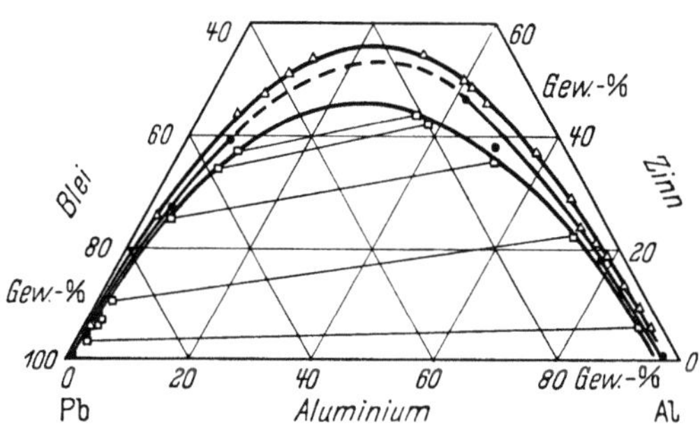

Abb. 117. Blei-Aluminium-Zinn. Ausdehnung der Mischungslücke bei 650 °C (△), 730 °C (•) und bei 800 °C (□). Nach DAVIES

grenzung der Mischungslücke bei drei Temperaturen (Abb. 117). Die Konoden wurden der Übersichtlichkeit halber nur für die Temperatur von 800 °C angegeben.

CAMPBELL [170] fand in unmittelbarer Nähe des binären Eutektikums Blei-Zinn ein ternäres Eutektikum mit der Zusammensetzung 38,1 Gew.-% Pb, 61,7 Gew.-% Sn, 0,08 Gew.-% Al und der Temperatur 183,0 °C. Die eutektische Legierung ist nach seinen Angaben eine relativ sehr harte Legierung des Dreistoffsystems und gibt bei Verwendung als Lot eine besonders gute Scherfestigkeit.

5. Blei-Antimon-Arsen

Nach der Untersuchung von ABEL und REDLICH [1] treten im Dreistoffsystem Blei-Antimon-Arsen nur zwei Kristallarten auf, Bleimischkristall und eine durchgehende Mischkristallreihe Antimon-Arsen. Von dem Randsystem Blei-Arsen läuft eine binär eutektische Rinne mit sinkender Temperatur zum Randsystem Blei-Antimon (Abb. 118). In

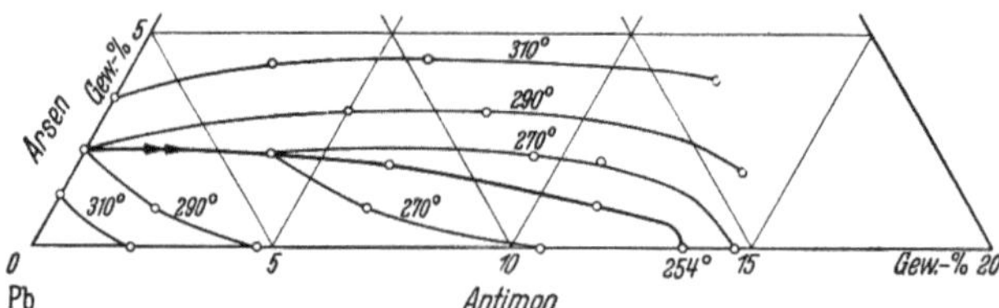

Abb. 118. Blei-Antimon-Arsen [1]. Bleiecke auf Grund der thermischen Analyse, in Gewichtsprozent umgezeichnet. ○ Umrechnungspunkte. Die Rinne hat vielleicht ein Minimum

Abb. 119 ist das Gefüge einer fast eutektischen, in Abb. 120 das einer übereutektischen Legierung dargestellt. Der primäre Antimon-Arsen-Mischkristall hat hier die Neigung zu „nadelförmigem" Wachstum,

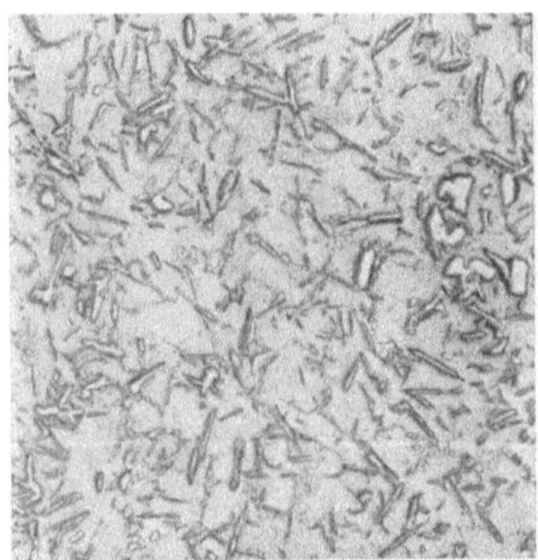

Abb. 119. 2,5% As, 4% Sb. Guß. Grundmasse: Bleimischkristall. Weiß: Antimon-Arsen-Mischkristall als Bestandteil des Eutektikums. 300:1

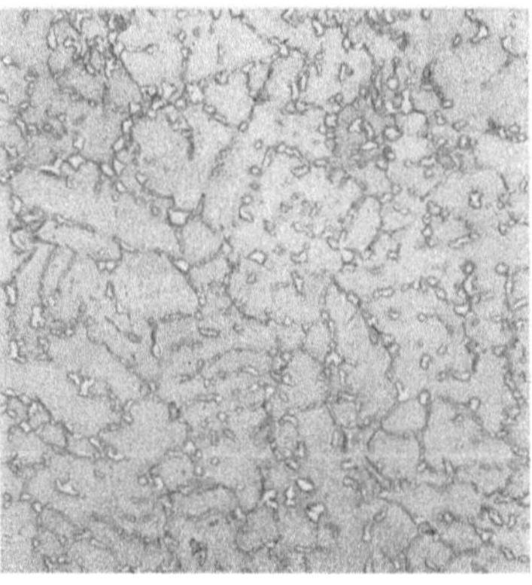

Abb. 120. 4,3% As, 4,0% Sb. Guß. Größere weiße Primärkristalle Antimon-Arsen mit starkem Relief. Eutektische Grundmasse. 300:1

während primäres Antimon in binären Legierungen mehr würfelig ausgebildet ist. In einer Legierung mit höherem Antimongehalt sind deutlich zwei Arten von voreutektischen Ausscheidungen zu beobachten (Abb. 121). Man kann bezweifeln, ob die verschieden ausgebildeten Kristalle einer ununterbrochenen Mischkristallreihe angehören. Auch Beobachtungen von VÄTH [1214] an einer Legierung mit 15% Sb und 4% As, wo offenbar zwei voreutektische Kristallarten, nämlich graue Nadeln und unregelmäßige, weiße Kristalle, auftraten, sind mit dem in Abb. 118 angegebenen Schaubild kaum zu vereinigen. Der Raum der Löslichkeit von Antimon und Arsen in festem Blei ist nicht untersucht. Er muß dem Blei-

Antimon-Randsystem schmal anliegen, da die Löslichkeit von Arsen in Blei niedrig ist.

Während geringe Beimengungen von Arsen in Blei-Antimon-Legierungen mit einigen Prozenten Antimon deren Aushärtung beschleunigen (S. 41), ist bei Legierungen mit höheren Arsengehalten keine nennenswerte Aushärtung zu erwarten, da man sich dann einerseits weit außerhalb des Raumes der festen Lösung befindet und andrerseits binäre Blei-Arsen-Legierungen beim Lagern eher weicher als härter werden (S. 50).

An den Dreistofflegierungen führte Väth [*1214*] Messungen der Dichte, der Härte und der Druckfestigkeit durch. Die Brinellhärte steigt nach dieser Arbeit in Legierungsreihen gleichbleibenden Antimongehaltes, mit wachsendem Arsengehalt in roher Näherung bis zur eutektischen Rinne steil an, um dann mit geringerer Neigung gleichmäßig zuzunehmen.

Abb. 121. 2,4% As, 8,0% Sb. Guß. Graue, würfelige Kristalle mit schwachem und weiße, verzweigte mit starkem Relief. Eutektische Grundmasse. 500:1

Bei den Legierungsreihen außerhalb der eutektischen Rinne (Schnitte bei 15 und 18% Sb) scheinen die Kurven der Brinellhärte fächerartig auseinanderzulaufen (Abb. 122). Während die Druckfestigkeit übereutektischer Legierungen mit nur Arsen oder Arsen und einem geringen Antimongehalt niedrig ist, steigt die Druckfestigkeit (bzw. Quetschgrenze) übereutektischer Blei-Antimon-Legierungen durch Zusätze von wenigen Prozent Arsen stark an, wobei allerdings eine gewisse Versprödung in Kauf zu nehmen ist. Die Neigung zum Seigern, die bei übereutektischen Blei-Antimon-Legierungen ausgeprägt ist, wird durch Arsenzusätze vermindert. Dies wird auf die Kornverfeinerung und die „nadlige" Ausbildung der Primärkristalle zurückge-

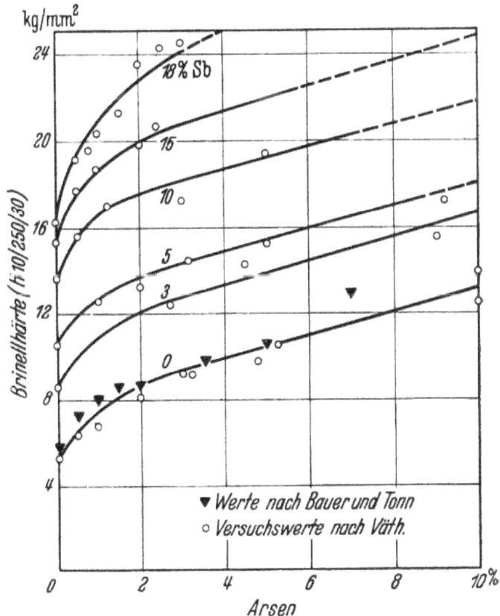

Abb. 122. Härte gegossener Blei-Arsen- und Blei-Antimon-Arsen-Legierungen. Nach Väth

führt (ACKERMANN [5], v. GÖLER und SCHEUER [396], VÄTH [1214]). Die Laufeigenschaften der Legierungen wurden bis zu Antimon- und Arsengehalten von 5% untersucht (v. SCHWARZ [1092]). Gewisse Zusammensetzungen (1 bis 7% As, 5 bis 15% Sb, z. T. mit weiteren Zusätzen) erschienen für die Verwendung als Lagermetall aussichtsreich (Metals Handbook [835b], v. SCHWARZ [1093]). Die Legierungen dienen ferner zur Herstellung von Hartschrot (S. 323). Siehe auch Akkumulatoren, S. 340.

6. Blei-Antimon-Kadmium

Das Zweistoffsystem Antimon-Kadmium wird durch die kongruent schmelzende Verbindung CdSb in zwei eutektische Systeme unterteilt. Von der Verbindung CdSb aus geht nach ABEL und ADLER [2] ein quasibinärer Schnitt zur Bleiecke des Dreistoffsystems (Abb. 123). Durch

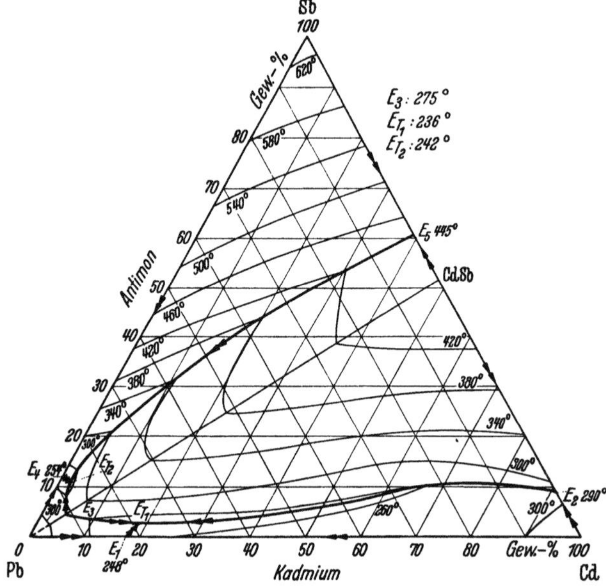

Abb. 123. Blei-Antimon-Kadmium, in Gewichtsprozent umgezeichnet

diesen Schnitt, der ein Eutektikum (E_3) Blei-CdSb bei 4,2% Cd, 4,5% Sb und 275 °C enthält, zerfällt das Dreistoffschaubild in zwei Teilsysteme, deren jedes ein ternäres Eutektikum besitzt. Das Eutektikum Blei-CdSb-Kadmium liegt bei 17,7% Cd, 2,6% Sb und 236 °C, das Eutektikum Blei-CdSb-Antimon bei 1,3% Cd, 11,3% Sb und 242 °C. Abb. 124 und 125 stellen zwei Legierungen aus dem kadmiumreichen Teilsystem dar. Die erste der beiden Legierungen enthält primäres CdSb, die zweite ist fast genau ternär eutektisch. Abb. 126 und 127 entstammen dem antimonreichen Teilsystem. Das primäre CdSb hat hier (Abb. 126) ein anderes Aussehen als das im vorigen Teilsystem (Abb. 124) aufgetretene. Die

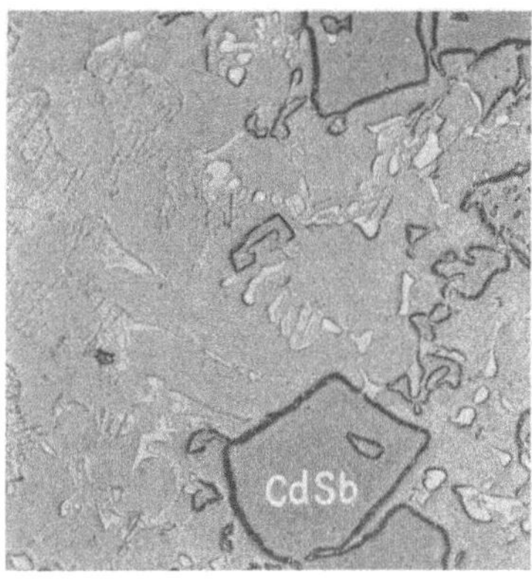

Abb. 124. 15% Cd, 5% Sb. Ungeätzt. Dunkelgrau: CdSb. Weiß: Kadmium. Hellgrau: Bleimischkristall. Primärkristalle CdSb, binäres (Blei + CdSb) und ternäres Eutektikum. 150:1

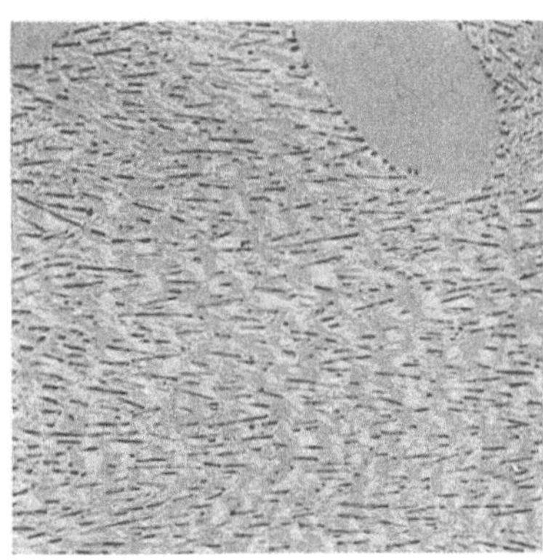

Abb. 125. 17,5% Cd, 2,6% Sb. Überwiegend ternäres Eutektikum von Blei (grau) mit CdSb („Nadeln") und Kadmium (weiß). 500:1

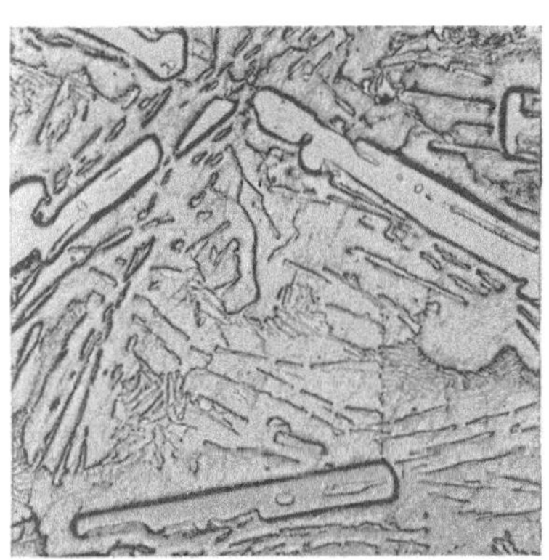

Abb. 126. 5% Cd, 10% Sb. Balkenförmige Primärkristalle von CdSb. Grundmasse vorwiegend ternäres Eutektikum Blei + Antimon + CdSb. 150:1

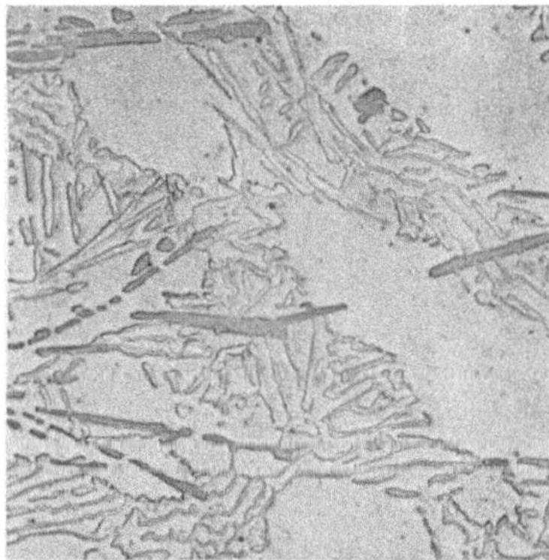

Abb. 127. 1,3% Cd, 11,3% Sb. Ternäres Eutektikum von Blei, Antimon (weiß) und CdSb (dunkelgrau). 500:1

Legierung der Abb. 127 ist nahezu ternär eutektisch. Alle Legierungen erstarrten im Tiegel an Luft.

Das Eutektikum auf dem quasibinären Schnitt wurde in einer Arbeit von GARRE und MÜLLER [357] etwas anders gefunden als oben angegeben, nämlich bei etwa 10% CdSb, d. h. 5% Cd, 5% Sb und 260 °C. Für die Löslichkeit von CdSb in Blei wurde eine Abnahme von 5,5% CdSb bei 260 °C auf etwa 0,4% bei Raumtemperatur angenommen. Legierungen

8*

mit mehr als 0,4% CdSb härteten aus, vor allem nach Abschrecken von 200 °C; dabei nahm wie üblich der elektrische Widerstand ab. Das Härtemaximum mit über 15 Brinelleinheiten lag bei der Zusammensetzung 2,5% CdSb, Rest Blei. Die Aushärtung dieser Legierung wurde durch Beimengungen von Zink und Zinn gehemmt. Von den Legierungen des quasibinären Schnittes wurden auch die Gewichtsverluste in Schwefelsäure bestimmt. WATERHOUSE [1244] stellte ebenfalls eine starke Aushärtung der Legierungen fest.

Die bleireichen Legierungen werden wegen ihrer höheren Härte und höheren Dauerschwingfestigkeit an Stelle von Weichblei für Wasserleitungsrohre und Kabelmäntel angewandt, z. B. in England die Legierung mit 0,5% Sb und 0,25% Cd (S. 398). Die Legierungen mit größeren Antimon- und Kadmiumgehalten und die mit weiteren Zusätzen von Zinn sich ergebenden Vierstofflegierungen wurden auf ihre Eignung als Lagerwerkstoff geprüft (ACKERMANN [4]). Siehe ferner S. 340.

7. Blei-Antimon-Kupfer

Eine sorgfältige Bestimmung des Dreistoffsystems wurde von SCHRADER [1082] mit Hilfe der mikroskopischen, thermischen und rönt-

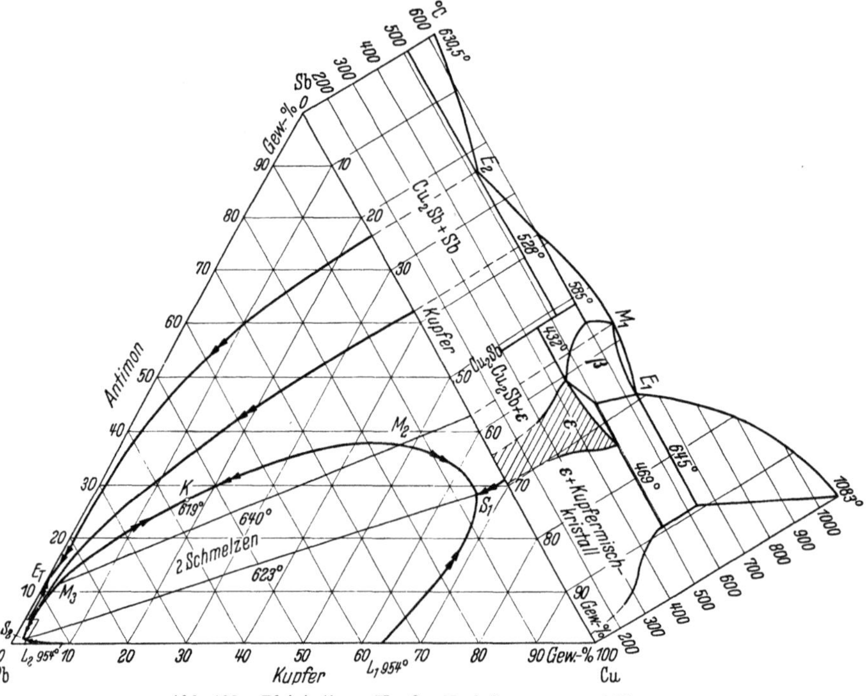

Abb. 128a. Blei-Antimon-Kupfer. Nach SCHRADER und HANEMANN

genographischen Analyse durchgeführt. Danach treten neben Antimon-
dem Blei- und dem Kupfermischkristall drei intermediäre Antimon-
Kupfer-Phasen als Primärkristalle auf (Abb. 128a, b). Die Kristallisa-

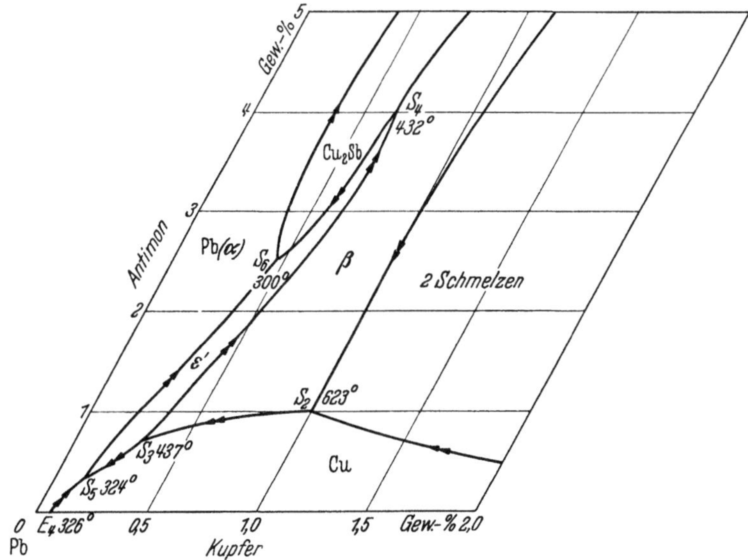

Abb. 128b. Blei-Antimon-Kupfer. Bleiecke nach SCHRADER und HANEMANN

tionsfläche für Cu₂Sb und β läuft bis nahe zur Bleiecke. Die Würfel und
Oktaeder von β, das nach Arbeiten des Verfassers eine Überstruktur des
kubisch raumzentrierten (A2-) Strukturtyps darstellt und als Hume-
Rothery-Phase aufgefaßt werden kann (HOFMANN [558]), zerfallen nicht
nur in den binären, sondern auch in den ternären Legierungen bei etwa
432 °C in ε und Cu₂Sb. ε hat die Struktur der hexagonal dichtesten Kugelpackung. Eine damit bis auf das Vorhandensein einer Überstruktur
identische Phase ε' [558] kristallisiert in einem schmalen Feld nahe der
Bleiecke in Form von Nadeln primär aus der Schmelze aus. Von den
Vierphasengleichgewichten sei vor allem das ternäre Eutektikum E_T von
Blei mit Antimon und Cu₂Sb bei 0,06% Cu, 12% Sb, Rest Blei und 248 °C
hervorgehoben. S_3 bis S_6 entsprechen peritektischen Vierphasenebenen,
S_2 einer monotektischen Vierphasenreaktion.

Die Mischungslücke erstreckt sich bis weit in das Kristallisationsfeld
von β. Die Grenzkurve der Mischungslücke läuft über ein Minimum bei
S_1—S_2 und ein Maximum bei M_2—M_3 zum kritischen Punkt K. Die Verlängerung der Konode M_3M_2 hat die Richtung des Sattels M_2M_1 der
Liquidusfläche.

In den Bereich des Dreistoffschaubildes fällt, wenn man von kleinen
Zusätzen von Arsen (bis 1,5%) und Nickel (bis 0,3%) absieht, das in

Deutschland genormte Lagerhartblei 12 mit 10,5 bis 13% Sb und 0,3 bis 1,5% Cu (S. 366). Es enthält lamellenförmige Primärkristalle („Nadeln") von Cu_2Sb in einer vorwiegend eutektischen Grundmasse. Kabelmäntel aus Blei mit 0,5 bis 1% Sb enthalten im allgemeinen einen Zu-

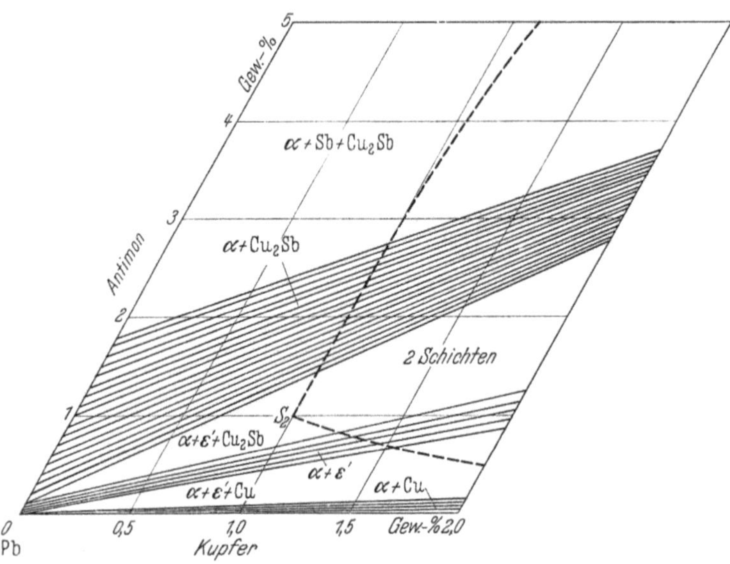

Abb. 129. Die Bleiecke des Dreistoffsystems Blei-Antimon-Kupfer bei 235°C. Gebiet des Bleimischkristalles und Zweiphasengebiet Blei + Antimon fallen in die linke Begrenzungsgerade. Nach Schrader und Hanemann

satz von einigen 0,01% Cu. Er dient nicht nur der Kornverfeinerung, sondern gleichzeitig der Herabsetzung des bei der Herstellung des Kabelmantels aufzuwendenden Preßdrucks. In Laboratoriumsversuchen fanden F. und W. Glander [387] an Legierungen mit 0,5 oder 1% Sb eine Erniedrigung des Preßdrucks um etwa 7% durch einen Zusatz von 0,06% Cu. Beim Arbeiten mit einer Betriebspresse wurde diese Feststellung bestätigt. Zur Erklärung der Erscheinung kann man nach dem Zustandsschaubild (Abb. 129) annehmen, daß das Kupfer in der Legierung als Cu_2Sb vorliegt. Bei Zusatz von 0,06% Cu verarmt daher der Blei-Antimon-Mischkristall an Antimon um etwa 0,1%. Die Einlagerungen von Cu_2Sb beeinflussen offenbar den Preßdruck viel weniger als das im Blei gelöste Antimon.

8. Blei-Antimon-Magnesium

Soweit die noch nicht vollständige Bearbeitung des Dreistoffsystems durch Abel [3] ergeben hat, treten in den Legierungen nur die Phasen der Randsysteme, Blei, Antimon, Magnesium, Mg_2Pb und Mg_3Sb_2 auf.

Der Schnitt Pb–Mg₃Sb₂ ist als quasibinär anzusehen, das Eutektikum Blei-Mg₃Sb₂ liegt bei 3,17% Mg, 10,6% Sb und 248°C. Das außer dem quasibinären Schnitt bearbeitete Teildreieck Pb–Sb–Mg₃Sb₂ enthält drei von den Randsystemen ausgehende, binär eutektische Rinnen und ein

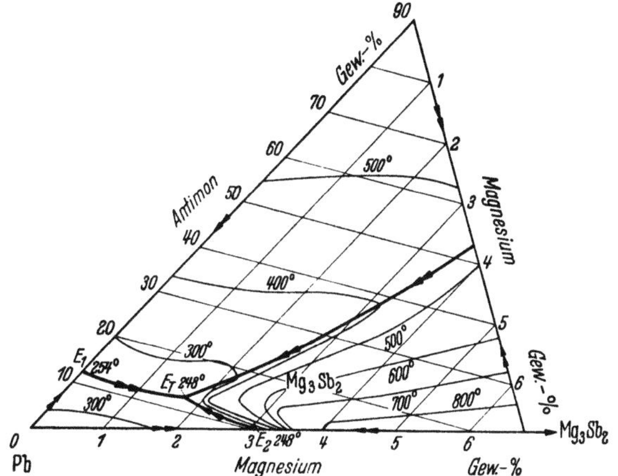

Abb. 130. Blei-Antimon-Mg₃Sb₂ [3]. Umzeichnung in Gewichtsprozent

ternäres Eutektikum E_T bei 2,7% Mg, 8,9% Sb und 248°C (Abb. 130). Löslichkeitsbestimmungen in der Bleiecke und Aushärtungsversuche wurden nicht durchgeführt. Sie sind vielleicht von Interesse, da in Legierungen zwischen dem Randsystem Blei-Antimon und dem Schnitt Pb–Mg₃Sb₂ als Ausscheidungen im festen Zustand nur Antimon und Mg₃Sb₂ auftreten können, nicht aber das leicht zersetzliche Mg₂Pb.

9. Blei-Antimon-Silber

Im Anschluß an eine Nachprüfung des Systems Blei-Antimon legte BLUMENTHAL [92] auch die Grundzüge des obigen Dreistoffsystems mit Hilfe der thermischen Analyse fest. Die untersuchten 50 Schmelzen lagen in Schnitten mit 0,4; 0,8; 2 und 3% Ag parallel der Blei-Antimon-Seite und in Schnitten mit 5 und 10% Sb parallel der Blei-Silber-Seite des Systems. Die Annahme, daß die von den drei binären Eutektiken ausgehenden Rinnen zu einem ternär eutektischen Punkt führen, wurde bestätigt. Das ternäre Eutektikum liegt nahe dem Eutektikum Blei-Antimon bei 11,4% Sb, 1,4% Ag, 87,2% Pb und 244,7 ± 0,5°C. Weiter führen die beiden von den Peritektiken des Randsystems Silber-Antimon ausgehenden Rinnen zu zwei peritektischen Vierphasenebenen. Sie entsprechen den Reaktionen Schmelze $T' + \varepsilon \leftrightarrows \varepsilon' + $ Pb und Schmelze $T + $ Ag $\leftrightarrows \varepsilon + $ Pb. Die Schmelze T' liegt bei 92,3% Pb, 6,0% Sb, 1,7% Ag und 272°C, T bei schätzungsweise 96,4% Pb, 1,5% Sb, 2,1% Ag und

297 °C. Abb. 131 enthält die mehr schematische Einteilung des Dreistoffsystems in Kristallisationsfelder, Abb. 132 die genauere Lage der Rinnen

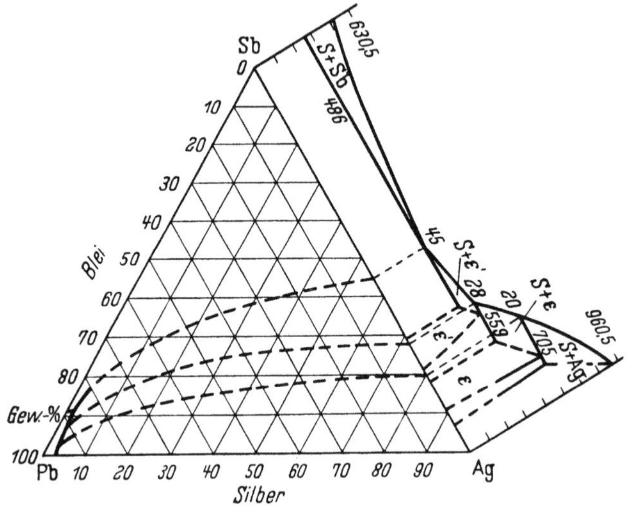

Abb. 131. Blei-Antimon-Silber. Nach BLUMENTHAL

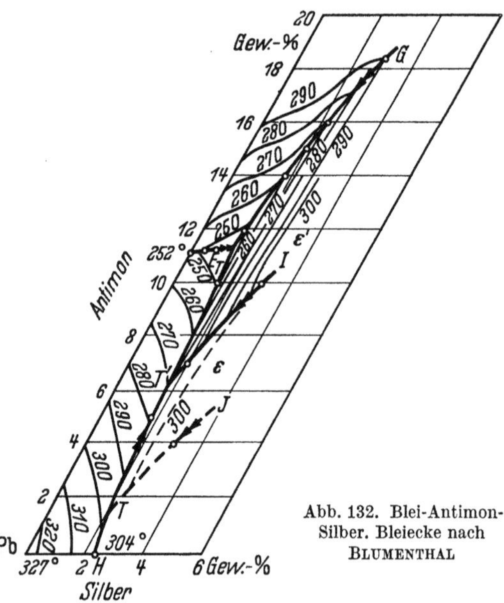

Abb. 132. Blei-Antimon-
Silber. Bleiecke nach
BLUMENTHAL

nahe der Bleiecke. Untersuchungen über die Wirkung
kleiner Silbergehalte auf die
Eigenschaften der Blei-Antimon-Legierungen in Ak-
kumulatoren sind in dem
betreffenden Abschnitt,
S. 340, erwähnt.

10. Blei-Antimon-Wismut

Da Wismut eine häufige
Beimengung in Blei ist, hat
das betrachtete Dreistoffsystem Bedeutung, auch
ohne daß die ternären Le-
gierungen eine besondere
Anwendung gefunden ha-
ben. Das Randsystem An-
timon-Wismut enthält eine
lückenlose Mischkristallreihe. In einer ersten Arbeit über das Dreistoffsystem (MORGEN, SWENSON, NIX und ROBERTS [869]) wurde eine binär
eutektische Rinne angegeben, die vom Randsystem Blei-Antimon
zum Randsystem Blei-Wismut verläuft. Nachdem in diesem System

eine weitere, inkongruent schmelzende Kristallart (β) gefunden worden war, wurde das Dreistoffsystem durch v. HOFE [*548*] nochmals thermoanalytisch und röntgenographisch untersucht. Nach dem in

Abb. 133 dargestellten Ergebnis mündet die vom Randsystem Blei-Wismut ausgehende peritektische Rinne beim Punkt S in die oben erwähnte eutektische Rinne ein. Dadurch ergibt sich eine peritektische Vierphasenebene, der die Reaktion: Schmelze S + Bleimisch-kristall $\leftrightharpoons$ β + Mischkristall Bi–Sb bei 173,4 °C entspricht.

MORGEN und Mitarbeiter [*869*] machen auf Grund von elektrischen Widerstandsmessungen und Aus-härtungsversuchen auch einige An-gaben über den Bereich der festen Lösung in der Bleiecke. Danach

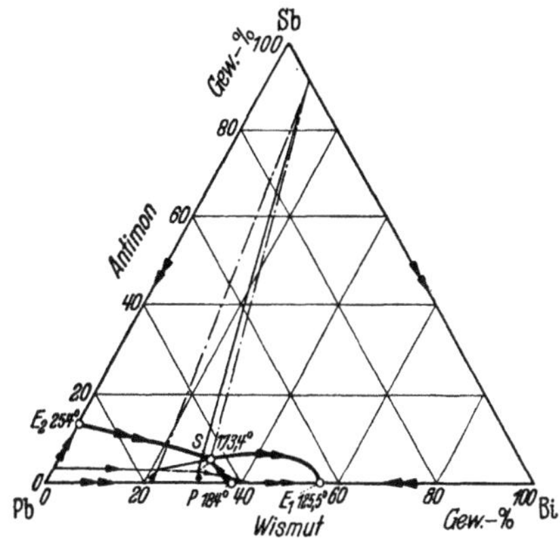

Abb. 133. Blei-Antimon-Wismut. Nach VON HOFE und HANEMANN

verändert 1% Bi kaum die Löslichkeit von Antimon in Blei und die Aushärtung der Legierungen. Dagegen setzen größere Wismutgehalte die Aushärtbarkeit herab, da sie die Schmelzpunkte der Legierungen und die Löslichkeit von Antimon in festem Blei erniedrigen.

11. Blei-Antimon-Zink

Das ternäre Diagramm ist in großen Zügen von TAMMANN und DAHL [*1165*] durch thermische Analysen und Gefügeuntersuchungen fest-gelegt worden (Abb. 134). Die Ausdehnung der Mischungslücke wurde einer Arbeit von WRIGHT [*1289*] entnommen, die die Begrenzungskurve bei 650 °C enthält. Dem Randsystem Antimon-Zink wurden nur zwei intermediäre Phasen, Sb_2Zn_3 und $SbZn$, an Stelle der nun bekannten drei zugeschrieben. Während Sb_2Zn_3 ein Schmelzpunktsmaximum besitzt, bilden sich Sb_3Zn_4 und $SbZn$ peritektisch. Die beiden anderen Rand-systeme enthalten je ein Eutektikum, das Randsystem Blei-Zink außer-dem ein Monotektikum. Die Bildung von $SbZn$ in den binären und ter-nären Legierungen setzt erst nach beträchtlicher Unterkühlung unter plötzlicher Wärmeentwicklung ein, weshalb es nicht möglich war, die vom Randsystem Sb–Zn ausgehende peritektische Rinne, Schmelze + $Sb_3Zn_4 \leftrightharpoons SbZn$, in das Innere hinein zu verfolgen. Auch der Verlauf der weiteren, vom System Antimon-Zink ausgehenden peritektischen Rinne wurde nicht bestimmt. Der Schnitt Blei-Sb_2Zn_3 wurde quasibinär ge-funden; er enthält ein Eutektikum E_5 von Blei mit Sb_2Zn_3 bei 98% Pb,

2% Sb$_2$Zn$_3$ und 312 °C. Der quasibinäre Schnitt teilt das Dreistoffsystem in zwei Teilsysteme. Das Teilsystem Blei-Antimon-Sb$_2$Zn$_3$ enthält ein ternäres Eutektikum E_{T1} von Blei, Antimon und SbZn. Der größte Teil des zweiten Teilsystems wird von der Mischungslücke ausgefüllt.

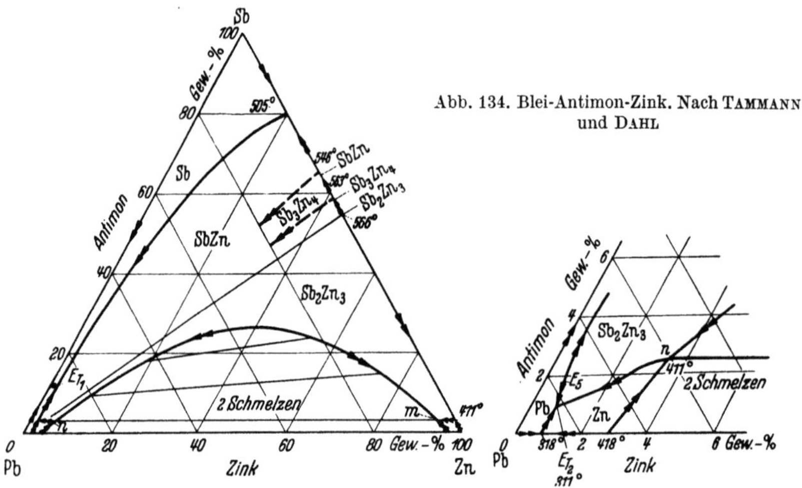

Abb. 134. Blei-Antimon-Zink. Nach Tammann und Dahl

Die Grenzkurve der Mischungslücke gegen die Liquidusfläche trifft die von der Zinkseite des Randsystems Antimon-Zink ausgehende eutektische Rinne im Punkt m bei einer Temperatur von 411 °C, die praktisch mit der des binären Eutektikums Zn–Sb$_2$Zn$_3$ zusammenfällt. Ein zweiter, der gleichen Temperatur zugehöriger nonvarianter Punkt n liegt nahe der Bleiecke. Der Vierphasenebene mit den Ecken n, Zink, Sb$_2$Zn$_3$ entspricht die Reaktion Schmelze $m \leftrightharpoons$ Schmelze n + Zink + Sb$_2$Zn$_3$. Von n verläuft eine eutektische Rinne in Richtung zur Bleiecke. Sie vereinigt sich mit den vom Randsystem Blei-Zink und vom quasibinären Schnitt ausgehenden eutektischen Rinnen zu einem ternären Eutektikum E_{T2}, das praktisch mit dem quasibinären Eutektikum E_5 zusammenfällt. Das angegebene Dreistoffsystem bedarf einer Überarbeitung, da die Nichtberücksichtigung der Kristallart Sb$_3$Zn$_4$ und der Umwandlungen der Antimon-Zink-Phasen im festen Zustand sich unter Umständen bis zur Bleiecke hin auswirkt.

In einer größeren Studie, die die Entwicklung von Lagermetallen auf Bleibasis zum Gegenstand hatte, untersuchte Zunker [1308] auch die technologischen Eigenschaften der Blei-Antimon-Zink-Legierungen. Er konnte zwar bei hohen Antimongehalten, zum Teil von über 30%, und Bleigehalten um 50% herum Brinellhärtewerte von über 30 kg/mm² erreichen, doch waren die Legierungen sehr spröde und ihre Druckfestigkeiten mit etwa 12 kg/mm² für die Verwendung als Lagermetall zu gering.

Auch ein teilweiser Ersatz des Zinkanteils durch Eisen brachte keine entscheidende Verbesserung.

12. Blei-Antimon-Zinn

a) Aufbau der Legierungen. Das Dreistoffsystem ist die Grundlage einer Reihe von technisch wichtigen Legierungen des Bleies, besonders der Schriftmetalle (S. 342) und der Lagerweißmetalle (S. 365). Auch die Weichlote gehören hierher, da sie neben Blei und Zinn als Hauptbestandteile immer einen gewissen Gehalt an Antimon aufweisen (S. 448). Legierungen mit kleinerer Konzentration von Zinn und Antimon haben als Kabelmantelwerkstoffe Bedeutung (S. 398).

Das von LOEBE [756] aufgestellte Zustandsschaubild trifft in der Aufteilung der Primärkristallisationsfelder in rohen Zügen auch heute noch zu, dagegen nicht in seiner Auffassung der Drei- und Vierphasengleichgewichte in der Nähe der Bleiecke. Das zur Zeit als gültig angesehene Dreistoffsystem geht auf eine Untersuchung von IWASÉ und AOKI

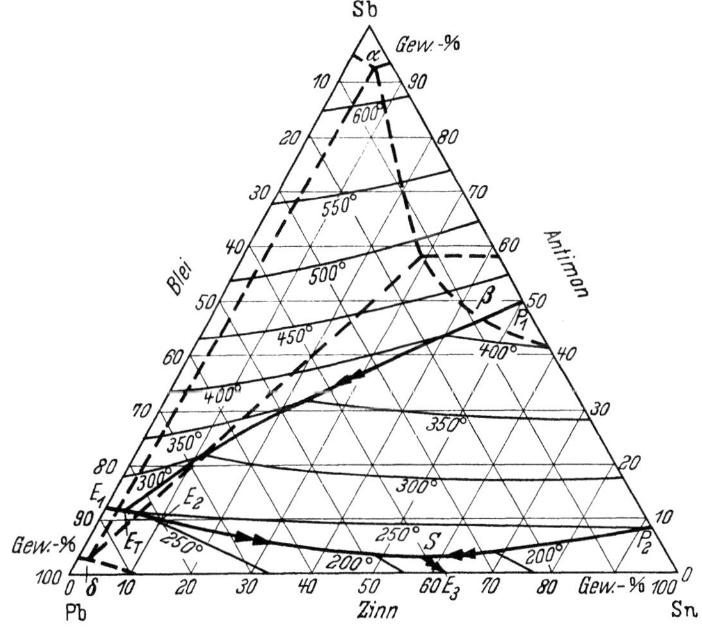

Abb. 135. Blei-Antimon-Zinn. Nach WEAVER und IWASÉ und AOKI

[608] und eine spätere Nachprüfung durch WEAVER [1246] zurück. Da keine ternäre Verbindung auftritt, enthält das Schaubild nur die Kristallisationsfelder der Phasen der Randsysteme, d. h. von Blei, Antimon, Zinn bzw. von ihren festen Lösungen ineinander; dazu kommen die beiden Phasen β und β' des Antimon-Zinn-Systems. Da β und β' ungefähr der

Formel SbSn mit einem Antimon- bzw. Zinn-Überschuß entsprechen und vermutlich einen sehr ähnlichen Kristallaufbau besitzen, kann man sie in erster Näherung als eine einzige Phase auffassen. Nach Abb. 135 wird die Liquidusfläche des Schaubildes von einer eutektischen Rinne

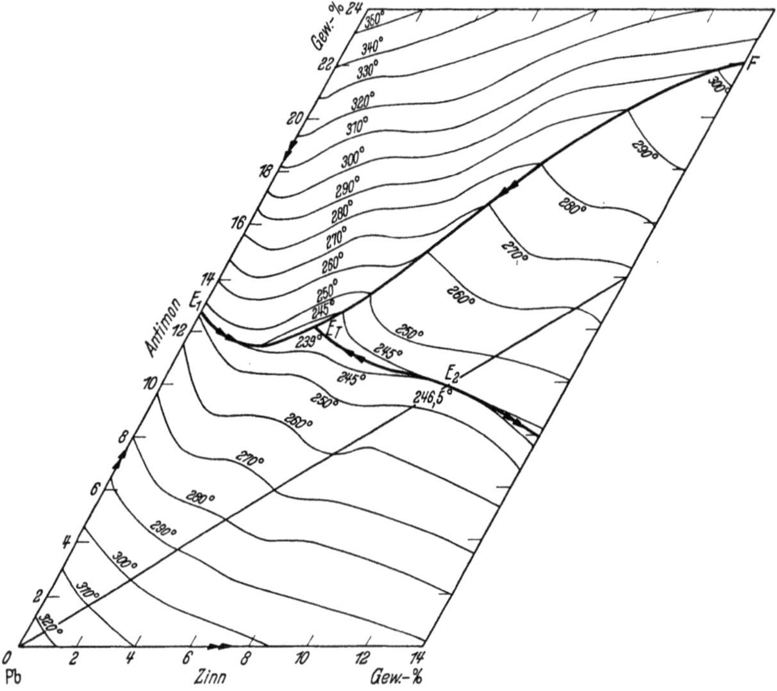

Abb. 136. Blei-Antimon-Zinn. Bleiecke nach WEAVER

durchzogen, die vom Punkt E_1 des Randsystems Blei-Antimon zum Blei-Zinn-Eutektikum E_3 verläuft.

Auf die Bedeutung der einzelnen Abschnitte dieser Rinne wird noch einzugehen sein. Eine peritektische Rinne entsprechend dem Gleichgewicht Schmelze $+ \beta \leftrightarrows \gamma$ geht vom Punkt P_2 des Systems Antimon-Zinn aus und trifft die erwähnte eutektische Rinne im Punkt S bei 57,5% Sn, 2,5% Sb, 40% Pb und 189 °C. S ist Eckpunkt einer peritektischen Vierphasenebene mit der Umsetzung Schmelze $S + \beta \leftrightarrows \gamma$ (Zinn) $+ \delta$. Die Rinne $P_1{-}E_T$ stellt nach Abb. 135 in der Hauptsache die Reaktion Schmelze $+ \alpha = \beta$ dar, nimmt aber in der Nähe von E_T eutektischen Charakter an, entsprechend der Umsetzung Schmelze $\leftrightarrows \alpha + \beta$, wie man an der Richtungsänderung der Tangente erkennt. Die Bleiecke wird durch eine in Abb. 136 als Gerade gezeichnete kammartige Erhöhung der Liquidusfläche in zwei Teilsysteme zerlegt, die Rinne $E_T E_2$ steigt bis E_2

und fällt dann bis zu den Punkten S bzw. E_3 (vgl. Abb. 135) stetig ab. E_2 mit der Zusammensetzung 10% Sb, 10% Sn und der Temperatur von 246,5 °C bedeutet ein quasibinäres Eutektikum von Blei mit SbSn. Das von IwasÉ und Aoki [608] gefundene ternäre Eutektikum E_T von Blei mit Antimon und β liegt bei der Zusammensetzung 11,5% Sb und 3,5% Sn und der Temperatur 240 °C. Abb. 135 enthält neben den Liquidusflächen einen Horizontalschnitt durch die eutektische Vierphasenebene und die anschließenden Phasenfelder. Der Raum der festen Lösung in der Bleiecke nach Abb. 137 wurde auf Grund von Widerstandsmessungen entworfen.

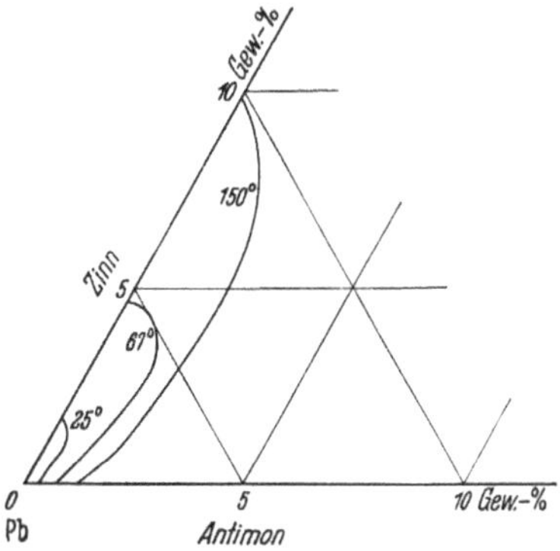

Zur Erläuterung des Dreistoffsystems wurden einige Legierungen in eine 180 °C warme Kokille vergossen und metallographisch untersucht. Zum Ätzen der Schliffe diente die auf S. 26 angegebene Ammonpersulfat-Weinsäure-Lösung. Falls der Schliff bei der Ätzung anläuft, kann die dünne Schicht von Bleisulfat durch kurzes Eintauchen in ammoniakalische Weinsäurelösung entfernt werden. Die Ätzung gestattet die Unterscheidung von Antimon und SbSn. Sind die beiden Gefügebestandteile grob ausgebildet, bleibt Antimon bei der Ätzung weiß, SbSn wird gelblich und zeigt u. U. Ätzgrübchen. Bei feineutektischer Ausbildung bekommen die Lamellen von SbSn durch das Ätzen einen stark ausgeprägten dunklen Rand, die Lamellen von Antimon bleiben unverändert. Auch ohne Ätzung ist SbSn manchmal an dem leicht grauen Ton von dem rein weißen Antimon zu unterscheiden. Eine Bestimmung der Phasen ist auch im polarisierten Licht möglich. SbSn ist pseudokubisch und zeigt zwischen gekreuzten Nicols einen viel schwächeren Umschlag als das eine Art von Schichtengitter bildende Antimon.

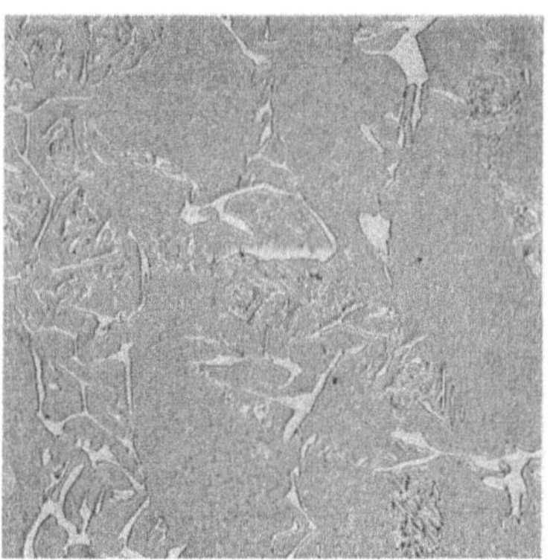

Abb. 137. Löslichkeit von Antimon und Zinn in festem Blei. Nach Morgen und Mitarbeiter [869]. Von einer Verbesserung der Zeichnung entsprechend der Lehre von den Dreistoffsystemen wurde abgesehen

Abb. 138. 8% Sb, 2% Sn. Grundmasse: Bleimischkristall. Weiß: Antimon. Feine dunkle Lamellen: SbSn. Binäres Eutektikum von Blei mit Antimon grob, ternäres Eutektikum sehr fein ausgebildet. 500:1

Abb. 138 stellt eine Legierung aus dem Primärausscheidungsfeld von Blei dar. Die Aufeinanderfolge von primärer, binär und ternär eutektischer Kristallisation ist sehr klar zu erkennen. Die rein ternär eutektische Legierung wird in Abb. 139 gezeigt. Die Abbildung 140 entspricht einer

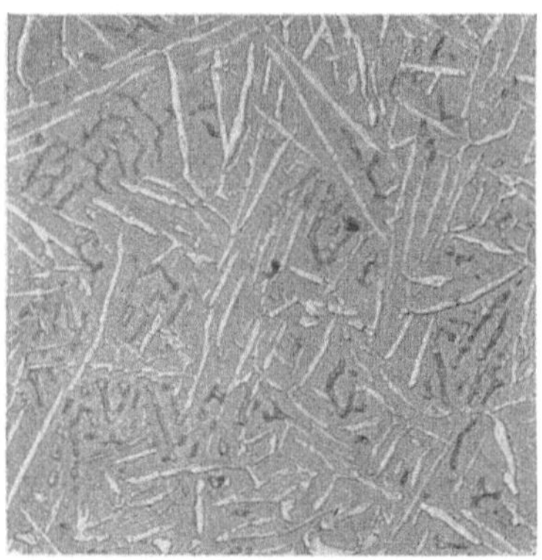

Abb. 139. 12% Sb, 4% Sn. Ternäres Eutektikum Blei-Antimon (helle Lamellen) — SbSn (dunkle Lamellen). 500:1

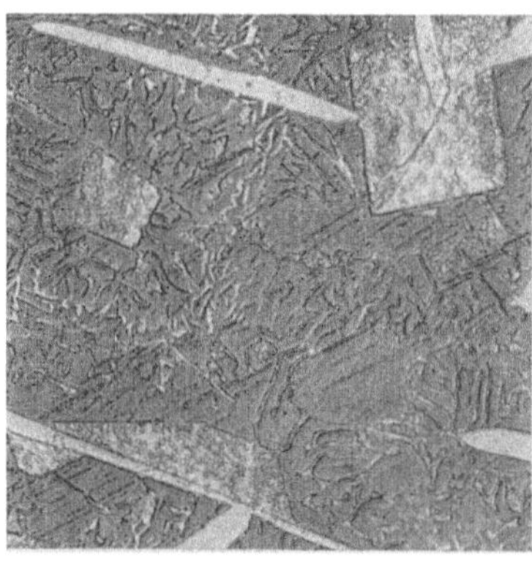

Abb. 140. 28,5% Sb, 8,8% Sn. Weiß: Antimon. Grau mit Ätzgruben: SbSn. Grundmasse: ternäres Eutektikum. 500:1

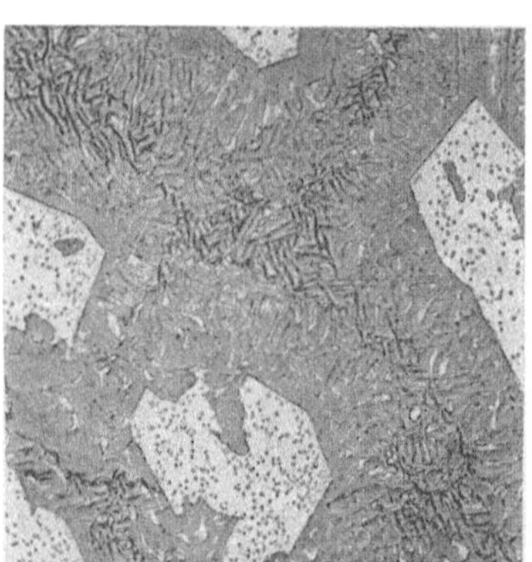

Abb. 141. 20% Sb, 9,5% Sn. Große Primärkristalle von SbSn. Grundmasse: ternäres Eutektikum, als Netz von Blei + SbSn um Gebiete von Blei + Antimon ausgebildet. 500:1

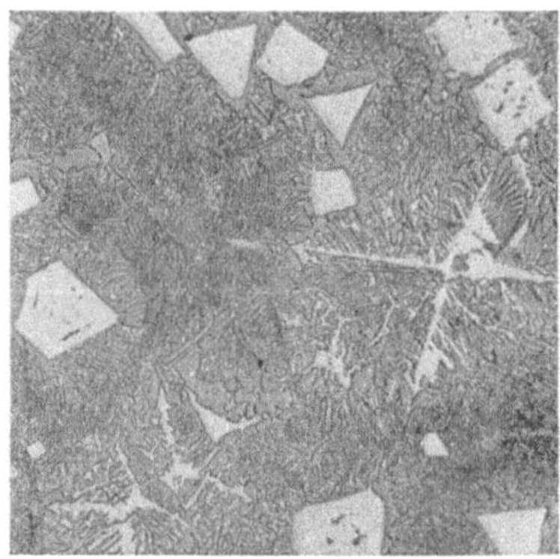

Abb. 142. 12% Sb, 12% Sn. Primärkristalle SbSn, zum Teil in Skelettform. Grundmasse: quasibinäres Eutektikum Blei-SbSn. 150:1

Legierung mit primärem Antimon. SbSn des binären Eutektikums Antimon-SbSn ist in größerer Menge vorhanden. Legierungen mit primärem SbSn, dessen Würfelform kennzeichnend ist, sind in Abb. 141 und 142 wiedergegeben. Die Grundmasse ist im ersten Fall ternäres Eutektikum, im zweiten das quasibinäre Eutektikum Blei-SbSn.

LÖHBERG und SCHULZ [758] beobachteten beim Studium von Schriftmetallen einen überraschenden Einfluß von Schwefelgehalten auf die

Kristalltracht des primär kristallisierenden Antimons — unabhängig von seinem Zinngehalt. Bei Schwefelgehalten der Legierungen von mehr als 0,05% tritt Antimon stets in pseudokubischen Kristallen auf. Außerdem bemerkt man eine Verfeinerung des Gefüges. In schwefelfreien Legierungen sind die Antimonkristalle gröber ausgebildet. Ihre Kristalltracht hängt vom Zinngehalt ab. Zinnfreies Antimon erstarrt dendritisch nach dem Rhomboeder, zinnhaltiges Antimon in Plattenform nach der Basisfläche des hexagonal aufgefaßten Kristalls. Die starke Wirkung des Schwefels und ähnlich die von Selen und Tellur wird auf eine Keimwirkung von PbS, PbSe bzw. PbTe zurückgeführt, die alle im $B1$-Typ des Steinsalzgitters kristallisieren.

b) Härte und Festigkeit. Die mechanischen Eigenschaften der Dreistofflegierungen, namentlich soweit sie für die Verwendung als Lagermetalle wichtig sind, wurden in einer grundlegenden Arbeit von HEYN und BAUER [520] untersucht, die auch heute noch Beachtung verdient.

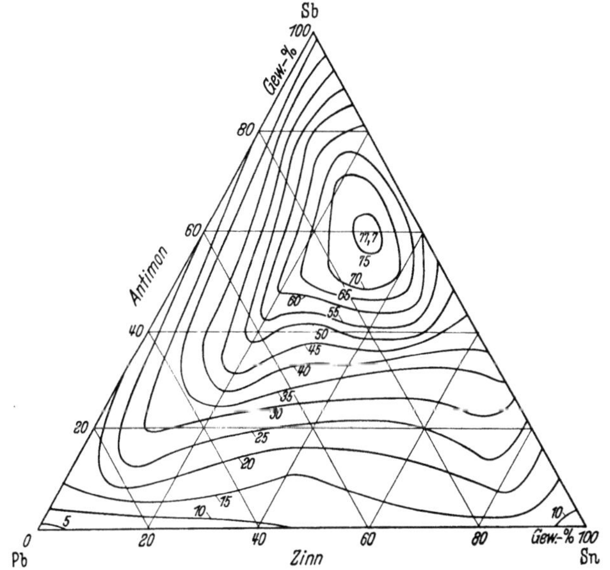

Abb. 143. Härte (,,P 0,05") der Blei-Antimon-Zinn-Legierungen. Nach HEYN und BAUER

Die Härte der Legierungen wurde an Proben bestimmt, die in eine wassergekühlte Kokille vergossen waren.

In Abb. 143 ist als Härtewert die Last in Kilogramm eingezeichnet, die zur Erzeugung einer Eindrucktiefe von 0,05 mm erforderlich ist. Da dieser Wert nicht mit der Brinellhärte identisch ist, kann das Schaubild nur zu Vergleichszwecken dienen. Abb. 144 enthält nach der Arbeit von WEAVER [1246] die Brinellhärten für die Bleiecke des Zustandsschaubildes. Bemerkenswert ist hier das Maximum der Härte in der Nähe des quasibinären Eutektikums E_2 (Abb. 136). Da Legierungen mit primärem Antimon bzw. primärem SbSn als Lager- und als Letternmetall von Bedeutung sind, ist es von Interesse, welcher der beiden Gefügebestandteile

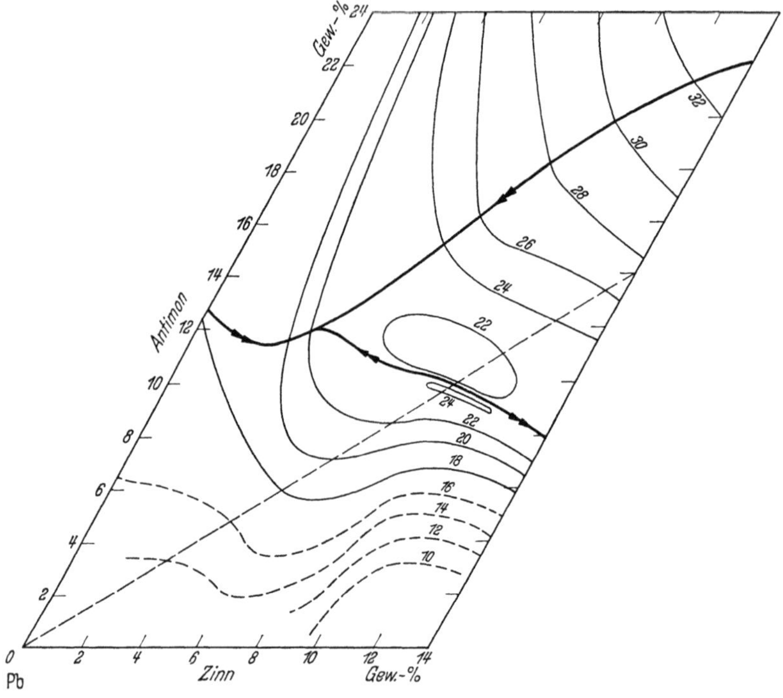

Abb. 144. Brinellhärte in der Bleiecke des Dreistoffsystems Blei-Antimon-Zinn. Nach WEAVER

härter ist. Eine Bestimmung der Ritzhärte lieferte für Antimon den Wert 200, für SbSn 280 kg/mm². Genauer ist die Messung der Mikrohärte, die nur unbedeutende Unterschiede zwischen beiden Kristallarten ergab (Abb. 321).

Die Änderung der Härte der Legierungen unter dem Einfluß höherer Temperaturen ergibt sich durch einen Vergleich der Abb. 143 mit 145. Die Wärmebehandlung der Proben der Abb. 145 bestand in 24maligem, langsamem Erhitzen auf 150 °C, 2- bis 6stündigem Halten bei dieser Temperatur und folgender langsamer Abkühlung. Die bleireichen Legierungen, abgesehen von einem schmalen Streifen nahe dem Randsystem Pb–Sn, wurden durch diese Wärmebehandlung weicher. Man kann dies auf die Bildung von Ausscheidungen aus den Mischkristallen und Körnigwerden der Eutektika durch Einformung zurückführen.

Die Zugfestigkeit der bleireichen Legierungen und ihre etwaige Änderung durch Aushärtung wurde von MORGEN und Mitarbeitern [869] studiert. Eine Legierungsreihe mit 0,5% Sb und Zinngehalten von 0,5 bis 14,7% zeigte nach Abschrecken von 150 °C keine Aushärtung. Legierungen mit höheren Zinngehalten erweichten sogar. Eine zweite Legierungsreihe mit 0,5% Sn und Antimongehalten bis 2,5% erfuhr Aushär-

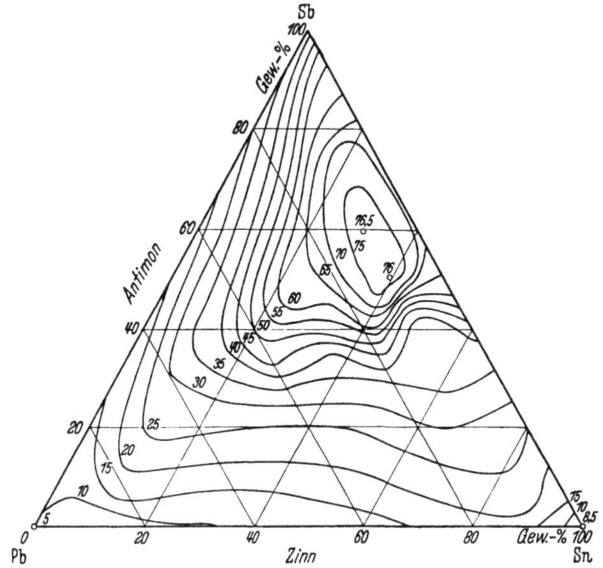

Abb. 145. Härte („P 0,05") der Blei-Antimon-Zinn-Legierungen nach Anlassen auf 150 °C. Nach Heyn und Bauer

tung. Der Betrag der Aushärtung soll geringer sein als bei den zinnfreien Legierungen. Das Ergebnis ist aber nicht überzeugend, da die Abschrecktemperatur nur 207 °C betrug. In einer weiteren Versuchsreihe an einer Legierung mit 3% Sb und 3% Sn wurde nämlich die Wirkung der Abschrecktemperatur auf die Aushärtung untersucht. Danach ist erst von Abschrecktemperaturen über 200 °C an mit einer merklichen Aushärtung zu rechnen. Nach Pelzel (s. S. 42) sollen Zinngehalte die Aushärtung von Blei-Antimon-Legierungen verstärken. So stieg die Zugfestigkeit einer Legierung mit 1% Sb nach dem Homogenisieren bei 220 °C und folgendem Abschrecken innerhalb von 26 Tagen von 2,4 kg/mm² auf den Wert von 4,4 kg/mm². Die entsprechenden Werte einer Legierung mit 1% Sb und 1% Sn waren 2,5 und 6,6 kg/mm².

c) Druck- und Stauchversuche [*520*]. Die Probezylinder mit dem Durchmesser 2 cm und der Höhe 1,77 cm wurden in Stufen von je 80 kg/cm² 30 sek lang belastet. Nach jeder Belastung wurde entlastet und die Dickenabnahme gemessen. Der Eintritt von Rissen und die Bruchbildung wurden als Maß für die Druckfestigkeit der Legierungen (Körber [*690*]) aufgezeichnet. Die Darstellung in Abb. 146 entspricht

drei Schnitten parallel dem Randsystem Pb-Sn. Die Proben des Randsystems zeigten auch nach 50%iger Höhenverminderung keine Rißbildung, so daß der Versuch abgebrochen wurde.

Die prozentuale Höhenverminderung der Proben bis zum Beginn der
Rißbildung ist ein Maß für die Verformbarkeit der Legierungen. Sie ist
in Abb. 147 der Härte gegenübergestellt. Es zeigt sich im großen und ganzen Gegenläufigkeit beider Werte, wobei aber Überschneidungen der Kurven auftreten.

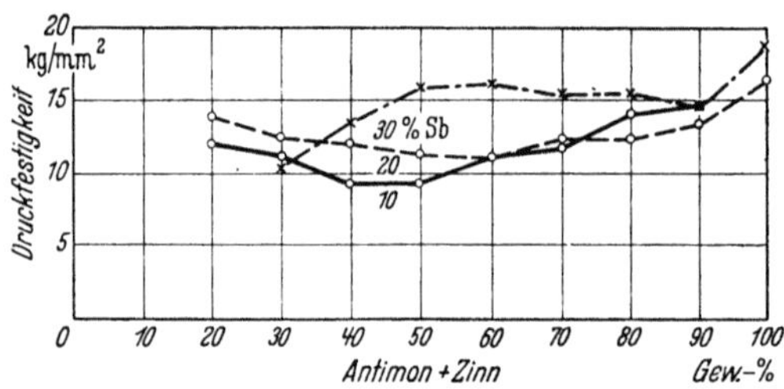

Abb. 146. Blei-Antimon-Zinn. Druckfestigkeit = Spannung
bis zum Beginn der Rißbildung. Nach HEYN und BAUER

Aus den Druckversu-
chen wurden auch die
Formänderungsarbeit
und die Druckspannung
ermittelt, die einer bestimmten Höhenverminderung (2%) entsprechen.
Da der Verlauf dieser Kurvenzüge mit dem der Kurven der Härte große
Ähnlichkeit besitzt, wird von einer Wiedergabe abgesehen.

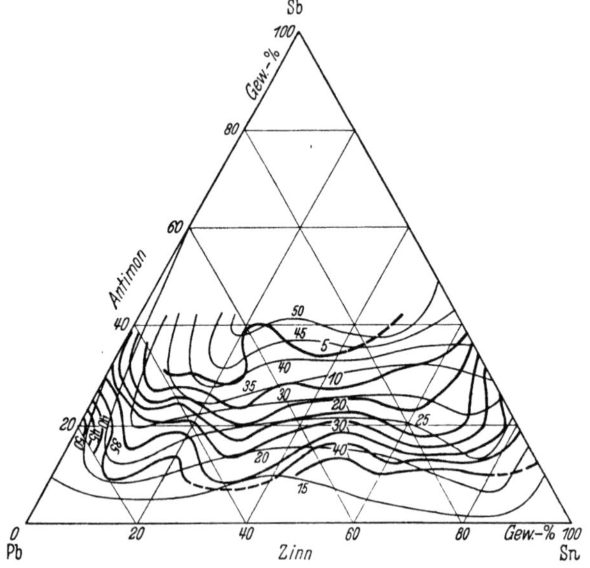

Abb. 147. Blei-Antimon-Zinn. Dünne Kurven: Härte („P 0,05"). Kräftige Kurven: prozentuale
Höhenverminderung bis zum Bruch im Druckversuch. Nach HEYN und BAUER

Für die Schlagstauchversuche bei den Temperaturen − 20, 20, 93 °C
wurde die gleiche Probenform verwendet. Die spezifische Schlagarbeit
je Schlag betrug 37,4 cm kg/cm³. Die Dickenabnahme nach den einzelnen

Schlägen wurde gemessen und der Eintritt der Riß- und Bruchbildung vermerkt. Die spezifische Schlagarbeit bei Beginn der Rißbildung ist in Abb. 148 zusammen mit der Härte eingetragen. Die Darstellung zeigt

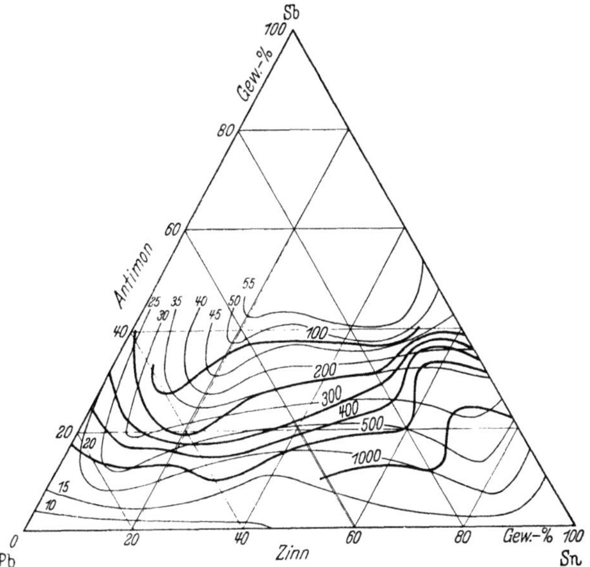

Abb. 148. Blei-Antimon-Zinn. Dünne Kurven: Härte („P 0,05"). Kräftige Kurven: spezifische Schlagarbeit bei Beginn der Rißbildung in cmkg/cm³. Nach HEYN und BAUER

stellenweise starke Überschneidungen beider Arten von Kurven. Es lassen sich daher Legierungen auswählen, die bei geringster Sprödigkeit eine gewünschte Härte besitzen. Die zinnreichen Legierungen sind in dieser Beziehung besonders günstig.

13. Blei-Arsen-Eisen, Blei-Arsen-Kupfer, Blei-Arsen-Nickel

Bei der Verhüttung sulfidischer Blei- oder Kupferbleierze mit Beimengungen anderer Metalle tritt häufig außer den drei üblichen Schichten Schlacke (Oxyd), Stein (Sulfid) und Werkblei die Speise als vierte Phase auf. Sie liegt zwischen Stein und Werkblei und enthält die Arsenide und Antimonide von Eisen, Nickel und Kobalt mit erheblichen Mengen an Kupfer, Eisen und Blei. KLEINHEISTERKAMP [670] stellte Betrachtungen über grundlegende Gleichgewichte bei der Bildung metallurgischer Speisen an. Bei den zugrunde gelegten Schaubildern handelt es sich nur um rohe Angaben der Ausdehnung der Mischungslücken. Das Dreistoffsystem Blei-Arsen-Eisen entstammt der Dissertation von BUMM [143] (Abb. 149). Er untersuchte die Möglichkeit, Eisen mit Hilfe kleiner Zusätze von Arsen und Antimon in Bleilagermetalle einzulegieren. Die Aus-

9*

dehnung der Mischungslücke wurde aus diesem Grunde nur im Bereich nicht zu hoher Schmelztemperaturen bestimmt.

An der Mischungslücke des Dreistoffschaubildes Blei-Arsen-Kupfer (Abb. 150) ist bemerkenswert, daß sie sich, wenn man vom Randsystem

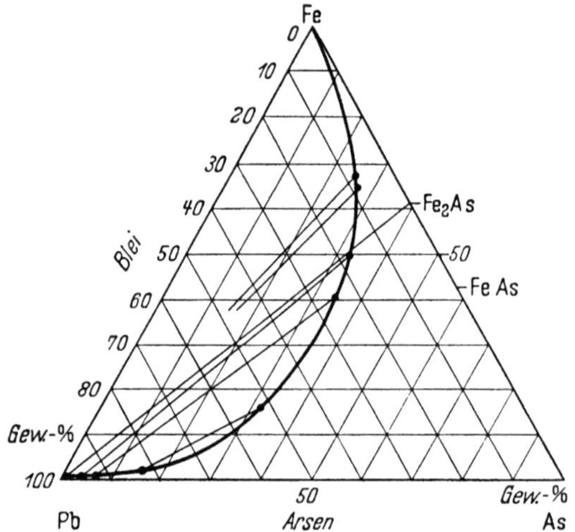

Abb. 149. Blei-Arsen-Eisen. Nach BUMM

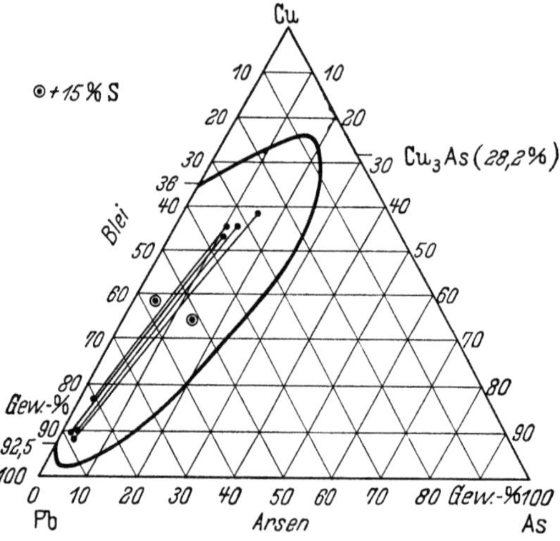

Abb. 150. Blei-Arsen-Kupfer. Nach KLEINHEISTERKAMP

Blei-Kupfer ausgeht, durch Zusatz von Arsen zunächst erweitert und erst bei hohen Arsengehalten schließt. Die Löslichkeit des Bleies für Kupfer geht bereits bei einigen 0,1% As von 7,3 auf etwa 2,5% zurück.

Einen grundsätzlich ähnlichen Verlauf hat die Mischungslücke im Dreistoffschaubild Blei-Arsen-Nickel (Abb. 151). Die Bestimmungen von

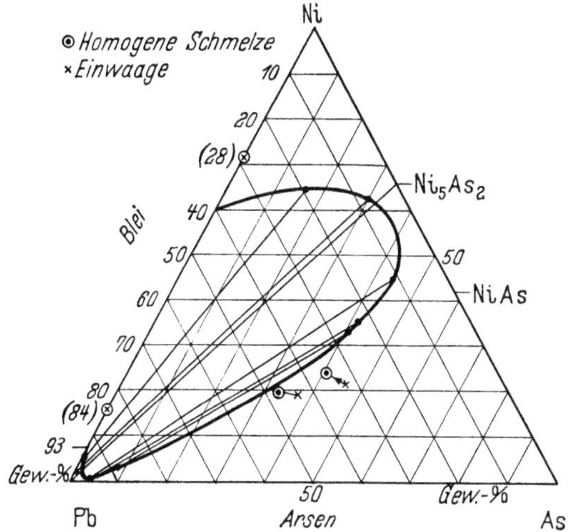

Abb. 151. Blei-Arsen-Nickel. Nach KLEINHEISTERKAMP

PORTEVIN [*972*] und KLEINHEISTERKAMP lieferten übereinstimmende Ergebnisse. Das Blei löst bei einem Gehalt von 3,3% As nur 0,6% Ni.

14. Blei-Barium-Kalzium

Das ternäre Zustandsschaubild ist nicht näher untersucht worden, doch können einige Anhaltspunkte aus einer Arbeit über das Frary- oder Ulcometall — das sind im wesentlichen Legierungen von Blei mit Barium (bis 2%) und Kalzium (bis 1%) — gewonnen werden (COWAN, SIMPKINS und HIERS [*221*]). Während das Erstarrungsintervall einer binären Legierung mit 1,2% Ba zwischen 317 und 291 °C, einer solchen mit 0,8% Ca zwischen 440 und 327 °C gefunden wurde, lag es für eine ternäre Legierung mit dem gleichen Barium- und Kalziumgehalt zwischen 446 und 284 °C, wobei offenbar ein weiterer Knickpunkt in der Abkühlungskurve bei 316 °C auftrat. Die Erniedrigung der Temperatur des Erstarrungsendes gegenüber den binären Legierungen läßt ein ternäres Eutektikum vermuten. Weitere Angaben fehlen, da offenbar nur wenige Zusammensetzungen der Legierungen untersucht wurden. Gewisse Beobachtungen führten zur Annahme, daß im Frarymetall bis 0,4% Ba und 0,2% Ca im Blei in feste Lösung gehen. Die Löslichkeit sinkt, wie in den beiden binären Systemen, mit abnehmender Temperatur, was aus der in Tab. 13 ersichtlichen Aushärtbarkeit der Legierungen hervorgeht.

Die Aushärtung der Legierungen wurde durch eine Wärmebehandlung (offenbar Homogenisierung) gesteigert. Dies war vor allem bei verpreßten Legierungen der Fall. Offenbar war hier eine Entmischung der festen Lösung beim Verpressen und anschließenden Abkühlen eingetreten. Die Aushärtung von Legierungen mit geringeren Gehalten an

Tabelle 13. *Aushärtung der Blei-Barium-Kalzium-Legierungen*

Gew.-% Ba	Gew.-% Ca	Brinellhärte HB (1,20/5 − 120) nach		
		1 Tag	7 Tagen	4 Wochen
2,00	0,77	25,7	29,2	31,5
1,20	0,77	17,6	26,1	28,4
0,40	0,77	13,8	21,8	24,5
1,00	0,50	18,7	22,2	23,5

Barium und Kalzium dürfte noch stärker ausgeprägt sein, doch wurden derartige Legierungen in der betrachteten Arbeit nicht geprüft. Die Legierungen konnten trotz ihres hohen Bariumgehalts gut umgeschmolzen werden, was auf gewisse Beimengungen (Al?) zurückgeführt wurde. Frarymetall besaß in den USA ein größeres Anwendungsgebiet, z. B. für Lager von Straßenbahnwagen, befriedigte aber nicht vollständig, da es wohl zu spröde war; es wurde dort durch andere Legierungen verdrängt (GRANT [413]). Mögliche Verwendung im Strahlenschutz bei [504a].

15. Blei-Indium-Zinn

Das System wurde kürzlich von CAMPBELL und Mitarbeitern [171] thermoanalytisch untersucht. Von den Randsystemen enthalten Blei-Zinn und Indium-Zinn je ein Eutektikum. Sorgfältige Temperaturmessungen ergaben, daß im Dreistoffsystem kein ternäres Eutektikum vorliegt. Vielmehr verläuft vom Randsystem Blei-Zinn aus eine eutektische Rinne in stetigem Temperaturgefälle zum Randsystem Indium-Zinn (Abb. 152). Da die Zweistoffsysteme Blei-Indium und Indium-Zinn peritektische Dreiphasengleichgewichte enthalten, müssen peritektische Umsetzungen auch im Dreistoffsystem vorhanden sein. Sie gaben sich aber nicht auf den Abkühlungskurven zu erkennen, so daß auf eine Vervollständigung des Dreistoff-

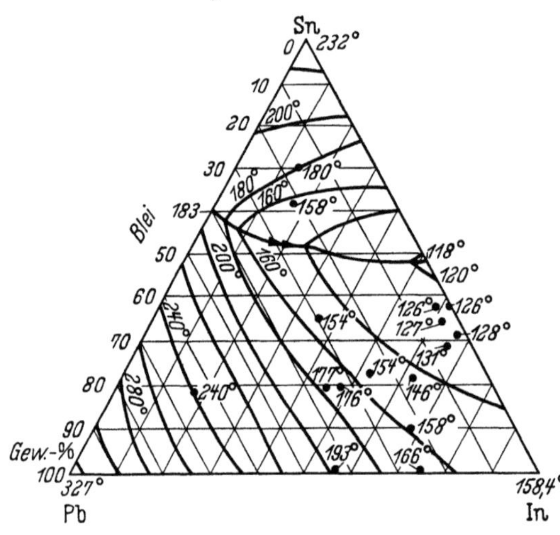

Abb. 152. Blei-Indium-Zinn. Nach CAMPBELL

systems durch Aufteilung der Liquidusfläche in die Kristallisationsfelder der einzelnen Phasen verzichtet wurde. Dagegen war es möglich, durch Heranziehung röntgenographischer und mikroskopischer Methoden die Ge-

biete für die festen Pha-
sen in einem Horizon-
talschnitt festzulegen.
Die Legierungen wurden
zu diesem Zweck von
einer Temperatur dicht
oberhalb des Erstar-
rungsbeginns innerhalb
von 24 Stunden bis auf
Raumtemperatur abge-
kühlt. Der Horizontal-
schnitt nach Abb. 153
stellt daher ungefähr die
Gleichgewichte bei
Raumtemperatur dar.
Bemerkenswert ist das
von der Blei-Indium- zur
Indium-Zinn-Seite
durchgehende Homoge-
nitätsgebiet der β-Phase.
Diese Kristallart besitzt
nach KLEMM und Mit-
arbeitern [671] ein tetra-
gonales, raumzentriertes
Gitter. Die Untersu-
chung des Schaubildes
wurde durch Härte-
messungen ergänzt
(Abb. 154). Das Härte-
maximum im Randsy-
stem Indium-Zinn von
über 10 Brinelleinheiten
beruht auf der im festen
Zustand gebildeten γ-
Phase. Das Maximum
zieht sich durch das
Dreistoffsystem hin-

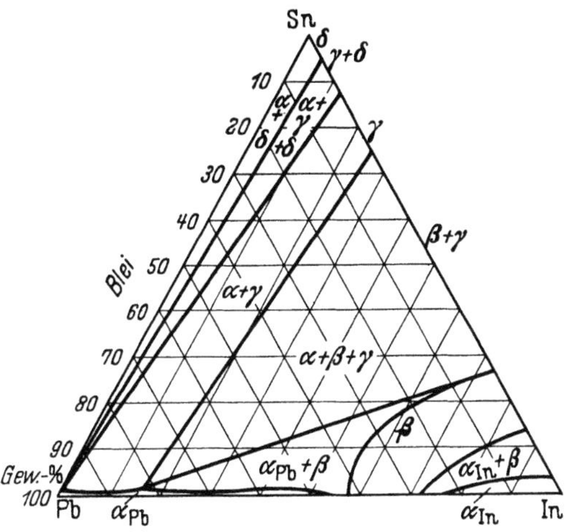

Abb. 153. Blei-Indium-Zinn. Phasenfelder bei Raumtemperatur.
Nach CAMPBELL

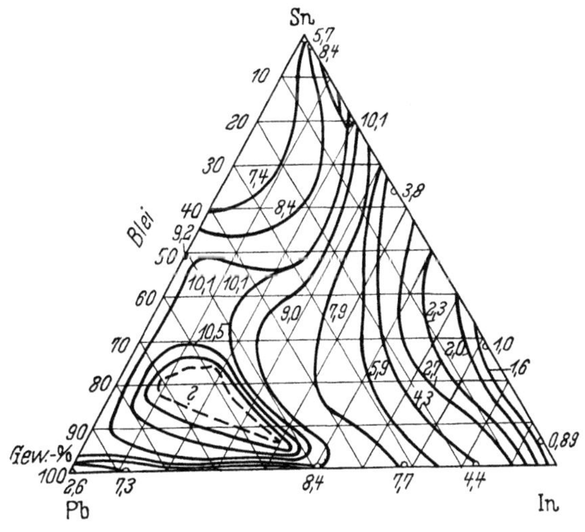

Abb. 154. Härte der Blei-Indium-Zinn-Legierungen.
Nach CAMPBELL

durch bis hart zur Bleiecke des Randsystems Blei-Indium. Die Legierungen sind als leichtflüssige Lote von Interesse; hierzu sei auf das
Zweistoffsystem Blei-Indium hingewiesen.

GRYMKO [447] untersuchte die Wirkung von Indiumzusätzen in Blei-Zinn-Loten auf Festigkeit und Korrosionsbeständigkeit. Er fand ein Lot höchster Festigkeit, guter Benetzbarkeit und guter Korrosionsbeständigkeit bei 37,5% Pb, 37,5% Sn und 25% In.

16. Blei-Kadmium-Magnesium

JÄNECKE [616] befaßte sich eingehend mit dem Aufbau des obigen Dreistoffsystems, um daraus Klarheit über das binäre System Magnesium-Kadmium zu gewinnen. Mit Rücksicht auf den Zweck des Buches sei hier nur die Bleiecke des Dreistoffsystems nach Umrechnung der bei JÄNECKE gegebenen Darstellung (Atomprozente) in Gewichtsprozente gegeben. Die Bleiecke enthält ein ternäres Eutektikum bei 18,9 Gew.-%

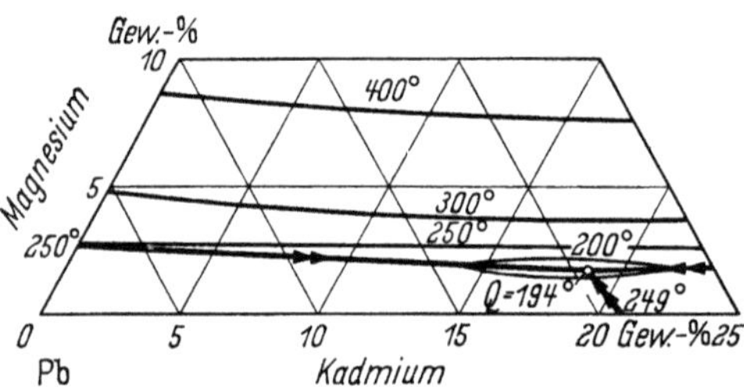

Abb. 155. Blei-Kadmium-Magnesium. Nach JÄNECKE

Cd, 1,8 Gew.-% Mg und 79,3 Gew.-% Pb und der Temperatur von 194 °C (Abb. 155). Es entspricht der Umsetzung $E_T \leftrightharpoons$ Bleimischkristall + Kadmiummischkristall + Mg_2Pb. Das Schaubild bedarf im einzelnen noch einer Überarbeitung, vor allem hinsichtlich der Gebiete der festen Lösungen. Eine praktische Anwendung der Legierungen in der Bleiecke dürfte wohl mit Rücksicht auf die leichte Zersetzlichkeit der Verbindung Mg_2Pb kaum in Frage kommen (s. S. 73).

17. Blei-Kadmium-Thallium

Von CLARA DI CAPUA [176] liegt eine sorgfältige Untersuchung des Dreistoffsystems auf Grund der thermischen Analyse vor. Das System wurde von JÄNECKE [613] überarbeitet. Er war der Ansicht, daß man im Randsystem Blei-Thallium Felder des $PbTl_2$-Mischkristalls und des Blei-Mischkristalls zu unterscheiden habe, die durch ein Zweiphasengebiet getrennt seien. Entsprechend dem Übergang der beiden Phasen ineinander sollte ein peritektisches Dreiphasengleichgewicht bei 379 °C vorhanden sein. Das Dreistoffsystem (Abb. 156) wird hier in der ursprünglichen Auffassung von DI CAPUA [176] ohne das von JÄNECKE [613] angenommene Peritektikum wiedergegeben. Somit entfällt auch die von ihm in das Dreistoffsystem gelegte weitere peritektische Rinne, da sie noch nicht genügend gesichert erscheint. Einige kleine Änderungen von JÄNECKE [613] in der Gestalt der Liquidusflächen wurden in der Darstellung übernommen. Das Schaubild wird von einer eutektischen Rinne zwischen den Randsystemen Blei-Kadmium und Thallium-Kadmium durchzogen. Die Rinne hat ein Temperaturmaximum im Punkt *m*. Eine Schmelze dieser Zusammensetzung ist mit zwei Bodenkörpern im Gleichgewicht, und zwar einem kadmiumreichen Mischkristall nahe der Kadmiumecke des Dreistoffsystems und einem Blei-Thallium-Mischkristall,

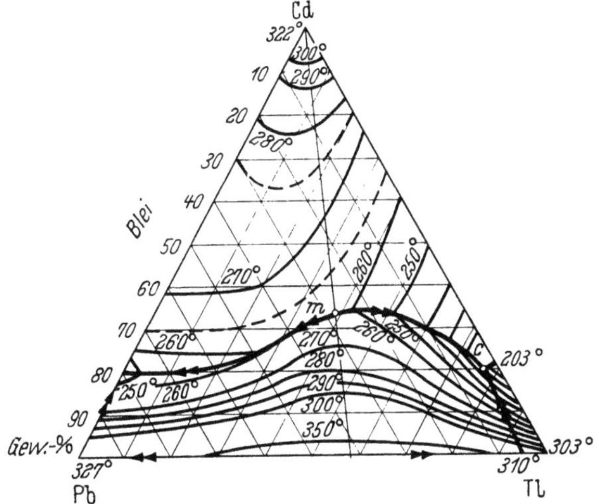

Abb. 156. Blei-Kadmium-Thallium. Nach di CAPUA und JÄNECKE

dessen Lage sich durch Verlängerung der Verbindungslinie Cd-*m* nach der Blei-Thallium-Seite des Systems hin ergibt. Die vom Randsystem Blei-Thallium ausgehende peritektische Rinne mündet im Punkt *c* in die eutektische Rinne ein; *c* stellt die eine Ecke einer peritektischen Vierphasenebene bei 211 °C dar. Ihr liegt die Umsetzung Schmelze *c* + Mischkristall $PbTl_2$ ⇌ thalliumreicher Mischkristall + kadmiumreicher Mischkristall zugrunde. Eine genauere Untersuchung der Mischkristallgebiete im Dreistoffsystem liegt nicht vor.

18. Blei-Kadmium-Wismut

Das Zweistoffsystem Blei-Wismut wurde früher als einfaches eutektisches System angesehen. Die Dreistoffsysteme von Blei mit Wismut und einem anderen Element sind unter dieser Annahme aufgestellt worden. Nachdem man im System Blei-Wismut eine intermediäre (ε) Phase mit hexagonal dichtester Kugelpackung aufgefunden und das Schaubild dementsprechend geändert hatte (Abb. 95), mußten auch die Dreistoffschaubilder von Blei, Wismut und einem anderen Element neu entworfen werden. Die von Ho [535] gemeinsam mit dem Verfasser durchgeführte Neubestimmung erfolgte mit Hilfe thermischer, mikroskopischer und röntgenographischer Untersuchungen (Abb. 157). Zur mikroskopischen Unterscheidung der α- und der β-Phase war eine Ätzlösung der Zusammensetzung: 4 cm³ Salpetersäure (1,40), 20 cm³ Eisessig, 76 cm³ Glycerin wertvoll. Die α-Phase wurde hellbraun, der β-Mischkristall dunkelbraun gefärbt. Auch die übrigen Phasen ließen sich metallographisch sicher unterscheiden.

Zur Neubestimmung des Dreistoffsystems genügte die genauere Untersuchung eines einzigen Vertikalschnittes bei 5% Cd. Im übrigen

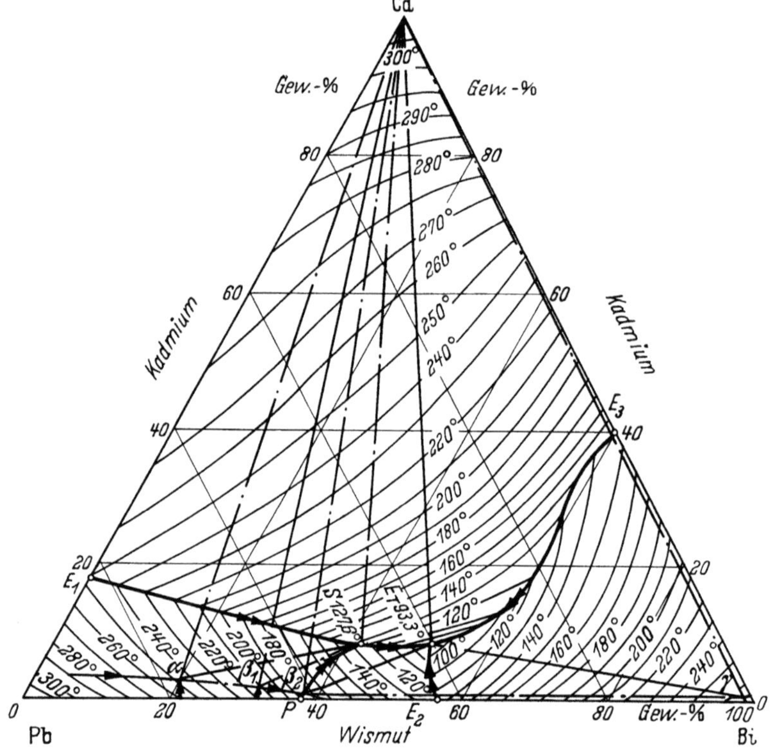

Abb. 157. Blei-Kadmium-Wismut. Nach BARLOW sowie HO und Mitarbeitern

wurden die Ergebnisse von BARLOW [45] soweit als möglich übernommen und teilweise nach den in den letzten Jahren geänderten Randsystemen und nach dem Ergebnis der thermischen Analyse berichtigt. Das Dreistoffsystem nach Abb. 157 enthält zwei Vierphasenebenen; die bei 127,6 °C liegende peritektische Vierphasenebene stellt die Reaktion $S + \alpha \leftrightharpoons \beta_1 + Cd$ dar. Die Konzentrationen der Eckpunkte dieser Vierphasenebene sind:

$$S:\quad 50,0\% \text{ Pb}\qquad 8,0\% \text{ Cd}\qquad 42,0\% \text{ Bi}$$
$$\beta_1:\quad 67,2\% \text{ Pb}\qquad 1,6\% \text{ Cd}\qquad 31,2\% \text{ Bi}$$
$$\alpha:\quad 77,7\% \text{ Pb}\qquad 2,3\% \text{ Cd}\qquad 20,0\% \text{ Bi}$$

Die Eckpunkte der eutektischen Vierphasenebene (93,3 °C) liegen bei

β_2: 61,2% Pb   0,8% Cd   38,0% Bi
γ: 1,0% Pb   0,6% Cd   98,4% Bi
Cd: ohne Löslichkeit angenommen.

Der ternär eutektische Punkt liegt nach BARLOW [45] bei 40,2% Pb, 8,15% Cd, 51,65% Bi und 91,5 °C. Eine Legierung dieser Zusammensetzung zeigte die erwartete Struktur (Abb. 158). KREMANN und LANGBAUER [706] führten Potentialmessungen gegen Kadmium in n-CdSO$_4$ über den ganzen Konzentrationsbereich des Dreistoffsystems durch. Ferner liegen umfangreiche Härtebestimmungen an gegossenen und bei 85 °C angelassenen Legierungen von DI CAPUA [176] vor. Bemerkenswert hierin erscheint, daß das ternäre Eutektikum der Gußlegierungen, ähnlich wie im System Blei-Wismut-Zinn, einem Minimum der Härte entspricht. Das Minimum verschwand durch Anlassen; hierbei wurden alle Proben weicher. Die Legierungen werden vor allem mit weiteren Zusätzen (Zinn) als leichtflüssige Lote verwandt.

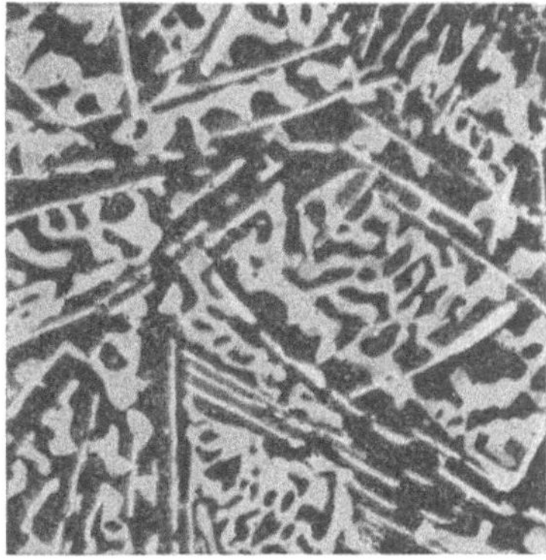

Abb. 158. 8,15% Cd, 51,65% Bi. Im Tiegel erstarrt. Dunkel: β-Phase Blei-Wismut. Weiß: Kadmium. Hellgrau: Wismut. Ternär eutektische Legierung. 500:1

19. Blei-Kadmium-Zink

Die binären Systeme Blei-Kadmium und Kadmium-Zink sind einfache eutektische Systeme. Die Mischungslücke des Randsystems Blei-Zink erstreckt sich weit in das ternäre System hinein. Ihre Begrenzung wurde durch mikroskopische Untersuchung der Schichtenbildung langsam gekühlter Legierungen festgelegt. Weiter wurden durch die thermische Analyse die Isothermen des Beginns der Kristallisation bestimmt. Die geradlinigen Teile der Isothermen, die gleichzeitig Konoden zusammengehöriger Schmelzen darstellen, ergaben in guter Übereinstimmung mit der mikroskopischen Untersuchung die Grenzkurve der Mischungslücke. Die Schichtungskurve dürfte durch den in Abb. 159 dargestellten Verlauf ungefähr richtig wiedergegeben sein. Die Mischungslücke sitzt nur auf dem Kristallisationsfeld von Zink auf, berührt also keine Rinne eines Dreiphasengleichgewichts. Der links von der Mischungslücke liegende Teil der Liquidusfläche von Zink fällt nach dem Randsystem Blei-Kadmium zu steil ab. Die drei von den Randsystemen ausgehenden binär eutektischen Rinnen vereinigen sich bei

17,3% Cd, 81,7% Pb, 1% Zn und 245°C zum ternären Eutektikum. Angaben über den Bereich der festen Lösung in der Bleiecke sind nicht bekannt geworden.

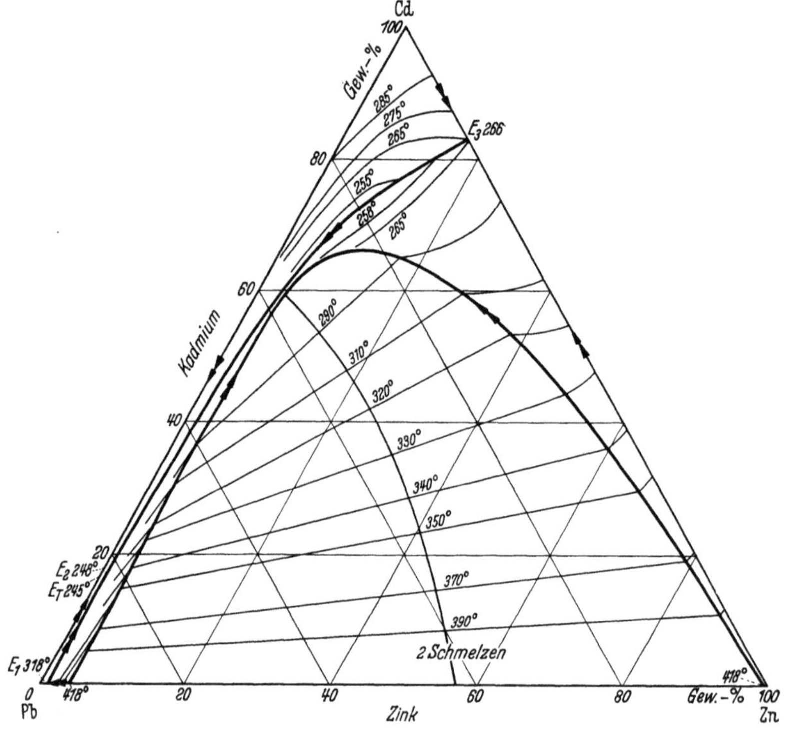

Abb. 159. Blei-Kadmium-Zink. Nach COOK [214]

20. Blei-Kadmium-Zinn

Das Dreistoffsystem (Abb. 160) enthält nach der Arbeit von STOFFEL [1149] ein ternäres Eutektikum bei 32% Pb, 18% Cd, 50% Sn und 145°C. Das Eutektikum entspricht der gleichzeitigen Kristallisation der blei-, kadmium- und zinnreichen Mischkristalle aus der Schmelze. Nun wurde mittlerweile im Schaubild Kadmium-Zinn eine neue Phase (β) aufgefunden (vgl. HANSEN [488]), die sich bei 223°C peritektisch bildet und bei 133°C eutektoid zerfällt. β tritt nur bei sehr langsamer Erstarrung der Legierungen auf. So muß das bisher angenommene Dreistoffschaubild abgeändert und eine vom Randsystem Kadmium-Zinn ausgehende peritektische Rinne angenommen werden. Im Falle, daß die peritektische Rinne die eutektische Rinne S ⇋ Sn + Pb trifft, würde an dem ternären Eutektikum neben dem blei- und kadmiumreichen Mischkristall nicht der zinnreiche Mischkristall, sondern β beteiligt sein.

Tatsächlich bemerkte schon STOFFEL [*1149*], daß die erstarrten Legierungen des Dreistoffsystems eine Umwandlung zwischen 118 und 112 °C erleiden, die nach der Bleiecke zu an Wirksamkeit verliert. Die Um-

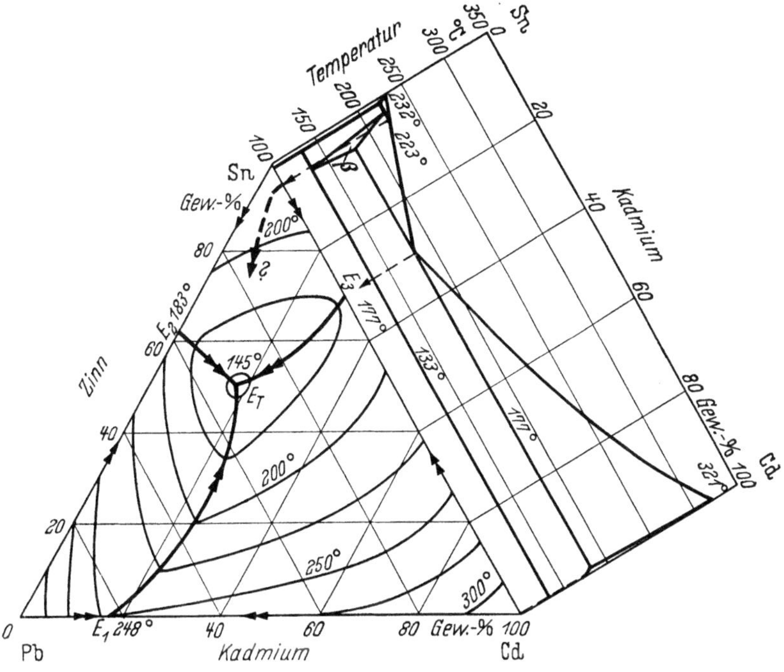

Abb. 160. Blei-Kadmium-Zinn. Nach STOFFEL

wandlung ist wohl wesensgleich mit dem eutektoiden Zerfall von β im System Kadmium-Zinn bei 133 °C. Bei BOTSCHWAR und GOREW [*117*] sowie TAMMANN und MORITZ [*1169*] finden sich Beobachtungen über die Verteilung der Gefügebestandteile im ternären Eutektikum.

Legierungen von Blei mit hohen Prozentgehalten von Zinn und Kadmium bilden als solche und mit weiteren Zusätzen (Wismut) leichtflüssige Lote. Die Legierungen mit geringen Gehalten an Zinn und Kadmium waren wegen ihrer hohen Wechselfestigkeit als Kabelmantelwerkstoffe von Bedeutung, z. B. die in England angewandte Legierung mit 1,5% Sn und 0,25% Cd. Die Legierungen in der Bleiecke härten nach Angaben von WATERHOUSE und WILLOWS [*1244*], wenn überhaupt, dann nur vorübergehend aus. Die Legierungen aller Zusammensetzungen sind vollständig plastisch. Sie sind in den mannigfachsten Abwandlungen Standardlegierungen für das Weichlöten geworden.

21. Blei-Kalzium-Natrium

Einer Skizze der Bleiecke des Dreistoffsystems von AGEEW [9], die
bis etwa 5% Ca und 4% Na reicht, konnte folgender Verlauf der Isothermen der Liquidusfläche entnommen werden:

	350 °C			400 °C			450 °C			500 °C		
% Ca	0,26	0,21	0,92	0,39	0,61	1,45	0,96	1,0	2,43	1,69	3,0	4,87
% Na	0	2,0	3,8	0	2,38	3,39	0	1,78	2,64	0	0,82	0,91

Vom peritektischen Punkt mit 0,13% Ca der Blei-Kalzium-Seite
verläuft eine Rinne mit nur schwacher Neigung zu dem anderen Randsystem. Die Rinne bricht mit dem Ende der Skizze bei 0,65% Ca und
4,0% Na ab. Auf der Kurve liegt ein nonvarianter Punkt bei 0,1% Ca
und 2,26% Na, wo eine andere Gleichgewichtskurve von dem dicht
benachbarten eutektischen Punkt der Blei-Natrium-Seite mit 2,26% Na

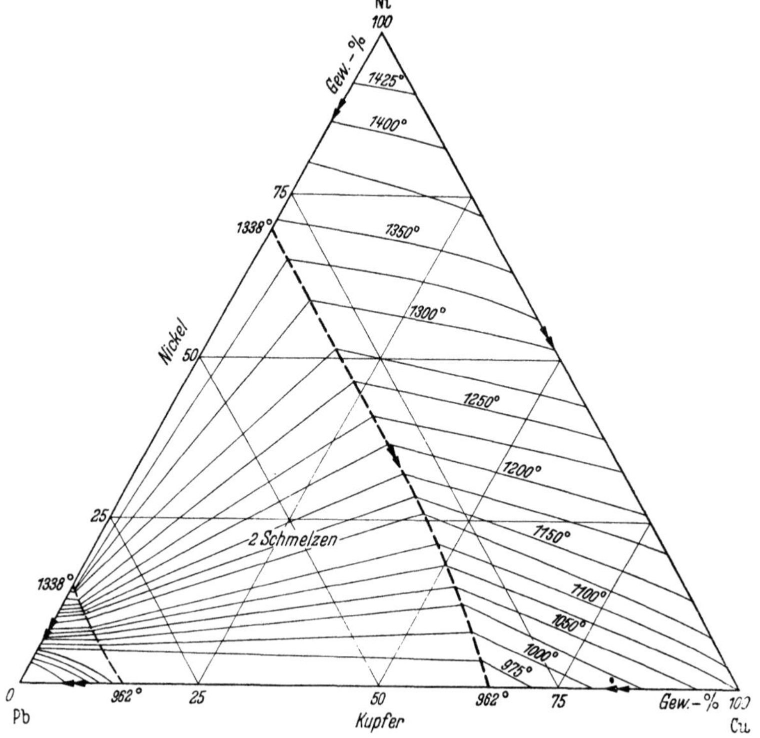

Abb. 161. Blei-Kupfer-Nickel auf Grund der thermischen Analyse. Nach PARRAVANO

her einmündet. Interessant wäre die Kenntnis des Bereichs der festen
Lösung in der Bleiecke mit Rücksicht auf die Aushärtbarkeit der Legierungen.

22. Blei-Kupfer-Nickel

Blei und Kupfer sowie Blei und Nickel sind im flüssigen Zustand nur beschränkt mischbar, während Kupfer und Nickel sich im flüssigen und im festen Zustand unbeschränkt gegenseitig lösen. Nach der Untersuchung des Dreistoffsystems mit Hilfe der thermischen Analyse von PARRAVANO [934] soll sich die Mischungslücke durch das ganze ternäre System hindurchziehen. Abb. 161 enthält die beiden Grenzkurven der Mischungslücke, die Lage und Temperatur der Konoden, die die Mischungslücke gegen den monotektischen Dreiphasenraum hin begrenzen, und für die Gebiete außerhalb der Mischungslücke die Isothermen der beginnenden Kristallisation. Ganz nahe der Bleiecke läuft eine Rinne vom Randsystem Blei-Nickel zum Eutektikum Blei-Kupfer, die in der Abbildung nicht gezeichnet ist.

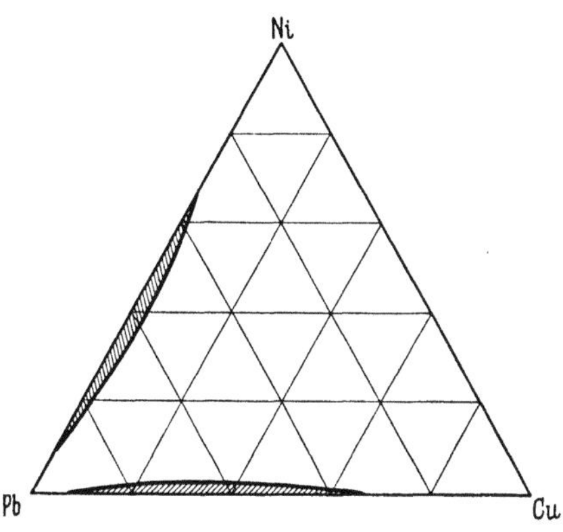

Abb. 162. Schichtenbildung der Blei-Kupfer-Nickel-Legierungen. Nach GUERTLER sowie CLAUS

GUERTLER [453] studierte die Neigung der Dreistofflegierungen zur Schichtenbildung und gewann daraus ebenfalls Aussagen über die Mischungslücke im flüssigen Zustand. Während bei den flüssigen Blei-Kupfer- und Blei-Nickel-Legierungen eine Entmischung eintrat, unterblieb sie überraschenderweise bei dem Hauptteil der ternären Legierungen. Hieraus wurde abgeleitet, daß die Mischungslücke des Systems Blei-Kupfer sich schon bei Zusatz von 2,5% Ni, die des Systems Blei-Nickel bei Zusatz von 6% Cu schließt, entsprechend Abb. 162.

NEMILOW [893] bestätigte im wesentlichen die Ergebnisse von GUERTLER und gab auf Grund der thermischen Analyse ein ungefähres Diagramm der Isothermen des Kristallisationsbeginns. Auch PELZEL [947] bestätigte die Schließung der Mischungslücke auf der von ihm untersuchten Blei-Kupfer-Seite des Dreistoffsystems und gab den kritischen Punkt mit 60% Pb, 2% Ni, Rest Cu und 965 °C an. Eine Neubestimmung des Dreistoffschaubildes mit sämtlichen heute zur Verfügung stehenden Hilfsmitteln wäre wünschenswert.

23. Blei-Kupfer-Sauerstoff

Das System wurde vor einigen Jahren gleichzeitig und unabhängig voneinander von KOHLMEYER und dem Verfasser [565] einerseits sowie von GEBHARDT und OBROWSKI [364] andrerseits untersucht. Beide

Arbeiten kommen in den wesentlichen Punkten zu übereinstimmenden Ergebnissen. Vom Randsystem Kupfer-Kupferoxydul zieht sich die Mischungslücke ohne Unterbrechung bis zum Randsystem Blei-Sauer-

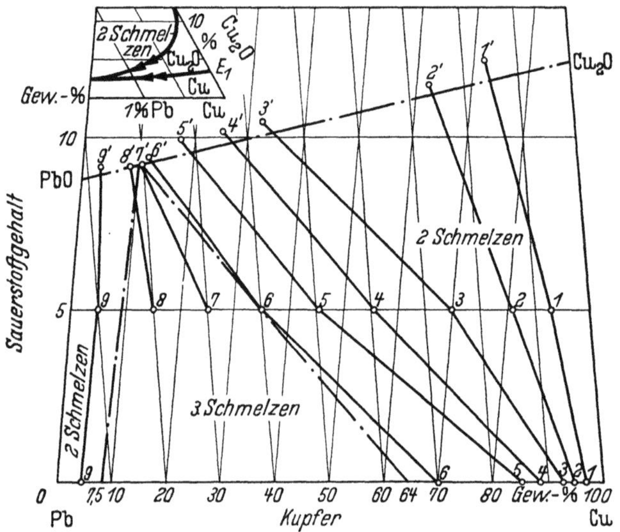

Abb. 163. Gleichgewichte Metall-Schlacke aus Absetzversuchen bei 1150 °C. Nach HOFMANN und KOHLMEYER. Mischungslücke Cu-Pb nach HANSEN [487]

stoff. Bemerkenswert ist nach Abb. 163 bei den Gleichgewichten von kupferreicher Schmelze mit Schlacke ein Verlauf der Konoden etwa in Richtung von der Kupferecke zur Bleioxydecke. Man kann dies so auffassen, daß die Reaktionen zwischen Metall- und Oxydschmelze im wesentlichen nach dem Schema $Cu_2O + Pb \leftrightharpoons 2\,Cu + PbO$ verlaufen. Daß der Sauerstoff in den Legierungen des Dreistoffsystems bevorzugt an das Blei gebunden wird, ergibt sich auch aus Verdampfungsversuchen (SCHNEIDER [1076]). Die Reaktion ist mit einer starken Wärmeentwicklung verbunden, d. h. Mischungen aus Blei mit Kupferoxydul erwärmen sich oberhalb des Bleischmelzpunktes. Die Reaktion wird bei etwa 600 °C so heftig, daß Temperaturanstiege von 200 bis 300 °C innerhalb einer halben Minute auftreten. Bei Dauerglühung erfolgt die Umsetzung aber auch noch kurz oberhalb des Bleischmelzpunktes. Beide Arbeiten stimmen ferner darin überein, daß das Kristallisationsfeld für Kupferoxydul in der Kupferecke bei wenigen Prozenten Blei verschwindet. Die vom Randsystem Kupfer-Kupferoxydul ausgehende monotektische Rinne des Dreiphasengleichgewichts „oxydreiche Schmelze $\leftrightharpoons$ kupferreiche Schmelze + Kupferoxydul" mündet nämlich bei einigen Prozenten Blei in die vom Randsystem ausgehende eutektische Rinne Schmelze $\leftrightharpoons$ Kupfer + Kupferoxydul ein. Hieraus folgt, daß die

Mischungslücke im flüssigen Zustand sich in der Kupferecke zunächst
an das Kristallisationsfeld für Kupferoxydul anschließt, von dem erwähnten nonvarianten Punkt aus dagegen an ein schmales Kristallisationsfeld für Kupfer. Aus dieser Tatsache muß man folgern, daß auch

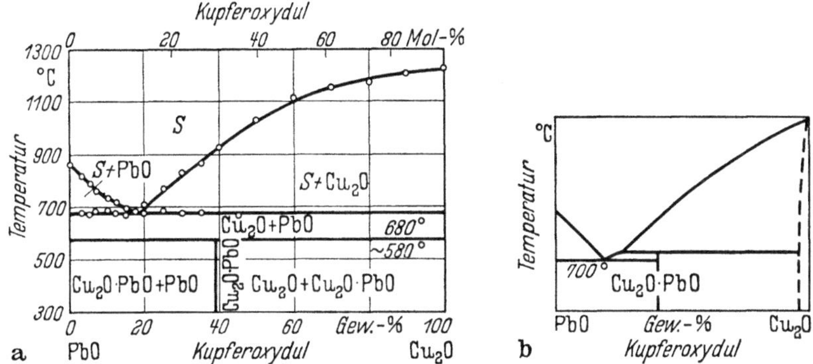

Abb. 164. a) Der quasibinäre Schnitt Kupferoxydul-Bleioxyd. Nach GEBHARDT und OBROWSKI;
b) angenommenes schematisches Schaubild des Schnittes Kupferoxydul-Bleioxyd. Nach HOFMANN
und KOHLMEYER

die oxydreichen Schmelzen auf der anderen Seite der Mischungslücke
an ein, wenn auch schmales, Kristallisationsfeld für Kupfer angrenzen.
Das Schaubild enthält ferner ein Gebiet, wo drei Schmelzen miteinander
im Gleichgewicht sind. Nachdem man nun weiß, daß sich die Mischungslücke im Schaubild Kupfer-Blei bereits bei knapp 1000 °C schließt
(S. 68), kann dieses Gebiet der drei Schmelzen allerdings nur unterhalb
dieser Temperatur vorhanden sein. Der Schnitt Kupferoxydul-Bleioxyd
ist quasibinär und enthält nach GEBHARDT [364]) ein Eutektikum bei
680 °C (Abb. 164a). Auf diesem Schnitt besteht eine Oxydverbindung
der Zusammensetzung $Cu_2O \cdot PbO$. Die Formel konnte von J. KOHL-
MEYER [$694b$] dadurch bestätigt werden, daß sich die Verbindung
pulvermetallurgisch als homogene Phase aus stöchiometrischen Gemischen
der Oxyde bei 650 °C herstellen läßt. Ein Unterschied der Auffassungen ist
insofern vorhanden, als nach GEBHARDT [364] das Eutektikum des
quasibinären Schnittes aus Kupferoxydul und Bleioxyd besteht und
sich die Oxydverbindung bei ungefähr 580 °C im festen Zustand bildet.
Demgegenüber nahmen die andern Verfasser [565] ein Eutektikum
Oxydverbindung-PbO an und dicht oberhalb der Eutektikalen eine
Peritektikale „Schmelze $+ Cu_2O \leftrightharpoons Cu_2O \cdot PbO$" (Abb. 164b). Nach
Beobachtungen von F. PAWLEK (mündliche Mitteilung) und von [$694b$]
ist im Gegensatz zu [364] eine Beständigkeit von $Cu_2O \cdot PbO$ bis in das
Gebiet der Schmelze gegeben. GEBHARDT [364] hat auf der Grund-
lage seiner Deutung ein schematisches Dreistoffsystem konstruiert

(Abb. 165) und gibt tabellarisch die folgende Übersicht über den Gleichgewichtsverlauf in dem untersuchten Teilbereich des Systems. Es kann hier nur auf einige wichtige Punkte des Dreistoffsystems eingegangen werden. Eine Entmischung in drei Schmelzen erfolgt

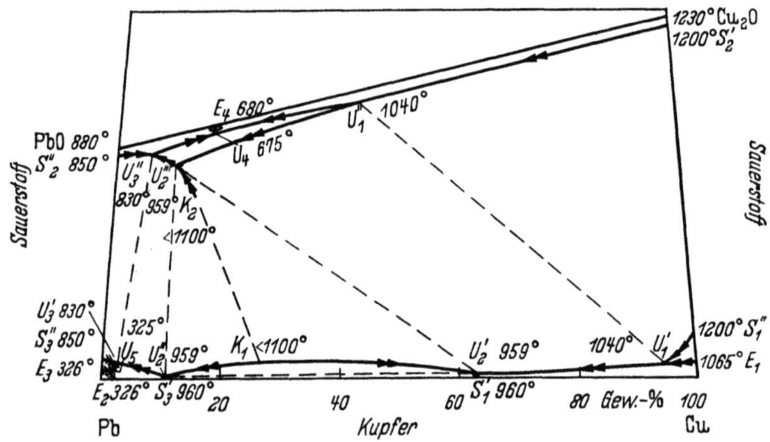

Abb. 165. Die Schmelzgleichgewichte im System Cu-Pb-PbO-Cu$_2$O (teilweise schematisch). Nach GEBHARDT und OBROWSKI

nur unterhalb der Temperatur der beiden kritischen Punkte K_1 und K_2, die bei 1100 °C angenommen wird. Während die oxydreiche Schmelze sich mit sinkender Temperatur auf der Kurve $K_2 U_2''$ bewegt, läuft die bleireiche Schmelze auf der Linie $K_1 U_2''$, die kupferreiche Schmelze auf der Linie $K_1 U_2'$. Der Raum der drei Schmelzen sitzt auf einer Vierphasenebene, die als weiteren Eckpunkt einen Kristall in der Kupferecke enthält. Bei der Temperatur dieser Vierphasenebene zerfällt die Schmelze U_2' in Tröpfchen der Schmelzen U_2'' und U_2''' unter gleichzeitiger Kristallisation von Kupfer. Die Grenzkurve der Mischungslücke auf der Seite des Schnittes Kupferoxydul-Bleioxyd muß die Kristallisationsfelder von $Cu_2O \cdot PbO$ und von Cu berühren. Bemerkenswert ist ein in diesem Gebiet angenommener ternär eutektischer Punkt U_4. Aus einer Schmelze dieser mit dem Eutektikum E_4 des quasibinären Schnittes fast identischen Zusammensetzung kristallisieren gleichzeitig Cu_2O, PbO und Cu aus. Endlich wird noch dicht in der Bleiecke ein weiteres ternäres Eutektikum Schmelze $E_3 \leftrightarrows Cu + Pb + PbO$ angenommen. Wenn die erwähnten Arbeiten auch einen ersten Eindruck von dem Dreistoffschaubild vermitteln, so werden nach dem Gesagten doch noch weitere Arbeiten zu seiner vollständigen Aufklärung notwendig sein. Dies folgt schon daraus, daß Bleioxyd in Wirklichkeit in zwei Modifikationen vorkommt und daß außer ihnen zahlreiche weitere

Bleioxyde bestehen, auf die im Kapitel Zweistoffsysteme hingewiesen wurde. Die Bedeutung des Dreistoffsystems beruht in erster Linie auf der Tatsache, daß man die technischen Bleibronzen oxydierend schmilzt, um ihren Wasserstoffgehalt herabzudrücken (SCHNEIDER [*1076, 575, 576*]). Einige Sauerstoffbestimmungen in wahllos beschafften Bleibronzen lieferten Sauerstoffgehalte von 0,0104 Gew.-% und 0,0045 Gew.-%.

24. Blei-Kupfer-Schwefel

Der grundsätzliche Aufbau des Dreistoffsystems wurde von JÄNECKE [*614*] aufgrund der Vorarbeiten von GUERTLER und LANDAU [*452*] angegeben und in der schematischen Zeichnung von Abb. 166 niedergelegt. Im Viereck Pb–PbS (F)–Cu$_2$S(E)–Cu treten nur die Kristallarten der vier Eckpunkte auf. Die vom Randsystem Blei-Kupfer ausgehende Mischungslücke im flüssigen Zustand erstreckt sich durch die Kristallisationsflächen für Cu, Cu$_2$S, PbS hindurch bis in die Nähe des Randsystems Blei-Bleisulfid. In den Punkten u und v mündet die vom Randsystem Kupfer-Schwefel herkommende Mischungslücke ein. Dadurch ergibt sich ein nonvariantes Gleichgewicht, das durch die Vierphasenebene Cu$_2$S-Schmelze v — Schmelze

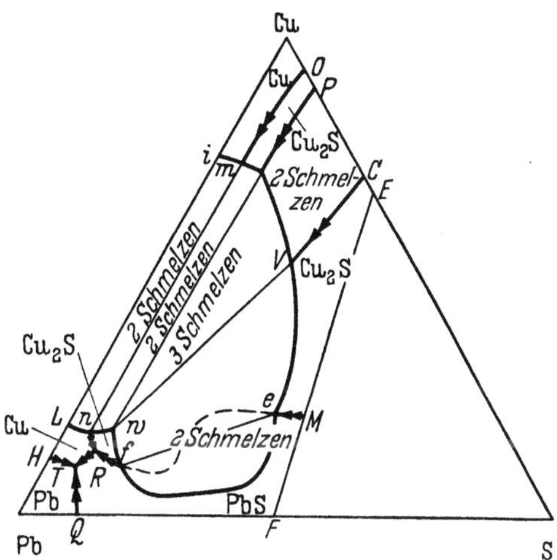

Abb. 166. Blei-Kupfer-Schwefel. Schema nach JÄNECKE in Atomprozenten. *E*: Cu$_2$S; *F*: PbS; *u*: nicht bezeichneter Eckpunkt des Phasendreiecks der 3 Schmelzen u, v, w

w — Schmelze u dargestellt wird. Bei der Temperatur dieser Vierphasenebene findet die Reaktion $u + v \leftrightarrows w + $ Cu$_2$S statt. Auf dem Dreieck u-v-w sitzt ein Dreiphasenraum von drei Schmelzen auf. Die von den Randsystemen Cu–Cu$_2$S und Cu$_2$S–PbS herkommenden binär eutektischen Rinnen treffen die Mischungslücke in den Punkten m und e. Es ergeben sich damit zwei weitere Vierphasenebenen: Schmelze $m \leftrightarrows$ Cu + Cu$_2$S + Schmelze n und Schmelze $e \rightleftharpoons$ Cu$_2$S + PbS + Schmelze f. Außerhalb der Mischungslücke spielt sich mit sinkender Temperatur die Vierphasenreaktion Cu$_2$S + Schmelze $R \leftrightarrows$ Cu + PbS ab. Das Ende der Kristallisation ist mit dem ternären Eutektikum Schmelze $T \rightleftharpoons$ Pb + Cu + PbS gegeben. Der ternäre eutektische Punkt fällt praktisch mit dem Bleieckpunkt zusammen.

10*

25. Blei-Kupfer-Silber

Die vom Randsystem Blei-Kupfer ausgehende Mischungslücke schließt sich im ternären System. Ihre Begrenzung wurde in der ursprünglichen Arbeit nicht näher festgelegt. Bei der thermischen Analyse von den in der Abbildung 167 zwischen der Mischungslücke und der Kupferecke liegenden Legierungen ergaben nämlich nur drei eine die monotektische Dreiphasenreaktion anzeigende Unstetigkeit. Die in Abb. 167 eingezeichnete Ausdehnung der Mischungslücke nach JÄNECKE [612] ist offenbar durch Auswertung der geradlinigen Teile der Isothermen der „Kristallisationsfläche" nach FRIEDRICH und LEROUX [344] entstanden. Das Schaubild ist im übrigen sehr einfach aufgebaut. Die von drei Randsystemen ausgehenden binär eutektischen Rinnen schneiden sich in einem ternär eutektischen Punkt E_T bei 2,0% Ag und 0,5% Cu,

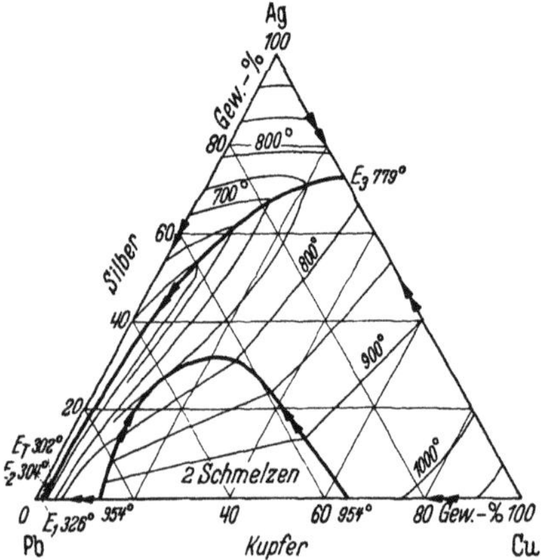

Abb. 167. Blei-Kupfer-Silber. Nach FRIEDRICH und LEROUX, sowie JÄNECKE

also nahe dem binären Eutektikum Blei-Silber. Eine Arbeit von LLEWELYN [755] ist der möglichen Anwendung der Legierungen für hochbeanspruchte Gleitlager gewidmet. An einer Auswahl von 26 Legierungen wurden die für ein Lagermetall interessanten technologischen Eigenschaften ermittelt. Außer der Brinellhärte wurde die Bindefähigkeit mit der Stahlstützschale und die Neigung zum Seigern geprüft. Am aussichtsreichsten erwies sich die Legierung Cu:Ag:Pb = 30:30:40, die gerade außerhalb der Mischungslücke liegt. Diese Legierung zeigte im Warmzerreißversuch die in der folgenden Zusammenstellung (Tab. 14) angegebenen Werte.

Tabelle 14. *Vergleich der mechanischen Eigenschaften einer Blei–Silber–Kupfer-Legierung und eines hochzinnhaltigen Weißmetalls. Nach* LLEWELYN [755]

Legierung	Prüftemp. in °C	Zug-festigkeit in kg/mm²	Bruch-dehnung in %	Elastizitäts-modul in kg/mm²
30% Cu,	20	9,93	—	$4,78 \cdot 10^3$
30% Ag und	100	7,25	1,0	$3,80 \cdot 10^3$
40% Pb	150	6,93	1,0	$3,02 \cdot 10^3$
	180	6,77	1,5	$2,67 \cdot 10^3$
3—4% Cu,	20	6,93	15,0	$5,35 \cdot 10^3$
6,5—7,5% Sb,	100	6,93		$4,25 \cdot 10^3$
Rest Zinn	150			$2,67 \cdot 10^3$

Die Zerreißgeschwindigkeit entsprach einer Laststeigerung von etwa 150 kg/cm² · min. Die Warmhärten der Legierung sind in Abb. 168 Werten anderer bekannter Lagermetalle gegenübergestellt. Hinsichtlich der Korrosionsbeständigkeit verhielt sich die Legierung ähnlich wie die gebräuchlichen Bleibronzen. Messungen der Reibung und des Verschleißes bei Trockenlauf in der Amsler-Maschine lieferten befriedigende Werte. Die Einbettfähigkeit für harte Bestandteile wurde in zehnstündigen Laufversuchen geprüft. Das Schmieröl war absichtlich mit Sand verunreinigt worden. Die Menge an eingebettetem Sand wurde nach Auflösung des Lagermetalls in Säure

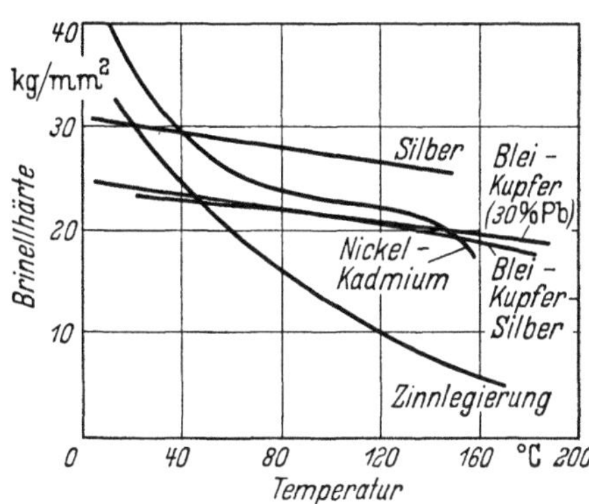

Abb. 168. Warmhärte verschiedener Lagermetalle. Nach LLEWELYN

als Rückstand ermittelt. Die Bestimmungen der Einbettfähigkeit ergaben bei der ternären Legierung im Vergleich mit dem Zinnlagermetall und mit gegossenem Silber die Verhältniszahlen 1,0:1,73:0,55. Da gewisse Bleisorten des chemischen Apparatebaues Zusätze von Kupfer und Silber enthalten (s. S. 8), ist das Dreistoffschaubild auch für den Hüttenmann von Interesse.

26. Blei-Kupfer-Tellur

GRAVEMANN und WALLBAUM [418] bestimmten den Teilbereich Cu–Cu₂Te–PbTe–Pb des Dreistoffsystems mit Hilfe der thermischen

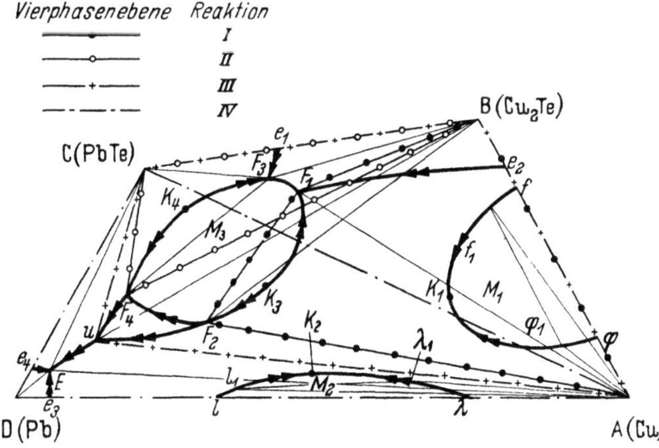

Abb. 169. Idealschaubild des Systems Cu-Cu₂Te-PbTe-Pb. Nach GRAVEMANN und WALLBAUM

und der mikroskopischen Methode und stellten das Idealdiagramm nach Abb. 169, dazu auch das Realdiagramm, auf. Danach ist der Schnitt Cu_2Te–PbTe quasibinär und enthält ein Eutektikum e_1. Die Mischungslücken in den Randsystemen Pb–Cu und Cu–Cu_2Te schließen sich im Ternären. Das ternäre System enthält weiter eine in sich geschlossene Mischungslücke mit der Grenzkurve K_3, F_2, F_4, K_4, F_3, F_1. Die Schnittpunkte der die Dreiphasengleichgewichte darstellenden Rinnen führen zu drei Vierphasenebenen mit den Eckpunkten F_2, F_1, Cu_2Te, Cu; F_4, PbTe, Cu_2Te; u, PbTe, Cu_2Te, Cu und endlich zu der eutektischen Vierphasenebene Pb, PbTe, Cu. Die ternär eutektische Schmelze liegt bei 325,5 °C sehr nahe der Bleiecke des Schaubildes. Die Temperaturen der drei erstgenannten Vierphasenreaktionen wurden zu 792, 625, 595 °C ermittelt.

27. Blei-Kupfer-Zink

PARRAVANO, MARETTI und MISETTI [935] haben 1914 das gesamte Dreistoffsystem genau mit Hilfe der thermischen Analyse untersucht. BAUER und HANSEN [59] geben in ihren Arbeiten über den Einfluß von

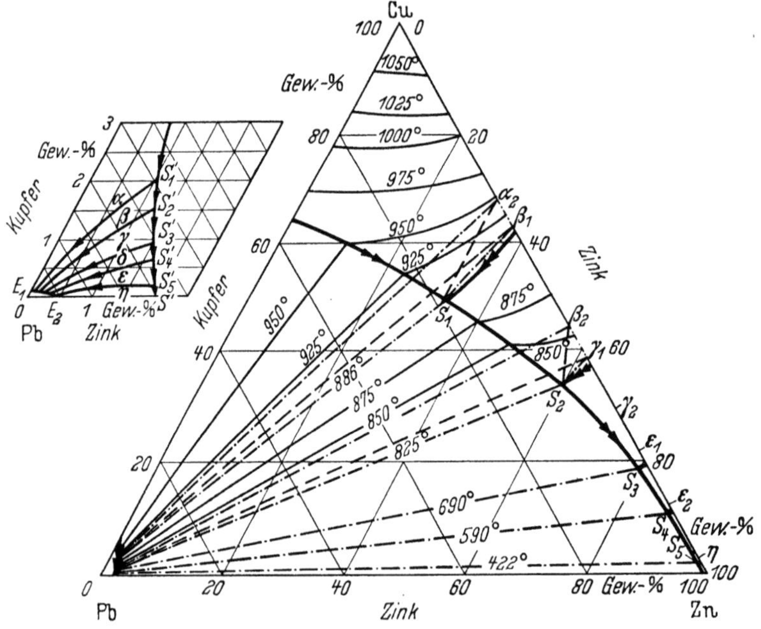

Abb. 170. Blei-Kupfer-Zink. Nach HENGLEIN und KÖSTER

dritten Metallen auf Messinglegierungen eine eingehende Darstellung der italienischen Arbeit. Eine spätere Bearbeitung von NICLASSEN [896] gründet sich auf ein geringeres Versuchsmaterial. Es soll daher den

Ergebnissen von PARRAVANO und Mitarbeitern der Vorzug gegeben werden. Sie bieten vor allem eine genaue Begrenzung der Mischungslücke im flüssigen Zustand und den Verlauf der Konoden und Isothermen. Die Mischungslücke zieht sich vom Randsystem Blei-Kupfer durch das ganze Dreistoffsystem zum Randsystem Blei-Zink. In der Bleiecke bleibt ein kleines Feld ausgespart, in dem die Liquidusflächen sämtlicher im Gleichgewicht befindlichen, kristallisierten Phasen des Dreistoffsystems eng zusammengedrängt sind. Die gleichen Flächen der Primärkristallisation — außer der für Blei — befinden sich in dem weiten Gebiet zwischen dem Randsystem Kupfer-Zink und der ihm zugewandten Grenzkurve der Mischungslücke. HENGLEIN und KÖSTER [509] haben diesen Teil des Schaubildes und die Bleiecke auf der Grundlage der Arbeit von PARRAVANO [935] weiter ausgebaut und das Dreistoffsystem vervollständigt (Abb. 170). Anschließend an das Kupfer-Zink-System folgen, von Kupfer ausgehend, mit sinkender Temperatur die Kristallisationsflächen für α-, β-, γ-Messing, die δ-, ε- und η-Phase (Zink) aufeinander. Die von dem Randsystem Cu–Zn in Richtung zur Mischungslücke verlaufenden peritektischen Rinnen schneiden die Grenzkurve der Mischungslücke in den nonvarianten Punkten S_1 bis S_5. Jedem der nonvarianten Punkte ist ein Punkt auf der Grenzkurve in der Bleiecke zugeordnet. Es ergeben sich fünf Vierphasenebenen, denen allen das gleiche Reaktionsschema zugrunde liegt. Die aufeinanderfolgenden Reaktionen sind:

$$S_1 + \alpha_2 \rightleftharpoons S_1' + \beta_1 \text{ bei } 886\,^{\circ}\text{C} \qquad S_4 + \delta_2 \rightleftharpoons S_4' + \varepsilon_1 \text{ bei } 590\,^{\circ}\text{C}$$
$$S_2 + \beta_2 \rightleftharpoons S_2' + \gamma_1 \text{ bei } 825\,^{\circ}\text{C} \qquad S_5 + \varepsilon_2 \rightleftharpoons S_5' + \eta_1 \text{ bei } 422\,^{\circ}\text{C}.$$
$$(S_3 + \gamma_2 \rightleftharpoons S_3' + \delta_1 \text{ bei } 690\,^{\circ}\text{C})$$

Die dritte Vierphasenreaktion ist eingeklammert, um anzudeuten, daß die hierbei gebildete δ-Phase bei tiefer Temperatur eutektoid zerfällt. Der Übersichtlichkeit halber sind nur die beiden ersten Vierphasenebenen in das Schaubild eingezeichnet, δ_1 und δ_2 weggelassen. Vom Eutektikum Blei-Kupfer bei 0,06% Cu und 326 °C zieht sich eine eutektische Rinne zum Randsystem Blei-Zink bei 0,5% Zn und 318 °C. Die Rinne ist aber nicht geradlinig, wie im Schaubild der Übersicht halber angenommen, sondern nach einer Bestimmung von JOLLIVET [629] stark gekrümmt, so daß sie sich der Bleiecke in einem Punkt mit 0,004 Gew.-% Cu und ebensoviel Zink stark nähert. Die Isothermen der Liquidusflächen in der Bleiecke haben einen ähnlich gekrümmten Verlauf. Eine metallographische Untersuchung dieses Teils des Dreistoffsystems steht noch aus. Die Löslichkeit von Blei in den Kupfer-Zink-Phasen ist praktisch Null. Das Dreistoffsystem eröffnet ein Verständnis für die Kristallisationsvorgänge in bleihaltigen Messingsorten. Dann hat es aber auch metallurgisches Interesse insofern, als mit der Zinkentsilberung von Blei gleichzeitig eine Entkupferung verbunden ist. Für das Verständnis dieses Vorgangs ist gerade die Bleiecke nach JOLLIVET [629] besonders wichtig. Allerdings enthält diese Arbeit keine Angabe darüber, ob die eutektische Rinne in das binäre Eutektikum Blei-Zink einmündet oder in einem ternären Eutektikum endet.

28. Blei-Kupfer-Zinn

Die Ausdehnung der Mischungslücke im flüssigen Zustand wurde von BRIESEMEISTER [133] mit Hilfe von Schöpfproben festgelegt. Da sich die Probenahme auf die obere, spezifisch leichtere Schmelze beschränkte, ergab sich nur der der Bleiecke abgewandte Teil der Isothermen (Abb. 171). Die Grenzkurve der Mischungslücke wurde durch mikroskopische

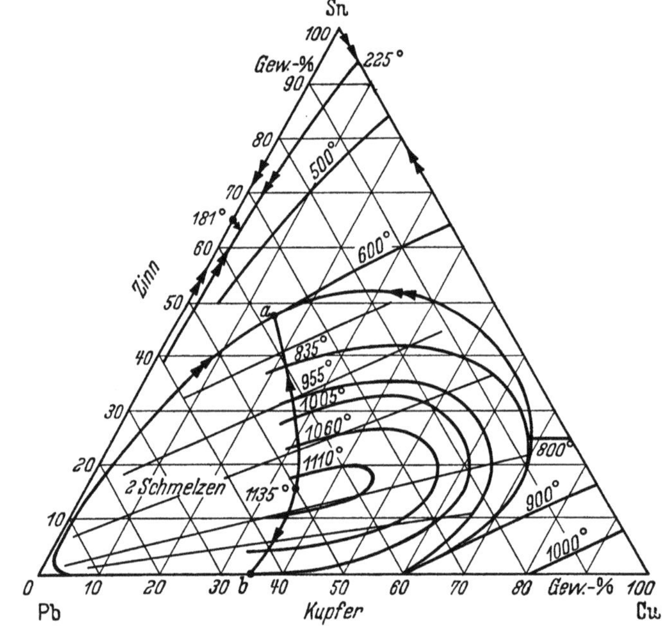

Abb. 171. Blei-Kupfer-Zinn. Nach BRIESEMEISTER und JÄNECKE

Untersuchung der Schichtenbildung in ihrem ungefähren Verlauf festgelegt. Es konnte hierbei die Annahme gemacht werden, daß sich die Schmelzen trotz der verhältnismäßig großen Abkühlungsgeschwindigkeit im flüssigen Zustand noch nahezu vollständig entmischen. Der der Kupferecke zugewandte Teil der Schichtungskurve wurde von GIOLITTI [385] und von BLUMENTHAL [91] durch Auswertung der auf die Primärkristallisation folgenden Knicke der Abkühlungskurven festgelegt. Dabei ergab sich eine befriedigende Übereinstimmung mit der Beobachtung der Schichtenbildung. Ferner wurden auf diesem Teil der Grenzkurve die beiden Vierphasenreaktionen bestimmt, die durch die aufeinanderfolgende Berührung mit dem Kristallisationsfeld für Kupfer bzw. α-Bronze, β- und γ-Bronze entstehen (VESZELKA [1220] und JÄNECKE [612]). Dieser Teil des Schaubildes ist für die Erstarrung der Bleibronzen von Wichtigkeit.

Die Mischungslücke des ternären Systems ist gegenüber der des binären erweitert; ebenso erstreckt sie sich zu höheren Temperaturen, so daß die in Abb. 171 gezeichnete kritische Kurve $a-b$ ein Temperaturmaximum bei rund 35% Cu, 15% Sn und 1135 °C besitzt. Die hieran wegen des Widerspruchs zum Schaubild Pb–Cu von BORNEMANN und WAGENMANN [115] geübte Kritik (JÄNECKE [612]) ist gegenstandslos geworden, nachdem der kritische Punkt der Mischungslücke Pb–Cu nun mit etwa 1000 °C gesichert erscheint. Nach der Auffassung von JÄNECKE enthält das Dreistoffsystem außerhalb der Mischungslücke einen ternär eutektischen Punkt, der dicht neben dem binär eutektischen Punkt Pb–Sn liegt. Das ternäre Eutektikum setzt sich aus den Kristallarten Blei, Zinn und der η-Phase der Kupfer-Zinn-Legierungen zusammen. Das Dreistoffsystem ist nicht nur für den Aufbau der zinnhaltigen Bleibronzen von Bedeutung, sondern ebenso für das Verständnis der Weißmetalle.

29. Blei-Magnesium-Zinn

Das Dreistoffsystem enthält als Kristallarten nur die Phasen der Randsysteme, darunter die Metallide Mg_2Pb und Mg_2Sn. Abb. 172 zeigt die räumliche Darstellung des Dreistoffsystems in Atomprozenten, Abb. 173 die Umzeichnung unter Zugrundelegung von Gewichtsprozenten. Der Schnitt Mg_2Sn–Pb ist quasibinär und enthält ein Eutektikum E_6

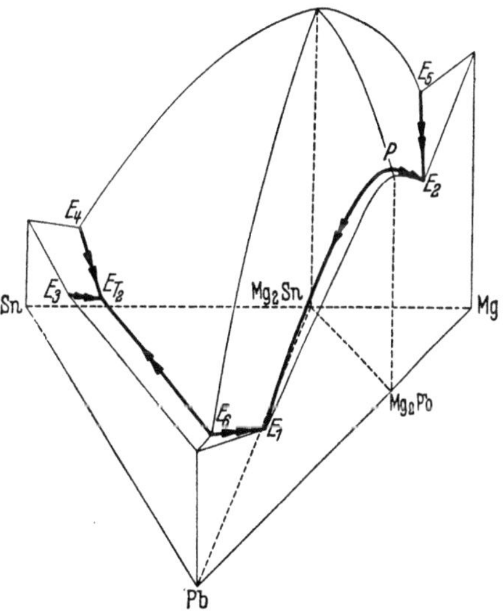

Abb. 172. Blei-Magnesium-Zinn. Räumliche Darstellung in Atomprozenten. Nach v. VEGESACK [1218]

bei 1,0 Gew.-% Mg, 2,5 Gew.-% Sn und 300 °C. Ebenso ist der Schnitt Mg_2Pb–Mg_2Sn quasibinär. Die beiden Phasen haben bei hohen Temperaturen eine beträchtliche gegenseitige Löslichkeit. Dies ermöglicht, daß der Punkt P (Abb. 172) eine peritektische Umsetzung von Schmelze mit Mg_2Sn-Mischkristall zu Mg_2Pb-Mischkristall darstellt. Die von E_6 und P

aus aufeinander zulaufenden Rinnen treffen sich im Punkt E_{T1}, der mit 3,0% Mg, 97,0% Pb und 248 °C praktisch dem binären Eutektikum E_1 von Blei-Mg$_2$Pb entspricht. Die Rinne PE_{T1} ist im Bereich niedrigerer

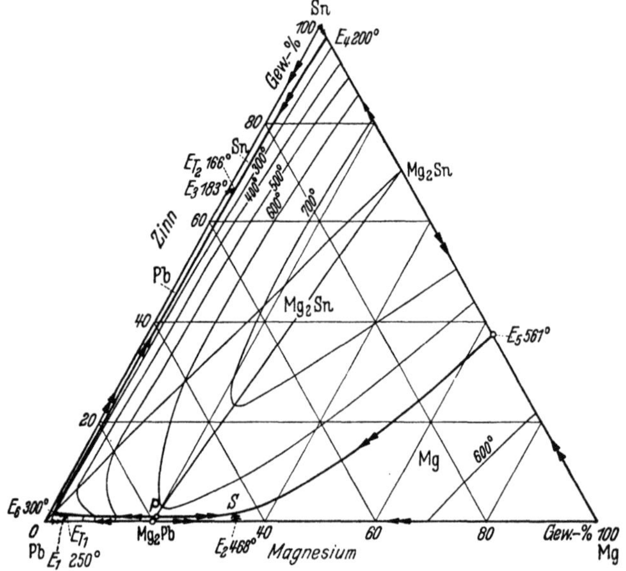

Abb. 173. Blei-Magnesium-Zinn [*612, 1218*]. Umzeichnung in Gewichtsprozente

Temperaturen in geringfügiger Abänderung der Ansicht von v. VEGE-SACK [*1218*] als eutektisch anzusehen, da die gegenseitige Löslichkeit von Mg$_2$Pb und Mg$_2$Sn hier praktisch verschwinden dürfte. Ein zweites ternäres Eutektikum, Mg$_2$Sn-Blei-Zinn, kristallisiert in E_{T2} mit 1,5% Mg, 30% Pb, 68,5% Sn bei 166 °C. Auf Grund des Aufbaues des Dreistoffsystems ist im Bleimischkristall bei der Abkühlung mit dem Auftreten von Mg$_2$Pb- und Mg$_2$Sn-Ausscheidungen zu rechnen. Beides sind leicht zersetzliche Verbindungen.

30. Blei-Natrium-Quecksilber

Das Zustandsschaubild und die Eigenschaften der Legierungen wurden von GOEBEL [*389, 390*] bis zu Gehalten von 7% Hg und 4% Na untersucht. Danach verläuft vom Randsystem Blei-Natrium aus eine eutektische Rinne parallel dem Randsystem Blei-Quecksilber. Die Gleichgewichtskurve wurde in Abb. 174 gestrichelt verlängert, da ein Auslaufen der Kurve durch Identischwerden der beiden eutektischen Kristallarten schon mit Rücksicht auf deren verschiedenartige Struktur nicht möglich ist. Die Löslichkeitsgrenze im System Blei-Natrium wird zu 0,8% Na angenommen. Sie beträgt aber nach Abb. 72 etwa 1,5 Gew.-%.

Durch Zusatz von Quecksilber soll die Löslichkeitsgrenze nach höheren Natriumgehalten hin verschoben werden und z. B. bei 3% Hg, 4,6% Na verlaufen. Eine zur Nachprüfung des Systems hergestellte Legierung mit

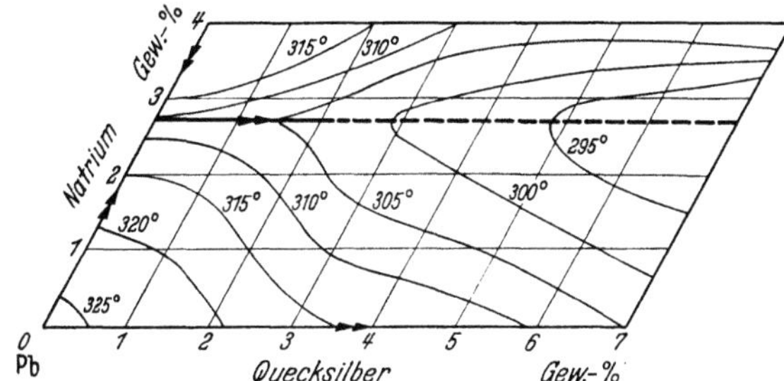

Abb. 174. Blei-Natrium-Quecksilber. Nach GOEBEL

einer Einwaage von 3% Hg und 3% Na erwies sich in der Tat als einphasig, wenn man von körnigen Ausscheidungen im festen Zustand absah.

Die Aushärtbarkeit der Blei-Natrium-Legierungen wurde durch Zusätze von Quecksilber verringert, so daß bei Legierungen unter 1% Na, deren Aushärtung besonders ausgeprägt ist, eine Zugabe von Quecksilber zugleich eine Erhöhung des Natriumgehaltes erforderte, wenn man die gleiche Härte erreichen wollte. Aus Biege- und Stauchversuchen ergab sich eine Steigerung der Zähigkeit von Blei-Natrium-Legierungen durch Quecksilbergehalte. Größte Härte war mit größter Zähigkeit bei Legierungen mit 4 bis 5% Hg und 2 bis 3% Na vereinigt. Für praktische Zwecke, vor allem für Lagermetalle, wurde aber nur ein Natriumgehalt bis zu 2% empfohlen. Die Korrosionsbeständigkeit wurde durch den Quecksilbergehalt günstig beeinflußt. Messungen der Aktivitäten in geschmolzenen Legierungen des Systems können hier nur erwähnt werden (HALLA, HERDY [473]). Beim Schmelzen der Legierungen ist mit der Entwicklung von Quecksilberdämpfen zu rechnen. Die Legierungen haben sich daher in der Praxis nicht eingeführt.

31. Blei-Natrium-Zinn

Ähnlich wie im System Blei - Natrium - Quecksilber verläuft eine eutektische Rinne von dem einen Randsystem aus parallel zum andern (Abb. 175). Die Aushärtbarkeit der ternären Legierungen ist geringer als die der binären Blei-Natrium-

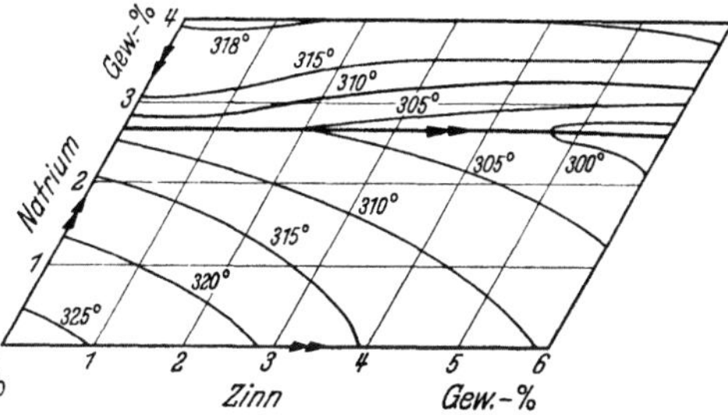

Abb. 175. Blei-Natrium-Zinn. Nach GOEBEL

Legierungen. Biege- und Stauchversuche ergaben dagegen eine Erhöhung der Zähigkeit, vor allem bei größeren Zinngehalten.

32. Blei-Schwefel-Silber

Der grundsätzliche Aufbau des Dreistoffsystems innerhalb des Vierecks Blei-Bleisulfid-Silbersulfid-Silber wurde von JÄNECKE [612] angegeben und von VOGEL [1229] weiter ausgearbeitet. Das von ihm auf-

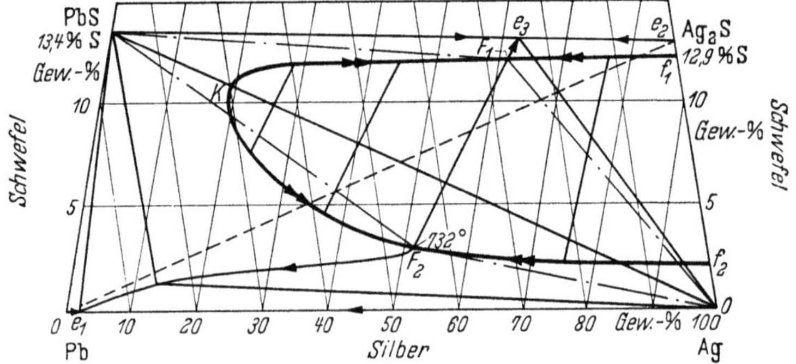

Abb. 176. Teilsystem Blei-Silber-Schwefel. Nach VOGEL

gestellte Schaubild des Teilsystems (Abb. 176) gründet sich auf die
thermische Analyse des Schnittes Silber-Bleisulfid, im übrigen auf die
aus dem Schrifttum bekannten Randsysteme. Das Schaubild enthält
die vier Kristallisationsfelder der Phasen der Randsysteme Blei, PbS,
Ag_2S, Silber. Die von der Silber-Silbersulfid-Seite ausgehende Mischungslücke reicht weit in das Kristallisationsfeld von Bleisulfid hinein. Von
der Grenzkurve der Mischungslücke laufen eutektische Rinnen zu den
binären Eutektiken e_3 bzw. e_1 der Randsysteme. $F_1 e_3$ stellt das binäre
Eutektikum Bleisulfid-Silber dar, die Rinne $F_2 e_1$ gleichfalls das Eutektikum Bleisulfid-Silber. Es ergeben sich drei nonvariante Gleichgewichte.
In der Vierphasenebene F_1-Silber-F_2-Bleisulfid spielt sich die Reaktion
Schmelze F_1 + Schmelze $F_2 \leftrightarrows$ Silber + Bleisulfid ab. e_3 stellt das ternäre Eutektikum von Bleisulfid mit Silbersulfid und metallischem Silber
dar. Seine Zusammensetzung fällt praktisch mit der des binären Eutektikums Bleisulfid-Silbersulfid zusammen. Ebenso bedeutet e_1 in Wirklichkeit ein ternäres Eutektikum von Blei mit Silber und Bleisulfid, dessen
Zusammensetzung praktisch mit der des Blei-Silber-Eutektikums
identisch ist. Die Begrenzung der Mischungslücke nach der Bleisulfid-
ecke hin wurde aus dem Verschwinden der letzten Tropfen im Gefügebild
der Legierungen gefolgert. Der kritische Punkt K liegt bei etwa 20% Ag,
11% S, 69% Pb.

33. Blei-Schwefel-Zinn

Das Dreistoffsystem wurde innerhalb des Vierecks Pb–PbS–SnS–Sn von VOGEL und ZASTERA [*1230*] untersucht (Abb. 177). Eine Neubestimmung des Randsystems PbS–SnS ergab das Vorhandensein von

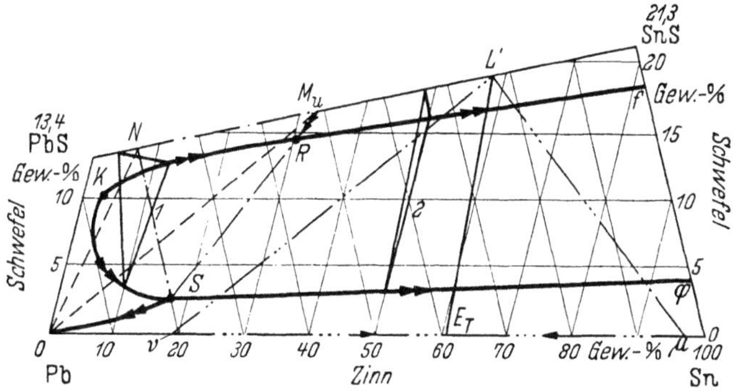

Abb. 177. Teilsystem Blei-Schwefel-Zinn. Nach VOGEL und ZASTERA

zwei kristallisierten Phasen: PbS, das eine gewisse Menge an SnS in fester Lösung aufnimmt, und Mischkristall SnS, dessen Homogenitätsgebiet bis fast zur Zusammensetzung $PbSnS_2$ reicht. Die Annahme dieses Mischkristallgebietes ist in Übereinstimmung mit einer den Verfassern [*1230*] nicht bekannt gewesenen früheren Arbeit des Autors [*553*]. Letzterer hatte die Kristallstrukturen von SnS und $PbSnS_2$, das als Mineral Teallit in der Natur vorkommt, bestimmt und bei beiden Stoffen die gleiche Struktur festgestellt. Liquidus- und Solidus-

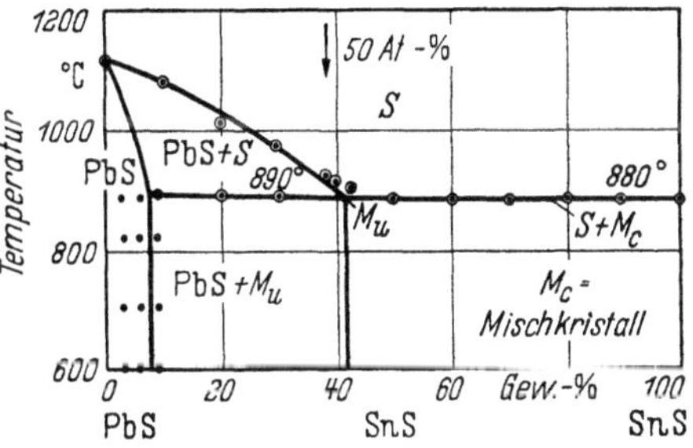

Abb. 178. Binärer Schnitt PbS-SnS. Nach VOGEL
und ZASTERA

kurve fallen in der rechten Hälfte des Randsystems (Abb. 178) praktisch zusammen. Die Horizontale im linken Teil des Schaubildes stellt ein peritektisches Dreiphasengleichgewicht dar. Die Zusammensetzung der Schmelze, die mit PbS reagiert, ist praktisch identisch mit der Zusammensetzung M_u des bei der Reaktion entstandenen SnS-Mischkristalls. Die von der Sn–SnS-Seite des Dreistoffsystems ausgehende Mischungslücke im flüssigen Zustand erstreckt sich bis zum kritischen Punkt K bei 87% Pb, 3% Sn, 10% S und 1060 °C. Von der PbS–SnS-Seite aus läuft eine Umwandlungskurve M_u–R zur Grenzkurve der Mischungslücke und auf der andern Seite der Mischungslücke vom Punkt S zur Bleiecke. Die beiden Äste der Umwandlungskurve stellen peritektische Dreiphasengleichgewichte Schmelze + PbS-Mischkristall ⇋ SnS-Mischkristall dar. In die Punkte R und S münden die Schichtungskurven KR und KS, die monotektische Dreiphasengleichgewichte, z. B. „sulfidreiche Schmelze ⇋ PbS + bleireiche Schmelze" bedeuten. Durch Zusammentreffen der peritektischen und der monotektischen Dreiphasenräume entsteht eine Vierphasenebene M_u–R–S–N, die praktisch ein Dreieck darstellt. Hier spielt sich bei 860 °C die Reaktion

$$\text{Schmelze } R + \text{Bleisulfid-Mischkristall } N \rightleftharpoons \text{Schmelze } S + \text{Zinnsulfid-Mischkristall } M_u$$

ab. Aus der Temperaturlage der Punkte R und S ersieht man, daß die Teile f–R und φ–S der Schichtungskurve sehr flach verlaufen. Der Haupttemperaturanstieg der Schichtungskurve erfolgt erst zwischen R und S und dem kritischen Punkt K. Bemerkenswert in dem Dreistoffsystem ist, daß die Kristallisationsfläche des SnS-Mischkristalls praktisch bis zum Randsystem Pb–Sn verläuft. Am Ende der Kristallisation schwefelhaltiger Pb–Sn-Legierungen erstarren daher praktisch schwefelfreie Legierungen. Die vom Punkt S zur Bleiecke verlaufende peritektische Rinne mündet im Idealdiagramm in eine eutektische Rinne ein, die von der Blei-Bleisulfidseite aus parallel der Blei-Zinnseite zum Eutektikum Zinn-Zinnsulfid verläuft. Es ergeben sich theoretisch zwei Vierphasengleichgewichte, zunächst eine peritektische Vierphasenebene in der Bleiecke „Schmelze + PbS ⇋ SnS-Mischkristall + Pb". Zwei Punkte dieser Vierphasenebene fallen nahezu mit dem Bleieckpunkt zusammen. Ganz dicht neben dem binären Eutektikum Pb–Sn und mit ihm praktisch zusammenfallend liegt der ternär eutektische Punkt E_T. In dem ternären Eutektikum ist aber der Anteil an SnS-Mischkristall der Zusammensetzung L' verschwindend gering.

34. Blei-Silber-Zink

Wegen der Wichtigkeit des Dreistoffsystems zum Verständnis der Zinkentsilberung nach PARKES wurde seine Untersuchung schon am Ende des vorigen Jahrhunderts in Angriff genommen. Die Bestimmung der Mischungslücke in diesen älteren Arbeiten (WRIGHT [1290], MATHEWSON und SCOTT [806], BOGITSCH [102]) ist in der ersten Auflage dieses Buches besprochen worden und soll hier nicht wiederholt werden. Genauere Ergebnisse lieferte eine Arbeit von KREMANN [705] unter Verwendung der thermischen Analyse. Die Schmelzen wurden offenbar nicht gerührt, so daß Schichtenbildung eintrat. Die Temperatur des Beginns der Erstarrung wird dadurch kaum beeinflußt. Die Grenze der

Mischungslücke bei der Temperatur der beginnenden Erstarrung gegen das Randsystem Silber-Zink wurde aus dem Maximum der Haltezeit ermittelt. Aus den in Tabellen mitgeteilten Haltepunkten kann man auch ungefähr die Richtung der Konoden ermitteln. Der kritische Punkt folgt aus den thermischen Daten nicht mit genügender Genauigkeit, da die Grenzkurve der Mischungslücke in seiner Nähe sehr flach verläuft. HENGLEIN und KÖSTER [509] haben unter weitgehender Verwendung der Unterlagen von KREMANN [705] ein vollständiges Dreistoffsystem

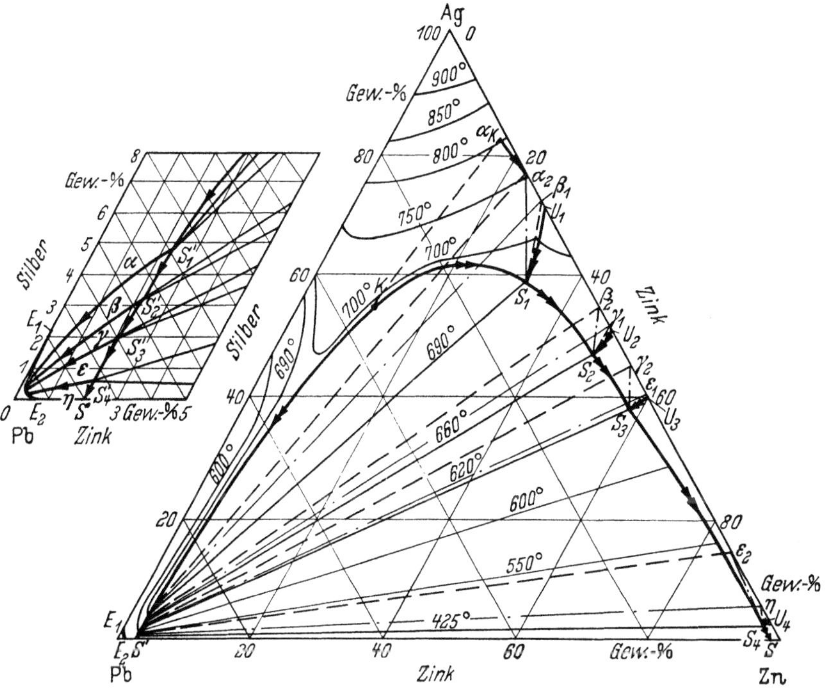

Abb. 179. Blei-Silber-Zink. Nach HENGLEIN und KÖSTER

nach Abb. 179 entworfen. Die Grenzkurve der Mischungslücke wurde nochmals experimentell festgelegt und gute Übereinstimmung mit den Ergebnissen der vorhergehenden Arbeit gefunden. Die Mischungslücke berührt die Kristallisationsflächen sämtlicher Phasen des Randsystems Silber-Zink. Mit der kritischen Schmelze, deren Zusammensetzung bei etwa 55% Ag, 34% Pb, 11% Zn liegt, ist ein Mischkristall α_k im Gleichgewicht. Die Kurve α_k—α_2 stellt die silberreichen Mischkristalle dar, die den Schmelzen auf der Entmischungskurve links und rechts von K zugeordnet sind. Von den vier peritektischen Punkten des Silber-Zink-Systems aus verlaufen Rinnen in Richtung zur Entmischungskurve.

Es ergeben sich die vier Schnittpunkte S_1 bis S_4 mit den zugehörigen nonvarianten Gleichgewichten:

$$S_1 + \alpha_2 \leftrightharpoons S_1' + \beta_1 \text{ bei } 690\,°\mathrm{C} \qquad S_3 + \gamma_2 \leftrightharpoons S_3' + \varepsilon_1 \text{ bei } 620\,°\mathrm{C}$$
$$S_2 + \beta_2 \leftrightharpoons S_2' + \gamma_1 \text{ bei } 660\,°\mathrm{C} \qquad S_4 + \varepsilon_2 \leftrightharpoons S_4' + \eta \text{ bei } 425\,°\mathrm{C}.$$

Dabei bedeutet S_i' $(i = 1 \cdots 4)$ den Endpunkt der von S_i ausgehenden Konode in der Bleiecke.

SEITH und HELMOLD [1103] untersuchten sehr genau die Form und Begrenzung der Mischungslücke. Nach vollständiger Trennung der beiden

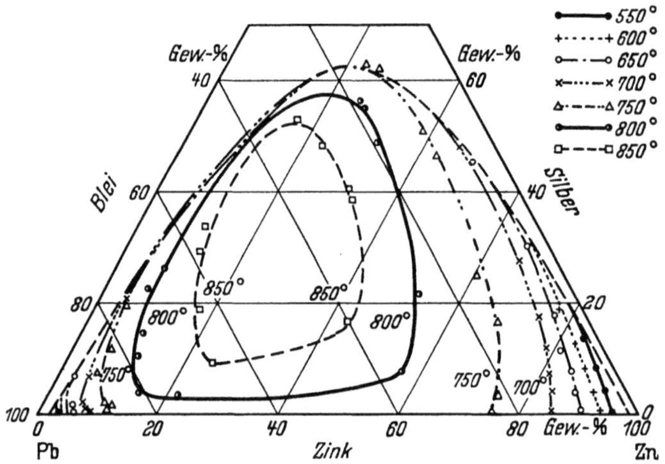

Abb. 180. Isotherme Schnitte durch die Mischungslücke im System Blei-Silber-Zink. Grenze der Mischungslücke gegen die Räume mit festen Phasen. Nach SEITH und HELMOLD

Schmelzen im Tiegel wurde ein Teil der unteren Schmelze durch ein Loch im Boden entnommen. Die Proben aus der oberen Schicht konnten abpipettiert werden. Die so ermittelte Grenzkurve der Mischungslücke (Abb. 180) stimmt gut mit den früheren Bestimmungen überein. Die in Abb. 180 der Übersichtlichkeit halber nicht eingezeichneten Konoden laufen von der Bleiecke aus fächerförmig auseinander. Dies ist ein Ausdruck der Tatsache, daß Silber bevorzugt von der zinkreichen Schmelze aufgenommen wird. Die Verfasser fanden, daß eine durch eine Konode eines isothermen Schnittes gelegte vertikale Ebene in allen darüber und darunter liegenden isothermen Schnitten ebenfalls Konoden trifft. Diese vertikalen Konodenschnitte haben eine gewisse Ähnlichkeit mit quasi-binären Schnitten. Es zeigte sich ferner, daß die Mitten sämtlicher Konoden des Zweiphasenraums auf einer Ebene liegen. Die Mischungs-lücke schließt sich bei einem absoluten Maximum oberhalb 850 °C. Gegen die Silberecke zu fällt die Begrenzungsfläche der Mischungslücke zwischen 700 und 750 °C senkrecht ab.

Der grundsätzliche Aufbau der Bleiecke ist nach HENGLEIN und KÖSTER [509] in einer Nebenzeichnung zu Abb. 179 vergrößert dargestellt. Eine eutektische Rinne $E_2 - E_1$ verläuft vom Blei-Zink-Eutektikum zum Blei-Silber-Eutektikum. Zwischen der Mischungslücke und dieser eutektischen Rinne liegen eng zusammengedrängt die Kristallisationsflächen sämtlicher Phasen des Silber-Zink-Systems. Die Umsetzungen der Phasen unter sich und mit der Schmelze wurden in diesem Teil des Schaubildes nicht näher untersucht. Die Umsetzungen auf der eutektischen Rinne, die sich aus ihren Schnittpunkten mit den Kurven der Dreiphasengleichgewichte ergeben, sind für die Zinkentsilberung praktisch ohne Bedeutung, da diese bei etwa 330 °C beendet ist, also noch bevor die Schmelze die eutektische Rinne erreicht.

Bei der Zinkentsilberung handelt es sich darum, Silbergehalte der Größenordnung 0,2% durch zwei- oder dreimalige Zugabe von Zink als

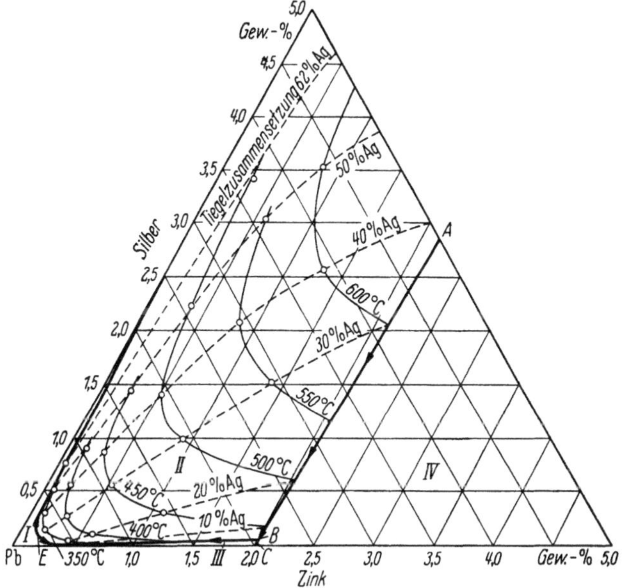

Abb. 181. Bleiecke des Systems Blei-Silber-Zink. Nach JOHANNSEN und LANGE-EICHHOLZ

Zinkmetall oder als Armschaum auf einen Endgehalt der Größenordnung 5 g Silber/t Blei zu senken. Die Zinkzugaben überschreiten kaum die Größe von 1% Zn des Einsatzgewichts, d. h. die Zinkentsilberung spielt sich zwischen der Bleiecke und der Grenzkurve der Mischungslücke im flüssigen Zustand ab. Für das Verständnis dieses Vorgangs im einzelnen ist die Kenntnis der genauen Lage der eutektischen Rinne und der Isothermen von Wichtigkeit. In Abb. 181 ist die eutektische Kurve nach einer Bestimmung von JOHANNSEN und LANGE-EICHHOLZ [621] dargestellt. Die gestrichelten Kurven bedeuten den Weg der Zusammensetzung der Schmelzen bei sinkender Temperatur. Zur Aufstellung dieser Kurven wurden Bleischmelzen in Tiegeln aus Blei-Zink-Legierungen entsprechend den Bezeichnungen der einzelnen gestrichelten Kurven bis zur Einstellung des Gleichgewichts gehalten und die jeweiligen Änderungen der Zusammensetzung der Bleischmelze ermittelt. Ähnliche Kurven konnten gewonnen werden, wenn man die Änderung der Zusammensetzung der Schmelze mit sinkender Temperatur verfolgte. Die Tangenten an die Kurven geben in ihren Schnittpunkten mit der Silber-Zink-Seite die Zusammensetzung des mit dem betreffenden Kurvenpunkt im Gleichgewicht befindlichen Silber-Zink-Kristalls. Die Entsilberung muß so geleitet werden, daß man bei der Abkühlung nach der letzten Zinkzugabe mit der Zusammensetzung der Schmelze in einem Punkt der 330 °C-Isotherme einmündet, der bei 0,58% Zn oder etwas höheren Zinkgehalten liegt. Die 330 °C-Isotherme nähert sich bei 0,58% Zn dem Randsystem Blei-Zink so dicht, daß die Schmelze nur noch den gewünschten, niedrigen Silbergehalt enthält. Die Annahme eines ternären Eutektikums, wie sie von JOHANNSEN und LANGE-EICHHOLZ [621] getroffen wird, scheint für das Verständnis der Zinkentsilberung nicht notwendig zu sein. Wenn die Projektion des Verlaufs der eutektischen Rinne zwar durch

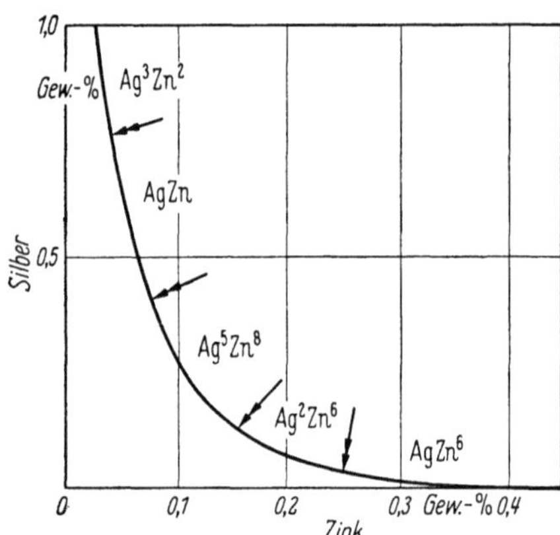

Abb. 182. Eutektische Rinne im System Blei-Silber-Zink. Nach JOLLIVET

JOLLIVET [628] sehr genau festgelegt wurde (Abb. 182), so ist es doch noch unsicher, ob die Rinne von der Zink-Blei-Seite aus zur Blei-Silber-Seite abfällt oder, wie es KREMANN [705] annahm, über ein flaches Temperaturmaximum verläuft. JOHANNSEN und LANGE-EICHHOLZ [621] machen genaue Angaben über die Ergebnisse von Betriebsentsilberungen und über die wirtschaftliche Durchführung des Verfahrens.

35. Blei-Silber-Zinn

Der Aufstellung des Dreistoffsystems durch PARRAVANO [933] (Abb. 183) lag ein binäres System Silber-Zinn mit nur einer inkongruent schmelzenden intermetallischen Verbindung Ag$_3$Sn zugrunde. Die vom Punkt P_2 des Randsystems aus verlaufende peritektische Kurve vereinigt sich mit der vom Randsystem Blei-Silber ausgehenden eutektischen

Rinne im Punkt S bei 300 °C. An dem zugehörigen Vierphasengleichgewicht muß nach der jetzigen Kenntnis des Systems Silber-Zinn (HANSEN [488]) die ζ-Phase beteiligt sein. Die Vierphasenebene ist demnach durch die Eckpunkte S, ε (Ag_3Sn), ζ, Bleimischkristall begrenzt. Der Verlauf der von P_1 ausgehenden Übergangskurve ist nicht bekannt. Das ternäre Eutektikum von Blei mit Zinn und Ag$_3$Sn liegt nach einer genauen Bestimmung von EARLE [266] bei 62,5% Sn, 36,15% Pb, 1,35% Ag und 178 °C. EARLE hat weiter die Isothermen der Liquidusflächen in der Bleiecke genauer bestimmt (Abb. 184). Danach hat die vom Blei-Silber-Eutektikum zum ternären Eutektikum verlaufende binär eutektische Rinne ein Temperaturmaximum im Punkt E (1,75% Ag,

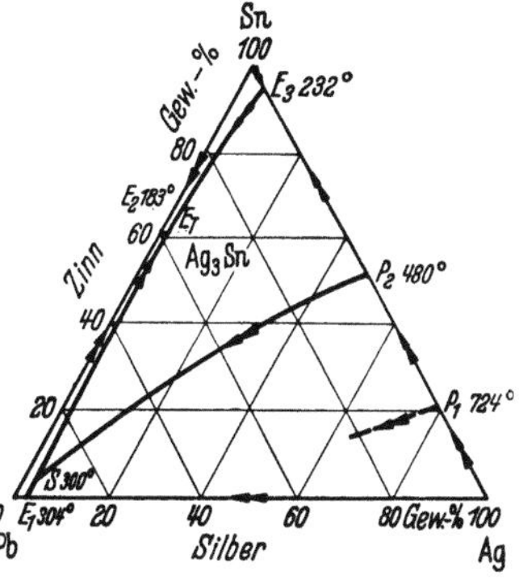

Abb. 183. Blei-Silber-Zinn.
Nach PARRAVANO

0,7% Sn) zwischen 309 und 310 °C. Wie es sein muß, liegt der Punkt E auf der Verbindungslinie zwischen der Bleiecke und der Verbindung Ag$_3$Sn. Er stellt das Eutektikum zwischen Blei und Ag$_3$Sn

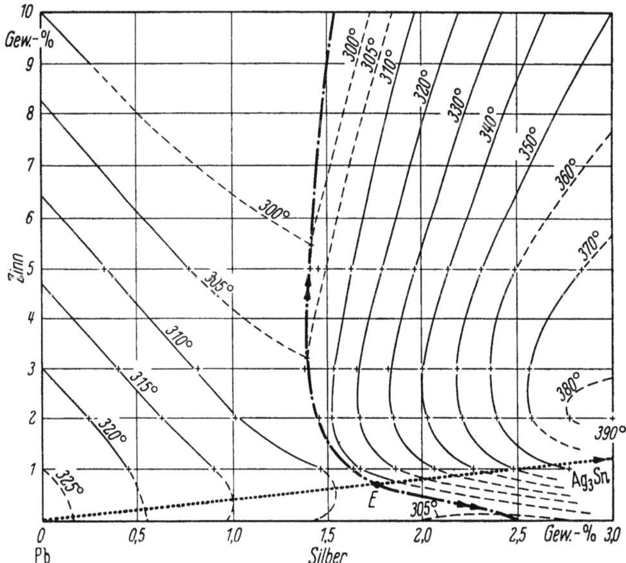

Abb. 184. Isothermen der Liquidusflächen in der Bleiecke des Systems Blei-Silber-Zinn. Nach EARLE

dar. Weitere Angaben über die Kristallisationsfelder in dem Gebiet rechts von der eutektischen Rinne der Abb. 184 wurden von EARLE nicht gemacht. Das Schaubild bedarf daher einer weiteren Bearbeitung.

11*

Über das Mischkristallgebiet in der Bleiecke finden sich bei GARRE und VOLLMERT [358] sowie bei EARLE [266] einige qualitative Angaben. Danach erstreckt sich von der Bleiecke aus in Richtung Ag_3Sn ein Mischkristallgebiet. Die Löslichkeit sinkt mit abnehmender Temperatur, da langsam gekühlte Proben weicher sind als von 250 °C abgeschreckte; doch ist keine Aushärtung vorhanden. Die Legierungen haben als Weichlote eine gewisse Bedeutung erlangt. EARLE gibt als optimale Zusammensetzung Silbergehalte von 1,5 bis 1,75% bei Zinngehalten von 0,7 bis 1% an und beschreibt die Verwendung ähnlicher Legierungen zum Löten von Konservendosen mit Hilfe von Lötautomaten (bodymaker). Auch Lote mit einer Zusammensetzung nahe dem ternären Eutektikum haben praktische Bedeutung. Der Silbergehalt soll bei ihnen unter 1,5% liegen, da sonst die Gefahr von Silberverlusten durch Ausscheidung von Ag_3Sn besteht. Der Silbergehalt der Blei-Zinn-Lote bringt einen gewissen Vorteil, wenn man bei Feinlötungen von metallischem Silber die Auflösung des Silbers verringern will (KEIL [651], WEIGERT [1254]).

36. Blei-Wismut-Zink

Bezüglich der Randsysteme Blei-Wismut und Blei-Zink sei auf den Abschnitt über die Zweistoffsysteme verwiesen. Wismut-Zink besitzt wie Blei-Zink eine Mischungslücke im flüssigen Zustand, die bei der monotektischen Temperatur von 416 °C sich von 98,1 bis zu 15,5% Zn erstreckt. Auf der Wismutseite liegt ein Eutektikum Wismut-Zink bei 2,7% Zn und 254,5 °C (HANSEN [488], KLEPPA [674], SEITH, JOHNEN und WAGNER [1105]). Zur Festlegung der Mischungslücke im Dreistoffsystem analysierte FINKE [319] an sechs langsam abgekühlten Legierungen die Zusammensetzung der oberen und der unteren Schicht. MUZAFFAR und RAM CHAND [886] legten die Begrenzung der Mischungslücke und die zum Randsystem Blei-Wismut hin liegenden Kristallisationsfelder genauer fest. Dabei konnte das schon von JÄNECKE [615] vermutete ternäre Eutektikum bestätigt werden. SEITH und Mitarbeiter [1105] haben in letzter Zeit ein Differenzverfahren der Thermoanalyse ausgearbeitet, mit dessen Hilfe man den Beginn der Entmischung genau feststellen kann. Damit untersuchten sie auch den Bereich der Schichtenbildung in vorliegendem System. An den früheren Bestimmungen des Dreistoffsystems wurden gleichzeitig einige Verbesserungen vorgenommen, so daß das Schaubild nun sehr genau festgelegt ist (Abb. 185).

Die Mischungslücke des Dreistoffsystems bildet danach einen stetigen Übergang zwischen den beiden Randsystemen Blei-Zink und Wismut-Zink. Der Temperaturabfall auf der Schichtungskurve vom Monotektikum M_1 der Blei-Zink-Seite zum Monotektikum M_3 der Wismut-Zink-Seite beträgt nur wenige Grade. An die beiden Begrenzungskurven der Mischungslücke zur Zinkecke und zum Randsystem Blei-Wismut hin schließt sich das Kristallisationsfeld für Zink an. Die von den drei Randsystemen ausgehenden binär eutektischen Rinnen E_1–E_T, E_2–E_T und E_3–E_T vereinigen sich im ternären Eutektikum E_T mit 55% Bi, 43% Pb, 2% Zn bei 124 °C (Begrenzung der eutektischen Vierphasen-

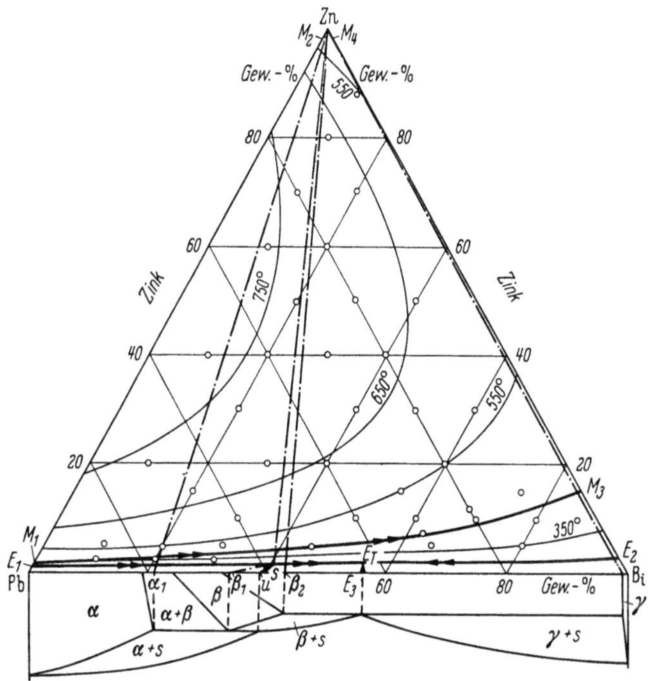

Abb. 185. Blei-Wismut-Zink. Nach SEITH, JOHNEN und WAGNER

ebene durch β_2-Zn-γ-β_2). Vom Punkt U des Randsystems Blei-Wismut aus verläuft eine peritektische Rinne in das Dreistoffsystem, die der Umsetzung Schmelze $+ \alpha \leftrightarrows \beta$ entspricht. Sie trifft die eutektische Rinne E_1–E_T im Punkt S bei 160 °C. Die peritektische Vierphasenebene α_1-Zn-S-β_1 stellt die Umsetzung $\alpha +$ Schmelze $\leftrightarrows \beta +$ Zn dar. Längs der von E_1 ausgehenden eutektischen Rinne kristallisiert bis zum Punkt S das binäre Eutektikum Blei $+$ Zink, vom Punkt S ab das Eutektikum $\beta +$ Zink. Es handelt sich somit im Punkt E_T um ein ternäres Eutektikum von β mit Wismut und Zink. Die Löslichkeit von Zink in den festen Phasen des Randsystems Blei-Wismut ist sicher so gering, daß sie im Rahmen der Bestimmung des Dreistoffschaubildes nicht berücksichtigt werden mußte. Die Aufteilung des Dreistoffschaubildes in Ein-, Zwei- und Dreiphasengebiete im festen Zustand kann anhand von Abb. 185 unschwer vorgenommen werden.

37. Blei-Wismut-Zinn

Das von CHARPY [189] aufgestellte Zustandsschaubild bedurfte einer
Revision, da man inzwischen die ihm noch unbekannte β-Phase des
Systems Blei-Wismut aufgefunden hatte. Ho [535] stellte auf der Grund-

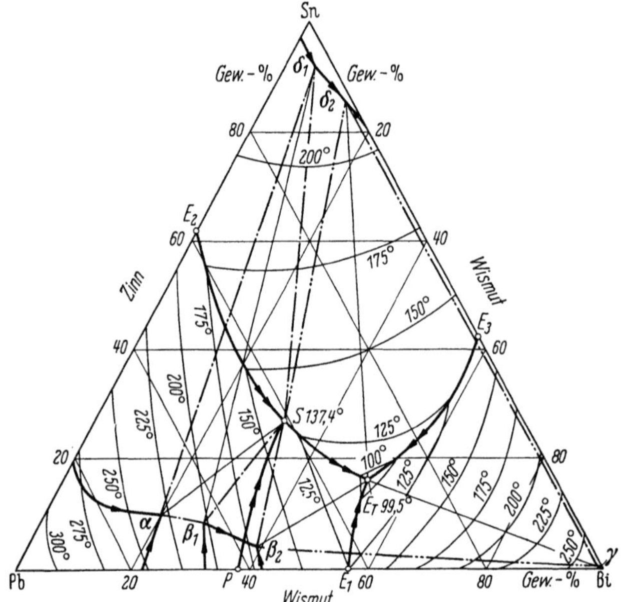

Abb. 186. Blei-Wismut-Zinn. Nach CHARPY sowie HO und Mitarbeitern

lage der Arbeit von CHARPY, die durch die thermische, mikroskopische
und röntgenographische Untersuchung von drei Vertikalschnitten bei
5, 15 und 65% Sn ergänzt wurde, das in Abb. 186 wiedergegebene Dreistoffschaubild auf. Es enthält eine peritektische Vierphasenebene mit
den Eckpunkten

$$\begin{array}{llll}
\alpha: & 70{,}6\%\ \text{Pb} & 20{,}0\%\ \text{Bi} & 9{,}4\%\ \text{Sn} \\
\beta_1: & 63{,}9\%\ \text{Pb} & 27{,}9\%\ \text{Bi} & 8{,}2\%\ \text{Sn} \\
S: & 40{,}8\%\ \text{Pb} & 32{,}6\%\ \text{Bi} & 26{,}6\%\ \text{Sn} \\
\delta_1: & 2{,}9\%\ \text{Pb} & 5{,}4\%\ \text{Bi} & 91{,}7\%\ \text{Sn.}
\end{array}$$

Die Zusammensetzung des ternär eutektischen Punkts E_T wurde mit
32% Pb, 52% Bi und 16% Sn von CHARPY [189] übernommen. Die Eckpunkte der ternär eutektischen Vierphasenebene liegen bei

$$\begin{array}{llll}
\beta_2: & 57{,}0\%\ \text{Pb} & 39{,}5\%\ \text{Bi} & 3{,}5\%\ \text{Sn} \\
\gamma: & 0{,}5\%\ \text{Pb} & 99{,}0\%\ \text{Bi} & 0{,}5\%\ \text{Sn} \\
& \text{(angenommen)} & & \\
\delta_2: & 0{,}8\%\ \text{Pb} & 13{,}5\%\ \text{Bi} & 85{,}7\%\ \text{Sn.}
\end{array}$$

Die Temperatur des ternären Eutektikums wurde zu 99,5 °C ermittelt. GERSHMAN [*370*] prüfte das Dreistoffschaubild mit Hilfe der thermodynamischen Analyse nach und bestätigte das bestehende Schaubild.

Die Abb. 187 zeigt das Gefüge der ternär eutektischen Legierung, Abb. 188 stellt eine Legierung aus dem Primärkristallisationsfeld von β dar. In den Legierungen nahe dem ternären Eutektikum wurden mehrmals und mit verschiedenen Methoden Umwandlungen im festen Zustand gefunden. Erwähnt sei vor allem eine Arbeit, die sich auf Roses Metall mit 27,545% Pb, 48,902% Bi und 23,553% Sn bezieht (FLEISCHMANN

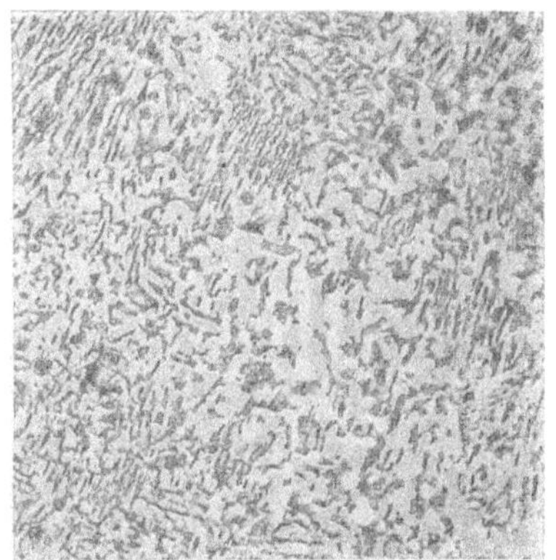

Abb. 187. 52% Bi, 16% Sn. Dunkel: β-Phase Blei-Wismut. Weiß: Zinn. Hellgrau: Wismut. Ternär eutektische Legierung. 500:1

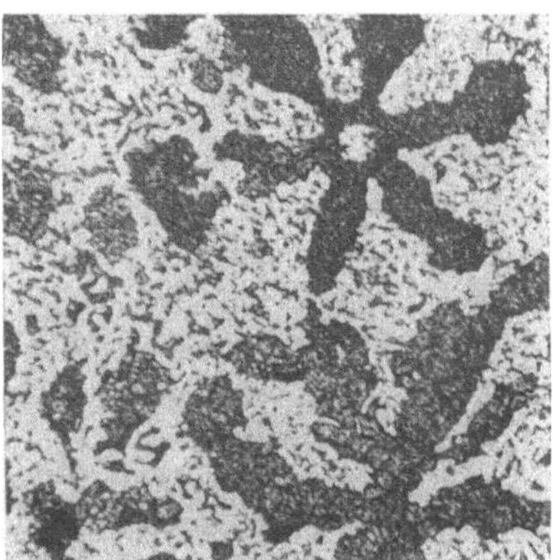

Abb. 188. 44% Bi, 15% Sn, Rest Blei. Gußzustand. Hexagonaler Primärkristall aus β (dunkel) in eutektischer Grundmasse von $\beta + \delta$ und $\beta + \gamma + \delta$. 500:1. Nach HO, HOFMANN und HANEMANN

[*328*]). Aus der Schmelze kristallisiert danach die sogenannte σ-Modifikation. Sie geht beim Abkühlen bei 60 °C in α über. Dieses wandelt sich beim Erwärmen oberhalb 76 °C in β um; β ist nicht identisch mit der definierten β-Kristallart des Schaubildes (Abb. 186). Die Umwandlung $\alpha \leftrightarrows \beta$ ist reversibel und kann beliebig oft wiederholt werden, wobei in einem beschränkten Temperaturgebiet Überhitzung und Unterkühlung möglich ist. Der Übergang $\alpha \rightarrow \beta$ erfolgt unter Volumenverminderung von 0,61% und Widerstandszunahme. Die Volumenänderung war bereits im Jahre 1827 beobachtet worden (ERMANN und SPRING [*288*]). Im Gegensatz zu der $\alpha \leftrightarrows \beta$-Umwandlung konnte σ nur durch neues Schmelzen erhalten werden. Dies legt die Vermutung nahe, daß dem Auftreten von „σ" mangelnde Gleichgewichtseinstellung beim Erstarren zugrunde liegt oder daß bei einer bestimmten Unterkühlung, ähnlich wie im System Blei-Zinn geschildert, plötzlich Entmischung einer übersättigten festen Lösung stattfindet.

Die $\alpha \leftrightarrows \beta$-Umwandlung wurde in einer weiteren umfangreichen Arbeit an 43 verschiedenen Legierungen dilatometrisch untersucht (ISIHARA [606]) und das obige Ergebnis bestätigt. Die Natur der Umwandlung wurde dagegen nicht befriedigend gedeutet.

KEIL [650] teilt weitere Beobachtungen mit, die mit der erwähnten Umwandlung zusammenhängen. Ein kleines Gußstück erwärmt sich nach dem Abschrecken um 10 Grad über Raumtemperatur. Der Vorgang dauert etwa 20 min, dabei sinkt die Kleinlasthärte von etwa 15 auf 5 kg/mm² ab, das ursprünglich spröde Werkstück ist plastisch geworden.

Clara DI CAPUA [178] beschäftigte sich in einer ausgedehnten Arbeit mit der Brinellhärte der ternären Legierungen im Gußzustand und nach 15tägigem Anlassen bei 80 °C. Es sei aus dem Ergebnis herausgegriffen, daß bei allen Legierungen, vielleicht außer der ternär eutektischen, durch die Wärmebehandlung die Härte vermindert wurde. Dies beruht wohl auf Entmischung der im Gußzustand übersättigten festen Lösungen. Von den gegossenen Legierungen war die ternär eutektische durch ein Härteminimum ausgezeichnet.

Die Legierungen sind als leichtflüssige Legierungen und Lote von Bedeutung. Sie eignen sich wegen der raschen Volumenzunahme nach der Erstarrung besonders als Einbettmassen und für Verankerungen (KEIL [650]). WILKENSON [1272] studierte den Angriff von Blei (32 Gew.-%) — Zinn (16 Gew.-%) — Wismut (52 Gew.-%) — Schmelzen auf metallische Werkstoffe wie Al, Armoceisen, Gußeisen, Be, Ti, Zr und auf eine Anzahl von Stählen. Flüssige Legierungen ähnlicher Zusammensetzungen interessieren möglicherweise als Wärmeüberträger in der Reaktortechnik. Aus den umfangreichen Ergebnissen sei hervorgehoben, daß sich Beryllium noch bei 500 °C, Molybdän sogar bei 800 °C als widerstandsfähig erwies. Ein Sauerstoffgehalt der Schmelze verzögerte den Angriff auf nichtrostenden Stahl (Oxydfilm!), beschleunigte dagegen die Auflösung von Kohlenstoffstahl und Gußeisen.

Erwähnt sei endlich eine Arbeit von NIWA [900], in der u. a. über den Einfluß von Wismut auf den Diffusionskoeffizienten von Zinn in Blei-Zinn-Schmelzen berichtet wird.

38. Blei-Zink-Zinn

WRIGHT [1288] gab bereits im Jahre 1891 eine ungefähre Abgrenzung der Mischungslücke im flüssigen Zustand auf Grund der Schichtenbildung bei 650 und 800 °C. Eine genauere Untersuchung des Dreistoffsystems führten LEVI-MALVANO und CECCARELLI [745] mit Hilfe der thermischen Analyse durch (Abb. 189). Da die Grenzkurve der Mischungslücke in der Bleiecke nach dieser Arbeit bei einem zu hohen Zinkgehalt in das Randsystem Blei–Zink einmündet, ist sie hier gestrichelt gezeichnet. Die Mischungslücke fällt nur in das Kristallisationsfeld von Zink, der

Aufbau des Dreistoffsystems ist daher einfach. Die von den drei Randsystemen ausgehenden binär eutektischen Rinnen vereinigen sich im ternären Eutektikum E_T bei 24% Pb, 71% Sn, 5% Zn und 177 °C. Ein Schnitt durch die Mischungslücke bei 520 °C wurde von MONDAIN-MONVAL und GABRIEL [863] aufgestellt.

39. Schlußbemerkung

Im vorausgegangenen Abschnitt wurden in erster Linie die Dreistoffsysteme behandelt, deren Aufbau sich schaubildlich darstellen läßt. Bruchstückartige Angaben, die sich auf andere Dreistoffsysteme beziehen, finden sich im Schrifttum verstreut. Erwähnt seien zum Beispiel

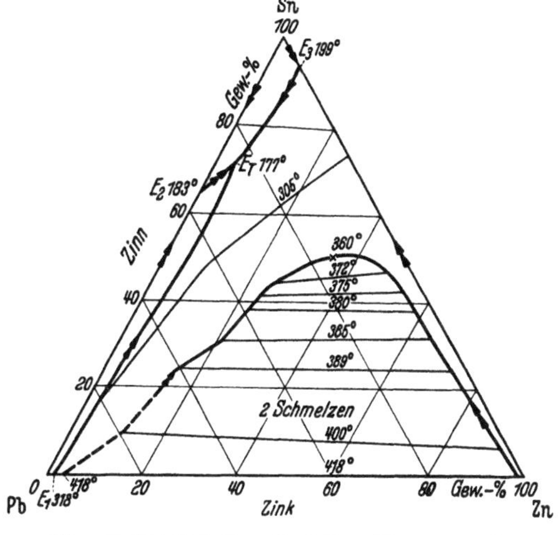

Abb. 189. Blei-Zink-Zinn. Nach LEVI-MALVANO und CECCARELLI

Angaben von JOLLIVET [630] zum System Blei-Arsen-Zink und zu den Systemen Blei-Antimon-Natrium und Blei-Arsen-Natrium, deren Studium durch metallurgische Arbeiten von KROLL [710] sowie von BETTERTON und LEBEDEFF [77] (S. 6) angeregt wurde. Weiter seien die Ergebnisse von RAYNOR und GRAHAM [997] zum Dreistoffsystem Blei-Indium-Thallium oder die Mitteilung von STEIDLITZ [1144] über die Bildung einer Nickel-Germanium-Phase in geschmolzenem Blei genannt, endlich eine thermodynamische Studie des Systems Blei-Sauerstoff-Schwefel (KELLOG und BASU [653]). Von den behandelten Dreistoffsystemen stellt nur ein kleiner Teil technisch wichtige Legierungen dar. Die meisten Systeme aber sind dadurch von Bedeutung, daß sie Kombinationen von Elementen enthalten, die als beabsichtigte oder unbeabsichtigte Beimengungen in technischen Legierungen auftreten können. Die ternären Systeme können für die Rolle, die die betreffenden Kombinationen in den Mehrstofflegierungen spielen, mangels genauer Kenntnis der Mehrstoffsysteme einen Hinweis geben.

Auf einen Abschnitt über Vierstoffsysteme wurde verzichtet. Das einzige, sorgfältig untersuchte Vierstoffsystem Blei-Kadmium-Wismut-Zinn (PARRAVANO und SIROVICH [936]) wird im Abschnitt „Leichtflüssige Legierungen" (S. 373) erwähnt. Hinweise auf das Vorhandensein eines quaternären Eutektikums bringt JÄNECKE [615] ferner für die Systeme Blei-Kadmium-Zink-Zinn (137,0 °C), Blei-Wismut-Zink-Zinn

(93,5 °C), Blei-Kadmium-Wismut-Zink (90,9 °C). Der Zinkgehalt in den quaternären Eutektiken ist nur gering, die Erstarrungstemperatur liegt daher nur um einige Grade unter der der ternären Eutektiken ohne Zink. Das quaternäre Eutektikum Blei-Kadmium-Zink-Zinn wurde offenbar ohne Kenntnis der Arbeit von Jänecke [615] durch Lindner [751] bestätigt.

IV. Besondere Eigenschaften des Bleies und seiner Legierungen

1. Reckung und Rekristallisation

a) Allgemeines über die Verformung von Blei. Die Verformung der kubisch flächenzentrierten Metalle, zu denen das Blei gehört, erfolgt durch Gleiten auf den Oktaederflächen {111}. In jeder der vier möglichen Oktaedergleitebenen bestehen sechs Gleitrichtungen ⟨110⟩. Die zum Eintritt der Gleitung notwendige Schubspannung, die kritische Schubspannung τ_0 nach Schmid [1070], liegt bei den Metallen mit kubischer oder hexagonaler dichtester Kugelpackung im Bereich von 20 bis 500 g/mm²

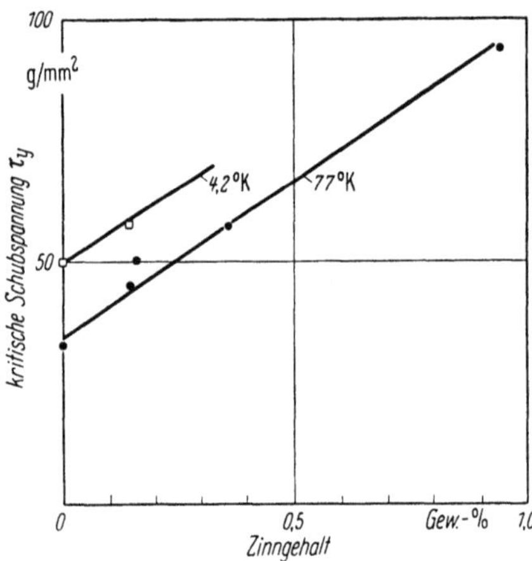

Abb. 190. Einfluß eines gelösten Zinngehaltes auf die kritische Schubspannung von Blei-Einkristallen bei 4,2 °K und 77 °K. Nach Fleischer [327]

(Seeger [1100]). In den unten beschriebenen Kriechversuchen an Blei-Einkristallen fand der Verfasser mit Ley [566] bei 20 °C kritische Schubspannungen zwischen 56 und 71 g/mm²; eine Angabe von Deming [244] stimmt damit überein. Neurath und Koehler [895] ermittelten bei −190 °C einen Wert τ_0 von 96 ± 8 g/mm². Feltham und Meakin [313] stellten aus stark streuenden Meßergebnissen an Blei 99,99 % die Temperaturabhängigkeit der kritischen Schubspannung fest. Nach den neuesten Messungen von Fleischer [327] an hochreinem Blei mit nur 2 ppm an Verunreinigungen beträgt die kritische Schubspannung bei 77 °K nur 28 g/mm², bei 4,2 °K 51 g/mm². Sie wird durch einen Gehalt an gelöstem Zinn in der aus Abb. 190 ersichtlichen Weise erhöht.

Der Gleitvorgang besteht nach dem jetzigen Stand der Kenntnisse in einem Wandern von Versetzungen (Versetzungslinien) auf den Gleitebenen. Während die Versetzungslinie eine gewisse Fläche überstreicht, werden die Atome oberhalb und unterhalb um einen elementaren Gleitschritt (Burgersvektor) gegeneinander verschoben. Der Burgersvektor ist im einfachsten Fall gleich einem Gitterabstand der Atome. In dem Abschnitt der Versetzungslinie, wo diese senkrecht zum Burgersvektor steht, hat die Versetzung Stufencharakter; dort, wo die Versetzungslinie mit dem Burgersvektor parallel läuft, besteht eine Schraubenversetzung. Die übrigen Teile der Versetzungslinie sind Kombinationen von Stufen- und Schraubenversetzungen. Reine Stufen- und Schraubenversetzungen sind in den Abb. 191 a und b dargestellt.

Man kann die Stufenversetzung so auffassen, als wäre der Kristall bis zu einer bestimmten Tiefe aufgeschnitten und in den gewaltsam erweiterten Spalt eine zusätzliche halbe Netzebene hineingeschoben worden. Die am Ende der Halbebene liegende Linie von Gitterpunkten ist die Versetzungslinie. Abgesehen von der starken Störung des Gitteraufbaues in unmittelbarer Umgebung der Versetzungslinie, befindet sich das

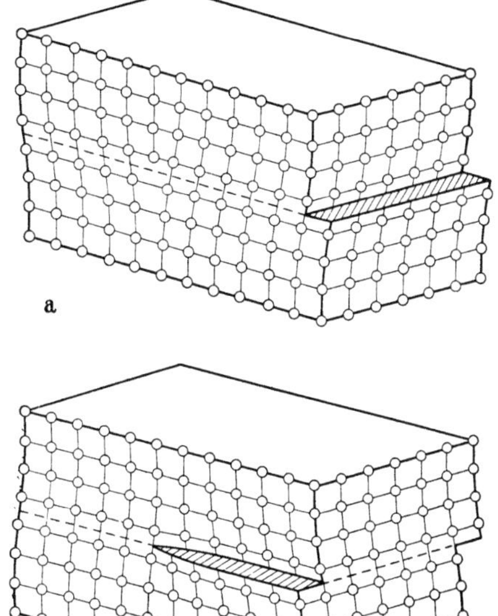

Abb. 191. a) Stufenversetzung und
b) Schraubenversetzung

in Abb. 191 a oben liegende Gebiet unter Druck-, das darunter liegende unter Zugeigenspannungen. Die von der Versetzungslinie und dem Gleitvektor gebildete Ebene ist die Gleit- oder Translationsebene. Je nachdem, ob die oben erwähnte Halbebene sich oberhalb oder unterhalb der Gleitebene befindet, spricht man von einer positiven ($\perp$) oder einer negativen ($\top$) Versetzung. Die Metallkristalle enthalten von ihrer Entstehung her ein räumliches System sich verzweigender Versetzungslinien, was als Grundstruktur bezeichnet wird. Die Knoten der Grundstruktur liegen in Abständen der Größenordnung 10^{-4} bis 10^{-5} cm.

Während eine Versetzungsschleife sich unter der Einwirkung der angelegten Schubspannung bis zu den Kristallgrenzen ausbreitet und dort aufgelöst wird, werden im Innern der ursprünglichen Versetzungslinie aus den FRANK-READ-Quellen ständig neue Versetzungen gebildet, die sich ebenfalls erweitern und auflösen. Die FRANK-READ-Quellen sind in der Gleitebene liegende Teile von Versetzungslinien, die an zwei feststehenden Punkten aus der Gleitebene austreten. Dieser Mechanismus ermöglicht somit, daß in einer einzigen Gleitebene größere Gleitwege zurückgelegt werden, die man auf der Kristalloberfläche sichtbar machen kann. Zum näheren Studium der Versetzungstheorie und ihrer experimentellen Grundlagen sei insbesondere auf die zusammenfassenden

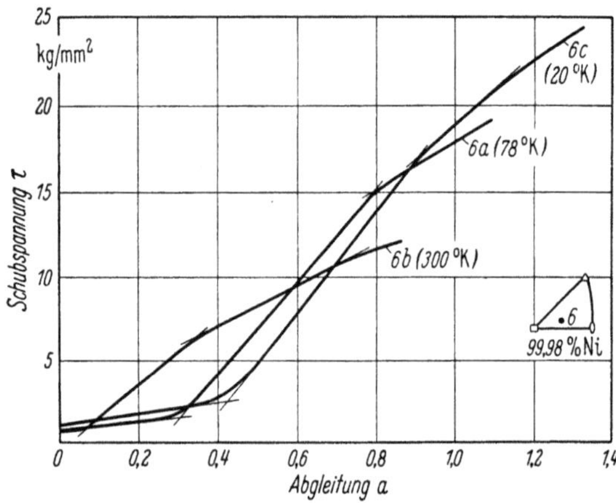

Abb. 192. Temperaturabhängigkeit der Verfestigungskurve von Nickelkristallen einheitlicher Orientierung. Nach HAASEN [*1100*]

Darstellungen von COTTRELL [*217*], READ [*998*], SEEGER [*1099, 1100*], FRIEDEL [*341*] und VAN BUEREN [*141*] hingewiesen.

Die Kurven Spannung-Dehnung bzw. Schubspannung-Abgleitung zeigen bei den kubisch flächenzentrierten Metallen die in Abb. 192 ersichtlichen drei Abschnitte. Im ersten Abschnitt, dem Bereich des easy glide, wird nur ein Gleitsystem betätigt. Die Verfestigung ist wie bei den hexagonalen Metallen nur gering; im übrigen ist der Bereich von Abschnitt I stark orientierungsabhängig. Die Versetzungsschleifen wandern im Idealfall nahezu ohne ein Hindernis durch den Kristall hindurch. Übermikroskopische Beobachtungen der Oberfläche liegen bei Blei nicht vor; sie zeigen bei den andern flächenzentrierten Metallen gleichmäßige Feingleitung.

Easy glide wurde von FELTHAM und MEAKIN [*313*] bei Bleikristallen nur andeutungsweise festgestellt. FLEISCHER [*327*] führt dies auf den ungenügenden Reinheitsgrad der verwendeten Kristalle zurück. Er fand in den Fließkurven von Bleikristallen mit nur 2 ppm an Verunreinigungen deutlich einen Bereich des easy glide (Abb. 193). Durch gelöste Beimengungen wird dieser Bereich vergrößert und die Verfestigung im Gebiet des easy glide herabgesetzt. Unlösliche Beimengungen wie Kupfer oder Aluminium steigern die Verfestigung und führen nach Abb. 193 schon in sehr geringen Gehalten zu einem Verschwinden des easy glide. Von verschiedenen Autoren wurden im Bereich II der Verfestigungskurve flächenzentrierter Metalle licht- und elektronenoptisch Spuren sekundärer Gleitsysteme beobachtet. Versetzungen auf sich schneidenden Gleitebenen des kubisch-flächenzentrierten Gitters bilden sog. LOMER-COTTRELL-Versetzungen, die nicht in der Oktaederebene gleiten können.

Die LOMER-COTTRELL-Versetzungen der verschiedenen Orientierungen wirken daher als Hindernisse für die Bewegung der Versetzungen auf den Oktaeder-Gleitebenen und sind die Hauptursache für die starke Verfestigung in Teil II der Verfestigungskurve, unabhängig von löslichen Beimengungen. Der Anstieg der Verfestigungskurve in diesem Bereich beträgt etwa $\frac{1}{300}$ des Schubmoduls, unabhängig von der Temperatur. In Teil III ist der Anstieg der Verfestigung geringer als in Teil II. Der Verfestigung nach dem eben erwähnten Mechanismus überlagert sich nunmehr eine dynamische Erholung durch Quergleitung (Cross slip) oder Klettern (S. 176). Bei ersterer werden Schraubenversetzungen durch zweimaligen Wechsel der Gleitebene in eine neue Gleitebene verlagert, die zur ursprünglichen parallel ist; sie können auf diese Weise Hindernisse umgehen (Kreise in Abb. 194). Die Quergleitung führt zu einer Häufung der Feingleitlinien in den sogenannten Gleitbän-

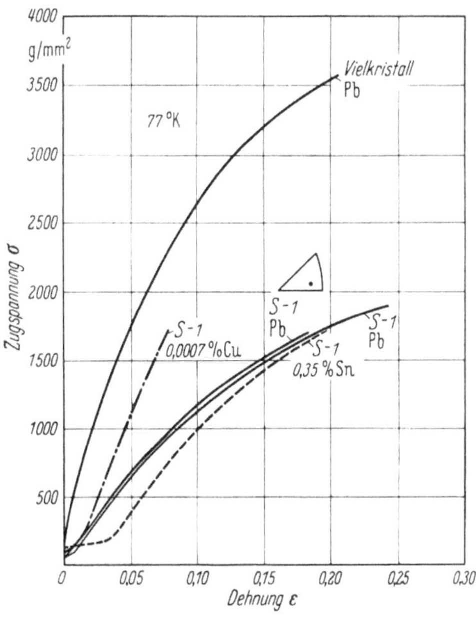

Abb. 193. Verfestigungskurven von Kristallen aus sehr reinem Blei und aus Blei mit Zusätzen von Zinn und Kupfer bei 77 °K. Nach FLEISCHER

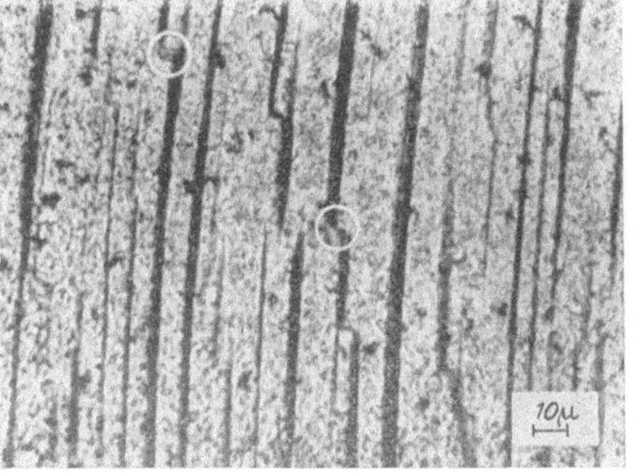

Abb. 194. Blei-Einkristall aus einem Zugversuch bei Raumtemperatur. Gleitbänder und Quergleitung. Spannung $\sigma = 86\,\text{kg/cm}^2$, Dehnung $\varepsilon = 18\%$. Nach FELTHAM und MEAKIN

dern. Die übrigbleibenden Stufenversetzungen können sich mit Hilfe des Kletterns in Zellwänden anordnen, was zu einer Fragmentierung der Körner führt. Die Quergleitung ist thermisch aktiviert und tritt daher mit steigender Temperatur bei geringeren Verformungsgraden auf. Daß die Quergleitung von Blei bei Raumtemperatur stark ausgeprägt ist, hängt mit der Lage der Verformungstemperatur relativ zur Schmelztemperatur, ferner mit dem Verhältnis von Schubmodul zu Stapelfehlerenergie zusammen. Unter der Stapelfehlerenergie versteht man die Energie einer von der kubischen dichtesten Kugelpackung abweichenden Reihenfolge der dichtestgepackten Oktaederebenen, wie sie z. B. an der Zwillingsnaht von Rekristallisationszwillingen gegeben ist. Die Stapelfehlerenergie von Blei ist nach neuesten Untersuchungen von BOLLING und Mitarbeitern [103] nicht so groß wie ursprünglich auf Grund der Mehrwertigkeit von Blei angenommen. Sie liegt in der Größenordnung der Stapelfehlerenergie von Silber. Die Energie der Zwillingsgrenzen beträgt nämlich bei Blei 10, bei Silber

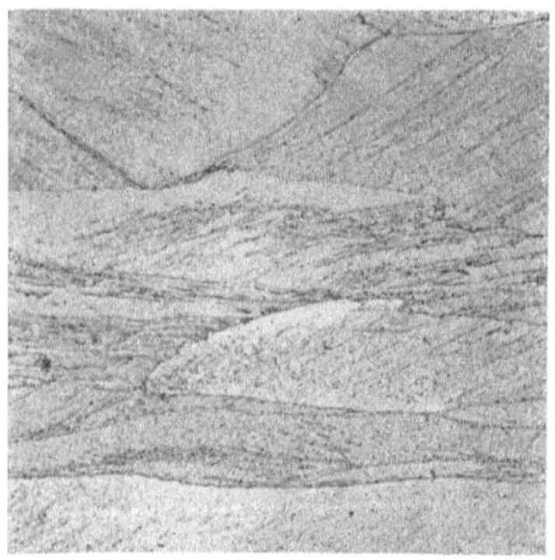

Abb. 195. 2% Sb. Nach Homogenisieren und Abschrecken um 50% gewalzt. Aufnahme sofort. Reckgefüge mit Gleitlinien. 160:1

< 15, dagegen bei Aluminium ungefähr 120 erg/cm². Daß die Stapelfehlerenergie von Blei niedriger liegt als die von Aluminium, erklärt die Tatsache, daß man bei Aluminium kaum Rekristallisationszwillinge findet, diese aber bei Blei recht häufig sind.

Die Verformung von Bleieinkristallen auf Grund der Kristalltranslation macht sich neben dem oberflächlichen Auftreten von Gleitbändern dadurch bemerkbar, daß die Kristalle einen elliptischen Querschnitt annehmen. Gleitlinien in verformtem polykristallinen Blei wurden schon früher bei schwachem Biegen von gegossenen Schichten auf Glasplatten oberflächlich sichtbar gemacht (VOGEL [1228]). Sie erscheinen auch in geätzten Schliffen von stärker verformten, rekristallisationsbeständigen Proben und sind dann, wie üblich, gekrümmt (Biegegleitung) (Abb. 195). KHOTKEVICH und Mitarbeiter [660] maßen die bei der Verformung von Blei im Temperaturgebiet von − 196 °C gespeicherte potentielle Energie. Bei einem Verformungsgrad von 65,8% betrug die gespeicherte Energie der Deformation 0,53 cal/g. Das Verhältnis gespeicherte Energie zu Verformungsarbeit war überraschenderweise bei geringen Verformungsgraden nahezu 1:1, d. h. die gesamte aufgewendete Arbeit wurde als potentielle Energie der Kristallbaufehler gespeichert. Diese Ergebnisse stimmen mit den allgemeinen Erfahrungen nicht überein, vergleiche z. B. CLAREBROUGH und Mitarbeiter [198].

b) Texturen. An verpreßten Drähten und gewalzten Folien ausgehärteter Bleilegierungen, die rekristallisationsbeständig waren, gelang
es, Texturen nachzuweisen, die den bei Metallen mit flächenzentrierter
Struktur bekannten weitgehend entsprechen (HOFMANN [*554, 555*]). So

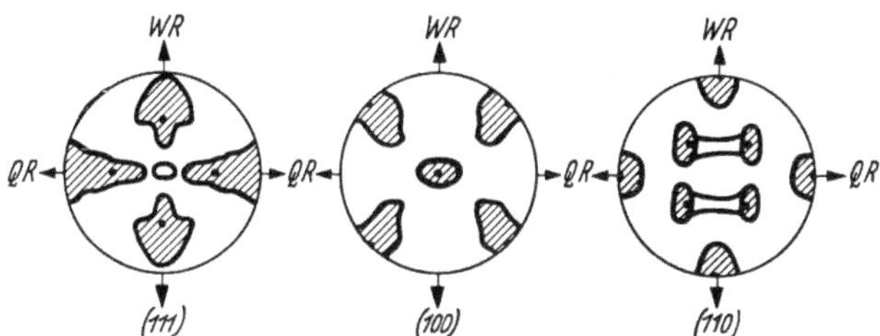

Abb. 196. Polfiguren einer gewalzten Hartbleifolie

wurde in verpreßten Hartbleidrähten eine Fasertextur festgestellt, wobei
meistens die Raumdiagonale in Richtung der Drahtachse lag, weniger
häufig die Kante des Elementarwürfels. Bei Rekristallisation der Drähte
bildete sich eine in gleicher Weise zu beschreibende
Rekristallisationstextur aus. In Folien von Hartblei
ergab sich die durch die Polfiguren der Würfel-, Okta-
eder- und Dodekaederflächen in Abb. 196 dargestellte Walztextur. Sie ist der entsprechenden Textur von Aluminiumfolien sehr ähnlich (WASSERMANN
[*1240*]) und entspricht in erster Näherung der Einstellung einer Würfelfläche in die Walzebene und einer Flächendia-
gonalen des Elementarwürfels in die Walzrichtung (Abb. 197). Eine

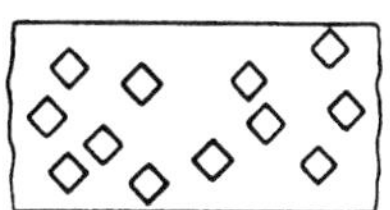

Abb. 197. Ideallage der
Kristallite in einer frisch
gewalzten Hartbleifolie

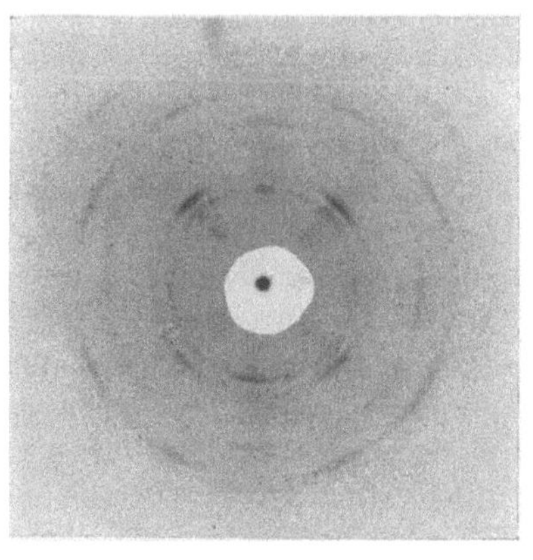

a

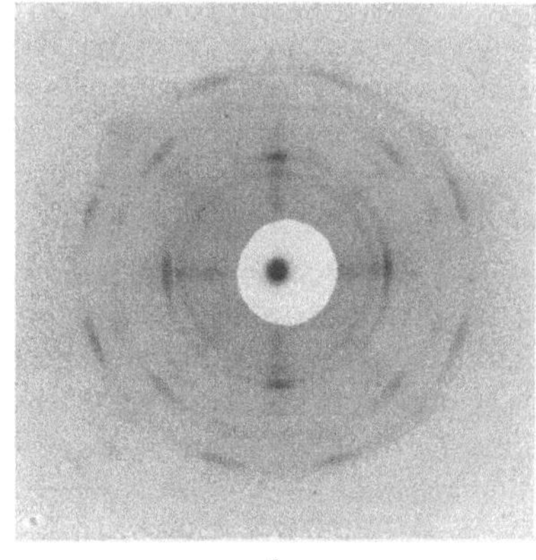

b

Abb. 198a u. b. DEBYE-SCHERRER-Aufnahmen von Hartbleifolien im durchfallenden Röntgenlicht
(Molybdän-Strahlung).
a) Arsenhaltiges, stark ausgehärtetes Hartblei; b) arsenfreies, schwach ausgehärtetes Hartblei

andere, kaum aushärtende Hartbleisorte ergab eine völlig abweichende Walztextur, wie etwa der Vergleich der beiden Röntgenaufnahmen der Abb. 198a und b zeigt. Die zweite Walztextur, die nach kurzer Zeit in eine ähnliche Rekristallisationstextur überging, dürfte vielleicht der sog. Würfellage entsprechen, die sich aus Abb. 197 durch Drehung des Würfels um die Foliennormale um 45° ergibt. Die Walztexturen anderer Blei-legierungen scheinen Kombinationen der beiden beschriebenen Orientierungsgesetze zu sein. HIRST [531] führte eine Bestimmung der Textur von Blei–Kalzium-Folien durch. Eine kürzlich erschienene Arbeit von TOMAN und SIMERSKA [1203a] über Texturen von Blei und ihre Ableitung aus den Elementen der plastischen Verformung war dem Verfasser vor der Drucklegung nicht mehr zugänglich.

c) Allgemeines über die Erholung und Rekristallisation von Blei. Die Wiederkehr der durch die Kaltverformung veränderten physikalischen und mechanischen Eigenschaften eines Metalles durch das Anlassen spielt sich in mehreren Stufen ab. Man unterscheidet im allgemeinen die Erholung und die Rekristallisation, je nachdem ob die Änderung der Eigenschaften unter Kornneubildung erfolgt oder nicht. Über die unterste bisher an Blei beobachtete Erholungsstufe berichtet BOESONO [101]. Er maß den durch Walzen von Blei bei 90 °K entstandenen elektrischen Zusatzwiderstand und seine Abnahme mit steigender Anlaßtemperatur. Handelsübliches Blei zeigte Erholungsstufen bei −130 bis −100 °C und bei −40 bis −10 °C. Bei reinem Blei waren die Stufen nicht deutlich getrennt. Die Aktivierungsenergie für die erste Erholungsstufe beträgt 0,48 eV für beide Arten von Blei. Sie wird dem Verschwinden von Leerstellen zugeschrieben. Die folgende Stufe mit einer Aktivierungsenergie von 1 eV wird bereits der Rekristallisation zugeordnet.

An der Erholung der mechanischen Eigenschaften sind in erster Linie zwei Vorgänge beteiligt. Wenn der Betrag der Verformungsenergie gering und die Verformung daher sehr gleichmäßig ist, sind positive und negative Versetzungen etwa in gleicher Anzahl nebeneinander vorhanden. Paare aus je einer positiven und einer negativen Versetzung ziehen sich gegenseitig an und verschwinden damit (BURGERS [153]). Der Vorgang wird durch thermisch aktiviertes Klettern ermöglicht, d. h. die in Abb. 191a dargestellte eingeschobene Halbebene wird durch An- oder Abbau von Atomen verlängert oder verkürzt. Ein weiterer Elementarvorgang der Kristallerholung ist die Polygonisation. Sind in einem verformten Volumen Versetzungen eines Vorzeichens durch Aufstauen an einem Hindernis gehäuft, so verlassen die Versetzungen durch thermisch aktiviertes Klettern ihre ursprüngliche Gleitebene und ordnen sich in Subkorngrenzen übereinander an, da diese Anordnung energetisch günstig und stabil ist (SEEGER [1100], Abb. 199a und b). Die Erholung führt nur bei Einkristallen zu einem völligen Abbau der Verfestigung; bei vielkristallinen Werkstoffen erfolgt die völlige Entfestigung erst durch Rekristallisation. Allerdings geht die Erholungsfähigkeit bei gewissen Bleilegierungen auch im vielkristallinen Zustand sehr weit.

Bei der Rekristallisation werden drei Vorgänge unterschieden: die Keimbildung, das Keimwachstum und die Kornvergrößerung. Nach der heutigen, durch eine Anzahl von Beobachtungen gestützten Ansicht sind die Orientierungen der als Keime wirkenden Gitterbereiche bereits im verformten Metall vorhanden (BURGERS [153]). Das Keimwachstum ist zunächst mit der völligen Aufzehrung des Verformungsgefüges beendet. Ihm schließt sich bei Erhöhung der Temperatur eine Verschiebung der Korngrenzen (grain boundary migration) an, die zu einer Kornvergrößerung führt. Manchmal tritt die Kornvergrößerung nicht als einigermaßen gleichmäßige Zunahme der Kristallitgröße im ganzen Schliffbereich auf, sondern an einzelnen Stellen setzt ein außerordentlich starkes Kristallwachstum ein. Das primär rekri-

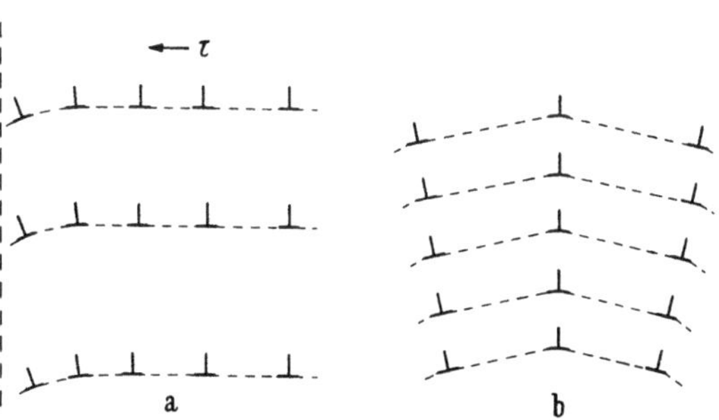

Abb. 199a u. b. Atomistische Deutung der Polygonisierung.
a) Aufstauungen von Stufenversetzungen in einzelnen Gleitebenen als Folge der plastischen Verformung;
b) „Polygonisierung" der Gleitebene durch Klettern der in a) dargestellten Stufenversetzungen. Nach SEEGER

stallisierte Gefüge bleibt zunächst feinkörnig, bis es durch die wenigen wachsenden Körner aufgezehrt wird: sekundäre Rekristallisation. Die für das quantitative Verständnis der Rekristallisation grundlegenden Begriffe sind die Zahl N der in der Zeiteinheit und in der Volumeneinheit unrekristallisierten Metalles gebildeten Keime und die lineare Keimwachstumsgeschwindigkeit G in cm/sek. Messungen und Berechnungen mit dem Ziel, Aussagen über diese Größen zu gewinnen, wurden besonders an Aluminium von KORNFELD [698] sowie von JOHNSON und MEHL [626] angestellt. LÜCKE [775] brachte eine zusammenfassende Darstellung dieser Arbeiten und ergänzte besonders die von JOHNSON und MEHL durchgeführten Berechnungen, in denen ein Zusammenhang zwischen den erwähnten Grundgrößen und der Gefügeausbildung angestrebt wird. Dabei setzte LÜCKE in Übereinstimmung mit den Versuchen zeitliche Konstanz der Keimwachstumsgeschwindigkeit G voraus; dagegen ist die Keimbildungsgeschwindigkeit N in der unten ersichtlichen Weise von der Zeit abhängig. Aus der Rechnung von LÜCKE [775] ergibt sich, daß ein mathematischer Zusammenhang zwischen meßbaren Gefügegrößen (z. B. dem Anteil des schon rekristallisierten Gefüges) und dem Wert $G \cdot N$ besteht. Eine Trennung der Grundgrößen G und N ist danach nicht ohne weiteres möglich. Die Bestimmung von $G \cdot N$ aus Gefügegrößen ist aber so ungenau, daß sie keinen großen praktischen Wert besitzt. Direkte experimentelle Bestimmungen der Grundgrößen an Aluminium wurden von KORNFELD [698] und neuerdings besonders von ANDERSON und MEHL [19] durchgeführt und bei LÜCKE [775] eingehend diskutiert. Danach ist die Keimbildungsgeschwindigkeit zeitabhängig; sie setzt erst nach Ablauf einer gewissen Zeitspanne, der Inkubationszeit, ein, erreicht ein Maximum, um danach auf den Wert 0 abzuklingen. Die Inkubationszeit sinkt exponentiell mit steigender Temperatur gemäß der Beziehung $\dfrac{1}{\tau} = A_\tau \cdot e^{\dfrac{-U_\tau}{RT}}$ und fällt ferner mit zunehmendem Verformungsgrad. Sie lag in den erwähnten Versuchen an Aluminium im Bereich von 2 Minuten bis 3,6 Stunden. Keimbildungs- und Keimwachstumsgeschwindigkeit sind temperaturaktivierte Prozesse, gehorchen also den Gleichungen $N = A_N \cdot e^{\dfrac{-Q_N}{RT}}$ bzw. $G = A_G \cdot e^{\dfrac{-Q_G}{RT}}$.

Beide Aktivierungsenergien nehmen, wie zu erwarten, mit steigendem Verformungsgrad ab. Das Keimwachstum erfolgt nach LÜCKE [775] nicht diffusionsartig, vielmehr können durch einen einzigen Aktivierungsvorgang gleichzeitig ganze Gitterbereiche mit sehr großer Geschwindigkeit in das neue Gitter eingebaut werden.

BECK [69] schlug für den zeitlichen Ablauf des Kornwachstums ein Gesetz der Form $D = (Kt)^n$ vor, wo D den Korndurchmesser, K eine temperaturabhängige Konstante, t die Zeit und n einen Exponenten der ungefähren Größe 0,5 bedeuten.

BOLLING und WINEGARD [104] leiteten aus ihren Messungen an zonengeschmolzenem Blei bei verschiedenen Temperaturen einen Wert n von 0,4 ab. Sie machten weiter den Ansatz $K = K_0 \exp - Q/RT$, wo K_0 eine Konstante von der Dimension einer Diffusionskonstanten bedeutet, und erhielten als Ergebnis ihrer Versuche eine Aktivierungsenergie des Kornwachstums von $6{,}7 \pm 0{,}7$ kcal/g-Atom. Der Aktivierungsenergie der Keimbildung wird dagegen ein höherer Wert zugeschrieben (MASING [802]). KENNEDY [655] führte Kriechversuche mit Unterbrechungen an reinem Blei durch. In den Ruhepausen erholte sich ein Bruchteil des Materials, ein anderer Anteil rekristallisierte. Er entwickelte eine Theorie der Rekristallisation, nach der Keime durch einen Erholungsvorgang gebildet werden, und leitete aus seinen Messungen und Rechnungen eine Aktivierungsenergie des Kornwachstums von 31 $\dfrac{\text{Kcal}}{\text{g-Atom}}$ ab. Als Aktivierungsenergie für die Kristallerholung gibt er 19,8 $\dfrac{\text{Kcal}}{\text{g-Atom}}$ an.

Der Eintritt und der Ablauf der Rekristallisation wird durch Beimengungen sehr stark beeinflußt. Gehalte von wenigen 0,01% können nach Messungen an Kupfer die Rekristallisationsgeschwindigkeit um viele Größenordnungen verändern. Lücke, Masing und Nölting [778] haben glaubhaft gemacht, daß die stärkste Rekristallisationsverzögerung von solchen Elementen zu erwarten ist, deren Atomradius stark von dem des Basismetalles abweicht. Diese Zusatzelemente sind in den Korngrenzen angereichert (Gleichgewichtsseigerungen). In gewissen Fällen können die Gleichgewichtsseigerungen mit Hilfe radioaktiver Isotope nachgewiesen werden (Thomas und Chalmers [1187]). Die Korngrenzen werden durch die Anhäufung von Fremdatomen schwerer beweglich. Lücke und Detert [777] bauten diese Vorstellung zu einer quantitativen Theorie aus. Danach sollte die Wanderungsgeschwindigkeit v einer Korngrenze proportional C^{-1} sein, wenn C die Konzentration des gelösten Legierungsmetalles bedeutet.

Aust und Rutter [30] prüften die gegebene Theorie am Beispiel von Bleikristallen mit Zusätzen von Zinn. Die Schmelzflußeinkristalle waren uneinheitlich und enthielten im Zellgefüge Orientierungsunterschiede der einzelnen „Streifen" von mehreren Winkelgraden. Durch eine örtliche Verformung wurde die Rekristallisation an einem Ende eingeleitet. Von dorther verschob sich eine Korngrenze in das nichtverformte „Streifengefüge" und zehrte dieses auf. Die Messungen der Wanderungsgeschwindigkeit der Korngrenze in Abhängigkeit von der Konzentration des gelösten Zinns ergaben, daß v proportional $C^{-5/2}$ ist. Bei Erhöhung des Zinngehalts von 0,0004 auf 0,006 Gew.-% nahm somit v nicht auf $1/_{10}$, sondern auf $1/_{1000}$ ab. Die Versuche ergaben weiter, daß spezielle Orientierungsbeziehungen zwischen dem wachsenden und dem aufzuzehrenden Kristall zu einer vielfach vergrößerten Korngrenzengeschwindigkeit führen. Diese beobachteten speziellen Orientierungsbeziehungen ließen sich ausdrücken durch eine Drehung der beiden Kristalle um eine gemeinsame $\langle 111 \rangle$-Achse um 36 bis 42°, durch eine Drehung der beiden Kristalle um eine gemeinsame $\langle 111 \rangle$ Achse um 23° und durch eine Drehung um eine gemeinsame $\langle 100 \rangle$ Achse um 26 bis 28°. Die gegenseitige Orientierung der Körner wirkt sich bei reinstem Blei nur wenig auf die Wanderungsgeschwindigkeit der Korngrenze aus; dagegen führen die erwähnten speziellen Orientierungen bei einem Zinngehalt von 0,004 Gew.-% zu einer bis 100fach vergrößerten Wanderungsgeschwindigkeit. Eine Fortsetzung dieser Arbeit kann nur angedeutet werden [31]. Kronberg und Wilson [713] hatten bei Versuchen an Kupfer ähnliche Orientierungsbeziehungen als wirksam festgestellt.

Aust und Rutter [30] schließen aus ihren Beobachtungen, daß bestimmte Großwinkelkorngrenzen durch einen besonderen Aufbau gekennzeichnet sind und daß die Häufung von gelösten Atomen an den

12*

Korngrenzen von der Orientierungsbeziehung zwischen den Körnern abhängt. Dieser Gesichtspunkt ist in der Theorie von Lücke und Detert [777] noch nicht enthalten. Auf Grund der neuen Beobachtungen dürfte sich auch ein grundsätzliches Verständnis der Erholungstexturen ergeben. Auf Seite 175 wird gezeigt, daß die Erholungstextur von Hartblei mit 1% Sb sich völlig ändert, wenn die Blei-Antimon-Legierung einen Zusatz von einigen 0,01% As enthält. Vermutlich besteht hier ebenfalls eine Wechselwirkung zwischen dem Arsen und bestimmten Korngrenzen, wodurch deren Wanderungsgeschwindigkeit beeinflußt wird.

d) Beobachtungen über die Verfestigung und Entfestigung. Die Verfestigung von Blei durch Stauchen wurde von Molnar [862] im Temperaturgebiet von — 75 bis 50 °C untersucht. Der Stauchgrad betrug 25 und 50%. Verfestigung, nachzuweisen durch Härtemessungen, trat auch noch bei der höchsten angewandten Temperatur ein, doch verschwand sie hier nach 5 bzw. 10 min in den schwach bzw. stark gestauchten Proben. Bei Raumtemperatur benötigte die Erweichung 25 bzw. 64 Stunden, bei — 20 °C war sie nach 96 Stunden noch unvollständig, bei — 40 °C und darunter unterblieb sie ganz. Die Zeitabhängigkeit der Entfestigung hat zur Folge, daß der Fließwiderstand (Formänderungsfestigkeit) von Blei im Stauchversuch mit zunehmender Verformungsgeschwindigkeit ansteigt (Abb. 200).

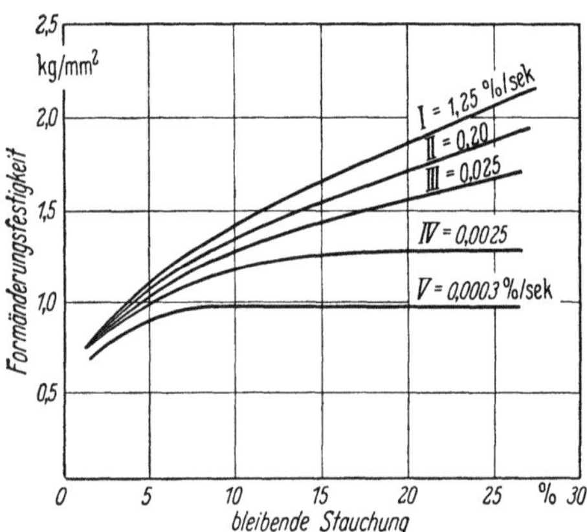

Abb. 200. Fließkurven von Weichblei bei Veränderung der Formänderungsgeschwindigkeit. Nach Hoff und Dahl [550]

Ähnliche Versuche wurden von Norbury [904] an reinem Blei (99,99%) bei Raumtemperatur durchgeführt. Die Stauchgrade betrugen 10 bis 60%. Für die verschiedenen Reckgrade wurden Kurven der Zeitabhängigkeit der Entfestigung aufgestellt. Die Erweichung ging weit schneller vonstatten als in den vorher beschriebenen Versuchen, z. B. bei 25% Stauchung in einigen Minuten. Dies dürfte vor allem eine Folge der größeren Reinheit des untersuchten Bleies gewesen sein (vgl. unten).

Mima und Mitarbeiter [857] prüften die Verfestigung und die Erweichung an Blei–Zinn-Legierungen veränderlichen Zinngehaltes im Biegeversuch. Sie fanden bei den Legierungen mit Eutektikum mit zunehmendem Verformungsgrad eine Abnahme der Härte, während Blei und seine festen Lösungen zunächst noch eine gewisse Verfestigung zeigten. Verfestigung und Erweichung wurden auch an tordierten Drähten durch Aufnahme von Torsionskurven mit zwischengeschalteten Entlastungspausen (LUDWIK [772]) und durch elektrische Widerstandsmessungen (TAMMANN und DREYER [1168]) nachgewiesen.

Die Verfestigung von Blei kommt ferner im Zerreißversuch durch das Ansteigen der Last-Dehnungskurve zum Ausdruck. Die bei Raumtemperatur gleichzeitig vor sich gehende Entfestigung hat einen starken Einfluß der Zerreißgeschwindigkeit auf die Zugfestigkeit und die Dehnung zur Folge (S. 189). Besonders anschaulich waren unterbrochene Zerreißversuche von CHASTON [192], in denen fortlaufend nach Erreichung einer Dehnung von z. B. 15% eine Ruhepause von z. B. 12 min eingeschaltet wurde. Man erzielte so Bruchdehnungen von über 300%. Ruhepausen von weniger als 4 min Dauer hatten wenig Einfluß; durch Verlängerung der Ruhezeit über 12 min hinaus wurde die Dehnung nicht weiter gesteigert.

e) Die Rekristallisationsschwelle. Rekristallisationsverzögernde Beimengungen. LOOFS-RASSOW [765] bestimmte den Eintritt der Rekristallisation aus Messungen der Entfestigung von Blei. Da der Einfluß der Kristallerholung dabei vernachlässigt wurde, ist die in Abb. 201 dargestellte Rekristallisationskurve nur als grobe Näherung anzusehen. Im übrigen gilt eine solche Kurve streng nur für eine bestimmte Bleisorte und eine bestimmte Korngröße. Durch Erhöhung des Reinheitsgrades wird der Beginn der Rekristallisation nach tieferen Temperaturen bzw. kleineren Reckgraden verschoben. So rekristallisierte reinstes,

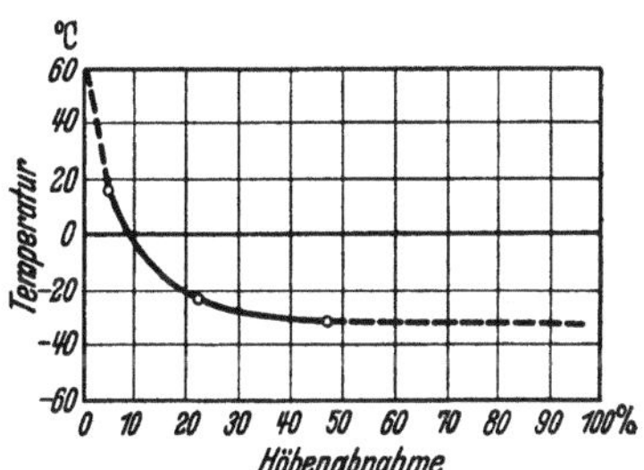

Abb. 201. Untere Rekristallisationsgrenze von Blei. Nach LOOFS-RASSOW

um 2,5% gerecktes Elektrolytblei der Universität Melbourne nach mikroskopischer Beobachtung bei 35 °C innerhalb 5 bis 10 min, aber auch bei 12 °C, also weit unterhalb der in Abb. 201 dargestellten Rekristallisationskurve, innerhalb 45 bis 120 min nach dem Walzen (RUSSELL [1039]). Bei einem Walzgrad von 5% war die Rekristallisation nach 5 min vollständig. Durch einen Antimongehalt von 0,05% wurde das Ende der Rekristallisation auf 21 Tage verschoben. Wurde diese Legierung homogenisiert, so war die Verzögerung gegenüber Reinblei wesentlich geringer. Eine Abnahme der Korngröße wirkt sich auch bei Blei ähnlich wie eine Zunahme des Reckgrades auf den Beginn der Rekristallisation aus (JONES [632]).

JENCKEL und HAMMES [618] prüften den Einfluß einer großen Zahl von Legierungselementen, meist in der Konzentration von 0,1%, auf die Erweichungstemperatur von gewalzten Legierungen (61% Dickenabnahme). Sie nahmen an, daß die Erweichungs- und Rekristallisationstemperaturen hierbei ungefähr zusammenfallen. Eine Erhöhung der Erweichungstemperatur gegenüber Reinblei wurde bei Zusätzen festgestellt, die mit Blei intermetallische Verbindungen von sprödem Charakter bilden, also Platin, Palladium, Selen, Gold, Barium, Lithium, Kalium, Natrium, Magnesium, Kalzium, Tellur. Die Wirkung der Beimengungen war im allgemeinen um so ausgeprägter, je höher die intermediäre Phase schmilzt. Beimengungen von Zink, Quecksilber, Thallium, Zinn, Antimon, Wismut, die mit Blei keine intermediäre Phase spröden Charakters bilden, erhöhten die Rekristallisationstemperatur nicht. Die Wirkung der zuerst genannten Legierungselemente wurde durch Gehalte oberhalb der Löslichkeitsgrenze nicht mehr gesteigert.

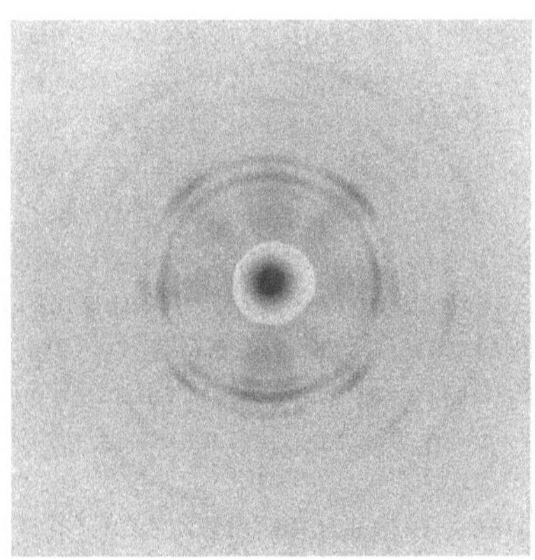

Abb. 202. 1% Ag. DEBYE-SCHERRER-Aufnahme einer aus einem Gußstück gewalzten Folie im durchfallenden Röntgenlicht

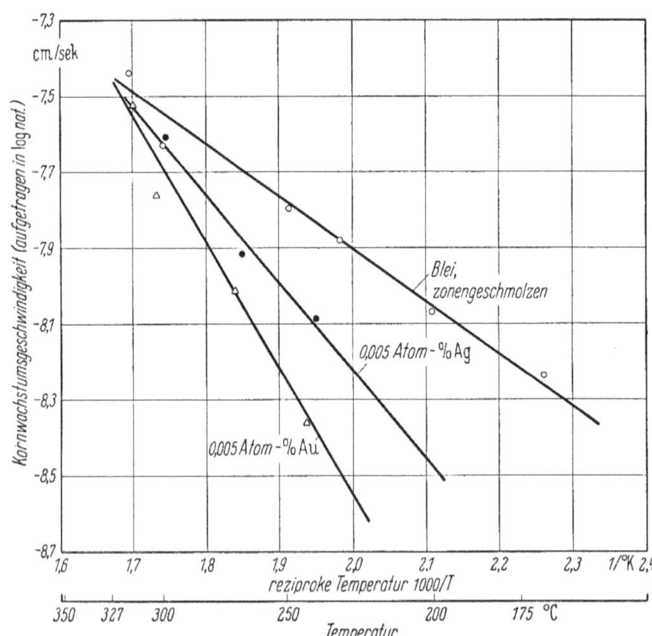

Abb. 203. Logarithmische Darstellung der Geschwindigkeit des Kornwachstums nach 100 sek von Blei, von einer Blei-Gold-Legierung und einer Blei-Silber-Legierung. Nach BOLLING und WINEGARD

Wenn auch die gefundene Gesetzmäßigkeit in großen Zügen zutrifft, so sind doch einige Beobachtungen zu erwähnen, die nicht in das gegebene Schema passen. So verzögerte das nicht in die Untersuchung einbezogene Silber die Rekristallisation von Blei in besonders ausgeprägter Weise (Abb. 202). Die Aktivierungsenergie des Kornwachstums von zonengeschmolzenem Blei wird nach BOLLING und WINEGARD [*105*] bereits durch einen Silbergehalt von 0,005% vom Wert 6,7 auf 9,7 kcal/g-Atom gesteigert. Man beachte in diesem Zusammenhang Untersuchungen von HEIDENREICH [*503*] über das Schaubild Blei–Silber. Das Kornwachstum von Blei wird durch Zusatz von Gold noch mehr verzögert als durch Silbergehalte (Abb. 203). Ferner wird die Rekristallisation durch größere Konzentrationen von Antimon stark gehemmt, so daß gerade an diesen Legierungen der zeitliche Verlauf der Rekristallisation besonders schön gezeigt werden konnte (HOFMANN, SCHRADER und HANEMANN [*577*]). Die Gefügeaufnahme der mit einer Dickenabnahme von 50% gewalzten Probe zeigte 2 Stunden nach dem Walzen nur Reckgefüge mit deutlich sichtbaren Gleitlinien. Nach einem Tag beginnt die Rekristallisation vor allem an den Korngrenzen und Gleitlinien. Sie hat nach 12 Tagen fast das ganze

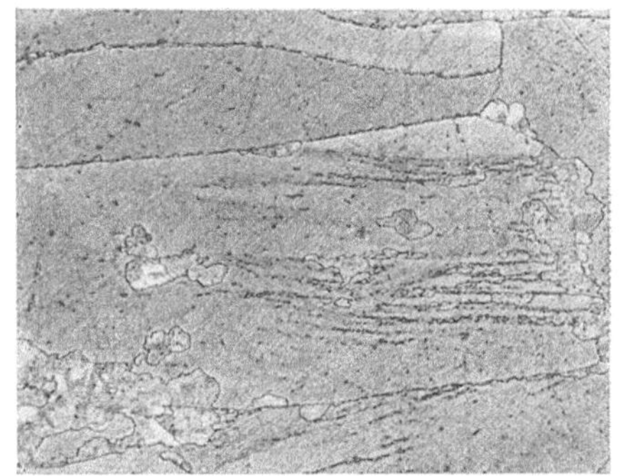

Abb. 204

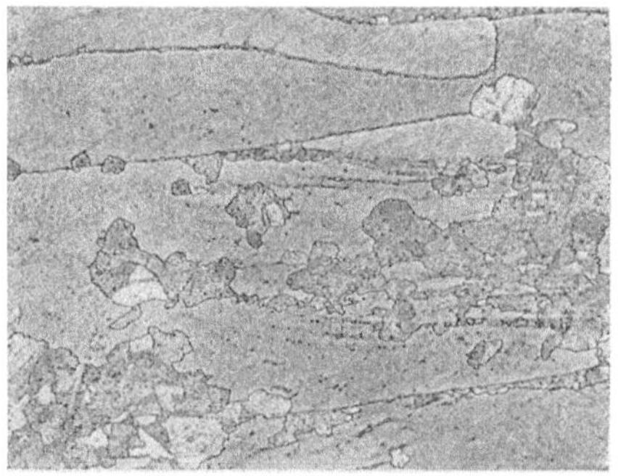

Abb. 205

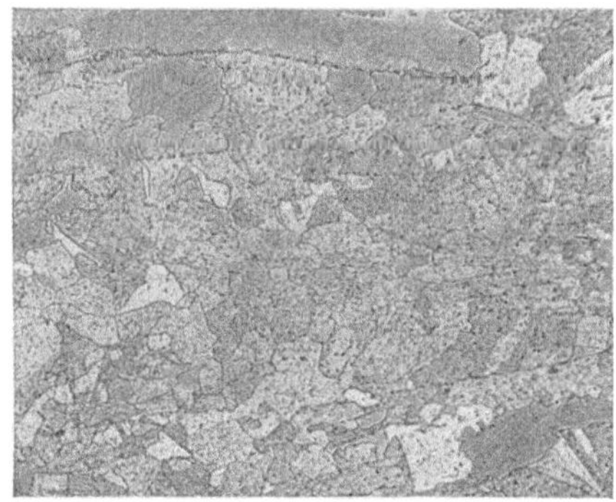

Abb. 206

Abb. 204—206. Schliff wie Abb. 195. Gleiche Schliffstelle nach 1, 2 und 12 Tagen. 160:1

Gefüge erfaßt (Abb. 204, 205, 206). Es ist bemerkenswert, daß die beiden zuletzt genannten Metalle, die die Rekristallisation von Blei stark verzögern, höhere Schmelzpunkte haben als die weniger wirksamen Zusätze.

Weitere Erkenntnisse ergaben sich durch Einbeziehung der Aushärtung in die Problemstellung. Eine besonders starke Verzögerung der Rekristallisation tritt ein, wenn die Legierungen im ausgehärteten Zustand verformt werden (HOFMANN, SCHRADER und HANEMANN [577], HOFMANN [555], HOFMANN und HANEMANN [561]). Dabei findet während des Walzens eine Härteabnahme durch Kristallerholung statt (Abb. 207). Es war so möglich, Folien von ausgehärtetem Blei–Antimon und Blei–Kalzium mit 99,9% Dickenabnahme zu walzen, die tagelang bzw. monatelang rekristallisationsbeständig waren. Da sie für Molybdänstrahlung durchlässig waren, dienten sie zur röntgenographischen

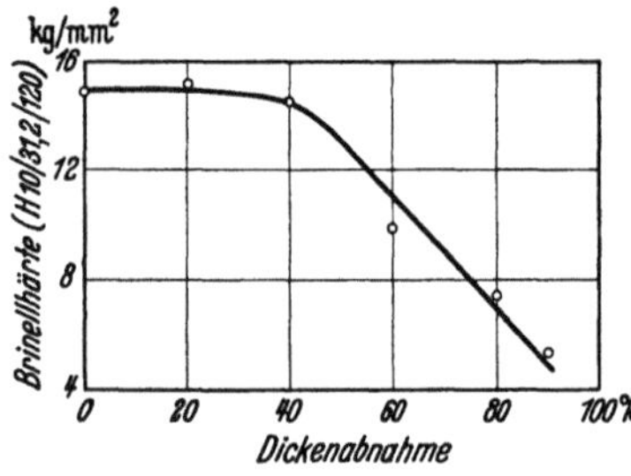

Abb. 207. Härteänderung beim Walzen ausgehärteter Blei-Kalzium-Legierungen

Ermittlung der Walztextur. Ähnlich, wenn auch nicht so ausgeprägt, war das Verhalten von Blei–Tellur, –Lithium, –Natrium. Wurde die Übersättigung der Legierungen und damit die Voraussetzung der Aushärtung durch langsame Abkühlung aufgehoben, so trat beim Walzen der Proben sofortige Rekristallisation ein. Das Verhalten ausgehärteter Legierungen ist von praktischer Bedeutung, da durch Rekristallisation nach geringen Verformungen, wie sie z. B. beim Biegen von Rohren auftreten, ein Zusammenbruch des Aushärtungszustandes, verbunden mit Erweichung und Bildung grober Ausscheidungen im Gefüge, eintreten würde. Abb. 32 zeigte dies an einer nicht ausgehärteten, stark verformten Legierung.

An gepreßten Stäben von reinem und von legiertem Blei wurde bei mehrmonatigem Lagern eine Abnahme der Festigkeit und Dehnung beobachtet, die als „Alterung" bezeichnet wurde. Sie wird in der Hauptsache auf Rekristallisation zurückgeführt (BURKHARDT [155]). Diese Annahme hat viel Wahrscheinlichkeit für sich, da Drähte, vor allem, wenn sie bei niederer Temperatur gepreßt werden, sehr feinkörnig sind und unter Umständen durch geringfügige, nachträgliche Verformung rekristallisieren bzw. grobkörnig werden (JONES [632]). Für die angeführte Auffassung spricht die Tatsache, daß 24stündiges Anlassen bei 100 °C die gleichen Festigkeitswerte ergab wie 340tägiges Lagern bei Raumtemperatur und daß nunmehr bei weiterem Lagern nur noch geringfügige Änderungen der mechanischen Werte eintraten. Neben der Rekristallisation wurde auch schwache zwischenkristalline Korrosion in Betracht gezogen, da die Alterung — offenbar vor allem bei Reinblei — durch Überziehen mit Asphalt verlangsamt wurde. Grundsätzlich ist bei übersättigten Mischkristallen als weitere Ursache der Abnahme der Zugfestigkeit eine Entmischung beim Lagern in Betracht zu ziehen, wie sie auf S. 255 beschrieben wird. Die Ursache des sogenannten Alterns sollte demnach einzeln von Legierung zu Legierung nachgeprüft werden. Die untersuchten Legierungsbestandteile verhielten sich bezüglich ihrer Wirkung auf die Alterung verschieden. Kalzium, Quecksilber, Tellur, Antimon, Kadmium, Silber, Zinn bei Gehalten von über 1% wirkten in abnehmendem Maße entsprechend der angegebenen Reihenfolge verbessernd. Ohne merklichen Einfluß war Wismut. Wenig günstig waren Zusätze von Kupfer, Selen, Lithium, Eisen und Natrium. Besonders ungünstig verhielt sich eine Beimengung von Magnesium, da sie interkristalline Korrosion hervorrief.

f) Zeitlicher Verlauf des Kornwachstums. Rekristallisationsschaubilder, Grobkornbildung. Die Zeitdauer der Rekristallisation bei Raumtemperatur nach verschieden starker Verformung wurde von BECK [*68*] in origineller Weise bestimmt, indem er als Ende der Rekristallisation den Zeitpunkt der wiederkehrenden Empfindlichkeit gegen kritische Verformung ansah. Die Prüfung erfolgte, indem die Probe in dem betrachteten Zeitpunkt örtlich schwach verformt und sofort angelassen wurde. Trat Grobkorn auf, so zeigte dies, daß die Rekristallisation in dem betreffenden Zeitpunkt abgeschlossen war (vgl. oben). In dieser Weise wurden Kurven an reinstem Blei (99,999%) und an fünf weiteren Bleisorten aufgenommen. Durchweg zeigte sich mit zunehmendem Reckgrad wachsende Rekristallisationsgeschwindigkeit (BECK [*68*]). TAMMANN und CRONE [*1164*] verfolgten den zeitlichen Verlauf der Rekristallisation bei einem Walzgrad von 82% durch Messung des isothermen Kornwachstums bei drei verschiedenen Temperaturen.

Bei Aufstellung der Rekristallisationsschaubilder von Blei werden die Proben im allgemeinen bei Raumtemperatur verformt und anschließend möglichst schnell auf die gewünschte Anlaßtemperatur gebracht. Die Rekristallisation bei Raumtemperatur läßt sich hierbei nicht immer ganz vermeiden. Die Korngröße nach dem Glühen wird jedoch dadurch nicht beeinflußt, wie sich durch Walzen bei $-70\,°C$ ergab (LOOFS-RASSOW [*765*]). Auch längeres Lagern zwischen Walzen und Glühen war, außer bei sehr niedrigen Reckgraden, ohne Einfluß auf die Form des Rekristallisationsschaubildes. Vollständige Rekristallisationsschaubilder wurden für reinstes Blei sowie technisches Blei (99,9%) mit Beimengungen von Kupfer, Eisen, Antimon, Arsen, Zink und Silber (GARRE und MÜLLER [*356*]), ferner für Elektrolytblei (NA), PARKES-Blei und PATTINSON-Blei (LOOFS-RASSOW [*765*]) aufgestellt. Die Rekristallisationsschaubilder der drei zuletzt genannten Bleisorten sind in Abb. 208a—c wiedergegeben. Bei ihrer Bestimmung ging man vom Gußkorn an Stelle eines gleichmäßigen Rekristallisationskorns aus. Als bemerkenswertes Ergebnis sei verzeichnet, daß PATTINSON-Blei auf Grund seines Kupfergehaltes von etwa 0,06% bei 200°C noch kein Kornwachstum aufweist (TAMMANN und DREYER [*1166*]). Das Kornwachstum setzt jedoch bei höheren Temperaturen ein, so daß bei der Glühtemperatur von 310 °C die Unterschiede zwischen den drei Bleisorten verschwinden. Die kornverfeinernde Wirkung eines Kupferzusatzes von 0,04 bis 0,05% in be-

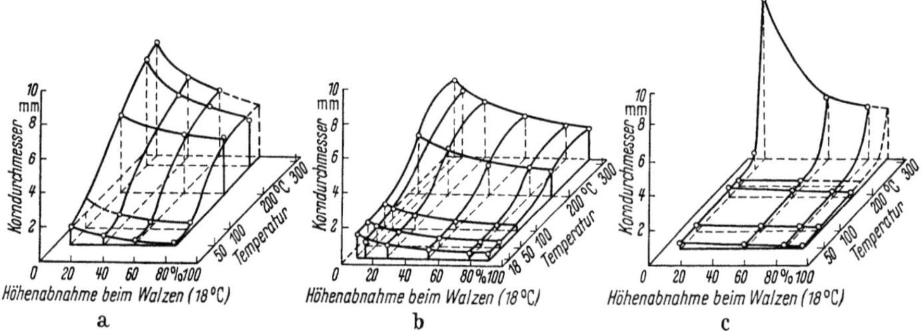

Abb. 208 a — c. Rekristallisationsschaubilder verschiedener Bleisorten.
a) Elektrolytblei; b) PARKES-Blei; c) PATTINSON-Blei. Nach LOOFS-RASSOW

triebsmäßig verpreßten Kabelmänteln der Abmessungen 24 mm ⌀, 2 mm Wanddicke aus Feinblei und wismuthaltigem Blei wurde ferner überzeugend von EMMERICH und BECKMANN [278] nachgewiesen.

Vollständige Untersuchungen in der Art der angeführten liegen bei anderen Bleilegierungen nicht vor. Es sind aber im Schrifttum viele Beobachtungen verstreut, die den Einfluß von Beimengungen auf die Größe des Rekristallisationskorns betreffen. Sie sind vor allem mit Rücksicht auf die Frage der Grobkornbildung wichtig.

In einer nicht wiedergegebenen Zahlentafel wurden Angaben aus drei verschiedenen Laboratorien über die Korngröße von Blei und Bleilegierungen nach dem Walzen (Walzgrad 50 und 60%) sowie nach dem Anlassen auf 160 bis 200 °C, zum Teil auch über das Gußkorn zusammengestellt (LOOFS-RASSOW [765], KRÖNER [709], JENCKEL und HAMMES [618], JENCKEL und THIERER [619]). Das Gußkorn war, von einigen Ausnahmen (Kalium) abgesehen, überall mehr oder weniger grob, da der Gehalt an Legierungsbestandteilen nur mäßig war (JENCKEL und HAMMES [618]). Auch die Korngrößen der gewalzten und bei Raumtemperatur rekristallisierten Legierungen einschließlich des unlegierten Bleies zeigten wenig Besonderheiten. Der Korndurchmesser von 0,1 bis 0,2 mm wurde nur bei Blei–Kalzium und –Lithium wesentlich unter-, bei Blei–Gold überschritten. Dagegen traten beim Anlassen auf 160 bis 200 °C größere Unterschiede der Korndurchmesser auf, die durch eine spezifische Wirkung der verschiedenen Legierungslemente zu erklären sind. Ein Korndurchmesser von wesentlich über 1 mm war offenbar bei den reinsten Bleisorten vorhanden, während er sich bei vielen technischen Bleisorten um 1 mm herum bewegte. Die Korngröße wird durch Le-

gierungselemente, die in Blei in feste Lösung gehen, wie Wismut, wenige
Zehntel Prozent Antimon, vermutlich auch geringe Gehalte an Zinn,
Kadmium sowie durch Thallium nur wenig beeinflußt. Es ist auch die
Auffassung vertreten worden, daß durch solche gelösten Legierungselemente das Korn noch vergröbert wird (WERNER [1260]). Zur Nachprüfung dieser Annahme führten EMMERICH und BECKMANN [278] Versuchsreihen unter den praktischen Bedingungen des Kabelpressens durch.

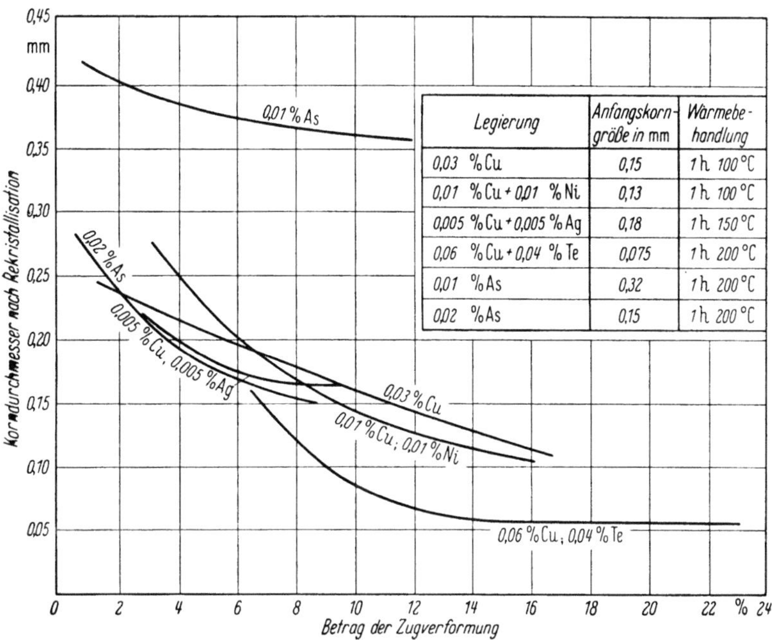

Legierung	Anfangskorngröße in mm	Wärmebehandlung
0,03 % Cu	0,15	1 h 100 °C
0,01 % Cu + 0,01 % Ni	0,13	1 h 100 °C
0,005 % Cu + 0,005 % Ag	0,18	1 h 150 °C
0,06 % Cu + 0,04 % Te	0,075	1 h 200 °C
0,01 % As	0,32	1 h 200 °C
0,02 % As	0,15	1 h 200 °C

Abb. 209. Einfluß des Verformungsgrades auf die Korngröße verschiedener Bleilegierungen nach
Rekristallisation. Nach BUTLER

Dabei wurde der Wismutgehalt der Pressenfüllungen in 9 Stufen auf den
Wert von 0,18% gesteigert. Bis zu Wismutanteilen von etwa 0,02% war
die Korngröße im Kabelmantel praktisch die gleiche wie im Feinblei-
mantel. Bei weiter zunehmenden Wismutgehalten war dagegen eine
gewisse Kornverfeinerung unverkennbar. Das gleiche wurde an Blei–
Antimon-Legierungen festgestellt. Diese Beobachtungen entsprechen auch
der von LÜCKE und DETERT [777] (S. 179) gegebenen Theorie.

Beimengungen, die nicht oder nur teilweise in Lösung gehen, verfeinern das Korn, so daß auch nach dem Glühen der Durchmesser beträchtlich unter 1 mm liegt. Nach ZENER [1302] soll das Kornwachstum
im Fall des Vorhandenseins von Einschlüssen bei einer mittleren Korngröße $D_m = d/F$ aufhören, wo d den mittleren Durchmesser eines Ein-
schlusses, F den Volumenanteil an der Legierung bedeutet. An korn-

verfeinernden Beimengungen seien vor allem wenige hundertstel Prozent Kupfer, Nickel und Tellur, ferner Kalzium erwähnt. Auch Antimon und Zinn verfeinern das Korn, wenn sie in größeren Mengen zugegeben werden. Umgekehrt sind Kupfer, Nickel, Tellur wirkungslos, wenn ihre Konzentration innerhalb der sehr niedrigen Löslichkeitsgrenze bei der Glühtemperatur liegt. BUTLER [163] gibt ein umfangreiches Beobachtungsmaterial über den Einfluß geringer Beimengungen in Blei auf die Rekristallisation und das Kornwachstum (Abb. 209). Einzelheiten hierüber finden sich im Abschnitt „Bleirohre" (S. 416).

Bei Weichblei tritt Grobkorn auch bei Raumtemperatur auf; die Ursache läßt sich infolge unkontrollierbarer Einflüsse oft nicht bestimmt angeben. Doch dürfte wohl immer kritische Reckung zugrunde liegen, wie sich z. B. aus dem Verhalten schwach gebogener Bleche ergibt. Als anfällig gegen Grobkornbildung dieser Art wird vor allem gewalztes, sehr feinkörniges Bleiblech angesehen. Da diese Gefahr bei mittlerer Korngröße nicht bestehen soll, wird empfohlen, eine solche bei der technischen Verarbeitung durch Pressen und Walzen anzustreben (JONES [632]).

2. Mechanische Eigenschaften (im Kurzversuch)

a) Meßwerte aus dem Zugversuch. Angaben der Elastizitäts- oder Streckgrenze von Blei, also derjenigen Spannung, die im Kurzversuch eine bleibende Dehnung um einen festgelegten geringen Betrag hervorruft, haben nur bedingten Wert, da sie stark von der Prüfdauer abhängen. Infolge der Fähigkeit von Blei zu kriechen, werden bleibende Dehnungen von unter Umständen beträchtlichem Ausmaß bei Spannungen eintreten, die unterhalb der im Kurzversuch bestimmten Elastizitätsgrenze liegen, wenn man nur die Spannung genügend lang einwirken läßt. Die folgenden wenigen Angaben sind dementsprechend zu werten.

Als $\sigma_{0,5}$-Grenze wurden für ein nicht entsilbertes (sog. chemisches) und für entsilbertes Blei von Southeastern Missouri, sowie für reinstes Blei die Werte 116 bzw. 60,5 bzw. 50,0 kg/cm² angegeben (HARRIS [494]). Genauer dürfte eine mikroskopische Bestimmung der Quetschgrenze sein, die bei kubisch kristallisierenden Metallen gleich der Fließgrenze unter Druck ist. FAUST und TAMMANN [306] bestimmten sie an Kahlbaumblei als die Spannung, bei der in einem Schliff die Kristallite aus der polierten Oberfläche heraustreten; sie betrug 25 kg/cm² $\pm$ 8%. CHALMERS [188] ermittelte die Proportionalitätsgrenze im spannungsfreien Werkstoff mit Hilfe der Interferenzmethode zu 9 kg/cm². Dieser Wert liegt in der Größenordnung der Kriechfestigkeit von reinem Blei. Im verformten Metall traten Abweichungen vom HOOKEschen Gesetz auf. Eine natürliche Streckgrenze, in der Art wie bei Kohlenstoffstahl, wird in Zerreißdiagrammen von Blei und niedrig legiertem Blei nicht beobachtet.

Die Zugfestigkeit fällt, wie erwartet, mit abnehmender Zerreißgeschwindigkeit, da die der Verfestigung entgegenwirkende Entfestigung
zeitabhängig ist. Abb. 210 zeigt den Zusammenhang nach Messungen
von ERDMANN-JESNITZER
und HANEMANN [286]. Bei
längerer Versuchsdauer
geht der Zerreißversuch
stetig in den Zeitstandversuch über, wobei die Werte
von σ_B auf den um ein
Mehrfaches niedrigeren
Wert der Zeitstandfestig-
keit bzw. Kriechgrenze
absinken. Es wäre somit
wünschenswert, für Zer-
reißversuche von Blei und
Bleilegierungen eine be-

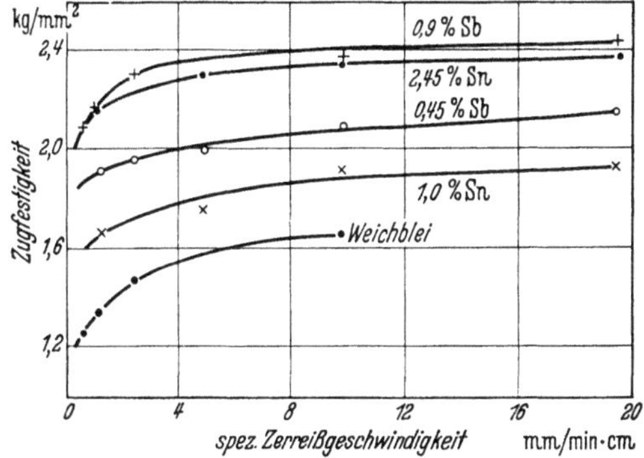

Abb. 210. Einfluß der Zerreißgeschwindigkeit auf die Zugfestigkeit von Blei und Bleilegierungen. Nach ERDMANN-
JESNITZER und HANEMANN

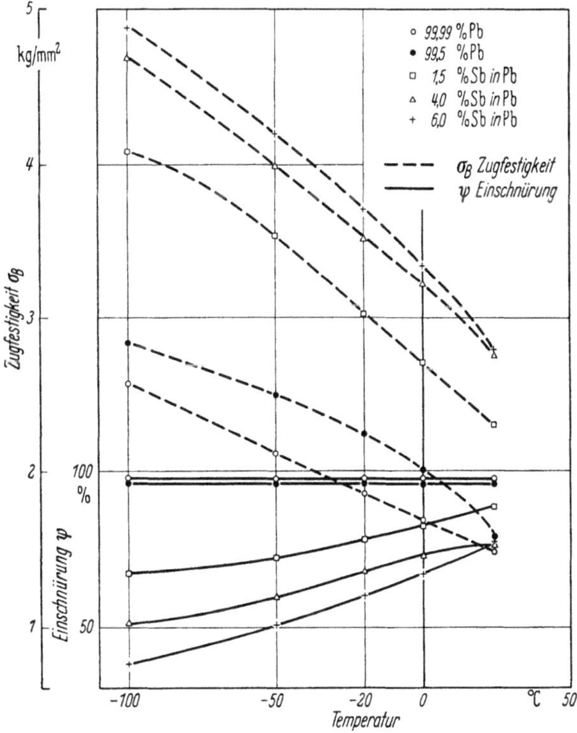

Abb. 211. Zugfestigkeit und Einschnürung verschiedener Bleilegierungen in Abhängigkeit von der
Temperatur. Nach KÖLSCH

stimmte Dehngeschwindigkeit vorzuschreiben. Bei Zugversuchen an Zink und seinen Legierungen wendet man in Deutschland eine Dehngeschwindigkeit $\Delta l/(l \cdot \min) = 0{,}25/\min$ an. Glücklicherweise macht sich der Einfluß der Prüfdauer erst bei sehr geringen Dehngeschwindigkeiten, mit denen man praktisch bei Zerreißversuchen nicht arbeitet, stärker bemerkbar, so daß Angaben von Zugfestigkeiten bei unbekannter Zerreißgeschwindigkeit zwar ungenau, aber doch nicht wertlos sind (SIEGLERSCHMIDT und FIEK [*1119*]).

Parallel zu der starken Abhängigkeit der Zugfestigkeit von der Prüfdauer geht eine solche von der Temperatur. Abb. 211 zeigt dies an Blei und einigen Bleilegierungen nach Messungen von KÖLSCH [*688*]. Nach Bestimmungen von POMP und Mitarbeitern [*970*] ist die Zugfestigkeit bei $-183\,°C$ ungefähr doppelt so groß wie bei $20\,°C$. Für das Temperaturgebiet zwischen Raumtemperatur und $265\,°C$ gibt BURKHARDT [*155*] folgende Zusammenstellung:

Temperatur in °C	20	82	150	195	265
σ_B in kg/mm²	1,35	0,80	0,50	0,40	0,20
δ in %	31	24	33	20	20

Die Zugfestigkeit steigt nach GARRE und MÜLLER [*357*], ähnlich wie bei anderen Metallen, mit kleiner werdender Korngröße an (Abb. 212). Die Versuche betrafen Korngrößen zwischen 23 und 5 mm², bedürfen also einer Ergänzung zu kleineren Korngrößen hin.

Werte für die Kohäsionsfestigkeit = Trennfestigkeit von Blei lassen sich gewinnen, wenn man die plastische Verlängerung und Kontraktion beim Zugversuch verhindert. Dies war durch die Anwendung der Kaltpreßlötung (S. 54) möglich. Dünne Scheiben aus Blei konnten so beiderseits mit zylindrischen Stäben aus Aluminium oder Stahl verschweißt werden (Abb. 213). Die Dicke der Bleischicht war nach dem Verschweißen einige 0,1 mm. Bei Anlegung einer Zugspannung herrscht im Blei ein inhomogener dreiachsiger Zugspannungszustand. Der Bruch erfolgt im Blei. Der so ermittelte Wert der Kohäsionsfestigkeit von etwa 4 kg/mm² kann somit nur als Anhaltspunkt betrachtet werden.

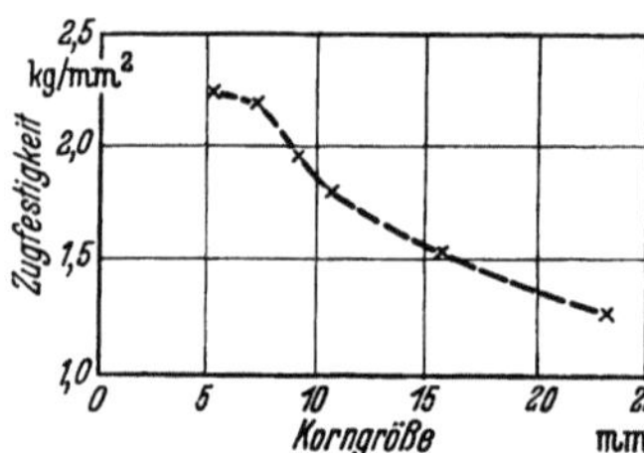

Abb. 212. Korngröße und Zugfestigkeit von Blei. Nach GARRE und MÜLLER

Eine Auswertung der Angaben der Bruchdehnung im Schrifttum ist unbefriedigend, da meist nicht ersichtlich ist, ob es sich um Flach- oder Rundstäbe handelt und ob im letzten Fall δ_5 oder δ_{10} gemessen wurde. Für Weichblei wurden dem Schrifttum 35 Werte von vier verschiedenen Verfassern (HARRIS [*494*], BURKHARDT [*155*], GARRE und

MÜLLER [357]) entnommen. Sie bewegen sich zwischen 21 und 73%, die zugehörigen Zugfestigkeiten zwischen 1,12 und 2,22 kg/mm². Der weite Streubereich erklärt sich durch die oben geschilderten Einflüsse, denen

sich die Wirkung der unterschiedlichen Korngröße und der Beimengungen überlagert. Die Festigkeitswerte ändern sich außerdem unter Umständen noch durch das Lagern (S. 184). Die Einschnürung beträgt bei Weichblei in der Regel 100%, d. h. die Bruchstelle ist eine Spitze bzw. eine Schneide (SACHS und FIEK [1043]). Diese auch noch bei einer

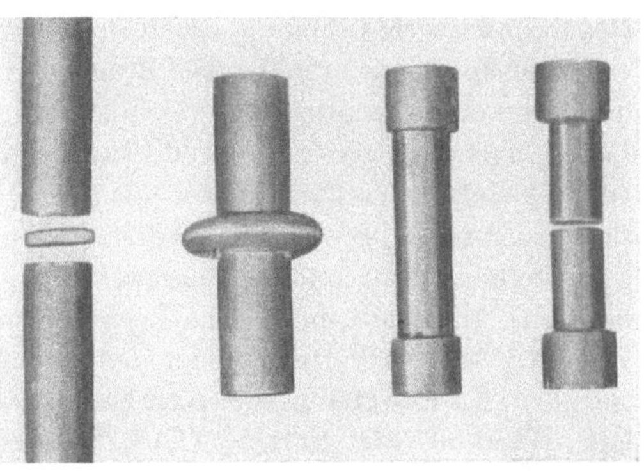

Abb. 213. Werdegang einer Kaltpreßlötung. Nach BURAT und HOFMANN

Temperatur von — 100 °C zu beobachtende Erscheinung ist ein besonders guter Ausdruck des starken Formänderungsvermögens von Blei. Nur im Dauerstandversuch werden bei grobkörnigem Weichblei unter Umständen geringere Einschnürungen und interkristalliner Bruch beobachtet.

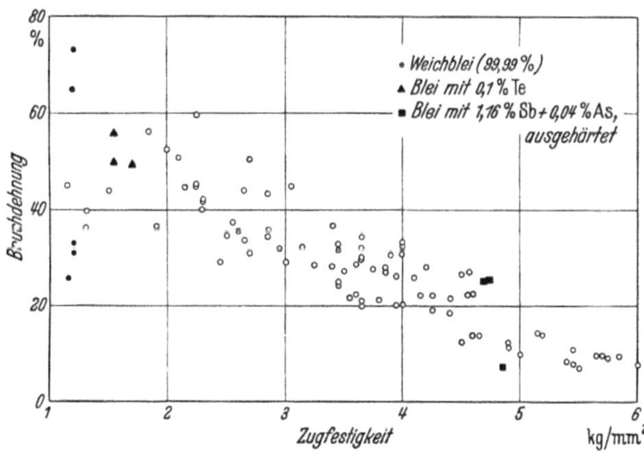

Abb. 214. Zusammenhang zwischen Festigkeit und Dehnung bei Blei und verschiedenen, nicht bezeichneten Bleilegierungen. Nach VON HANFFSTENGEL, unveröffentlichte Messungen

Die Bruchdehnung von Blei wird nach Messungen von MAYER-WEGELIN [814] durch eine Zunahme der Zerreißgeschwindigkeit im Bereich von 0,7 bis 6,1 mm/min · cm nur um einige Prozent erniedrigt. Bruchdehnung und Einschnürung zeigen ferner bei Weichblei im

Temperaturbereich von -100 bis $150\,°C$ keine ausgeprägte Temperaturabhängigkeit, dagegen bei Bleilegierungen unterhalb $0\,°C$ eine fallende
Tendenz.

Zwecks Untersuchung der bei Legierungen ganz allgemein gültigen
Regel, daß durch Erhöhung der Konzentration des Legierungselements
zwar die Festigkeit erhöht, aber Bruchdehnung und Einschnürung vermindert werden, wurden für Weichblei und eine größere Zahl beliebiger
Legierungen Zugfestigkeit σ_B und Bruchdehnung δ bestimmt. Die Proben
lagen in Form gepreßter Bänder mit dem Querschnitt $2 \times 10\ mm^2$ vor;
sie wurden teilweise wärmebehandelt. Es ergab sich der in Abb. 214 dargestellte Bereich zusammengehöriger Werte von σ_B und δ (auf $l_0 = 50\ mm$
bezogen). Man wird nun solche Legierungen und Vorbehandlungen be-
vorzugen, denen Wertepaare an der oberen Grenze des Bereichs entsprechen. Als Anwendungsbeispiele sind Blei–Tellur mit guter Dehnungs-
lage, Weichblei und Hartblei $(1,1\%\ Sb + 0,04\%\ As)$ mit unterschiedlicher Vorbehandlung im Schaubild besonders bezeichnet. Das Hartblei
mit hoher Bruchdehnung wurde bei $240\,°C$ verpreßt und sofort in Wasser
abgeschreckt, das mit niederer Bruchdehnung wurde 16 Stunden bei
$250\,°C$ homogenisiert — wodurch Grobkornbildung erfolgte — und abgeschreckt. Die Unterschiede der Weichbleiproben sind durch ähnliche
Vorbehandlungen bedingt.

b) Typen von Zerreißdiagrammen. HAIGH und JONES [471] vertraten
die Ansicht, daß die Werte der Zugfestigkeit und der Bruchdehnung aus
dem Zerreißversuch zur Kennzeichnung verschiedener Bleilegierungen

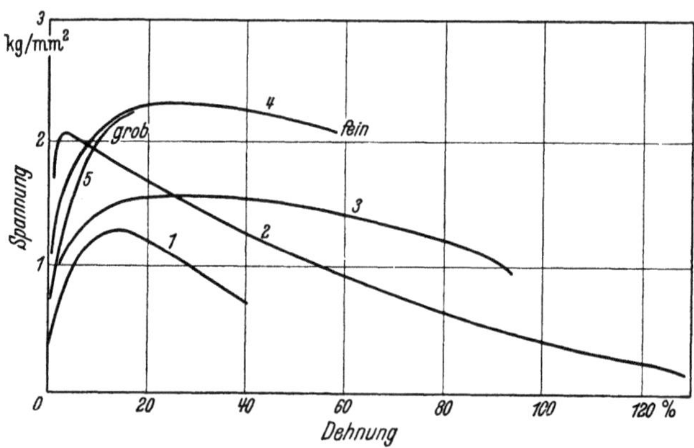

Abb. 215. Typen von Zerreißdiagrammen einiger Bleilegierungen. *1* Weichblei. Sonstige Bezeichnung
der Kurven s. Text. Nach HAIGH und JONES

nicht ausreichen, daß vielmehr vollständige Zerreißdiagramme wiederzugeben seien. Hierzu wurde auf die bekannte Tatsache hingewiesen, daß
die Bruchdehnung sich aus der Gleichmaßdehnung und einem von der

Einschnürung herrührenden Dehnungsbetrag zusammensetzt. Beide Anteile geben sich bis zu einem gewissen Grad im Zerreißdiagramm zu erkennen. In Abb. 215 sind Zerreißdiagramme von Weichblei und von drei nicht genannten Bleilegierungen aus der Arbeit wiedergegeben. Legierung *3* zeigt im Vergleich zu Legierung *2* eine ausgeprägte Gleichmaßdehnung, Legierung *4* in gleicher Weise Einschnür- und Gleichmaßdehnung, doch besteht die Gefahr des zwischenkristallinen Bruches, der bei der grobkörnigen Probe *5* eingetreten ist. Legierungen mit hoher Gleichmaß-

dehnung sollen bei Frostgefahr, wie sie z. B. in Wasserleitungsrohren vorkommen kann, günstig sein. Ein hoher Betrag der Einschnürdehnung soll anderseits Sicherheit gegen verformungslosen Bruch bei Stoßbeanspruchung verbürgen.

Die Spannungsverteilung in einem eingeschnürten Stab entspricht dem in Abb. 216 dargestellten, auch

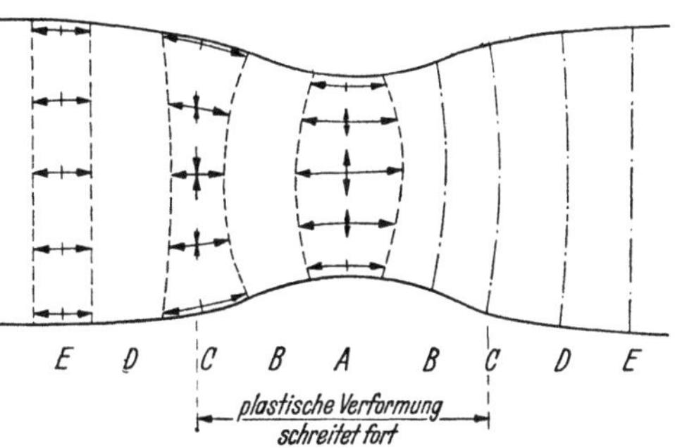

Abb. 216. Spannungsverteilung in einem eingeschnürten Zerreißstab. Nach HAIGH und JONES

von andern Metallen her bekannten Schema. Im Mittelpunkt der Einschnürung treten starke Querzugspannungen auf; es herrscht hier also ein dreidimensionaler Spannungszustand. Er führt bei manchen Bleilegierungen zu einem Aufreißen von innen her, wobei sich die gebrochenen Stabhälften beim Aneinanderlegen nur außen berühren. Blei in Bandform zeigt oft eine andere Art des Bruches, der hier durch Abscheren erfolgt (HAIGH und JONES [*471*], KÖRBER und KRISCH [*690*]).

c) Die Härte. Die Härte von Blei in der Skala von MOHS beträgt etwa 1,5 (KOHLRAUSCH [*695*], LUDWIG [*771*]).

α) Brinellhärte. Da man bei Blei unter Umständen mit einer beträchtlichen Korngröße rechnen muß, empfiehlt es sich, für die Bestimmung der Brinellhärte einen Kugeldurchmesser von 10 mm zu verwenden. Die Last soll in üblicher Weise so gewählt werden, daß der Durchmesser des Kugeleindrucks zwischen dem 0,2- und 0,7fachen des Kugeldurchmessers liegt. Damit ergeben sich für die Härteprüfung von Blei je nach dem zu erwartenden Wert der Härte die Prüflasten 15,6; 31,2; 62,5; 125 und 250 kg. Die aufgeführten Prüflasten gelten entsprechend der obigen Bedingung für folgende Bereiche:

Prüflast:	15,6 kg	31,2 kg	62,5 kg
Härte HB:	0,38—4,9 kg/mm²	0,75—9,75 kg/mm²	1,5—19,5 kg/mm²
Prüflast:	125 kg	250 kg	
Härte HB:	3—39 kg/mm²	5,6—78,8 kg/mm²	

Da ein Stillstand des Fließens sich auch bei längerer Prüfdauer nicht erreichen läßt, sind die Härtezahlen bei Blei nur relative, für die angewandte Prüfdauer gültige Werte. Die Anwendung einer einheitlichen Prüfdauer wäre daher zu wünschen. Die in der Bleiforschungsstelle früher übliche Prüfzeit von 2 min könnte mit Rücksicht auf praktische Bedürfnisse kürzer gewählt werden. Vielfach wendet man eine Prüfdauer von 30 sek an.

Es ist dagegen nicht möglich, etwa ein allgemein gültiges Nomogramm für die Umrechnung von Härtewerten auf eine einheitliche Prüfzeit aufzustellen, da die Abhängigkeit der Härte von der Prüfdauer sich entsprechend den Gesetzen des Kriechens mit der Art der Legierung, der Korngröße usw. ändert (KENNEFORD [657]). Vor allem ist bei feinkörnigem Blei eine stärkere Zeitabhängigkeit vorhanden als

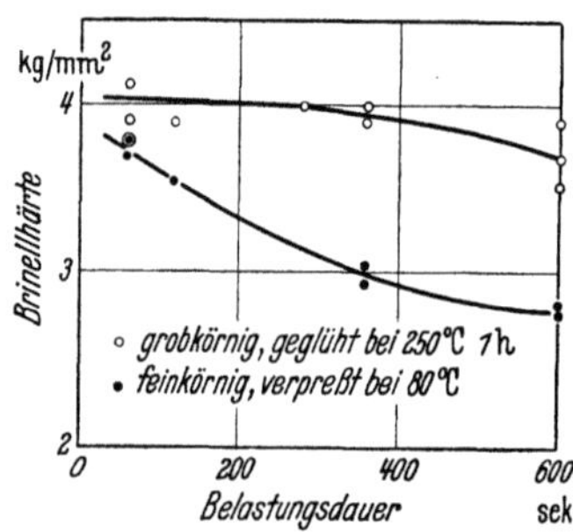

Abb. 217. Härtekriechkurven von fein- und grobkörnigem Blei. Nach ERDMANN-JESNITZER und HANEMANN [285]

bei grobkörnigem (BALLAY [39] und ERDMANN-JESNITZER [285]), so daß bei den üblichen Prüfzeiten dieses seltsamerweise härter erscheinen kann als jenes (Abb. 217).

Die Härte von Weichblei kann bei Raumtemperatur mit 2,5 bis 3 Brinelleinheiten angegeben und für 1 Grad Temperaturzunahme ungefähr

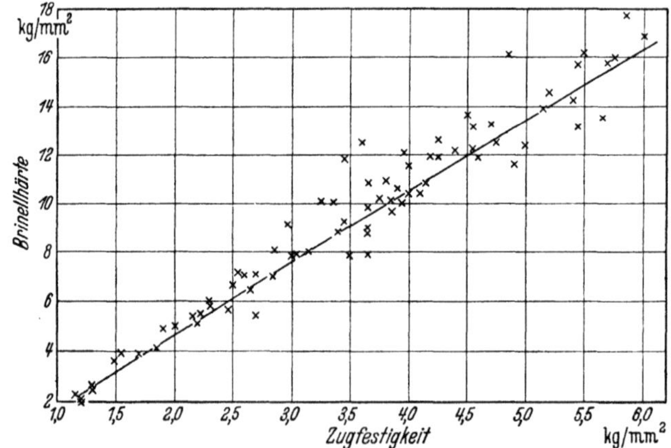

Abb. 218. Zusammenhang zwischen Härte und Zugfestigkeit bei Blei und Bleilegierungen. Nach VON HANFFSTENGEL

mit 0,5% des Wertes bei 20 °C korrigiert werden (HOFMANN, SCHRADER und HANEMANN [577]). WORNER [1285] gibt an, daß die Brinellhärte von sehr reinem vielkristallinen Blei bei Temperaturerhöhung um 1 °C im

Bereich von 0 bis 60 °C um 0,027 Einheiten abnimmt. Die Temperaturabhängigkeit der Brinellhärte wurde ferner von -253 bis 0 °C (Holm und Meissner [583]), und von -40 bis 125 °C, allerdings mit hoher Prüflast, gemessen (Ito [607]). Bei -183 °C beträgt die Brinellhärte, ähnlich wie die Zugfestigkeit, das 2,1fache des Wertes bei 20 °C (Pomp, Krisch und Haupt [970]).

β) Zusammenhang zwischen Härte und Zugfestigkeit. Von den zur Untersuchung des Zusammenhangs zwischen Zugfestigkeit und Bruchdehnung geprüften Zerreißstäben beliebiger Bleilegierungen (vgl. Abb. 214) wurde in unveröffentlichten Arbeiten auch die Brinellhärte unter den oben genannten Prüfbedingungen bestimmt. Das Schaubild zusammengehöriger Werte HB und σ_B (Abb. 218) zeigt einen ungefähr linearen Zusammenhang beider Größen.

γ) Kegeldruckhärte. Die Kegeldruckhärte von Kahlbaumblei wurde für einen größeren Temperaturbereich und für zwei verschiedene Prüfdauern von Ludwik [773, 774] gemessen. Folgende Zusammenstellung enthält eine Auswahl von Werten (Tab. 15).

Tabelle 15. *Kegeldruckhärte in kg/mm^2 von Blei bei verschiedenen Temperaturen*

°C	15	45	62	102	115	150	153
Prüfdauer 300 sek	3,95	2,68			1,39		1,10
„ 15 sek	4,98		3,30	2,16		1,44	

°C	213	214	272	282	323	324	
Prüfdauer 300 sek		0,67	0,43			0,27	
„ 15 sek	1,01			0,54	0,40		

Die Kegeldruckhärte wird auf die Fläche des Eindruckkreises bezogen. Wenn man sie, entsprechend der Brinellhärte, auf die Kegelmantelfläche beziehen wollte, müßten die angegebenen Zahlen durch $\sqrt{2}$ geteilt werden. Die so berechneten Werte würden denen der Brinellhärte näher rücken.

δ) Fallhärte. Die Fallhärte von Kahlbaumblei, das bei 270 °C vorgeglüht war, wurde von Sauerwald und Knehans [1051] im Rahmen einer vergleichenden Untersuchung verschiedener Metalle in einem größeren Temperaturbereich bestimmt. Es ergab sich, ähnlich wie bei anderen Metallen, eine lineare Abnahme der Fallhärte mit steigender Temperatur. Der Wert der absoluten Fallhärte, der als spezifische Verdrängungsarbeit aufzufassen ist (Hengemühle [508]), sinkt von 7,44 bei 25 °C auf 4,24 mmkg/mm³ bei 267 °C. Bei höheren Temperaturen konnten wegen Rißbildung — als Folge von Grobkornbildung — keine Messungen durchgeführt werden.

13*

d) Druck-, Stauch- und Kerbschlagversuche. Bezüglich der Quetsch-grenze von Blei sei auf das beim Zugversuch Gesagte verwiesen. Ein Wert der Druckfestigkeit (σ_{dB}) läßt sich für Blei nicht angeben, da

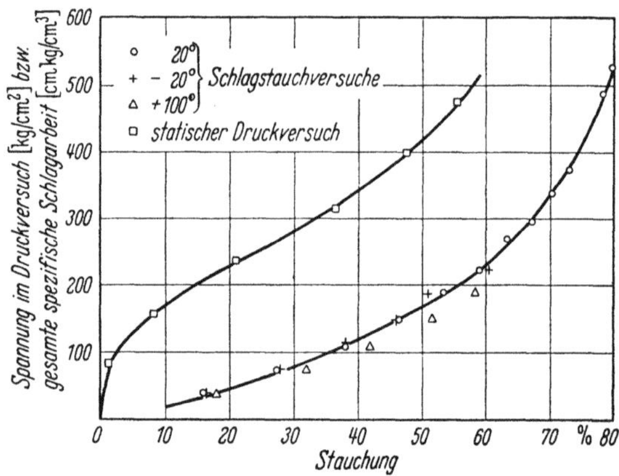

Abb. 219. Diagramme des Druck- und Schlagstauchversuches an Weichblei.
Nach HEYN und BAUER [520]

unter statischem Druck kein Aufreißen erfolgt. Der Fließverlauf im statischen Versuch wird durch die obere Kurve in Abb. 219 dargestellt,

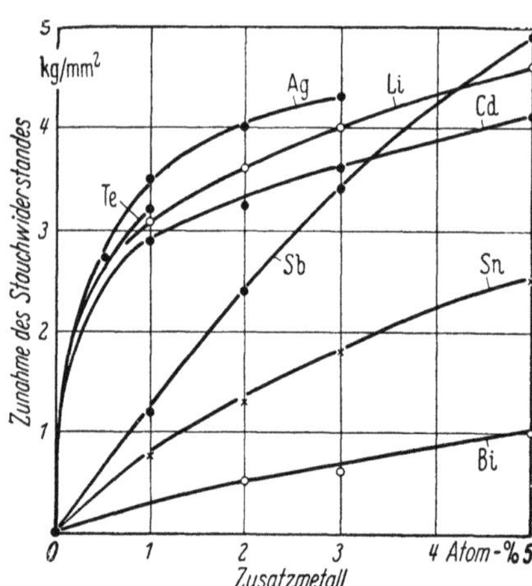

Abb. 220. Zunahme des Stauchwiderstandes von Bleilegierungen bei Raumtemperatur in Abhängigkeit von der Konzentration des Zusatzmetalles.
Nach PELZEL

wobei die Spannung auf den Ausgangsquerschnitt bezogen ist. Die Abmessungen der Proben für den Druck- und Stauchversuch waren 20 mm Durchmesser, 17,7 mm Höhe. Die Form wich also von dem jetzt üblichen quadratischen Längsschnitt etwas ab. Die Abbildung enthält auch den Verlauf der Stauchung von Blei unter Schlagbeanspruchung bei drei verschiedenen Prüftemperaturen. Die spezifische Schlagarbeit je Schlag betrug 37,4 cm kg/cm³. Die Meßpunkte des Schlagstauchversuchs zeigen im untersuchten Temperaturbereich von − 20 bis 95° C nur eine geringe Temperaturabhängigkeit des Stauchwiderstandes.

Kerbschlagversuche an grob- und an feinkörnigen Bleiproben mit den Abmessungen 15 · 15 · 180 mm³ und einem Spitzkerb mit der großen Tiefe von 10 mm ergaben spröden Bruch (GARRE [357]). Die

Kerbschlagzähigkeit war bei den grobkörnigen Proben niedriger als bei den feinkörnigen.

Die Kerbschlagzähigkeit von Handelsblei wurde bei 20, −183 und −253 °C zu $>$ 2,3 bzw. $>$ 3,7 bzw. $>$ 4,4 mkg/cm² bestimmt [970]. Dabei trat bei allen Prüftemperaturen ein Verformungsbruch auf. Somit ist Blei noch bei der Temperatur des flüssigen Wasserstoffs plastisch. PELZEL [949] führte statische Druckversuche an gegossenen Probezylindern mit 16 mm Durchmesser und 16 mm Höhe durch. Die Stauchgeschwindigkeit betrug 50 mm/min. Zum Vergleich verschiedener Legierungen diente der auf den Ausgangsquerschnitt bezogene Stauchwiderstand in kg/mm² bei einer Höhenabnahme von 50%. An dem Ergebnis (Abb. 220) ist die stark verfestigende Wirkung von kleinen Silber- und Tellurgehalten besonders bemerkenswert. Sie kam auch in dem Einfluß dieser Elemente auf die Rekristallisation von Blei zum Ausdruck (S. 183).

3. Dauerstand- bzw. Kriechfestigkeit

a) Grundlegende Erscheinungen. Unter Kriechen wird das zeitabhängige Fließen eines metallischen — oder nichtmetallischen — Werkstoffes unter Last verstanden. Es gewinnt mit zunehmender Annäherung an den Schmelzpunkt eines Metalles an Bedeutung. Das Zeitstandverhalten ist daher gerade bei Blei und Bleilegierungen von besonderer Wichtigkeit. Die Kenntnis der Kriechfestigkeit ist nicht nur eine Grundlage für das Konstruieren in Blei- und Bleilegierungen. Da Blei sich bei Raumtemperatur ähnlich verhält wie hochschmelzende Werkstoffe in einem weit höheren Temperaturgebiet, kann man Festigkeitsstudien an warmfesten Legierungen durch Modellversuche an Blei bei Raumtemperatur nachahmen. SACHS [1041] führte z. B. Modellversuche an Bleischalen durch, um ihre Ergebnisse auf Inconel zu übertragen. Modellversuche an Blei haben sich auch für die Entwicklung der Schmiedetechnik hochschmelzender Metalle bewährt.

Meist werden Kriechversuche unter konstanter Belastung durch Gewichte oder Federn durchgeführt. Die auf Grund der Querschnittsabnahme mit der Zeit eintretende Vergrößerung der Spannung kann bei kleinen Dehnbeträgen vernachlässigt werden. Größere Kriechgeschwindigkeiten erfordern die Anwendung konstanter Spannung und damit den Einsatz eines besondern Regelorganes, falls man sich nicht auf eine qualitative Auswertung der Ergebnisse beschränken will. Die Prinzipien solcher Regelorgane beschreibt SULLY [1155]. Relaxationsversuche sind bei Blei von geringerer Bedeutung (S. 211).

Kriechkurven von Blei zeigen meist den in Abb. 221 dargestellten Verlauf. An die im Augenblick der Belastung eintretende Dehnung, sog. Belastungsdehnung (instantaneous creep), die zum Teil elastisch, zum Teil plastisch ist, schließt sich das zeitabhängige Fließen an. Man unterscheidet dabei das Übergangskriechen (transient creep), das durch eine zeitliche Abnahme der Kriechgeschwindigkeit gekennzeichnet ist, und das stationäre Kriechen (steady state creep, quasi viscous creep oder secondary creep), das den Zustand der geringsten Dehngeschwindigkeit darstellt. Manchmal fällt das Kriechen mit konstanter Dehngeschwindigkeit ganz weg, d. h. nach Ablauf des Übergangskriechens erfolgt keine weitere Verlängerung mehr. Dieser Fall gilt besonders für Stahl bei Raumtemperatur (MEYER [849]); er wurde aber auch an Bleieinkristallen bei tiefen Temperaturen festgestellt (NEURATH und KOEHLER [894]). Umgekehrt wurde ein Wegfall des Übergangskriechens bei ausgehärteten Blei–Antimon–Arsen(0,001%)-Legierungen beobachtet (HOPKIN und THWAITES

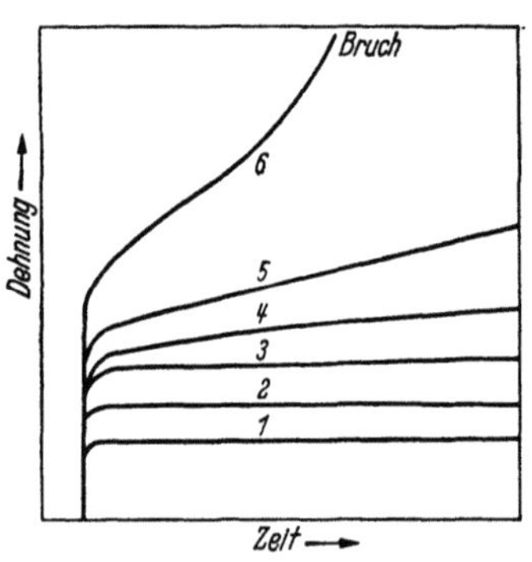

Abb. 221. Schema des Dauerstandversuches bei verschiedenen Lasten. Nach KÖRBER [689]

[590]). Der Belastungsdehnung folgte hier unmittelbar das sekundäre Kriechen (s. S. 223). Wenn sich an das sekundäre Kriechen ein Abschnitt mit zunehmender Kriechgeschwindigkeit anschließt, spricht man von tertiärem Kriechen. Die Ursache hierfür liegt nicht oder nicht nur in der Zunahme der Spannung infolge der Abnahme des Querschnitts bei gleichbleibender Belastung, wie es oft dargestellt wird. Da die Zunahme der Kriechgeschwindigkeit nämlich auch bei Anwendung konstanter Zugspannung und sogar im Druckversuch (SULLY, CALE und WILLOUGHBY [1156]) beobachtet wird, muß man annehmen, daß sie auf Veränderungen im Werkstoff durch das Kriechen zurückzuführen ist (s. unten).

Die Grundlage für das Verständnis des Kriechens bilden die von BECKER [72] und OROWAN [925] entwickelten Vorstellungen. Während die plastische Verformung der Metalle bei Überschreiten der Streckgrenze plötzlich einsetzt und das Fließen hierbei große Beträge annimmt, geht das Kriechen langsam vonstatten. Im ersten Fall erfolgt die Verformung ohne wesentliche Zuhilfenahme thermischer Energiebeträge allein durch die angelegte Spannung; dagegen wird im Fall des Kriechens die Differenz zwischen der angelegten Spannung und der darüber liegenden Streckgrenze, die sog. Aktivierungsspannung σ_a, durch thermische Energieschwankungen aufgebracht.

b) Zeitgesetze des Übergangskriechens. Das Übergangskriechen ist technisch insofern von Bedeutung, als man erst nach seiner Beendigung mit dem Eintreten einer konstanten Kriechgeschwindigkeit rechnen kann, die eine Extrapolation zu längeren Versuchszeiten hin ermöglicht. Das Zeitgesetz des Übergangskriechens kann nach COTTRELL [217] oft durch ein Potenzgesetz $\dot{a} = da/dt = A\,t^{-n}$ dargestellt werden, in dem a die Abgleitung, A und n Konstanten bedeuten, die von der Spannung und der Temperatur abhängen; n liegt zwischen 0 und 1. Der Extremfall $n = 1$ ergibt das logarithmische Kriechgesetz $a = \alpha \ln t$, das für eine Anzahl von Metallen gültig ist, z. B. annähernd für Stahl bei Raumtemperatur und für Bleieinkristalle bei $-190\,^{\circ}\mathrm{C}$ (NEURATH und KOEHLER [894]). Bei größeren Kriechgeschwindigkeiten und Dehnbeträgen wird ein Wert von n kleiner als 1 beobachtet, häufig $n = \tfrac{2}{3}$. Die Abgleitung ergibt sich dann zu $a = \beta t^{\frac{1}{3}}$: ANDRADES Kriechgesetz. Es wurde bei Blei und Kupfer, Kadmium, Zinn, Blei–Zinn-Legierungen gefunden, wenn man die eingangs erwähnte Anordnung zur Konstanthaltung der Spannung anwandte.

Die Auswertung vieler im Schrifttum dargestellter Ergebnisse vermittelte den Eindruck, daß bei Kriechversuchen mit verschiedenen

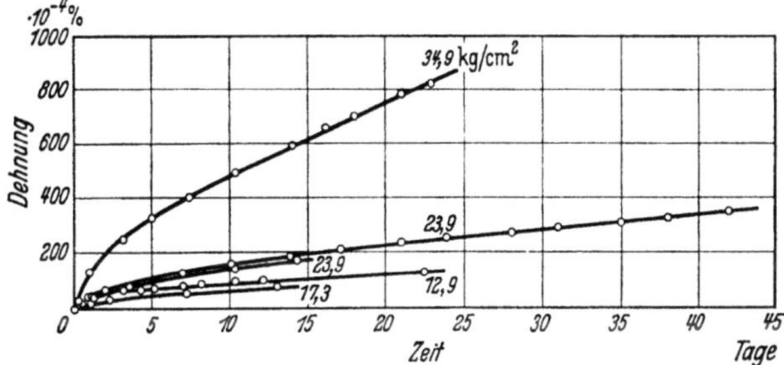

Abb. 222. Kriechkurven an Hartblei mit 1,0% Sb und 0,04% As [563]

Belastungen an einem Werkstoff das Einbiegen der Kriechkurven in den geradlinigen Teil ungefähr nach gleichen Versuchszeiten erfolgt; dabei ist die Temperatur als konstant vorausgesetzt. Diese Regel kann nutzbringend bei der Planung von Kriechversuchen verwandt werden. In den Kriechkurven der Abb. 222 ist das Übergangskriechen nach etwa 7 Tagen beendigt. Als Zeitraum für praktische Kriechversuche werden auf Grund jahrelanger Erfahrungen an Blei mindestens 80 Tage vorgeschlagen (MOORE, BETTY und DOLLINS [866]); der größte Teil der Kriechkurven entfällt dann auf das stationäre Kriechen.

c) Vorgänge beim stationären Kriechen. Während der Elementarvorgang beim Übergangskriechen im wesentlichen der gleiche ist wie im kurzzeitigen Zugversuch, treten beim stationären Kriechen weitere Verformungsmechanismen hinzu. Bei ihrer Aufklärung leisteten neben der Lichtmikroskopie besonders die Elektronenmikroskopie und die Röntgeninterferenzen wichtige Dienste.

Die Behinderung der Kristalltranslation durch die Nachbarkörner führt zu Drehungen der Gleitebenen innerhalb der Kristalle und damit zu einer Unterteilung (Fragmentierung) der Körner. McLean [825] hat besonders auf die Bildung von Subkörnern beim Kriechen durch den Vorgang der Polygonisation hingewiesen (Abb. 199). Sie bilden sich bevorzugt an der Stelle von Knickbändern. Er sieht den Vorgang der Polygonisation als einen wesentlichen Bestandteil des sekundären Kriechens an. Für die Richtigkeit dieser Auffassung spricht die aus der Temperaturabhängigkeit der Kriechgeschwindigkeit abgeleitete Aktivierungsenergie und ihre nahe Verwandtschaft mit der Aktivierungsenergie der Selbstdiffusion (s. unten).

Seit Jahrzehnten ist bekannt, daß die Korngrenzen einen starken Einfluß auf die Kriechgeschwindigkeit eines Werkstoffes ausüben. Es

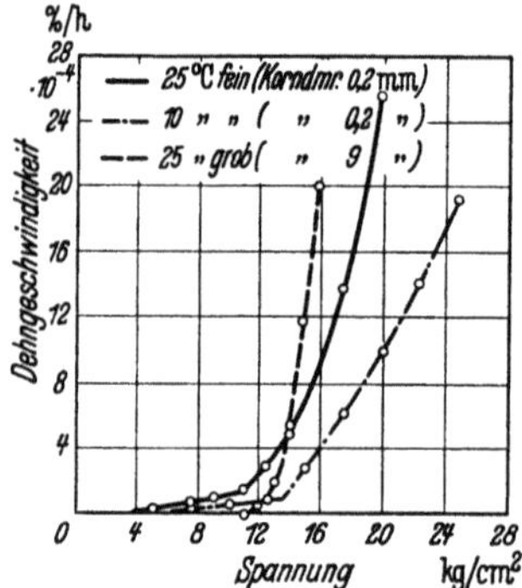

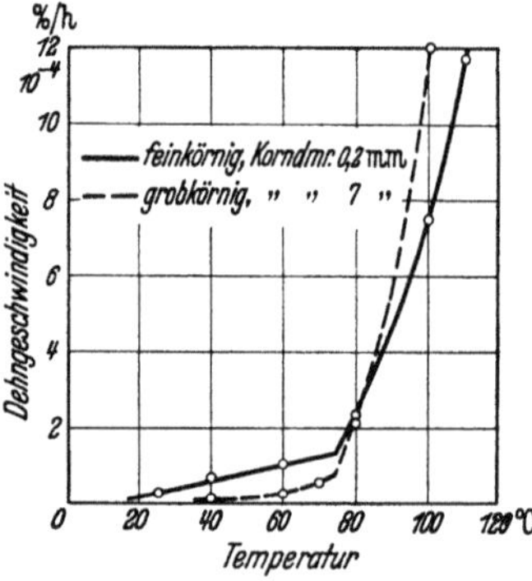

Abb. 223. Kriechgeschwindigkeit von Weichblei in Abhängigkeit von der Belastung. Nach v. Hanffstengel und Hanemann

Abb. 224. Kriechgeschwindigkeit von Weichblei in Abhängigkeit von der Temperatur. Spannung 5 kg/cm². Nach v. Hanffstengel und Hanemann

seien hier Versuche an Feinblei (99,99%) angeführt, die vor 25 Jahren in der damaligen Bleiforschungsstelle durch v. Hanffstengel [482] unternommen wurden. Die Kriechkurven wurden grundsätzlich bis in das Gebiet gleichbleibender Dehngeschwindigkeiten verfolgt. In den Versuchsreihen wurden die Temperatur bei gleichbleibender Belastung und die Belastung bei gleichbleibender Temperatur verändert. Jede Versuchsreihe wurde für grob- und für feinkörniges Blei durchgeführt. Sämtliche Kurven der Abb. 223 und 224, in denen die Kriechgeschwindigkeit über der Spannung bzw. über der Temperatur aufgetragen ist, zeigen einen Knick, nach dessen Überschreiten die Dehngeschwindigkeiten sehr steil ansteigen. Die Kurven für grob- und für feinkörniges Blei überschneiden sich außerdem, sodaß bei niedrigen Belastungen und Temperaturen feinkörniges, bei höheren Spannungen und Temperaturen grobkörniges Blei schneller kriecht. Der Knick in den Schaubildern Spannung-Dehngeschwindigkeit ist auch in vielen Kurven aus Arbeiten von MOORE und Mitarbeitern [*865*] angedeutet, obwohl er hier nicht als solcher eingezeichnet wurde.

Die Ergebnisse wurden damals so gedeutet, daß der Kriechvorgang rechts und links vom Knick auf verschiedenen Ursachen beruht. Das Kriechen links vom Knick sollte durch eine gegenseitige Verschiebung der Körner längs der Korngrenzen zustande kommen. Das stärkere Kriechen von feinkörnigem Blei im Vergleich zu grobkörnigem, das man links vom Knick beobachtet, wäre so zu verstehen. Dem Kriechen oberhalb der durch den Knickpunkt gegebenen Spannung bzw. Temperatur sollte neben dem Korngrenzengleiten die Kristallplastizität, d. h. die Betätigung der kristallographischen Translationselemente, Gleitebenen und Gleitrichtungen, zugrunde liegen.

Die damals entwickelten Anschauungen sind heute nicht mehr voll zu vertreten. Vor allem stellt das angenommen plötzliche Auftreten der Kristalltranslation in vielkristallinen Proben bei Steigerung der Temperatur oder der Belastung über den Wert des „Knickes" hinaus eine nicht zulässige Vereinfachung dar. Trotzdem treffen die seinerzeitigen Deutungen qualitativ in großen Zügen zu. Die Ansicht, daß das Kriechen sich aus einem kristallographischen Gleitvorgang (crystal slip) und einer gegenseitigen Verschiebung der Körner beiderseits der Korngrenzen (Korngrenzengleitung, grain boundary sliding) zusammensetzt, ist sogar in der Zwischenzeit durch eine Anzahl von Beobachtungen weiter gestützt worden. Man hat z. B. auf Aluminiumproben, die nur aus zwei Kristallen bestanden, einen Raster aufgebracht und die Verschiebung der Kristalle längs der schräg zur Zugrichtung liegenden Korngrenze gemessen (RHINES [*1006*], S. 203). Genaue und umfangreiche Messungen der Korngrenzengleitung beim Kriechen stammen aus dem National Physical Laboratory in Teddington (MCLEAN [*826, 827*]). Die Proben lagen bei Versuchsbeginn mit polierter Oberfläche vor. Im Verlauf des Kriechens traten auf Grund des Korngrenzengleitens Höhenunterschiede der Oberflächen benachbarter Körner auf, die mit einem Interferenzmikroskop zu messen waren. Die daraus berechneten Beträge der Korngrenzenverschiebung wurden gegen die gesamte Verlängerung (in %) aufgetragen. Dabei ergaben sich für alle bisher untersuchten Metalle (Al, Sn, Zn, Cd, Fe) Geraden verschiedener Neigung, d. h. das

Verhältnis $\dfrac{\text{Korngrenzengleitung } (\mu)}{\text{Verlängerung } (\%)}$ erwies sich für einen Kriechversuch

als konstant. Aus dem jeweiligen Mittelwert der Korngrenzengleitung (in μ) wurde eine zugehörige Dehnung (in %) errechnet. Der Quotient

$\dfrac{\text{Gesamtdehnung}}{\text{Dehnung durch Korngrenzengleiten}}$, der bis auf einen konstanten Faktor den reziproken Wert des oben genannten Koeffizienten darstellt, ist bei grobkörniger Gefügeausbildung höher als bei feinerem Korn. Er steigt ferner mit der angelegten Spannung. Insofern entspricht das Ergebnis qualitativ den von v. HANFFSTENGEL [481, 483] gemachten Vorstellungen. Unerwartet ist der verhältnismäßig geringe Anteil der Dehnung durch Korngrenzengleiten an der Gesamtdehnung. Die Messungen zeigten nämlich in einem Fall, daß die feinkörnige Probe im Bereich des stationären Kriechens doppelt so schnell kroch als die grobkörnige, während die zusätzliche Wirkung der Korngrenzen nach den Messungen mit dem Interferenzmikroskop nur eine Zunahme im Verhältnis 5:4 ergeben konnte. Die größere Kriechgeschwindigkeit der feinkörnigen Probe mußte daher nicht nur auf einem größeren Betrag des Korngrenzengleitens beruht haben, sondern auch auf einer höheren Gleitgeschwindigkeit im Kristallinnern. Der unerwartet geringe Anteil des Korngrenzengleitens an der gesamten Kriechdehnung nach McLEAN [826] könnte zum Teil auf Grund von Feststellungen RACHINGERS [989] erklärt werden, daß die Oberfläche einer Probe eine viel geringere Verschiebung der Korngrenzen zeigt als das Probeninnere.

PARKER [931] gibt eine andere Erklärungsmöglichkeit für den Einfluß der Korngrenzen auf die Kriechgeschwindigkeit. Das Korngrenzenfließen erklärt, wie die Versuche von McLEAN [823] zeigten, die Zunahme der Kriechgeschwindigkeit mit abnehmender Korngröße nur zu einem kleinen Teil. Die Korngrenzen können aber auf eine indirekte Weise die Kriechgeschwindigkeit im Korninnern dadurch stark beeinflussen, daß sie die Wanderung von Leerstellen begünstigen. Die Diffusion der Leerstellen ist nach SEEGER [1100] der geschwindigkeitsbestimmende Faktor für das Klettern der Versetzungen und damit für das Kriechen (s. unten). Wenn in feinkörnigem Blei viele Großwinkelkorngrenzen vorhanden sind, wird die Wanderung der Leerstellen zum großen Teil auf den Korngrenzen und nur zum kleinen Teil im Korninnern erfolgen. Auf diese Weise ergibt sich im feinkörnigen Blei eine größere Diffusionsgeschwindigkeit der Leerstellen als im grobkörnigen Blei, wo nach der Rekristallisationsglühung nur wenige energiereiche Großwinkelkorngrenzen übriggeblieben sind.

Im vorstehenden wurde die Auffassung vertreten, daß allgemein die Kriechgeschwindigkeit mit wachsender Korngröße abnimmt. Bei sehr grobem Korn soll wieder eine Zunahme der Kriechgeschwindigkeit auf Grund der geringen Behinderung der Kristalltranslation durch die Korngrenzen erfolgen. Es ergibt sich dann ein Minimum der Kriechgeschwindigkeit bei einer bestimmten Korngröße, wie es z. B. die in Abb. 240 wiedergegebenen Kurven zeigen.

In weiteren Arbeiten fügte McLEAN [824] den Messungen der Niveauunterschiede senkrecht zur Oberfläche Messungen der Korngrenzenverschiebungen parallel zur Oberfläche hinzu. Ein Anteil dieser Korngrenzenverschiebung ist dadurch gegeben, daß bei schräg zur Oberfläche stehender Korngrenze die Korngrenzengleitung eine Komponente parallel zur Oberfläche enthält (Abb. 225). Der andere Anteil besteht in

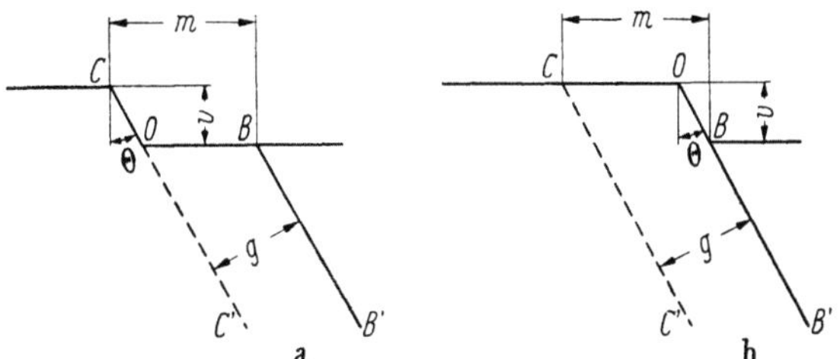

Abb. 225a u. b. Korngrenzenverschiebung (m) durch Korngrenzengleitung ($v \cdot \mathrm{tg}\theta$) + Korngrenzenwanderung (g/cos θ).
BB' Lage der Korngrenze im Ausgangs-,
CC' im Endzustand.
a) Folge von Wanderung und Gleitung; b) Folge von Gleitung und Wanderung

einer Korngrenzenwanderung (grain boundary migration). Die Messungen zeigten, daß die Korngrenzenwanderung mit zunehmender Temperatur an Bedeutung gegenüber dem Korngrenzengleiten gewinnt. Messungen der Korngrenzenwanderung während des Kriechens wurden auch für Blei mitgeteilt (GIFKINS [378]).

Wie auf S. 11 angedeutet, ist bei hohen Temperaturen eine gewisse Konzentration von Leerstellen (Löcher) im thermischen Gleichgewicht mit dem Kristallgitter. Die Diffusion von Leerstellen in eine Richtung ist mit dem Stofftransport in entgegengesetzter Richtung gleichwertig. KAUZMANN [648] und NABARRO [887] haben gezeigt, daß ein solcher Vorgang sich unter Belastung abspielen und einen Beitrag zum stationären Kriechen liefern wird. Das Kriechen durch Volumendiffusion von Leerstellen dürfte wohl beim Kriechen von Blei erst in der Nähe des Schmelzpunkts eine Rolle spielen (SEEGER [1101]), doch liegen quantitative Untersuchungen hierüber noch nicht vor (vgl. BALLUFFI und SEIGLE [40]).

d) Temperatur- und Spannungsabhängigkeit des stationären Kriechens. Das Eintreten einer gleichbleibenden Kriechgeschwindigkeit im sekundären Teil der Kriechkurve wurde seit langem als Gleichgewicht zwischen Verfestigung und Entfestigung gedeutet. In etwas erweiterter Form besagt diese Vorstellung, daß zwar bei der Belastung die Streckgrenze in kleinen Bereichen kurzzeitig überschritten wird, daß aber die angelegte Spannung in dem Maß unter den Wert der Streckgrenze zu liegen kommt als diese durch Verfestigung angehoben wird. Damit steigt die Aktivierungsenergie, die zum Eintritt eines elementaren Gleitbetrages benötigt wird, während des Kriechens an. Diese höheren Werte

der Aktivierungsenergie werden seltener angeboten, d. h. die Kriechgeschwindigkeit sinkt ab. Wenn die Verfestigung im Gleichgewicht mit
der Entfestigung ist und somit einen konstanten Wert angenommen hat,
bleibt auch die Aktivierungsenergie und damit die Kriechgeschwindigkeit
konstant.

Verschiedene Mechanismen sind entwickelt worden, um die Abhängigkeit der Kriechgeschwindigkeit von Temperatur und Spannung
berechnen zu können. Die meisten dieser Gleichungen stellen eine Art
von Arrheniusscher Gleichung mit einer Aktivierungsenergie H dar. Als
Beispiel sei die von MOTT [874] abgeleitete, inzwischen aber durch verbesserte Gleichungen ersetzte, Beziehung Kriechgeschwindigkeit = à

$$= da/dt = A/\Theta \exp \frac{-(H - q\sigma)}{kT}$$ angeführt. Dabei sind A und q Kon-

stanten. Angaben für ihre Größe finden sich bei FELTHAM [312]. Das
negative Vorzeichen vor $q\sigma$ bedeutet, daß eine Erhöhung der Spannung
die für den Eintritt eines Elementarprozesses im Kriechvorgang notwendige Aktivierungsenergie um $q\sigma$ vermindert. Θ ist die Steigung der
Spannung-Dehnung-Kurve bei der angewandten Spannung σ, also ein
Maß für die Verfestigung im Kurzzerreißversuch. Die Aktivierungsenergie H erhält man durch Messungen der Kriechgeschwindigkeit bei
verschiedenen Temperaturen T unter der gleichen Spannung σ. Der

natürliche Logarithmus von à gegen $\dfrac{1}{T}$ aufgetragen liefert bei Gültigkeit

der obigen Beziehung eine Gerade, aus deren Steigung der Wert von H folgt.

Derartige Bestimmungen der Aktivierungsenergie aus eigenen Messungen und Angaben des Schrifttums, wurden vor allem von FELTHAM
[312], DORN [255], WISEMAN, SHERBY und DORN [1281] durchgeführt.
Sie fanden, daß Kriechkurven, d. h. Kurven der Dehnung über der Zeit,
die bei konstanter Spannung aber bei verschiedenen Temperaturen aufgenommen werden, sich durch eine Parallelverschiebung in Richtung
der Ordinatenachse ineinander überführen lassen, wenn man einen
doppelt logarithmischen Maßstab anwendet. Man kann diesen Tatbestand
auch so ausdrücken, daß man die Kriechdehnung als eine Funktion der
Spannung und der „temperaturkompensierten Zeit" θ, nämlich $\theta = te^{-H/RT}$,
ansieht; t ist dabei die in einer üblichen Einheit ausgedrückte Zeit, R die
Gaskonstante, T die Temperatur in °C. Man kann die Aktivierungsenergie des Kriechens H aus 2 Kriechversuchen bei verschiedenen
Temperaturen T_1, T_2 und gleicher Spannung ermitteln. Wenn die Zeiten,
die bei diesen Temperaturen eine gleiche Kriechdehnung ergeben t_1 und
t_2 sind, gilt:

$$t_1 \exp. - H/RT_1 = t_2 \exp. - H/RT_2,$$

woraus die einzige Unbekannte H berechnet werden kann.

DORN [*255*] fand bei den meisten Metallen eine überraschende Übereinstimmung der Aktivierungsenergie für das Kriechen und für die Selbstdiffusion (Abb. 226). Hieraus wurde geschlossen, daß der die Kriechgeschwindigkeit bei höheren Temperaturen — das ist bei Blei schon die Raumtemperatur — steuernde Vorgang ein Diffusionsvorgang sein müsse. Als solcher wurde schon von MOTT [*873*] 1951 das Klettern (climb) einer Versetzung angesehen, da hierbei ein Stofftransport stattfindet. Die ausführliche Behandlung dieser Vorstellungen durch WEERTMAN [*1250*] ergab ein Kriechgesetz der Form: Dehngeschwindigkeit $\dot{\varepsilon} = C \, (\sigma^{\alpha/kT}) \cdot$

$e^{-\frac{E}{kT}}$, wobei C und α Konstanten sind, σ = Spannung, k = Boltzmannsche Konstante und T = absolute Temperatur. Die Abweichungen zwischen den Aktivierungsenergien des Kriechens und der Selbstdiffusion werden von SEEGER [*1100*] ausführlich diskutiert.

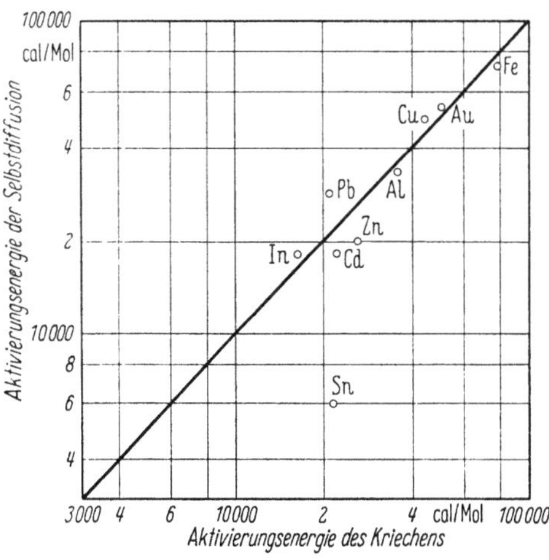

Abb. 226. Vergleich der Aktivierungsenergien für das Kriechen und für die Selbstdiffusion bei verschiedenen Metallen. Nach DORN

Einige der im Schrifttum enthaltenen Angaben der Kriechgeschwindigkeit wurden in der angeführten Weise ausgewertet. Dabei zeigten z. B. die natürlichen Logarithmen der Beträge von $\dot{\varepsilon}$ in Reinblei nach Abb. 227 (v. HANFFSTENGEL [*483*]) zwar eine etwa geradlinige Abhängigkeit von $\dfrac{1}{T}$, wie die von WEERTMAN gegebene Gleichung erfordert. Die Kurven waren aber, zumal bei den niedrigen Kriechgeschwindigkeiten, deutlich gekrümmt. Hieraus ersieht man, daß es sich bei der gegebenen Gleichung um eine sehr brauchbare Näherung handelt.

Aus der Formel der Kriechgeschwindigkeit folgt auch eine lineare Abhängigkeit des Logarithmus der Kriechgeschwindigkeit $\dot{\varepsilon}$ vom Logarithmus der Spannung σ, wenn man alle übrigen Größen der Gleichung, darunter die Temperatur, konstant setzt. Tatsächlich ordnen sich alle im Schrifttum verfügbaren Werte der Kriechgeschwindigkeit bei doppeltlogarithmischer Darstellung — log $\dot{\varepsilon}$ gegen log σ — in ein etwa geradliniges Band ein, ein Beweis für die gute Brauchbarkeit der angenommenen Beziehung (Abb. 246). Selbstverständlich gelten alle obigen Darstellungen nur für Werkstoffe, die beim Kriechen keine Phasenänderungen, wie Ausscheidungsvorgänge, erfahren, d. h. in erster Linie für reine Metalle.

WEERTMAN [*1251*] befaßt sich in einer weiteren Arbeit eingehend mit der Spannungsabhängigkeit der Kriechgeschwindigkeit. Aus der Annahme, daß das Klettern der Versetzungen der geschwindigkeitsbestimmende Faktor ist, leitet er eine Formel ab, die Proportionalität der Kriechgeschwindigkeit mit $\sigma^{4,5}$ ergibt, d. h. bei Verdopplung der Spannung wächst die Kriechgeschwindigkeit auf den 22-fachen Betrag. Die Beziehung gilt nur für das Gebiet niedriger Spannungen, die für Blei in erster Linie von Wichtigkeit sind. Bei Legierungen sind neben dem Klettern noch andere Mechanismen (Mikrokriechmechanismen) an dem Fortgang des Kriechens beteiligt, zum Beispiel das Mitschleppen von Wolken gelöster Atome durch wandernde Versetzungen nach dem Mechanismus von COTTRELL-JASWON [*218*].

Wenn solche Mikrokriechmechanismen an Stelle des Kletterns die Kriechgeschwindigkeit bestimmen, gilt nach WEERTMAN das Potenzgesetz in der Form Kriechgeschwindigkeit $\sim \sigma^3$, d. h. die Kriechgeschwindigkeit wird bei Verdopplung der Spannung verachtfacht.

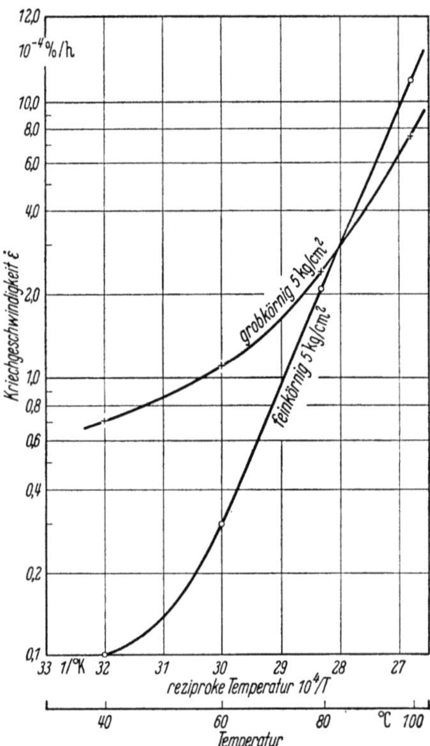

Abb. 227. Kriechgeschwindigkeit $\dot\varepsilon$ von Weichblei im logarithmischen Maßstab in Abhängigkeit von $\frac{1}{T}$. Umgezeichnet nach v. HANFFSTENGEL und HANEMANN

In einer Reihe von Versuchen an Bleieinkristallen und polykristallinen Legierungen von Blei vom Typ der festen Lösung zeigt er, daß tatsächlich der Exponent n im Potenzgesetz σ^n sich, vom Wert 4,5 ausgehend, dem Wert 3 nähert, wenn man von Blei zu den festen Lösungen größerer Konzentration an Legierungselementen übergeht. Bemerkenswerterweise verhalten sich aber Blei-Wismut-Mischkristalle wie reines Blei, ein Zeichen für die große Beweglichkeit der Wismutatome, die auch aus anderen Beobachtungen folgt (S. 96). Die vom Verfasser vor 20 Jahren aufgestellten Diagramme der Spannungsabhängigkeit der Kriechgeschwindigkeit von Blei und einigen Bleilegierungen (Abb. 246, 247, 250, 253) stehen quantitativ in guter Übereinstimmung mit den Ableitungen von WEERTMAN.

c) Tertiäres Stadium des Kriechens und damit verbundene Versprödungserscheinungen. Soweit die Kriechversuche bei konstanter Last erfolgen und die Spannung bei großen Dehnungen infolge der Querschnittsverminderung merklich wächst, ist die Zunahme der Kriechgeschwindigkeit des tertiären Versuchsstadiums in trivialer Weise hierauf zurückzuführen. Daneben gibt es ein echtes tertiäres Kriechen, das durch eine Zunahme der Dehngeschwindigkeit bei konstanter Spannung gekennzeichnet ist. Man führt es u. a. auf die Entstehung von Mikrorissen an den Korngrenzen zurück. Sie liegen vornehmlich senkrecht zu der Richtung der angelegten Zugspannung (HANSON und WHEELER [489]). Wenn interkristalline Risse auftreten, werden sie eine innere Kerbwirkung ausüben. Abgesehen von der Zunahme der Kriechgeschwindigkeit durch die Abnahme des tragenden Querschnitts, erklären die Mikrorisse somit auch die Abnahme der Zähigkeit, d. h. das Auftreten von Brüchen bei verhältnismäßig geringen Dehnungen. Wenn solche vorzeitigen Brüche auch bevorzugt an hochwarmfesten Legierungen, z. B. an Chrom-Nickel-Vergütungsstählen, beobachtet worden sind, so treten sie doch auch bei gewissen Bleilegierungen auf. CRUSSARD und FRIEDEL [226], fußend auf Vorarbeiten von GREENWOOD [424], haben die Theorie entwickelt, daß die Risse durch Diffusion von unbesetzten

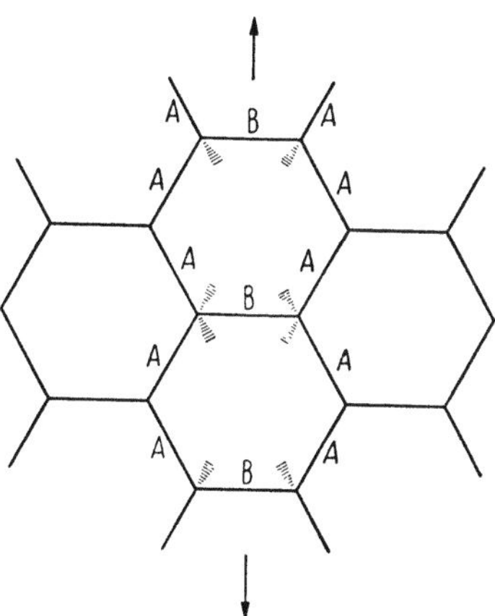

Abb. 228. Modell zur Entstehung von interkristallinen Rissen beim Kriechen. Durch Gleiten der Korngrenzen A ergeben sich Spannungsanhäufungen an den Kornecken mit folgendem Bruch an den Korngrenzen B oder plastische Verformungen in den schraffierten Bereichen. Nach EBORALL

Stellen des Kristallgitters (Löchern) an die Korngrenzen und dort stattfindende Vereinigung der Löcher (Kondensation) entstehen. Beimengungen im Metall, die die Oberflächenspannung der Löcher herabsetzen, sollten nach FRANK [337] einen Einfluß auf den Ablauf des Geschehens ausüben. EBORALL [267] knüpfte an Vorstellungen von ZENER [1301] an und gab ein anschauliches Modell für die Entstehung der Risse durch lokale Spannungsanhäufung (Abb. 228). Er zieht daneben aber auch einen thermisch aktivierten Bruchvorgang in Betracht. Auch die Möglichkeit einer gewissen interkristallinen Oxydation im Verlauf eines Kriechversuchs ist bei Blei nicht ganz auszuschließen.

Ein starker Anstieg der Kriechgeschwindigkeit während des Kriechens kann auch durch Rekristallisation hervorgerufen werden (GIFKINS [379]). In solchen Kurven wechseln Perioden vergrößerter Dehngeschwindigkeit durch Rekristallisation mit solchen geringerer

Dehngeschwindigkeit ab (ANDRADE [20]). Ein besonders anschauliches Beispiel hierfür gibt BROCK [135]. Derartige Beobachtungen treten bevorzugt bei Beanspruchungen auf, die man Blei in der Praxis nicht zumuten kann.

f) Durchführung und Auswertung von Kriechversuchen. Die Messungen werden im allgemeinen an Bleistäben unter Zugbelastung durchgeführt. Die Spannung wird in üblicher Weise auf den Ausgangsquerschnitt bezogen. Wenn man eine genügend große Meßlänge, z. B. 200 mm, verwendet, kann man mit einem Kathetometer die Verlängerung mit einer für praktische Zwecke genügenden Genauigkeit ermitteln. Steht nur ein Meßmikroskop mit Okularmikrometer zur Verfügung, so kann man trotzdem eine beliebig große Meßlänge anwenden, indem man an den Stab eine feste Meßschiene anklemmt (Abb. 229) und die kleine Entfernung zwischen der Markierung am Ende der Meßschiene und einer Marke auf dem Bleistab mißt. Man kann die Entfernung zwischen zwei Meßmarken auch ermitteln, indem man den Stab von Zeit zu Zeit ausspannt und nach der Messung wieder neu belastet. Wird die Zeitdauer der Entlastung verschwindend gering gewählt, dann stellt sich im Idealfall beim Wiederaufbringen der Last sofort die vorherige Länge der Probe und die alte Kriechgeschwindigkeit ein. In dem Maß, wie die Zeit der Entlastung vergrößert wird, kehren die Belastungsdehnung und das Übergangskriechen wieder. KENNEDY [655] stellte in umfangreichen Kriechversuchen an Blei mit zwischengeschalteten Erholungspausen fest, daß die Kriechkurven nach der Wiederbelastung sich so deuten lassen, als sei ein Bruchteil n des Werkstoffes voll erholt, während der Anteil $1 - n$ sich so verhält, als sei keine Entlastung erfolgt. Bei Anwendung von Ruhepausen für die Messungen sind somit etwas größere Dehnungen zu erwarten, als wenn die Kriechversuche ohne Unterbrechung laufen.

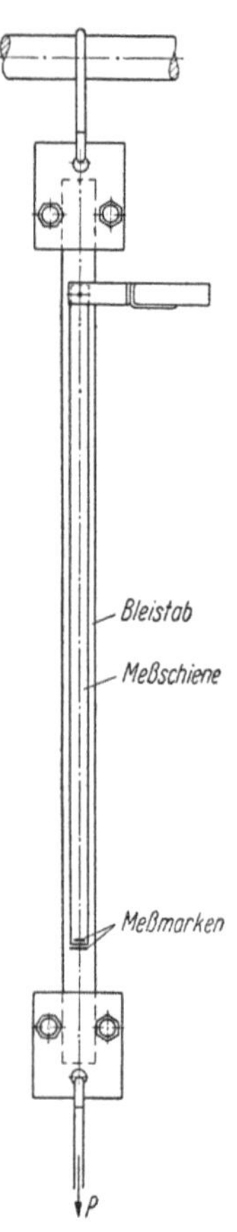

Abb. 229. Einfache Meßeinrichtung für Kriechversuche an Bleistäben

Eine auch für kürzere Versuchsdauern genügend hohe Meßgenauigkeit von rund $10^{-4}\%$ wird durch die Anwendung von Martens-Spiegelapparaten in der Anordnung der Abb. 230 erreicht [483, 463]. Die Probe befindet sich in einem wärmeisolierten Kasten, der auf gleichbleibender Temperatur gehalten wird. Die Meßfedern (Meßschienen) sind aus Elektron, das annähernd die gleiche hohe Wärmeausdehnung wie Blei besitzt. Fehler durch kleine

Temperaturschwankungen werden hierdurch verringert. Falls kein Raum mit Temperaturregelung zur Verfügung steht, bietet ein Kellerraum mit einer Zusatzheizung oft für Versuche industrieller Genauigkeit einen gewissen Ersatz.

Es wäre grundsätzlich erwünscht, alle Kriechkurven bis zum Bruch der Probe durchzuführen. Da die notwendige Versuchszeit gerade bei den die Praxis interessierenden niedrigen Spannungen viele Jahre betragen würde, begnügt man sich meist damit, die Kriechkurven bis in das Gebiet gleichbleibender Kriechgeschwindigkeit (minimum creep rate) zu verfolgen. Die aus verschiedenen Kriechversuchen ermittelten Dehngeschwindigkeiten im logarithmischen Maßstab trägt man in Abhängigkeit von der Spannung im linearen oder im logarithmischen Maßstab auf und erhält in beiden Darstellungen annähernd Geraden (s. S. 226). Dem Diagramm kann man die zu einer zulässigen Dehngeschwindigkeit gehörige Spannung entnehmen. Diese Spannung wird nach dem deutschen Normblatt DIN 50119 „Standversuch" als Kriechgeschwindigkeitsgrenze

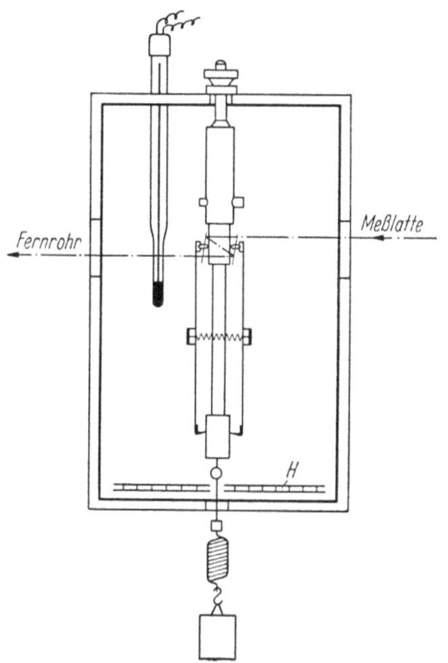

Abb. 230. Meßeinrichtung mit Martens-Spiegelapparat für Kriechversuche. H — Heizung

bezeichnet. Als zulässige Kriechgeschwindigkeit, z. B. mit Rücksicht auf seine Verwendung für Wasserleitungsrohre, ist für Blei 0,1 bis $1 \cdot 10^{-4}\%/h$ vorgeschlagen worden (v. HANFFSTENGEL und HANEMANN [482]). Es sei hierzu bemerkt, daß eine Kriechgeschwindigkeit von $10^{-4}\%/h$ knapp einer Dehnung von 1% im Jahr entspricht. Hat man nur einen Stab oder eine Meßeinrichtung zur Verfügung, so beginnt man den Versuch mit der niedrigsten Last und erhöht diese jeweils, wenn sich eine gleichbleibende Dehngeschwindigkeit eingestellt hat.

Vielfach trägt man in das Diagramm nicht die Kriechgeschwindigkeit ein, sondern die Zeit, in der die Dehnung einen bestimmten Betrag, z. B. von 1%, erreicht. Bei der Bestimmung der Kriechgeschwindigkeitsgrenze wird die Belastungs- und die Anfangsdehnung vernachlässigt. Man kann sie berücksichtigen, indem man den linearen Teil der Kriechkurven rückwärts bis zur Ordinatenachse verlängert und den hier abgegriffenen

Betrag etwa zur Ermittlung der Zeit, in der eine Dehnung von 1% erfolgt, in Rechnung setzt: Verfahren nach MacVetty [791], (Pomp [969]). Nach den Normblättern DIN 50119 „Standversuch" und DIN 50118 „Zeitstandversuch" bezeichnet man als Zeitkriechgrenze oder Zeitdehngrenze diejenige auf den Anfangsquerschnitt bezogene Belastung, die nach einer bestimmten Versuchszeit (z. B. 10000 Stunden) einen bestimmten Kriechbetrag bewirkt (z. B. 0,1%). In diesem Kriechbetrag sind ebenfalls Belastungs- und Anfangsdehnung enthalten. Wie die Darstellung

| Legierungstyp | chemische Zusammensetzung (Gew.-%) | | | | | | | | | | gesamte Kriechdehnung ▬ und Dehnung aus dem stationären Kriechen ▭ in % nach 10000 h (extrapol.) | | |
	Ag	Cu	Bi	Sb	Sn	As	Zn	Ni	Fe	Ca	25,6 °C	43,3 °C	65,6 °C
Kalzium–Blei	0,0022	0,051	0,003	Sb+Sn+As = 0,325			0,001	Spur	0,007	0,030			
Kalzium–Blei	0,0016	0,052	0,001	Sb+Sn+As = Spur			0,001	0,0029	0,0009	0,037			
Arsen–Blei	0,003	0,045	0,023	0,031	0,033	0,059	0,0006	0,0004	0,001				
Arsen–Blei	0,001	0,038	0,033	0,021	0,143	0,111	0,0003		0,0003				
Arsen–Blei		0,06	0,012	0,029	0,113	0,16	0,001	0,001					
„Corroding Lead"	0,0003	0,0001	0,005										
Antimon–Blei				1,0									
entsilbertes Blei	0,0007	Spur	0,073	0,008	Spur		0,0002		0,0006				
chemisches Blei	0,0012	0,0585	0,0009	Sb+Sn+As = 0,0009			Spur	0,0048	Spur				
Kupfer–Blei	0,0015	0,0424	0,0290	0,003	Spur		0,0001	0,0032	0,0013				
Zinn–Blei				2,5									

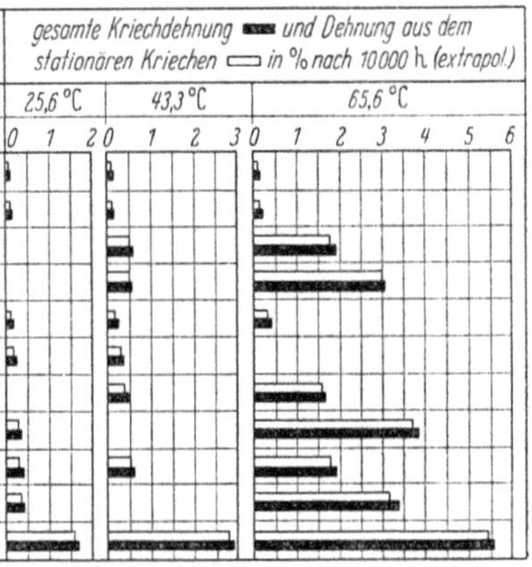

Abb. 231. Vergleich der Kriechdehnungen einiger Bleilegierungen (Kabelmäntel) bei verschiedenen Temperaturen nach 10000 Stunden unter einer Zugspannung von 14 kg/cm²; extrapoliert aus Versuchen über eine Dauer von 2000 Stunden. Nach Dollins [866]

zahlreicher Messungen mit und ohne Berücksichtigung der Belastungs- und der Anfangsdehnung zeigt (Moore, Betty und Dollins [866]), ist der Unterschied zwischen der Kriechgeschwindigkeitsgrenze und der Zeitdehngrenze für die Beurteilung einer Legierung nicht von großer Bedeutung (Abb. 231).

Bei einigen Legierungen, vor allem Blei-Tellur und Blei-Silber, wurden Kriechkurven angegeben, die im Gegensatz zu den beschriebenen nach oben konkav sind (Greenwood und Worner [432]). Diese Eigentümlichkeit machte sich vor allem bei sehr großen Kriechgeschwindigkeiten bemerkbar, die an Konstruktionsteilen praktisch nicht zulässig sind. Es ist mit dieser Art von Kriechkurven also bei den üblichen Dehngeschwindigkeiten weniger zu rechnen. Ein weiterer in der erwähnten Arbeit (Greenwood und Worner [432]) mit B bezeichneter Kurventyp, der eine Zunahme der Kriechgeschwindigkeit in den ersten Versuchsstadien und dann normalen Dehnverlauf aufweist, wurde nur an Weichblei gefunden, wenn es von ungefähr 125°C abgeschreckt und der Versuch innerhalb von 2 Tagen begonnen wurde. Wenn man hiermit länger wartete, erhielt man Kriechkurven des normalen Typs. Diese Beobachtung läßt vermuten, daß die mit dem Abschrecken verbundene leichte Verformung für die anfängliche Zunahme der Kriechgeschwindigkeit verantwortlich zu machen ist. Wenn der Stab bis zum Aufbringen der Last längere Zeit lagerte, erhielt man normale Kriechkurven, vermutlich auf Grund der eingetretenen Kristallerholung. Es handelt sich somit wahrscheinlich um keinen besonderen Typ von Kriechkurven, sondern um eine durch die Art des Versuchs bedingte Nebenerscheinung. Manche Besonderheiten in veröffentlichten Kriechkurven mögen auf ähnliche, nicht beabsichtigte Vorgänge, wie Verformung und Rekristallisation, Bildung von Ausscheidungen aus übersättigten Mischkristallen, zurückzuführen sein. Vielleicht gilt das auch für die eigenartigen Kriechkurven von Weichblei in einer amerikanischen Arbeit, wo die Kriechgeschwindigkeit erst etwa 1 Jahr nach Versuchsbeginn stark abnahm (PHILLIPS [959]).

Eine eigenartige Beobachtung wurde an stranggepreßten Proben für Kriechversuche gemacht (GIFKINS u. COE [382]). In Röntgenrückstrahlaufnahmen, die als Kriterium für eine vollständige Rekristallisation benutzt wurden, stellte sich heraus, daß in einer Oberflächenschicht von etwa 0,025 mm ein wesentlich feineres Gefüge — vielleicht auch noch ein Anteil von Verformungsgefüge — vorlag als im Innern der Probe. Auch eine längere Glühdauer brachte kaum eine Änderung des Gefüges der Randzone. Wurden Matrize und Bleiblock geschmiert, so trat dieser Effekt bei einer geringen Zahl von Proben nicht auf. Auch durch Walzen hergestellte Proben zeigten diese Erscheinung nicht. Aus den bisherigen Versuchen ist zu entnehmen, daß der beobachtete Hauteffekt auf den Kriechverlauf keinen Einfluß hat.

Man kann grundsätzlich Aussagen über die Kriechfestigkeit eines Werkstoffes auch gewinnen, wenn man den Prüfstab nicht unter konstanter Last oder konstanter Spannung kriechen läßt, sondern der Probe eine einmalige bleibende Verformung aufzwingt und die allmähliche Spannungsabnahme, gemessen bei konstanter Temperatur (Relaxation), verfolgt. Bekannt geworden ist dieses Prinzip z. B. durch die Torsionsversuche von WELLINGER [1256] an Stahl. Im ganzen werden Relaxationsversuche an Blei aber weit seltener ausgeführt als Zeitstandversuche mit Bestimmung der Dehnungen.

g) Wirkung einer Vorverformung (prestrain) auf die Kriechgeschwindigkeit. Im Rahmen einer umfassenden Studie des Kriechverhaltens von Blei und Bleilegierungen untersuchten HOPKIN und THWAITES [589] die Kriechgeschwindigkeiten einer sehr reinen Blei-Kupfer (0,1%)- und Blei-Zinn (1%)-Legierung nach Vorverformung um verschiedene Beträge. Dabei stellten sie fest, daß sich durch die Vorverformung der Typ der Kriechkurve änderte. An die Belastungsdehnung schloß sich nicht eine Periode hoher Kriechgeschwindigkeit an, die allmählich abklang (Über-

14*

gangskriechen), vielmehr war die Kriechgeschwindigkeit im Anschluß
an die Belastungsdehnung zunächst sehr niedrig, um allmählich an-

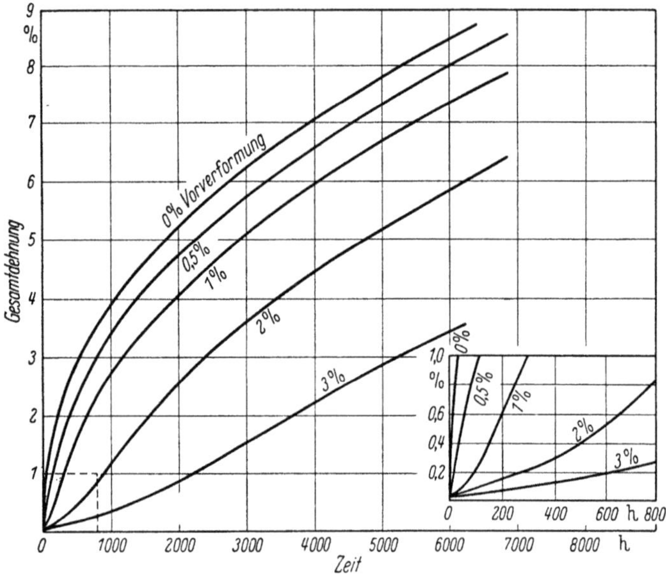

Abb. 232. Wirkung einer Vorverformung auf die Kriechgeschwindigkeit von Blei mit 0,1% Cu bei
35 kg/cm². Nach HOPKIN und THWAITES

zusteigen (Abb. 232). Diese erhöhte Kriechgeschwindigkeit klang dann
im Lauf der Zeit auf den Wert der nicht vorverformten Probe ab (vgl.

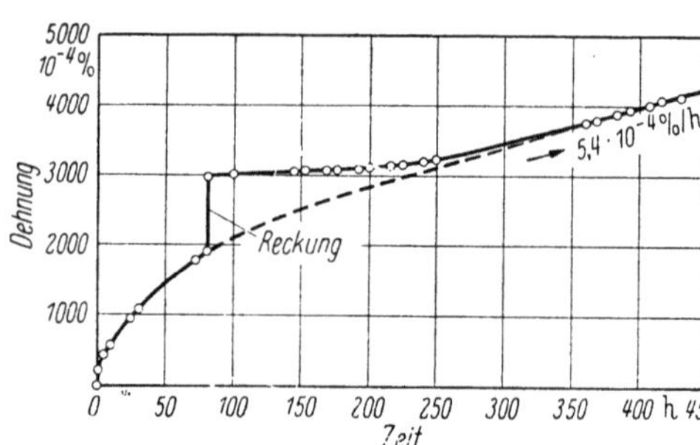

Abb. 233. Einfluß einer Reckung auf den Dehnverlauf von
grobkörnigem Blei unter 14 kg/cm². Korndurchmesser 9 mm.
Nach v. HANFFSTENGEL und HANEMANN

Abb. 233). Am Ende der
Versuche hatten zwar alle
Stäbe wieder die gleiche
Kriechgeschwindigkeit,
doch war die Gesamtdeh-
nung um so niedriger, je
höher der Betrag der Vor-
verformung gelegen war.
Rekristallisation soll bei
diesen Versuchen nicht eingetreten sein; die anfängliche Beschleunigung der
Dehnung wird auf Poly-
gonisation, eine Begleiterscheinung der Kristallerholung, zurückgeführt,
da sie mit einem Schärferwerden der ursprünglich diffusen Röntgenreflexe
verbunden war. Eine Kurve, ähnlich den hier beschriebenen, mit Wende-
punkt fanden auch v. HANFFSTENGEL und HANEMANN [483] nach sehr

geringer Vorverformung an Weichblei. Auch hier fand keine Rekristallisation, sondern nur Kristallerholung statt. Liegt der Vorverformungsgrad so, daß zu Beginn des folgenden Kriechversuchs Rekristallisation eintritt, so ist mit einer starken Erhöhung der Kriechgeschwindigkeit während der Rekristallisation zu rechnen (Abb. 234).

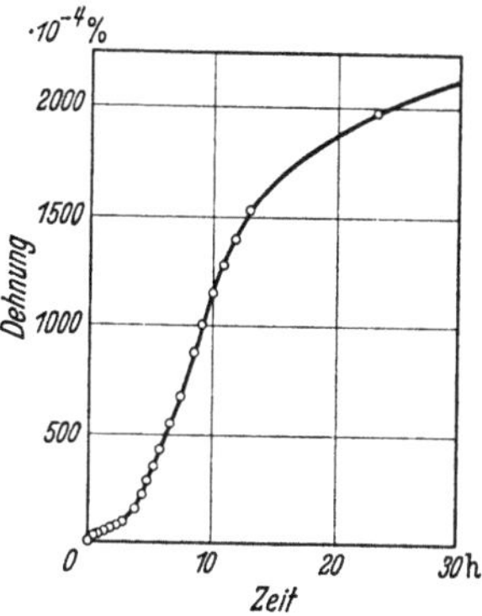

Abb. 234. Kriechkurve von Blei unter 16 kg/cm² nach Reckung um 2,3%. Nach v. HANFFSTENGEL und HANEMANN

h) Kriechen unter mehrachsigem Zug und Druck und unter Biegebeanspruchung. Die meisten Kriechversuche sind unter einachsiger Zugbeanspruchung durchgeführt worden. Bei der Anwendung von Blei als Konstruktionswerkstoff liegen aber häufig mehrachsige Spannungszustände vor. Die Behandlung des Kriechens bei mehrachsiger Beanspruchung geht von einigen einfachen Annahmen aus (FINNIE und HELLER [321]).

Die Annahme der Volumenkonstanz beim Kriechen ist gleichbedeutend mit der Aussage $\dot\varepsilon_1 + \dot\varepsilon_2 + \dot\varepsilon_3 = 0$. Dann setzt man die Hauptschergeschwindigkeiten $\dot\varepsilon_1 - \dot\varepsilon_2$, $\dot\varepsilon_2 - \dot\varepsilon_3$, $\dot\varepsilon_3 - \dot\varepsilon_1$ proportional den Hauptschubspannungen $\sigma_1 - \sigma_2$, $\sigma_2 - \sigma_3$, $\sigma_3 - \sigma_1$. Weiter bildet man aus den drei Hauptspannungen nach der Hypothese von HUBER-MISES-HENCKY eine Vergleichsspannung

$$\sigma^* = \frac{1}{\sqrt{2}}\left[(\sigma_1 - \sigma_2)^2 + (\sigma_2 - \sigma_3)^2 + (\sigma_3 - \sigma_1)^2\right]^{1/2}$$

und einen analogen Wert aus den Dehngeschwindigkeiten

$$\dot\varepsilon^* = \frac{\sqrt{2}}{3}\left[(\dot\varepsilon_1 - \dot\varepsilon_2)^2 + (\dot\varepsilon_2 - \dot\varepsilon_3)^2 + (\dot\varepsilon_3 - \dot\varepsilon_1)^2\right]^{1/2}.$$

Wenn man annimmt, daß σ^* und $\dot\varepsilon^*$ in gleicher Weise zusammenhängen wie σ und $\dot\varepsilon$ (vgl. S. 206) im stationären Teil des einachsigen Kriechversuches, d. h. $\dot\varepsilon^* = B\,\sigma^{*n}$, dann ergibt sich zur Berechnung der Dehngeschwindigkeiten $\dot\varepsilon_i$ aus den Spannungen σ_i folgender endgültige Ausdruck, der auf SODERBERG [1134] und auf MARIN [795] zurückgeht:

$$\dot\varepsilon_1 = B\,\sigma^{*\,n-1}\left[\sigma_1 - \tfrac{1}{2}(\sigma_2 + \sigma_3)\right]$$
$$\dot\varepsilon_2 = B\,\sigma^{*\,n-1}\left[\sigma_2 - \tfrac{1}{2}(\sigma_3 + \sigma_1)\right]$$
$$\dot\varepsilon_3 = B\,\sigma^{*\,n-1}\left[\sigma_3 - \tfrac{1}{2}(\sigma_1 + \sigma_2)\right].$$

Die Größen B und n werden aus dem stationären Teil des einachsigen Kriechversuchs ermittelt. Bei der praktischen Bedeutung der mehrachsigen Beanspruchung für den konstruktiven Einsatz von Blei, z. B. für Leitungsrohre, Dichtungsscheiben (Druck- und Reibungskräfte) ist es wünschenswert, daß die Brauchbarkeit der gegebenen Ableitungen in breiterem Rahmen nachgeprüft wird.

Bei der Verwendung von Blei als Druckausgleichswerkstoff spielen die Reibungskräfte neben den Druckkräften eine ausschlaggebende Rolle. Blei soll in diesem Fall die Druckkräfte, z. B. das Gewicht eines Bauwerks, gleichmäßig auf das Fundament übertragen. Man erwartet also vom Blei, daß es an den Stellen, an denen die Flächenpressung für das Fundament unzuträglich hoch würde, zu fließen beginnt und in Gebiete niedriger Pressung ausweicht. Dadurch stellt sich dann von selbst ein gleichmäßiger Flächendruck auf der ganzen Unterlage ein. Andrerseits darf das Blei aber auch nach langen Zeiten nicht vollständig aus der Ausgleichsfuge herausgepreßt werden, d. h. das Kriechen von Blei soll nach Einstellung des gleichmäßigen Flächendrucks zum Stillstand kommen.

Es ist jedoch nicht ohne weiteres möglich, im voraus eine Aussage über die Belastbarkeit von Blei unter derartigen Beanspruchungen zu machen, weil der Einfluß der Reibungskräfte zwischen der eingebrachten Bleischicht und den Auflageflächen weitgehend unbekannt und je nach Größe und Dicke des Druckpolsters verschieden wirksam ist. Da die Reibungskraft auf das Blei entgegen der Richtung des Ausfließens wirkt, wird sich in genügendem Abstand von den Spaltöffnungen nahezu ein dreiachsiger Druckspannungszustand einstellen, wodurch die Kriech-geschwindigkeit wesentlich erniedrigt oder ganz aufgehoben wird. Wegen der vielfach großen Abmessungen derartiger Druckpolster ist man auf Modellversuche angewiesen, die Anhaltspunkte für die Praxis liefern können.

Es wurde zu diesem Zweck eine Vorrichtung gebaut, in der ein Bleiblech von etwa 12 mm Dicke und einer Größe von 40×50 mm^2 einer Druckbeanspruchung

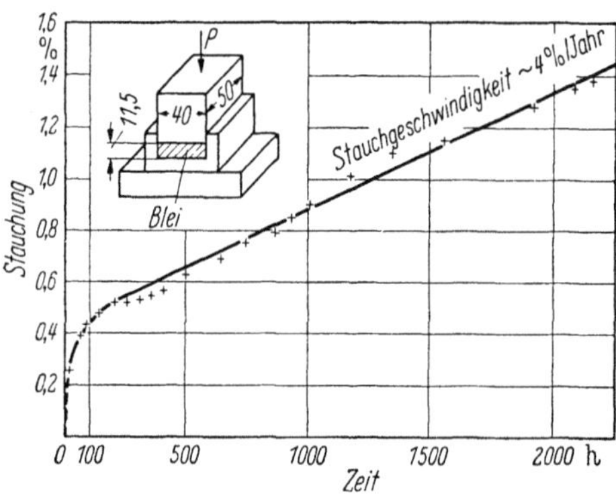

Abb. 235. Kriechgeschwindigkeit von Blei (99,9% Pb) unter einer Druckbeanspruchung von 90 kg/cm². Prüftemperatur 17 bis 25 °C. Nach Hofmann und v. Malotki

von 90 kg/cm^2 ausgesetzt war (Hofmann und v. Malotki [569]). Das Blei konnte nur an zwei gegenüberliegenden Seiten, und zwar den Schmalseiten der Vorrichtung, austreten. Das Ergebnis des Zeitstandversuchs mit der Skizze der Preßform ist in Abb. 235 dargestellt. Extrapoliert man die gemessenen Werte der Verformung, so kommt man auf eine Stauchgeschwindigkeit von etwa 4% im Jahr. Wie man aus dem Verlauf der Kurve ersieht, stellte sich nach etwa 200 Stunden ein nahezu stationäres Kriechen (quasi viscous creep) ein, das vermutlich mit allmählich abnehmender Bleidicke mehr und mehr abklingen wird. Der Vergleich mit dem Zugversuch, bei dem der angegebenen Kriechgeschwindigkeit etwa eine Spannung von 20 bis 25 kg/cm^2 entsprechen würde, lehrt, daß Blei im Druckversuch bei Behinderung der Verformung um vieles höher belastbar ist. Nach den Erfahrungen mit der Kaltpreßlötung (S. 54) wird es auch durch extrem hohe Flächenpressungen nicht möglich sein, das Blei restlos aus der Ausgleichsfuge herauszuquetschen.

Im Zusammenhang mit diesen Versuchen wurden auch rohe Bestimmungen des Reibwertes zwischen Stahl und Blei durchgeführt. Ein Bleiklotz wurde zwischen zwei Stahlplatten zusammengedrückt und die Kraft gemessen, die zum Herausziehen des Bleiklotzes nötig war. Auf diese Weise wurde ein Reibwert μ zwischen oxydiertem Stahl und Blei von 0,8 bis 0,9 ermittelt. Schon nach kurzer Versuchsdauer machte sich auch hier der Einfluß des Kriechens bemerkbar. Der Reibwert fiel nach etwa 3 Stunden auf $\mu = 0{,}4$ bis 0,5 ab, d. h., ein sehr langsames Gleiten des Bleiklotzes findet schon bei weit geringerer Zugkraft statt. Es wurde beobachtet, daß die Oberfläche des Stahlbleches sehr schnell mit Blei verschmiert wurde, das in die Unebenheiten eindrang und sie ausfüllte. Es gleitet somit der Bleiklotz als Ganzes auf der am Stahl haftenden Bleischicht, und man mißt in Wirklichkeit die Reibung zwischen Blei und Blei.

Durch die Schmierung der Stahloberfläche mit Graphit konnte eine wesentliche Verringerung des Reibwertes auf $\mu = 0{,}2$ erzielt werden. Hier zeigte sich ebenfalls nach kurzer Zeit ein Abfall des Reibwertes auf $\mu = 0{,}1$, obwohl jetzt keine Bleiteilchen mehr die Oberfläche verschmierten. Will man also den Widerstand des Bleies gegen das Fließen unter Druckbeanspruchung herabmindern, dann muß man zwischen die Bleischicht und die Auflagefläche ein Schmiermittel einbringen.

Ein Bleistreifen wurde hochkant eingespannt und Biegemomenten ausgesetzt, die im Fall elastischer Beanspruchung Spannungen in der Randfaser von 57,45 bzw. 73,8 kg/cm^2 entsprechen würden (TAPSELL und JOHNSON [*1173*]). Die Dehnungen bzw. Stauchungen wurden in verschiedenen Abständen von der neutralen Faser während der Versuchsdauer von 7 Tagen bzw. 30 Stunden laufend gemessen. Beide Versuche ergaben, daß die Dehnungen bzw. Stauchungen der verschiedenen Fasern sich in jedem Zeitpunkt wie die Abstände von der neutralen Faser verhalten, d. h. daß die Kriechkurven der einzelnen Fasern die gleiche Zeitabhängigkeit zeigen und durch eine Zusammendrückung in Richtung der Ordinatenachse im Verhältnis der Abstände Faser—neutrale Faser zur Deckung gebracht werden können. Ähnlich wie bei elastischer Deformation blieben somit Ebenen beim Kriechen unter Biegebeanspruchung Ebenen. Um aus den Kriechgeschwindigkeiten der einzelnen Längsfasern die Längsspannungen zu ermitteln und ihre zeitliche Änderung zu verfolgen, nahm man Kriechkurven des gleichen Werkstoffes unter Zugbeanspruchung bei Spannungen von 21,1 bis 49,2 kg/cm² auf und bestimmte die Kriechgeschwindigkeiten in Abhängigkeit von Spannung und Versuchsdauer. Durch Gleichsetzen derjenigen Spannungen, denen im Zug- und Biegeversuch gleiche Kriechgeschwindigkeiten entsprechen, wurde die Spannungsverteilung in den Biegeproben erhalten. Die ermittelte Spannungsverteilung war bereits 12 min nach Versuchsbeginn vorhanden und änderte sich nicht mehr. Dies bedeutet gleiche Zeitabhängigkeit der Kriechgeschwindigkeit für die Längsfasern im Biegeversuch und für die Zugproben. Eine früher erschienene Veröffentlichung (MAC CULLOUGH [788]) hatte zu ähnlichen Schlußfolgerungen geführt. Ob die Ergebnisse verallgemeinert werden können, müssen erst weitere Versuche zeigen.

i) **Versuche an Einkristallen.** Das Korngrenzengleiten als Bestandteil der Kriechdehnung sollte bei Einkristallen wegfallen. Somit beanspruchen Kriechversuche an Einkristallen besonderes Interesse und sollten daher bei künftigen Untersuchungen über die Wirkung von Legierungselementen auf die Kriechfestigkeit mehr berücksichtigt werden. Die in der ersten Auflage des Buches beschriebenen Beobachtungen an Einkristallen (BAKER, BETTY und MOORE [36], MOORE, BETTY und DOLLINS [865]) befriedigten nicht voll, zumal die dabei angewandten Beanspruchungen von 24,9 bzw. 39,5 kg/cm² reichlich hoch lagen. LEY [566] und der Verfasser führten Kriechversuche an 10 bis 11 mm dicken Schmelzflußeinkristallen des Reinheitsgrades 99,99% durch. Die Stäbe wurden sehr sorgfältig eingespannt, um Biegebeanspruchungen zu vermeiden, die Dehnung bei 25°C mit Hilfe des Martensschen Spiegelapparats gemessen. In einer ersten Versuchsreihe waren die Einspannköpfe aus Messing mit Woodmetall stumpf an die Bleikristalle angelötet. Die an sechs verschiedenen, sorgfältig zentrierten Kristallen aufgenommenen Kriechkurven zeigten bei Lasten, die schon oberhalb der Kriechgrenze von vielkristallinem Blei lagen, ein sehr rasches Abklingen des Kriechens bis zu völligem Stillstand. Auf eine Auswertung der Anfangsdehnungen wurde verzichtet. Nach Überschreiten der Kriechgrenze wurden Kriechkurven des normalen Aussehens erhalten, wobei das anfänglich stärkere Fließen in ein solches mit gleichbleibender Dehngeschwindigkeit überging. Die ermittelten kritischen Schubspannungen im Oktaedergleitsystem betrugen 5, 6, 5,9, 5,95, 6,6, 6,9, 7,1, im Mittel 6,3 kg/cm². Zwei weitere Kristalle wurden mit Hilfe von Woodmetall in Messinghülsen eingelötet. Die Kristalle verhielten sich bis zur Kriechgrenze rein elastisch (Abb. 236). Ihre kritische Schubspannung fiel nahezu mit dem oben angegebenen Wert zusammen. Die Werte des Elastizitätsmoduls lagen bei dem einen Kristall wenig oberhalb, bei dem andern wenig unterhalb des Wertes für quasiisotropes Blei.

Neuere Messungen wurden im Carnegie Institute of Technology in Pittsburg an Bleieinkristallen des Reinheitsgrades 99,999% vorgenommen. In den Versuchen bei $-190\,°C$ erwiesen sich die Bleikristalle als

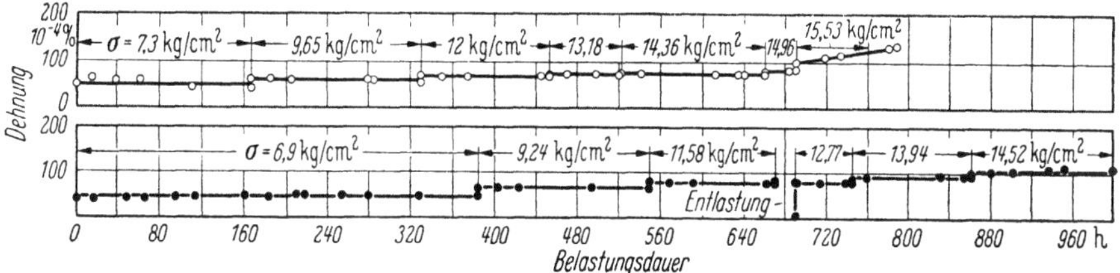

Abb. 236. Verhalten von Bleieinkristallen im Kriechversuch. Nach HOFMANN und LEY [566]

„hart". Darunter wird verstanden, daß jede Zunahme der Belastung mit einer entsprechenden Zunahme der Länge verbunden ist, die nach 10 bis 20 min abgeschlossen ist. Stationäres Kriechen trat praktisch nicht ein, so daß man die Fließgrenze in der üblichen Weise bestimmen konnte. Die kritische Schubspannung im Oktaedergleitsystem betrug $9{,}6 \pm 0{,}8\ kg/cm^2$. Bei Raumtemperatur trat schon bei geringeren Lasten stationäres Kriechen ein. Als Kriechgrenze wurde willkürlich die Schubspannung im Oktaedergleitsystem angesehen, bei der eine Abgleitung von 10^{-5} in der Minute aufrechterhalten wird (Kriechgeschwindigkeitsgrenze). Mit dieser Festsetzung erhielt man in nicht angelassenen Proben bei 25 °C, die möglicherweise bei der Handhabung leicht verformt worden waren, eine Kriechgrenze von $7\ kg/cm^2$. Sie sank durch Anlassen der Proben auf 90 bis 120 °C auf den Wert von $3{,}4 \pm 0{,}5\ kg/cm^2$. Aus dieser Wirkung des Anlassens und anderen Beobachtungen wurde geschlossen, daß Blei bei Raumtemperatur wochenlang eine gewisse Verfestigung beibehalten kann. Die Kriechgrenze betrug bei 110 °C noch $1{,}8 \pm 0{,}4\ kg/cm^2$. Die gefundenen Werte stimmen in ihrer Größenordnung durchaus mit den Ergebnissen der vorstehend dargestellten Arbeit überein; leider wurden keine Langzeitversuche durchgeführt. Kriechversuche an Einkristallen wurden weiter in Australien von HIRST [532, 533, 534] unternommen. Es handelte sich dabei im großen und ganzen um höhere Kriechgeschwindigkeiten als bei den beiden bisher behandelten Arbeiten, so daß die Ergebnisse auf einer andern Linie liegen. So wurde die Orientierungsänderung der Kristalle beim Kriechen verfolgt und dabei der Nachweis erbracht, daß das Gleiten auf den Oktaederebenen {111} in den $\langle 110 \rangle$-

Richtungen erfolgt. Alle Kriechkurven waren glatt, während BAKER, BETTY und MOORE [*36*] einen unregelmäßigen Kurvenverlauf festgestellt hatten. Nach den Beobachtungen von HIRST [*532, 533*] kriecht eine Einkristallprobe schneller als eine vielkristalline Probe derselben Abmessungen unter der gleichen Zugspannung. Dies schließt nicht aus, daß bei sehr niedrigen Zugspannungen, wo der Einfluß der Korngrenzen auf die Diffusionsgeschwindigkeit an Bedeutung gewinnt, das Umgekehrte gilt (S. 200).

Einen theoretischen Ansatz für das Kriechen von Einkristallen geben FOLBERTH und KOCHENDÖRFER [*331*].

j) Gibt es eine wahre Kriechgrenze? Die Untersuchung der Kriechvorgänge führte in den letzten Jahrzehnten zu immer feineren Meßmethoden. Es entstand die Frage, ob es überhaupt eine wahre untere Grenze des Kriechens gibt (SPÄTH [*1139*], v. HANFFSTENGEL und HANEMANN [*483*]). DEHLINGER [*241*] führte eine thermodynamische Überlegung zu diesem Problem durch. Wenn man an eine vielkristalline Probe eine sehr geringe Last anhängt, wird sie augenblicklich elastisch ein wenig gedehnt. Wenn nun in ungeheuer langen Zeiträumen sich hieran eine meßbare Verlängerung infolge Kriechens anschließen würde, wäre diese infolge der notwendigen Deformation der Körner mit einer Zunahme der elastischen Energie der Probe verbunden. Diese angenommene Energiezunahme würde, da ja die Zeitdauer des Gedankenversuchs beliebig lang, also die Last beliebig klein gewählt werden kann, unterhalb einer bestimmten Last das Produkt Last · Kriechweg = Kriecharbeit überschreiten. Dies bedeutet, daß nunmehr die Zunahme der elastischen Energie durch Wärmeentzug aus der Umgebung gespeist würde. Da dies nach dem zweiten Hauptsatz unmöglich ist, muß somit unterhalb der angegebenen Spannung jedes noch so langsame Kriechen aufhören, es muß also eine wahre Kriechgrenze bestehen.

k) Zeitstandfestigkeit. Die Spannung, die nach einer bestimmten Zeit z. B. nach 10 000 Stunden, zum Bruch führt, wird nach den im Normblatt DIN 50119 geltenden Bezeichnungen, die auf einen Vorschlag von SIEBEL [*1115*] zurückgehen, als Zeitstandfestigkeit bezeichnet. Man gewinnt die Zeitstandfestigkeit für Bleilegierungen nach MOORE und Mitarbeitern [*866*], wenn man die auf den Ausgangsquerschnitt bezogene Spannung gegen die jeweilige Zeit bis zum Eintreten des Bruches im logarithmischen Maßstab aufträgt. Bei dieser Darstellung werden nach Abb. 237 Geraden erhalten. Neben den Werten von MOORE sind in Abb. 237 neuere Werte anderer Verfasser [*402, 254, 403*] berücksichtigt. Da die Versuche sich höchstens auf 300 Tage erstreckten, ist die Extrapolation der Geraden nach längeren Zeiten hin unsicher.

Im Zusammenhang mit der Frage der Zeitstandfestigkeit muß nochmals auf die bereits im Abschnitt „Tertiäres Kriechen" behandelte Erscheinung hingewiesen werden, daß die Bruchdehnung im allgemeinen mit zunehmender Versuchsdauer des Kriechversuchs niedriger ausfällt. Unter Umständen zeigt daher der Zeitstandbruch keine Einschnürung

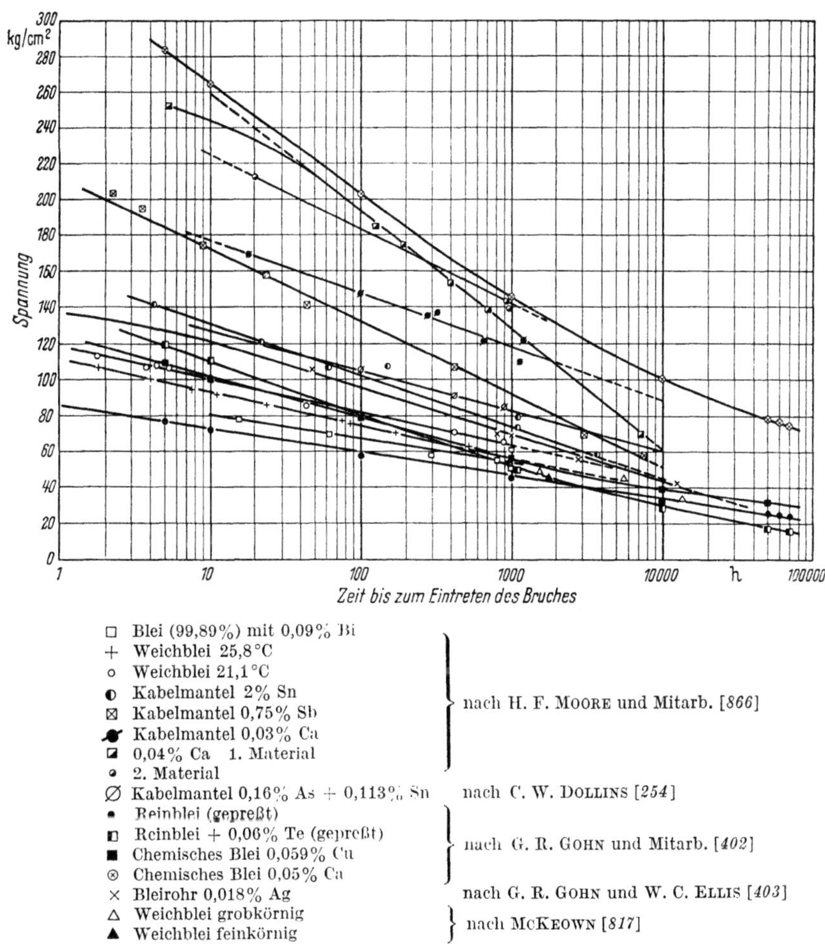

□ Blei (99,89%) mit 0,09% Bi
+ Weichblei 25,8 °C
o Weichblei 21,1 °C
◑ Kabelmantel 2% Sn
⊠ Kabelmantel 0,75% Sb
✦ Kabelmantel 0,03% Ca
◪ 0,04% Ca 1. Material
◓ 2. Material } nach H. F. Moore und Mitarb. [866]

∅ Kabelmantel 0,16% As + 0,113% Sn   nach C. W. Dollins [254]

• Reinblei (gepreßt)
◧ Reinblei + 0,06% Te (gepreßt)
■ Chemisches Blei 0,059% Cu
⊗ Chemisches Blei 0,05% Ca } nach G. R. Gohn und Mitarb. [402]

× Bleirohr 0,018% Ag   nach G. R. Gohn und W. C. Ellis [403]

△ Weichblei grobkörnig
▲ Weichblei feinkörnig } nach McKeown [817]

Abb. 237. Zeitstandfestigkeit von Blei und Bleilegierungen

im Gegensatz zum Bruch des Zerreißversuchs. Dies wurde namentlich bei den Legierungen von Blei mit Antimon und Blei mit Zinn (Moore, Betty und Dollins [865]), ferner bei den Blei-Tellur-Legierungen (Greenwood und Worner [432]) beobachtet. Weichblei gibt im allgemeinen im Zeitstandversuch eine Einschnürung. Nur bei Proben, die von ungefähr 125 °C abgeschreckt und sofort belastet wurden (S. 210), trat spröder Bruch, verbunden mit Rissen auf den Korngrenzen, ein (Greenwood und Worner [434]). Die Abbildung einer Probe zeigte sehr grobes

Korn. Interkristalliner Bruch als Folge von Grobkorn wurde auch von andern Forschern, vor allem bei Spannungen um 30 kg/cm² herum, beobachtet.

l) Dynamische Kriechfestigkeit. Der Einfluß der Überlagerung einer dynamischen über die statische Beanspruchung auf die Kriechgeschwindigkeit von Weichblei wurde vor allem von BERNHARDT [76] untersucht. Eine Maschine für Zug-Druckbeanspruchung gestattete es, die statische Vorlast zwischen 0 und 50 kg, den dynamischen Lastanteil zwischen 0 und $\pm$ 20 kg und die Frequenz zwischen 1,5 und 25 Hz zu verändern. Die Dehnung konnte mittels eines Spiegelgeräts auf 10^{-4} bis $10^{-5}\%$ genau gemessen werden. Es ergab sich nach Abb. 238 bei gleicher Oberspannung (σ_0) eine mit steigender Frequenz zunehmende Kriechgeschwindigkeit. Der von BERNHARDT [76] in Übereinstimmung mit v. HANFFSTENGEL [483] angenommene Knick in den Kurven ist für das hier vorliegende Problem ohne Bedeutung, soll also nicht weiter behandelt werden. Zur Deutung der Zunahme der Kriechgeschwindigkeit durch den Einfluß des dynamischen Spannungsanteils sei auf Abb. 239 verwiesen. Der Bleistab solle unter der statischen Beanspruchung σ_0, die oberhalb der Kriechgrenze liege, eine Anfangsdehnung entsprechend der Kurve OA erfahren. Wenn die statische Spannung aufrechterhalten

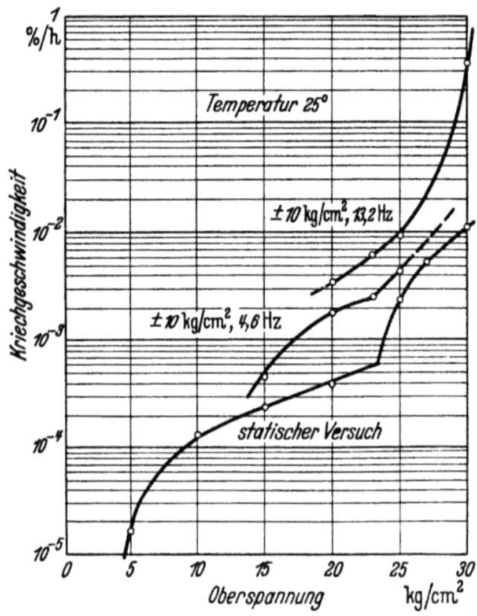

Abb. 238. Kriechgeschwindigkeit von Weichblei bei statischer und dynamischer Beanspruchung. Nach BERNHARDT und HANEMANN

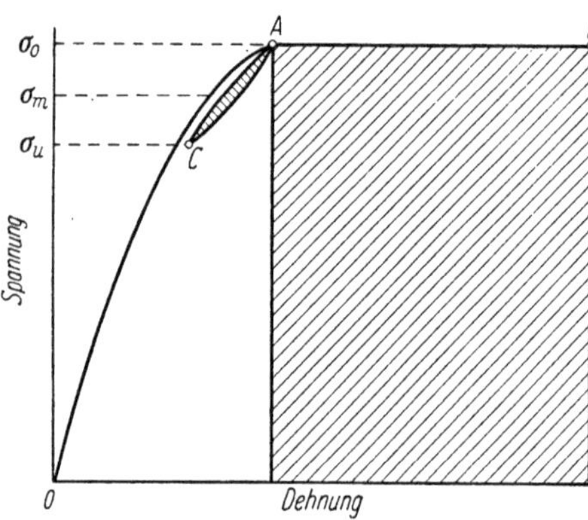

Abb. 239. Arbeitsaufnahme bei statischer und bei dynamischer Belastung (vgl. BERNHARDT [76])

bleibt, erfolgt im Lauf der Zeit Kriechen entsprechend der Geraden AB. Die Kriecharbeit entspricht der unter AB liegenden schraffierten Fläche. Wird der Stab einer zwischen σ_u und σ_0 pendelnden Wechselbeanspruchung ausgesetzt, so werden Schleifen ähnlich der zwischen C und A liegenden umschrieben, deren Inhalt einer Dämpfungsarbeit entspricht. Die dadurch entstehende Wärme steigt mit der Frequenz der Schwingungen. Es ist anzunehmen, daß die Zunahme der Kriechgeschwindigkeit mit der Frequenz nach Abb. 238 hauptsächlich auf eine Steigerung der Probentemperatur zurückzuführen ist. Messungen der Probentemperatur wurden nicht durchgeführt.

Nach den Ergebnissen von Abb. 238 liegt die Kriechgeschwindigkeit im statischen Versuch niedriger als im dynamischen Versuch mit der gleichen Oberspannung. Zu ähnlichen Ergebnissen führten Untersuchungen von LEY [747] an der gleichen Apparatur und von KENNEDY [656]. In sorgfältigen Versuchen an Spannbetonstahl stellte MEYER [849] dagegen fest, daß das Kriechen unter einer rein statischen Beanspruchung von 90 kg/mm² nicht langsamer erfolgt als bei einer dynamischen Beanspruchung von 89 ± 1 kg/mm² bei einer Frequenz von 9 Hertz. Es müssen weitere Versuche abgewartet werden, um zu entscheiden, ob zwischen Stahl und Blei ein grundlegender Unterschied im dynamischen Kriechversuch besteht. Nach den der Abb. 239 zugrundeliegenden Überlegungen dürfte aber mit Sicherheit zu erwarten sein, daß die Kriechgeschwindigkeit erhöht wird, wenn man einer statischen Mittelspannung σ_m (Abb. 239) einen Spannungsausschlag nach oben und unten hin überlagert, d. h. wenn man den dynamischen Kriechversuch nicht mit einem statischen Kriechversuch bei der Spannung σ_0, sondern mit einem solchen bei der Spannung σ_m vergleicht.

Versuche zur Bestimmung des Einflusses einer dynamischen Beanspruchung auf die Kriechgeschwindigkeit wurden ferner von MOORE und Mitarbeitern [866] durchgeführt. Der Spannungsausschlag war $\sigma_a = \pm 2,11$ kg/cm², die Frequenz 16,7 Hz. Es wurde nur die Zeit bis zum Bruch und die Bruchdehnung an Weichblei, Blei mit 2% Sn, 1% Sb, 0,03% Ca bestimmt. Die Lebensdauer war gegenüber den aus Abb. 237 ersichtlichen Werten beträchtlich herabgesetzt, und zwar bei Weichblei je nach der Größe der Mittelspannung auf $^1/_{30}$ bis $^1/_{100}$, bei Blei-Zinn auf $^1/_6$ bis $^1/_7$, dagegen bei Blei-Antimon und Blei-Kalzium nur auf etwa die Hälfte. Die Bruchdehnung war nur bei Blei-Kalzium merklich vermindert. Die Versuche wurden auch auf Einkristalle ausgedehnt. Auch neuere Beobachtungen von GREENWOOD und COLE [428] und GREENWOOD [423] zu diesem Problem liegen vor. Letztere Arbeit bringt keine wesentlichen Fortschritte in den grundsätzlichen Fragen, da praktische Gesichtspunkte im Vordergrund standen. Die Kriechgeschwindigkeit zugbeanspruchter Proben wurde unter dem Einfluß überlagerter Schwingungen erhöht. Eine Übersicht über das Kriechen unter dynamischer Beanspruchung für verschiedene Werkstoffe bringt VITOVEC [1227].

m) Legierungsaufbau und Kriechfestigkeit. Einige allgemeine Gesichtspunkte zu dem genannten Thema gibt ALLEN [16]. Grundsätzliche Untersuchungen über den Zusammenhang zwischen Legierungsaufbau und Kriechfestigkeit führten HOPKIN und THWAITES [589] im Forschungs-

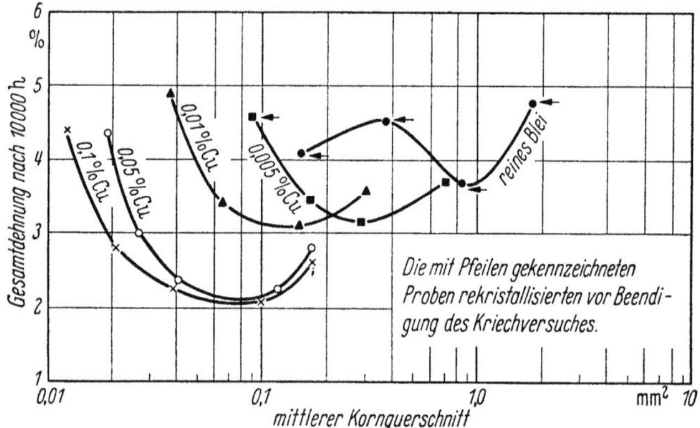

Abb. 240. Einfluß der Korngröße auf die Kriechfestigkeit von Blei-Kupfer-Legierungen bei einer Spannung von 21 kg/cm². Nach HOPKIN und THWAITES [589]

institut der British Non Ferrous Metals Research Association durch. Reinstes Blei wurde durch Zusätze von Zinn, Kadmium, Indium, Antimon und Thallium in einphasige Legierungen, durch Zusätze von Kupfer in zweiphasige Legierungen übergeführt. Die Legierungen wurden in der Strangpresse verarbeitet. Durch Anwendung verschiedener Temperaturen und Geschwindigkeiten beim Pressen war man in der Lage, den Einfluß der Korngröße und Kornunterteilung auf das Kriechverhalten zu studieren. Im großen und ganzen zeigte sich eine Abnahme der Kriechgeschwindigkeit mit steigender Korngröße nach Abb. 240. Die Kurven der dort

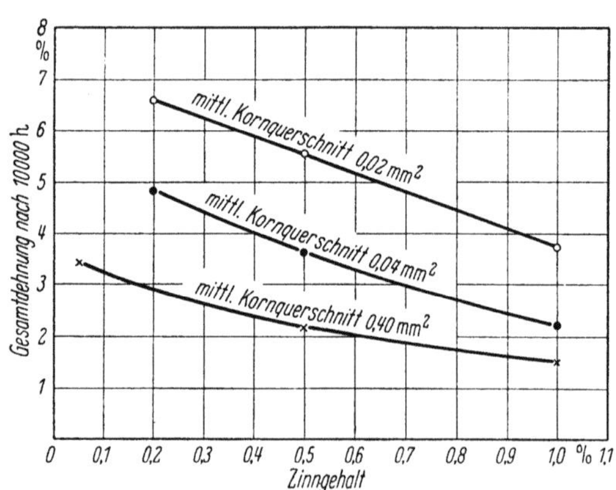

Abb. 241. Einfluß des Zinngehaltes auf die Kriechfestigkeit von Proben ähnlicher Korngröße bei einer Spannung von 21 kg/cm². Nach HOPKIN und THWAITES [589]

dargestellten Blei-Kupfer-Legierungen besitzen aber ein Minimum der Kriechgeschwindigkeit bei einer bestimmten Korngröße, oberhalb welcher die Kriechgeschwindigkeit wieder ansteigt. Weitere Be-

obachtungen dazu finden sich unten. Wenn man die Kurven der Legierungen in Abb. 240 mit denen des reinen Bleies vergleicht, erkennt man
die Abnahme der Kriechgeschwindigkeit mit steigendem Kupfergehalt.
Die Kriechgeschwindigkeit wird außer durch Einlagerungen auch durch
gelöste Atome herabgesetzt, wie das Beispiel der Zinnzusätze in Abb. 241
darstellt. In einer weiteren Versuchsreihe wurden Kadmium, Indium,
Zinn, Thallium und Antimon mit einem Gehalt von 0,09 Atom-% zum
Blei legiert. Bei dieser Konzentration sind sämtliche genannten Zweistofflegierungen bei Raumtemperatur noch einphasig. Durch Strangpressen, anschließende Zugverformung und Anlassen erhielt man von
jeder Legierung zwei Proben mit verschiedener Korngröße. In Kriechversuchen unter einer Spannung von 21 kg/cm² hatten die Blei-Kad-
mium- und Blei-Indium-Legierungen die geringste Kriechgeschwindigkeit. Somit ist kein Einfluß des Schmelzpunktes des Legierungselementes

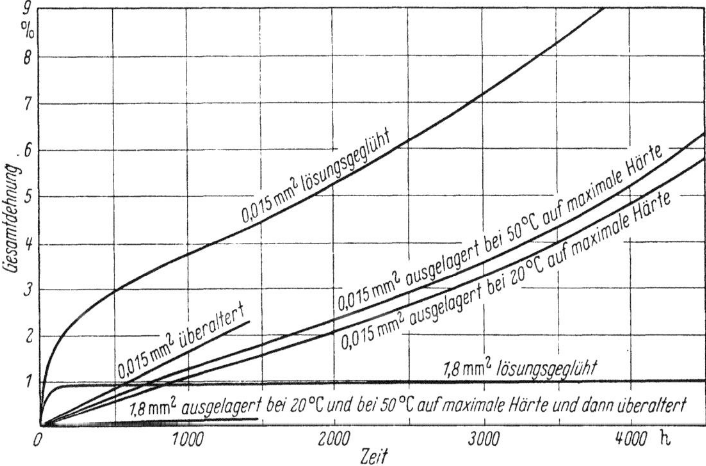

Abb. 242. Wirkung der Aushärtung auf das Kriechverhalten von Blei mit 0,9% Sb und 0,001% As.
Nach Hopkin und Thwaites [589]

in dem Sinn vorhanden, daß etwa die Kriechgeschwindigkeit mit der
Erhöhung des Schmelzpunktes des Legierungselementes abfallen würde.
Bemerkenswert erscheint aber, daß Kadmium und Indium unter den
betrachteten Legierungsmetallen den größten Unterschied im Atomradius
zum Blei aufweisen. Nach der Theorie von Cottrell [217] ist anzunehmen, daß sich solche Elemente bevorzugt in der Nähe von Versetzungen aufhalten und diese schwerer beweglich machen (Gleichgewichts-
seigerung). Damit wäre eine gewisse Erklärung für das günstige Kriechverhalten dieser Legierungen gegeben. Gleichzeitig wurde ein Zusammenhang zwischen der Erniedrigung der Kriechgeschwindigkeit und der Abnahme der Neigung zum Rekristallisieren festgestellt. Die Verfasser

führen mehrere Beobachtungen an, die auf eine rekristallisations-verzögernde Wirkung beider Elemente hinweisen. Diese Ansicht stimmt überein mit Feststellungen an andern Metallen (S. 179), wonach gelöste Atome mit abweichendem Atomradius die Rekristallisation behindern.

Weiter wurden Legierungen mit 0,9% Sb und 0,001% As durch Lagern bei 20 und 50 °C ausgehärtet (Abb. 242). Die dabei gebildeten Ausscheidungen liegen in ihrer Größe an der Grenze der mikroskopischen Auflösbarkeit. Teilweise wurden diese Legierungen auch einer Auslagerung über das Maximum der Härtesteigerung hinweg ausgesetzt. Die Wirkung der Aushärtung bestand vor allem in einer Herabsetzung des Betrages des Übergangskriechens. Die starke Erhöhung der Kriechfestigkeit ausgehärteter Blei-Antimon-Arsen-Legierungen und anderer ausgehärteter Legierungen wie Blei-Kalzium, ist schon in früheren Arbeiten der Bleiforschungsstelle in Berlin eingehend behandelt worden (S. 227).

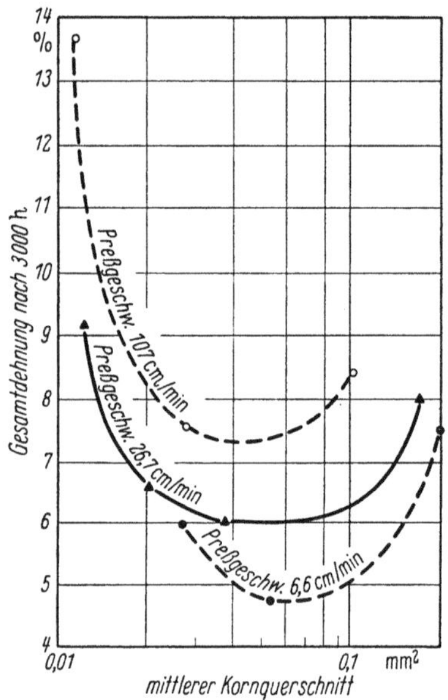

Abb. 243. Einfluß der Preßgeschwindigkeit auf die Kriechfestigkeit von Blei mit 0,1% Cu bei 35,1 kg/cm². Die Kurve kleinster Preßgeschwindigkeit bedeutet größte Kornunterteilung (Fragmentation). Nach HOPKIN und THWAITES [589]

Die Kornunterteilung (Fragmentation) der Proben in Abhängigkeit von der Temperatur und der Geschwindigkeit beim Pressen wurde mit Hilfe von Röntgenaufnahmen mit gefilterter Kupferstrahlung untersucht. Nach der Anordnung von BARRET [46] wurden Probe und Film synchron um einen Winkel von 10° geschwenkt. Die Kornunterteilung gibt sich dabei durch eine Vergrößerung der Interferenzflecke zu erkennen. Es wurde festgestellt, daß der Betrag der Kornunterteilung mit sinkender Temperatur und mit sinkender Preßgeschwindigkeit zunimmt. Außerdem nahm in den Blei-Kupfer-Legierungen die Kornunterteilung mit dem Kupfergehalt zu. Die Kornunterteilung erniedrigte die Kriechgeschwindigkeit, wie Abb. 243 darstellt.

Durch Verformen und Anlassen (100 °C) einer Serie von Blei-Kupfer-Legierungen wurde ein rekristallisiertes Korn ohne Kornunterteilung erhalten. Die metallographische Beobachtung der Proben zeigte, daß Körner sehr unregelmäßiger Korngröße mit vielen Zwillingen entstanden waren. Die Darstellung der Kriechgeschwindigkeit dieser Proben in Abhängigkeit von der Korngröße und dem Kupfergehalt nach Abb. 244 lieferte ein eindeutiges Ergebnis. Die Kriechgeschwindigkeit nahm, wie erwartet, mit zunehmender Korngröße und mit zunehmendem Kupfer-

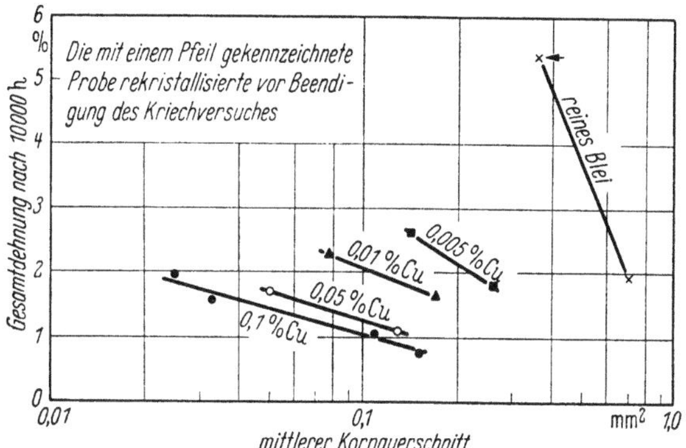

Abb. 244. Einfluß der Korngröße auf die Kriechfestigkeit von rekristallisierten Blei-Kupfer-Legierungen bei einer Spannung von 21 kg/cm². Nach HOPKIN und THWAITES [589]

gehalt ab. Die Kriechgeschwindigkeit dieser Proben lag im allgemeinen unterhalb derjenigen von Abb. 240. Ein rekristallisiertes Gefüge stark unterschiedlicher Korngröße mit Zwillingen wurde auf Grund dieser Er-

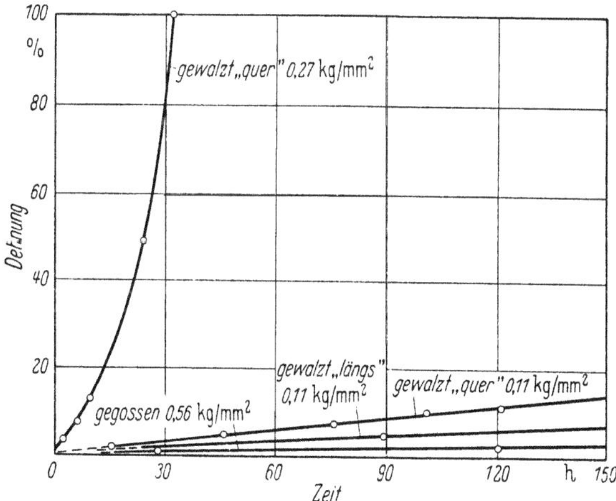

Abb. 245. Blei mit 64,5% Sn. Kriechkurven von gegossenen und von gewalzten Legierungsblechen bei Zugbelastung. Nach HOFMANN und ENGEL [560]

gebnisse hinsichtlich der Kriecheigenschaften als besonders günstig angesehen.

Besonderes Interesse verdient auch der Vergleich des Kriechverhaltens zwischen gekneteten und gegossenen Legierungen der gleichen Zusammensetzung. Es ist bekannt, daß gegossene Legierungen eine höhere

15 Hofmann, Blei, 2. Aufl.

Kriechfestigkeit aufweisen als geknetete Legierungen. Man führt dies im allgemeinen auf das gröbere Gefüge des Gußzustandes zurück. Sicher werden dabei noch andere Einflüsse mitspielen, z. B. die Anzahl der Kristallbaufehler im gegossenen und im rekristallisierten Werkstoff. Besonders deutlich wurde der Unterschied zwischen Knet- und Gußlegierungen bei eigenen Versuchen mit der eutektischen Blei-Zinn-Legierung nach Abb. 245. Die Kriechgeschwindigkeiten der Legierung in verschiedenen Verarbeitungszuständen unterscheiden sich hier um Größenordnungen.

n) Ergebnisse an einzelnen Bleisorten und Legierungen. Da die Messungen der Kriechfestigkeit verschiedener Laboratorien oft stark voneinander abweichen, wurden Ergebnisse verschiedenen Ursprungs für

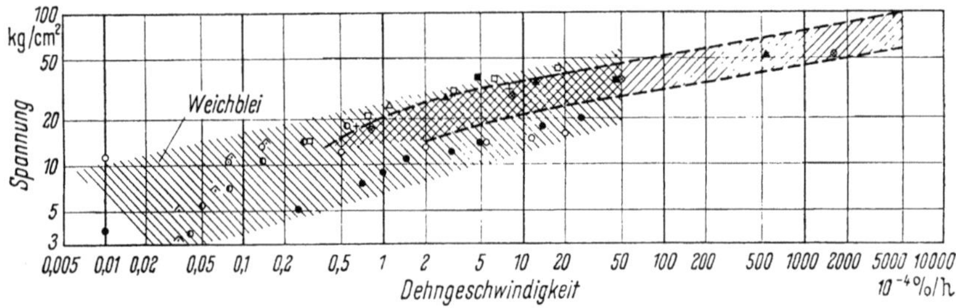

////. nach A. J. PHILLIPS [959]
o grob } Reinblei (99,99%) nach K. v. HANFFSTENGEL und H. HANEMANN [483]
● fein
+ Versuche 1935 [478]
△ U-Blei (99,99%) nach J. N. GREENWOOD und WORNER [434]
□ grob } nach J. McKEOWN [817]
■ fein
⌃
o } nach H. F. MOORE u. a. [866]
◉
⊗ Reinblei } bei 30 °C nach GOHN u. a. [402]
▲ Chemisches Blei

Abb. 246. Kriechgeschwindigkeiten von Weichblei nach Messungen verschiedener Laboratorien

eine Anzahl von Bleisorten und Bleilegierungen zur Gewinnung eines allgemeinen Überblicks zusammengestellt. In den folgenden Kurventafeln ist die Spannung in Abhängigkeit von der Dehngeschwindigkeit des stationären Kriechens in doppelt logarithmischer Darstellung aufgetragen. Die Ergebnisse an Weichblei ordnen sich nach Abb. 246 bei dieser Art der Darstellung in einen bandförmigen Bereich schwacher Krümmung ein (S. 205). Die Bewertung der Blei-Antimon-Legierungen mit etwa 1% Sb, wie sie z. B. für Rohre verwendet werden, war lang umstritten. Verschiedentlich wurde zwar eine Überlegenheit in der Kriechfestigkeit gegenüber Weichblei bei höheren Spannungen gefunden — die im praktischen Betrieb nicht mehr zulässig sind — dagegen nicht bei niederen Spannungen (MOORE und ALLEMANN [864], v. GÖLER [392].) In mehreren Arbeiten (HANEMANN und HOFMANN [478], HANEMANN, v. HANFFSTENGEL und HOFMANN [477]) wurde gezeigt, daß das geschilderte

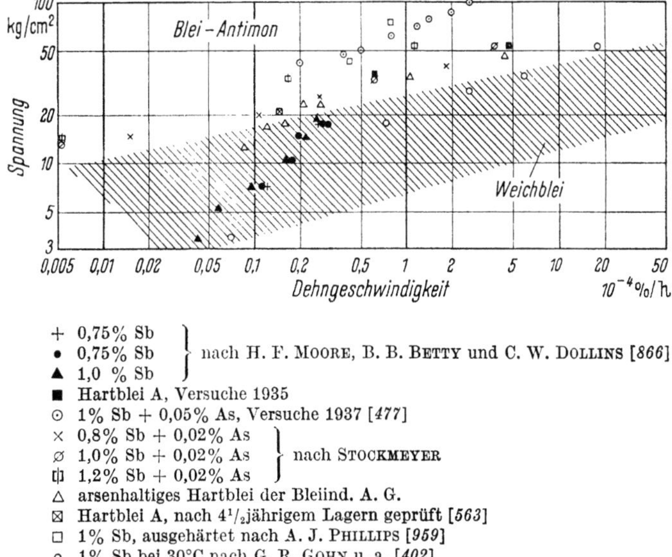

+ 0,75% Sb ⎫
• 0,75% Sb ⎬ nach H. F. MOORE, B. B. BETTY und C. W. DOLLINS [866]
▲ 1,0 % Sb ⎭
■ Hartblei A, Versuche 1935
⊙ 1% Sb + 0,05% As, Versuche 1937 [477]
× 0,8% Sb + 0,02% As ⎫
⌀ 1,0% Sb + 0,02% As ⎬ nach STOCKMEYER
⊞ 1,2% Sb + 0,02% As ⎭
△ arsenhaltiges Hartblei der Bleiind. A. G.
⊠ Hartblei A, nach 4¹/₂jährigem Lagern geprüft [563]
□ 1% Sb, ausgehärtet nach A. J. PHILLIPS [959]
○ 1% Sb bei 30°C nach G. R. GOHN u. a. [402]

Abb. 247. Kriechgeschwindigkeiten von Hartblei nach Messungen verschiedener Laboratorien

Verhalten bei nicht oder nur wenig ausgehärtetem Hartblei zutrifft, daß dagegen bei ausgehärtetem Blei-Antimon, vor allem, wenn eine Beimengung von Arsen vorhanden ist (Hartblei A), die Überlegenheit gegenüber Weichblei auch noch bei niederen Spannungen besteht. Diese Ergebnisse wurden in Arbeiten der englischen Schule bestätigt (HOPKIN und THWAITES [589]). Abb. 247 zeigt deutlich die beiden Gruppen von Legierungen und ihre, namentlich im linken Teil der Abbildung, um fast eine Größenordnung verschiedenen Kriechgeschwindigkeiten. Der Bereich der Meßpunkte für Weichblei ist schraffiert eingetragen. Die Überlegenheit von Hartblei A über Weichblei geht bei höheren Temperaturen verloren (Abb. 248). In den Festigkeitstabellen einer englischen Veröffentlichung sind für

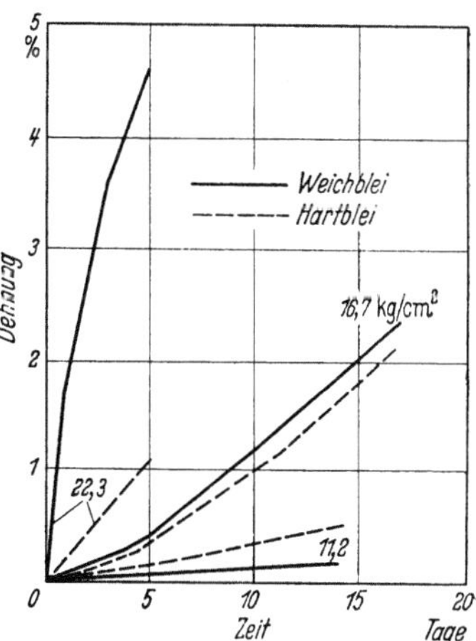

Abb. 248. Kriechkurven von Weichblei und Hartblei mit 1,16% Sb und 0,04% As bei 85°C [556]

15*

Hartblei oberhalb 120 °C sogar stärkere Abmessungen vorgesehen als für Weichblei (HIERS [523]).

Auch den Blei-Arsen-Legierungen kommt besonders nach den Ergebnissen von DOLLINS [254] eine gewisse Bedeutung hinsichtlich ihrer

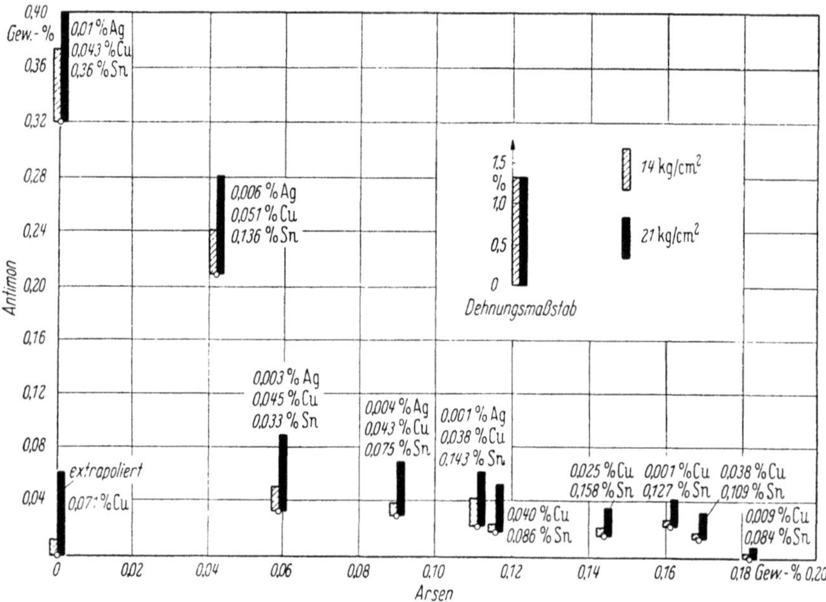

Abb. 249. Kriechdehnung von Bleilegierungen nach 5000 h bei 43,3 °C unter verschiedenen Spannungen, aufgetragen in Abhängigkeit vom Antimon- und Arsengehalt der Legierungen. Nach DOLLINS [254]

Kriechfestigkeit zu. Man wird dieses Verhalten wohl mit dem starken Unterschied der Atomradien von Blei und Arsen in Zusammenhang bringen. Darüber hinaus muß aber auch ein Einfluß der Einschlüsse von Arsen in Blei vorliegen, da die in Abb. 249 berücksichtigten Legierungen z. T. weit oberhalb der Löslichkeitsgrenze bei Raumtemperatur liegen.

Bei Blei-Kalzium-Legierungen ist in Abb. 250 für alle Spannungen eine beträchtliche Überlegenheit gegenüber Weichblei zu verzeichnen. Der rechte Bereich der Meßpunkte enthält Gußlegierungen mit höherem, der linke Preßlegierungen mit niedrigem Kalziumgehalt. Die außerordentlich geringen Kriechgeschwindigkeiten der Blei-Kalzium-Legierungen wurden auch in neueren Veröffentlichungen von GOHN und Mitarbeitern [402] bestätigt. Ihre Ergebnisse sind in Abb. 251 zusammen mit den Ergebnissen an einigen Kabelmantellegierungen dargestellt. Die Überlegenheit von Blei-Kalzium (Abb. 252) besteht auch noch bei 65 °C in vollem Umfang (GREENWOOD und COLE [429]).

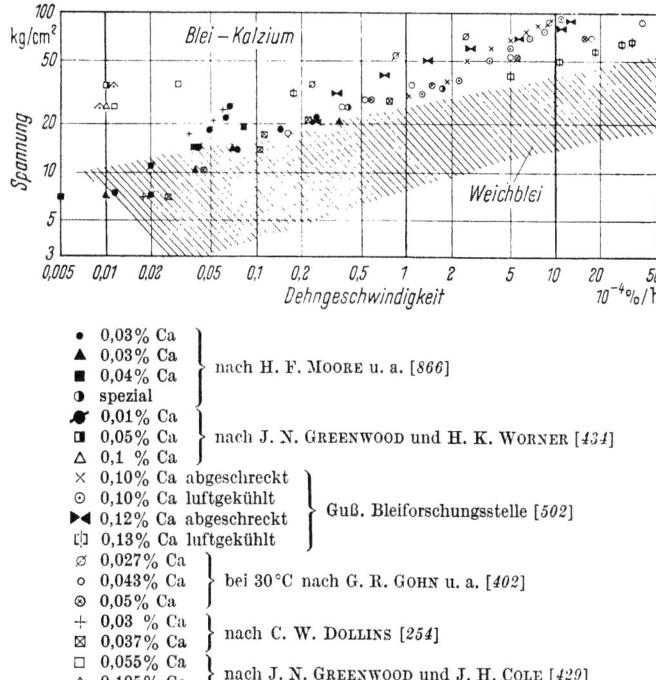

•   0,03% Ca
▲   0,03% Ca
■   0,04% Ca   } nach H. F. MOORE u. a. [866]
◐   spezial

✦   0,01% Ca
▣   0,05% Ca   } nach J. N. GREENWOOD und H. K. WORNER [434]
△   0,1 % Ca

×   0,10% Ca abgeschreckt
⊙   0,10% Ca luftgekühlt
►◄ 0,12% Ca abgeschreckt   } Guß. Bleiforschungsstelle [502]
◫   0,13% Ca luftgekühlt

∅   0,027% Ca
o   0,043% Ca   } bei 30°C nach G. R. GOHN u. a. [402]
⊗   0,05% Ca

+   0,03 % Ca
⊠   0,037% Ca   } nach C. W. DOLLINS [254]

□   0,055% Ca
∧   0,105% Ca   } nach J. N. GREENWOOD und J. H. COLE [429]

Abb. 250. Kriechgeschwindigkeiten von Blei-Kalzium-Legierungen. Nach Messungen verschiedener Laboratorien

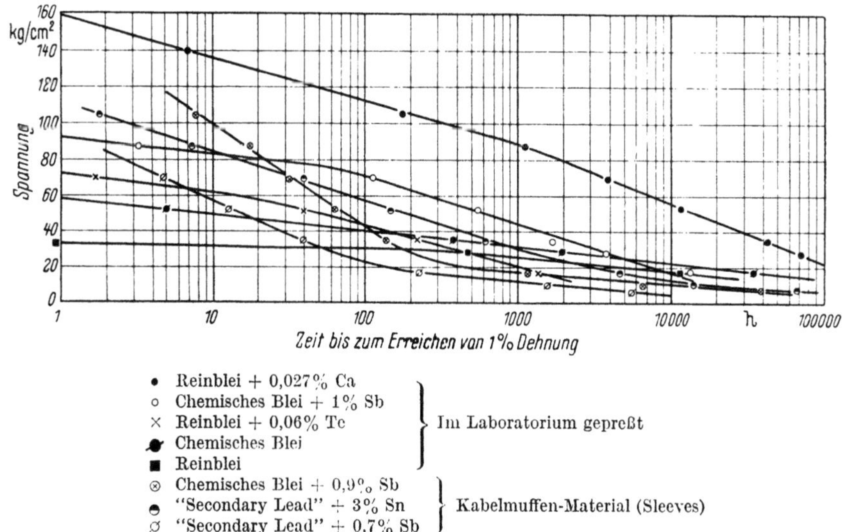

•   Reinblei + 0,027% Ca
o   Chemisches Blei + 1% Sb
×   Reinblei + 0,06% Te   } Im Laboratorium gepreßt
✦   Chemisches Blei
■   Reinblei

⊗   Chemisches Blei + 0,9% Sb
●   "Secondary Lead" + 3% Sn   } Kabelmuffen-Material (Sleeves)
∅   "Secondary Lead" + 0,7% Sb

Abb. 251. Zeitdehngrenzen von Blei und Bleilegierungen. Nach GOHN und Mitarbeitern

Die bei der Abfassung der 1. Auflage vorliegenden Werte der Kriechgeschwindigkeiten von Blei-Kupfer-Legierungen reichten noch nicht aus,

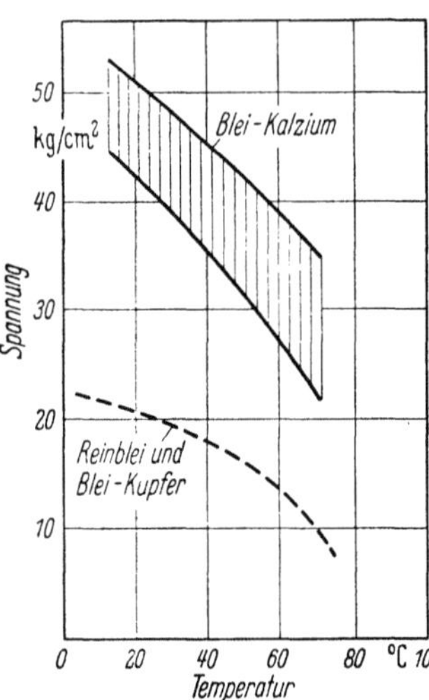

Abb. 252. Temperaturabhängigkeit der Spannung, die eine Dehnung von 1% im Jahr bewirkt. Vergleich von Reinblei, Blei-Kalzium (0,08 bis 0,05%) und Blei-Kupfer. Werte extrapoliert. Nach GREENWOOD und COLE [429]

um ein eindeutiges Bild über den Einfluß des Kupfers zu gewinnen. Inzwischen liegen weitere Meßpunkte vor, die in Abb. 253 berücksichtigt sind. Danach ist keine wesentliche Verbesserung der Kriechfestigkeit von Blei durch Kupferzusätze vorhanden. Möglicherweise ist das Ergebnis so zu deuten, daß der Kupferzusatz zwar die Kriechfestigkeit von Blei erhöht, die Wirkung aber durch das feinere Korn der kupferhaltigen Proben wieder aufgehoben wird. Für diese Deutung sprechen Kriechversuche an Weichblei und kupferlegiertem Blei, die bei zwei verschiedenen Temperaturen verpreßt wurden. (Abb. 254). Danach ist das bei 120 °C verpreßte kupferlegierte Blei dem Weichblei deutlich überlegen. Dagegen ist die Wirkung des Kupferzusatzes nach Verpressen bei 180 °C gerade umgekehrt. Weichblei wird bei dieser Preßtemperatur im Gegensatz zu dem kupferlegierten Blei sehr grobkörnig. Nach GREENWOOD [423] erhöht ein Kupfergehalt die Kriechfestigkeit von Blei nur,

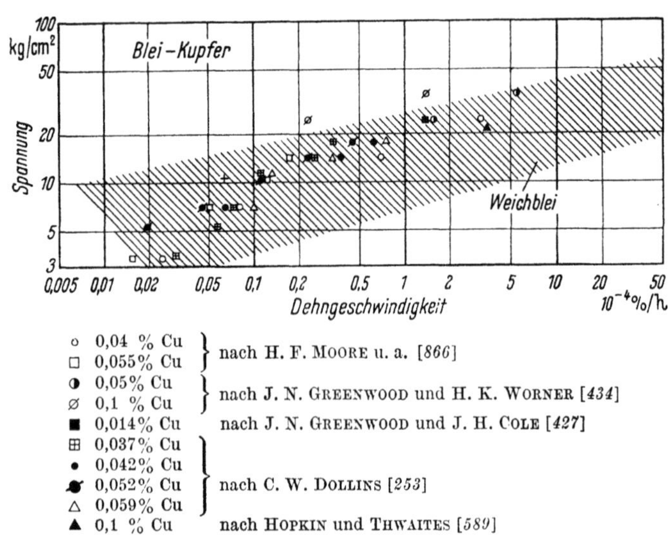

○	0,04 % Cu	
□	0,055% Cu	} nach H. F. MOORE u. a. [866]
◑	0,05% Cu	
⊘	0,1 % Cu	} nach J. N. GREENWOOD und H. K. WORNER [434]
■	0,014% Cu	nach J. N. GREENWOOD und J. H. COLE [427]
⊞	0,037% Cu	
•	0,042% Cu	
◗	0,052% Cu	} nach C. W. DOLLINS [253]
△	0,059% Cu	
▲	0,1 % Cu	nach HOPKIN und THWAITES [589]

Abb. 253. Kriechgeschwindigkeiten von kupferhaltigem Blei

wenn das Kupfer in sehr feiner Verteilung vorliegt; Kupfer in gröberer Verteilung ist ohne Wirkung auf die Kriechfestigkeit. Aus den im Schrifttum vorliegenden Angaben gewinnt man den Eindruck, daß die Wirkung von Kupfer durch einen gleichzeitigen Zusatz von Silber verbessert wird. Bemerkenswert ist das von McKeown und Hopkin [821] beobachtete

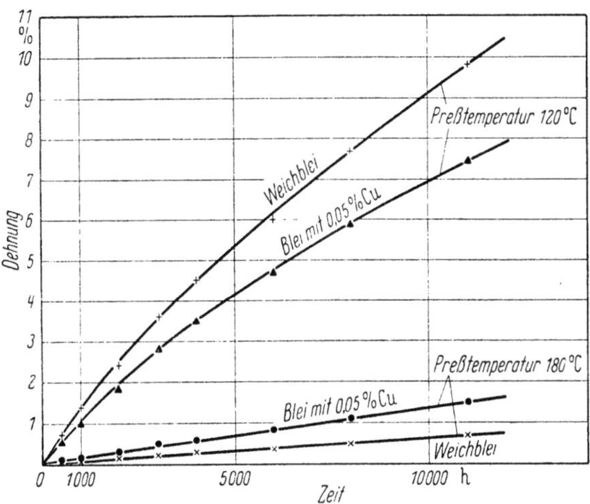

Abb. 254. Einfluß der Preßtemperatur auf die Kriechdehnung von Weichblei und von kupferlegiertem Blei bei einer Zugspannung von 15 kg/cm². Nach V. Malotki

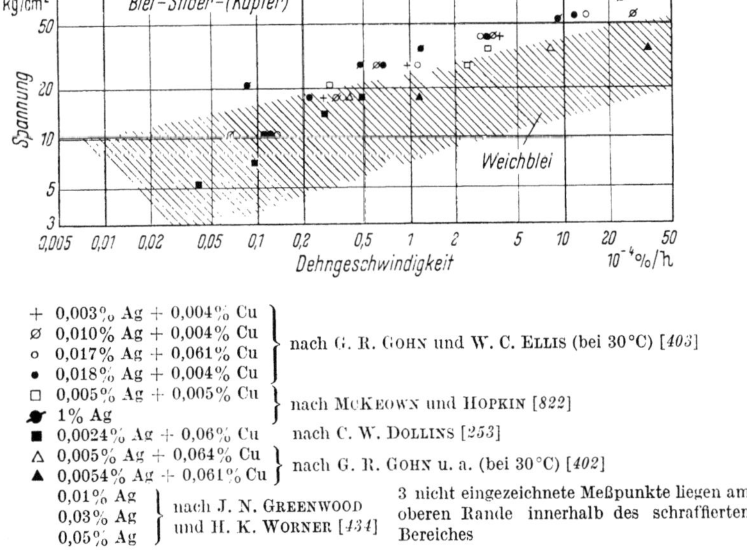

+ 0,003% Ag + 0,004% Cu
ø 0,010% Ag + 0,004% Cu
o 0,017% Ag + 0,061% Cu } nach G. R. Gohn und W. C. Ellis (bei 30°C) [403]
• 0,018% Ag + 0,004% Cu

□ 0,005% Ag + 0,005% Cu } nach McKeown und Hopkin [822]
⚑ 1% Ag

■ 0,0024% Ag + 0,06% Cu   nach C. W. Dollins [253]

△ 0,005% Ag + 0,064% Cu } nach G. R. Gohn u. a. (bei 30°C) [402]
▲ 0,0054% Ag + 0,061% Cu

0,01% Ag } nach J. N. Greenwood
0,03% Ag } und H. K. Worner [434]
0,05% Ag

3 nicht eingezeichnete Meßpunkte liegen am oberen Rande innerhalb des schraffierten Bereiches

Abb. 255. Kriechgeschwindigkeiten von silber- und kupferhaltigem Blei

günstige Verhalten einer Legierung von reinstem Blei mit nur 0,005% Ag und 0,005% Cu. GREENWOOD und WORNER [433] fanden eine Herabsetzung der Kriechgeschwindigkeit von Blei durch Silberzusätze

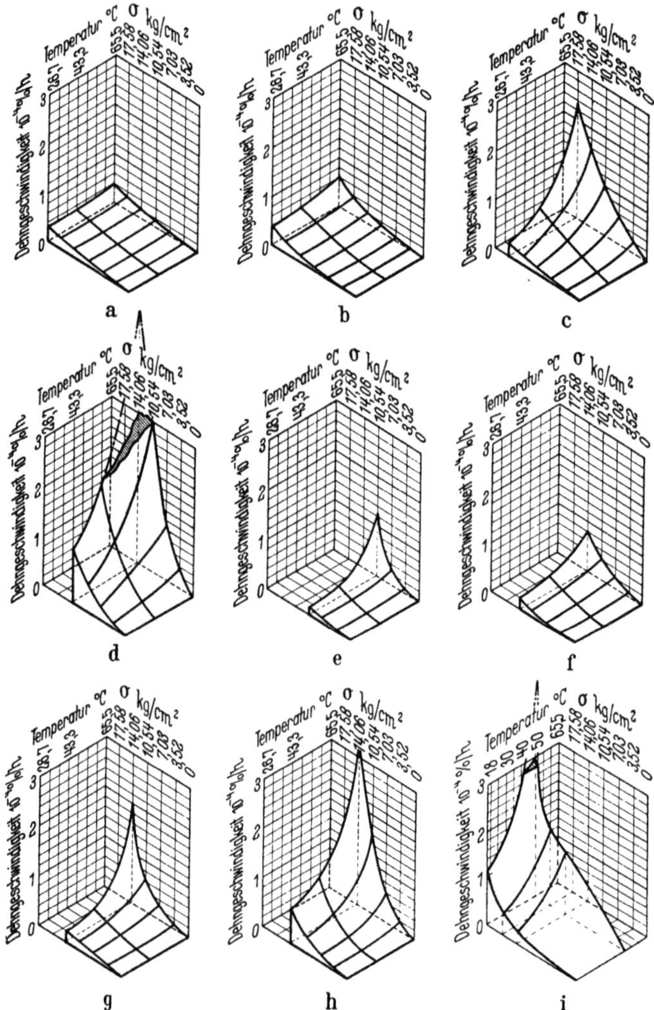

Abb. 256a—i. Temperaturabhängigkeit der Kriechgeschwindigkeit von Blei und Bleilegierungen.
a) 0,03% Ca + 0,04% Cu; b) 0,03% Ca + 0,05% Cu; c) 1,0% Sb; d) 2,0% Sn; e) Grad III (nach ASTM) mit 0,07% Bi; f) Grad II mit 0,06% Cu + 0,04% Bi; g) Grad III mit 0,09% Bi; h) Grad II mit 0,04% Cu + 0,03% Bi; i) U-Blei (Port Pirie) mit insgesamt 0,009% Verunreinigungen.
a)—h) Nach MOORE und Mitarbeitern; i) nach GREENWOOD und COLE

(Abb. 255). v. MALOTKI fand kürzlich an Einkristallen von Probierblei (S. 313) mit 0,01% Ag eine Kriechgrenze von 40 kg/cm², an silberfreien Kristallen gleicher Orientierung von 10 kg/cm².

Die Beurteilung der Blei-Tellur-Legierungen hinsichtlich ihrer Kriechfestigkeit ist nicht ganz einheitlich. Während GREENWOOD und WORNER [432] eine geringe Kriechfestigkeit dieser Legierungen festgestellt hatten, vertraten GÜRTLER und SCHMID [454] eine gegenteilige Meinung. McKEOWN und HOPKIN [821] stellten an einer gepreßten Legierung mit 0,015% Te der Korngröße 0,20 mm² unter einer Belastung von 21 kg/cm² in 17 000 Stunden eine Dehnung von nur 0,4% fest. Auf Grund des Zusammenhangs zwischen Kriechfestigkeit und Rekristallisationsbeständigkeit entsprechen die letzten Ergebnisse eher den Erwartungen als die an erster Stelle genannte Auffassung. Eine Nachprüfung dieser Messungen wäre daher sehr erwünscht.

Für die Praxis ist die Temperaturabhängigkeit der Kriechfestigkeit des Bleies und seiner Legierungen von großer Bedeutung. Messungen an 5 Weichbleisorten und 4 Legierungen sind in Abb. 256a—i als Raummodelle wiedergegeben. Bemerkenswert erscheint der relativ sehr geringe Temperatureinfluß bei den beiden Blei-Kalzium-Proben. Er steht vermutlich mit der hohen Temperaturbeständigkeit der Aushärtung dieser Legierungen in Zusammenhang. Werte der Kriechfestigkeit von Hartblei mit höherem Antimongehalt bis zu 5,4% sind in Abb. 257

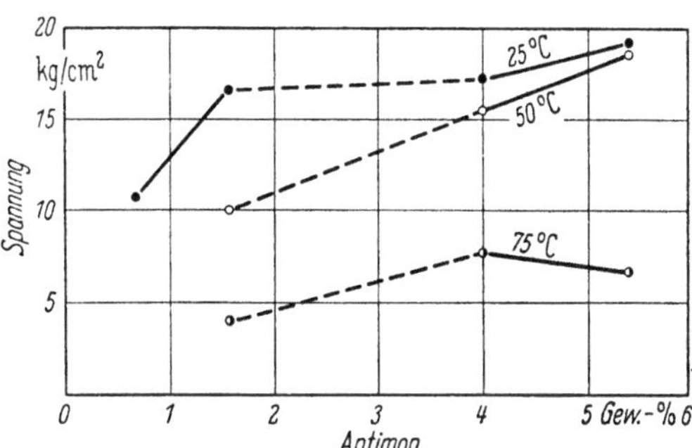

Abb. 257. Belastbarkeit von Blei-Antimon-Legierungen bei einer Dehngeschwindigkeit von 0,1 · 10⁻⁴ %/h unter verschiedenen Temperaturen. Nach HILLEN und HOFMANN [528]

dargestellt. Wenn man von der in der Abbildung nicht berücksichtigten Legierung mit 2,95% Sb absieht, die aus der Reihe fällt, so ist besonders bemerkenswert die starke Erhöhung der Kriechfestigkeit bei den hohen Antimongehalten. Die Angaben von SMITH [1128] über Blei-Antimon-Legierungen bei Raumtemperatur und bei 100 °C stimmen hiermit überein. Es hat allerdings den Anschein, als ob sich diese Überlegenheit mit steigender Temperatur abschwäche (vgl. Abb. 248, GREENWOOD [425]). Einzelne Beobachtungen über das Kriechen der Bleilegierungen sind auch in andern Teilen des Buches, namentlich in dem Abschnitt über die technische Verarbeitung, verstreut. Zu erwähnen sind noch Kriechversuche von GIFKINS [381] an Proben aus Blei-Thallium-Legierungen, die in vorhergehenden Kriechversuchen bereits bis zum Bruch beansprucht worden waren. Die neuen Kriechkurven waren den ursprünglichen ähnlich. Das Verhältnis der alten minimalen Kriechgeschwindigkeit zu der neuen variierte in einem Bereich von $^1/_2$ bis $2^1/_2$. In Blei-Quecksilber-

Legierungen mit unter 2 % Hg ist nach SISTIAGA [*1126a*] die Kriechgeschwindigkeit im Vergleich zu reinem Blei erhöht.

4. Dauerschwingfestigkeit (Ermüdungsfestigkeit)

An Kabelmänteln aus Weichblei wurden vielfach Risse beobachtet, über deren Ursache man sich lange nicht im klaren war (ARCHBUTT [*24*]). Vor allem aus den Beobachtungen von HAEHNEL [*464*] ging hervor, daß es sich um Dauerschwingbrüche handelt. Zu dem gleichen Ergebnis gelangten BECKINSALE und WATERHOUSE [*73*]. Unter anderem wurden hier 48 gebrochene Kabel untersucht. Sie stammten aus der Nähe von Eisenbahnen, aus Brücken, selten waren es versenkte Kabel. Stark vertreten waren Luftkabel und Kabel, die Schiffs- oder lange Eisenbahntransporte hinter sich hatten. Fast ausnahmslos handelte es sich um Weichbleikabel. Der Bruch war meist zwischenkristallin. Daher wird der Dauerbruch von Blei vielfach mit der Bezeichnung interkristalline Brüchigkeit oder interkristalline Korrosion belegt. Daß es sich nicht primär um eine Korrosion handelt, ergibt sich aber schon aus der Tatsache, daß die Brüche meist von der Innenseite des Kabels ausgehen. Immerhin lassen die unten beschriebenen Versuche darauf schließen, daß die Luft an dem Fortschreiten des Dauerbruchs beteiligt ist. Die erwähnten Beobachtungen waren der Anstoß zu ausgedehnten Untersuchungen über die Dauerfestigkeit von Weichblei und ihre Verbesserung durch Legierungszusätze.

Daß Blei nur eine begrenzte Dauerschwingfestigkeit hat, ist nicht ohne weiteres einzusehen. Der Beginn des Dauerbruchs wird nach der älteren Vorstellung darauf zurückgeführt, daß die Kristallite des metallischen Werkstoffes infolge ihrer richtungsabhängigen elastischen Eigenschaften bei Anlegung einer äußeren Last verschieden stark beansprucht werden, so daß weit unterhalb der konventionellen Elastizitätsgrenze in Gebieten mikroskopischer Ausdehnung schon ein plastisches Fließen und damit eine Verfestigung einsetzt. Durch die Verfestigung steigt die Mikrospannung weiter an. Wenn sie die Trennfestigkeit des Werkstoffes überschreitet, kommt es zu einem ersten Anriß, der sich auf Grund der Kerbwirkung des Risses allmählich weiter fortpflanzt. Da Blei keine ausgesprochene Verfestigungsfähigkeit besitzt, ist die angeführte Deutung des Dauerbruchs nicht recht befriedigend. Neuere Theorien rücken die örtlichen Gleitvorgänge an der Probenoberfläche auf Grund der Wechselbelastung in den Vordergrund. Wenn an der Oberfläche eine treppenförmige Gleitstufe gebildet wird, sind dadurch Atome freigelegt und in einen aktiven Zustand versetzt, die sich vorher im Innern des Kristalls befanden. Eine Rückkehr dieser Atome in das Kristallinnere durch Rückwärtsverformung wird dann nicht möglich sein, wenn etwa in der Zwischenzeit eine Anlagerung von Sauerstoff stattgefunden hat (SHANLEY, SCHAUB und LISSNER [1109]). Die Schädigung der Oberfläche durch den genannten Mechanismus verstärkt sich bei weiteren Lastspielen bis zur Ausbildung eines Risses. Eine gewisse Stütze für diese Auffassung ist die Tatsache, daß man bei einer Anzahl von Metallen, darunter auch Blei, eine Beeinflussung der Dauerfestigkeit durch das umgebende Medium festgestellt hat.

Der Einfluß der Atmosphäre und umgebender Flüssigkeiten wurde in mehreren Arbeiten geprüft. Man fand eine Erhöhung der Dauerfestigkeit von Blei, bezogen auf 10^7 Lastwechsel, in Öl und sogar in Essig-

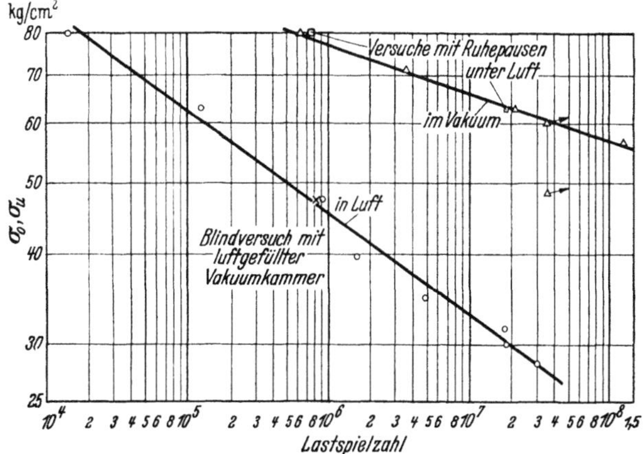

Abb. 258. Wöhlerkurven von Blei aus Versuchen in Luft und im Vakuum.
Nach GOUGH und SOPWITH [411]

säure und führte diese Erscheinung auf das Fehlen des Einflusses der Luft zurück (HAIGH und JONES [470]). Versuche auf einer HAIGH-Zug-Druck-Maschine mit höherer Lastwechselzahl in Luft und in Vakuum ergaben (Abb. 258) einen ganz beträchtlichen Einfluß der Atmosphäre (GOUGH und SOPWITH [411]). Der Unterschied zwischen der Dauerfestigkeit in Luft und im Vakuum war um so größer, je länger der Versuch dauerte. McKEOWN [820] macht in Tab. 16 Angaben für die Dauerschwingfestigkeit in Abhängigkeit von der Umgebung.

Weitere Angaben hierzu finden sich bei McKEOWN und HOPKIN [822]. Stark erniedrigt wurde umgekehrt nach CHASTON [191] die Dauerfestigkeit von Blei durch Ätzen. Hier dürfte eine Kerbwirkung vorliegen, denn auch Kratzer setzen die Dauerfestigkeit herab (HAIGH und JONES [470], ebenso schroffe Änderungen der Beanspruchung an Einspannbacken. SNOWDEN [1132] verglich das Bruchaussehen und das Gefüge von Dauerschwingproben, die an Luft bzw. im Vakuum beansprucht worden waren. Die in Luft gebrochenen Stäbe zeigten bevorzugt zwischenkristalline

Risse, dagegen waren in den im Vakuum gebrochenen Proben Fließlinien in den 45°-Richtungen, d. h. in den Richtungen der größten Schubspannungen, entstanden.

Tabelle 16. *Wirkung von umgebenden Medien und von Schutzüberzügen auf die Dauerschwingfestigkeit von Blei und Bleilegierungen*

Werkstoff	Umgebendes Medium	Zug-Druck-Spannung ($\pm$) in kg/mm²	Lastspielzahl bis zum Bruch in 10⁶
Blei	Luft	0,055	1,3
	Normale Essigsäure	0,055	8,5 U
	Rapsöl	0,055	7,9
	Vaseline	0,063	9,8 U
Blei + 1,5% Sn + 0,25% Cd	Luft	0,103	1,6
	Bitumen	0,126	9,3 U
Blei + 0,5% Sb + 0,25% Cd	Luft	0,126	1,3
	Rapsöl	0,142	9,6
	Vaseline	1,142	6,4

U = nicht gebrochen

Die neuesten Vorstellungen rücken die Bildung von Löchern auf Grund der Versetzungstheorie in den Vordergrund. Einer auf der Oberfläche eines Werkstücks mündenden Versetzungslinie, mit einer Komponente des BURGERS-Vektors senkrecht zur Oberfläche, sei durch die Wechselbeanspruchung eine umlaufende Bewegung aufgezwungen. Wenn somit der Endpunkt der Versetzungslinie auf der Oberfläche eine geschlossene Kurve umschreibt, dann bedeutet es, daß das von der Versetzungslinie umschriebene Volumen bei jedem Umlauf einen Gleitschritt in Richtung zur Oberfläche hin vollzieht. Auf diese Weise entsteht im Innern ein Hohlraum. Der darüber befindliche Werkstoff wird als Lippe aus der Oberfläche ausgepreßt (MOTT [*875*]). Ähnliche Gedankengänge wurden von ODING [*910*] vertreten. Er nimmt an, daß in den beiden ersten Vierteln eines Belastungszyklus durch die Wanderung von Versetzungen Löcher entstehen. Im weiteren Verlauf der Wechselverformung soll im einen Fall eine Sammlung von Löchern in Kolonien stattfinden, die den Richtungen der maximalen Makroschubspannungen (S-Flächen) entsprechen. Die entstehende Porosität würde zum Dauerbruch parallel den S-Flächen führen. Im andern Fall sollen sich die Poren atomarer Größe auf vorhandenen Hohlräumen niederschlagen, so daß sie wachsen und sich zu Rissen vergrößern. Diese Risse würden in Ebenen senkrecht zu den Normalspannungen, sog. N-Flächen, liegen.

An dieser Stelle sei auf eine zusammenfassende Darstellung der Metallermüdung von THOMPSON und WADSWORTH [*1193*] hingewiesen.

Blei zeigt hinsichtlich seiner Dauerschwingfestigkeit einige Besonderheiten. Einmal ist es der schon erwähnte zwischenkristalline Charakter

des Dauerschwingbruches, der bei anderen Metallen nicht üblich ist.
Dann wiesen GÜRTLER und SCHMID [454] auf die Tatsache hin, daß bei
Blei die Dauerschwingfestigkeit größer als die Dauerstandfestigkeit ist.
Bei den üblichen Konstruktionsmetallen mit höherem Schmelzpunkt
gilt bei Raumtemperatur das Umgekehrte: Dauerschwingfestigkeit <
Dauerstandfestigkeit (Fließgrenze). Ferner zeigen Wöhlerkurven von
Blei meist kein Einbiegen in eine Horizontale, sondern je nach Art der
Darstellung entweder eine allgemeine Krümmung oder sogar vollständig
geradlinigen Verlauf (Abb. 258). Eine horizontale Asymptote der Wöhler-
kurve wurde auch bei den bisher angewandten höchsten Lastperioden-

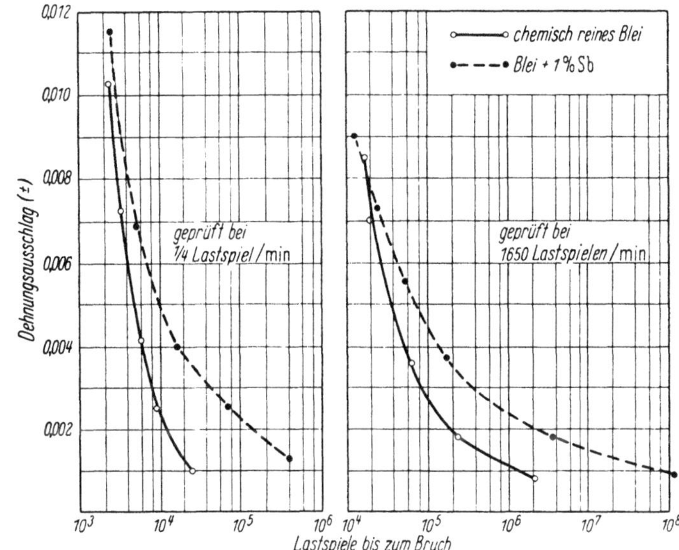

Abb. 259. Einfluß der Frequenz auf die Anzahl der im Dauerschwingversuch ertragenen Dehnungs-
ausschläge. Nach GOHN und ELLIS

zahlen von 100 Millionen nicht erreicht (SCHUMACHER und BOUTON
[1090], HOFMANN und MÜLLER [572]). Bei der Bestimmung der Dauerschwingfestigkeit von Blei muß daher die Lastspielzahl hoch gewählt
und im übrigen im Ergebnis angeführt werden. Dann besteht bei Blei
auch eine ausgeprägte Abhängigkeit der Dauerschwingfestigkeit von der
Frequenz der aufgebrachten Schwingungen (MOORE, BETTY und DOL-
LINS [866]). GOHN und ELLIS [404] weisen auf umfangreiche Versuche
mit einer Schwingung pro Tag als niedrigste Frequenz hin. In Abb. 259
sind die ertragenen Lastspiele bei den Frequenzen $^1/_4$ und 1650 $^1/_{min}$ für
zwei Bleisorten einander gegenübergestellt. Bei einer Schwingungsamplitude des Dehnbetrags von 0,2% erträgt Feinblei bei der niedrigen
bzw. hohen Frequenz 10000 bzw. 200000 Schwingungen (Lebensdauer

700 bzw. 2 Stunden); bei Blei mit 1% Sb liegen die ertragenen Lastspielzahlen bei 130000 bzw. 2000000 (Lebensdauer 8670 bzw. 20 Stunden). Die Lebensdauer, ausgedrückt in Lastspielen bis zum Bruch, nimmt also mit steigender Frequenz zu. Wenn die Zeitdauer einer Schwingung 4 bis 6 min überschreitet, so ist nach den Beobachtungen von SNYDER [1133] keine Frequenzabhängigkeit der Dauerschwingfestigkeit mehr vorhanden. Es scheint, daß die Frequenzabhängigkeit der Dauerschwingfestigkeit um so weniger ausgeprägt ist, je steifer (härter) die Legierung ist.

Die Lebensdauer, in Zeiteinheiten ausgedrückt, nimmt dagegen in allen bekannten Fällen bei gleichbleibender Schwingungsamplitude mit wachsender Schwingungsfrequenz ab. McKEOWN [819] gibt dafür folgendes weitere Beispiel:

Tabelle 17. *Einfluß der Frequenz auf die Dauerschwingfestigkeit von Bleilegierungen im Umlaufbiegeversuch*

Werkstoff	Dehnung in %	Lastspielzahl bis zum Bruch		Zeit bis zum Bruch in Stunden	
		3000 Lastspiele pro min	1,35 Lastspiele pro min	3000 Lastspiele pro min	1,35 Lastspiele pro min
Reinblei	0,10	$0,09 \times 10^6$	4700	0,5	58
Reinblei + 0,2% Sb + 0,4% Sn	0,10	$0,2 \times 10^6$	16600	1,1	205
Reinblei + 0,85% Sb	0,10	$1,0 \times 10^6$	100000	5,5	1230

Nach Tab. 17 ist die Rangfolge der Legierungen hinsichtlich ihrer Dauerfestigkeit praktisch unabhängig von der Frequenz. Für den Bereich niedriger Frequenzen und hoher Schwingungsamplituden sei auf eine Darstellung von ECKEL [268] (Abb. 260) verwiesen.

Die Wärmeentwicklung bei schwingender Beanspruchung wurde an verschiedenen Metallen, darunter auch Blei, gemessen (HAIGH [469]). Die Wärme ist das Äquivalent des Inhalts der Hysteresisschleife, die sich aus der Spannungs-Dehnungs-Linie bei wechselnder Beanspruchung ergibt. Das bei manchen Metallen vorhandene primäre Stadium, gekennzeichnet durch große Dämpfung als Folge eintretender plastischer Verformung, fehlte bei Blei. Im übrigen zeigte dieses ein normales Verhalten, d. h. im sekundären Stadium ein langsames Ansteigen der Dämpfung. Im tertiären Versuchsstadium, in dem der Dauerbruch entsteht und fortschreitet, stieg die Wärmeentwicklung wie üblich stark an.

Der Einfluß der Korngröße auf die Dauerschwingfestigkeit wurde von HOPKIN und THWAITES [589] an einer Legierung mit 0,85% Sb geprüft, die bei den Versuchen nicht rekristallisierte. An Umlaufbiegeproben

wurden Wöhlerkurven mit 3000 Lastspielen in der Minute aufgenommen.
Der bis zu 20 Millionen Lastperioden ertragene Spannungsanschlag

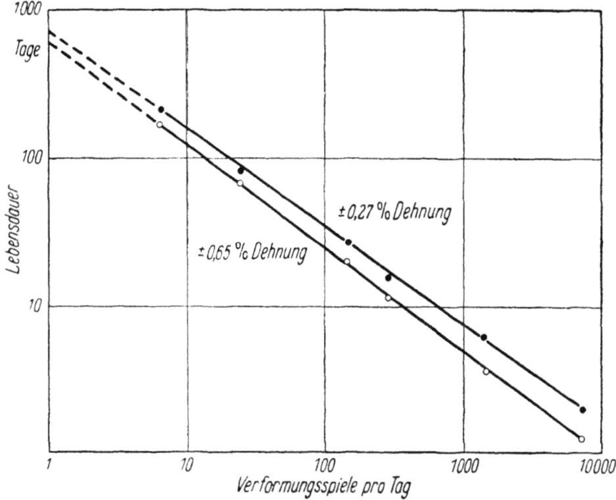

Abb. 260. Abhängigkeit der Lebensdauer von der Frequenz des Umlaufbiegeversuchs.
Nach Versuchen an Acid Lead (S. 8) von ECKEL

wurde als Dauerschwingfestigkeit bezeichnet. Deutlich ist eine wenn auch
mäßige Überlegenheit des feinkörnigen Werkstoffes festzustellen (Tab. 18).

Tabelle 18. *Einfluß der Korngröße auf die Dauerschwingfestigkeit einer Blei-Antimon-Legierung mit 0,85% Sb*

Preßtemperatur °C	Mittlere Kornfläche mm²	Dauerschwingfestigkeit in ± kg/cm²
160	0,0039	98,5
200	0,012	88,0
250	0,043	82,6
300	0,19	72,1

Die an Blei-Zinn-Legierungen aufgenommenen Kurven (Abb. 261) zeigen gleichzeitig den Einfluß der Korngröße und der Legierungskonzen-
tration. Sehr feinkörnige Proben aus Weichblei und Blei mit weniger als
1% Sn rekristallisierten grobkörnig, als man sie dem Dauerschwingversuch bei einer Beanspruchung dicht oberhalb der Dauerschwingfestigkeit aussetzte. Dieses Kornwachstum führte vermutlich zu einer
Herabsetzung der Dauerschwingfestigkeit und überdeckte die oben dargestellte Abhängigkeit von der Korngröße. Blei mit gröberem Ausgangskorn und rekristallisationsbeständigere Legierungen dürften ihre Ausgangskorngröße bei den Dauerschwingversuchen beibehalten.

Versuche mit einem einzigen Lastspiel je Tag sind für die Beurteilung des Einflusses der täglichen Temperaturschwankungen auf die Haltbarkeit von bleiummantelten Telefonkabeln, Bleirohren usw. von Bedeutung. Die nächtliche Abkühlung bewirkt eine longitudinale Zusammenziehung des Bleies, der sich am Tage eine Ausdehnung durch die Erwärmung anschließt. Bei Starkstromkabeln erfolgen die Längsbewegun-

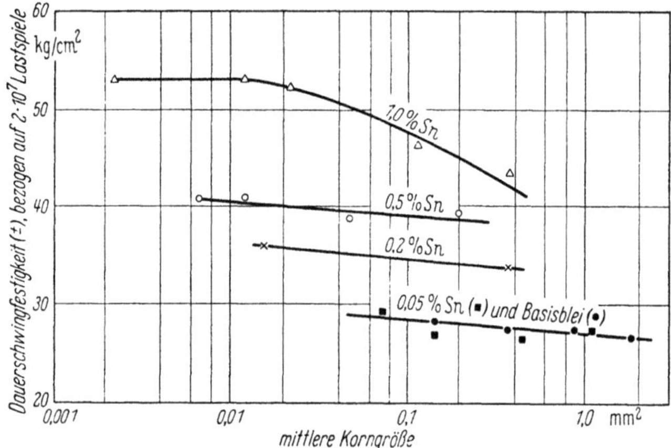

Abb. 261. Einfluß der Korngröße auf die Dauerschwingfestigkeit von Blei-Zinn-Legierungen. Nach HOPKIN und THWAITES

gen des Bleimantels auf Grund der Schwankungen in der Strombelastung. Dieser Wechsel wiederholt sich zwar schneller als die Folge von Tag und Nacht, ist aber immer noch viel langsamer als der Rhythmus der üblichen Dauerprüfmaschinen. GOHN und ELLIS [404] schlagen zur Nachahmung der Längsbewegung von Kabelmänteln durch Temperaturschwankungen unter Berücksichtigung der möglichen Versuchsdauer eine Prüffrequenz von 15 je Stunde vor. Die Prüfmaschinen der üblichen hohen Frequenzen sind dagegen zur Untersuchung des Einflusses von kurzperiodigen Erschütterungen auf Blei von Bedeutung.

Wenn man rasch zu einem Vergleich der Dauerschwingfestigkeit verschiedener Legierungen kommen will, empfiehlt sich die Anwendung einfacher Proben, z. B. in Form gepreßter Flachstäbe. Will man dagegen Voraussagen der Haltbarkeit von Bleikabelmänteln im praktischen Betrieb machen, so sollte man die Versuche an entsprechenden Proben vornehmen und die Betriebsbedingungen möglichst nachahmen.

Man trägt bei den Wöhlerkurven von Blei im allgemeinen auf der Ordinate die Spannung, auf der Abszisse die Lastspielzahl auf. Nach PFENDER und SCHULZE [957] ist aber für das Verhalten des Kabelmantelwerkstoffes weniger die ertragene Wechselbiegespannung als die Wechselbiegeverformung von Bedeutung, da Kabelmäntel in der Regel bei Verformungen keine nennenswerten Kräfte aufnehmen werden. Diese Arbeit sei wegen ihres grundsätzlichen Charakters etwas näher besprochen. Sie wurde an Flachproben in einer Planbiegemaschine durchgeführt. Dem „Weichblei" mit Beimengungen von 0,025% Sb, 0,046% Sn, 0,001% As,

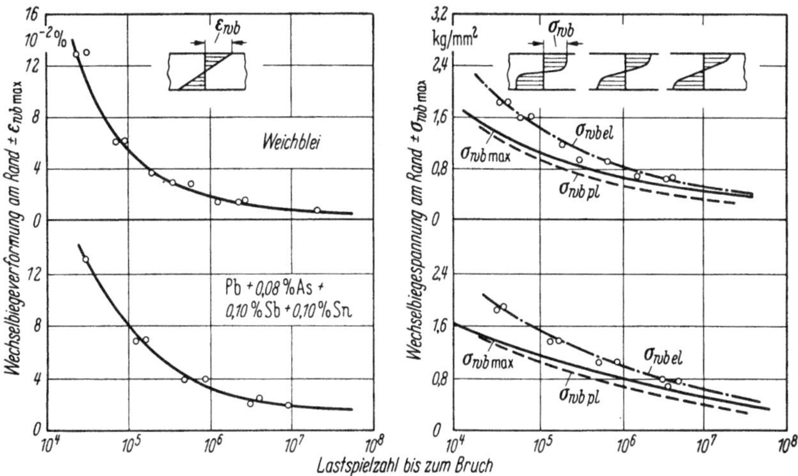

Abb. 262. Wöhlerkurven von 2 Bleisorten bei Auftragung der Wechselverformungen (links) bzw. der aus dem gemessenen Biegemoment nach zwei Verfahren berechneten Wechselspannungen (rechts). Nach PFENDER und SCHULZE

0,002% Zn, 0,006% Cu, 0,001% Ag, 0,02% Si, Spur Cd wurde eine Reihe von Bleilegierungen gegenübergestellt. Abb. 262 enthält als Beispiel die Wöhlerkurve von Weichblei und von Blei mit 0,10% Sb, 0,10% Sn, 0,08% As bei Auftragung der Wechselverformungen (links) bzw. Wechselspannungen (rechts). Die Randspannung wurde für den Fall des vollelastischen und des vollplastischen Verhaltens des Biegestabs getrennt berechnet. Der Verlauf der wirklichen Randspannung dürfte zwischen diesen beiden Fällen liegen, so daß bei großen Lastspielzahlen die elastische, bei kleinen Lastspielzahlen die plastische Verformung überwiegt (dicke Kurve). In Abb. 263 sind die Wöhlerkurven aller geprüften Legierungen in den beiden Arten der Darstellung nebeneinander gereiht. Man bemerkt, daß bei großen Wechselverformungen der Legierungseinfluß weitgehend verschwindet, daß dagegen bei kleinen Wechselverformungen der günstige Einfluß der Legierungselemente mehr und mehr hervortritt. Zieht man die Wechselbiegespannung zur Beurteilung heran, so erhält man bei großen Lastspielzahlen zwar eine etwa gleiche Rangfolge der Legierungen wie bei kleinen Wechselverformungen. Dabei fällt aber die besonders hohe Widerstandsfähigkeit der Legierung mit 5,5% Sb gegen Wechselspannungen ins Auge, die man bei Auftragung der Wechselverformung nicht bemerkt. An diesem Beispiel erkennt man die

16 Hofmann, Blei, 2. Aufl.

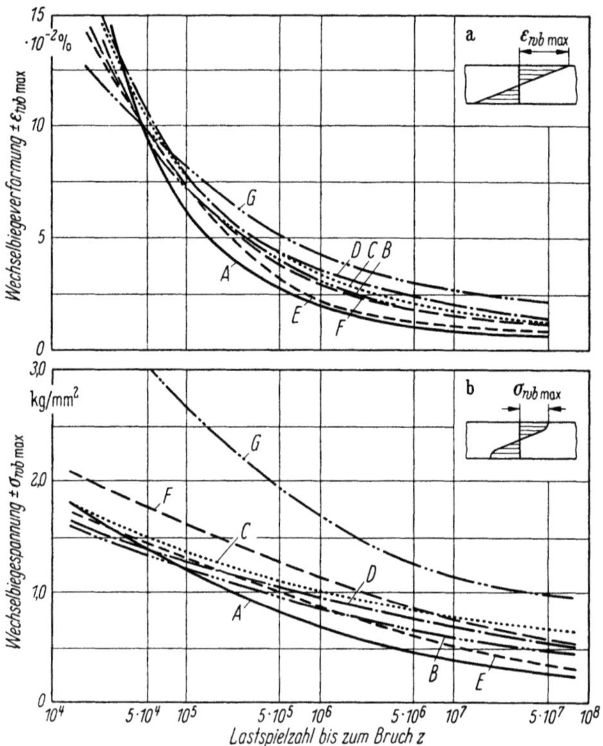

Abb. 263 a u. b. Wöhlerkurven verschiedener Bleisorten bei Auftragung der Wechselverformung (oben) bzw. der aus dem gemessenen Biegemoment berechneten Wechselspannung (unten). Nach PFENDER und SCHULZE.

A „Weichblei";   B 0,08% As;   C 0,8% Zn;   D 1,5% Zn;   E 0,64% Sb;   F 0,47% Sb + 0,18% Cd;   G 5,5% Sb

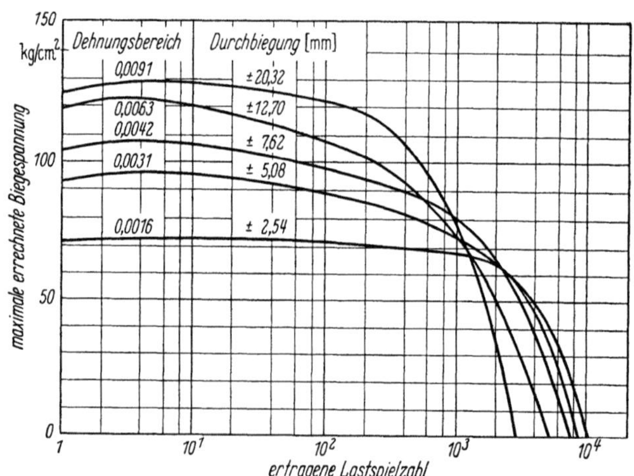

Abb. 264. Abnahme der Randspannung bis zum Bruch bei konstanter Biegeverformung im Verlauf des Dauerbiegeversuches an reinstem Blei. Nach GOHN und ELLIS [404]

Wichtigkeit einer der praktischen Beanspruchung angepaßten Prüfung von Kabelblei besonders deutlich. Auch neuere Arbeiten betonen die Auftragung der Dehnung an Stelle der Spannung in den Wöhlerkurven als den praktischen Fragestellungen mehr angepaßt (GOHN und ELLIS [404], ECKEL [268]). Die Darstellung der Spannung in Abhängigkeit von der Lastspielzahl ist dann nützlich, wenn man das Verhalten ein und derselben Probe verfolgen will. Der Abfall der Spannung zeigt den Beginn der Schädigung des Werkstoffes an (Abb. 264). Die Randspannung wird aus dem gemessenen Biegemoment und dem Trägheitsmoment berechnet. Man setzt also vollelastisches Verhalten voraus, was im Fall höherer Wechselbeanspruchungen sicher nicht zutrifft. Die Messung der Dehnung erfolgt über eine Krümmungsmessung oder mit Hilfe von Dehnmeßstreifen.

Für den Einsatz von Blei bei höheren Temperaturen ist die Temperaturabhängigkeit der Dauerschwingfestigkeit von Bedeutung. Bei Auftragung der Spannung über der Lastspielzahl wird man auf alle Fälle mit steigender Temperatur eine Abnahme der Dauerschwingfestigkeit erwarten. Als Beispiel seien Werte von McKEOWN angeführt (Tab. 19).

Tabelle 19. *Zug-Druck-Dauerfestigkeit in kg/cm² für 10^{10} Lastspiele*

	20 °C	100 °C
Reinblei	28,1	12,65
Blei mit 0,06% Te	77,4	52,0
mit 1,5% Sn und 0,25% Cd	90,0	44,3
mit 0,5% Sb und 0,25% Cd	116,8	63,2

Wenn man dagegen die Wechselverformbarkeit als Kriterium heranzieht (Abb. 265), ergibt sich im Bereich niedriger Verformungen keine ausgeprägte und eindeutige Temperaturabhängigkeit.

Angaben über die Dauerschwingfestigkeit von homogenen Verbleiungen aus Feinblei und Feinblei mit Zusätzen von 0,02% Ni, bzw. 0,06% Cu, bzw. 0,05% Te finden sich an anderer Stelle (s. S. 439).

Nachdem oben bereits auf einige grundsätzliche Arbeiten hingewiesen worden war, die den Einfluß des Gefügeaufbaues — z. B. der Korngröße — betreffen, sollen weitere Beobachtungen über den Zusammenhang zwischen Legierungsaufbau und Dauerschwingfestigkeit angefügt werden.

Weichblei liegt im Vergleich mit den Bleilegierungen sowohl hinsichtlich der Wechselfestigkeit als auch der Wechselverformbarkeit am niedrigsten. Daß bei Zugrundelegung der Wechselverformbarkeit die Unterschiede zwischen unlegiertem und legiertem Blei mit steigendem Betrag der Verformung mehr und mehr verschwinden, war bereits oben bemerkt worden. Während aber bei PFENDER und SCHULZE [957] nach

Abb. 263 die Kurven der verschiedenen Legierungen sich bei einer Wechselverformung von 0,1% und einer Lastspielzahl von $5 \cdot 10^4$ schneiden, tritt nach GOHN und ELLIS [*404*] (Abb. 266) die „Nivellierung" der

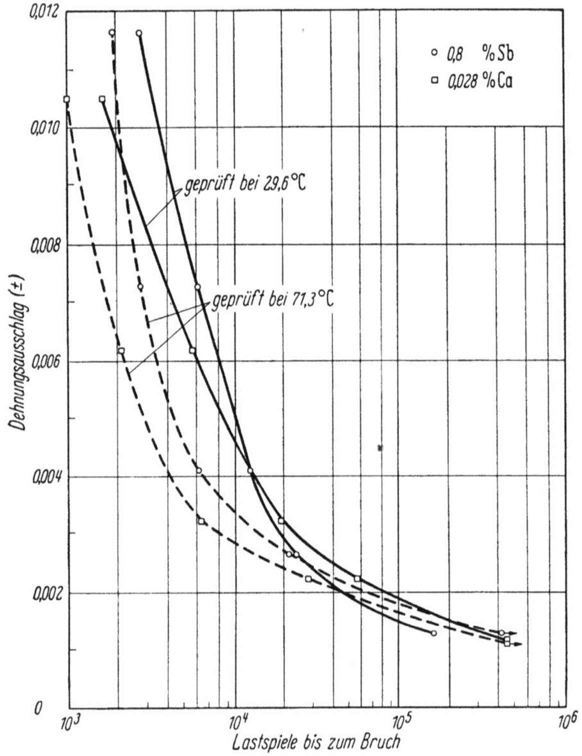

Abb. 265. Einfluß der Temperatur auf die Wöhlerkurven. Wechselbiegeverformung von Blei mit 0,8% Sb und mit 0,028% Ca. Prüfung bei $^1/_4$ Lastwechsel pro Minute. Nach GOHN und ELLIS [*404*]

Bleisorten hinsichtlich ihrer Wechselverformbarkeit bei einer Verformung von etwa 1% und einer Lastspielzahl von $2 \cdot 10^4$ ein. Man wird die beiden Darstellungen schon deswegen nicht streng vergleichen, weil in ihnen Kurven für reines Blei fehlen. Bei Wechselverformungen unter 0,4%, wie sie für Telefonkabel von Bedeutung sind, kann die Lebensdauer von Kabelmänteln nach den letztgenannten Verfassern durch Legieren erheblich gesteigert werden. In Abb. 266 sind die Legierungen mit 1% Sb, 0,15% As + 0,10% Sn + 0,10% Bi, 0,65% Sb + 0,25% Zn etwa gleich zu bewerten. Nach PFENDER und SCHULZE fallen die Kurven für das sehr unreine Blei, das besser als eine Mehrstofflegierung zu bezeichnen wäre, und für Blei mit 0,64% Sb fast zusammen; höhere und unter sich nahezu gleiche Werte der Wechselverformbarkeit liefern die in Abb. 263 als B, C, D, F bezeichneten Legierungen. Schon Gehalte an Silber der Größen-

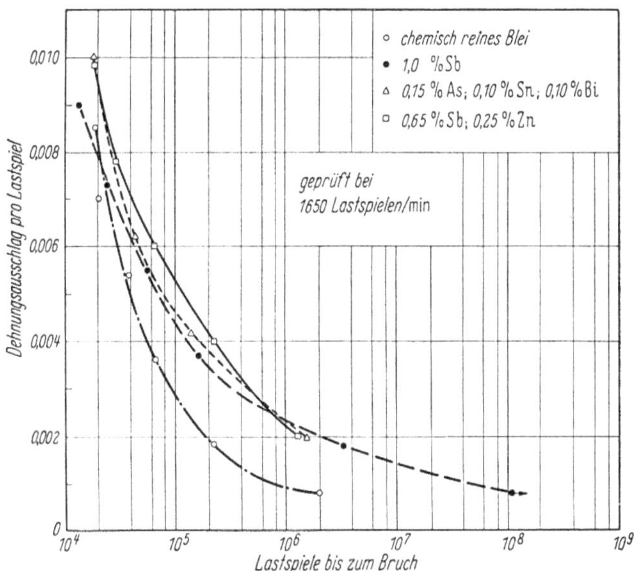

Abb. 266. Wöhlerkurven der Wechselverformung ($\pm$) für einige Bleikabelmantellegierungen.
Nach GOHN und ELLIS [404]

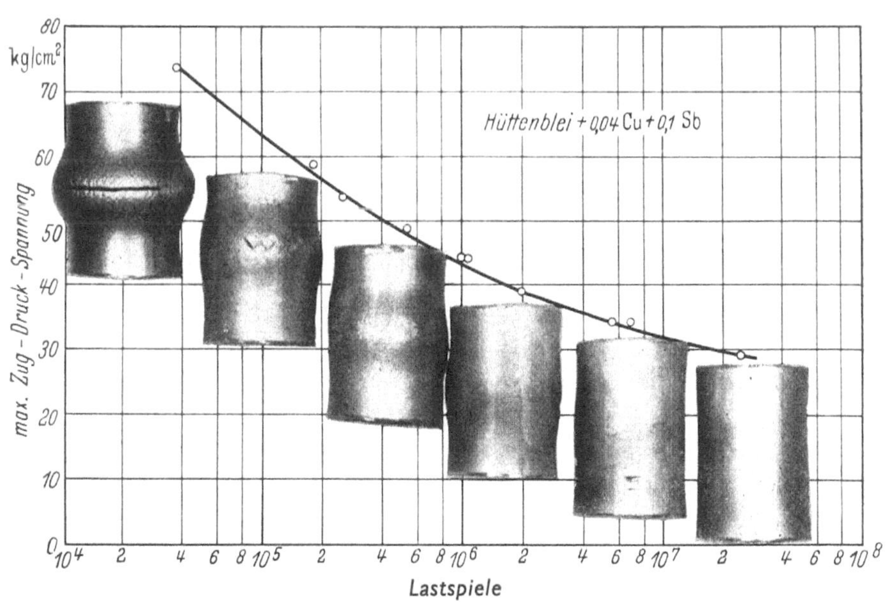

Abb. 267. Zug-Druck-Versuche an Rohren aus Blei mit 0,04% Cu + 0,10% Sb. Den verschiedenen
Abschnitten der Wöhlerkurve zugeordnete Rißformen. Nach HOFMANN und MÜLLER [572]

ordnung 0,001 bis 0,01% ergeben nach GOHN und ELLIS eine kleine Verbesserung der Wechselverformbarkeit, ebenso eine zusätzliche Beimengung von 0,06% Cu. Nach den Ergebnissen des Schrifttums wird die Wechselverformbarkeit von Blei mehr oder weniger durch alle Arten von Legierungselementen erhöht, sei es, daß sie in feste Lösung gehen oder Ausscheidungen bilden. Bei aushärtbaren Legierungen hatte das Vorhandensein oder Fehlen der Aushärtung keinen besonderen Einfluß auf die Wechselverformbarkeit. Zweifellos sind spezifische Wirkungen der Legierungselemente vorhanden; sie werden aber zum Teil durch andere Einflüsse verschleiert, so daß man keine bestimmte Rangfolge hinsichtlich ihrer Wechselverformbarkeit angeben kann.

Das liegt auch daran, daß die meisten Untersuchungen und Vergleiche auf der Basis der Dauerschwingfestigkeit (d. h. Spannungsausschlag als Ordinate der Wöhlerkurve) erfolgten. Es sollen noch kurz einige Ergebnisse diesbezüglicher Arbeiten mitgeteilt werden. Nach HOPKIN und THWAITES [589] erhöhen Antimongehalte in Blei die Dauerschwingfestigkeit, solange die Legierungen einphasig sind, während bei einer Zunahme des Antimongehaltes von z. B. 0,5 auf 0,85% in zweiphasigen Legierungen die Dauerschwingfestigkeit nur unwesentlich steigt (von 70,3 auf 79 kg/cm²). Eine ähnliche Wirkung üben Zusätze von Zinn aus. In Legierungen mit 0,9% Sb und 0,001% As tritt eine weitere Zunahme der Dauerschwingfestigkeit ein, wenn man die homogenisierte einphasige Legierung vor dem Dauerschwingversuch aushärten läßt. Eine deutliche Erhöhung der Dauerschwingfestigkeit im Zug-Druck-Versuch ergaben kleine Zusätze von Kupfer, die überwiegend als zweite Phase vorlagen. Vor dem Bruch erfolgten hier Ausbeulungen der rohrförmigen Proben, wie man sie nach GOHN und ELLIS [404] an schadhaften Kabelmänteln beobachten kann (Abb. 267).

Zum Schluß sollen noch Werte der Dauerfestigkeit von Blei (Tab. 20) und Bleilegierungen (Tab. 21) und einige Schliffbilder von Dauerbrüchen gegeben werden. Stark erhöhte Dauerfestigkeit besitzen Legierungen von Blei mit Kadmium, Antimon, Zinn, allein und kombiniert, ferner mit Tellur, Lithium, Kalzium, Kupfer. Bezüglich des Wismuts sei auf Abb. 99 verwiesen. Wenn auch viele dauerfestere Legierungen gleichzeitig höhere Härte besitzen (v. HANFFSTENGEL und HANEMANN [485]), so besteht doch kein einfacher Zusammenhang zwischen Härte und Dauerfestigkeit. Dies zeigen z. B. die Blei-Tellur-Legierungen, die bei schwacher Erhöhung der Härte eine stark verbesserte Dauerfestigkeit aufweisen.

Abb. 268 und 269 zeigen für Weichblei und für arsenhaltiges Blei-Antimon sehr klar den zwischenkristallinen Charakter des Dauerbruchs. Der zwischenkristalline Bruch kann hier auf der Bildung spröder Ausscheidungen auf den Korngrenzen beruhen (HOFMANN [557]). Bei Blei-Kalzium-Legierungen laufen dagegen die Risse auch durch das Korninnere (Abb. 270).

Tabelle 20. *Dauerschwingfestigkeit von Blei*

Reinheitsgrad	Behandlung	Maschine	Verfasser	Lastspiele	Frequenz 1/min	Dauerschwingfestigkeit σ_W, kg/cm²
99,99	Gepreßt	Haigh-Zug-Druck	BECKINSALE und WATERHOUSE [73]	10^7	2000	$\pm$ 27,5
99,99	Gepreßt, 100 h. 250 °C	,,	desgl.	10^7	2000	27,5
99,99	Kalt gewalzt	,,	,,	10^7	2000	26,6
99,99	Kalt gewalzt, 1 h. 250°C	,,	,,	10^7	2000	30,5
Broken Hill (99,99%)	Gepreßt	Haigh-Zug-Druck in Luft	GOUGH und SOPWITH [411]	$3 \cdot 10^7$	2200	25,9
,,	,,	Haigh-Zug-Druck in Vakuum	,,	$3 \cdot 10^7$	2200	58,0
Weichblei	,,	Umlauf-Biegung	TOWNSEND und GREENALL [1205]	$5 \cdot 10^7$	700	15,1
Handelsblei	,,	Illinois-Planbiege	MOORE, BETTY und DOLLINS [866]	10^7	700	49,2
mit 0,09% Bi	,,	,,	,,	10^7	2500	45,8
Weichblei	—	Haigh-Zug-Druck	WATERHOUSE [1243]	10^7	2000	21,1—29,5
,,	,,	,,	JONES [633]	$3,6 \cdot 10^7$	3000	28,4
99,99	,,	DVL-Planbiege	v. HANFFSTENGEL und HANEMANN [485]	10^7 extrapol.	740	32,0
99,99	,,	Umlauf-Biegung	SCHUMACHER und BOUTON [1090]	$5 \cdot 10^7$	800	13,0
99,99	,,	,,	,,	$1 \cdot 10^7$	800	22,6
Weichblei	,,	,,	BURKHARDT [155]	$2 \cdot 10^7$	--	20,0

Tabelle 21. *Dauerschwingfestigkeit von Bleilegierungen*

Zusatz	Gew.-%	Behandlung	Maschine	Verfasser	Lastspiele	Frequenz 1/min	Dauerschwing-festigkeit σ_W, kg/cm²	Zugfestigkeit σ_B, kg/cm²
Ca	0,04	Gepreßt	—	MOORE, BETTY und DOLLINS [866]	10^7	2500	109	—
	0,04	,,	—	,,	10^7	700	105,5	—
	0,04	—	Haigh-Zug-Druck	WATERHOUSE [1243]	10^7	2000	112—116	—
	0,03	—	,,	,,	10^7	2000	102	—
	0,038 — 0,039	Gepreßt	Umlauf-Biegung	TOWNSEND und GREENALL [1205]	$5 \cdot 10^7$	700	46,4—59,1	191—243
	0,07	Gepreßt u. ausgehärtet	DVL-Planbiege	v. HANFFSTENGEL und HANEMANN [485]	10^7 extrapoliert	740	100,0	—
	0,04	Gepreßt, nach 2 Wochen	Umlauf-Biegung	SCHUMACHER und BOUTON [1090]	$5 \cdot 10^7$	800	60,5	244
	0,04	Gepreßt, nach 6 Monaten	,,	,,	$5 \cdot 10^7$	800	73,1	292
	0,06	,,	,,	,,	$5 \cdot 10^7$	800	80,3	307
	0,04	Gepreßt	Illinois-Planbiege	DEAN und RYJORD [238]	10^7 extrapoliert	1700	105,5	316
	0,04	,,	,,	,,	,,	1700	84,5	268
Cd	0,3	Gewalzt	—	BECKINSALE und WATERHOUSE [73]	—	—	71,8	—
	0,3	1 h 250°C	—		—	—	64,0	—
	0,5	Gewalzt	—	,,	—	—	99,0	—
	0,5	1 h 250°C	—	,,	—	—	90,0	—

Cu	0,06	Gepreßt	Haigh-Zug-Druck	Jones [633]	$6,3 \cdot 10,7$ extrapoliert	3000	44,1	—
Sb	0,25	Gepreßt im Laboratorium	,,	J. McKeown (B.N.F.M.R.A.) [818]	10^7	2200	58,9	—
	0,50	,,	,,	,,	10^7	2200	77,1	—
	0,75	,,	,,	,,	10^7	2200	92,5	—
	0,75	Gepreßt	—	Moore, Betty und Dollins	10^7	2500	91,5	—
	0,75	,,	—	,,	10^7	700	84,4	—
	0,75	—	Haigh-Zug-Druck	Waterhouse	10^7	2000	83,0	—
	1,00	Gepreßt	Umlauf-Biegung	Townsend und Greenall	$5 \cdot 10^7$	700	21,1—31,7	194—281
	1,0	Gewalzt	—	Beckinsale und	—	—	99,0	—
	1,0	1 h 250°C	—	Waterhouse	—	—	94,6	—
	1,0	Gepreßt nach 6 Monat.	Umlauf-Biegung	Schumacher und Bouton	$5 \cdot 10^7$	800	37,0	211
	1,0	Gepreßt	Illinois-Planbiege	Dean und Ryjord	10^7	1700	70,3	225
	1,0	Gepreßt im Laboratorium	Haigh-Zug-Druck	J. McKeown (B.N.F.M.R.A.)	10^7	2200	97,5	—
Sn	1,0	,,	,,	,,	10^7	2200	51,8	—
	2,0	,,	,,	,,	10^7	2200	69,1	—
	2,00	Gepreßt	,,	Moore, Betty und Dollins	10^7	2500	66,9	—

Tabelle 21 *(Fortsetzung)*

Zusatz	Gew.-%	Behandlung	Maschine	Verfasser	Lastspiele	Frequenz 1/min	Dauerschwing-festigkeit σ_W, kg/cm²	Zugfestigkeit σ_B, kg/cm²
Sn	2,00	Gepreßt	Haigh-Zug-Druck	MOORE, BETTY und DOLLINS	10^7	700	49,2	—
	2,00	—	,,	WATERHOUSE	10^7	2000	61,9	—
	3,00	Gewalzt	,,	BECKINSALE und	—	—	82,3	—
	3,00	1 h 250 °C	,,	WATERHOUSE	—	—	73,1	—
	3,00	Gepreßt im Laboratorium	,,	J. McKEOWN (B.N.F.M.R.A.)	10^7	2200	75,7	—
Te	0,05	Gepreßt	,,	SINGLETON und JONES [1126]	$2 \cdot 10^7$	—	78	—
	0,05	,,	Umlauf-Biegung	BURKHARDT [155]	$2 \cdot 10^7$	—	60	—
{ Cd	0,25	Gepreßt	—	BECKINSALE und	—	—	87,0	—
Sn	+1,5	1 h 250 °C	—	WATERHOUSE	—	—	77,9	—
{ Cd	0,25	Gepreßt	—	,,	—	—	113	—
Sb	+0,5	1 h 250 °C	—	,,	—	—	108	—
{ Sn	1,2	Gepreßt	DVL-Planbiege	v. HANFFSTENGEL und HANEMANN	10^7 extrapoliert	740	70,0	—
Cd	+0,2							
Sb	+0,1							
{ Sb	1,0	,,	,,	,,	,,	,,	125,0	—
As	+0,05							

An Blei und Bleilegierungen wurden auch Hin- und Herbiegeversuche mit einem Biegewinkel von 90° um einen Dorn von 6,4 mm Durchmesser durchgeführt (MOORE, BETTY und DOLLINS [*866*]). Während bei

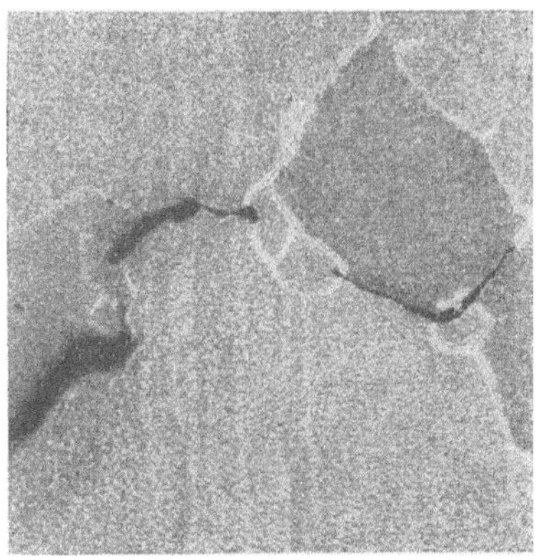

Abb. 268

Abb. 269

Abb. 268. Zwischenkristalline Risse in dem durch Dauerbruch zerstörten Wasserleitungsrohr der Abb. 366. 50:1

Abb. 269. 1% Sb, 0,05% As. Auf Planbiegemaschine gebrochener Stab der ausgehärteten Legierung [*485*]. Zwischenkristalliner Dauerbruch. 200:1

Abb. 270. 0,07% Ca. Auf Planbiegemaschine gebrochener Stab der ausgehärteten Legierung [*485*]. Risse auch im Korninneren. 50:1

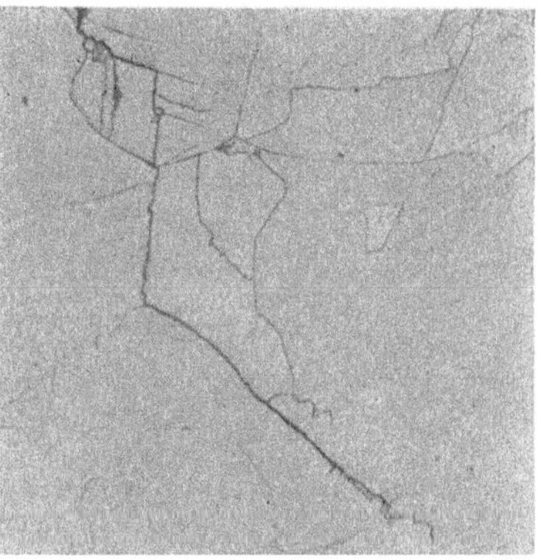

Abb. 270

Weichblei Biegezahlen von 60 bis 100 erreicht wurden, hielten Kabellegierungen mit Antimon, Zinn und Kalzium nur 20 bis 35 Biegungen aus. Eine Herabsetzung der Biegezahl kann auf Legierungseinflüssen beruhen, aber auch auf das Vorhandensein von Grobkorn, Oxydeinschlüssen (durch fehlerhaftes Schweißen) und ähnlichem zurückgeführt werden.

5. Härtung und Wärmebehandlung von Blei.
Verschiedene Zustände einer Bleilegierung

Der Fließwiderstand eines Metalles kann grundsätzlich auf verschiedene Weise gesteigert werden:

1. Durch Verfestigung infolge von Kaltverformung. Diese Möglichkeit scheidet bei Blei und Bleilegierungen aus, da Blei sich im Gegensatz zu höher schmelzenden Metallen schon bei Zimmerwärme im Temperaturgebiet der Kristallerholung und Rekristallisation befindet.

2. Durch Mischkristallbildung. Die zulegierten Elemente gehen im Grundmetall vollständig in feste Lösung, die bei Raumtemperatur unverändert bestehen bleiben soll. Beispiel: Blei-Quecksilber-Legierungen (s. S. 78). Wenn die Menge des zulegierten Bestandteils dessen Löslichkeitsgrenze in Blei bei Raumtemperatur überschreitet, treten im allgemeinen Veränderungen beim Lagern ein. Wenn sich hierbei die übersättigte feste Lösung grob entmischt, erfolgt Erweichung. Beispiel: Blei-Zinn-Legierungen (s. S. 105). Der Fließwiderstand der erweichten Legierung wird im allgemeinen gegenüber dem von Weichblei noch etwas erhöht sein.

3. Wenn die Entmischung durch das Lagern in sehr feiner Form erfolgt, kann dagegen Härtesteigerung eintreten, die man als Aushärtung (age hardening) bezeichnet. Das Optimum der Aushärtung tritt

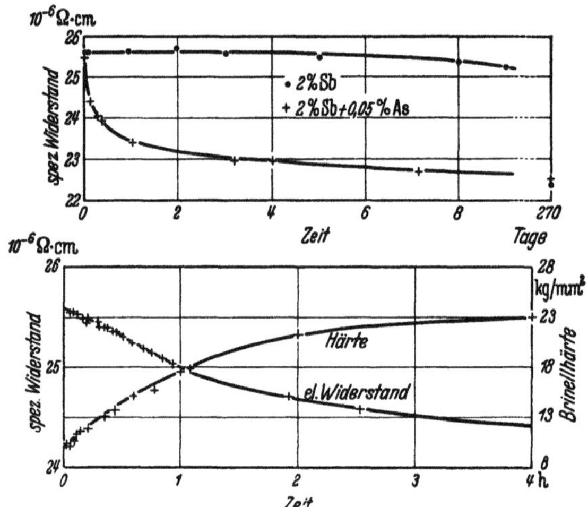

Abb. 271. Änderung des elektrischen Widerstandes beim Lagern abgeschreckter Legierungen mit 2% Sb und 2% Sb + 0,05% As (oben). Härte- und Widerstandsänderung der letzten Legierung unmittelbar nach dem Abschrecken (unten)

bei einem bestimmten Verteilungsgrad der Ausscheidungen (kritische Dispersion), d. h. bei einem bestimmten mittleren Abstand der ausgeschiedenen Teilchen, ein. Die Aushärtbarkeit setzt ein mit sinkender Temperatur sich verengendes Löslichkeitsgebiet voraus. Diese Voraussetzung ist in sehr vielen Zustandsschaubildern des Bleies erfüllt. Beispiel: Blei-Antimon- und Blei-Kalzium-Legierungen [562, 502] (Abb. 271 und 54). Der Mischkristall muß zu Beginn des Lagerns übersättigt sein. Man erreicht dies durch schnelle Abkühlung der bei einer höheren Temperatur gesättigten Legierung. Abschrecken ist bei Bleilegierungen meist nur dann notwendig, wenn die Werkstücke große Abmessungen haben. Im Fall des Duralumins ist die Aushärtung nicht, wie geschildert, mit der Bildung von Ausscheidungen, sondern mit einer einphasigen Entmischung der festen Lösung verbunden. Die Aushärtung führt hier zur Bildung geordneter Verteilungen der Kupferatome, etwa in der Art der GUINIER-PRESTON-Zonen (DEHLINGER [242]). Man nennt diese Art der Aushärtung meist Kaltaushärtung, im Gegensatz zu der oben für Bleilegierungen beschriebenen Warmaushärtung (Ausscheidungshärtung). Die einphasige Entmischung ist aber als Teilvorgang auch bei der Aushärtung der Blei-Antimon-Legierungen in Betracht zu ziehen, wofür Arbeiten von BORCHERS und Mitarbeitern [*109, 146*] Hinweise liefern (S. 48).

4. Durch heterogenen Gefügeaufbau. Während man bei der Aushärtung von einem zunächst homogenen Mischkristall ausgeht, besteht die Möglichkeit, von vornherein ein heterogenes Gefüge anzustreben. Man erreicht dies, wenn man die Menge des zulegierten Elements genügend groß wählt, insbesondere, wenn man dem Blei Stoffe zusetzt, die, wie Kupfer oder Nickel, praktisch im festen Blei unlöslich sind. Solche Legierungen können auf dem Weg über die Schmelze oder durch pulvermetallurgische Verfahren (S. 432) erzeugt werden.

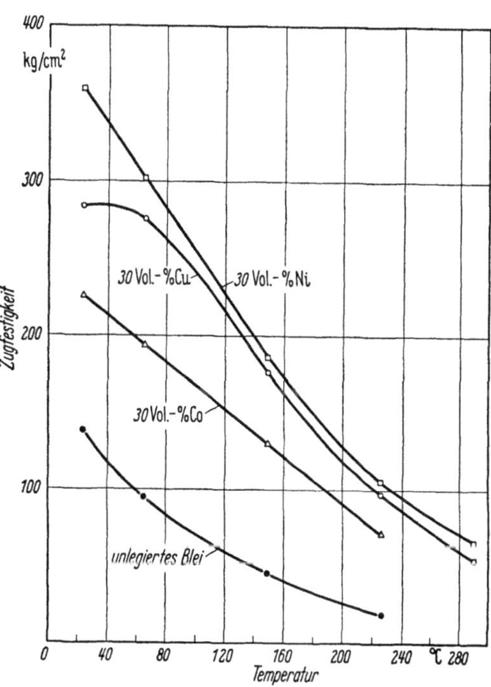

Abb. 272. Zugfestigkeit verschiedener „Bleilegierungen", d. h. von gegossenem Blei mit eingelagerten, feinverteilten Metallpulvern in Abhängigkeit von der Temperatur. Nach WILLIAMS und Mitarbeitern

Ein Beispiel für den ersten Fall bieten Versuchslegierungen von Blei mit größeren Gehalten an Kupfer, Nickel und Kobalt nach WILLIAMS und Mitarbeitern [*1274*] (Abb. 272). Die Härtung nach diesem Prinzip, die z. B. vorwiegend bei Akkumulatorenlegierungen angewandt wird, hat den Vorteil großer Beständigkeit, während die Härtung nach Prinzip 2 und 3 bei Blei manchmal im Lauf der Zeit von einer Erweichung abgelöst wird. Die Erhöhung des Fließwiderstands durch Einlagerung von Metallen und Metalloiden ist besonders ausgeprägt, wenn diese im Blei-mischkristall ein versteifendes Gerüst, etwa in Form eines feinstreifigen Eutektikums, bilden (Abb. 12, 139).

5. Eine Härtung durch Bildung von Überstrukturen wie im System Kupfer-Gold wurde bei Bleilegierungen noch nicht gefunden, ist aber bei Blei-Silber-Legierungen angedeutet (s. S. 85).

6. Eine Härtung durch Umwandlungen ähnlich der Stahlhärtung ist bei Bleilegierungen nicht bekannt.

Es sollen nun die grundsätzlichen Erscheinungen der Aushärtung und Erweichung von Bleilegierungen behandelt werden. Bezüglich weiterer Einzelheiten sei auf die Abschnitte Blei-Antimon, Blei-Kalzium und Blei-Zinn verwiesen. Aushärtung tritt vielfach bei Gußlegierungen ein, wenn sie nach dem Erstarren schnell abkühlen. Am günstigsten sind Zusammensetzungen wenig unterhalb der Sättigungskonzentration bei der Temperatur des Erstarrungsendes. Bei höheren Konzentrationen werden durch die Kristallisation zu viele Einschlüsse im Blei-Misch-kristall gebildet, die infolge ihrer Keimwirkung den Zerfall der festen Lösung beim Abkühlen begünstigen. Daher ist z. B. die Härtesteigerung durch Lagern bei einer Blei-Kalzium-Legierung mit 0,1% Ca stärker als bei einer solchen mit 0,2% Ca (s. S. 64). Die im Gußstück vorhandene Kristallseigerung beeinträchtigt im allgemeinen keineswegs die Aus-härtung. So wird z. B. die Höhe der Aushärtung bei der genannten Le-gierung mit 0,1% Ca durch eine Homogenisierung nicht gesteigert.

Auch gepreßte Legierungen härten beim Lagern aus, vorausgesetzt, daß sie hinter der Presse nicht zu langsam abkühlten. Die Preßtempe-ratur soll möglichst so hoch liegen, daß die Legierung sich beim Pressen oberhalb der Temperatur der beginnenden Entmischung befindet. Wenn man unterhalb der Segregatlinie verpreßt, tritt bei der Verformung eine grobe Entmischung ein (S. 65) und die Aushärtbarkeit der Legierung wird verringert.

Gewalzte Legierungen härten kaum aus. Das Walzen der Legierungen erfolgt im allgemeinen bei so tiefer Temperatur, daß eine gröbere Ent-mischung der an sich aushärtbaren Legierungen eintritt, entsprechend der Löslichkeitsgrenze bei der Walztemperatur (S. 46). Will man eine solche Legierung wieder aushärtbar machen, so müssen durch An-lassen auf höhere Temperaturen die Ausscheidungen in Lösung gebracht werden (Abb. 29). Die Aushärtung der Bleilegierungen kann durch An-lassen auf mäßig hohe Temperaturen beschleunigt werden. Man muß dann aber eine geringere Endhärte in Kauf nehmen (s. S. 44).

Die mit der Aushärtung der Bleilegierungen verbundene Bildung von Ausscheidungen wurde in früheren Arbeiten der Bleiforschungsstelle untersucht. Die Ausscheidungen liegen häufig unterhalb der Grenze der mikroskopischen Sichtbarkeit und können dann nur indirekt durch die Erniedrigung des elektrischen Widerstands (Abb. 271) oder die Änderung der Gitterkonstante des Bleimischkristalles nachgewiesen werden. In lange gelagerten Blei-Antimon-Legierungen werden die Ausscheidungen bei Anwendung starker Objektive auch lichtmikroskopisch sichtbar, wie Abb. 273 zeigt. Die Ausscheidungen von Antimon in solchen ausgehärteten Proben erscheinen immer stäbchenförmig und orientiert. Die Antimonlamellen liegen parallel zu Oktaederebenen des Bleies[1] und weiteren Netzebenen. Auch bei ausgehärteten Blei-Magnesium- und Blei-Kalzium-Legierungen (Abb. 70) wurden gerichtete Ausscheidungen festgestellt. Derartige Beobachtungen sind auch von praktischem Wert, da sie unter Umständen Aussagen über die Vorbehandlung eines Werkstoffes ermöglichen.

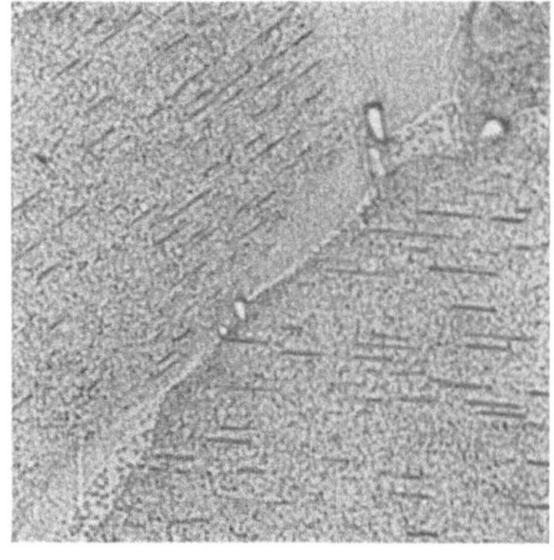

Abb. 273. Bleirohr mit 0,95% Sb nach dreijährigem Lagern. Gerichtete Ausscheidungen von Antimon. Grobe Entmischung der festen Lösung an den Korngrenzen. 1200:1

Wenn somit die Aushärtung von Bleilegierungen bei Raumtemperatur mit der Bildung feinster mikroskopischer oder submikroskopischer Ausscheidungen aus dem übersättigten Mischkristall verbunden ist (kritische Dispersion), so kann beim Lagern doch auch grobe Entmischung eintreten, ohne daß diese etwa durch Rekristallisation infolge von Verformung

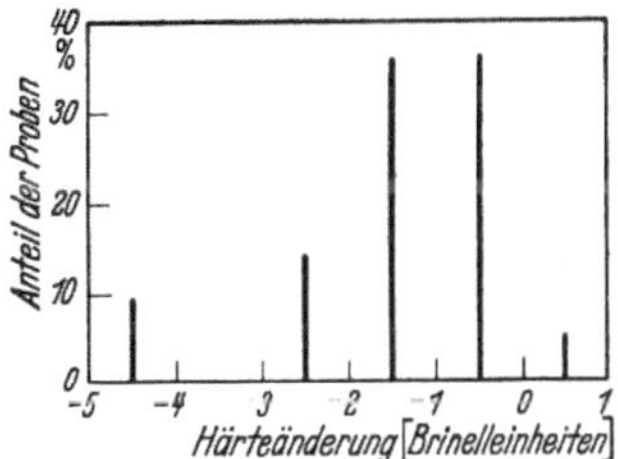

Abb. 274. Statistik der Härteänderung von ausgehärtetem Hartblei bei jahrelangem Lagern [562]

bedingt ist. Eine solche grobe Entmischung wird oft an ausgehärteten, lange gelagerten Blei-Antimon-Erzeugnissen wie Kabelmänteln oder Wasserleitungsrohren beobachtet. Die befallenen Gebiete bilden Säume an den Korngrenzen. Sie sehen im Schliff weiß aus und enthalten runde Antimonteilchen (Abb. 273). Eine geringe Saumbildung ist nur mit einer leichten Abnahme der Härte verbunden, wie Abb. 274 aus der erwähnten Arbeit [562] zeigt. Ob der Vorgang allmählich völlig zum Stillstand kommt, ist nicht sicher. An einem 17 Jahre alten Hartblei-

---

[1] Dies erkennt man gelegentlich an der Parallelität der Antimonlamellen mit Zwillingsnähten von Blei.

rohr mit 1,15% Sb und 0,002% As wurde in hoher Vergrößerung das gleiche Gefüge wie in Abb. 273 beobachtet. Die erwähnten Säume waren schmal geblieben. Die Brinellhärte dürfte mit 9,3 kg/mm^2 etwas unter den Ausgangswert gesunken sein. Die hohe Kriechfestigkeit der ausgehärteten Blei-Antimon-Arsen-Legierung war noch vorhanden. Blei-Kalzium-Legierungen zeigen die Entmischung an den Korngrenzen nicht. Ihre Aushärtung dürfte somit beständiger sein, was vielleicht mit dem hohen Schmelzpunkt von Kalzium zusammenhängt.

Bei Blei-Zinn- und Blei-Kadmium-Legierungen tritt, geeignete Vorbehandlung vorausgesetzt, beim Lagern vorübergehende Aushärtung ein. Sie wird bald von einer vollständigen Erweichung abgelöst (vgl. Abb. 47). Die mikroskopische Untersuchung zeigt, daß die Erweichung mit der Bildung sehr grober, teilweise gerichteter Ausscheidungen verbunden ist (Abb. 44). Es liegt nahe, dieses Verhalten mit dem niedrigen Schmelzpunkt von Zinn und Kadmium in Beziehung zu bringen.

Auch bei Legierungen mit praktisch beständiger Aushärtung, wie Blei-Antimon und Blei-Kalzium, tritt eine Erweichung des ausgehärteten Werkstoffes bei stärkerer Verformung und beim Anlassen auf mäßig hohe Temperaturen ein (Abb. 30, 58). Die Erweichung ist wohl mit einer Vergröberung der Ausscheidungen verknüpft.

V. Blei als korrosionsbeständiger Werkstoff[1]
(Bearbeitet mit Dr.-Ing. J. MAATSCH, Essen)

Die in diesem Abschnitt zusammengestellten allgemeinen Gesetzmäßigkeiten im Korrosionsverhalten von Blei und die wiedergegebenen Einzelbeobachtungen stellen eine Auswahl dar und können nur Hinweise für die zweckmäßige Verwendung des Werkstoffs geben. Durch Laborversuche muß man sich im Bedarfsfall weitere Einblicke in das Korrosionsgeschehen verschaffen. Die letzte Entscheidung über die Richtigkeit einer getroffenen Maßnahme kann in jedem Fall nur die Bewährung unter Betriebsbedingungen geben. Der Grund hierfür liegt in der großen Zahl der Einflußgrößen, die auf den Ablauf der Korrosion einwirken. Es ist daher auch nicht verwunderlich, daß die in der Literatur wiedergegebenen Beobachtungen zum Teil stark voneinander abweichen oder sich sogar widersprechen.

1. Grundlegende Eigenschaften

Blei ist an Luft jeder Zusammensetzung sehr beständig, da es sich mit einem schützenden Film überzieht. VERNON [1219] fand, daß der

---

[1] Angaben über das Korrosionsverhalten bestimmter Legierungen oder über Korrosionserscheinungen, die mit gewissen Anwendungsgebieten verknüpft sind, finden sich in den einschlägigen Abschnitten.

Oxydfilm bei Raumtemperatur in den ersten Tagen sehr schnell wächst. Nach 7 Tagen verlief die Kurve der Gewichtszunahme nur noch flach. Die Gewichtszunahme betrug bis zu diesem Zeitpunkt 10 bis 15 mg je m² und stieg nach 180 Tagen auf kaum mehr als den doppelten Wert an. Der Oxydfilm auf Blei zieht unter Einwirkung der Feuchtigkeit Kohlensäure an und geht in basisches Karbonat über (FALK [303]). An völlig trockener Luft ist die Oxydationsgeschwindigkeit um Größenordnungen geringer. Im Vakuum gezüchtete Einkristalle von Blei behielten monatelang ihr silberblankes Aussehen (SEITH und KEIL [1106]). Ähnlich verhielt sich nach eigenen Versuchen Feinblei, durch das beim Schmelzen in einem geschlossenen Gefäß Wasserstoff geleitet wurde und das unter Wasserstoff polykristallin erstarrte. Versuche über einen Zeitraum von 10 Jahren bestätigten die gute Beständigkeit von Blei in Industrie-, See- und Landluft (FINKELDEY [320]). Das Wachstumsgesetz des Oxydfilms wurde im Temperaturbereich von 100 bis 800 °C mehrfach ermittelt (WEBER u. BALDWIN [1247], HOFMANN u. MAHLICH [568], STAHL [1143]).

Für die Frage der Korrosion von Blei ist vor allem die Ausbildung von Schutzschichten aus schwer löslichen Verbindungen von Wichtigkeit. In Tab. 22 sind die Löslichkeiten verschiedener Bleiverbindungen angegeben (HODGMAN [538]).

Als leicht lösliches Salz sei außer den hier angeführten noch das Bleinitrit genannt. Einigermaßen löslich sind ferner noch die Salze verschiedener organischer Säuren. Milchsaures, ameisensaures, weinsaures und zitronensaures Blei z. B. lösen sich in einer Menge von über 0,1 g je Liter Wasser. Die in der Tab. 22 zuletzt stehenden Verbindungen werden, wenn sie sich in den jeweiligen Medien auf der Bleioberfläche bilden, als schützende Deckschichten wirksam sein. Die Deckschichtbildung kann unterbleiben, wenn der Elektrolyt mechanisch sehr wirksam ist, z. B. hohe Strömungsgeschwindigkeiten besitzt.

Blei steht unter den elektronegativen Elementen in der elektrochemischen Spannungsreihe dem Wasserstoff am nächsten, da sein Potential bei 25 °C in einer Lösung normaler Ionenkonzentration gegenüber der Normal-Wasserstoffelektrode nur $-0,126$ V beträgt (LINGANE [752], LANDOLT-BÖRNSTEIN [729]). Blei sollte demnach aus Säuren normaler Konzentration Wasserstoff freimachen. Dies geschieht bei reinem Blei wegen der hohen Überspannung des Wasserstoffs nur in unbedeutendem Maße. Die Wasserstoffüberspannung ist von vielen Einflußgrößen abhängig. Sie kann für Blei bis zu 1 Volt und darüber betragen (MILAZZO [853]). Weitere Untersuchungen der Wasserstoffüberspannung an polykristallinem Blei und an Bleieinkristallen führten PIONTELLI und POLI [964] durch.

Anders liegen die Verhältnisse, wenn oxydierende Säuren, wie Salpetersäure, vorliegen, durch die der Wasserstoff in statu nascendi

Tabelle 22. *Löslichkeit von Bleisalzen in Wasser*

Abkürzungen: l = löslich, Ak = Alkalien

Bezeichnung	Formel	Temperaturen °C		Löslichkeit in g auf 100 ml Wasser		Alkohol, Säuren usw.
				kalt	warm	
Bleiperchlorat	$Pb(ClO_4)_2 \cdot 3\,H_2O$	25	—	499,7	—	l in Alkohol
Bleichlorat	$Pb(ClO_3)_2 \cdot H_2O$	18	80	151,3	171	l in Alkohol
Bleinitrat	$Pb(NO_3)_2$	20	100	56,5	127,3	l in NH_3, Ak
Bleiazetat	$Pb(C_2H_3O_2)_2$	20	50	30,7	221	l in Glyzerin
Bleichlorid	$PbCl_2$	20	100	0,99	3,34	
Bleibromat	$Pb(BrO_3)_2$	20	—	1,34	—	
Bleibromid	$PbBr_2$	20	100	0,844	4,71	l in Säuren, KBr
Bleichlorit	$Pb(ClO_2)_2$	20	100	$9,5 \cdot 10^{-2}$	0,42	l in KOH
Bleifluorid	PbF_2	20	—	$6,4 \cdot 10^{-2}$	—	l in HNO_3
Bleijodid	PbJ_2	20	100	$6,3 \cdot 10^{-2}$	0,41	l in Ak, KJ
Bleidioxydhydrat	$PbO_2 \cdot H_2O$	25	—	$1,48 \cdot 10^{-2}$	—	
Bleioxyd	PbO	20	—	$1,7 \cdot 10^{-3}$	—	l in HNO_3, Ak, Blei-acetat, NH_4Cl, $CaCl_2$, $SrCl_2$
Bleisulfat	$PbSO_4$	25	40	$4,25 \cdot 10^{-3}$	$5,6 \cdot 10^{-3}$	l in (NH_4)-Salzen
Bleijodat	$Pb(JO_3)_2$	20	—	$1,83 \cdot 10^{-3}$	—	l in verd. HNO_3
Bleikarbonat	$PbCO_3$	20	—	$1,1-1,75 \cdot 10^{-4}$	zersetzt	l in Säuren, Ak
Bleisulfid	PbS (gefällt)	18		$8,6 \cdot 10^{-5}$		l in Säuren
Bleidioxyd	PbO_2			$2,3 \cdot 10^{-5}$		l in verd. HCl heiß, Ak
Bleiphosphat	$Pb_3(PO_4)_2$	20		$1,4 \cdot 10^{-5}$		l in HNO_3, Ak
Bleichromat	$PbCrO_4$	25		$5,8 \cdot 10^{-6}$		l in Säuren, Ak

aufgezehrt wird oder wenn die Oxydation des Wasserstoffs durch den in der Flüssigkeit gelösten und aus der Luft nachgelieferten Sauerstoff erfolgt. Der letztere Fall ist für die Korrosion von Blei von grundlegender Bedeutung. Zwei Bezirke eines im übrigen beliebig homogenen Metalles, die sich nur durch verschiedene Belüftung unterscheiden, bilden bereits ein kurzgeschlossenes, galvanisches Element, wobei die weniger belüfteten Teile meist Anode, die stärker mit Sauerstoff versorgten Kathode sind (EVANS [297]). An der Anode geht Metall in Lösung. Die Kathode wird durch Sauerstoff depolarisiert. Gleichzeitig steigt hier durch den Verbrauch an Wasserstoffionen oder durch unmittelbare Bildung von Hydroxylionen aus Wasser, Sauerstoff und Elektronen die Alkalität der Lösung. Die Auflösungsgeschwindigkeit des Metalles an der Anode hängt von der Versorgung der Kathode mit Sauerstoff ab, wenn nicht, wie dies häufig der Fall ist, das Reaktionsprodukt eine Deckschicht bildet, die den weiteren anodischen Angriff hemmt.

Der geschilderte Sauerstoffabsorptionstyp der Korrosion liegt z. B. bei Wasserleitungsrohren vor. Da die Potentialunterschiede zwischen verschiedenen Teilen des metallischen Werkstoffes, die im Sinn der elektrochemischen Korrosionstheorie für den Beginn und den Fortgang der Korrosion maßgebend sind, hier in der Hauptsache durch verschiedene Belüftung zustande kommen, ist zu erwarten, daß der Reinheitsgrad des Metalles von untergeordnetem Einfluß auf seine Beständigkeit ist. Diese Annahme wird durch die Erfahrung im großen und ganzen bestätigt. Ausschlaggebend für die Beständigkeit ist dagegen die Zusammensetzung des Wassers, da es von ihr abhängt, ob eine Deckschicht mit genügender Schutzwirkung gebildet wird oder nicht.

Bei der Korrosion unter Sauerstoffverbrauch liegt oft keine eindeutige Trennung von anodischen und kathodischen Bereichen vor. Im Verlauf der Zeit können sich die Bereiche der Oberfläche abwechselnd anodisch oder kathodisch betätigen. Anders liegen die Verhältnisse, wenn z. B. Einschlüsse aus Bleiverbindungen oder anderen Metallen vorliegen. In diesem Fall sind anodische und kathodische Bereiche örtlich festgelegt. Grobe und ungleichmäßige Verteilung der Einschlüsse kann Anlaß zum sogenannten Lochfraß geben. Die Potentialunterschiede sind dann oft erheblich größer als bei einem Belüftungselement. Darüber hinaus können diese Einschlüsse eine geringere Wasserstoffüberspannung besitzen als Blei. Dadurch wird die Korrosion unter Wasserstoffentwicklung erleichtert, die im allgemeinen an Blei erst in stärkeren Säuren zu erwarten ist. Die Korrosion unter Sauerstoffverbrauch und die Korrosion unter Wasserstoffentwicklung gehen oft ineinander über und verstärken sich gegenseitig.

Der Einfluß des Elektrolyten auf den Ablauf der Korrosion besteht — abgesehen von der Frage der Deckschichtenbildung — einerseits darin,

17*

daß mit sinkendem p_H-Wert (steigendem Säuregrad) die Korrosion unter Wasserstoffentwicklung erleichtert wird, die Wasserstoffelektrode also edler wird. Andrerseits veredelt eine Erhöhung der Konzentration der Bleiionen im Elektrolyten das Potential von Blei. Diese Zusammenhänge spielen eine Rolle bei dem Verhalten von Blei gegenüber Alkalien (s. S. 281). Da Blei amphoter ist, erfolgt in Gegenwart von Sauerstoff auch in Laugen ein Angriff unter Bildung von unbeständigen Plumbiten (SCHIKORR [1061]). Blei ist hier ein Bestandteil der Anionen, somit wird die Konzentration der Bleikationen äußerst niedrig und die Bleielektrode unedler.

Die Korrosion von Blei, z. B. in starker Salzsäure, verläuft im wesentlichen nach dem Wasserstoffentwicklungstyp und wird daher durch edlere Einschlüsse in Blei beschleunigt. Hierbei wirkt aber auch noch mit, daß das in starker Salzsäure gelöste Blei einen Bestandteil komplexer Anionen bildet, wodurch dauernd eine niedrige Konzentration der Kationen von Blei und damit ein niedriger Wert des Bleipotentials aufrechterhalten bleibt. Besonders ausgeprägt ist die Komplexionenbildung in stärkster Bromwasserstoffsäure wegen ihrer hohen Konzentration von etwa 65 Gew.-%. Daher wurde hier eine 15mal so starke Wasserstoffentwicklung festgestellt als in konzentrierter Salzsäure (SCHIKORR [1060]). In hochkonzentrierter Schwefelsäure tritt wohl ebenfalls Komplexbildung ein. Weitere Angaben, vor allem über die Deckschichtenbildung, werden erst in den einzelnen Abschnitten folgen. Eine umfassende Deutung dieser Fragen wurde mit Hilfe der thermodynamischen Gleichgewichte der Reaktionen im System Blei-Wasser versucht (DELAHAY, POURBAIX und VAN RYSSELBERGHE [243]). Die Ergebnisse konnten in einem Potential-p_H-Diagramm dargestellt werden. Weitere Diagramme berücksichtigen die Wirkung von Kohlendioxyd-, Bikarbonat- und Karbonationen bzw. von Sulfationen.

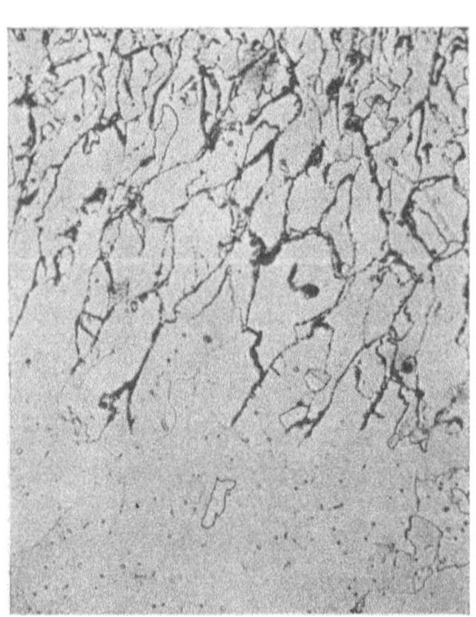

Abb. 275. 0,10% Ca, 0,07% Li. Guß, 5 Monate an der Luft gelegen. Randschicht mit zwischenkristalliner Korrosion. 100:1

Einen besonderen Angriffstyp stellt die interkristalline Korrosion dar. Sie wird durch das Vorhandensein leicht zersetzlicher Ausscheidungen auf den Korngrenzen gefördert und wurde vor allem bei Blei-Magnesium (S. 73) und Blei-Kalzium-Lithium (v. HANFFSTENGEL und

HANEMANN [484]) (Abb. 275) beobachtet. Sie tritt in bestimmten Lösungen schon an Weichblei auf (S. 10) und ist oft auch am Dauerbruch von Blei mitbeteiligt (S. 235).

Die Korrosionsgeschwindigkeit bei ebenmäßigem Angriff soll nach dem Entwurf DIN 50901 entweder als Gewichtsverlust in $g/(m^2 \cdot Tag)$ oder als Abtragung in mm/Jahr gemessen werden. Im Falle des reinen Bleies, bzw. hochbleihaltiger Legierungen, entspricht einer Abtragung von 1 mm/Jahr ein Gewichtsverlust von etwa 31 $g/(m^2 \cdot Tag)$. Die Grenze der Verwendbarkeit dürfte in vielen Fällen bei einer Schwächung der Wanddicke um 1 mm/Jahr liegen. Eine Bewertung der Korrosionsbeständigkeit nach diesen Zahlen hat aber nur Sinn, wenn es sich um einen ebenmäßigen Angriff, nicht aber um Lochfraß, interkristalline Korrosion oder dergleichen handelt.

Bemerkenswert ist in diesem Zusammenhang das verhältnismäßig große elektrochemische Äquivalent von Blei. Einer bestimmten Elektrizitätsmenge entspricht bei Blei eine etwa 3,7mal so große Masse und ein etwa 2,6mal so großes Volumen als bei Eisen (ROBINSON und FEATHERLY [1015]).

2. Beständigkeit gegen Schwefelsäure

a) Grundlagen. Apparate, Behälter, Rohrleitungen, Armaturen, in denen Schwefelsäure aufbewahrt oder umgesetzt wird, werden bevorzugt aus Blei hergestellt. Es kommen meist Arbeitstemperaturen unter 130 °C, nur in besonderen Fällen darüber, in Betracht. Die Schwefelsäurebeständigkeit des Bleies beruht auf der geringen Löslichkeit des Bleisulfates in Wasser und der starken weiteren Erniedrigung der Löslichkeit durch Sulfationen (vgl. Tab. 23).

Tabelle 23: *Löslichkeit von Bleisulfat in Schwefelsäure verschiedener Konzentration und Temperatur* (CROCKFORD und BRAWLEY [223])

% H_2SO_4		0	0,005	0,01	0,10	1,0	10,0	30,0	60,0	70,0	75,0	80,0
mg $PbSO_4$	0 °C	33,0	8,0	7,0	4,6	1,8	1,2	0,4	0,4	1,2	2,8	6,5
in 1 Liter	25 °C	44,5	10,0	8,0	5,2	2,2	1,6	1,2	1,2	1,8	3,0	11,5
Lösung	50° C	57,7	24,0	21,0	13,0	11,3	9,6	4,6	2,8	3,0	6,6	42,0

Das durch den Angriff der Schwefelsäure entstehende Bleisulfat bildet eine Deckschicht auf dem Blei, wodurch der weitere Angriff bei mäßig hohen Temperaturen praktisch zum Stillstand kommt (Abb. 276) (HECKLER und HANEMANN [501], TÖDT [1203]). Die sulfatisierte Bleioberfläche zeigt Gleichrichtereigenschaften, was auf die wahrscheinliche Anwesenheit von Sauerstoffatomen in der Oberflächenschicht zurückgeführt wird (CASEY und CAMPNEY [183]). Die Bildung des Schutzfilmes ist somit für die Frage der Beständigkeit von ausschlaggebender Bedeutung.

In Säure sehr hoher Konzentration tritt infolge Bildung komplexer Anionen wieder eine Zunahme der Löslichkeit von Bleisulfat ein. Dies erklärt, unter Berücksichtigung des im vorigen Abschnitt Gesagten, die geringere Beständigkeit von Blei in hochkonzentrierter Schwefelsäure. Auch eine grobkristalline Beschaffenheit des Schutzfilmes und die zunehmende Löslichkeit von Sauerstoff in starken Säuren — im Sinne der Belüftungstheorie (S. 268) — wurden für die geringere Korrosionsbeständigkeit verantwortlich gemacht. Der Angriff schreitet hier fast proportional der Zeit vorwärts (SCHIKORR [1060]), ein Zeichen

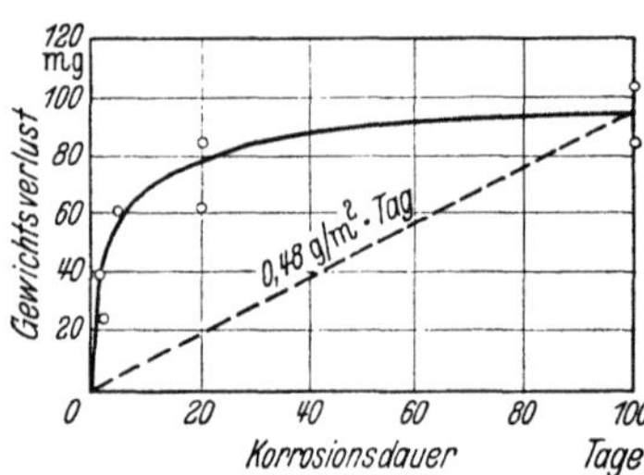

Abb. 276. Zeitlicher Verlauf der Korrosion von Blei in 80%iger Schwefelsäure bei Raumtemperatur. Nach HECKLER und HANEMANN [501]

für die nicht mehr vollkommene Wirkung der Schutzschicht. An Stelle von Blei wird für konzentrierte Schwefelsäure, zumal in der Wärme, siliziumreiches Gußeisen verwendet. Abb. 277 zeigt den Einfluß der Temperatur

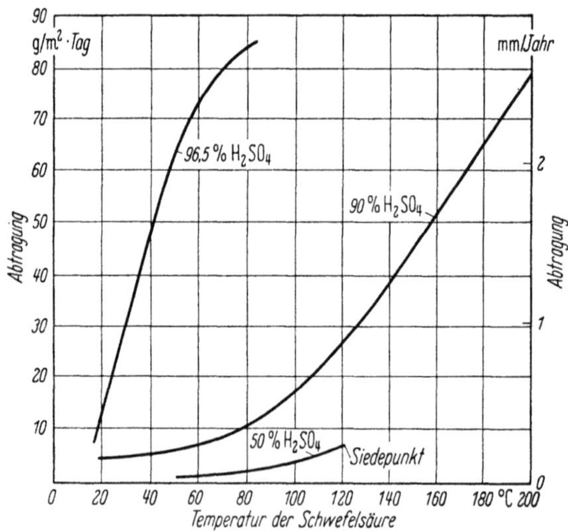

Abb. 277. Einfluß von Temperatur und Konzentration auf die Korrosion von Blei in Schwefelsäure. Nach ROLL [1028]

und der Konzentration auf die Korrosion von Blei in Schwefelsäure (ROLL [1028]). Da der Umfang der Korrosion von zahlreichen Einflußgrößen, nicht zuletzt auch von der Art der Prüfmethode abhängt, kommt den hier und den später angegebenen Zahlenwerten meist nur eine relative Bedeutung zu.

b) Wirkung kleiner Beimengungen in Blei. Auf Grund eines umfangreichen Schrifttums kann sehr reinem Blei gute Schwefelsäurebeständigkeit zugesprochen werden. Seit langem wird auch kupfer-, nickel-, silber- oder tellurhaltigem Blei besondere Widerstandsfähigkeit nachgerühmt (s. S. 69). Über letzteres werden günstige Erfahrungen, vor allem bei hohen Temperaturen, mitgeteilt (Chem. metall. Engng. [196], HIERS und STEERS [525]). Besonders dann, wenn neben einem korrosiven

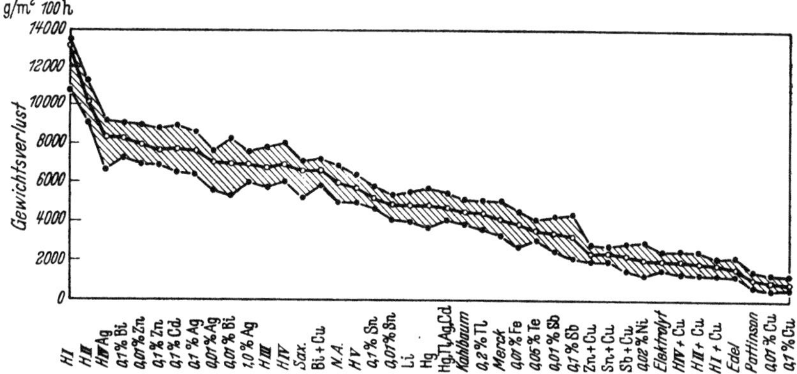

Abb. 278. Wirkung von Beimengungen in Blei auf die Korrosion in 70%iger Schwefelsäure bei 170°C. Versuchsdauer 4 Stunden. Nach BURKHARDT [154]

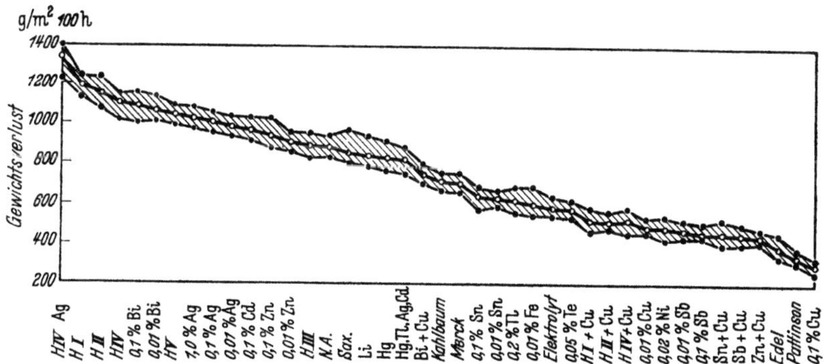

Abb. 279. Wie Abb. 278, 130°C. Versuchsdauer 2 Tage. Nach BURKHARDT

Angriff mechanische Einwirkungen durch Erschütterungen oder auch durch schnelle Temperaturänderungen auftreten, ist das schwach legierte Blei dem Reinblei vorzuziehen (LAIDLER [725]).

In den Abb. 278—281 sind die Ergebnisse umfangreicher Korrosionsversuche der Metallgesellschaft dargestellt (BURKHARDT [154]). Die

Versuchsdauer betrug bei 170 °C 4 Stunden, bei 130 °C 2 Tage, bei 90 °C 10 Tage, bei Raumtemperatur 10 oder 20 Tage. Die angewandte Schwefelsäure war 70%ig. Die Zusammensetzung der Bleisorten auf Grund der

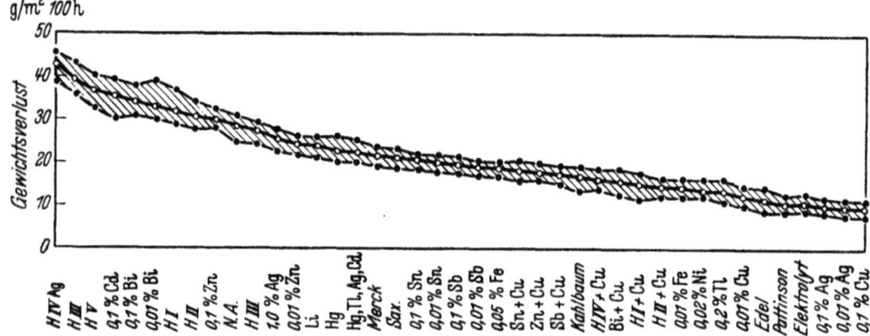

Abb. 280. Wie Abb. 278, 90 °C. Versuchsdauer 10 Tage. Nach BURKHARDT

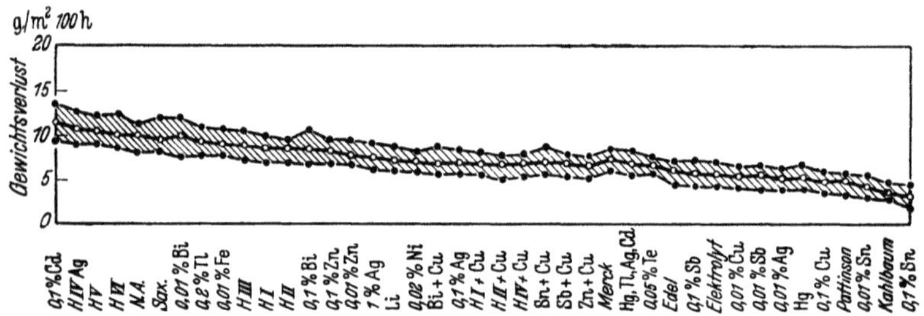

Abb. 281. Wie Abb. 278, 20 °C. Versuchsdauer 10 oder 20 Tage. Nach BURKHARDT

spektroskopischen Bestimmung ist aus Tab. 24 zu ersehen. Die Legierungen wurden mit Elektrolytblei der angegebenen Zusammensetzung erschmolzen.

Als besonders bemerkenswert sei erwähnt, daß bei höheren Temperaturen die Unterschiede zwischen den verschiedenen Bleisorten grundsätzlich größer sind als bei Raumtemperatur. Bei 170 °C verhalten sich am besten kupfer- und nickelhaltige Bleisorten. Das schlechte Verhalten von Blei-Wismut entspricht hier jahrzehntelangen Erfahrungen. Ausgesprochen nachteilig ist bei 170 °C ferner eine Beimengung von Zink, Kadmium oder Silber. Die Wirkung des Silbers scheint aber in Übereinstimmung mit anderen Arbeiten bei geringen Gehalten und etwas tieferen Temperaturen in das Gegenteil umzuschlagen. Die reinen Bleisorten, wie z. B. Kahlbaumblei und Elektrolytblei, erscheinen im Schaubild auf der Seite der geringen Gewichtsverluste. Bei 90 °C besteht, wie vorher, die nachteilige Wirkung der Beimengungen von Wismut, Kadmium und Zink. Sie ist auch noch bei Raumtemperatur vorhanden, aber hier nur noch von geringer Bedeutung. Der Einfluß von kleinen

Zinn- und Antimongehalten ist bei hohen Temperaturen, z. B. 90°C, weder ausgesprochen günstig noch ungünstig, verschiebt sich aber bei Raumtemperatur nach der Seite der vorteilhaften Begleitelemente und hat im übrigen hier nur noch geringe Bedeutung. Tellur ist zu den Beimengungen mit günstiger Wirkung zu rechnen. Eisen scheint unschädlich zu sein. Der schädliche Einfluß von Wismut und Zink wird durch kleine Kupfergehalte weitgehend ausgeglichen. Weitere Korrosionsversuche in 98%iger Schwefelsäure ergaben naturgemäß einen bedeutend stärkeren Angriff als in 70%iger Säure. Das relative Verhalten der einzelnen Bleisorten war jedoch ähnlich wie in den vorigen Versuchen.

Bevor auf weitere Arbeiten eingegangen wird, soll die Art des Legierungsaufbaues betrachtet werden, der von den verschiedenen untersuchten Beimengungen mit dem Blei gebildet wird. Vollständig in fester Lösung sind geringe Gehalte von Antimon, Zinn, Thallium, Quecksilber, Kadmium, Wismut, Lithium, während Eisen, Tellur, Kupfer, Nickel, Silber, Zink, wenn sie in nicht zu kleinen Mengen vorliegen, Einschlüsse eines zweiten Gefügebestandteiles bilden. Diese geben somit Anlaß zur Entstehung von Lokalelementen, wobei im Falle des Kupfers und Silbers und bei weiteren, unten behandelten Beimengungen, Blei die Anode bildet. Daß gerade in diesen Fällen die Schwefelsäurebeständigkeit besonders gut ist, wenn man von dem Verhalten von Silber bei sehr hohen

Tabelle 24. *Zusammensetzung der Bleisorten in den Korrosionsversuchen von* BURKHARDT [154]

Gehalt an	Kahlbaum	Elektrolyt	N. A. (Harris)	Pattinson	Edelblei (S. 78)	Handelsblei I	Handelsblei IV	Saxonia	Handelsblei III
Cu	0,001	0,004	0,004	0,068	0,001	0,002	0,004	0,006	0,006
Ag	—	—	0,0003	0,002	0,0005	0,0003	0,0005	0,002	0,0005
Bi	0,0005	0,003	0,015	0,032	0,002	0,010	0,028	0,032	0,020
Ni	—	—	—	—	0,035	—	—	—	—
Sb	—	0,001	0,001	0,001	0,003	0,0005	0,001	0,001	0,001
Cd	—	0,0005	0,0005	0,0005	0,0005	0,001	0,0005	0,001	0,0005
Sn	—	0,0005	0,0005	0,020	—	0,0005	0,0005	0,0005	0,0005
Tl	—	—	—	0,001	—	—	—	—	—
Fe	0,001	0,001	0,002	0,001	0,001	0,001	0,001	0,001	0,001

Temperaturen absieht, steht im Widerspruch zu Erfahrungen bei anderen Legierungen, wie etwa Duralumin, wo durch edle Einschlüsse in einer unedlen Grundmasse die Beständigkeit verringert wird. Die Verhältnisse sind jedoch bei Blei in Schwefelsäure insofern anders gelagert, als durch anodisches Inlösunggehen der Bleigrundmasse auf dieser ein unlösliches Korrosionsprodukt, das Bleisulfat, entsteht, das den weiteren Angriff hemmt oder aufhebt (WERNER [1259]). Die Entstehung einer Schutzschicht von Bleisulfat auf einer Bleioberfläche führt zu einer Art Selbstpassivierung. Die Bildung einer geschlossenen Deckschicht soll bereits innerhalb von 0,1 sek erfolgen (MÜLLER u. MACHU [880]). Durch Rühren des Elektrolyten, durch Erhöhung der Sauerstoffkonzentration oder durch Zusatz von Oxydationsmitteln zur Schwefelsäure wird der ·Vorgang beschleunigt. Im gleichen Sinn wirkt die Anwesenheit der oben erwähnten edleren Metalle an der Bleioberfläche (MÜLLER u. MACHU [881]).

HECKLER u. HANEMANN [501] führten weitere Versuche zur Frage der Schutzschichtbildung durch. Das von ihnen verwendete Ausgangsblei hatte einen Reinheitsgrad von 99,997 bis 99,998%. Die zulegierten Gehalte an Silber, Arsen, Wismut, Kalzium, Kadmium, Kupfer, Nickel, Antimon, Selen, Zinn, Tellur und Zink lagen im Bereich von 0,005 bis 0,16%. Die Legierungen wurden homogenisiert, bei 100 °C gewalzt und gelagert. Sie befanden sich somit in einem genau definierten Zustand, der ungefähr dem Gleichgewicht bei Raumtemperatur entspricht. Die Korrosionsversuche wurden in ruhender 80%iger Schwefelsäure bei Raumtemperatur, in konzentrierter Säure bei 120 °C während 14 Tagen und bei 180 °C während 2 Tagen durchgeführt. Bei Raumtemperatur zeigten sich in Übereinstimmung mit den oben beschriebenen Versuchen nur geringfügige Unterschiede zwischen den einzelnen Legierungen. Dagegen verhielten sich die Proben bei 120 °C sehr unterschiedlich. Man konnte schon nach dem Aussehen der Proben zwei Arten des Angriffs unterscheiden:

Korrosionsart A: Die Legierungen waren oberflächlich schwarz verfärbt. Ein Bodensatz von Bleisulfat hatte sich nicht gebildet. Der schwarze Überzug bestand aus blättchenförmigen, durchsichtigen Kristallen von Bleisulfat (Anglesit). Die schwärzliche Farbe beruhte vermutlich auf der Anwesenheit von Spuren von Bleisulfid, das durch Reduktion von Bleisulfat gebildet wird. Diese Art der Korrosion trat auf bei Blei mit Silber, Kupfer, Nickel, Tellur, Wismut (0,02%) + Kupfer (0,05%), Wismut (0,02%) + Nickel (0,05%).

Korrosionsart B: Die Legierungen waren mehr oder weniger stark in weißes, feinkörniges Bleisulfat zerfallen. Die Säure hatte sich zum Teil unter Abscheidung von elementarem Schwefel zersetzt. Neben Reinblei verhielten sich grundsätzlich so die Legierungen mit Arsen, Wismut, Antimon, Selen, Zinn und Zink. Im einzelnen zeigten sich allerdings unter diesen Legierungen Unterschiede. Völlig zerfallen war Blei-Wismut, weitgehend Blei-Arsen und Blei-Zink sowie höherprozentiges Blei-Kalzium. Teilweise zerstört waren Blei-Zinn, Blei-Kadmium und Reinblei, während der Gewichtsverlust von Blei-Antimon am geringsten war.

Bei 180 °C zeigten sich wieder die beiden Korrosionsarten A und B in ähnlicher Verteilung auf die einzelnen Legierungen wie bei 120 °C.

Der unterschiedlichen Ausbildung des Bleisulfates bei den einzelnen Legierungen entsprechend wurde eine Bildung entweder auf elektrochemischem Wege (Korrosionsart A) oder durch „direkten" chemischen Angriff (Korrosionsart B) angenommen. Die elektrochemische Bildungsweise wird auf die niedrige Überspannung von Wasserstoff an Silber, Kupfer, Nickel (und Tellur) zurückgeführt. Diese Elemente bilden in Kontakt mit Blei die Kathode, an der Wasserstoff entwickelt werden kann, während Blei Anode ist und in Lösung geht.

Die Deutung der Korrosionsart B beruhte auf der beobachteten teilweisen Zersetzung der Schwefelsäure bei hohen Temperaturen. Bei dieser Korrosionsart B werden aber sicher auch elektrochemische Vorgänge mitwirken. Die gebildete Schicht aus weißen Korrosionsprodukten haftet bis zu Temperaturen von rund 100 °C noch genügend fest, um das darunter liegende Metall vor weiterem Angriff zu schützen. Bei höheren Temperaturen ist dagegen die Wirkung dieser Schutzschicht nicht mehr ausreichend. Hier bietet nur die nach Korrosionsart A gebildete Schutzdecke genügenden Widerstand. Eine wichtige Stütze für die angegebene Deutung der Korrosionserscheinungen in heißer Schwefelsäure bildete folgender Versuch: Eine Blei-Wismut-Legierung, deren normale Zerfallstemperatur bei 100 bis 120 °C lag, war bis 260 °C beständig, wenn man in die Oberfläche Pulver metallischen Wismuts mechanisch eindrückte oder die Probe durch einen Draht leitend mit einer Hilfskathode aus Wismut verband. Im Draht floß ein Strom entsprechend dem Inlösunggehen von Blei als Anode. Wurde bei diesen hohen Temperaturen die elektrische Verbindung unterbrochen, so trat plötzlicher Zerfall ein. Hilfskathoden aus Graphit, Kupfer, Nickel, Platin leisteten den gleichen Dienst. Blei-Wismut-Legierungen waren in Verbindung mit den Hilfskathoden tagelang bei 180 °C beständig. Das Aussehen der Proben entsprach dem nach Korrosionsart A. In ähnlicher Weise konnten Blei-Arsen- und Blei-Kadmium-Legierungen bei höheren Temperaturen schwefelsäurebeständig gemacht werden. Auch ein geringer Zusatz von Kupfersulfat (SCHIKORR und SCHALLER [1064]) zu siedender 55%iger Schwefelsäure — das ergab etwa 0,06 g Kupfer je m² Bleioberfläche — bewirkte den Übergang der gefährlichen Korrosionsart B in die praktisch unschädliche Korrosionsart A. Die besonders schlechte Korrosionsbeständigkeit von wismuthaltigem Blei wurde mit einer geringen Lokalstromtätigkeit infolge besonders großer Homogenität dieser Legierung erklärt. Man schloß dies aus der Tatsache, daß die Legierungen die geringste Auflösungsgeschwindigkeit in Salpetersäure zeigten.

Weitere Aufsätze, die das Verhalten von Bleilegierungen als Anodenmaterial in der Elektrolyse von Sulfatlösungen behandeln, berichten über ähnliche Korrosionsschutzwirkungen durch andere Metalle, die mit den Bleianoden elektrisch leitend verbunden waren (KIR'YAKOV und STENDER [668]).

Es sei noch erwähnt, daß grundsätzlich bei beiden Korrosionsarten der in der Schwefelsäure gelöste Sauerstoff beteiligt sein kann (CASEY und CAMPNEY [183]). Es besteht die Möglichkeit, daß z. B. bei der Korrosionsart A Lokalströme zwischen anodischem Blei und kathodischem Nickel allein durch die depolarisierende Wirkung des gelösten Sauerstoffs zustande kommen, ohne daß am Nickel Wasserstoff frei wird. Ähnliches könnte auch für Eiseneinschlüsse gelten. Überschlägige Potentialmessungen an Ketten Blei-Nickel und an Ketten Blei-Eisen mit Schwefelsäure und für Blei-Nickel auch mit Salzsäure als Elektrolyt ergaben für die Eisen- und vor allem die Nickelkathoden edles Verhalten (WERNER, BAUER, KRÖHNKE und MASING [1261]). Die Korrosion in Gegenwart von Sauerstoff kann auch in schwach sauren Lösungen und in Abwesenheit von kathodischen Einschlüssen ablaufen, unter Bedingungen also, bei denen eine Korrosion unter Wasserstoffentwicklung nicht oder nur stark gehemmt erfolgen kann. An homogenem Blei bei der Korrosionsart B kann der Sauerstoff im Falle unterschiedlicher Belüftung zur Ausbildung von kathodischen Bereichen beitragen. Bei der Korrosionsart A wird oft die Bildung der schützenden Deckschicht durch gelösten Sauerstoff beschleunigt. Auf jeden Fall wird die Depolarisation der Kathode durch die Anwesenheit von Sauerstoff erleichtert und damit die Korrosionsgeschwindigkeit gesteigert, wenn sich nicht, wie bei der Korrosionsart A, auf der Anode eine schützende Deckschicht ausbildet. Daß die Belüftung bei der Schwefelsäurekorrosion eine Rolle spielt, ergibt sich auch aus älteren Korrosionsversuchen in Nitrose mit und ohne Luftzutritt. Im ersten Fall war regelmäßig ein stärkerer Angriff zu verzeichnen (LUNGE und SCHMID [785]). Auch die allgemeine Art der Abhängigkeit der Gewichtsverluste des Bleies von der Konzentration der angewandten Säure (Abb. 282) ist mit der Wirkung des gelösten Sauerstoffs in Zusammenhang gebracht worden, da die Löslichkeitskurve von Sauer-

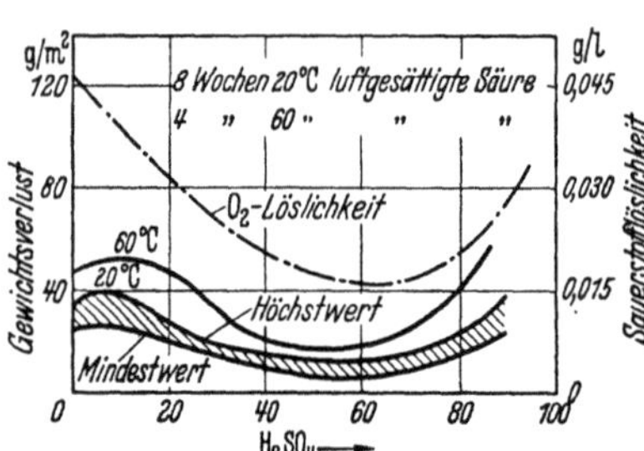

Abb. 282. Sauerstoff-Löslichkeit und Blei-Löslichkeit in Schwefelsäure verschiedener Konzentration [196]

stoff in Schwefelsäure ähnlich wie die Kurve der Gewichtsverluste verläuft. Der Zusammenhang ist aber nicht gesichert, da die Löslichkeit des
Bleisulfats in Schwefelsäure verschiedener Konzentration den gleichen
Gang aufweist (Tab. 25). Vielleicht spielt unterschiedliche Belüftung auch
eine Rolle bei dem Zustandekommen des Lochfraßes in Abb. 283 und 284.

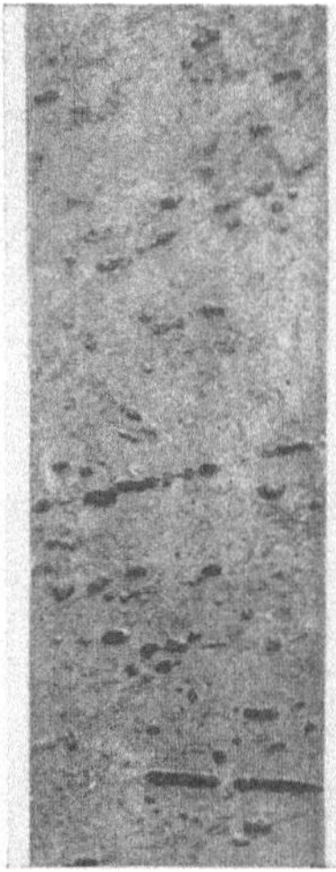

Abb. 283. Bleiblech mit
Lochfraß. Boden eines
Behälters, in dem Fette
mit Schwefelsäure ver-
seift wurden. 0,5:1

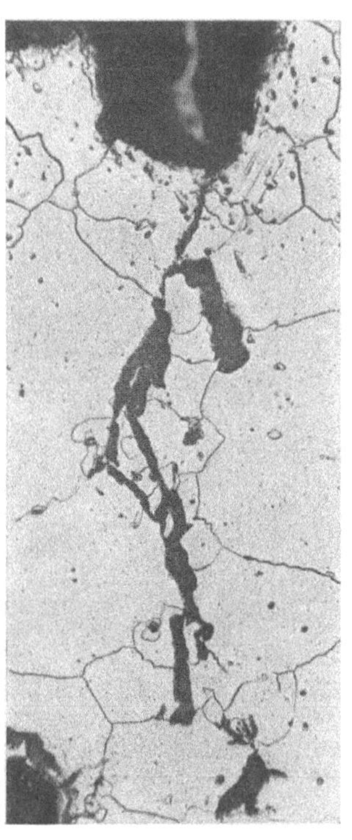

Abb. 284. Wie vorige Abbildung.
Schnitt durch ein Loch. Anfressung
dringt auf den Korngrenzen und
im Korninneren vor. 150:1

Die reihenförmige Anordnung der Anfressungen deutet auf eine Entstehung in Kratzern hin, deren Boden schlechter belüftet und daher
anodisch ist.

Die Versuche von HECKLER [501] stimmen, vor allem was die Wirkung
von Wismut, Kadmium und Zink einerseits, von Kupfer, Nickel, Tellur
andrerseits betrifft, mit den oben beschriebenen Beobachtungen von
BURKHARDT [154] überein. Dagegen trat in diesen ein weit günstigeres
Verhalten von reinem Blei zutage als von HECKLER festgestellt wurde.
Mag sein, daß der unterschiedliche Reinheitsgrad reinster Bleisorten
noch eine wichtige Rolle spielt. Das von HECKLER angewandte Blei
enthielt nur einige Zehntausendstel % Cu, während das von BURKHARDT
angewandte Elektrolytblei einen Kupfergehalt von 0,004% aufwies.

Andere Stelle werden weitere Ergebnisse von Korrosionsprü-
fungen mitgeteilt (WICKERT [1266]). Die Bleiproben wurden in einem

mit 80%iger Schwefelsäure beschickten Glasrohr 48 Stunden lang auf
90 °C erhitzt. Dabei wurde unter anderem eine Erhöhung der Beständigkeit gegenüber dem Reinblei durch Zulegieren von Zink, Aluminium
und Silizium beobachtet, während eine Legierung mit 0,1% Ni sich ungünstig verhielt. Bleilegierungen, die neben Nickel noch Zinn, Aluminium,
Silizium, Zink oder Kupfer enthielten, zeigten wieder einen geringeren
Angriff. Die hier mitgeteilten Beobachtungen stehen zum Teil im Gegensatz zu den oben angeführten Ergebnissen. Man muß zu den Ausführungen von WICKERT [1266] einschränkend bemerken, daß es sich um
ausgesprochene Kurzprüfungen handelt, und daß er keine Angabe über
den Reinheitsgrad des von ihm verwendeten Reinbleies macht. Weitere
umfangreiche Untersuchungen über die Korrosionsbeständigkeit von
Blei und Bleilegierungen in Schwefelsäure führten HIRAMA und WATA-
NABE [529] durch.

Während in den bisher angeführten Arbeiten die Art der Korrosion im wesentlichen in Abhängigkeit von der Bleilegierung untersucht
wurde, befaßt sich die folgende Veröffentlichung hauptsächlich mit dem
Einfluß der Konzentration der Schwefelsäure (SCHIKORR und SCHALLER
[1064]). Es wurde hier der Angriff heißer, mittelkonzentrierter Schwefelsäure auf 3 Bleiarten mit verschiedenem Reinheitsgrad (99,99 und
99,9%) untersucht. Außer den oben beschriebenen Korrosionsarten A
und B wurde noch eine weitere Korrosionsart C beobachtet. Sie entspricht dem bei der Zündprobe weiter unten beschriebenen plötzlichen
Zerfall von Blei in heißer Schwefelsäure. Die Versuchsdauer betrug hier
im allgemeinen nur 2 Stunden. Nach dieser Zeit wurde der Gewichtsverlust der Bleiproben festgestellt. Zunächst prüfte man das Verhalten
von Blei 99,9% in siedender Schwefelsäure mit 30 bis 80% H_2SO_4. Bis
etwa 50% (Siedepunkt 124 °C) trat ein geringer Angriff nach Korrosionsart A auf. Dann verstärkte sich der Angriff mit steigender Schwefelsäurekonzentration sehr schnell. In 58%iger Schwefelsäure (Siedepunkt
135 °C) wurden 3 Proben nach der Korrosionsart B stark angegriffen,
während bei der vierten Probe wieder die Korrosionsart A auftrat. In
den Säuren mit 60 und 65% H_2SO_4 korrodierten 6 bzw. 4 Proben nach
Korrosionsart B und 13 bzw. 12 Proben nach Korrosionsart A. Während
in 70%iger Schwefelsäure (Siedepunkt 170 °C) der Angriff z. T. noch nach
Korrosionsart A erfolgte und daneben ein völliger Zerfall nach Korrosionsart C eintrat, wurden in 80%iger Säure (Siedepunkt 207 °C) alle Proben
nach Korrosionsart C zerstört. Ob ein und dieselbe Bleisorte nach Korrosionsart A oder B angegriffen wird, hängt von nicht näher bekannten
Einflüssen, wie Oberflächenbeschaffenheit oder Homogenität der Proben
ab. Bei Temperaturen unterhalb des Siedepunktes wurde in 25- bis
65%iger Schwefelsäure das Blei in allen untersuchten Fällen innerhalb
der kurzen Versuchszeit nur wenig angegriffen. Blei 99,99% korrodierte

in siedender 55%iger Schwefelsäure wesentlich langsamer als Blei mit
99,9% Reinheitsgrad.

Verfasser wurde kürzlich noch mit einer Arbeit von HOHLSTEIN und
PELZEL [579] über das Korrosionsverhalten von Weichblei in siedender
Schwefelsäure bekannt. Dabei standen weniger die Beimengungen im
Blei als die den Korrosionsarten A und B zugrunde liegenden Vorgänge
im Vordergrund. Die Säurekonzentrationen betrugen 10, 30, 50, 60, 70
und 80% H_2SO_4. Während die Bleiproben in den beiden schwächsten Säu-
rekonzentrationen nur geringe und sehr gleichmäßige Gewichtsverluste
erlitten, traten in den konzentrierten Säuren starke Schwankungen der
Versuchsergebnisse auf; dabei korrodierten die Proben entweder nach
Korrosionsart A oder B. Die Korrosionsart A ließ sich durch eine künst-
liche Oxydation der Bleiproben vor den Kochversuchen willkürlich
herbeiführen. PELZEL nimmt an, daß das Oberflächenoxyd bei den
Korrosionsversuchen als Oxydkathode wirkte und zusammen mit der
Bleianode die für die Passivierung notwendige Stromdichte aufbrachte.
In dem Maß, wie das Oxyd sich in Bleisulfat umwandelt, geht seine
Schutzwirkung verloren. PELZEL bestätigte weiter die schützende
Wirkung der von HECKLER angewandten Hilfskathoden aus einem
edleren Metall. Das edlere Metall kann auf dem Blei auch aus einer
Lösung niedergeschlagen werden. Blei verhielt sich passiv, wenn sein
Potential gegen die Normal-Wasserstoffelektrode zwischen $-0,20$ und
$+2,0$ V lag. Das entsprach Verlustwerten von 40 bis 200 g/m² · Tag.
Dagegen wurde Blei bei einem Potential von $-0,36$ V aktiv. Die Gewichts-
verluste betrugen 5000 bis 15000 g/m². Tag. Der Übergang vom aktiven
in den passiven Zustand konnte außer durch die erwähnten Maßnahmen
auch durch Aufprägen einer Fremdspannung oder durch Zusätze oxy-
dierender Säuren (Salpetersäure, Chromsäure) erreicht werden. Eine
Fortsetzung der Versuche wäre erwünscht.

THOMPSON [1190] vermutete in dem Eisengehalt von Blei das schwarze
Schaf bei der Schwefelsäurekorrosion. Auch das Anhaften feiner Eisen-
teilchen, die von der Gußform oder der Bearbeitung stammen, soll die
Ausbildung einer gut schützenden Bleisulfatschicht verhindern (RABALD
[987]). Es ist aber im Gegensatz hierzu denkbar, daß Eiseneinschlüsse,
ähnlich solchen von Nickel, die Schwefelsäurebeständigkeit verbessern.
Die oben erwähnten Messungen an Ketten Blei-Schwefelsäure-Eisen
zeigten nämlich, daß Eisen passiv sein kann und damit Kathode wird
(WERNER [1261]). Ähnliches wurde auch für Ketten Blei-Ölsäure-Eisen
bei Luftzutritt gefunden (HEYER [519]). Der Tatsache, daß mit einem
sehr empfindlichen chemischen Reagenz in allen Bleisorten auch Eisen
nachgewiesen wurde, ist daher keine Bedeutung beizumessen.

Wenn die Schwefelsäurebeständigkeit von Bleilegierungen im Laboratorium bestimmt werden soll, werden zweckmäßigerweise Dauerver-

suche bei den in Frage kommenden Temperaturen durchgeführt. Dabei sollte auch die Möglichkeit einer Korrosion an der Grenzlinie der flüssigen und der gasförmigen Phase untersucht werden. Vielfach bedient man sich der Zündprobe zur schnellen Beurteilung einer Bleisorte (LUNGE und BERL [784], BARRS [47]). Als Zündpunkt wird hierbei die Temperatur bestimmt, bei der ein blanker Bleistreifen in Schwefelsäure spontan in Bleisulfat zerfällt, wobei gleichzeitig eine Zersetzung der Säure zu Schwefeldioxyd und Schwefel eintritt. Die Zündprobe muß sorgfältig und unter genau eingehaltenen Bedingungen durchgeführt werden, wenn man reproduzierbare Ergebnisse erzielen will. Sie hat im übrigen nur beschränkte Brauchbarkeit, da sie nur Aussagen über das Verhalten von Blei bei den höchsten, praktisch kaum auftretenden Temperaturen liefert, nicht aber in dem wichtigen mittleren Temperaturgebiet. Für die Prüfung der Verwendbarkeit von Bleilegierungen in Schwefelsäure-Intensivsystemen erwies sich z. B. die Zündprobe als nicht geeignet (WICKERT [1266]). Es soll hier grundsätzlich auf die starke Streuung der Ergebnisse von Korrosionsversuchen hingewiesen werden, die Vorsicht in der praktischen Anwendung erfordert.

Beim Zustandekommen der Schutzschichten in chemischen Apparaturen spielt unter anderem auch die Strömung der Flüssigkeit eine Rolle. Während die Strömungsgeschwindigkeit in einer 20%igen Schwefelsäure bei 25 °C bis zu einem Wert von 0,2 m/sek ohne Einfluß war, erhöhte sich die Korrosion bei Strömungsgeschwindigkeiten bis 1,6 m/sek etwa proportional der Geschwindigkeit und darüber mehr als proportional (ROLL [1028]). Eine Ausmauerung der Apparatur mit säurefesten Steinen kann die Erosion weitgehend verhindern, darüber hinaus als Temperaturschutz dienen und das Blei mechanisch abstützen (UHLIG [1211]). Es soll auch zweckmäßig sein, einen verbleiten Rührkessel vor der ersten Benutzung einige Tage ruhender Schwefelsäure auszusetzen (RABALD [987]).

c) Schwefelsäurebeständigkeit von Hartblei. Da Teile von Pumpen, Ventilen, Rührwerken u. a. infolge der notwendigen mechanischen Widerstandsfähigkeit bevorzugt aus Hartblei hergestellt werden, ist die Schwefelsäurebeständigkeit der Blei-Antimon-Legierungen von Interesse. Umfangreiche Versuche wurden in verdünnter (5%, 20%) und in konzentrierter Schwefelsäure (96%) durchgeführt (WERNER [1261]). Die Antimongehalte wurden von 0,1 bis 25% abgestuft, die Versuchstemperaturen waren 20, 50 und 100 °C. Die Ergebnisse sind schwer auf einen einzigen Nenner zu bringen, zumal die Messungen stark streuten. Es sollen daher vor allem die für Schwefelsäureapparate wichtigen Antimongehalte von 2 bis 10% berücksichtigt werden. Bei Raumtemperatur wurde in den beiden verdünnten Säuren eine Vergrößerung, in der konzentrierten Säure dagegen eine Verringerung des Angriffs gegenüber Weichblei um

Beträge festgestellt, die sich praktisch nicht sehr auswirken können. Bei 50 und 100 °C war die Korrosion in der konzentrierten Säure so verstärkt, daß eine Verwendbarkeit von Hartblei nicht in Frage kommt. Dagegen war dieses bei den genannten Temperaturen in den verdünnten Säuren gut beständig. Versuche in Säuren mittlerer Konzentration wurden nicht durchgeführt. Die geringere Beständigkeit von Hartblei in heißen, konzentrierten Säuren wird auf die ungleichmäßige Verteilung der Antimoneinlagerungen in diesen Legierungen, insbesondere auf die reichlichen Mengen von Eutektikum, zurückgeführt (WERNER [*1261*], S. 277).

In älteren Arbeiten wurde das Verhalten von Weichblei (99,983%) mit dem von Blei-Antimon (0,2% Sb) in Schwefelsäure und in Nitrose verglichen. Hierbei zeigte die Legierung bei Raumtemperatur etwas geringere, bei höheren Temperaturen dagegen im großen und ganzen stärkere Gewichtsverluste als Weichblei. Ferner wurde Weichblei mit 0,04% Bi als wichtigster Beimengung zwei Hartbleisorten mit 1,8% Sb, 0,10% As, 0,05% Cu sowie mit 18,1 bis 18,3% Sb, 1 bis 3,1% As und 0,1 bis 0,3% Cu gegenübergestellt. Bei Raumtemperatur zeigten sich in 96%iger Schwefelsäure und der gleichen Säure mit zusätzlich 1% N_2O_3 keine großen Unterschiede zwischen Weich- und Hartblei, desgleichen bei 100 °C in Säuren mit 83 und 79% H_2SO_4. Dagegen verhielt sich Hartblei bei 100 °C in Schwefelsäure und in Nitrose der Dichten von 1,84 (96%) bedeutend schlechter als Weichblei, obwohl dieses wismuthaltig war.

Der Vergleich der zeitabhängigen Auflösung von reinem Blei, von Hartblei mit 8,2% Antimon und von einer Blei-Antimon-Zinnlegierung mit 4,78% Sb, 1,12% Sn, 0,08% As, 0,01% Cu, 0,01% Bi, 0,002% Ag, 0,005% Fe in Akkusäure ($d = 1,24$) bei Zimmertemperatur ergab für das reine Blei die geringste Abtragung. Bei dem Hartblei mit 8,2% Sb war der Angriff etwa doppelt so stark. Die höchsten Verluste zeigte das zinnhaltige Hartblei, bei dem die Gewichtszunahme nach 27 Tagen Versuchsdauer noch anhielt, während bei Reinblei nach etwa 3 Tagen und bei zinnfreiem Hartblei nach etwa 16 Tagen die Korrosion praktisch zum Stillstand kam (KATZ [*647*]).

Hartblei scheint somit bei niedrigen Temperaturen fast so schwefelsäurebeständig zu sein wie Weichblei. Dagegen muß in konzentrierten Säuren bei höheren Temperaturen mit einem verstärkten Angriff gerechnet werden. Verwendung von Blei-Antimon-Tellur soll hier Vorteile bieten (Chem. metall. Engng. [*196*]). Nach einem japanischen Patent soll eine Bleilegierung mit 0 bis 15% Sb, 0,01 bis 0,5% Cu, 0,01 bis 0,5% Se, 0,01 bis 0,5% Te in Schwefelsäure einen fest haftenden Bleisulfatfilm bilden (SUGANO [*1153*]).

In einer weiteren japanischen Arbeit wird die bessere Beständigkeit einer Bleilegierung mit nur 0,05% Ag in Schwefelsäure und in Ammon-

sulfatlösungen gegenüber Hartblei mit einem Antimongehalt bis 7%
und höher silberhaltigen Bleisorten gezeigt (FUKE [352]). EMICKE [275]
schlägt vor, Blei mit bis zu 3% Sb durch eine Legierung mit 0,1% As zu
ersetzen. In diesem Zusammenhang wird die Korrosionsbeständigkeit von
Blei mit 3% Sb und von Legierungen mit bis 2% As in Schwefelsäure,
Wasser und Kochsalzlösungen in Abhängigkeit von Temperatur, Zeit und
Konzentration verglichen. Die Legierung mit 0,1% As erwies sich in
allen Fällen der Blei-Antimon-Legierung überlegen.

d) Die Korrosion in Nitrose. Im Bleikammerprozeß wird Schwefeldioxyd durch Luft und Wasserdampf unter Mitwirkung von N_2O_3 zu
Schwefelsäure oxydiert[1]. N_2O_3 löst sich in starker Schwefelsäure zu
Nitrosylschwefelsäure HSO_4NO auf. Umgekehrt spaltet die Nitrosylschwefelsäure unter der Einwirkung von Wasser wieder N_2O_3 ab. Da
dieses in schwächeren Säuren unter Abtrennung von NO und Bildung
von Salpetersäure in Lösung geht, stellt die Säure der Bleikammern somit ein Gemisch dar, dessen mengenmäßige Zusammensetzung vor allem
vom Wassergehalt abhängt. In einer älteren, eingehenden Arbeit wurden
Nitrosen mit Dichten von 1,30 bis 1,77 und einem Stickstoffgehalt von
0,1% hergestellt, indem zu Schwefelsäure Nitrosylschwefelsäure oder
Salpetersäure oder ein Gemisch beider gegeben wurde. Weitgehend unabhängig von der Art dieser zugefügten Säuren stellte sich im Endprodukt ein bestimmtes Verhältnis $N_2O_3:N_2O_5$ ein, wobei in verdünnten
Säuren N_2O_5, in konzentrierten Säuren N_2O_3 überwog. Das heißt, die
Nitrosylschwefelsäure ist nur in konzentrierten Säuren beständig,
während in verdünnten Säuren mit steigendem Wassergehalt eine zunehmende Zersetzung unter Bildung von Salpetersäure eintritt (LUNGE
und SCHMID [785]).

Die Korrosionsversuche [785] wurden bei Temperaturen bis 70 °C
durchgeführt. Es zeigte sich ein Minimum des Angriffs bei Dichten zwischen 1,44 und 1,58; das sind die Konzentrationen, bei denen nur noch
wenig Nitrosylschwefelsäure im Gleichgewicht vorliegt. Der Angriff stieg
sowohl mit abnehmender als auch mit zunehmender Dichte. Im ersten
Fall macht sich die relative Zunahme freier Salpetersäure bemerkbar, im
zweiten Fall vereinigt sich die Wirkung der konzentrierten Schwefelsäure mit derjenigen der Nitrosylschwefelsäure. Die in der Praxis auftretenden Konzentrationen der Kammersäure entsprechen ungefähr dem
angegebenen Minimum des Korrosionsangriffs.

In anderen Versuchsreihen [785] wurde die Korrosion von Hart- und
Weichblei in reiner Schwefelsäure mit Dichten zwischen 1,84 und 1,725
und in gleich konzentrierter Schwefelsäure mit zusätzlich 1% N_2O_3 bei
20 bis 200 °C untersucht. Während die Korrosion in der stärksten Säure

---

[1] Der Mechanismus dieses Vorganges kann hier unberücksichtigt bleiben.

durch einen Gehalt an N_2O_3 allgemein gesteigert wurde, trat in den weniger konzentrierten Säuren mitunter das Umgekehrte ein. Bei noch stärkerer Verdünnung ist aber nach der oben zuerst beschriebenen Versuchsreihe wieder eine Zunahme des Angriffs durch N_2O_3 zu erwarten.

Die Korrosionsversuche von JONES [635] in Schwefelsäure der Dichte 1,72, mit und ohne Zusatz von 2,5% N_2O_3 bei 52 °C, ergaben eine schlechtere Haftbarkeit des in der Nitrose gebildeten Bleisulfats. Bleche aus kupferhaltigem Blei zeigten ferner in der Nitrose stärkere Gewichtsverluste als solche aus Weichblei. In reiner Säure verhält sich der Korrosionsangriff der beiden Blechsorten gerade umgekehrt (S. 263). In Nitrose der angegebenen Zusammensetzung erwies sich nur noch ein Kupfergehalt von 0,01% als zulässig. Auch bei den Versuchen von SCHÜNEMANN [1084] im Hüttenwerk Oker im Harz verhielten sich kupferhaltige Bleisorten in Nitrose keinesfalls günstig, falls die Beobachtungsdauer genügend lang war. Auch die während eines halben Jahres durchgeführte Prüfung von Platten verschiedener Bleisorten an der heißesten Stelle des Gloverturms einer Schwefelsäurefabrik bei 130 °C ergab keinen Vorteil eines Kupfergehaltes und anderer Beimengungen. Die schädliche Wirkung von Wismut trat hier kaum zutage. Kupferhaltiges Blei wird auf Grund dieser Ergebnisse und vor allem auf Grund des Verhaltens in der Nitrose des Gay-Lussac-Turmes nur an Stellen empfohlen, wo hohe Wechselfestigkeit erwünscht ist. Sonst wird reines Parkes-Blei vorgezogen (SCHÜNEMANN [1084]).

Von verschiedenen Forschern wurde die Bleikorrosion bei der Schwefelsäurefabrikation vor allem in Hinblick auf die günstigsten Arbeitsbedingungen des Prozesses behandelt (WICKERT [1266], BURBANK [151]). Die Eignung von Blei und Eisen als Werkstoff wurde verglichen (JUSCHMANOW und Mitarbeiter [639]). Einige Arbeiten befassen sich mit der Entstehung lokaler Anfressungen (Pittings) in den Bleikammern. Sie werden auf die Wirkung unterschiedlicher Mengen freier Salpetersäure in der Kammersäure zurückgeführt, wodurch Konzentrationsketten $+ \; Pb/H_2SO_4$ oder Nitrose/$HNO_3 + H_2SO_4$ oder $HNO_3 +$ Nitrose/Pb $-$ entstehen (PERSCHKE [953]). Solche Unterschiede in der Zusammensetzung der Säure sollen z. B. durch mechanische Unvollkommenheit der Bleibekleidung wie Falten, Säume und ähnliches entstehen. Die Salpetersäure löst Blei anodisch auf und wird durch Ausfällung von Bleisulfat immer von neuem gebildet. Wenn das gebildete Bleisulfat lockere Beschaffenheit hat und zu Boden fällt, kann der Vorgang ungehemmt weiterschreiten. Korrosionsversuche in künstlich hergestellten Ketten der obigen Art, neben einigen orientierenden Potentialmessungen, bilden eine Stütze der angegebenen Vorstellungen. Auch die von JONES [635] gemachte Beobachtung, daß Pittings bei einem stärkeren Salpetersäuregehalt der Schwefelsäure auftreten, soll hier angeführt werden.

18*

In weiteren Arbeiten wurden Probleme der Bleikorrosion untersucht, die im Zusammenhang mit der Intensivierung des Bleikammerverfahrens auftraten (WICKERT und ZENKER [1267], WICKERT [1266]). Hier wird neben der Wirkung der Schwefelsäure und der Nitrosylschwefelsäure ein zusätzlicher Einfluß von Chlorionen angenommen, die als Chloride über das Wasser in das Schwefelsäuresystem gelangen können. Zur Prüfung des Verhaltens verschiedener Bleilegierungen wurden die Proben in einer Mischung von Schwefelsäure und Salzsäure bei 90 °C 48 Stunden lang erhitzt. Die zahlreichen Versuchsergebnisse können nur als relative Angaben gewertet werden, weil im allgemeinen bei diesen kurzen Prüfzeiten die Deckschichtbildung noch nicht abgeschlossen ist. Außerdem wurde eine erhöhte Anfälligkeit von Blei an der Grenzlinie zwischen Schwefelsäure und Stickoxydgasphase in Gegenwart von Chlorionen festgestellt.

e) Weitere Erscheinungen, Zusammenfassung. Neben den metallischen Beimengungen des Bleies wurde auch dem Sauerstoffgehalt eine besondere Bedeutung für die Schwefelsäurebeständigkeit zugeschrieben. In einer älteren Arbeit hat man keinen derartigen Einfluß festgestellt (LUNGE und SCHMID [785]). SCHIKORR [1064] beobachtete sogar einen günstigen Einfluß von Oxyden, die in Form von Krätze in die Bleioberfläche eingewalzt waren. WERNER [1261] lehnt dagegen jeden mikroskopisch nachweisbaren Sauerstoff und im übrigen einen Sauerstoffgehalt von über 0,006% ab. Daß Einschlüsse von Bleioxyd in Blei ungünstig wirken, führt er auf die bevorzugte Auflösung des Oxyds zurück, wobei das aus diesem gebildete Bleisulfat keine dichte Schutzschicht bildet. Wenn Bleioxyd in zusammenhängenden Fäden vorliegt, etwa in Schweißnähten oder homogenen Verbleiungen, ist der Schwefelsäure somit Gelegenheit gegeben, tiefer in das Blei einzudringen. Neben dieser Auffassung von dem Einfluß des Bleioxyds wurde auch die Möglichkeit elektrochemischer Wirkungen erörtert.

BARTELD [48] bestätigt im wesentlichen diese Beobachtungen. Er fand, daß erst Gehalte oberhalb von 0,002% Sauerstoff bei der Korrosion in konzentrierter heißer Schwefelsäure schädlich wirken. In Nitrose war selbst bei Proben mit 0,04% Sauerstoff nur ein geringer Korrosionsanstieg festzustellen; d. h. ein Sauerstoffgehalt von weniger als 0,002%, wie er in den üblichen Bleisorten vorliegt (siehe unter Zweistofflegierungen), dürfte in diesem Zusammenhang ohne Bedeutung sein.

Vielfach wird grobkörniges Gefüge von Blei als ungünstig für die Schwefelsäurebeständigkeit angesehen (BRENTHEL [130]). Es wird die Entstehung von Furchen auf den Korngrenzen — wohl vor allem bei höheren Temperaturen — beschrieben, die unter Umständen so tief gehen, daß die Bleikristalle auseinanderfallen (WERNER [1261]). In den Versuchen der Bleiforschungsstelle und auch anderwärts (SCHÜNEMANN [1084]) wurden solche Erscheinungen nicht beobachtet. Es wird aber andrerseits berichtet, daß Blei mit stark unterschiedlichem Gefüge in

Schwefelsäureverdampfern viel schneller zerstört wurde als Blei mit einheitlicher Korngröße (COTTON [216]). Als ungünstig wird auch die Ausbildung eutektischer Strukturen betrachtet (WERNER [1259, 1261]), da ein leichter korrodierendes Eutektikum zwischen den Korngrenzen zu interkristalliner Korrosion führen kann. Während Blei mit gleichmäßig verteilten Silbereinlagerungen sich günstig verhielt, war dies bei einer gegossenen Legierung wegen des Eutektikumanteils nicht der Fall. Eine Zunahme der Zahl der Pittings wurde in den oberen Teilen aufgehängter Bleche beobachtet. Das Blei befindet sich hier unter mechanischer Spannung, die eine poröse Beschaffenheit des Films bewirkt (McKELLAR [816], LOVELESS und Mitarbeiter [768]).

Die Schwefelsäurebeständigkeit von Blei wird durch einen Salzsäuregehalt der Säure stark herabgesetzt (CALCOTT und Mitarbeiter [167]). Auch abwechselnde Füllung von Bleibehältern mit Salz- und Schwefelsäure ist nachteilig, da das in Schwefelsäure gebildete Bleisulfat durch starke Salzsäure gelöst wird.

Zusammenfassend kann über die Frage der Schwefelsäurebeständigkeit von Blei gesagt werden, daß die noch offenen Fragen sich weniger auf Raumtemperatur als auf höhere Temperaturen und Säuren mit weiteren Zusätzen beziehen. Die Beimengungen in der Säure können durch den Reaktionsablauf selbst bedingt sein, sie können aus Verunreinigungen der Ausgangsstoffe stammen, oder auch über die Luft in die Schwefelsäure gelangen. So wurden in einem Fall die Abgase eines Stahlwerkes als Korrosionsursache erkannt (COTTON [216]). Beimengungen in Blei spielen bei Raumtemperatur eine viel geringere Rolle als in der Wärme. Die schlechte Korrosionsbeständigkeit einer reinen Blei-Wismut-Legierung schon bei mäßig hohen Temperaturen steht außer Zweifel. Ob im übrigen reinem Blei oder Blei mit geringen Kupfer-, Silber-, Nickel-, Tellurgehalten oder mehreren Zusätzen zugleich der Vorzug gegeben werden muß, kann nicht allgemein entschieden werden. Diese Frage muß von Fall zu Fall erneut geprüft werden. Die genannten Legierungen bringen zum Teil einen Vorteil bei sehr hohen Temperaturen, sie bieten ferner erhöhte Schwingungsfestigkeit und eine wenig erhöhte Härte. Andrerseits wurden auch mit reinem Blei sehr gute Erfahrungen gemacht. Eine Zusammenstellung von 9 Bleisorten, die sich in Bleikammern 5 bis 20 Jahre lang bewährten, weist neben reinen Bleisorten nur zwei mit Kupfergehalten von 0,033 bzw. 0,04% auf, was hier mehr zugunsten des reinen Bleies spricht (JONES [635], vgl. SCHOPPER [1078]).

3. Beständigkeit gegen anorganische und organische Säuren sowie weitere Chemikalien

a) Halogensäuren. Blei besitzt bei tiefen Temperaturen verdünnter Salzsäure gegenüber eine gewisse Beständigkeit, während konzentrierte

Säure, vor allem bei erhöhten Temperaturen, stark angreift (WICKERT [1265], CALCOTT und Mitarbeiter [167]). Bei Zimmertemperatur bleibt der Angriff bis zu einer Konzentration von 30% HCl in erträglichen Grenzen, bei 100 °C bis zu einem HCl-Gehalt von 20%. Verunreinigungen der Säure erhöhen den Angriff z. T. erheblich (ROLL [1025]). Der Angriff verläuft etwa proportional der Zeit, ein Zeichen für die unvollkommene Wirkung der gebildeten Deckschicht (vgl. Tab. 22). In kalter konzentrierter Salzsäure beträgt der Gewichtsverlust etwa 10 g/m² · Tag. Einkristallines Blei in n-Salzsäure verhielt sich ähnlich (BOLOGNESI [108]). Durch Rühren und durch Sauerstoffzutritt wird die Korrosion erheblich beschleunigt (WHITMAN und RUSSELL [1264]). Blei wird daher nur in beschränktem Maße als Werkstoff für Salzsäure verwandt. Reines Blei verdient den Vorzug allen Bleilegierungen gegenüber mit Ausnahme von Blei-Antimon-Legierungen hohen Antimongehaltes (RABALD [986]). Gegen trockenen und gasförmigen Chlorwasserstoff ist Blei dagegen genügend widerstandsfähig (ROLL [1025]). Nach einem amerikanischen Patent soll sich Blei in verdünnter Salzsäure als Opferanode für den kathodischen Schutz von Stahl eignen (ROBINSON und FEATHERLY [1015]).

In konzentrierter Bromwasserstoffsäure wird Blei noch stärker angegriffen als in Salzsäure. Als Werkstoff für Flußsäure bis etwa 65% bei Zimmertemperatur wird Weichblei eingesetzt. Eine Verwendung bei höheren Temperaturen bis etwa 85 °C soll bedingt, jedoch nur in gut entlüfteter Flußsäure, möglich sein. In 40- bis 60%iger Flußsäure wurden bei Raumtemperatur Gewichtsverluste von etwa 2,5 g/m² · Tag beobachtet. In Mischungen von 60- bis 65%iger Flußsäure mit 12- bis 25%iger Siliziumfluorwasserstoffsäure, 0,3 bis 1,25% Schwefelsäure und 0,01 bis 0,03% Eisen erhöhte sich der Angriff auf etwa 10 g/m² · Tag. Blei wird auch bei der Herstellung von wasserfreier Fluorwasserstoffsäure eingesetzt (ROLL [1026], LINGNAU [754], FRIEND und TEEPLE [348]). Gegenüber 5- und 48%iger Fluorwasserstoffsäure bei etwa 66 °C erwies sich Blei in Korrosionsversuchen als nicht genügend beständig (SCHUSSLER und Mitarbeiter [1091]). Über den zeitlichen Verlauf der Bleikorrosion in Kieselfluorwasserstoffsäure und weiteren Medien wird an anderer Stelle berichtet (KATZ [647]).

b) Salpetersäure und Mischsäuren. Die Korrosion in Salpetersäure nimmt mit zunehmender Konzentration bis zu einem Minimum bei 65 bis 70% HNO₃ ab. Bei noch stärkeren Konzentrationen wurde zum Teil ein Ansteigen des Angriffs beobachtet. Er war aber keinesfalls höher als der von 96%iger Schwefelsäure (LUNGE und SCHMID [785], SCHIKORR [1060]). Potentialmessungen in Säuren verschiedener Konzentration stimmten mit diesem Ergebnis überein (GUITTON [455]). Somit könnte Blei in der Kälte zur Aufbewahrung von Salpetersäure von etwa 60%

an verwandt werden (JONES [634]). Dagegen kommen Bleigefäße nicht für verdünnte Säuren und nicht für höhere Temperaturen in Betracht.

Der Angriff eines Gemisches gleicher Volumina stärkster Schwefelsäure (98,85%) und stärkster Salpetersäure von 1,50 oder rauchender Salpetersäure von 1,52 auf Blei ist erstaunlich gering (LUNGE und SCHMID [785]). Ist der Wassergehalt der Mischsäuren über 25%, so ist dagegen Blei nicht mehr zu verwenden [195].

c) Phosphorsäure. Blei wurde als Werkstoff für Sättiger zur Gewinnung von Ammoniumphosphat aus Ammoniak und konzentrierter Phosphorsäure empfohlen, obwohl die diesbezüglichen Versuche keine vollkommene Beständigkeit zeigten (CLARKSON und HETHERINGTON [199]). Korrosionsversuche in reiner, auf trockenem Wege hergestellter Phosphorsäure von 75 und 40% zeigten einen starken Angriff von Blei. Dagegen war dieses in einer auf nassem Wege aus Kalziumphosphat und Schwefelsäure hergestellten Säure von 40% völlig beständig (PORTEVIN und SANFOURCHE [974]). Dies liegt daran, daß die auf nassem Wege gewonnene technische Säure einen geringen Gehalt an Schwefelsäure, entsprechend 0,44% $CaSO_4$, enthielt. Die in der schwefelsäurehaltigen Phosphorsäure gebildete Schutzschicht gewährte aber keinen Schutz gegenüber reiner Phosphorsäure, da sie hier offenbar aufgelöst wird. Blei kommt somit als Werkstoff in erster Linie für die in der Kunstdüngerindustrie auf nassem Weg gewonnene Phosphorsäure in Betracht (WEBER [1249]). Falls diese Säure viel Fluor enthält, wird Blei als ungeeignet angesehen (ROHRMANN [1022]).

Auch in Phosphorsäureanlagen soll Blei-Tellur Vorzüge vor Weichblei besitzen (Chem. metall. Engng. [196]). Blei mit 6% Sb wird für Verdampfer vorgeschlagen. Jedoch ist dieser Werkstoff gegen Erosion durch bewegten Gipsschlamm empfindlich (PORTER und LOWRISON [971]). Die Verwendung von Blei ist bei der Herstellung von Phosphorsäure im Lichtbogenverfahren mit gewissen Einschränkungen möglich (HARTFORD [495]).

d) Schweflige Säure. Blei ist gegen Schwefeldioxyd und wässerige schweflige Säure beständig (Chem. metall. Engng. [195]). Es wird in dafür bestimmten Rohrleitungen, Waschtürmen, Pfannen, ferner in Sulfitzellstoffapparaturen als Werkstoff angewandt (ULLMANN [1212, 197]). Ein Fluorgehalt, wie er z. B. in Zinkröstanlagen vorliegen kann, setzt die Beständigkeit von Blei gegenüber Schwefeldioxyd nicht herab (ROLL [1027]). Auch in verflüssigtem Schwefeldioxyd mit 1% Wasser und 0,21% Sauerstoff bei 20 °C wurde Blei nur wenig angegriffen (BOLLINGER [107]).

e) Organische Säuren. Blei wird von den meisten schwachen organischen Säuren in Gegenwart von Luft oder organischen Oxydationsmitteln angegriffen, worauf schon die beträchtliche Löslichkeit der betreffenden

Salze schließen läßt (S. 257). Blei darf daher nicht in Berührung mit Nahrungsmitteln verwandt werden. Manche organischen Säuren als Bestandteil von Leitungswasser verhindern die Fällung von Blei als Karbonat und damit die Bildung einer Schutzschicht, worauf bei der Behandlung der Wasserleitungsrohre hingewiesen wird (S. 291). Der Angriff von Blei durch eine Reihe von organischen Säuren weist interkristallinen Charakter auf (COLES und Mitarbeiter [208]).

Korrosionsversuche in 0,1 n-Oxalsäure, Weinsäure, Zitronensäure, Benzoesäure zeigten einen in der genannten Reihenfolge steigenden Angriff von 0,17; 3,4; 9,6 bzw. 7,7 g/m² · Tag. Da die Reihenfolge gleichzeitig die der Löslichkeit der betreffenden Bleisalze ist, besteht somit zwischen dieser und der Korrosionsgeschwindigkeit ein eindeutiger Zusammenhang (SCHIKORR [1060]). Während Blei durch verdünnte Essigsäure stark angegriffen wird, ist die Korrosion in Eisessig gering. Daher wird Blei für die Aufbewahrung von Eisessig in Betracht gezogen (CALCOTT und Mitarbeiter [167], BECKINSALE und WATERHOUSE [73], Chem. metall. Engng. [195]). Versuche von WHITMAN [1264] bei einer Temperatur von 20 °C in verdünnter Essigsäure und in Eisessig, durch die Sauerstoff bzw. Wasserstoff perlte, zeigten dagegen auch in Eisessig einen sehr starken Angriff. Hierbei dürften aber sicher weitere besonders ungünstige Begleitumstände mitgewirkt haben. Blei wird wegen seiner Beständigkeit gegen höhere Fettsäuren auch in der Fettsäureindustrie verwendet (WIEDERHOLT [1269]). Interessante Korrosionsfälle von undichten Bleiblechauskleidungen wurden auf galvanische Elemente Blei-Fettsäure-Eisen (S. 271) zurückgeführt (HEYER [519]).

Die sogenannte Phenolkorrosion von Bleikabelmänteln dürfte auch im wesentlichen durch organische Säuren verursacht sein. Diese Korrosion tritt an Bleimänteln auf, die mit bitumengetränkter Jute umwickelt sind. Früher wurde der Phenolgehalt der Teerprodukte allein für den Angriff verantwortlich gemacht (DA FANO [305]). In Arbeiten der letzten Zeit wird aber vielmehr in den durch chemische und vor allem durch bakterielle Zersetzung der Jute entstehenden Abbauprodukten die Korrosionsursache gesehen; dabei wird auch Phenol gebildet (HESS [515], COLES [207], SENEZ und PICHINOTY [1108]). Es könnte daher von Vorteil sein, Jute durch Kokosfasern oder Glaswolle zu ersetzen oder überhaupt andersgearbeitete Schutzüberzüge zu verwenden (BAUM [66, 209]).

In diesem Zusammenhang soll auch der Angriff von Blei durch manche harten Hölzer, vor allem durch Eichenholz, erwähnt werden, der im Bauwesen (BRADY [124], SOUTHERDEN [1138]) oder bei der Aufbewahrung von Buchdrucklettern in Holzkästen (SCHULZE [1087]) beachtet werden muß. Die Mitwirkung von Feuchtigkeit ist entscheidend. Weiche Hölzer, wie Kiefernholz, sind harmlos. Jedoch greift alles faulende Holz Blei an (SANDMEIER [1046]).

f) Alkalien und Ammoniak. Da die Bleioxyde amphoteren Charakter besitzen und mit Alkalien lösliche Plumbite bzw. Plumbate bilden, ist eine weitgehende Beständigkeit des Bleies gegen Alkalien nicht zu erwarten (S. 260). Immerhin ist der Angriff erst beträchtlich, wenn die Konzentration des Alkalis über 10 bis 15% liegt und die Temperatur erhöht ist [195]. Eine abwechselnde Behandlung mit Schwefelsäure und alkalischen Lösungen, wie sie in der Erdölraffinerie angewandt wird, kann in ein und demselben bleiausgekleideten Behälter erfolgen (UHLIG [1211]). Dagegen korrodiert Blei sehr stark in Ätzkalk und darf daher nicht in Berührung mit frischem Mörtel, Zement oder Beton gebracht werden. Ähnlich wirkt auch Sickerwasser von frischem Beton, wenn es in Gegenwart von Sauerstoff an eine Bleioberfläche gelangt (UHLIG [1211]). Mit einer Bodenkorrosion von Blei soll zu rechnen sein, wenn der p_H-Wert des Bodens über 10 liegt [1175]. Die besondere Wirkung von Ätzkalk auf Blei im Vergleich mit Natronlauge wurde von SCHIKORR [1060] durch Versuche geklärt. Er schloß aus der Abnahme der Angriffsgeschwindigkeit in 0,044 n-NaOH auf die Entstehung einer Schutzschicht. Die Schutzschicht aus Bleikarbonat bildet sich aus dem gelösten Blei an der Oberfläche der Probe durch Umsetzung mit Natriumkarbonat, das seinerseits durch die Kohlensäureaufnahme der Lauge aus der Luft entsteht. In Kalziumhydroxydlösung der gleichen Konzentration war der Angriff stärker. Insbesondere zeigte die Kurve der Gewichtsverluste in Abhängigkeit von der Zeit keine Abflachung, d. h. eine Schutzschicht wird hier nicht gebildet. Dies liegt daran, daß bei der Aufnahme von CO_2 durch die Ätzkalklösung praktisch unlösliches Kalziumkarbonat gebildet und so die Versorgung der Bleioberfläche mit Karbonationen verhindert wird. Es liegen somit ähnliche Verhältnisse vor, wie sie bei der Angriffsart II von Blei in destilliertem Wasser (S. 289) beschrieben werden. In der Tat konnten in destilliertem Wasser und in Ätzkalklösung fast übereinstimmende Kurven der Gewichtsverluste gewonnen werden. Korrosionsversuche von KATZ [647] zeigten auch in 0,01 n-NaOH und in 0,01 n-Ba(OH)$_2$ nach Ablauf von 3 bis 4 Tagen die Entstehung einer Schutzschicht. In 0,04 n-Ca(OH)$_2$, 0,1 n- und 0,5 n-Ba(OH)$_2$ wurde eine anhaltende Korrosion von etwa 10 g/m^2 · Tag beobachtet. Der Angriff in einer n-NaOH-Lösung war nur etwa halb so stark, zeigte aber auch im Verlauf von 16 Tagen keine Abnahme.

Die Einwirkung von Ätzkalk oder ätzkalkhaltigen Baustoffen auf Blei wurde in älteren Arbeiten eingehend beschrieben (DITZ [251], BRAME [125]). Das Kennzeichen dieser Korrosionsart ist die Bildung von rotem und von gelbem PbO (BAUER und WETZEL [65], BRCIC und SIFTAR [128]). Welche der beiden Modifikationen von PbO gebildet wird, hängt offenbar von dem Feuchtigkeitsgrad ab, da in einem in Mörtel korrodierten Bleirohr Ringe aus abwechselnd gelben und roten Schichten, entsprechend der Folge der Jahreszeiten, gebildet worden waren (Abb. 285). Die Korrosion nimmt mit dem Abbinden des Ätzkalks ab.

Der Angriff in frischem Stahlbeton (DODERO [252], GOSDEN [410]) wird durch eine elektrochemische Wechselwirkung zwischen Eisen und Blei verstärkt. Diese tritt ein, ohne daß Blei und Eisen metallischleitend verbunden sind. Zusätze im Beton (FRIEDLI [343]), meist Alkali- bzw. Erdalkalichloride, zum Beschleunigen des Abbindeprozesses und zur Verhütung von Frostschäden, erhöhen den Angriff.

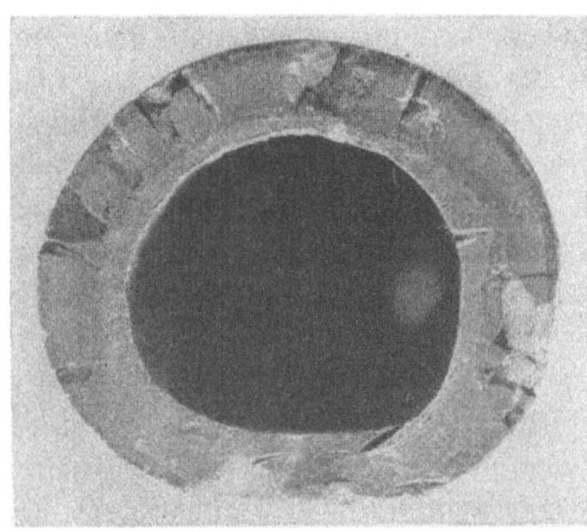

Abb. 285. Durch Kalkmörtel korrodiertes Bleirohr. Feinste Jahresringe aus gelbem und rotem PbO. Nach KOHLMEYER [693]

Zwecks Vermeidung derartiger Zerstörungen ist einerseits Verwendung von Gipsmörtel oder Gips-Sandmörtel (BAUER und WETZEL [65]) oder von hoch Al_2O_3-haltigem Zement [280] in Berührung mit Blei vorgeschlagen worden.

Andrerseits kann auch die unmittelbare Berührung des Bleies mit Kalkmörtel durch Zwischenlegen von Asbestpapier (MULLARKEY [882]), durch Asphaltierung der Bleirohre, Überziehen mit Teerlack oder Einbetten in Lehm vermieden werden (OBST [909]). Nach einem belgischen Patent schützt auch Fett mit Zusatz von K_2CO_3 und von $KHCO_3$ Bleirohre in Zement [185]. Zum Schutz von Kabelmänteln in Betonröhren gegen $Ca(OH)_2$-haltiges Sickerwasser wird Kohlendioxyd durch die Rohre geleitet (HIERS [524]). Weitere Maßnahmen werden von PERRY [952] vorgeschlagen.

Verdünnte Ammoniaklösungen, ebenso wie reines Ammoniakgas bei Temperaturen bis zu 300 °C, greifen Blei kaum an [195]. Eine japanische Untersuchung der Beständigkeit von Blei mit Zusätzen von Zn, Te, Sb, Sn, Ca, Hg oder Cd gegen den Angriff alkalischer Lösungen ergab, daß Legierungen mit 5 bis 15% Sn oder 0,5 bis 1% Zn oder auch 1% Cd relativ beständig sind (HAYAKAWA und Mitarbeiter [499]).

g) Salzlösungen. Die Beständigkeit von Blei in Salzlösungen hängt von der Ausbildung von Schutzschichten ab und damit von der Löslichkeit des betreffenden Bleisalzes. Die Widerstandsfähigkeit von Blei gegen Natriumkarbonat oder Natriumbikarbonat in Feuerlöschern (HEWLETT [518]) und gegen Phosphate ist daher verständlich (S. 258). Besondere Beständigkeit besteht gegenüber Ammonkarbonat (BOSCH [116]). Der zeitliche Verlauf der Korrosion von Blei in Lösungen verschiedener

Konzentration von Natriumchlorid, Natriumsulfat, Ammonsulfat, Ammonazetat, Natriumkarbonat, Natriumfluorid und weiteren Stoffen wurde untersucht. Dabei zeigte sich in den Sulfat-, Karbonat- und Fluoridlösungen zum Teil eine starke Abnahme der Korrosionsgeschwindigkeit nach einiger Zeit, während bei den Natriumchlorid- und Ammonazetatlösungen der Angriff etwa gleichmäßig anhielt (KATZ [647]). Angaben über die anodische Polarisation von Blei in Salzsäure und in Halogenidlösungen und über die damit verbundenen Oberflächenerscheinungen finden sich bei BRIGGS und WYNNE-JONES [134].

Sulfatlösungen sind z. T. als unschädlich anzusehen (Chem. metall. Engng. [195]), z. B. Aluminiumsulfat, saure oder neutrale Lösungen von Ammonsulfat (BOSCH [116], Chem. metall. Engng. [195]), Kupfersulfat für galvanische Bäder. Bei Kaliumsulfat wurde in Laboratoriumsversuchen für bestimmte Konzentrationen ein Angriff festgestellt (THAU [1178]), was auf eine unvollkommene Beschaffenheit der gebildeten Schutzschicht von Bleisulfat hindeutet. Beim Vergleich der Beständigkeit von Blei in Kaliumsulfat mit der in dest. Wasser spielt der CO_2-Gehalt der Lösung eine ausschlaggebende Rolle. In zwei Versuchsreihen (SCHIKORR [1060] wurde die Kaliumsulfatkonzentration von Null bis zur Sättigung gesteigert. Der Kohlensäuregehalt des verwendeten dest. Wassers war in einem Fall Null, im anderen 51 mg/l, d. h. Blei wurde von dem dest. Wasser nach Korrosionsart II bzw. I (S. 289) angegriffen. Ein beliebiger Kaliumsulfatgehalt verringerte den Angriff im kohlensäurefreien Wasser, während der von vornherein geringere Angriff im kohlensäurehaltigen Wasser erst bei Sättigung mit Kaliumsulfat weiter nachließ. Die Versuchsdurchführung erlaubt keinen strengen Vergleich zwischen Kaliumsulfatlösungen gleicher Konzentration an Kaliumsulfat, aber verschiedenenen Kohlensäuregehaltes; doch scheinen die kohlensäurehaltigen Lösungen weniger anzugreifen. Entsprechende Versuche wurden mit Kaliumchlorid durchgeführt und führten zu ähnlichen Ergebnissen. Der Angriff von Blei in kohlensäurefreiem dest. Wasser wurde durch alle Chloridkonzentrationen verringert, der in kohlensäurehaltigem dest. Wasser durch alle Chloridgehalte verstärkt. Widersprüche im Schrifttum (FRIEND und TIDMUS [347]) erklären sich nunmehr dadurch, daß im einen Fall von kohlensäurereichem, im anderen von kohlensäurearmem Wasser ausgegangen wurde, d. h. Blei korrodierte in dem angewandten dest. Wasser nach Angriffsart I bzw. II (S. 289). In Magnesiumchlorid wurde besonders starke Korrosion festgestellt (Gummi-Ztg. [457]), ebenso in Chloridlösungen, die als Kühlsole Verwendung finden (MIETHKE und WITT [851]). Jedoch wurde Blei in einer 10%igen $FeCl_3 \cdot 6\,H_2O$-Lösung bei Raumtemperatur nur wenig angegriffen (WICKERT [1265]). In Kaliumfluorid-, Kaliumhydrogenfluorid- und Ammoniumhydrogenfluoridlösungen von 5, 10 und 20% ist Blei bei 20 °C gut beständig. Bei

80 °C ist dagegen ein starker Angriff zu verzeichnen (KÖHLER [687]). Ein Zusatz von etwa 0,1% Natriumbichromat zu dest. Wasser oder verdünnter Kochsalzlösung verringert die Bleikorrosion in gewissem Umfang. Eine Schutzwirkung wie beim Eisen wird jedoch nicht erreicht (ROETHELI und COX [1020]). Ein Gehalt von $10^{-4}\%$ Natriumsilikat in dest. Wasser soll dagegen bereits die Korrosion gegenüber reinem dest. Wasser bis auf $^1/_{10}$ verringern (ALBANO [12]).

h) Gase. Blei ist ebenso wie gegen Luft auch gegen viele andere Gase gut beständig. Angaben über sein Verhalten in Industrieluft finden sich bei SCHIKORR [1062]. Mechanische Beanspruchungen durch statische Belastung, Erschütterungen und Erosion können die Beständigkeit herabsetzen. Das günstige Verhalten von Blei gegen Chlor wird z. B. in Chlorkalkkammern ausgenutzt.

Der Angriff von trockenem Bromdampf auf Blei ist sehr gering, der von feuchtem Bromdampf verhältnismäßig niedrig, in gesättigtem Bromdampf (Bromwasser) dagegen in der Nähe der Wasserlinie sehr stark (HAINES [472], BLOCH [90]).

Fluor bildet vor allem in Gegenwart von Wasserdampf einen schützenden Bleifluoridfilm. Aus diesem Grunde ist Blei bis etwa 100 °C als Werkstoff für Fluor geeignet. Bleifluorid wird in Salpetersäure und Schwefelsäure gelöst, ist aber gegen Essigsäure, Fluorwasserstoff und Ammoniak beständig (ROLL [1027], LINGNAU [753]). Das günstige Verhalten von Blei gegen Schwefeldioxyd auch in Gegenwart von Fluor ist bereits früher erwähnt worden (S. 279, schweflige Säure). Ähnlich verhält sich Blei auch in trockenem und in feuchtem Schwefelwasserstoff (UHLIG [1211]).

Leuchtgas kann Blei stark angreifen (SANDMEIER [1046]). Verbleites Eisenblech zeigte sich gegen Abgase der Leuchtgasverbrennung nicht genügend beständig (WITT [1282]). Blei ist ferner empfindlich gegen Gase, die flüchtige organische Säuren enthalten (SCHIKORR [1061]).

i) Sonstiges. Die Beständigkeit von Blei gegenüber Kraftstoffen wird nicht einheitlich beurteilt. Da Kraftstoffe vielfach aggressiven Schwefel enthalten und die Bildung von Bleisulfid zu Betriebsstörungen führt, wird allgemein von der Verwendung verbleiter Tanks abgeraten (GREMPE [439], MARDER und FARNOW [794], Öl und Kohle [911]). Dagegen haben sich feuerverbleite Brennstoffkanister, ferner verbleite Tanks für Kleindieselmotoren in der Praxis bewährt. Besonders aggressiv erweisen sich gegenüber Blei Merkaptane und Disulfide. Aber auch in Vergasertreibstoffen, die keinen aggressiven Schwefel enthalten, kann Blei erheblich korrodieren. Wasser- und Säuregehalte in Treibstoffgemischen können den Angriff verstärken (SCHLÄPFER [1065]). Die Gesetzmäßigkeit der Korrosion von Blei durch zahlreiche organische Säuren, die in Kohlenwasserstoffen, wie z. B. Benzol oder Xylol gelöst waren, wurde untersucht. In Abwesenheit von Oxydationsmitteln war die Korrosion oft unbedeutend (TURNBULL und FREY [1207], PRUTTON und DAY [982]). Bei Korrosionsversuchen in Schmierölen bei 150 °C erwies sich der Peroxydgehalt und nicht die Acidität des Öles als ausschlaggebend für die Haltbarkeit von Blei (WILSON und GARNER [1276]). Ein Fall von Korrosion in Benzol konnte auf einen Salpetersäuregehalt zurückgeführt werden. Auch in einer etwa 0,22 n-Lösung von Jod in Benzol bzw. Iso-Oktan wurde Blei stark angegriffen (GINDIN und PAVLOVA [384]). Gefäße für die Leichtölsäurewäsche bei der Gewinnung von Kokereinebenprodukten sind oft mit Blei ausgekleidet. Während seine Korrosionseigenschaften hierbei recht günstig sind, befriedigt es in mechanischer Hinsicht nicht (TICE [1196]). Blei wird ferner für Isolierölbehälter empfohlen (ORNSTEIN und Mitarbeiter [923]). In Sprit bzw. absolutem Alkohol soll verbleites Eisen beständig sein (DIETRICH [249]). Beständigkeit gegen 96%igen Alkohol zeigten auch orientierende Versuche der Bleiforschungsstelle, während anderwärts schlechtere Erfahrungen gemacht wurden (EISENSTECKEN und ROTERS [273]). Beim Angriff von Methyl- und Äthylalkohol auf Blei bilden sich Alkoholate. Bezüglich weiterer Hinweise über die Beständigkeit von Blei wird auf die „Dechema Werkstoff-Tabelle" und die „Korrosionstabellen metallischer Werkstoffe" hingewiesen (RABALD und BRETSCHNEIDER [988], RITTER [1012]).

4. Bleianoden

Von den positiven Platten der Akkumulatoren soll hier abgesehen werden, da diese anderwärts behandelt werden. Es sei in erster Linie die Anwendung des Bleies als Anodenwerkstoff bei der Gewinnung von Elektrolytzink genannt. Eine untereutektische (arsenhaltige) Blei-Silber-Legierung, das sog. Taintonblei, hat sich hier am günstigsten erwiesen (TAINTON und Mitarbeiter [1162], EGER [270], S. 86). Daneben zeigte unter 28 geprüften Legierungen Blei Thallium im Laboratorium gute Beständigkeit, wenn auch kein erniedrigtes Anodenpotential. Besonders günstig verhielten sich Blei-Kalzium-Silber-Legierungen (HANLEY und Mitarbeiter [486]).

Die Korrosion der Anoden der Zinkelektrolyse wurde in weiteren Arbeiten eingehend untersucht. Gegossenes und gewalztes Weichblei (99, 965%), Blei mit 0,96% Ag und mit 2% Ag, ferner eine Legierung mit 0,22% Cd + 0,05% Ag wurden berücksichtigt (CAMBI und PIONTELLI [168]). Die Korrosion wurde mikroskopisch untersucht, der Bleidioxydschlamm, der Bleigehalt des kathodisch abgeschiedenen Zinks und das Anodenpotential nach kurzem Ausschalten des Stromes wurden bestimmt. Blei-Silber-Legierungen zeigten das günstigste Verhalten, d. h. geringe Verunreinigung der Kathoden, geringe Korrosion der Anoden und niedriges Anodenpotential, also verminderte Sauerstoffüberspannung.

Die PbO_2-Schicht auf den Anoden hat hier einen besonders guten Zusammenhalt. Gegossenes Elektrolytblei zeigte im Gegensatz zu nicht umgeschmolzenem Weichblei bei Stromdichten über 1000 A/m² zwischenkristallinen Angriff. Günstig wirkt sich bei der Elektrolyse ein kleiner Gehalt des Bades an Mangan- und Kobaltsalzen aus. Bleigehalte in den Kathoden entstehen bei Stromdichten unter 300 A/m² durch den Bleisulfatgehalt der Lösung. Bei höheren Stromdichten gelangt suspendiertes PbO_2 mechanisch oder durch Elektrophorese in die Kathoden. Die Löslichkeit von Blei in einem Zinksulfat-Schwefelsäure-Elektrolyten ist bei einem Gehalt an $ZnSO_4$ von 30 bis 120 g/l und an H_2SO_4 von 50 bis 300 g/l von der Schwefelsäurekonzentration und der Temperatur, aber kaum vom Zinksulfatgehalt abhängig (WATANABE und FUKUSHIMA [1242]). Die Löslichkeit fällt mit steigendem Schwefelsäuregehalt, steigt dagegen bei einer Temperaturerhöhung von 1 Grad um 0,11 bis 0,16 mg/l.

REY und Mitarbeiter [1005] berücksichtigten bei ihren Versuchen nur Feinblei (99,994%) und Blei-Silber. Der gesamte Korrosionsvorgang der Anoden wurde in seine Teilvorgänge zerlegt, indem z. B. das gelöste und das suspendierte Blei bestimmt, sowie mit und ohne Strom gearbeitet wurde. Frische und gebrauchte Anoden, ferner solche aus mit Bleioxyd bedecktem Platin wurden geprüft. Blei-Silber-Legierungen erwiesen sich ebenfalls dem Feinblei weit überlegen. Vor allem zeigten sie schon im frischen Zustand kaum einen Angriff, die Bildung von suspendiertem PbO_2 wurde ganz unterbunden. Geringe Beimengungen von Kobalt im Elektrolyten verminderten die Bildung dieses Schlammes auch aus reinem Blei. Kobalt soll hierbei ein leichteres Entweichen von Sauerstoff bewirken, so daß dieser nicht bis zum Blei vordringt. SMIALOWSKI [1127] zieht ähnliche Schlüsse hinsichtlich der günstigen Wirkung von 1% Ag als Legierungselement und von Kobaltionen im Elektrolyten aus der Abhängigkeit der Passivierungszeit von der Stromdichte. Chlorionen im Elektrolyten verzögern hiernach die Passivierung.

KIR'YAKOV [667] stellte umfangreiche Versuche zur Stabilität von zahlreichen Bleilegierungen bei der Elektrolyse von Sulfatlösungen an. Zunächst wurden die Proben in 2 n-Schwefelsäure bei 25 °C mit etwa 400 A/m² für etwa 3 bis 4 Wochen anodisch belastet. Dann wurden auch Stromdichten bis 10000 A/m², Temperaturen bis 50 °C und Konzentrationen von 2 bis 6 n-Schwefelsäure angewandt. Als Kathodenwerkstoff diente Reinblei. Anoden aus Blei mit 1% Ag verhielten sich recht günstig. Durch Zulegieren von weiteren Elementen wie Thallium oder Zinn, die mit Blei eine feste Lösung bilden und die Verteilung von Silber verbessern, wurde die Beständigkeit der Anoden weiter erhöht. Besonders gute Eigenschaften zeigte eine Legierung mit 1% Ag, 0,3% Sn und 0,02% Co. Kalzium und Selen schützten nur vorübergehend. Gold und Quecksilber wirkten schädlich. Zinn, Kalzium, Barium und Strontium erleichterten die Bildung von schützenden Überzügen auf dem Blei; Kobalt und Arsen erhöhten die Wirkung dieser Überzüge, ebenso Chlorionen. Die Korngröße des Anodenmaterials hatte keinen nennenswerten Einfluß auf den Korrosionsangriff. Die Erhöhung der Stromdichte, der Temperatur und der Säurekonzentration erniedrigte nur geringfügig die Beständigkeit der Blei-Silber-Legierungen, vergrößerte aber die Menge des Anodenschlammes und verringerte die Dicke des Anodenfilms.

Auch der Zusammenhang zwischen der Beständigkeit und dem Potential zahlreicher Anodenlegierungen wurde untersucht (KIR'YAKOV und STENDER [668]). Die Potentiale von Bleilegierungen, die beständiger als Reinblei sind, waren negativer als das Potential von reinem Blei. Für unbeständigere Legierungen gilt das Entgegengesetzte. Die Anwesenheit von Chlor- und Kobaltionen im Elektrolyten erniedrigte das Potential bei allen Anoden. Manganionen hatten praktisch keine Wirkung. Ähnlich wie bei den Untersuchungen über den Einfluß von Legierungselementen auf die Beständigkeit von Blei in Schwefelsäure (S. 267) wurden kurzgeschlossene Lokalelemente aus Reinblei und dem betreffenden Legierungselement hergestellt und anodisch belastet. Die Messung des Potentials und der Stromdichte erfolgte in Sulfaminsäure und nicht in Schwefelsäure als Elektrolyten, damit sich kein Überzug aus Bleioxyd bilden konnte. Silber und Thallium schützten Blei trotz ihres hohen Potentials, jedoch Kobalt nur zum Teil. Kalzium und andere elektronegative Metalle wirkten nur so lange wie sie im Elektrolyten in Lösung gehen konnten. Gold und Quecksilber förderten den Angriff auf Blei auch unter diesen Versuchsbedingungen.

KIR'YAKOV [666] fand, daß die Korrosion nicht von der Dicke und der Porosität des schützenden Films abhängt.

Anoden aus Blei oder Hartblei werden bei der elektrolytischen Fällung von Kupfer aus schwefelsauren Lösungen im Zuge der Gewinnung von Kupfer auf nassem Wege angewandt. Ferner werden bei der elektrolytischen Kadmiumgewinnung bevorzugt Bleianoden mit 1% Silber eingesetzt. Die Verwendung von Blei bringt Schwierigkeiten, wenn die Laugen Chlor oder Salpetersäure enthalten (FINK und ELDRIDGE [318], TAFEL [1159]). Auch in der Verchromungsindustrie sind gewalzte Anoden aus Blei oder Hartblei im Gebrauch. Der Elektrolyt besteht aus Chromsäure mit verschiedenen Zusätzen. Die Bleianoden überziehen sich wie üblich mit einer Schicht von Bleidioxyd. Weichblei soll sich bei ununterbrochenem Betrieb, Blei-Antimon bei einem Betrieb mit Zwischenpausen am günstigsten verhalten (BAKER und MERKUS [34]). Auch Blei-Zinn-Legierungen, tellurhaltige Legierungen ([603], MORRAL und BRAY [871]) usw. werden angewandt. Angaben über die Form und den Einbau der Anoden finden sich bei FRIEDBURG [340]. Zur Innenvernicklung von Bohrungen in einem Nickelsulfat-Borsäureelektrolyten wird Blei als Anode vorgeschlagen (HOTHERSALL und GARDAM [597]). Bei der Elektrolyse von Mangansulfat kann die Abscheidung von Manganoxyd auf der Bleianode durch mechanische Behandlung der Anodenoberfläche, vorangehende Elektrolyse von Kobaltsulfat mit der gleichen Anode, Zusatz von Kobaltsalzen zur Lösung und durch Anwendung einer Anode mit 1% Ag verhindert werden (NISHIHARA [899]).

Als Anode für den kathodischen Schutz von Stahl mit Hilfe einer von außen angelegten Spannung schlägt MORGAN [868] statt Platin, Eisen-Silizium oder Graphit eine Legierung mit 93% Pb, 6% Sb und 1% Ag vor. Die Auflösungsgeschwindigkeit dieser Anode ist sehr klein.

5. Das Verhalten von Blei gegenüber Wasser

a) Destilliertes Wasser ohne Luftzutritt. Nach der Theorie der elektromotorischen Kräfte sollte Blei aus reinstem Wasser Wasserstoff freimachen. Dabei reichert sich aber das Wasser an Bleiionen und Hydroxylionen an, die „Metallelektrode" wird folglich zunehmend edler, die „Wasserstoffelektrode" zunehmend unedler, bis die Wasserstoffentwicklung und die Auflösung des Bleies bei gleichem Potential beider Elektroden zum Stillstand kommen. Läßt man die Überspannung des Wasserstoffs an Blei außer acht, so wird nach einer Berechnung von WERNER [1261] dieses Gleichgewicht schon bei einer Konzentration von etwa $10^{-9,5}$ Grammatom Bleiionen je Liter Wasser erreicht. Der p_H-Wert des Wassers sollte bei diesem Vorgang von 7 auf etwa 7,0015 ansteigen. Bei geringer Azidität des Wassers, wie sie häufig durch gelöstes CO_2 hervorgerufen wird, steigt die Bleilöslichkeit schnell. So ist das oben genannte Gleichgewicht bei $p_H = 5$ erst bei einer Konzentration von etwa $10^{-5,5}$ Grammatom Bleiionen je Liter, entsprechend ca. 0,6 mg Blei je Liter Wasser erreicht. Die experimentellen Ergebnisse, die man etwa einer älteren Zusammenstellung des Schrifttums (GMELIN-KRAUT [388]) entnehmen kann, bestätigen im großen und ganzen den geforderten geringen Angriff von Blei durch reinstes, luftfreies Wasser. MARKOVIC [797] untersuchte mit Hilfe von Polarisationskurven die Entstehungsart von Bleihydriden in dest. Wasser, wie z. B. von Pb_2H, PbH und PbH_2. Die Messungen wurden unter einer Stickstoffatmosphäre ausgeführt. Die Bleihydride sind hiernach als chemisch oder physikalisch an der Bleielektrode adsorbierte Verbindungen zu betrachten.

b) Destilliertes Wasser unter Luftzutritt. Blei wird von dest. lufthaltigem Wasser stark angegriffen. Potential-Zeit-Messungen zeigten (MARKOVIC [797]), daß das Potential einer Bleielektrode in lufthaltigem dest. Wasser mit zunehmender Eintauchtiefe edler wird, d. h. die Zersetzung wird um so geringer, je größer der Abstand zwischen Blei und Wasseroberfläche ist. Diese Tatsache kann als Einfluß der Diffusion des

Sauerstoffes auf die Korrosion verstanden werden. Neben dem Sauerstoff kommt dem Kohlensäuregehalt der Luft bzw. des Wassers eine ausschlaggebende Rolle zu (BAUER und WETZEL [65], BAUER und SCHIKORR [61]). Der Angriff von Blei ist am stärksten und verläuft unaufhaltsam, wenn auf das kohlensäurefreie dest. Wasser kohlensäurefreie bzw. -arme Luft einwirkt (Angriffsart II). In der Flüssigkeit bildet sich sofort nach dem Einhängen der Proben eine weiße Trübung. Auf der Flüssigkeitsoberfläche entsteht eine weiße Haut aus basischem Bleikarbonat der Zusammensetzung $PbCO_3 \cdot Pb(OH)_2$. OŠIS [928] beobachtete als Korrosionsprodukt in belüftetem dest. Wasser bei einem p_H-Wert von 8,6 ein basisches Bleikarbonat der Zusammensetzung $2\,PbCO_3 \cdot Pb(OH)_2$. Die Lösung enthält bei völliger Abwesenheit von Kohlensäure etwa 100 mg Blei im Liter (vgl. Tab. 22, ZINK [1305]). Sie reagiert alkalisch, entsprechend einem p_H-Wert von 9,5 bis 9,7. Die Oberflächenhaut zieht infolge dieser alkalischen Reaktion die wenige Kohlensäure der Luft an und verhindert ihr Eindringen in die Flüssigkeit. Die Haut sinkt mit zunehmendem Dickenwachstum von Zeit zu Zeit zu Boden und wird immer wieder ersetzt. Eine Schutzschicht kann sich auf dem Metall nicht bilden. Seine Oberfläche erscheint geätzt, sie ist bedeckt mit Kriställchen von Bleihydroxyd und Bleioxyd. Am meisten werden vorher mechanisch beanspruchte Stellen auf dem Blei angegriffen.

Ist das Wasser reicher an Kohlensäure, so ist der Angriff schwächer, da sich auf dem Blei eine Schutzschicht bildet (Angriffsart I). Die Kurve der Gewichtsverluste in Abhängigkeit von der Zeit hat dementsprechend eine Abflachung (Abb. 286). Das grau angelaufene Blei zeigt weiße Ausblühungen, vermutlich von basischem Bleikarbonat. Sie setzen sich mit Vorliebe an mechanisch beanspruchten Stellen fest.

Die Angriffsart II konnte in die Angriffsart I durch Vergrößerung der Wasseroberfläche übergeführt werden. Das in Lösung gehende Bleihydroxyd genügte nun nicht, die Oberflächenhaut auf dem Wasser zu erzeugen und sie dauernd nachzuliefern. Eine ähnliche Wirkung wird von einer Bewegung des Wassers erwartet (SCHIKORR [1060]).

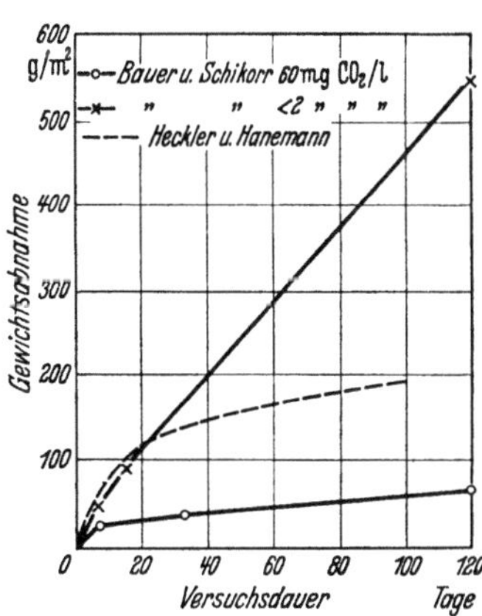

Abb. 286. Angriff von Blei in destilliertem Wasser nach verschiedenen Bearbeitern

Die Angriffsart I kann auch in kohlensäurearmem Wasser eintreten, wenn das Blei schon vor dem Einbringen in die Flüssigkeit eine Schutzschicht besitzt (BAUER und SCHIKORR [61]). Diese wird durch die Einwirkung von Feuchtigkeit bei Vorhandensein des normalen Kohlensäuregehaltes der Luft gebildet. Der Schutzfilm wird bei mechanischer Beanspruchung zerstört und kann dann in kohlensäurefreiem Wasser nicht mehr nachgebildet werden, so daß die Korrosion nach Angriffsart II an diesen Stellen kräftig verläuft.

Das Vorhandensein einer Schutzschicht auf Grund verschiedener Vorbehandlung konnte durch Potentialmessungen in kohlensäurearmem dest. Wasser geprüft werden. Das berechnete Potential von Blei in gesättigter $Pb(OH)_2$-Lösung gegen die Normal-Wasserstoffelektrode wurde zu $-0,23$ V angegeben. Die Messungen an Bleiproben ohne Schutzschicht oder mit einer durch Biegen zerstörten Schutzschicht ergaben Werte, die dauernd unedler waren. Der Grund könnte in einer geringeren Löslichkeit von $Pb(OH)_2$ als der angenommenen liegen. Die Proben mit Schutzschicht dagegen hatten dauernd ein um etwa 0,09 V edleres Potential. Der geschilderte hemmende Einfluß der Kohlensäure auf den Angriff von Blei durch dest. Wasser wurde auch von anderen Beobachtern bestätigt (ZINK [1305], LIDDIARD und Mitarbeiter [748]). Es wurde hierbei festgestellt, daß bei hohen Kohlensäuregehalten der Angriff wieder zunimmt, da nunmehr Bleikarbonat bzw. basisches Bleikarbonat als Bikarbonat in Lösung geht (GMELIN-KRAUT [388]).

Auch die Korrosionsversuche von HECKLER [501] bestätigten im wesentlichen die angeführten Ergebnisse. Reinstes Blei zeigte in gewöhnlichem dest. Wasser ein zwischen der Korrosionsart I und II liegendes Verhalten (vgl. Abb. 286). Durch einen höheren Kohlensäuregehalt des Wassers wurde der Angriff vermindert. Die Prüfung der verschiedenen im Abschnitt „Schwefelsäurekorrosion" aufgezählten Legierungen ergab keine besonderen Unterschiede. Lediglich die Blei-Wismut-Legierungen fielen durch einen etwas stärkeren, die Blei-Kalzium-Legierungen durch einen bedeutend geringeren Angriff auf. Zusätzliche Versuche ergaben aber, daß dieses günstige Verhalten von Blei-Kalzium bei sehr niedrigem CO_2-Gehalt nicht mehr vorhanden ist.

Der Einfluß von Zusätzen im dest. Wasser auf die Löslichkeit von Blei wurde im Abschnitt „Salzlösungen" behandelt.

c) Leitungswasser, Meerwasser. Über den Angriff von Bleirohren durch Leitungswasser besteht mit Rücksicht auf die hygienische Bedeutung dieser Frage ein großes Schrifttum. Es soll daher nur das Ergebnis einiger ausgewählter Arbeiten besprochen und bezüglich weiteren Schrifttums auf diese hingewiesen werden.

Kaltwasserleitungen aus Blei werden nach KLUT [679] vor allem angegriffen:

1. Von weichen, lufthaltigen Wässern. Der Angriff ist um so stärker, je weicher und sauerstoffreicher das Wasser ist. Unterstützend wirkt die Gegenwart von organischen Säuren, deren Bleisalze wasserlöslich sind.

Diese kommen vor allem in Wasser aus Moorgegenden vor (HEAP [*500*]). Die Wurzelfasern der Blaubeere und des Heidekrauts enthalten Chinasäure, die die Ausfällung von Bleikarbonat und damit die Bildung eines schützenden Überzuges auf den Bleirohren verhindert (EVANS [*297*]).

2. Von allen Wässern, die aggressive Kohlensäure enthalten, d. h. Kohlensäure, die Kalk auflöst. Aggressive Kohlensäure ist nicht identisch mit freier Kohlensäure, da diese bis zu einem gewissen Betrag Kalk nicht angreift. Zwecks Erläuterung dieser Begriffe sei darauf hingewiesen, daß die Auflösung von Kalk in Kohlensäure zur Bildung von löslichem Bikarbonat führt:

$$CaCO_3 + H_2CO_3 = Ca(HCO_3)_2$$

Der Vorgang ist umkehrbar und verläuft bei einem vorhandenen Überschuß an Kalk nicht bis zum völligen Verbrauch der Kohlensäure. Ein bestimmter Betrag von H_2CO_3 bzw. CO_2 ist als freie, sog. zugehörige Kohlensäure vorhanden. Nur der Betrag, der die Menge der zugehörigen Kohlensäure überschreitet, ist aggressive Kohlensäure, hat also die Fähigkeit, weiteren Kalk aufzulösen (CARIUS und SCHULZ [*180*]). Die schädliche Wirkung aggressiver Kohlensäure auf Bleirohre beruht vor allem auf der Auflösung von Kalk, da die Schutzschicht, falls gebildet, zum größten Teil aus kohlensaurem Kalk besteht. Daneben besitzt überschüssige Kohlensäure die Fähigkeit, auch Bleikarbonat bzw. basisches Bleikarbonat, das sich auf dem Blei niedergeschlagen hat, wieder aufzulösen (S. 290). Es genügt im übrigen nicht, das Karbonatgleichgewicht eines Wassers allein zu berücksichtigen, wenn dieses gleichzeitig organische Bestandteile enthält (MILES [*854*]). Darüber hinaus sind bei Blei die Bedingungen noch dadurch verschärft, daß es nicht nur auf die Beständigkeit der Rohre allein ankommt, sondern auch auf einen möglichst geringen Bleigehalt des Wassers. Es soll noch bemerkt werden, daß Punkt 1 und 2 sich zum Teil überschneiden.

3. Ganz allgemein von Wässern, die nicht allmählich auf dem Blei einen festhaftenden, dichten Wandbelag von kohlensaurem Kalk erzeugen. Im allgemeinen bildet sich dieser Belag bei einer Karbonathärte des Wassers von über 7 Härtegraden. Er kann aber bei alkalischem Charakter des Wassers auch noch bei niedrigeren Härtegraden erzeugt werden (S. 292). Einen Karbonatgehalt entsprechend etwa 7,5 deutschen Härtegraden besitzt z. B. das Wiener Hochquellwasser (MEYER [*848*]). Da es etwas aggressive Kohlensäure enthält, stellt es bezüglich der Verwendung von Bleirohren einen Grenzfall dar. Die Bleiaufnahme aus den Leitungsrohren übersteigt nicht das zulässige Maß, wie es auch in der erwähnten Arbeit geschildert wird (S. 292).

Die Bildung einer Kalk-Bleikarbonat-Schutzschicht in Wasser mit genügender Karbonathärte kann man sich gemäß der elektrochemischen

Korrosionstheorie etwa in folgender Weise vorstellen (EVANS [297]). Die Bleioberfläche ist, z. B. infolge unterschiedlicher Strömungsgeschwindigkeit des Wassers, nicht gleichmäßig mit Luft versorgt. Infolgedessen bilden sich Belüftungselemente, wobei die sauerstoffreicheren Gebiete Kathode sind. An den anodischen Stellen geht Blei in Lösung. An der Kathode wird eine äquivalente Menge Wasserstoffionen entladen und durch den gelösten Sauerstoff zu Wasser oxydiert. Da die Alkalität der Lösung somit an der Kathode steigt, wird hier das oben dargestellte Kalziumbikarbonat-Kohlensäure-Gleichgewicht gestört und kohlensaurer Kalk ausgefällt. Dadurch wird die kathodische Reaktion auf andere Stellen abgedrängt und so allmählich die ganze Innenwand des Rohres mit Kalk überzogen. In ähnlicher Weise wie die Entstehung von Kalziumkarbonat kann man sich auch die Ausfällung von Bleikarbonat aus gelöstem Bleibikarbonat vorstellen. Die Bildung von Kalziumkarbonat durch den geschilderten elektrochemischen Prozeß wurde für eine belüftete Platinelektrode durch quantitative Versuche nachgewiesen (SCHIKORR [1059]). Es besteht somit große Wahrscheinlichkeit, daß auch die Vorgänge in Bleirohren in ähnlicher Weise ablaufen.

4. Von allen gegen die Indikatoren Lackmus und Rosolsäure nicht alkalisch reagierenden Wässern. Diese Bedingung ist im wesentlichen in den bisher behandelten Punkten enthalten. Z. B. reagiert Wasser mit viel überschüssiger Kohlensäure nach Punkt 2 kaum alkalisch. So hatten z. B. 4 Wässer, die stark bleilösend waren und zu Gesundheitsschädigungen führten (NACHTIGALL [889]), p_H-Werte zwischen 4,7 und 6,8. Die obige Formulierung von KLUT [679], die etwa mit einem p_H-Wert von 8 identisch ist, dürfte aber etwas zu streng gefaßt sein. NACHTIGALL [889] verlangt einen p_H-Wert von 8 nur für Wasser mit 0 bis 3 Grad Karbonathärte. Der für die Ausfällung von Kalziumkarbonat notwendige p_H-Mindestwert sinkt mit zunehmender Karbonathärte und beträgt bei über 7 Härtegraden nur noch 7,4 bis 7,5. Es sei bemerkt, daß von dem obenerwähnten Wiener Wasser alkalische Reaktion (d. h. $p_H > 7$) angegeben wird (MEYER [848], S. 291).

Nach HAASE [460] begünstigen Gehalte des Wassers an Chloriden, Sulfaten, H_2S, vor allem an Nitraten, Nitriten und Ammonsalzen die Bleilöslichkeit, sofern kein dichter Schutzfilm von Kalziumkarbonat gebildet wird. Da die Angaben offenbar auf ältere Untersuchungen zurückgehen, in denen mit dest. Wasser gearbeitet wurde, führte HÖLL [545] eine Nachprüfung durch und verwandte dazu Leitungswasser der verschiedensten Zusammensetzung. Weder Chloride, Nitrite, Nitrate noch Ammonsalze in Mengen, wie sie praktisch in Trinkwasser vorkommen können, erhöhten die Bleilöslichkeit. Bei sehr hohen Gipsgehalten des Wassers von über 250 mg SO_4/l trat ein leicht vermehrter Angriff auf (vgl. BAUER und WETZEL [65]). Eine Erdung von Rundfunkantennen an

Bleirohren hatte keinen Einfluß auf die Bleilöslichkeit. Die Versuche wurden in einem Bleirohr durchgeführt, das, offenbar nacheinander, mit Wässern verschiedener Zusammensetzung einen Tag lang gefüllt wurde. Dieses Verfahren ist nicht ganz einwandfrei, da das Bleirohr wohl schon eine Schutzschicht besaß.

Die Beurteilung des Sauerstoffs bei dem Angriff von Wasser auf Bleirohre ist nicht einheitlich. Da zur Auflösung von Blei auf alle Fälle Sauerstoff notwendig ist, kann dieser in aggressiven Wässern den Angriff fördern; daher wird vielfach ein Leerstehen der Leitungen wegen des Eindringens von Luft abgelehnt (NACHTIGALL [889]). Andrerseits ist der Sauerstoff, wie sich z. B. aus den oben angeführten elektrochemischen Vorstellungen ergibt, auch notwendig für die Bildung einer Schutzschicht. Auf die verschiedenartige Beurteilung der Kohlensäure wurde bereits hingewiesen.

Die Gegenmittel gegen die bleilösende Wirkung von Trinkwasser können am Wasser oder am Rohrwerkstoff angesetzt werden. Dem Wasser kann in erster Linie der aggressive Charakter durch Entsäuern genommen werden. Dies geschieht durch Behandlung mit kohlensaurem Kalk und Ätzkalk, wobei letzterer nicht mit dem Blei in Berührung kommen darf, bei hartem Wasser auch durch Entlüften (HAASE [460]). Bei weichem Wasser mit organischen Bestandteilen, wie z. B. in Moorgegenden, soll eine Aufbereitung mit Aluminiumsulfat in Verbindung mit Alkalien Vorteile bringen (MILES [854]). Zur Erhöhung der Beständigkeit der Bleirohre wurden diese früher häufig geschwefelt. Es besteht aber die Gefahr, daß das gebildete, schwer lösliche Bleisulfid durch Sauerstoff zu Bleisulfat oxydiert wird, dem in Wasser eine beträchtliche Löslichkeit zukommt (S. 261). Durch Legieren kann die Beständigkeit des Bleies kaum erhöht werden. Höchstens den Blei-Kalzium-Legierungen kommt nach HECKLER [501] unter gewissen Umständen größere Beständigkeit zu. Andrerseits wird durch geringe Beimengungen anderer Metalle in Blei nach dieser Untersuchung die Korrosionsbeständigkeit — in Berliner Leitungswasser — auch kaum herabgesetzt. Ähnliches wurde für Hartbleirohre mit 1% Sb (BAUER und SCHIKORR [60], NAUMANN [891]), mit 0,5% Sb + 0,25% Cd und 0,8% Sb + 0,2% Sn + 0,03% Na (BRADY [123]), ferner für Rohre aus Blei-Natrium und Blei-Kalzium[1], sowie für Blei-Arsen-Kadmium-Legierungen festgestellt (SORRENTINO und INTONTI [1137]).

Ein sicheres Mittel, um eine Bleiaufnahme des Wassers zu verhindern, ist die Verwendung von Bleirohren mit Zinneinlage (S. 413). Sie dürfen aber keine Beschädigungen aufweisen, da sonst das Blei lochartig angefressen wird (HAASE [460]).

---

[1] Nach freundlicher Mitteilung des Bleiwerks Goslar K. G.

Die zulässige Grenze des Bleigehaltes wurde bisher mit 0,3 mg im Liter, etwa ,,nach 9stündigem Stehen in einem bereits längere Zeit durchflossenen Bleirohr üblicher Weite" angegeben (Gas und Wasserfach [360]). Heute wird oft die Ansicht vertreten, daß man als Dauergehalt von Blei in Wasser höchstens 0,1 mg erlauben solle (Müller [878]).

An Bleirohren für Abwässer beobachtet man nach Schmeling und Röschenbleck [1068] gelegentlich einen ausgeprägten Lochfraß. Er ist an die Entstehung von Schwefelwasserstoff aus Abfällen und die dadurch ausgelöste Bedeckung der Bleioberfläche mit Bleisulfid gebunden. Bleisulfid besitzt eine gute elektrische Leitfähigkeit und betätigt sich als Kathode. Demgegenüber stellen die nicht bedeckten oder die mit Karbonat bedeckten Teile der Oberfläche die Anode dar und werden bis zum Durchbruch angefressen.

Blei ist mit 0,4 g/m² · Tag Abtragung gegen Meerwasser verhältnismäßig beständig, wie mehrjährige Versuche an Ort und Stelle (Friend [346]) und auch Laboratoriumsversuche (Bauer und Wetzel [65]) ergeben haben. Es bilden sich Deckschichten, etwa von Bleichlorid, -oxychlorid, -sulfat oder -chlorokarbonat, die den weiteren Angriff hemmen (Haehnel [467]). Blei wird daher für Seekabel und im Schiffbau angewandt. Immerhin ist nicht mit einer Beständigkeit des Bleies in Meerwasser durch säkulare Zeiträume hindurch zu rechnen, wie Haehnel [464] an verschiedenen historischen Beispielen zeigte.

Er beschreibt die Korrosion eines armierten Wasserleitungsrohres aus Blei in der Bucht von Rio de Janeiro, das nach 20 Jahren infolge stellenweiser Durchfressung ausgebaut werden mußte. Hierbei scheinen aber außerordentlich große Schwankungen im Zinngehalt des legierten Rohres mitgespielt zu haben, da auch auf der mit Süßwasser bespülten Innenseite reihenweise zahlreiche kleine Anfressungen aufgetreten waren, was sonst bei Wasserleitungsrohren eine Seltenheit ist. Einen weitgehenden Schutz gegen Korrosion durch Seewasser bildet nach dieser Arbeit Bedeckung des Bleies mit Sand oder Schlick. Andrerseits ist die Korrosionsgefahr an nicht eingeschlickten Bleirohren in den oberen Meeresschichten besonders groß, da durch Luftblasen und Wellengang die Ausbildung der Schutzschicht beeinträchtigt wird.

Während reines Blei gegen Erosion in bewegtem Seewasser sehr empfindlich ist, wird einer Legierung mit 40% Zinn ebenso wie reinem Zinn gute Beständigkeit zugeschrieben. Es werden daher auch ausreichend dicke Überzüge aus Blei-Zinn-Legierungen für Kupfer empfohlen, um es gegen Erosion in Seewasser zu schützen (Uhlig [1211]).

6. Das Verhalten von Blei im Erdboden

a) Bodenkorrosion. Die Frage der Bodenkorrosion ist vor allem für Erdkabel (S. 388) und für Wasserleitungsrohre von Wichtigkeit. Für die in Röhren eingezogenen Kabel gelten etwas andere Bedingungen, die in Absatz b) behandelt werden. Die Besprechung der Bodenkorrosion unter Mitwirkung vagabundierender Ströme erfolgt in Absatz c).

Über die Bodenkorrosion liegt eine Reihe von grundlegenden Arbeiten vor. Vom National Bureau of Standards wurden im Anschluß an frühere, seit 1922 laufende Untersuchungen (LOGAN und Mitarbeiter (*761, 762, 763, 764*]) im Jahre 1937 Rohrproben aus drei verschiedenen Bleisorten und 1941 noch Rohrproben einer weiteren Bleisorte in fünfzehn analysierten Böden verschiedener Beschaffenheit eingegraben (DENISON und ROMA-NOFF [*246*]). Laboratoriumsuntersuchungen an Korrosionszellen mit einer Reihe von diesen Böden als Elektrolyten zeigten, daß die Korrosion von Blei überwiegend anodisch kontrolliert wird. Nur in reduzierender Umgebung, die viel organische Zersetzungsprodukte enthielt, änderten sich die Verhältnisse. Waren aber in derartigen Böden gleichzeitig viel Sulfate und Chloride zugegen, dann wurde die Korrosion wieder anodisch gesteuert (DENISON [*245*]). Bei den seit 1937 vergrabenen Proben handelt es sich um chemisches Blei (s. S. 8) mit 0,056% Cu, 0,002% Bi, 0,0011% Sb; Blei-Tellur mit 0,08% Cu, 0,0011% Sb, 0,043% Te und ein Hartblei mit 0,036% Cu, 0,016% Bi, 5,31% Sb. Das vierte Rohr ergab keine neuen Gesichtspunkte und soll daher hier unberücksichtigt bleiben. Die Gewichtsverluste der Proben und die Tiefe der etwa auftretenden Anfressungen wurden in Abständen von einigen Jahren untersucht.

Es zeigte sich grundsätzlich, daß die unterschiedliche Zusammensetzung des Bleies praktisch keinen Einfluß auf seine Korrosion ausübt und daß mit einer genügenden Beständigkeit von Blei in unmittelbarer Berührung mit dem Erdboden nicht überall zu rechnen ist. Die Korrosionsgefahr ist jedoch bedeutend geringer als bei Eisen. Viele Bleiproben wiesen lochartige Anfressungen auf. Allerdings nur in zwei Fällen durchdrangen die Pittings mehr als die halbe Rohrwand. Dabei waren im ersten Fall die Proben in Schlacke, im zweiten Fall in einem schwach belüfteten Boden vergraben. In beiden Fällen lag nur ein mäßiger Sulfatgehalt vor. In alkalischen Böden, die ziemlich gut belüftet waren, konnte eine gewisse Hemmung der Korrosion durch Bikarbonat-, Chlorid- und Sulfationen erkannt werden. Die Böden waren anderen mit gleicher Belüftung, jedoch mit einem geringeren Gehalt an löslichen Salzen überlegen. Allgemein zeigte sich, daß mit steigender Belüftung der Korrosionsangriff und besonders die Neigung zur Lochfraßbildung abnahm (Abb. 287).

Nach den früheren Untersuchungen des Bureau of Standards (LOGAN [*761*]) erfolgt das Wachstum von Pittings in sulfatfreiem Boden ohne Hemmung, also ungefähr proportional der Zeit, während es in sulfathaltigem Boden infolge Ausbildung einer Schutzschicht allmählich zum Stillstand kommt. Die Beobachtungen an einer größeren Zahl von Böden konnte man so deuten, daß die Korrosion mit zunehmendem Salzgehalt,

ausgedrückt durch den Anionengehalt $Cl^{1-} + (HCO_3)^{1-} + (SO_4)^{2-}$, abnimmt[1]. Die Korrosion nur in Abhängigkeit von der Summe der Salz-
gehalte eines Bodens zu betrachten, dürfte aber eine zu weitgehende Vereinfachung bedeuten.

In den älteren Arbeiten des National Bureau of Standards (LOGAN
und Mitarbeiter [761—764]) wurde im großen und ganzen ein etwas

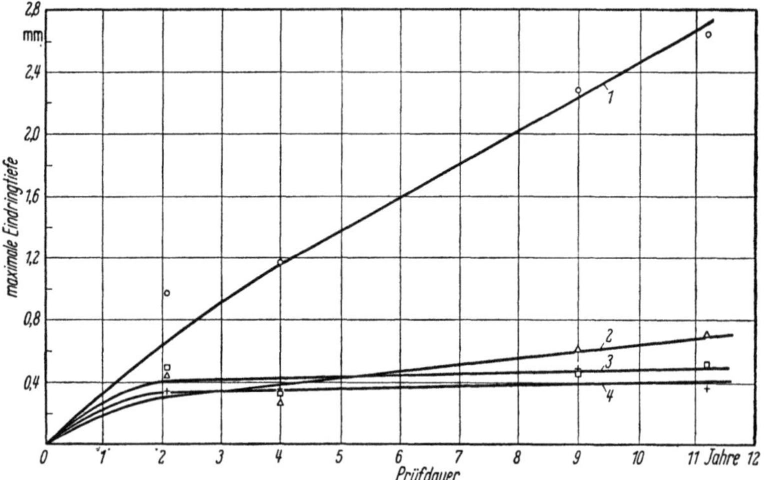

Abb. 287. Tiefenwachstum von Pittings in Blei in verschiedenen Böden. Nach DENISON und ROMA-
NOFF [246].
1 Lake Charles clay (Ton), sehr wenig belüftet; 2 Rifle peat (Torf), wenig belüftet; 3 Docas clay (Ton),
wenig belüftet; 4 Cecil clay loam (Tonlehm), gut belüftet

stärkerer Angriff bei Hartblei als bei Handelsblei beobachtet. Die Unterschiede zwischen beiden Bleisorten waren aber weit geringer als die
Unterschiede in verschiedenen Böden.

Ein etwas stärkerer Angriff an Blei mit 1% Sb, verglichen mit dem
von Weichblei, ergab sich auch in den Versuchen von ANDEREGG und
ACHATZ [18]. Günstiger noch als Weichblei verhielt sich hier eine Legierung mit 3% Sn.

Versuche der Bell Telephone-Company [156] erstreckten sich nur auf
5 Böden, 4 Jahre lang. Dafür wurden zahlreiche Legierungen berücksichtigt. Die in Abb. 288 dargestellten Gewichtsverluste zeigen, daß der
Boden von weit größerem Einfluß auf die Korrosion ist als die Art der
Legierung. Ähnliches folgte auch aus der Beobachtung der Pittings. Nur
die Blei-Zinn-Legierung wurde vollständig durchfressen (vgl. jedoch oben).

---

[1] Die Wirkung eines Chloridgehaltes wird nicht ganz einheitlich beurteilt. So
wurde z. B. an Museumsgegenständen, die aus salzhaltigem Boden stammten,
starker interkristalliner Zerfall beobachtet (MATIGNON [807]).

Von den bei Bell Telephone durch BURNS [156] untersuchten Böden verhielten sich sandige am günstigsten, tonige am ungünstigsten. Als korrodierende Bestandteile des Bodens werden angegeben: Nitrat- und Chlorionen (diese in größerer Konzentration), Alkalien, organische Säuren; als schützende Bestandteile: Silikate, Sulfate, Karbonate, Kolloide und gewisse organische Verbindungen. In den beiden letzten Fällen soll

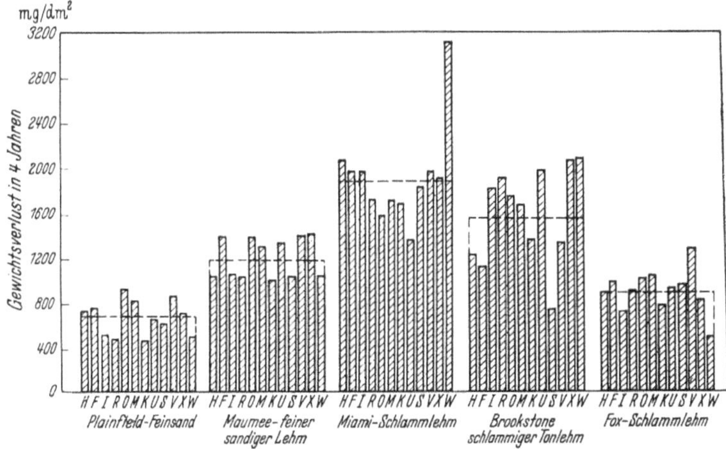

Abb. 288. Korrosion von Bleilegierungen in verschiedenen Bodenarten. Gestrichelt: Mittelwerte für einen Boden. Nach BURNS.
H Blei (99,94%); F „Chemisches Blei" (0,06% Cu); T Blei (99,85% Pb, Rest Bi); I H + 0,8% Sb; R T + 0,8% Sb; O F + 1,0% Sb; M F + 1% Sb, 24 Std. bei 107 °C; K H + 1% Sb; U H + 1% Sb + 0,06% Cu; S T + 1% Sb; V T + 1% Sb + 0,06% Cu; X F + 2,5% Sb, hinter der Presse abgeschreckt: W F + 3% Sn

kathodische Polarisation eintreten. Diese Angaben ermöglichen aber nicht, etwa die Wirkung eines bestimmten Bodens mit Sicherheit vorherzusagen, da immer mehrere Bedingungen zusammenwirken.

Ähnliche Angaben über die Wirkung verschiedener Böden fanden sich schon in den Arbeiten des Deutschen Reichspost-Zentralamtes. Dort werden weitere Beobachtungen mitgeteilt (HAEHNEL [466, 467, 468]). Besonders günstig ist ein niedriger Feuchtigkeitsgehalt des Bodens, da ja Feuchtigkeit eine der grundsätzlichen Voraussetzungen der (elektrochemischen) Korrosion ist. Daß Blei in Sandböden viel weniger gefährdet ist als in Ton beruht daher in erster Linie auf der guten Wasserdurchlässigkeit von Sand im Vergleich zu Ton. Mergel und Kalkböden begünstigen den Angriff. Die Zerstörung von Blei durch Kalkmörtel und Beton wurde an anderer Stelle behandelt (S. 281). Nachteilig ist ein starker Kohlensäuregehalt der feuchten Bodenluft, Humusgehalt des Erdbodens, Berührung mit Koks und Schlacke (HAEHNEL [466], ANDEREGG und ACHATZ [18]).

MARKOVIC [*796, 799*] führte elektrochemische Messungen an künstlich präparierten Bodenarten durch. Zum Beispiel wurde Quarz oder Montmorillonit (Tonmineral) bei 105 °C getrocknet und durch Zusatz von dest. Wasser oder von Kochsalzlösung auf den gewünschten Feuchtigkeitsgehalt gebracht. Es ergab sich, daß eine Bleielektrode in tonhaltigem Boden eine Doppelschicht, ähnlich derjenigen in einem Elektrolyten, ausbildet. Im allgemeinen ist Blei in feuchten Böden passiv. Durch Zusätze geeigneter Elektrolyten kann die Korrosion aktiviert werden. Der Wassergehalt des Bodens beeinflußt die Korrosion vor allem im Zusammenhang mit dem Sauerstofftransport (MARKOVIC und DUGI [*798*]). Böden, in denen ein häufiger Wasseraustausch stattfinden kann, sollen weniger angreifen als Böden mit geringer Wasserbewegung, da sich hier in der Nähe von Korrosionsstellen durch die Metallauflösung und die damit verbundene Wasserstoffentladung Hydroxylionen anreichern (HAASE [*461*]). Die Entstehung von Pittings, die statt der üblichen hellgefärbten Korrosionsprodukte eine schwarze Masse aus überwiegend Bleisulfid enthielten, wurde durch sulfatreduzierende Bakterien erklärt (REINITZ [*1004*]). Bei den Stoffwechselvorgängen dieser Mikroorganismen werden Sulfate und Sulfite zu Schwefelwasserstoff bzw. Metallsulfid reduziert. Diese Vorgänge laufen vor allem in luftarmer, feuchter Umgebung, wie z. B. in Schlamm und Abwässern, ab. Auch die Stoffwechselvorgänge weiterer Mikroorganismen können direkt oder indirekt an der Zerstörung von Blei im Erdboden beteiligt sein (UHLIG [*1211*], v. WOLZOGEN-KÜHR [*1283*]).

Die Korrosion von Blei im Erdboden kann oft durch die Wirkung von Belüftungselementen gedeutet werden. Zu den Berührungsstellen von Blei mit den Körnern des Bodens hat die Luft beschränkten Zutritt. Diese Stellen sind anodisch und werden angefressen. Dadurch erklärt sich wohl die ungleichmäßige, manchmal lochartig ausgehöhlte Oberfläche solcher Bleiproben (Abb. 289). Wenn erst einmal Löcher gebildet sind, ist die Möglichkeit für ihr weiteres Tiefenwachstum dadurch gegeben, daß der Grund des Loches am schlechtesten mit Sauerstoff

Abb. 289. Im Boden korrodiertes Bleirohr. Lochförmiger Angriff. Weißes Korrosionsprodukt von basischem Bleikarbonat. 0,8 : 1

versorgt wird, besonders wenn sich an seinen Wänden eine Deckschicht bildet. Der Angriff war in grobkörnigem Boden stärker als in feinkörnigem (BURNS und SALLEY [*157*]). Auf der gleichen Linie liegt auch die Beobachtung, daß die tiefer eingebetteten Stellen der Versuchsstreifen stärker angegriffen wurden als die höher gelegenen Teile (LOGAN und Mitarbeiter [*763*]). Neben galvanischen Ketten unterschiedlicher Belüftung sind auch Konzentrationsketten in Betracht zu ziehen. Diese entstehen dadurch, daß die Kabel oder Rohre durch Böden verschiedener Zusammensetzung, unterschiedlicher Feuchtigkeit und Belüftung laufen. Konzentrationsketten dürften in größerem Maße Korrosion verursachen, als bisher angenommen wurde. Das Erkennen derartiger Fälle wird dadurch erschwert, daß sich die Verhältnisse je nach Jahreszeit und Wetter erheblich ändern können. Auf Konzentrationsketten wurde z. B. die starke Korrosion von Blei in einem Kalk-Ton-Gemisch zurückgeführt (BRANDT [126]), ferner die Korrosion eines nackten Telephonkabels, das in der Nähe von Mineralquellen lag (KAJA [641]). Das Element war hier von der Art Blei/salziger Boden/gewöhnlicher Boden/Blei. Laboratoriumsuntersuchungen (ROBSON und TAYLOR [1016]) zeigten, daß sich besonders zwischen Blei in Ton und Blei in kokshaltiger Schlacke ein starkes Korrosionselement ausbildet, wenn die Bleiproben metallisch, Schlacke und Ton elektrolytisch leitend verbunden sind. Während Blei im Bereich des Tons stark angegriffen wurde, blieb die Probenhälfte in der Schlacke über einen Zeitraum von einem Jahr praktisch unversehrt. Ein Bleirohr, das aus Ton in eine Schlackenschicht läuft, wird also im Ton dicht an der Grenzfläche stark abgetragen. Bleiproben, die nur in Ton bzw. nur in Schlacke lagen, zeigten keinen nennenswerten Angriff. Als Schutzmaßnahme wird ein Einbetten des Kabels im Schlackenbereich in Sand, Kies oder Kreide vorgeschlagen. Wenn die Gefahr einer Überflutung durch Wasser besteht, kann nur ein wasserdichter, isolierender Überzug Abhilfe schaffen. Es wird aber auch über anodisches Verhalten und dadurch verursachte Zerstörung eines Bleikabels in Schlacke berichtet (THOMPSON [1188]). Durch die Schlackenschicht verlief gleichzeitig ein Gasrohr aus Stahl. Nachdem die Schlacke durch Sand ersetzt und eine an der Oberfläche des Gasrohres aus Korrosionsprodukten und Schlacke gebildete Schicht entfernt worden war, zeigte das Kabel ein kathodisches Potential. Abwässer jeder Art, Streusalz und Kunstdünger können die Bildung von Konzentrationselementen fordern.

Vom National Bureau of Standards wurden auch bewehrte Kabel (Parkway-Kabel) in ihrem Verhalten im Erdreich untersucht (LOGAN und EWING [762]). Hierbei zeigte sich durchweg ein gutes Verhalten der Bleimäntel. Diese waren nach vielen Jahren höchstens leicht angefressen.

b) Das Verhalten von Röhrenkabeln. Die Korrosion von Röhrenkabeln wurde an Hand der mit dem Rheinlandkabel gemachten Erfahrungen von dem Deutschen Reichspost-Zentralamt grundlegend untersucht (HAEHNEL [463]). Das Kabel wurde in Betonröhren verlegt, die den Nachteil der Wasserdurchlässigkeit haben. Bereits 5 Jahre nach der Fertigstellung des Kabels zeigten sich stellenweise ernstliche Zerstörungen. Die Untersuchung ergab, daß die Korrosion ausschließlich von Stromaustritten an den betroffenen Stellen begleitet, also elektrochemischer Natur war. Dieses Ergebnis entspricht vollkommen den heutigen Vorstellungen. Wenn vagabundierende Ströme, die im folgenden Absatz behandelt sind, ausgenommen werden, kommen auch hier als Ursache der Korrosion in erster Linie galvanische Ketten ,,Blei/Wasser der einen Zusammensetzung/Wasser der anderen Zusammensetzung/Blei'' in Frage. Solche Ketten treten bevorzugt an geologischen Formationsgrenzen auf, wobei der Eintritt von Blei in Kalkformationen besonders gefährdet ist (HAEHNEL [463]). Blei ist dabei in kalkhaltigem Wasser Anode und geht hier in Lösung. Die Verteilung anodischer und kathodischer Stellen wechselt stark mit der Jahreszeit bzw. dem Stand des Grundwasserspiegels. Wenn der Kabelkanal am oberen Rande des schwankenden Grundwasserspiegels liegt und sehr oft abwechselnd feucht und trocken wird, ist der Bleimantel stärker gefährdet, als wenn das Kabel dauernd im Grundwasser liegt und dadurch der Zutritt des Sauerstoffs erschwert ist (HAEHNEL [467]).

Außer den schon erwähnten Vorgängen können bei der Korrosion noch mitwirken: ungleichmäßige Verteilung der Legierungselemente im Blei, Berührung des Bleimantels mit den eisernen Pupinkästen sowie vagabundierende Ströme, die den Bleimantel als Leitung benutzen.

Zementformstücke werden auf Grund der gemachten Erfahrungen nur in Städten als zulässig betrachtet, wo durch die Straßendecke bzw. den Bürgersteig der Zutritt von Sickerwasser weitgehend unterbunden ist. Der Zement muß genügend abgebunden sein, da er sonst freien Ätzkalk enthält (HAEHNEL [467]).

Die Bedingungen von Röhrenkabeln in Städten unterscheiden sich dadurch von denen eingegrabener Bleirohre, daß bei Röhrenkabeln die Feuchtigkeit im allgemeinen geringeren, die Luft stärkeren Zutritt hat als bei Bleirohren. Die Bodenluft enthält weit mehr Kohlendioxyd, weniger Sauerstoff als die Atmosphäre. Die Umgebung des Röhrenkabels ist ferner im allgemeinen einheitlicher als die eines blanken, eingegrabenen Bleirohres, wo man auf Grund mehr oder weniger inniger Berührung mit der Umgebung Belüftungselemente anzunehmen hat. Mit dieser einheitlichen Umgebung des Röhrenkabels, die Belüftungselemente nur unter besonderen Umständen zuläßt, ist seine größere Beständigkeit im Vergleich mit der von nackten Erdkabeln — die kaum verlegt werden — in Zusammenhang gebracht worden (BURNS [156]). Soweit Röhrenkabel mit Erde in Berührung kommen, ist es nur der feine Schlamm, der sich aus dem Wasser absetzt. Wichtiger erscheint allerdings der geringere Zutritt von Feuchtigkeit zum Röhrenkabel.

In der schon erwähnten Arbeit der Bell Telephone-Company (BURNS [156]) sind weitere Gesichtspunkte zur Korrosion von Röhrenkabeln enthalten. Als Röhrenwerkstoff wird glasierter Ton oder Kiefernholz genannt, das mit Kreosot aus Steinkohlenteer imprägniert wird. Kreosot aus Holzteer wird wegen des Essigsäuregehaltes nicht empfohlen, Essigsäure kann allerdings unter ungünstigen Umständen, z. B. bei Erwärmung, auch aus dem Holz selbst entstehen. Zementrohre werden bei Bell Telephone nicht verwendet. Sie sollen für Starkstromkabel geeigneter sein als für Fernmeldekabel, da dort mit Erwärmung zu rechnen ist. Legierungseinschlüssen in Blei oder Lötverbindungen oder Oxydanhäufungen wird als etwaigen Elektroden galvanischer Elemente, die die Korrosion veranlassen, nur geringe Bedeutung zugesprochen.

c) Fremdstromkorrosion und elektrische Korrosionsschutzmaßnahmen. Während bei der normalen Bodenkorrosion die EMK vorwiegend durch die Wechselwirkung des Bleies mit seiner verschiedenartigen Umgebung entsteht, hat die Korrosion durch vagabundierende Ströme (MICHALKE [850]) ihre Ursache in äußeren Stromquellen, wie Starkstromkabeln mit Isolationsfehlern oder unisolierten Schienen von Gleichstrom-

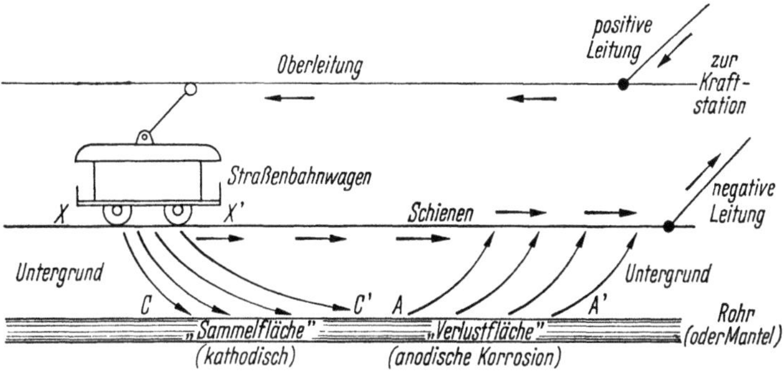

Abb. 290. Korrosion durch Fremdströme. Nach EVANS [297]

bahnen. Der durch die Schienen zur Kraftstation zurückfließende Strom verläßt zum Teil diese Leitung und benutzt dafür streckenweise in der Nähe der Straßenbahn liegende (Abb. 290) Bleimäntel von Erdkabeln (EVANS [297]). An den Bleimänteln sind somit kathodische Stellen, an denen der Strom eintritt, und anodische Stellen des austretenden Stromes zu unterscheiden. Nur an den anodischen Stellen tritt im allgemeinen Korrosion ein. Die Stärke der Korrosion hängt von der Stromdichte an den anodischen Stellen ab. Blei gilt als gefährdet, wenn die Stromdichte mehr als $25\ \mathrm{mA/m^2}$ beträgt (HAEHNEL [467]). Die Stromdichte ist unter sonst gleichen Umständen um so größer, je besser das Erdreich leitet, also vor allem je feuchter es ist und je schlechter die Schienenstöße untereinander leitend verbunden sind. Streuen von Salz im Winter ist nachteilig. In einer Entfernung von mehr als 100 m von der Stromquelle ist praktisch keine Korrosion mehr zu befürchten. Diese Grenze ist eher zu hoch als zu tief gegriffen (HAEHNEL [467]).

Das Aussehen der korrodierten Stellen hängt von der Größe der Berührungsflächen der anodischen Stellen mit dem Elektrolyten ab. Je nach den Umständen entstehen glatte, lochartige Anfressungen oder eine mehr allgemeine, rauhe Ätzung. Die korrodierten Stellen sind mit dem Korrosionsprodukt von meist weißlicher Farbe bedeckt.

Der Nachweis der Fremdstromkorrosion wird einerseits durch elektrische Messungen (MICHALKE [850], Normblatt DIN 50910 [905]), andrerseits durch chemische Untersuchung des Korrosionsproduktes geführt (HAEHNEL [464, 465, 467], GLANDER [386]). Dieses enthält fast ausnahmslos, auch bei geringem Gehalt des Bodens von nur 0,01% an löslichen Chloriden, Bleichlorid in beträchtlicher Menge. Bleichlorid kann nach Auflösen des Korrosionsproduktes in verdünnter Salpetersäure mit Silbernitrat nachgewiesen werden. Daneben kommen je nach der Zusammensetzung des Erdbodens Bleinitrat, -sulfat, -dioxyd als Korrosionsprodukt vor. Bleikarbonat, das das Hauptkorrosionsprodukt bei der Selbstkorrosion von Blei im Boden darstellt, tritt dagegen bei der Fremdstromkorrosion in den Hintergrund. Der Umfang der Fremdstromkorrosion hält unter den Verhältnissen in Amerika demjenigen der Selbstkorrosion ungefähr die Waage (CHASTON [190]), während die Fremdstromkorrosion nach älteren Erfahrungen der Deutschen Reichspost zahlenmäßig erheblich überwog. Wenn Fremdströme zu befürchten sind, werden an Stelle von asphaltierten Kabeln bewehrte Kabel verwandt. Ein Austausch von Asphalt gegen ein Kunststoffteerpräparat soll die Isolation und damit den Schutz gegen Fremdstromkorrosion stark erhöhen (GLANDER [386]). Eine Reihe von Gegenmaßnahmen ist im Schrifttum behandelt (HAEHNEL [467], EVANS [297], REINER [1001], BOREL [110], GOSDEN [410]). Auf Erfahrungen der Britischen Post (RADLEY [990]) sei hier hingewiesen. Der beste Korrosionsschutz gegen Angriffe jeder Art dürfte in einem mechanisch widerstandsfähigen, elektrisch gut isolierenden Überzug zu suchen sein. Die Schutzmaßnahmen sollen aber auch an den Fremdstromquellen selbst einsetzen. Durch sachgemäßen Aufbau der Stromleitungen kann die Gefahr des Stromübertritts in den Boden vermindert werden. In diesem Zusammenhang sei auch auf die elektrische Drainage verwiesen. Unter Beachtung einer ganzen Reihe von Vorsichtsmaßnahmen wird hierbei eine gut leitende metallische Verbindung zwischen der Störstromquelle und den zu schützenden Objekten hergestellt (SCHMID [1072], FORETAY [333]).

Der kathodische Schutz von Blei spielt auch in Abwesenheit von Fremdströmen eine zunehmende Rolle (UHLIG [1211]). Blei soll in den meisten Fällen vollständig geschützt sein, wenn das Potential gegen die Normal-Wasserstoffelektrode $-0,8$ Volt beträgt (HORNUNG [594]). Nach einer anderen Angabe muß Blei um 0,1 V negativer gemacht werden, als sein Gleichgewichtspotential in der betreffenden Bodensorte beträgt (COMPTON [211]). Die erforderliche Spannung und der notwendige Schutzstrom werden entweder mit Hilfe von Kohleanoden und einer Gleichstromquelle (DOYLE [257]) oder mit Hilfe von Opferanoden erzeugt. Als Werkstoff für Opferanoden zum Schutz von Bleikabelmänteln wird eine Magnesiumlegierung mit 6% Al und 3% Zn vorgeschlagen (ROBINSON und FEATHERLY [1015]). Eine zu hohe kathodische Belastung kann zur Alkalisierung der Umgebung und damit zum Korrosionsangriff führen (MUYLDER und POURBAIX [885]). In Gegenwart von Natrium-, Kalium-, Lithium-, Magnesium- und Aluminiumionen in einem schwefelsauren Elektrolyten wurde ein kathodischer Angriff beobachtet (ANGERSTEIN [21]). Es wird angenommen, daß sich z. B. eine Blei-Natrium-Legierung bildet, die sich mit Wasser leicht zersetzt. Ammoniumionen verursachten keinen Angriff.

Als Beispiel für die Anwendung des kathodischen Schutzes sei auf die Maßnahmen der britischen Post zur Korrosionsverhütung bei Fernsprechkabeln hingewiesen (GERRARD und WALTERS [368]), ferner auf den Bericht eines amerikanischen Komitees [215], vgl. PLYM [967].

Bei Kabelstörungen, vor allem in Starkstromnetzen, zeigen sich hin und wieder in der Nachbarschaft der eigentlichen Durchschlagsstelle einige kreisrunde, größere oder kleinere, scharfkantige Krater oder Löcher mit Schmelzspuren in Bewehrung und Bleimantel (BUSS und MÜLLER [160]). Derartige Erscheinungen treten vor allem dort auf, wo der Boden feucht und vor allem gut leitend ist. Sie sind nicht zu verwechseln mit den bisher geschilderten Korrosionsschäden. Als Ursache für die Löcher und Krater kommen Lichtbögen in Frage, die durch stoßartige Spannungen zwischen Kabelmantel und Bewehrung entstehen. Als Spannungsquelle können Blitze wirken, die z. B. in Freileitungsmasten usw. einschlagen und über den Kabelmantel den „wirksamsten Erder" finden. Die dann auftretenden Durchschläge und weitere Kabelstörungen werden erst durch die vorhergehende Kabelmantelzerstörung verursacht und sind nicht selbst Ausgang des Schadens.

Es soll noch eine Art der elektrolytischen Korrosion erwähnt werden, die auf der Innenseite von Kabeln auftritt. Sie ist durch Ströme bedingt, die vom Kabelmantel auf die Kabeladern übergehen. Bleidioxyd tritt hierbei als Korrosionsprodukt auf (HAEHNEL [467], GLANDER [386]).

Während Wechselströme verschiedener Frequenz und Stärke Blei bis 40 °C nicht merklich angreifen, soll sich bei Temperaturen über 40 °C ein dünner Film feinkristallinen Bleies auf der Metalloberfläche bilden (BECK [70]). SANDMEIER [1046] diskutiert auch die Möglichkeit einer Wechselstromkorrosion im Zusammenhang mit einer Gleichrichterwirkung von Böden oder von Korrosionsschichten.

7. Tierfraß

Die Beschädigung von Bleigegenständen durch Tiere, die infolge
der Weichheit des Metalls möglich ist, bildet nicht etwa nur eine eigenartige Naturerscheinung, sondern stellenweise ein durch die Schwere der
Schädigungen hervorgerufenes ernstes Problem, namentlich für die
Kabelindustrie. So haben z. B. Anfressungen von Röhrenkabeln durch
Ratten dazu geführt, daß man diesen durch besondere Maßnahmen den
Zutritt zu den Kabeltrögen verwehrt. Ein Beispiel von Rattenfraß ist
in Abb. 291 dargestellt. Ähnliche Schäden werden von anderen Nage-
tieren, wie Mäusen und Hamstern, verursacht.

Sehr verschiedenartig sind die Schäden, die durch Insekten hervorgerufen werden. Die diesbezüglichen Beobachtungen gehen um viele
Jahrzehnte zurück. Durch unmittelbare Beobachtung der Tiere bei

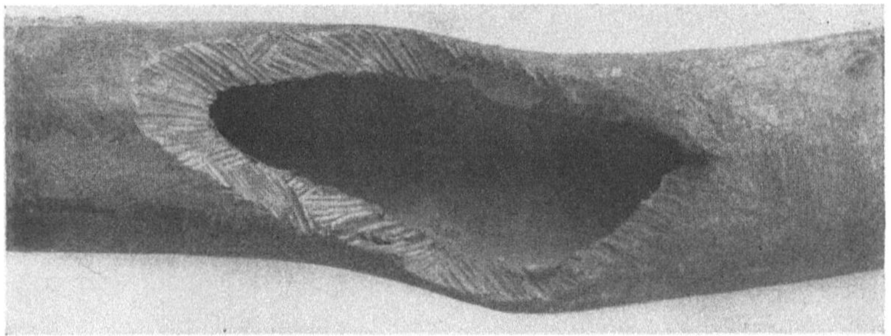

Abb. 291. Wasserleitungsrohr, durch Annagen von Ratten zerstört. 1:1

ihrer Tätigkeit wurde der endgültige Beweis für die richtige Deutung
der Erscheinungen erbracht (BAUER und VOLLENBRUCK [64]). Grundlegende Arbeiten sind namentlich vom Deutschen Entomologischen
Institut der Kaiser-Wilhelm-Gesellschaft durchgeführt worden (HORN
[591, 592, 593], BÖRSIG [99], GREFF und LÖHBERG [437]).

Schäden dieser Art an unterirdischen Kabeln sind vor allem in
wärmeren Ländern durch die Termiten hervorgerufen worden. Es
handelt sich hier allerdings nicht um Tierfraß, sondern um eine durch die
Ameisensäure der Tiere bewirkte chemische Korrosion (ALLEMAND [15]).
Anfressungen von Wasserleitungsrohren in Kellerräumen durch Käfer
sind in diesem Zusammenhang ebenfalls zu erwähnen (BAUER und
VOLLENBRUCK [64]).

Ein weiteres Kapitel bilden „sekundäre", d. h. aus benachbarten
Holzgängen fortgeleitete Beschädigungen durch Insekten. Die Schäden
betreffen z. B. durch Holz gestützte Bleikammern, an Holzmasten auf-
gehängte Luftkabel, auf Holztrommeln aufgewickelte Bleikabel. Sie
entstehen dadurch, daß sich Larven oder Imagines von Insekten in

Holzgegenständen entwickeln und an die Oberfläche durchfressen. Stoßen sie hier zufällig auf einen Bleigegenstand, so bleibt ihnen nichts anderes übrig, als diesen zu durchbohren (VALLAND und SALMON [1216]). Die Beschädigungen bilden entweder Kanäle, die sich vom Holz unmittelbar auf das Blei fortsetzen, oder unregelmäßige, zackige, größere Hohlräume. Für erstere Schäden kommen in Deutschland z. B. Holzwespen in Frage, für letztere der Hausbock und der Mulmbock. Schäden dieser Art sind verhältnismäßig einfach zu vermeiden, z. B. durch Imprägnierung des Holzes.

Häufig sind Insektenschäden an Luftkabeln beschrieben worden, vor allem in wärmeren Ländern. Der Anflug der Insekten ist hierbei eine reine Zufälligkeit. Da die betreffenden Schädlinge gewohnt sind, in Holz zu nagen, versuchen sie, auf Blei dasselbe zu tun. Es handelt sich entweder um rundliche Löcher, die entwickelte Käfer entsprechend ihrem Körperdurchmesser herstellen, oder um Löcher, die von Käferlarven genagt werden, nachdem sie aus den an die Oberfläche der Luftkabel gelegten Eiern geschlüpft sind, oder um Löcher, die zwecks Eiablage im Kabelinnern genagt werden. Als Ursache für derartige in Deutschland beobachtete Schäden wurden vor kurzem auch Bibernellenkäferlarven erkannt (LAPKAMP und MAGNUS [731]).

Der Nachweis von Insektenfraß in Blei dürfte, wenn man die Erscheinung überhaupt kennt, im allgemeinen keine Schwierigkeiten bieten, vor allem, wenn eine Besichtigung des Kabels zusammen mit seiner Umgebung möglich ist. Meist wird man an der Innenwand des Bohrganges Furchen erkennen, die den Eindrücken der Kauwerkzeuge der Tiere entsprechen. Der Rand der Löcher ist nicht verformt, die Wände der Gänge sind oft blank und nicht oxydiert.

Ein Allheilmittel gegen Insektenfraß besteht nicht. Neben den gemachten Hinweisen soll erwähnt werden, daß Bewehrung der Kabel, Oxydation der Kabeloberfläche, geeignete Konstruktion der Aufhängevorrichtung von Luftkabeln, auch Bestreichen mit fettigen und klebrigen Substanzen, denen gegebenenfalls ein Kontaktinsektizid beigegeben werden kann, und weitere in den erwähnten Arbeiten geschilderte Maßnahmen in Frage kommen (vgl. GIBLIN und KING [377]). Dagegen hat sich ein Legieren des Bleies, etwa mit dem giftigen Arsen, nicht bewährt, da das Blei von den Insekten nicht in die Verdauungskanäle aufgenommen wird.

8. Hinweise auf weitere Korrosionsursachen

Zum Verhalten von Blei in Berührung mit anderen Metallen ist bereits oben eine ganze Reihe von Hinweisen gegeben worden. Als Ergänzung hierzu sollen noch einige weitere Erfahrungen mitgeteilt werden. Nach einer holländischen Arbeit (VAN DUIJN [261]) tritt bei leitender Verbindung von Blei und Monelmetall in Schwefelsäure auf keinem von beiden Metallen ein stärkerer Angriff auf. Eine Paarung mit Nickel verursacht in alkalischen und in sauren Lösungen ($p_H > 10$ und $p_H < 5$) mit Ausnahme von Schwefelsäure eine Verstärkung des Korrosionsangriffes auf Blei. Dies gilt auch für Bleilegierungen, wie Blei-Zinn-Lote. Lote in Verbindung mit Monel erfuhren in heißem Wasser einen Angriff von $33,5 \text{ g/m}^2 \cdot$ Tag, während der Angriff in Abwesenheit von Monel nur $0,22 \text{ g/m}^2 \cdot$ Tag betrug. In einer kochenden Mischung von Schwefel- und Salpetersäure wurde eine Hartbleilegierung durch Verbindung mit passivem Chrom-Nickel-Stahl verstärkt angegriffen. Elektrolytisch aufgebrachte Bleiüberzüge auf Stahl führten unter atmosphärischen Bedingungen oft zum Lochfraß im Stahlblech (COMPTON und Mitarbeiter [212]). Ebenso wurden im Falle einer leitenden Verbindung von Blei mit Magnesium oder Zink diese Metalle angegriffen. Dagegen korrodierte Blei unter atmosphärischen Bedingungen im Kontakt mit Kupfer oder Nickel. In einer Magnesiumchloridlösung war zunächst Eisen edler als Blei (MÜLLER und LÖW [879]), die Potentialverhältnisse kehrten sich aber bald um. Verbleites Eisenblech erwies sich zum Bau von nassen Gasmessern als ungeeignet.

Wenn man Blei vorsorglich gegen Kontaktkorrosion schützen bzw. derartige Schäden erkennen und beseitigen will, können als erste Anhaltspunkte die elektrochemische Spannungsreihe und die an anderen Stellen gemachten Beobachtungen dienen. Allerdings ist hier Vorsicht geboten, wie z. B. Untersuchungen an Korrosionselementen aus nichtrostendem Stahl und Blei in Schwefelsäure zeigten (PRATT und COLLINSWORTH [977]). Normalerweise verhält sich hier Chrom-Nickel-Stahl durch seinen passiven Zustand gegenüber dem Blei edel. Der nichtrostende Stahl fördert jetzt als Kathode die Bildung des schützenden Sulfatfilms auf dem Blei, so wie es oben beschrieben ist, und es wird weder das Blei noch der legierte Stahl angegriffen. Die Verhältnisse können sich aber völlig ändern, wenn der Sauerstoffgehalt der Schwefelsäure verringert wird; z. B. kann durch eine erhöhte Temperatur die Luft aus der Säure getrieben werden. Der Sauerstoffgehalt ist jetzt zu gering, um die passivierende Oxydschicht auf dem Edelstahl aufrechtzuerhalten. Dies wurde z. B. in einer heißen 50%igen Schwefelsäure beobachtet, in der sich Blei durch die Bildung des Sulfatfilms sehr edel verhielt, während die meisten Chrom-Nickel-Legierungen durch Mangel an Oxydationsmitteln ihre Passivität einbüßten. Blei wurde unter diesen Bedingungen Kathode, während der Edelstahl stark anodisch korrodiert wurde. Man sieht aus diesen Beobachtungen, daß das gegenseitige elektrochemische Verhalten von verschiedenen Metallen stark von den Korrosionsbedingungen abhängt.

Hier sei auch noch über die Kontaktkorrosion an einem Hartbleiblech mit einer Schweißnaht in einem Chromelektrolyten berichtet. Das Hartbleiblech hatte eine Zusammensetzung von 5% Sb und 0,004% Bi, die Schweißnaht einen Durchschnittsgehalt von etwa 4% Sb und 0,011% Bi,

dagegen an der Oberfläche einen Gehalt von 2,75% Sb und 0,026% Bi. Ein weiterer Unterschied zwischen Grundwerkstoff und Schweißnaht trat in der Gefügeausbildung zutage. Das Blech zeigte ein Verformungsgefüge, die Schweißnaht dagegen ein Gußgefüge. Beiderseits der Schweißnaht war das Bleiblech großflächig korrodiert und von Lochfraßstellen durchdrungen. Die Schweißnaht dagegen zeigte keine Schäden. In Abb. 292 wird eine Stelle gezeigt, an der zwischen Grundwerkstoff und Schweißgut starke Kontaktkorrosion eingetreten war. Während das Schweißgut nur einen schwachen Angriff zeigt, ist der Grundwerkstoff in

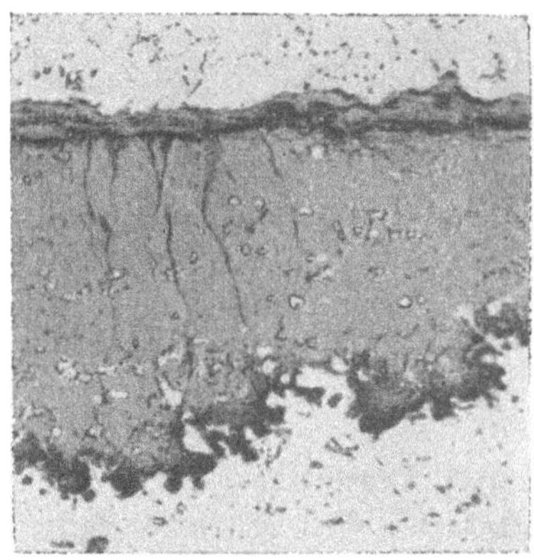

Abb. 292. Kontaktkorrosion zwischen einem Hartbleiblech (unten) und einer darauf befindlichen Schweißnaht in einem Chromelektrolyten. Starker Angriff im Grundblech. Ungeätzt. 300:1

einer dicken Schicht zerstört. Zur Verhinderung der Korrosion ist hier eine weitgehende Anpassung des Schweißgutes an die chemische Zusammensetzung und den Gefügezustand des Grundwerkstoffs anzustreben.

In allen Fällen, in denen Blei mit anderen Metallen oder Legierungen unmittelbar leitend verbunden wird, muß mit der Möglichkeit einer Kontaktkorrosion gerechnet werden. Eine einfache Abhilfe kann darin bestehen, daß man eine elektrisch isolierende Schicht zwischenschaltet.

20*

C. Die technische Verarbeitung von Blei

I. Gußlegierungen

1. Schmelzen und Gießen

a) Allgemeine Eigenschaften von Bleischmelzen. Angaben über die physikalischen Eigenschaften von Schmelzen aus reinem Blei finden sich in Abschnitt A III. Die physikalischen Eigenschaften von Schmelzen aus Bleilegierungen sind größtenteils in Zusammenhang mit der betreffenden Legierung behandelt worden (Abschnitt B II und III). Vergleichende Untersuchungen der Eigenschaften verschiedener geschmolzener Legierungen finden sich an mehreren Stellen des Buches (S. 347). Es sei hier noch auf eine Untersuchung von PATTERSON und Mitarbeitern [*938*] über das Viskositätsverhalten flüssiger Bleilegierungen hingewiesen. Die Verfasser fanden u. a., daß die Viskosität durch ein Legierungselement um so mehr gesteigert wird, je niedriger die Löslichkeitsgrenze im festen Blei liegt. Ferner ergaben sich Beziehungen der Meßwerte zum periodischen System.

b) Schmelzen. Das Schmelzen von Blei wird heute wohl überwiegend in öl- und gasbeheizten Öfen durchgeführt. Kohlenfeuerung wird nur noch vereinzelt angewendet. Öl- und gasbeheizte Öfen sind mit automatischer Temperaturregelung ausgerüstet. Die Öfen werden mit voller Leistung beim Niederschmelzen der Charge betrieben; zum Warmhalten genügt die Zufuhr kleiner Gas- oder Ölmengen.

Auch die elektrische Beheizung von Bleischmelzen hat ein größeres Anwendungsgebiet gefunden. Elektrisch beheizte Bleischmelzöfen mit 75 kW Anschlußleistung und einem Fassungsvermögen von etwa 3600 kg Blei werden vor allem für Kabelpressen beschrieben (HÖLTJE [*546*]). Von besonderer Bedeutung ist die Unterteilung der Heizwicklung über Höhe und Länge in drei getrennte, für sich automatisch geregelte Gruppen, so daß einerseits beim Sinken des Badspiegels die obere Randzone schwächer, andrerseits beim Chargieren die Beschickungsseite stärker geheizt wird. Ein zusätzliches Pyrometer im flüssigen Blei schaltet den gesamten Heizstrom bei Überschreitung der gewünschten Badtemperatur von 450 °C ab. Durch diese Maßnahme wird örtliche Überhitzung und dort eintretende Oxydation, die gerade beim Kabelpressen unerwünscht ist, vermieden. Auch Bleibäder, wie sie beim Patentieren,

Anlassen und Härten von Stahl verwandt werden, sind vielfach elektrisch beheizt (HÖLTJE [547]).

Das Schmelzen von Blei erfolgt fast durchweg in eisernen Gefäßen. Diese können aus Stahlblech, Grauguß oder Stahlguß bestehen. Die Entleerung erfolgt durch Pumpen, durch Abhebern, nur vereinzelt durch Abflußöffnungen im Boden.

Falls die Öfen zum Legieren dienen sollen, sind Rührwerke oder ist Rühren von Hand vorgesehen. Mit einer Abnutzung der Schmelzgefäße ist zu rechnen. Sie dürfte, wenn es sich um Schmelzen aus unlegiertem Blei handelt, in erster Linie der Reaktion des gebildeten PbO bzw. des im Blei gelösten Sauerstoffes mit dem Eisen zuzuschreiben sein (HÖLTJE [546], KRAUTMACHER und PÜNGEL [702]). TIMMERHOFF [1199] stellte in umfangreichen Versuchen fest, daß Hartbleischmelzen erheblich stärker angreifen als Weichbleischmelzen. Vermutlich liegt bei Hartblei eine Wirkung des Antimons vor, das mit dem Eisen intermetallische Verbindungen bildet. Am beständigsten gegenüber Hartblei erwies sich Grauguß der niedrigen Festigkeitsstufe Ge 12.91. TIMMERHOFF fand in seinen Versuchen weiter, daß Proben aus Armcoeisen, Stahl mit 0,13% C, Sicromal 6, Sicromal 12, Ge 12.91 und Stg 45.81 S beim Rotieren in Schmelzen aus reinem Blei, Blei $+ 8\%$ Sb und Blei $+ 8\%$ Sn erheblich stärker angegriffen wurden als im ruhenden Zustand. In Schmelzen von 750 °C wurde in Armcoeisen- und in Stahlproben eine gewisse Aufkohlung beobachtet, d. h. nur der Ferrit löste sich auf, während der Kohlenstoff in das Innere der Probe diffundierte.

Neben der Abnützung der Schmelzgefäße durch den Angriff des flüssigen Bleies können auch erhebliche Formänderungen durch das Kriechen von Stahl bei höheren Temperaturen auftreten. Man beobachtet diese Erscheinung besonders bei Kesseln aus Stahlblech. Wie bekannt, ist allgemein die Kriechfestigkeit von gegossenem Stahl höher als die von gewalztem oder geschmiedetem Stahl.

Das Schmelzen von Bleilegierungen bietet keine Schwierigkeiten, soweit die Legierungselemente selbst bei niedriger Temperatur schmelzen. Wenn die Legierungspartner einen hohen Schmelzpunkt besitzen, wie Kupfer, Nickel, Tellur, Kalzium, geht man zweckmäßigerweise von einer Vorlegierung mit bekannter Zusammensetzung aus. Dies empfiehlt sich weiter bei den Alkali- und Erdalkalimetallen mit Rücksicht auf deren leichte Oxydierbarkeit und die daraus entspringende Schwierigkeit, durch unmittelbares Legieren mit Blei die gewünschte Zusammensetzung zu erreichen. Auch bei Verwendung von Vorlegierungen kommt man kaum auf die der Einwaage entsprechende Zusammensetzung. Genaue Angaben hierüber wurden für Blei-Kalzium gemacht (FRH. VON GÖLER [393]). Danach setzt sich der Kalziumverlust aus einem Verlust durch Abbrand von Kalzium, durch Ausseigern von Pb$_3$Ca — infolge zu niedriger Schmelztemperatur — und durch Verkrätzung der gesamten Legierung (Blei und Kalzium) zusammen.

KRAUTMACHER und PÜNGEL [702] befaßten sich mit der Lebensdauer von Bleipfannen zum Patentieren und Glühen von Stahldraht. Bleipfannen in offener Bauart mit Wandungen aus 25 bis 30 mm dickem Stahlblech halten bei den üblichen Patentierungstemperaturen von 500 bis 550 °C mehrere Jahre. Dagegen tritt bei den eigentlichen Glühbädern, die bei 700 bis 740 °C betrieben werden, manchmal nach verhältnismäßig kurzer Zeit durch den Angriff eine Schwächung der Wände ein, die ein Auswechseln der Pfannen notwendig macht. Die Laboratoriumsversuche ergaben, daß, wie zu erwarten, eine Erhöhung der Badtemperatur die Korrosion bedeutend mehr verstärkt als eine Verlängerung der Einwirkungszeit. Beruhigter Stahl hielt länger als unberuhigter. Dabei dürfte wohl weniger ein unmittelbarer Einfluß des geringen Siliziumgehaltes von 0,09% in dem angewandten beruhigten Stahl vorgelegen haben als vielmehr die Abwesenheit von Seigerungen. Es wird vermutet, daß der Angriff am unberuhigten Stahl nach Freilegung der schwefelreichen Innenzonen stärker fortschreitet. In betrieblichen Korrosionsversuchen bei 720 °C wurden zum Vergleich mit unlegiertem Stahl zwei zunderbeständige Stähle A und B herangezogen. Der ferritische Stahl A enthielt 0,09% C, 1,80% Si, 0,85% Al, 23,1% Cr, der austenitische Stahl B 0,10% C, 19,5% Cr, 8,86% Ni, 1,11% Mn. Überraschenderweise betrug der Angriff an den Stählen A und B nur $^1/_{20}$ bis $^1/_{10}$ desjenigen an unlegierten Stählen. Die zunderbeständigen Stähle dürften aber aus verschiedenen Gründen (Preis, Wärmeleitfähigkeit) nur in Form einer Walzplattierung auf Kohlenstoffstahl in Frage kommen. Übrigens ist bei der Anwendung von zunderbeständigem Stahl eine gewisse Vorsicht geboten; TIMMERHOFF [1199] beobachtete nämlich an Sicromal 12 mit 3% Si und 24% Cr nach Einwirkung von Bleischmelzen bei 750 °C interkristalline Korrosion und ein Karbidnetz auf den Korngrenzen.

Im Gebiet noch höherer Temperaturen, nämlich zwischen 850 und 900 °C, arbeitet man beim Bleipatentieren nach dem DOUBLE-LEAD-Verfahren. Die Bleipfannen, „Bleiretorten", sind aus einem zunderbeständigen Stahl G 40 CrNi 108 mit 0,3 bis 0,5% C, 26 bis 28% Cr, 3,5 bis 4,5% Ni gegossen und bis auf die Drahteingangs- und Ausgangsöffnung geschlossen; die Wanddicke beträgt 40 mm, die Lebensdauer wird mit 3 bis 4 Jahren angegeben (HAUG [497]). Mit einem besonders starken Angriff ist manchmal bei Bleikesseln für die Zinkentsilberung zu rechnen; er beruht auf einem Eindiffundieren von Zink längs der Korngrenzen, wodurch es zur Rißbildung kommen kann. Auf die Korrosion durch flüssige Bleilegierungen als Wärmeüberträger wird an anderer Stelle hingewiesen (s. S. 95, vgl. EPSTEIN [283], GURINSKY [458]).

c) Die Verkrätzung (Oxydation) von Bleischmelzen. Geschmolzenes Blei überzieht sich an Luft mit einer Oxydschicht. Die Röntgenuntersuchung des Oberflächenfilms in einer Heizkamera bei 400 °C durch O'NEILL und FARNHAM [*921*] ergab das Vorhandensein der rhombischen Modifikation von PbO (gelbes Bleioxyd). BIRCUMSHAW und PRESTON [*86*] stellten röntgenographisch fest, daß der dem Metall zugewandte Teil des Films pseudotetragonales (rotes) PbO darstellt, während die der Luft zugekehrte Schicht aus rhombischem (gelbem) PbO besteht. Die (001)-Ebene der Kristalle liegt der Metalloberfläche parallel. Das Oberflächenoxyd stellt also eine Art von Einkristall dar. GRUHL [*446*] beobachtete in Übereinstimmung hiermit, daß das in 8 Stunden bei 400 °C gebildete Oxyd nach dem Erkalten auf der Metallseite dunkelrot, auf der gegenüberliegenden Seite hellgelb gefärbt war. Somit kann unterhalb von 488,5 °C, der Umwandlungstemperatur PbO rot $\leftrightharpoons$ PbO gelb, zunächst rhombisches PbO als metastabile Phase gebildet werden, das sich im Laufe von Stunden in das pseudotetragonale PbO umwandelt. Umgekehrt wurde rotes PbO auch noch weit oberhalb der Umwandlungstemperatur, z. B. bei 750 °C (STAHL [*496*, *1143*]) festgestellt. Als weiteres Oxyd tritt in Langzeitversuchen zwischen 475 und 525 °C Pb_3O_4, Mennige, auf. WEBER und BALDWIN [*1247*] stellten röntgenographisch ebenfalls die schon genannten Oxyde fest. Sie beobachteten aber eine rußschwarze Farbe der Oberflächenschicht nach dem Durchlaufen der Interferenzfarben. Daher wäre wohl bei künftigen Untersuchungen der Verkrätzung eine Berücksichtigung der Feststellungen von KATZ [*646*] über die Farben der Bleioxyde am Platz. (Vgl. ferner [*1110a*]).

Verschiedene Arbeiten beschäftigten sich mit dem Wachstum der Oxydschichten auf Bleischmelzen und seiner Beeinflussung durch Beimengungen und durch Legierungselemente in Blei. Nicht alle Beobachtungen fügen sich zu einem einheitlichen Bild aneinander, da die Versuchsmethodik sehr unterschiedlich und der Reinheitsgrad des Ausgangsbleies nach der heutigen Auffassung zum Teil ungenügend war. Die Ergebnisse im einzelnen hängen davon ab, ob die Schmelze in Ruhe war oder bewegt wurde, ob die Vorgänge im ersten Stadium der Oxydation verfolgt oder Dauerversuche von Stunden oder Tagen durchgeführt wurden. Ferner ist es wichtig, ob man bei den Dauerversuchen die Schmelzen zur Wägung erkalten und erstarren läßt, um sie anschließend wieder hochzuheizen. Wenn man dies vermeiden und bei konstant bleibender Temperatur wägen will, muß man den in einem vertikalen Ofen befindlichen Tiegel mit der Schmelze an dem einen Balken der Analysenwaage aufhängen. Neben der Wägemethode besteht die Möglichkeit, die Dicke der Oxydschichten mit Hilfe der Interferenzfarben nach Abstreichen der Krätze auf blank gewordenen Teilen der Schmelzoberfläche zu verfolgen.

Die an ruhenden Schmelzen durchgeführten Arbeiten ergaben bei nicht zu hohen Temperaturen (s. u.) das parabolische Zeitgesetz des Dickenwachstums. Es gilt nicht nur für die ersten Minuten der Bildung von Anlauffarben (STAHL [496, 1143]), sondern wurde zum Teil über Tage hinweg verfolgt (GRUHL [446]). Bekanntlich ist das parabolische Gesetz, $g = k \sqrt{t}$, wo g die Gewichtszunahme, k die sog. Zunderkonstante bedeutet, ein Ausdruck der Tatsache, daß das Wachstum des Oxydfilms an der Grenzfläche Oxyd-Luft erfolgt, daß somit Metallionen aus der Schmelze durch die Oxydschicht hindurch wandern und an deren Oberfläche mit dem Sauerstoff der Luft Metalloxyd bilden (HAUFFE [496b], WAGNER [1234a]). Der Diffusionsvorgang bestimmt als langsamster Teilvorgang der Verkrätzung den Ablauf des gesamten Geschehens. Auch neuere Messungen der Oxydationsgeschwindigkeit von reinem Blei (99,999%) im Temperaturbereich von 453 bis 643 °C ergaben das parabolische Zeitgesetz (ARCHBOLD und GRACE [23]).

Die Oxydation von festem Blei erfolgt nach dem gleichen Gesetz (WEBER und BALDWIN [1247]). Das parabolische Gesetz soll vor allem Gültigkeit haben, wenn nach der Regel von PILLING und BEDWORTH [963] das Molvolumen des sich bildenden Oxyds größer ist als das Atomvolumen des Metalles $\left(\dfrac{\text{Molvolumen Oxyd}}{\text{Atomvolumen Metall}} > 1 \right)$, wenn man also mit einem rißfreien Oberflächenfilm rechnen kann. Eine lineare Abhängigkeit der Oxydschichtdicke von der Zeit, die man in einigen Fällen feststellte, wurde umgekehrt durch eine rissige oder aufgelockerte Beschaffenheit der Krätze erklärt. Die Risse gestatten einen unmittelbaren Zutritt der Luft zu der Schmelzoberfläche, so daß die Oxydation unterhalb des Oberflächenfilms stattfinden kann. Für eine lockere Beschaffenheit der Oxydschicht sind aber neben dem Volumenquotienten nach PILLING und BEDWORTH [963] noch andere Einflüsse maßgebend, z. B. örtliche Überhitzungen der Schmelzoberfläche durch spontane Oxydation von Beimengungen mit hoher Affinität zu Sauerstoff (Li, Na, Mg) oder Ablagerungen von Oxyden der Begleitelemente (CaO, CdO) an den Korngrenzen der PbO-Kristalle (GRUHL [446]). Abweichungen vom parabolischen Zeitgesetz nach dem linearen Zeitgesetz hin wurden nicht nur bei den Legierungen mit Li, Na, Mg, Ca, Cd beobachtet, sondern auch an reinem Blei bei Temperaturen oberhalb 600 °C (GRUHL [446], MAHLICH [792]). Änderungen des Zeitgesetzes können im Verlauf von Langzeitversuchen dadurch auftreten, daß sekundäre Reaktionen ablaufen, z. B. die Oxydation von PbO zu Pb_3O_4 im Temperaturgebiet um 500 °C. Die Diffusionsgeschwindigkeit der Bleiionen in Pb_3O_4 ist niedriger als in PbO, so daß sich die Bildung von Pb_3O_4 in einer Abnahme der Zunderkonstante äußert.

Es soll nun die Wirkung einzelner Beimengungen auf Grund verschiedener Arbeiten behandelt werden. STAHL [*496, 1143*] stellte durch
zweimalige Elektrolyse von Harzer Probierblei, das schon sehr rein ist,
etwa 500 g Blei her, in dem sich spektroskopisch keine Fremdmetalle
mehr nachweisen ließen. Dieses Blei zeigte bei Temperaturen bis zu
400 °C keine Anlauffarben mehr. Damit wurde eine Beobachtung des
ehemaligen Kaiser-Wilhelm-Instituts für Physikalische Chemie bestätigt, wonach reinstes Blei wenig oberhalb seines Schmelzpunktes die
geringste Oxydationsgeschwindigkeit aufweist. Diese Feststellung gilt
auch für den kristallisierten Zustand, denn die von STAHL [*496, 1143*]
hergestellten Barren von 50 g Gewicht zeigten nach zweijähriger Aufbewahrung im Exsikkator noch keine Veränderung ihrer spiegelblanken
Oberflächen. Nach den Ergebnissen der kurzzeitigen Anlaufversuche

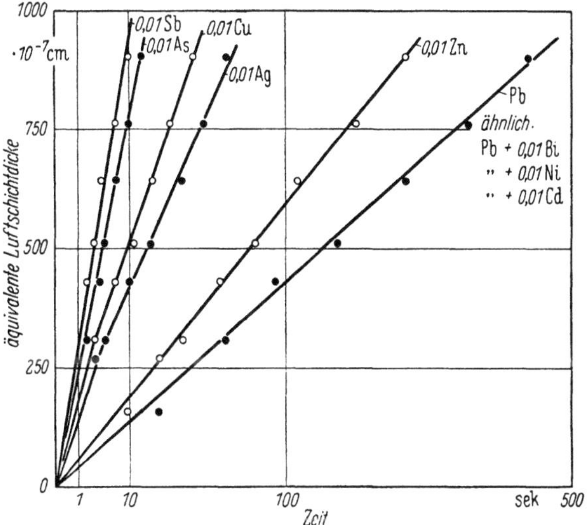

Abb. 293. Wirkung verschiedener Beimengungen in Blei auf die Wachstumsgeschwindigkeit der
Oxydschichten bei 500 °C. Dicke der Oxydschicht in äquivalenten Luftschichtdicken ausgedrückt.
Meßergebnisse von MAHLICH in parabolischer Auftragung. Nach STAHL

von MAHLICH [*792*], die bei STAHL diskutiert werden, haben Wismut,
Nickel und Kadmium in Gehalten von 0,01% keinen Einfluß auf die
Oxydationsgeschwindigkeit, wogegen 0,01% Zink, Silber, Kupfer, Arsen,
Antimon und Tellur die Oxydationsgeschwindigkeit beträchtlich vergrößern, und zwar sowohl bei 500 (Abb. 293) als auch bei 400 °C. Diesen
Ergebnissen von MAHLICH [*792*] ist aber entgegenzuhalten, daß das Ausgangsblei, Lautenthaler Blei 99,99%, nicht den für solche Untersuchungen
notwendigen extremen Reinheitsgrad besaß. Daher sind auch die Ergebnisse der bei 520 °C mit zweistündiger Dauer durchgeführten Versuche
mit einer gewissen Einschränkung zu betrachten. Die gefundene starke

Hemmung der Verkrätzung durch Beimengungen von Aluminium und
von Zinn ist in Übereinstimmung mit den Feststellungen von GRUHL [446].
Durch geringe Zusätze dieser Metalle kann man auch die Verkrätzung
technischer Bleilegierungen sehr stark erniedrigen, z. B. von Blei-Kalzium (durch 0,005% Al), Blei mit 6% Sb (durch 0,02 bis 0,05% Sn), Blei

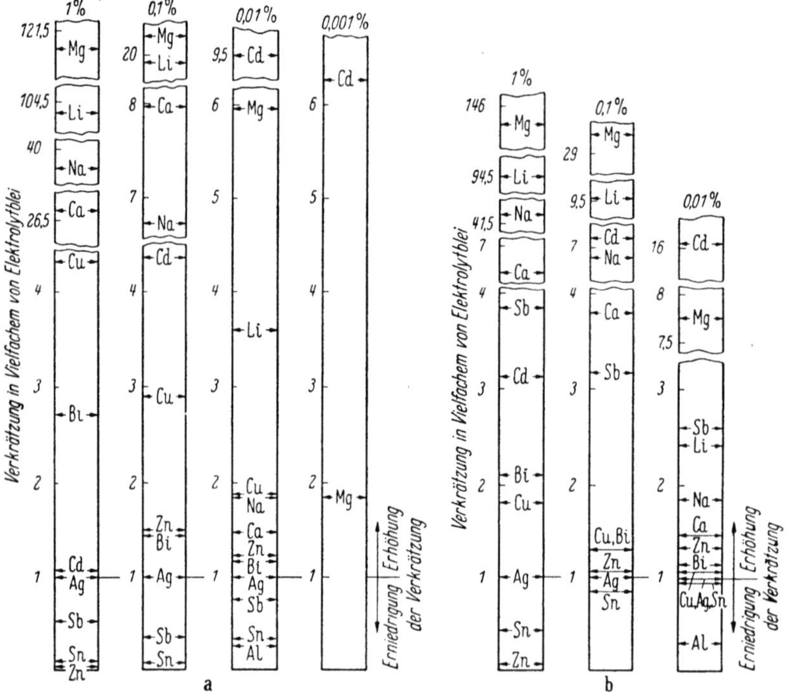

Abb. 294 a u. b. Wirkung metallischer Zusätze auf die Verkrätzung des Bleies bei 400 und 500 °C.
Versuche von 100 Stunden Dauer an ruhender Luft. Nach GRUHL

mit 0,05% Te (durch 0,02% Sn). Eine Anreicherung der Luft mit Wasserdampf oder mit reinem Sauerstoff beeinflußte die Oxydation erwartungsgemäß nur wenig.

PELZEL [951] zeigte, daß man das beschleunigte Auftreten von Interferenzfarben auf geschmolzenem Blei infolge kleiner Gehalte an Beimengungen zur Abschätzung von Diffusionskoeffizienten heranziehen kann.
Er studierte in dieser Weise die Diffusion von Antimon, Arsen, Kadmium,
Zinn und Zink in geschmolzenem Blei.

GRUHL [446] wandte eine Versuchsdauer von 100 Stunden an, die
durch mehrmalige Abkühlung und Erstarrung zum Zweck der Wägung
unterbrochen war. Das von ihm verwandte Elektrolytblei hatte einen
Reinheitsgrad von 99,993%; als Hauptverunreinigung enthielt es 0,006%
Bi und 0,0004% Ag. Er fand, daß die Mehrzahl der Beimengungen die

Verkrätzung des von ihm verwendeten Bleies erhöhte (Abb. 294). Die oxydationsfördernde Wirkung edlerer Metalle, wie Kupfer, und ihre Anreicherung in der Krätze führte er auf eine größere Diffusionsgeschwindigkeit der Kupfer-Ionen im Vergleich mit den Bleiionen zurück.

Noch nicht völlig geklärt ist die von MAHLICH [*792*] gemachte Beobachtung der sog. Verzögerung. Durch Halten der Bleischmelze bei 500 bis 700 °C mit oftmaligem Durchrühren wird die Oxydationsgeschwindigkeit nach Entfernen der Krätze sehr verlangsamt. Durch reduzierendes Schmelzen und insbesondere durch eine Wasserstoffbegasung kann die Verzögerung aufgehoben und die ursprüngliche größere Oxydationsgeschwindigkeit wieder hergestellt werden.

Eine bekannte Arbeit von BURKHARDT [*155*] befaßte sich mit der Verkrätzung bewegter Bleischmelzen. Ausgangsstoff für die Herstellung

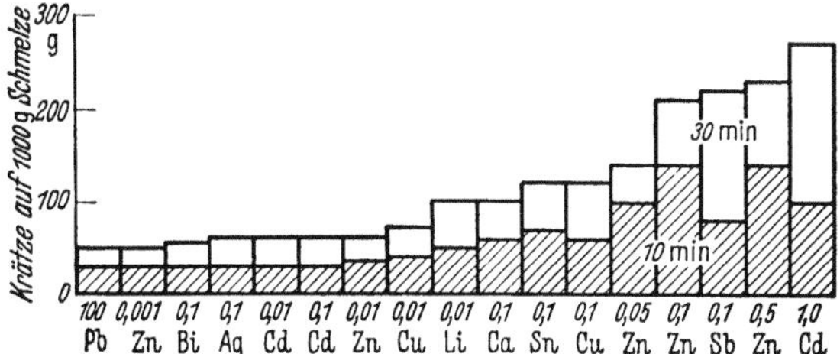

Abb. 295. Wirkung von Beimengungen (Gehalte in %) auf die Verkrätzung von Braubacher Weichblei. Nach BURKHARDT

der Legierungen war Braubacher Weichblei von nicht angegebener Zusammensetzung, das wenig Krätze bildet. Durch 1000 g Schmelze wurde Luft mit einer Geschwindigkeit von 4 Liter je min hindurchgeblasen. Wie die Abb. 295 zeigt, wurde durch keine Beimengung die Krätzebildung erniedrigt. Ohne merklichen Einfluß sind 0,1% Bi, 0,1% Ag. Besonders gesteigert wird die Oxydation durch Beimengungen von Zinn, Kupfer, Zink, Antimon und Kadmium, in der aus dem rechten Teil der Abbildung ersichtlichen Menge. Bei größeren Beimengungen von Antimon ist die Verkrätzung wieder rückläufig. In weiteren Versuchen wurden reinstem Blei (99,999%) Beimengungen verschiedener Art und Menge zugegeben. Eine merkliche Erniedrigung der Krätzebildung wurde durch wenige 0,001% Ag erzielt. Von den übrigen dem Reinstblei zugesetzten Beimengungen bewirkten nur 0,1% Bi eine geringfügige Abnahme der Verkrätzung. In diesem Zusammenhang erscheint bemerkenswert, daß bei der Oxydation von wismuthaltigem Blei das Wismut selbst kaum oxydiert wird. DAVEY [*235*] fand, daß bei Temperaturen von 900 bis 1000 °C und Wismutgehalten von 0,06 und 0,14% das Verhältnis

$$\frac{\text{\% Bi im nichtoxyd. Blei}}{\text{\% Bi im red. Bleioxyd}} = 19{,}2 : 1$$ ist. Die Methode des Durchleitens von

Luft zur Ermittlung der Verkrätzung von Bleilegierungen wurde von
STAHL [*496a*] so vervollkommnet, daß damit wiederholbare Ergebnisse gewonnen werden können. Der Tiegel mit der Schmelze und
dem Lufteinleitungsrohr bleibt während der Wägungen im Ofen. In
einem weiten Bereich wurde Proportionalität zwischen der Gewichts-

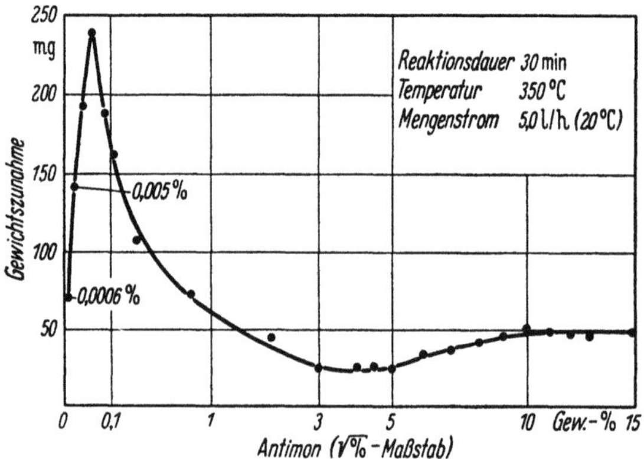

Abb. 296. Gewichtszunahmen von Blei-Antimon-Schmelzen beim Durchleiten von Luft.
Nach HARTMANN, HOFMANN und STAHL

zunahme der Schmelze und dem Volumen der durchgeleiteten Luft,
zwischen dem Mengenstrom der Luft und der Blasenfrequenz, sowie
Konstanz der Blasengröße festgestellt. Die an einigen Schriftmetallen
beobachteten unterschiedlichen Blasenfrequenzen wurden auf Grund von
Modellversuchen mit den Grenzflächenspannungen an der Blasenober-
fläche in Zusammenhang gebracht.

An einer Reihe von Legierungen mit Antimongehalten bis zu 15%
zeigte sich nach dieser Methode ein scharfes Maximum der Oxydationsgeschwindigkeit bei 0,04% Sb, in Übereinstimmung mit früheren Arbeiten (Abb. 296). Lediglich GRUHL [*446*] konnte mit seiner oben erwähnten Versuchsmethodik kein Maximum feststellen. Die Lage des
Maximums hängt nach der Schrifttumsauswertung von STAHL [*496,
1143*] und nach seinen eigenen Versuchen — abgesehen von der Temperatur — von der Intensität der Oxydation ab, wie folgende Aufstellung zeigt:

Keine Badbewegung: Maximum bei ≈ 0,01% Sb (STAHL 1957 bei 350°C)
Rühren der Schmelzen: Maximum bei 0,013% Sb (WILLIAMS [*1274a*] 1936 bei 420 und
                     500°C)
Einleiten von Luft: Maximum bei 0,04 bis 0,05% Sb (BURKHARDT 1935, STAHL
                     1953 bei 350°C)

Im Gegensatz zu den erwähnten Arbeiten, die sich mit der Gesamt-
menge der gebildeten Oxyde ($PbO + Sb_2O_3$) befaßten, untersuchten
RÖNTGEN und Mitarbeiter [*1019*] nur die Abnahme des Antimongehaltes
einer Schmelze durch selektive Oxydation bei Raffinationstemperatur.

Auch PELZEL [946] macht in einer Studie über die Verkrätzung von Blei-Antimon-Schmelzen Angaben über die selektive Oxydation des Antimons. RÖNTGEN [1019] fand, daß die Geschwindigkeit, mit der das Antimon aus der Schmelze herausoxydiert wird, mit fallender Antimonkonzentration abnimmt und beim Unterschreiten eines Antimongehaltes von 0,1% auf sehr kleine Werte absinkt. Ein Maximum der Oxydationsgeschwindigkeit des Antimons bei einem bestimmten Antimongehalt wurde nur dann festgestellt, wenn das Blei neben Antimon Zusätze unedlerer Metalle, wie Arsen, Zinn, Zink, enthielt. Bei oxydierender Behandlung verbrennen zuerst die unedleren Begleitmetalle bei zunächst nur langsamer Abnahme des Antimongehaltes. Die Oxydation des Antimons setzt erst nach Entfernen der unedleren Begleiter verstärkt ein. Eine Parallele zu dieser Erscheinung bildet z. B. die Oxydation des Phosphors im Thomasprozeß. In der gleichen Weise sind die Ergebnisse von ERMISCH [289] zu erklären.

STAHL [496, 1143] befaßte sich weiter mit der Sauerstoffaufnahme von Blei-Antimon-Schmelzen bei 600 und 750 °C. Zu diesem Zweck entwickelte er eine besondere Versuchsapparatur. Er brachte die Versuchsprobe unter völlig sauerstofffreiem Stickstoff auf die Reaktionstemperatur und legte den Reaktionsbeginn durch schnellen Wechsel von Stickstoff auf Luft fest. Das Ende der Reaktion war ebenso genau durch Zurückschalten von Luft auf Inertgas und das gleichzeitige Einfrieren der Reaktion zu erzwingen.

Bei 600 und 750 °C wurde in diesen Versuchen kein ausgeprägtes Maximum der Oxydationsgeschwindigkeit in Abhängigkeit vom Antimongehalt gefunden (Abb. 297). Antimongehalte bis zu 0,01% bewirkten zunächst sowohl bei 600 als auch bei 750 °C einen steilen Anstieg der Zunderkonstanten. Dann blieb bei 600 °C die Oxydationsgeschwindigkeit bis zu einem Gehalt von 0,1% Sb, bei 750 °C bis zu einem solchen von 0,03%, etwa konstant. Mit weiterer Steigerung des Antimongehaltes setzte bei diesen Temperaturen eine starke Zunahme der Oxydationsgeschwindigkeit ein. Das parabolische Gesetz gilt nun nicht mehr. Als Grund hierfür führt STAHL an, daß oberhalb der

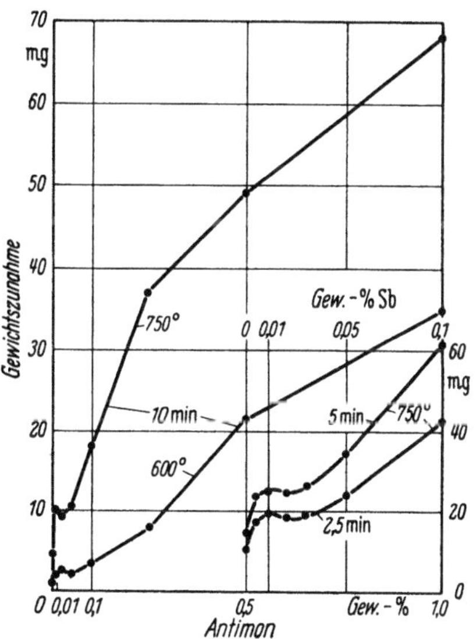

Abb. 297. Gewichtszunahme reinster Blei-Antimon-Legierungen bei 600 und 750 °C nach einer Oxydationsdauer von 10, 5 und 2,5 min. Nach HARTMANN, HOFMANN und STAHL

letztgenannten Gehalte und Temperaturen ein Aufschmelzen der Zunderschicht erfolgt. Das Schmelzen der Oxydschicht bei bestimmten Antimongehalten konnte durch Messung der Oberflächenspannung bestätigt werden. Der gefundene Einfluß des Antimons auf die Oxydationsgeschwindigkeit von Blei wurde unter Zugrundelegung der WAGNERschen Zundertheorie ([1234a], HAUFFE [496b]) gedeutet und durch zusätzliche Versuche erhärtet. Die Reaktionsgeschwindigkeit ist nach dem parabolischen Zeitgesetz durch die Diffusion der Reaktionspartner in der Oxydschicht als dem langsamsten Teilvorgang gegeben. Die Diffusionsgeschwindigkeit hängt wiederum von dem Ausmaß der Fehlordnung im Oxydgitter ab. Für PbO als Primärprodukt der Oxydation wird eine Fehlordnung mit Kationenleerstellen als sehr wahrscheinlich angesehen. Durch Einbau von Sb^{3+} — bzw. Sb^{5+} — Ionen in das Gitter des PbO erhöht sich die Konzentration der Kationenleerstellen und damit die Diffusionsgeschwindigkeit der Kationen im Gitter. Dies erklärt die Beschleunigung der Oxydation von Blei durch kleinste Antimongehalte. Der Abfall der Oxydationsgeschwindigkeit jenseits des Maximums im Temperaturbereich von 350 bis 500 °C (Abb. 296) wird durch das Auftreten von Bleiantimonit in der Oxydschicht gedeutet. Oberhalb 500 °C bewirken diese hohen Antimongehalte der Oxyde eine Schmelzpunktserniedrigung bis zum Aufschmelzen der Oxydschichten. Der Stofftransport in flüssigen Oxydschichten erfolgt jedoch wesentlich rascher als in festen, so daß die Oxydationsgeschwindigkeit mit dem Antimongehalt weiter ansteigt und kein ausgeprägtes Maximum ausgebildet wird. In der Praxis beurteilt man die Neigung einer Bleisorte zur Verkrätzung nach der Tiegelprobe. Eine abgewogene Bleimenge (z. B. 600 g) wird bei 400 °C in einem Porzellantiegel eingeschmolzen und die Oberfläche blank gemacht. Man stoppt die Zeit bis zum Auftreten der verschiedenen Interferenzfarben und der allgemeinen Trübung der Schmelzoberfläche. Bei wenig verkrätzenden Bleisorten soll die Oberfläche z. B. 30 bis 40 sek lang blank bleiben. Eine Normung dieser Tiegelprobe ist noch nicht erfolgt.

Im Anschluß an die Behandlung der Verkrätzung von Blei soll ein Vorschlag von KRYSKO [714] erwähnt werden, die Bleischmelze vor dem Vergießen durch Aluminiumzusatz zu desoxydieren (entkrätzen).

d) Gießen. Es seien zunächst die Gießeigenschaften von Weichblei angeführt. Das Längenschwindmaß wurde für Sandguß zu 0,75% und für Kokillenguß zu 0,94% bestimmt (BAUER [57]). Eine andere Bestimmung ergab Werte von 0,90 bis 0,99% (HONDA und KIKUCHI [585]). Hierbei wurde nachgewiesen, daß das Längenschwindmaß etwa der thermischen Zusammenziehung bei der Abkühlung des Gußstücks von der Erstarrungstemperatur auf Raumtemperatur entspricht (vgl. DIN-Mitt. [250]). Die bei der Erstarrung erfolgende Volumen- bzw. Längenänderung (ENDO [279]) von 1,15% wird bei der Schwindung nicht mitgemessen.

Angaben über die Schwindung von Blei-Antimon-Legierungen finden sich auf S. 34.

Die Gießbarkeit eines Metalles, d. i. seine Fähigkeit, eine Form vollständig zu füllen, kann entweder an praktisch angewandten Gießformen (S. 322) oder in einer Spiralkokille bestimmt werden, indem man hier die Länge der ausgelaufenen Spirale mißt.

PATTERSON und KÜMMERLE [939] kritisieren die Gleichsetzung der Gießbarkeit mit der Auslauflänge von Gießspiralen. Sie bezeichnen diese Eigenschaft als Fließvermögen. Unter Formfüllungsvermögen verstehen sie dagegen die Fähigkeit der Schmelze, feine Konturen des Formhohlraumes wiederzugeben. Während das Fließvermögen vor allem durch den Wärmeinhalt der Schmelze beeinflußt wird, hängt das Formfüllungsvermögen mit der Oberflächenspannung, dem Erstarrungsverhalten und der Abkühlungsgeschwindigkeit der Schmelze zusammen. Bei künftigen Untersuchungen der Gießbarkeit von Bleilegierungen sollte diese Unterscheidung berücksichtigt werden.

Eine vergleichende Untersuchung niedrig schmelzender Metalle einschließlich des Aluminiums mittels einer Spiralkokille der Anfangstemperatur 18 °C ergab eine ungefähr lineare Abhängigkeit der Länge der Gießspirale von der Überhitzungstemperatur, d. i. die Differenz zwischen Gießtemperatur und Schmelztemperatur (PORTEVIN und BASTIEN [973]). Die Steigung der Geraden war bei Blei und Zinn geringer als bei den höher schmelzenden Metallen Zink und Aluminium. Die Kurve für Blei verflachte gegen die Ordinate zu, so daß die Länge der Spirale sich zwischen 400 °C, der niedrigsten untersuchten Gießtemperatur, und 520 °C nur um 10%, dagegen oberhalb stärker änderte. Eine analytische Behandlung der erhaltenen Kurven zeigte eine gleichzeitige Abhängigkeit des Fließvermögens sowohl von verschiedenen Eigenschaften des gegossenen Metalles wie spezifische Wärme, Schmelzwärme, Dichte, Viskositat, als auch des Formstoffes.

Die allgemeinen Zusammenhänge zwischen Fließvermögen und Erstarrungsablauf sind für die Kenntnis der Bleilegierungen von großer Wichtigkeit. So wurde in binären Legierungsreihen mit Eutektikum allgemein ein Verlauf des Fließvermögens gefunden, wie ihn Abb. 298a für Blei-Antimon darstellt. Maxima des Fließvermögens kommen dem reinen Metall und der eutektischen Legierung zu. Ein Minimum des Fließvermögens liegt in der Nähe der Grenze der Löslichkeit im festen Zustand, d. h. da wo das Erstarrungsintervall — in der Abbildung durch die Länge der Striche des schraffierten Teiles dargestellt — am größten ist (vgl. MASHOVETS und DARAGAN-SUSHCHOV [800]). Entsprechende Ergebnisse wurden für die Blei-Wismut-Zinn-Legierungen in Form eines Raummodells gewonnen. Das Dreistoffsystem weist drei binäre Eutektika und ein ternäres Eutektikum auf (Abb. 186). Dem ternären Eutektikum ent-

spricht das absolute Maximum des Fließvermögens; weitere Maxima
werden durch die reinen Metalle und die Eutektiken der Randsysteme
dargestellt. Die letztgenannten Maxima sind durch je einen Grat mit der
Spitze der ternär eutektischen Zusammensetzung verbunden. Die Grate

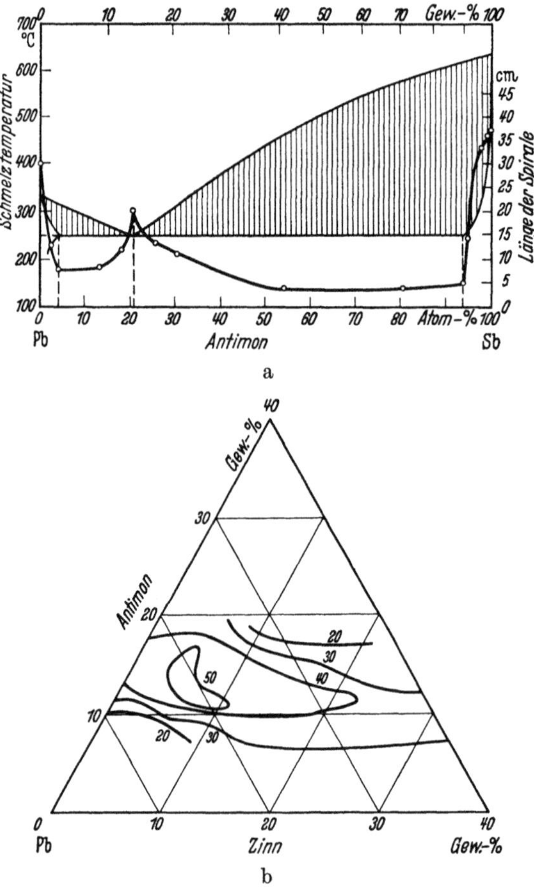

Abb. 298a u. b. Fließvermögen von Blei-Antimon- (a) und von Blei-Antimon-Zinn-Schmelzen (b).
Willkürlicher Maßstab in der Darstellung (b).
Nach PORTEVIN und BASTIEN (a) und CARTLAND [182] (b)

haben Minima an den Stellen, wo das Temperaturintervall der binär
eutektischen Kristallisation am größten ist. Absolute Minima der Gießbarkeit sind nahe den Verbindungslinien der die reinen Metalle darstellenden Eckpunkte mit dem ternären Eutektikum an der Stelle vorhanden, wo das primäre Erstarrungsintervall am größten ist, d. h. in den
Eckpunkten der eutektischen Vierphasenebene. Ein ähnlicher Verlauf
des Fließvermögens wurde in dem technisch wichtigen Dreistoffsystem
Blei-Antimon-Zinn gefunden und in Abb. 298b dargestellt.

Das Gießen erfolgt entweder als Blockguß oder als Formguß. Beim Gießen von Blöcken in Hüttenwerken wendet man vielfach eine Anordnung der Kokillen auf einem Karussell oder einem endlosen Band an [836]. Zur Herstellung von Blöcken für Bleipressen gießt man die Schmelze

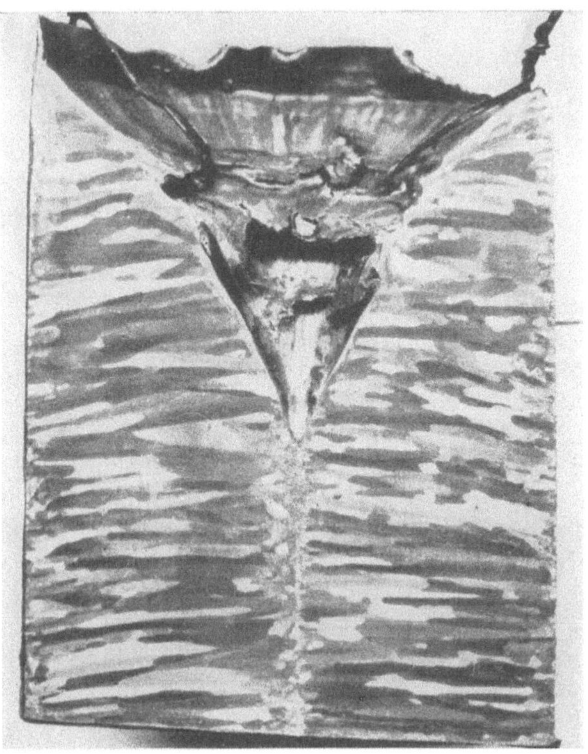

Abb. 299. Schnitt durch die erstarrte Aufnehmerfüllung einer Kabelpresse. Nach PRÜMM [981]

zum Unterschied gegenüber anderen Metallen unmittelbar in den Aufnehmer und verpreßt den Block anschließend in einer Hitze (s. S. 389). Der Querschnitt der erstarrten Aufnehmerfüllung einer Kabelpresse (Abb. 299) zeigt Stengelkristalle in einer Anordnung und Verteilung wie sie allgemein bei gegossenen Metallen üblich ist. Die Längsachse der Stengel steht einer Würfelkante der Elementarzelle, d. h. der Richtung der größten Kristallwachstumsgeschwindigkeit, parallel (NIX und SCHMID [902]). Es handelt sich hier um die bei den kubischen Metallen übliche Gußtextur. Dagegen gelang es ROSENBERG und TILLER [1033] bei der Erstarrung von zonengereinigtem Blei mit weniger als $1 \cdot 10^{-4}$ Gew.-% Ag die $\langle 111 \rangle$-Textur zu erzeugen. Wenn man die Erstarrung einer Bleischmelze so leitet, daß von der Mitte des Flüssigkeitsspiegels aus sich

21 Hofmann, Blei. 2. Aufl.

ein Einkristall bildet, so liegt dessen Oktaederebene parallel der ursprünglichen Schmelzenoberfläche (ATWATER und CHALMERS [29]).

In Blöcken von Legierungen ist die Zusammensetzung infolge Blockseigerung nicht an allen Stellen gleich. Bei Blei-Antimon z. B. sind die zuletzt erstarrten Gebiete im Innern des Blockes antimonreicher (STOCKMEYER und HANEMANN [1147]). Ein Hinweis für das Auftreten einer schwachen umgekehrten Blockseigerung findet sich bei JACOBY [609].

Vergleichende Bestimmungen der Korngröße gegossener Bleilegierungen ergaben in den meisten Fällen grobes Gußkorn (Abb. 299). Mit einer stärkeren Kornverfeinerung im gegossenen Zustand ist daher im allgemeinen erst bei höheren Konzentrationen der Legierungselemente zu rechnen (JENCKEL und HAMMES [618], JENCKEL und THIERER [619]). Niedrige Gießtemperatur begünstigt die Entstehung eines feinen Kornes (SCHEIL [1055]).

Formguß von Blei wird sowohl in Kokille als auch in Sand ausgeführt. In Kokille werden z. B. Bleikugeln, Plomben, Klaviaturblei gegossen. Ein weiteres Beispiel sind in Stahlformen gegossene Stopfbüchsen aus Blei. Sie verhindern den Ölverlust in Flächenschleifmaschinen, wenn sie an Stelle von schnell verschleißenden Dichtungsmanschetten aus Leder eingesetzt werden. (BASSOW [54]). Bleiplomben werden in Weich- oder Hartblei (KÜHNEL und PUSCH [718]) ausgeführt. Das Gießen von Devotionalien, Andenken, Schmuckgegenständen und Galanteriewaren aus Hartblei ist weit verbreitet. Bekannt sind z. B. die aus Japan kommenden Kästchen und Schalen, in denen eine erstaunlich gute Wiedergabe aller Einzelheiten der Formoberfläche erzielt wird. Der Verfasser konnte diese Anwendung des Bleigusses in einem handwerksmäßigen Betrieb besichtigen. In die Kokillen aus Messing wird hier eine Schicht von „Rötel" eingebrannt. Je nach der mehr oder weniger hohen Kokillentemperatur unterscheidet man Kalt-, Mittel- oder Heißguß. Durch langsames Drehen der Form nach erfolgtem Gießen läßt man die Luft vollständig entweichen. Figuren werden als Hohlguß hergestellt, indem man nach Erstarrung der oberflächlichen Schichten das im Innern noch flüssige Metall ausgießt. Flachguß wird in überhitzten Formen erzeugt. Dabei läßt man die Erstarrung durch Auflegen nasser Tücher von unten nach oben fortschreiten. Die Gußstücke werden meist galvanisch verkupfert oder vermessingt und vergoldet (SNELLING und THEWS [1131]) oder sie erhalten eine chemische Metallfärbung (KRAUSE [700, 701]).

Als weiteres Beispiel für den Kokillenguß sei das Gießen von Anodenplatten aus einer Blei-Silber-Legierung für die Zinkelektrolyse genannt. Das Gießen der großen Platten erfolgt fallend. Mutterbleche aus Weichblei für die Bleielektrolyse werden ohne vollständige Form vergossen, indem man die Schmelze auf einer schiefen Ebene herunterlaufen läßt. Kabelmuffen können durch Eintauchen eines Kernes aus Stahl in flüssiges

Blei hergestellt werden. Das Blei kristallisiert als Mantel an den Kern an. Bleche aus Blei-Zinn-Legierungen von etwa eutektischer Zusammensetzung gießt man auf Filztücher in einer Dicke von wenigen mm. Die Bleche werden nach dem Abfräsen in die Form von Orgelpfeifen gebogen und verlötet.

Auch die Herstellung von Jagdschrot soll als Gießen ohne Form in diesem Zusammenhang erwähnt werden. Der sog. Weichschrot besteht aus Blei mit Arsengehalten bis zu 0,5%, Hartschrot enthält außerdem bis etwa 2% Sb. Die Wirkung von Arsen beruht nicht, wie meist angenommen, auf einer Erhöhung der Oberflächenspannung, sondern auf der oxydlösenden Wirkung der oberflächlich gebildeten arsenigen Säure (TAMMANN und DREYER [1167], WHITE [1263]). Das Gießen erfolgt von der Höhe eines Turmes oder dem oberen Ende eines Bergwerksschachtes aus. Die Legierung wird im breiigen Zustand in einen eisernen, gasbeheizten Topf gegeben, dessen Boden Reihen von Löchern, entsprechend dem gewünschten Schrotdurchmesser, enthält. Beim Durchrühren des Metallbreies quellen Kugeln der flüssigen Legierung durch das Sieb hindurch oder es bilden sich zusammenhängende Flüssigkeitsstrahlen, die sich aber sofort in einzelne Tropfen zerteilen. Die Kugeln werden, nachdem sie im freien Fall erstarrt und abgekühlt sind, am unteren Ende des röhrenförmigen Schachtes in Wasser aufgefangen. Nach Trocknen des Schrotes werden die Zwillinge, d. s. zusammengewachsene Körner, entfernt, indem man sich die Fähigkeit der kugeligen Körner, auf einer schiefen Ebene abzurollen, zunutze macht. Der Schrot wird nun in Trommelsieben nach Durchmessern sortiert und endlich in einer Trommel mit Graphit poliert. Das Verfahren arbeitet schnell und wirtschaftlich. Von Schrot mit kleinerem Durchmesser, sog. Vogeldunst, können in einer Anlage mehrere Tonnen täglich hergestellt werden.

Das Verbleien von Armaturen aus Grauguß, Temperguß, Stahlguß, Rotguß, Bronze, Sondermessing oder Stahl geschieht häufig durch Aus- oder Umgießen mit Hartblei. Durch Anwärmen der zu umgießenden Körper auf 100 bis 180 °C wird eine spannungsarme Verbindung ermöglicht. Die Einzelheiten des Verfahrens sind ausführlich beschrieben (BECKER [71]).

Weitere Anwendungen des Kokillengusses, nämlich die Herstellung von Lagerausgüssen, Akkumulatorenplatten, Druckgußteilen und Buchdrucklettern, sind in besonderen Abschnitten behandelt.

In Sandguß werden Teile für säurefeste Verdampfungsgefäße, Ventile, Pumpen, Rührwerke usw. für die chemische Industrie angefertigt. Man gießt in feuchten („grünen") oder trockenen Sand [302]. Üblich hierfür ist Hartblei mit einem Antimongehalt zwischen 2 und 10%. Das Gießen eines Verdampfers für Titansulfat im Gesamtgewicht von 16 Tonnen, dessen Einzelteile bis zu 4 Tonnen wogen, wurde eingehend beschrieben

(MacGrail [789]). Form und Kerne waren in trockenem Sand hergestellt. Die Form war gerade fest genug, um den Druck des spezifisch schweren Metalles auszuhalten; im übrigen wurde zwecks Entfernung der freiwerdenden Gase möglichste Durchlässigkeit des Formstoffes angestrebt. Bei einer Gießtemperatur von 340 °C betrug die Schwindung 1,04%.

Im Zusammenhang mit dem Schmelzen und Gießen von Blei ist auch ein Hinweis auf gewisse gesundheitliche Gefahren am Platz. Das Problem der Bleikrankheit kann im Rahmen dieses Buches aber nur mit einigen Stichworten dargestellt werden. Eine Gefährdung durch Blei wird nach den heutigen Erkenntnissen nur im Einatmen von Bleirauch oder von Bleistaub gesehen. Dagegen ist die Berührung mit metallischem Blei und mit Bleiverbindungen weitgehend harmlos, so zum Beispiel die Tätigkeit eines Schriftsetzers, Klempners oder Installateurs. Über die Bestimmung von Bleiteilchen in der Luft berichtet Tufts [1206].

Die wesentlichen Schutzmaßnahmen gegen die Bleierkrankung sind bereits in der Bleihütten-Verordnung der Reichsregierung vom 16. 6.1905

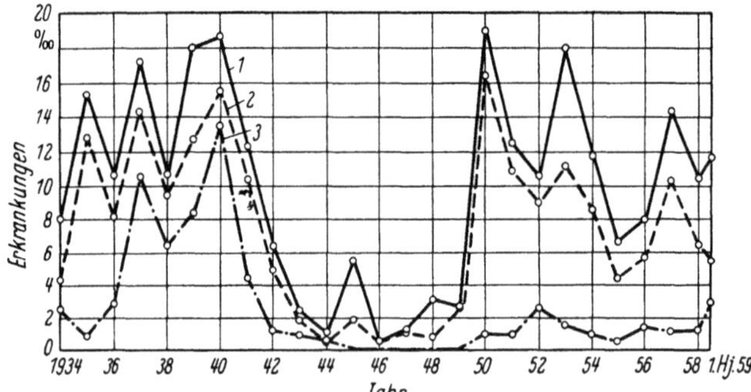

Abb. 300. Gemeldete 1, anerkannte aber noch nicht entschädigte 2 und erstmalig entschädigte 3 Bleierkrankungen in deutschen Metallhütten auf je 1000 Mann Belegschaft. Berichtszeit 1934 bis 1959. Nach Börger [98]

enthalten. Die Vorbeugungsmaßnahmen beziehen sich vor allem auf die Frage der Sauberkeit und der Entlüftung der Arbeitsräume, aber auch auf das Verhalten der Arbeitnehmer und ihre ärztliche Überwachung. An besonders gefährdeten Stellen sind Atmungsmasken zu verwenden. Besonders wichtig erscheint die persönliche Sauberkeit und gesunde Lebensführung des Bleiarbeiters, aber auch seine Konstitution.

Ein Überblick über die Häufigkeit der Bleierkrankungen im letzten Vierteljahrhundert (Abb. 300) zeigt eigenartigerweise einen besonderen Tiefstand der Bleierkrankungen in den letzten Kriegsjahren und danach. Man hat diese Tatsache mit der besonders fettarmen Nahrung jener Jahre in Zusammenhang gebracht. Die schützende Wirkung von Milch konnte objektiv noch nicht bestätigt werden.

Bezüglich der Einzelheiten der Bleikrankheit, der Schutzmaßnahmen und des Standes der medizinischen Forschung sei auf die Schriften der Gesellschaft deutscher Metallhütten- und Bergleute hingewiesen, deren Hüttenausschuß für Blei nach dem Krieg zwei Informationstagungen über die Bleikrankheit abgehalten hat.[1]

2. Bleiakkumulatoren

a) Allgemeiner Aufbau. Das Prinzip des Bleisammlers wurde zuerst im Jahre 1850 von WILHELM SIEMENS und, von ihm unabhängig, durch SINSTEDEN gefunden. PLANTÉ gebührt aber das Verdienst, den Akkumulator im Jahr 1859 als Energiespeicher eingeführt zu haben. Die Platten werden nach zwei Prinzipien gestaltet; im einen Fall wird die elektrochemisch wirksame Masse (s. u.) aus einer Weichbleiplatte selbst gebildet (Prinzip von PLANTÉ), im andern Fall wird sie mechanisch als Paste in Hartbleigitter oder als Pulver in sog. Panzerplatten eingebracht (Prinzip von FAURE).

Die nach dem Prinzip von PLANTÉ hergestellten Platten werden Großoberflächenplatten genannt. Die abgewickelte Oberfläche einer solchen Platte beträgt etwa das 8fache der projizierten Oberfläche. Abb. 301 zeigt einen Ausschnitt aus einer solchen Platte. Die Großoberflächenplatten dienen nur als positive Platten. Sie besitzen oben 2 Fahnen, mit denen sie auf dem Rand des Zellengefäßes oder auf Stützscheiben aufliegen. Die eine Fahne dient nur der Aufhängung, die andere gleichzeitig der Stromführung. Letztere Fahne ist soweit verlängert, daß sie mit den stromführenden Leisten verschweißt werden kann. Die Bildung der porösen aktiven Masse aus dem kompakten Weichblei geschieht dadurch, daß die Platten in einer ca. 12%igen Schwefelsäure, die einen Zusatz bleilösender Säure enthält, anodisch oxydiert werden. Als Zusatz verwendet man heute allgemein Überchlorsäure. Es ist notwendig, die bleilösende Säure vollständig zu entfernen, um spätere Korrosionswirkungen

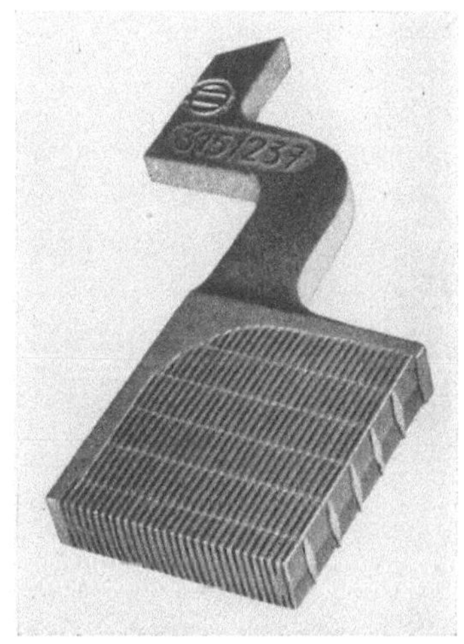

Abb. 301. Großoberflächenplatte AFA

---

[1] Schriften der Gesellschaft Deutscher Metallhütten- und Bergleute H. 3 und H. 7 „Vorträge und Diskussionen bei den Informationstagungen über die Bleikrankheit", Clausthal-Zellerfeld 1952 und 1960.

zu vermeiden. Dies geschieht dadurch, daß die Platten im gleichen Elektrolyten kathodisch polarisiert werden, bis das Bleidioxyd vollständig in Bleischwamm umgewandelt ist. Nach dem Ausbau werden die Platten gut gewaschen und getrocknet. Die abermalige Umwandlung der aktiven Masse in Bleidioxyd geschieht in reiner Schwefelsäure. Das Formieren könnte man als gewollte anodische Korrosion des Bleies bezeichnen. Das hierbei gebildete Bleidioxyd ist ein guter elektrischer Leiter. Sein spezifischer elektrischer Widerstand beträgt etwa 130 $\mu\Omega$ cm, ist also nur 6 bis 7mal so hoch wie der von Weichblei (THOMAS [1185], THIRSK und WYNNE-JONES [1183]).

Die nach dem Prinzip von FAURE hergestellten Platten nennt man Masseplatten. Die Gitter zeigen je nach dem Verwendungszweck eine feine bis grobe Unterteilung. Feinmaschige Gitter sind notwendig bei sehr hohen Entladeströmen. Grobe oder weitmaschige Unterteilung ist dort angebracht, wo die Ströme gering sind und Wert auf eine niedrige Selbstentladung gelegt wird. Platten mit großmaschigem Gitter werden Rahmenplatten genannt. Ist das Gitter an beiden Seiten durch feingelochte Weichbleibleche abgedeckt, so bezeichnet man solche Platten als Kastenplatten. Sie dienen nur als Negative im Sammler, und zwar in Verbindung mit positiven Großoberflächenplatten. Die Panzerplatten haben isolierende, elektrolytdurchlässige Hohlkörper, meist in Röhrchenform, welche die Masse und eine aus Hartblei bestehende Stromableitung (Bleiseele) enthalten (Abb. 302). Sie werden nur als Positive hergestellt. Die übrigen Masseplatten außer den Kasten-

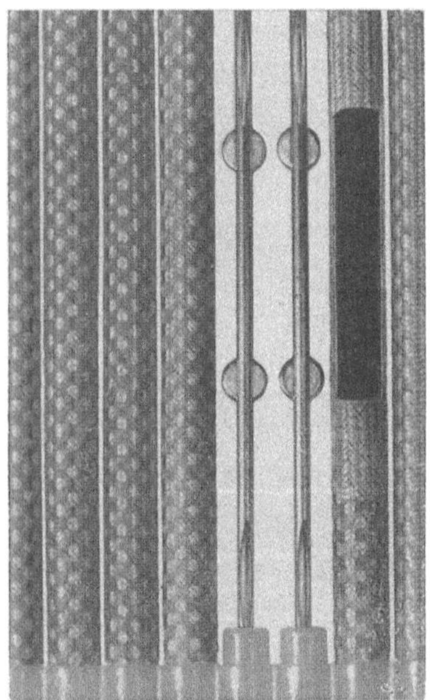

Abb. 302. Aufbau der Röhrenplatte mit geschlitzten Hartgummiröhrchen und Trägerstäben aus Hartblei. Akkumulatorenwerk Hoppecke

platten werden sowohl als Positive wie auch als Negative benutzt (GARTEN [359]).

Die Gitter der Masseplatten bestehen aus Hartblei mit 6 bis 12% Sb. Die Felder werden mit einer streichbaren Paste aus Bleioxyden (PbO, Pb_3O_4), Bleistaub und einem Zusatz von Schwefelsäure gefüllt. Die aktive Masse der Negativen muß Quellmittel enthalten, um ein vorzeitiges Zusammensintern der feinen Bleischwammteilchen zu gröberen, weniger aktiven Teilchen zu verhindern (Schrumpfen der Negativen). Der Bleistaub wird meist in den Akkumulatorenwerken selbst durch Zerkleinern von gegossenen Bleikugeln in Trommelmühlen erzeugt [259]. Er besteht zum kleineren Teil aus metallischem Blei, in der Hauptsache aus Bleioxyd (PbO). Durch das Einbringen von pulverförmigen Bleiverbindungen ist die poröse Struktur der aktiven Masse bereits gegeben. Die Umwandlung der Masse zum Bleidioxyd bzw. zum Schwammblei (das Formieren) kann daher in reiner Schwefelsäure von 10 bis 20% durch anodische bzw. kathodische Polarisation erfolgen. Das Formieren dauert je nach Plattendicke 20 bis 50 Stunden. Nach der Ladung hat die Masse der Positiven etwa die Zusammensetzung 90% PbO_2, 7% PbO, 3% $PbSO_4$, die der Negativen 95% Blei, 3% PbO, 2% $PbSO_4$. Anschließend an die Formation werden die Platten gewässert und getrocknet. Da beim Trocknen der Platten chemische Reaktionen stattfinden, insbesondere eine Oxydation des Schwammbleies der Negativen, ist zur Inbetriebnahme der zusammengebauten Batterien eine erste Ladung erforderlich. Man kann die Oxydation der Negativen teilweise unterbinden, indem man die Trocknung im Vakuum oder in überhitztem Wasserdampf durchführt. Hiervon macht man mit Vorliebe bei den Starterbatterien Gebrauch, damit dieselben nach Auffüllen mit Schwefelsäure ohne eine besondere Aufladung bereits eine gewisse Kapazität aufweisen und eine bestimmte beschränkte Zeit betriebsfähig („vorgeladen") sind. Die noch nicht montierten Platten sind im trockenen Zustand beliebig lange Zeit lagerfähig und können ohne Gefährdung verpackt, versandt und im Bedarfsfall schnell zusammengebaut werden. Zur Vereinigung mehrerer Platten gleicher Polarität zu Plattensätzen werden die Polfahnen an eine Polbrücke angelötet, d. h. mit ihr verschweißt oder zu einem Satz vergossen (HOEHNE [540]). Die Berührung zwischen positiven und negativen Platten im Akkumulator wird durch geeignete dazwischengelegte Scheider verhindert. Sie bestehen aus Holz, mikroporösem Hartgummi, Kunststoff oder Glasgespinst.

Das Arbeitsvermögen von Blei-Akkumulatorenzellen, bezogen auf das Zellengewicht, beträgt etwa:

bei Zellen mit positiven Großoberflächenplatten und
negativen Kastenplatten   8 bis 10 Wh/kg,
bei Zellen mit Masseplatten   28 Wh/kg,
bei Zellen mit positiven Panzerplatten ebenfalls   28 Wh/kg.

Die Kapazität von Bleiakkumulatoren hängt ab von der angewandten Stromstärke, der Dichte und der Temperatur der Schwefelsäure. Die Entladung wird begrenzt durch die Entladeschlußspannung, welche laut Norm oder nach besonderen Angaben der Hersteller ca. 10 bis 15% unter der Entladeanfangsspannung liegt.

Einzelheiten über den Aufbau, die Metallinhalte, Kapazitäten usw.
von ortsfesten Bleiakkumulatoren finden sich in den neuen deutschen
Normblättern DIN 407 30 bis 407 37.

Nach der Art der Verwendung werden die Bleiakkumulatoren wie
folgt unterteilt (vgl. VDE-Norm [1217])

1. Antriebsbatterien
zum Antrieb von Fahrzeugen oder in Kraftbetrieben,

2. Beleuchtungsbatterien,
z. B. für Zugbeleuchtung, Notbeleuchtung,

3. Batterien für Nachrichtentechnik,
z. B. für Fernmeldeanlagen,

4. Batterien für Hilfsbetriebe
zur Stromversorgung elektrischer Betriebseinrichtungen, z. B. für Steuer-
und Meldeanlagen, Bremsanlagen,

5. Starterbatterien
zum Anlassen und Zünden von Verbrennungsmotoren sowie zum Be-
leuchten.

In ortsfesten Batterien für Elektrizitätswerke, Hauszentralen, Not-
beleuchtungs- und Fernsprechanlagen und für vieles mehr verwendet man
in erster Linie positive Großoberflächen- und negative Kastenplatten, in
neuerer Zeit aber auch die gewichts- und raumsparenden Panzer- und
Gitterplatten. Als Batterien für Schienenfahrzeuge mit Akkumula-
torenantrieb und für die Zugbeleuchtung dienen besonders solche mit
Großoberflächenplatten, ferner die Kombination aus Panzerplatte und
negativer Gitterplatte. Weiter werden aber als Fahrzeugbatterien, besonders für Elektrokarren und Grubenlokomotiven, in großem Maß die
Gitterplattenzellen und auch hier neuerdings die Kombination von po-
sitiver Panzerplatte und negativer Gitterplatte, eingesetzt. Die Starterbatterien sollen besonders hohe Stromentnahmen beim Starten ermöglichen. Sie sind daher mit sehr dünnen Gitterplatten ausgestattet, die
eine große Oberfläche und Berührungsfläche zwischen Gitter und Masse
aufweisen. Für tragbare Kleinakkumulatoren der verschiedensten Ver-
wendungszwecke bedient man sich der Großoberflächen-, Panzer- und
Gitterplatten.

b) Herstellung und Eigenschaften der Akkumulatorenplatten. Die
Großoberflächenplatten und die Gitter der Masseplatten werden fast
ausschließlich durch Gießen hergestellt. Gitterplatten enthalten, in
einen rechteckigen Rahmen eingeschlossen, zwei Systeme von sich
kreuzenden Gitterstäben, die entweder Geradzeilen, parallel zu den Kanten der Platte, oder Diagonalzeilen bilden. Die Gitterstäbe sind abwechselnd in der Höhe gegeneinander versetzt. Durch diese Anordnung wird
bewirkt, daß die gesamte Masse einer Platte in sich zusammenhängt.

Die Großoberflächenplatten und die Gitter der Masseplatten werden fallend gegossen, viele Typen auch heute noch von Hand. Bei hohen Stückzahlen, z. B. beim Gießen von Gittern für Starterbatterien, wendet man Maschinen an, die den Vorgang des Gießens und Beschneidens mechanisch durchführen. Aus einer über dem Einguß und parallel dazu angeordneten, beheizten Gießrinne läuft bei jedem Arbeitshub die von der Pumpe vorgegebene Schmelze in die Form über. Ferner wendet man zum Gießen der Bleiseelen für die Röhrchen der Panzerplatten häufig das Druckgußverfahren an.

Die Formen zum Gießen der Großoberflächenplatten werden vor jedem Guß eingepudert (z. B. Talkum, Lycopodium). Die Gießformen für die Gitter der Masseplatten werden eingestäubt, z. B. mit einer Korkmehl-Wasserglas-Aufschlämmung (DROTSCHMANN [259]). Beim Handguß ist mitunter ein zusätzliches Pudern erforderlich. An der Gießform sind besonders die Luftlöcher oder Lufttaschen in den einzelnen Feldern bemerkenswert, die durch feinste Rinnen mit den Kanälen für die Bleischmelze in Verbindung stehen.

Die Formentemperatur liegt je nach Type und Legierung zwischen 180° und 220 °C; sie stellt sich entweder im Verlauf des Gießens von selbst ein, wobei die zuerst in die kalte Form gegossenen Platten bzw. Gitter Ausschuß sind, oder sie wird durch Anheizen erreicht. Je nach dem Wärmeinhalt des Bleies und der Form sowie der Arbeitsgeschwindigkeit wird die Formtemperatur grundsätzlich durch Kühlung mit Luft oder Wasser oder durch Heizen auf gleichbleibender Höhe gehalten. Der Einguß muß so hoch sein, daß das flüssige Blei in der Form sich unter einem gewissen Druck befindet.

Zur Herstellung der Kastenplatten wird ein durchlöchertes Blech aus Weichblei in die Form eingelegt und ein großfeldriges Gerippe aus Hartblei zwecks Versteifung herum gegossen. Von zwei derartigen Platten bildet die eine die Loch-, die andere die Stiftplatte. Die Masse wird in die eine Platte so hoch eingebracht, daß die andere leer aufgesetzt werden kann. Die Stifte werden durch die Löcher hindurchgeschoben und das Ganze durch Schlag zusammengenietet.

Ein Bericht des Industrial Heating [604] bringt Einzelheiten des Gießens von Gittern mit 9% Sb in einem kalifornischen Akkumulatorenwerk. Die Blöcke mit etwa 23 kg Gewicht werden in einem Stahlkessel mit einem Fassungsvermögen von ca. 1135 kg und einer Wanddicke von 9,5 mm eingeschmolzen. Die Beheizung des Kessels erfolgt mit Gasbrennern; Regler halten eine Badtemperatur zwischen 450 und 510 °C aufrecht. Der runde Gießtisch mit 8 Gießformen aus feinkörnigem Grauguß für je 2 Platten macht 5 bis 6 Umdrehungen in der Minute. Im Fall eines Stillstands der Maschine sorgen Brenner unter jeder Form dafür, daß eine Temperatur von mindestens 200 °C aufrechterhalten bleibt. Für die Erstarrung einer Platte, das Abkühlen und Auswerfen steht eine dreiviertel Umdrehung des Gießtisches, entsprechend etwa 9 sek Zeit, zur Verfügung. Nach dem Abscheren der Eingußenden gehen diese sofort in den Schmelzkessel zurück. Zum Gießen größerer Platten steht ein Kessel mit einem Fassungsvermögen von etwa 500 kg zur Verfügung. Die Schmelze wird von dort zu einer einzelnen Gießform gepumpt, die zwei identische Platten liefert. Kleinteile wie Polbrücken aus Blei mit 3% Sb werden ebenfalls in einer Gießmaschine hergestellt. Der hierzu gehörige 500 kg-Kessel mit Höhe = Durchmesser = 40,6 cm und einer Wanddicke von 9,5 mm ist in drei verschiedenen Höhen mit Gasbrennern ausgestattet. Die Temperatur wird automatisch geregelt.

Als Werkstoff für Großoberflächenplatten verwendet man Feinblei. Manche Werke treffen auch unter Bleisorten, die als sehr rein bekannt sind, noch eine Auswahl oder schließen noch eine Nachraffination des von der Hütte gelieferten Bleies an (EVERS [298]).

Der übliche Werkstoff für Gitterplatten und für andere Teile, von denen man eine gewisse Festigkeit verlangt, z. B. für Polbrücken, ist, wie schon oben erwähnt, Hartblei mit Antimongehalten zwischen 3 und 12%. Die Härte von Hartblei nimmt mit steigendem Antimongehalt bis zur eutektischen Zusammensetzung stark zu (Abb. 21). Daher sind für den Guß dickerer Querschnitte, z. B. von Polbrücken oder von Rahmenplatten, Legierungen mit 5 bis 6% Sb, dagegen von Gittern für Starterbatterien solche mit 8 bis 9% Sb üblich. Die Legierungen mit höherem Antimongehalt haben auch den Vorteil eines besseren Fließvermögens beim Gießen (s. S. 319), dafür aber den Nachteil einer stärkeren Selbstentladung der daraus hergestellten Zellen. Das Gefüge einer Legierung mit 6% Sb, die einem Gitter für Starterbatterien entnommen wurde, zeigt nach Abb. 303 dendritische Primärkristalle und Eutektikum Blei-Antimon.

Lunkerstellen im Guß erkennt man äußerlich an der eingefallenen Oberfläche und an ihrem matten Aussehen. Im Gefüge findet man hier meist eine ausgeprägte Mikroporosität (Abb. 304). Ursache dafür ist die örtliche Verzögerung der Erstarrung, die z. B. durch zu große Querschnitte oder zu heißes Vergießen der Schmelze bzw. Wärmestauung entstanden sein kann. Hohlräume setzen die Lebensdauer der Platten besonders dann herab, wenn sie beim Stanzen des Gitterrahmens angeschnitten werden. Zur Vermeidung der Porosität wird u. a. eine stetig fortschreitende Erstarrung in der Form gefordert. Man kann die Form an gewissen Stellen mit Kühlrippen versehen oder durch Anblasen mit Luft kühlen und dadurch die Lunker in den Anguß verdrängen, den man abschneidet (WILLIHNGANZ [1275]). Während beim Handguß die Gefahr von Oxydeinschlüssen durch Oxydation der Schmelzenoberfläche besteht, wird beim Maschinenguß das Blei in Bodennähe des Schmelzkessels durch eine Rohrleitung in die Gießrinne gepumpt und das Einschleppen von Oxyd weitgehend vermieden (ZAHN [*1299, 1300*]).

SIMON und JONES [*1122, 1123*] stellten in gegossenen Legierungen eine starke Anreicherung des Antimons an der Oberfläche fest. Diese umgekehrte Blockseigerung führen sie auf eine Verzögerung der Kristallisation von Antimon zurück. Die Restschmelze zwischen den Blei-

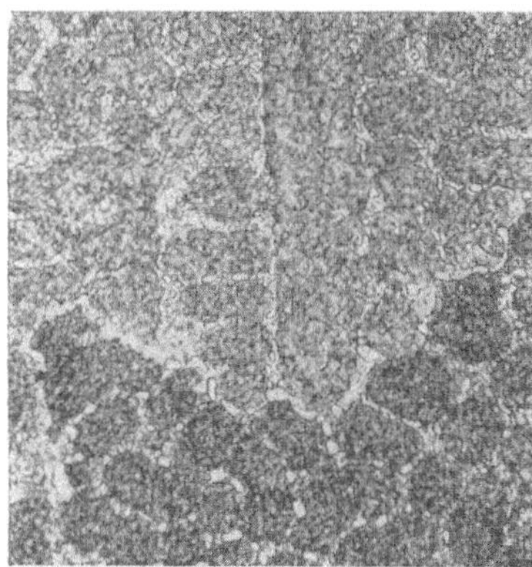

Abb. 303. 6% Sb. Guß. Tannenbaumkristalle von Blei mit feinem Segregat von Antimon. Eutektikum Blei-Antimon in den Restfeldern. 1200:1

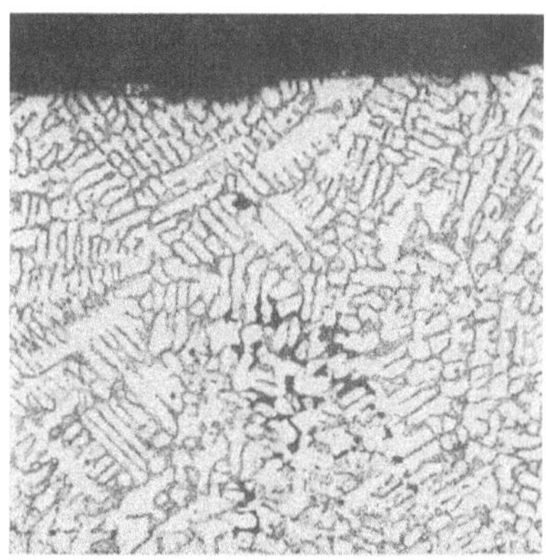

Abb. 304. Schnitt durch die Fahne einer Akkumulatorenplatte an einer eingefallenen Stelle. Mikrolunker unter der Oberfläche. 125:1

dendriten wird daher übereutektisch. Sie fließt bei der Zusammenziehung des erkaltenden Gußstücks in den Spalt zwischen Form und Gußstück und erstarrt dort.

Das Fließvermögen von Hartblei in Abhängigkeit vom Antimongehalt wurde bereits oben (S. 319) behandelt. Nach praktischen Erfahrungen neigen vor allem Legierungen mit etwa 3% Sb zu Rahmenbrüchen. Dies dürfte mit dem schlechten Gießverhalten der Legierung zusammenhängen. Rahmenbrüche können auch durch zu schnelles Herausnehmen der Gitter aus der Form entstehen. Auch bezüglich der Härte der Legierungen sei auf einen vorhergehenden Abschnitt (S. 38) verwiesen. Man kann aus der dortigen Darstellung ersehen, daß bei den schnell erstarrten Akkumulatorengittern mit einer gewissen Härtesteigerung beim Lagern durch Aushärtung zu rechnen ist. Die Härtezunahme ist aber geringfügig, wenn man sie etwa mit derjenigen einer homogenisierten und abgeschreckten Legierung mit 2 bis 3% Sb (S. 39) vergleicht. Beimengungen von Arsen (S. 41) können die Aushärtung verstärken. Die Anwendung von Beimengungen zur Gütesteigerung der Gitter wird im folgenden Abschnitt behandelt werden.

Man hat auch versucht, dünnere Gitter durch Stanzen herzustellen. Eine dazu verwendete Legierung mit 5 bis 6% Sb wurde nach Auf-

heizen auf 320 bis 380 °C Gießtemperatur auf eine rotierende Walze aus
Gußeisen gebracht. Aus dem gegossenen Band wurden in zwei Arbeitsgängen die Gitterstäbe und dann die Rahmen der Gitter gestanzt [259].

Die Blei-Antimon-Legierungen für Akkumulatoren werden teils
durch Einrühren von reinem Antimon-Regulus in flüssiges Blei, teils
durch Verdünnen von Hartblei mit Weichblei hergestellt. Ein großer
Teil des Hartbleies wird außerdem aus Akkumulatorenrückständen
wiedergewonnen. In kleineren und mittleren Betrieben sind hierfür
Seigeröfen mit geneigter Sohle gebräuchlich. Bei Herdtemperaturen von
500 bis 600 °C läßt sich etwa 50% des Metallinhaltes der Hartbleigitter
ausschmelzen, der nach einer kurzen Raffination wieder zu Gittern vergossen werden kann. Durch Anwendung höherer Temperaturen und
einer reduzierenden Ofenatmosphäre kann man die Metallausbeute erhöhen. In neuerer Zeit verwendet man Trommelöfen, die etwa ein Aus-
bringen von über 90% des Metallinhaltes gestatten. Man erhält hierbei,
je nach Aufgabegut, ein mit Antimon mehr oder weniger angereichertes
Blei. Üblicherweise wird das bei der Aufarbeitung gewonnene nieder-
prozentige Hartblei mit Antimon-Regulus auf einen gewünschten Antimongehalt auflegiert. Bei der Weiterverarbeitung von Akkumulatorenrückständen nach dem HARRIS-Verfahren wird das Antimon in Natrium-
antimoniat übergeführt, woraus man durch Reduktion und anschließende
Raffination einen sehr reinen Antimon-Regulus gewinnt (EVERS [298],
LIEBSCHER [749]).

**c) Die Haltbarkeit der Akkumulatorenplatten. Besondere Erschei-
nungen.** Der Verbraucher ist daran interessiert, daß seine Akkumulatoren eine möglichst lange Lebensdauer haben, d. h. eine ausreichende
Kapazität möglichst lang behalten. Die Zusammensetzung der Masse
nach dem Aufladen ist oben (S. 327) angegeben. Beim Entladen treten
erhebliche Volumenänderungen der aktiven Masse ein; die Masse der
Negativen dehnt sich um 164%, entsprechend dem Übergang von Blei in
Bleisulfat, die der Positiven um 82%, gemäß der Umwandlung von Bleidioxyd in Bleisulfat, aus. Die Konzentration der Säure in den Poren der
Masse, der sog. inneren Säure, nimmt hierbei ab; da sich außerdem die
Masseteilchen mit einer Schicht von Bleisulfat überziehen, unterbleibt
ihre vollständige Umsetzung und Ausnützung. Der Berechnung der Kapazität von Starterbatterien legt man eine Ausnutzung der aktiven Masse
zwischen 25% (DROTSCHMANN [259]) und 50% zugrunde. Die Umsetzung
kann bei schwachen Entladungen während längerer Zeiträume weiter-
getrieben werden, da innere und äußere Säure während der Ruhepausen ihre Konzentration ausgleichen können.

Die Volumenänderungen beim Laden und Entladen bewirken eine
erhebliche mechanische Beanspruchung des Gitters und vor allem der
Masse selbst. Erfahrungsgemäß wirken sich die Volumenänderungen

durch Laden und Entladen bei den Positiven stärker aus als bei den Negativen, so daß die Positiven normalerweise durch Abschlammen der Masse — und Gitterkorrosion — zugrunde gehen. Die Lebensdauer von Masseplatten ist geringer als die von Großoberflächen- und Panzerplatten. Man rechnet bei den Großoberflächenplatten mit einer Lebensdauer von 12 Jahren. Bei Starterbatterien erwartet man eine Haltbarkeit von 2 bis 4 Jahren — Verfasser baute soeben aus seinem Wagen eine Batterie aus, die 6 Jahre in Betrieb gewesen war.

Beim Betrieb der Akkumulatoren ist in einem gewissen Ausmaß mit einer anodischen Korrosion der Positiven zu rechnen. Sie erfolgt jeweils beim Aufladen des Akkumulators. Das metallische Blei des Gitters wird dadurch oberflächlich in Bleidioxyd, d. h. in aktive Masse, übergeführt (s. S. 285). Die so erzielte Kapazitätssteigerung kann zunächst den Kapazitätsverlust durch Abschlammen der aktiven Masse ausgleichen und sich so in einem gewissen Umfang günstig auswirken, namentlich bei den Großoberflächenplatten aus Feinblei; die anodische Korrosion ist aber darüber hinaus wegen der Gefahr des Brechens von Gitterstäben unerwünscht. Man trägt der Korrosion der Positiven bei manchen Zellentypen Rechnung, indem man das positive Gitter stärker dimensioniert als das negative (DROTSCHMANN [259]).

Bei der Besprechung der Arbeiten über die anodische Korrosion soll zunächst eine neuere Studie von LANDER [727] hervorgehoben werden. Er hielt Bleiproben in Schwefelsäure verschiedener Konzentration bei zeitlich konstantem Potential und bestimmte die Gewichtsverluste in Abhängigkeit von der Zeit. Von besonderer Wichtigkeit waren Potentiale nahe dem Gleichgewichtspotential von $+1,684\,\mathrm{V}$[1] der umkehrbaren Reaktion $PbSO_4 + 2\,H_2O \rightleftharpoons PbO_2 + H_2SO_4 + 2\,H^{1+} + 2\,e$, die sich an der positiven Platte des Akkumulators abspielt. Das Potential der Reaktion an der negativen Platte $Pb + H_2SO_4 \rightleftharpoons PbSO_4 + 2\,H^{1\mathrm{I}} + 2\,e$ von $-0,355\,\mathrm{V}$ sei der Vollständigkeit halber mit angegeben, obwohl es mit der anodischen Korrosion nichts zu tun hat. Das bei dem Gleichgewichtspotential $PbO_2/PbSO_4$ gebildete Bleidioxyd wird bei niedrigeren Spannungen instabil. Die Reaktion im festen Zustand $Pb + PbO_2 \rightleftharpoons 2\,PbO$ kann nur unterhalb eines Potentials von $1,58\,\mathrm{V}$ vor sich gehen. Die Korrosion in Abhängigkeit vom Potential hat an dieser Stelle ein scharfes Maximum, das mit dem ersten Auftreten von PbO_2 als Korrosionsprodukt neben $PbSO_4$ und PbO zusammenfällt. Die Korrosion nimmt mit steigender Temperatur und mit abnehmender Säuredichte zu. Daher erwähnt LANDER [727], daß man die Lebensdauer von Zellen im Pufferbetrieb vielleicht durch Erhöhung der Säuredichte verlängern kann. BURBANK [149] ließ einen Bleieinkristall in

---

[1] Auf die normale Wasserstoffelektrode bezogen.

dünnster Schicht anodisch korrodieren und stellte mit Hilfe von Elektroneninterferenzen eine Orientierungsbeziehung zwischen den Kristallgittern von Blei und Bleidioxyd fest: $(100)_{PbO_2} // (110)_{Pb}$ und $(001)_{PbO_2} // (001)_{Pb}$. Bei der Entladung der Positiven traten zwischen dem PbO_2 und dem Endprodukt $PbSO_4$ verschiedene Zwischenprodukte auf wie Bleioxyd, Bleihydroxyd, basisches Bleisulfat, die sich in den Elektroneninterferenzen und auch in den Zeit-Potential-Kurven bemerkbar machten. Studien von FEITKNECHT und Mitarbeitern [310, 311] enthalten elektronenmikroskopische Aufnahmen der Übergänge von Bleisulfat zu Bleidioxyd an den Positiven.

BODE und VOSS [97] stellten kürzlich in der positiven Elektrode des geladenen Akkumulators eine von SASLAWSKI und Mitarbeitern [1047] unter ganz anderen Bedingungen gefundene rhombische Modifikation von PbO_2 fest. Die bisherigen Arbeiten bedürfen daher wohl einer Ergänzung auf Grund dieses offenbar neuen Tatbestandes.

BÜCKLE und HANEMANN [139] untersuchten die mikroskopische Auswirkung der anodischen Korrosion. Sie fanden, daß sie bei Hartblei bevorzugt längs des Eutektikums vordringt. Hierbei wird zunächst das Blei in ein Korrosionsprodukt umgesetzt, während das Antimon unverändert liegenbleibt. Später wandeln sich auch die Antimoneinschlüsse in ein Korrosionsprodukt um, das als Pseudomorphose noch die eutektische Struktur erkennen läßt. Die Korrosion einer positiven Großoberflächenplatte (GOUGH und SOPWITH [411]), vgl. Abb. 305, bevorzugte bei ihrem Vordringen die Korngrenzen. Durch diesen interkristallinen Angriff erklärt sich in

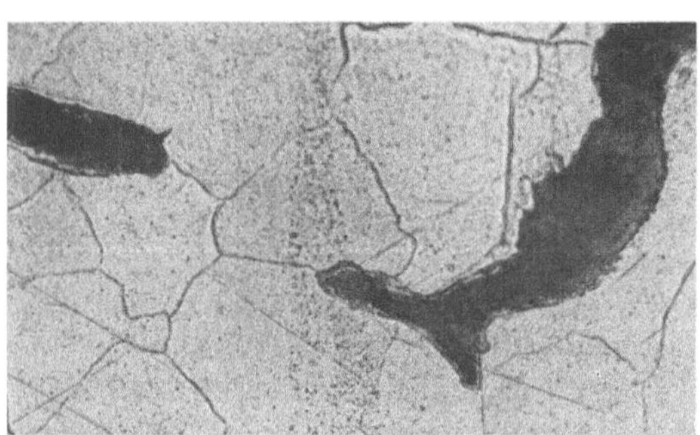

Abb. 305. Korrosion einer Großoberflächenplatte. Zwischenkristalliner Angriff angedeutet. Nach BÜCKLE und HANEMANN. 500:1

erster Linie das Wachsen der Platten im Betrieb (PARR und Mitarbeiter [932]). BURBANK und SIMON [150, 151] bestätigten diese Angaben. Sie fanden ebenfalls bei Weichblei und bei Blei mit 0,5% Sb einen bevorzugten Angriff auf die Korngrenzen, bei den Legierungen mit höheren Antimongehalten eine selektive Korrosion des Eutektikums. Die letzte Art des Angriffs ist wegen des großen Anteils an Eutektikum gleichmäßiger und wird daher als weniger gefährlich angesehen. Beim erstmaligen Laden (Formieren) der Masseplatten wird das an der Oberfläche durch den Erstarrungsvorgang angereicherte Antimon anodisch bevorzugt gelöst und auf den Gegenelektroden niedergeschlagen. Das Verschwinden des Antimons aus der Oberfläche und aus den anschließenden interdendritischen Hohlräumen soll sich günstig auf die Beschaffenheit der Platten auswirken, weil dadurch Raum für die entstehenden Korrosionsprodukte geschaffen und der Neigung der Platten zum Wachsen entgegengewirkt wird.

LANDER [726] untersuchte die anodische Korrosion und das Wachstum von Probestreifen, und zwar sowohl bei konstanter Spannung von 1,05 V gegen die $Hg/HgSO_4$ Zelle entsprechend 1,67 V gegen die normale Wasserstoffelektrode als auch bei zyklischer Auf- und Entladung. Dabei stand der Einfluß der Legierungsart auf Korrosion und Wachstum im Vordergrund. Wenn man von Streuungen in LANDERS Ergebnissen absieht, scheint die Neigung zum Wachsen mit steigender Zugfestigkeit der Legierung abzunehmen. Dieser Zusammenhang ist plausibel, da die Ursache des Wachsens in der Kraft zu sehen ist, die ein Oxydfilm entsprechender Dicke auf das Gitter ausübt; jedoch wäre die Einbeziehung der Kriechfestigkeit an Stelle der Zugfestigkeit zweckmäßiger gewesen.

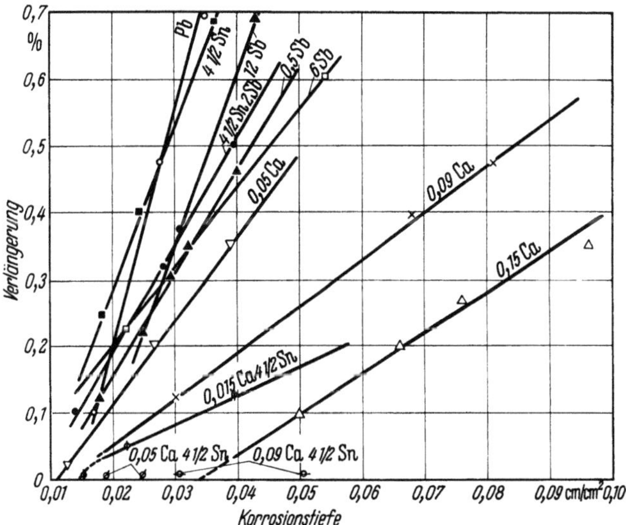

Abb. 306. Zusammenhang zwischen dem Längenwachstum und der Korrosionstiefe von Akkumulatorengitterstäben (Querschnitt 1,27 mm²) aus verschiedenen Legierungen. Versuche von 20 Tagen Dauer bei etwa 50 °C nach LANDER [726].
Die Dimension der Korrosionstiefe ist von ihm übernommen

LANDER fand außerdem eine gewisse Proportionalität zwischen der Tiefe der Korrosion und der Größe des Wachstums (Abb. 306). Das Wachstum der Platten wirkt sich insofern nachteilig aus, als es den Kontakt zwischen der Masse und dem Gitter und zwischen den einzelnen Teilchen der Masse verschlechtert. Dadurch wird das Laden der Platten beeinträchtigt, und das Gasen führt leichter zu einem Abfallen von aktiver Masse. Der Beginn des Wachstums drückte sich bei einer Platte mit 8% Sb in einem Abfall der Kapazität aus; ein ausgesprochener Plattenfehler trat bei einem Wachstum von 1% auf. Als günstig hinsichtlich der Korrosionsbeständigkeit werden besonders Legierungen mit etwa 4,5% Sn und festigkeitssteigernden Zusätzen von Kalzium hervorgehoben. Nach den von PARR, MUSCOTT und CROCKER [*932*] durchgeführten gießtechnischen, mechanischen und korrosionschemischen Prüfungen an Legierungen mit Antimon, Zinn, Kalzium, Barium, Zinn + Kalzium, Zinn + Barium sollte eine Legierung mit 3 bis 3,5% Sn und 0,07 bis 0,1% Ba besonders gute Aussichten als Werkstoff für Akkumulatorengitter aufweisen. Die Arbeit von LANDER [*726*] enthält außerdem Angaben über die bei verschiedenen Zellentypen zu erwartenden Tiefen der Korrosion. Sie liegen im Bereich von $2 \cdot 10^{-3}$ bis $16 \cdot 10^{-3}$ cm im Jahr.

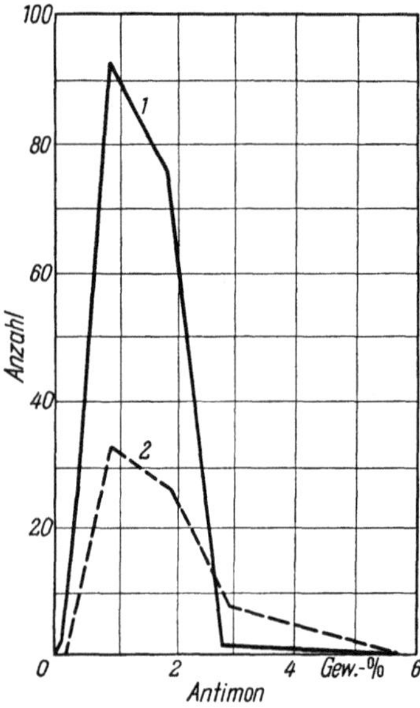

Abb. 307. Kurve *1*: Anzahl der nach dem Stanzen sichtbaren Risse in den Rahmen von je 17 Gittern in Abhängigkeit vom Antimongehalt. Kurve *2*: Anzahl der Rahmenbrüche nach 170 Entladungen an je 5 Platten. Nach HOEHNE und VON SCHWEINITZ

Die Wirkung des Antimongehaltes in Hartbleigittern untersuchte GROSHEIM-KRISKO [*442, 443*]. Er fand ein Gebiet besonders schlechter Haltbarkeit bei Antimongehalten zwischen 2 und 4%. Auch Antimongehalte über 10% erwiesen sich als ungünstig. Am besten bewährten sich im Betrieb Platten mit Antimongehalten zwischen 6 und 8%. HOEHNE und v. SCHWEINITZ [*544*] untersuchten das Gebiet der Legierungszusammensetzung von 0 bis 6% Sb und fanden nach Abb. 307 ein besonders schlechtes Verhalten der Gitter um 1 bis 2% herum. Bei DROTSCHMANN [*259*] finden sich Angaben über die Krümmung und das Wachstum von Gitterplatten mit 5, 8 und 12% Sb. Das Gitter mit 5% Sb schneidet bei weitem am schlechtesten ab. Nach den Angaben von DASSOJAN [*233*] nimmt die Korrosionsbeständigkeit von Hartbleigittern gleichmäßig mit dem Antimongehalt ab (vgl. S. 273). Wismutbeimengungen in Hartbleigittern mit 6% Sb haben nach KRISKO [*442, 443*] bei Gehalten von 0,047% Bi noch keine schädliche Wirkung, dagegen setzten 0,1 und 0,5% Bi die Beständigkeit der Positiven herab. MASHOVETS und LYANDRES [*801*] stellten eine Verstärkung der Korrosion durch Zusätze von Wismut und von Zink in Blei-Antimon-Anoden fest.

Den Einfluß von Wismutbeimengungen in Großoberflächenplatten untersuchte ebenfalls GROSHEIM-KRISKO [*442, 443*] und fand eine deutliche Steigerung der Korrosion und des Wachstums durch einen Wismutgehalt von 0,047%. Ähnliche Feststellungen hinsichtlich der Wirkung von Wismut auf das Krümmen und Wachsen, die Korrosion und Schlammbildung von Großoberflächenplatten traf HOEHNE [*541*]. Er fand bei seinen Versuchsbedingungen einen nachteiligen Einfluß von 0,036% Bi. Bei schwachen Belastungen treten die nachteiligen Wirkungen nicht so deutlich auf wie bei starken Beanspruchungen. Auch zeigten die wismuthaltigen Platten nach sehr tiefen Entladungen beim anschließenden Laden mit starken Strömen mitunter eine erhöhte Ladespannung während des Ladeverlaufs.

HOFMANN und PETRI [*573*] untersuchten das Verhalten von Großoberflächenplatten aus Feinblei mit geringen Zusätzen von Silber, Zinn, Arsen, Kupfer, Zink, Quecksilber, Nickel, Kobalt und Antimon hinsichtlich Kapazität, Schlammbildung, Neigung zum Krümmen und Wachsen und hinsichtlich Korrosion. DASSOJAN [*233*] prüfte Großoberflächenplatten mit 0,05 bis 0,1% Tellur. Die mechanischen Eigenschaften sind gegenüber Weichbleiplatten verbessert, die Kapazität ist etwas verringert. HOEHNE[1] fand gleichfalls an Großoberflächenplatten aus Weichblei mit 0,05% Te ein geringeres Wachsen. Hinsichtlich der Kapazität konnten keine Unterschiede gegenüber Platten aus Weichblei festgestellt werden; jedoch zeigten Zellen mit tellurhaltigen Weichbleiplatten als Positive eine um 0,14 V niedrigere Ladeschlußspannung der Negativen.

Die Selbstentladung kommt normalerweise durch Bildung von Kurzschlußelementen in den Positiven und den Negativen zustande. Das Kurzschlußelement in den Positiven wird durch das Bleigerüst und das PbO_2 der Masse, das metallische Leitfähigkeit besitzt, gebildet. Es stellt also sozusagen einen Akkumulator im kleinen dar. Der Strom entsteht durch die gleiche Umsetzung: $PbO_2 + Pb + 2H_2SO_4 = 2PbSO_4 + 2H_2O$, wie bei der normalen Entladung. Die Korrosion des Bleigerüstes der Positiven hat hierin eine ihrer Ursachen. Der Vorgang ist um so wirksamer, je größer die Berührungsfläche zwischen Masse und Gitter ist. Die Berührungsfläche ist am kleinsten bei Rahmen-, am größten bei Großoberflächenplatten.

Das Kurzschlußelement der Negativen wird durch das Blei der Masse einerseits und durch die Einschlüsse von Antimon und sonstigen gegenüber Blei elektropositiven Metallen in der Masse andrerseits gebildet. Hierbei wird Blei unter Wasserstoffentwicklung in Bleisulfat übergeführt, wobei der Wasserstoff am elektropositiven Metall oder an Einschlüssen mit geringer Wasserstoffüberspannung entweicht (S. 267).

---

[1] Nach mündlicher Mitteilung.

Der Vorgang wird beschleunigt, wenn der Wasserstoff durch Luftzutritt oxydiert wird (THOMAS [*1184*]). Die erwähnten Einschlüsse im Bleischlamm werden im Hinblick auf die Wasserstoffentwicklung als Nachkochmetalle bezeichnet. Soweit sie von Verunreinigungen der Säure, z. B. Kupfersulfat, herrühren, sind sie vermeidbar. Dagegen kann die Bildung von Antimoneinschlüssen in der negativen Masse pastierter Platten nicht verhindert werden, da Antimon aus den Positiven anodisch herausgelöst wird und sich zum Teil in den Negativen niederschlägt (CRENNELL und MILLIGAN [*222*], HARING und THOMAS [*492*], VINAL [*1223*]). Der Weg des Antimons im Akkumulator wurde von HERRMANN und PRÖPSTL [*513*] durch Zusatz eines radioaktiven Isotops ermittelt. Das in der Masse der Platten gefundene Antimon stammt größtenteils aus dem Gitter der Plusplatten. Die Hauptmenge des Antimons findet sich in der Plusmasse, ein kleiner Teil gelangt aber auch in die Minusmasse, ferner in die Separatoren und in die Säure. Wahrscheinlich bildet sich am Minusgitter primärer Antimonwasserstoff. Die Selbstentladung wurde mittels Wägung der Platten verfolgt (VINAL und RITCHIE [*1225*]).

Eine Beschleunigung der Selbstentladung auf das Doppelte bewirkten folgende Anteile von Elementen auf eine Million Teile Säure (VINAL und SCHRAMM [*1226*], GILETTE [*383*]): 0,3 von Platin, 10 von Antimon, 15 von Arsen, 30 von Wolfram, 150 von Kupfer, 200 von Silber, 1000 von Zinn, 1000 von Wismut. Besonders schädlich im Hinblick auf die Selbstentladung und Abschlammung ist ein Eisengehalt der Säure. Die Wirkung kommt dadurch zustande, daß Eisenionen abwechselnd an den Positiven oxydiert und an den Negativen reduziert werden. Weitere Berichte über die Selbstentladung in Bleiakkumulatoren finden sich bei RÜETSCHI und ANGSTADT [*1037*] und bei GABRIELSON [*354*].

AGRUSS und Mitarbeiter [*11*] gaben zu Elektrolytblei Zusätze von Wismut, Silber, Kupfer, Nickel, Antimon und Tellur, stellten daraus Bleioxyde her und pastierten damit Gitterplatten für Starterbatterien. Die Ladeschlußspannung der Zellen wurde durch Zusätze von Tellur und Nickel schon in Mengen um 0,001% herum beträchtlich erniedrigt. Auch Kupfer, Silber und Antimon zeigten bei höheren Gehalten einen merklichen Einfluß. Die Selbstentladung, gemessen an dem Absinken der Säuredichte während eines Zeitraumes von 28 Tagen bei 32 °C, war am stärksten im Fall der Beimengungen von Tellur und Nickel sowie Antimon. Hier ergaben Silber und Kupfer keinerlei Auswirkung. Auch wurde festgestellt, daß die Kombination mehrerer Zusätze die Wirkung der einzelnen deutlich übertraf. Bei allen Untersuchungen war Wismut ohne Einfluß.

HOEHNE [*543*] behandelt das Verhalten gepasteter Bleisammler während und nach längerer Nichtbenutzung ausführlich. Der für die

Praxis wichtigste Vorgang ist die mit dem Stillstand verbundene Abnahme des Metallgehaltes der positiven Gitter und ihrer Festigkeit. Bei Inbetriebnahme nach einer Ruhezeit bis zu 400 Tagen waren andere ungünstige Veränderungen in den Zellen festzustellen. Es empfiehlt sich daher, während der Ruhezeit Ladungen und Entladungen vorzunehmen. Übersteigt die Ruhezeit voraussichtlich 6 Monate, dann sollte man wertvolle Batterien auseinanderbauen und die Einzelteile aufbewahren. Man hat in den Jahren vor dem letzten Krieg Versuche unternommen, die Selbstentladung durch Verwendung von Bleilegierungen mit elektronegativen Bestandteilen zu verringern. Aussichtsreich erschien vor allem die Legierung mit Kalzium. Die Arbeiten der Bell Telephone Laboratories [74] hatten nämlich gezeigt, daß die Selbstentladung hier nur ein Fünftel derjenigen von Hartbleigittern ausmacht und daß die Härte der Legierungen genügend hoch ist [492]. Die praktischen Erfahrungen befriedigten zunächst nicht voll, da vielfach Krümmungen der Platten im Dauerbetrieb eintraten (vgl. [540]). Eine Untersuchung der Kriechfestigkeit solcher Legierungen im Gußzustand zeigte in der Tat niedrigere Werte als bei gegossenem Hartblei mit

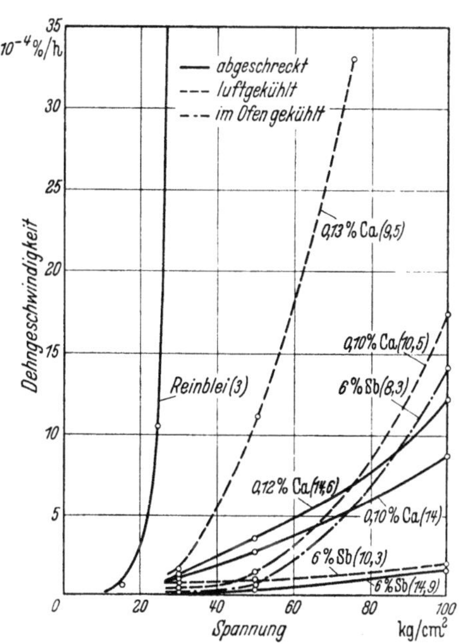

Abb. 308. Kriechfestigkeit gegossener Akkumulatorenlegierungen. Härtewerte in Klammern. Nach HECKLER, HOFMANN und HANEMANN [502]

6% Sb (Abb. 308) [562]. Auch die Härte erreichte nicht ganz den hier üblichen Wert. Es sind nun weitere Zusätze zu Blei-Kalzium empfohlen worden [17, 74], neuerdings z. B. 1,5% Sn, 0,05% Al in Blei mit 0,08% Ca [1235].

Weitere Erfahrungen an Gittern mit Blei-Kalzium und ternären Blei-Kalzium-Legierungen finden sich in den Veröffentlichungen von HOEHNE [542]. Danach befriedigten positive Gitter aus Blei-Kalzium im Lade- und Entladebetrieb nicht. Sie zeigten erhöhte Korrosion, die aktive Masse schlammte stärker ab, und nach Tiefentladungen traten anormal hohe Ladespannungen auf. Diese Nachteile konnten durch weitere Komponenten gemildert werden. Anormal hohe Spannungen nach Tiefentladungen wurden von HOEHNE und Graf von SCHWEINITZ

22*

[*544*] außerdem an positiven Platten aus Weichblei und aus Hartblei mit weniger als 3% Sb beobachtet. Die Erscheinung wird auf die Bildung einer schlecht leitenden Deckschicht auf dem Gitter zurückgeführt. THOMAS und Mitarbeiter [*1186*] berichteten über Erfahrungen mit Blei-Kalzium-Legierungen in Akkumulatoren für den Pufferbetrieb. Die Lebensdauer derartiger Platten wird durch das Wachstum der Positiven begrenzt. Wenn ihre Ausdehnung 5% erreicht hat, geht die aktive Masse verloren und der Gitterrahmen zerbricht häufig. Blei-Antimon-legierte Zellen erreichen diesen Punkt in neun bis zehn Jahren. Wenn man diesen Wert der Ausdehnung als zulässiges Maximum betrachtet, mit dem man noch gute Leistung erreicht, erscheint eine Lebensdauer von 20 bis 30 Jahren für Zellen mit Gittern aus Blei-Kalzium (0,065 bis 0,090% Ca) nicht unerreichbar. Die Herren Dr. SCHUHMACHER und Dr. BOUTON der Bell Telephone Laboratories erzählten dem Verfasser, daß derartige Batterien im internen Betrieb des Bell Telephone-Systems erfolgreich eingesetzt sind.

Eine Reihe von Entwicklungen betrifft die Verbesserung der Gitter aus Blei-Antimon durch weitere Zusätze zur Grundlegierung.

MASHOVETS und LYANDRES [*801*] erwähnen, daß Zusätze von Silber bis zu 1% den Angriff auf Blei-Antimon verringern. Eine ähnliche Wirkung eines Zusatzes von 0,1% Ag stellten FINK und DORNBLATT [*317*] fest. STOERTZ [*1148*] erhielt ein Patent auf die Verbesserung der Legierung mit 6% Sb durch Zusätze von etwa 0,5% As + 0,04 bis 0,6% Ag (vgl. KAWABA [*649*]). Zinn verbessert nach VINAL [*1223*] die Gießeigenschaften der Legierung, vermutlich durch die Verzögerung der Oxydation (S. 314), und wird in Mengen von 0,15 bis 0,50% zugesetzt. Spuren von Kupfer werden als günstig angesehen [*1223*].

Eine Legierung mit z. B. 5% Sn und 0,075% Se soll mit Rücksicht auf die geringe Selbstentladung und geringe Wasserstoffentwicklung günstig sein [*174*].

DASSOJAN [*233*] bestätigt in einer zusammenfassenden Arbeit die meisten der soeben gemachten Angaben. Er weist ferner auf eine Legierung mit 2% Sb und 1% Cd für Gitterplatten hin. Zur Frage der Herabsetzung der Korrosion von Hartbleigittern durch Silbergehalte bis zu 1% bringt er eigene Versuchsergebnisse. Ein solcher Zusatz ist aber wirtschaftlich nur tragbar in Fällen, wo die Lebensdauer von Akkumulatoren durch die ungenügende Korrosionsbeständigkeit der positiven Gitter begrenzt ist. Die Korrosionsbeständigkeit der Akkumulatoren-gitter soll ferner durch einen Zusatz von Kobaltsulfat zu der Batterie-säure erhöht werden; allerdings wirkt sich der Zusatz ungünstig auf die hölzernen Separatoren aus (KRIVOLAPOVA und KABANOV [*708*]).

Für die Reinheit der Akkumulatorensäure und des zum Nachfüllen benutzten Wassers bestehen Vorschriften (VDE [*1217*]). Kleinere Ge-

gehalte von Essigsäure werden bei der Ladung anodisch zu CO_2 oxydiert, so daß sich nur größere Mengen dauernd schädigend auswirken [259].

Einen Überblick über Zusätze zur Schwefelsäure und deren Wirkung auf Korrosion und Abschlammung der Positiven, Schrumpfung der Negativen, Selbstentladung, Kapazität, Spannungen, Verdunsten und Versprühen behandelt HOEHNE [539].

Zusätze von Kobalt- und Silbersulfat vermindern die Korrosion der positiven Platten in Starterbatterien beträchtlich beim Überladetest. LANDER [728] zeigte, daß diese Wirkung in der Praxis nicht eintritt und führt es darauf zurück, daß die Gitter-Korrosion nur zu 6% zu Lasten der Überladung geht, daß 89% dagegen auf die während der Ruhezeit stattfindenden Korrosionsvorgänge entfallen, die von diesen Zusätzen nicht beeinflußt werden.

Zum Schluß sei auf die in der Praxis der Akkumulatorenfertigung notwendigen Schutzmaßnahmen gegen die Bleivergiftung aufmerksam gemacht. In einem Bericht von DAUBENSPECK und MCCLURE [234] wird eine Reihe von praktischen Maßnahmen empfohlen.

3. Druckguß

Bleilegierungen lassen sich leicht im Druckgußverfahren verarbeiten, da die Schmelzen Eisenkessel kaum angreifen und beim Erstarren und Abkühlen nur ein geringes Schwindmaß ergeben. An Zinn- und Bleilegierungen hat man daher das Druckgußverfahren am frühesten durchgeführt. Die wichtigste Anwendung, das Gießen von Schriftmetall, wird in einem besonderen Abschnitt behandelt. Es sei daher an dieser Stelle nur erwähnt, daß die Legierungen für die allgemeinen Anwendungen die gleichen Legierungselemente aufweisen. Sie enthalten nach dem in Deutschland noch geltenden Normblatt DIN 1741 ,,Blei-Spritzguß-legierungen'' Blei mit 4 bis 41% Sn, 2 bis 14% Sb, 1,5 bis 3,5% Cu. Zwei der im Normblatt genannten Legierungen sind praktisch binäre Blei-Antimon-Legierungen mit etwa 3 bzw. 13% Sb, eine Legierung (mit 10% Sb und 5% Sn) stellt nahezu das ternäre Eutektikum Blei-Antimon-Zinn dar. Auch Legierungen mit höheren Zinngehalten und Kupferzusätzen sind im Normblatt aufgeführt. Die ASTM Designation B 102—52 enthält eine binäre Legierung mit 15% Sb und eine ternäre mit 15% Sb und 5% Sn. Die Gehalte an Aluminium und Zink werden dort mit 0,01%, an Arsen mit 0,15% und an Cu mit 0,50% begrenzt (S. 349).

Blei-Druckguß kommt z. B. für Teile von Meßgeräten oder Zählern in Betracht, wo geringe Festigkeit, aber hohe Genauigkeit verlangt wird. Die deutschen Normen enthalten auch Festigkeitswerte und Angaben gießereitechnischer Art sowie Vorschriften über die Herstellung von Probestäben. Bezüglich der Spritzgußtechnik im allgemeinen sei auf FROMMER [350], RICHTER [1010], AWF [32] und [301] hingewiesen.

Ein Beispiel für das Gießen eines konischen Verschlußstopfens bringt HALLIDAY [*474*].

4. Bleilegierungen im graphischen Gewerbe

a) Arbeitsverfahren im Allgemeinen. Bis vor einem Jahrhundert wurden die Lettern ausschließlich von Hand gegossen und zu Sätzen zusammengestellt. Das Gießen einzelner Buchdrucktypen für den Handsatz wird auch heute noch als sog. Komplettguß in den Schriftgießereien oder in Hausgießereien von Druckereien durchgeführt. Es erfolgt in Schriftgußmaschinen, d. s. Einzelbuchstaben-Gießmaschinen, die von einer vorgelegten Matrize eine Serie von Abgüssen herstellen. Die Anfertigung der Gießformen, ihre meßtechnische Prüfung und die Wirkungsweise einer Einzelbuchstaben-Gießmaschine ist in [*837*] genau beschrieben. Die Matrize, der wichtigste Teil der Gießform, der den Buchstaben darstellt, wird z. B. durch galvanische Vernicklung und anschließende Verkupferung eines Positivs aus einer leicht schmelzenden Legierung erzeugt. Das Positiv selbst gewinnt man durch Gießen in ein Negativ aus Messing. Die Maßgenauigkeit der Gießformen wird mit $5\,\mu$m angegeben, die Temperatur der Schmelze liegt bei 340 bis 400 °C. Eine übliche Maschine (Bruce-Typ) verarbeitet täglich etwa 30 kg Metall, die Gießgeschwindigkeit beträgt 1 Schuß je 5 bis 10 sek, je nach Buchstabengröße.

Ein großer Teil des Schriftmetalles wird in den Druckereien selbst auf Setzmaschinen zu einem Schriftbild verarbeitet. Man unterscheidet: Zeilen-Setz- und -Gießmaschinen (z. B. Linotype, Intertype, Typograph) und Einzelbuchstaben-Setz- und -Gießmaschinen (Monotype) (BRETAG [*132*]). Im ersten Fall befinden sich die Matrizen aus Messing in einem Magazin. Sie werden durch Tastendruck zu einer Zeile zusammengefügt. Hiervon wird unmittelbar ein Abguß angefertigt, wobei das flüssige Metall unter Druck in die Form gespritzt wird. Bei dem Monotype-Verfahren sind Taster und Gießmaschine getrennt. Mit dem Taster werden zunächst Löcher in einen Papierstreifen gestanzt, deren Stellung einer bestimmten Reihenfolge von Buchstaben entspricht. Der Papierstreifen wird in die Gießmaschine eingesetzt. Die Löcher lassen Druckluft hindurchtreten, wodurch die Bewegung des Matrizenrahmens in zwei zueinander senkrechten Richtungen gesteuert wird. Die Matrizen gelangen einzeln vor den Gießmund. Die gegossenen Buchstaben werden in der Maschine zu Zeilen und diese zu Kolumnen zusammengestellt.

Sollen, wie etwa beim Druck von Zeitungen, Zeitschriften, Formularen usw., sehr viele Abdrücke in kurzer Zeit angefertigt werden, so ist die Stereotypie am Platz. Der Originalsatz samt den darin enthaltenen Klischees wird unter einer hydraulisch oder mechanisch angetriebenen Presse entweder bei Raumtemperatur oder bei mäßiger Wärme in eine

besonders präparierte Papiermasse abgeformt (Prägemater). Die Preß-
platten werden elektrisch oder dampfelektrisch geheizt, wodurch besonders geringe Temperaturunterschiede erreicht werden sollen (M.A.N.[1]).
Die Mater bildet die eine Seite einer Gießform. In ihr werden Druckplatten, die dem Original entsprechen, sog. Flachstereos, gegossen. Für
den Rotationsdruck werden an Stelle der Flachstereos Rundstereos hergestellt. Hierbei wird die Mater gebogen und in einen Sektor einer zylindrischen Form eingelegt. In halbautomatischen oder automatischen Gieß-
werken erstarrt das Metall unter seinem Eigengewicht und dem durch die
Maschine erzeugten zusätzlichen Druck. Man kann bis zu vier Platten
in der Minute gießen. Durch den Wegfall des Angusses werden Schmelz-
kosten gespart.[1]

Auch die Galvanoplastik muß in diesem Zusammenhang behandelt
werden. Galvanos werden zum Abdruck von Bildern und bei hohen Anforderungen an die Qualität des Druckes, z. B. für illustrierte Zeitschriften, Werbeschriften, Wertpapiere u. ä., an Stelle der Stereos bzw. des
Originalsatzes verwandt. Das Original, z. B. ein Schriftsatz, Holzschnitt,
eine Autotypie oder Strichätzung, wird in Wachs, in Folien aus Zelluloid
und aus Thermoplasten oder nach dem Verfahren von ALBERT und FISCHER
(GYGAX [459]) in Blei geprägt. Die Bleioberfläche wird vor der Prägung
mit einer Graphitschicht präpariert, nichtleitende Matrizen werden mit
dem Silbersprühverfahren leitend gemacht, Kupfer und manchmal darüber
noch Nickel als dünne Schicht galvanisch niedergeschlagen. Das fertige
Galvano entsteht, indem der Kupferniederschlag von der Mater ab-
gezogen, auf der Rückseite verzinnt und mit Hintergießmetall verstärkt
wird.

b) Zusammensetzung, Aufbau und Eigenschaften der Legierungen.
Die Schriftmetalle sind fast ausschließlich Blei-Antimon-Zinn-Legierungen. Übliche Zusammensetzungen der wichtigsten Legierungstypen
(DIN 16512 ,,Bleilegierungen für das Graphische Gewerbe" vom Oktober
1954) sind der Übersichtlichkeit halber in das Koordinatensystem des
Dreistoffschaubildes eingetragen (Abb. 309). Durch Vergleich dieser
Darstellung mit den Schaubildern der Liquidustemperaturen (Abb. 136)
und der Härte (Abb. 144) kann man die oberen Schmelzpunkte der einzelnen Legierungen und ihre Härtewerte ablesen. Die Solidustempera-
turen, d. h. die Temperaturen des Erstarrungsendes, fallen bei fast allen
Legierungen mit der Temperatur des ternären Eutektikums von 239 °C
zusammen. Nur bei den Hintergießmetallen wurde das Erstarrungs-
ende in der Nähe des quasibinären Eutektikums, bei 246,5 °C, festgestellt.
Die Anwendungsgebiete der verschiedenen Legierungen ergeben sich in
erster Linie aus den Schmelz- und Gießeigenschaften, dem Gefügeaufbau

---

[1] Nach freundlicher Mitteilung der Maschinenfabrik Augsburg-Nürnberg.

und aus den Härtewerten. Die Härtebestimmung ist als Prüfverfahren
der Beanspruchung der Lettern durch Druck und Reibung am ehesten
angepaßt und hat den Vorteil der einfachen Ausführung. Die Härte wird

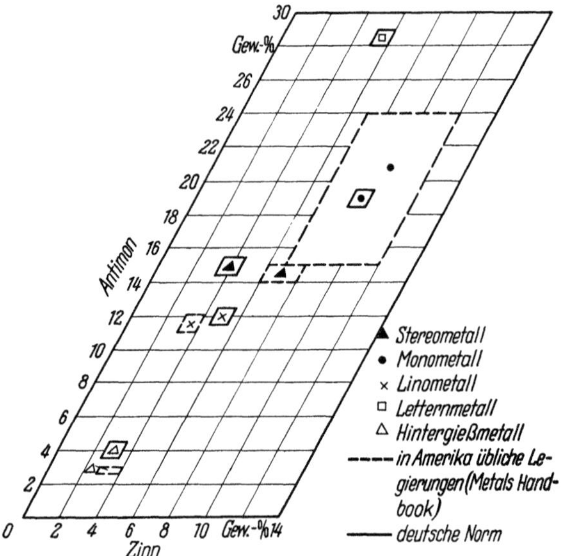

Abb. 309. Zusammensetzung der wichtigsten Schriftmetallegierungen im Koordinatensystem des
Dreistoffschaubildes Blei-Antimon-Zinn

nach Abb. 144 und 145 im Gebiet kleiner Antimongehalte in erster Linie
durch Steigerung der Antimonkonzentration erhöht, dagegen bei höheren
Antimongehalten, etwa von 10 bis 15% Sb ab, vor allem durch eine
Zunahme der Zinnkonzentration.

Der Gefügeaufbau der verschiedenen Legierungen kann an gegossenen Lettern wegen ihrer Feinkörnigkeit schwer studiert werden. Man
wird hierzu besser nicht zu schnell gekühlte Legierungen verwenden, wie
dies bei der Darstellung des Dreistoffsystems Blei-Antimon-Zinn (S. 125)
geschehen ist. An Hand der dort wiedergegebenen Gefügebilder läßt sich
auch der Aufbau der Schriftmetalle leicht verstehen. Die Gruppe der
Hintergießmetalle liegt im Primärkristallisationsgebiet von Blei. Ihr
Aufbau ist daher ähnlich dem in Abb. 138 dargestellten, wenngleich das
Mengenverhältnis der Bestandteile anders ist. Die geringe Härte der
Legierungen stört nicht, da die abzudruckende Oberfläche aus Kupfer
oder Nickel besteht.

Die Linotype-Legierungen liegen in der Nähe des ternären Eutektikums, das in Abb. 139 dargestellt wurde. Sie zeichnen sich daher durch
einen besonders niedrigen Schmelzpunkt und gutes Fließvermögen als
Folge eines geringen Erstarrungsintervalls aus (S. 319 und Abb. 298b).

Dann können bei der eutektischen Legierung auch niemals Seigerungen auftreten. Ähnliche Zusammensetzungen mit einem auf etwa 3% herabgesetzten Zinngehalt verwendet man für „Blindmaterial", mit dem man Zwischenräume zwischen Buchstaben, Wörtern und Zeilen in der Druckform ausfüllt.

Von den Legierungen für das Monotype-Verfahren und für Stereos liegen die mit Zinngehalten bis 5 oder 6% im Primärkristallisationsgebiet von Antimon. Ihr Aufbau entspricht daher ungefähr dem in Abb. 310 dargestellten, wenn man von den Einzelheiten des Erstarrungsverlaufs absieht. Die Legierungen mit höheren Zinngehalten liegen dagegen im Primärkristallisationsgebiet von SbSn (Abb. 141). Die Stereotype- und besonders die Monotype-Legierungen sind höher legiert und daher härter als die Linotype-Legierungen. Trotz des größeren Erstarrungsintervalls besteht bei den Monotype-Legierungen nicht die Gefahr schädlicher Seigerungen, da gegossene Einzelbuchstaben schneller erstarren als Zeilen. Die höhere Härte der Monotype-Legierungen ist deswegen notwendig, weil die mechanische Beanspruchung, vor allem durch das Prägen von Matern, bei Einzeltypen stärker ist als bei ganzen Zeilen. Bei den Stereos ist die Beanspruchung durch den Druckvorgang mit Rücksicht auf die hohe Auflage von Zeitungen u. ä. besonders groß. Sie müssen ferner, soweit es sich um flache Zwischenstereos handelt, die Bleiprägung bei der Galvanoherstellung aushalten. Bei den Stereotype-Legierungen wird auch manchmal von der festigkeitssteigernden und seigerungsvermindernden Wirkung eines kleinen Kupfer- oder Nickelzusatzes, ähnlich wie bei Lagermetallen, Gebrauch gemacht (BARGILLIAT [43]). Das gleiche gilt für Hintergießmetall, für das noch zu besprechende Letternmetall und Notenmetall. Das deutsche Normblatt DIN 16512 vom Oktober 1954, „Bleilegierungen für das Graphische Gewerbe", läßt daher bei diesen vier Legierungsgruppen Höchstgehalte an Kupfer + Nickel in der Höhe von 0,3% zu, während der Gehalt an Kupfer + Nickel bei den andern besprochenen Legierungen mit 0,05% begrenzt ist. Für den Guß von Handsatz sind die Legierungen mit der größten Härte bestimmt, da die Typen nach dem Setzen nicht eingeschmolzen, sondern abgelegt und immer wieder verwandt werden. Das in Deutschland übliche Lettern-

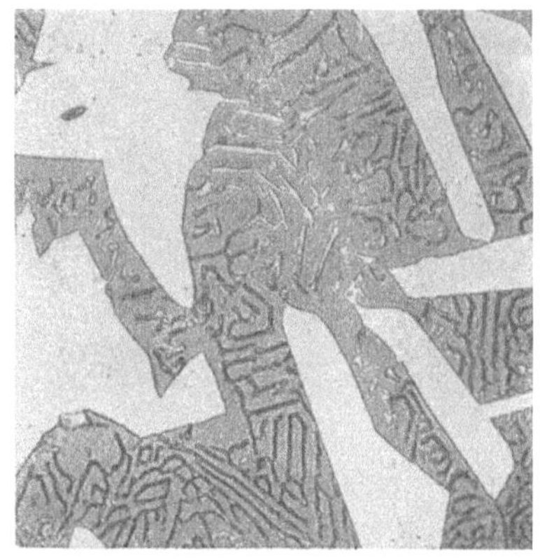

Abb. 310. 28,5% Sb, 5,5% Sn. Neben primärem Antimon vorwiegend ternäres Eutektikum, dessen Antimonbestandteil meist an das primäre Antimon ankristallisiert ist. 500:1

metall mit etwa 28% Sb und 5,5% Sn liegt im Primärkristallisationsfeld von Antimon. Sein Aufbau entspricht dem in Abb. 310 dargestellten.

Zum Druck von Noten geht man von Notenstichplatten aus, die man in einer Dicke von wenigen mm walzt. Die Noten werden von Hand eingraviert und der Text mit Stempeln eingeschlagen. Fehler werden beseitigt, indem man die zu verbessernde Stelle mit dem Hammer flach klopft. Mit Rücksicht auf die erforderliche gute Walzbarkeit verwendet man eine Legierung höheren Zinngehaltes, z. B. die in Deutschland genormte Legierung mit 15,5 bis 16% Sn und 4 bis 5% Sb. Die Oberfläche der Notenstichplatte wird auf eine Zinkätzplatte übertragen [1200].

Bei Härtemessungen von Schriftmetallen muß auch mit einer kleinen Aushärtung gerechnet werden, die sich im wesentlichen in den beiden ersten Tagen nach dem Guß abspielt. So stieg die Härte eines Stereotype-Metalles mit 13,1% Sb und 4,4% Sn in diesem Zeitraum von 29,1 auf 30,1 Brinelleinheiten an (SCHWARZ und WINKLER [1094]). Die Aushärtung ist verhältnismäßig stärker bei Legierungen mit niedrigeren Antimon- und Zinngehalten, z. B. bei Hintergießmetall. Für eine Legierung der Zusammensetzung 3,1% Sb und 2,7% Sn ist eine Wärmebehandlung, bestehend in viertelstündigem Anlassen auf 235 °C und Abschrecken in Wasser, vorgeschlagen worden. Während die Härte auf der Rückseite einer nur gegossenen Platte in zwei Tagen von 15,9 auf 18,2 Brinelleinheiten anstieg, wurde nach der Wärmebehandlung in der gleichen Zeit ein Wert von rund 25,9 Brinelleinheiten erreicht. Es wurde auch die Auffassung vertreten, daß nicht die Brinellhärte des Letternmetalles, sondern die Mikrohärte der harten Einschlüsse maßgebend für seine Verschleißfestigkeit sei (CARTLAND [182]). Da die Mikrohärte von Antimon und von SbSn sich als nahezu gleich herausgestellt hat (S. 370), kann die vertretene Anschauung kaum zu Recht bestehen.

Druckversuche mit Feinmessungen wurden an Schriftmetall mit Rücksicht auf seine Beanspruchung beim Prägen von Matern durchgeführt (NICOLAUS [897]). Hierbei sollen Drücke bis zu 100—200 kg/cm² auftreten, während der Druck in der Schnellpresse auf nur 20 kg/cm² geschätzt wird. Druck-Stauchung-Diagramme zeigten, daß bei Schriftmetall keine Elastizitätsgrenze vorhanden ist, so daß schon bei niedrigen Belastungen bleibende Verformungen auftreten. Da das Verhalten in der Wärme noch ungünstiger ist, muß für Lettern, die in der Wärme abgeformt werden, eine möglichst hohe Festigkeit verlangt werden. Wenn diese Voraussetzung nicht gegeben ist, kommt nur die Herstellung von sog. Handschlagmatern mittels Aufschlagens von Bürsten in Betracht.

c) Gießeigenschaften und Fehlerscheinungen. Die „Gießbarkeit" der Schriftmetalle in Abhängigkeit von ihrer Zusammensetzung wurde von CARTLAND [182] mit Hilfe einer Spiralkokille ermittelt. Ein Sattel guten Fließvermögens (s. S. 319) verläuft nach Abb. 298b vom binären Eutektikum Blei-Antimon aus zu höheren Zinngehalten, um dort allmählich zu verflachen. Das absolute Maximum fällt nicht genau, aber doch ungefähr mit dem ternären Eutektikum zusammen. Die beste Gießbarkeit ist somit bei Linotype-Legierungen vorhanden (S. 344).

Die genaue Wiedergabe auch von feinen Einzelheiten der Form wurde vielfach auf eine angebliche Ausdehnung der Schriftmetallschmelzen bei der Erstarrung zurückgeführt. Daß dem nicht so ist, zeigen die Messungen der Volumenänderung bei der Erstarrung von MATSUYAMA [810]. Die Kontraktion wurde bei Linometall, Monometall, Stereometall zu 2,04 bis 2,06%, bei Hintergießmetall (je 4% Sb und Sn) zu 2,61% bestimmt. Die Werte der erstgenannten Legierungen liegen immerhin wesentlich niedriger als der Wert von 3,44% von reinem Blei. Die gegossenen Typen zeigen somit zwangsläufig eine gewisse geringe Porosität, da die Schale beim Gießen zuerst erstarrt und der anschließend kristallisierende Kern keine Gelegenheit hat, die Volumenabnahme bei der Erstarrung durch ein Nachsaugen von Schmelze aus einem länger flüssig bleibenden Reservoir auszugleichen. Die kleinen Lunker sind ohne Bedeutung, da sie im allgemeinen im Innern liegen und daher den Druckvorgang nicht stören. An der Oberfläche der übereutektischen Legierungen, namentlich des hoch antimonhaltigen Letternmetalles, sind die spezifisch leichteren Primärkristalle, in diesem Fall die Kristalle von Antimon, angehäuft und bilden eine fest zusammenhängende harte Schale. Eine ähnliche Erscheinung erzielt man beim Schleuderguß von Weißmetall — das sind Lagermetalle ähnlicher Zusammensetzung — und erreicht damit eine besonders harte Oberfläche. Ein gelegentlicher Fehler an Lettern ist fleckiges Aussehen, wobei die normale helle Oberfläche durch Stellen von dunkler Farbe unterbrochen wird (Abb. 311). Abb. 312 und 313 enthalten Querschliffe durch eine helle und eine dunkle Stelle der Letternoberfläche. Die erwähnten Antimonanreicherungen fehlen an den dunklen Stellen der Letternoberfläche. Offenbar war die Abkühlung der Schmelze in der Form ungleichmäßig, vielleicht als Folge von Verunreinigungen der Formoberfläche.

Die Gießtemperatur der Schriftmetalle ergibt sich aus den der Abb. 136 zu entnehmenden Liquidustemperaturen. Sie werden in dem vor allem in Frage kommenden Gebiet durch Erhöhung des Antimongehaltes emporgeschraubt, dagegen durch Erhöhung des Zinnanteils erniedrigt oder wenig beeinflußt. Die Gießtemperatur soll rund 50 °C über der oberen Schmelztemperatur liegen (EPSTEIN [284]) und sorgfältig überwacht bzw. automatisch geregelt werden. Sie beträgt z. B. bei der Linotype-Setzmaschine 285 ± 4 °C. Hohe Gießtemperaturen verbessern zwar das etwa in einer Spiralkokille gemessene Fließvermögen, haben aber den Nachteil eines stärkeren Verschleißes der Gießmaschinen und bedingen Krätzebildung, Gasaufnahme und schwammigen Guß. Schriftmetall greift infolge seines Zinn- und Antimongehaltes das Eisen der Gießmaschinen etwas an. Der Verschleiß von Gußeisen ist geringer als der von Stahl (TIMMERHOFF [*1199*]). Der Zusammenhang zwischen Formtemperatur und „Gießbarkeit" (S. 319) ist in Abb. 314 dargestellt.

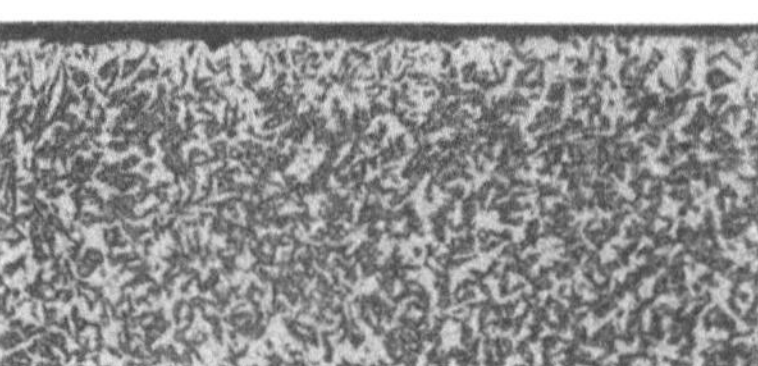

Abb. 312

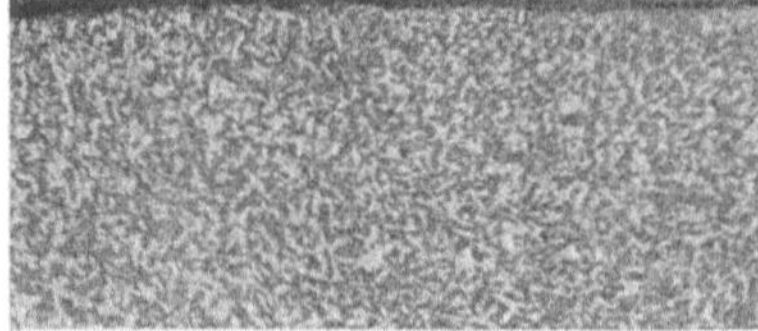

Abb. 311   Abb. 313

Abb. 311. 27,5% Sb, 6,11% Sn. Schliff parallel der fleckig aussehenden Oberfläche einer Letter. Helle und dunkle Stelle. 100:1

Abb. 312. Vorige Probe. Schliff senkrecht zur Oberfläche einer hellen Stelle. 300:1

Abb. 313. Probe der Abb. 311. Schliff senkrecht zu einer dunklen Oberflächenstelle. 300:1

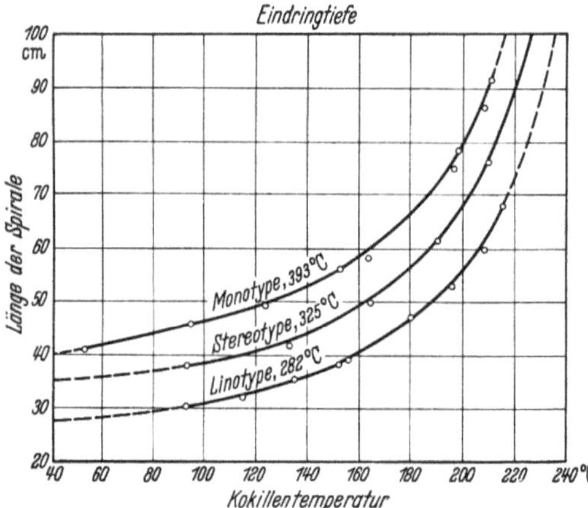

Abb. 314. Zusammenhang zwischen Formtemperatur und Gießbarkeit bei verschiedenen Schriftmetallen. Nach EPSTEIN

Schriftmetall muß oft wiederholtes Umschmelzen ertragen, da der Kreislauf des Gießens, Druckens und Wiedereinschmelzens sich vielfach täglich wiederholt. Die Berührung der Schmelzoberfläche mit der Luft soll daher möglichst beschränkt werden. Das Umschmelzen geschieht oft unter Verwendung von oxydlösenden Flußmitteln. Die trotzdem im Lauf der Zeit nicht zu vermeidende Verarmung an Zinn und Antimon wird durch gelegentliche Zugabe von hochprozentigem Blei-Antimon und Blei-Zinn ausgeglichen. Als schädliche Verunreinigungen in Schriftmetall gelten vor allem Aluminium und Zink, da sie starke Verkrätzung und damit schlechten Guß bewirken. Daher ist der Höchstgehalt der Legierungen an diesen beiden Beimengungen im Deutschen Normblatt DIN 16512 mit 0,01% begrenzt. STAHL [496, 1143] untersuchte den Einfluß von Temperatur und Legierungszusätzen auf die Verkrätzung von Schriftmetallen handelsüblicher Zusammensetzung (Linotype, Monotype und Foundrytype). Zwei verschiedene Versuchsmethoden wurden verwendet:

1. Wägung der Sauerstoffaufnahme ruhender Schmelzen,
2. Wägung der Sauerstoffaufnahme beim Lufteinleiten in die Schmelzen.

Langzeitversuche über 50 Stunden an ruhenden Schmelzen ergaben, daß bis 400 °C keine Oxydation der Legierungen stattfindet. Dies wurde auf die sofortige Bildung eines dichten, wahrscheinlich aus SnO_2 bestehenden Oxydfilms zurückgeführt. Da die in der Praxis gebräuchlichen Temperaturen unterhalb 400 °C liegen, dürfte der Oxydfilm die geschmolzenen Schriftmetalle am besten gegen eine Oxydation schützen. Erst bei 450 °C konnte eine Oxydation der Legierungen gravimetrisch nachgewiesen werden. Die Gewichtszunahme, d. h. die Menge des gebildeten Oxyds, war proportional $\sqrt{\text{Zeit}}$, und zwar erhielt man bei allen Legierungen die gleiche Proportionalitätskonstante. Aus dem parabolischen Zeitgesetz folgt, daß die Oxydation durch einen Diffusionsvorgang gesteuert wird (S. 312). Die Mehrzahl der Versuche wurde mittels der Methode 2 durchgeführt. Durch Untersuchungen an Monotype-Metall $^6/_{15}$ und Linotype-Metall $^5/_{12}$ bei 350 °C wurde die Meßgenauigkeit der Methode geprüft und nachgewiesen, daß die Schichtdicke der beim Lufteinleiten gebildeten Oxydhäute maximal 10 μm betrug. Bei 300 °C oxydieren die genannten Legierungen schon gleich stark wie bei 350 °C. Bei 400 °C setzt dann aber eine wesentlich stärkere Oxydation ein.

Ohne Einfluß auf die Oxydation von Monotype-Metall $^6/_{15}$ bei 350 °C erwiesen sich Legierungszusätze von 0,03% Ag; 0,1% Bi; 0,02 und 0,05% Al. Eine geringfügige Erhöhung der Sauerstoffaufnahme riefen Gehalte von 0,08 und von 0,4% Al hervor. Der Zusatz von 0,1% Zn bewirkte ein Ansteigen der Sauerstoffaufnahme auf den doppelten Wert. Aus der Größe des beim Lufteinleiten gebildeten Krätzevolumens konnte geschlossen werden, daß schon 0,05% Zn die Zerreißfestigkeit der Oxydschicht auf Monotype-Metall $^6/_{15}$ stark erhöhten. Die schädliche Wirkung kleiner Gehalte an Zink wurde somit bestätigt, während sich Aluminiumbeimengungen unter den gewählten Versuchsbedingungen kaum als nachteilig erwiesen.

Arsen steigert in kleinen Mengen die Härte und verbessert das Fließvermögen der Legierungen. Das Deutsche Normblatt läßt daher einen Höchstgehalt von 0,3% As zu. Ob Arsen die Korrosion der Gießmaschinen begünstigt (EPSTEIN [*284*]), ist wohl nicht bewiesen. Auch Wismut soll die Gießbarkeit von Letternmetall verbessern [*147*]. Nach früheren Untersuchungen von WHITE [*1263*] befaßte sich auch STAHL [*496, 1143*] mit der Beeinflussung der Oberflächenspannung von Schriftmetall durch Beimengungen. Als Meßgröße diente die Blasenfrequenz beim Durchleiten von Luft durch die Schmelze. Nach seinen nur zum Teil veröffentlichten Ergebnissen wird die Oberflächenspannung von geschmolzenem Monotype-Metall durch einen Zinkzusatz erhöht, dagegen durch Phosphor erniedrigt. Während man früher für sämtliche Schriftmetalle Schwefelfreiheit verlangte, kann diese Forderung nach den heutigen Erkenntnissen nicht aufrechterhalten werden. Kleine Schwefelgehalte der Größenordnung 0,01% fördern nämlich nach den Untersuchungen von LÖHBERG und SCHULZ [*758*] (Blei-Antimon-Zinn) — wie STAHL in einer unveröffentlichten Studie bestätigte — die feinkörnige Erstarrung der Schriftmetalle mit primär kristallisierendem Antimon. Daher hat man in der deutschen Norm die Frage des Schwefelgehaltes von Stereo-, Mono- und Letternmetall offen gelassen (S. 126).

Das Schrifttum enthält noch einige weitere Hinweise zum Gießen von Schriftmetall. Die Schmelze tritt bei Setzmaschinen wenig oberhalb der Liquidustemperatur durch die Zuleitungen in die Form ein (MUNDEY, BISSETT und CARTLAND [*883*]). Wenn durch Luftzug eine Abkühlung erfolgt, sollen sich Kristalle in den dünnen Querschnitten abscheiden und infolge Verminderung der Metallzufuhr zu Lunkerbildung führen. Auch durch zu langsames Entweichen der Luft aus der Gießform können Lunker entstehen.

5. Lagermetalle

a) Wirkungsweise von Gleitlagern. Die folgenden Ausführungen schließen sich eng an die von PEKRUN [*943*] gegebenen Darstellungen an.

Unter Lagerwerkstoff versteht man allgemein den jeweils weicheren Werkstoff einer Gleitpaarung, also beim Zapfenlager den Werkstoff der Lagerschale. Man kann die Aufgaben und die Wirkungsweise der Lagerwerkstoffe jedoch nicht für sich allein betrachten, sondern nur in Verbindung mit der anderen Gleitfläche und mit dem Schmiermittel, das sich in dem Raum zwischen den Gleitflächen befindet. Die an den Werkstoff der Lagerschale zu stellenden Forderungen könnte man zum Teil auch für den Wellenwerkstoff erheben. Bei ihm stehen aber andere Bedingungen im Vordergrund, wie die Übertragbarkeit von Drehmomenten, die Aufnahme von Biegemomenten und Querkräften ohne unzulässige Verformung und ohne die Gefahr eines Gewaltbruches oder eines Dauerschwingbruches. Ein Gleitlager, das im Dauerbetrieb laufen soll, muß so gestaltet sein und so geschmiert werden, daß die Gleitflächen im Betrieb vollständig durch einen Schmierfilm getrennt sind. Gleiten bei teilweiser oder gar vollständiger Festkörperberührung ergibt im allgemeinen zu hohen Verschleiß, meistens auch zu hohe Reibung und damit zu starke Erwärmung. Abgesehen von den hydrostatischen Lagern, bei denen die für das Tragen der Last erforderlichen Drücke des Schmiermittels außerhalb des Gleitraumes durch eine Pumpe erzeugt werden (BEUERLEIN [79]), müssen die Gleitlager den Schmierfilmdruck im Gleitraum durch hydrodynamische Wirkung selbst erzeugen. Der Raum zwischen den Gleitflächen, der Gleitraum, muß eine dafür geeignete Form haben. Man verwendet in erster Linie die sich in Bewegungsrichtung verengende Keilform (Abb. 315). Die erreichbaren hydrodynamischen Drücke, und damit die Tragfähigkeit, sind um so höher, je kleiner der engste Spalt des Gleitraumes sein darf. Hinsichtlich der Form in Achsrichtung werden die günstigsten Verhältnisse erreicht, wenn die Spaltweite über die ganze Breite der Lagerstelle gleich ist. Abweichungen von dieser Idealform liegen nicht nur vor, wenn die Gleitflächen schief zur Achse stehen oder durchgebogen sind, sondern auch wenn durch das Herstellungsverfahren Welligkeiten und Rauhigkeiten von Schale und Zapfen erzeugt werden.

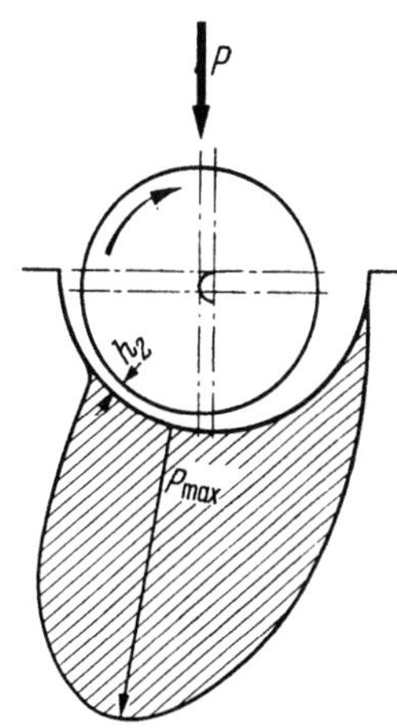

Abb. 315. Charakteristischer Druckverlauf im Schmierspalt eines zylindrischen Lagers

Beim Zapfenlager wird die erwähnte Keilform des Spaltes gewöhnlich durch exzentrische Lage des Zapfens in der Lagerschale erreicht. Für diese Lager hat u. a. BUSKE [158] durch Versuche den außerordentlich starken Einfluß der Lagergestaltung auf die Tragfähigkeit nachgewiesen. In einer Versuchsreihe mit starrem Lagerkörper nahm die Tragfähigkeit der Lagerschale in folgender Reihenfolge ab: Bleibronze (750 kg/cm²), Aluminiumlegierung, Zinnbronze, Weißmetall, Grauguß, Stahl (50 kg/cm²). Bei mittlerer Starrheit des Lagerkörpers zeigten alle Lagerwerkstoffe eine Zunahme der Belastbarkeit — die harten Lagerwerkstoffe aber viel mehr als die weichen — so daß sich z. B. in einem bestimmten Fall die Reihenfolge Stahl (1200 kg/cm²), Gußeisen, Bleibronze, Aluminiumlegierung, Zinnbronze, Weißmetall ergab. Bei sehr nachgiebigem Lagerkörper galt wieder die gleiche Reihenfolge der Lagermetalle hinsichtlich ihrer Belastbarkeit wie bei den starren Lagerkörpern. Dabei war die Belastbarkeit der Bleibronze etwa 500 kg/cm². Durch Messung der Druckverteilung im Gleitraum und anhand der Freßspuren wurde festgestellt, daß bei dem starren Lagerkörper der Schmierspalt infolge der Wellendurchbiegung an den Enden des Lagers enger war als in der Mitte. Bei sehr nachgiebigem Lagerkörper (kleine Nabenwanddicken) wichen die

Nabenenden unter dem Druck des Schmiermittels zu stark aus, so daß die Lagerschale in axialer Richtung stärker durchgebogen war als die Welle und der Schmierspalt an den Enden weiter war als in der Mitte. Bei mittlerer Starrheit des Lagerkörpers stellte sich eine über die ganze Lagerbreite etwa konstante Spaltweite ein. Die harten Lagerwerkstoffe mit hohem E-Modul, insbesondere Grauguß und Stahl, ergeben die hohe Belastbarkeit nur in einem jeweils sehr engen Bereich der Nabenwanddicke. Der Einfluß der Lagergestaltung ist also hier besonders stark. Die weichen Lagerwerkstoffe gleichen örtliche Überlastungen besser durch elastisches und plastisches Nachgeben aus. Hierzu gehört auch die möglichst weitgehende Anpassung im mikrogeometrischen Bereich, also das Ausgleichen von Welligkeiten, Riefen und Rauhigkeiten. Die Belastbarkeit der weichen Lagermetalle nimmt zwar auch bei günstigerer Lagergestaltung zu, erreicht aber wegen der beschränkten Festigkeit nicht die hohen Werte der harten Werkstoffe. Bei Weißmetall und Bleibronze kann die Belastbarkeit durch Anwendung dünner Ausgüsse gesteigert werden (s. u.); die Anpassungsfähigkeit geht jedoch dadurch entsprechend zurück.

Für die Entwicklung und Aufrechterhaltung von hydrodynamischen Drücken ist außer der Form des Gleitraumes auch wichtig, daß die Gleitflächen gegen den Druck des Schmiermittels dicht sind. Mit einer Herabsetzung der Tragfähigkeit durch undichte Gleitflächen ist z. B. zu rechnen bei porösen Sinterwerkstoffen (WIEMER [*1271*]), bei flammgespritzten Lagerwerkstoffschichten, wenn ein Zusammenhang der Poren untereinander vorhanden ist (VOGELPOHL [*1233*]), und bei Kunstharz-Preßstoffen, die bei hohen Drücken durchlässig werden (WENGER [*1257*]).

Erhöhte Lagertemperatur setzt nicht nur die Festigkeit der Lagerwerkstoffe herab, sondern verringert auch die Viskosität und die chemische Beständigkeit des Öls. Die Betriebstemperatur darf daher gewisse Grenzen nicht überschreiten. Im allgemeinen müssen die Lagerwerkstoffe wenigstens einen Teil der Reibungswärme durch Wärmeleitung abführen. Dabei hat außer der Wärmeleitfähigkeit gegebenenfalls die Dicke des Ausgusses einen wesentlichen Einfluß.

Mischreibung liegt vor, wenn die hydrodynamischen Drücke die Gleitflächen nicht vollständig getrennt halten und deshalb stellenweise Festkörperberührung erfolgt. Sie tritt beim Anfahren und Stillsetzen der Welle, bei Überlastung, auch beim Einlaufvorgang und bei Mangelschmierung ein. Mehrfach, insbesondere von VOGELPOHL [*1231*], wurde darauf hingewiesen, daß mit dem Eintritt in die Mischreibung (vom hydrodynamischen Gebiet her) nicht etwa ein „Zusammenbrechen" des Schmierfilms verbunden ist, sondern daß die hydrodynamischen Drücke weiterhin wirken und daß nur ein — zunächst sehr kleiner — Teil der Last durch die Festkörperberührung übertragen wird. Da die

Reibungszahl der Festkörperreibung sehr viel höher ist als die der Flüssigkeitsreibung, macht sich die Festkörperberührung bald dadurch erkennbar, daß die Reibung und damit die Erwärmung höher wird, als es nach den hydrodynamischen Gesetzen sein müßte.

Für das Zapfenlager gibt VOGELPOHL [*1231*] einen Überblick über das Reibungsverhalten und Formeln für die Reibungszahlen sowohl im hydrodynamischen Gebiet als auch besonders im Mischreibungsgebiet. Danach kann der Verlauf der STRIBECK-Kurve (STRIBECK [*1152*]), welche die Reibungszahl in Abhängigkeit von der Gleitgeschwindigkeit darstellt, für das Mischreibungsgebiet und darüber hinaus gleichzeitig für das unmittelbar anschließende hydrodynamische Gebiet *in erster Näherung* durch *eine* mathematische Formel beschrieben werden, die auf den physikalischen Grundlagen aufgebaut ist:

$$f = f_0 \left[1 - \frac{1}{S_0} \left(\frac{s}{h_{\text{eff}}} - 1 \right) \right] + 3{,}0 \sqrt{\frac{\eta \cdot \omega}{\bar{p}}} \quad \text{für } S_0 > 1.$$

Dabei ist

f Reibungszahl des Lagers
f_0 Reibungszahl der Ruhereibung
η Viskosität des Schmiermittels im Gleitraum
ω Winkelgeschwindigkeit
$\bar{p}$ mittlerer Flächendruck
ψ relatives Lagerspiel (= Durchmesserunterschied zwischen Lagerschale und Zapfen, bezogen auf den Zapfendurchmesser)
s radiales Lagerspiel (= halber Durchmesserunterschied zwischen Lagerschale und Zapfen)
h_{eff} wirksame kleinste Schmierschichtdicke (der dem wirklichen Gleitraum entsprechende Mittelwert)
$S_0 = \dfrac{\bar{p} \cdot \psi^2}{\eta \cdot \omega}$ SOMMERFELDsche Zahl, dimensionslose Kennzahl

Die Bedingung $S_0 > 1$ ist für das Mischreibungsgebiet und für das daran unmittelbar anschließende hydrodynamische Gebiet praktisch immer erfüllt. Der Lagerwerkstoff hat dabei weitgehenden Einfluß auf die Werte von f_0 und h_{eff}. Beide sollen mit Rücksicht auf niedrige Reibungszahlen möglichst klein sein. Auch die Oberflächenrauhigkeit spielt dabei eine Rolle. Für h_{eff} ist neben der Anpassungsfähigkeit des Lagerwerkstoffes auch die Lagergestaltung wichtig, wie die oben bereits erwähnten Versuche von BUSKE [*158*] gezeigt haben.

Bei schon eingelaufenen Lagern ist es Hauptaufgabe des Lagerwerkstoffes, das Durchfahren des Mischreibungsgebietes beim Anfahren und beim Auslauf betriebssicher zu ermöglichen. Die Gleitflächen sollen dabei keine Kratzer, welche die hydrodynamische Tragfähigkeit herabsetzen, bekommen und keine Verformungen erleiden. Die Temperatur soll nicht über ein gewisses Maß hinaus ansteigen. Wenn das Mischreibungsgebiet schnell durchfahren wird, spielt die Reibungswärme nur eine untergeordnete Rolle. Die Reibungszahl ist dann nicht das eigentlich Entscheidende; in vielen Fällen gehen jedoch hohe Reibungszahl und Oberflächenbeschädigung Hand in Hand.

Beim Einlaufvorgang erfolgt ein Anpassen der Gleitflächen aneinander sowohl bezüglich der makrogeometrischen Form (Anpassung des Lagerwerkstoffes an eine Schiefstellung oder Durchbiegung der Welle, Beseitigung von Welligkeiten) als auch bezüglich der mikrogeometrischen Form (s. oben). Das Einlaufen kann durch plastische Verformung und durch gegenseitiges Abschleifen der Gleitflächen erfolgen. Im allgemeinen geht das Einlaufen im Mischreibungsgebiet, also mit teilweiser Festkörperberührung, vor sich. Eine Anpassung der Gleitflächen aneinander ist aber auch ohne Festkörperberührung, allein durch die hydrodynamischen Drücke, möglich. In der Bewegungsrichtung — also beim Zapfenlager in Umfangsrichtung — darf keine zu weitgehende Anpassung der Gleitflächen erfolgen. Dadurch könnte nämlich die Keilform des Gleitraumes ganz oder z. T. in einen Parallelspalt verwandelt werden, in dem keine ausreichende Drucksteigerung durch hydrodynamische Wirkung möglich wäre. Das kann bei weichen Lagerwerkstoffen bei zu hoher Belastung eintreten.

b) Eigenschaften der Lagermetalle. Gute Zusammenstellungen der für einen Lagerwerkstoff wichtigen Eigenschaften finden sich unter anderem im Metals Handbook [*835a*] und bei WEBER [*1248*]. Sie seien in schematischer Aufzählung besprochen.

Härte, Plastizitätsgrenzen (Streckgrenze, Quetschgrenze). Die Belastbarkeit eines Lagers hängt von der Quetschgrenze des Lagerwerkstoffes ab, deren relative Höhe in erster Näherung aus der Brinellhärte abgeschätzt werden kann. Dabei ist aber nicht nur die Härte bei Raumtemperatur von Bedeutung, sondern in noch stärkerem Maße die Härte bei erhöhten Temperaturen. Bei Annäherung an den unteren Schmelzpunkt des Lagermetalles geht seine Härte praktisch verloren. Die Lage des Schmelzbeginns ist also nicht nur für die Verarbeitung, sondern ebenso für die Beurteilung der Tragfähigkeit des Lagers bei hohen Lasten und Geschwindigkeiten, d. h. bei großer Wärmeentwicklung, von Bedeutung. Bei der Prüfung der Härte und des Fließwiderstandes der hoch blei- und zinnhaltigen Legierungen ist der Zeiteinfluß zu berücksichtigen, d. h. die Dauer der Lasteinwirkung muß konstant gehalten werden, wenn man an verschiedenen Werkstoffen gewonnene Ergebnisse miteinander vergleichen will. Das Fließen eines Lagerwerkstoffes wird um so mehr erschwert, in je dünnerer Schicht er im Lager verwendet wird. Lagermetalle geringer Festigkeit werden deshalb nur als Lagerausguß in einer Stützschale verwendet. Dieser Punkt wird bei der Behandlung der dynamischen Festigkeit nochmals erwähnt. Angaben über die elastischen Eigenschaften von Lagermetallen auf Blei- und Zinnbasis finden sich bei CUTHBERTSON [227].

Die Härte des Lagerwerkstoffs bzw. die Härte seiner einzelnen Gefügebestandteile ist weiter von Wichtigkeit mit Rücksicht auf die etwaige Riefenbildung und den Verschleiß des Wellenwerkstoffs. Daher können ungehärtete Wellen nur in Verbindung mit weichen Lagermetallen angewandt werden, weniger mit Blei-Kupfer-Legierungen oder Zinnbronzen.

Verformbarkeit. Die elastische Verformung eines Lagermetalles bei gegebener Flächenbelastung wird um so ausgeprägter sein, je *niedriger* sein *Elastizitätsmodul* liegt. Ebenso wird seine plastische Verformung um so beträchtlicher sein, je niedriger seine Fließgrenze unter Druck gelegen ist, das heißt, je mehr sie durch die aufgebrachte Belastung überschritten wird. Die Verformbarkeit geht also in roher Näherung der Härte umgekehrt proportional. Ausreichende Verformbarkeit begünstigt die schon oben besprochene Anpassung der Lagerschale und der Welle aneinander, also den Einlaufvorgang, und erhöht die Unempfindlichkeit des Lagers gegen Kantenpressungen. Gleichzeitig begünstigt eine gute Verformbarkeit des Lagerwerkstoffs die Einbettung harter Verschleiß- und Staubteilchen, so daß die Abnutzung der Welle vermindert wird. Diese Funktion des Lagermetalls setzt allerdings seine Anwendung in ausreichender Schichtdicke voraus. Die Einbettfähigkeit ist um so wichtiger, je weniger mit einer sauberen Filtrierung des Öls und mit einer Fernhaltung äußerer Staub- und Sandeinflüsse gerechnet werden kann.

Dynamische Festigkeit (Dauerschwingfestigkeit, Ermüdungsfestigkeit). Dauerschwingbrüche, wie sie als Folge der in einer Kolbenmaschine gegebenen Art der Beanspruchung auftreten können, beginnen auf der Lageroberfläche und durchsetzen den Lagerwerkstoff bis nahe an die Verbundfläche zwischen Lagerausguß und Stahlstützschale, verlaufen dann parallel zu dieser Verbundfläche, so daß eine dünne Schicht von Lagermetall am Stahl haften bleibt. Der Lagerausguß wird immer mehr brüchig und zuletzt zertrümmert.

Der niedrige Schmelzpunkt von Blei bedingt eine Abnahme der Dauerschwingfestigkeit mit steigender Temperatur. Ähnliches ist auch für die Weißmetalle auf Blei- und auf Zinnbasis zu erwarten, während der Einfluß der Temperatur auf die Dauerschwingfestigkeit bei den höher schmelzenden Legierungen, wie den Blei- und Zinnbronzen, geringer ist. Die Lebensdauer der Weißmetallausgüsse unter dynamischer Beanspruchung wird durch eine Verringerung der Wanddicke von 0,75 auf 0,25 mm um 50% gesteigert. LOVE und Mitarbeiter [767] bringen geschätzte Werte der Ermüdungsfestigkeit von Lagermetallausgüssen. Sie beträgt 2,8 und 1,95 kg/mm² für Weißmetall der Ausgußdicken 0,13 und 0,25 mm.

23*

Dünne Schichten eines Weißmetalls werden vielfach nicht unmittelbar auf Stahl aufgebracht, sondern unter Anwendung einer Zwischenschicht von Bleibronze, die im Fall eines Verschleißes oder eines Aufschmelzens des Weißmetalls die Beschädigung der Welle verhindert (Dreistofflager). Bei den sog. Galvaniklagern schlägt man das Weißmetall galvanisch in einer Dicke von 0,02 bis 0,06 mm auf Bleibronze mit einer Dicke von 1 bis 1,5 mm nieder.

Die Bemühungen, die dynamische Festigkeit von Weißmetallen durch legierungstechnische Maßnahmen zu verbessern, brachten wenig Erfolg. Bei gesteigerten Ansprüchen an die Dauerschwingfestigkeit wird man daher von den Weißmetallen auf Kupferlegierungen übergehen. Zur Ermittlung der Dauerschwingfestigkeit hat man Lagerprüfmaschinen entwickelt, die die betriebliche Beanspruchung nachahmen, oder aber man zieht den Betriebsversuch selbst als Prüfverfahren heran.

Neben der Dauerschwingfestigkeit ist auch die Schlagfestigkeit der Lagerwerkstoffe, d. h. die Fähigkeit, eine begrenzte Zahl von Schlägen ohne Bruch zu ertragen, von Wichtigkeit. Die Durchführung dieser Versuche kann in verschiedener Weise erfolgen, z. B. als dynamische Stauchversuche oder auf einem Kruppschen Dauerschlagwerk.

Thermische Ausdehnung. Die thermische Ausdehnung des Lager- und des Wellenwerkstoffes ist für die Änderung des Lagerspiels bei Änderung der Temperatur verantwortlich. Meist ist ein niedriger Schmelzpunkt und ein niedriger Elastizitätsmodul mit einem hohen Wert des thermischen Ausdehnungskoeffizienten verbunden. Der Unterschied des thermischen Ausdehnungskoeffizienten zwischen Lagerwerkstoff und Stahl ist auch für die Größe der Wärmespannungen maßgebend, die sich zwischen Lager- und Stützschale bei Temperaturänderung einstellen.

Korrosionsbeständigkeit. Bei Anwesenheit saurer Bestandteile im Öl oder bei Bildung solcher Bestandteile im Betrieb muß mit einem Korrosionsangriff auf das Lagermetall gerechnet werden. Angaben über den Korrosionsmechanismus finden sich bei WILSON [*1277*]. Die Zinnlagermetalle gelten in dieser Hinsicht als den Bleilagermetallen überlegen. Bei den Kupfer-Blei-Legierungen ist im Fall der Korrosion mit einer bevorzugten Auflösung des Bleianteils zu rechnen, so daß eine Verarmung an Blei in den für das Laufverhalten wichtigen Oberflächenschichten eintritt.

Laufeigenschaften. Unter diesem Begriff kann man eine Anzahl von Eigenschaften zusammenfassen, wie geringe Neigung zum Fressen (Antiseizure characteristics), niedriger Wert des Verschleißes, Fehlen von Riefenerzeugung auf der Welle, gute Einlaufeigenschaften, gute Notlaufeigenschaften, d. h. keine zu starke Erwärmung bei Mangelschmierung oder beim Ausbleiben der Schmierung. Diese Fragen werden im folgenden Abschnitt behandelt.

c) Laufverhalten des Lagerwerkstoffes. PEKRUN [*943*] behandelte ausführlich den spezifischen Einfluß des Lagerwerkstoffes auf den Laufvorgang. Zunächst sollen die verschiedenen hierauf bezüglichen Theorien nach dem Schrifttum besprochen werden.

Die *hydrodynamische Theorie*, die schon eingangs umrissen wurde, behandelt zwar nicht die Lagerwerkstoffe. Trotzdem haben diese, wie oben dargelegt, durch ihre Beiträge zu der makro- und der mikrogeometrischen Form des Gleitraumes einen wesentlichen Einfluß auf das hydrodynamische Geschehen. Dazu kommt möglicherweise ein Einfluß des Lagermetalles auf die Bildung von Schichten mit erhöhter Viskosität, die bei sehr kleinen Spaltweiten, also insbesondere im Gebiet der Mischreibung, eine Rolle spielen können (DERYAGUIN [*247*]). Eine Berechnung der Gleitlager ist nur auf Grund der hydrodynamischen Theorie möglich. Eine erschöpfende und für die Praxis zweckmäßige Darstellung der Gleitlagerberechnung gibt VOGELPOHL [*1232*], vgl. S. 353.

Die *Tragkristalltheorie gründet* sich auf das Gefüge der hoch zinnhaltigen Weißmetalle, die von BABITT als Auskleidung von Stützschalen eingeführt wurden. Das Gefüge der Legierungen enthält härtere Kristalle, vornehmlich von SbSn, in einer etwas weicheren eutektischen Grundmasse. Man hat, etwa in der Formulierung von SCHMID und WEBER [*1071*], die Vorstellung entwickelt, daß unter den hohen Drücken im Schmierspalt die weiche Grundmasse stärker nachgibt als die harten Kristalleinlagerungen, so daß diese als Relief aus der Lauffläche hervortreten. Dies bewirkt, daß im Zustand der Mischreibung die Bezirke der Festkörperberührung bzw. der Grenzschmierung durch die Tragkristalle gegeben sind, wodurch der Verschleiß vermindert wird. Die Bildung der Vertiefungen verbessert ferner die Schmierung, da sie zusätzliche Öltaschen mikroskopischer Abmessungen darstellen.

Wenn auch die meisten Lagerlegierungen heterogen aufgebaut sind und aus weichen und harten Kristallen bestehen, so gibt es doch Ausnahmen von dieser Regel, wie zum Beispiel die Silberlager. Man hat die Tragkristalltheorie daher heute weitgehend fallenlassen (HOLLIGAN [*581*]). Eine unmittelbare Nachprüfung der Tragkristalltheorie wurde kürzlich in der erwähnten Arbeit von PEKRUN [*943*] gebracht. Die sehr empfindliche interferenzmikroskopische Aufnahme der Lauffläche eines Lagers aus Weißmetall 80 zeigte keine Andeutung von Vertiefungen (Abb. 316a) um etwaige „Tragkristalle" aus SbSn herum. In einem metallographischen Schliff aus WM 80 erscheinen zum Vergleich dazu nach Ätzung eindeutig die Kristalle (Abb. 316b).

Die Verschweißungstheorie wurde von BOWDEN und TABOR [*119*] begründet und ausgebaut. In ihrem Buch zeigen die Verfasser zunächst, daß die tatsächliche Berührungsfläche zwischen Festkörpern im allgemeinen praktisch unabhängig von der scheinbaren Berührungsfläche ist. Die Berührung findet immer nur an einigen herausragenden Stellen der Oberfläche (Rauhigkeitsspitzen) statt. Im allgemeinen übersteigen die dabei auftretenden Spannungen die Elastizitätsgrenze bei weitem. Dann ist der mittlere Flächendruck an den Berührungsstellen, sofern

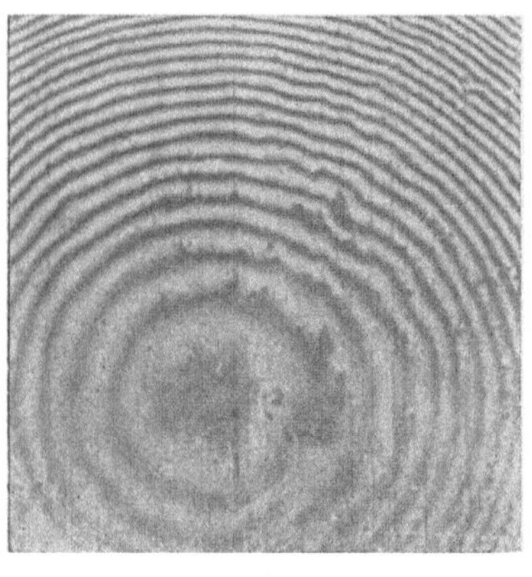
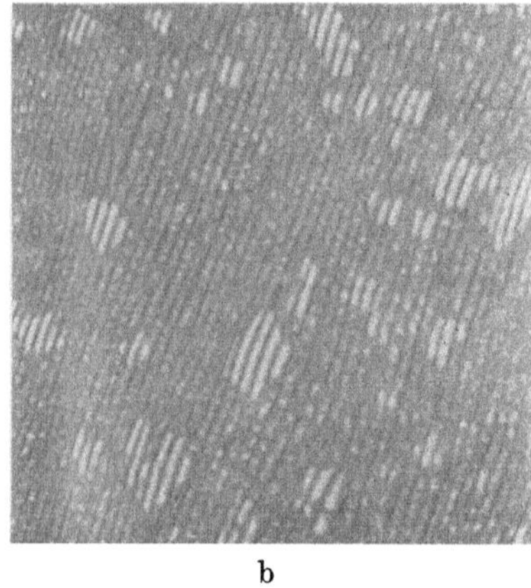

a   b

Abb. 316. a) Interferenzaufnahme des Laufspiegels einer Wälzlagerkugel auf WM 80. Auslenkung um eine Streifenbreite entspricht einer Rauhtiefe von 0,27 μm. 150:1; b) Schliff WM 80, Interferenzaufnahme. Kristalle SbSn hell. Geätzt. 150:1. Nach PEKRUN

beim Andrücken keine Kaltverfestigung eintritt, proportional der Fließspannung des weicheren Werkstoffes und unabhängig von der Last. Daher ist dann weiter die tatsächliche Berührungsfläche proportional der Last und umgekehrt proportional der Fließspannung des weicheren Werkstoffes. BOWDEN und TABOR [119] kommen damit zu folgender Formel, die für die meisten praktischen Fälle und für alle Arten von Rauhigkeiten gelten soll:

$$A = \frac{W}{p}$$

mit A = tatsächliche Berührungsfläche
W = Last
p = mittlere Fließ-Druckspannung der Rauhigkeiten.

Aus Beobachtungen der Metallübertragung beim Gleiten von Metallen aufeinander wird auf örtliches Verschweißen der Metalloberflächen an den Rauhigkeitsspitzen geschlossen. Beim Gleiten muß dann eine Arbeit aufgebracht werden, um diese Schweißverbindungen abzuscheren und auch, um das Metall „herauszupflügen". Die Reibungskraft beim Gleiten ohne Schmiermittel wird dementsprechend in einen „Abscher-Anteil" und in einen „Pflüge-Anteil" aufgeteilt. Der Pflüge-Anteil ist vom Verhältnis der Härten der aufeinander gleitenden Metalle und von der Form der Rauhigkeitsspitzen abhängig. Im allgemeinen ist er bei harten Metallen klein. Der Abscher-Anteil S ist gleich dem Produkt aus der tatsächlichen Berührungsfläche A und der zum Abscheren erforderlichen Scherspannung s: $S = A \cdot s$. Aus Versuchen wird abgeleitet, daß s proportional der Schubspannung ist, die zum Abscheren eines Zylinders aus dem weicheren Werkstoff notwendig ist. Wenn der Pflüge-Anteil vernachlässigbar ist, wird:

$$F = S = A \cdot s \quad \text{mit} \quad A = \frac{W}{p}, \quad \text{daher } F = W \cdot \frac{s}{p}$$

(F = Reibungskraft; W = Last; s = Scherfestigkeit der Schweißverbindungen; p = Fließ-Druckspannung = Quetschgrenze des weicheren Metalles). Da das Abscheren gewöhnlich im Innern des weicheren Metalles vor sich geht, kann — wie schon bemerkt — für s näherungsweise dessen Scherfestigkeit eingesetzt werden. Dann wird die Reibungszahl:

$$f = \frac{F}{W} = \frac{s}{p} = \frac{\text{Scherfestigkeit des weicheren Metalles}}{\text{Quetschgrenze des weicheren Metalles}}.$$

Bei weichen Metallen sind s und p beide klein, bei harten Metallen beide groß. Die Reibungszahl ist daher für die meisten Metalle von gleicher Größenordnung; sie liegt zwischen 0,6 und 1,2. Kleines s bei großem p, d. h. ein geringer Reibwert, läßt sich dadurch erreichen, daß man eine dünne Schicht aus weichem Metall auf eine harte Unterlage bringt. Der darauf gleitende Gegenkörper sei mindestens ebenso hart wie die Unterlage. Dann ist für die Größe der tatsächlichen Berührungsflächen in erster Linie die hohe Fließ-Druckspannung p der harten Unterlage maßgebend, und zwar um so mehr, je dünner die Oberflächenschicht ist. Bei Bleibronze, über die ein Gleitstück geglitten war, wurde festgestellt, daß Spuren von Blei über die Oberfläche verschmiert waren. BOWDEN und TABOR [119] nehmen an, daß diese eine Herabsetzung der Reibung nach dem vorstehend beschriebenen Mechanismus bewirken. Bei Verwendung eines Schmiermittels wird das Verhalten eines Lagermetalles wesentlich durch das Ausmaß der Adsorption des Schmiermittels an der Oberflächenschicht des Metalles mitbestimmt. Da auch bei Anwendung eines Schmiermittels leicht metallische Berührungen zwischen den Gleitflächen auftreten, soll das grundlegende Reibungsverhalten der Legierungen selbst von erstrangiger Bedeutung für ihr Laufverhalten sein. Aus Versuchen an Weißmetallen auf Blei- und auf Zinnbasis mit und ohne harte Einlagerungen wird geschlossen, daß die harten Kristalle nur wenig zur durchschnittlichen Härte der Legierung und zu den Gleiteigenschaften beitragen. Dagegen wird es — unter Hinweis auf eine Arbeit von BOAS und HONEYCOMBE [95] — für möglich gehalten, daß harte Teilchen einer

weichen Grundmasse die Legierung „steifer" machen und daß Aus-
höhlungen und Spalten in der Grundmasse entstehen, die als kleinste
Ölvorratsräume dienen könnten.

Nach BOAS und HONEYCOMBE [95] ist ferner folgende Erscheinung
zu beachten: Zinn, Kadmium und Zink kristallisieren in nichtkubischen
Systemen. Ihre Wärmeausdehnung ist daher in Richtung der einzelnen
Kristallachsen verschieden. Die Orientierung von zwei in einer Korngrenze zusammenstoßenden Kristallen ist gewöhnlich nicht gleich. Daher
treten bei Erwärmung Spannungen auf, die im allgemeinen ausreichen,
um plastische Verformung und Gleiten in den Kristallen hervorzurufen.
Mit der Anzahl der Temperaturwechsel nimmt der Umfang der Verformungen zu. Diese Erscheinung kann durch die harten Kristalleinlagerungen in Weißmetallen auf Zinnbasis gemildert werden, da die harten Bestandteile eine Wärmedehnungszahl haben, die zwischen den beiden
Hauptwärmedehnungszahlen der anisotropen Grundmasse liegt. Bei Legierungen auf Bleibasis gelten die vorstehenden Überlegungen nicht,
weil die kubischen Bleikristalle in allen Richtungen gleiche Wärme-
dehnung besitzen.

FENG [314] stellt der *Verschweißungstheorie* von BOWDEN und
TABOR [119] seine *Verzahnungstheorie* gegenüber. Mit den bei Berührungen eintretenden plastischen Verformungen der Rauhigkeitsspitzen sind
atomare Bewegungen längs bestimmter kristallographischer Ebenen
verbunden. Die Oberflächen zweier sich berührender Rauhigkeitsspitzen
müssen sich dabei einander anpassen. Daher tritt Bewegung in verschiedenen Gleitebenen ein, und es erfolgt ein Aufrauhen und gleichzeitiges
Verzahnen der Oberflächen an den Berührungsstellen. Dadurch wird ein
Gleiten in der Berührungsfläche verhindert. Bei der Bewegung findet das
Abreißen dort statt, wo die Festigkeit des Querschnitts der Rauhigkeitsspitzen, d. h. das Produkt aus Querschnittsfläche und Scherfestigkeit,
am kleinsten ist. Im allgemeinen ist die Scherfestigkeit durch die Kaltverfestigung nahe der Oberfläche erhöht. Das Abscheren findet daher in
einigem Abstand von der Berührungsfläche statt. Die Abscher-Energie
wird zum größten Teil in Wärme umgesetzt und kann — muß aber nicht
— zu einer Verschweißung in der Berührungsfläche führen. Wenn keine
Verschweißung erfolgt, kann das abgescherte Teilchen auch durch Adhäsion hängenbleiben oder es wird zu einem losen Verschleißteilchen.
Während nach der Verschweißungstheorie Kaltverschweißungen die
Ursache der Reibung sind, wird hier umgekehrt die Metallübertragung
als Folge der Reibungswärme angesehen.

In vielen Arbeiten, besonders des englischen Schrifttums, ist der Begriff der *Grenzschmierung* (boundary lubrication) eingeführt. Er wird jedoch nicht immer in gleicher Weise definiert. CLAYTON [204] erklärt
Grenzschmierung als den Bereich der Reibung, in dem zwei feste Ober-

flächen aneinander gleiten und kein flüssiger Schmierfilm mehr vorhanden
ist, der einen Teil der Last tragen könnte. Dabei sind als feste Oberflächen
nicht etwa nur metallische Oberflächen anzusehen, vielmehr sind adsorbierte Schichten (Oxyde, Gase, Feuchtigkeit usw.) als dazugehörig zu
betrachten. Zur Erklärung der Reibung verweist CLAYTON auf die Adhä-
sionstheorie. Danach soll die Reibungskraft eine Funktion der moleku-
laren Adhäsion zwischen den festen Oberflächen sein. Bei Gegenwart eines
Schmiermittels wird dieses an den Oberflächen adsorbiert oder mit ihnen
verbunden und vermindert so die unmittelbare Festkörperberührung oder
verhindert sie ganz. Die Adhäsion zwischen den Schmiermittelfilmen soll
geringer sein als die zwischen den reinen Oberflächen; Scherbewegungen
in der Berührungsfläche würden somit leichter erfolgen. Die Deckschicht
mit einer Dicke von molekularer Größenordnung, die sich unmittelbar
auf jeder festen Fläche befindet, soll die Schmierung unter diesen Grenz-
bedingungen bewirken. BARWELL [50] führt den Begriff „Dünnfilm-
schmierung" (thin film lubrication) ein. Darunter soll ein Zwischen-
zustand verstanden werden, der nicht hydrodynamischer Natur, aber
andererseits auch noch keine Grenzschmierung ist.

Nach FINCH [315] beruht die Wirkungsweise des Grenzschmierfilms
(boundary layer) darauf, daß er die Reibungszahl des Oxydfilms durch
einen noch niedrigeren Wert ersetzt. Die Schmiermittel bestehen nach
FINCH [315] im allgemeinen aus Mischungen von langkettigen Kohlenwasserstoffen (Paraffinen) oder den entsprechenden Alkoholen, Estern,
Ketonen und Säuren. Bei Temperaturen unter dem Schmelzpunkt der
Kohlenwasserstoffe sind die Kettenmoleküle in Bündeln, wie Reiser in
Faschinen, gruppiert. Diese Bündel stellen eine Art von Kristallen dar.
Wenn solche Filme erwärmt werden, wie das unter praktischen Gleit-
bedingungen geschieht, brechen die Faschinen bei einer Temperatur
nahe dem Schmelzpunkt auf und lassen einen wirklichen Grenzschmier-
film von Molekülen zurück. Die direkt an die Oberfläche angelagerten
Moleküle stehen senkrecht oder wenig geneigt zu ihr. Darüber befinden
sich Filme, die weniger gut ausgerichtet sind. Die maximale Dicke des
Grenzschmierfilms ist daher von der Größenordnung < 200 Å.

SHOOTER [1112] betont den großen Einfluß des chemischen Angriffs
auf die Grenzreibung. Nach der Theorie von LUNN [786] ist die Funktion
eines Gleitlagers von der Bildung festhaftender Schichten abhängig, die
eine metallische Berührung zwischen den gleitenden Flächen verhindern.
Diese Schichten sollen durch chemische Reaktion zwischen den gleitenden Metallen, dem Schmiermittel und der umgebenden Atmosphäre entstehen. PEKRUN [943] weist darauf hin, daß die in der englischen Literatur
angegebenen Reibungszahlen bei Grenzschmierung zum großen Teil auf
Versuchseinrichtungen mit elastischer, leicht gebauter Aufhängung des
Gleitstücks ohne Dämpfung gemessen wurden. Dabei trat, wenn die

Reibungszahl der Ruhe wesentlich größer war als die der Bewegung, leicht der sogenannte „stick-slip" ein. Die Betrachtungen wurden dann auf der beim „stick" beobachteten Reibungszahl der Ruhe aufgebaut. Die Reibung während des „slip", also die Gleitreibung, wurde gewöhnlich nicht gemessen. Ferner erstreckten sich die Untersuchungen in den meisten Fällen nur über kurze Zeiten bzw. kurze Reibungswege. FORRESTER [334] hat Versuche mit verschiedenen Lagermetallen durchgeführt. Halbkugelförmige Gleitstücke aus Lagermetall drückten gegen eine rotierende Stahlscheibe. Er kommt zu der sehr bemerkenswerten Erkenntnis, daß die Unterschiede der Gleiteigenschaften der einzelnen Lagermetalle dadurch bedingt sind, daß diese die Entwicklung der Flüssigkeitsreibung unter gegebenen Bedingungen in verschiedenem Maße ermöglichen. Weißmetalle auf Blei- und Zinnbasis begünstigen die Entwicklung der Fließreibung sehr viel mehr als Bleibronzen. Weitere Einzelheiten über das ausgedehnte Schrifttum zur Grenzreibung und den damit zusammenhängenden Fragen sind der erwähnten Arbeit von PEKRUN [943] zu entnehmen.

Im Institut für Reibungsforschung der Max-Planck-Gesellschaft in Göttingen führte WENGER [1258] Laufversuche mit konstanter Last und konstanter Drehzahl durch. Der Einlaufzustand wurde durch Messung der Reibung und Vergleich mit dem nach der hydrodynamischen Theorie zu erwartenden Wert ($f = 3 \sqrt{\eta \cdot \omega/p}$) beurteilt. Eine überschlägige Berechnung der engsten Spaltweite ergab, daß diese bei vorstehenden Verhältnissen und bei genauer Zylinderform des Lagers etwa 1 μm betrug. Die Abweichungen von der idealen Zylinderform gingen bis zu 10 μm, also bis zum zehnfachen Betrag der rechnerischen engsten Spaltweite, in einigen Fällen noch weiter. Dementsprechend ergaben sich sehr starke Streuungen der Ergebnisse. Die bei der Aufnahme der Stribeck-Kurve ermittelten Reibungskennzahlen f/ψ sind in Abb. 317 über der Sommerfeldschen Zahl S_O zusammen mit dem Vogelpohlschen Streifen, der die Reibungskennzahl bei Vollschmierung angibt, aufgetragen. Der Vergleich der Ergebnisse dieser drei Lager zeigt den überragenden Einfluß der makrogeometrischen Form auf das Einlaufverhalten. Die Eigenschaften des Lagerwerkstoffes, insbesondere auch seine Härte, spielten bei diesen Versuchen keine merkliche Rolle. Alle drei Kurven lassen mit zunehmendem Einlauf ein Einmünden in den Vogelpohlschen Streifen erkennen, der den Zustand der Flüssigkeitsreibung darstellt. Die oberhalb liegenden Meßpunkte sind also ein Ausdruck für das Vorhandensein von Mischreibung. Kurve *I* und *III* liegen näher zusammen als die Kurven *I* und *II*, die sich auf die gleiche Legierung beziehen. Um die Einflüsse der makrogeometrischen Form auf das Laufverhalten auszuschalten, entwickelte PEKRUN [943] eine Vorrichtung, die wohl als einfachster Typ einer Lagerprüfmaschine angesehen werden kann. Eine ständig mit Öl befeuchtete rotierende Kugel wird mit konstanter Kraft gegen das Lagermetall gedrückt und gräbt sich dabei eine Vertiefung genügenden Durchmessers. Die Messung der Reibungskraft und des elektrischen Stromdurchgangs gestattet, den Einlaufzustand zu verfolgen. Am Ende des Versuchs wird die Kugel allein durch den entwickelten hydrodynamischen Druck ge-

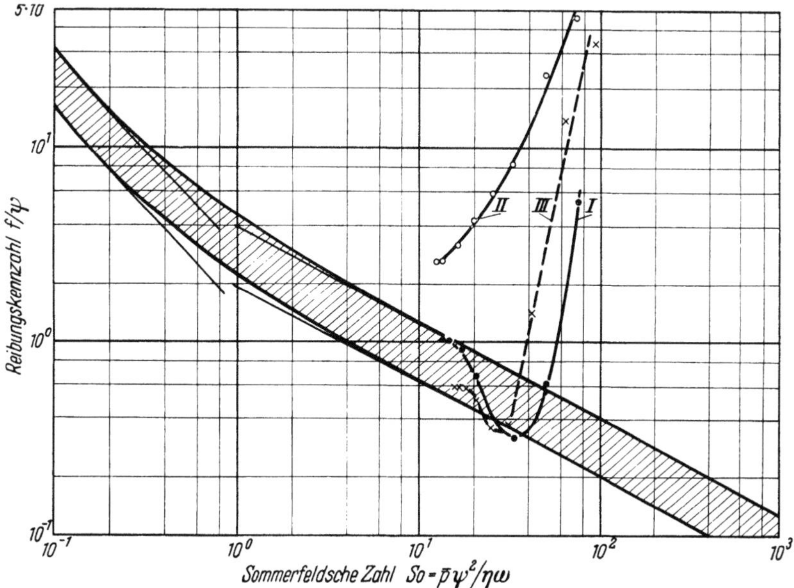

Abb. 317. Die Reibungskennzahl f/ψ in Abhängigkeit von der Sommerfeldschen Zahl; Vogelpohlscher Streifen. Nach PEKRUN

f = Reibungszahl
ψ = relatives Lagerspiel
$\bar{p}$ = mittlerer Flächendruck
η = dynamische Zähigkeit
ω = Winkelgeschwindigkeit

I = Lager-Weißmetall 80; sehr genaue Zylinderform
II = Lager-Weißmetall 80; erhebliche Abweichungen von der Zylinderform
III = Lager-Zinnbronze 12; gute Rundheit, Zylindermantellinie wellig

tragen. Die Dicke des Schmierspaltes wird auf 0,1 μ und darunter geschätzt. Die gemessenen niedrigen Reibungszahlen ließen erkennen, daß die Last schon zum großen Teil hydrodynamisch getragen wurde, wenn die isolierende Wirkung des Schmierfilms noch unvollkommen war. Aus Interferenzaufnahmen war zu schließen, daß glatte Flächen für die Bildung hydrodynamischer Schmierfilme günstig sind.

Die Ergebnisse der Berechnungen von PEKRUN [943] zeigen, daß der Krümmungsradius einer Rauhigkeitsspitze einen starken Einfluß auf die hydrodynamischen Vorgänge beim Andrücken an eine Gegenfläche ausübt. Die Zeit zum Andrücken auf eine bestimmte Entfernung bei konstanter Kraft und die Kraft zum Andrücken mit konstanter Geschwindigkeit wachsen mit dem Quadrat des Krümmungsradius der Spitze. Bei sehr engen

Spaltweiten können außerordentlich hohe Drücke auftreten. Bei konstanter Anpreßkraft ist der Flüssigkeitsdruck umgekehrt proportional der Spaltweite, bei konstanter Andrückgeschwindigkeit sogar umgekehrt proportional dem Quadrat der Spaltweite. Da die Spitze und die Gegenfläche aber nicht ideal starr sind, werden sie sich zunächst elastisch und dann plastisch verformen und sich dabei einander anpassen.

Wenn Spitze und Gegenfläche über einen gewissen Bereich die gleiche Krümmung annehmen, so daß ein Parallelspalt entsteht, und wenn bei der Verformung der Schmierfilm nicht etwa aufgerissen wurde, dann wird das weitere Andrücken außerordentlich stark erschwert. Die Rechnung ergibt für einen Parallelspalt, daß die Zeit zum Zusammendrücken auf eine bestimmte Entfernung bei konstanter Kraft mit der vierten Potenz des Krümmungsradius des Parallelspaltes zunimmt. Je besser die Anpassung der Rauhigkeitsspitzen an die Gegenfläche ist, je mehr also der ideale Parallelspalt angenähert wird, desto tragfähiger wird der Schmierfilm. Ungünstig für den Bestand des Schmierfilms ist es, wenn bei der Verformung scharfe Kanten und Spitzen entstehen. Hydrodynamische Kräfte treten nicht nur im Makrobereich bei „dicken" Schmierfilmen auf, sondern auch in kontinuierlichem Übergang bis zu den dünnsten Schichten, bei denen überhaupt noch Moleküle zwischen den Gleitflächen vorhanden sind, welche die leichte Verschiebbarkeit der Flüssigkeitsmoleküle haben.

Für das Aufhören des Verschleißes und der weiteren Vergrößerung des Laufspiegels ist die erste Voraussetzung, daß die Gleitflächen vollkommen durch einen hydrodynamischen Schmierfilm getrennt werden. Die zweite Voraussetzung ist, daß die von dem Schmierfilm auf die Gleitflächen ausgeübten Drücke und Schubspannungen nur noch elastische, nicht aber plastische Verformungen hervorrufen. Niedriger E-Modul (bei der Betriebstemperatur!) begünstigt weitgehend elastische Verformung und damit baldiges Aufhören des Verschleißes. Gute plastische Verformbarkeit ermöglicht Anpassung ohne Bildung von Verschleißteilchen. Beispiele dafür sind Blei, Zinn, Kadmium, bei hoher Temperatur auch Aluminium. Bei den Bleibronzen übernimmt vermutlich eine dünne Bleischicht die Anpassung an die Rauhigkeitsspitzen der Gegenfläche (S. 359).

Die Benetzungsfähigkeit des Laufspiegels durch das Schmiermittel hat sicher auf den Schmiervorgang nur bei sehr engen Spalten Einfluß. Die durch die Kapillarwirkung (Grenzflächenspannung) verursachten Kräfte, die das Schmiermittel in den Spalt hineinziehen, haben in diesem Fall die gleiche Größenordnung wie die auf den Spaltquerschnitt wirkenden hydrodynamischen Druckkräfte des umgebenden Schmiermittels. Bei Vollschmierung und ausreichender Schmiermittelzufuhr hat die Benetzungsfähigkeit keine Bedeutung mehr, weil der Schmierfilm ohnehin nicht mehr unterbrochen wird. Die Benetzungsfähigkeit ist nicht eine Eigenschaft des Lagerwerkstoffs für sich allein, sondern sie ist der Kombination Lagerwerkstoff/Schmiermittel eigentümlich. Die Wirkung der Anlagerung polarer Molekeln an die Gleitflächen wird nach PEKRUN [943] darin gesehen, daß durch die Anlagerung eine Vergrößerung des Krümmungsradius der Rauhigkeitsspitzen erfolgt, was die hydrodynamische Tragfähigkeit erhöht. Außerdem kann die Anlagerung von Schmiermittelmolekülen vielleicht eine Verbesserung der Benetzungsfähigkeit mit sich bringen. Gute Benetzungsfähigkeit und Anlagerung von polaren Molekülen an die Oberflächen verbessern den Schmiervorgang nach Vorstehendem nur durch Verbesserung der Voraussetzungen für das Entstehen von hydrodynamischen Drücken. An dieser Stelle sei bemerkt, daß die Praxis den Bleilagermetallen eine bessere Benetzungsfähigkeit für Öl zuschreibt als den Zinnlagermetallen.

Bei den Versuchen ergab sich erwartungsgemäß eine starke Abhängigkeit des Reibungsverhaltens von der beim Gleitvorgang entstehenden Oberflächenfeingestalt des Laufspiegels. Sie war bei den einzelnen Lagerwerkstoffen sehr verschieden. Ein Zusammenhang mit dem Gefügebild konnte aber nicht festgestellt werden.

d) Zusammensetzung, Aufbau und Eigenschaften der Weißmetalle und Bleibronzen. Der als Weißmetall bekannte Legierungstyp wurde im Jahr 1838 von BABITT in die Technik eingeführt. Die damals gewählte Zusammensetzung von 89 bis 90% Sn, 8 bis 9% Sb und 1 bis 2% Cu (BUNGARDT [145], BLANDERER [89]) ist auch heute noch als modern anzusehen (Tab. 25); man hat sie in Deutschland in die von Weißmetall 80 F abgewandelt. Die bleifreie Legierung WM 80 F besitzt eine höhere Warmhärte als das bleihaltige Weißmetall 80.

Neben die zinnreichen Weißmetalle sind in stärkerem Maße zur Zeit des ersten Weltkriegs die bleireichen Weißmetalle getreten, die im englischen Schrifttum oft ebenfalls als Babitts bezeichnet werden. Sie sind im wesentlichen Legierungen des Dreistoffsystems Blei-Antimon-Zinn (S. 123) oder auch des Zweistoffsystems Blei-Antimon (S. 30) mit Zusätzen von Kupfer und von weiteren Metallen und haben daher in ihrem Aufbau Ähnlichkeit mit manchen Schriftmetallen. Eine begrenzte Bedeutung besitzen die Blei-Alkali-Legierungen, z. B. das Bahnmetall, oder die Blei-Zinn-Alkali-Legierungen. GUERTLER [450] und ZUNKER [1308] prüften die Festigkeitseigenschaften von Mehrstofflegierungen des Bleies im Hinblick auf das Lagerproblem. Hierbei ergab sich grundsätzlich, daß durch die gleichzeitige Forderung von Härte und Zähigkeit der Kreis der in Frage kommenden Zusammensetzungen eng gesteckt ist.

Als Beispiele für die Zusammensetzung der bleireichen Weißmetalle seien Angaben aus deutschen und aus amerikanischen Normblättern gebracht: Von der Aufnahme von Werten der Fließgrenze unter Druck in

Tabelle 25. *Zusammensetzung von Weißmetallen nach DIN 1703*

Bezeichnung	Sn %	Sb %	Cu %	As %	Sonstiges %
LgPbSb 12		10,5 bis 13,0	0,3 bis 1,5	bis 1,5	bis 0,3 Ni
LgPbSn 5	4,5 bis 5,5	14,5 „ 16,5	0,5 „ 1,5		
LgPbSn 10	9,5 „ 10,5	14,5 „ 16,5	0,5 „ 1,5		
LgPbSn 6 Cd	5 „ 7	14 „ 16	0,8 „ 1,2	0,3 „ 1,0	0,6 „ 1,0 Cd
					0,2 „ 0,6 Ni
LgPbSn 9 Cd	8 „ 10	13 „ 15	0,8 „ 1,2	0,3 „ 1,0	0,3 „ 0,7 Cd
					0,2 „ 0,6 Ni
LgSn 80	79 „ 81	11 „ 13	5 „ 7		
LgSn 80 F	79 „ 81	10 „ 12	8 „ 10		
Nr. 11		14,0 „ 16,0	„ 0,50		„ 0,25
Nr. 12		9,3 „ 10,7	„ 0,50		„ 0,25
Nr. 15	0,75 „ 1,25	14,5 „ 17,5	„ 0,60	0,80 „ 1,40	
Nr. 10	1,75 „ 2,25	14,0 „ 16,0	„ 0,50		„ 0,20
Nr. 8	4,5 „ 5,5	14,0 „ 16,0	„ 0,50		„ 0,20
Nr. 19	4,0 „ 6,0	8,0 „ 10,0	„ 0,50		„ 0,20
Nr. 16	9,0 „ 11,0	11,5 „ 13,5	0,40 „ 0,60		„ 0,20
Nr. 7	9,3 „ 10,7	14,0 „ 16,0	„ 0,50		„ 0,60
Nr. 6	19,0 „ 21,0	14,0 „ 16,0	1,25 „ 1,75		„ 0,15
Nr. 2	88,0 „ 90,0	7,0 „ 8,0	3,0 „ 4,0		„ 0,10

Der zulässige Eisengehalt ist in der deutschen Norm im allgemeinen mit 0,1%, in der amerikanischen Norm mit 0,08% festgelegt, der zulässige Gehalt an Al und Zn mit je 0,05%, in der amerikanischen Norm mit je 0,005%.

die Tabelle, wie sie z. B. in der ASTM-Norm enthalten sind, wurde abgesehen, da schon der Temperaturverlauf der Brinellhärte einen Anhaltspunkt für die Belastbarkeit des Lagers bei steigenden Betriebstemperaturen liefert.

Die meist höhere Lage des oberen Schmelzpunkts der Legierungen nach dem deutschen Normblatt im Vergleich zu den Angaben des amerikanischen Normblattes dürfte mit dem Gehalt an Kupfer und Nickel zusammenhängen. Größere Gehalte an diesen hochschmelzenden Metallen erweitern den Schmelzbereich beträchtlich nach oben, wie man z. B. bei der Betrachtung des Dreistoffsystems Blei-Antimon-Kupfer (S. 116) bemerkt. Bei der Abkühlung einer solchen Legierung aus dem Gebiet der vollständigen flüssigen Lösung ist die Menge der zuerst auskristallisierenden kupfer- und nickelhaltigen Phasen so gering, daß der Beginn der Kristallisation bei der thermischen Analyse schwer zu erkennen ist. Das gleiche gilt umgekehrt für die Aufnahme einer Erhitzungskurve. Die Angabe des oberen Schmelzpunktes darf daher mit einiger Reserve betrachtet werden.

und nach ASTM Designation: B 23—49 (Nr. 11 bis Nr. 2)

Pb %	Schmelzbereich	Gießbereich bzw. Gießtemperatur	Brinellhärte [1] kg/mm²			Bemerkungen
			20 °C	50 °C	100 °C	
77,5 bis 79,5	254 bis 380°C	380 bis 550 °C	18 22	14 13	8 6	Gute Lötbarkeit auf Stahl und Hartguß für Ausgußdicken bis 1,5 mm
72,5 „ 74,5	235 „ 370 °C 245 „ 420 °C	420 „ 450 °C 480 „ 520 °C	23 26	16 21	9 15	Lötbar auf Rotguß, Stahl und Hartguß, mit Zwischenschicht
	240 „ 400 °C	450 „ 520 °C	28	23	15	nach besonderem Verfahren auch auf Grauguß
1 „ 3 bis 0,5	230 „ 400 °C	440 „ 460 °C	27	20	10	Beste Lötbarkeit und Gießbarkeit
84,0 „ 86,0	244 „ 262 °C	332 °C	15,0		7,0	
89,0 „ 91,0	245 „ 259 °C	329 °C	14,5		6,5	
Rest	248 „ 281 °C	350 °C	21,0		13,0	
82,0 bis 84,0	242 „ 264 °C	332 °C	17,5		9,0	
79,0 „ 81,0	237 „ 272 °C	341 °C	20,0		9,5	
Rest	239 „ 257 °C	327 °C	17,7		8,0	
Rest	244 „ 257 °C	327 °C	27,5		13,6	
74,0 bis 76,0	240 „ 268 °C	338 °C	22,5		10,5	
62,5 „ 64,5	181 „ 277 °C	346 °C	21,0		10,5	
0,35	241 „ 354 °C	424 °C	24,5		12,0	

[1] Bestimmung der Brinellhärte in DIN 1703 mit $P = 2{,}5 D^2$, Belastungsdauer 180 sek; in der amerikanischen Norm ist $P = 500$ kg, Kugeldurchmesser $= 10$ mm, d. h. $P = 5 D^2$ bei einer Belastungsdauer von 30 sek vorgesehen.

Die meisten Legierungen liegen, wenn man nur die Gehalte von Blei, Antimon und Zinn berücksichtigt, im Primärkristallisationsfeld von Antimon oder von SbSn des betreffenden Dreistoffsystems und enthalten dementsprechend außer den schon erwähnten hochschmelzenden Kristallarten des Kupfers Primärkristalle von Antimon oder von SbSn in einer binär oder ternär eutektischen Grundmasse. Beispiele hierfür enthalten außer den gelegentlich des Dreistoffsystems besprochenen Abb. 139 bis 142 die Abb. 318 und 319. In Abb. 318 ist die plattenartige Form der von MÜLLER [877] als Cu_2Sb angesehenen Kristalle zu beachten. Nach allgemeiner Ansicht erschwert das bei der Erstarrung der Schmelze zuerst gebildete Gerüst dieser Kristallart das Ausseigern der folgenden Antimon- oder SbSn-Kristalle aus der spezifisch schweren Schmelze (HEYN und BAUER [520], REICHENECKER [999]). Kupfergehalte über 1,5% erhöhen auch die Härte der Legierungen (v. GÖLER und SCHEUER [396]). Nickelgehalte sollen nach den in [396] angeführten Arbeiten ebenfalls die Seigerungsneigung herabsetzen und außerdem kornverfeinernd wirken. Arsen macht sich als solches im Gefüge nicht bemerkbar, da es sich im

Blei, im Antimon und in den antimonhaltigen Kristallarten wie SbSn in fester Lösung befindet. Nach Phillips, Smith, Beck und Mitarbeitern [960] dürfte es die mechanischen Eigenschaften, insbesondere die Warmhärte der Legierungen, verbessern und das Gefüge verfeinern. Arsen-

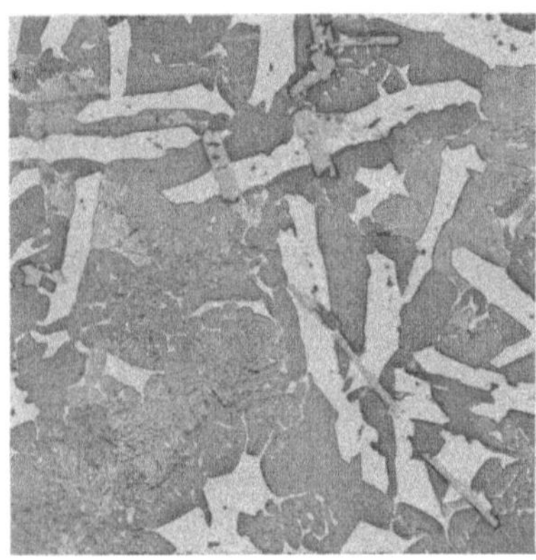

Abb. 318. Legierung „PbSn 10" mit 73,5% Pb, 10% Sn, 15,5% Sb, 1% Cu. Graue Balken (von violetter Farbe): Cu_2Sb. Weiß: „Primäres" Antimon. Grundmasse: ternäres Eutektikum Blei + Antimon + SbSn. 150:1

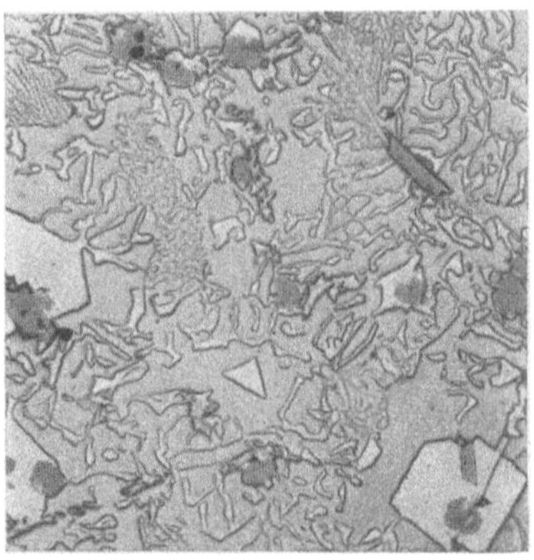

Abb. 319. Lagermetall Thermit der Th. Goldschmidt A.G. Essen. Mehrere farbige (dunkel wiedergegebene) kupfer- und nickelhaltige Kristallarten, z.T. im primären Antimon. Antimon und SbSn des ternären Eutektikums auch ohne Ätzung zu unterscheiden. 150:1

haltige Legierungen sollen sich daher besonders gut für die kontinuierliche Herstellung von Stahl-Weißmetall-Bändern im Gießverfahren eignen. Die feinkörnige Legierungsschicht erträgt die hohe, mit dem Biegen der Bleche zu Lagerschalen verbundene Beanspruchung. Dagegen sollen arsenhaltige Weißmetalle hinsichtlich des Verbundes mit Kupferlegierungen in Dreistofflagern Schwierigkeiten machen (?). Im Interesse der guten Schlagfestigkeit der Legierungen wird empfohlen, den Arsengehalt nicht über 0,8% zu steigern [1307]. Kadmium ist wohl bei den im Weißmetall vorkommenden geringen Gehalten im Blei gelöst (S. 57) oder im festen Zustand ausgeschieden. Weitere Zusatzmetalle in Blei-Antimon-Zinn-Legierungen brachten keine besonderen Vorteile (Ackermann [6], v. Göler und Scheuer [396]). Nach den in [396] gebrachten Zitaten soll die Wirkung von Aluminium darauf beruhen, daß es die Seigerung fördert und den Verbund und die Laufeigenschaften verschlechtert. Der Hauptnachteil von Zink ist nach Ackermann [6] darin zu sehen, daß es verkrätzend wirkt, die Gießbarkeit verschlechtert und das Gefüge vergröbert. Bezüglich der grundlegenden mechanischen Eigenschaften der Legierungen sei auch auf den Abschnitt Blei-Antimon-Zinn verwiesen. Es sollen noch einige weitere Arbeiten besprochen werden. Bestimmungen der Härte der Legierungen in Abhängigkeit vom Zinngehalt und von der Temperatur zeigten, daß eine Verbesserung nur bis zu einem

Zinngehalt von rund 10% erfolgt (v. Göler und Scheuer [396]). Dieses Ergebnis der Härtebestimmung bei Raumtemperatur deckt sich mit dem von Heyn und Bauer [520] (S. 127) erhaltenen. Man erkennt dies bei einem Vergleich mit dem Schnitt bei 15% Sb durch das Schaubild der Abb. 143. Die Warmhärte liegt, zumal bei hohen Temperaturen, unter der von hochzinnhaltigen Weißmetallen (Abb. 320). Auch in der Dauerschwingfestigkeit sind die Weißmetalle auf Bleibasis nach v. Göler und Pfister [395] denen auf Zinnbasis unterlegen, wenigstens soweit es sich um kompakte Probestäbe handelt. Bei dünnen Lagerauskleidungen herrschen dagegen andere Verhältnisse. Ferner zeigte die Dauerschlagprüfung verschiedener Weißmetalle bei höheren Temperaturen eine Überlegenheit der Legierungen auf Blei- gegenüber denen auf Zinnbasis (Herschmann und Basil [514]).

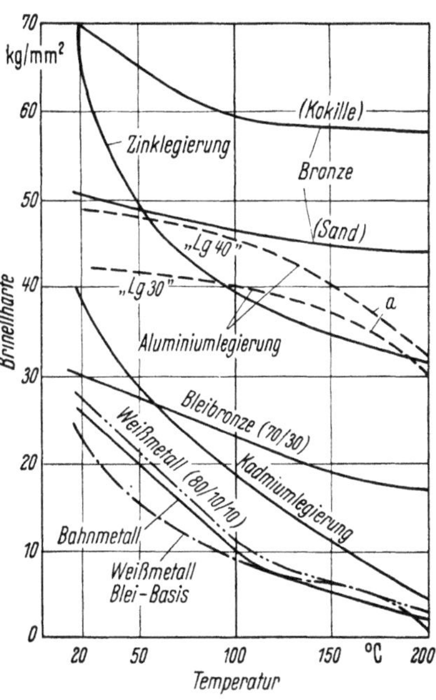

Abb. 320. Warmhärte verschiedener Lagermetalle. Nach Kühnel [717]

Die Zugfestigkeit steigt, ähnlich wie die Härte, nur bis zu einem Zinngehalt von 10% stärker an (v. Göler und Scheuer [396]). Das ist mit Rücksicht auf den Zusammenhang von Härte und Zugfestigkeit (S. 195) einleuchtend. Auch die Dauerfestigkeit der Legierung mit 10% Sn ist verhältnismäßig hoch. Sie beträgt bei einem gleichzeitigen Kupfergehalt von 1 bis 1,5% 2 kg/mm². Die besprochene Arbeit stellt somit eine Begründung dafür dar, daß Weißmetalle mittlerer Zinngehalte, etwa zwischen 10 und 80% Sn, kaum in der Technik angewandt werden. Die Bruchdehnung sinkt bis zu Zinngehalten von ungefähr 10% stark ab, um dann etwa gleich zu bleiben. Eine starke Abnahme des Formänderungsvermögens in dem Bereich von 0 bis 10% Sn wurde auch im Biegeversuch und im Druckversuch festgestellt (vgl. Abb. 147). Der Einfluß des Kupfergehaltes auf das Formänderungsvermögen wurde in Schlagstauchversuchen ermittelt. Es ergab sich mit zunehmendem Kupfergehalt abnehmende Schlagzahl und Höhenverminderung beim Bruch (Heyn und Bauer [520], v. Göler und Scheuer [396]). Endlich sei auf die Bestimmung der Mikrohärte der einzelnen Gefügebestandteile (Abb. 321) hingewiesen. Die Wärmeleitfähigkeit von Lagermetallen auf

Blei-Antimon-Zinn-Basis ist geringer als die von hochzinnhaltigen Weißmetallen. Da die Ausgußdicken im allgemeinen unter 10 mm liegen, ist
diese Tatsache von untergeordneter Bedeutung (BUNGARDT [*144*]).

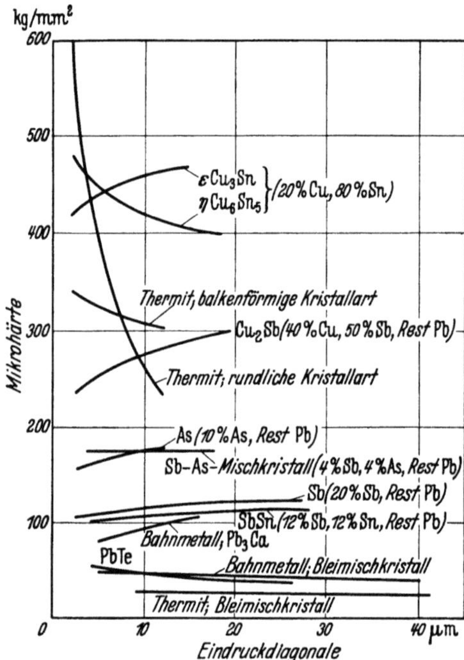

Abb. 321. Mikrohärte der Gefügebestandteile von Bleilagermetallen. Nach RAPP und HANEMANN [*992*]

Gieß- und Formtempera-
tur sind von großem Einfluß
auf die mechanischen Eigenschaften der Lagermetalle,
wie an einer Legierung mit
14,6% Sb, 5,4% Sn, 0,04% Cu,
0,06% As näher untersucht
wurde (ARROWSMITH [*25*]).
Die Gießtemperatur wurde
zwischen 350 und 450 °C, die
Kokillentemperatur zwi-
schen 20 und 200 °C variiert.
Man fand eine Abnahme der
Zugfestigkeit und der Streckgrenze mit steigender Formtemperatur, während die
Gießtemperatur in dem an-
gegebenen Bereich von ge-
ringem Einfluß war. Die Dehnung nahm mit steigender
Kokillentemperatur etwas
ab, dagegen mit steigender
Gießtemperatur ein wenig
zu. Die Wirkung der Gieß-
und der Kokillentemperatur auf die Dauerschlagfestigkeit bei 150 °C
wurde an einer Legierung mit 14,9% Sb, 5,05% Sn, 0,09% Cu und
0,06% As untersucht (GREENWOOD [*421*]). Es zeigte sich wieder ein
geringer Einfluß der Gießtemperatur zwischen 350 und 450 °C, dagegen
eine starke Abnahme der Schlagfestigkeit, wenn die Kokillentemperatur
über 70 bis 120 °C stieg. Im großen und ganzen wird man die Gießtemperatur so niedrig wie möglich wählen, einmal aus wirtschaftlichen
Gründen, zum andern wegen der Gefahr der Seigerung und der grobkörnigen Erstarrung.

Von den Blei-Alkali-Lagermetallen oder gehärteten Lagermetallen
ist wohl der bekannteste Vertreter das Bahnmetall mit 0,69% Ca,
0,62% Na, 0,04% Li und 0,02% Al. In den Vereinigten Staaten hat
man ähnliche Legierungen mit 0,50 bis 0,75% Ca, kleinen Gehalten
weiterer Elemente und einem Zinnzusatz von etwa 1,5%, z. B. das
Satcometall, entwickelt. Der Gefügeaufbau des Bahnmetalles (Abb. 322)
zeigt im wesentlichen Primärkristalle von CaPb₃ im Bleimischkristall.

Das Schmelzintervall für Bahnmetall wird mit 312 bis 425 °C, die Gießtemperatur mit 500 bis 550 °C angegeben (v. GÖLER und WEBER [398]). Auch die Kokillentemperatur wird höher gewählt als bei Weißmetallen. Die Oxydationsneigung der Schmelzen wird durch einen Zusatz von Aluminium herabgesetzt (vgl. S. 314). Schädlich für den Gehalt an härtenden Bestandteilen sind Verunreinigungen von Arsen, Antimon und Wismut, da diese, z. B. mit Kalzium, hochschmelzende Verbindungen bilden, die ausseigern (S. 64). Die Aushärtung des Bahnmetalles nach dem Gießen hängt mit der Entstehung hoch übersättigter Mischkristalle bei der Erstarrung (S. 61) zusammen. Die Abkühlgeschwindigkeit beeinflußt die Geschwindigkeit und die Höhe der Aushärtung. Abb. 320 stellt die Temperaturabhängigkeit der Härte einiger Typen von Lagermetallen dar. Danach kommt dem Bahnmetall auch noch bis 150 °C eine erhebliche Härte zu. Längeres Erhitzen auf über 60 °C ist aber mit einer gewissen Abnahme der Härte, gemessen bei Raumtemperatur, verbunden. Diese Erscheinung ist grundsätzlich bei allen aushärtenden Bleilegierungen zu beobachten. Die Enthärtung von Bahnmetall wirkt sich bei 100 °C am stärksten aus. Durch dreitägiges Halten

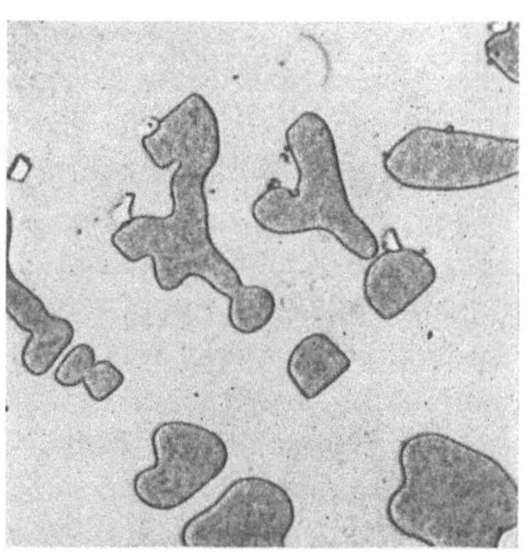

Abb. 322. Bahnmetall. Weißer, meist an CaPb$_3$ ankristallisierter Bestandteil, vermutlich Aluminium. 500:1

bei dieser Temperatur sank die Brinellhärte bei 20 °C von 36 auf 21 Brinelleinheiten; längeres Anlassen hatte keine weitere Wirkung. Die Enthärtung soll sich in den Laufeigenschaften der Legierungen nicht nachteilig bemerkbar machen. Außerdem setzt nach Erwärmung auf höhere Temperaturen, über 120 °C, wieder der rückläufige Vorgang ein und die Legierungen härten beim anschließenden Lagern wieder mehr oder weniger aus (v. GÖLER und WEBER [398]).

SCHMID und Mitarbeiter [1069] haben das Bahnmetall während des letzten Krieges weiter verbessert. In einer abgewandelten Legierung wurde insbesondere der Natriumgehalt auf 0,2% herabgesetzt und dafür 0,4% Barium zugefügt. Nach SCHMID [1069] weist die bisherige Legierung bei sonst sehr guten Eigenschaften zwei Mängel auf, nämlich den einer teilweisen Enthärtung beim Warmlaufen und den eines Ausbrandes der Legierungsmetalle beim Schmelzen und beim Gießen. Der Härterückgang wird durch Herabsetzung des Natrium- und des Lithium-Gehaltes bis auf die Löslichkeitsgrenze bei Raumtemperatur unterbunden. Hierdurch steigt gleichzeitig die Sicherheit der Legierung

24*

gegen Ausbrand. Die Bariumzusätze gleichen die entstandene Härteeinbuße aus. Die sonstigen günstigen Eigenschaften des Bahnmetalles bleiben in der neuen Legierung erhalten (S. 71).

Bahnmetall wird heute, in einer Zeit fehlender Rohstoffschwierigkeiten, nur noch in geringem Maße im Eisenbahnwesen angewandt, zumal die daraus hergestellten Lager der Steigerung der Geschwindigkeit der Güterzüge nicht mehr voll gewachsen waren und die beim Umschmelzen der Legierungen zu beachtenden Maßnahmen als ein Nachteil erscheinen. Trotzdem konnte die interessante Legierungsgruppe nicht unerwähnt bleiben.

Bleibronzen und Zinnbleibronzen. Diese Legierungen bilden nicht im engeren Sinn einen Gegenstand des vorliegenden Buches, da ihr Hauptbestandteil Kupfer ist. Im deutschen Normblatt „Guß-Bleibronze und Guß-Zinn-Bleibronze" DIN 1716 sind 5 Gußlegierungen enthalten, nämlich eine binäre Bleibronze mit im wesentlichen 25% Pb sowie vier Zinn-Bleibronzen mit etwa 10 bis 5% Sn und steigenden Gehalten an Blei von 5, 10, 15, 22%, Rest Kupfer. In England und Amerika wendet man Bleigehalte bis 40% an. Alle Legierungen bestehen hauptsächlich aus einer Grundmasse von Kupfer oder einem KupferZinn-Mischkristall und Einlagerungen von Blei. Sie werden bevorzugt im Schleudergußverfahren auf die Stahlstützschale aufgebracht oder in dünnen Schichten mit Stahlband verbunden, das nachträglich zum Lager gebogen wird. Auch Aufsintern der Legierung auf Stahl ist üblich. Dabei können Bleigehalte bis zu 40% angewandt werden (FORRESTER und DUCKWORTH [335], DUCKWORTH [260]). Man verkupfert die Stahlbänder, um eine gute Bindung der aufgebrachten Legierung mit der Unterlage zu gewährleisten, trägt das Legierungspulver in loser Schüttung auf und sintert unter Schutzgas. Die so hergerichteten Bänder werden gewalzt, um eine Verdichtung der aufgebrachten Schicht zu erreichen, und in manchen Fällen noch einmal gesintert bzw. geglüht. Anschließend zerschneidet man sie in passende Enden, aus denen dann die Lagerschalen oder Lagerbüchsen gebogen werden. Die Bleibronzelager erhalten vielfach noch galvanisch aufgebrachte Überzüge aus weichen Metallen, z. B. von Blei-Indium oder Blei-Zinn (MOHLER [860], ROGGENDORF [1021], JUNGE [638], AZZOLINO [33]) (S. 57). Die Eigentümlichkeiten der Bleiund der Zinn-Blei-Bronzen sind nochmals in den allgemeinen Abschnitten umrissen und denen der Weißmetalle gegenübergestellt worden (S. 354). Auf eine umfassende Darstellung der Lagerwerkstoffe von FORRESTER [334a] wurde der Verfasser erst während der Drucklegung des Buches aufmerksam.

6. Leichtschmelzende Legierungen

Will man den Schmelzpunkt der Blei-Zinnlote unter die Temperatur des Eutektikums von etwa 180 °C erniedrigen, so bietet sich zunächst

Kadmium als weiteres Legierungselement an. Die Blei-Kadmium-Zinn-Legierungen haben gute Löteigenschaften, denn der Schmelzpunkt des ternären Eutektikums (S. 140) liegt bei nur 145 °C. Durch Zinkzusatz erhält man ein quaternäres Eutektikum mit dem Schmelzpunkt 138 °C und der Zusammensetzung 28,6% Pb, 16,7% Cd, 52,45% Sn und 2,25% Zn (S. 170). Kadmium enthaltende Lote neigen allerdings zu etwas erhöhter Verkrätzung, was besonders bei Bädern für Tauchlötungen zu beachten ist (KEIL [651]). Die Verkrätzung der Legierungen ist nach WASSERMANN und GRUHL [1241] längs der vom Eutektikum Blei-Zinn ausgehenden binär eutektischen Rinne einschließlich des ternären Eutektikums am geringsten. Die Lotzusammensetzung sollte nach diesem Gesichtspunkt ausgewählt werden. Eine weitere wirksame Erniedrigung des Schmelzpunkts wird durch Zusätze von Wismut zu den Blei-Kadmium-Zinn-Legierungen herbeigeführt. Man kommt so zu der optimalen Legierung mit einem Schmelzpunkt von etwa 70 °C, dem quaternären Eutektikum Blei-Kadmium-Wismut-Zinn, dessen Zusammensetzung meist mit 50% Bi, 12,5% Cd, 25% Pb und 12,5% Sn (Woodmetall) angegeben wird (PARRAVANO und SIROVICH [936]). Nach einer neueren Bestimmung soll das quaternäre Eutektikum bei 50% Bi, 10% Cd, 27% Pb, 13% Sn (Lipowitz-Metall), der Schmelzpunkt bei 71,7 °C liegen (FRENCH [338]). Für einen Überblick über die Erstarrungs-intervalle beliebiger Mischung der in Frage kommenden Metalle ist die erwähnte Arbeit über das Vierstoffsystem (PARRAVANO und SIROVICH [936]) grundlegend. Sie enthält ausführliche Tabellen, mit deren Hilfe man leicht für bestimmte Zwecke die geeignete Zusammensetzung er-mitteln kann. Der Schmelzpunkt der quaternär eutektischen Legierung kann wesentlich nur durch Zusätze von Quecksilber (WAEHLERT [1234]) oder von Indium (FRENCH [338], JÄNECKE [615]) weiter gesenkt werden. Dabei scheidet aber das Quecksilber für die meisten Anwendungen wegen seines hohen Dampfdruckes und seiner Giftigkeit aus. Die Kristallarten des quaternären Eutektikums sind der Blei-, Kadmium- und Zinnmischkristall und die β-Phase des Systems Blei-Wismut. Die quaternär eutektische Legierung ist nach dem Guß spröde und wird im Lauf einer zwei- bis dreistündigen Lagerung plastisch. Eine ähnliche Erscheinung wurde schon bei den Blei-Wismut-Zinn-Legierungen (S. 168) beschrieben. Nichteutektische Legierungen mit höheren Zinngehalten verlieren zum Teil ihre Sprödigkeit auch nach 24stündiger Lagerung nicht. Die eutektischen oder naheutektischen Legierungen werden über-all da angewandt, wo ein Schmelzpunkt unterhalb des Siedepunkts von Wasser erwünscht ist, z. B. als Füllmassen zum Biegen dünnwandiger Rohre, die man durch nachträgliches Ausschmelzen leicht entfernen kann, für Lötungen an wärmeempfindlichen Teilen, als Zweitlötungen nach einer Erstlötung mit Blei-Kadmium-Zinn, als Schmelzsicherungen, für Modellabgüsse und für Feueralarmgeräte. Weitere Anwendungsbeispiele finden sich bei KEIL [650] und bei SEEDS [1097]. Abb. 323 gibt eine übersichtliche Darstellung der dem Vierstoffsystem zugrunde liegenden Zwei- und Dreistoffsysteme.

Neben den besprochenen Legierungen sind noch die Legierungen des Dreistoffsystems Blei-Wismut-Zinn von größerer technischer Bedeutung

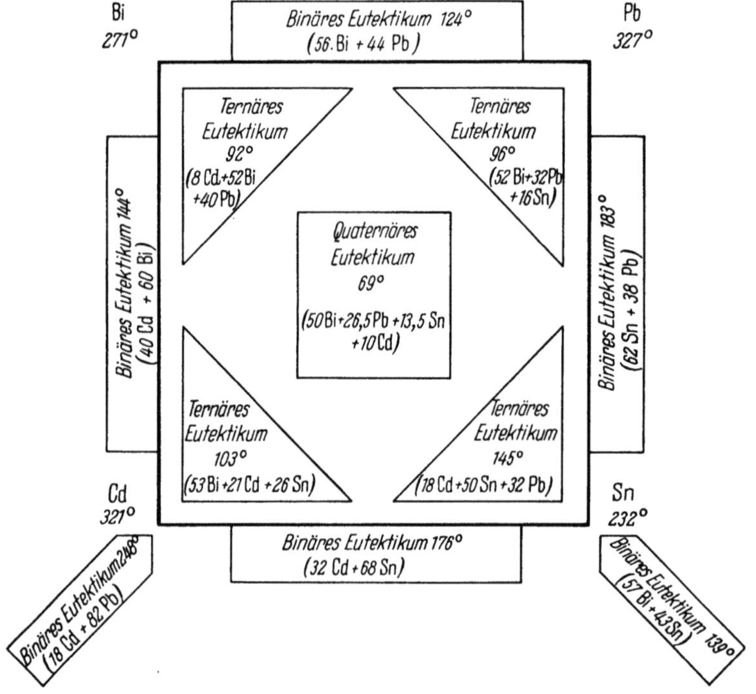

Abb. 323. Schematische Darstellung der wichtigsten Schmelzpunkte im Vierstoffsystem Blei-Kadmium-Wismut-Zinn. Nach KEIL

(S. 166). An besonderen Bezeichnungen seien erwähnt: Lichtenberg- oder Newton-Metall mit 50% Bi, 30% Pb, 20% Sn, das ungefähr das bei 96 °C schmelzende ternäre Eutektikum darstellt, und ähnlich Roses Metall mit 50% Bi, 25% Pb, 25% Sn. Eine Vereinheitlichung der Bezeichnungen wäre erwünscht. Auch Legierungen des Vierstoffsystems Blei-Antimon-Wismut-Zinn sind hier zu erwähnen, z. B. die „Matrizenlegierung" (COURNOT [220]).

Die Volumenzunahme bei und nach der Erstarrung macht die Blei-Wismut-Zinn-Legierungen wie auch die Vierstofflegierungen besonders geeignet zu Verankerungen durch Vergießen mit einem niedrig schmelzenden Metall. Solche Aufgaben treten vor allem im Werkzeug- und Vorrichtungsbau auf. Anwendungsbeispiele finden sich namentlich bei

Seeds [*1097*] und bei Keil [*650*]. Hier werden einige Richtlinien für die Wirkung des Wismutgehaltes auf die Volumenänderung beim Erstarren und Lagern gegeben. Wismutgehalt von 35 bis 45%: Leichte Schrumpfung bei der Erstarrung, die durch Ausdehnung beim Lagern mehr oder weniger kompensiert wird. Wismutgehalt über 48%: Ausdehnung bei der Erstarrung und in geringem Maße während einiger Stunden Lagerzeit. Bleifreie Legierungen mit über 50% Bi: Ausdehnung bei der Erstarrung und leichte Schrumpfung bei Abkühlung auf Raumtemperatur. Bei der Anwendung wismuthaltiger Lote ist zu beachten, daß sie Metallflächen schlechter benetzen als übliche Weichlote. Die zu verlötenden Flächen sollten deshalb vorher verzinnt werden. Ferner empfiehlt sich nach Keil [*650*] im allgemeinen die Anwendung saurer Flußmittel.

Eine umfangreiche Liste mit Zusammensetzungen niedrigschmelzender Metalle und Legierungen bringt Spengler [*1141*].

Größere Anwendungsgebiete für die der Vollständigkeit halber zu erwähnenden Legierungen der Dreistoffsysteme Blei-Kadmium-Wismut und Kadmium-Wismut-Zinn sind nicht bekannt geworden.

II. Bildsame Formgebung (Umformtechnik)

1. Allgemeines über das Strangpressen von Blei

Die antiken Bleirohre wurden durch Gießen hergestellt. Die Verarbeitung von Blei durch Pressen war dem Maschinenzeitalter vorbehalten. Das erste Patent auf eine Bleipresse wurde im Jahre 1797 an Bramah in London erteilt. Die erste hydraulische Presse baute Burr in England im Jahre 1820. Wirksame Verbesserungen, wie einen heizbaren Aufnehmer und einen Druckwasserspeicher als Voraussetzung für die stärkere Anwendung der Technik des Strangpressens, brachte das Patent von Hammon in Frankreich 1869. Die ersten Bleikabelpressen mit vertikalem Stempel wurden um 1880 nach Ideen von Wesslau in Deutschland, von

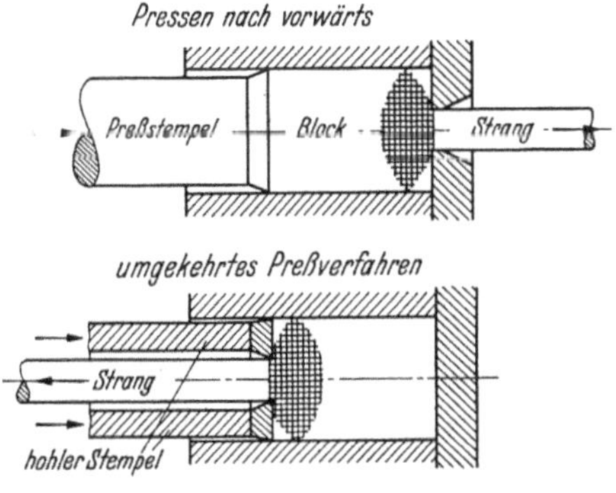

Abb. 324. Schematische Darstellung des Strangpressens nach vor- und rückwärts. Nach Siebel und Fangmeier [*1116*]

Borel in Frankreich und von Eaton in Amerika gebaut. Huber erfand die horizontale Bleikabelpresse (Pearson [*940, 282*], Schneeberger [*1075*] und Klein [*669*]).

Das Strangpressen der Metalle erfolgt gemäß Abb. 324 entweder nach vorwärts oder nach rückwärts. Man spricht auch von direktem und indirektem oder von gleichläufigem und gegenläufigem Pressen. Beim gegenläufigen Pressen befindet sich der Metallblock relativ zu den Wänden des Aufnehmers in Ruhe, während er beim gleichläufigen Pressen gegenüber dem Aufnehmer bewegt wird. Daher müssen hier die Reibungskräfte zwischen Block und Aufnehmerwand überwunden werden. PEARSON und SMYTHE [941] führten einen Vergleich zwischen den beiden Verfahren in Versuchen an Blei, Kadmium, Wismut und Zinn durch. Der Innendurchmesser des heizbaren Aufnehmers betrug 31 mm. Ein wesentliches Ergebnis der Messung war, daß sich bei gleichen Drücken im gegenläufigen Verfahren größere Fließgeschwindigkeiten einstellten als im gleichläufigen Verfahren. Hier stieg die Fließgeschwindigkeit erst gegen Versuchsende progressiv auf den dort während des ganzen Vorganges gleichbleibenden Wert an. Bei Blöcken von dem angegebenen Durchmesser und der Länge 63,5 mm wirkte sich die beim Pressen nach vorwärts notwendige Bewegung des Blockes gegenüber dem Aufnehmer als ein Druckverlust von 25 bis 30% aus. Der Druckverlust sank bei einer Verkürzung des Blockes und bei Anwendung eines Schmiermittels. Die von PEARSON [940] hervorgehobene starke Wirkung des Schmiermittels scheint sich wohl mehr auf die Versuche an Wismut zu beziehen. In Versuchen an Blei und Blei-Tellur-Legierungen erzielte JOHNSON [625] nur eine geringfügige Verminderung des Preßdrucks durch Anwendung der Schmierung. Für den Fall des Verpressens von Bleirohren fanden SACHS und DRAPER [1042] dagegen einen merklichen Einfluß des Schmiermittels, besonders auf die maximale Preßkraft, die sich zu Anfang des Preßvorgangs ergibt.

SIEBEL und FANGMEIER [1116] hielten beim Strangpressen von Blei in einem Aufnehmer vom Innendurchmesser 35,7 mm den Vorschub des Stempels mit 6 mm/min gleich und verfolgten den zeitlichen Druck-

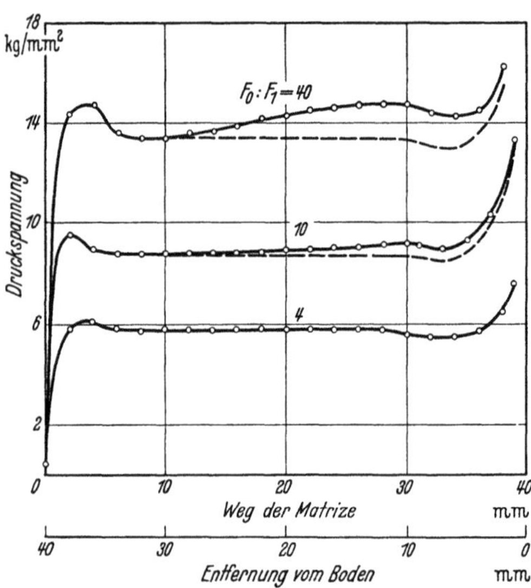

Abb. 325. Druckverlauf beim Strangpressen nach rückwärts. Nach SIEBEL und FANGMEIER

verlauf. Die Darstellung der Ergebnisse (Abb. 325 u. 326) enthält Kurven für mehrere Verhältnisse des Block- und des Drahtquerschnitts. Das Ansteigen des rechten Teils der oberen Kurve in Abb. 325 beruht auf dem Herausquetschen von Blei zwischen Matrize und Aufnehmerwand. Die beiden unteren Kurven haben annähernd horizontalen Verlauf. Die Kurven der Abb. 326 zeigen einen etwas stärkeren Abfall des Drucks während des Pressens, aber im wesentlichen immer noch horizontalen Verlauf. Die Drücke sind kaum höher als beim umgekehrten Pressen.

Daß sich die Wandreibung beim direkten Pressen hier so wenig bemerkbar machte, liegt daran, daß die Aufnehmerwand sauber geschliffen war. War dies nicht der Fall, so überstiegen die Stempelkräfte bei weitem die beim umgekehrten Verfahren auftretenden und sanken erst gegen Ende des Preßvorgangs auf die Werte für eine geschliffene Aufnehmerwand.

Den Einfluß verschiedener Ausflußöffnungen auf den Preßdruck untersuchten EISBEIN und SACHS [272] sowie SIEBEL und FANGMEIER [1116], wobei

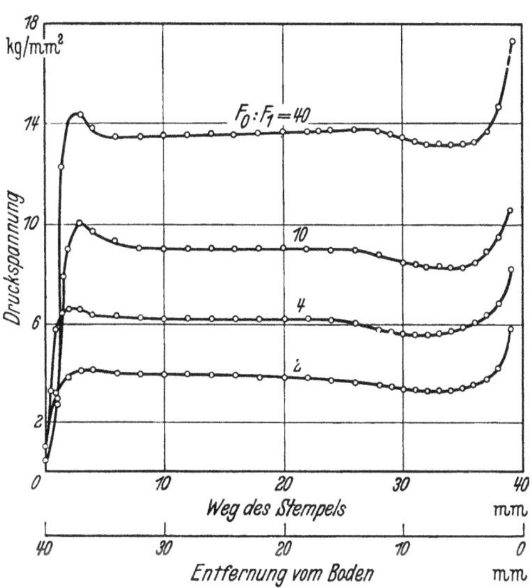

Abb. 326. Druckverlauf beim Strangpressen nach vorwärts. Nach SIEBEL und FANGMEIER

im wesentlichen übereinstimmende Ergebnisse erzielt wurden. Nach den Ansätzen von SIEBEL [1113] zur Berechnung der Umformarbeit ergibt sich beim Verpressen eines Rundblockes vom Durchmesser D zu einer Rundstange vom Durchmesser d, bei Vernachlässigung äußerer Reibungskräfte und Fehlen einer Verfestigung, der notwendige Preßdruck p zu:

$$p = k \cdot \ln \frac{D^2}{d^2} \ [\text{kg/mm}^2].$$

Die Formänderungsfestigkeit wurde aus Druckversuchen bestimmt (EISBEIN und SACHS [272]) und mit 2,8 kg/mm² in obige Gleichung eingesetzt. Zur Prüfung der Formel wurden nun Messungen des Kraftbedarfs für verschiedene Verhältnisse D^2/d^2 durchgeführt. Die Werte ordneten sich bei Eintragung über $\frac{D}{d}$ im halblogarithmischen Maßstab in eine Gerade ein. Ihr Anstieg war, wohl infolge des Einflusses der Reibung, steiler als man mit $k = 2{,}8$ kg/mm² erwartete und entsprach einem 1,6mal größeren Wert von k. Die Vorstellung des Einflusses der Reibung an der Aufnehmerwand beim gleichläufigen Pressen wurde durch die Messungen gestützt. Das aus der oben gegebenen Formel folgende Ähnlichkeitsgesetz nach KICK [661] wurde in großen Zügen bestätigt.

SIEBEL [1116] berechnete umgekehrt die Formänderungsfestigkeit k mit der angegebenen Formel aus dem Preßdruck und erhielt in guter Übereinstimmung mit der vorigen Arbeit Werte zwischen 3,6 und 4,7 kg/mm², die nicht weit von den Werten der Brinellhärte von Blei ent-

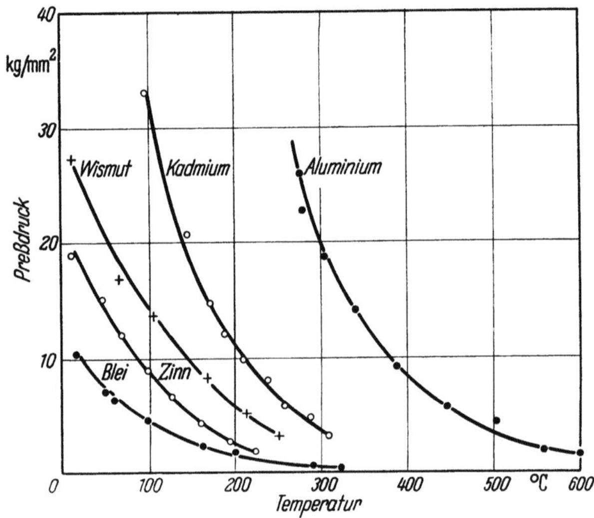

Abb. 327. Einfluß der Temperatur auf den Preßdruck beim Strangpressen. Preßstempelgeschwindigkeiten: Aluminium v = 5,08 mm/min, übrige Metalle v = 2,54 mm/min. Prozentuale Querschnittsänderungen: Aluminium 90%, übrige Metalle 96%. Nach PEARSON

fernt sind. Bei Mehrlochmatrizen, die beim Pressen dünner Drähte bis zu 12 Einzelöffnungen besitzen (Metals Handbook [835a]), ergibt sich der notwendige Preßdruck in erster Näherung (BISHOP [88]), wenn man sich die verschiedenen runden Ausflußöffnungen durch eine einzige Bohrung gleichen Querschnitts ersetzt denkt und ihren Durchmesser in obige Gleichung einsetzt. Dabei muß allerdings ein gewisser Zuschlag auf Grund der größeren Reibungsverluste bei Anwendung mehrerer kleiner Bohrungen an Stelle einer größeren gemacht werden. Der Zuschlag beträgt z. B. 22% für eine Vierlochmatrize (PEARSON [940]).

Von großer praktischer Bedeutung ist die Frage der Temperaturabhängigkeit des Preßdrucks. PEARSON [940] gibt auf Grund von Versuchen an einer Reihe von niedrig schmelzenden Metallen die in Abb. 327 wiedergegebenen Kurven an. Sie entsprechen nach PEARSON [940] etwa der von Shishokin [*1111*] aus Versuchen an Aluminiumlegierungen abgeleiteten Beziehung Preßdruck $\sim e^{-\alpha t}$. Dabei bedeutet t die Temperatur und α eine Werkstoffkonstante, die bei Blei den Wert 0,0035 besitzt. Bouton und Phipps [*118*] fanden in Druckversuchen an Blei und Bleilegierungen das gleiche Gesetz für die Temperaturabhängigkeit des einem bestimmten Stauchgrad zugeordneten Preßdruckes. Eine lineare Beziehung zwischen Preßdruck und Temperatur, wie sie Butler [*162*] für Blei angibt, dürfte wohl nur für einen engeren Temperaturbereich zutreffen.

Die bei der Umformung der Metalle aufgewandte Arbeit geht bekanntlich größtenteils in Wärme über. Nach einer Schrifttumsauswertung von Masing [*802*] an verschiedenen Metallen verbleibt ein durchschnittlicher Anteil von 10% der Verformungsarbeit als innere Energie im Werkstoff. Sieht man von Wärmeverlusten ab, so errechnet sich für das Auspressen eines Bleiblockes vom Querschnitt F_0 auf den Querschnitt $F_0/100$ ($F_0/40$) bei Raumtemperatur eine Temperaturerhöhung von 114 °C (91 °C). Die wirklich eingetretene Temperaturverteilung an Blei- und an Aluminiumblöcken während des Strangpressens wurde von Watkins und Mitarbeitern [*1245*] gemessen und in Form

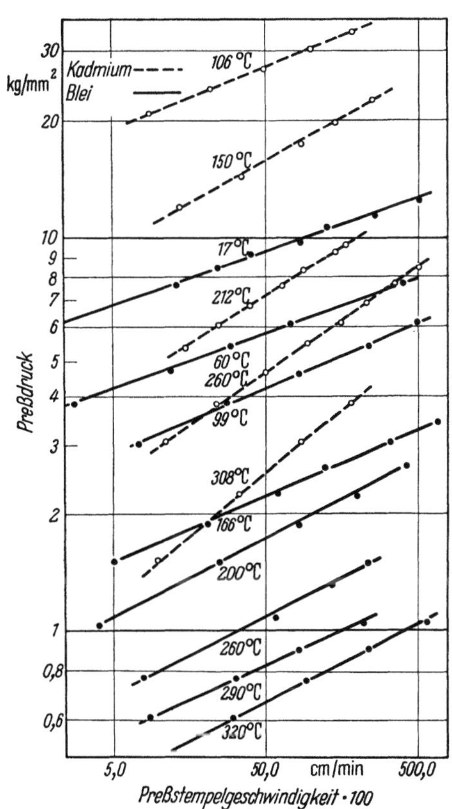

Abb. 328. Abhängigkeit des Preßdruckes von der Preßstempelgeschwindigkeit bei verschiedenen Temperaturen. Nach Pearson [*764a*]

von Schaubildern dargestellt. Bei Pearson [*940*] finden sich auch Zahlenangaben über die Abhängigkeit des Preßdrucks von der Geschwindigkeit des Preßstempels. Im doppeltlogarithmischen Maßstab wurden Geraden mit der Temperatur als Parameter erhalten wie sie Abb. 328 wiedergibt. Die lineare Abhängigkeit zwischen dem Preßdruck und der Ausflußgeschwindigkeit des Stranges, wie sie Frisch und Thomsen [*349*] für niedrige Preßgeschwindigkeiten fanden, ist wohl für die Praxis nicht auszuwerten.

Der Preßdruck hängt weiterhin von der Ausbildung und der Oberflächengüte der Matrize ab. Auf der Einlaßseite wird die Matrizenöffnung meistens leicht abgerundet; zu große Abrundungsradien sind jedoch unvorteilhaft, da sie nach Versuchen von EISBEIN und SACHS [272] den Preßdruck erhöhen. Die Wirkung einer konischen Matrize wird nicht ganz einheitlich beurteilt. Während LÖHBERG [757] eine Erhöhung des Preßdrucks für Zinklegierungen durch den konischen Einlaß feststellte, fanden EISBEIN und SACHS [272] umgekehrt eine Erniedrigung beim Verpressen von Blei. Die Länge des zylindrischen Teils der Matrize beeinflußt bei Blei die Größe des Preßdrucks nur wenig, falls die Bohrung sauber bearbeitet ist. Die Wirkung von Legierungselementen auf den Preßdruck wird im folgenden Abschnitt über das Pressen von Kabelmänteln behandelt werden. Ebenfalls sollen dort weitere praktische Fragen, z. B. die Erscheinungsformen von oxydangereicherten Zonen im Preßerzeugnis, besprochen werden. SACHS und DRAPER [1042] führten eingehende Untersuchungen über den speziellen Fall des direkten Strangpressens von Bleirohren durch. Sie setzten feste, ungelochte Bleiblöcke in den Aufnehmer der Presse ein. Die Kräfte hängen beim Rohrpressen im wesentlichen von den gleichen Bedingungen, z. B. von geometrischen Verhältnissen ab, wie beim Pressen einer kompakten Stange. Beim

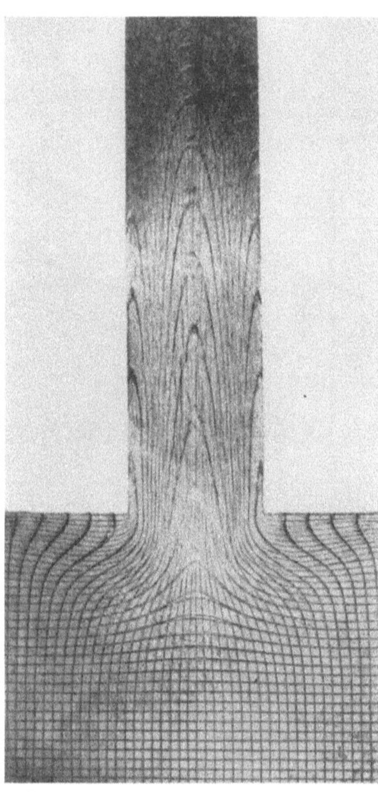

Abb. 329. Fließvorgang beim gegenläufigen Strangpressen, durch ein quadratisches Gitternetz in der Mittelebene des Bleiblockes sichtbar gemacht. Nach YANG und THOMSEN [1296]

Pressen von Blei wird auf den Dorn, im Gegensatz zu anderen Nichteisenmetallen, nur eine geringe Zugkraft ausgeübt. Eine einheitliche Wanddicke des Rohrs hängt in starkem Maß von der Form des Dorns und seiner koaxialen Lage im Aufnehmer ab. Der Materialverlust durch unterschiedliche Größe der Preßreste kann dadurch verringert werden, daß das Lochen des vollen Bleiblockes und Auspressen zum Rohr in zwei getrennten Arbeitsgängen vorgenommen wird.

Der Fließvorgang beim Strangpressen kann in verschiedener Weise sichtbar gemacht werden, z. B. durch Anwendung von geschichteten Blöcken aus Wachs verschiedener Färbung als Modellwerkstoff oder von geschichteten Blöcken aus Legierungen etwas abgewandelter Zusammensetzung, die sich nach dem Ätzen voneinander abheben. Am meisten wendet man der Länge nach durchschnittene Blöcke an, deren beide Hälften ein rechtwinkliges Netz (grid lines Abb. 329) auf der Trennfläche erhalten und dann nach dem Wiederzusammensetzen wie ein einheitlicher Block verpreßt werden (z. B. EISBEIN und SACHS [272], THOMSEN [1192a], [1296]). Durch ein Schmiermittel, wie Graphit oder in Öl angerührtes Bleiweiß, verhindert man das Verschweißen der beiden Teile. Die Verformung der Maschen des Netzes besteht im einfachsten Fall in einer Verlängerung in Achsrichtung und Verkürzung senkrecht dazu, d. h. sie ist ähnlich der Verformung des Blockes als Ganzes. Dies gilt namentlich für die nahe der Achse gelegenen Teile des Blockes. In den außen liegenden Maschen werden dagegen die ursprünglich parallelen Seiten krumm und gegeneinander verschoben. PEARSON [940] unterscheidet auf Grund derartiger Versuche 3 Typen des Fließens im Strangpreßverfahren. Typ A ist dadurch gekennzeichnet, daß die Reibung zwischen Blockwand und Aufnehmer durch Anwendung des gegenläufigen Preßverfahrens oder, im Falle des gleichläufigen Pressens, durch ein Schmiermittel ausgeschaltet oder wenigstens weitgehend herabgesetzt ist. Zum Typ B gehören solche Preßvorgänge, bei denen sich die Reibung an der Blockhaut voll auswirkt. Die Blockhaut bleibt dabei zum Teil am Aufnehmer haften und wird von der Hauptmasse des Blockes abgeschert. Die im austretenden Strang am Rand liegenden Maschen des Netzes werden daher sehr viel stärker verzerrt als im Fall A. Typ A und B treffen in erster Linie für niedrigschmelzende Metalle zu. Den Typ C findet man dagegen bei solchen Preßvorgängen, die bei hohen Temperaturen ablaufen, also z. B. beim Verpressen von Kupfer. Das Äußere des Blockes kühlt hier stark ab; zunächst fließen daher in erster Linie die wärmeren Innenzonen innerhalb einer dicken Randschicht. Diese beteiligt sich erst später am Fließvorgang.

Bei diesen Versuchen zur Sichtbarmachung des Verformungsvorgangs arbeitet man mit geringeren Preßgeschwindigkeiten als den in der Praxis üblichen. Blei bietet sich hier wegen des Fehlens einer bleibenden Verfestigung als geeigneter Modellwerkstoff für Versuche bei Raumtemperatur an. Dabei ist zu beachten, daß bei schnell ablaufenden Umformvorgängen die Umformzeit für den völligen Rückgang der Verfestigung nicht ausreicht.

Nach HADDOW[1] erhält man einen nahezu ideal plastischen, isotropen Werkstoff, indem man eine Bleilegierung mit 0,065% Te um 40% verformt.

---

[1] J. B. HADDOW, persönliche Mitteilung.

Wenn man zylinderförmige Proben mit dieser Vorbehandlung staucht und dabei das Diagramm „Wahre Spannung über der natürlichen Dehnung $\varphi = \ln \dfrac{h_0}{h}$" aufnimmt, so erhält man im Bereich von φ zwischen 0,1 und 1,8 $\left(\dfrac{h_0}{h}\text{ zwischen 1,1 und 6}\right)$ einen fast horizontalen Kurvenverlauf bei einer Spannung von etwa 4,5 kg/mm². Die verformte Legierung soll auch nach einjährigem Lagern noch dieses fast ideal plastische Verhalten aufweisen. Wenn man dagegen nicht von der kaltverformten, sondern von der bei 220 °C angelassenen Legierung ausgeht, ergibt sich ein ähnlicher Kurvenverlauf, wie ihn Abb. 219 (statischer Druckversuch) darstellt.

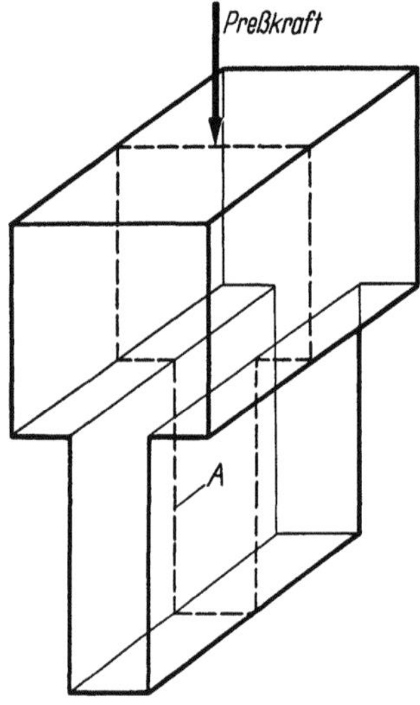

Abb. 330. Modell des ebenen Formänderungszustandes (plain strain) beim Strangpressen

Die theoretische Behandlung des Strangpressens hat in den letzten Jahren große Fortschritte gemacht und ist zur Zeit in vollem Fluß. Dabei beschränkt man sich zunächst auf den Fall des ebenen Formänderungszustandes (plain strain), d. h. man setzt voraus, daß die mittlere Hauptdehngeschwindigkeit Null sei: $\dot{\varepsilon}_2 = 0$, $\dot{\varepsilon}_3 = -\dot{\varepsilon}_1$ (wegen Volumenkonstanz). Diese Voraussetzung ist erlaubt, wenn sich der Block in einer Richtung senkrecht zur Preßkraft sehr weit erstreckt (theoretisch unendlich weit) und dabei senkrecht zu dieser Richtung überall den gleichen Querschnitt hat. In diesem Fall spielt sich in allen Querschnitten (z. B. Ebene A in Abb. 330) derselbe Umformvorgang ab, der als ein stationärer Fließvorgang betrachtet wird. Die Vorstellung von der infinitesimalen parallelepipedischen Umformung, d. h. der Umformung von Quadraten in gleichseitige Parallelogramme, führt dazu, daß man sich die Umformung im wesentlichen durch Schubspannungen hervorgerufen denkt: Die Linien maximaler Schubspannung werden „Gleitlinien" genannt; die Gleitlinien bilden ein orthogonales Netz. Man kann also an jeder Stelle des plastischen Gebiets ein unendlich kleines Quadrat so einzeichnen, daß seine Seiten bei dem Formänderungsvorgang keine Längenänderungen, sondern nur Drehungen erfahren (Abb. 331). Ein anderes, unter einem Winkel von 45° zu dem vorigen stehendes Quadrat verkürzt sich dagegen längs einer Seite und verlängert sich in der dazu senkrechten Richtung. Die Beträge der Verkürzung und der Verlängerung sind wegen der Bedingung der Volumenkonstanz gleich. Die erste Art von Quadraten bildet wegen der Bedingung der Kontinuität das Netz von zwei sich unter 90° schneidenden Kurvenscharen, das sog. Gleit-

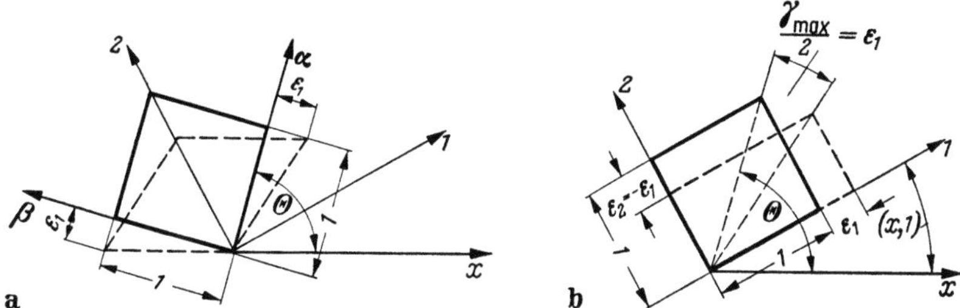

Abb. 331a u. b. Formänderungen von Volumenelementen im ebenen Formänderungszustand. a) Kanten des Elementes liegen parallel zum Gleitlinienfeld; b) Kanten des Elementes liegen parallel zu den Hauptspannungsrichtungen. Nach HOFFMANN und SACHS [551]

linienfeld (slip line field). Dabei darf man nicht an die Gleitlinien der Kristalle denken, da man in der Plastizitätslehre isotrope, d. h. nicht-kristalline Körper voraussetzt.

Nach der Lehre vom plastischen Fließen ist das Eintreten des Fließens an eine Fließbedingung gebunden, die der Spannungszustand erfüllen muß. Man hat verschiedene solcher Fließbedingungen eingeführt. Aber nur zwei von ihnen, die sich im übrigen in ihren Ergebnissen nur wenig voneinander unterscheiden (maximal 15% für die Höhe der Vergleichs-spannung bei einachsigem Spannungszustand), haben heute noch größere Bedeutung. Nach der Schubspannungstheorie (Tresca, St. Venant) nimmt man den Eintritt des Fließens an, wenn die größte Schubspannung

$$\tau = \frac{\sigma_1 - \sigma_3}{2}$$ einen kritischen Wert überschreitet. Praktisch ergibt sich diese Größe aus der Fließgrenze des einachsigen Zugversuchs ($\sigma_1 = \sigma_F$, $\sigma_3 = 0$). Bei der Gestaltänderungsenergie-Hypothese nach v. MISES [858] und HENKY [511] denkt man sich die Formänderung in eine Volumen-änderung auf Grund des mittleren hydrostatischen Drucks $\frac{\sigma_1 + \sigma_2 + \sigma_3}{3}$ und in eine Gestaltänderung durch Schiebungen zerlegt. Das Fließen soll eintreten, wenn die für die Gestaltänderung benötigte Energie einen kritischen Wert überschreitet. Hieraus erhält man die Fließspannung zu

$$\sigma_0 = \frac{1}{\sqrt{2}} \sqrt{(\sigma_1 - \sigma_2)^2 + (\sigma_2 - \sigma_3)^2 + (\sigma_3 - \sigma_1)^2}.$$

HENKY [510] und PRANDTL [975] haben die Vorstellung des Gleit-linienfeldes mit den Fließbedingungen in Zusammenhang gebracht und eine Reihe von praktischen Fällen mit Hilfe mathematisch-graphischer Methoden behandelt. Dabei wurde von verschiedenen geometrischen Eigenschaften der Gleitlinien Gebrauch gemacht. Sie verlaufen z. B. an

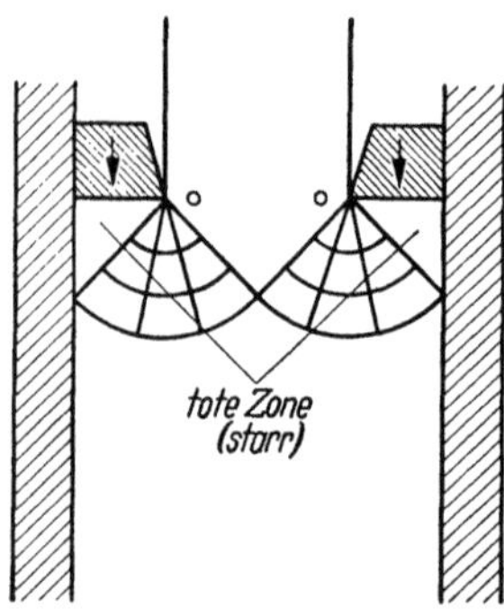

Abb. 332. Darstellung des Gleitlinienfeldes für den Fall des gegenläufigen Strangpressens durch eine quadratische Matrizenöffnung mit 50%iger Querschnittsabnahme. Nach HILL [527]

Grenzflächen, auf die nur Normalkräfte und keine Reibungskräfte wirken, unter einem Winkel von 45°. In Gebieten ohne Gleitlinien findet kein Fließen statt; diese Zonen verhalten sich wie starr (Abb. 332). In der neueren Entwicklung der Theorie versucht man, auch die Geschwindigkeit des Umformvorganges in die Betrachtungen einzubeziehen, doch ändert sich dabei der Grundaufbau der Theorie. Einige Probleme konnten im Rahmen der Theorie des plastischen Fließens mit Hilfe der Gleitlinienvorstellung gelöst werden (HILL [527]). Parallel zu den theoretischen Fortschritten wurden auch die experimentellen Untersuchungsmethoden weiter entwickelt. Man bestimmte z. B. das Geschwindigkeitsfeld während der Umformung mit Hilfe der oben beschriebenen Netze auf der Trennfläche geschichteter Blöcke, indem man das Netz in verschiedenen aufeinanderfolgenden Stadien des Vorgangs photographisch

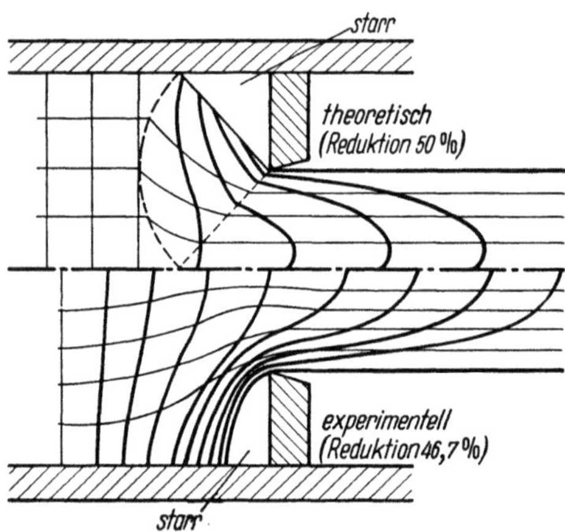

Abb. 333. Verformung eines quadratischen Gitternetzes. Vergleich der theoretischen Lösung(50%ige Querschnittsabnahme) für das Strangpressen mit ebener Verformung. Nach BISHOP

festhielt. Rechnung und Versuch ergaben beim Vergleich befriedigende Übereinstimmung. Ein Beispiel bietet Abb. 333 aus einer zusammenfassenden Darstellung von BISHOP [88]. Die Annahme eines ebenen Formänderungszustandes trifft für die praktischen Fälle kaum zu. Glücklicherweise hat man festgestellt, daß die hierbei erzielten Ergebnisse in erster Näherung auf den axialsymmetrischen Fall, der beim Strangpressen runder Querschnitte gilt, übertragen werden können. Neben der Bestimmung des Verformungszustandes in den oben geschilderten Fällen wurden in einer weiteren Arbeit von THOMSEN [1192] die Verhältnisse beim Strangpressen von Rohren behandelt. Das Blei wird als fester, ungelochter Block eingesetzt und nach dem indirekten Verfahren verpreßt. Es werden die Geschwindigkeits- und die Spannungsfelder sowie die Wanddrücke des Blockes gegen den Aufnehmer angegeben.

2. Kabelmäntel[1]

a) Allgemeiner Aufbau der Kabel. Man unterscheidet grundsätzlich Kabel für Starkstrom- und Kabel für Fernmeldeanlagen. Die bei weitem häufigste Bauart der Fernmeldekabel sind die Papierkabel mit Bleimantel. Die Isolierung der Leiter wird hier mit Rücksicht auf die Bedeutung der Kapazität und der dielektrischen Verluste für die Übertragungseigenschaften mit einem möglichst geringen Anteil an festen Stoffen hergestellt. Dementsprechend werden die Leiter mit Papier hohl umsponnen, d. h. zwischen Leiter und Papier befindet sich ein Luftraum (Papier-Luftraum-Isolierung). Die Adern werden auf besonderen Maschinen zur Kabelseele verseilt. Diese erhält eine gemeinsame Bewicklung aus Papier. Sie wird nach sorgfältiger Trocknung (WANSER [1236]) mit einem Bleimantel umpreßt.

Neben Blei werden heute als metallische Kabelmantelwerkstoffe Aluminium, Kupfer und Stahl, die beiden letzteren ausschließlich in Form von gewellten Rohren aus geschweißtem Band, angewandt. Aluminium und Stahl sind Blei in ihrer Korrosionsbeständigkeit unterlegen, erfordern daher einen zusätzlichen Korrosionsschutz. Neben den metallischen Kabelmantelwerkstoffen ist auch der Kunststoffmantel im Vordringen, der aber keine absolute Undurchlässigkeit für Wasser besitzt. Der Kunststoffmantel scheidet daher z. Z. noch für Kabel mit Papierisolation aus.

Die Bleikabel in Starkstromanlagen unterscheiden sich von den Fernmeldekabeln vor allem durch die beschränkte Zahl der Leiter, durch die Größe der Leiterquerschnitte sowie die stärkere Isolierung gegeneinander und nach außen. Während des Betriebes tritt durch Strombelastung der Leiter Erwärmung ein. Wärme wird weiter durch die dielektrischen Verluste der Isolierung, ferner durch Wirbelstromverluste im Bleimantel, Wirbelstrom- und Hystereseverluste in der Stahlarmierung erzeugt. Die Belastungstafeln sind auf eine ungefähre Übertemperatur von 25 °C bis 45 °C je nach Nennspannung abgestimmt, wobei die höhere Übertemperatur den Niederspannungskabeln zugeordnet ist. Die Starkstromkabel werden als Einleiter- und Mehrleiterkabel ausgeführt. Sehr verbreitet sind noch immer die Papier-Bleikabel. Die Isolierung besteht hier aus Papier, das nach Aufbringen auf das Kabel in Trockenschränken unter Vakuum sorgfältig getrocknet und mit Mineralöl-Harz-

---

[1] Eingehende Darstellung der Kabeltechnik: KLEIN [669], Telegraphenbauordnung [1176] und EHLERS und LAU [271].

Masse getränkt wird. Bei Mehrleiterkabeln enthalten entweder die verseilten Adern eine gemeinsame Isolierhülle, die sog. Gürtelisolierung, die eine geringere Dicke als die Isolierung zwischen den Leitern besitzt, oder aber die Isolierhülle der Einzeladern wird bei Hochspannungskabeln mit perforierten Metallbelägen umgeben, wobei die Gürtelisolierung wegfällt und durch ein gemeinsames Textilband mit eingewebten Metallfäden eine leitende Verbindung des Bleimantels mit den Metallbelägen hergestellt wird (Höchstädter-, kurz H-Kabel), oder aber jede Einzelader hat einen besonderen Bleimantel (Dreimantelkabel). Die Metallisierung nach Höchstädter wird auch hier oft beibehalten, um Hohlräume zwischen Aderisolierung und Bleimantel aus dem elektrischen Feld auszuschalten.

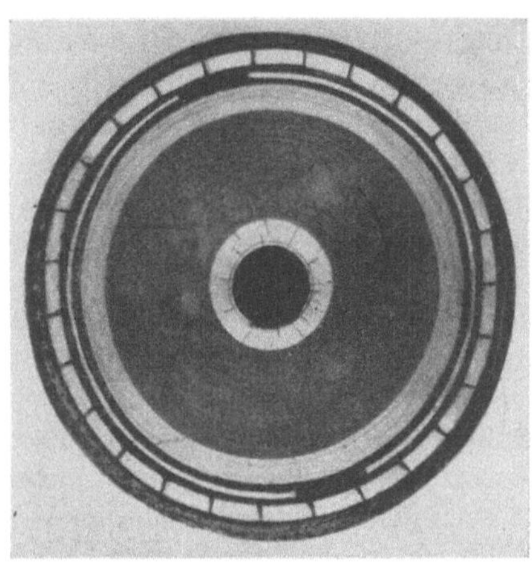

Abb. 334. Einleiter-Ölkabel für 125 kV. Aufbau: Aluminiumleiter, ölgetränkte Papierisolierung, Bleimantel, Druckschutzwendel, Flachdrahtbewehrung, äußere Asphaltierung. Siemens

Neben den Papier-Bleikabeln sind die Starkstrom-Bleikabel mit Gummi- oder Kunststoffisolierung für Betriebsspannungen bis 1 kV zu erwähnen. Die Leiter sind von einer vulkanisierten Gummihülle oder einer Kunststoffhülle umgeben. Bei Mehrleiterkabeln verseilt man die Einzeladern miteinander und umgibt dieses Bündel mit einer gemeinsamen Umhüllung, worauf dann der Bleimantel folgt. Für höchste Spannungen sind Papierbleikabel als Massekabel nicht mehr geeignet. Durch Temperaturschwankungen bilden sich infolge des großen thermischen Ausdehnungskoeffizienten des Dielektrikums im Verhältnis zum Bleimantel im Dielektrikum mit der Zeit Hohlräume, in denen Ionisation auftritt (SCHROTTKE [1083]). Hierdurch wird die Güte der Isolation vermindert. Um dem abzuhelfen, verwendet man für Spannungen über 60 kV vorwiegend Ölkabel (HELD und GASSER [505]). Die erste derartige Anlage für 130 kV wurde 1927 in New York und Chikago geschaffen (EMANUELI [274]). Ihr folgte 1927/28 in Deutschland eine Anlage für 100 kV in Nürnberg (CONINX [213], HELD und GASSER [505]). Der metallische Leiter aus Kupfer oder Aluminium ist, sofern es sich um Einleiterkabel handelt, als Hohlleiter ausgebildet (Abb. 334). Die Papierisolierung ist mit dünnflüssigem Öl getränkt. Bei Belastung des Kabels erfolgt Erwärmung und damit Ausdehnung des Öles. Dieses tritt aus der Papierisolierung durch die Spalten in der Wand des Hohlleiters in diesen ein und fließt nach den Enden in geschlossene Ausgleichsgefäße ab. Bei Verringerung der Belastung, Abkühlung der Kabel, erfolgt der umgekehrte Vorgang. Da das Öl stets unter einem gewissen inneren Überdruck gehalten wird, kann auch bei mechanischer Beschädigung nicht sofort Luft oder Feuchtigkeit in die Isolierung eindringen. Die Isolierung kann bei Ölkabeln dünner gehalten werden als bei Massekabeln. Während diese bei rund 50 °C die Grenze ihrer Stabilität erreichen, können Ölkabel bis 80 °C dauernd betrieben werden. Dadurch ergibt sich bei gleicher Spannung und gleichem Leiterquerschnitt ungefähr die 1,5fache, bei gleicher Isolierdicke wegen der größeren Spannungsfestigkeit sogar die 3fache Übertragungsleistung gegenüber Massekabeln. Einen grundsätzlich ähnlichen Weg zur Vermeidung der Ionisierung stellen die sogenannten Membrankabel dar. Der Kabelmantel wirkt hier wie eine Membran, d. h. er gibt bei der Erwärmung dem Ausdehnungsbestreben der Kabelseele statt, um bei Abkühlung unter der Wirkung eines äußeren Druckes wieder in seine Anfangslage zurückzugehen. Die älteste Ausführung des Membrankabels ist das Druckkabel. Die mit Blei ummantelten Massekabel befinden sich in einem Rohr aus Stahl oder aus Blei, das durch Kupfer- oder Bronzebänder verstärkt ist. Die Kabel werden in diesem Rohr von außen unter einem erhöhten Gasdruck gehalten. Bei den Flachkabeln, die ohne äußeren Überdruck als

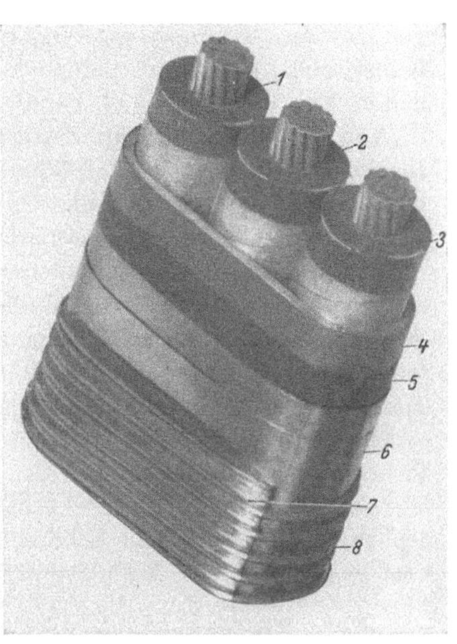

Abb. 335. Hochspannungsflachkabel 3 × 95 mm², für 66 kV Betriebsspannung nach Johs. Møllerhøj (Nordiske Kabel- og Traadfabriker, Kopenhagen). Es bedeuten: *1—3* Adern, mit metallisiertem Papier (Höchstädter) bewickelt; *4* flacher Bleimantel; *5* Polster (asphaltiertes Gewebe oder Papier); *6* zwei dünne überlappte Bronzebänder; *7* wellenförmige, federnde Bronzeband-Verstärkung; *8* Bronzedraht-Verschnürung. Nach Ehlers [*271*]

Ölkabel hergestellt werden, liegen nach Abb. 335 die Leiter nebeneinander. Der flache Bleimantel ist mit federnden Bändern aus Bronze verstärkt, die flachen Seiten des Kabels wirken wie eine Membran aus Federwerkstoff. Man hat weiterhin für das Gebiet der mittleren Hochspannung die sogenannten Innendruckkabel entwickelt. Das sauerstofffreie Druckgas befindet sich hier innerhalb des Kabelmantels. Der Bleimantel muß daher einen Druckschutz bekommen. Anwendung hat vor allem der als

Gasdruckkabel bezeichnete Typ erhalten. Dem Druckgas wird der Weg durch die Kabel dadurch freigehalten, daß die Zwickel in den Kabeln, die Verbindungsmuffen und die Endverschlüsse massefrei gehalten werden.

Der Aufbau der Hochfrequenzkabel weicht von dem hier kurz dargestellten Aufbau der Fernmeldekabel und der Starkstromkabel ab. Die beiden Leiter sind in der Regel koaxial angeordnet; dabei bildet der eine Leiter die Achse des rohrförmig ausgebildeten zweiten Leiters. Die Übertragung hoher Frequenzen bedingt die Verwendung von Isolierstoffen mit besonders niedrigen dielektrischen Verlusten. Wenn man von gewissen keramischen Werkstoffen absieht, kommen vor allem Kunststoffe in Betracht, deren Moleküle keine polaren Gruppen enthalten. Man verwendet z. B. Polystyrol oder Polyäthylen.

Von den Bleikabeln für Starkstromanlagen werden noch die sog. Bleimantelleitungen als kabelähnliche Leitungen unterschieden, die manchmal für die Hausinstallation gebraucht werden. Sie sind für die Verwendung in einer korrosionsfördernden Umgebung bestimmt.

Blanke Bleikabel werden auch als Luftkabel verwandt; man hängt sie zu diesem Zweck in kurzen Abständen an Trägern aus Stahl auf. Weit verbreitet ist in den Städten das Einziehen der blanken, eingefetteten Bleikabel in asphaltierte Hohlsteine aus Zement oder in glasierte Tonrohre: sog. Röhrenkabel. Erdkabel werden meist unter Abdecksteinen verlegt, um vor mechanischen Beschädigungen, z. B. durch Pickenhiebe, geschützt zu sein. Man gibt ihnen mit Vorliebe eine Unterlage aus Sand. Der Bleimantel erhält im einfachsten Fall, bei den sog. asphaltierten Kabeln, eine Schutzhülle aus abwechselnden Lagen von zähflüssigem Compound und vorgetränktem Papier und darüber einer Lage vorgetränkter Jute, die mit hartem Compound überzogen ist. Diese Schutzhülle soll in erster Linie chemische Einflüsse der Umgebung ausschalten. Falls eine zusätzliche mechanische Verstärkung erwünscht ist, erhält das Kabel eine Bewehrung. Man wendet sie an bei Erdkabeln, ferner bei Fluß- und Seekabeln sowie Schachtkabeln. Der Bleimantel erhält hier über der schon erwähnten Schutzhülle aus abwechselnden Lagen von zähflüssigem Compound und vorgetränktem Papier weitere Lagen aus geteertem Stahl-Band, -Flachdraht, -Runddraht oder -Profildraht und darüber eine äußere Schutzhülle aus asphaltierter Jute. Die Art der Bewehrung richtet sich nach der Höhe der zu erwartenden Zugbeanspruchung. Kabel mit verzinkter Stahldrahtbewehrung werden u. a. als selbsttragende Luftkabel (THIEL [*1182*]) oder als Röhrenkabel verwandt, wenn infolge größerer Länge der einzuziehenden Kabel oder einer Krümmung des Rohrkanals höhere Zugkräfte auftreten. Einleiter-Wechselstromkabel erhalten, wenn notwendig, mit Rücksicht auf die Magnetisierungsverluste eine Bewehrung aus nichtmagnetischen Werkstoffen, z. B. Kupfer- oder Aluminiumlegierungen (ETZ [292] und OTTEN [929]).

An die Festigkeitseigenschaften der Bleikabelmäntel können nach dem Gesagten nicht sehr hohe Anforderungen gestellt werden. Die Bedeutung der mechanischen Eigenschaften der Bleikabelmäntel im einzelnen wird an anderer Stelle behandelt werden (S. 393).

Die wichtigste Aufgabe des Bleimantels ist der Schutz des Kabels vor dem Eindringen von Feuchtigkeit. Wegen der zahlreichen Umgebungseinflüsse kommt der Korrosionsbeständigkeit des Bleies besondere Bedeutung zu. Es sei auf den diesbezüglichen Abschnitt, vor allem auf das Kapitel über die Bodenkorrosion (S. 294), verwiesen.

b) Herstellung der Kabelmäntel. Mit der Herstellung der Bleikabelmäntel und den dabei auftretenden Fehlern befassen sich besonders v. GÖLER und GREFF [394], PRÜMM [981], SHERMAN [1110]; dann sei auf die schon erwähnten, zusammenfassenden Darstellungen von KLEIN [669] sowie von EHLERS und LAU [271] hingewiesen. Am meisten wird nach wie vor die stehende Bleikabelpresse

Abb. 336. Stehende Bleikabelpresse. Krupp

verwandt, die in einer Ausführung in Abb. 336 wiedergegeben ist. Ihre Wirkungsweise soll zunächst in großen Zügen geschildert werden. Der im Mittelteil der Abbildung ersichtliche, wassergekühlte Aufnehmer (ACKERMANN [6]) wird mit flüssigem Blei von 375 bis 400 °C beschickt. Die hierzu benötigte Schmelzanlage soll später behandelt werden. Man kann bei mittleren Kabelpressen mit einer Bleifüllung von 500 kg rechnen. Die Erstarrung vollzieht sich in 6 bis 9 min (ZICKRICK [1303]). Nach beendigter Erstarrung wird der zwecks Vermeidung von Lunkern schon vorher auf das Blei aufgedrückte Stempel mittels eines im oberen Teil der Presse befindlichen Druckwasserzylinders eingedrückt.

Das Druckwasser wird während des Pressens von Kolbenpumpen geliefert, die Zwischenschaltung eines Druckwasserakkumulators ist nicht üblich. Unter dem Aufnehmer befindet sich der Pressenkopf (ADADUROV u. BAUMANN [7], [8]). In diesen tritt von hinten durch den hohlen Dornhalter die zu ummantelnde Kabelseele ein. Um die Kabelseele legt sich beim Durchtritt durch den Raum zwischen Dorn und Matrize Blei als geschlossenes Rohr herum, wobei die rückwärtige Kabellänge vom Blei nachgezogen wird. Bei sehr dünnen Bleimänteln muß dann etwas nachgeholfen werden. Das fertige Kabel läuft über die im Vordergrund ersichtlichen Rollen ab, wird mittels einer Brausevorrichtung (ALBRECHT [13]) mit Wasser gekühlt und unmittelbar auf eine Trommel aufgewickelt.

Die Fließvorgänge des Bleies sollen nun mit Bezug auf den in Abb. 337 schematisch dargestellten Pressenkopf älterer Ausführung besprochen werden. Man erkennt, daß das Metall beim Verlassen des Aufnehmers durch eine Brücke, die auf dem Dornhalter aufsitzt, in zwei selbständige

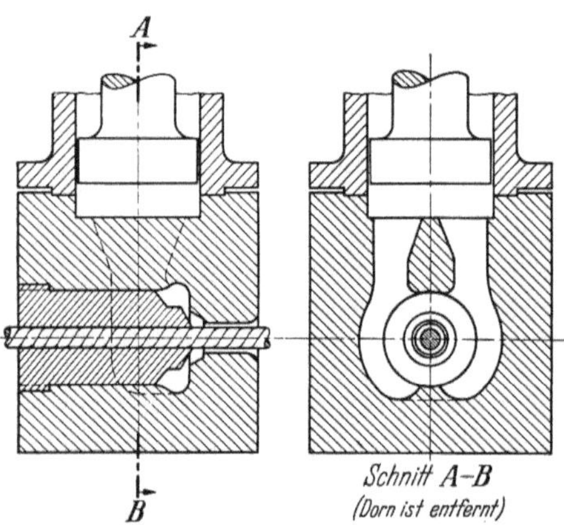

Abb. 337. Pressenkopf für Kabelmäntel mit 2 Schweißnähten. Nach v. GÖLER und SCHMID [397]

Ströme geteilt wird. Diese treten unter scharfer Richtungsänderung von links und rechts in die den Dorn umgebende Bleikammer ein und verschweißen unterhalb und oberhalb des Dorns zu einem dickwandigen Rohr. Dieses wird noch durch den Zwischenraum zwischen Dorn und Matrize hindurchgepreßt, wobei es sich auf die Kabelseele auflegt und seine endgültigen Abmessungen erhält. Vor Einführung der Kabelseele in den Pressenkopf wird ein Mantelstück zum Zweck der genauen Wanddickeneinstellung als leeres Rohr gepreßt. Der beim Ummanteln auf die Kabelseele ausgeübte Druck ist dementsprechend mäßig.

Die stehende Bleikabelpresse der Abb. 336 arbeitet mit einem Pressenkopf, der nur eine Schweißnaht erzeugt. Eine Teilung des fließenden Bleies durch eine Brücke in zwei Ströme ist hier nicht vorgesehen. Das Blei wird vielmehr von oben auf den Dorn aufgedrückt, fließt beiderseits um diesen herum, um auf der Unterseite zu verschweißen und dann zwischen Dorn und Matrize weiter ausgepreßt zu werden (Abb. 338a u. b). Da das Blei verschiedene Wege zurücklegen muß, um die Ober- und Unterseite des Kabelmantels zu bilden, besteht die Möglichkeit einer ungleichmäßigen Druckverteilung in dem in die Matrize eintretenden Bleirohr. Man erreicht den gleichmäßigen Druck u. a. durch den Sattel über dem Dornhalter. Neben der beschriebenen stehenden Presse sind auch noch liegende Bleikabelpressen nach HUBER im Gebrauch. Sie arbeiten mit zwei horizontal liegenden Aufnehmern, die

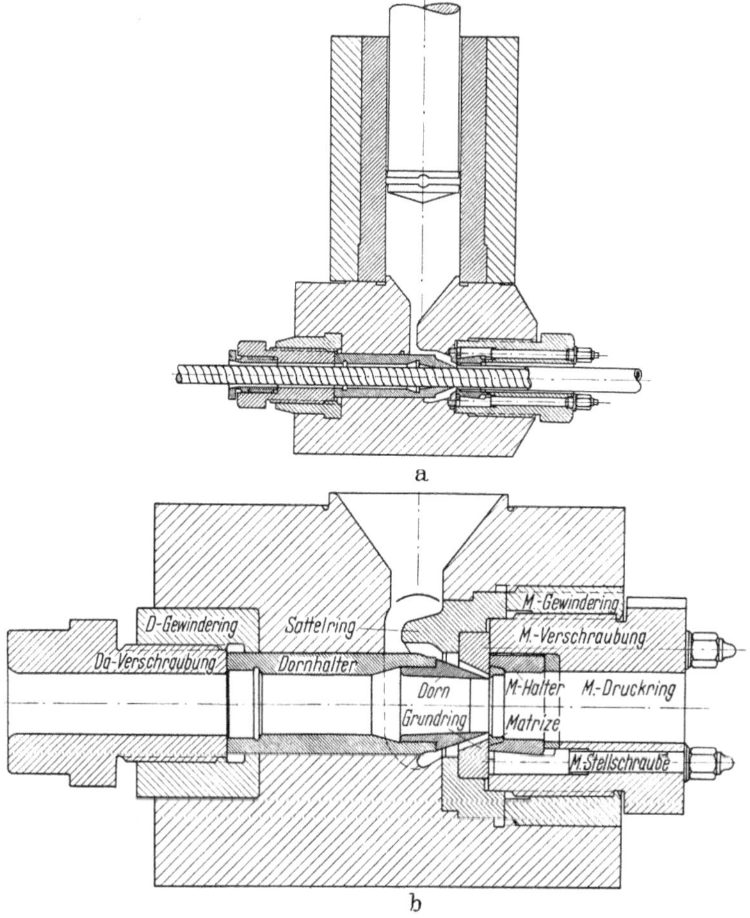

Abb. 338 a u. b. Pressenkopf einer Bleikabelpresse von Krupp. a) Schematische Darstellung; b) Schnittzeichnung

links und rechts vom Kabel symmetrisch angeordnet sind. Die Bleiströme treten beiderseits horizontal in den Pressenkopf ein und verschweißen hier, wie oben beschrieben, mit einer oberen und einer unteren Naht. Nach einem ähnlichen Prinzip arbeiten die stehenden Zweistempelpressen (PRÜMM [981]).

Der Stempeldruck auf dem Blei wechselt mit Temperatur, Abmessungen und Legierung. Als Mittelwert werden etwa 3000 kg/cm^2 angegeben. Handelsübliche Bleikabelpressen mit Füllungen zwischen 120 kg und 1000 kg Blei sind für Preßkräfte von 800 t bis 3800 t ausgelegt[1]. Die Auspreßgeschwindigkeiten betragen 15 bis 60 m/min (v. GÖLER und GREFF [394]). Die Preßtemperaturen für Bleikabel liegen im Pressenkopf im allgemeinen zwischen 200 und 220 °C. Der Pressenkopf muß dementsprechend mit Gas oder elektrisch beheizt werden. Die Temperatur des Aufnehmers und des Pressenkopfes wird durch Thermoelemente überwacht. Das Verpressen der Kabelmäntel erfolgt diskontinuierlich. Nach Auspressen einer Füllung wird der Aufnehmer erneut mit flüssigem Blei beschickt. Man setzt nach der Erstarrung das Verpressen fort. Es können so Kabel von beliebiger Länge ummantelt werden.

Neben den hydraulisch arbeitenden Kabelpressen haben sich auch in einem gewissen Umfang mechanisch arbeitende Schneckenpressen eingeführt. Sie haben den Vorteil des kontinuierlichen Betriebes, wodurch die unten zu behandelnden Schwierigkeiten des chargenweisen Verpressens der Kabelmäntel wegfallen (vgl. Metal Ind. [838]). Den Grundgedanken des Verfahrens stellt Abb. 339

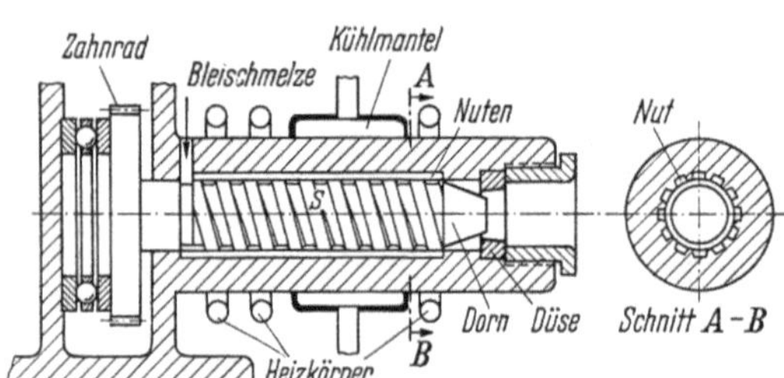

Abb. 339. Schema einer fortlaufend arbeitenden Kabelpresse

dar, die etwa einer Ausführung nach HENLEY [512] entspricht. Das Blei wird flüssig in den hinteren Teil der Presse eingeführt. Es läuft in den Gängen der zentralen Spindel und in den Längsnuten der zylinderförmigen Innenwand des Gehäuses nach vorn, um hier abgekühlt zu werden und zu erstarren. Das feste Blei wird durch die Schraube nach vorn getrieben und zwischen Dorn und Matrize zu einem Rohr ausgepreßt; es legt sich um die durch die hohle Spindel herangeführte Kabelseele. Eine Drehung des ganzen Bleiinhalts wird durch die Verankerung in den Längsnuten verhindert. Besonders bekannt sind die Pressen nach PIRELLI [965], die in Mailand und Southampton entwickelt wurden. Ihre Ausführung weicht in mehrfacher Hinsicht von dem Schema nach Abb. 339 ab. Das Kabel wird durch den feststehenden, durchbohrten Innenteil zugeführt. Um diesen dreht sich eine hohlzylindrische Schnecke mit Innen- und Außengewinde in einem feststehenden Stahlzylinder. Längsnuten befinden sich auf dem Innenteil und in dem Stahlzylinder. Das flüssige Blei tritt zwischen Innenteil und Innenseite der Schnecke, sowie zwischen Außenseite der Schnecke und

---

[1] Nach freundlicher Mitteilung der Hydraulik GmbH., Duisburg.

Zylinder ein. Eine Förderwirkung kommt bei Drehung der Schnecke zustande, sobald das Blei im mittleren und vorderen Teil erstarrt. Dieser Zustand wird nach vorherigem Anheizen der Maschine mittels einer den Zylinder umfassenden Induktionsheizung, andrerseits durch Einschalten einer Kühlvorrichtung, erzielt. Das erstarrte Blei tritt zwischen der im vorderen Teil des Zylinders angebrachten Matrize und dem in das vordere Ende des Innenteiles eingesetzten Dorn aus. Es legt sich als Mantel um die durch die Bohrung des Innenteiles hindurchgeführte Kabelseele. Wenn man in der Pirellipresse auch grundsätzlich Kabel ohne Schweißnaht herstellen kann, so hat man doch bei den neueren Ausführungen im Interesse einer besseren Zentrierung des Dorns auf die Nahtlosigkeit verzichtet. Die Spindel erhält eine vordere Lagerung, was radiale Teilungen des Bleistroms und Wiederverschweißung bedingt. Durch die gute Zentrierbarkeit ergibt sich die Möglichkeit, sehr dünne Bleimäntel herzustellen.

Während das beschriebene kontinuierliche Preßverfahren bisher vornehmlich für die Verarbeitung von unlegiertem und schwachlegiertem Blei eingesetzt wurde, soll es nach RADTKE [991] neuerdings auch auf Blei-Antimon- und Blei-Arsen-Legierungen anzuwenden sein.

    c) Bleisorten und Bleilegierungen für Kabelmäntel. Ein Kabel soll leicht auf- und abzurollen sein; die verlangte geringe Steifigkeit des Mantels im elastischen und im plastischen Gebiet ist gleichbedeutend mit niedrigen Werten des Elastizitätsmoduls und der Fließgrenze, wie sie bei Blei gegeben sind. Die Kriechgrenze des Langzeitversuches ist im allgemeinen für die praktische Bewährung des Kabelmantels nicht ausschlaggebend; wo höhere, dauernde Beanspruchungen der Kabelumhüllung auftreten, wie beim Ölkabel und Gasdruckkabel, wird der Innendruck von der Bewehrung aufgenommen. Da man, wie angedeutet, bei der Handhabung und Verlegung der Kabel immer mit Verformungen des Mantels zu rechnen hat, ist für seine Haltbarkeit ein weiter Bereich der plastischen Verformbarkeit ausschlaggebend. Ein Maßstab hierfür ist einmal die Bruchdehnung und Brucheinschnürung des Zerreißversuches, zum andern die Biegezahl des Hin- und Herbiegeversuches. Angaben hierüber für eine Anzahl von Bleimantelwerkstoffen finden sich bei LOESCHMANN [760]. Weiter ist für Kabel, die Erschütterungen ausgesetzt sind, sei es beim Transport, sei es zusätzlich im Betrieb, eine gegenüber Weichblei verbesserte Dauerschwingfestigkeit oder besser Wechselverformbarkeit zu verlangen. Erwünscht ist ferner eine gewisse Rekristallisationsbeständigkeit, d. h. Fehlen von Grobkorn als Folge von Verformungen bei oft erhöhter Temperatur. Über die Änderungen der mechanischen Eigenschaften und der Korngröße von Bleimantellegierungen durch Verformen und Erwärmen bringt die erwähnte Arbeit von LOESCHMANN [760] ein reichhaltiges Material. Feinkörnig blieben nach

Tabelle 26. *Innendruck-Kurzzeitversuche an Rohren.* Nach LATIN

Werkstoff	GR = Gerade Rohre / AR = Aufgerollte Rohre	Größtes Formänderungsvermögen				Kleinstes Formänderungsvermögen			
		Ring-spannung in kg/cm²	Zeit bis zum Bruch in h	Mittlere Dehnung außerhalb der Bruchstelle in %	Bruch-dehnung in %	Ring-spannung in kg/cm²	Zeit bis zum Bruch in h	Mittlere Dehnung außerhalb der Bruchstelle in %	Bruch-dehnung in %
Reines Blei	GR	58,7	26	12,85	17,4	58,0	26,5	10,1	13,3
	AR	60,7	33	8,0	10,9	55,0	79,25	5,05	7,4
Blei mit 0,1% Sn	GR	61,2	43,5	10,4	17,8	67,2	26	7,7	12,45
	AR	70,3	111	6,4	8,65	69,2	33	3,45	7,4
Blei mit 0,06% Cu	GR	64,0	66,5	10,95	14,45	64,7	112,5	9,5	14,75
	AR	64,7	148	6,5	12,45	69,6	50	4,45	9,45
Blei mit 0,1% Sb	GR	61,9	80	10,85	12,85	61,9	83	9,45	11,9
Bleilegierung E mit 0,4% Sn u. 0,2% Sb	AR	102,7	40	19,2	23,4	99,0	59	14,6	18,95

Kaltverformung (10%) und Erwärmung auf 150°C die Legierungen mit 0,04% Cu, 0,04% Te, 0,6% Sb, 1% Sb, d. h. Legierungen, die bei dieser Temperatur noch heterogenen Gefügeaufbau haben. Der Kabelmantel soll in seinen Eigenschaften im Laufe der Zeit möglichst wenig nachlassen, insbesondere nicht infolge von Aushärtungserscheinungen versproden. Kabelmantelblei soll ferner als Schmelze möglichst wenig verkrätzen, es soll bei möglichst niedrigen Verarbeitungsdrücken in der Kabelpresse gesunde Schweißnähte liefern und gut lötbar sein. Endlich sollen etwaige Legierungselemente auch im Preis günstig liegen.

In den Arbeiten von LATIN [733] wird eine Reihe von Bleilegierungen auf ihre Eignung für Kabelmäntel hin nach vorstehenden Gesichtspunkten betrachtet. Unter anderem verpreßte er Rohre verschiedener Zusammensetzung mit Außendurchmessern von 50 bis 75 mm und Wanddicken von 2,5 bis 3,3 mm in der Presse des Kabelwerks oder des Laboratoriums und setzte sie dem Innendruckversuch aus. Die Kurzversuche dauerten 30 bis 100 Stunden, die Langzeitversuche bis über ein Jahr. Im

Kurzversuch trat im allgemeinen die schneidenartige Bruchform (Fließ-
kegel) auf mit Ausnahme der Legierung E (0,2% Sb + 0,4% Sn), die aber
trotzdem hohe Werte der Bruchdehnung lieferte. Rohre, die nach dem Verpressen gerade gelassen wurden, lieferten höhere Bruchdehnungen als auf-
gerollte Rohrstücke. Dabei ist wohl das Fehlen oder Vorhandensein von
Eigenspannungen wirksam. Der Erscheinung wird bei Kabeln der Praxis
keine ernsthafte Bedeutung beigemessen. Einen Überblick der Ergeb-

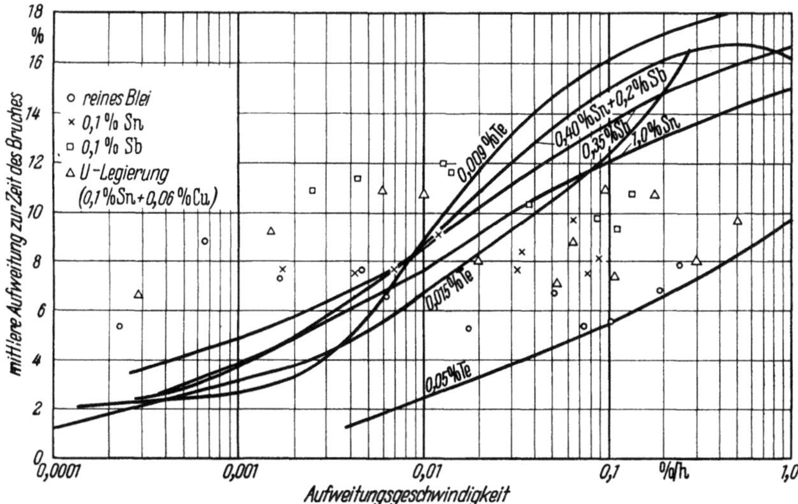

Abb. 340. Bruchaufweitung von Bleirohren bei Innendruckversuchen. Nach LATIN.
o Weichblei; × 0,1% Sn; □ 0,1% Sb; △ U-Legierung (0,1% Sn + 0,06% Cu)

nisse aus den Innendruckversuchen über kurze Zeiten vermittelt die folgende Tab. 26 nach LATIN [733].

Die Auftragung der Ergebnisse der Langzeitversuche zeigte im allgemeinen eine „fallende Dehnungscharakteristik", wie sie für Kabelmäntel nicht erwünscht ist, d. h. die Aufweitung des Rohres bis zum Bruch
nahm mit fallender Beanspruchung ab (Abb. 340). Nur Weichblei und
Legierungen, die verdünnte, feste Lösungen darstellen (Blei mit 0,1% Sn,
mit 0,1% Sb), machten in dieser Hinsicht eine Ausnahme. Alle untersuchten Bleisorten und -Legierungen zeigten bei zunehmender Versuchsdauer einen Übergang der schneidenartigen Bruchform in den interkristallinen, mehr oder weniger verformungslosen Bruch; die härteren
Legierungen brachen auch bei kürzerer Versuchsdauer in dieser Weise.
Die fallende Ausdehnungscharakteristik von Legierung E (0,2% Sb
+ 0,4% Sn) und von anderen härteren Legierungen wurde mit den Vorgängen bei der Aushärtung, aber auch mit dem Kriechvorgang als
solchem, in Zusammenhang gebracht. Auch die Korngröße spielt dabei

eine wichtige Rolle. Wenn man z. B. die Legierung E, die normalerweise eine Korngröße von 0,3 mm aufwies, bei niedrigen Temperaturen zu Streifen verpreßte, war die Korngröße nur noch 0,05 mm, und die Legierung ergab nun eine steigende Dehnungscharakteristik und einen Verformungsbruch. Kriechversuche an Rohren unter Innendruck, die gleichzeitigen Biegeschwingungen ausgesetzt waren, zeigten nicht nur eine erwartete Zunahme der Kriechgeschwindigkeit, sondern auch eine starke Abnahme der Aufweitung bis zum Bruch. Bemerkenswert erscheint eine in dieser Arbeit erwähnte „Scheibenprüfung", die der Erprobung von Legierungen für Druckkabelmäntel dienen soll. Die Scheibe mit 57,2 mm Durchmesser wird einseitig von einer Öffnung mit 25,4 mm Durchmesser aus einem Gasdruck ausgesetzt, so daß sie sich langsam aufwölbt und am Ende des Kriechversuchs reißt.

Weichblei war in Deutschland bis nach dem letzten Krieg der am meisten verwendete Kabelmantelstoff. Eine Bleisorte mit Höchstgehalten an Antimon bis 0,15%[1], Zinn bis 0,1%, Kupfer bis 0,06% ist im englischen Normblatt BS 801 vom Jahr 1953 enthalten. Der Mindestgehalt an Blei ist bewußt mit nur 99,8% festgelegt. Voraussetzung für die Anwendung von Weichblei ist die Verlegung in einer erschütterungsfreien Umgebung. Sein Einsatz hat zugunsten des legierten Kabelmantels stark nachgelassen. Die Ursache dieser Entwicklung ist einmal die Tatsache, daß man bei praktisch jedem Kabel mit Erschütterungen schon während des Transportes zu rechnen hat, sodann die zunehmende Reinheit des Hüttenbleies, die gleichzeitig eine steigende Anfälligkeit gegenüber dem Dauerschwingbruch bedeutet. EMMERICH und BECKMANN [278] beschreiben solche durch einen Lastwagentransport über mehrere 100 km aufgetretenen Schäden. Es handelte sich um ein blankes Telefonkabel, das wegen seiner Papier-Luftraumisolierung und wegen der fehlenden Bewehrung stärker zu Schwingungen beim Transport neigte als etwa ein kompakt gefülltes Starkstromkabel. Das verwendete Kabelblei war bis auf einen Wismutgehalt von 0,05% von hoher Reinheit, die Wismutbeimengungen hatten nicht das Auftreten der Risse begünstigt. In zusätzlich angestellten Versuchen war kein nachteiliger Einfluß von Wismutgehalten bis 0,1% nachzuweisen.

Der Hauptvorteil der Legierungen ist ihre erhöhte Schwingungsfestigkeit. Legierungen mit 3% Sn waren vor dem 1. Weltkrieg in Amerika üblich; für Luftkabel wurden dort aus Preisrücksichten seit 1913 Legierungen mit 0,75% Sb verwandt, für Starkstromkabel eine weichere Legierung mit 1 und 2% Sn. Auch in Deutschland herrschte nach dem ersten Weltkrieg die Legierung mit 3% Sn vor, deren Zinngehalt später herabgesetzt wurde. Weit verbreitet, und sowohl im deutschen Normblatt

---

[1] Für gewisse Zwecke ist ein Mindestgehalt von 0,05% Sb vorgeschrieben.

DIN 17640, Aug. 1959, als auch im englischen Normblatt BS 801 verankert, ist die Legierung mit 0,5 bis 1% Sb. Sie härtet beim Lagern aus, so daß mit der erhöhten Schwingungsfestigkeit gleichzeitig eine größere Steifheit des Bleimantels verbunden ist. Von der Anwendung dieser

Abb. 341. Längsschliff eines Blei-Antimon-Kabelmantels. 500:1

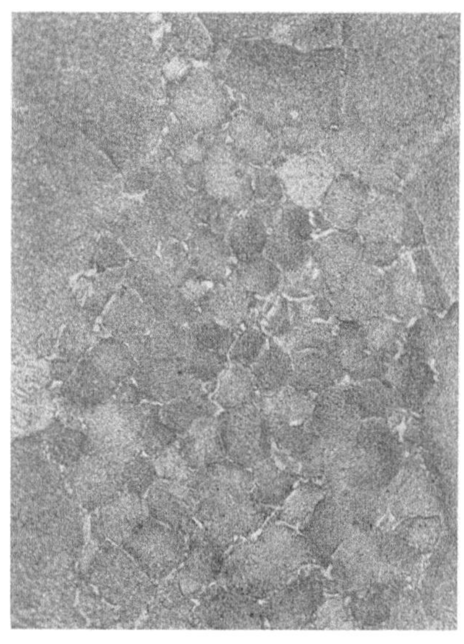

Abb. 342. Blei-Antimon-Kabelmantel. Eutektikum auf Korngrenzen infolge Wiederaufschmelzens. 500:1

aushärtenden Legierung wird bei Starkstromkabeln abgeraten, wo mit täglichen Zyklen von Erwärmung und Abkühlung zu rechnen ist [1209]. Abb. 341 stellt den Längsschnitt durch einen Kabelmantel aus Blei mit Antimon dar. Charakteristisch ist das auf die Kristallseigerung im Gußblock zurückgehende Zeilengefüge, wobei die Zeilen mit Antimoneinlagerungen von der eutektischen Restschmelze herrühren. Wenn die Preßtemperatur oberhalb der Schmelztemperatur des Eutektikums von 251 °C liegt, wird die Legierung stellenweise flüssig. Es treten dann im Kabelmantel Gebiete mit eutektischer Gußstruktur auf, wie sie Abb. 342 sehr deutlich erkennen läßt. Die Preßtemperatur war hier nachweisbar zu hoch gewesen. Das Kabel mußte infolge zwischenkristalliner Risse im Mantel (Abb. 343) ausgebaut werden. Es ist zu vermuten, daß die Risse

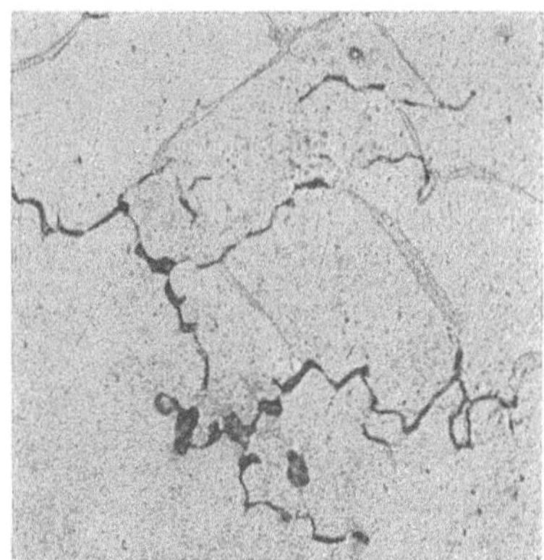

Abb. 343. Blei-Antimon-Kabelmantel der Abb. 342. Zwischenkristalline Risse als Folge eines Schiffstransportes. 500:1

von den antimonreichen Stellen mit eutektischer Struktur ausgegangen sind. LOESCHMANN [760] schließt aus Wechselbetauungsversuchen auch auf eine erhöhte Sicherheit des antimonlegierten Kabelbleies gegenüber atmosphärischer Korrosion im Vergleich mit unlegiertem Blei.

Die nach langem Lagern im Zusammenhang mit der Aushärtung gebildeten, gerichteten Ausscheidungen wurden auf S. 255 beschrieben. Dort ist auch die Erscheinung der groben Entmischung an den Korngrenzen erläutert. Diese Saumbildung ist noch stärker ausgeprägt bei Legierungen mit Antimon + Zinn. Bei übersättigten Blei-Zinn-Legierungen treten durch das Lagern im ganzen Gefüge grobe Ausscheidungen auf (Abb. 108). Ob sich durch diese Vorgänge die technologischen Eigenschaften der Bleikabelmäntel im Lauf der Zeit ändern ist nicht untersucht worden. Von den in England entwickelten ternären Legierungen ist die Legierung mit 0,25% Cd + 1,5% Sn im Normblatt BS 801 von 1953 verschwunden. Geblieben ist hier neben Weichblei 99,8% und Blei mit 0,80 bis 0,95% Sb (Legierung B) nur Legierung E mit 0,4% Sn + 0,2% Sb und Legierung D mit 0,5% Sb + 0,25% Cd, wovon die letztere auch aushärten dürfte. Ein allgemeiner Nachteil der Legierungen, namentlich der Legierungen von Blei mit Antimon, ist der gegenüber dem Weichblei und dem schwachlegierten Kabelblei notwendige, erhöhte Preßdruck. Nach LOESCHMANN [759] bewirken mischkristallbildende Elemente, wie Antimon und Zinn, eine Preßdruckerhöhung; unlösliche oder wenig lösliche Legierungszusätze wie Kupfer, Tellur, Aluminium und Kalzium erhöhen dagegen den Preßdruck nur geringfügig. Erhöhung der Wechselfestigkeit bei kaum vermehrter Härte und Steifheit wird als besonderes Merkmal von Blei-Tellur im Vergleich mit Blei-Antimon hervorgehoben (SINGLETON und JONES [1126]). Blei-Tellur-Legierungen wurden namentlich für Seekabel empfohlen (BUSS und MEYER [159]). Der übliche Tellurgehalt liegt bei 0,04%. Eine gewisse Erhöhung der Dauerschwingfestigkeit ohne Steigerung des Preßdrucks bei gleichzeitiger Kornverfeinerung wird auch durch einen Kupferzusatz bis zu etwa 0,06% — d. i. der Gehalt der eutektischen Blei-Kupfer-Legierung — erreicht (HOFMANN und MÜLLER [572]). Man hat diese Legierung in Deutschland an Stelle von Weichblei eingeführt (DIN 17640 ,,Blei- und Bleilegierungen für Kabelmäntel"), besonders im Hinblick auf die oben erwähnten Schäden beim Transport. Einige Kabelwerke sehen zusätzlich zum Kupfer eine Zinnbeimengung von einigen 0,01% oder einen kleinen Antimongehalt vor. Der Zinngehalt soll die Verkrätzungsneigung der Schmelze herabsetzen. Der Antimongehalt ist mit 0,1 bis 0,15% so gewählt, daß auf alle Fälle das bei etwa 0,01 bis 0,05% Sb liegende Maximum der Verkrätzung (S. 316) überschritten ist (BOESCHE [100]). Ähnlich ist wohl auch die Höchstgrenze für den Antimongehalt von 0,15% im Weichblei des englischen Normblattes aufzufassen. Der Antimonzusatz von 0,1 bis 0,15%, der im Blei völlig gelöst bleibt, trägt im übrigen auch etwas zur Erhöhung der Dauerschwingfestigkeit des Kabelmantels bei. Der Vorteil des Kupferzusatzes drückt sich außer in der Erhöhung der Dauerschwingfestigkeit in einer starken Kornverfeinerung aus. Dadurch wird vermieden, daß etwa einzelne große Körner die ganze Wanddicke des Kabelmantels durchsetzen. Wegen des günstigen Einflusses dieser kleinen Kupferbeimengung hat man in Deutschland bei den meisten Kabelmantellegierungen zusätzlich zu dem Hauptlegierungselement, z. B. 0,5 bis 1% Sb, einen Kupfergehalt von 0,04% vorgesehen. Damit erreicht man übrigens in dieser Legierungs-

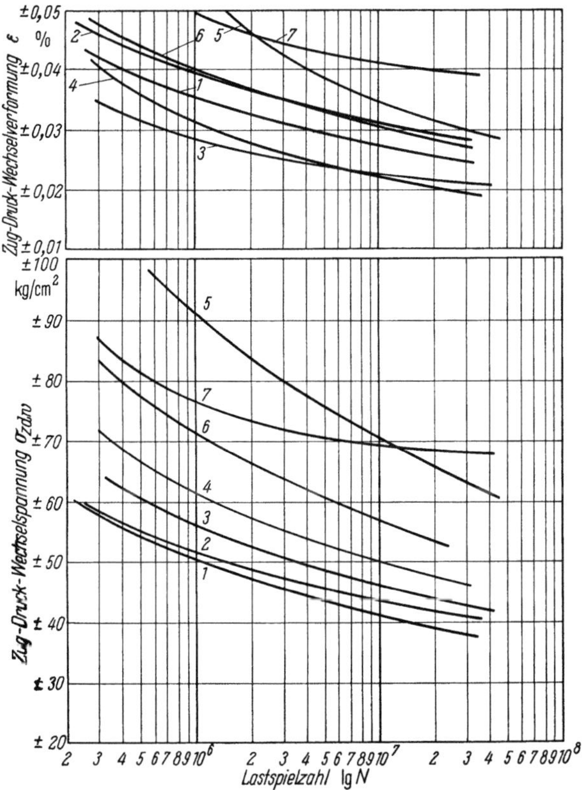

Abb. 344. Dauerschwingfestigkeit und Dauerverformbarkeit von Bleikabel-Legierungen im Zug-Druck-Versuch. Lastspielfrequenz 100 Hz [570].

1 Weichblei 99,94% Pb	5 0,03—0,05% Cu, 0,56% Sb
2 0,03—0,05% Cu	6 0,03—0,05% Cu, 0,04% Te
3 0,03—0,05% Cu, 0,13% Sb	7 0,03—0,05% Cu, 2,5% Sn
4 0,002% Cu, 0,13% Sb	

gruppe noch eine erwünschte Herabsetzung des Preßdrucks (GLANDER [387]). Auch das englische Normblatt sieht bei sämtlichen Legierungen die Möglichkeit eines Kupferzusatzes vor, indem der Höchstgehalt für

Kupfer einheitlich mit 0,06% festgesetzt wird. Außer den erwähnten Legierungen hat EMICKE [275] eine Blei-Arsen-Legierung mit etwa 0,1% Arsen für Kabelmäntel empfohlen. Die Blei-Arsen-Legierungen wurden besonders in Amerika beachtet, wo man ihre gute Kriechfestigkeit erkannte. Sie haben dort eine starke Anwendung gefunden. In einer Patentschrift wird eine solche Legierung beschrieben, die bei einem Bleianteil von 99,65% neben dem Arsengehalt noch etwas Zinn und Wismut in fester Lösung enthält. Sie soll einem um 50% höheren Innendruck standhalten als die übliche Blei-Kupfer-Legierung und nicht aushärten, wie es die zeitliche Konstanz der Zugfestigkeit über viele Jahre hinweg erkennen ließ. Während des Krieges wurden in Deutschland auch Zinkgehalte (z. B. 0,8%) als Zusatz zu Kabelblei erprobt. Die Ergebnisse der technologischen Prüfungen von PFENDER und SCHULZE [957] waren durchaus erfolgversprechend. Auch Blei-Kalzium-Legierungen und Legierungen mit Kalzium + Kupfer besitzen sehr gute mechanische Eigenschaften, z. B. neben der hohen Dauerschwingfestigkeit auch eine hohe Kriechfestigkeit, die sie als Kabelmantelwerkstoff geeignet erscheinen ließen. Daß sie sich offenbar in der Praxis nicht eingeführt haben, dürfte wohl mit den Schwierigkeiten beim Schmelzen und Gießen zusammenhängen.

Anschließend seien einige Angaben mechanischer Eigenschaften über Kabelmantelwerkstoffe gebracht, die einer Zusammenstellung von BASSETT [51] und von v. GÖLER und GREFF [394] entnommen wurden (Tab. 27).

Weitere technologische Daten finden sich in der schon erwähnten Arbeit von LOESCHMANN [760]. Einen Überblick der Dauerschwingfestig-

Tabelle 27. *Zusammensetzung und Eigenschaften von Kabelmantellegierungen*

	Zugfestigkeit in kg/mm²	Dehnung in %	Wechselbiegefestigkeit in kg/mm²
Weichblei (99,85)***	1,34	50	0,28*
Blei mit 0,06% Cu	1,62	40	0,42*
mit 1% Sn	1,7	40	0,50**
mit 2% Sn	2,11	45	0,56*
mit 3% Sn	2,2	35	0,55**
mit 0,6% Sb	2,0	30	0,70**
mit 0,06% Cu + 0,85% Sb	2,96	10	0,85*
mit 0,03% Ca	1,8	40	0,60**
mit 0,035% Ca + 0,06% Cu	2,82	30	0,99*
mit 0,05% Te	2,0	45	0.70**
mit 0,07% Te	1,97	45	‚*
mit 0,25% Cd + 0,5% Sb	2,96	15	ͻ,85*
mit 0,25% Cd + 1,5% Sn	1,97	30	0,63*

* 10^7 Lastspiele [51] ** $2 \cdot 10^7$ Lastspiele. 3000 Umdr./min [394] *** ASTM Tab. 3.

keit und der Dauerverformbarkeit von Bleikabel-Legierungen gibt Abb. 344 nach Messungen von WEHR [570] auf einer Zug-Druck-Prüf-maschine mit Magnetantrieb [572]. Die Legierungen waren als Rohre mit abwechselnd größerer und kleinerer Wanddicke auf einer Versuchs-presse verarbeitet worden. Durch Zerteilung der Rohre erhielt man eine Anzahl von Versuchsproben mit verdickten Enden zur Vermeidung von Einspannungsbrüchen.

Neben den in der Tabelle enthaltenen Kabelmantelwerkstoffen wurden noch andere Legierungen empfohlen. Es seien erwähnt die aus-härtbaren Blei-Lithium- (S. 71) und Blei-Magnesium-Legierungen (STENQUIST [1145]). Da Blei-Magnesium-Kabel zwar eine ausgezeichnete Wechselfestigkeit besaßen, aber infolge interkristalliner Korrosion zer-

stört wurden, hat man auch Blei-legierungen mit Kalzium + Ma-gnesium empfohlen, die von diesem Mangel frei sein sollen (American Smelting and Refining Comp. [17]).

Bei Bleilegierungen muß, wie schon erwähnt, mit der Erhöhung der Dauer-(Wechsel-)Festigkeit im allgemeinen eine schlechtere Verpreß-barkeit in Kauf genommen werden. Statische Druckversuche bei 200 °C an verschiedenen Bleisorten und Bleilegierungen wurden im Hinblick auf diese Frage durchgeführt (ZICK-RICK [1303]). Abb. 345 enthält einige der erhaltenen Stauchkurven. Die wichtigsten Ergebnisse sind folgende: Der „Preßdruck" von reinstem Blei wird durch 0,06% Cu nahezu ver-doppelt. Eine weitere Erhöhung des Kupfergehaltes über diese eutekti-

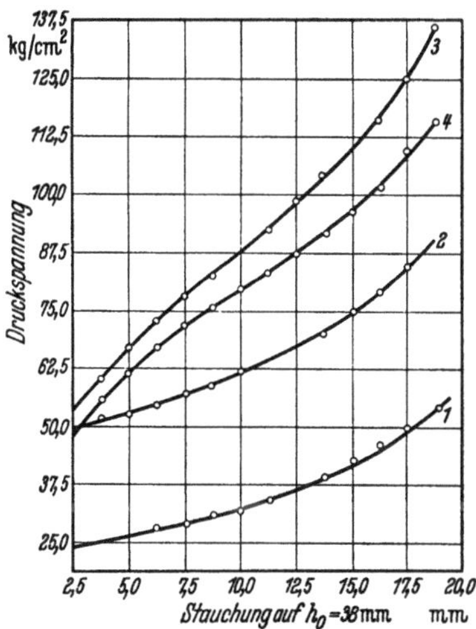

Abb. 345. Stauchdiagramme von Kabelmantel-Legierungen bei 200 °C. Probenabmessungen 19 × 19 × 38 mm. Stauchgeschwindigkeit 0,85 mm/min. *1* Blei A (99,99%); *2* Blei A mit 0,06% Cu; *3* Blei A mit 1% Sb; *4* Blei B (0,06% Cu) mit 1% Sb. Nach ZICKRICK [1303]

sche Konzentration hinaus hat nur noch geringen Einfluß. Der Preßdruck von Weichblei wird auch durch 1% Sb (ebenso durch 2,25% Sn und 1,5% Sn + 0,25% Cd) stark erhöht. Die Wirkungen von Antimon oder Zinn und von Kupfer addieren sich nicht. Der Preßdruck einer Legie-rung mit 1% Sb wird durch Zusatz von 0,06% Cu sogar etwas erniedrigt. Dies entspricht auch den Erfahrungen der Kabelfirmen und der erwähnten späteren Arbeit von GLANDER [387]. Wismutgehalte in Kabelblei erhöhen den Preßdruck nur wenig. Ähnliche Versuche führten BOUTON und PHIPPS [118] aus. Sie fanden unter anderem, daß bei einer Verformungstemperatur von 220 °C die Stauchkurven von Blei mit 1% Sb + 0,06% Cu, mit 0,015% As + 0,1% Sn und mit 0,06% Te nahe beieinander liegen. Bei einer Verformungstemperatur von 265 °C hat die erwähnte Blei-Tellur-Legierung den relativ höchsten Fließwiderstand. Offenbar ist bei dieser Temperatur der gesamte Tellurgehalt gelöst.

d) Besondere Erscheinungen und Fehler. Mangelhafte Verschweißung in der Naht der Kabelmäntel bedeutet eine mechanische Schwächung und damit die Möglichkeit des Auftretens von Längsrissen. Die Gefahr ist nach v. GÖLER und GREFF [*394*] bei der oberen Schweißnaht größer als bei der unteren, da diese infolge des längeren Fließweges der Bleiströme besser durchgeknetet wird (vgl. Abb. 337); daher ist es bedeutungsvoll, daß die modernen Kabelpressen nur eine untere Schweißnaht erzeugen (s. S. 390). Eine gute Verschweißung setzt eine nicht zu niedrige Preßtemperatur voraus. In einer diesbezüglichen Untersuchung der Bleiforschungsstelle wurden in einer kleinen Presse Bänder bei verschiedenen Temperaturen verpreßt (ERDMANN-JESNITZER und HANEMANN [*286*]). Der Bleistrom wurde auf dem Weg vom Aufnehmer zur Matrize durch einen quer zur Bandebene sitzenden Steg geteilt. Hinter dem Steg trat Verschweißung ein. Die Güte der Schweißnaht wurde durch Zerreißversuche an Flachstäben geprüft. Sie wurden quer zu dem Band entnommen, so daß sie in der Mitte über den ganzen Querschnitt hinweg von der Schweißnaht durchsetzt waren. Nach einem Pressen bei 150 °C wurde bei allen untersuchten Kabelmantellegierungen ausnahmslos eine einwandfreie Verschweißung festgestellt. Bei Raumtemperatur ließ sich mit Rücksicht auf die Leistung der Presse nur Weichblei pressen. Die Verschweißung war mangelhaft. Es handelt sich hier um eine reine Temperaturfrage, da bei der angegebenen Versuchsanordnung Oxyde in der Schweißnaht nicht auftreten konnten. Ähnliche Versuche führte DUNSHEATH [*263*] durch.

In der Praxis sind die Bedingungen dadurch verschärft, daß in die Schweißnaht auch Oxyde gelangen können. Dies hängt mit dem diskontinuierlichen Betrieb der Kabelpressen zusammen. Die Oxyde sitzen, soweit sie nicht im Blei eingeschlossen bleiben, nach Erstarren des Blockes bevorzugt an dessen Oberfläche. Sie sind somit nach Herunterdrücken des Stempels ein Bestandteil des Bleirestes, der nicht mitverpreßt wird. Bei Neufüllung des Aufnehmers mit flüssigem Blei verschweißt dieses mit dem Bleirest, ohne ihn vollständig aufzuschmelzen. Die Oxyde haben somit keine Gelegenheit, an die Badoberfläche aufzusteigen und sind daher an der Grenze der beiden Aufnehmerfüllungen angereichert. Die oxydische Grenzzone wandert nun beim Auspressen der neuen Füllung in den Kabelmantel und macht sich hier auf weite Strecken hin mehr oder weniger bemerkbar. Querschnitte durch das Kabel zeigen in verschiedenen Entfernungen einen Aufbau, wie ihn etwa Abb. 346

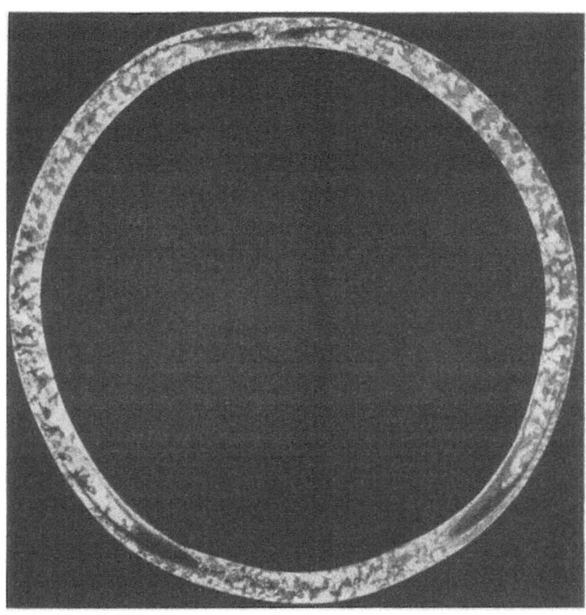

Abb. 346. Kabelmantel mit Anteilen verschiedener Aufnehmerfüllungen. Nach BASSETT und SNYDER [53]

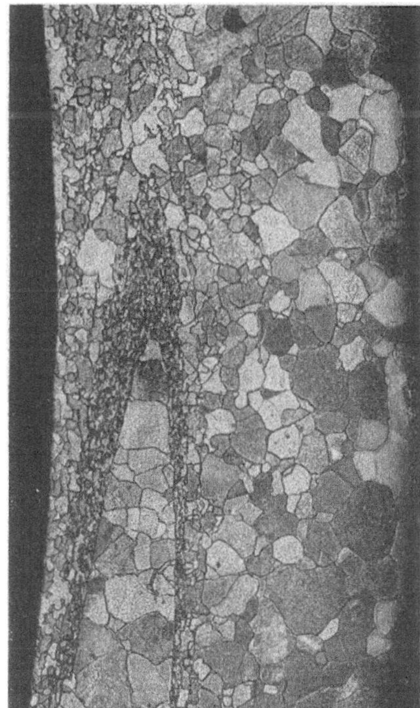

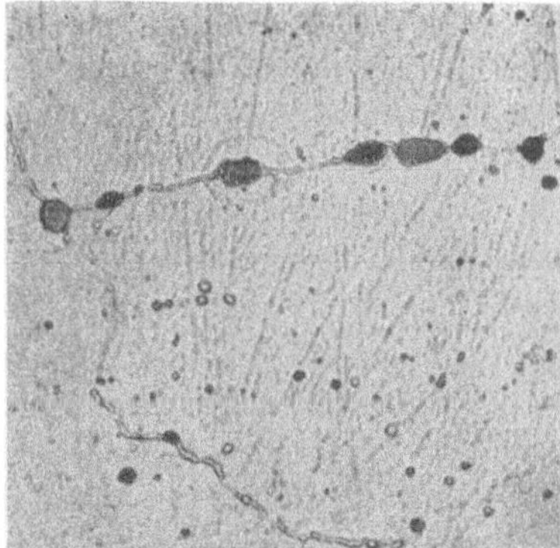

Abb. 348. Grenzzone zweier Aufnehmerfüllungen aus voriger Abbildung mit Oxydeinschlüssen. 1200:1

Abb. 347. Weichblei-Kabelmantel. Querschnitt mit Anteilen zweier Aufnehmerfüllungen. 10:1

wiedergibt (BASSETT und SNYDER [53]). Man erkennt auf beiden Seiten nahe der oberen und in etwas größerer Entfernung von der unteren Schweißnaht „Zungen". Durch je eine obere und eine untere Zunge wird das Blei der neuen Füllung gegen das der vorhergehenden abgegrenzt. Der Aufbau einer Zunge im einzelnen ist in Abb. 347 und 348 dargestellt. Bemerkenswert sind die Oxydeinschlüsse und Poren, sowie das verfeinerte Korn in der Grenzzone. Letzteres ist eine Folge der vielen Verunreinigungen, die das Kristallwachstum bei der sich dem Pressen unmittelbar anschließenden Rekristallisation behindern. Die Poren können unter Umständen den Mantel in seiner ganzen Dicke durchsetzen und zu Undichtigkeiten führen. Die Oxydeinschlüsse schaffen ferner, soweit sie in die Schweißnaht gelangen, schwache Stellen, da sie eine Querschnittsverminderung bedeuten. Längsrisse in Kabeln mit schlechter Verschweißung treten unter Innendruck im Kurzversuch häufig neben der Schweißnaht auf, dagegen bei mehrtägiger Beanspruchung mit $^1/_4$ der normalen Bruchbelastung, ähnlich wie im praktischen Betrieb, sogar in der Schweißnaht (SACHS [1040]). Dies deutet an, daß nicht nur die Festigkeit im Kurzversuch, sondern auch die Dauerstandfestigkeit der Naht von Wichtigkeit ist. Möglicherweise wird das Kriechen unter Innendruck in der feinkörnigen Nahtzone begünstigt. In diesem Zusammenhang sei auch auf eine Abbildung des Schrifttums hingewiesen (PRÜMM [981]), die zeigt, daß kurz vor Vereinigung der beiden Bleiströme einer neuen Füllung neben der Schweißnaht eine stärkere Oxydanhäufung eintreten kann als nach der Vereinigung in der Schweißnaht selbst.

Mehrere Arbeiten haben sich mit dem Zustandekommen der oben beschriebenen Zungen befaßt (DUNSHEATH und TUNSTALL [264], v. GÖLER und SCHMID [397]). Es soll vor allem auf die zuletzt genannte Bezug genommen werden, da sie sich auch mit den Fließvorgängen im Pressenkopf eingehend befaßt. Es wurden Modellversuche mit Wachs an dem in Abb. 337 wiedergegebenen Pressenkopf durchgeführt, der zwei Schweißnähte erzeugt. Zunächst wurde der Aufnehmer mit weißem Wachs gefüllt und dieses ausgepreßt. Dann wurden abwechselnd Scheiben aus schwarzem und grauem Plastilin eingelegt und der Inhalt des Aufnehmers verpreßt. Querschnitte durch das ausgepreßte Rohr in verschiedenen Abständen sowie Schnitte durch den Preßrest ergaben Aufschlüsse über den Fließvorgang. Es zeigte sich nun vor allem, daß die verschiedenen Bezirke einer horizontalen Schicht im Aufnehmer entsprechend den verschiedenen Fließwegen auch mit sehr unterschiedlicher Geschwindigkeit strömen. Auf einen Querschnitt durch das fertige Rohr sind dementsprechend Zonen mehrerer Füllungen verteilt. Abb. 349a und b zeigt zwei derartige Schnitte, die den Rest der ersten und weitere vier bzw. fünf Schichten der zweiten Füllung erkennen

lassen. Eine neue Lage tritt jeweils in der rechten und der linken oberen
Hälfte unter den angeschriebenen Winkeln zuerst auf, um sich von dort
aus nach oben und nach unten zu verbreitern. Die obere und vor allem

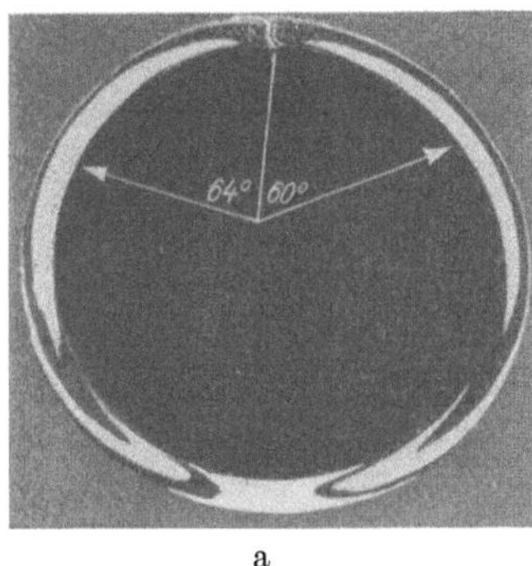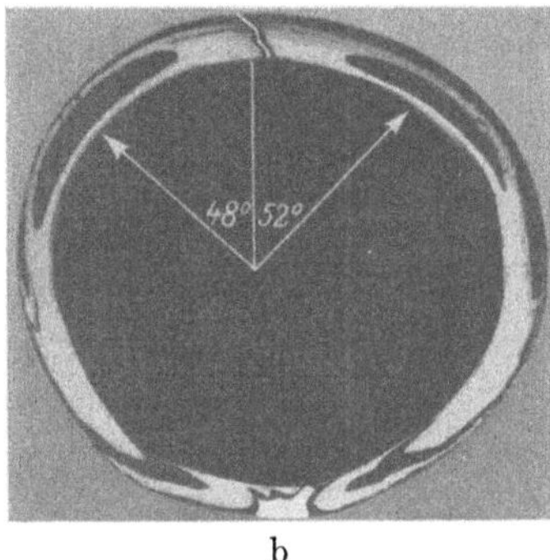

a   b

Abb. 349a u. b. Im Modellversuch aus Plastilin verschiedener Färbung hergestellter Kabelmantel.
Schnitt b) (rechts) 2,9 m hinter Schnitt a). Nach VON GÖLER und SCHMID [397]. 2:1

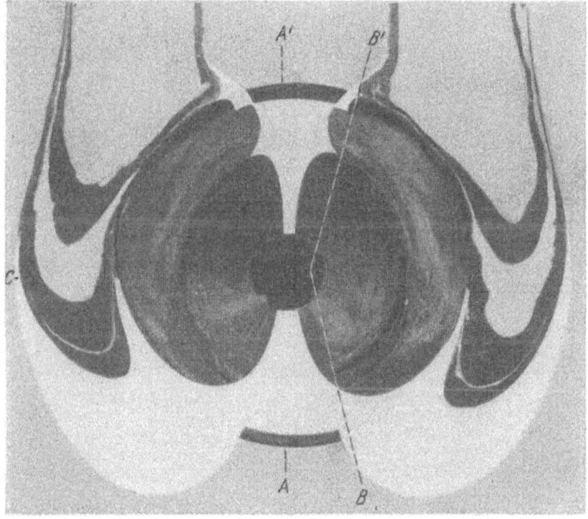

Abb. 350. Preßrest des Modellkabelmantels der vorigen Abbildung. Schnitt in der Trennfugenebene
senkrecht zur Kabelrichtung. Nach VON GÖLER und SCHMID

die untere Schweißnaht enthalten noch Reste der ersten Füllung. Ein
Querschnitt durch den Preßrest, der die beiden links und rechts der
Brücke vom Aufnehmer kommenden Wachsströme enthält (Abb. 350)
und in dem unten die Umlenkung der Ströme nach vorn erfolgte, läßt
nun die Fließvorgänge sehr klar erkennen. Man bemerkt, daß die wand-
nahen Gebiete in der Fließgeschwindigkeit sehr stark zurückbleiben. Das
zuletzt ausgepreßte graue Plastilin ist beiderseits nur oben vorgedrungen

und in die Kabelrichtung umgelenkt worden. Es erscheint daher im Kabel zuerst an den oben beschriebenen Stellen. Im unteren Teil der Pressenkammer hat sich ein fast toter Raum gebildet, in dem sich die Reste der ersten Füllung befinden. Von hier aus wird die untere Schweißnaht lange mit weißem Plastilin versorgt.

Die kurz dargestellten Ergebnisse sind für das Verständnis der Herstellung und des Aufbaues von Bleikabelmänteln sehr wichtig, wenngleich eine vollständige Übertragung auf andere Pressen und auf den Werkstoff Blei mit Rücksicht auf die veränderte Wandreibung und innere Reibung nicht statthaft ist. Daß die obere Schweißnaht meist schmal, die untere breit und aus mehreren Zonen zusammengesetzt ist, erklärt sich durch die bevorzugte Bildung der toten Räume auf der Unterseite (Abb. 350). Durch eine etwas geänderte Gestaltung des Pressenkopfes konnten in den Modellversuchen günstigere Fließverhältnisse erzielt werden. Da man in einem Kabelquerschnitt mit Anteilen verschiedener Füllungen rechnen muß, ist bei einem Legierungswechsel der Pressenkopf vollständig zu entleeren (SHERMAN [1110]). Ist eine Füllung aus irgendwelchen Gründen besonders stark verkrätzt, so besteht die Gefahr, daß die Schweißnähte lange mit dieser Krätze gespeist werden.

Abb. 351. Weichblei-Kabelmantel mit nur einer Schweißnaht. 10:1

Da die Frage der Schweißnähte schon seit langem beachtet wurde, sind viele Vorschläge zur Behebung der angegebenen Mißstände gemacht worden und zum Teil mit Erfolg im Gebrauch. Das Pressen unter Wegfall der oberen Schweißnaht (Siemens-Schuckert-Werke [1120], SANDELIN [1045]) ist bereits erwähnt worden. Abb. 351 stellt die untere Schweißnaht eines von einer solchen Presse stammenden Weichbleimantels dar. Die Verschweißung ist völlig einwandfrei. Wichtig ist naturgemäß die Verwendung von Kabelblei, das keine mechanischen Einschlüsse von Oxyd enthält, ferner die Verwendung von wenig verkrätzenden Bleisorten. Diese Frage ist auf S. 82 und auf S. 312 eingehend behandelt worden. Durch sachgemäßes Schmelzen und Gießen lassen sich die Schäden der Verkrätzung vermindern (S. 308). Das Blei soll aus dem Schmelzkessel möglichst tief abgelassen werden. Abführung durch Rohre, die mancherorts mit Leuchtgas durchgespült werden, ist der Verwendung von Rinnen vorzuziehen. Schnelles Senken des Preßstempels nach dem Einfüllen von Blei ist von Wichtigkeit. Es sind Anlagen beschrieben worden, wo das Blei in einem geschlossenen, geheizten Rohrsystem von einem zentralen Kessel aus zu den Aufnehmern mehrerer Pressen geleitet und von dort wieder zurückgeführt wird (SIMONDS [1125]). In anderen Anlagen ist der geschlossene Schmelzraum und der Aufnehmer mit CO_2 gefüllt und das Blei kommt erst als fertiger Kabelmantel mit Luft in Berührung (Engineering [281]).

Weitere Maßnahmen bezwecken unter Verzicht auf eine vollständige Verhinderung der Oxydbildung die Entfernung der gebildeten Krätze, was weniger kostspielig ist. Bewährt hat sich vor allem ein Abstreichen der verkrätzten, noch flüssigen Oberfläche der Aufnehmerfüllung in der sog. Bleiabtrennvorrichtung (ETZ [291]), ferner der von den SSW in Berlin-Gartenfeld entwickelte und von Krupp-Gruson gebaute Füllaufsatz (Abb. 352) (WIEGHARDT [1270]). Die verkrätzte Oberfläche des Bleiblockes wird durch Senken des vorn konisch ausgebildeten Preßstempels im flüssigen oder festen Zustand herausgetrieben. Die Schmelze läuft in den ringförmigen, durch sechs Rippen unterteilten Kanal, aus dem sie nach Erstarren leicht entfernt werden kann. Schon erstarrtes Blei wird nach oben als eine Art Rohr ausgepreßt, das man

Abb. 352. Füllaufsatz für Bleikabelpressen. D. R. P. 610 936

zwecks besserer Entfernung durch die drei den Preßstempel berührenden Stege an der Innenwand des Aufsatzes aufschlitzt.

Man könnte daran denken, die Frage der Krätzebildung auch dadurch zu lösen, daß man in den Aufnehmer eingesetzte, saubere Bleiblöcke verpreßt. Dabei würde man gleichzeitig die für das Erstarren der Bleischmelze im Aufnehmer nötige Zeit einsparen. Laboratoriumsversuche (MEYER und HANEMANN [847]) zeigten, daß die auch auf sauberen Oberflächen immer vorhandene Oxydhaut die Verschweißung verschiedener Blöcke erschwert. PEARSON [940] bestätigte diese Feststellung aus der Praxis heraus. Er erwähnt die Anwendung einer Presse zum Ummanteln von Gummi mit Blei, die mit festem Einsatz arbeitet. Dabei stellt der Bleimantel nur ein Vulkanisationshilfsmittel dar, das man nachträglich entfernt.

Weitere Kabelmantelschäden sind im Schrifttum beschrieben. Durch die Unterbrechung nach Auspressen einer Aufnehmerfüllung entsteht ein sog. „Bambusring" (PRÜMM [981]). An solchen Stellen können unerwünschte Querschnittsveränderungen auftreten. Tierfraß, Korrosion und Dauerbruch wurden an anderer Stelle ausführlich behandelt.

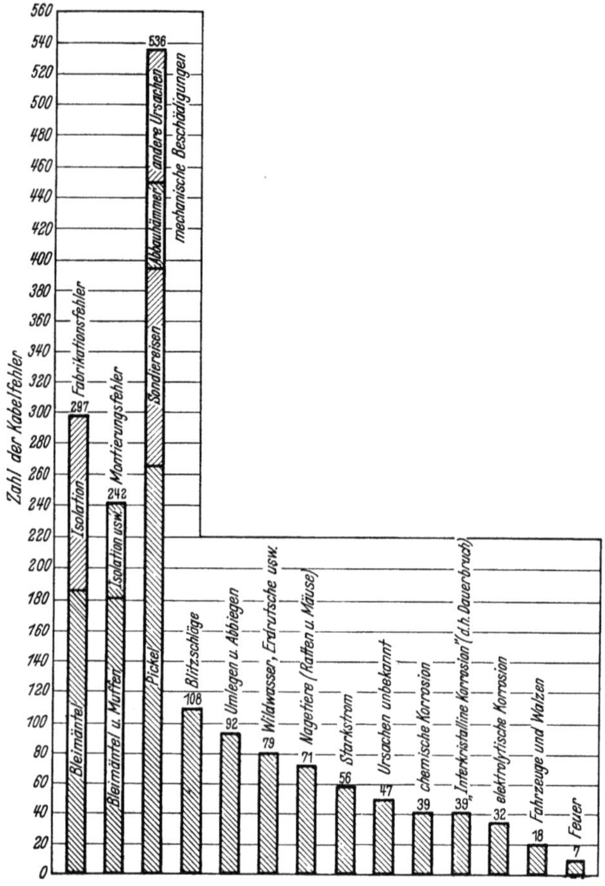

Abb. 353. Schweizer Statistik von 1663 Kabelfehlern der Jahre 1927—1936. Nach GERTSCH [372]

Hinweise für die Vermeidung von Korrosionsschäden und die laufende Überwachung von Kabeln finden sich in dem Bericht eines amerikanischen Komitees [1174].

Die Schweizerische Post-, Telegraphen- und Telefonverwaltung PTT hat seit Jahrzehnten alle beobachteten Kabelfehler festgehalten und nach Schadensursachen geordnet. Das Ergebnis dieser statistischen Untersuchungen wurde in mehreren Berichten niedergelegt: 10 (Abb. 353), 20, 30 Jahre Kabelfehlerstatistik (GERTSCH [371], GERTSCH und KOELLIKER [373], GERTSCH [372], HADORN und HAINFELD [462]). Aus dem letztgenannten Bericht [462] seien einige bemerkenswerte Tatsachen heraus-

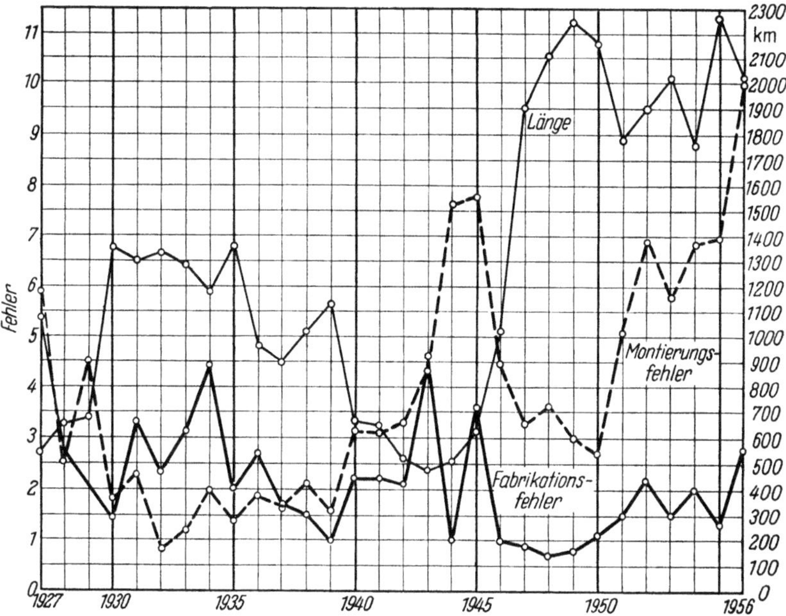

Abb. 354. Fabrikationsfehler und Montierungsfehler je 100 km der im gleichen Jahr ausgelegten Kabel (Schweizer PTT-Statistik).
Rechts: Länge der im gleichen Jahr ausgelegten Kabel in km; *links*: Fehler pro 100 km der im gleichen Jahr ausgelegten Kabel. Nach HADORN und HAINFELD [*462*]

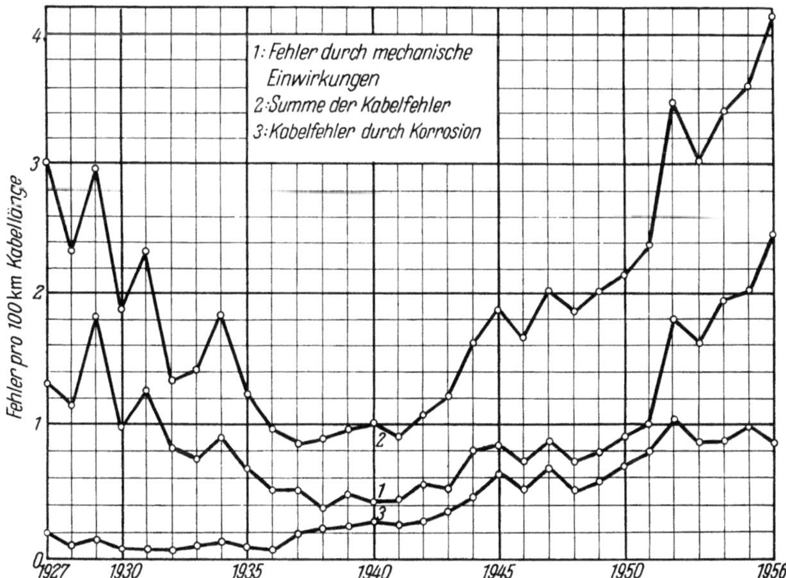

Abb. 355. Zahl der Kabelfehler je 100 km vorhandener (nicht neu verlegter) Kabellänge (Schweizer PTT-Statistik). Kurve *2* enthält neben *1* und *3* noch andere Fehler. Nach HADORN und HAINFELD

gegriffen. Der jährliche Zuwachs an Kabellänge betrug seit dem Jahr 1936 durchschnittlich 6%, die Anzahl der Kabelfehler stieg dagegen im Jahr im Mittel um 16%. Dabei nahm die Zahl der Fabrikationsfehler, bezogen auf die ausgelieferte Länge je Jahr, über den betrachteten Zeitraum hinweg ab, ein Zeichen für die verbesserte Herstellungstechnik. Die Montierungsfehler je 100 km installierter Länge stiegen dagegen an, Abb. 354. Auch die mechanischen Verletzungen je km des gesamten, verlegten

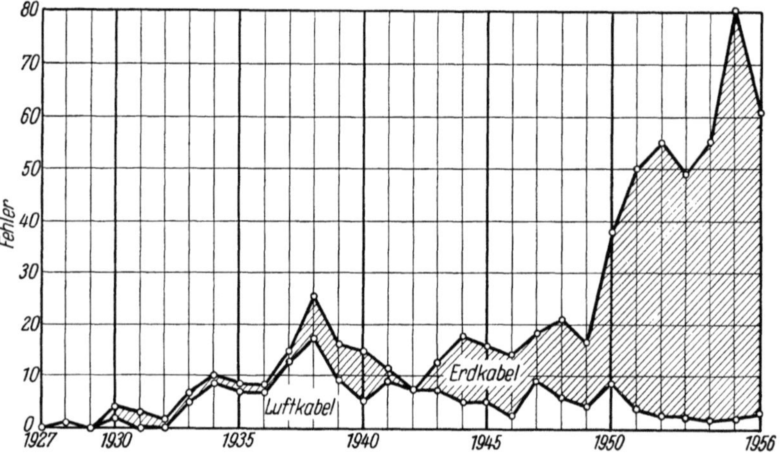

Abb. 356. Jährlich beobachtete Ermüdungsbrüche in Bleikabelmänteln (Schweizer PTT-Statistik). Nach HADORN und HAINFELD

Kabelnetzes zeigten nach Abb. 355 in den letzten Jahren eine starke Zunahme, was vornehmlich auf die gesteigerte Bautätigkeit zurückgeführt wird. Zunehmende Tendenz wies ebenfalls die Zahl der Korrosionsschäden (Abb. 355) und der Ermüdungsbrüche (Abb. 356) auf. Beides erscheint angesichts des zunehmenden durchschnittlichen Alters des verlegten Kabelnetzes plausibel. Innerhalb der Korrosionsschäden fiel neben der elektrolytischen Korrosion besonders die Phenolkorrosion auf (S. 280). Auf die Bedeutung des kathodischen Korrosionsschutzes für Kabelmäntel wurde an anderer Stelle hingewiesen (S. 302).

3. Rohre, Drähte, Trapse

a) Herstellungsverfahren. Das Pressen von Bleirohren erfolgt meist in stehenden Pressen. Es wird nach dem *direkten* oder dem *indirekten* Verfahren (S. 376) gearbeitet. Das Blei wird um den die Achse des Aufnehmers bildenden Dorn herumgegossen und zwischen Dorn und Matrize als Rohr ausgepreßt. In Pressen, die nach dem direkten Verfahren arbeiten, ist der Dorn entweder mit dem Preßstempel starr verbunden oder er steht fest und läuft in dem mit einer Bohrung versehenen Preßstempel

(Metallbörse [*840*]). Die in Abb. 357 dargestellte Presse ist für einen Betriebsdruck von 300 Tonnen ausgelegt und arbeitet nach dem umgekehrten Verfahren. Die Anlage enthält neben der eigentlichen Presse noch einen Schmelzofen für Kohlenfeuerung, den Haspel mit zwei auswechselbaren Aufwickeltrommeln und die der Erzeugung von Druckwasser dienende Pumpe. Ein Druckwasserakkumulator ist nicht vorhanden. Die Presse ist im Rahmenbau ausgeführt, d. h. der unter der Arbeitsbühne befindliche Preßzylinder, die Grundplatte, Zuganker und Holm bestehen aus einem Stahlgußstück. Im Holm ist der hohle Preßstempel befestigt. Der darunter befindliche, heizbare Aufnehmer ist auf den Preßtisch, der vom Preßkolben getragen wird, nicht zu starr aufgeschraubt. Wenn der Preßkolben durch das Druckwasser aufwärts bewegt wird, schiebt sich somit der Aufnehmer über den Preßstempel nach oben. Bronzene Führungsstopfen an der unteren Außenwand des Preßstempels, die um einige Zehntel Millimeter vorstehen, sorgen dabei für die notwendige Führung. In den Preßstempel ist unten die Matrize eingesetzt. Der Dorn ist in die sog. Dornplatte eingeschraubt. Sie wird auf den Preßtisch aufgesetzt, indem die Verbindung zwischen Preßtisch und Aufnehmer gelöst und dieser allein mit Hilfe der beiden seitlich am Holm sitzenden Hilfszylinder

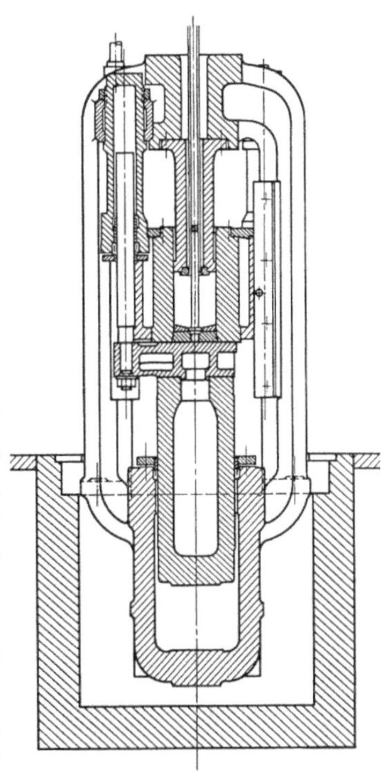

Abb. 357. Bleirohrpresse in Preßstellung. Krupp-Grusonwerk

hochgefahren wird. Beim Herunterlassen des Aufnehmers schiebt sich Dornplatte mit Dorn in diesen hinein und schließt ihn nach unten ab. Das flüssige Blei wird fallend in den Aufnehmer vergossen, der vorgewärmt sein muß. Damit die Zentrierung des Dornes nicht aufgehoben wird, ist er durch ein Zentrierstück in seiner Mittellage festgehalten. Das Zentrierstück sitzt in der Füllscheibe, die vor dem Vergießen auf den Aufnehmer aufgesetzt wird. Die Füllscheibe wirkt wie ein Sieb, das das Blei nur senkrecht nach unten fallen läßt. Eine einseitige Erwärmung und ein Verbiegen des Dorns wird so vermieden. Wenn das Blei in der Einflußtrommel der Füllscheibe erstarrt ist, wird diese entfernt und der Aufnehmer bis zur Berührung von Blei und Preßstempel hochgefahren, so daß die vollständige Erstarrung des Bleies unter Druck erfolgt und Lunkerbildung vermieden wird. Der Bleiinhalt des Aufnehmers wird fast vollständig ausgepreßt. Der Preßrest und die Schale, d. i. die Gußhaut des Blockes, bleiben bei dem anschließenden Herablassen des Aufnehmers zwecks Neubeschickung an dem Preßstempel hängen. Nur die Schale wird entfernt, so daß der Preßrest mit der nächsten Füllung verschweißt. Man bezweckt hiermit nicht die Herstellung endloser Rohre wie beim Kabelpressen, sondern nur eine Abkürzung des Arbeitsverfahrens. Das endlose Rohr wird zwecks Entfernung der minderwertigen Teile an der Grenze zweier aufeinanderfolgender Füllungen zerschnitten.

PEARSON [940] gibt die Schnittzeichnung einer Presse (Abb. 358) an, die ebenfalls nach dem umgekehrten Verfahren arbeitet und die völlige Entfernung des oxydreichen Preßrestes erlaubt. Der Dornhalter 3 in starrer Ausführung durchsetzt den Aufnehmer in seiner ganzen Länge und kann durch die Bohrung im Boden des Aufnehmers hindurch hydraulisch auf- und abwärts bewegt werden. Der Dornhalter trägt am Ende den eigentlichen Dorn 2, der bei dieser Konstruktion einen beliebig kleinen Durchmesser besitzen kann, ohne daß die Gefahr des Verbiegens besteht. Am Ende des Verpressens sitzt der unreine Preßrest auf dem sich verjüngenden Dorn und kann nach Absenken des Aufnehmers bei der folgenden Abwärtsbewegung des Dornhalters von diesem gelöst werden (Abb. 358).

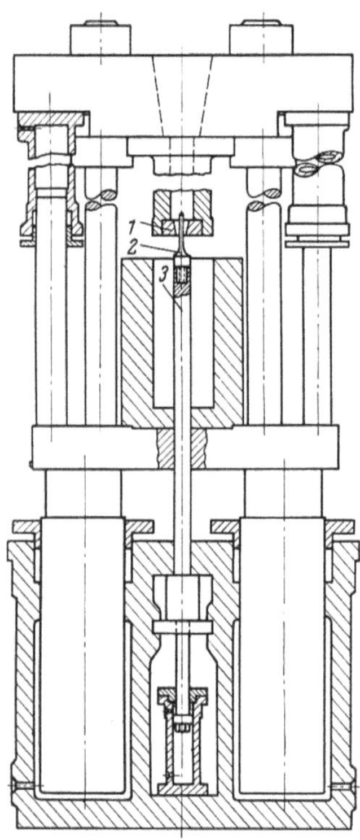

Abb. 358. Stehende Bleirohrpresse. Nach PEARSON.
1 Matrize; 2 sich verjüngender Dorn; 3 Dornhalter

Bleirohre werden von den dünnsten Abmessungen bis zu Innendurchmessern von 300 mm gepreßt. Dünne Rohre werden auf der Trommel aufgerollt, dicke in geraden Stücken geliefert. Die mit dem Aufrollen verbundenen Verformungen können zu Gefügeänderungen führen, auf die unten eingegangen werden soll. Bei sehr dünnen Rohren würde ein Dorn von der Länge des Aufnehmers im Fall der Konstruktion von Abb. 357 nicht mehr die notwendige Starrheit besitzen. Man verwendet in diesem Fall Stegdorne; dabei wird das Blei durch die Stege geteilt und hinter ihnen wieder verschweißt. Auf diesem Prinzip beruht eine Ausführungsart der Röhrenlötzinnpressen. Die „Stege" sind hier als

massiver Ring ausgebildet, der mit Öffnungen zum Durchtritt der Bleiströme versehen ist. Durch eine Bohrung im Dorn wird geschmolzenes
Kolophonium in das Rohr eingefügt. Andere Röhrenlötzinnpressen sind
analog den Bleikabelpressen mit vertikalem Preßstempel aufgebaut (Abb. 359) (MÜLLER [876]).

Mantelrohre mit Zinneinlage, die für sehr weiches, bleilösendes Wasser vorgesehen sind, erzeugt man, indem man in den Aufnehmer eine Hülse zentrisch einsetzt und mit Blei umgießt. Nach Herausnahme der Hülse wird der Innenraum mit Zinn ausgegossen. Das Verpressen muß langsamer erfolgen als das Pressen von Bleirohren, da sonst die

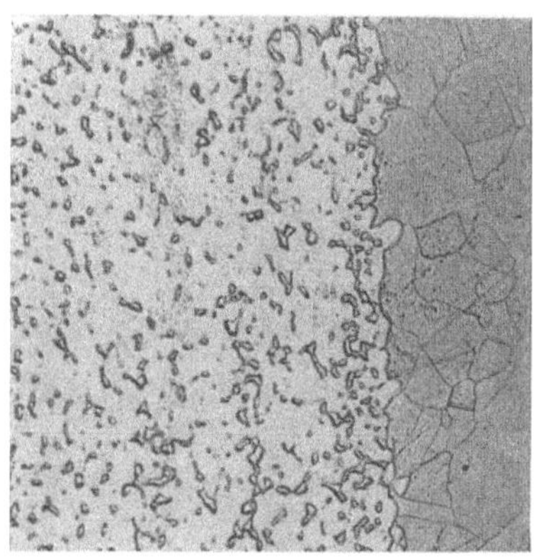

Abb. 360. Mantelrohr mit Zinneinlage. Querschliff. Naheutektische Zusammensetzung der zinnreichen Schicht (links). 150:1

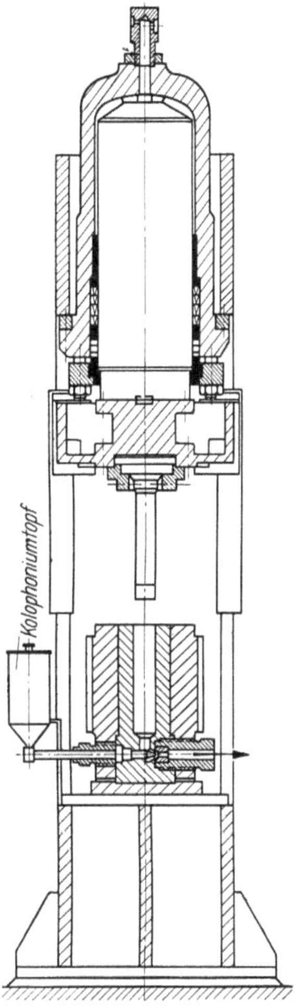

Abb. 359. Vertikale Presse für die Herstellung von Lötzinndrähten mit Kolophoniumseele (Hydraulik, Duisburg). Nach MÜLLER [876]

Gefahr des Aufreißens des Zinnüberzuges besteht. Ein Längsschliff
durch die Übergangszone von Zinn und Blei in einem Rohr mit
Zinneinlage zeigt völlige Verschweißung beider Metalle. Es wurde kein
reines Zinn verwandt (Abb. 360). Geschwefelte Rohre (S. 293) werden
hergestellt, indem in das vordere Ende des Rohres, sobald dieses sich über
den Dorn vorwärtsgeschoben hat, Schwefel gebracht wird. Es entsteht
eine Innenschicht aus Bleisulfid und freiem Schwefel. Die Bleitraps-
pressen arbeiten mit zwei Aufnehmern. Die beiden herausfließenden

Bleiströme verschweißen an gegenüberliegenden Stellen des Dornes zu einem einheitlichen Rohr. Es wird also das gleiche Prinzip wie bei den älteren Kabelpressen nach HUBER (S. 391) angewandt. Die S-Form oder andere Formen der Geruchverschlüsse kommen dadurch zustande, daß in den beiden Aufnehmern mit verschiedenem Preßdruck gearbeitet wird (Abb. 361). Die Steuerung der Presse wird von geübten Arbeitern nur nach Augenmaß vorgenommen.

Das Drahtpressen sowie das Pressen von Bändern und Profilen kann in allen Bleirohrpressen erfolgen, wenn die geeigneten Matrizen eingesetzt werden. Beim Pressen von Drähten werden vielfach Matrizen mit mehreren Bohrungen (S. 378) verwandt.

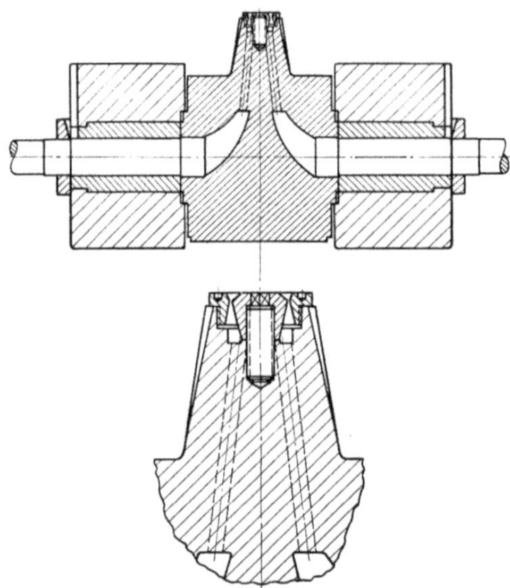

Abb. 361. Werkzeuge der Bleitrapspresse. Nach MÜLLER [876]

Auch die als Dichtungswerkstoff bekannte Bleiwolle (HEUSER [516]) kann durch Pressen, daneben auch durch Hobeln, hergestellt werden.

Die Verwendung von Bleistricken, sog. Riffelblei, an Stelle von Bleiwolle bietet manche Vorteile. Dichtungsblei soll nach amerikanischen Normen (LEAD [735]) mindestens 99,73%ig sein und wenig an härtenden Bestandteilen (As, Sb, Sn) enthalten. Von der Verwendung von Blei-Tellur (CARROTT [181]) hat man nicht wieder gehört.

b) Aufbau. Besondere Erscheinungen und Fehler. Querschliffe durch gepreßte Drähte und Rohre geben einen guten Überblick über ihren Aufbau und lassen z. B. Zonen mit unterschiedlicher Korngröße klar hervortreten. Längsschliffe beschränken sich auf bestimmte Stellen des Umfangs, sind aber in Einzelfragen manchmal aufschlußreicher als Querschliffe, da sie z. B. den Fließvorgang meist gut erkennen lassen. So zeigt der Schliff eines Hartbleidrahtes (Abb. 362) Zeilengefüge, wobei die Zeilen von dem zuletzt erstarrenden Eutektikum Blei-Antimon herrühren. Zeilengefüge ist oft auch in Weichbleirohren zu erkennen, da geringe Beimengungen anderer Metalle schon sichtbare Kristallseigerung hervorrufen können.

Die Korngröße von gepreßten Bleifabrikaten hängt in erster Linie von der Preßtemperatur ab, wie besonders BUTLER [162] in systematischen Versuchsreihen nachgewiesen hat. Zum Beispiel nahm die mittlere Kornfläche bei Tadanacblei (99,999%) von etwa 0,5 auf 4 mm zu, wenn man die Preßtemperatur von 150 °C auf 300 °C erhöhte und die gepreßten Stangen an Luft abkühlte. Das Umformungsverhältnis betrug 50:1. Eine Erhöhung des Umformungsgrades bei gleichem Ausgangsdurchmesser des Blockes brachte eine mäßige Verkleinerung des Kornes. Sie wird weniger auf die Umformung als solche, als auf die schnellere Abkühlung des dünneren Drahtes zurückgeführt. Die Korngröße von gepreßten Rohren erwies sich von dem angewandten Preßverfahren, nach vorwärts oder nach rückwärts, ziemlich unabhängig. Dagegen erhält man ein viel feineres Korn, wenn man die heißen Drähte mit Wasser abkühlt, und zwar um so mehr, je rascher das Abschrecken auf das Pressen folgt, d. h. je weniger Zeit für das der Rekristallisation folgende Kornwachstum in der Wärme zur Verfügung steht (Abb. 363). Der Einfluß der Preßtemperatur auf die Korngröße ist daher bei abgeschreckten Proben nicht so groß wie bei luftgekühlten. Eine Verminderung der Ausflußgeschwindigkeit im Bereich von 9.14 bis 27,43 m/min ergab bei luftgekühlten Drähten kaum eine Änderung der Korngröße. An abgeschreckten Drähten beobachtete man jedoch bei

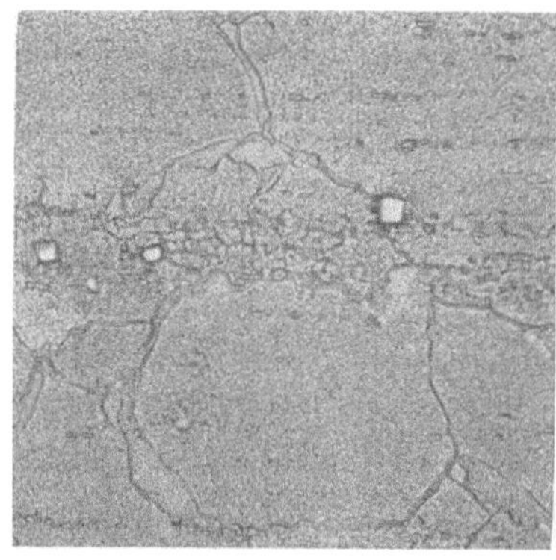

Abb. 362. 2,5% Sb. Draht im Längsschliff. Zeilengefüge. Verbreiterte Korngrenzen ähnlich wie in Abb. 273. 500:1

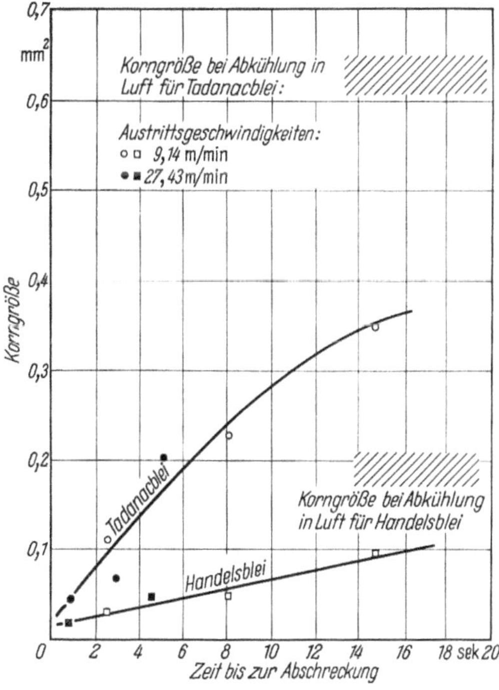

Abb. 363. Einfluß des für das Abschrecken gewählten Zeitpunktes auf die Korngröße von gepreßten Bleirohren. Preßtemperatur 200 °C. Nach BUTLER

Verminderung der Preßgeschwindigkeit eine geringe Zunahme der Korngröße entsprechend der bis zum Abschrecken zur Verfügung stehenden Zeit. Einhalten einer bestimmten Vorschubgeschwindigkeit

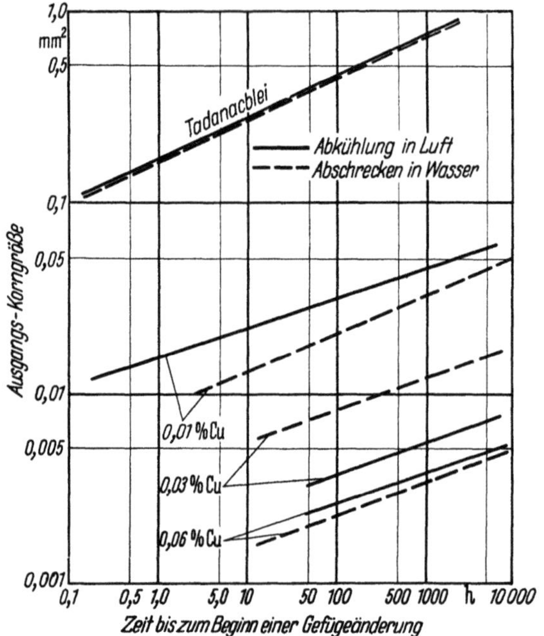

Abb. 364. Einfluß der Korngröße und des Kupfergehaltes auf die Gefügestabilität bei 100 °C von luft- und von wasserabgekühlten Bleirohren. Nach BUTLER

der Presse und Abschrecken des gepreßten Halbzeuges nach einer vorgegebenen Zeit wurden als geeignetes Verfahren zur Erzielung einer bestimmten Korngröße angesehen.

Eine mittlere Korngröße ist mit Rücksicht auf die Höhe der Kriechfestigkeit und die gewünschte geringe Rekristallisationsneigung anzustreben. Ferner ist, wie unten erläutert wird, ein möglichst gleichmäßiges Korn vorteilhaft. BUTLER [162] untersuchte die Stabilität des Gefüges, indem er luftgekühlte oder abgeschreckte Preßdrähte auf 100° C anließ und die Zeit bis zum Eintritt der Kornveränderung ermittelte. Man erkennt an Abb. 364, daß die Stabilität des Gefüges mit der Ausgangskorngröße ansteigt und bemerkt ferner den starken Einfluß von Kupferbeimengungen. Ähnliche Ergebnisse wurden an handelsüblichen Rohren aus Blei der Reinheit 99,947 und 99,925% bei Anlaßtemperaturen zwischen 100° und 200 °C gewonnen (BUTLER [163]).

Gebiete unterschiedlicher Korngröße können nach BUTLER [163] entweder auf Rekristallisation durch — mit dem Aufrollen der gepreßten Rohre in der Wärme verbundene — schwache Verformung oder auf Rekristallisation infolge Kaltverformung bei der Herstellung bzw. beim Installieren beruhen. Im ersten Fall entstehen grobkörnige Zonen, die einander gegenüberliegen und den zug- bzw. druckverformten Gebieten beim Biegen entsprechen (Abb. 365). Die grobkörnigen Zonen wurden in Versuchen an den oben erwähnten Bleisorten der Reinheit 99,947 und 99,925% erzeugt, indem die Rohre z. B. unmittelbar nach dem Pressen bei 180 °C um ein Formstück gebogen wurden. Grobkorn trat dabei in den Bezirken auf, die einen kritischen Verformungsgrad von 2,3% aufwiesen. Man könnte daran denken, die Zonenbildung durch das Warmbiegen zu verhindern, indem man das Aufrollen der Rohre nicht im heißen Zustand, sondern nach vorherigem Abschrecken mit Wasser vornimmt. Voraussetzung für das Fernbleiben der grobkörnigen Zonen ist hierbei das Ausbleiben grobkörniger Rekristallisation beim Lagern nach Verformung bei Raumtemperatur. Die Neigung zu grobkörniger Rekristallisation ist wieder am größten, wenn

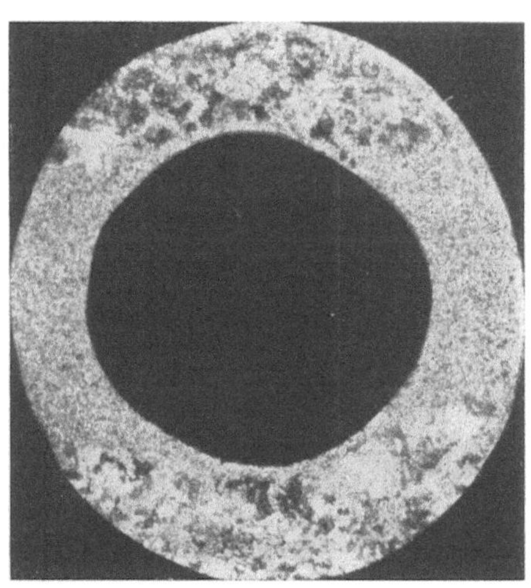

Abb. 365. Bleirohr mit unterschiedlicher Aufweitung infolge ungleichmäßiger Korngröße. Nach JONES [633]

das Ausgangskorn fein ist, die Rekristallisationsschwelle also niedrig liegt. In Versuchen bei Raumtemperatur an Rohren aus reinstem Blei und an den beiden schon genannten Bleisorten trat Zonenbildung nur an dem ersten Werkstoff auf. Die zur grobkörnigen Rekristallisation notwendige Verformung betrug z. B. bei einer Ausgangskornfläche von 0,077 mm² (abgeschrecktes Rohr) 2,8%, dagegen bei einem Ausgangskorn von 0,83 mm² 3,5%. Die Rohre aus unreinem Blei zeigten Zonenbildung erst nach dem Anlassen auf 100 °C. Die notwendige Kaltverformung betrug 2 bis 8% je nach der Ausgangskorngröße. Die Rekristallisation führt um so weniger zu Grobkorn, je höher die Rekristallisationsschwelle liegt. Daher sollte man beim Abschrecken von Rohren den Zeitpunkt des Abschreckens möglichst spät wählen und dadurch, wie oben erwähnt, für eine gewisse Vergrößerung des Ausgangskornes sorgen. Die Versuche wurden an Blei mit geringen Gehalten an Legierungselementen und an einem genormten Handelsblei BS 602 mit 0,015% Sb, 0,006% Bi, 0,009% Cu, 0,001% Ag fortgesetzt. Erstaunlich war, daß Rohre aus diesem Blei eine Verformung von etwa

7% benötigten, um in einer Stunde bei 100 °C zu rekristallisieren. Hierfür wird der kleine Silbergehalt von 0,001% mit verantwortlich gemacht. Als besonders widerstandsfähig gegen Grobkornbildung nach Verformung und Erwärmung erwies sich die Legierung mit 0,06% Cu + 0,04% Te. Dabei bewirkt der Tellurgehalt vornehmlich eine Rekristallisationsverzögerung (S. 90), während Kupfer mehr das Kornwachstum behindert. Zum Beispiel erforderte die Rekristallisation von Proben, die um 6% verformt worden waren, beim Anlassen auf 150 °C eine Zeit von 42 Tagen. Danach betrug der mittlere Korndurchmesser nur 0,12 mm. Die Legierung ist also hinsichtlich der Gefahr der Zonenbildung besonders gut zu beurteilen. Auch Legierungen mit 0,005% Ag + 0,005% Cu verhielten sich günstig.

Abb. 366. Bleirohr mit Querriß infolge eines Dauerbruches. 1,6:1

Rohre mit Zonen von grob- und feinkörnigem Gefüge weiten sich im Kriechversuch unter Innendruck ungleichmäßig auf. Dabei ist, wie erwartet, die Kriechgeschwindigkeit in den feinkörnigen Zonen größer. Im Dauerschwingversuch beginnen die Anrisse mit Vorliebe an der Grenze der fein- und der grobkörnigen Gebiete; dies führt Butler [164] auf eine Spannungsanhäufung an der Übergangsstelle auf Grund des verschiedenen Fließwiderstandes der beiden Zonen zurück. Die Dauerschwingfestigkeit von Rohren unterschiedlicher Korngröße ist daher niedriger als die von Rohren einheitlichen Gefüges, gleich ob dieses grob- oder feinkörnig ist.

Der Dauerbruch von Bleirohren tritt im allgemeinen in Form von Querrissen auf. Wasserleitungsrohre sollen an den Abzweigungen von Eisenrohren zu der Hausleitung besonders gefährdet sein, vor allem wenn zu tief ausgeschachtet wird und das Bleirohr ohne Unterstützung liegt. Das nicht wiedergegebene Gefüge des in Abb. 366 dargestellten Rohres mit Querriß zeigte auffallend großes Korn. An den Korngrenzen waren Risse zu erkennen, die zum Teil ein zusammenhängendes System bildeten, wie es für den Schwingungsbruch von Blei (Abb. 268) charakteristisch ist.

Korngrenzenrisse und daraus entstehende Querbrüche sollen auf Grund langjähriger Erfahrungen auch ohne ausgeprägte Wechselbeanspruchung auftreten, vor allem in Rohren, die in ein anderes Medium, z. B. Erde oder Zement, eingebettet sind. Die schematische Darstellung eines flachgeführten Längsschliffes durch ein Rohr mit Querrissen zeigte

Zonen sehr verschiedener Korngröße (Abb. 367). Ein innerer feinkörniger Streifen wird von zwei Bereichen groben Kornes eingefaßt. Die beiderseitige Randzone ist aus nicht näher erläuterten Gründen besonders feinkörnig. Kennzeichnend, und mit ähnlichen Beobachtungen der Bleiforschungsstelle wie auch mit den Angaben von BUTLER [164] in Einklang, ist nun das Auftreten der Querrisse an den Korngrenzen der großen Kristalle. Das betrachtete Rohr war in Zement eingebettet gewesen. Korrosion kann nicht zur Bildung der Korngrenzenrisse geführt haben, da diese zum Teil im Innern entstanden und nicht bis zur Oberfläche vorgedrungen sind. Die Risse wurden mit der unterschiedlichen Kriechgeschwindigkeit grob- und feinkörniger Zonen in Zusammenhang gebracht (S. 202). Grobkörniges Blei neigt nach längerem Kriechen zu ver-

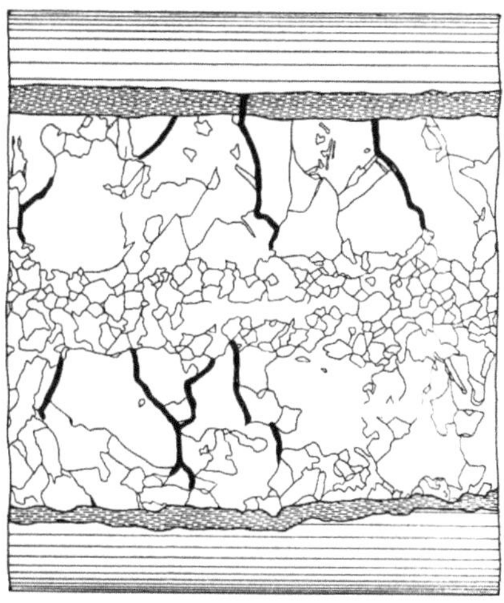

Abb. 367. Bleirohr mit unterschiedlicher Korngröße im Längsschliff. Querrisse in den grobkörnigen Zonen. Nach JONES [633]

formungslosem Bruch (S. 219). Das Kriechen kann, außer durch Innendruck, durch Ausdehnung und Zusammenziehung infolge von Temperaturschwankungen oder durch wiederholtes schwaches Hin- und Herbiegen hervorgerufen worden sein. Daß Längsspannungen und nicht Umfangsspannungen an dem Auftreten der Risse beteiligt sind, ergibt sich aus ihrem Verlauf quer zur Rohrachse.

Aufweitung und Längsrisse treten in Bleirohren als Folge eines für die Wanddicke zu großen Innendruckes auf. Soweit dieser auf dem Gefrieren des Rohrinhalts beruht, gibt es dagegen von seiten des Werkstoffes kaum einen Schutz. Wohl sind Blei-Tellur-Legierungen vorgeschlagen worden, die sich im Fall von wiederholtem Frost mit dazwischenliegenden Tauperioden günstiger verhalten sollen als Weichblei oder auch Hartblei (SINGLETON und JONES [1126]), doch liegen keine genügenden praktischen Erfahrungen vor (S. 92). Ein typischer Längsriß, von ungenügender Wanddicke des Rohres herrührend, ist in Abb. 368 zu erkennen. Die Längsfurchen rühren wohl von Preßriefen, vielleicht auch von Zeilengefüge her, da das Blei 0,4% Sb enthielt (vgl. Abb. 362). Ein anderes Rohr mit Aufweitungen und Längsrissen zeigte bei der Gefügeuntersuchung besonders lehrreiche Erscheinungen. So erkennt man im Querschliff durch die Umgebung eines Längsrisses (Abb. 369), daß vom

27*

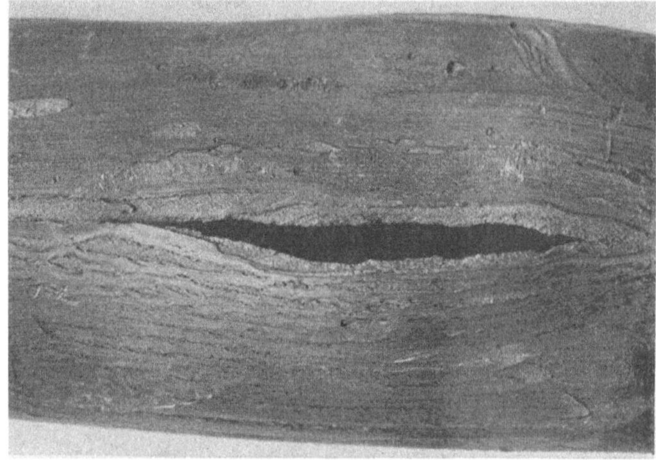

Abb. 368. Geplatztes Bleirohr. 1,2:1

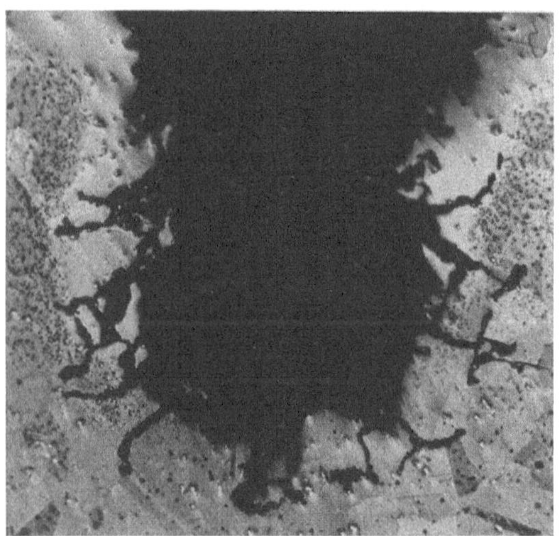

Abb. 369. Querschliff durch den Längsriß eines Rohres. Von der Wand des Risses feinere Risse ausgehend. 150:1

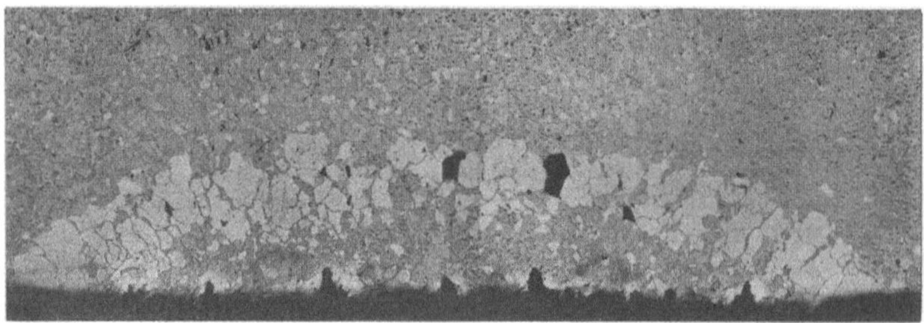

Abb. 370. Bleirohr. Korngrenzenrisse in grobkörniger Zone. 20:1

Grunde der ausgerundeten Vertiefung aus, wo die Spannungen örtlich erhöht sind, zahlreiche weitere Risse in das Innere vordringen. Hierbei ist auch eine Mitwirkung von Korrosionseinflüssen möglich. Der Querschnitt einer aufgeweiteten Wandstelle (Abb. 370) zeigt eine ringförmige Zone mit besonders grobem Korn. In dieser Zone sind zahlreiche Korngrenzenrisse vorhanden, die an der Grenze gegen das feinkörnige Gefüge haltmachen. Diese örtliche Beschränkung der Risse ist wohl ähnlich wie in Abb. 367 zu erklären. Die Risse verlaufen im Gegensatz zu Abb. 367 radial, lassen sich also auf die durch den Innendruck gegebenen Umfangsspannungen zurückführen.

Abb. 371. 0,4% Sb. Querschliff eines Bleirohres nahe der Innenwand. Hohlräume und Krätze. 500:1

Die ringförmige Zone mit grobem Korn ist nicht durch den Preßvorgang entstanden, sondern durch nachträgliche, im einzelnen nicht zu erklärende Verformung und Rekristallisation. Aufnahmen in stärkerer Vergrößerung zeigten nämlich in den Kristallen der feinkörnigen Zone gerichtete Ausscheidungen, ähnlich wie in Abb. 273, die für lang gelagerte, ausgehärtete Legierungen kennzeichnend sind. Diese Kristalle sind somit die ursprünglichen, während des Pressens gebildeten. Dagegen enthielten die groben Kristalle keine stäbchenförmigen Ausscheidungen, sondern größere, runde Antimonteilchen, ähnlich Abb. 376.

Einschlüsse von Krätze können in manchen Bleirohren nachgewiesen werden. Im Querschliff eines Rohres (Abb. 371) ist eine stark verkrätzte Zone mit Hohlräumen nahe der

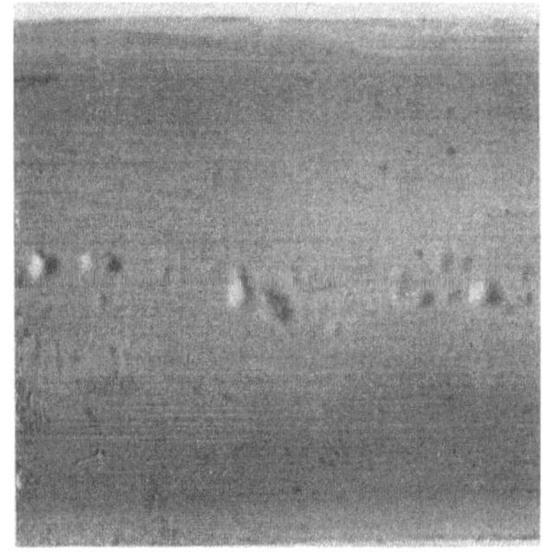

Abb. 372. Bleirohr mit Blasenbildung. 1,5:1

Innenwand zu erkennen. Das Korn ist hier feiner als in den äußeren Teilen des Rohres. Die Krätze hatte sich offenbar teilweise am Dorn festgesetzt und ist von hier in die Innenwand des Rohres gelangt. Die blasige Oberfläche des in Abb. 372 dargestellten Rohres rührt wohl von Gaseinschlüssen her. Sie wurden in der Presse zusammengedrückt und dehnten sich beim Austritt des Rohres aus der Matrize aus.

c) Wanddicke und Dauerstandfestigkeit von Weich- und Hartbleirohren. Seit Jahrzehnten sind in Deutschland und in anderen Ländern Bestrebungen vorhanden, die höhere Festigkeit von legiertem Blei zu einer Verringerung der Wanddicke von Wasserleitungsrohren auszunutzen (HANEMANN [476], STOCKMEYER und HANEMANN [1147]). Wenn es sich hierbei um die Sicherheit gegen plötzliche, starke Drucksteigerungen durch Wasserschläge oder andere Ursachen handelt, ist die Zugfestigkeit der betreffenden Legierung die geeignete Konstruktionsunterlage. In Wirklichkeit kommt es aber bei Wasserleitungen nicht nur auf Widerstandsfähigkeit gegen Druckschläge an, sondern ebensosehr auf den Widerstand der Rohrwände gegen den laufenden Betriebsdruck, also auf ihre Dauerstandfestigkeit. Wenn in den Deutschen Normblättern DIN 1261 und 1262 (S. 30) Hartblei mit 1% Sb neben Weichblei für Wasserleitungsrohre zugelassen und die Wanddicke der Hartbleirohre gegenüber derjenigen der Weichbleirohre um rund $^1/_3$ verringert wird, dann liegt dieser Angabe somit die Voraussetzung zugrunde, daß die Dauerstandfestigkeit der Legierung um mindestens $^1/_3$ höher ist als die von Weichblei.

Wie im Abschnitt Dauerstandfestigkeit gezeigt wurde (S. 226), trifft diese Annahme nur zu, wenn Hartblei im voll ausgehärteten Zustand vorliegt (HOFMANN und HANEMANN [563]). Hierzu ist einmal notwendig, daß das Verpressen der Hartbleirohre bei nicht zu tiefer Temperatur erfolgt, zum andern, daß die Legierung einige 0,01% As enthält (S. 41). Die Härte der Rohre erreicht in diesem Fall einen Wert von knapp 10 Brinelleinheiten. Hartblei mit dieser Härte wurde Hartblei A (HANEMANN und HOFMANN [478]) genannt. Es besitzt, wie Abb. 247 zeigt, bei hohen und niederen Spannungen eine Dauerstandfestigkeit, die weit über $^1/_3$ höher ist als die von Weichblei, und hat somit unter Berücksichtigung der vorgeschriebenen Wanddickenverminderung noch eine gewisse Reserve in der Dauerstandfestigkeit. Diese Reserve ist von Wichtigkeit, da bei der Verarbeitung der Legierungen nicht immer die günstigsten Bedingungen eingehalten werden können. Ferner besteht bei ausgehärtetem Hartblei die Gefahr einer teilweisen Erweichung nach jahrelangem Lagern (HOFMANN und HANEMANN [562]), vor allem, wenn beim Abrollen der Rohre oder bei der Verlegung eine gewisse Kaltverformung stattgefunden hat. Kriechversuche an einem Rohr aus Hartblei A mit 1,15% Sb und 0,02% As, das 17 Jahre gelegen hatte, zeigten praktisch noch kein Nachlassen der Kriechfestigkeit. Auch die Brinellhärte besaß noch nahezu ihren ursprünglichen Wert von 9,3 kg/mm² (HOFMANN und ENGEL [559]). Ein Nachteil von Hartblei A, die größere Steifigkeit, muß in Kauf genommen werden. Wenn Hartblei infolge Fehlens der Arsenbeimengung oder zu niedriger Preßtemperatur nicht, oder nur unvollständig, aushärtet (Hartblei B), besitzt es im Vergleich mit Weichblei eine immer noch wesentlich höhere Zugfestigkeit. Auch die Kriechfestigkeit ist im Gebiet höherer Spannungen noch verbessert (S. 226). Dagegen kriecht derartiges Hartblei bei niedrigen Spannungen unter Umständen genau so schnell wie Weichblei, bei extrem feinem Korn sogar schneller. Wenn bei derartigen Rohren nun noch die Wanddicke im Vergleich zu Weichbleirohren verringert ist, darf es nicht wundernehmen, wenn sich Beulen und Längsrisse im Betrieb einstellen. Bei der Untersuchung einer größeren Zahl solcher schadhaften Hartbleirohre während des letzten Krieges zeigte sich, daß alle Rohre Härten von nur 5,6 bis 7 Brinelleinheiten besaßen und daß keine Arsenbeimengung vorhanden war. Vielfach wurde auch der vorgeschriebene Antimongehalt von 1% wesentlich unterschritten.

Die Überlegenheit von Hartblei A gegenüber Weichblei in der Dauerstandfestigkeit besteht nicht mehr bei höheren Temperaturen (HOFMANN [556]) (Abb. 248). Eine Verringerung der Wanddicke von Bleirohren, die für chemische Apparaturen — etwa bei Temperaturen von 80 °C — verwandt werden, ist nach den Ergebnissen von HILLEN und HOFMANN [528] nur sinnvoll, wenn man Weichblei durch Hartblei mit mindestens 4% Sb ersetzt.

In England hat man sich sehr eingehend mit der Steigerung der Kriechfestigkeit von Bleirohren durch Legieren und durch die Art der Verarbeitung beschäftigt. Dabei wurde gerade der Einfluß kleiner Beimengungen, z. B. von Kupfer und Silber, besonders erprobt (S. 231).

4. Das Walzen von Blei

Die Theorie des Walzvorganges als eines allgemeinen Formgebungsverfahrens ist in den letzten Jahrzehnten mit Erfolg bearbeitet worden; dies kann man der zusammenfassenden Darstellung von FORD [332] und dem von ihm gegebenen Quellenverzeichnis entnehmen. Es soll hier nur angedeutet werden, daß die ersten grundlegenden Ansätze auf v. KÁRMÁN [645] und auf OROWAN [924] zurückgehen. Dabei wird der Walzvorgang als ein ebenes Verformungsproblem behandelt, d. h. von dem Auftreten einer Breitung wird abgesehen. Als Fließbedingung wird die Hypothese der Gestaltänderungsenergie nach v. MISES [858] eingeführt. Einen Überblick über den gegenwärtigen Stand der rechnerischen Behandlung des Walzvorganges geben LIPPMANN und MAHRENHOLTZ [754a].

Über das Kaltwalzen von Blei und Bleilegierungen sind verschiedene, grundsätzliche Arbeiten durchgeführt worden. Soweit sie die Klärung von Erscheinungen beim Warmwalzen anderer Metalle als hauptsächliches Ziel hatten, soll darüber nur kurz berichtet werden.

Stauchversuche an Körpern aus Blei mit rechteckigem Querschnitt wurden von SIEBEL und OSENBERG [1117] in Hinblick auf die ähnlichen

Fließvorgänge beim Walzen vorgenommen; dabei verformten sich die Quader bevorzugt in der durch die kürzere Kante gegebenen Richtung, so daß der rechteckige Querschnitt allmählich zu einem Kreis wurde. Das Verhalten ist durch die Reibung an den Preßflächen bedingt und daher um so ausgeprägter je höher sie ist.

Die Untersuchungen über die Breitung beim Walzen von Blei und ihre Abhängigkeit von den Arbeitsbedingungen lieferten folgende Ergebnisse (BENAD [75], EMICKE und BENAD [277]):

Die Breitung Δb wird am besten durch die Breitungsformel nach SEDLACZEK-SIEBEL dargestellt:

$$\Delta b = C \cdot \frac{1}{\left(\dfrac{b}{h}\right)^{1/2} + \left(\dfrac{h}{b}\right)^{3/2}} \sqrt{\frac{D}{h}} \cdot \Delta h,$$

wo b und h die Breite und Höhe des zu walzenden Stückes und D den Walzendurchmesser bedeuten. Die Konstante C kann für Blei und Blei-Antimon-Legierungen bei glatter Beschaffenheit der Walzenoberfläche überschlägig mit 0,19 angenommen werden. Aus der Gleichung ersieht man, daß die Breitung mit größer werdendem Walzendurchmesser zunimmt. Das kann man auch aus den oben beschriebenen Stauch-Versuchen verstehen, wenn man berücksichtigt, daß durch eine Vergrößerung des Walzendurchmessers die Berührungsfläche von Werkstoff und Walze in der Walzrichtung verlängert wird. Auch Messungen anderer Laboratorien bestätigen dieses Ergebnis (TAFEL und ANKE [1160]). Die Formel besagt ferner, daß die Breitung von dem Seitenverhältnis b/h abhängt.

Die Funktion $\dfrac{1}{\left(\dfrac{b}{h}\right)^{1/2} + \left(\dfrac{h}{b}\right)^{3/2}}$, und damit die Breitung, hat für den Wert

b/h von 1,73 ein Maximum und fällt für niedrigere Werte steil, dagegen für höhere langsamer ab (SIEBEL [1114], TAFEL und KNOLL [1161]). Für die Praxis spielt die Breitung keine wesentliche Rolle, da im allgemeinen eine große Ausgangsbreite des Walzgutes, d. h. ein hoher Wert von $\dfrac{b}{h}$

vorliegt. Die Walzgeschwindigkeit beeinflußt innerhalb weiter Grenzen die Breitung nur wenig (TAFEL und ANKE [1160]). Die Beschaffenheit der Walzenoberfläche wirkt sich bei Walzen, deren Durchmesser nicht größer als die 10fache Höhe des Walzgutes ist, kaum aus. Bei einem größeren Verhältnis D/h dagegen steigt die Breitung bei rauhen Walzen steiler an als bei glatten und geht nicht mehr proportional der Höhenabnahme Δh (Abb. 373). Wenn im Gegensatz zu den meisten Breitungsformeln TAFEL und ANKE [1160] eine Zunahme der Breitung mit der 1,5ten Potenz der Höhenabnahme fanden, wird man somit vermuten, daß die Ursache eine rauhe Oberfläche der Walzen war. Das Verhältnis D/h betrug nämlich bei der in einer Abbildung dargestellten Kurve für Blei 22:1 (TAFEL und ANKE [1160]).

Die Voreilung, d. i. die Streckung des Walzgutes von der Stelle gleicher Umfangsgeschwindigkeit der Walze und der sie berührenden Probenoberfläche bis zum Austritt aus den Walzen, spricht bei Blei und anderen

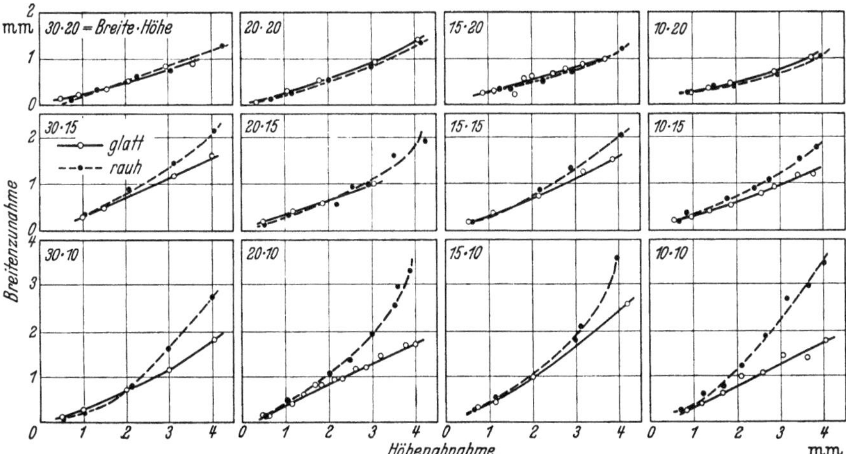

Abb. 373. Abhängigkeit der Breitung von der Höhenabnahme beim Walzen. Werkstoff Blei mit verschiedenen Querschnitten. Glatte und rauhe Walzenbahnen. Walzendurchmesser 177 mm. Nach SIEBEL und OSENBERG [1117]

Metallen sehr stark auf Unterschiede in der Reibung an. Die Voreilung nimmt mit wachsender Reibung zu, so daß die Fließscheide sich in Richtung zum Walzeneintritt verschiebt (SIEBEL und OSENBERG [1117]).

Eingehende Messungen des Kraftbedarfs beim Walzen von Weich- und von Hartblei neben den schon erwähnten Messungen der Breitung wurden an der Bergakademie Freiberg durchgeführt (BENAD [75], EMICKE und BENAD [277]). Der Ausgangswerkstoff war zum Teil mit dem Querschnitt 80×80 mm gegossen; soweit er schon einmal gewalzt war, wurde er bei 100 °C angelassen. Zur Feststellung des Kraftbedarfs bzw. der Verformungsarbeit dienten einmal Messungen des Walzdruckes. Aus dem Walzdruck P_w in Kilogramm ergibt sich die Formänderungsfestigkeit zu

$$k_f = \frac{P_w}{l_d \cdot b_m},$$

wo l_d und b_m die gedrückte Länge bzw. mittlere Breite des Walzgutes sind. Die Walzarbeit folgt aus dem Walzdruck zu

$$A = P_w \cdot l_d \frac{l_1}{r \sqrt{\lambda}} \text{ cmkg,}$$

wobei λ den Längungsgrad $= \dfrac{l_1}{l_0}$, l_0 und l_1 die Länge des Stückes vor bzw. nach dem Walzen und r den Walzenhalbmesser bedeuten (HOFF und DAHL [550]). Mit der so bestimmten Walzarbeit berechnet man den Formänderungswiderstand k_w als $\dfrac{\text{Kraft}}{\text{Fläche}}$ bzw. $\dfrac{\text{Arbeit}}{\text{Volumen}}$ aus der Beziehung $A = k_w \cdot V \cdot \ln \dfrac{l_1}{l_0}$ (FINK [316]). V ist hierbei das Volumen des Walzgutes.

Außer dem Walzdruck wurde das auf die Kuppelspindeln übertragene Drehmoment M_d oszillographisch gemessen (EMICKE, ALLHAUSEN und MAUKSCH [276]). Während die bisherigen Beziehungen nur statische Größen enthalten, wird die Messung und Zugrundelegung des Drehmomentes M_d der dynamischen Natur des Walzvorganges gerecht. Wenn ω die Winkelgeschwindigkeit der Walzen und t die Stichdauer bedeuten, dann ist die an den Kuppelspindeln übertragene Arbeit $A_{\text{mech}} = \int\limits_{t_0}^{t_1} M_d \cdot \omega \cdot dt$.

Durch Abziehen der Reibungsarbeit A_r in den Walzenlagern ergibt sich die reine Walzarbeit zu $A_w = A_{\text{mech}} - A_r$. Aus A_w folgt nach der oben angegebenen Gleichung von FINK [316] der Formänderungswiderstand $k_{w\alpha}$. Dieser ist eine sichere Grundlage für Walzwerksberechnungen. Für den Fall, daß nur k_f bestimmt werden kann, wird eine Formel zur Ermittlung von $k_{w\alpha}$ angegeben.

Die Formänderungsfestigkeit k_f, der Formänderungswiderstand k_w bzw. $k_{w\alpha}$, sowie die Brinellhärte wurden in Abhängigkeit von dem Verformungsgrad, dem Antimongehalt der Legierung, dem Höhenverhältnis $\dfrac{h}{D} = \dfrac{\text{Walzguthöhe}}{\text{Walzendurchmesser}}$ und der Walzengeschwindigkeit gemessen. Sämtliche genannten Größen besitzen den gleichen Gang, wenn sich auch die Absolutwerte mehr oder weniger unterscheiden. Die Abhängigkeit des Formänderungswiderstandes aus dem Drehmoment von dem Walzgrad und dem Antimongehalt gemäß nebenstehendem Schaubild (Abb. 374) ist besonders lehrreich. Während der Formänderungswiderstand von Weichblei mit zunehmendem Verformungsgrad ständig ansteigt, prägt sich mit steigendem Antimongehalt immer mehr ein Maximum von $k_{w\alpha}$ bei einem Walzgrad von 5 bis 7% aus. Dieses Maximum ist durch die Verfestigung von Hartblei, in der vielleicht eine gewisse Aushärtung enthalten ist, zu erklären. Die Verfestigung wird bei größerer Stichabnahme durch spontane Kristallerholung und Rekristallisation abgelöst. Der günstigste Verformungsbereich liegt somit bei ganz kleinen Höhenabnahmen und solchen von 15 bis 20%. Das energetisch günstigste Verhältnis Walzguthöhe/Walzendurchmesser beträgt etwa 0,10. Durch Erhöhung der Walzgeschwindigkeit wird der Verformungswiderstand, ähnlich wie beim Strangpressen, nur mäßig gesteigert, eine für die Praxis erfreuliche Feststellung. Aus der Differenz der Walzarbeiten, berechnet aus Drehmoment und Walzdruck, wurde der Reibungswert für Walze und Walzgut bestimmt. Die Werte für μ liegen

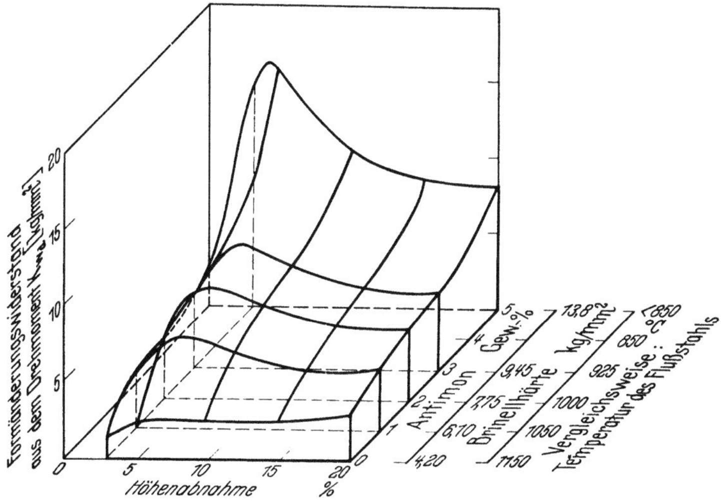

Abb. 374. Formänderungswiderstand aus dem Drehmoment für verschiedene Walzgrade und Antimongehalte. Nach EMICKE und BENAD [277]

zwischen 0,01 und 0,20. In Kegelstauchversuchen wurden für Blei ähnliche Werte: $< 0,1$; $0,3$; $\sim 0,4$ je nach Oberflächenbeschaffenheit gemessen (SIEBEL und POMP [1118]). Noch höhere Werte des Reibungsbeiwerts können bei langsamem Ausfließen von Blei zwischen Druckplatten aus oxydiertem Stahl auftreten (S. 215).

BENAD [75] führte weitere Walzversuche an zusammengesetzten Proben durch. Diese bestanden in konzentrischer Anordnung aus drei Schichten mit verschiedenem Antimongehalt, wobei dieser in einer Versuchsreihe (A) von außen nach innen, in der anderen (B) von innen nach außen zunahm. Durch die Versuche sollten praktisch vorkommende Fälle beim Warmwalzen von Stahl nachgeahmt werden. Die Reihe A entspricht hierbei dem Fall eines nicht vollkommen durchgewärmten Blockes, die Reihe B dem eines durch zu langsames Arbeiten außen abgekühlten Blockes. Die Kraftbedarfsmessungen von Schichtmetallen ergaben einen stärkeren Einfluß der harten Außenzone auf den Kraftbedarf als des harten Kernes.

Bleiwalzwerke werden als Duo-Umkehrstraßen mit Walzenbreiten von unter 1 bis 4 m und entsprechenden Leistungen zwischen 40 und 150 PS gebaut. Zwecks Herstellung von Walzblei werden die gegossenen Blöcke mit Abmessungen von z. B. 200 × 170 × 15 cm zunächst in der Wärme, also bei Temperaturen zwischen etwa 180 und 100 °C, mit Stichabnahmen von 3 bis 5 mm vorgewalzt. Die Dicke nach dem Vor-walzen beträgt etwa 25 bis 30 mm. Die Platinen werden nun in passende Stücke zer-schnitten und fertig gewalzt. Die Stichabnahme beim Fertig-walzen liegt unter 1 mm, da bei stärkerem Druck Falten gebil-det werden. Die Enden gehen im Gegensatz zum Vorwalzen meist nicht durch die Walzen hindurch. Die Walzgeschwin-digkeit beträgt etwa $^{1}/_{2}$ m in der Sekunde. Zur Erzielung gleichmäßiger Dicke werden die fertigen Bleche ohne Druck nachgewalzt.

Während das Walzen von Weichblei keine Schwierig-keiten bereitet, läßt sich Hart-blei weniger leicht verwalzen, da mit der Härte auch die Sprödigkeit zunimmt und die Gefahr der Rißbildung, vor allem an den Kanten, besteht. Daher wird Hartblei mit ge-ringen Stichabnahmen ge-walzt. Dies bewirkt aber eine stärkere Abkühlung des Werk-stoffes beim Walzen, so daß dadurch wieder die Sprödig-keit zunimmt und ein stär-kerer Schneidabfall entsteht. Es wurden aus diesem Grunde von dem letztgenannten Ver-fasser Walzversuche an Hart-blei, das mit Weichblei plat-

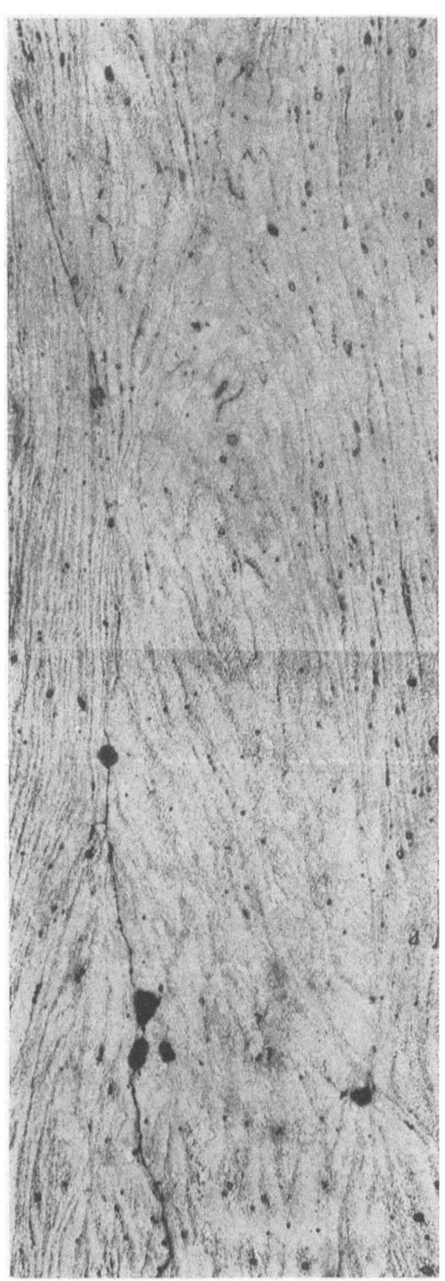

Abb. 375. Beim Walzen gerissenes Hart-bleiblech mit etwa 2% Sb im Längsschliff. Durch Zeilen von Eutektikum darge-stellter Fließverlauf stellenweise stark gestört. Reste von unvollständig ver-schweißten Lunkern. Überlappungen. 40:1

tiert war, durchgeführt. Die Dicke der Hartbleiplatine betrug 77 mm, die der beiden aufgelegten Weichbleibleche je 3 mm. Die Versuche zeigten ein günstigeres Verhalten des plattierten Werkstoffs, verglichen mit dem nichtplattierten, sowohl bezüglich der möglichen Stichabnahmen als auch des Schneidabfalls und des Kraftbedarfs. Für manche Zwecke dürfte auch ein Vorteil eines solchen Verbundwerkstoffes in korrosionstechnischer Hinsicht zu erwarten sein. Abb. 375 stellt die Makroaufnahme eines beim Walzen gebrochenen Hartbleibleches dar. Das Gefüge deutet vielleicht auf den schädlichen Einfluß

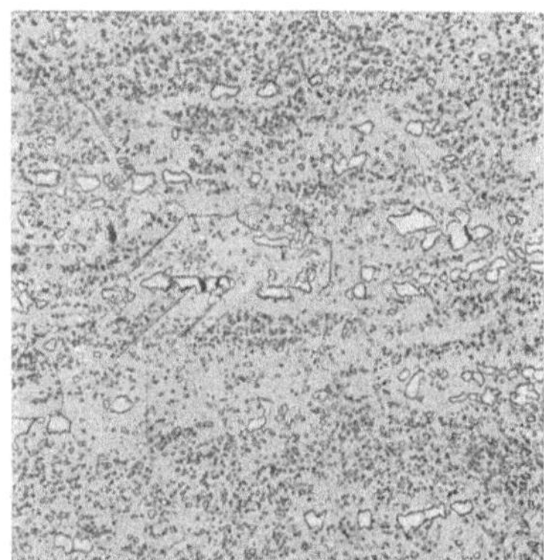

Abb. 376. Hartbleiblech mit rund 6% Sb. Längsschliff. Antimoneinschlüsse mit Querrissen. Zwillinge von Blei durch Rekristallisation nach dem Walzen. 500:1

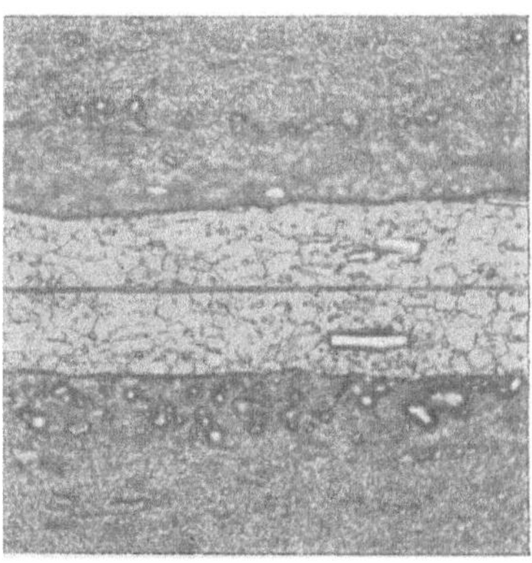

Abb. 377. Vorgewalzte, 0,1 mm dicke Blei-Zinn-Folie. Zinnschichten von 2 aneinandergelegten Proben mit Blei verschweißt. 500:1

einer starken Lunkerung des Gußblockes hin. Die folgende Abb. 376 zeigt besondere Gefügeerscheinungen in einem Hartbleiblech mit 6% Sb.

Bleifolien werden in Dicken von 0,005 mm aufwärts hergestellt. Folien von etwa 0,5 mm Dicke verwendet man zur Messung von Explosionsdrucken, (HOFMANN und MEIER [571]). Die in einer Meßdose eingespannten Folien bauchen sich unter der Wirkung einseitigen Druckes kalottenförmig aus. Die Tiefe der Kalotte ist ein Maß für die Größe des Explosionsdruckes. In Eichversuchen an Bleifolien verschiedener Zusammensetzung wurde die Genauigkeit der Methode, insbesondere der Zeit- und der Temperatureinfluß, geprüft. Feinkörniges Hartblei ist für Meßzwecke reinem Blei vorzuziehen. Aluminiumfolien zeigen einen geringeren Zeiteinfluß als Bleifolien. Stärkere Folien von etwa 1 mm Dicke werden für die Bleiprägung nach ALBERT-FISCHER verwandt (S. 343). Die Folien für die Bleiprägung müssen tadellose Oberflächenbeschaffenheit besitzen und erfordern zu ihrer Herstellung besondere Sorgfalt (BAKER [35]). Folien von einigen Zehntel Millimeter Dicke werden zum Umwickeln von Kabeln verwandt.

Mit Zinn plattierte Bleibleche werden zu Folien ausgewalzt. Diese Folien finden z. B. Verwendung in der Verpackungsindustrie und als Lametta für den Christbaum. Das Plattieren erfolgt beim Vorwalzen. Die Platinen sind zunächst nur gut handwarm; durch große Walzstiche erzielt man eine Temperaturerhöhung, die die Verschweißung begünstigt (Abb. 377). Blei-Zinn-Folien können auch hergestellt werden, indem man Blei mit geschmolzenem Zinn übergießt und dann auswalzt.

5. Fließpressen und Ziehen

Die Herstellung von Tuben aus weichen Metallen wie Blei und Zinn durch Fließpressen ist schon über 100 Jahre alt (PEARSON [*940*]). Die Anwendung des Verfahrens auf Aluminium war erst seit dem Jahre 1920 möglich. Seit dem letzten Krieg wird das Fließpressen auch zur Herstellung dickwandiger Hohlkörper aus Stahl eingesetzt. Die größten bekannten Abmessungen der Bleituben betragen 75 mm Durchmesser und 300 mm Länge, die Wanddicke liegt meist im Bereich von 0,1 bis 0,2 mm. Zur Erhöhung der Steifigkeit der Tuben verwendet man an Stelle von Weichblei meistens niedrig

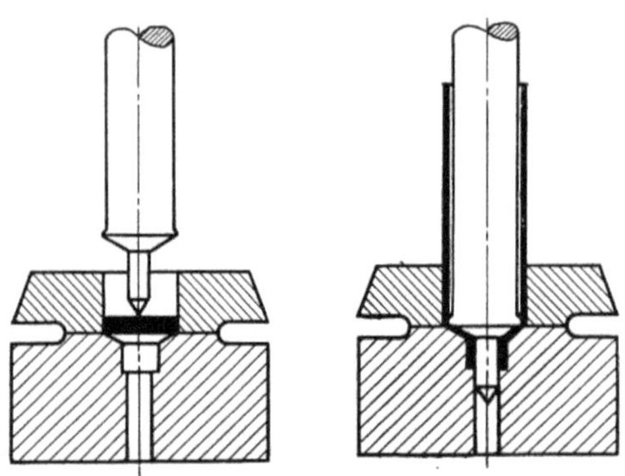

Abb. 378. Bau- und Wirkungsweise eines Tubenpreßwerkzeuges. Herlan & Co., Karlsruhe

legiertes Hartblei; üblich ist ein Gehalt von z. B. 0,6% Sb, wie er auch für Kabelmäntel eingesetzt wird. Aus Gründen des guten Aussehens und zur Vermeidung gesundheitlicher Schäden stellt man vielfach Tuben her, die auf dem Blei beiderseits eine Zinnauflage von mindestens 2,5% der Wanddicke aufweisen.

Die Herstellung der Tuben erfolgt nach dem in Abb. 378 gegebenen Schema. Aus Bändern werden Plättchen gestanzt. In einem Arbeitsgang werden die Ronden gelocht und umgeformt. Zur Herabsetzung der Reibung zwischen Werkzeug und Preßling verwendet man ein Schmiermittel. Die Erzeugung des Gewindes zum Verschließen der Tube kann in den Umformungsvorgang aufgenommen werden. In diesem Fall erfordert die Entfernung der rohen Tube aus dem Werkzeug eine Drehbewegung. Meist wird das Gewinde geschnitten; dabei können die beiden Enden der rohen Tube im gleichen Arbeitsgang beschnitten werden. Zur Herstellung der oben erwähnten Bleizinntuben geht man von zinnwalzplattiertem Blei aus. Man kann außer den runden Querschnitten nach Abb. 378 auch andere Querschnittsformen fließpressen (GOHN [401]).

Die roh gespritzten, beschnittenen und mit einem Gewinde versehenen Tuben werden endlich noch lackiert und bedruckt. In manchen Fällen spritzt man die Tuben zur Korrosionsverhütung noch von innen mit Wachs aus.

Flaschenkapseln werden im Ziehverfahren auf Automaten hergestellt. Man verwendet mit Zinn plattiertes Weichblei, weshalb die Kapseln als Stanniolkapseln bezeichnet werden. SCHIKORR und BERGNER [1063] prüften das Korrosionsverhalten von Stanniolkapseln mit unterschiedlicher Zinnschichtdicke für Weinflaschen. Sie empfehlen auf Grund der gemachten Beobachtungen eine Mindestdicke des Zinnüberzugs von 3 μm.

6. Blei in der Pulvermetallurgie

Die Herstellung von Bleipulver für die Zwecke der Akkumulatorentechnik ist an anderer Stelle erwähnt (s. S. 327). Bleipulver für die Pulvermetallurgie, die Anstrichtechnik usw. erzeugt man durch Zerstäuben von flüssigem Blei mit Preßluft. Bei diesem Verfahren wird das Blei nicht so stark oxydiert, wie es bei der Herstellung durch Vermahlen in Kugelmühlen geschieht. Ein so gewonnenes Pulver weist z. B. folgende Korngrößenverteilung auf[1]:

Korngröße [mm]	> 0,075	> 0,06	> 0,04	< 0,04
Anteil [%]	Spur	1	5	94

Schüttgewicht 4,6—5,0 g/cm³

Man kann in ähnlicher Weise auch Bleibronze-Pulver herstellen. In diesem Fall zerstäubt man die Legierungsschmelze durch Druckwasser an Stelle von Druckluft. Man vermeidet durch die schnellere Abkühlung eine Entmischung der Legierungströpfchen bei der Erstarrung (vgl. SUGIYAMA [1154]). Das klassische Verfahren der Pulvermetallurgie ist auch auf Blei anzuwenden. Es besteht in einem Verdichten des möglichst oxydfreien Pulvers und einem anschließenden Erwärmen unter Ausschluß von Luft (GOETZEL [400], KIEFFER und HOTOP [662]). Nach der Arbeit von THÜMMLER [1195] steht Blei in seiner Sinterneigung zwischen den schlecht sinternden Metallen Zink, Kadmium und Zinn und den gut sinternden Metallen wie z. B. Eisen, Kobalt, Nickel, Kupfer und Silber. Verdichten und Erwärmen können auch zu einem Arbeitsgang vereinigt werden: Heißpressen. Die Anwendung von Wärme ist bei Blei nicht notwendig. Man kann z. B. durch Walzen

---

[1] Nach freundlicher Mitteilung der Norddeutschen Affinerie, Hamburg.

von Bleipulver bei Raumtemperatur zu einem Sinterband kommen, das die Dichte von kompaktem Blei aufweist, d. h. völlig porenfrei ist (STORCHHEIM [1151]). Die Zugfestigkeit eines solchen Werkstoffs betrug 6 kg/mm², war also gegenüber den herkömmlichen Werten der Zugfestigkeit etwa verdreifacht.

Die Erhöhung der Festigkeit wird von LENEL und ANSELL [743] auf die größere Zahl von Kristallbaufehlern in den pulvermetallurgisch verarbeiteten Werkstoffen zurückgeführt. Eine weitere Erhöhung der Festigkeit ergibt sich durch die besonders auf feinen Pulverteilchen in relativ größerer Menge vorhandenen Oxyde. Für das Verhalten einer Sinterlegierung mit heterogenem Aufbau ist der Verteilungsgrad der eingelagerten zweiten Phase entscheidend. Die Fließgrenze geht nach den erwähnten Verfassern umgekehrt proportional der Quadratwurzel aus dem mittleren Teilchenabstand.

Ähnlich wie man Bleioxyd pulvermetallurgisch fein im Blei verteilen kann, ist das auch mit anderen nicht im Blei löslichen Beimengungen möglich. Solche Versuche wurden auf Veranlassung der Lead Industries Association, New York, kürzlich von LENEL im Rensselaer Polytechnic Institute, Troy, N. Y., durchgeführt. LENEL und BAUM [742] stellten auf diese Weise u. a. Legierungen mit 5% Cu und 0,75% O_2 her. Dabei gingen sie von Legierungspulver aus, das durch Zerstäuben und Luftabschrecken der Legierungsschmelze gewonnen wurde. Sie verdichteten die Pulver durch Anwendung eines Preßdruckes zwischen 2300 und 2800 at und erreichten so Dichten der Preßlinge bis 98,8% des theoretischen Wertes. Die endgültigen Sinterkörper erhielten sie durch Strangpressen bei Temperaturen von 93 °C und 232 °C. Die bei 93 °C verpreßten Proben erreichten eine Zugfestigkeit von 5,7 kg/mm² bei einer Bruchdehnung von über 15%. An Strangpreßlingen auf der Basis Blei-Bleioxyd erzielten sie dagegen bei gleicher Zugfestigkeit eine Bruchdehnung von nur 6,6%. Die Duktilität von Blei-Kupfer-Strangpreßlingen konnte durch eine vorherige Reduktion des Legierungspulvers mit Wasserstoff auf einen Wert der Bruchdehnung von 33% erhöht werden. Dabei sank die Zugfestigkeit auf 4,5 kg/mm² ab. In diesem Zusammenhang sei die Beobachtung erwähnt, daß die Pulver aus Blei-Kupfer sich an Luft viel weniger veränderten als die Pulver aus reinem Blei. Letztere oxydierten beim Lagern beachtlich, wobei sie die Farbenskala von grau, schwarz, braun nach gelb durchliefen. Das Legierungspulver blieb dagegen grau.

Das Kriechverhalten der Blei-Kupfer-Sinterkörper erscheint nach den Versuchen von LENEL [742] ebenfalls günstig. Die Kriechversuche erstreckten sich über einen Zeitraum von 100 Stunden. Da schon nach etwa 20 Stunden stationäres Kriechen eintrat, konnte man aus dem linearen Teil der Kriechkurven die Kriechgeschwindigkeiten ermitteln und mit den Werten anderer Legierungen vergleichen. Bisher liegen in der Hauptsache folgende Ergebnisse vor.

	Prüftemp. °C	Prüf- spannung kg/cm²	Dehnung in %/Jahr, extrapoliert
95 Pb — 5 Cu, bei 93 °C stranggepreßt	25	183 221 284	27,6 44,8 184,0
95 Pb — 5 Cu, bei 232 °C stranggepreßt	25	221 284	35,0 113,0
Blei mit 6% Sb, gewalzt	30	60,5	100
Blei mit 6% Sb, gegossen nach Abb. 308	20	60	0,5 bis 2
Handelsblei gewalzt	30	51,4	100
Handelsblei nach Abb. 246	20	50	100 bis 2000

Die weitere Entwicklung der Sinterlegierungen von Blei verdient somit große Beachtung.

In einem neuartigen Verfahren können Bleikörper durch Verdichtung von Bleipulver in einem Aufnehmer unter der einseitigen Einwirkung eines Explosionsdrucks erzeugt werden (CROSS [*224*]). Die Anwendung des sonst erforderlichen Preßstempels entfällt. In den Versuchen wurden Explosionsdrücke zwischen 700 at und 3500 at angewandt. Die Ausgangsteilchengröße lag zwischen 5 μm und 131 μm. Die gemessenen Druckfestigkeiten an den Probekörpern nahmen mit steigendem Explosionsdruck zu und zeigten ein Maximum in Abhängigkeit von der Teilchengröße. Angaben über das Kriechverhalten solcher Körper sind nicht bekannt geworden.

In noch stärkerem Maße als reines Blei verwendet man in der Pulvermetallurgie Blei als Zusatz zu anderen Metallpulvern. Zum Beispiel erzeugt man Sinterkörper aus Kupfer mit Zusätzen von 5 bis 15% Blei und weiteren Metallen, von Graphit und Oxyden (HOFMANN und PIEPER [*574*]). Solche Reibwerkstoffe werden als Brems- und Kupplungsbeläge im Fahrzeugbau eingesetzt. Das Blei soll den Einlaufvorgang begünstigen. Daneben wird ihm aber auch noch die sogenannte Selbstregulierung nachgesagt. Steigt die Temperatur in der Reibfläche auf den Schmelzpunkt des Bleies an, so soll dieses einen dünnen Flüssigkeitsfilm bilden, der den Reibbeiwert vermindert. Dadurch sinkt die Temperatur und das Blei wird wieder fest. Weitere Anwendungen von Bleipulver werden von ZIEGFELD [*1304*] beschrieben.

III. Metallische Überzüge. Einsatz von Bleiblech. Verbindungsarbeiten

1. Verbleiung

a) Allgemeines. Überzüge von Blei kommen als Korrosionsschutz in erster Linie für Stahl in Betracht, daneben aber auch für Kupfer und Kupferlegierungen, Zink und Aluminium. Die Wirkung einer Verbleiung von Stahl ist anders als etwa die einer Verzinkung. Da im Falle einer Verzinkung das Überzugsmetall unedler ist als das Grundmetall, besteht auch an unbedeckten Stellen ein Korrosionsschutz durch Fernwirkung. Blei verhält sich dagegen in den praktisch vorkommenden Lösungen elektropositiv gegenüber Eisen und kann dieses nur als dichter Überzug vollkommen schützen. Wenn durch Poren im Überzug der Elektrolyt bis zum Stahl vordringt, ist der anodische Angriff des Stahles an diesen Stellen im allgemeinen sogar vergrößert (s. unten). Im Fall leichter Korrosionsbeanspruchung, z. B. bei Einwirkung einer Industrieatmosphäre, können die durch den örtlichen Angriff gebildeten Korrosionsprodukte zu einer Ausheilung der Poren führen und damit die weitere Zerstörung der Unterlage verhindern (KNIGHT [681]). Angaben über die Haltbarkeit von galvanisch verbleitem Stahl und von feuer- und spritzverbleitem Stahl unter verschiedenartigen klimatischen und atmosphärischen Bedingungen finden sich bei HUDSON [599]. Verbleiungen können nach verschiedenen Verfahren ausgeführt werden. In der Entwicklung befindet sich die Verbleiung durch Aufdampfen im Vakuum (Vakuummetallisierung).

b) Feuerverbleiung (Schmelztauchverbleiung). Die in Salzsäure oder Schwefelsäure gebeizten und mit Wasser gespülten Werkstücke aus Stahl werden durch Benetzung mit Chlorzink-Salmiaklösung vor Oxydation bis zum Einbringen in das Schmelzbad geschützt. Dieses wird unter einer Decke von Chlorzink auf einer Temperatur von ungefähr 350 °C gehalten. Die Stücke werden eingetaucht, wobei man Überzugsdicken von beiderseits 0,03 bis 0,04 mm erhält. Bänder für die sog. Blei-Falzrohre, die man in der elektrischen Installation braucht, werden kontinuierlich verbleit. Die Bänder laufen durch einen Entfettungstrog, das Beizbad und den Lötwassertrog (GÜNTHER [448]) in das mit Chlorzink bedeckte Bleibad. Anschließend werden etwa haftenbleibende Reste von Krätze, Flußmittel und Schmelze beiderseits abgestreift. Die Bänder werden in besonderen Maschinen zu einem Rohr zusammengebogen und gefalzt, wobei man gleichzeitig ein geteertes Papierrohr einlegt. Große Werkstücke, die man nicht in ein Schmelzbad eintauchen kann, werden nach der Reinigung zonenweise mit dem Brenner erwärmt. Dabei trägt man das geschmolzene Blei durch Wischen mit Asbestwolle auf.

Zur Erhöhung der Härte des Überzuges verwendet man im allgemeinen legiertes Blei. Üblich sind Zusätze von Antimon oder von Zinn in Höhe von etwa 5%. Auch Legierungen mit je 2,5% Sb und Sn, dazu unter Umständen 0,25 bis 0,5% Ag oder 1% Zn, sind gebräuchlich (KNIGHT [681]). Man nimmt meist an, daß die Legierungselemente auch die Bindung zwischen Überzug und Grundmetall verbessern (S. 54). Mit zunehmendem Anteil an Legierungselementen, besonders von Zinn, erhalten die Überzüge ferner ein glänzendes Aussehen. Für die vor allem in Amerika und England üblichen sog. Terneblech[1] werden Schmelzbäder mit Zinngehalten bis zu 25% genommen. Diese Bleche eignen sich gut für Tiefzieharbeiten. Im ersten Weltkrieg haben Legierungen mit etwa 1% Sn und 1% As nach SCHLÖTTER (MAASS [787]) gute Dienste getan.

Zur Erhöhung der Bindefestigkeit und Porenfreiheit des Überzuges und damit seiner schützenden Wirkung hat man eine Vorverzinnung der Bleche und Bänder aus niedrig kohlenstoffhaltigem Stahl vorgeschlagen. Die Dicke des galvanisch aufgebrachten Zinnfilms beträgt 0,1 bis 0,5 μm. Durch Tempern bei etwa 350 °C in reduzierender Atmosphäre wird die Zinnschicht in eine Eisen-Zinn-Legierung umgewandelt, auf der die anschließend aufgebrachte Bleilegierung besser haftet (NEISH [892]).

Bleiüberzüge spielen auch bei der bildsamen Formgebung von Stahldrähten und -stangen eine Rolle, da sie die Reibung zwischen Werkstoff und Werkzeug herabsetzen und daher als Schmiermittel dienen (BOWDEN und TABOR [120]). Die Anwendung solcher durch Tauchverbleiung aufgebrachten Überzüge beim Ziehen von austenitischem Chromnickelstahl wurde beschrieben (Wire Industry [1280]).

Die Feuerverbleiung liefert bei den üblichen Schichtdicken keine völlig dichten Überzüge. Sie hat sich in Fällen gut bewährt, wo die Anforderungen an den Korrosionsschutz nicht zu groß sind, z. B. wo es auf Schutz vor Kondenswasser, Witterungseinflüssen, schwach sauren Gasen u. ä. ankommt. Ein großes Verwendungsgebiet ist die Herstellung von Benzinkanistern, Ölbehältern, Kanistern für die Fahrzeugindustrie und von Feuerlöschgeräten. Als Schutz von Stahl gegen Bodenkorrosion kommt dagegen die Tauchverbleiung nicht in Betracht, da sie in diesem Fall die Bildung von Pittings begünstigt (LOGAN und EWING [762]). Die elektrische Punktschweißung von feuerverbleitem Stahlblech (Terne plate) wird von GREER und BEGEMANN [436] eingehend behandelt.

c) Homogene Verbleiung. Die homogene Verbleiung oder Aufschmelzverbleiung ist das vollkommene Verbleiungsverfahren für den Bau von

---

[1] Der Name bezieht sich auf die Anwendung der drei Metalle Eisen, Blei, Zinn (HARN [493]).

28*

Behältern und Apparaten in der chemischen Industrie, da man neben dem Korrosionsschutz eine gute Wärmeleitfähigkeit des Verbundwerkstoffes erreicht. Neuerdings ist homogen verbleiter Stahl mit Bleidicken von 25 bis 300 mm auch für den Strahlenschutz in der Reaktortechnik von Bedeutung geworden. Das Verfahren wurde des öfteren im Schrifttum eingehend beschrieben (BILART [82], GREGER [438]). Die sorgfältig gereinigte Stahloberfläche wird mit Lötwasser bestrichen. Dann trägt man im allgemeinen eine Schicht aus Lötzinn auf. Sie wird mit Asbestwolle verrieben, während man von außen mit dem Wasserstoffbrenner erwärmt. Nun wird eine Lage Blei aufgeschmolzen, indem man 30 bis 40 cm lange und 3 bis 4 cm breite Raupen zieht und Raupe neben Raupe setzt. Der freie Rand einer Raupe wird durch Auflegen eines Flacheisens scharf begrenzt. Man kann auf ebenen Flächen schneller arbeiten, wenn man keine Raupen zieht, sondern rechteckige, durch Flacheisen abgegrenzte Gebiete mit Blei ausgießt. Auf die erste Lage Blei werden weitere Lagen entsprechend der gewünschten Schichtdicke aufgebracht. Die Verwendung mehrerer Lagen bietet den Vorteil, daß das Zinn der Zwischenschicht nicht in dem Maß an die Oberfläche gelangt, wie das beim Aufbringen des Bleies in einer dicken Lage der Fall wäre. Die zu verbleiende Stelle der Oberfläche muß jeweils horizontal gestellt werden. Das erfordert bei größeren Werkstücken besondere Halte- und Einstellvorrichtungen. Rohre können innen nach dem Schleuderverfahren homogen verbleit werden. KRYSKO[1], CUNNINGHAM und NEVE entwickelten im Hüttenwerk Port Pirie der Broken Hill Ass. Smelters ein Verfahren zur mechanischen homogenen Verbleiung von Stahlblech bis etwa 60 cm Breite. Das Verfahren gestattet bei einer Belegschaft von 5 bis 6 Mann eine Produktionsleistung von ca. 7 m² in der Stunde. Die Abmessungen des Stahlbleches betragen zum Beispiel 2489 × 635 mm, seine Dicke 6 mm, die der Bleiauflage 4,2 mm, entsprechend einem Bleigewicht von 48 kg/m². Das Stahlblech wird zunächst in ähnlicher Weise, wie es oben bei der Feuerverbleiung beschrieben wurde, vorbereitet und durch Eintauchen in eine Schmelze von Zinnlot 60 beiderseits in einer Dicke von 0,01 mm verzinnt. Der Lötzinnüberzug dient auf der einen Seite als Grundlage für einen späteren Farbanstrich. Anschließend wird das verzinnte Stahlblech horizontal auf ein Fahrgestell gelegt und durch einen Rahmen ringsherum festgespannt (Abb. 379). Darüber legt man das mit Stahlbürsten gereinigte Bleiblech der Abmessungen 2438 × 610 mm mit der oben angegebenen Dicke, das gerade in den Stahlrahmen hineinpaßt. Das Fahrgestell wird zu der Verbleiungsmaschine geschoben. Dort schmilzt man das Blei und

---

[1] Nach brieflicher Mitteilung von W. W. KRYSKO mit freundlicher Erlaubnis der Direktion von Broken Hill Ass. Smelters Ltd., Port Pirie.

den Zinnüberzug des Stahlblechs mit Hilfe der Azetylen-Sauerstoff-Flamme und führt so den Verbund herbei. Der röhrenförmige Brenner ist 610 mm lang und mit 190 Düsen ausgestattet. Parallel zum Brenner befindet sich unter dem Stahlblech eine starke Wasserkühlung. Sie bewirkt, daß das Blei im Abstand 10 cm vom Brenner bereits wieder erstarrt ist. Die homogen verbleiten Platten können zu Rohren gebogen oder abgekantet werden. Erfahrungen über solche Verbleiungen liegen in Deutschland nicht vor.

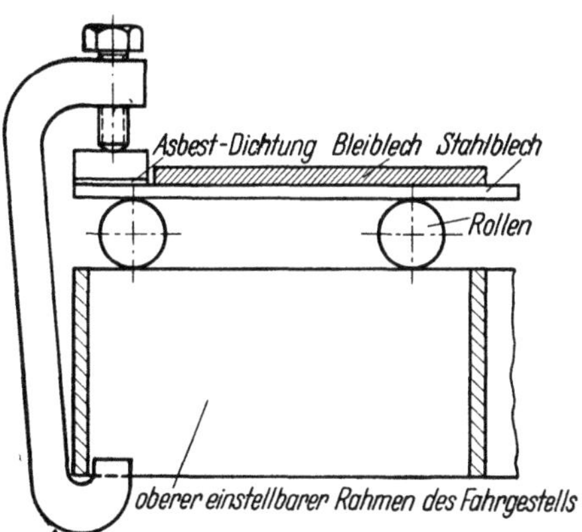

Abb. 379. Anordnung von Blei- und Stahlblech bei der mechanischen homogenen Verbleiung. Verfahren des Hüttenwerks Port Pirie

Nach einem neueren Verfahren erzielt man homogene Innenverbleiungen von Rohren, indem man sie nach vorheriger Reinigung vertikal stellt und einen Dorn einführt. Oberhalb des Dornes befindet sich Blei, das durch äußere Erwärmung mit Brennern flüssig gehalten wird und in den ringförmigen Spalt zwischen Dorn und Rohr eindringt. In dem Maß, wie das Blei dort durch eine Außenkühlung erstarrt, wird der Dorn mit dem Brenner hochgezogen (Abb. 380). Man kann hierbei auf eine Zinnzwischenschicht verzichten. Stahlflächen können auch durch Gießen einer Lage ohne Zinnzwischenschicht homogen verbleit werden. Der Verzicht auf die Verwendung von Zinn soll den Vorteil bringen, daß solche Verbleiungen infolge Abwesenheit des bei 183 °C schmelzenden Eutektikums Blei-Zinn in der Übergangszone zum Stahl bis zu Temperaturen über 200 °C mechanisch haltbar sind. Ein internationaler Firmenring stellt homogene Verbleiungen von Stahl, nichtrostendem Stahl, Nickel, Kupfer und Aluminium ohne Zinnunterlage mit der Bezeichnung *Insmetals* her [604a]. Bei all diesen Arbeiten muß auf besonders gute Lüftung der Arbeitsräume geachtet werden. Bei der homogenen Verbleiung für die chemische Industrie stellt man bevorzugt Schichtdicken von 5 bis 10 mm her. Die endgültige Oberfläche wird durch Abkratzen von Oxyd gereinigt, durch Hämmern geglättet und auf Dichtigkeit und Verbund geprüft.

Zur mikroskopischen Prüfung einer 4,5 mm dicken homogenen Verbleiung löste der Verfasser die Unterlage aus Stahl vollständig elektrolytisch ab. Das Gefüge des Querschliffes (Abb. 381) zeigt eutektische Struktur. Die spektroskopische Prüfung ergab einen erheblichen Zinngehalt des Bleies, was mit Rücksicht auf die Korrosionsbeständigkeit unerwünscht ist. Die Abbildung läßt die verschiedenen aufgeschmolzenen

Lagen zum Teil deutlich erkennen. Die oberste Lage zeigt Stengelkristalle, wurde also offenbar nicht gehämmert.

Neben den beschriebenen Verfahren sind auch noch andere in Gebrauch, die aber nur zum Teil die Bezeichnung homogene Verbleiung verdienen. Man bringt z. B. flüssiges Lötzinn auf die Stahloberfläche auf. Wenn das Lot breiig geworden ist, legt man ein Bleiblech darüber und verlötet es so mit der Unterlage (THOMPSON [1191]). Dünne Zwischenlagen aus Zink oder Kupfer, die durch den Gebrauch entsprechender Flußmittel entstehen, sind zur Umgehung der Verzinnung vorgeschlagen worden.

Die homogene Verbleiung bewirkt eine Haftung des Überzuges an der Unterlage durch eine rein metallische Verbindung. Der Überzug kann daher auch durch Biegen der Werkstücke, durch Temperatur- und Druckschwankungen und durch Unterdruck nicht von dem Grundwerkstoff abgelöst werden. Korrosion an Fehlstellen wirkt rein örtlich. Der Wärmeübergang ist der bestmögliche, was z. B. bei homogen verbleiten Heizschlangen besonders wichtig ist. Homogene Verbleiungen können bei sehr häufig wiederholten Temperaturwechseln rissig werden. Diese Art der Beanspruchung wurde in Laboratoriumsversuchen in

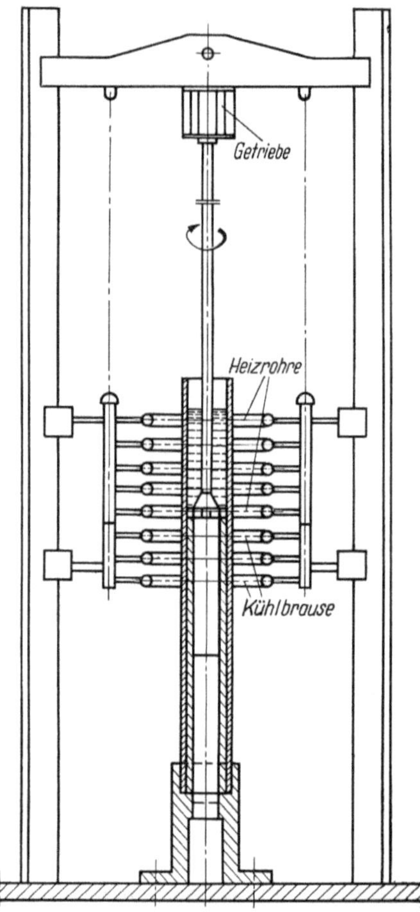

Abb. 380. Schematische Darstellung der Innenverbleiung von Rohren. Werkskizze Schnakenberg & Co.

sehr schroffer Form nachgeahmt (HOFMANN und v. MALOTKI [569]). Ein Ofen mit besonders geringer Wärmekapazität gestattete es, die Probebleche in ständiger Wiederholung innerhalb von 75 min auf 160 °C aufzuheizen und auf Raumtemperatur abzukühlen. Beginn und Zunahme der Rißbildung wurden mit einem Meßmikroskop verfolgt. Man erkennt in der Darstellung des Ergebnisses (Abb. 382) die geringere Neigung zur Rißbildung von homogenen Verbleiungen aus kupferhaltigem Blei (Kupferfeinblei). Bei diesen Versuchen trat niemals eine Ablösung des Bleies von der Unterlage ein. Risse in homogenen Verbleiungen einer Entparaffinierungsanlage der Erdölindustrie, die im letzten Kriege auftraten, gaben Veranlassung, auch die Dauerschwingfestigkeit verschiedener auf Stahl homogen aufgebrachter Bleisorten miteinander zu vergleichen (HILLEN und HOFMANN [528]). Die Versuche erfolgten in einer Planbiegemaschine bei Raumtemperatur und bei 100 °C. Die Rißbildung im Blei wurde durch elektrische Widerstandsmessungen verfolgt. Bei den Versuchen in der Wärme verhielt sich am besten Blei mit 0,05% Te, dann folgten Blei mit 0,06% Cu und Blei mit 0,02% Ni, an letzter Stelle stand Feinblei 99,99%.

Die Vorzüge der homogenen Verbleiung rechtfertigen die hohen Herstellungskosten. Die homogene Verbleiung wird nur mit korrosionsfestem Blei, also z. B. sehr reinem Blei oder Blei mit einigen 0,01% Cu, Ni oder Te durchgeführt. Die Verwendung von zinkhaltigem Blei, das zum Zweck der Haftung an Eisen ohne Verwendung einer Zwischenschicht vorgeschlagen wurde, erscheint daher bedenklich (BRAY [127]). Wo eine gewisse Härte des Überzuges gefordert wird, kann man auf Hartblei übergehen. Neben Stahl können auch Kupfer, Monel, Zink, hochwertiges Gußeisen oder Stahlguß homogen verbleit werden.

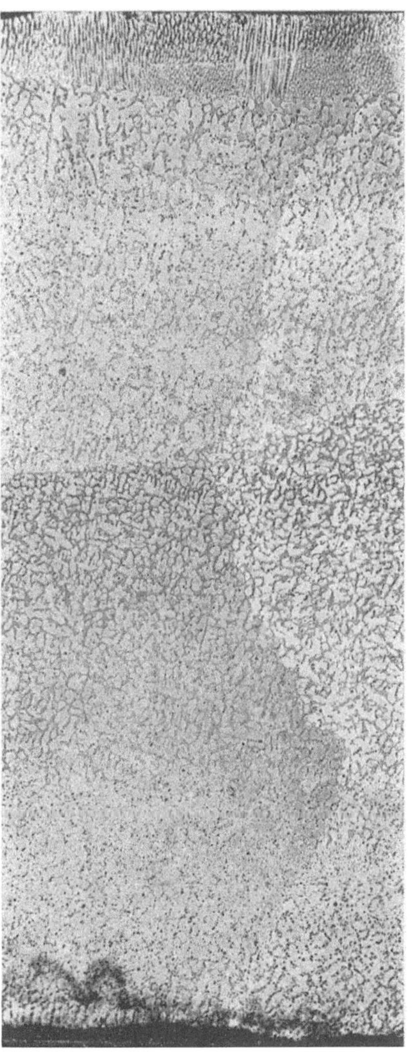

Abb. 381. Querschnitt durch eine 4,5 mm dicke, homogene Verbleiung nach elektrolytischer Ablösung der Stahlunterlage. Eutektische Struktur des zinnhaltigen Bleies. 30:1

d) Spritzverbleiung. Das Metallspritzen hat sich nach etwa einem halben Jahrhundert seines Bestehens zu einem wichtigen Verfahren für das Auftragen von metallischen Schichten entwickelt. Sein Hauptanwendungsgebiet ist die Wiederherstellung beschädigter Maschinenteile, die in erster Linie auf Druck beansprucht sind, z. B. das Aufspritzen von Stahl und von Nichteisenmetallen auf verschlissene Wellen, Lagerschalen und Kolben, sowie die Aufbringung korrosionsschützender Überzüge, z. B. von Zink, auf Stahl. Die Kenntnisse über die Grundlagen und die Anwendungen des Verfahrens sind in einer Reihe von zusammenfassenden Darstellungen und von Werbeschriften der einschlägigen Firmen niedergelegt (z. B. KREKELER und STEINEMER [703], REININGER

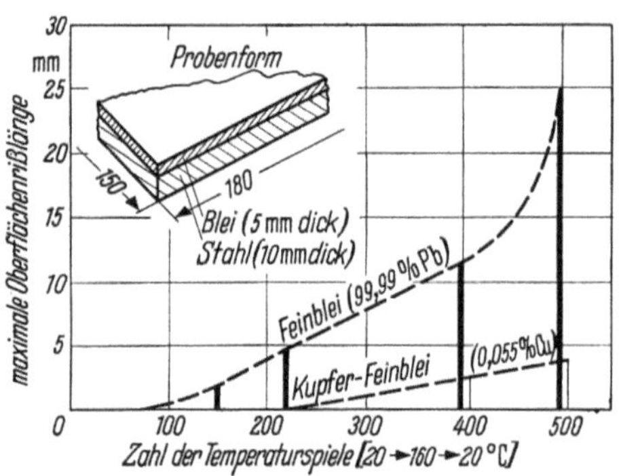

Abb. 382. Oberflächenrißbildung an homogen verbleiten Stahlblechen bei Temperaturwechselbeanspruchung. Nach HOFMANN und VON MALOTKI [569]

[1003]). Das Metallspritzen mit Hilfe von stückigem Metall, das in einer Pistole geschmolzen wird, und die Pulverspritzmethode (ROLLASON [1030]) treten an Bedeutung gegenüber dem Metallspritzverfahren unter Verwendung von Draht in den Hintergrund. Die meisten Metallspritzgeräte erfordern zu ihrer Betätigung Sauerstoff und ein Heizgas wie Wasserstoff oder Azetylen, sowie Preßluft. Das zu verspritzende Metall, im vorliegenden Fall das Blei, wird der Flamme als Draht von

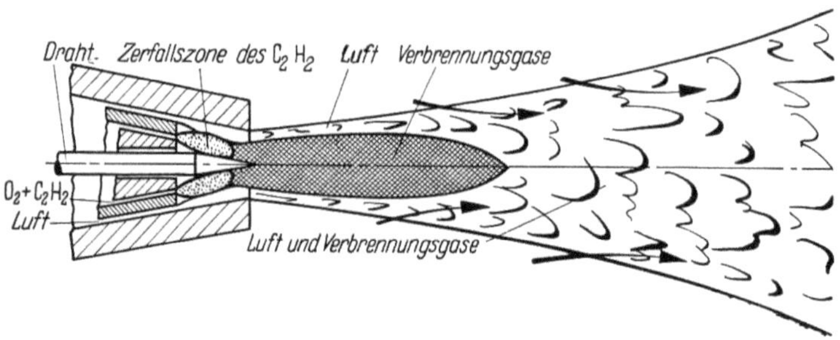

Abb. 383. Verlauf der Gasströmung bei einer Metallspritzpistole. Nach MATTING und BECKER

2 oder 3 mm Dicke durch ein Vorschubgetriebe zugeführt. Der Preßluftstrom zerstäubt das in der Flamme geschmolzene Metall und schleudert es auf die vorher durch Sandstrahlen gereinigte und aufgerauhte Oberfläche. MATTING und BECKER [813] untersuchten mit Hilfe von Kurzzeitaufnahmen die Vorgänge beim Verspritzen von Stahl. Schlierenaufnahmen ließen die in Abb. 383 schematisch dargestellten Zonen

erkennen, nämlich einen Kernstrahl unmittelbar an der Düsenmündung, der von den Verbrennungsgasen gebildet wird, sowie einen konzentrischen Mantel größerer Dichte, der aus einem Gemisch von Verbrennungsgasen und Preßluft besteht. Daran schließt sich im Spritzstrahl ein stark durchwirbelter Bereich aus Preßluft und Flammengasen, in den gleichzeitig Luft von außen gezogen wird. Die größte Geschwindigkeit der Teilchen im Strahl lag je nach den Arbeitsbedingungen zwischen 150 und 250 m/sek.

Beim Metallspritzen tritt keine metallische Verbindung des Überzuges mit der Unterlage ein, die Haftung beruht also auf Adhäsion und Verzahnung. Die schon erstarrten Metallteilchen von teigiger Beschaffenheit werden beim Auftreffen flach gedrückt und miteinander verfilzt. Stets wird der metallische Zusammenhang des Überzuges durch geringe Mengen von Oxyd und Poren unterbrochen, wie der in Abb. 384 dargestellte Schliff einer Spritzverbleiung, die auf Blei aufgebracht wurde, zeigt. Daher besitzt gespritztes Metall eine geringere Dichte und einen niedrigeren E-Modul (v. HOFE, HOFMANN und SUCHAN [549]) als kompaktes Metall. EVERTS [299] ermittelte in systematischen Versuchen

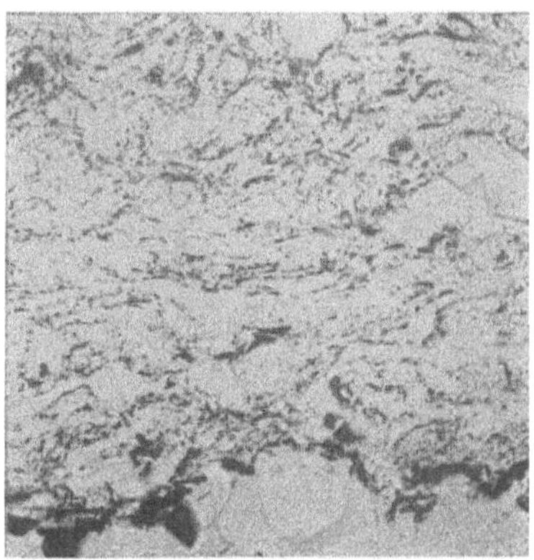

Abb. 384. Querschliff einer auf Blei aufgebrachten Spritzverbleiung. Fehlstellen bevorzugt auf der Oberfläche der Unterlage. 250:1

die Arbeitsbedingungen, mit denen man einerseits möglichst dichte, andrerseits möglichst poröse Spritzüberzüge erhält. Die Dichte wird z. B. erhöht durch eine Verkleinerung des Spritzabstandes, übrigens auch durch eine mechanische Nachbehandlung, wie Bürsten oder Polieren, und ein Tränken des Überzuges mit Lack oder Bariumsulfatlösung.

EVERTS [299] zeigte ferner, daß die immer vorhandene Gasdurchlässigkeit nicht mit einer Wasserdurchlässigkeit verbunden zu sein braucht. Beim Aufspritzen von Blei unter den gefundenen günstigsten Bedingungen war bei einer Schichtdicke von 0,2 mm keine Wasserdurchlässigkeit mehr vorhanden.

Der zweckmäßige Betriebsdruck der für das Spritzen benötigten Gase wird von den Geräteherstellern wie folgt begrenzt: Azetylen 0,35 bis 1,5 atü, Sauerstoff 0,6 bis 2,5 atü, Preßluft 2,5 bis 4,2 atü. Der Drahtvorschub bewegt sich zwischen 6 und 11 m/min, die Spritzleistung zwischen 12 und 38 kg/h. Der günstigste Abstand der Gerätemündung vom Werkstück wird für Blei und Zinn auf metallischer Unterlage mit 150 bis 300 mm angegeben. Diesen Abständen entsprechen Werte des

Spritzflächendurchmessers von etwa 30 bis 55 mm. Die Anwendung von Spritzverbleiungen zum Zweck des Korrosionsschutzes ist im Schrifttum mehrfach beschrieben worden. So wurden Verdampferschlangen aus Kupfer, die für heißes Aluminiumsulfat bestimmt waren, in einer Dicke bis zu 1,5 mm mit Blei gespritzt (Metal Ind. [*839*]). Neuerdings hat man in Polen auch Bauelemente (Fällbäder) von Kunstseidenspinnmaschinen und Elektrofilter von Schwefelsäurefabriken durch Aufspritzen eines 0,3 bis 1 mm dicken Bleiüberzuges geschützt (KOWALSKI [*699*]).

Die Spritzverbleiung kann trotz gelegentlicher Anwendungen als Korrosionsschutz nicht mit anderen Verbleiungsverfahren wetteifern, da man gespritzte Bleiüberzüge zwar durch Steigern der Schichtdicke undurchlässig für Flüssigkeiten und Gase machen kann, die Korrosionsbeständigkeit aber schon durch den immer vorhandenen Oxydgehalt herabgesetzt wird.

Ein mögliches Anwendungsgebiet der Spritzverbleiung dürfte wohl der Strahlenschutz sein. Auch das Aufspritzen bleihaltiger Lagermetalle auf Stützschalen muß als Anwendungsgebiet erwähnt werden.

c) Galvanische Verbleiung. Die galvanische Verbleiung wird im Rahmen zusammenfassender Darstellungen (SCHLÖTTER [*1067*], PFANHAUSER [*956*], GRAY [*419*], MACHU [*790*]) eingehender behandelt, als es hier möglich ist. Die Abscheidung von Blei aus Lösungen einfacher Salze, z. B. von Bleinitrat oder Bleiazetat, führt zu technisch unbrauchbaren Überzügen. Nach FISCHER [*322*] kristallisiert Blei hier in Form des sogenannten feldorientierten Isolationstyps aus, d. h. die Kristalle wachsen einzeln in Nadelform; ihre Orientierung ist, ohne Beziehung zur Unterlage, nur durch das elektrische Feld beeinflußt. Glatte und zusammenhängende Überzüge werden nur aus Lösungen gewisser Komplexsalze erhalten. Blei scheidet sich hier in Form des sogenannten basisorientierten Reproduktionstyps [*322*] ab, d. h. die Kristalle wachsen orientiert auf den Kristallen der Unterlage auf und entwickeln sich mehr in die Breite. Am meisten eingeführt sind die Lösungen von Bleifluoroborat mit freier Fluoroborsäure nach LEUCHS [*744*] (vgl. LEBRUN [*739*], GABRIELSON [*354*]) und von Bleisulfamat mit freier Sulfaminsäure (GRAY [*419*]). Daneben müssen noch Bleifluorosilicat- (BETTS [*78*]), Bleiperchlorat- (MATHERS [*804*], SCHLÖTTER [*1067*]) und Bleiphenolsulfonatbäder (SCHLÖTTER [*1066*]), sowie alkalische Bleibäder (MATHERS [*805*], MACHU [*790*]) genannt werden. Die aufgeführten Lösungen müssen zur Vermeidung einer schwammigen oder grobkristallinen Abscheidung noch Zusätze organischer Substanzen, wie Gelatine, Pepton, Nelkenöl oder Tannin, erhalten. Die galvanische Abscheidung von Blei erfordert eine Vorbehandlung der zu überziehenden Oberflächen. Sie müssen mechanisch gereinigt, unter Umständen geschliffen und poliert, anschließend entfettet und gebeizt werden. Die Elektrolyse erfolgt bei

Stromdichten von z. B. $2\,A/dm^2$ und einer Spannung unterhalb 2 V. Die Tiefenwirkung der Elektrolyten ist bei richtigem Verhältnis von Blei zu Säure ausgezeichnet. Wenn man etwa im Versuch eine Anode und eine Kathode, beide in Plattenform, einander gegenübergestellt, wird letztere auch auf der Rückseite gleichmäßig verbleit.[1] Neben dem üblichen Verfahren, wo der zu verbleiende Gegenstand im Elektrolyten untergetaucht ist, wird auch die sog. Trockenverbleiung vorgeschlagen. Die Handanode ist als Ebonitbüchse ausgebildet, die Blei über einer durchlöcherten Platte enthält. Der Elektrolyt, borfluorwasserstoffsaures Blei, wird mit einer Bürste über den zu verbleienden Gegenstand verteilt (FEDOTIEFF, ARTAMONOFF und RASMEROVA [308]). Auch die galvanische Verbleiung von Kupfer ist ohne Zwischenschichten möglich. Dagegen erfordert die Verbleiung von Aluminium, die z. B. für Stromschienen von Akkumulatorenbatterien ausgearbeitet wurde, eine vorherige Vernicklung (SCARPA [1052]). Als Anode verwendet man möglichst reines Blei.

Abb. 385. Elektrolytblei. Schnitt durch eine Bleikathode. Einzelne Zonen parallel zum Mutterblech. Stengelkristalle in Stromrichtung. 6 : 1

Das galvanisch niedergeschlagene Blei ist sehr rein und völlig dicht, da es das spezifische Gewicht von gegossenem Blei besitzt.

Als Ersatz für das Gefüge einer galvanischen Verbleiung stellt Abb. 385 den Querschnitt einer Bleikathode der Bleielektrolyse dar. Die Mittelschicht ist das Mutterblech. Das elektrolytisch abgeschiedene Blei enthält nur geringe, mikroskopisch nicht nachweisbare Einschlüsse der im Bad vorhandenen Kolloide und wenig Wasserstoff. Der Wasserstoffgehalt wird mit $0{,}8 \cdot 10^{-3}$ bis $2 \cdot 10^{-3}\%$, d. h. 9 bis $22\ \dfrac{\text{Nml Wasserstoff}}{100\ \text{g Blei}}$, angegeben (KURREIN [723]). Die Neigung zu Rekristallisation bzw. Kornwachstum soll geringer sein als bei anderen Bleisorten (FORSTNER [336]). HIRATA [530] bestimmte die Wachstumstextur von galvanisch abgeschiedenem Blei.

---

[1] Nach freundlicher Vorführung von Herrn Prof. Dr. M. SCHLÖTTER.

Nach den amerikanischen Normen (ASTM Designation B 200-45 T [*27*]) betragen die Mindestschichtdicken von Bleiüberzügen auf Stahl 0,0064 bis 0,025 mm. MACHU [*790*] gibt die für eine Porenfreiheit notwendige Dicke des Überzuges mit 0,075 mm an. Nach oben hin besteht praktisch keine Grenze der technisch möglichen Schichtdicke. Das galvanisch niedergeschlagene Blei besitzt eine sehr geringe Härte und hat daher die Feuerverbleiung, wo es auf eine gewisse Härte des Überzuges ankommt, nicht zu verdrängen vermocht. Die galvanische Verbleiung dient z. B. als Rostschutz für kleine Massenartikel in der elektrotechnischen Installation und im chemischen Apparatebau und wurde als Korrosionsschutz der Stahlkonstruktionen in Bahnhöfen, Lokomotivschuppen, Brücken beschrieben (KURREIN [*723*], HAY [*498*], DUROSE [*265*]).

Bedeutungsvoll erscheint die Möglichkeit, neben reinem Blei auch Bleilegierungen galvanisch abzuscheiden. Das Verfahren wird praktisch zur Herstellung von Überzügen aus Blei-Zinn-Legierungen angewandt. Sie dienen als Schmiermittel bei der bildsamen Formung von Bandstahl und stellen außerdem einen nachträglichen Korrosionsschutz dar (ROEHL [*1018*]). Auch Weißmetall, z. B. eine Legierung mit 11% Sn, 7% Sb, Rest Blei, konnte aus der Fluorboratlösung dieser Metalle als Laufschicht auf einem Gleitlager mit Silberschale abgeschieden werden. Der Vorteil solch dünner Lagermetallschichten ist an anderer Stelle (S. 359) begründet.

f) Bleiplattierung. Das Aufbringen von Bleiüberzügen durch Walzplattieren stößt auf Schwierigkeiten, die durch den großen Härteunterschied von Blei im Vergleich zu den meisten technischen Metallen gegeben sind. Daher ist das Verfahren im technischen Maßstab nur auf die Kombinationen Blei auf Zink und Zinn auf Blei angewandt worden. Um den Härteunterschied zwischen Zink und Blei zu verringern, verwendet man als Auflage Hartblei an Stelle von Weichblei (GROOVE [*440*]). Verbleites Zink wird für Bedachungen und für Elementebecher der Leclanché-Elemente eingesetzt. GUMM [*456*] gelang es, Blei oder Blei-Zinn-Legierungen auch auf Aluminiumblech aufzuwalzen. Beim Erwärmen des mit Zinnlot walzplattierten Aluminiums auf die Schmelztemperatur des Eutektikums Blei-Zinn benetzte das geschmolzene Lot die Aluminiumoberfläche. Man konnte daher durch Erhitzen aufeinandergelegter Blei- und walzplattierter Aluminiumbleche gelötete Verbundbleche Aluminium-Blei herstellen.

g) Bleimennige-Grundierungen. Blei spielt im Korrosionsschutz von Stahl eine überragende Rolle als Bleimennige (KRENKLER [*707*]). Diese Frage gehört aber nicht zum eigentlichen Gegenstand des Buches und soll daher nicht weiter ausgeführt werden.

2. Einsatz von Bleiblech in der chemischen Technik und im Bauwesen

Das Auskleiden von Behältern aus Holz, Stahl oder Kupfer mit Walzblei wird in großem Maßstab in der chemischen Industrie angewandt. Kästen zum Aufbewahren von Säuren, Laugen und sonstigen Flüssigkeiten, zum Kristallisieren und Klären, zur Durchführung elektrolytischer Prozesse werden in dieser Weise „verbleit". Bleirohre für den Transport von Lösungen oder von Seewasser werden in entsprechender Weise in Stahlrohre eingezogen. Damit die Bleiblechverkleidung, zumal an vertikalen Wänden, den notwendigen Halt besitzt, wird sie an verschiedenen Stellen mit der Unterlage verlötet oder verschraubt oder es werden Sprengringe oder Schienen eingelegt. Schraubenköpfe und ähnliche Haltevorrichtungen müssen überbleit werden. Die Walzbleiverkleidung in ihrer einfachen Ausführung ist für das Arbeiten im Vakuum oder

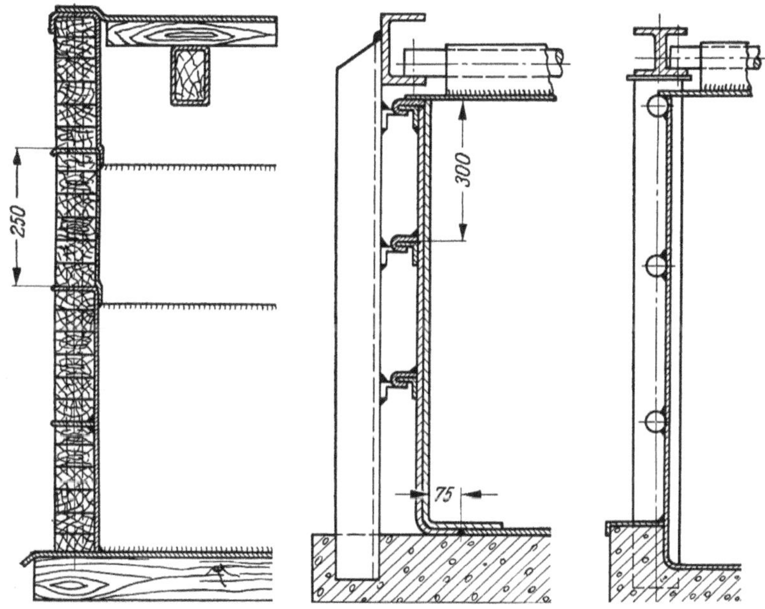

Abb. 386. Beispiele für die konstruktive Gestaltung von Bleiblechauskleidungen [194]. Maße in mm

bei höherem Druck nicht geeignet. Sie empfiehlt sich mit Rücksicht auf das Kriechen von Blei auch nicht, wenn mit Temperaturen über 50 °C zu rechnen ist, und wird dann meist durch die homogene Verbleiung ersetzt.

Abb. 386 [194] zeigt als Beispiel für die konstruktive Gestaltung von Bleiblechauskleidungen Möglichkeiten der Befestigung einer vertikalen Bleiwand an dem äußeren Traggerüst aus Stahl oder Holz. Im Falle einer Befestigung mit Schrauben kann der Bleischutz für den Schraubenkopf nach Abb. 387 (ROLL [*1029*]) vorgenommen werden. Die Verbindung der Bleiteile untereinander erfolgt bei diesen Konstruktionen im allgemeinen durch Schweißen.

Falzverbindungen kommen dagegen für Bleibedachungen in Frage. Die notwendige Festigkeit der Falzverbindungen wird meist mit Hilfe von Kupferklemmen erreicht (Abb. 388 [*194*]). HEUSER [*516*] beschreibt die Bleibedeckung des Kölner Domes und anderer repräsentativer Gebäude.

Im Bauwesen verwendet man Zwischenlagen aus Blei, um Schwingungen zu dämpfen und von Gebäuden fernzuhalten. Ein amerikanisches Werk stellt zu diesem Zweck Verbundplatten her, die folgendermaßen aufgebaut sind: 3 mm Bleiblech, 9,5 mm Asbest, 1 mm Stahlblech, 9,5 mm Asbest, 3 mm Bleiblech. Das Bleiblech bildet nicht nur die oberste und unterste Lage, sondern umschließt paketartig das Ganze. Die

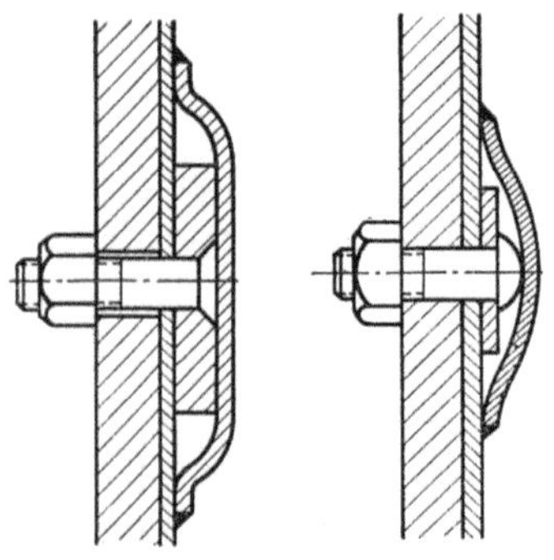

Abb. 387. Beispiele für die Befestigung von Bleiblechauskleidungen durch Schrauben. Nach ROLL [*1029*]

Platten werden unter einem Druck von 14 at verdichtet [*736, 737*]. Solche Blei-Asbest-Dämpfungsplatten werden zum Beispiel bei der Fundamentierung von Hochhäusern in einem Erschütterungen ausgesetzten Untergrund angewandt.

An dieser Stelle seien auch Bleiblechauskleidungen von strahlengefährdeten Räumen und Bleibleche zur Abdichtung und zum Druck-

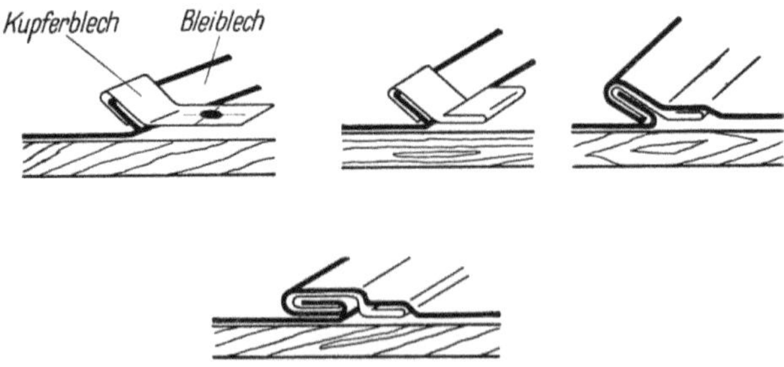

Abb. 388. Werdegang einer Falzverbindung für Bleiblechbedachungen [*194*]

ausgleich erwähnt. Die physikalischen Grundlagen des Strahlenschutzes durch Blei sind auf S. 19 behandelt, das mechanische Verhalten von Blei unter dem Einfluß von Druck- und Reibungskräften in Dichtungen auf S. 214.

3. Schweißen und Löten von Blei

Die Verbindung von Bleirohren und Bleiblechen ist namentlich für den chemischen Apparatebau, z. B. bei der Herstellung großer Rohrleitungssysteme in Schwefelsäurefabriken oder beim Bau von Bleikammern, von Wichtigkeit. Die Verbindung erfolgt mit Rücksicht auf die geforderte Korrosionsbeständigkeit fast ausnahmslos durch Schweißen, das man bei Blei im allgemeinen fälschlicherweise als Löten bezeichnet. Hierüber liegt vor allem eine Arbeit der Staatlichen Sächsischen Hüttenwerke Freiberg vor (BRENTHEL [129]).

Dicke Bleche werden stumpf gestoßen, wobei die zu verbindenden Kanten abgeschrägt werden. Dünne Bleche werden überlappt geschweißt. Man arbeitet bei vertikalen Nähten bevorzugt ohne Zusatzwerkstoff. Einen solchen wendet man nur bei horizontalen Nähten an. Dickwandige Bleirohre können im Stumpfstoß geschweißt werden, wenn keine starke Druckbeanspruchung vorgesehen ist. Wenn sie dagegen auf Druck und Biegung beansprucht werden sollen, ist die Muffenrohrverbindung besser geeignet. Die Muffe wird beiderseits aufgebördelt und mit den Rohrenden verschweißt. Dünnwandige Rohre werden nach Aufbördelung des einen ineinandergeschoben und der Zwischenraum mit Schweißgut ausgefüllt. Wenn in festliegenden Rohrleitungen Stücke ausgewechselt werden sollen, kann die Verbindung der Ersatzstücke mit der alten Leitung so geschehen, daß die untere Rohrhälfte von innen her verschweißt wird, nachdem in der oberen Rohrhälfte durch Zurückbiegen passender Einschnitte oder Herausnehmen eines Teiles ein Fenster freigelegt worden ist. Die obere Rohrhälfte wird nach Fertigstellung der unteren von außen, nötigenfalls unter Verwendung eines Bleiblechhalbbogens zum Abdecken, zugeschweißt (BRENTHEL [129], WESTBROOK, ROGERS und CARTER [1262]).

Die zu verschweißenden Stellen werden durch Abkratzen von Schmutz und Oxyd gereinigt. Die Dicke der Schweißdrähte richtet sich nach der Blechdicke. Flußmittel werden nicht angewandt. Man schweißt überwiegend mit der Wasserstoff-Sauerstoff-Flamme. Die Flamme soll neutral oder mit leichtem Brenngasüberschuß eingestellt sein, so daß die Bildung von Oxydhäuten möglichst vermieden wird. Die Azetylen-Sauerstoff-Flamme gilt im allgemeinen als zu heiß. Wenn nicht schnell genug gearbeitet wird, können hier — wie auch bei der Wasserstoff-Flamme — Fehler durch Wegschmelzen und Einbrennen von Löchern entstehen. Bei genügender Handfertigkeit kann man aber auch mit der Azetylen-Sauerstoff-Flamme schweißen und hat dann den Vorteil des schnelleren und billigeren Arbeitens (SCHULZE und STAEBLER [1089], HOLLER [580], HUNSICKER [602]).

Bei Schweißungen an Walzbleiauskleidungen ist die vollkommene Dichtigkeit der Schweißnähte besonders wichtig, da keine Flüssigkeit durch die Auskleidung zum darunterliegenden Werkstoff hindurchdringen darf. Zwecks Prüfung auf Dichtigkeit (SCHULZE und STAEBLER [1089]) werden die Ränder der Auskleidung und des Außenmantels durch Kitten abgedichtet. Durch einen Rohrstutzen leitet man zwischen Außenmantel und Bleibelag Preßluft ein. Die Schweißnähte werden nach Aufspritzen einer geeigneten Flüssigkeit, z. B. Neutrallösung der Farbwerke Bayer, beobachtet.

Neben der Verbindung von Bleirohren durch Schweißen kommen in geringem Maße auch Flanschverbindungen in Betracht (BRENTHEL [129]). Rohre geringerer Wanddicke werden nach Überschieben eines Eisenflansches umgebördelt. Bei dickwandigen Rohren wird der Eisenflansch über das Rohrende geschoben und eine Scheibe aus Blei an dieses angeschweißt. Gegossene Hartbleiflansche höherer Kriechfestigkeit können unmittelbar an das Rohrende angeschweißt werden.

Auch durch eigentliches Löten werden Verbindungen von Teilen aus Blei hergestellt. Das Löten ist dann unbedenklich, wenn keine Korrosionsgefahr besteht, z. B. bei Behältern und Leitungen für Wasser [738]. Es ist vor allem bei Kabelmänteln üblich (Telegraphenbauordnung [1176]). Die Lötung erfolgt als Flammenlötung. Als Flußmittel werden Talg und Kolophonium angewandt. Bei waagerechten Rohren wird das Lot auf die höchste Stelle aufgebracht und im breiigen Zustand mit einem eingefetteten Lappen nach den Seiten und nach unten verstrichen (Schmierlötung). Mit Vorliebe wird 33%iges Lötzinn („plumbers solder") verwandt, da dieses ein großes Erstarrungsintervall besitzt (LÜDER [780], [142], LEWIS [746], JOHNEN [622]).

4. Blei in Weichloten

a) Lötlegierungen und Lötvorgang. Das klassische Weichlot, Lötzinn, ist in Deutschland durch das Normblatt DIN 1707, Blei- und Zinnlote, erfaßt. Es enthält 10 Blei-Zinn-Legierungen mit Zinngehalten von 8, 25, 30, 33, 35, 40, 50, 60 und 90%; außerdem ist ein hochbleihaltiges Lot mit 98,5% Blei vorgesehen. Wichtigste Beimengung ist das Antimon. Es entstammt dem sogenannten Mischzinn, einer für die Herstellung von Lötzinn viel verwendeten Vorlegierung mit etwa 54,5% Sn, 3,6% Sb und 41,9% Pb. Dementsprechend ist der Höchstgehalt von Antimon in Zinnlot 8 mit 0,5%, in Zinnlot 50 mit 3,30% festgelegt. Die englische und die amerikanische Normung sehen im großen und ganzen ähnliche Abstufungen der Zinngehalte vor; doch ist der Antimongehalt der Legierungen für gewisse Anwendungen, z. B. für Lötungen der Elektrotechnik, schärfer begrenzt. Antimon stört beim Löten von verzinktem Stahl und von Kupfer, da sich antimonhaltige Kristallarten höheren Schmelzpunkts bilden [835a]. Abgesehen hiervon steigert Antimon zwar die Festigkeit der Lötverbindungen, wirkt aber in größeren Gehalten versprödend. Die meisten Blei-Zinn-Lote sind untereutektisch (Abb. 107); ihr Gefüge besteht daher aus bleireichen Mischkristallen und mehr oder weniger großen Restfeldern aus Eutektikum. Größere Gehalte von Antimon geben sich durch Einschlüsse von SbSn zu erkennen; soweit dessen Auftreten nicht dem Gleichgewicht entspricht, kann es durch Homogenisieren bei 150 °C aufgelöst werden (BAKER [37]). Kupfer, das als Beimengung in der Größenordnung von 0,1% auftreten kann, liegt im Lot als Kristallart CuSn vor (BAKER [37]). Schmelzen aus Zinnlot mit Kupferzusätzen bis zu 2% greifen, nach Versuchen von KÜNZLER und BOHREN [720], eingetauchte Kupferfolien weniger an als kupferfreie Schmelzen. Die Verarbeitung kupferhaltigen Zinnlotes sollte somit zu einer größeren Lebensdauer kupferner Lötkolben führen (LÜDER [782]). Schädlich, und daher auch in kleinsten Mengen (von unter 0,005%) nicht zulässig, sind Verunreinigungen von Aluminium und Zink, während man für Eisen Höchstgehalte von einigen 0,01 bis 0,1% festgesetzt hat.

Die Schwierigkeiten der Versorgung mit Zinn während des letzten Krieges waren Anlaß, daß man in einer Reihe von Ländern bemüht war, zinnsparende Lote zu entwickeln (LÜDER [781], Metallwirtsch. [846]). Man ersetzte z. B. einen Teil des Zinns durch Anteile anderer niedrig schmelzender Elemente wie Kadmium, Wismut, Antimon, Thallium oder Phosphor (Metallwirtsch. [845], CLAUS [200]) oder versuchte, zinnfreie Legierungen des Bleies, oder Blei selbst, als Lot einzuführen (LÜDER [779], BARHAM [44]). Einige dieser Vorschläge führten zu einem auch in Zeiten normaler Zinnversorgung gültigen Erfolg. Hierzu sei etwa auf Blei-Silber-Legierungen (S. 87) oder auf Lote höherer Warmfestigkeit hingewiesen. Zum Löten von Konservendosen, deren Inhalt bei einer Temperatur von 120 °C sterilisiert werden soll, verwendet man z. B. im Bodymaker-Automaten (PANKNIN [930]) Blei mit nur 1% Zinn. Der hohe Bleigehalt dieses Lotes ist trotz der Füllung der Dosen mit Lebensmitteln unbedenklich, da es sich um eine Außenlötung handelt und die geringen Mengen des nach innen durchtretenden Lotes durch eine Lackschicht abgedeckt werden. Für Innenlötungen in Berührung mit Lebensmitteln schreibt das in Deutschland gültige Gesetz ein Zinnlot mit höchstens 10% Pb vor [376]. Solche hochzinnhaltigen Lote lassen sich weniger gut verarbeiten, da nach LANGE und Mitarbeitern [730] die Oberflächenspannung des flüssigen Lotes mit wachsendem Zinngehalt ansteigt, d. h. $\sigma_{Sn\,100} > \sigma_{Sn\,55} > \sigma_{Sn\,35}$. McKEOWN [818] hat die in der Kriegszeit im britischen Forschungsinstitut für Nichteisenmetalle (BNFMRA-Institut) zum Zweck der Zinnersparnis durchgeführten Forschungsarbeiten als Monographie veröffentlicht. In einer Besprechung dieses Buches (CHADWICK [187]) wird hervorgehoben, daß fast alle Versuche trotz des damals erzielten Erfolges den Vorteil höherzinnhaltiger Lote hinsichtlich der Arbeitsgeschwindigkeit und der Güte der Verbindungen erkennen ließen. Das Löten setzt die unmittelbare Berührung von Grundwerkstoff und Lot ohne trennende Oxydschichten voraus. Die Auflösung oder Koagulierung der Oxydhäute wird durch ein Flußmittel erreicht, z. B. durch das viel verwendete Zink-Ammoniumchlorid, durch Kollophonium oder andere milder wirkende Harze. Angaben über korrodierende und nicht korrodierende Flußmittel finden sich bei McQuillan [829] und Künzler [719] (s. S. 413). Das Flußmittel begünstigt somit eine gute Benetzung des Grundmetalles durch das flüssige Lot. In diesem Zusammenhang sind Versuche interessant, das Lot galvanisch auf Stahl oder Aluminium aufzubringen und so den Lötvorgang zu erleichtern und zu mechanisieren (McConnell [815]). Der Eintritt einer Legierungsbildung zwischen Bestandteilen des Lotes und des Grundwerkstoffes ist nicht unbedingte Voraussetzung für das Zustandekommen der Bindung. Z. B. kann man beim Löten von Stahl mit Hilfe von reinem Silber (Fischer [324]) auf Grund des Zustandsschaubildes Ag–Fe keine Bildung von Legierungsschichten annehmen. Ferner weiß man, daß auch Metalle durch die Kaltpreßschweißung miteinander verbunden werden können, die sich nicht einmal im flüssigen Zustand ineinander lösen, wie Eisen und Blei (S. 54). Im Falle des Lötens mit Blei-Zinn-Loten hat man an der Grenze des Grundmetalles Legierungen mit Zinn nachgewiesen (Rostosky [1035]). Beim Weichlöten von Kupfer beobachtete Crow [225] die Kristallart CuSn, Merz und Brennecke [834] die Phase Cu_3Sn. Die Legierungsbildung erfolgt dadurch, daß einerseits Zinn (oder Blei) in das Grundmetall wandert, umgekehrt das Grundmetall sich im flüssigen Lot löst und von der Grenzfläche weg diffundiert. Der Auflösungsvorgang wird durch das Wegdiffundieren des gelösten Metalles gesteuert, da dies den „langsamsten Vorgang" darstellt (Merz und Brennecke [834]). Merz ließ bei diesen Versuchen flüssiges Zinn auf festes Blei einwirken und bestimmte den Diffusionskoeffizienten von gelöstem Blei in Zinn. Die bei 260 und 310°C erhaltenen Werte von 1,24 bzw. 1,59 cm²/Tag stimmen bei Berücksichtigung des Temperatureinflusses gut mit älteren Messungen von Roberts-Austen [1013] überein. Die Art der gebildeten Legierung ist von Fall zu Fall verschieden. Während die Mischkristallbildung vor allem für das Hartlöten von Bedeutung ist, handelt es sich beim Weichlöten, wie die gegebenen Beispiele zeigen, mehr um die Entstehung intermetallischer Verbindungen. Beim Weichlöten von Stahl ist die Benetzung durch das Lot und die Legierungsbildung erschwert; man erreicht sie, indem man die Stahloberfläche vor dem Löten „verzinnt". Das Löten von Aluminium mit Blei-Zinn-Lot ist durch die festhaftende Haut von Aluminiumoxyd verhindert. Diese Schwierigkeit wird durch die Technik des Reiblötens oder des Ultraschall-Lötens beseitigt.

Milner [856] wendete auf den Lötvorgang die Theorie der Oberflächenspannung und die der flüssigen Strömung an. Bei Berührung von

Schmelze und festem Metall bildet sich ein bestimmter Randwinkel ϑ aus, der im Falle völliger Benetzung gleich Null ist. Für das Weichlöten genügt die Bedingung $\vartheta < 90°$. Das Hochsteigen der Schmelze im Spalt als statischer Vorgang soll als bekannt vorausgesetzt werden. MILNER behandelt diesen Vorgang auch dynamisch. Er stellt durch Versuche und durch Rechnung fest, daß beim Hochsteigen der Schmelze entweder laminare oder turbulente Strömung vorliegt. Die Geschwindigkeit des Hochsteigens ist in allen Fällen so groß, daß keine Zeit für schädliche chemische Reaktionen zwischen Lot, Grundmetall und Flußmittel zur Verfügung steht. Zum Beispiel brauchte flüssiges Zinn eine Zeit von 10^{-2} sec, um in einem Spalt von festem Zinn 13 cm hoch zu steigen. Für die Wirkung des Flußmittels gibt MILNER eine Deutungsmöglichkeit, die von den vorhandenen Ansichten völlig abweicht. Im Fall des Lötens von Aluminium soll das Flußmittel nicht das Oxyd lösen, sondern es auf Grund eines elektrochemischen Vorganges abschälen, indem es zwischen Oxyd und Metall eindringt.

b) Eigenschaften der Weichlote und der Lötverbindungen. Die mechanischen Eigenschaften von Blei-Zinn-Loten seien nach einer

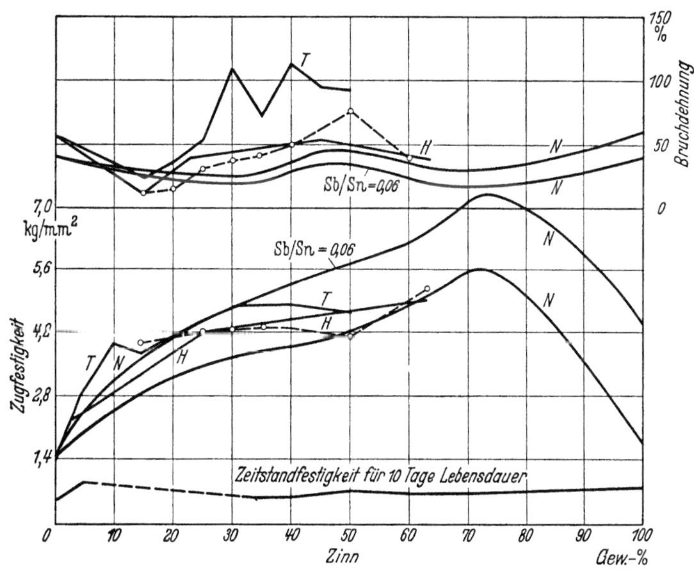

Abb. 389. Zugfestigkeit, Dehnung und Zeitstandfestigkeit von reinen und von antimonhaltigen Blei-Zinn-Legierungen. H HIERS; N NIGHTINGALE; T THOMPSON. Nach GONSER und HEATH [406]

älteren Arbeit von GONSER und HEATH [406] aufgeführt. Die Zugfestigkeit der Blei-Zinn-Legierungen steigt mit zunehmendem Zinngehalt an, um erst bei sehr hohen Zinngehalten, die als Lot weniger in Frage kommen, abzufallen (Abb. 389). Die Zugfestigkeit geht ungefähr der

29*

Härte parallel (S. 195). Die Bruchdehnung ist im ganzen Konzentrationsbereich sehr hoch. Vielleicht ist ein Maximum bei mittleren Zinngehalten vorhanden. Das Minimum in der Nähe der Löslichkeitsgrenze auf der Bleiseite verschwindet vermutlich, wenn die Legierungen beim Lagern erweichen (S. 104). Durch einen Antimongehalt von 5 bis 6% des Zinngehaltes wird die Festigkeit um 10 bis 20% erhöht (BAKER [*37*]). Bei den antimonhaltigen Legierungen findet vor der Erweichung eine vorübergehende Aushärtung statt. Messungen der Scherfestigkeit gegossener Proben zeigten bis zu 30% Sn einen steileren, dann bis 60% Sn einen mehr oder weniger flachen Anstieg (GONSER und HEATH [*406*]). Die Kerbschlagzähigkeit, gemessen an Proben mit gegossenen Kerben, hatte ein Maximum bei Zinngehalten von 35 bis 40%.

Messungen der Kriechfestigkeit (BAKER [*37*]) an antimonfreien Legierungen ergaben die höchsten Werte bei der eutektischen Zusammensetzung. Durch einen Antimonzusatz wurde die Kriechfestigkeit stark erhöht. Ein Zusatz von 0,18% Cu brachte eine weitere Steigerung. Dagegen waren geringe Gehalte von Eisen, Kupfer und Wismut, ebenso auch der Vorgang der Erweichung, ohne Einfluß. Die Kriechfestigkeit antimonhaltiger und antimonfreier Lote sank bei 80 °C auf 20 bis 30% derjenigen bei Raumtemperatur. Grobkörnige Proben brachen im Kriechversuch zwischenkristallin (S. 219). Die Kriechfestigkeit stranggepreßter eutektischer Blei-Zinn-Legierungen ist im Vergleich mit derjenigen gegossener Legierungen um eine Größenordnung niedriger (vgl. S. 226).

Weichgelötete Teile sollten nach Möglichkeit auf Abscheren beansprucht werden, da diese Beanspruchung der Eigenart der Verbindung am besten entspricht. Man kann die Tragfähigkeit der Lötungen in diesem Fall durch Erhöhung der Überlappungslänge steigern. Daher sind die Scherfestigkeiten gelöteter Teile die wichtigste Grundlage für den Konstrukteur. Beim Zerreißen stumpf gelöteter Stäbe ermittelt man die Trennfestigkeit des Lotes. Sie liegt nach COLBUS [*206*] für Bleilot zwischen Kupferstäben in der Größenordnung von 7 kg/mm², für Zinn zwischen Kupferstäben in der Größenordnung von 17 kg/mm². Die Trennfestigkeit hartgelöteter Proben nimmt nach COLBUS [*206*] mit abnehmender Lötspaltbreite zu. Man kann solche Verbindungen auch durch Kaltpreßschweißen bzw. Kaltpreßlöten herstellen (S. 190). Nach Abdrehen und Zerreißen des „gelöteten" Stabes erhielt man folgende Werte der „Trennfestigkeit" von Weichloten: Zinn zwischen Kupferstäben $< 8,2 \frac{\text{kg}}{\text{mm}^2}$, Blei zwischen Aluminiumstäben $4,0 \frac{\text{kg}}{\text{mm}^2}$, eutektisches Blei-Zinn-Lot zwischen Armcoeisenstäben $5,2 \frac{\text{kg}}{\text{mm}^2}$. Die angegebenen Werte sind nur als Anhaltspunkte zu betrachten, da eine Analyse des Spannungszustandes im weichen Metall noch nicht durchgeführt wurde.

Nach Koch und Wasserbäch [684, 1239] erreicht man gute Werte der Scherfestigkeit, wenn die Temperatur des Lotes um 60 bis 90 °C über der Liquidus-Temperatur der Legierung liegt. Diese Feststellung deckt sich im großen und ganzen mit einem Vorschlag von Mohler [861]. Das Werkstück muß an der Lötstelle mindestens die sogenannte Arbeitstemperatur erreicht haben [1095]. Beim Weichlöten von Stahl und von Kupfer wurden die höchsten Werte der Scherfestigkeit mit einer Spaltbreite von 0,05 mm erzielt [1239]. Nach Nightingale [898] und Leach [734] soll der Lötspalt mit steigender Lottemperatur enger gehalten werden. Die geringste Lötspaltbreite soll über 0,03 mm liegen. Der von beiden Forschern gegebene quantitative Zusammenhang zwischen Löttemperatur und optimaler Spaltbreite soll sich nicht voll bewährt haben [1239]. Die Festigkeit der Lötverbindungen erleidet einen gewissen Abfall beim Lagern. Er ist wohl auf die Bildung von gröberen Ausscheidungen aus dem übersättigten Bleimischkristall (S. 104) zurückzuführen. So fan-

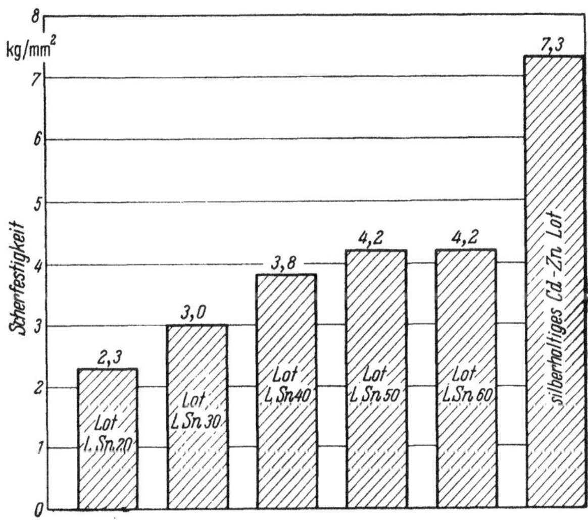

Abb. 390. Scherfestigkeit von weichgelöteten Kupferverbindungen. Nach Koch und Wasserbäch.
Versuchsbedingungen:

Lötprobe	Steckverbindung, d. h. Ende eines Rundstabes in Bohrung einer Platte eingelötet
Lötfläche	140 mm²
Lötspalt	0,1 mm
Löttemperatur	80 °C über Liquidus des Lotes
Abkühlung	an der Luft
Belastungsgeschw.	10 kg/sek
Lagerzeit	1 Tag
Prüftemperatur	20 °C

den Koch und Wasserbäch [684, 1239] z. B. bei der Lötung von Kupfer einen Abfall der Scherfestigkeit von 3,6 auf 2,8 kg/mm² nach einer Lagerzeit von 4 Monaten bei Raumtemperatur. Um reproduzierbare

Werte der Festigkeit von Lötverbindungen zu erhalten, schlagen sie folgende Arbeitsbedingungen vor:

Lötspaltbreite	0,1 mm
Löttemperatur	80 °C über der Liquidustemperatur des Lotes
Lötzeit	möglichst kurz
Belastungsgeschwindigkeit bei der Festigkeitsprüfung	10 kg/sek
Prüftemperatur	18 bis 24 °C

Die Probe soll im Ofen gelötet, danach langsam an der Luft abgekühlt und etwa 24 Stunden nach dem Lötvorgang auf ihre Festigkeit geprüft werden.

Damit wurden die in Abb. 390 und 391 dargestellten Werte der Festigkeit in Abhängigkeit von der Zusammensetzung der Lote erhalten.

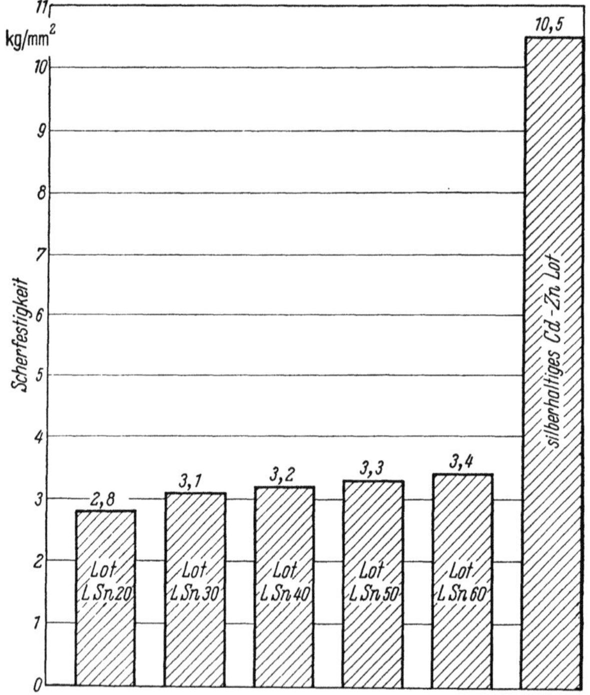

Abb. 391. Scherfestigkeit von weichgelöteten Stahlverbindungen (St 37). Nach KOCH und WASSERBÄCH. Versuchsbedingungen wie in Abb. 390

In einer älteren Arbeit des Staatlichen Materialprüfamtes in Berlin-Dahlem (TONN und GÜNTHER [1204]) wurden Zinkblech und verzinntes Stahlblech (Weißblech) mit reinen Blei-Zinn-Loten überlappt gelötet. Während die Festigkeit bei Zinkblechlötungen mit zunehmendem Zinn-

gehalt anstieg, wurde sie bei der Weißblechlötung — mit Ausnahme der
10- und 15%igen Lote — vom Zinngehalt nur wenig beeinflußt. Bestimmungen des Lotverbrauches und der Lötzeit ergaben, daß beide mit
wachsendem Zinngehalt des Lotes abnehmen. Hieraus folgt, daß bei
Verwendung niedrig zinnhaltiger Lote ein Teil der Zinnersparnis durch
Mehrverbrauch an Lot ausgeglichen wird. Lötverbindungen von Kupferblechen wurden in anderer Weise auf ihre Festigkeit geprüft (CHAD
WICK [*186*]). Aus zwei Blechstreifen wurde je ein rechter Winkel gebogen.
Man lötete beide Streifen mit je einem Schenkel aneinander. Längs der
beiden freien Schenkel wurde zerrissen. Die Festigkeit wurde auf die
Längeneinheit der Reißnaht bezogen und stellt somit nur einen Vergleichswert dar. Sie blieb während des allmählichen Aufreißens der
Lötnaht unverändert. Für die Festigkeit der Lötnähte von Kupfer wären
nach dem Ergebnis dieser Arbeit nicht die Eigenschaften des Lotes
entscheidend, sondern die der intermediären Kupfer-Zinn-Phasen, die
auch noch bei zinnarmen Loten gebildet werden. Da die ε-Phase die
niedrigste Festigkeit besitzen soll, verläuft der Bruch immer in dem von
dieser Phase gebildeten Legierungsstreifen. Die Festigkeit der Verbindung liegt daher unter der der Lotlegierung.

Die Festigkeitseigenschaften der Lötverbindungen sind, wie zu
erwarten, in starkem Maße von der Prüfgeschwindigkeit abhängig, was

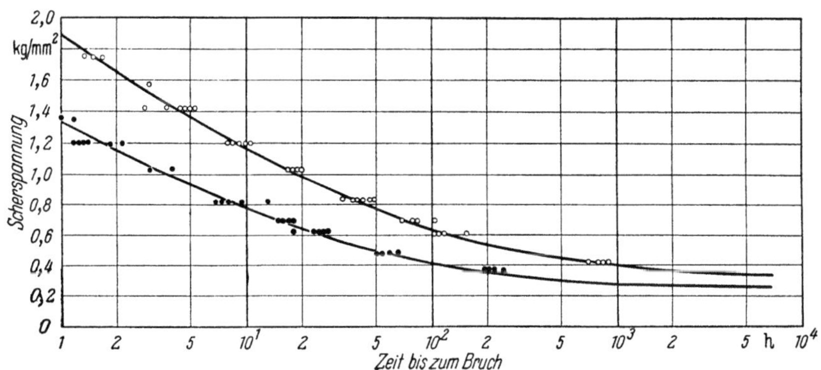

Abb. 392. Zeitstandfestigkeit von Weichlötverbindungen [*684, 1239*]

Grundwerkstoff Kupfer (leere Kreise)		Grundwerkstoff St 37 (volle Kreise)	
Lötspalt	0,1 mm	Lagerzeit	1 Tag
Lötfläche	141 mm²	Lot	LSn 50
Löttemperatur	290 °C		

beim Vergleich von Ergebnissen verschiedener Laboratorien zu berücksichtigen ist (vgl. KIES [*664*]). Ergebnisse von Kriechversuchen gewähren
einen Anhaltspunkt für die einer Lötverbindung zumutbare dauernde
statische Belastung. Nach Abb. 392 beträgt die Zeitstandfestigkeit von

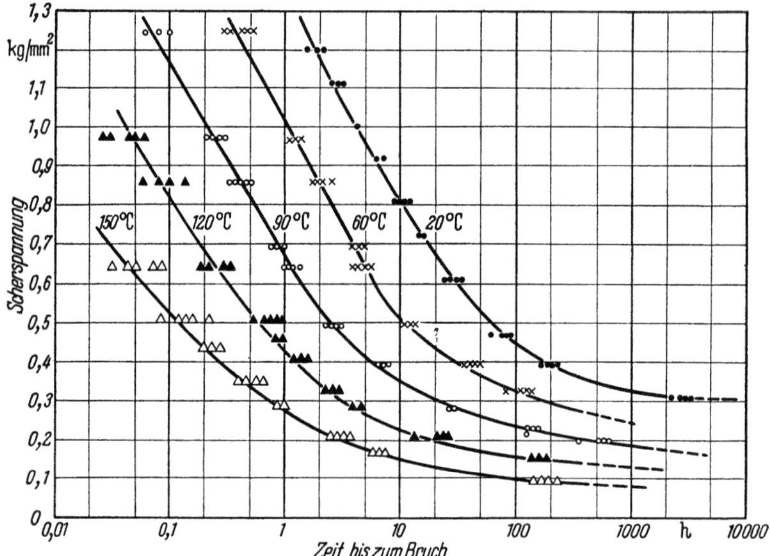

Abb. 393. Zeitstandfestigkeit von Weichlötverbindungen bei erhöhten Temperaturen [*684, 1239*]

Lötspalt	0,1 mm	Lagerzeit	1 Tag
Lötfläche	47 mm²	Grundwerkstoff	St 37
Löttemperatur	290 °C	Lot	LSn 50

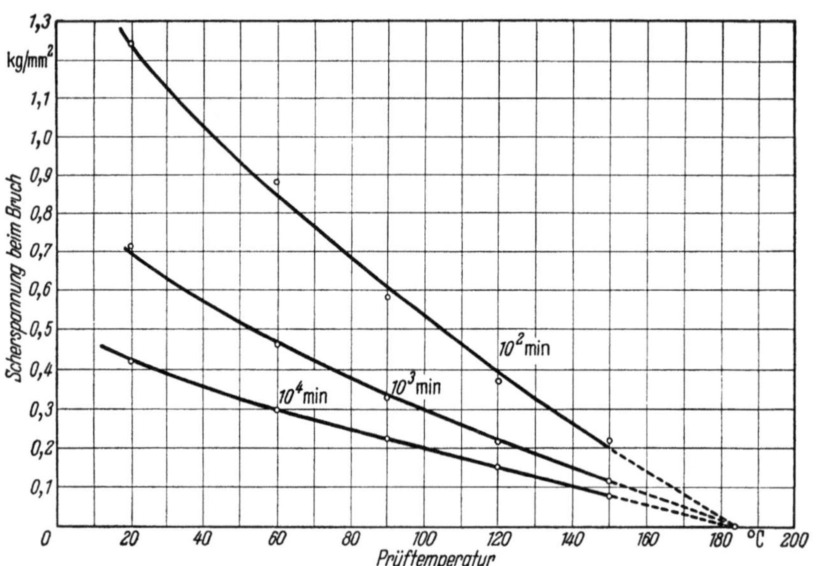

Abb. 394. Zeitstandfestigkeit von Weichlötverbindungen an Stahl (St 37) bei verschiedenen Prüftemperaturen, bezogen auf eine Lebensdauer von 100, 1000 und 10000 Minuten [*684, 1239*]

Lötspalt	0,1 mm
Lötfläche	47 mm²
Lot	LSn 50

Weichlötverbindungen, wenn man eine Lebensdauer von 1 Jahr zugrunde legt, höchstens 0,3 kg/mm² und damit etwa $^1/_{10}$ des Wertes der Scherfestigkeit im Kurzversuch (vgl. [415]). Dieses Verhältnis liegt etwa in der gleichen Größenordnung wie es für Bleilegierungen im massiven

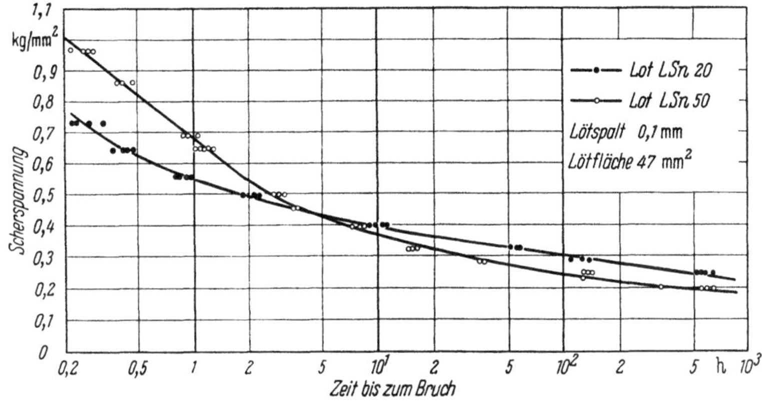

Abb. 395. Vergleich der Zeitstandfestigkeit von Weichlötverbindungen. Anwendung von 2 Loten verschiedener Zusammensetzung. Grundwerkstoff St 37 [684, 1239]

Löttemperatur	290 °C	Prüftemperatur	90 °C
Lagerzeit	1 Tag	Grundwerkstoff	St 37

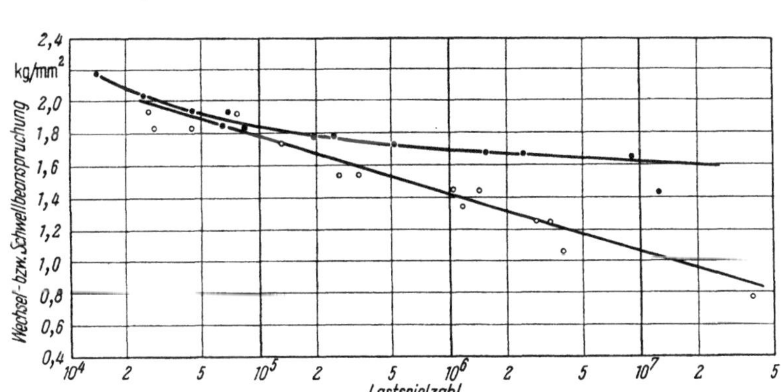

Abb. 396. Zeitschwingfestigkeit von Weichlötverbindungen im Steckversuch [684, 1239] (vgl. Abb. 390)

Wechselbeanspruchung — • —		Schwellbeanspruchung — ○ —	
Lot	LSn 50	Löttemperatur	290 °C
Grundwerkstoff	St 37	Lötfläche	207 mm²
Lötspalt	0,1 mm	Frequenz	113,5 Hz

Zustand gültig ist. Die Zeitstandfestigkeit nimmt, wie üblich, mit steigender Prüftemperatur ab (Abb. 393 und 394 [1239]). Lötungen von Kupfer und von Messing zeigten sich in der Kriechfestigkeit Lötungen von Stahl überlegen. Man führt dies auf eine Aufnahme von Kupfer, bzw. von Kupfer + Zinn, durch das Lot zurück (BAKER [37]). Antimonhaltige Lote übertrafen bei der Lötung von Stahl antimonfreie in der Zeitstandfestigkeit (BAKER [37]). Die Annahme, daß die Kriechfestigkeit von Lötverbindungen durch Silberzusätze in der Blei-Zinn-Legierung gesteigert wird, konnte von KEIL [652] nicht bestätigt werden. Lote mit niedrigerem Zinngehalt ergeben nach Abb. 395 Verbindungen höherer Warmfestigkeit.

Einen Anhaltspunkt für die Dauerschwingfestigkeit von Lötverbindungen vermittelt Abb. 396 [1239]. Wie bei Bleilegierungen üblich (S. 237), liegen die Werte der Dauerschwingfestigkeit über denen der Kriechfestigkeit. Der Abfall der Zugschwellfestigkeit auch im Gebiet hoher Lastspielzahlen dürfte mit einem Kriechen des Lotes bei dieser Art der Beanspruchung zusammenhängen. Eine höhere Wechselfestigkeit bei Weichloten erreicht man nach den Untersuchungen des Batelle Memorial Institute, Columbus (Ohio), durch Verwendung von Loten mit mehr als 70% Sn und Zugaben von 0,05 bis 0,10% Ce [1201].

Literaturverzeichnis

Die kursiv gesetzten Zahlen am Schluß der Literaturangaben beziehen sich auf den Text des vorliegenden Werkes.

[1] ABEL, E., u. O. REDLICH: Z. anorg. allg. Chem. 161 (1927) S. 221.   *S. 111*

[2] — — u. J. ADLER: Z. anorg. allg. Chem. 174 (1928) S. 269.   *S. 114*

[3] — — u. F. SPAUSTA: Z. anorg. allg. Chem. 190 (1930) S. 79.   *S. 118, 119*

ACHATZ, R. V.: Siehe [*18*].

[4] ACKERMANN, K. L.: Metallwirtsch. 10 (1931) S. 593.   *S. 116*

[5] —: Z. Metallkde. 24 (1932) S. 306.   *S. 114*

[6] —: Metallwirtsch. 12 (1933) S. 618.   *S. 368, 389*

[7] ADADUROV, I. E., u. E. A. BAUMANN: Zhurnal Prikl. Khim. (J. Appl. Chem.) 8 (1935) S. 13, Chem. Abstr. 29 (1935) S. 6709.   *S. 390*

[8] — u. L. M. SERCHEL: Zhurnal Prikl. Khim. (J. Appl. Chem.) 8 (1935) S. 1, Korrosion und Metallsch. 13 (1937) S. 103.   *S. 390*

ADAMS, L. H.: Siehe [*627*].

ADLER, J.: Siehe [*2*].

[9] AGEEW, N. W.: Metal Ind., Lond. 50 (1937) S. 3.   *S. 142*

[10] — u. N. Y. TALYZIN: Izvest. Sekt. Fiziko-Khimich. Analiza. 13 (1940) S. 251.
     S. 75

[11] AGRUSS, B., E. H. HERRMANN u. F. B. FINAN: J. Electrochem. Soc. 104 (1957) S. 204.   *S. 338*

[12] ALBANO, V. J.: Corrosion [Houston] 3 (1947) S. 488.   *S. 284*

[13] ALBRECHT, R.: Elektrische Akkumulatoren und ihre Anwendung, Leipzig: Jänecke 1937.   *S. 390*

[14] ALDEN, T., D. A. STEVENSON u. J. WULFF: Trans. Met. Soc. AIME 212 (1958) S. 15 u. Nickelberichte 16 (1958) S. 167.   *S. 53, 77, 78*

[15] ALLEMAND, D. A.: Rev. gén. Electr. 35 (1934) S. 886.   *S. 304*

ALLEMAN, N. I.: Siehe [*864*].

[16] ALLEN, N. P.: Proc. N. P. L. Symposium on Creep and Fracture of Metals at High Temperatures (1954).   *S. 222*

ALLHAUSEN, H.: Siehe [*276*]

ALLISON, S. K.: Siehe [*210*].

AMBROJI, M. N.: Siehe [*1053*].

[17] American Smelting and Refining Comp.: F. Patent 835430, 21. 12. 1938. USA-P. Nr. 2142835, 3. 1. 1939.   *S. 339, 401*

[18] ANDEREGG, F. O., u. R. V. ACHATZ: Bull. Engr. Exper. Station, Purdue Univ. 18 (1924), Teleph. Engr. 28 (1924) S. 34, J. Inst. Metals 33 (1925) S. 372.
     S. 296, 297

[19] ANDERSON, W. A., u. R. F. MEHL: Inst. Met. Div. 181 (1945) S. 140.   *S. 178*

[20] ANDRADE, E. N. DA C.: Nature 162 (1948) S. 410.   *S. 208*

[21] ANGERSTEIN, H.: Bull. Acad. Pol. Sci. 3 (1955) S. 447 nach Met. Abstr. 23 (1956) S. 834.   *S. 303*

ANGSTADT, R. T.: Siehe [*1037*].

ANKE, F.: Siehe [*1160*].

ANSELL, G. S.: Siehe [743].

AOKI, O.: Siehe [608].

[22] AOYAMA, SHIN'ITI, u. T. FUKUROI: Sci. Rep. Tohoku Imp. Univ. 36 (1942) S. 1883. *S. 39, 106*

[23] ARCHBOLD, T. F., u. R. E. GRACE: Trans. Met. Soc., AIME 212 (1958) S. 658. *S. 312*

[24] ARCHBUTT, L.: Trans. Faraday Soc. 17 (1921/22) S. 22. *S. 234*

ARNDT, H.: Siehe [58].

ARNOLD, S. M.: Siehe [402].

ARNONE, M.: Siehe [179].

[25] ARROWSMITH, R.: J. Inst. Metals 55 (1934) S. 71. *S. 370*

ARTAMONOFF, B. P.: Siehe [308].

[26] ASCOLI, A., E. GERMAGNOLI u. L. MONGINI: Nuovo Cimento 4 (1956) S. 123. *S. 55*

ASHKROFT, K.: Siehe [1245].

ASHLEY, R. W.: Siehe [169, 172].

[27] ASTM Designation B 200—45 T: Electrodeposited Coatings of Lead on Steel. *S. 444*

[28] ASTM Standards: Part I Metals S. 789; Philadelphia, Pa: Amer. Soc. Test. Mater. 1936. *S. 24, 26, 27*

[29] ATWATER, H. A., u. B. CHALMERS: J. Appl. Physics 26 (1955) S. 918. *S. 322*

[30] AUST, K. T., u. J. W. RUTTER: Transactions AIME 215 (1959) S. 119. *S. 179*

[31] — —: Transactions AIME 218 (1960) S. 50. *S. 179*

[31a] — u. B. CHALMERS: Proc. Roy. Soc. 201 (1950) S. 210; 204 (1951) S. 359. *S. 17*

[32] AWF: Der Spritzguß, 3. Aufl., Leipzig: Teubner 1937. *S. 341*

[33] AZZOLINO, J.: Plating 44 (1957) S. 1180. *S. 372*

BAINBRIDGE, D. W.: Siehe [414].

[34] BAKER, E. M., u. P. J. MERKUS: Elektrochem. Soc. Preprint (1932) Apr. 23. *S. 287*

[35] BAKER, H.: Proc. Graphical Arts Techn. Conference (The Amer. Soc. Mech. Engrs.) (1936) S. 19. *S. 429*

[36] BAKER, J. B., B. B. BETTY u. H. F. MOORE: Metals Techn. 5 (1938) Nr. 3, Trans. AIME, Techn. Publ. Nr. 906. *S. 216, 218*

[37] BAKER, W. A.: J. Inst. Metals 65 (1939) S. 277. *S. 449, 452, 458*

[38] —: J. Inst. Metals 65 (1939) S. 345. *S. 81*

BALDWIN, W. M.: Siehe [1247].

[39] BALLAY, M.: C. R. Acad. Sci., Paris 202 (1936) S. 222. *S. 194*

[40] BALLUFFI, R. W., u. L. L. SEIGLE: Acta Met. 5 (1957) S. 449. *S. 203*

BANKES, P. E.: Siehe [748].

[41] BARDGETT, W. E.: Iron and Steel 29 (1956) S. 392. *S. 55*

[42] BARDUCCI, I.: Ricerca sci. 22 (1952) S. 1733. *S. 106*

[43] BARGILLIAT, A.: Chim. et Ind. 36 (1936) S. 3. *S. 345*

[44] BARHAM, B. S.: Metal Ind., Lond. 52 (1938) S. 521. *S. 449*

[45] BARLOW, W. E.: Z. anorg. allg. Chem. 70 (1911) S. 178. *S. 138, 139*

[46] BARRET, C. S.: Structure of Metals, New York: McGraw-Hill 1952. *S. 224*

[47] BARRS, C. E.: J. Soc. Chem. Ind. 38 (1919) T, S. 407, R, S. 452. *S. 272*

[48] BARTELD, K.: Der Sauerstoffgehalt von Blei und seine Wirkung auf die technologischen Eigenschaften, Diss. T. H. Braunschweig 1955. *S. 82, 83, 84, 276*

[49] — u. W. HOFMANN: Erzmetall 5 (1952) S. 102. *S. 81, 82*

[50] Barwell, F. T.: Diskussionsbeitrag zu J. Appl. Phys. Suppl. 1 (1951) S. 32.
                                                                    S. 361
Basil, I. L.: Siehe [514].
[51] Bassett, W. H.: Metals and Alloys 8 (1937) S. 185.   *S. 400*
[52] — u. C. J. Snyder: Proc. ASTM 32 (1932) II S. 558.   *S. 25, 27*
[53] — —: Trans. AIME, Inst. Met. Div. 104 (1933) S. 254.   *S. 403, 404*
[54] Bassow, A.: Werkstoffe und Korrosion 7 (1956) S. 489.   *S. 322*
Bastien, P.: Siehe [973].
[55] Bastien, P. G., u. M. Darmony: J. Met. 7 (1955) S. 1264.   *S. 102*
Basu, S. K.: Siehe [653].
[56] Bauer, H.: Aluminium-Archiv 24 (1939) S. 30.   *S. 107, 108*
[57] Bauer, O.: Z. Metallkde. 16 (1924) S. 110.   *S. 318*
[58] — u. H. Arndt: Z. Metallkde. 13 (1921) S. 497.   *S. 79*
[59] — u. M. Hansen: Z. Metallkde. 21 (1929) S. 145.   *S. 150*
[60] — u. G. Schikorr: Metallwirtsch. 14 (1935) S. 463.   *S. 293*
[61] — —: Mitt. dtsch. Mat. Prüf. Anst., Sonderheft 28 (1936) S. 67.   *S. 289*
[62] — u. H. Sieglerschmidt: Metallwirtsch. 15 (1936) S. 535.   *S. 34*
[63] — u. W. Tonn: Z. Metallkde. 27 (1935) S. 183.   *S. 49, 50*
[64] — u. O. Vollenbruck: Z. Metallkde. 22 (1930) S. 230.   *S. 304*
[65] — u. E. Wetzel: Mitt. Mat.-Prüf.-Amt Berlin-Lichterfelde-West 34 (1916)
     S. 333.   *S. 281, 282, 289, 292, 294*
     —: Siehe [520].
[66] Baum, F.: Bull. schweiz. elektrotechn. Ver. 49 (1958) S. 51.   *S. 280*
Baum, L. W.: Siehe [742].
Baumann, E. A.: Siehe [7].
Baumann, M.: Siehe [793].
[67] Baxter, G. P.: M. Guichard u. R. Whytlaw-Gray: Thirteenth Report of
     the Committee on Atomic Weights of the International Union of Chemistry.
     J. Amer. Chem. Soc. 69 (1947) S. 731.   *S. 10*
[68] Beck, P. A.: Metals Techn. 6 (1939) AIME Techn. Publ. S. 1101.   *S. 90, 185*
[69] —: Acta Met. 6 (1958) S. 287.   *S. 178*
     —: Siehe [960].
[70] Beck, W.: Schweiz. Arch. 6 (1940) S. 201 u. 225.   *S. 303*
[71] Becker, E.: Werkstoffe und Korrosion 10 (1935) S. 1.   *S. 323*
Becker, K.: Siehe [813].
Becker, M.: Siehe [361].
[72] Becker, R.: Z. techn. Phys. 7 (1926) S. 547.   *S. 198*
[73] Beckinsale, S., u. H. Waterhouse: J. Inst. Met. Lond. 39 (1928) S. 375.
                                              S. 234, 247, 248, 280
Beckmann, J.: Siehe [278].
Beddow, J. K.: Siehe [334a].
Bedworth, R. E.: Siehe [963].
Begeman, M. L.: Siehe [436].
[74] Bell. Telephone Laboratories: Inc. A. P. 2170650, vom 2. 9. 1936, ausg.
     22. 8. 1939.   *S. 339*
[75] Benad, H.: Diss. Sächs. Bergakad. Freiberg 1939.   *S. 424, 425, 427*
     —: Siehe [277].
Bennewitz, R.: Siehe [914].
Beregekoff, D.: Siehe [1222].
Bergner, K. G.: Siehe [1063].
Berl, E.: Siehe [784].
[76] Bernhardt, E. O., u. H. Hanemann: Z. Metallkde. 30 (1938) S. 401. *S. 220*

[77] BETTERTON, J. O., u. Y. E. LEBEDEFF: Trans. AIME 121 (1936) S. 205. *S. 169*

[78] BETTS, A. G.: D. R. P. Kl. 40c, Nr. 198288 v. 2. 4. 1902 (13. 5. 1908). *S. 442*

BETTY, B. B.: Siehe [36, 865, 866].

[79] BEUERLEIN, P.: Schmiertechnik, in: Kröners Taschenbuch der Maschinentechnik, Stuttgart 1955. *S. 351*

[80] BIDWELL, C. C.: Phys. Rev. 58 (1940) S. 561. *S. 18*

[81] — u. E. J. LEWIS: Phys. Rev. 33 (1929) S. 249. *S. 18*

[82] BILART, A.: Métaux, 11 (1936) S. 31. *S. 436*

[83] BIRCH, F.: Phys. Rev. 71 (1947) S. 809. *S. 12*

[84] BIRCUMSHAW, L. L.: Phil. Mag. 7 (1926) S. 341. *S. 16*

[85] —: Phil. Mag. 17 (1934) S. 181. *S. 101*

[86] — u. G. D. PRESTON: Phil. Mag. 25 (1938) S. 769. *S. 311*

[87] BISH, R. E.: J. Metals 4 (1952) S. 81. *S. 67*

[88] BISHOP, J. F. W.: Metallurgical Reviews 2 (1957) S. 361. *S. 378, 384*

BISSETT, C. C.: Siehe [883].

[89] BLANDERER, J.: Metall 8 (1954) S. 288. *S. 365*

BLANK, F.: Siehe [202].

[90] BLOCH, M. R., D. KAPLAN u. J. SCHNERB: J. Appl. Chem. 8 (1958) S. 171. *S. 284*

[91] BLUMENTHAL, B.: Metals and Alloys 3 (1932) S. 181. *S. 152*

[92] —: Metals Techn. 10 (1943) AIME Techn. Publ. No. 1634 S. 11. *S. 119*

[93] —: Trans. AIME 156 (1944) S. 240; discussion S. 250. *S. 32*

[94] BLUTH, M., u. H. HANEMANN: Z. Metallkde. 29 (1937) S. 48. *S. 41*

BOAS, W.: Siehe [1070].

[95] — u. R. W. K. HONEYCOMBE: J. Inst. Metals 73 (1947) S. 433. *S. 359, 360*

[96] BOCHVAR, A. A., u. V. I. DOBATKIN: Tsvet. Metally (Non Ferrous Metals) (1940) S. 86; C. Abs. 36 (1942) S. 5452. *S. 104*

[97] BODE, H., u. E. VOSS: Z. Elektrochem. 60 (1956) S. 1053. *S. 334*

[98] BÖRGER, H.: Schriften d. Gesellschaft Deutscher Metallhütten- u. Bergleute e. V. (1960) H. 7, S. 10. *S. 324*

[99] BÖRSIG, F.: Masch.-Schad. 17 (1940) S. 61. *S. 304*

[100] BOESCHE, H.: D. R. P. vom 4. 6. 1941, Nr. 709009. *S. 398*

[101] BOESONO: Physica 24 (1958) S. 71. *S. 176*

[102] BOGITSCH, M. B.: C. R. Acad. Sci., Paris 159 (1914) S. 178. *S. 158*

BOHREN, H.: Siehe [719, 720].

[103] BOLLING, G. F., T. B. MASSALSKI u. C. J. MCHARGUE: Acta Metallurgica im Druck. *S. 174*

[104] — u. W. C. WINEGARD: Acta Metallurgica 6 (1958) S. 283. *S. 7, 178*

[105] — —: Acta Metallurgica 6 (1958) S. 288. *S. 55, 183*

[106] — —: J. Inst. Metals 86 (1958) S. 492. *S. 17*

[107] BOLLINGER, J.: Schweiz. Arch. 18 (1952) S. 321. *S. 279*

[108] BOLOGNESI, G.: Metallurgia Ital. 46 (1954) S. 9. *S. 278*

[109] BORCHERS, H., M. KAINZ u. S. PIXNER: Z. Metallkde. 52 (1961) S. 276. *S. 47, 253*

[110] BOREL, I.: Bull. Ass. Suisse Electr. 28 (1937) S. 54. *S. 302*

[111] BORELIUS, G.: Arkiv Mat., Astron. Fysik 32 (1945) S. 9. *S. 102*

[112] —, F. LARRIS u. E. OHLSSON: Arkiv Mat., Astron. Fysik 31 (1944) S. 19. *S. 102*

[113] — u. L. E. LARSSON: Inst. Metals: Symposium on Mechanism of Phase Transformations in Metals (1955) S. 67. *S. 102*

[114] — u. K. M. SÄFSTEN: Arkiv Mat., Astron. Fysik 36 (1948) S. 5. *S. 102*

[115] BORNEMANN, K., u. K. WAGENMANN: Ferrum 11 (1913/14) S. 291 u. 309. *S. 67, 153*

[116] Bosch, C.: Z. Elektrochem. 24 (1918) S. 361.   *S. 282, 283*

[117] Botschwar, A. A., u. K. W. Gorew: Z. anorg. allg. Chem. 210 (1933) S. 171.   *S. 141*

[118] Bouton, G. M., u. G. S. Phipps: ASTM Proc. 51 (1951) S. 761.   *S. 379, 401*
— : Siehe [*402, 1090*].

[119] Bowden, F. P., u. D. Tabor: The Friction and Lubrication of Solids, Oxford: University Press 1950.   *S. 357, 358, 359, 360*

[120] — —: Reibung u. Schmierung fester Körper, Berlin/Göttingen/Heidelberg: Springer 1959.   *S. 435*

[121] Bradhurst, D. H., u. A. S. Buchanan: Australian J. Chem. 12 (1959) S. 523.   *S. 83*
Bradley, W. W.: Siehe [*212*].

[122] Brady, E. L.: J. Electrochem. Soc. 101 (1954) S. 466.   *S. 88*

[123] — : Metal Ind., Lond. 40 (1932) S. 297.   *S. 293*

[124] — : Nach Met. Abstr. 3 (1936) S. 481.   *S. 280*

[125] Brame, I. S. S.: J. Soc. chem. Ind. 37 (1918) S. 39.   *S. 281*
Brand, H.: Siehe [*938*].

[126] Brandt, A.: Brit. Non-Ferr. Met. Res. Assoc. Ser. 414 (1936); s. U. R. Evans [*297*].   *S. 299*
De Brouckère, L.: Siehe [*748*].
Brawley, D. J.: Siehe [*223*].

[127] Bray, J. L.: Trans. Amer. Inst. Min. Metallurg. Engrs. 124 (1937) S. 199.   *S. 99, 439*
— : Siehe [*871*].

[128] Brcic, B. S., u. J. Siftar: Corrosion et Anticorrosion 6 (1958) S. 342.   *S. 281*
Brennecke, E.: Siehe [*834*].

[129] Brenthel, Fr.: Chemiker-Ztg. 52 (1928) S. 169, 190 u. 250.   *S. 447, 448*

[130] — : Z. Metallkde. 22 (1930) S. 23.   *S. 276*

[131] — : Z. Metallkde. 22 (1930) S. 347.   *S. 81*

[132] Bretag, W.: Z. VDI 96 (1954) S. 397.   *S. 342*
Bretschneider, H.: Siehe [*988*].

[133] Briesemeister, S.: Z. Metallkde. 23 (1931) S. 225.   *S. 67, 152*

[134] Briggs, G. W. D., u. W. F. K. Wynne-Jones: J. Chem. Soc. (1956) S. 2966.   *S. 283*

[135] Brock, P.: J. Inst. Metals 83 (1954/55) S. 191.   *S. 208*
Broomfield, G. H.: Siehe [*980*].

[136] De Bruyne, N. A., u. R. Houwink: Adhesion und Adhesives, Amsterdam: Elsevier Publishing Co. 1951.   *S. 56*
Buchanan, A. S.: Siehe [*121*].

[137] Buda, I. V.: Rev. chim. (Bucharest) 8 (1957) S. 166.   *S. 99*

[138] Bückle, H.: Z. Metallkde. 43 (1952) S. 82.   *S. 62*

[139] — u. H. Hanemann: Z. Metallkde. 32 (1940) S. 120.   *S. 334*

[140] Bühler, H.: Stahl und Eisen 75 (1955) S. 420.   *S. 18*

[141] Bueren, H. G. van: Imperfections in Crystals, Amsterdam: North Holland Publ. Co. 1960.   *S. 172*
Bukowiecki, A.: Siehe [*1065*].

[142] Bull. Int. Tin Res. Develp. Council, Nr. 2, „Solder", Sept. 1935.   *S. 448*

[143] Bumm, H.: Dissertation T. H. Berlin 1932.   *S. 131*

[144] Bungardt, W.: In R. Kühnel: Werkstoffe für Gleitlager, Berlin: Springer 1939, S. 322 ff.   *S. 370*

[145] — : In R. Kühnel: Werkstoffe für Gleitlager, 2. Aufl., Berlin/Göttingen/Heidelberg: Springer 1952.   *S. 365*

BUNGARDT, W.: Siehe [290].

[146] BUNNENBERG, K.: Dissertation T. H. München 1960, vgl. H. BORCHERS u.
K. BUNNENBERG: Metall. 15 (1961) S. 765.　　　　　　　　　*S. 47, 253*

[147] U. S. Bur. Stand. Circular, Nr. 382 (1930), Bismuth.　　　*S. 98, 350*

[148] BURAT, F., u. W. HOFMANN: Feinwerktechnik 63 (1959) S. 82.　*S. 54*

[149] BURBANK, J.: J. Electrochem. Soc. 103 (1956) S. 87.　　　*S. 333*

[150] —: J. Electrochem. Soc. 104 (1957) S. 693.　　　　　　　*S. 334*

[151] BURBANK, J. B., u. A. C. SIMON: J. Elektrochem. Soc. 100 (1953) S. 11.
　　　　　　　　　　　　　　　　　　　　　　　　　　　　　S. *275, 334*

[152] BURGAN, B. R., R. C. HALL u. R. F. HEHEMANN: J. Inst. Met. 80 (1951/52)
S. 413.　　　　　　　　　　　　　　　　　　　　　　　　　　*S. 80*

[153] BURGERS, W. G.: Z. Metallkde. 41 (1950) S. 2.　　　　*S. 176, 177*
—: Siehe [920, 1197].
BURKE, A. E.: Siehe [767].

[154] BURKHARDT, A.: Metallwirtsch. 10 (1931) S. 181.　　*S. 263, 265, 269*

[155] —: Blei und seine Legierungen, Berlin: NEM-Verlag 1935.
　　　　　　　　　　　　S. 70, 76, 87, 184, 190, 247, 250, 315

[156] BURNS, R. M.: Bell. Syst. techn. J. 15 (1936) S. 603.　*S. 296, 297, 300*

[157] — u. W. J. SALLEY: Industr. Engng. Chem. 22 (1930) S. 93.　*S. 298*

[158] BUSKE, A.: Stahl u. Eisen 71 (1951) S. 1420.　　　　　*S. 351, 353*

[159] BUSS, G., u. U. MEYER: Europ. Fernsprechdienst 50 (1938) S. 308.　*S. 398*

[160] — u. H. K. Müller: Elektrizitätswirtsch. 49 (1950) S. 302.　*S. 303*

[161] BUTCHER, W. T.: Metal Ind., Lond. 50 (1937) S. 105.　　*S. 98*

[162] BUTLER, J. M.: J. Inst. Metals 86 (1957/58) S. 145.　*S. 379, 414, 416*

[163] —: J. Inst. Metals 86 (1957/58) S. 155.　　　　　　　*S. 188, 416*

[164] —: J. Inst. Metals 86 (1957/58) S. 161.　　　　　　　*S. 418, 419*

[165] BUTUZOV, V. P., u. M. G. GONIKBERG: Met. Abstr. 21 (1953/54) S. 854. *S. 14*
BUTZIK, M. G.: Siehe [374].

[166] CAHN, J. W., u. H. N. TREAFTIS: Trans. AIME 218 (1960) S. 376.　*S. 101*
CADOFF, J.: Siehe [855].

[167] CALCOTT, W. S., J. C. WHETZEL u. H. F. WHITTAKER: Corrosion Tests a.
Materials of Construction, New York: Van Nostrand 1923. *S. 277, 278, 280*
CALE, G. N.: Siehe [1156].

[168] CAMBI, L., u. R. PIONTELLI: Chimica e Industria 20 (1938) S. 649.　*S. 285*

[169] CAMPBELL, A. N., u. R. W. ASHLEY: Canadian Journal of Research 18 (1940)
S. 281.　　　　　　　　　　　　　　　　　　　　　　　　　*S. 29, 30*

[170] — u. R. KARTZMARK: Canad. J. Chem. 34 (1956) S. 1428.　*S. 111*

[171] —, R. M. SCREATON, T. P. SCHAEFER u. C. M. HOVEY: Canad. J. Chem. 33
(1955) S. 511.　　　　　　　　　　　　　　　　　　　　　　*S. 134*

[172] —, L. YAFFE, W. G. WALLACE u. R. W. ASHLEY: Canad. J. Research 19
(1941) S. 212.　　　　　　　　　　　　　　　　　　　　　　*S. 109*

[173] CAMPBELL, W.: Proc. Amer. Soc. Test. Mater. 30 I (1930) S. 380 u. 384. *S. 87*
CAMPNEY, K. N.: Siehe [183].

[174] Canad. Patent 503663 vom Juni 1954.　　　　　　　　　*S. 340*

[175] CAP, F.: Physik und Technik der Atomreaktoren, Wien: Springer 1957. *S. 22*

[176] CAPUA, CL. DI: Gazz. chim. ital. 55 (1925) S. 582.　　　*S. 136, 139*

[178] —: Gazz. chim. ital. 55 (1925) S. 594.　　　　　　　　*S. 168*

[179] — u. M. ARNONE: Atti Acad. Lincei 33 (1924) S. 28.　　*S. 96*

[180] CARIUS, C., u. E. H. SCHULZ: In O. BAUER, O. KRÖHNKE, G. MASING: Die
Korrosion metallischer Werkstoffe, Bd. 1, Leipzig: Hirzel 1936, S. 127 ff. *S. 291*

[181] CARROTT, W.: Proc. Chem. Engng. Group Soc. Chem. Ind. 19 (1937) S. 103.
　　　　　　　　　　　　　　　　　　　　　　　　　　　　　S. *414*

CARTER, W. H.: Siehe [*1262*].

[*182*] CARTLAND, J.: J. Inst. Metals 56 (1935) S. 235.   *S. 320, 346*
     —: Siehe [*883*].
     CASEY, D. F.: Siehe [*1096*].

[*183*] CASEY, E. J., u. K. N. CAMPNEY: J. Electrochem. Soc. 102 (1955) S. 219.
       S. 261, 268

[*184*] CATHCART, J. V., u. W. D. MANLY: Corrosion [Houston] 12 (1956) S. 43.   *S. 95*
     CECCARELLI, O.: Siehe [*745*].

[*185*] Centre Belge d'étude de la Corrosion, „Cebelcor", Belg. P. 506131 vom 16. 1.
     1952 nach C. A. 48 (1954) S. 13, 7530e.   *S. 282*

[*186*] CHADWICK, R.: J. Inst. Metals 62 (1938) S. 277.   *S. 455*
     CHAIKOVSKY, E. F.: Siehe [*660*].

[*187*] CHALMERS, B.: Met. Abstr. 16 (1949) S. 789.   *S. 449*

[*188*] CHALMERS, B.: Proc. phys. Soc. Lond. 47 (1935) S. 352.   *S. 13, 188*
     —: Siehe [*29, 31a, 1187, 1279*].
     CHAND, R.: Siehe [*886*].

[*189*] CHARPY, M. G.: C. R. Acad. Sci., Paris 126 (1898) S. 1569 u. 1645.   *S. 166*

[*190*] CHASTON, J. C.: Elektr. Nachr.-Wes. 13 (1934) S. 41.   *S. 302*

[*191*] —: J. Inst. Metals 56 (1935) S. 87.   *S. 235*

[*192*] —: J. Inst. Metals 57 (1935) S. 109.   *S. 181*

[*193*] Chemikerausschuß der Gesellschaft Deutscher Metallhütten- und Bergleute
     e. V.: Analyse der Metalle Bd. I, 2. Aufl., 1949; Bd. II, 1953; Bd. III, 1956;
     Berlin/Göttingen/Heidelberg: Springer.   *S. 7, 29, 35*

[*194*] Chem. Engineering 63 (1956) S. 228.   *S. 445, 446*

[*195*] Chem. metall. Engng. 31 (1924) S. 74.   *S. 279, 280, 281, 282, 283*

[*196*] Chem. metall. Engng. 43 (1936) S. 526.   *S. 263, 268, 273, 279*

[*197*] Chem. Process Engng. 37 (1956) S. 131.   *S. 279*
     CLABAUGH, W. J.: Siehe [*623, 624*].

[*198*] CLAREBROUGH, L. M., M. E. HARGREAVES u. G. W. WEST: Proc. Roy. Soc.
     232 (1955) S. 252.   *S. 174*

[*199*] CLARKSON, F., u. H. C. HETHERINGTON: Chem. metall. Engng. 32 (1925)
     S. 811.   *S. 279*

[*200*] CLAUS, W.: Gießerei-Ztg. 23 (1926) S. 463.   *S. 449*

[*201*] —: Metallwirtsch. 13 (1934) S. 226.   *S. 67*

[*202*] — u. F. BLANK: Metallwirtsch. 18 (1939) S. 938.   *S. 102*

[*203*] — u. T. HERMANN: Metallwirtsch. 18 (1939) S. 957.   *S. 108*
     CLAYTON, C. Y.: Siehe [*480*].

[*204*] CLAYTON, D.: Brit. J. Appl. Phys. Suppl. 1 (1951) S. 25.   *S. 360*
     COCHARDT, A. W.: Siehe [*1006*].
     COE, H. C.: Siehe [*382*].

[*205*] COHEN, E.: Z. phys. Chem. 63 (1908) S. 631.   *S. 104*
     COHEUR, P.: Siehe [*1005*].

[*206*] COLBUS, J.: Schweißen u. Schneiden 6 (1954) S. 287 u. S. 140 (S).   *S. 452*
     COLE, J. H.: Siehe [*427, 428, 429*].

[*207*] COLES, E. L., u. R. L. DAVIES: Chem. and Ind. (1956) S. 1030.   *S. 280*

[*208*] —, J. G. GIBSON u. R. M. HINDE: J. Appl. Chem. 8 (1958) S. 341.   *S. 280*
     COLLINSWORTH, E. T.: Siehe [*977*].

[*209*] Comité Concultatif International Téléphonique: C. C. I. T. Paris 1949, nach
     Werkstoffe und Korrosion 1 (1950) S. 511.   *S. 280*

[*210*] COMPTON, A. H., u. S. K. ALLISON: X-Rays in Theory and Experiment,
     Toronto / New York / London: Van Nostrand 1949.   *S. 19*

[*211*] COMPTON, K. G.: Corrosion [Houston] 12 (1956) S. 37.   *S. 302*

[212] COMPTON, K. G., A. MENDIZZA u. W. W. BRADLEY: Corrosion 11 (1955) S. 383/92 t. *S. 306*

[213] CONINX: Elektrizitätswirtsch. 28 (1929) S. 357. *S. 386*

[214] COOK, M.: J. Inst. Metals 31 (1924) S. 297. *S. 140*

COPSON, R. L.: Siehe [495].

CORDES, H.: Siehe [252 a].

[215] Corrosion [Houston] 12 (1956) S. 355. *S. 303*

[216] COTTON, W. J.: Corrosion 11 (1955) S. 23. *S. 277*

[217] COTTRELL, A. H.: Dislocations and Plastic Flow in Crystals, Oxford: Clarendon Press 1953. *S. 172, 199, 223*

[218] — u. M. A. JASWON: Proc. Roy. Soc. 199 (1949) S. 104. *S. 206*

[219] COURNOT, J.: C. R. Acad. Sci., Paris 186 (1928) S. 867. *S. 59*

[220] —: Techn. mod. 27 (1935) S. 635. *S. 98, 374*

[221] COWAN, W. A., L. D. SIMPKINS u. G. O. HIERS: Chem. metall. Engng. 25 (1921) S. 1182. *S. 133*

COX, G. L.: Siehe [1020].

CRAIG, D. N.: Siehe [1224].

[222] CRENNELL, J. T., u. A. G. MILLIGAN: Trans. Faraday Soc. 27 (1931) S. 103. *S. 338*

CROCKER, A. J.: Siehe [932].

[223] CROCKFORD, H. D., u. D. J. BRAWLEY: J. Amer. chem. Soc. 56 (1934) S. 2600. *S. 261*

CRONE, W.: Siehe [1164].

[224] CROSS, A.: Iron Age 24 (1959) S. 48. *S. 433*

[225] CROW, T. B.: J. Inst. Metals 35 (1926) S. 55. *S. 450*

[226] CRUSSARD, C., u. J. FRIEDEL: In „Creep and Fracture of Metals at High Temperatures", Proceedings of a Symposium. Held at the National Physical Laboratory 1954, London: Her Majesty's Stationery Office 1956. *S. 207*

[227] CUTHBERTSON, J. W.: J. Inst. Metals 64 (1939) S. 485. *S. 355*

[228] CZOCHRALSKI, J., u. E. RASSOW: Z. Metallkde. 19 (1927) S. 111. *S. 69, 71*

DAHL, O.: Siehe [1165].

DAHL, TH.: Siehe [550].

DANILOV, V. I.: Siehe [229].

[229] DANILOVA, A. I., V. I. DANILOV, u. E. Z. SPEKTOR: Structure of Molten Tin, Bismuth and Lead. Doklady Akad. Nauk. SSSR 82 (4) (1952) S. 561. Met. Abstr. 22 (1954/55) S. 317. *S. 10*

[230] DANNAT, C. W., u. F. D. RICHARDSON: Metal. Ind. 83 (1953) S. 63. *S. 83*

DANNECKER, C.: Siehe [685].

DANNÖHL, W.: Siehe [294].

DARAGAN-SUSHCHOV, I. I.: Siehe [800].

[231] DARDEL, Y.: Light Metals 9 (1946) S. 220. *S. 29*

DARMONY, M.: Siehe [55].

[232] DASSOJAN, M. A.: Dokl. Akad. Nauk. SSSR 107 (1956) S. 683. *S. 32*

[233] —: Nachr. Elektro-Ind. (russ.) 2 (1957). *S. 336, 337, 340*

[234] DAUBENSPECK, G. W., u. C. H. McCLURE: Illinois State Dept. Labour, Div. Factory Inspection, Techn. Paper 1 (1941) S. 20. *S. 341*

DAUNT, J. G.: Siehe [595].

[235] DAVEY, T. R. A.: J. Metals 8 (1956) S. 341. *S. 6, 315*

DAVIE, T. A. S.: Siehe [768].

DAVIES, J. B.: Siehe [636].

[236] DAVIES, M. H.: J. Inst. Metals 81 (1952/53) S. 415. *S. 111*

DAVIES, R. L.: Siehe [207].

DAY, J. H.: Siehe [*982*].

[*237*] DAY, A. L., R. B. SOSMAN u. J. C. HOSTETTER: N. Jb. Min. usw. Beil.-Bd. 40 (1915) S. 119.   *S. 11*

[*238*] DEAN, R. S., u. J. E. RYJORD: Metals and Alloys 1 (1930) S. 410.   *S. 65, 248*

[*239*] —, L. ZICKRICK u. F. C. NIX: Trans. Amer. Inst. Min. Metallurg. Engrs. 73 (1926) S. 505.   *S. 14, 34, 36, 37, 39, 40, 43, 45*

[*240*] DEHLINGER, U.: Chemische Physik der Metalle und Legierungen, Physik und Chemie, Bd. III, Leipzig: Akad. Verlagsgesellschaft 1939.   *S. 28*

[*241*] —: Z. Metallkde. 31 (1939) S. 187.   *S. 218*

[*242*] —: Handbuch der Physik, Bd. VII/2, Berlin/Göttingen/Heidelberg: Springer 1958.   *S. 253*

[*243*] DELAHAY, P., M. POURBAIX u. P. VAN RYSSELBERGHE: J. Elektrochem. Soc. 98 (1951) S. 57.   *S. 260*

[*244*] DEMING, A. F.: Proc. Jowa Acad. Sci. 45 (1938) S. 207.   *S. 170*

[*245*] DENISON, I. A.: Trans. Electrochem. Soc. 81 (1942) S. 435.   *S. 295*

[*246*) — u. M. ROMANOFF: J. Research Nat. Bur. Standards 44 (1950) S. 259.   *S. 295, 296*

DERGE, G.: Siehe [*412*].

[*247*] DERYAGUIN, B. V.: Wear 1 (1957/58) S. 277.   *S. 357*

DETERT, K.: Siehe [*777*].

[*248*] —: Z. Metallkde. 45 (1954) S. 547.   *S. 102*

DEVER, J. L.: Siehe [*256*].

DIETERLE, R.: Siehe [*686*].

DIETRICH, A.: Siehe [*444*].

[*249*] DIETRICH, K. R.: Korrosion u. Metallsch. 5 (1929) S. 110.   *S. 285*

[*250*] DIN-Mitt. 21 (1938) S. 53.   *S. 318*

[*251*] DITZ, H.: Z. angew. Chem. 13 (1913) S. 596.   *S. 281*

DOBATKIN, V. I.: Siehe [*96*].

[*252*] DODERO, M.: Métaux et Corrosion 24 (1949) S. 50.   *S. 282*

[*252a*] DOEGE, G.: Über die Selbstdiffusionskoeffizienten der Legierungspartner im flüssigen System Blei-Antimon, Diss. T. H. Braunschweig 1961, auch H. CORDES: Metall, im Druck.   *S. 36*

[*253*] DOLLINS, C. W.: Univ. Illinois Bull. 45 (1948) S. 87.   *S. 230, 231*

[*254*] —: Univ. Illinois Bull. 48 (1950) S. 60.   *S. 218, 219, 228, 229*

—: Siehe [*865, 866*].

[*255*] DORN, I. E.: J. Mech. Phys. Solids 3 (1955) S. 85 und "Creep and Fracture of Metals at High Temperatures" Symposium, National Physical Laboratory 1954, London: Her Majesty's Stationery Office 1956.   *S. 204*

—: Siehe [*1281*].

DORNBLATT, A. J.: Siehe [*317*].

[*256*] DOUGLAS, T. B., u. J. L. DEVER: U. S. Atomic Energy Commission Publ. (NBS-2544) (1953).   *S. 14, 15, 94*

[*257*] DOYLE, E. J.: Corrosion 11 (1955) S. 17.   *S. 303*

[*258*] DRAHT, G., u. F. SAUERWALD: Z. anorg. allg. Chemie 162 (1927) S. 301.   *S. 16*

DRAPER, A.: Siehe [*1042*].

DREYER, K. L.: Siehe [*1166, 1167, 1168*].

[*259*] DROTSCHMANN, C.: Bleiakkumulatoren, Weinheim: Verlag Chemie 1951.   *S. 327, 329, 332, 333, 336, 341*

[*260*] DUCKWORTH, W. E.: Symposium on Powder Metallurgy (Iron Steel Inst.) Preprint, Group III (1954) S. 65.   *S. 372*

—: Siehe [*335*].

DUGI, Z.: Siehe [*798*].

30*

[261] VAN DUIJN, C.: Polytechn. Tijdschr. 6 (1951) S. 644a.   S. 305
[262] DUNHAM, K. C.: International Geological Congress Report of the Eighteenth
Session Great Britain 1948. Part VII, 11 London 1950.   S. 2, 3
DUNKERLEY, F. J.: Siehe [642, 1034].
[263] DUNSHEATH, P.: Nature, London 139 (1937) S. 755.   S. 402
[264] — u. H. A. TUNSTALL: J. Inst. Electr. Engrs. 66 (1928) S. 280.   S. 404
[265] DuROSE, A. H.: ASTM Symposium on Electrodeposited Metallic Coatings
(1956) S. 97.   S. 444
[266] EARLE, L. G.: J. Inst. Metals 72 (1946) S. 403.   S. 163, 164
[267] EBORALL, R.: "Creep and Fracture of Metals at High Temperatures" Symposium, National Physical Laboratory 1954, London: Her Majesty's Stationery Office 1956.   S. 207
[268] ECKEL, J. F.: ASTM Proc. 51 (1951) S. 745.   S. 238, 243
[269] EDA, W.: Sci. Rep. Tohoku Univ. 20 (1931) S. 715.   S. 10
[270] EGER, G.: Z. Metallkde. 23 (1931) S. 90.   S. 285
[271] EHLERS, W., u. H. LAU: Kabelherstellung, Berlin/Göttingen/Heidelberg:
Springer 1956.   S. 385, 387, 389
EHRLINGER, H. P.: Siehe [1162].
[272] EISBEIN, W., u. G. Sachs: Mitt. dtsch. Mat.-Prüf.-Anst., Sonderheft 16
(spanlose Formung) (1931) S. 67.   S. 377, 380, 381
[273] EISENSTECKEN, F., u. H. ROTERS: Öl und Kohle 15 (1939) S. 129.   S. 285
ELDRIDGE, C. H.: Siehe [318].
ELLIS, W. C.: Siehe [403, 404].
[274] EMANUELI, L.: Trans. Amer. Inst. Electr. Engrs. 47 (1928) S. 118.   S. 386
[275] EMICKE, O.: Metall 4 (1950) S. 1 u. 48.   S. 51, 274, 400
[276] —, H. ALLHAUSEN u. W. MAUKSCH: Siemens-Z. 12 (1932) S. 341.   S. 426
[277] — u. H. BENAD: Arch. Eisenhüttenwesen 12 (1938/39) S. 365.
        S. 424, 425, 427
[278] EMMERICH, E., u. J. BECKMANN: Felten- und Guillaume-Rdsch. 33 (1951)
S. 294.   S. 98, 186, 187, 396
[279] ENDO, H.: Sci. Rep. Tohoku Univ. 13 (1924) S. 193.   S. 12, 318
ENGEL, M.: Siehe [994].
ENGEL, R.: Siehe [559, 560].
[280] Engineering 139 (1935) S. 656, Ref. Metallwirtsch. 14 (1935) S. 839.   S. 282
[281] Engineering 145 (1938) S. 595.   S. 407
[282] Engineer, London 164 (1957) S. 609 u. 667.   S. 375
ENSSLIN, F.: Siehe [365].
[283] EPSTEIN, L. F.: Int. Conf. Peaceful Uses of Atomic Energy P/119 (1955) S. 22.
        S. 310
[284] EPSTEIN, S.: Graphic Arts Res. Bur. Preprint 1936; Bull. Brit. Non-Ferr.
Met. Res. Ass. 89 (1936) S. 9.   S. 347, 350
[285] ERDMANN-JESNITZER, F.: Metallwirtschaft 30 (1940) S. 627.   S. 194
[286] — u. H. HANEMANN: Z. Metallkde. 32 (1940) S. 118.   S. 189, 402
EREMENKO, O. M.: Siehe [287].
[287] EREMENKO, V. N., u. O. M. EREMENKO: Ukrain. Khim. Zhur. 18 (1952)
S. 232. Met. Abstr. 22 (1954/55) S. 111.   S. 32
[288] ERMANN, G. A., u. W. SPRING: Pogg. Ann. 9 (1827) S. 564.   S. 167
[289] ERMISCH, H.: Dipl.-Arbeit Bergakademie Clausthal 1948.   S. 317
[290] ESSER, H., F. GREIS u. W. BUNGARDT: Arch. Eisenhüttenw. Bd. 7 (1933/34)
S. 385.   S. 17
[291] ETZ 55 (1934) S. 196.   S. 407
[292] ETZ 59 (1938) S. 96.   S. 389

[293] EUCKEN, A.: Metallwirtsch. 15 (1936) S. 27 u. 63. *S. 15*

[294] — u. W. DANNÖHL: Z. Elektrochem. 40 (1934) S. 814. *S. 11*

[295] — u. H. SCHÜRENBERG: Ann. Phys. 33 (1938) S. 1. *S. 18, 73*

EVANS, B. S.: Siehe [526].

[296] EVANS, C. D.: J. Metals 6 (1953) S. 655. *S. 14*

EVANS, E. Ll.: Siehe [715].

[297] EVANS, U. R.: Korrosion, Passivität und Oberflächenschutz von Metallen. Ins Deutsche übertragen von E. PIETSCH. Berlin: Springer 1939.

S. 259, 291, 292, 301, 302

[298] EVERS, D.: Metall 7 (1953) S. 881. *S. 330, 332*

[299] EVERTS, TH.: Z. Metallkde. 28 (1936) S. 143. *S. 441*

[300] EWALD, P. P., u. C. HERMANN: Strukturbericht d. Z. Kristallogr. 1913—1928, Leipzig: Akad. Verlagsgesellschaft 1931. *S. 10*

EWING, S. P.: Siehe [762, 763].

[301] Fachabt. Druckguß: VDI 2501, VDI-Richtlinien-Druckgußlegierungen, Gestaltungsrichtlinien, Wirtschaftlichkeit: Düsseldorf: Dtsch. Ing. Verlag 1950.

S. 341

[302] Fachgruppe Metallgießerei: Handbuch über Nichteisen-Schwermetall-Guß, Berlin: NEM-Verlag 1937. *S. 323*

[303] FALK, L.: Chemiker-Ztg. 34 (1910) I S. 567. *S. 257*

[304] FALKENHAGEN, G., u. W. HOFMANN: Z. Metallkde. 43 (1952) S. 69. *S. 61, 62, 88*

FANGMEIER, E.: Siehe [1116].

[305] FANO, E. DA: Telegr. u. Fernsprechtechn. 21 (1932) S. 267. *S. 280*

FARMER, M. H.: Siehe [826].

FARNHAM, G. S.: Siehe [921].

FARNOW, H.: Siehe [794].

[306] FAUST, O., u. G. TAMMANN: Z. phys. Chem. 75 (1911) S. 108. *S. 188*

FEATHERLY, R. L.: Siehe [1015].

[307] FEDER, R., u. A. S. NOWICK: Phys. Rev. 109 (1958) S. 1959. *S. 11*

[308] FEDOTIEFF, N. P., B. P. ARTAMONOFF u. N. J. RASMEROVA: Nach Met. Abstr. 4 (1937) S. 448. *S. 443*

[309] FEISER, J.: Blei, in: Ullmanns Enzyklopädie der technischen Chemie, Bd. IV, 3. Aufl., München u. Berlin: Urban & Schwarzenberg 1953. *S. 6, 9, 55*

[310] FEITKNECHT, W.: Z. Elektrochem. 62 (1958) S. 795. *S. 334*

[311] — u. A. GAUMANN: J. Chim. Phys. 49 (1952) S. C 135. *S. 334*

FELGER, H.: Siehe [1023].

[312] FELTHAM, P.: Proc. Phys. Soc. (B) 69 (1956) S. 1173. *S. 204*

[313] — u. J. D. MEAKIN: Acta Met. 5 (1957) S. 555. *S. 170, 172*

[314] FENG, J.-M.: Stahl u. Eisen 75 (1955) S. 789. *S. 360*

FIEK, G.: Siehe [1043, 1119].

FINAN, F. B.: Siehe [11].

[315] FINCH, G. I.: J. Appl. Phys. (1951) Suppl. 1, S. 34. *S. 361*

[316] FINK, C.: Z. Berg-, Hütt.- u. Salinenw. 22 (1874) S. 200. *S. 426*

[317] FINK, C. G., u. A. J. DORNBLATT: Trans. Electrochem. Soc. 79 (1941) S. 269.

S. 340

[318] — u. C. H. ELDRIDGE: Trans. Amer. Electrochem. Soc. 40 (1921) S. 51.

S. 287

[319] FINKE, H.: Metallbörse 17 (1927) S. 2581. *S. 164*

[320] FINKELDEY, W. H.: ASTM, Committee B-3, Report of Sub-Committee (1944).

S. 257

[321] FINNIE, I., u. W. R. HELLER: Creep of Engineering Materials, New York: McGraw-Hill 1959. *S. 213*

[*322*] FISCHER, H.: Elektrolytische Abscheidung u. Elektrokristallisation von Metallen, Berlin/Göttingen/Heidelberg: Springer 1954. *S. 442*

[*323*] FISCHER, J.: Z. anorg. allg. Chem. 219 (1934) S. 1 u. 367. *S. 14*

[*324*] FISCHER, O.: Diss. Berlin 1938. *S. 450*

[*325*] FISHER, H. J., u. A. PHILLIPS: J. Metals 6 (1954) S. 1060. *S. 102*

[*326*] —, —: J. Metals 7 (1955) S. 1264. *S. 102*

[*327*] FLEISCHER, R. L.: Metallurgy Reports 11 (1960) Nr. 5. Massachusetts Institute of Technology. *S. 170, 172*

[*328*] FLEISCHMANN, R.: Z. Phys. 41 (1927) S. 8. *S. 167*

[*329*] FÖRSTER, F., u. W. KÖSTER: Z. Metallkde. 29 (1937) S. 116. *S. 13*

[*330*] — u. G. TSCHENTKE: Z. Metallkde. 32 (1940) S. 191. *S. 15, 19*

[*331*] FOLBERTH, O. G., u. A. KOCHENDÖRFER: Naturw. 39 (1952) S. 187. *S.218*

[*332*] FORD, H.: Metallurgical Reviews 2 (1957) S. 1. *S. 423*

[*333*] FORETAY, E.: Bull. Assoc. Suisse Elect. 41 (1950) S. 433. *S. 302*

[*334*] FORRESTER, P. G.: J. Inst. Metals 73 (1947) S. 573, Met. Reviews 5 (1960) S. 507. *S. 362*

[*334a*] — u. J. K. BEDDOW: Powder Met. 5 (1960) S. 149. *S. 372*

[*335*] — u. W. E. DUCKWORTH: Symposium on Powder Metallurgy (Iron Steel Inst.) Preprint, Group III (1954) S. 71. *S. 372*
—: Siehe [*767*].
FORSTER, F. T.: Siehe [*1186*]

[*336*] FORSTNER, H. M.: Oberflächentechn. 11 (1934) S. 165. *S. 443*
FORSYTHE, W. R.: Siehe [*830*].

[*337*] FRANK, F. C.: Symposium 1954, Creep and Fracture of Metals at high Temperatures, S. 281. *S. 207*
FRANZ, H.: Siehe [*831, 832*].

[*338*] FRENCH, S. I.: Industr. Engng. Chem. 27 (1935) S. 1464, Industr. Engng. Chem. 28 (1936) S. 111. *S. 373*
FREY, D. R.: Siehe [*1207*].

[*339*] FRICKE, R.: Z. Elektrochem. 52 (1948) S. 72. *S. 16*
FRIED, L.: Siehe [*624*].

[*340*] FRIEDBURG, H. R.: Plating 46 (1959) S. 834. *S. 287*

[*341*] FRIEDEL, J.: Les Dislocations, Paris: Gauthier Villars 1956. *S. 172*
—: Siehe [*226*].

[*342*] FRIEDENSBURG, F.: Erzmetall 11 (1958) S. 515. *S. 1*

[*343*] FRIEDLI, J.: Schweiz. Arch. 15 (1949) S. 261. *S. 282*

[*344*] FRIEDRICH, K., u. A. LEROUX: Metallurgie 4 (1907) S. 293. *S. 148*

[*345*] — u. M. WAEHLERT: Metall u. Erz 10 (1913) S. 578. *S. 67*

[*346*] FRIEND, I. N.: J. Inst. Metals 39 (1928) S. 111. *S. 294*

[*347*] — u. J. S. TIDMUS: J. Inst. Metals 31 (1924) S. 177. *S. 283*

[*348*] FRIEND, W. Z., u. H. O. TEEPLE: I. Oil and Gas 44 (1946) S. 87. *S. 278*

[*349*] FRISCH, J., u. E. G. THOMSEN: Trans. Amer. Soc. Mech. Eng. 76 (1954) S. 599. *S. 379*

[*350*] FROMMER, L.: Handbuch der Spritzgußtechnik, Berlin: Springer 1933. *S. 341*

[*351*] FÜRTH, R., S. ORNSTEIN u. W. MILATZ: Proc. Nederl. Akad. Wetensch. 42 (1939) S. 107, Gießerei, techn.-wiss. Beih. (1958) H. 19, S. 1019. *S.12*
FUJITA, E.: Siehe [*890*].

[*352*] FUKE, Y., u. A. KONDO: Nippon Kinzoku Gakkai-Si 15 (1951) S. 67. *S. 274*

[*353*] — —: Nippon Kinzoku Gakkai-Si 16 (1952) S. 611. *S. 86*
FUKUROI, T.: Siehe [*22*].
FUKUSHIMA, S.: Siehe [*1242*].
FURTHMANN, E.: Siehe [*1073*].

FURUKAWA, T.: Siehe [*1154*].

GABRIEL, G.: Siehe [*863*].

[*354*] GABRIELSON, G.: J. Appl. Chem. 8 (1958) S. 748. *S. 338, 442*

[*355*] GANGLER, J. J.: J. Amer. Ceram. Soc. 37 (1954) S. 312. *S. 95*

GARDAM, G. E.: Siehe [*597*].

GARNER, F. H.: Siehe [*1276, 1277*].

[*356*] GARRE, B., u. A. MÜLLER: Z. anorg. allg. Chem. 190 (1930) S. 120. Auszug Z. Metallkde. 23 (1931) S. 236. *S. 185*

[*357*] — —: Z. anorg. allg. Chem. 198 (1931) S. 297. *S. 190, 191, 196*

[*358*] — u. F. VOLLMERT: Z. anorg. allg. Chem. 210 (1933) S. 77. *S. 164*

[*359*] GARTEN, W.: Der Blei-Akkumulator, München: Oldenbourg 1958. *S. 326*

[*360*] Gas- und Wasserfach 75 (1932) S. 943. *S. 294*

GASSER, O.: Siehe [*505*].

GAUMANN, A.: Siehe [*311*].

[*361*] GEBHARDT, E., M. BECKER u. E. TRÄGNER: Z. Metallkde. 46 (1955) S. 90. *S. 71*

[*362*] — u. K. KÖSTLIN: Z. Metallkde. 48 (1957) S. 636. *S. 35, 102*

[*363*] — —: Z. Metallkde. 49 (1958) S. 605. *S. 17, 18*

[*364*] — u. W. OBROWSKI: Z. Metallkde. 45 (1954) S. 332. *S. 143, 145*

[*365*] GEORGE, W., u. F. ENSSLIN: Metall und Erz 37 (1940) S. 6 u. 109. *S. 98*

[*366*] GERING, K., u. F. SAUERWALD: Z. anorg. allg. Chem. 223 (1935) S. 204. *S. 17*

GERMAGNOLI, E.: Siehe [*26*].

[*367*] GERMAN, S.: Z. Metallkde. 45 (1954) S. 484. *S. 16*

[*368*] GERRARD, J., u. J. R. WALTERS: Nach Werkst. u. Korrosion 8 (1957) S. 499. *S. 303*

[*369*] GERSHMAN, R. B.: Zhur. Fiz. Khim. 31 (1957) S. 1573. *S. 94*

[*370*] —: Zhur. Fiz. Khim. 32 (1958) S. 12 u. 258. *S. 167*

[*371*] GERTSCH, R.: Techn. Mitt. PTT (1937) Nr. 6, S. 201. *S. 408*

[*372*] —: Ann. Post. Télégr. Téléph. 27 (1938) S. 880. *S. 408*

[*373*] — u. H. KOELLIKER: Techn. Mitt. PTT (1950) Nr. 1, S. 8. *S. 408*

[*374*] GERTSRIKEN, S. D., M. G. BUTZIK u. Z. P. GOLUBENKO: Mem. Phys. Kiev 8 (1939) S. 55, Brit. Chem. Abs. 1940 (AI) S. 67, Met. Abstr. 1940, S. 434. *S. 79*

[*375*] — u. B. F. SLYUSAR: Physics of Metals and Metallography 6 (1958) S. 103. *S. 11*

[*376*] Gesetz betreffend den Verkehr mit blei- und zinkhaltigen Gegenständen vom 25. 6. 1887 (RGBL S. 273). *S. 449*

GIAUQUE, W. F.: Siehe [*830*].

[*377*] GIBLIN, J. F., u. W. T. KING: Proc. Inst. Elect. Eng. 101 (1954) S. 123. *S. 305*

GIBSON, J. G.: Siehe [*208*].

[*378*] GIFKINS, R. C.: Trans. AIME 215 (1959) S. 1015. *S. 203*

[*379*] —: J. Inst. Metals 87 (1958/59) S. 255. *S. 207*

[*380*] —: J. Inst. Metals 79 (1951) S. 233, J. Inst. Metals 81 (1952/53) S. 417. *S. 93*

[*381*] —: Bull. Inst. Metals 4 (1958) S. 117. *S. 93, 233*

[*382*] — u. H. C. COE: Metallurgia 43 (1951) S. 47. *S. 211*

[*383*] GILETTE, H. C.: Trans. Amer. Electrochem. Soc. 41 (1922) S. 217. *S. 338*

[*384*] GINDIN, L. G., u. M. V. PAVLOVA: Zhur. Priklad, Khim. 24 (1951) S. 1026 nach Met. Abstr. 22 (1954) S. 129. *S. 285*

[*385*] GIOLITTI, F., u. M. MARANTONIO: Gazz. chim. ital. 40 I (1910) S. 51. *S. 152*

[*386*] GLANDER, F., u. W. GLANDER: Z. Metallkde. 44 (1953) S. 97. *S. 302, 303*

[*387*] — —: Z. Metallkde. 46 (1955) S. 552. *S. 118, 399, 401*

GLANDER, W.: Siehe [*386, 387*].

GMACHL-PAMMER, J.: Siehe [*704*].

[*388*] GMELIN u. KRAUT: Handbuch der anorg. Chemie, 7. Aufl., Bd. IV, Abt. 2, Heidelberg: Winter 1924. *S. 288, 290*

[*389*] GOEBEL, I.: Z. anorg. allg. Chem. 106 (1919) S. 209. *S. 154*

[*390*] —: Z. VDI 63 (1919) S. 424. *S. 79, 154*

[*391*] —: Z. Metallkde. 14 (1922) S. 357, 388, 425 u. 449. *S. 36, 38, 58, 59, 73, 76, 95, 104*

[*392*] GÖLER, F. K. Frhr. v.: Metallwirtsch. 16 (1937) S. 797. *S. 227*

[*393*] —: Gießerei 25 (1938) S. 242. *S. 34, 62, 64, 65, 71, 309*

[*394*] — u. G. A. GREFF: Metallwirtsch. 18 (1939) S. 945. *S. 389, 392, 400, 402*

[*395*] — u. H. PFISTER: Metallwirtsch. 15 (1936) S. 342. *S. 369*

[*396*] — u. F. SCHEUER: Z. Metallkde. 28 (1936) S. 121 u. 176. *S. 114, 367, 368, 369*

[*397*] — u. E. SCHMID: Z. Metallkde. 31 (1939) S. 61. *S. 390, 404, 405*

[*398*] — u. N. WEBER: In R. KÜHNEL: Werkstoffe f. Gleitlager, Berlin: Springer 1939, S. 367. *S. 60, 63, 75, 371*

[*399*] GOENS, E.: Ann. Phys. 38 (1940) S. 456. *S. 12*

[*400*] GOETZEL, C. G.: Treatise on Powder Metallurgy, III, New York: Interscience Publishers 1952. *S. 29, 431*

[*401*] GOHN, G. R.: Bell. Labor. Rec. 17 (1938) S. 277. *S. 431*

[*402*] —, S. M. ARNOLD, u. G. M. BOUTON: Proc. ASTM 46 (1946) S. 990. *S. 218, 219, 226, 227, 228, 229, 231*

[*403*] — u. W. C. ELLIS: ASTM Proceedings 48 (1948) S. 801. *S. 218, 219, 231*

[*404*] — —: ASTM Proc. 51 (1951) S. 721. *S. 237, 240, 242, 243, 244, 245, 246*

[*405*] GOLDSCHMIDT, V. M.: Geochemische Verteilungsgesetze der Elemente, Bd. IX. Schriften der Norwegischen Wiss. Akad. Oslo, I. Math.-Naturwiss. Kl. 1938. *S. 3*

GOLUBENKO, Z. P.: Siehe [*374*].

GONIKBERG, M. G.: Siehe [*165*].

[*406*] GONSER, B. W., u. C. M. HEATH: Amer. Inst. Min. Metallurg. Engrs., Inst. Metals Div., Techn. Publ. Nr. 727 (1936). *S. 451, 452*

[*407*] GONSER, U.: Z. physikal. Chem. Frankfurt 1 (1954) S. 1. *S. 94*

[*408*] GORDON, R. B.: Propagation of sound in liquid metals: the velocity in lead and tin. Acta Metallurgica 7 (1959) S. 1. *S. 13*

GOREW, K. W.: Siehe [*117*].

[*409*] GORMAN, J. W., u. G. W. PRECKSHOT: Trans. Met. Soc. AIME 212 (1958) S. 367 und Met. Abstr. 26 (1958) S. 303. *S. 69*

[*410*] GOSDEN, J. H.: Chem. and Ind. (1956) S. 1069. *S. 282, 302*

GOTTSCHOL, H.-J.: Siehe [*1019*].

[*411*] GOUGH, H. J., u. W. G. SOPWITH: J. Inst. Metals 56 (1935) S. 55. *S. 235, 247, 334*

GRACE, R. E.: Siehe [*23*].

[*412*] GRACE, R. E., u. G. DERGE: J. Metals 7 (1955) S. 839. *S. 94*

GRAHAM, J.: Siehe [*867, 997*].

GRANT, N. J.: Siehe [*922*].

[*413*] GRANT, L. E.: Metals and Alloys 5 (1934) S. 161. *S. 71, 77, 80, 134*

[*414*] GRASSI, R. C., D. W. BAINBRIDGE u. J. W. HARMAN: U. S. Atomic Energy Comm. Publ. AECU 2201 (1952) S. 72. *S. 95*

[*415*] GRASSMANN, P.: VDI-Z. 98 (1956) S. 1929. *S. 457*

[*416*] GRATSIANSKY, N. N., u. M. L. KAPLAN: Zhur. Fiz. Khim. 30 (1956) S. 651. *S. 56*

[*417*] — u. A. K. RYABOR: Zhur. Fiz. Khim. 33 (1959) S. 1253. *S. 56*

[418] GRAVEMANN, H., u. H. J. WALLBAUM: Z. Metallkde. 47 (1956) S. 433. *S. 149*

[419] GRAY, A. G.: Modern Electroplating, New York: Wiley & Sons 1953. Deutsche Ausgabe: GRAY-DETTNER: Neuzeitliche galvanische Metallbearbeitung, München: Hanser 1957. *S. 442*

GREENALL, C. H.: Siehe [1205].

[420] GREENAWAY, H. T.: J. Inst. Metals 74 (1948) S. 133. *S. 16, 36*

[421] GREENWOOD, H.: Intern. Tin Res. Develop. Council, Techn. Publ. Ser. No. A. 58 (1937). *S. 92, 370*

[422] GREENWOOD, J. N.: Chem. Engrs. Min. Rev. 28 (1936) S. 384. *S. 87*

[423] —: Proc. Amer. Soc. Test. Mat. 49 (1949) S. 834. *S. 221, 230*

[424] —: J. Iron and Steel Inst. (1952) S. 380. *S. 207*

[425] —: Proc. Amer. Soc. Test. Mat. 56 (1956) S. 859. *S. 233*

[426] —: J. Inst. Metals 87 (1958/59) S. 91. *S. 55*

[427] — u. J. H. COLE: Metallurgia 36 (1947) S. 233. *S. 230*

[428] — —: Metallurgia 39 (1949) S. 121. *S. 221, 232*

[429] — —: Metallurgia 39 (1949) S. 241. *S. 228, 229, 230*

[430] — u. C. W. ORR: Proc. Austral. Inst. Min. Met. 109 (1938) S. 1. *S. 68*

[431] — —: Proc. Austral. Inst. Min. Met. 113 (1939) S. 1. *S. 74*

[432] — u. H. K. WORNER: Proc. Austral. Inst. Min. Met. 101 (1936) S. 57. *S. 92, 97, 210, 219, 233*

[433] — — : Proc. Austral. Inst. Min. Met. 104 (1936) S. 385. *S. 87, 232*

[434] — —: J. Inst. Metals 64 (1939) S. 135. *S. 101, 219, 226, 229, 230, 231*

[435] — —: J. Inst. Metals 65 (1939) S. 435. *S. 84, 85, 88*

—: Siehe [1132].

[436] GREER, H. F., u. M. L. BEGEMAN: Welding Journal, Research Suppl. 39 (1960) S. 247. *S. 435*

GREFF, G. A.: Siehe [394].

[437] — u. K. LÖHBERG: Fernmeldetechn. Z. 3 (1950) S. 122. *S. 304*

[438] GREGER, E.: Apparatebau 48 (1936) S. 23. *S. 436*

GREIS, F.: Siehe [290].

[439] GREMPE, P. M.: Öl u. Kohle 11 (1935) S. 118. *S. 284*

[440] GROOVE, E.: Franz. P. 765040 vom 5. 12. 1933, Engl. P. 398318 vom 11. 7. 1932. *S. 444*

[441] GROSHEIM-KRISKO, K. W.: Z. Metallkde. 34 (1942) S. 102. *S. 35*

[442] —, H. HANEMANN u. W. HOFMANN: Z. Metallkde. 34 (1942) S. 97. *S. 336, 337*

[443] —, W. HOFMANN u. H. HANEMANN: Z. Metallkde. 36 (1944) S. 85 u. 88. *S. 98, 336, 337*

[444] GRUBE, G., u. A. DIETRICH: Z. Elektrochem. 44 (1938) S. 755. *S. 51, 52*

[445] — u. H. KLAIBER: Z. Elektrochem. 40 (1934) S. 745. *S. 70*

GRUHL, U.: Siehe [1241].

[446] GRUHL, W.: Z. Metallkde. 40 (1949) S. 225. *S. 311, 312, 314, 316*

[447] GRYMKO, S. M., u. R. I. JAFFEE: Materials and Methods 31 (1950) S. 59. *S. 56, 136*

[448] GÜNTHER: Kalt-Walz-Welt 4 (1935) S. 30. *S. 434*

GÜNTHER, H.: Siehe [1204].

[449] GUERTLER, W.: Metall u. Erz 23 (1926) S. 468. *S. 68*

[450] —: Metallwirtsch. 19 (1940) S. 435. *S. 365*

[451] — bei W. CLAUS: Z. Metallkde. 28 (1936) S. 86. *S. 68, 84*

[452] — u. G. LANDAU: Z. anorg. allg. Chem. 218 (1934) *S. 147*

[453] — u. F. MENZEL: Z. Metallkde. 15 (1923) S. 223. *S. 143*

[454] GÜRTLER, G., u. E. SCHMID: Z. VDI 83 (1939) S. 749. *S. 92, 233, 237*

GUICHARD, M.: Siehe [67].

[*455*] GUITTON, L.: Bull. Soc. chim. Fr. 4 (1937) S. 570.　　　　*S. 278*

[*456*] GUMM, P.: Diplomarbeit T. H. Braunschweig 1960.　　　　*S. 444*

[*457*] Gummi-Ztg. 43 (1928/29) S. 1866.　　　　*S. 283*

GURINSKY, D. H.: Siehe [*643*].

[*458*] —: Met. Abstr. 23 (1956) S. 1012.　　　　*S. 310*

[*459*] GYGAX, A. F.: Moderne Chemigraphie in Theorie und Praxis, Frankfurt/M.:
Polygraph-Verlag 1957.　　　　*S. 343*

[*460*] HAASE, L. W.: Gas- u. Wasserfach 75 (1932) S. 373.　　　　*S. 292, 293*

[*461*] —: Werkstoffe und Korrosion 2 (1951) S. 90.　　　　*S. 298*

HAASEN, P.: Siehe [*1100*].

HADDOW, J. B.: Siehe Seite *91* u. *381*.

[*462*] HADORN, E., u. R. HAINFELD: Techn. Mitt. PTT 5 (1958) S. 177.　　*S. 408, 409*

[*463*] HAEHNEL, O.: Z. Fernmeldetechn. 4 (1923) S. 49.　　　　*S. 208, 299, 300*

[*464*] —: Elektr. Nachr.-Techn. 2 (1925) S. 230.　　　　*S. 234, 294, 302*

[*465*] —: Elektr. Nachr.-Techn. 4 (1927) S. 106.　　　　*S. 302*

[*466*] —: Elektr. Nachr.-Techn. 5 (1928) S. 171.　　　　*S. 297*

[*467*] —: ETZ 60 (1939) S. 713.　　　　*S. 294, 297, 300, 301, 302, 303*

[*468*] —: Korrosion u. Metallsch. 18 (1942) S. 297.　　　　*S. 297*

HAHN, K. F.: Siehe [*1233*].

[*469*] HAIGH, B. P.: Trans. Faraday Soc. 24 (1928) S. 125.　　　　*S. 238*

[*470*] — u. B. JONES: J. Inst. Metals 43 (1930) S. 271.　　　　*S. 235*

[*471*] — —: J. Inst. Metals 51 (1933) S. 49.　　　　*S. 192, 193*

[*472*] HAINES, G. S.: Ind. Eng. Chem. 41 (1949) S. 2792.　　　　*S. 284*

HAINFELD, R.: Siehe [*462*].

HALL, L. D.: Siehe [*1036*].

[*473*] HALLA, F., u. R. HERDY: Z. Elektrochem. 56 (1952) S. 213.　　　　*S. 155*

[*474*] HALLIDAY, W. M.: Precision Metal Moulding 11 (1953) S. 42.　　　　*S. 342*

HAMMES, H.: Siehe [*618*].

[*475*] Handbook of Chemistry and Physics, 37. Aufl., Cleveland, Ohio: Chemical
Rubber Publishing Co. 1955.　　　　*S. 18*

HANDLER, G. S.: Siehe [*888*].

[*476*] HANEMANN, H.: Metallwirtsch. 7 (1935) S. 133.　　　　*S. 422*

[*477*] —, K. v. HANFFSTENGEL u. W. HOFMANN: Metallwirtsch. 16 (1937) S. 951.
　　　　S. 227

[*478*] — u. W. HOFMANN: Metallwirtsch. 14 (1935) S. 915.　　　　*S. 226, 227, 422*

[*479*] — u. A. SCHRADER: Atlas Metallographicus, Bd. III, Aluminium, 1. Teil,
Berlin: Borntraeger 1941.　　　　*S. 62*

[*480*] — —: Atlas Metallographicus, Bd. III, Ternäre Leg. d. Alum., 2. Teil,
Düsseldorf: Verlag Stahleisen 1952, S. 122.　　　　*S. 108*
—: Siehe [*76, 94, 139, 286, 442, 443, 482, 483, 484, 485, 501, 502, 535, 548,
561, 562, 563, 564, 577, 747, 847, 992, 1081, 1082, 1147*].

HANFFSTENGEL, K. v.: Siehe [*477*].

[*481*] —: Diss. T. H. Berlin 1937.　　　　*S. 202*

[*482*] — u. H. HANEMANN: Z. Metallkde. 29 (1937) S. 50.　　　　*S. 200, 209*

[*483*] — —: Z. Metallkde. 30 (1938) S. 41.　　*S. 202, 205, 208, 212, 218, 220, 226*

[*484*] — —: Z. Metallkde. 30 (1938) S. 50.　　　　*S. 71, 261*

[*485*] — —: Z. Metallkde. 30 (1938) S. 51.　　　　*S. 246, 247, 248, 251*

[*486*] HANLEY, H. R., C. Y. CLAYTON u. D. F. WALSH: Trans. AIME, Yearbook 91
(1930) S. 275; ebenda, General Vol. 96 (1931) S. 142.　　　　*S. 285*

[*487*] HANSEN, M.: Der Aufbau der Zweistofflegierungen, Berlin: Springer 1936.
　　　　S. 56, 79, 93, 105, 144

[488] HANSEN, M.: Constitution of Binary Alloys, New York / Toronto / London: McGraw-Hill 1958. *S. 28, 29, 32, 51, 53, 55, 60, 80, 85, 87, 92, 93, 99, 140, 163, 164*
HANSEN, M.: Siehe [59].
[489] HANSON, D., u. M. A. WHEELER: J. Inst. Metals (1931) S. 229. *S. 207*
[490] HARGREAVES, F.: J. Inst. Metals 44 (1930) S. 149. *S. 10*
HARGREAVES, M. E.: Siehe [198].
HARING, H. E.: Siehe [1186].
[491] HARING, M. M., M. R. HATFIELD u. P. P. ZAPPONI: Electrochem. Soc. Preprint 1939 (April) S. 169. *S. 79*
[492] HARING, H. E., u. U. B. THOMAS: Trans. Electrochem. Soc. 68 (1935) S. 293. *S. 338, 339*
HARINGHUIZEN, D. J.: Siehe [923].
HARMAN, J. W.: Siehe [414].
[493] HARN, O. C.: Lead, the precious Metal, New York u. London: The Century Co. 1924. *S. 435*
[494] HARRIS, I. E.: Amer. Soc. Steel Treat. 17 (1930) S. 282. *S. 188, 190*
[495] HARTFORD, CH. E., u. R. L. COPSON: Ind. Eng. Chem. 31 (1939) S. 1123. *S. 279*
[496] HARTMANN, H., W. HOFMANN u. W. STAHL: Erzmetall 11 (1958) S. 151. *S. 7, 16, 311, 312, 313, 316, 317, 349, 350*
[496a] — — —: Z. Metallkde. 44 (1953) S. 123. *S. 316*
HARTNETT, J. P.: Siehe [623, 624].
HATFIELD, M. R.: Siehe [491].
[496b] HAUFFE, K.: Oxydation von Metallen und Metallegierungen, Berlin/Göttingen/Heidelberg: Springer 1956, S. 74. *S. 312, 318*
[497] HAUG, H.: In H. KRAUTMACHER u. W. PÜNGEL, Stahl u. Eisen 77 (1957) S. 845. *S. 310*
HAUPT, G.: Siehe [970].
[498] HAY, F. W.: Metallurgist (Suppl. to Engineer) 163 (1937) S. 23. *S. 444*
[499] HAYAKAWA, J. Y., H. KIDO u. K. KURODA: J. Elektrochem. Soc. Japan 21 (1953) S. 425 nach C. A. 48 (1954) S. 5059c. *S. 282*
[500] HEAP, J. H.: J. Soc. Chem. Ind. 32 (1913) S. 771. *S. 291*
HEATH, C. M.: Siehe [406].
[501] HECKLER, O., u. H. HANEMANN: Z. Metallkde. 30 (1938) S. 410. *S. 261, 262, 266, 269, 290, 293*
[502] —, W. HOFMANN u. H. HANEMANN: Z. Metallkde. 30 (1938) S. 419. *S. 63, 64, 229, 252, 339*
HEHEMANN, R. F.: Siehe [152].
[503] HEIDENREICH, R. D.: Acta Met. 3 (1955) S. 79. *S. 86, 183*
[504] HEIKE, W.: Int. Z. Metallogr. 6 (1914) S. 49. *S. 49*
HEINRICHS, G.: Siehe [917].
[504a] HEINE, W., K. SAGEL u. U. ZWICKER: Bleilegierungen als Abschirmmaterialien. Z. Kerntechnik, erscheint demnächst. *S. 22, 134*
[505] HELD, CH., u. O. GASSER: Siemens-Z. 19 (1939) S. 197. *S. 386*
[506] HELLER, H.: Z. phys. Chem. 89 (1915) S. 761. *S. 10*
HELLER, W. R.: Siehe [321].
HELMOLD, G.: Siehe [1103].
[507] HENDUS, H.: Z. Naturforsch. 2a (1947) S. 505. *S. 10*
[508] HENGEMÜHLE, W.: Handbuch der Werkstoffprüfung, hrsg. von E. SIEBEL, Bd. II, Berlin: Springer 1939, S. 352. *S. 195*
[509] HENGLEIN, E., u. W. KÖSTER: Z. Metallkde. 39 (1948) S. 391. *S. 151, 159, 161*

[*510*] HENKY, H.: Z. angew. Math. Mech. 3 (1923) S. 241.   *S. 383*

[*511*] —: Z. angew. Math. Mech. 4 (1924) S. 323.   *S. 383*

[*512*] HENLEY, W. T.: Engineering 140 (1935) S. 412, vgl. Metal. Ind., Lond. 47 (1935) S. 210.   *S. 392*

HERBIET, H.: Siehe [*1005*].

HERDY, R.: Siehe [*473*].

HERMANN, I.: Siehe [*203*].

HERRMANN, E. H.: Siehe [*11*].

[*513*] HERRMANN, W., u. G. PRÖPSTL: Z. Elektrochem. 61 (1957) S. 1154.   *S. 338*

[*514*] HERSCHMANN, H. K., u. I. L. BASIL: Proc. ASTM 32 (1932) S. 536.   *S. 369*

[*515*] HESS, W.: Werkstoffe und Korrosion 7 (1956) S. 649.   *S. 280*

HETHERINGTON, H. C.: Siehe [*199*].

[*516*] HEUSER, G.: Metall 10 (1956) S. 759.   *S. 414, 446*

[*517*] HEVESY, G. v., W. SEITH u. A. KEIL: Z. Physik 79 (1932) S. 197.   *S. 15*

[*518*] HEWLETT, W. L.: J. Soc. Chem. Ind. Trans. 54 (1935) S. 1094.   *S. 282*

[*519*] HEYER, G. O.: Seifensieder-Ztg. 60 (1933) S. 131 u. 165.   *S. 271, 280*

HEYER, R. H.: Siehe [*537*].

[*520*] HEYN, E., u. O. Bauer: Untersuchungen über Lagermetalle, Antimon-Blei-Zinn-Legierungen, Berlin 1914. Beiheft der Verh. Ver. zur Beförderung des Gewerbefleißes, Febr. 1914.   *S. 106, 127, 129, 196, 367, 369*

[*521*] HIDNERT, P.: J. Res. Nat. Bur. Stand. 17 (1936) S. 697.   *S. 36, 37*

[*522*] — u. W. T. SWEENEY: J. Res. Nat. Bur. Stand. 9 (1932) S. 703.   *S. 11*

HIERS, G. O.: Siehe [*221*].

[*523*] —: Mech. Engng. 58 (1936) S. 793.   *S. 228*

[*524*] —: in Metals Handbook (Amer. Soc. for Metals) 1948 Edition.   *S. 282*

[*525*] — u. G. A. STEERS: Metal Ind., Lond. 54 (1939) S. 143.   *S. 92, 263*

[*526*] HIGGS, D. G., u. B. S. EVANS: Analyst 72 (1947) S. 105.   *S. 29*

HILGERS, W.: Siehe [*1019*].

[*527*] HILL, R.: The Mathematical Theory of Plasticity, Oxford u. London: Clarendon Press 1950.   *S. 384*

[*528*] HILLEN, G., u. W. HOFMANN: Z. Metallkde. 44 (1953) S. 129.   *S. 233, 423, 439*

HINDE, R. M.: Siehe [*208*].

[*529*] HIRAMA, F., u. N. WATANABE: Nippon Kinzoku Gakkai-Si 22 (1958) S. 161 u. 345.   *S. 270*

[*530*] HIRATA, H., Y. TANAKA u. H. KOMATSUBARA: Nach Met. Abstr. 2 (1935) S. 512.

HIRSCH, P. B.: Siehe [*1194*].   *S. 443*

[*531*] HIRST, H.: J. Inst. Metals 66 (1940) S. 39.   *S. 176*

[*532*] —: Proc. Austral. Inst. Min. Met. 120 (1940) S. 777.   *S. 217, 218*

[*533*] —: Proc. Austral. Inst. Min. Met. 121 (1941) S. 11.   *S. 217, 218*

[*534*] —: Proc. Austral. Inst. Min. Met. 121 (1941) S. 29.   *S. 217*

[*535*] HO, T.-H., W. HOFMANN u. H. HANEMANN: Z. Metallkde. 44 (1953) S. 127.   *S. 94, 97, 137, 166*

HOAR, T. P.: Siehe [*833*].

[*536*] — u. D. A. MELFORD: Trans. Faraday Soc. 53 (1957) S. 315.   *S. 102*

[*537*] HODGE, J. M., u. R. H. HEYER: Metals and Alloys 5 (1931) S. 297 und 313.   *S. 99*

[*538*] HODGMAN, CH. D.: Handbook of Chemistry and Physics, 37. Aufl., Cleveland, Ohio: Chemical Rubber Publishing Co. 1955.   *S. 257*

[*539*] HOEHNE, E.: Chem. Fabrik 9 (1936) S. 259.   *S. 341*

[*540*] —: Z. Metallkde. 30 (1938) S. 52.   *S. 327, 339*

[*541*] —: Metallwirtsch. 23 (1944) S. 60.   *S. 337*

[542] HOEHNE, E.: Arch. Metallkde. 2 (1948) S. 311.   *S. 339*
[543] —: Arch. Metallkde. 3 (1949) S. 185.   *S. 338*
[544] — u. H. D. GRAF V. SCHWEINITZ: Metallwirtschaft 21 (1942) S. 218.
                                                                       S. 336, 340
[545] HÖLL, K.: Gesundh.-Ing. 58 (1935) S. 323.   *S. 292*
[546] HÖLTJE, H.: Elektrowärme 6 (1936) S. 336.   *S. 308, 309*
[547] —: Techn. Zbl. prakt. Metallbearb. 48 (1938) Nr. 23/24.   *S. 309*
      HÖRNLE, R.: Siehe [*716*].
[548] HOFE, H. V., u. H. HANEMANN: Z. Metallkde. 32 (1940) S. 112.   *S. 95, 121*
[549] —, W. HOFMANN u. G. SUCHAN: Abhdlg. d. Brschweig. Wiss. Ges. 2 (1950)
      S. 175.   *S. 441*
[550] HOFF, H., u. TH. DAHL: Stahl u. Eisen 54 (1934) S. 655.   *S. 180, 426*
[551] HOFFMANN, O., u. G. SACHS: Introduction to the Theory of Plasticity for
      Engineers, New York: McGraw-Hill 1953, S. 115.   *S. 383*
[552] HOFMANN, K. B.: Das Blei bei den Völkern des Altertums, Berlin 1885.   *S. 1*
      HOFMANN, W.: Siehe [*49, 148, 304, 442, 443, 477, 478, 496, 502, 528, 535, 549*].
[553] —: Z. Kristallographie 92 (1935) S. 161.   *S. 157*
[554] —: Naturwiss. 24 (1936) S. 507.   *S. 175*
[555] —: Z. Metallkde. 29 (1937) S. 266.   *S. 175, 184*
[556] —: Chem. Apparatur 25 (1938) S. 92 u. 108.   *S. 227, 423*
[557] —: Z. VDI 83 (1939) S. 117.   *S. 246*
[558] —: Z. Metallkde. 33 (1941) S. 61.   *S. 117*
[559] — u. R. ENGEL: Z. Metallkde. 44 (1953) S. 132.   *S. 32, 422*
[560] — —: Freiberger Forschungshefte, Heft B 38 (1960) S. 45.   *S. 225*
[561] — u. H. HANEMANN: Z. Metallkde. 30 (1938) S. 47.   *S. 70, 86, 184*
[562] — —: Z. Metallkde. 30 (1938) S. 416.   *S. 252, 255, 339, 422*
[563] — —: Z. Metallkde. 32 (1940) S. 109.   *S. 199, 227, 422*
[564] — —: Z. Metallkde. 33 (1941) S. 62.   *S. 90*
[565] — u. J. KOHLMEYER: Z. Metallkde. 45 (1954) S. 339.   *S. 143, 145*
[566] — u. T. B. LEY: Z. Metallkde. 34 (1942) S. 107.   *S. 170, 216, 217*
[567] — u. J. MAATSCH: Z. Metallkde. 47 (1956) S. 89.   *S. 94*
[568] — u. K. H. MAHLICH: Werkstoffe und Korrosion 2 (1951) S. 55.   *S. 257*
[569] — u. H. V. MALOTKI: Metall 13 (1959) S. 747.   *S. 214, 438, 440*
[570] —, — u. P. WEHR: Metall 14 (1960) S. 763.   *S. 399, 401*
[571] — u. G. MEIER: Z. Metallkde. 45 (1954) S. 508.   *S. 429*
[572] — u. R. MÜLLER: Erzmetall 7 (1954) S. 247.   *S. 237, 245, 398, 401*
[573] — u. H.-G. PETRI: Werkstoffe und Korrosion 1 (1950) S. 232.   *S. 337*
[574] — u. G. PIEPER: Z. Metallkde. 49 (1958) S. 80.   *S. 30, 433*
[575] — u. H. J. SCHNEIDER: Gießerei, techn.-wiss. Beih. (1960) H. 28, S. 1567. *S. 147*
[576] — —: Erzmetall 13 (1960) S. 484.   *S. 147*
[577] —, A. SCHRADER u. H. HANEMANN: Z. Metallkde. 29 (1937) S. 39.
                                              S. 33, 39, 45, 46, 183, 184, 194
      HOFMEIER, F.: Siehe [*705*].
[578] HOGNESS, T. R.: J. Amer. Chem. Soc. 43 (1921) S. 1621.   *S. 16*
[579] HOHLSTEIN, G., u. E. PELZEL: Metall 14 (1960) S. 765.   *S. 271*
      HOHMANN, E.: Siehe [*671*].
[580] HOLLER, H.: Der Kupfer-, Messing-, Nickel-, Blei-Schweißer, Halle/Saale:
      Marhold 1936.   *S. 447*
[581] HOLLIGAN, P. T.: Metal Ind. 70 (1947) S. 375, 402 u. 419.   *S. 357*
[582] HOLLOMON, J. H., u. D. TURNBULL: J. Metals 3 (1951) S. 803.   *S. 102*
[583] HOLM, R., u. W. MEISSNER: Z. Phys. 74 (1932) S. 736.   *S. 195*
[584] HONDA, K.: Ann. Phys., Lpz. 32 (1910) S. 1027.   *S. 19*

[585] HONDA, K. u. R. KIKUCHI: Sci. Rep. Tohoku Univ. 21 (1932) S. 575. *S. 318*
HONEYCOMBE, R. W. K.: Siehe [95].
[586] HOOKER, E. J.: J. Inst. Metals 86 (1957/58) S. 98. *S. 46*
[587] —: J. Inst. Metals 88 (1959/60) S. 44. *S. 11*
HOPKIN, L. M. T.: Siehe [821, 822].
[588] — u. C. J. THWAITES: J. Inst. Metals 81 (1952/53) S. 255. *S. 42, 44, 46, 50*
[589] — —: J. Inst. Metals 82 (1953/54) S. 181.
S. 211, 222, 223, 224, 225, 227, 230, 238, 246
[590] — —: Metallurgical Abstracts 21 (1954) S. 426. *S. 198*
HORI, S.: Siehe [857].
[591] HORN, W.: Arch. Post. Telegr. 7 (1933) S. 165. *S. 304*
[592] —: Arbeiten über physiologische und angewandte Entomologie aus Berlin-Dahlem, I (1934) Nr. 4, S. 291. *S. 304*
[593] —: Arbeiten über physiologische und angewandte Entomologie aus Berlin-Dahlem, IV (1937) Nr. 4, S. 265. *S. 304*
VAN HORN, K. R.: Siehe [654].
[594] HORNUNG, R.: Techn. Mitt. PTT (1953) S. 265 u. 318. *S. 302*
[595] HOROWITZ, M., A. A. SILVIDI, S. F. MALAKER u. J. G. DAUNT: Phys. Rev. 88 (1952) S. 1182. *S. 14*
[596] HORSLEY, G. W., u. J. T. MASKREY: J. Inst. Metals 86 (1957/58) S. 446. *S. 71*
HOSTETTER, J. C.: Siehe [237].
[597] HOTHERSALL, A. W., u. G. E. GARDAM: Electrodepositors Techn. Soc., Advance Copy 27 (1951) S. 15. *S. 288*
HOTOP, W.: Siehe [662].
HOUCK, J. A.: Siehe [1274].
[598] HOUDREMONT, E.: Handbuch der Sonderstahlkunde, 3. Aufl., Berlin/Göttingen/Heidelberg: Springer 1956, S. 1423. *S. 54*
HOUWINK, R.: Siehe [136].
HOVEY, C. M.: Siehe [171].
HOWE, H. E.: Siehe [1128].
HOYT, E. W.: Siehe [1273].
[599] HUDSON, J. C., u. J. F. STANNERS: Stahl und Eisen 74 (1954) S. 422. *S. 434*
[600] HUME-ROTHERY, W.: J. Inst. Metals 81 (1952/53) S. 259, siehe [588]. *S. 43*
[601] HUMFREY, J. C. W.: Proc. Roy. Soc., London 70 (1902) S. 462. *S. 10*
[602] HUNSICKER, L.: Das Schweißen von Blei und seine Anwendung, Halle/Saale: Marhold 1952. *S. 447*
HYSEL, V. B.: Siehe [1031].
IGAKI, K.: Siehe [907].
IMOTO, S.: Siehe [857].
[603] Ind. Chemist. Chem. Manufacturer 2 (1933) S. 110 u. 159. *S. 287*
[604] Industrial Heating 22 (1955) S. 1186. *S. 329*
INTONTI, R.: Siehe [1137].
[604a] IRON AGE 186 (1960) S. 10, Chem. Engng. 67 (1960) S. 252. *S. 437*
[605] ISAAC, E., u. G. TAMMANN: Z. anorg. allg. Chem. 55 (1907) S. 58. *S. 53*
[606] ISIHARA, T.: Sci. Rep. Tohoku Univ. 18 (1929) S. 715. *S. 168*
[607] ITO, K.: Sci. Rep. Tohoku Univ. 12 (1923) S. 137. *S. 195*
[608] IWASÉ, K., u. O. AOKI: Kinzoku no Kenkyu 8 (1931) S. 253. *S. 123, 125*
[609] JACOBY, L., u. J. A. VERÖ: Met. Abstr. 16 (1949) S. 484. *S. 322*
[610] JACQUET, P. A.: Bull. Soc. chim. Fr. 3 (1936) S. 705. *S. 25*
[611] —: Metall 8 (1954) S. 449. *S. 25*
[611a] JAEGER, Th.: Grundzüge der Strahlenschutztechnik, Berlin/Göttingen/Heidelberg: Springer 1960, S. 69 u. 145. *S. 22*

[612] Jänecke, E.: Kurzgefaßtes Handbuch aller Legierungen, Leipzig: Spamer 1937; Nachtrag: Berlin: Kiepert 1940. *S. 148, 153, 154, 156*

[613] —: Z. Metallkde. 26 (1934) S. 153. *S. 136*

[614] —: Z. Elektrochem. 42 (1936) S. 375. *S. 147*

[615] —: Z. Metallkde. 29 (1937) S. 367. *S. 164, 169, 170, 373*

[616] —: Z. Metallkde. 30 (1938) S. 390. *S. 136*

Jaffee, R. I.: Siehe [447, 1274].

[617] — u. S. M. Weiss: Materials and Methods 36 (1952) S. 113. *S. 56*

Jahn, E.: Siehe [1057].

Jaswon, M. A.: Siehe [218].

[618] Jenckel, E., u. H. Hammes: Z. Metallkde. 29 (1937) S. 89. *S. 60, 181, 186, 322*

[619] — u. Ch. Thierer: Z. Metallkde. 29 (1937) S. 21. *S. 186, 322*

[620] Jenge, W.: Z. anorg. allg. Chem. 118 (1921) S. 119. *S. 73*

Jiřiště, J.: Siehe [985].

Johannsen, F.: Siehe [915].

[621] — u. K.-H. Lange-Eichholz: Erzmetall 3 (1950) S. 397. *S. 161, 162*

John, M. E.: Siehe [1140].

Johnen, H.: Siehe [1104, 1105].

[622] —: Schweißen u. Schneiden 10 (1958) S. 281. *S. 448*

Johnson, A. E.: Siehe [1173].

[623] Johnson, H. A., J. P. Hartnett u. W. J. Clabaugh: Trans. Amer. Soc. Mech. Eng. 76 (1954) S. 513. *S. 95*

[624] — — — u. L. Fried: Trans. Amer. Soc. Mech. Eng. 79 (1957) S. 1079. *S. 95*

[625] Johnson, W.: J. Mech. Phys. Solids 4 (1956) S. 269. *S. 376*

[626] Johnson, W. A., u. R. F. Mehl: Trans. Amer. Inst. Min. Metallurg. Eng., Iron Steel Div. 135 (1935) S. 416. *S. 177*

[627] Johnston, S., u. L. H. Adams: Z. anorg. Chem. 72 (1911) S. 11. *S. 13*

[628] Jollivet, L.: Compt. rend. 224 (1947) S. 1822. *S. 162*

[629] —: Compt. rend. 226 (1948) S. 2076. *S. 151, 152*

[630] —: Compt. rend. 228 (1949) S. 1128. *S. 169*

Jones, B.: Siehe [470, 471, 1126].

[631] —: J. Inst. Metals 52 (1933) S. 73. *S. 23*

[632] : Metal. Ind., Lond. 50 (1937) S. 335. *S. 181, 184, 188*

[633] —: Engineering 145 (1938) S. 285. *S. 247, 249, 417, 419*

Jones, E. L.: Siehe [1122, 1123, 1124].

[634] Jones, G. B.: Chem. Age 4 (1921) S. 494. *S. 279*

[635] Jones, D. W.: J. Soc. Chem. Ind. 47 (1928) S. 161 T. *S. 275, 277*

[636] Jones, W. R. D., u. J. B. Davies: J. Inst. Metals 86 (1957/58) S. 164. *S. 102*

[637] Jordan, L.: Min. u. Metall 17 (1936) S. 538. *S. 74*

[638] Junge, C. H.: ASTM-Bull. 198 (1954) S. 64. *S. 372*

[639] Juschmanow, J. W., T. G. Shurawlewa u. L. A. Orlowa: Chem. Zbl. 1 (1939) S. 3622. *S. 275*

Kabanov, B. N.: Siehe [708].

[640] Kabel- u. Metallwerke Neumeyer A. G. u. E. Kröner, Nürnberg, Engl. Pat. 449372 vom 10. 8. 1935, ausg. 23. 7. 1936. *S. 90*

Kado, S.: Siehe [900, 901].

Kahn, F.: Siehe [958].

Kainz, M.: Siehe [109].

[641] Kaja, P.: Z. angew. Chem. 40 (1927) S. 1167. *S. 299*

[642] Kalish, H. S., u. F. J. Dunkerley: AIME Techn. Publication Nr. 2442 (Sept. 1948) S. 20. *S. 106*

[643] KAMMERER, O. F., J. R. WEEKS, J. SADOFSKY, W. E. MILLER u. D. H. GURINSKY: Trans. Met. Soc. AIME 212 (1958) S. 20. *S. 95*

KAPLAN, D.: Siehe [90].

KAPLAN, M. L.: Siehe [416].

[645] KÁRMÁN, T. v.: Z. angew. Math. u. Mech. 5 (1925) S. 142. *S. 423*

KARTZMARK, R.: Siehe [170].

[646] KATZ, T.: Ann. chim. (Paris) 5 (1950) S. 5. *S. 80, 311*

[647] KATZ, W.: Metalloberfläche (Ausg. A) 7 (1953) S. 161. *S. 273, 278, 281, 283*

KAUFMANN, S. J.: Siehe [769].

[648] KAUZMANN, W.: Trans. Am. Inst. Min. Met. Eng. 143 (1941) S. 57. *S. 203*

[649] KAWABA, E.: Jap. Patent 3459 vom 15. 6. 1954. *S. 340*

KEIL, A.: Siehe [517, 1106].

[650] —: Metall 8 (1954) S. 515. *S. 57, 168, 374, 375*

[651] —: Metall 9 (1955) S. 689. *S. 164, 273*

[652] —: Metall 11 (1957) S. 740. *S. 458*

[653] KELLOG, H. H., u. S. K. BASU: Trans. AIME 218 (1960) S. 70. *S. 169*

[654] KEMPF, L. W., u. K. R. VAN HORN: Metals Technology 5 (1938) bzw. AIME Tech. Publ. Nr. 990, S. 12. *S. 109*

[655] KENNEDY, A. J.: Proc. Phys. Soc. 68 [B] (1955) S. 257. *S. 178, 208*

[656] —: Nature 178 (1956) S. 810. *S. 221*

[657] KENNEFORD, A. S., u. H. O'NEILL: J. Inst. Metals 55 (1934) S. 51. *S. 194*

[658] KETZER, P.: Erzmetall 6 (1953) S. 149. *S. 1*

[659] —: Erzmetall 11 (1958) S. 396. *S. 2*

[660] KHOTKEVICH, V. I., E. F. CHAIKOVSKY u. V. V. ZASHKVARA: Doklady Akad. Nauk. SSSR 96 (1954) S. 483. *S. 174*

[661] KICK, F.: Mechanische Technologie, 2. Aufl., Leipzig 1908. *S. 378*

KIDO, H.: Siehe [499].

[662] KIEFFER, R., u. W. HOTOP: Sintereisen u. Sinterstahl, Wien: Springer 1948. *S. 431*

[663] KIENZLE, O., u. K. LANGE: Werkstattstechnik u. Maschinenbau 42 (1952) S. 464. *S. 83*

[664] KIES, J. A., u. W. F. ROESER: ASTM Preprint Nr. 32 (1944) S. 16. *S. 455*

KIKUCHI, R.: Siehe [585].

[665] KIKUTA, T.: Sci. Rep. Tohoku Univ. 10 (1921) S. 139. *S. 12, 13*

KING, W. T.: Siehe [377].

KIRKOV, P.: Siehe [799].

[666] KIR'YAKOV, G. Z., u. I. A. KORCHMAREK: Zhur. Priklad. Khim. 26 (1953) S. 921 nach Met. Abstr. 22 (1954) S. 792. *S. 287*

[667] — u. V. V. STENDER: Zhur. Priklad. Khim. 24 (1951) S. 1263 nach Met. Abstr. 21 (1953) S. 803. *S. 286*

[668] — —: J. Appl. Chem. USSR 25 (1952) S. 25 u. 33 nach Met. Abstr. 21 (1953) S. 805. *S. 268, 287*

KLAIBER, H.: Siehe [445].

KLEIN, H. A.: Siehe [671].

[669] KLEIN, M.: Kabeltechnik, Berlin: Springer 1929. *S. 375, 385, 389*

[670] KLEINHEISTERKAMP, H.: Erzmetall 1 (1948) S. 65. *S. 131*

KLEMM, L.: Siehe [671].

[671] KLEMM, W., L. KLEMM, H. HOHMANN, E. VOLK, E. ORLAMÜNDER u. H. A. KLEIN: Z. anorg. Chem. 256 (1948) S. 239. *S. 135*

[672] — u. H. VOLK: Z. anorg. Chemie 256 (1947) S. 246. *S. 56*

[673] KLEPPA, O. J.: J. Amer. Chem. Soc. 71 (1949) S. 3275. *S. 55*

[674] —: J. Amer. Chem. Soc. 74 (1952) S. 6047. *S. 164*

[675] KLEPPA, O. J.: J. Phys. Chem. 59 (1955) S. 354. *S. 94*

[676] —: Acta Metallurgica 6 (1958) S. 233. *S. 58*

[677] — u. J. A. WEIL: J. Amer. Chem. Soc. 73 (1951) S. 4848. *S. 68*

[678] KLUG, H. P.: J. Amer. Chem. Soc. 68 (1946) S. 1493. *S. 10, 11*

[679] KLUT, H.: Korrosion und Metallsch. 1 (1925) S. 232. *S. 290, 292*

[680] KNAPPWOST, A., u. H. RESTLE: Z. Elektrochem. 58 (1954) S. 112. *S. 11*

KNEHANS, K.: Siehe [1051].

[681] KNIGHT, H. A.: Metals and Alloys 20 (1944) S. 1296. *S. 434, 435*

KNOLL, W.: Siehe [1161].

[682] KNOLLE, K., u. K. LÖHBERG: Z. Metallkde. 51 (1960) S. 350. *S. 32*

[683] KNUTH-WINTERFELDT, E.: Mikroskopie 5 (1950) S. 184. *S. 25*

[684] KOCH, H., u. W. WASSERBÄCH: Schweißen u. Schneiden 12 (1960) S. 2.
S. 453, 455, 456, 457

[685] KOCH, K. R., u. C. DANNECKER: Ann. Phys. Lpz. 47 (1915) S. 217. *S. 12, 13*

[686] — u. R. DIETERLE: Ann. Phys., Lpz. 68 (1922) S. 441. *S. 12, 13*

KOCHENDÖRFER, A.: Siehe [331].

KOEHLER, J. S.: Siehe [894, 895].

[687] KÖHLER, W.: Werkstoffe u. Korrosion 6 (1955) S. 478. *S. 284*

KOELLIKER, H.: Siehe [373].

[688] KÖLSCH, E.: Diplomarbeit T. H. Braunschweig 1957. *S. 190*

[689] KÖRBER, F.: Z. Metallkde. 20 (1928) S. 45. *S. 198*

[690] — u. A. KRISCH: Handbuch der Werkstoffprüfung, hrsg. v. E. SIEBEL, Bd. II,
Berlin: Springer 1939, S. 40 u. 95. *S. 129, 193*

[691] KÖSTER, W.: Z. Metallkde. 39 (1948) S. 1. *S. 13*

—: Siehe [329, 509].

KÖSTLIN, K.: Siehe [362, 363].

[692] KOGAN, V. S., u. B. Y. PINES: Doklady Akad. Nauk SSSR 87 (1952) S. 771.
Met. Abstr. 21 (1953/54) S. 246. *S. 56*

KOHLMEYER, J.: Siehe [565].

[693] KOHLMEYER, E. J.: Chem. Z. 105 (1912) S. 993. *S. 282*

[694] —: Metall u. Erz 29 (1932) S. 108. *S. 84*

[694b] KOHLMEYER, J.: Diss. T. H. Braunschweig 1955, S. 63. *S. 145*

[695] KOHLRAUSCH, F.: Praktische Physik, Bd. II, Stuttgart: Teubner 1956.
S. 12, 13, 18, 19, 20, 193

KOMAREK, K.: Siehe [855].

KOMATSUBARA, H.: Siehe [530].

KONDIC, V.: Siehe [1297].

KONDO, A.: Siehe [352, 353].

KONDRASCHOW, J. D.: Siehe [1047].

[696] KONNO, S.: Phil. Mag. 40 (1920) S. 542. *S. 18*

[697] KONOZENKO, I. O., u. V. I. UST'YANOV: Zhur. Tekhn. Fiziki 27 (1957) S. 1686,
Met. Abstr. 25 (1958) S. 772. *S. 36*

KORCHMAREK, I. A.: Siehe [666].

[698] KORNFELD, M. O.: Physik. Z. Sowjetunion 7 (1935) S. 432. *S. 177, 178*

[699] KOWALSKI, Z.: Zentralinstitut f. Schweißtechnik (ZIS) Referat zur 1. Intern.
Metallspritzkonferenz in Halle/Saale 1956. *S. 442*

[700] KRAUSE, H.: Metallfärbung, Berlin: Springer 1937. *S. 322*

[701] —: In O. BAUER, O. KRÖHNKE u. G. MASING: Die Korrosion metallischer
Werkstoffe Bd. III, Leipzig: Hirzel 1940, S. 392. *S. 322*

[702] KRAUTMACHER, H., u. W. PÜNGEL: Stahl u. Eisen 77 (1957) S. 837. *S. 309, 310*

[703] KREKELER, K., u. K. STEINEMER: Metallspritzen, Werkstattbücher H. 93,
Berlin/Göttingen/Heidelberg: Springer 1952. *S. 440*

[704] KREMANN, R., u. J. GMACHL-PAMMER: Z. Metallkde. 12 (1920) S. 358.   *S. 73*
[705] — u. F. HOFMEIER: Sitzungsber. Akad. Wiss. Wien 297 (1911) S. 70.
   S. 158, 159, 162
[706] — u. A. LANGBAUER: Z. anorg. allg. Chem. 127 (1923) S. 239.   *S. 139*
[707] KRENKLER, K.: Werkstoffe u. Korrosion 10 (1959) S. 1.   *S. 444*
[708] KRIVOLAPOVA, E. V., u. B. N. KABANOV: Met. Abstr. 23 (1955/56) S. 557.
   S. 340
   KRISCH, A.: Siehe [690, 970].
   KRÖNER, E.: Siehe [640].
[709] —: Elektr. Nachr.-Techn. 12 (1935) S. 113.   *S. 87, 92, 186*
[710] KROLL, W.: Metall u. Erz, 19 (1922) S. 13 u. 317.   *S. 169*
[711] —: Techn. Zbl. prakt. Metallbearb. 47 (1937) S. 180.   *S. 74*
[712] —: Z. Metallkde. 30 (1938) S. 373.   *S. 64*
[713] KRONBERG, M. L., u. F. H. WILSON: J. Metals 1 (1949) S. 501.   *S. 179*
   KRUMBHAAR, W.: Siehe [1121].
[714] KRYSKO, W. W.: Erzmetall 6 (1953) S. 442.   *S. 318*
[715] KUBASCHEWSKI, O., u. E. Ll. EVANS: Metallurgical Thermochemistry, London:
   Pergamon Press 1956.   *S. 14, 15*
[716] — u. R. HÖRNLE: Z. Metallkde. 42 (1951) S. 129.   *S. 73*
   —: Siehe [1253].
[717] KÜHNEL, R.: Gießerei 15 (1928) S. 441.   *S. 369*
[718] — u. A. PUSCH: Hütte (Taschenbuch d. Stoffkunde) neubearb. 2. Aufl.,
   Berlin: Ernst & Sohn 1937, S. 396.   *S. 322*
[719] KÜNZLER, H., u. H. BOHREN: Technische Mitteilungen PTT 9 (1954).   *S. 450*
[720] — —: Techn. Mitt. PTT 32 (1954) S. 329.   *S. 449*
   KÜMMERLE, R.: Siehe [939].
[721] KURNAKOV, N. S., S. A. POGODIN u. T. A. VIDUSOVA: Ann. Inst. Anal.
   phys.-chim. (Leningrad) 6 (1933) S. 266.   *S. 73*
[722] — — —: Izvest. Sekt. Fiziko-Khim. Anal. 15 (1947) S. 74.   *S. 72*
   KURODA, K.: Siehe [499].
[723] KURREIN, H.: Z. VDI 76 (1932) S. 300.   *S. 443, 444*
[724] KURTEPOV, M. M.: Werkstoffe u. Korrosion 6 (1955) S. 40.   *S. 74*
[725] LAIDLER, D. S.: Met. Ind. 83 (1953) S. 184.   *S. 263*
   LANDAU, G.: Siehe [452].
[726] LANDER, J. J.: J. Elektrochem. Soc. 99 (1952) S. 467.   *S. 335, 336*
[727] —: J. Elektrochem. Soc. 103 (1956) S. 1.   *S. 333*
[728] —: J. Electrochem. Soc. 105 (1958) S. 289.   *S. 341*
[729] LANDOLT-BÖRNSTEIN: Physikalisch-Chemische Tabellen u. Erg.-Bde., Berlin:
   Springer 1923, 1927, 1931, 1935, 1936.   *S. 11, 12, 14, 16, 257*
   LANGBAUER, A.: Siehe [706].
[730] LANGE, H., H. PARTHEY u. I. N. STRANSKI: Grenzschichtprobleme beim
   Löten, Mitteilungen d. Forschungsgesellschaft Blechverarbeitung e. V. Nr. 19.
   S. 449
   LANGE, K.: Siehe [663].
   LANGE-EICHHOLZ, K.-H.: Siehe [621].
[731] LAPKAMP, K., u. D. MAGNUS: Nachrichtentechn. Z. 9 (1956) S. 415.   *S. 305*
   LAPSLEY, J. T.: Siehe [1192a].
[732] LARIKOV, L. N.: Doklady Bolgar. Akad. Nauk 9 (1956) S. 53 u. 65.   *S. 106*
   LARRIS, F.: Siehe [112].
   LARSSON, L. E.: Siehe [113].
[733] LATIN, A.: Engineering 170 (1950) S. 121, J. Inst. Metals 81 (1952/53) S. 529.
   S. 394, 395
   LAU, H.: Siehe [271].

[734] LEACH, R. H.: Met. Ind., London 49 (1936) S. 511.   *S. 453*
[735] Lead, Nov. (1937) Nr. 6, S. 6.   *S. 414*
[736] Lead Industries Association: Lead in Modern Industry, New York 1952, S. 92.   *S. 446*
[737] Lead Industries Association: Lead 22 (1958) S. 2.   *S. 446*
[738] Lead Ind. Development Council Lond. Lead Lined Tanks, Techn. Publ. Bull. Nr. 7.   *S. 448*
LEBEDEFF, Y. E.: Siehe [77].
[739] LEBRUN, C.: Galvano (Paris) 91 (1939) S. 11, Leuchs, D. R. P. 38193, 13. 5. 1886.   *S. 442*
[740] LEITGEBEL, W.: Z. anorg. allg. Chem. 202 (1931) S. 305.   *S. 14*
[741] — u. E. MIKSCH: Metall u. Erz 31 (1934) S. 290.   *S. 84*
[742] LENEL, F. V., u. L. W. BAUM: Lead Powder Metallurgy, LP-8-59, Rensselaer Polytechnic Institute, Research Division, Troy, New York.   *S. 432*
[743] — u. G. S. ANSELL: J. Metals 12 (1960) S. 376.   *S. 432*
LEROUX, A.: Siehe [344].
[744] LEUCHS, G.: D. R. P. 38193, 13. 5. 1886.   *S. 442*
[745] LEVI-MALVANO, M., u. O. CECCARELLI: Gazz. chim. ital. 41 II (1911) S. 269.
                                                                          S. 168
LEWIS, E. J.: Siehe [81].
[746] LEWIS, W. R.: Int. Tin Res. Develop. Council, Publ. Nr. 93 (1939) S. 3. *S. 448*
[747] LEY, T. B., u. H. HANEMANN: Z. Metallkde. 34 (1942) S. 105.   *S. 221*
—: Siehe [566].
[748] LIDDIARD, E. A. G., P. E. BANKES u. L. DE BROUCKÈRE: J. Soc. Chem. Ind. 63 (1944) S. 39.   *S. 290*
[749] LIEBSCHER, E.: Neue Hütte 4 (1959) S. 417.   *S. 332*
LIEPINA, L.: Siehe [928].
[750] LIESER, K. H., u. H. WITTE: Z. Phys. Chem. 202 (1954) S. 321.   *S. 94*
[751] LINDNER, E.: Diss. T. H. Dresden 1949.   *S. 170*
[752] LINGANE, J. I.: Amer. Chem. Soc. 60 (1938) S. 724.   *S. 257*
[753] LINGNAU, E.: Werkstoffe und Korrosion 7 (1956) S. 654.   *S. 284*
[754] —: Werkstoffe und Korrosion 8 (1957) S. 225.   *S. 278*
[754a] LIPPMANN, H., u. O. MAHRENHOLTZ: Feststellung des gegenwärtigen Standes der Plastizitätstheorie . . ., Hannover: T. H. Hann. 1960.   *S. 423*
LISSNER, O.: Siehe [1109].
[755] LLEWELYN, G.: Metallurgia 48 (1953) S. 215.   *S. 148*
[756] LOEBE: Metallurgie 8 (1911) S. 7 u. 33.   *S. 123*
LÖHBERG, K.: Siehe [437, 682].
[757] —: Z. Metallkde. 31 (1939) S. 279.   *S. 380*
[758] — u. E. SCHULZ: Z. Metallkde. 43 (1952) S. 50.   *S. 84, 126, 350*
[759] LOESCHMANN, A.: Erzmetall 5 (1952) S. 219.   *S. 398*
[760] —: Erzmetall 13 (1960) S. 434.   *S. 393, 398, 400*
Löw, E.: Siehe [879].
[761] LOGAN, K. H.: J. Res. Nat. Bur. Stand. 17 (1936) S. 781, Res. Paper Nr. 945.
                                                                          S. 295, 296
[762] — u. S. P. EWING: J. Res. Nat. Bur. Stand. 18 (1937) S. 361
                                                                  S. 295, 296, 299, 435
[763] — — u. C. D. YEOMANS: J. Res. Nat. Bur. Stand., Techn. Paper Nr. 368, 22 (1928) S. 447, ferner K. H. LOGAN: Bur. Stand. J. Res. 7 (1931) S. 585.
                                                                  S. 295, 296, 298
[764] — u. R. H. TAYLOR: J. Res. Nat. Bur. Stand. 12 (1934) S. 119. *S. 295, 296*
[764a] LOIZU, N., u. R. B. SIMS: J. Mechanics Physics Solids 1 (1953) S. 234. *S. 379*

[765] LOOFS-RASSCW, E.: Metallwirtsch. 10 (1931) S. 161.   *S. 181, 185, 186*

[766] LORD, A. E., u. N. A. PARLEE: Trans. AIME 218 (1960) S. 644.   *S. 53*

[767] LOVE, P. P., P. G. FORRESTER u. A. E. BURKE: Proc. Inst. Mech. Eng. 168 (1953/54) S. 29.   *S. 355*

[768] LOVELESS, A. H., T. A. S. DAVIE u. W. WRIGHT: J. Roy. Techn. Coll., Glasg. 3 (1933) S. 57, Metal Ind., Lond. 42 (1933) S. 614.   *S. 277*
LOWRISON, G. C.: Siehe [971].

[769] LUBARSKY, B., u. S. J. KAUFMANN: (U. S.) Nat. Advis. Cttee. Aeronautics, Techn. Note 1955 (3336) S. 115.   *S. 95*

[770] LUCAS, F. F.: Proc. Inst. Metals Div., Amer. Inst. Min. Engrs. (1927) S. 481.   *S. 25*

[771] LUDWIG, N.: Metalloberfläche [A] 5 (1951) S. 38.   *S. 193*

[772] LUDWIK, P.: Z. Metallkde. 8 (1916) S. 53.   *S. 181*

[773] —: Z. phys. Chem. 91 (1916) S. 237.   *S. 195*

[774] —: Z. anorg. allg. Chem. 94 (1916) S. 161.   *S. 195*

[775] LÜCKE, K.: Z. Metallkunde 41 (1950) S. 114.   *S. 177, 178*

[776] —: Z. Metallkde. 44 (1953) S. 370 u. 418.   *S. 17*

[777] — u. K. DETERT: Acta Met. 5 (1957) S. 628.   *S. 179, 180, 187*

[778] —, G. MASING u. P. NÖLTING: Z. Metallkde. 47 (1956) S. 64.   *S. 179*
LÜDER, E.: Siehe [1035].

[779] —: Z. VDI 79 (1935) S. 100.   *S. 449*

[780] —: Löten u. Lote, 2. Aufl., Berlin: Beuth-Verlag 1936.   *S. 448*

[781] —: Masch.-Bau Betrieb 17 (1938) S. 77.   *S. 449*

[782] —: Handbuch der Löttechnik, Berlin: Verlag Technik 1952.   *S. 449*

[783] LUMSDEN, I.: Discussions Faraday Soc. 4 (1948) S. 60, Thermodynamics of Alloys, The Inst. of Metals, London, 1952.   *S. 99*

[784] LUNGE, G., u. E. BERL: Schwefelsäure 1 (1916) S. 358.   *S. 272*

[785] — u. E. SCHMID: Z. angew. Chem. 5 (1892) S. 642, Z. anorg. Chem. 2 (1892) S. 451.   *S. 81, 268, 274, 276, 278, 279*

[786] LUNN, B.: Trans. Danish Acad. Techn. Sci. 2 (1952)   *S. 361*
LYANDRES, A. Z.: Siehe [801].

[787] MAASS, E.: Korrosion u. Metallsch. 1 (1925) S. 76.   *S. 435*
MAATSCH, J.: Siehe [567].

[788] MAC CULLOUGH, G. H.: Trans. Amer. Soc. Mech. Engrs. 55 (1933) A. P. M. 55.   *S. 216*

[789] McGRAIL, F. I.: Foundry 52 (1935) S. 26, 80 u. 86, vgl. Gießerei 22 (1935) S. 598.   *S. 324*

[790] MACHU, W.: Moderne Galvanotechnik, Weinheim/Bergstr.: Verlag Chemie 1954.   *S. 442, 444*
—: Siehe [880, 881].

[791] MAC VETTY, P. G.: Proc. ASTM 34 II (1934) S. 105.   *S. 210*
MAGEE, W. P.: Siehe [958].
MAGNUS, D.: Siehe [731].

[792] MAHLICH, K. H.: Diss. T. H. Braunschweig 1948.   *S. 312, 313, 315*
—: Siehe [568].
MAHRENHOLTZ, O.: Siehe [754a].
MAJKA, S.: Siehe [1279].
MALAKER, S. F.: Siehe [595].
MALOTKI, H. v.: Siehe [569, 570].
MANLY, W. D.: Siehe [184].

[793] MANNCHEN, W., u. M. BAUMANN: Metall 9 (1955) S. 686.   *S. 94*
MARANTONIO, M.: Siehe [385].

[794] MARDER, M., u. H. FARNOW: Dtsch. Kraftfahrforsch. 27 (1939) nach Chem. Zbl. II (1939) S. 4082. *S. 284*

MARETTI, C.: Siehe [935].

[795] MARIN, J.: J. Appl. Mechanics 4 (1937) S. 21. *S. 213*

[796] MARKOVIC, T.: Werkstoffe u. Korrosion 5 (1954) S. 244. *S. 298*

[797] —: Werkstoffe u. Korrosion 6 (1955) S. 133. *S. 288*

[798] — u. Z. DUGI: Werkstoffe u. Korrosion 6 (1955) S. 294. *S. 298*

[799] — u. P. KIRKOV: Werkstoffe u. Korrosion 5 (1954) S. 241. *S. 298*

[800] MASHOVETS, V. P., u. I. I. DARAGAN-SUSHCHOV: Liteinoe Proizvodstvo 2 (1953) S. 18. *S. 319*

[801] — u A. Z. LYANDRES: Zhur. Priklad. Khim. 21 (1948) S. 441. *S. 336, 340*

[802] MASING, G.: Lehrbuch der allgemeinen Metallkunde, Berlin/Göttingen/ Heidelberg: Springer 1950, S. 293. *S. 178, 379*

—: Siehe [778].

MASKREY, J. T.: Siehe [596].

[803] MASLANKA-ORMANOWA, Z.: Prace Inst. Minist. Hutn. 5 (1953) S. 89 u. Met. Abstr. 21 (1953/54) S. 716. *S. 63*

MASSALSKI, T. B.: Siehe [103].

[804] MATHERS, F. C.: Trans. Electrochem. Soc. 17 (1910) S. 261, USA P. 931944, 4. Aug. 1909. *S. 442*

[805] —: Trans. Electrochem. Soc. 38 (1930) S. 121. *S. 442*

[806] MATHEWSON, C. H., u. W. M. SCOTT: Int. Z. Metallogr. 5 (1914) S. 1. *S. 158*

[807] MATIGNON, C.: C. R. Acad. Sci., Paris 154 (1912) S. 1609. *S. 296*

[808] MATSUYAMA, Y.: Sci. Rep. Tohoku Univ. 16 (1927) S. 447. *S. 18, 58, 95, 102*

[809] —: Sci. Rep. Tohoku Univ. 16 (1927) S. 555. *S. 16*

[810] —: Sci. Rep. Tohoku Univ. 17 (1928) S. 1. *S. 347*

[811] —: Sci. Rep. Tohoku Univ. 18 (1929) S. 19. *S. 11, 58, 94*

[812] MATTHIESSEN, A.: Pogg. Ann. 110 (1860) S. 21, vgl. MAEY: Z. phys. Chem. 38 (1901) S. 295. *S. 87*

[813] MATTING, A., u. K. BECKER: Schweißen u. Schneiden 6 (1954) S. 127. *S. 440*

—: Siehe [1233].

MAUKSCH, W.: Siehe [276].

[814] MAYER-WEGELIN, F.: Diplomarbeit T. H. Braunschweig 1957. *S. 39, 40, 191*

[815] McCONNELL, V. P.: Plating 41 (1954) S. 636 u. 645. *S. 450*

McHARGUE, C. J.: Siehe [103].

[816] McKELLAR, W. M. G.: J. Soc. Chem. Ind. 40 (1921) S. 137. *S. 277*

McKENZIE, J.: Siehe [1245].

[817] McKEOWN, J.: J. Inst. Metals 60 (1937) S. 201. *S. 219, 226*

[818] —: British Non-Ferrous Metals Research Association, Research Monograph Nr. 5 Lond. 1948. *S. 249, 449*

[819] —: Metal Ind. 85 (1954) S. 305. *S. 238*

[820] —: Intern. Conf. on Fatigue of Metals, London 1956. *S. 235*

[821] — u. L. M. T. HOPKIN: Metallurgia 41 (1950) S. 135. *S. 231, 233*

[822] — —: Metallurgia 41 (1950) S. 3. *S. 231, 235*

[823] McLEAN, D.: J. Inst. Metals 81 (1952/53) S. 293. *S. 202*

[824] —: Rev. Metallurg. 53 (1956) S. 139. *S. 202*

[825] —: Metal Treatment and Drop Forging 23 (1956) S. 911. *S. 200*

[826] — u. M. H. FARMER: J. Inst. Metals 85 (1956/57) S. 41. *S. 201, 202*

[827] —: Grain Bounderies in Metals, Oxford: Clarendon Press 1957. *S. 201*

[828] McMASTER, J. G.: Erzmetall 5 (1952) S. 363. *S. 82*

[829] McQUILLAN, W. P.: Amer. Machinist 100 (1956) S. 81. *S. 450*

[830] Meads, P. F., W. R. Forsythe u. W. F. Giauque: Met. Abstr. 8 (1941) S. 319.　　　　*S. 14*

Meakin, J. D.: Siehe [313].
Mehl, R. F.: Siehe [19, 626].
Meier, G.: Siehe [571].
Meissner, W.: Siehe [583].

[831] — u. H. Franz: Z. Phys. 65 (1930) S. 31.　　　　*S. 18*
[832] — — u. H. Westerhoff: Ann. Phys., Lpz. 17 (1933) S. 593.　　　　*S. 50*

Melford, D. A.: Siehe [536].

[833] — u. T. P. Hoar: J. Inst. Metals 85 (1956/57) S. 197.　　　　*S. 16*

Mendizza, A.: Siehe [212].
Menzel, F.: Siehe [453].
Merkus, P. J.: Siehe [34].

[834] Merz, A., u. E. Brennecke: Z. Metallkde. 22 (1930) S. 185.　　　　*S. 450*

[835a] Met. Handbook 1948 Edition, The American Society for Metals, Cleveland 3, Ohio.　　　　*S. 57, 354, 378, 448*

[835b] Met. Handbook 1955 Edition, The American Society for Metals, Cleveland 3, Ohio.　　　　*S. 57, 114*

[836] Metal Ind. 82 (1953) S. 360.　　　　*S. 321*
[837] Metal Ind. 83 (1953) S. 457 u. 477.　　　　*S. 342*
[838] Metal Ind., Lond. 51 (1937) S. 185.　　　　*S. 392*
[839] Metal Ind., Lond. 48 (1936) S. 579 u. 595.　　　　*S. 442*
[840] Metallbörse 16 (1926) S. 2830.　　　　*S. 411*
[841] Metallges. A. G. Frankfurt: DRP. 630666, Kl. 40b, ausg. 3. 6. 1936.　　　　*S. 71*
[842] Metallges. A. G. Frankfurt: Statistische Zusammenstellungen 41. Jahrgang 1938—1952, Frankfurt am Main 1953.　　　　*S. 1, 2, 3*
[843] Metallges. A. G.: Metallstatistik 1949—1958, 46. Jahrgang, Frankfurt am Main 1959.　　　　*S. 3*
[844] Metallges. A. G.: Metallstatistik 1950—1959, 47. Jahrgang, Frankfurt am Main 1960.　　　　*S. 3*
[845] Metallwirtsch. 16 (1937) S. 679.　　　　*S. 449*
[846] Metallwirtsch. 16 (1937) S. 862.　　　　*S. 449*
[847] Meyer, B., u. H. Hanemann: Z. Metallkde. 30 (1938) S. 422.　　　　*S. 407*
[848] Meyer, F. X.: Abh. Gesamtgebiet Hyg. H. 16 (1934).　　　　*S. 291, 292*
[849] Meyer, H.: Diss. T. H. Braunschweig 1957.　　　　*S. 198, 221*

Meyer, U.: Siehe [159].

[850] Michalke: Elektr. Kraftbetr. u. Bahn 7 (1909) S. 226.　　　　*S. 301, 302*
[851] Miethke, M., u. G. Witt: Molkerei-Ztg. 48 (1934) S. 842 (Hildesheim), Chem. Abstr. 28 (1934) S. 6416.　　　　*S. 283*
[852] Mikryukov, V. E., u. N. A. Tyapunina: Fizika Metallov i. Metallovedenie 3 (1956) S. 31.　　　　*S. 95*

Miksch, E.: Siehe [741].
Milatz, W.: Siehe [351].

[853] Milazzo, G.: Elektrochemie, Wien: Springer 1952.　　　　*S. 257*
[854] Miles, G.: J. Soc. Chem. Ind. 67 (1948) S. 10.　　　　*S. 291, 293*

Miley, H. A.: Siehe [962].
Miller, W. E.: Siehe [643].

[855] Miller, E., K. Komarek u. J. Cadoff: Trans. AIME 218 (1960) S. 382.　　　　*S. 88*

Milligan, A. G.: Siehe [222].
Mills, G. J.: Siehe [1034].

[856] Milner, D. R.: Brit. Weld. J. 5 (1958) S. 90.　　　　*S. 450*

[857] MIMA, G., S. HORI, T. MITSUI u. S. IMOTO: Nippon Kinzoku Gakkai-Si 15 (1951) S. 585. *S. 180*

[858] MISES, R. v.: Göttinger Nachrichten Mathematik u. Physik (1913) S. 582. *S. 383, 423*

MISETTI, R.: Siehe [935].

[859] MITANI, Y.: Rep. Osaka Pref. Ind. Research Inst. 3 (1951) S. 36. *S. 94*

MITSUI, T.: Siehe [857].

[860] MOHLER, J. B.: Metal Ind., Lond. 86 (1955) S. 375. *S. 372*

[861] —: Designing for Soldered Joints Machine Design, June 14 (1956). *S. 453*

[862] MOLNAR, A.: C. R. Acad. Sci., Paris 190 (1930) S. 587. *S. 180*

[863] MONDAIN-MONVAL, P., u. G. GABRIEL: Bull. Soc. chim. Fr., Mém. 7 (1940) S. 113. *S. 169*

MONGINI, L.: Siehe [26].

MOORE, H. F.: Siehe [36].

[864] MOORE, H. F., u. N. I. ALLEMAN: Univ. Illinois Bull. 29 (1932) Nr. 48. *S. 227*

[865] —, B. B. BETTY u. C. W. DOLLINS: Univ. Illinois Bull. 32 (1935) Nr. 23. *S. 201, 216, 219*

[866] — — —: Univ. Illinois Bull. 35 (1938) Nr. 102. *S. 199, 210, 218, 219, 221, 226, 227, 229, 230, 237, 247, 248, 251*

[867] MOORE, A., J. GRAHAM, G. K. WILLIAMSON u. G. V. RAYNOR: Acta Met. 3 (1955) S. 579. *S. 56*

[868] MORGAN, J. H.: Corrosion Technol. 5 (1958) S. 347. *S. 288*

[869] MORGEN, R. A., L. G. SWENSON, F. C. NIX u. E. H. ROBERTS: Trans. Amer. Inst. Min. Metallurg. Engrs., Techn. Publ. 43 (1927). *S. 120, 121, 125, 128*

[870] MORGENTHALER, R.: Erzmetall 7 (1954) S. 358.

[871] MORRAL, F. R., u. J. L. BRAY: Trans. Electrochem. Soc. 75 (1939) Prepr. 6. *S. 287*

MORITZ, G.: Siehe [1169].

[872] MORRIS, W., W. A. TILLER, T. W. RUTTER u. W. C. WINEGARD: Trans. Amer. Soc. Metals 47 (1955) S. 463. *S. 102*

MORRIS-JONES, W.: Siehe [1135].

[873] MOTT, N. F.: Phil. Mag. (1951). *S. 205*

[874] —: Phil. Mag. (1953). *S. 204*

[875] —: Acta Met. 6 (1958) S. 195. *S. 236*

MOTZ, H.: Siehe [1023].

MÜLLER, A.: Siehe [356, 357].

[876] MÜLLER, E.: Hydraulische Pressen u. Druckflüssigkeitsanlagen, Bd. III, Berlin/Göttingen/Heidelberg: Springer 1959. *S. 413, 414*

[877] MÜLLER, H.: Z. Metallkde. 21 (1929) S. 305. *S. 367*

MÜLLER, H. K.: Siehe [160].

[878] MÜLLER, J.: Gas- u. Wasserfach 92 (1951) S. 39. *S. 294*

MÜLLER, R.: Siehe [572].

[879] MÜLLER, W. J., u. E. LÖW: Gas- u. Wasserfach 82 (1939) S. 82. *S. 306*

[880] — u. W. MACHU: Mh. Chem. 63 (1933) S. 347. *S. 266*

[881] — —: Korrosion u. Metallsch. 16 (1940) S. 187. *S. 266*

[882] MULLARKEY, E. J.: Corrosion [Houston] 15 (1959) S. 98. *S. 282*

MUNAKATA, S.: Siehe [1048].

[883] MUNDEY, H. A., C. C. BISSETT u. J. CARTLAND: J. Inst. Metals 28 (1922) S. 141. *S. 350*

[884] MURPHY, W. K., u. R. A. ORIANI: Acta Met. 6 (1958) S. 556. *S. 102*

MUSCOTT, A.: Siehe [932].

[885] MUYLDER, VAN J., u. M. POURBAIX: Proc. 6th Meeting Internat. Cttee. Electrochem. Thermodynamics and Kinetics (Poitiers 1954) (1955) S. 342. *S. 303*

[886] Muzaffar, S. D., u. R. Chand: J. Amer. Chem. Soc. 66 (1944) S. 1374. *S. 164*
[887] Nabarro, F. R. N.: Rep. Conf. on Strength of Solids Phys. Soc. London (1948). *S. 203*
[888] Nachtrieb, N. H., u. G. S. Handler: Self-Diffusion in Lead, J. Chem. Physics 23 (1955) S. 1569. *S. 15*
[889] Nachtigall, G.: Gas- u. Wasserfach 75 (1932) S. 941. *S. 292, 293*
[890] Nagasaki, S., u. E. Fujita: Nippon Kinzoku Gakkai-Si 16 (1952) S. 313. *S. 57*
Napolitan, D. S.: Siehe [1091].
[891] Naumann, E.: Gas- u. Wasserfach 79 (1936) S. 214. *S. 293*
[892] Neish, R. A.: USA P. 2643975 v. 30. 6. 1953, aus Werkstoffe u. Korrosion 5 (1954) S. 470. *S. 435*
[893] Nemilov, V. A., u. T. A. Strunina: Zhur. Priklad. Khim. 19 (1946) S. 449. *S. 143*
Neumayr, S.: Siehe [1306].
[894] Neurath, P. W., u. J. S. Koehler: (U. S.) Nat. Advis. Cttee. Aeronautics Tech. Note (2322) 1951, S. 32. *S. 198, 199*
[895] — —: J. Appl. Physics 22 (1951) S. 621. *S. 170*
[896] Niclassen, H.: Forschungsarbeiten zur Metallkde. Hft. 7., Berlin: Borntraeger 1922. *S. 150*
[897] Nicolaus: Z. Metallkde. 17 (1925) S. 388. *S. 346*
[898] Nightingale, S. J.: Tin-Solders British Non-Ferrous Metals Research Association, Research Monograph 1, Lond. (1932). *S. 453*
[899] Nishihara, K.: J. Elektrochem. Soc. Japan 17 (1949) S. 100, nach C. A. 48 (1954) S. 13479. *S. 288*
[900] Niwa, K., M. Shimoji, S. Kado u. Y. Watanabe: Nippon Kinzoku Gakkai-Si 18 (1954) S. 271. *S. 168*
[901] — — — — u. T. Yokokawa: Trans. Amer. Inst. Min. Met. Eng. 209 (1957) S. 96. *S. 36, 58, 94, 102*
Nix, F. C.: Siehe [239, 869].
[902] — u. E. Schmid: Z. Metallkde. 21 (1929) S. 286. *S. 321*
[903] Noddack, I., u. W.: Z. angew. Chem. 49 (1936) S. 1. *S. 2, 3*
Nölting, P.: Siehe [778].
[904] Norbury, A. L.: Trans. Faraday Soc. 19 (1923) S. 140. *S. 180*
[905] Normblatt DIN 50910 April 1955. *S. 302*
Nowick, A. S.: Siehe [307].
[906] Nowotny, H.: Z. Metallkde. 33 (1941) S. 388. *S. 70*
[907] Nozato, R., u. K. Igaki: Bull. Naniwa Univ. (Japan) A 3 (1955) S. 125. *S. 85*
[908] Obinata, I., u. E. Schmid: Metallwirtsch. 12 (1933) S. 101. *S. 34*
Obrowski, W.: Siehe [364].
[909] Obst, W.: Korrosion u. Metallwirtsch. 7 (1931) S. 12. *S. 282*
[910] Oding, I. A.: Proc. Colloquium on Fatigue, Stockholm, Mai 1955, S. 178, Met. Abstr. 24 (1957) S. 641. *S. 236*
[911] Öl und Kohle 11 (1935) S. 259. *S. 284*
[912] Ölander, A.: Z. phys. Chem. A 168 (1934) S. 274. *S. 92*
Oelsen, O.: Siehe [916, 918].
Oelsen, W.: Siehe [1170].
[913] —: Archiv Eisenhüttenwesen 26 (1955) S. 519. *S. 57, 59*
[914] — u. R. Bennewitz: Arch. Eisenhüttenwesen 29 (1958) S. 663. *S. 94*
[915] —, F. Johannsen u. A. Podgorik: Erzmetall 9 (1956) S. 459. *S. 32*
[916] —, O. Oelsen u. D. Thiel: Z. Metallkde. 46 (1955) S. 555. *S. 15*
[917] —, E. Schürmann u. G. Heinrichs: Arch. Eisenhüttenwes. 30 (1959) S. 649. *S. 53*

[918] — —, H. J. Weigt u. O. Oelsen: Arch. Eisenhüttenwes. 27 (1956) S. 487.
S. 57
Ohlsson, E.: Siehe [112].
[919] Okkerse, B.: Acta Metallurgica 2 (1954) S. 551, Met. Abstr. 22 (1954/55) S. 166.
S. 15
[920] —, T. J. Tiedema u. W. G. Burgers: Acta Metallurgica 3 (1955) S. 300. *S. 15*
O'Neill, H.: Siehe [657].
[921] — u. G. S. Farnham: J. Inst. Metals 57 (1935) S. 253.
S. 311
[922] Opie, W. R., u. N. J. Grant: Trans. AIME 191 (1951) S. 244.
S. 94
Oriani, R. A.: Siehe [884].
Orlamünder, E.: Siehe [671].
[923] Ornstein, L. S., D. J. Haringhuizen u. D. A. Was: Met. Abstr. 5 (1938) S. 95.
S. 285
Ornstein, S.: Siehe [351].
[924] Orowan, E.: Proc. Inst. Mech. Eng. 150 (1943) S. 140.
S. 423
[925] —: West of Scotland, Iron and Steel Institute (1947).
S. 198
Orr, C. W.: Siehe [430, 431].
[926] Osborg, H.: Metal Progr. 33 (1938) S. 43.
S. 68
[927] —: USA P. 2140540 v. 20. 12. 1938.
S. 71
Osenberg, E.: Siehe [1117].
[928] Ošis, Z., u. L. Liepina: Latvijas PSR Zinātnu Akad. Vēstis (1954) S. 125, nach Met. Abstr. 23 (1955) S. 460.
S. 289
[929] Otten, F.: Siemens-Z. 16 (1936) S. 348.
S. 389
[930] Panknin, W.: Verpackungs-Magazin (1959) S. 94.
S. 449
[931] Parker, R.: Trans. Am. Soc. Metals 50 (1958) S. 52.
S. 202
Parlee, N. A.: Siehe [766].
[932] Parr, N. L., A. Muscott u. A. J. Crocker: J. Inst. Metals 87 (1958/59) S. 321.
S. 334, 336
[933] Parravano, N.: Int. Z. Metallogr. 1 (1911) S. 89.
S. 162
[934] —: Gazz. chim. ital. 44 (1914) S. 382.
S. 143
[935] —, C. Maretti u. R. Misetti: Gazz. chim. ital. 44 (1914) S. 478. *S. 150, 151*
[936] — u. G. Sirovich: Gazz. chim. ital. 42 I (1912) S. 630.   *S. 169, 373*
Parthey, H.: Siehe [730].
[937] Pasternak, A.: Bull. intern. acad. polon. sci., Classe sci. math. nat., sér. A (1951), S. 177.
S. 58
[938] Patterson, W., H. Brand u. H. Trassl: Gießerei, techn.-wiss. Beih. (1960) H. 27, S. 1477.
S. 308
[939] — u. R. Kümmerle: Gießerei 46 (1959) S. 897.
S. 319
Pauling, L.: Siehe [1172].
Pavlova, M. V.: Siehe [384].
Pawlek, F.: Siehe Seite 145.
[940] Pearson, C. E.: The Extrusion of Metals, London: Chapman & Hall 1944.
S. 375, 376, 378, 379, 381, 407, 412, 430
[941] — u. I. A. Smythe: J. Inst. Metals 45 (1931) S. 345.
S. 376
[942] Pearson, W. B., u. I. M. Templeton: Phys. Rev. 109 (1958) S. 1094. *S. 18*
[943] Pekrun, M.: Diss. T. H. Braunschweig 1959. *S. 350, 357, 361, 362, 363, 365*
[944] Pelzel, E.: Metall 9 (1955) S. 692.
S. 67, 77, 78
[945] —: Metall 10 (1956) S. 717.
S. 75, 85
[946] —: Erzmetall 9 (1956) S. 17.
S. 317
[947] —: Metall 11 (1957) S. 954.
S. 143
[948] —: Z. Metallkde. 49 (1958) S. 102.
S. 42
[949] —: Z. Metallkde. 49 (1958) S. 236.
S. 40, 197

[950] Pelzel, E.: Metall 13 (1959) S. 552.　　　　　　　　　　　　*S. 54*

[951] —: Z. Metallkde. 50 (1959) S. 649.　　　　　　　　　　　　*S. 314*

　　　—: Siehe [579].

[952] Perry, R. I.: Corrosion [Houston] 12 (1956) S. 207.　　　　　*S. 282*

[953] Perschke, V.: Chim. et Ind., 14 Congrès, Paris 1934 II.　　*S. 275*

　　　Petri, H.-G.: Siehe [573].

[954] —: Nach unveröffentlichten Messungen.　　　　　　　　　　*S. 105*

[955] Pfann, W. G.: Metallurgical Reviews 2 (1957) S. 29.　　　　*S. 7*

[956] Pfanhauser, W.: Galvanotechnik, Bd. I u. II, Leipzig: Akad. Verlagsges.
　　　Becker u. Erler 1941.　　　　　　　　　　　　　　　　　*S. 442*

[957] Pfender, M., u. R. Schulze: Z. Metallkunde 36 (1944) S. 94.
　　　　　　　　　　　　　　　　　　　S. 101, 240, 243, 400

　　　Pfister, H.: Siehe [395].

[958] Phelps, H. S., F. Kahn u. W. P. Magee: ASTM Proceedings 48 (1948) S. 815.
　　　　　　　　　　　　　　　　　　　　　　　　　　S. 87

　　　Phillips, A.: Siehe [325, 326].

[959] Phillips, A. J.: Proc. ASTM 36 II (1936) S. 170.　　　*S. 211, 226, 227*

[960] —, A. A. Smith u. P. A. Beck: Proc. ASTM 41 (1941) S. 886.　*S. 368*

　　　Phipps, G. S.: Siehe [118].

　　　Pichinoty, F.: Siehe [1108].

　　　Pieper, G.: Siehe [574].

[961] —: Einfluß von Zusätzen auf das Reibverhalten von Sinterkupfer, Dr.-Ing.
　　　Diss. T. H. Braunschweig 1959.　　　　　　　　　　　　*S. 30*

[962] Pietenpol, W. B., u. H. A. Miley: Phys. Rev. 34 (1929) S. 1588, Chem. Z.
　　　(1930) I S. 1601.　　　　　　　　　　　　　　　　　*S. 18*

[963] Pilling, N. B., u. R. E. Bedworth: J. Inst. Metals 29 (1923) S. 592.　*S. 312*

　　　Pines, B. Y.: Siehe [692].

　　　Piontelli, R.: Siehe [168].

[964] — u. G. Poli: Z. Elektrochem. 62 (1958) S. 330.　　　　　*S. 257*

[965] Pirelli: In W. Ehlers u. H. Lau: Kabel-Herstellung, Berlin/Göttingen/
　　　Heidelberg: Springer 1956 S. 281.　　　　　　　　　　　*S. 392*

　　　Pixner, S.: Siehe [109].

[966] Plüss, M.: Z. anorg. allg. Chem. 93 (1915) S. 1.　　　　　*S. 35*

[967] Plym, L. M.: Corrosion [Houston] 12 (1956) S. 331.　　　*S. 303*

　　　Podgorik, A.: Siehe [915].

[968] Pogodin, S. A., u. E. S. Shpichinetsky: Izvest. Sektera Fiz.-Khim. Anal. 15
　　　(1947) S. 88.　　　　　　　　　　　　　　　　　　　*S. 70*

　　　—: Siehe [721, 722].

　　　Poli, G.: Siehe [964].

　　　Pomp, A.: Siehe [1118].

[969] —: Handbuch der Werkstoffprüfung, hrsg. v. E. Siebel, Bd. II, Berlin:
　　　Springer 1939, S. 232.　　　　　　　　　　　　　　　*S. 210*

[970] —, A. Krisch u. G. Haupt: Mitt. K.-Wilh.-Inst. Eisenforschg. 21 (1939)
　　　S. 219 u. 231.　　　　　　　　　　　　　　　　*S. 190, 195, 197*

[971] Porter, J. J., u. G. C. Lowrison: Industrial Chemist 30 (1954) S. 369.　*S. 279*

[972] Portevin, A.: Zitiert bei Kleinheisterkamp [670].　　　　*S. 133*

[973] — u. P. Bastien: J. Inst. Metals 54 (1934) S. 45.　　　　*S. 319*

[974] — u. A. Sanfourche: Chim. et Ind., Sondernummer (1932) S. 360.　*S. 279*

　　　Pourbaix, M.: Siehe [243, 885].

[975] Prandtl, L.: Z. angew. Math. Mech. 3 (1923) S. 401.　　　*S. 383*

[976] Prasad, S. C., u. W. A. Wooster: Acta Cryst. 9 (1956) S. 38.　　*S. 12*

[977] Pratt, W. E., u. E. T. Collinsworth: Corrosion 5 (1949) S. 39.　*S. 306*

PRECKSHOT, G. W.: Siehe [409].
[978] PREDEL, B.: Z. Metallkde. 50 (1959) S. 663.S. 55
[979] —: Z. Metallkde. 51 (1960) S. 381.S. 101
PRESTON, G. D.: Siehe [86].
[980] PRESTON, C. T., u. G. H. BROOMFIELD: J. Inst. Metals 87 (1958/59) S. 240.S. 95
PRÖPSTL, G.: Siehe [513].
[981] PRÜMM, W.: Felten u. Guilleaume Rdsch. 13/14 (1934) S. 20.
S. 321, 389, 391, 404, 408
[982] PRUTTON, C. F., u. J. H. DAY: J. Physic. Colloid Chem. 53 (1949) S. 1101.
S. 285
PRZYBYLA, E.: Siehe [1127].
PÜNGEL, W.: Siehe [702].
PUSCH, A.: Siehe [718].
[983] PUSCHIN, N. A., S. STEPANOVIĆ u. V. STAJIĆ: Z. anorg. Chem. 209 (1932)
S. 329.S. 54
[984] PUTNAM, G. L.: Indust. and Eng. Chem. 30 (1938) S. 1138.S. 60, 77
[985] QUADRAT, O., u. J. JIŘIŠTĚ: Chim. and Ind. Paris (1934) S. 485, Chem. listy
29 (1935) S. 304.S. 32
QUIMBY, S. L.: Siehe [1255].
[986] RABALD, E.: Chem. Fabrik 11 (1938) S. 293, Dechema Monogr. 11 (1939) S. 17.
S. 278
[987] —: Werkstoffe u. Korrosion 7 (1956) S. 652.S. 271, 272
[988] — u. H. BRETSCHNEIDER: Dechema Werkstoff-Tabelle Frankfurt/Main 1956.
S. 285
[989] RACHINGER, W. A.: J. Inst. Metals 81 (1952) S. 33.S. 202
[990] RADLEY, W. G.: Met. Abstr. 4 (1938) S. 541, Electr. Engng. 57 (1938) S. 168.
S. 302
[991] RADTKE, S. F.: J. Metals 12 (1960) S. 486.S. 393
[992] RAPP, A., u. H. HANEMANN: Z. Metallkde. 33 (1941) S. 64.S. 370
RASMEROVA, N. J.: Siehe [308].
RASSOW, E.: Siehe [228].
[993] RAUB, E.: Metalloberfl. Ausg. A 7 (1953) S. 17.S. 86
[994] — u. M. ENGEL: Z. Elektrochem. 49 (1943) S. 89.S. 86
[995] RAYNOR, G. V.: Met. Abstr. 14 (1947) S. 150.S. 101
[996] —: Met. Abstr. 19 (1951) S. 160.S. 31
[997] — u. J. GRAHAM: Trans. Faraday Soc. 54 (1958) (2) S. 161, bzw. Met. Abstr. 26
(1958) S. 36.S. 169
—: Siehe [867, 1210].
[998] READ, JR., W. T.: Dislocations in Crystals, New York: McGraw-Hill 1953.
S. 172
REDLICH, O.: Siehe [1, 2, 3].
[999] REICHENECKER, W. J.: Metal Progress 68 (1955) S. 110.S. 367
[1000] REINACHER, G.: Z. Metallkde. 47 (1956) S. 607.S. 25
[1001] REINER, S.: Z. Metallkde. 30 (1938) S. 277.S. 302
[1002] REINGLASS, P.: Chem. Techn. d. Leg. 1. Teil, Leipzig: Spamer 1919.S. 104
[1003] REININGER, H.: Gespritzte Metallüberzüge, München: Hanser 1952.S. 440
[1004] REINITZ, B. B.: Corrosion 9 (1953) S. 425.S. 298
RESTLE, H.: Siehe [680].
[1005] REY, M., P. COHEUR u. H. HERBIET: Trans. Electrochem. Soc. 73 (1938)
S. 315.S. 286
[1006] RHINES, F. N., u. A. W. COCHARDT: (U. S.) Nat. Advis. Cttee. Aeronautics
Techn. Note 2746 (1952) S. 40.S. 201

[1007] RHINES, F. N., u. W. TIMPE: Z. Metallkde. 48 (1957) S. 109. 　　S. 86
　　　　RHUDE, H. V.: Siehe [1273].
[1008] RICHARDS, TH. W., u. CH. WADSWORTH: J. Amer. Chem. Soc. 38 (1916)
　　　　S. 221 u. 1658. 　　S. 11
　　　　RICHARDSON, F. D.: Siehe [230].
[1009] RICHARDSON, W., H. VANCE WHITE u. B. A. WEAVER: Phys. Rev. 61 (1942)
　　　　S. 728. 　　S. 106
[1010] RICHTER, F.: Metall 7 (1953) S. 520. 　　S. 341
[1011] RICHTER, K.: Zink, Zinn u. Blei. Wien u. Leipzig 1927, 　　S. 36
　　　　RITCHIE, L. M.: Siehe [1225].
[1012] RITTER, F.: Korrosionstabellen metallischer Werkstoffe, Wien: Springer
　　　　1952. 　　S. 285
　　　　ROBBINS, A. G.: Siehe [1091].
　　　　ROBERTS, E. H.: Siehe [869].
[1013] ROBERTS-AUSTEN, W. C.: Phil. Trans. A 187 (1896) S. 383, Proc. Roy. Soc.
　　　　67 (1900) S. 101. 　　S. 450
[1014] —: Phil. Trans. Roy. Soc. 187 (1896) S. 404. 　　S. 55
[1015] ROBINSON, H. A., u. R. L. FEATHERLY: Corrosion 3 (1947) S. 349.
　　　　　　　　　　　　　　　　　　　　　　　　S. 261, 278, 303
[1016] ROBSON, W. W., u. A. R. TAYLOR: Chem. and Ind. (1956) S. 1111. 　　S. 299
[1017] RODYAKIN, V. V.: Tsvetnye Metally 31 (1958) S. 43. 　　S. 63
[1018] ROEHL, E. J.: Iron Age 173 (1954) S. 140. 　　S. 444
[1019] RÖNTGEN, P., W. HILGERS u. H.-J. GOTTSCHOL: Erzmetall 6 (1953) S. 220.
　　　　　　　　　　　　　　　　　　　　　　　　S. 316, 317
　　　　RÖSCHENBLECK, B.: Siehe [1068].
　　　　ROESER, W. F.: Siehe [664].
[1020] ROETHELI, B. E., u. G. L. COX: Ind. Engng. Chem. 23 (1931) S. 1084.
　　　　　　　　　　　　　　　　　　　　　　　　S. 284
　　　　ROGERS, F. E.: Siehe [1262].
[1021] ROGGENDORF, W.: Metalloberfläche 9 (1955) S. 76. 　　S. 372
[1022] ROHRMANN, F. A.: Chem. Metall. Engng. 42 (1935) S. 368. 　　S. 279
[1023] ROLL, A., H. FELGER u. H. MOTZ: Z. Metallkde. 47 (1956) S. 707. 　　S. 19
[1024] — u. E. UHL: Z. Metallkde. 50 (1959) S. 159. 　　S. 55, 87
[1025] ROLL, K. H.: Chem. Engng. 55 (1948) S. 231. 　　S. 278
[1026] —: Chem. Engng. 56 (1949) S. 227. 　　S. 278
[1027] —: Chem. Engng. 56 (1949) S. 201. 　　S. 279, 284
[1028] —: Korrosion 7 (1951) S. 454. 　　S. 262, 272
[1029] —: Chem. Engng. 59 (1952) S. 281. 　　S. 446
[1030] ROLLASON, E. C.: J. Inst. Metals 60 (1937) S. 35. 　　S. 440
[1031] — u. V.B. HYSEL: J. Inst. Metals 5 (1938) S. 187. 　　S. 57
　　　　ROMANOFF, M.: Siehe [246].
[1032] ROSE, K.: Materials and Methods 43 (1956) S. 104. 　　S. 55
[1033] ROSENBERG, A., u. W. A. TILLER: Acta Met. 5 (1957) S. 565. 　　S. 321
[1034] ROSENTHAL, F. D., G. J. MILLS u. F. J. DUNKERLEY: Trans. Met. Soc.
　　　　AIME 212 (1958) S. 153. 　　S. 99
[1035] ROSTOSKY, L., u. E. LÜDER: Z. Metallkde. 21 (1929) S. 24. 　　S. 450
　　　　ROTERS, H.: Siehe [273].
[1036] ROTHMAN, S. J., u. L. D. HALL: Trans. Amer. Inst. Min. Met. Eng. 206
　　　　(1956) S. 199, Kurzbericht in: J. Metals 8 (1956). 　　S. 15, 95
　　　　RÜDIGER, H.: Siehe [1171].
[1037] RÜETSCHI, P., u. R. T. ANGSTADT: J. Elektrochem. Soc. 105 (1958) S. 555.
　　　　　　　　　　　　　　　　　　　　　　　　S. 338

Russell, R. P.: Siehe [1264].

[1038] Russell, R. S.: Proc. Australas. Inst. Min. Metallurg. 95 (1934) S. 125.
S. 7, 86

[1039] —: Proc. Australas. Inst. Min. Metallurg. N. S. 101 (1936) S. 33.   S. 87, 181
Rutter, J. W.: Siehe [30, 31, 1198].
Rutter, T. W.: Siehe [872].
Ryabor, A. K.: Siehe [417].
Ryjord, J. E.: Siehe [238].
Rysselberghe, P. van: Siehe [243].
Sachs, G.: Siehe [272, 551].

[1040] —: Praktische Metallkde. 2, Berlin: Springer 1934, S. 182.   S. 404
[1041] —: Abh. d. Braunschw. Wiss. Gesellschaft 9 (1957) S. 36.   S. 197
[1042] — u. A. Draper: Microtecnic (Suisse) 7 (1959) S. 22.   S. 376, 380
[1043] — u. G. Fiek: Der Zugversuch, Leipzig: Akad. Verlagsgesellschaft 1926,
S. 65.   S. 191

[1044] Sacklowski, A.: Ann. Phys., Lpz. 77 (1925) S. 241.   S. 73
Sadofsky, J.: Siehe [643].
Säfsten, K. M.: Siehe [114].
Sagel, K.: Siehe [504a].
Salkovitz, E. I.: Siehe [1252].
Salley, W. J.: Siehe [157].
Salmon, P.: Siehe [1216].

[1045] Sandelin, H. F.: Tekn. T. 67 (1937) S. 185.   S. 406
[1046] Sandmeier, F.: Techn. Mitt. PTT 22 (1944) S. 187 u. 231.   S. 280, 284, 303
Sanfourche, A.: Siehe [974].

[1047] Saslawski, A. J., J. D. Kondraschow u. S. S. Tolkatschew: Ber. Akad.
Wiss. UdSSR 75 (1950) S. 559.   S. 334

[1048] Sato, Tomo-o, u. Munakata, Setuo: Bull. Research Inst. Mineral Dressing
Met., Tohoku Univ. 10 (1954) S. 173.   S. 102
Sauerwald, F.: Siehe [258, 366].

[1049] —: Metallforschung 2 (1947) S. 188.   S. 73
[1050] Sauerwald F.: Z. Metallkde. 41 (1950) S. 97.   S. 12
[1051] — u. K. Knehans: Z. anorg. allg. Chem. 131 (1923) S. 57, 140 (1924) S. 227,
Z. Metallkde. 16 (1924) S. 315.   S. 195

[1052] Scarpa, O.: Alluminio 5 (1936) S. 1, 6 (1936) S. 85, Ref. Aluminium 18
(1936) S. 367.   S. 443

[1053] Schachkeldian, A. B., u. M. N. Ambroji: Abh. Staatsun. Saratow 1 (1936)
S. 73. Nach Korrosion u. Metallsch. 13 (1937) S. 405.   S. 77

[1054] Schaefer, Cl.: Ann. Phys., Lpz. 4. Folge 5 (1901) S. 220.   S. 12, 13
Schaefer, T. P.: Siehe [171].
Schaller, I. E.: Siehe [1064].
Schaub, C.: Siehe [1109].

[1055] Scheil, E.: Z. Metallkde. 29 (1937) S. 404.   S. 322
[1056] —: Gießerei, techn.-wiss. Beih. (1958) H. 19, S. 1007.   S. 12
[1057] — u. E. Jahn: Z. Metallkde. 40 (1949) S. 319.   S. 30
[1058] — u. F. Wolf: Z. Metallkde. 50 (1959) S. 229.   S. 72
Scheuer, F.: Siehe [396].
Schikorr, G.: Siehe [60, 61].

[1059] —: Z. angew. Chem. 44 (1931) S. 40.   S. 292
[1060] —: Korrosion u. Metallsch. 16 (1940) S. 181.
S. 260, 262, 278, 280, 281, 283, 289

[1061] —: Die Zersetzungserscheinungen der Metalle, Leipzig: Barth 1943. S. 260, 284

[1062] SCHIKORR, G.: Schweizer Archiv angew. Wiss. Techn. 24 (1958) S. 33. *S. 284*
[1063] — u. K. G. BERGNER: Werkstoffe u. Korrosion 8 (1957) S. 1.   *S. 431*
[1064] — u. I. E. SCHALLER: Metallwirtsch. 20 (1941) S. 1135.   *S. 267, 270, 276*
[1065] SCHLÄPFER, P., u. A. BUKOWIECKI: Schweiz. Arch. 14 (1948) S. 257. *S. 284*
[1066] SCHLÖTTER, M.: Korrosion u. Metallsch. 3 (1927) S. 30.   *S. 442*
[1067] —: In O. BAUER, O. KRÖHNKE u. G. MASING: Die Korrosion metallischer
        Werkstoffe 3, Leipzig: Hirzel 1940, S. 393.   *S. 442*
[1068] SCHMELING, E. L., u. B. RÖSCHENBLECK: Werkstoffe u. Korrosion 9 (1958)
        S. 529.   *S. 294*
        SCHMID, E.: Siehe [*397, 454, 785, 902, 908*].
[1069] —: Z. Metallkde. 35 (1943) S. 85.   *S. 52, 74, 76, 371*
[1070] — u. W. BOAS: Kristallplastizität, Berlin: Springer 1935.   *S. 170*
[1071] — u. R. WEBER: Gleitlager, Berlin/Göttingen/Heidelberg: Springer 1953.
        S. 357
[1072] SCHMIDT, H.: Oesterr. Z. Telegr.-, Teleph.-, Funk- u. Fernsehtechn. 4 (1950)
        S. 109.   *S. 302*
[1073] — u. E. FURTHMANN: Mitt. Kais.-Wilh.-Inst. Eisenforschg. 10 (1928) S. 225.
        S. 19
[1074] SCHMIDT, R.: Stahl u. Eisen 56 (1936) S. 228.   *S. 74*
[1075] SCHNEEBERGER, P. E.: Bull. Ass. Suisse Electr. 29 (1938) S. 213.   *S. 375*
[1076] SCHNEIDER, H. J.: Diss. T. H. Braunschweig 1959.   *S. 144, 147*
        —: Siehe [*575, 576*].
        SCHNERB, J.: Siehe [*90*].
[1077] SCHOPPER, H.: Z. Physik 143 (1955) S. 93.   *S. 55*
[1078] SCHOPPER, W.: Blei, in A. E. VAN ARKEL: Reine Metalle, Berlin: Springer
        1939, S. 501.   *S. 7, 277*
[1079] SCHRADER, A.: Ätzheft, Berlin: Borntraeger 1939.   *S. 23*
[1080] —: Ätzheft, 4. Aufl., Berlin: Borntraeger 1957.   *S. 26*
[1081] — u. H. HANEMANN: Z. Metallkde. 29 (1937) S. 37.   *S. 23*
[1082] — —: Z. Metallkde. 33 (1941) S. 49.   *S. 116*
        SCHRADER A.: Siehe [*479, 480, 577*].
        SCHRAMM, G. N.: Siehe [*1226*].
[1083] SCHROTTKE, F.: ETZ 54 (1933) S. 633, Elektrotechn. u. Masch.-Bau 51 (1933)
        S. 29.   *S. 386*
[1084] SCHÜNEMANN, A.: Korrosion u. Metallsch. 9 (1933) S. 325.   *S. 275, 276*
        SCHÜRENBERG, H.: Siehe [*295*].
[1085] SCHÜRMANN, E.: Archiv Eisenhüttenw. 30 (1959) S. 41.   *S. 58*
        —: Siehe [*917, 918*].
[1086] SCHULZ, E.: Metallwirtsch. 20 (1941) S. 418.   *S. 24, 76*
        —: Siehe [*758*].
        SCHULZ, E. H.: Siehe [*180*].
[1087] SCHULZE, B.: Dtschl. Buchdr. Jg. 46 (1934) Nr. 90, S. 880.   *S. 280*
[1088] SCHULZE, F. A.: Drudes Ann. 314 (1902) S. 555.   *S. 95*
[1089] SCHULZE, F., u. JOHS. STAEBLER: Autogene Metallbearb. 28 (1935) S. 68.
        S. 447, 448
        SCHULZE, R.: Siehe [*957*].
[1090] SCHUMACHER, E. E., u. G. M. BOUTON: Metals and Alloys 1 (1930) S. 405.
        S. 61, 64, 237, 247, 248
[1091] SCHUSSLER, M., A. G. ROBBINS u. D. S. NAPOLITAN: U. S. Atomic Energy
        Commission Publ. K-1018 (1953).   *S. 278*
[1092] SCHWARZ, M. Frhr. v.: Z. Metallkde. 28 (1936) S. 128.   *S. 114*
[1093] —: Gießerei 27 (1940) S. 137.   *S. 114*

[1094] Schwarz, R. H., u. I. H. Winkler: Proc. Graphical Arts, Techn. Conference (Amer. Soc. Mech. Engrs.) (1936) S. 51. *S. 346*

Schweinitz, H. D. v.: Siehe [544].

[1095] Schweißen und Schneiden 10 (1958) S. 27. *S. 453*

Scott, W. M.: Siehe [806].

Screaton, R. M.: Siehe [171].

[1096] Seban, R. A., u. D. F. Casey: Trans. Amer. Soc. Mech. Eng. 79 (1957) S. 1514. *S. 95*

[1097] Seeds, O. J.: Materials and Methods 32 (1950) S. 64. *S. 374, 375*

[1098] Seeger, A.: Report of a Conference on Defects in Crystalline Solids, Physical Society, London (1955) S. 328, in: Dislocations and Mechanical Properties of Crystals, London: Chapman & Hall 1957, S. 328. *S. 10*

[1099] —: In Handbuch der Physik, Bd. VII/1, Kristallphysik I, Berlin/Göttingen/Heidelberg: Springer 1955. *S. 172*

[1100] —: In Handbuch der Physik, Bd. VII/2, Kristallphysik II, Berlin/Göttingen/Heidelberg: Springer 1958. *S. 170, 172, 176, 202, 205*

[1101] —: Z. Metallkde. 45 (1954) S. 521. *S. 203*

Seigle, L. L.: Siehe [40].

[1102] Seith, W.: Diffusion in Metallen, Berlin: Springer 1939. *S. 87*

[1103] — u. G. Helmold: Z. Metallkde. 42 (1951) S. 137. *S. 160*

[1104] — u. H. Johnen: Z. Elektrochem. 56 (1952) S. 140. *S. 99*

[1105] — — u. J. Wagner: Z. Metallkde. 46 (1955) S. 773. *S. 68, 99, 164*

[1106] — u. A. Keil: Z. Metallkde. 25 (1933) S. 104. *S. 257*

—: Siehe [517].

[1107] Seljesater, K. S.: Trans. Amer. Inst. Min. Metallurg. Engrs. 75 (1929) S. 573. *S. 42*

[1108] Senez, J. C., u. F. Pichinoty: Corrosion et Anticorrosion 5 (1957) S. 203. *S. 280*

Serchel, L. M.: Siehe [8].

[1109] Shanley, F. R., C. Schaub u. O. Lissner: Proc. Colloquium on Fatigue, Stockholm 1955. Vgl. Met. Abstr. 24 (1957) S. 641. *S. 235*

Sherby, O. D.: Siehe [1281].

[1110] Sherman, W. L.: Wire and W. Prod. 7 (1932) S. 179 u. 204. *S. 389, 406*

[1110a] Shimaoka, G.: Trans. Nat. Res. Inst. Metals 1 (1959) S. 78. *S. 311*

Shimoji, M.: Siehe [900, 901].

[1111] Shishokin, V. P.: In C. E. Pearson: The Extrusion of Metals, London: Chapman & Hall 1944. *S. 379*

[1112] Shooter, K. V.: J. Appl. Phys. Suppl. 1 (1951) S. 49. *S. 361*

Shpichinetski, E. S.: Siehe [968].

Shurawlewa, T. G.: Siehe [639].

[1113] Siebel, E.: Die Formgebung im bildsamen Zustande, Düsseldorf: Verlag Stahleisen 1932. *S. 377*

[1114] —: Stahl u. Eisen 57 (1937) S. 413. *S. 424*

[1115] —: V. G. B. 67 (1938) S. 74. Siehe Handbuch der Werkstoffprüfung, hrsg. v. E. Siebel, Bd. II, Berlin: Springer 1939, S. 282. *S. 218*

[1116] — u. E. Fangmeier: Mitt. Kais.-Wilh.-Inst. Eisenforschg. 13 (1931) S. 29. *S. 375, 376. 377, 378*

[1117] — u. E. Osenberg: Mitt. Kais.-Wilh.-Inst. Eisenforschg. 16 (1934) S. 33. *S. 423, 425*

[1118] — u. A. Pomp: Mitt. Kais.-Wilh.-Inst. Eisenforschg. 9 (1927) S. 157. *S. 427*

[1119] SIEGLERSCHMIDT, H., u. G. FIEK: Z. Metallkde. 27 (1935) S. 38.   *S. 190*
—: Siehe [62].
[1120] Siemens-Schuckert-Werke: DRP 633767 (1932).   *S. 406*
[1121] SIEVERTS, A., u. W. KRUMBHAAR: Ber. Dtsch. chem. Ges. 43 (1910) S. 896.
    S. 93

SIFTAR, J.: Siehe [128].
SILVIDI, A. A.: Siehe [595].
SIMERSKA, M.: Siehe [1203a].
[1122] SIMON, A. C., u. E. L. JONES: J. Electrochem. Soc. 100 (1953) S. 1.
    S. 32, 331
[1123] — —: J. Electrochem. Soc. 101 (1954) S. 536.   *S. 331*
[1124] — —: J. Electrochem. Soc. 104 (1957) S. 133.   *S. 33*
—: Siehe [151].
[1125] SIMONDS, H. R.: Iron Age 134 (1934) S. 18.   *S. 407*
SIMPKINS, L. D.: Siehe [221].
[1126] SINGLETON, W., u. B. JONES: J. Inst. Metals 51 (1933) S. 71.
    S. 88, 89, 90, 91, 250, 398, 419

SIROVICH, G.: Siehe [936].
[1126a] SISTIAGA, J. M., u. J. L. LIMPO: Bol. Inf. Técnica Depart. Metales, Madrid
1 (1960) S. 43.   *S. 233*
SLYUSAR, B. F.: Siehe [375].
[1127] SMIALOWSKI, M., u. E. PRZYBYLA: Prace Głównego Inst. Met. 3 (1951) S. 501.
    S. 286
[1128] SMITH, A. A., u. H. E. HOWE: Trans. AIME 161 (1945) S. 472.   *S. 233*
—: Siehe [960].
[1129] SMITH, W. C.: Metals and Alloys 2 (1931) S. 236.   *S. 98*
SMITH, F. D.: Siehe [1284].
SMYTHE, I. A.: Siehe [941].
[1130] SNELLING, R. J.: Metallwaren-Ind. Galvano-Techn. 44 (1953) S. 385,
Werkstoffe u. Korrosion 6 (1955) S. 269.   *S. 57*
[1131] SNELLING, R., u. E. R. THEWS: Dtsch. Goldschmiede-Ztg. 41 (1938) S. 413.
    S. 322
[1132] SNOWDEN, K. U., u. J. N. GREENWOOD: Trans. AIME 212 (1958) S. 626.
    S. 235
[1133] SNYDER, C. J.: Siehe GOHN u. ELLIS [404].   *S. 238*
—: Siehe [52, 53].
SNYDER, C. L.: Siehe [1224].
[1134] SODERBERG, C. R.: Trans. AIME 58 (1936) S. 733.   *S. 213*
[1135] SOLOMON, D., u. W. MORRIS-JONES: Phil. Mag. 11 (1931) S. 1090.   *S. 94*
SOPWITH, W. G.: Siehe [411].
[1136] SORBO, W. DE, u. D. TURNBULL: Acta Met. 4 (1956) S. 495.   *S. 102*
[1137] SORRENTINO, E., u. R. INTONTI: Ann. chim. appl. 26 (1936) S. 385.   *S. 293*
SOSMAN, R. B.: Siehe [237].
[1138] SOUTHERDEN, F.: J. Soc. Chem. Ind. 37 (1918) S. 85.   *S. 280*
[1139] SPÄTH, W.: Physik d. mech. Werkstoffprüfung, Berlin: Springer 1938.
    S. 218

SPAUSTA, F.: Siehe [3].
SPEKTOR, E. Z.: Siehe [229].
[1140] SPENCER, J. F., u. M. E. JOHN: Proc. Roy. Soc. Lond. 116 (A) (1927) S. 61.
    S. 87
[1141] SPENGLER, H.: Metall 9 (1955) S. 682.   *S. 375*
[1142] SPERRY, E. S.: J. Soc. Chem. Ind. 18 (1899) S. 113.   *S. 106*

Spring, W.: Siehe [*288*].

Staebler, Johs.: Siehe [*1089*].

[*1143*] Stahl, W.: Diss. T. H. Braunschweig 1957.
S. 157, 311, 312, 313, 316, 317, 349, 350

—: Siehe [*496*].

Stajić, V.: Siehe [*983*].

Stanners, J. F.: Siehe [*599*].

Steers, G. A.: Siehe [*525*].

[*1144*] Steidlitz, M. E.: Trans. AIME 212 (1958) S. 676. *S. 169*

Steinemer, K.: Siehe [*703*].

Stender, V. V.: Siehe [*667, 668*].

[*1145*] Stenquist, D.: Mitt. in Bayr. Industrie- u. Gewerbeblatt vom 22. Jan. 1921, nach Z. Metallkde. 13 (1921) S. 245. *S. 74, 401*

Stepanović, S.: Siehe [*983*].

Stevenson, D. A.: Siehe [*14*].

[*1146*] Stockdale, D.: J. Inst. Metals 49 (1932) S. 267. *S. 102*

[*1147*] Stockmeyer, W., u. H. Hanemann: Z. Metallkde. 33 (1941) S. 67. *S. 322, 422*

[*1148*] Stoertz, H.: Brit. Patent 717796 vom Dez. 1951. *S. 340*

[*1149*] Stoffel, A.: Z. anorg. allg. Chem. 53 (1907) S. 137. *S. 140, 141*

[*1150*] Stokes, A. R., u. A. J. C. Wilson: Proc. Phys. Soc. 53 (1941) S. 658. *S. 12*

[*1151*] Storchheim, S.: J. Metals 12 (1960) S. 225. *S. 432*

Stranski, I. N.: Siehe [*730*].

[*1152*] Stribeck, R.: Z. VDI 46 (1902) S. 1341. 1432 u. 1463. *S. 353*

Strunina, T. A.: Siehe [*893*].

Suchan, G.: Siehe [*549*].

[*1153*] Sugano, S., u. a.: Jap. Patent 4606 vom 16. 9. 1953 nach C. A. 48 (1954) S. 10525 i. *S. 273*

[*1154*] Sugiyama, M., H. Suzuki u. T. Furukawa: Nippon Kinzoku Gakkai-Si 22 (1958) S. 165. *S. 431*

[*1155*] Sully, A. H.: Metallic Creep and Creep-Resistant Alloys, London: Butterworths Scientific Publications 1949. *S. 197*

[*1156*] —, G. N. Cale, u. G. Willoughby: Nature 162 (1948) S. 411. *S. 198*

Suzuki, H.: Siehe [*1154*].

Sweeney, W. T.: Siehe [*522*].

Swenson, L. G.: Siehe [*869*].

[*1157*] Swift, I. H., u. E. P. T. Tyndall: Phys. Rev. 61 (1942) S. 359. *S. 12*

Tabor, D.: Siehe [*119, 120*].

[*1158*] Tafel, V.: Lehrbuch der Metallhüttenkunde, Bd. II, 2. Aufl., Blei, Antimon, Zinn, Zink, Kadmium, Leipzig: Hirzel 1953. *S. 6*

[*1159*] —: Lehrbuch der Metallhüttenkunde, Bd. I u. Bd. II, Leipzig: Hirzel 1927 u. 1929. *S. 287*

[*1160*] Tafel, W., u. F. Anke: Z. Metallkde. 9 (1927) S. 225. *S. 424, 425*

[*1161*] — u. W. Knoll: Metallwirtsch. 10 (1931) S. 799. *S. 424*

[*1162*] Tainton, U. C., A. G. Taylor u. H. P. Ehrlinger: Trans. Amer. Inst. Min. Metallurg. Engrs. 77 (1929) S. 192. *S. 285*

[*1163*] Takase, T.: Nach Metal. Abstr. 6 (1939) S. 97. *S. 95*

Talyzin, N. Y.: Siehe [*10*].

[*1164*] Tammann, G., u. W. Crone: Z. anorg. allg. Chem. 187 (1930) S. 289. *S. 185*

[*1165*] — u. O. Dahl: Z. anorg. allg. Chem. 144 (1925) S. 1. *S. 121*

[1166] TAMMANN, G. u. K. L. DREYER: Z. anorg. allg. Chem. 191 (1930) S. 65. *S. 185*
[1167] — —: Z. Metallkde. 25 (1933) S. 64.   *S. 323*
[1168] — —: Ann. Phys. Lpz. 19 (1934) S. 680.   *S. 181*
[1169] — u. G. MORITZ: Z. anorg. allg. Chem. 214 (1933) S. 414.   *S. 141*
[1170] — u. W. OELSEN: Z. anorg. allg. Chem. 186 (1930) S. 257.   *S. 54, 78*
[1171] — u. H. RÜDIGER: Z. anorg. allg. Chem. 192 (1930) S. 1.   *S. 60*
       —: Siehe [306, 605].
       TANAKA, Y.: Siehe [530].
[1172] TANG, YOU-CHI, u. L. PAULING: Acta cryst. 5 (1952) S. 39.   *S. 92*
[1173] TAPSELL, H. I. u. A. E. JOHNSON: J. Inst. Metals 57 (1935) S. 121.   *S. 215*
       TAYLOR, A. G.: Siehe [1162].
       TAYLOR, A. R.: Siehe [1016].
       TAYLOR, J. W.: Siehe [1237].
       TAYLOR, R. H.: Siehe [764].
[1174] Technical Unit Committee T 4 B: Corrosion, [Houston] 10 (1954) S. 445.
                                                                            S. 408
[1175] Technical Unit Committee T 4 B: Corrosion. [Houston] 12 (1956) S. 257.
                                                                            S. 281
       TEEPLE, H. O.: Siehe [348].
[1176] Telegraphenbauordnung, Teil II, Kabel, Berlin: Reichsdruckerei 1933.
                                                                         S. 385, 448
       TEMPLETON, I. M.: Siehe [942].
[1177] TERASAWA, M.: Nippon Kinzoku Gakkai-Si 22 (1958) S. 217, 283 u. 347.
                                                                             S. 87
       THALL, B. M : Siehe [1279].
[1178] THAU, A.: Z. VDI Beiheft Verfahrenstechnik 4 (1937) S. 105.   *S. 283*
[1179] THEWS, E. R.: Metallurgische Verarbeitung von Altmetallen und Rück-
       ständen, Bd. I: Altweißmetalle, München: Hanser 1948.   *S. 6*
[1180] —: Metalloberfl. 5 (1953) S. 134.   *S. 57*
       —: Siehe [1131].
[1181] THIEL, A.: Ber. Dtsch. chem. Ges. 53 B (1920) S. 1052.   *S. 10*
       THIEL, D.: Siehe [916].
[1182] THIEL, V.: Felten u. Guilleaume-Rdsch. 23/24 (1938) S. 21.   *S. 388*
       THIERER, CH.: Siehe [619].
[1183] THIRSK, H. R., u. W. F. K. WYNNE-JONES: J. Chim. Phys. 49 (1952)
       S. C 131.   *S. 326*
[1184] THOMAS, U. B. jr.: Bell. Lab. Rec. 16 (1937) S. 12.   *S. 338*
[1185] THOMAS, U. B.: Trans. Amer. Elektrochem. Soc. 94 (1948) S. 42.   *S. 326*
[1186] —, F. T. FORSTER u. H. E. HARING: Trans. Amer. Eletrochem. Soc. 92 (1947)
       S. 313.   *S. 340*
       —: Siehe [492].
[1187] THOMAS, W. R., u. B. CHALMERS: Acta Met. 3 (1955) S. 17.   *S. 179*
[1188] THOMPSON, C. H.: Corrosion 5 (1949) S. 151.   *S. 299*
[1189] THOMPSON, I. G.: U. S. Bur. Stand. J. Res. 5 (1930) S. 1085.   *S. 96, 98*
       THOMPSON, MR. C.: Siehe [1290].
[1190] THOMPSON, P. F.: Proc. Australas. Inst. Min. Metallurg. N. S. 87 (1932)
       S. 193.   *S. 271*
[1191] THOMPSON, W.: Chem. Age 34 (1936) S. 428.   *S. 438*
[1192] THOMSEN, E. G.: Trans. Amer. Soc. Mech. Eng. 77 (1955) S. 515.   *S. 384*
[1192a] — u. J. T. LAPSLEY: Proc. Soc. Exper. Stress Analysis 11 (1953/54) S. 59.
                                                                           S. 381
       —: Siehe [349, 1296].

[1193] THOMPSON, N., u. N. J. WADSWORTH: Advances in Physics 7 (1958) S. 72.

S. 236

[1194] THORNTON, P. R., u. P. B. HIRSCH: Phil. Mag. 3 (1958) S. 738.   *S. 10*

[1195] THÜMMLER, F.: Stahl u. Eisen 78 (1958) S. 1134.   *S. 431*

THWAITES, C. J.: Siehe [*588, 589, 590*].

[1196] TICE, E. A.: Corrosion 7 (1951) S. 128.   *S. 285*

TIDMUS, J. S.: Siehe [*347*].

[1197] TIEDEMA, T. J., u. W. G. BURGERS: Appl. Sci. Research 4 (1954) S. 243.

S. 102

—: Siehe [*920*].

[1198] TILLER, W. A., u. J. W. RUTTER: Canad. J. Phys. 34 (1956) S. 96.   *S. 7, 29*

—: Siehe [*872, 1033*].

[1199] TIMMERHOFF, W.: Z. Metallkde. 34 (1942) S. 102.   *S. 10, 309, 310, 348*

TIMPE, W.: Siehe [*1007*].

[1200] Tin and its Uses 32 (1955) S. 10.   *S. 346*

[1201] Tin and its Uses 42 (1958) S. 14.   *S. 458*

[1202] TOBER, H.: Metalen 8 (1953) S. 431.   *S. 102*

[1203] TÖDT, F.: Korrosion u. Korrosionsschutz, Berlin: de Gruyter 1955.   *S. 261*

TOLKATSCHEW, S. S.: Siehe [*1047*].

[1203a] TOMAN, K., u. M. SIMERSKA: Czechoslov. J. Physics 8 (1958) S. 94, 101 u. 233.

S. 176

[1204] TONN, W., u. H. GÜNTHER: Z. Metallkde. 28 (1936) S. 237.   *S. 454*

—: Siehe [*63*].

[1205] TOWNSEND, I. R., u. C. H. GREENALL: Proc. ASTM 30 (1930) S. 395.

S. 247, 248

TRASSL, H.: Siehe [*938*].

TRÄGNER, E.: Siehe [*361*].

TREAFTIS, H. N.: Siehe [*166, 1208*].

TSCHENTKE, G.: Siehe [*330*].

[1206] TUFTS, B. I.: Analyt. Chemistry 31 (1959) S. 238.   *S. 324*

TUNSTALL, H. A.: Siehe [*264*].

[1207] TURNBULL, D., u. D. R. FREY: J. Physic. Coll. Chem. 51 (1947) S. 681.   *S. 285*

[1208] — u. H. N. TREAFTIS: Acta Met. 3 (1955) S. 43.   *S. 102*

—: Siehe [*582, 1136*].

TYAPUNINA, N. A.: Siehe [*852*].

TYNDALL, E. P. T.: Siehe [*1157*].

[1209] „Type F — 3 Alloy Sheath" der Anaconda Wire and Cable Company, S. 27.

S. 397

[1210] TYZACK, G., u. G. V. RAYNOR: Acta Cryst. 7 (1954) S. 505.   *S. 29, 79*

UHL, E.: Siehe [*1024*].

[1211] UHLIG, H. H.: The Corrosion Handbook, 5. Aufl., New York u. London 1955.

S. 272, 281, 284, 294, 298, 302

[1212] ULLMANN, F.: Enzyklopädie der technischen Chemie, Bd. IX, 2. Aufl.,
Berlin u. Wien 1932, S. 232.   *S. 279*

[1213] UNCKEL, H.: Z. Metallkunde 32 (1940) S. 1.   *S. 106*

UST'YANOV, V. I.: Siehe [*697*].

[1214] VÄTH, A.: Metallwirtsch. 17 (1938) S. 879.   *S. 112, 113, 114*

[1215] VALENTINER, S.: Z. Metallkde. 49 (1958) S. 375.   *S. 56*

[1216] VALLAND, A., u. P. SALMON: Corrosion et Anticorrosion 4 (1956) S. 135.

S. 305

VANCE WHITE, H.: Siehe [1009].

[1217] VDE-Norm 0510/60: Bestimmungen für Akkumulatoren u. Akkumulatoren-Anlagen.   S. 328, 340

[1218] VEGESACK, A. v.: Z. anorg. allg. Chem. 54 (1907) S. 367.   S. 153, 154

[1219] VERNON, W. H. J.: Trans. Faraday Soc. 23 (1927) S. 113.   S. 256
VERÖ, J. A.: Siehe [609].

[1220] VESZELKA, J.: Banyaszati es Kohaszati Lapok 65 (1932) S. 212 u. 237.   S. 153
VIDUSOVA, T. A.: Siehe [721, 722].

[1221] VILELLA, J. R.: Metals Handbook, American Society for Metals, Cleveland 1948, S. 955.   S. 27

[1222] — u. D. BEREGEKOFF: Industr. Engng. Chem. 19 (1927) S. 1049.   S. 24

[1223] VINAL, G. W.: Storage Batteries, 4. Aufl., New York 1955.   S. 338, 340

[1224] —, C. N. CRAIG u. C. L. SNYDER: U. S. Bur. Stand. J. Res. 10 (1933) S. 795, Res. Paper Nr. 567, World Power 20 (1933) S. 318.   S. 60

[1225] — u. L. M. RITCHIE: Chem. Metall. Engng. 27 (1922) S. 1116.   S. 338

[1226] — u. G. N. SCHRAMM: J. Amer. Inst. Electr. Engng. 44 (1925) S. 128.   S. 338

[1227] VITOVEC, F.: Proc. ASTM 57 (1957) S. 977.   S. 221

[1228] VOGEL, R.: Z. anorg. allg. Chem. 126 (1923) S. 1.   S. 174

[1229] —: Z. Metallkde. 44 (1953) S. 133.   S. 156

[1230] — u. A. ZASTERA: Z. Metallkde. 41 (1950) S. 14.   S. 157

[1231] VOGELPOHL, G.: Z. VDI 96 (1954) S. 261.   S. 352, 353

[1232] —: Betriebssichere Gleitlager, Berlin/Göttingen/Heidelberg: Springer 1958.   S. 357

[1233] —, A. MATTING u. K. F. HAHN: Aluminium 31 (1955) S. 544.   S. 352
VOLK, H.: Siehe [671].
—: Siehe [672].
VOLLENBRUCK, O.: Siehe [64].
VOLLMERT, F.: Siehe [358].
Voss, E.: Siehe [97].
WADSWORTH, CH.: Siehe [1008].
WADSWORTH, N. J.: Siehe [1193].

[1234] WAEHLERT, M.: Z. VDI 62 (1918) S. 518.   S. 373
—: Siehe [345].
WAGENMANN, K.: Siehe [115].

[1234a] WAGNER, C.: Z. phys. Chemie (B) 21 (1933) S. 25.   S. 312, 318
WAGNER, J.: Siehe [1105].
WALLACE, W. G.: Siehe [172].
WALLBAUM, H. J.: Siehe [418].

[1235] WALSH, S.: Brit. P. 712718, eingereicht Juli 1952, veröffentlicht: 28. 7. 1954.   S. 339
WALSH, D. F.: Siehe [486].
WALTERS, J. R.: Siehe [368].

[1236] WANSER, G.: CEIG-Berichte April/Juni 1956, S. 86.   S. 385

[1237] WARD, A. G., u. J. W. TAYLOR: J. Inst. Metals 85 (1956) S. 145.   S. 69

[1238] WARTENBERG, H. v.: Verh. dtsch. phys. Ges. 12 (1910) S. 105.   S. 19
WAS, D. A.: Siehe [923].

[1239] WASSERBÄCH, W.: Diss. T. H. Hannover 1959.   S. 453, 455, 456, 457, 458
—: Siehe [684].

[1240] WASSERMANN, G.: Texturen metallischer Werkstoffe, Berlin: Springer 1939.   S. 175

[1241] — u. U. GRUHL: Metall 6 (1952) S. 769.   S. 373

[1242] Watanabe, M., u. S. Fukushima: Sci. Rep. Research Inst. Tohoku Univ. 8 (1956) S. 142 nach Met. Abstr. 24 (1956) S. 186.　　　*S. 286*
Watanabe, J.: Siehe [1294].
Watanabe, N.: Siehe [529].
Watanabe, Y.: Siehe [900, 901].
[1243] Waterhouse, H.: Brit. N. F. Met. Res. Ass. Res. Rep. Nr. 440 (1937) London nach Met. Abstr. 4 (1937) S. 425.　　　*S. 247, 248*
[1244] — u. R. Willows: J. Inst. Metals 46 (1931) S. 139.　　　*S. 116, 141*
—: Siehe [73].
[1245] Watkins, M. T., K. Ashkroft u. J. McKenzie: Mech. Eng. Research Lab. Plasticity Div. Rep. 102 (1955).　　　*S. 379*
[1246] Weaver, F. D.: J. Inst. Metals 56 (1935) S. 209.　　　*S. 123, 127*
Weaver, B. A.: Siehe [1009].
[1247] Weber, E., u. W. M. Baldwin: J. Metals 4 (1952) S. 854.　　　*S. 257, 311, 312*
Weber, N.: Siehe [398].
[1248] Weber, R.: Metall 12 (1958) S. 96.　　　*S. 354*
—: Siehe [1071].
[1249] Weber, W. C.: Chem. Metall. Engng. 39 (1932) S. 542.　　　*S. 279*
Weeks, J. R.: Siehe [643].
[1250] Weertman, J.: J. Appl. Phys. 26 (1955) S. 1213.　　　*S. 205*
[1251] —: Trans. Met. Soc. AIME 218 (1960) S. 207.　　　*S. 206*
[1252] — u. E. I. Salkovitz: Acta Met. 3 (1955) S. 1.　　　*S. 13*
Wehr, P.: Siehe [570].
[1253] Weibke, F., u. O. Kubaschewski: Thermochemie der Legierungen, Berlin: Springer 1943.　　　*S. 101*
[1254] Weigert, K. M.: Metalloberfl. 6 B (1954) S. 77.　　　*S. 164*
Weigt, H. J.: Siehe [918].
Weil, J. A.: Siehe [677].
Weiss, S. M.: Siehe [617].
[1255] Welber, B., u. S. L. Quimby: Acta Met. 6 (1958) S. 351.　　　*S. 13*
[1256] Wellinger, K.: Mitteilungen d. V. G. B. 15 (1951) S. 1.　　　*S. 211*
[1257] Wenger, E.: Stahl u. Eisen 74 (1954) S. 1202.　　　*S. 352*
[1258] —: Untersuchungen über das Laufverhalten von Lagermetallen in Gleitlagern. Diplomarbeit T. H. Braunschweig 1956.　　　*S. 362*
[1259] Werner, M.: Z. Metallkde. 22 (1930) S. 342.　　　*S. 266, 277*
[1260] —: Z. Metallkde. 24 (1932) S. 85.　　　*S. 187*
[1261] —: In O. Bauer, O. Kröhnke u. G. Masing: Die Korrosion metallischer Werkstoffe 2, Leipzig: Hirzel 1938.
　　　S. 37, 39, 81, 268, 271, 272, 273, 276, 277, 288
West, G. W.: Siehe [198].
[1262] Westbrook, F. A., F. E. Rogers u. W. H. Carter: Metal. Ind., Lond. 49 (1936) S. 560, Metal. Ind. N. Y. 29 (1931) S. 152.　　　*S. 447*
Westerhoff, H.: Siehe [832].
Wetzel, E.: Siehe [65].
Wheeler, M.A.: Siehe [489].
Whetzel, J. C.: Siehe [167].
[1263] White, H. V.: Bull. Virginia Polytech. Inst. Engrs., Exper. Sta. Series Bull. 13 (1933) S. 1, Chem. Abstr. 27 (1933) S. 3692.　　　*S. 323, 350*
[1264] Whitman, W. G., u. R. P. Russell: Nach Korrosion u. Metallsch. 1 (1925) S. 43.　　　*S. 278, 280*
Whittaker, H. F.: Siehe [167].
Whytlaw-Gray, R.: Siehe [67].

[1265] WICKERT, K.: Korrosion u. Metallsch. 19 (1943) S. 120.   *S. 278, 283*
[1266] —: Korrosion u. Metallsch. 20 (1944) S. 147.   *S. 269, 270, 272, 275, 276*
[1267] — u. B. ZENKER: Chem. Fabrik 14 (1941) S. 311.   *S. 276*
[1268] WIEDEMANN, E.: Ann. Phys. Lpz. 20 (1883) S. 228.   *S. 95*
[1269] WIEDERHOLT, W.: Z. VDI Beiheft Verfahrenstechnik (1939) S. 196. *S. 280*
[1270] WIEGHARDT, P.: ETZ 55 (1934) S. 339.   *S. 407*
[1271] WIEMER, H.: Sintermetalle in: Werkstoffe für Gleitlager, 2. Aufl., hrsg. von
    R. KÜHNEL, Berlin/Göttingen/Heidelberg: Springer 1952.   *S. 352*
[1272] WILKENSON, W. D.: U. S. Atomic Energy Comm. ANL-5262 (1954) S. 73.
          S. 168
[1273] —, E. W. HOYT u. H. V. RHUDE: U. S. Atomic Energy Comm. Pub. ANL-
    5449 (1955).   *S. 95*
[1274] WILLIAMS, D. N., J. A. HOUCK u. R. I. JAFFEE: Metal Progress 77 (1960)
    S. 79.   *S. 253*
[1274a] WILLIAMS, G. K.: Trans. AIME 121 (1936), S. 226.   *S. 316*
    WILLIAMSON, G. K.: Siehe [867].
[1275] WILLIHNGANZ, E.: Iron Age 163 (1949) S. 62.   *S. 330*
    WILLOUGHBY, G.: Siehe [1156].
    WILLOWS, R.: Siehe [1244].
    WILSON, A. J. C.: Siehe [1150].
[1276] WILSON, B. S., u. F. H. GARNER: Werkstoffe u. Korrosion 4 (1953) S. 329.
          S. 285
[1277] — —: J. Inst. Petrol 37 (1951) S. 225.   *S. 356*
    WILSON, F. H.: Siehe [713].
[1278] WILSON, T. C.: J. Chem. Phys. 8 (1940) S. 13.   *S. 70*
[1279] WINEGARD, W. C., S. MAJKA, B. M. THALL u. B. CHALMERS: Canad. J.
    Chem. 29 (1951) S. 320.   *S. 102*
    —: Siehe [104, 105, 106, 872].
    WINKLER, I. H.: Siehe [1094].
[1280] Wire Industry 21 (1954) S. 523.   *S. 435*
[1281] WISEMAN, C. D., O. D. SHERBY u. J. E. DORN: Trans. AIME 209 (1957) S. 57.
          S. 204
[1282] WITT, D.: Gas- u. Wasserfach 83 (1940) S. 341.   *S. 284*
    WITT, G.: Siehe [851].
    WITTE, H.: Siehe [750].
    WOLF, F.: Siehe [1058].
[1283] WOLZOGEN-KÜHR, C. v.: Water 40 (1956) S. 281.   *S. 298*
[1284] WOOD, A. B., u. F. D. SMITH: Proc. Phys. Soc., Lond. 47 (1935) S. 149 u. 369.
          S. 19
    WOOSTER, W. A.: Siehe [976].
[1285] WORNER, H. K.: Proc. Austral. Inst. Min. Met. 117 (1940) S. 29.   *S. 194*
    —: Siehe [432, 433, 434, 435, 1287].
[1286] WORNER, H. W.: J. Inst. Metals 66 (1940) S. 131.   *S. 81*
[1287] — u. H. K. WORNER: J. Inst. Metals 66 (1940) S. 45.   *S. 27*
[1288] WRIGHT, C. R. A.: Proc. Roy. Soc., Lond. 50 (1891/92) S. 372.   *S. 168*
[1289] —: Proc. Roy. Soc., Lond. 52 (1892/93) S. 530.   *S. 121*
[1290] — u. MR. C. THOMPSON: Proc. Roy. Soc., Lond. 48 (1890) S. 25.   *S. 158*
[1291] —: Proc. Roy. Soc., Lond. 49 (1891) S. 174.   *S. 158*
    WRIGHT, W.: Siehe [768].
[1292] WÜST, F.: Metallurgie 6 (1909) S. 769.   *S. 34, 104*
    WULFF, J.: Siehe [14].
[1293] WUNDER, A.: In W. GUERTLER: Metalltechnischer Kalender, 3. Jhg., Berlin:

Borntraeger 1924, S. 108, nach Zitat [1261]. *S. 37*

Wynne-Jones, W. F. K.: Siehe [134, 1183].

Yaffe, L.: Siehe [172].

[1294] Yamamoto, M., u. J. Watanabe: Nippon Kinzoku Gakkai-Si 21 (1957) S. 732. *S. 10*

[1295] Yanagihara, T.: Nippon Kinzoku Gakkai-Si 15 (1951) S. 74 u. 122. *S. 104*

[1296] Yang, C. T., u. E. G. Thomsen: Trans. Amer. Soc. Mech. Eng. 75 (1953) S. 575. *S. 380, 381*

[1297] Yao, T. P., u. V. Kondic: J. Inst. Metals 81 (1952) S. 17. *S. 17*

Yeomans, C. D.: Siehe [763].

Yokokawa, T.: Siehe [901].

[1298] Yurkov, V. A.: Doklady Akad. Nauk SSSR 91 (1953) S. 891, Met. Abstr. 21 (1953/54) S. 608. *S. 36*

[1299] Zahn, H. E.: Precision Metal Moulding 12 (1954) S. 68. *S. 331*

[1300] —: Iron Age 174 (1954) S. 174. *S. 331*

Zapponi, P. P. : Siehe [491].

Zashkvara, V. V.: Siehe [660].

Zastera, A.: Siehe [1230].

[1301] Zener, C.: Univ. of Chicago Press (1948) S. 147. *S. 207*

[1302] —: Literaturangabe in Acta Met. 6 (1958) S. 287. *S. 187*

Zenker, B.: Siehe [1267].

[1303] Zickrick, L.: Trans. Amer. Inst. Min. Metallurg. Engrs., Inst. Met. Div. 99 (1932) S. 345. *S. 389, 401*

—: Siehe [239].

[1304] Ziegfeld, R. L.: Schriftliche Mitteilung nach einem Vortrag, gehalten bei der 15. Jahresversammlung der Metal Powder Industries Federation, 21. April 1959, Detroit, Michigan, USA. *S. 433*

[1305] Zink, J.: Z. anal. Chem. 91 (1933) S. 246. *S. 289, 290*

[1306] Zintl, E., u. S. Neumayr: Z. Elektrochem. 39 (1933) S. 86. *S. 63, 87*

[1307] Z. Metallkde. 24 (1932) S. 306. *S. 368*

[1308] Zunker, P.: Metallwirtsch. 19 (1940), S. 223 u. 247. *S. 122, 365*

Zwicker, U.: Siehe [504a].

Sachverzeichnis

33*

Berichtigung

S. 16, Abb. 4, Unterschrift:

Statt Quincke 1958 lies Quincke 1868

S. 38, in Abb. 22, 3. Kurve v. o.:

Statt 7,5% Sb lies 1,5% Sb

S. 52, Abb. 40, Unterschrift:

Statt Kurven für 0,14 lies Kurven für 0,14 (untere Kurve)

S. 109, in Abb. 115:

Statt 1010 °C lies 1070 °C

S. 180, Abb. 200, Unterschrift:

Statt Hoff und Dahl [550] lies Hoff u. Dahl: Grundlagen des Walzverfahrens, Düsseldorf: Verlag Stahleisen 1950, S. 137.

S. 206, in Abb. 227:

Die Kurvenbeschriftungen austauschen

S. 229, Abb. 250, Unterschrift:

Die Zeichen für „spezial" und „0,01% Ca austauschen

S. 335, in Abb. 306, Kurvenbeschriftung:

Statt 0,015 Ca $4^1/_2$ Sn lies 0,15 Ca $4^1/_2$ Sn

S. 348, in Abb. 314:

„Eindringtiefe" streichen

Hofmann, Blei, 2. Aufl.